普通高等教育"十三五"规划教材
(风景园林/园林)

公园规划设计

马锦义　主编

中国农业大学出版社
·北京·

内 容 简 介

本书主要内容包括公园概述(定义与作用、起源与发展、类型与特点、任务与程序);公园规划设计基本理论(原理与原则、形式与规范、理念与思潮)、公园景观要素(自然与人文要素)、公园规划设计基础资料调查与分析;公园总体规划设计(总体定位、空间布局、专项规划等);公园详细设计(初步设计、施工图设计);各类公园规划设计要点(综合公园、专类公园、社区公园、带状公园、街旁绿地);各类公园规划设计案例评析;附录(国家相关法律与标准规范摘要)。

本书可作为风景园林、园林专业的核心课教材以及其他相关专业的教学参考书。

图书在版编目(CIP)数据

公园规划设计/马锦义主编. —北京:中国农业大学出版社,2017.10(2023.10 重印)
ISBN 978-7-5655-1929-1

Ⅰ.①公… Ⅱ.①马… Ⅲ.①公园-景观规划②公园-园林设计 Ⅳ.①TU986.2

中国版本图书馆 CIP 数据核字(2017)第 265488 号

书　　名 公园规划设计
作　　者 马锦义 主编

策划编辑 梁爱荣　　**责任编辑** 梁爱荣
封面设计 郑 川 李尘工作室
出版发行 中国农业大学出版社
社　　址 北京市海淀区圆明园西路 2 号　　**邮政编码** 100193
电　　话 发行部 010-62818525,8625　　**读者服务部** 010-62732336
编辑部 010-62732617,2618　　**出 版 部** 010-62733440
网　　址 http://www.caupress.cn　　**E-mail** cbsszs@cau.edu.cn
经　　销 新华书店
印　　刷 涿州市星河印刷有限公司
版　　次 2018 年 1 月第 1 版　2023 年 10 月第 2 次印刷
规　　格 889×1 194　16 开本　35.75 印张　980 千字
定　　价 88.00 元

图书如有质量问题本社发行部负责调换

普通高等教育风景园林/园林系列
“十三五”规划建设教材编写指导委员会

（按姓氏拼音排序）

编 委 会

主　　编　马锦义（南京农业大学）

副 主 编　陈东田（山东农业大学）
宋建军（湖南农业大学）
张清海（南京农业大学）
相西如（江苏省城市规划设计研究院）

编写人员　（按姓氏笔画排列）
马锦义（南京农业大学）
田潇然（昆明理工大学）
陈东田（山东农业大学）
陈教斌（西南大学）
邱发根（铜仁学院）
宋建军（湖南农业大学）
杨凯凌（重庆交通大学）
张清海（南京农业大学）
相西如（江苏省城市规划设计研究院）
韩凝玉（南京农业大学）

出版说明

进入21世纪以来，随着我国城市化快速推进，城乡人居环境建设从内容到形式，都在发生着巨大的变化，风景园林/园林产业在这巨大的变化中得到了迅猛发展，社会对风景园林/园林专业人才的要求越来越高、需求越来越大，这对风景园林/园林高等教育事业的发展起到巨大的促进和推动作用。2011年风景园林学新增为国家一级学科，标志着我国风景园林学科教育和风景园林事业进入了一个新的发展阶段，也对我国风景园林学科高等教育提出了新的挑战、新的要求，也提供了新的发展机遇。

由于我国风景园林/园林高等教育事业发展的速度很快，办学规模迅速扩大，办学院校学科背景、资源优势、办学特色、培养目标不尽相同，使得各校在专业人才培养质量上存在差异。为此，2013年由高等学校风景园林学科专业教学指导委员会制定了《高等学校风景园林本科指导性专业规范(2013年版)》，该规范明确了风景园林本科专业人才所应掌握的专业知识点和技能，同时指出各地区高等院校可依据自身办学特点和地域特征，进行有特色的专业教育。

为实现高等学校风景园林学科专业教学指导委员会制定规范的目标，2015年7月，由中国农业大学出版社邀请西南地区开设风景园林/园林等相关专业的本科专业院校的专家教授齐聚四川农业大学，共同探讨了西南地区风景园林本科人才培养质量和特色等问题。为了促进西南地区院校本科教学质量的提高，满足社会对风景园林本科人才的需求，彰显西南地区风景园林教育特色，在达成广泛共识的基础上决定组织开展园林、风景园林西南地区特色教材建设工作。在专门成立的风景园林/园林西南地区特色教材编审指导委员会统一指导、规划和出版社的精心组织下，经过2年多的时间系列教材已经陆续出版。

该系列教材具有以下特点：

(1)以“专业规范”为依据。以风景园林/园林本科教学“专业规范”为依据对应专业知识点的基本要求组织确定教材内容和编写要求，努力体现各门课程教学与专业培养目标的内在联系性和教学要求，教材突出西南地区各学校的风景园林/园林专业培养目标和培养特点。

(2)突出西部地区专业特色。根据西部地区院校学科背景、资源优势、办学特色、培养目标以及文化历史渊源等，在内容要求上对接“专业规范”的基础上，努力体现西部地区风景园林/园林人才需求和培养特色。院校教材名称与课程名称相一致，教材内容、主要知识点与上课学时、教学大纲相适应。

(3)教学内容模块化。以风景园林人才培养的基本规律为主线，在保证教材内容的系统性、科学性、先进性的基础上，专业知识编写板块化，满足不同学校、不同授课学时的需要。

(4)融入现代信息技术。风景园林/园林系列教材采用现代信息技术特别是二维码等数字技术，使得教材内容更加丰富，表现形式更加生动、灵活，教与学的关系更加密切，更加符合“90后”学生学习习惯特点，便于学生学习和接受。

(5)着力处理好4个关系。比较好地处理了理论知识体系与专业技能培养的关系、教学体系传承与创新的关系、教材常规体系与教材特色的关系、知识内容的包容性与突出知识重点的关系。

我们确信这套教材的出版必将为推动西南地区风景园林/园林本科教学起到应有的积极作用。

编写指导委员会

2017.3

前　言

党的二十大报告指出：推动绿色发展，促进人与自然和谐共生。展望新时代新征程，风景园林对美丽中国建设的支撑作用日益重要，每一个风景园林教育工作者对美丽中国建设满怀信心和期待。

公园作为城乡绿色环境体系最为重要的组成部分，在城市与乡村自然生态环境保护与建设、人居户外公共游憩空间营造等方面作用日趋重大。我国风景园林学科教育事业不断发展，各地相关院校专业课程设置不断完善，公园绿地作为重要绿色开放空间，已经成为风景园林规划设计方向的重要教学内容，越来越多的院校将公园规划设计列为风景园林和园林等专业的核心教学课程之一，本教材将较好地满足风景园林学科教育和相关人才培养发展的需要。

本教材依据我国有关法律法规，遵照我国新型城镇化和城乡一体化以及生态文明建设发展等新形势要求，结合多年来专业教学与项目规划设计的实践经验，吸收国内外优秀经典公园建设成就和最新规划发展建设成果，加以研究探索，逐步整理编写而成。

本教材编写遵循先进性、实用性、系统性和完整性原则。先进性反映先进的规划设计理念和新的理论与实践成果；实用性主要体现能够直接有效地帮助园林、风景园林及其他相关专业的本科生提高专业技能；系统性体现于系统的公园理论知识结构和多层次的规划与设计实践环节；完整性则是将有关公园规划设计的重要专业内容都整合到教材中。

风景园林学是与建筑学、城市规划学相并列的三大人居环境学科之一，是涉及科学、艺术、工程技术、社会经济等不同领域且发展较快的交叉学科，作为这一学科专业人才培养的重要课程之一的公园规划设计教材编写，也充分体现了交叉学科的特点，做到科学严谨、结构合理、多科并重、图文并茂、表现灵活、内容丰富。

本教材不仅适合于农林院校风景园林专业、园林专业的需要，还可供其他大专院校的景观建筑、环境艺术、旅游、环境保护等相关专业师生，以及风景园林相关规划设计机构和管理部门的工作人员参考使用。

参加本教材编写的老师分工如下：

马锦义：第一章；第五章；第七章第一节二，第二节六、七、十，第三节，第四节；第八章第二节六、七、八、十一。

陈东田:第三章;第七章第一节一,第二节一、二、三、四;第八章第一节一,第二节一、二、三、四、五。

宋建军:第四章;第七章第二节八;第八章第二节十。

相西如:第六章;第八章第一节二、三。

张清海:第二章第二、三、四节;第七章第五节;第八章第一节四。

陈教斌:第七章第二节五、九;第八章第二节九。

韩凝玉:第二章第一、五节。

田潇然:第八章第五节。

杨凯凌:第八章第四节。

邱发根:第八章第三节;附录。

本教材在大纲编写审核过程中,东南大学成玉宁教授、王晓俊教授提出了宝贵意见和建议,在此深表感谢!主要参编老师的研究生也参与了部分案例调研、绘图和文字整理工作,编写过程中还参考了国内外专家和规划设计机构的有关文献、案例资料等,在此谨向有关专家、学者、老师、同学及有关单位表示衷心感谢!

编　者

2023 年 10 月

目　录

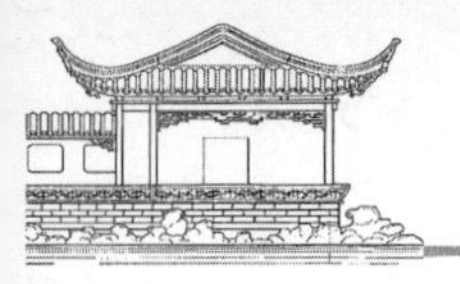

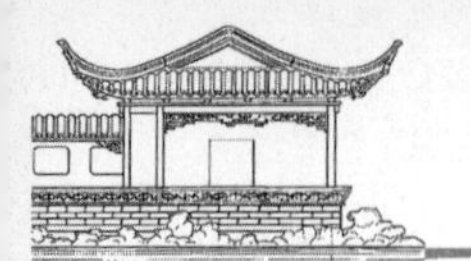

第一章 公园概述

公园作为现代城乡人居环境十分重要的组成部分，不仅是供社会公众游憩和开展各种文化娱乐、社会交往、体育健身、科普教育等活动的绿色开放空间，也是保护自然生态环境，维护人与自然和谐发展的纽带。随着我国经济建设和社会事业的不断发展，城市化水平不断提高，社会主义新农村建设不断推进，各类公园绿地已经成为现代城乡绿地系统和绿色公共基础设施建设中十分重要的项目内容，并直接影响到一个城市或地区人居环境建设水平和环境生态质量高低。

本章内容主要介绍公园的定义和作用、公园的起源和发展、公园的类型与特点、公园规划设计的任务和程序等。了解这些基本知识有助于我们加深对公园这一重要绿色公共空间的全面认识，也为我们能更好地做好公园规划与设计乃至建设与管理工作奠定良好的基础。

第一节　公园的定义和作用

一、公园的定义

对公园定义的阐述有多种，如《现代汉语词典》(2016 年第 7 本)将公园定义为“供公众游览休息的园林”，将公园宽泛地指称为一种园林类型，并明确服务对象和主要功能。

《中国大百科全书(建筑、园林、城市规划)》(1988)称公园为“城市公共绿地的一种类型，由政府或公共团体建设经营，供公众游憩、观赏、娱乐等的园林”，和前者一样，不仅指称一种园林类型和明确服务对象和主要功能，同时也指称为一种城市绿地类型，并指出其建设经营主体。

《园林基本术语标准》(2002)第 3 章城市绿地系统中将公园阐述为“供公众游览、观光、休憩，开展户外科普、文体及健身等活动，向全社会开放，有较完善的设施及良好生态环境的城市绿地”，也与《公园设计规范》基本一致，同时强调城市公园用地性质为城市绿地。

现行的《城市绿地分类标准》(2002)已经以“公园绿地”替代“公共绿地”，并基本保持原有的内涵。“公园绿地”是城市中向公众开放的、以游憩为主要功能，有一定的游憩设施和服务设施，同时兼有健全生态、美化景观、防灾减灾等综合作用的绿化用地。它是城市建设用地、城市绿地系统和城市市政公用设施的重要组成部分，是表示城市整体环境水平和居民生活质量的一项重要指标。

《公园设计规范》(2016)中将“公园”解释为“向公众开放，以游憩为主要功能，有较完善的设施，兼具生态、美化等作用的绿地”，与上述公园定义核心含义基本一致，只是语言表达更为精练。

随着我国经济和社会发展不断提升，以及城乡一体化融合发展，作为现代公园已经不再局限于城市，位于乡村和郊野的公园也越来越多，公园用地也不一定都是城镇建设用地，国际上也是如此。所以，准确的公园定义应该涵盖所有公园的基本内涵和特

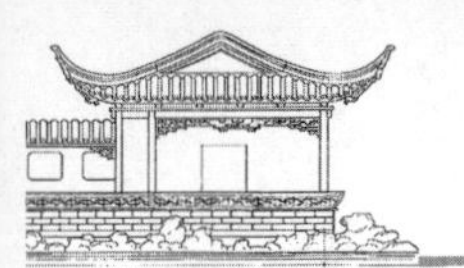

征。基于这样的观点，公园定义可以在前述有关定义的基础上总结为："供公众游览、观光、休憩、避灾、开展科学文化及体育健身等活动，有一定游憩和服务设施及良好自然生态环境的绿色开放空间"。归结到"绿色开放空间"，是强调公园"自然、户外、开放"的重要特征，有生命的绿色植物是公园最主要的景观内容（图 1-1 至图 1-4），公园是城乡绿地系统的重要组成部分。

图 1-1　上海城市街区公园（延中绿地）

图 1-2　北京元大都遗址公园

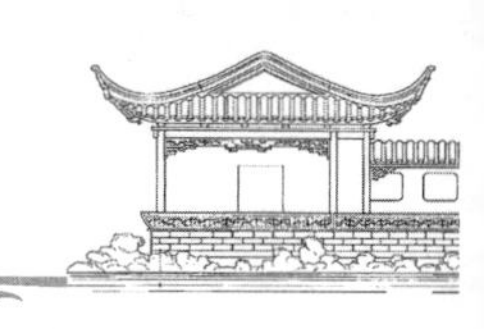

图 1-3　南京鱼嘴湿地公园(长江江滩湿地)

图 1-4　江苏金湖水上森林公园

二、公园的作用

公园的作用或功能是广泛而多样的，如定义里提到的游览、观光、休憩、避灾、开展科学文化活动及体育健身等，除此之外，还有改善生态环境、开展纪念活动、促进文化交流和经济发展的功能，部分公园还有保护自然生态资源与历史人文遗迹的重要作用。

1. 游览观光

公园一般都具有丰富的植物、山水等自然景观，有的公园还具有历史古遗、文化建筑、地方风物等人文景观，因此，无论短假户外踏青，还是长假出门远游，综合公园、植物园、动物园、游乐园、森林公园、文化主题公园、农业生态公园等各种类型的公园常常成为人们游览观光的重要目的地(图 1-5)。

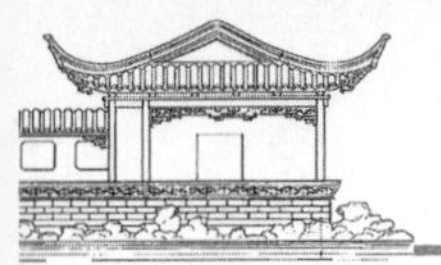

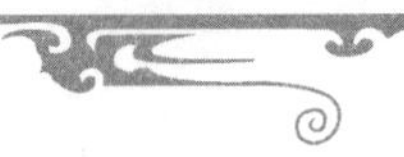

2. 休憩娱乐

公园丰富的植物、山水等自然景观营造出良好、舒适的户外生态环境，到处绿色葱茏、鸟语花香。人们工作之余在公园里散步休息、呼吸新鲜空气、欣赏花鸟虫鱼，有助于消除疲劳、恢复身心健康(图 1-2)。在工作和生活节奏较快的大城市，一些中心商务区的街区公园绿地，常常成为上班族短时间午休的良好户外环境。公园中也常常设置一些娱乐设施(包括儿童和成人娱乐设施)，供游客在舒适的户外环境中开展各类娱乐活动，获得丰富多彩的文化艺术感知以及多种多样的身体与心理体验(图 1-6)。

3. 防灾避灾

一般公园内建筑物较少，具有大量的开敞绿地(如开阔的草坪、树林草地等)或铺装场地，能够在地震、火灾等灾害发生时疏散容纳人群，是受灾人群理想的临时庇护场所，公园空旷地带以及防火绿带可以阻止火灾蔓延。灾害发生后，人们可以在公园里搭设临时避灾住所，利用公园里的水源(避灾公园里设有专门的水源)和其他相关避灾设施，维持简单的灾后过渡生活，等待家园恢复和重建(图 1-7)。

图 1-5　常州青枫公园主干道上的游客

图 1-6　哈尔滨兆麟公园水上娱乐

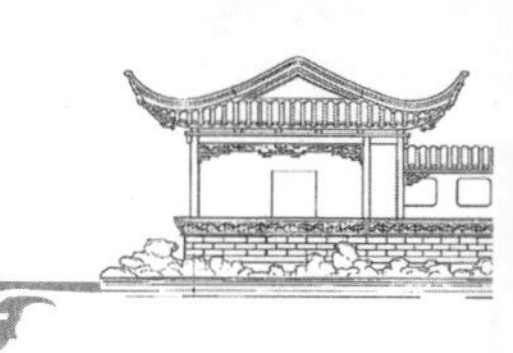

图 1-7　常州青枫公园避灾大草坪

城市公园里的大型水体和森林绿地可以临时蓄积雨洪，防止或减弱暴雨后的水灾。在专门设置的避灾公园里，人们还能通过各种宣传设施，学习到各种防灾避灾知识。

4. 科普教育

公园也是开展科普教育的理想场所。公园可以为广大市民展示植物、动物、气候、环境生态、环境保护等各种自然科学知识，以及历史文化、风土人情、政策法规等人文社科知识，人们在游览观光、休憩娱乐中轻松愉快地接受各种科普文化知识和人文教育。对广大少年儿童来说，公园是他们感受自然、了解自然最好的实验课堂(图 1-8)。

5. 体育健身

公园里各种绿色植物环绕，空气清新，景观优美。在这样的环境下开展体育运动和健身活动，无疑对身体是大有裨益的。所以，公园中常设置各种体育运动设施和健身场地，满足人们开展体育运动交流和健身活动的需求。随着经济和社会的进一步发展，一些以弘扬体育文化精神和开展群众体育健身活动为主要功能的体育公园，越来越受到广大城郊居民的欢迎(图 1-9)。

6. 改善生态

改善生态环境是公园最基本的功能和作用。公园作为绿色开放空间，其大量的绿色植物可以吸收二氧化碳，释放氧气，调节空气碳氧平衡；公园是城市的“冷岛”，可以缓解城市的热岛效应；公园中的大型水体和森林植被，可以蓄积雨水和调节空气湿度；公园不仅为人类提供了良好的户外休憩场所，同时也为一些野生动物、植物提供了良好的栖息地和生存环境，为协调人与自然生态关系发挥重要作用。

7. 纪念交流

公园也是历史事件与人物纪念以及开展各种文化交流活动的理想场所。通过绿色植物可以营造宁静、庄重、肃穆的纪念氛围，在绿色的环境中，人们能够更好地平复心境，缅怀先人，追忆往事，铭记历史。如广州、上海、北京等地的中山公园就是为纪念伟大的革命先行者孙中山先生而设立的纪念性公园。上海虹口公园因有鲁迅墓、鲁迅雕像、鲁迅纪念馆等人文景观，可开展瞻仰、纪念和文化艺术交流活动，虹口公园也称鲁迅纪念公园(图 1-10)。

8. 保护资源

公园还具有保护野生动植物资源、历史人文景观以及一些特定景观生态资源的作用。通过规划设立公园绿地，将需要保护的资源对象置于其中，进行有效的监管和保护，从而避免因过度开发、人为侵占和干扰等因素造成重要资源的破坏甚至毁灭。如一

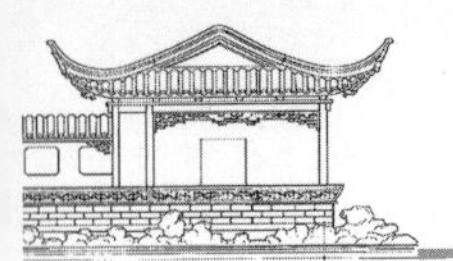

些植物公园、湿地公园、文物遗址公园等，都在保护自然与人文资源方面发挥重要作用。目前人类保护自然资源最有效的方式就是设立国家公园和自然保护区。

图 1-8　北京动物园科普宣传栏

图 1-9　哈尔滨儿童公园乒乓球运动场地

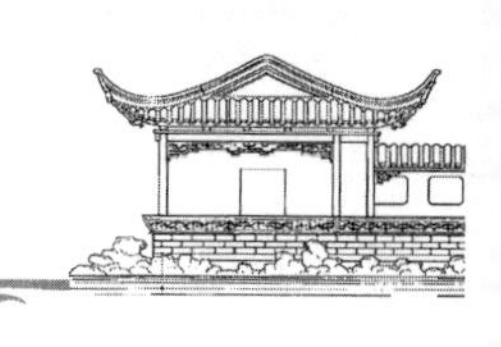

图 1-10　上海虹口公园鲁迅纪念区

第二节　公园的起源和发展

一、公园的起源

公园的起源可以追溯到中国古典园林的起源。中国古典园林发展历经生成、转折、全盛、成熟等各个阶段，最终形成的主体类型为皇家园林、私家园林和寺观园林，这三种类型也是中国古典园林造园活动的主流和园林艺术精髓所在。皇家园林的滥觞——古代帝王苑囿是中国最早的园林形式，如公元前 11 世纪的周文王之囿，不仅为王室提供狩猎、祭祀使用，还兼有游览观赏活动的功能。《周礼·地官·囿人》郑玄注："囿游，囿之离宫，小苑观处也"（周维权，1999）。囿不仅供王室使用，也偶尔对贵族甚至庶民开放，体现所谓帝王天子与庶民同乐，这种情形一定程度上反映了古代帝王之囿具备了现代公园类型之一——野生动物园的一些特征，是现代专类公园的雏形（图 1-11）。

皇家园林主要为帝王及皇室成员服务，极少对社会民众开放，相比之下，寺观园林除了部分特定的内部宗教活动空间外，大部分的庭院空间是对公众开放的，加之寺观多地处城郊或山野之中，具有得天独厚的自然山水环境，同时结合庭院绿化，甚至专门营造附属园林，使广大信徒以及普通民众（不分达官显贵或平民布衣）在行事求神拜佛等宗教活动之余，亦能踏青赏景，游览山水林木风光。这反映了寺观园林较之帝王苑囿具备更多的公共园林的职能。因此，古代寺观园林也可以看作是现代公园的发展源头之一（图 1-12）。

除了帝王苑囿和寺观园林以外，在中国古典园林发展的成熟后期，也出现了一些具有现代公园特征的公共园林，主要是依托城市开放的水域空间、纪念性公共建筑环境以及乡村聚落公共空间环境，进行适当的人工园林营造，成为文人墨客诗酒聚会、后人景仰先贤、市民消闲交往、村民休憩交流之处。如清中叶以后的北京什刹海、陶然亭，济南大明湖，南京玄武湖，昆明翠湖，成都杜甫草堂以及古徽州村落的"水口园林"等（图 1-13）。

西方公园的起源则可追溯到古希腊的城市广场以及中世纪城市郊外开放田园等。欧洲园林是西方古典园林的代表，从古希腊庭院，到古罗马和意大利庄园、法兰西城堡与宫苑，再到英国自然风景园，这些园林绝大部分属于贵族私家庄园和皇家宫苑园林。直到 17 世纪中叶英国爆发资产阶级大革命，并影响到整个欧洲。社会变革的同时带来了人们思想

图 1-11　周文王灵囿(胡长龙《园林规划设计》1995)

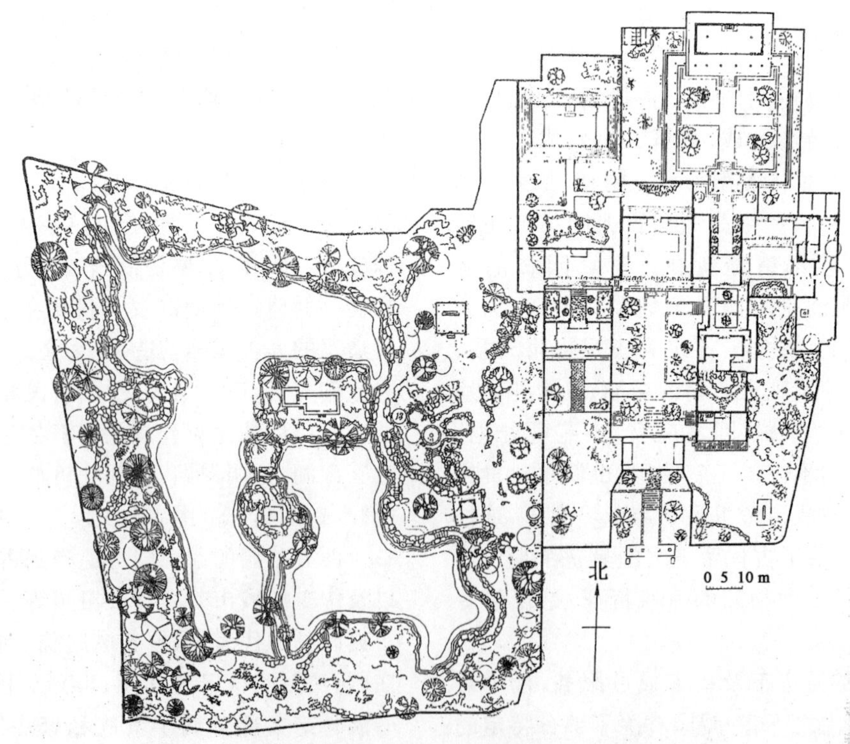

图 1-12　扬州大明寺及西园(周维权《中国古典园林史》)

的变革,各种贵族私家庄园和皇家宫苑开始逐渐对公众开放,供人们游览、观赏,这些庄园和宫苑园林也就具备了现代公园的基本功能和特征。如英国伦敦的伦敦肯辛顿公园、海德公园与摄政公园,法国巴黎的苏蒙山丘公园、凡尔赛宫苑等(图 1-14、图 1-15)。

图 1-13　北京什刹海

图 1-14　英国伦敦圣·杰姆士公园

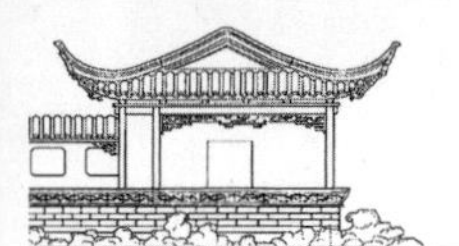

图 1-15　法国凡尔赛宫苑

二、公园的发展

1. 西方公园发展情况

尽管公园的起源可以追溯到公元前 11 世纪，但世界公园的起步发展则是从 19 世纪才开始的。英国、法国等资产阶级革命的成功，大大促进了社会生产力的发展，西方各国的工业、商业、城市建设等不断繁荣，大量人口往城市集中，城市规模也不断扩大，呈现出近代资本主义社会发展一派繁荣景象。但好景不长，随着工业化、城市化水平的进一步提高，出现了新的问题和危机，密集的人口造成城市拥挤嘈杂，工业造成严重的环境污染，犯罪和失业等社会问题与矛盾也越来越突出。一些有识之士和园林从业者开始反思，并探索改善城市环境建设和发展的新途径，开始考虑建设面向公众服务的城市绿色开放空间。

1804 年德国的慕尼黑市就模仿英国的自然风景园风格规划建造了欧洲大陆最早的公园，也是世界第一座城市公园——英国公园，该公园面积达 366 hm^2，由当时著名风景园林师斯开尔设计，主要有大草坪、树丛和水面等景观元素，为城市居民创造了原野般的绿色开放空间（图 1-16）。当时称这样的公园为大众公园（volkspark）。

图 1-16　德国慕尼黑英国公园

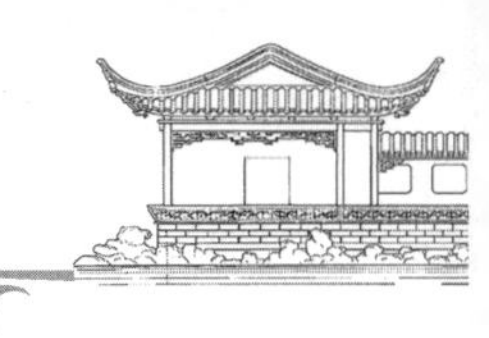

1851年，在城市人口膨胀，城市环境不断恶化的社会背景下，美国纽约州议会通过《公园法》，风景园林师唐宁倡导纽约市规划中央公园，1853年大致确定中央公园的位置和规模，即位于当时的纽约市郊外，面积约340 hm^2（843英亩）。1857—1858年纽约市政府以举行设计竞赛的方式征集公园设计方案，风景园林师欧姆斯特德（Olmsted）与建筑师沃克斯（Vaux）合作设计的方案从众多应征方案中脱颖而出，成为公园建设实施方案，欧姆斯特德本人也被任命为公园建设的工程负责人。公园方案借鉴了英国自然式风景园林的设计风格，以大片的森林、草地、树丛和溪流、池塘、湖泊景观，为广大市民创造了一个安静、平和、自然优美的赏景休息场所，并成为当时都市居民最喜爱的户外绿色生活空间。公园内还设有动物园、运动场、美术馆、剧院等各种设施，步行道长达93 km，供人休息的长椅多达9 000多张，中央公园最终全部建成于1873年，历时15年（图1-17）。

图1-17　美国纽约中央公园

纽约中央公园的规划建设取得了巨大成功，美国各地城市乃至欧洲各国纷纷效仿，以规划建设公园绿地来改善城市环境和满足城市居民对户外绿色生活空间的需求。当时美国这种大规模建设公园的活动被称为“城市公园运动”，极大地推动了公园的发展。1872年，美国建立了世界上第一座国家公园——黄石国家公园，开辟了保护自然生态环境、满足公众游观需要的新途径。尔后，世界各国也相继效法，将公园规划建设扩展到保护自然生态系统和开展科学研究、国民科普教育等领域。1892年，中央公园的设计者欧姆斯特德又提出了波士顿公园绿地系统方案，将单个的公园绿地与带状的河滨绿地、城市林荫道直接联系起来，形成连续完整的城市绿色空间体系，大大增强了公园绿地的综合功能，将公园建设和发展又向前推进了一大步。

1898年，英国的E.霍华德提出了“田园城市”理论，倡导城乡结合、城乡一体化的城市发展理念，其中公园绿地以不同的形式融入城乡绿色大环境之中。

19世纪末20世纪初，受英国“工艺美术运动”的影响，欧洲掀起了一场大众化的艺术实践活动——新艺术运动，进而引发了现代主义潮流，对西方公园发展也产生了积极影响，公园设计在追求自然风格的同时强调曲线装饰美，力求自然与人工的完美结合。如西班牙建筑师高迪设计的位于巴塞罗那郊区的社区公园——奎尔公园，不仅将建筑、雕塑、大自然环境融为一体，还充满了波动而有韵律的线条、丰富的色彩和光影空间等。

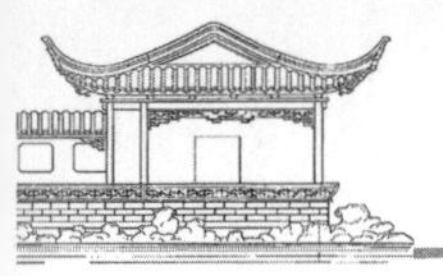

进入 20 世纪以后，伴随着现代艺术运动、现代建筑运动、科学技术发展以及现代庭园和公共空间景观艺术实践，公园进一步发展到现代公园的成熟阶段。如美国风景园林师哈普林设计的罗斯福总统纪念公园和彼得·沃克设计的博纳特公园，瑞士风景园林师伯纳德·屈米设计的法国巴黎拉·维莱特公园，德国风景园林师彼得·拉茨设计的德国杜伊斯堡北部工业主题风景公园等。

2. 中国公园发展情况

相较于西方近代公园，中国公园的发展起步较晚。19 世纪中叶，英、法等西方帝国主义列强凭借资产阶级工业革命的成功以及资本主义经济的快速发展，形成了强大的军事力量和殖民思想，于 1840 年对中国发动了鸦片战争，用舰炮打开了当时已经衰落的清王朝闭关自锁的大门，从此开始了对东方文明古国的掠夺（1860 年英法联军洗劫并焚毁被称为“万园之园”的圆明园，1900 年八国联军侵华，无数文物珍宝乃至生命被其抢劫和毁灭），并籍以不平等条约，把中国瓜分成各自的势力范围，开辟商埠、划定租界等。这些外国人为了满足自己的游憩生活需要，在各自租界等处仿照西方近代城市公园形式内容和风格建造所谓“公园”（只允许少数外国人使用，并非真正对公众开放）。如上海租界地的外滩公园（也称外滩花园，1868 年建，现为黄浦公园）、虹口公园（1900 年建，现在也称鲁迅公园）、法国公园（1908 年建，现为复兴公园），天津英国公园（1887 年建，现为解放公园）、法国公园（1917 年建，现为中山公园）等。公园内容与西方本国公园相似，主要是大片的草坪、树林、花坛和行道树等人工化的自然景观，有些植物直接从国外引种，如二球悬铃木就是来自法国，所以后来国内普遍称之为法国梧桐，简称法桐（图 1-18）。这些公园的存在一定程度上也影响了中国近代公园的建设和发展。

除了外国列强租界地公园外，清末民初一些官府甚至一些地方乡绅、华侨也筹建了不同类型的公园，如齐齐哈尔沙龙公园（1897 年建）；北京万生园（1909 年建，当时的北京农事实验场附属公园，现为北京动物园一部分）；成都少城公园（1910 年建，现为人民公园）；南京玄武湖公园（1911 年建，现为钟山风景名胜区玄武湖景区）；广州中央公园（1918 年建，现为人民公园）；重庆中央公园（1926 年建，现为人民公园）；无锡锡金公花园（1906 年乡绅筹资始建，1911 扩建并改名“城中公园”）；厦门中山公园（1927 年华侨筹建）等。另外，进一步开放皇室宫苑、寺庙等公园，如北京城南公园（1912 年开放）、北京中央公园（1914 年开放）、北京颐和园（1924 年开放）、北京北海公园（1925 年开放）、上海文庙公园（1927 年开放）等（图 1-19、图 1-20）。

图 1-18　上海法国公园（现复兴公园）

图 1-19　南京玄武湖公园

图 1-20　北京北海公园

19 世纪末到 20 世纪二三十年代，是中国公园的起步发展阶段，公园营造在继承中国古典园林艺术成就的基础上，也吸收和借鉴了西方近现代公园发展理念，我国公园发展开始向更广领域拓展，规划建设也开始向专业化轨道迈进。如著名风景园林教育家陈植先生于 1926 年、1929 年分别作出《镇江赵声公园设计书》和《国立太湖公园计划》。前者描述的是兼有纪念和游憩科普教育功能的都市公园，后者则是类似西方的兼有自然生态环境与人文资源保护、科学研究与风景旅游等功能的国家公园（我国现在与之对应的是国家级风景名胜区）。

20 世纪三四十年代中国处于内忧外患的战乱时期，公园的建设和发展基本处于停滞状态，直到 1949 年以后，从中央到地方各级政府开始重视园林绿化建设，公园随之进入第一轮快速发展时期。在恢复和修整近代遗留公园的同时，还将一些古典园林加以修缮，建成公园对外开放。各地相继建成了一批深受广大居民欢迎的城市公园，如杭州花港观

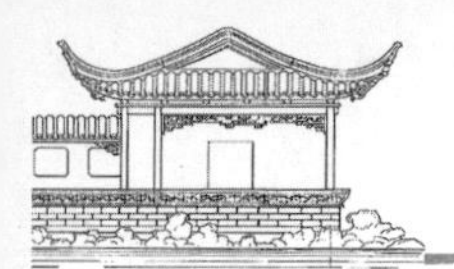

鱼公园(1952 年扩建,面积 21 hm^2)、陶然亭公园(1952 年建,面积 56 hm^2)、北京紫竹院公园(1953 年建,面积 58 hm^2)、上海长风公园(1957 年建,面积 36 hm^2)等。这些公园运用我国传统造园艺术手法进行规划设计和建造,保持民族特色和艺术风格,同时也学习借鉴了苏联的"文化休息公园",设置了各种文化娱乐设施,为广大城市居民提供了游览观赏、休息娱乐、科普文化教育和体育健身等不同需求的绿色开放空间。据有关统计,1959 年各地城市公园总数有 386 个,总面积近万公顷。之后,中国遇到了三年自然灾害以及后来的"文化大革命"十年动乱,公园发展缓慢(图 1-21、图 1-22)。

图 1-21　杭州花港观鱼公园

图 1-22　北京紫竹院公园

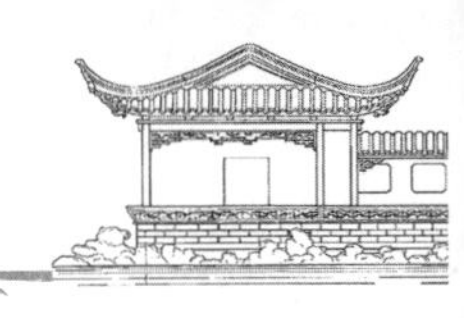

1979 年以后，中国步入改革开放和以经济建设为中心的社会快速发展时期，公园建设也伴随着工业化、城市化进程和经济增长踏上快速发展轨道。至 1998 年，各地城市公园总数有 3 990 个，总面积 7.3 万 hm^2 以上，城市人均公园绿地面积已达 6.1 m^2。不仅城市公园发展迅速，风景名胜区也发展到 515 处，其中国家级风景名胜区(类似西方的国家公园)也达到 119 处。

进入 21 世纪以后，中国经济继续高速增长，城市化和工业化水平不断提高，城乡居民物质与精神文化生活越来越丰富，公园建设事业也是蒸蒸日上，不仅公园数量和面积规模进一步增加，而且公园类型也是丰富多样的。至 2014 年末，全国公园绿地总面积达 57.7 万 hm^2，比 1998 年增长了 6.9 倍，城市人均公园绿地面积达到 12.95 m^2，是 1998 年的 2 倍多。公园类型除文化休息公园、名胜公园和风景区外，还有植物公园、动物公园、森林公园、湿地公园、地质公园、游乐公园、文化主题公园、体育运动公园以及各种展览公园等(图 1-23 至图 1-25)。

图 1-23 杭州植物园

图 1-24 昆明世界园林园艺博览园(展览公园)

图 1-25　北京奥林匹克公园

第三节　公园的类型与特点

一、公园的分类依据和原则

（一）公园分类依据

所谓公园分类，就是对各种不同的公园进行归类划分，以满足科学研究、规划管理、资源保护、宣传教育等需要。对于公园分类，最重要的是确定分类依据。所谓分类依据，就是能将不同公园区分开来的某种属性或特征。公园分类的依据很多，如公园的性质与主要功能、公园占地面积大小、公园所处的区域位置等。

1. 公园性质与功能

将公园的性质和主要功能相结合作为依据，可以将公园分为国家公园和一般公园（非国家公园）两大类。国家公园以公益性为优先，超高价值资源环境（如自然与文化遗产）保护为主要功能，实际上也就是一种保护地类型。如著名的美国黄石国家公园、南非克鲁格国家公园等。我国自 2015 年开始探索试点国家公园体制，2016 年 12 月中央全面深化改革领导小组审议通过了《大熊猫国家公园体制试点方案》等 9 个国家公园体制试点方案（这些国家公园方案有别于现有的自然保护区），正式开启了我国国家公园的发展历程。而一般公园虽然也具有一般意义的环境生态保护作用，甚至公益性，但不属于保护地类型，更多的还是侧重公众游憩服务功能，有的公园还具有明显的商业性。依据性质与功能，一般公园还可进一步细分为综合公园、体育公园、纪念公园、主题乐园等。

2. 公园所处区域位置

依据公园所处区域位置不同，可将公园分为若干类型，如位于城市建成区范围的城市公园、位于城区周围的环城公园、位于城市郊区和城乡接合部的郊野公园、地处城市以外的农村区域的乡村公园等。另外，依据公园所处水域环境不同，有位于河边地带的河滨公园、位于海边的海滨公园、靠近江边的滨江公园等。

3. 公园平面形态特征

公园的平面形状特征也可以成为分类依据，如公园建设地块长宽比较大，呈条带状的称带状公园，如北京北二环城市公园（图 1-26）；而公园形态更为细长，以致呈线状的称为线形公园，如美国纽约的高线公园（High Line Park），是将废弃的高架铁路进行改造，设计成可供公众游览观赏，别具特色的线形空中花园，是倡导节约、低碳和循环经济发展理念背景下工业废弃设施生态化改造利用的成功案例（图 1-27）。

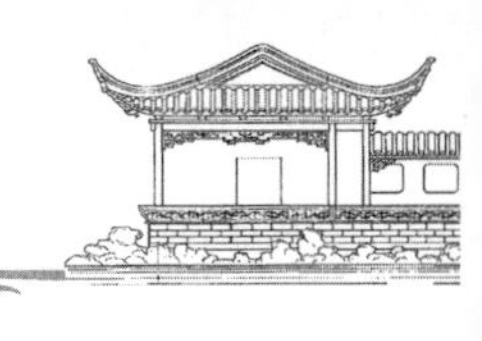

图 1-26　北京北二环城市公园

图 1-27　美国纽约高线公园

4. 公园管辖或审批级别

依据公园管辖或设立挂牌的机构级别不同对公园进行分类。如经联合国教科文组织评审设立的世界地质公园(2004 年我国张家界等 8 处地质公园首批入选世界地质公园名录),经国家部委审批设立的国家级森林公园(国家林业局审批)、国家级城市湿

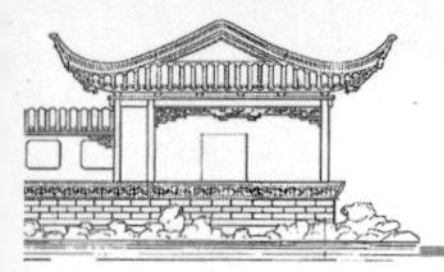

地公园(住建部审批)等。另外,省、市、县等各级人民政府机关部门也可设立特定类型的公园,如各地省级林业主管部门审批挂牌设立的省级森林公园等。

5. 公园服务对象

依据公园服务对象(或人群)不同将公园分为不同类型,如儿童公园、青年公园、盲人公园等。儿童公园主要面向儿童,主要为儿童创造各种娱乐活动和科普教育场所;青年公园则是主要为朝气蓬勃的青年人创造开展体育运动、文化交流和游览休憩的绿色开放空间;盲人公园则是以独特的感知方式为盲人创造认知自然、感知社会的绿色户外空间。

6. 公园面积规模

依据公园占地面积规模大小划分公园类型。如一般城市公园可分为特大型公园(500 hm^2 以上)、大型公园(100～500 hm^2)、中型公园(10～100 hm^2)、小型公园(1～10 hm^2)、袖珍(迷你)公园(1 hm^2以下)等(图 1-28)。

7. 公园景观要素

依据公园主要景观要素内容或特色进行分类。如植物公园、动物公园、花卉公园、农业公园、森林公园、湿地公园、地质公园、雕塑公园、文化主题公园、盆景园等。

图 1-28　美国纽约佩利公园

(二)公园分类原则

1. 依据统一

任何一种科学分类方法在同一层级上必须有统一的分类依据,只有在相同分类依据条件下,才能同时区分不同类型公园的属性或特征,否则不同类型之间就很可能发生相互涵盖和交叉。如将公园分为城市公园和乡野公园,就是依据公园的空间区位属性,即生产方式和生活方式(或称城市化水平)存在明显区别的不同空间位置。所谓层级,是指依据一种属性或特征并不能反映出需要表达的各种公园类型,这时需要通过增加其他属性或特征依据进一步区分和表达更多的类型。如上述的城市公园还可以依据一定的面积规模不同在分为大型城市公园和小型城市公园,同样乡野公园也可如此再分,这就形成了二级分类法。一个类型的次级分类依据依然保持一致,但同级不同类型之间的次级分类依据可以不一样。如乡野公园在二级分类时也可以按景观生态系统不同分为湿地公园、森林公园、农业公园等。

2. 系统全面

分类方法一旦确立,各个层级所表述的类型应该涵盖对应依据条件下的所有类型,而不是只涵盖其中一部分。同一层级表述的类型不仅涵盖全面，而且在内容或特征上彼此不同，互不交叉，不同类型的下一层级所分类型之间也不存在相互交叉，最终表述的各个类型包含了分类研究对象的所有成分，而且各个细分类型之间具有明显的内容或特征区别。如依据一定的面积规模不同将城市公园分为大型城市公园和小型城市公园，也就是说，所有的城市公园都能归入这两类，确定一个面积数值，只要公园占地面积大于这个数值就属于大型公园，小于或等于这个数值就属于小型公园。由于城市公园的多样性，面积规模差异很大，从数百平方米到数百公顷，以至于简单地分为大型和小型并不能全面而准确表达各类公园，显得不够科学和系统全面。因此，需要增加多个面积数值依据来反映更多的公园类型——特大型、大型、中型、小型、袖珍(迷你)型等。

3. 科学命名

公园分类除了遵循依据统一、系统全面原则外，还要科学准确地给出每一个类型的名称，做到含义明确、特征显著。一个分类方法或分类系统中，不仅在同一依据和层级上各类公园名称的文字含义不会产生交叉或容易使人理解歧义，在不同层级之间也应做到这一点，最终使要表达的每一类公园都有一个能区别于其他类型的恰当名称。

二、我国城市公园的类型与特点

我国《城市绿地分类标准》(CJJ/T 85—2002)采用三级分类法，第一级将城市绿地分为5个大类，即公园绿地(G1)、生产绿地(G2)、防护绿地(G3)、附属绿地(G4)和其他绿地(G5)。第二级将公园绿地划分为5个中类，即综合公园、社区公园、专类公园、带状公园和街旁绿地，第三级再将综合公园分2小类、社区公园分2小类、专类公园分7小类。并明确指出公园绿地是指由各种城市公园组成的一类城市绿地，是城市中向公众开放的、以游憩为主要功能，有一定游憩服务设施，同时兼具健全生态、美化景观、防灾减灾等综合作用的城市绿化用地，是城市绿地系统和城市市政公用设施的重要组成部分。

就公园绿地分类而言，采用了二级分类法(表1-1)，其中一级分类依据综合考虑了公园的功能、规模、服务范围、形态、位置等多种因素，二级分类依据主要为服务范围和特定内容或形式。《公园设计规范》(GB 51192—2016)则将公园类型调整为四大类，即综合公园、专类公园、社区公园和游园，将《城市绿地分类标准》(CJJ/T 85—2002)中的带状公园和街旁绿地合并为"游园"，简化了分类依据(取消形态和位置因素)，就分类而言，更趋科学合理。

表1-1　我国城市公园绿地分类

一级类型名称	二级类型名称	备　注
综合公园(G11)	全市性综合公园(G111)	二级分类依据为服务范围大小
	区域性综合公园(G112)	
社区公园(G12)	居住区公园(G121)	二级分类依据为服务范围大小
	小区游园(G122)	
专类公园(G13)	儿童公园(G131)	二级分类依据为服务对象、景观要素特色、功能等
	动物园(G132)	
	植物园(G133)	
	历史名园(G134)	
	风景名胜公园(G135)	
	游乐公园(G136)	
	其他专类公园(G137)	
带状公园(G14)		
街旁绿地(G15)		

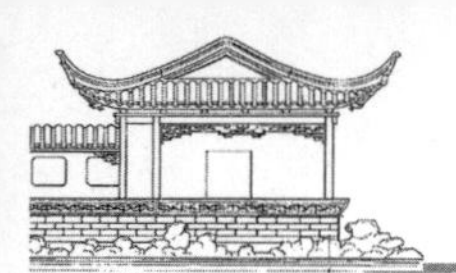

1. 综合公园(G11)

综合公园是具有丰富内容和相应设施，适合公众开展各类户外活动的规模较大的公园绿地。《城市绿地分类标准》(CJJ/T 85—2002)规定，城市综合公园是活动内容丰富、设施完善的公园绿地，一般面积不小于10 hm^2。《公园设计规范》(GB 51192—2016)规定，综合公园应设置游览、休闲、健身、儿童游戏、运动、科普等多种设施，考虑到乡镇公园建设实际情况，占地面积规模不宜小于5 hm^2。综合公园根据综合公园服务范围大小不同，又分为全市性综合公园(G111)和区域性综合公园(G112)。

(1)全市性综合公园(G111)　全市性综合公园是指为全市居民服务，活动内容丰富，设施完善的公园绿地。该类公园之所以能够为整个城市的居民服务，不仅其具有最为丰富的活动内容和完善的设施，同时还应兼具市域独特的风景和足够大的面积规模(一般至少10 hm^2 以上)，丰富的内容和独特的风景可以吸引全市居民，足够大的面积规模才能满足容量需求，这些也是全市性综合公园的特点。如北京紫竹院公园、南京莫愁湖公园、昆明翠湖公园等。

(2)区域性综合公园(G112)　区域性综公园是指为一定区域城市居民服务，具有较丰富的活动内容和设施完善的公园绿地。与全市性综合公园相比，区域性综合公园活动内容相对要少一些，规模一般也要小一点，但至少在5 hm^2 以上，才能满足各项活动内容的空间布局安排要求。

2. 社区公园(G12)

社区公园是为一定居住用地范围内的居民服务，具有一定活动内容和设施的公园绿地，其服务半径比区域性综合公园小，活动内容一般也会比综合公园少一些，但儿童活动、成年人户外休憩与交流设施应该具备。社区公园依据服务半径大小不同，又进一步分为居住区公园和小区游园。

(1)居住区公园(G121)　居住区公园服务半径0.5～1.0 km，主要服务某个居住区的居民，具有一定活动内容和设施，是为居住区配套建设的公园绿地，虽然在用地类型上不属于居住用地，但在服务功能上是从属于居住区的。

(2)小区游园(G122)　小区游园的服务半径只有0.3～0.5 km，主要为某个居住小区的居民服务，具有一定活动内容和设施，是为居住小区配套建设的小型或微型集中绿地，服务功能从属于某个居住小区，但用地性质与居住区公园不同，属于居住用地中的附属绿地，而非独立的城市绿化用地，这一点也与其他所有公园不同(图1-29)。

图1-29　上海浦东新区某小区游园

3. 专类公园(G13)

专类公园是具有特定内容或形式，有一定游憩设施的公园绿地。这类公园的共同特点是不求功能全面，但求内容独特。依据活动内容或景观要素特色不同，《城市绿地分类标准》(CJJ/T 85—2002)将专类公园分为儿童公园、动物园、植物园、历史名园、风景名胜公园、游乐公园和其他专类公园。而《公园设计规范》(GB 51192—2016)则将专类公园分为动物园、植物园和其他专类公园。

(1)儿童公园(G131)　儿童公园是为少年儿童提供游戏及开展科普、文体活动，具有安全、完善设施的公园绿地。儿童公园不同于其他公园内的儿童活动区或儿童乐园，是独立设置的集中绿地，以儿童活动内容与设施为主要功能和特征，是专门为儿童这个群体规划建设和服务的公园绿地，尽管公园内也会有供成年人休憩活动的内容，但处于次要和从属地位。

(2)动物园(G132)　动物园是在人工饲养条件下，移地保护和繁育野生动物，并供观赏、科普教育、科学研究，具有良好设施的公园绿地，也常称为野生动物园。动物园以野生动物为特色景观要素，专门展现各类野生动物种群及其生存环境，并集保护、观赏、科普、教育、科研、繁育等功能于一体，加之动物的活动以及与人的互动性，所以动物园具有独特的活动内容和景观特征，是深受广大居民尤其儿童喜爱的一类公园绿地。动物园还可依据规模大小和饲养动物种类的多少分为综合性动物园和专类动物园，综合性动物园面积宜大于 20 hm^2，专类动物园面积宜大于 5 hm^2。

(3)植物园(G133) 植物园是进行植物科学研究和引种驯化，并供观赏、游憩及开展科普活动，具有良好设施的公园绿地。植物园以各种植物为特色景观要素，专门展现各种乡土植物、外来植物、珍稀或濒危植物种群与群落及其生存环境，并集科研、观赏、游憩、科普、教育、保护、繁育等功能于一体。尽管其他公园一般也以植物要素为主，但植物园的植物种类数量和景观生境类型要丰富得多，具有明显的功能特点和景观特色。植物园还可依据规模大小和收集植物种类的多少分为综合性植物园和专类植物园，综合性植物园面积宜大于 40 hm^2，而专类植物园面积宜大于 2 hm^2。

(4)历史名园(G134) 历史名园是指具有悠久历史和较高知名度，体现中国传统造园艺术成就并被审定为文物保护单位的园林绿地。这类公园区别于其他公园的显著特征是历史文物保护单位的特殊身份和中国传统造园艺术景观内容。许多古典园林修缮后对公众开放成为一类现代公园，如有中国四大名园之称的苏州拙政园、苏州留园、北京颐和园、承德避暑山庄，就是中国古典私家园林和皇家园林的代表作，均为全国重点文物保护单位(图 1-30)。

(5)风景名胜公园(G135) 风景名胜公园是指位于城市建设用地范围内，以文物古迹、风景名胜点(区)为主形成的城市公园绿地。这类公园以历史建筑、古迹遗址、山水风光、自然植被、民俗风物、名人轶事等为景观特色，供广大居民开展游憩观赏、休闲体验、文化交流等活动。这类公园虽然也有文物古迹，但与历史名园不同，不是传统造园艺术的体现者。如南京午朝门公园、北京天坛公园等。

图 1-30 苏州拙政园

(6)游乐公园(G136) 游乐公园是指具有大型游乐设施，单独设置，生态环境较好的公园绿地。大型机械或电子游乐设施和游乐体验活动是游乐公园的主要特征。游乐公园可以是综合性的，也可以具有鲜明的主题文化特征。如芜湖方特欢乐世界就是一座大型综合性游乐公园，而上海迪斯尼乐园则是以迪斯尼卡通文化形象为主题特征的大型游乐公园。

(7)其他专类公园(G137) 其他专类公园是指以上 6 个专类公园以外具有特定主体内容的公园绿地。如以雕塑艺术为主题，雕塑作品展示交流和游览观赏为主要活动内容的雕塑公园(图 1-31)、以盆景艺术为主题内容的盆景园、以体育文化交流和运动健身为主题内容的体育公园、以纪念历史人物和历史事件为主题的纪念公园等。

4. 带状公园(G14)

带状公园是指沿城市道路、城墙、水滨等，具有一定游憩设施的狭长形公园绿地。带状公园的显著特征是其形态，在城市开放空间中犹如一条绿色的带子，联系着两边及两端不同的城市空间，发挥着城市绿色生态廊道的功能。由于受其宽度限制，带状公园的活动功能和配套设施与其他公园相比要简单，有的甚至只有步行道和凳椅等简单休息设施。

5. 街旁绿地(G15)

街旁绿地是指独立于城市道路用地之外，具有一定游憩功能的小型集中绿地，也是美化城市环境，扩

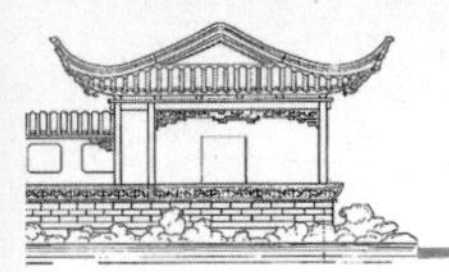

大城市开放空间，提供市民活动、休息、交流和避灾场所。如市民休闲广场、街头游园等。这类公园绿地虽然面积不大，但具有较好的绿化环境和必要的休憩设施与活动场地(图 1-32)。

图 1-31　青岛雕塑公园

图 1-32　南京汉中门市民广场

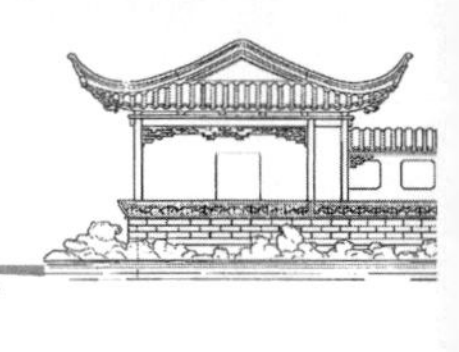

三、其他国家的公园类型

1. 美国公园类型

美国是世界上现代公园发展最早和最成熟的国家之一，其公园类型也是丰富多样。

(1)国家公园(National parks)　以保护原始自然生态景观为主，兼有科学研究、观光游览和生态教育功能的特大型公园绿地。如著名的黄石国家公园、约塞米蒂国家公园等。国家公园的设立，有效保护了广大区域一个或多个生态系统，使其自然进化并最小地受到人类社会的影响。

(2)风景眺望公园(Landscape overlooking parks)　以开阔优美的自然风景为主的公园绿地。如纽约布鲁克林眺望公园。

(3)大型风景娱乐公园(Large landscaped recreation parks)　大型风景娱乐公园是指具有较大规模自然风景绿地和丰富游憩娱乐设施的公园。如纽约中央公园。

(4)邻里公园(Neighborhood parks)　邻里公园是指主要供一个社区的居民游憩娱乐、聚会交往和运动健身的公园绿地。

(5)体育公园(Sports parks)　体育公园是指具有游泳池、田径场运动场、综合体育馆、大型运动比赛场地等设施和良好绿化环境的体育运动和健身场所。

(6)水滨公园(Waterfront parks)　沿城市水体设置的自然风景绿地。如密歇根湖畔的芝加哥格兰特公园。

(7)教育公园(Education parks)　教育公园是指植物园、动物园、标本园、博物馆等具有科普文化教育功能特色的公园绿地。

(8)公园路与绿带、绿道(Park way and greenbelt，greenway)　公园路是指种植树木形成的宽阔优美道路；绿带和绿道都是指带状公园(a belt of parks)或环绕城镇周围的乡村绿地(rural land surrounding a town or city)。

(9)邻里运动场(Neighborhood playfields)　邻里运动场是指供社区居民(主要为学龄儿童和老人)运动竞技和健身活动的场所。面积规模不小于 2 hm^2，服务半径 500m 左右，具有可供竞技比赛用的场地等运动设施、休息空间和良好的绿化环境。

(10)儿童游戏场(Children playgrounds)　儿童游戏场是指一个居住街区内学龄前儿童户外活动的场所。面积规模不小于 500 m^2，具有一定的游戏设施和绿化环境。

(11)特殊公园(Special parks)　特殊公园是指那些具有特殊活动内容或特殊用途的公用设施绿地。如高尔夫球场、露营地、海滨游泳场等。

2. 德国公园类型

(1)国民公园　国民公园是指各种较大规模的城市公众游憩绿地。如杜伊斯堡北部天然公园、柏林动物公园、多特蒙德威斯特法伦公园等。

(2)运动场及游戏场　运动场是指体育健身运动场所，游戏场是指儿童游戏活动场地，两者不仅具有各种场地设施，还具有较好的绿化环境。

(3)广场　广场指各种类型的城市广场，具有一定的休憩设施和绿化景观。

(4)林荫道与花园路　林荫道与花园路都是指具有游憩功能和良好绿化景观的道路绿地。

(5)市民菜园　市民菜园也称工人菜园或小菜园，供市民进行园艺种植、儿童游戏、庭园示范、休闲娱乐和聚会交流的公园绿地。

3. 日本公园类型

(1)基干公园　基干公园也称中心公园，又分都市基干公园(包括综合公园、运动公园)和住区基干公园(包括儿童公园、近邻公园、地区公园)。

(2)公害、灾害应对绿地　公害、灾害应对绿地也称防灾公园，是主要为防止或减轻、应对工业公害、自然灾害而设置的防护性、避难性的公园绿地。

(3)特殊公园　特殊公园包括风致公园、动物公园、植物公园、历史公园等。

(4)广域公园　广域公园是指以地方生活圈相同的数个城市(镇)共同设置，面积规模较大的公园绿地，一般 50 hm^2 以上。

(5)园林城市　园林城市是指富有旅游观光价值，其公园面积占城市规划面积 50%以上的园林观光城市。换句话说，整个城市就是一个大型公园。

第四节　公园用地比例与游人容量

一、公园用地比例

公园用地一般包括水体和陆地两部分，公园总面积也是包括水体面积和陆地面积。陆地又分为绿化用地、建筑占地、园路及铺装场地用地和其他用地四种类型，且各类用地的面积比例应符合《公园设计规范》(GB 51192—2016) 规定(表 1-2)。

1. 绿化用地

公园绿化用地是指公园内用以栽植乔木、灌木、花卉和草地的用地，是公园中面积最大的用地类型，也是公园丰富优美自然环境景观形成的基础，各类公园中绿化用地占陆地面积比例应大于 65%。

2. 建筑占地

公园建筑占地是指公园中游憩服务建筑(为游人提供游览、观赏、文化、娱乐等服务以及为游人的其他多种需要提供服务的建筑)和管理建筑(用于公园管理，不对游人开放、服务的建筑)等各种类型的建筑所占用地，各类公园中建筑占地与陆地面积比例最大值应小于 14%，面积规模很小的公园可以不设建筑用地。

3. 园路及铺装场地用地

园路及铺装场地用地指公园内的所有硬化场地，包括林荫停车场的硬化部分、林荫铺装场地的硬化部分以及砂石地面、沙土地面等。园路及铺装场地用地是公园不可缺少的用地类型，但各类公园中园路及铺装场地用地占面积比例最大应不超过 30%。

表 1-2　公园用地比例　　%

陆地面积 A_1/hm^2	用地类型	公园类型					
		综合公园	专类公园			社区公园	游园
			动物园	植物园	其他专类公园		
$A_1<2$	绿化用地	—	—	＞65	＞65	＞65	＞65
	管理建筑占地	—	—	＜1.0	＜1.0	＜0.5	—
	休憩服务建筑占地	—	—	＜7.0	＜5.0	＜2.5	＜1.0
	园路与铺装场地	—	—	15～25	15～25	15～30	15～30
$2\leqslant A_1<5$	绿化用地	—	＞65	＞70	＞65	＞65	＞65
	管理建筑占地	—	＜2.0	＜1.0	＜1.0	＜0.5	＜0.5
	休憩服务建筑占地	—	＜12.0	＜7.0	＜5.0	＜2.5	＜1.0
	园路与铺装场地	—	10～20	10～20	10～25	15～30	15～30
$5\leqslant A_1<10$	绿化用地	＞65	＞65	＞70	＞65	＞70	＞70
	管理建筑占地	＜1.5	＜1.0	＜1.0	＜1.0	＜0.5	＜0.3
	休憩服务建筑占地	＜5.5	＜14.0	＜5.0	＜4.0	＜2.0	＜1.3
	园路与铺装场地	10～25	10～20	10～20	10～25	10～25	10～25
$10\leqslant A_1<20$	绿化用地	＞70	＞65	＞75	＞70	＞70	—
	管理建筑占地	＜1.5	＜1.0	＜1.0	＜0.5	＜0.5	—
	休憩服务建筑占地	＜4.5	＜14	＜4.0	＜3.5	＜1.5	—
	园路与铺装场地	10～25	10～20	10～20	10～20	10～25	—
$20\leqslant A_1<50$	绿化用地	＞70	＞65	＞75	＞70	—	—
	管理建筑占地	＜1.0	＜1.5	＜0.5	＜0.5	—	—
	休憩服务建筑占地	＜4.0	＜12.5	＜3.5	＜2.5	—	—
	园路与铺装场地	10～22	10～20	10～20	10～20	—	—

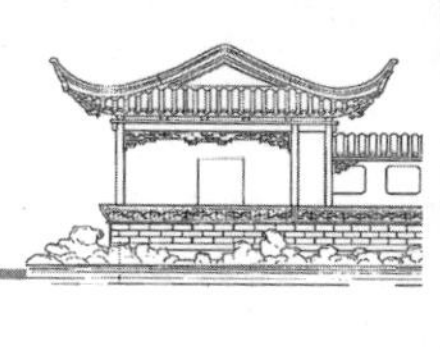

续表 1-2

陆地面积 A_1/hm^2	用地类型	公园类型					
		综合公园	专类公园			社区公园	游园
			动物园	植物园	其他专类公园		
$50 \leqslant A_1 < 100$	绿化用地	>75	>70	>80	>75	—	—
	管理建筑占地	<1.0	<1.5	<0.5	<0.5	—	—
	休憩服务建筑占地	<3.0	<11.0	<2.5	<1.5	—	—
	园路与铺装场地	8～18	5～15	5～15	8～18	—	—
$100 \leqslant A_1 < 300$	绿化用地	>80	>70	>80	>75	—	—
	管理建筑占地	<0.5	<1.0	<0.5	<0.5	—	—
	休憩服务建筑占地	<2.0	<10.0	<2.5	<1.5	—	—
	园路与铺装场地	8～18	5～15	5～15	5～15	—	—

注："—"表示不作规定；表中管理建筑、休憩服务建筑的占地比例是指其建筑占地面积的比例。

4.其他用地

公园陆地中除以上三类用地以外的用地，如公园中占地面积较大的大型人造假山。

二、公园游人容量

公园游人容量是指公园中能够容纳游人的适宜数量，包括在公园陆地上的游人数量和水上游览活动的游人数量。游人容量是计算公园各种设施的规模、数量以及进行公园管理的重要依据。公园游人容量计算公式如下：

$$C=(A_1/A_{m1})+(A_2/A_{m2}) \qquad (1.1)$$

式中：C 为公园游人容量（人）；A_1 为公园陆地面积（m^2）；A_{m1} 为人均占有公园陆地面积（m^2/人）；A_2 为公园开展水上活动的水域面积（m^2）；A_{m2} 为人均占有活动水域面积（m^2/人）。

表 1-3　公园游人人均占有公园陆地和活动水域面积指标　　m^2/人

公园类型	人均占有陆地面积（A_{m1}）	人均占有活动水域面积（A_{m2}）
综合公园	30～60	150～250
专类公园	20～30	
社区公园	20～30	
游园	30～60	

注：人均占有公园陆地和活动水域面积指标上下限取值应根据公园区位、周边地区人口密度等实际情况确定。

第五节　公园规划设计程序与任务

一、公园规划设计的基本程序

任何公园的建设和完善工作都要经历从选址、规划设计、施工建造和使用评价等过程，其中规划设计又可分解为四个阶段性工作：

(1)基础调查与分析；

(2)总体规划设计(总体设计)；

(3)局部详细设计(初步设计)；

(4)施工图设计。

上一阶段工作是下一个阶段工作的依据和指导，同时一定程度上也可能反过来影响和调整上一个阶段的工作结果。

二、公园规划设计的主要任务

1.基础调查与分析

基础调查的范围和内容包括建设单位、城市背景、自然环境、气象资料、历史人文、基地现状、相关图纸准备。

分析包括交通区位分析、自然与人文背景资料分析、基地现状分析。

2.总体规划设计

总体规划设计，简称总体设计或方案设计。一

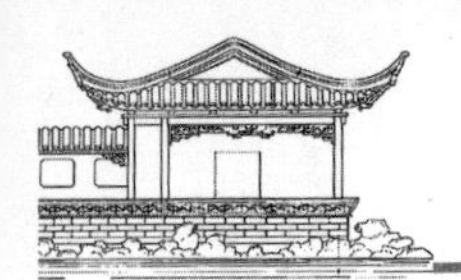

般根据设计任务书的要求进行总体规划设计。公园总体规划设计的成果内容包括说明书和图纸两部分。

规划设计说明：项目概况、现状分析、设计依据、设计指导思想和原则、总体构思与分区布局、专项规划设计（竖向、交通、种植、建筑、管线、设施等）、技术经济指标、投资估算。

规划设计图纸：区位图、现状分析图、总平面图、功能分区图、竖向设计图、交通设计图、种植设计图、总体鸟瞰图（效果图）、用于说明设计意图的其他图纸（如意向图）。

3．局部详细设计

局部详细设计，也称初步设计或技术设计，是根据计划任务书的要求，在总体规划设计方案的基础上进一步扩展深化，对公园各个细部进行详细设计，绘制详细的设计表现图，包括平面图、立面图、剖面图、效果图等（图 1-33），并编写设计说明和工程概算书。

4．施工图设计

施工图是公园规划设计方案付诸实施的具体施工依据，也称施工蓝图（通常为用硫酸纸底图晒出的蓝色线条图纸），完成施工图的过程称为施工图设计，一般根据已批准的公园总体规划设计文件和初步设计内容进行，要求完成施工总图和各个建设项目的施工详图大样（套用图纸和通用图除外），并作出以诠释设计意图、提出施工要求为主的设计说明（图 1-34）。必要时还需编制工程预算书。

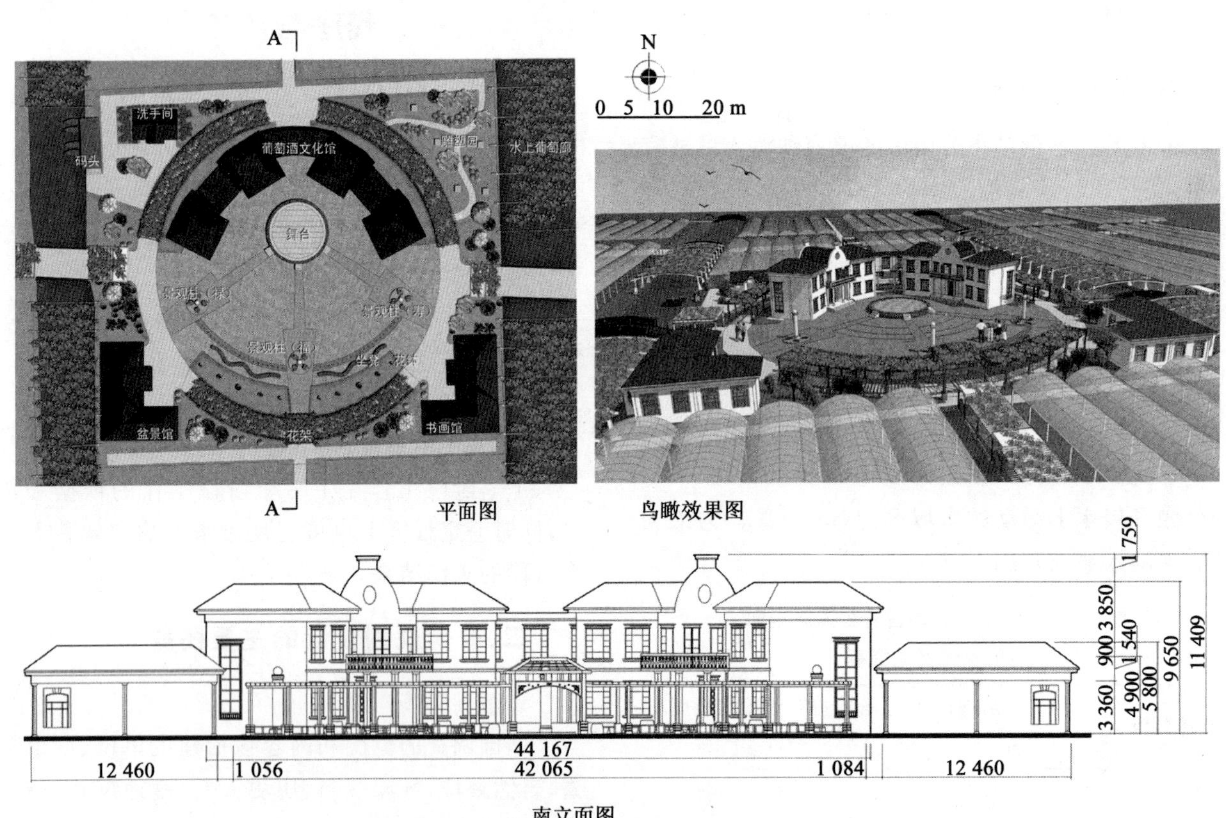

平面图　　鸟瞰效果图

南立面图

图 1-33　某农业公园文化广场详细设计方案图

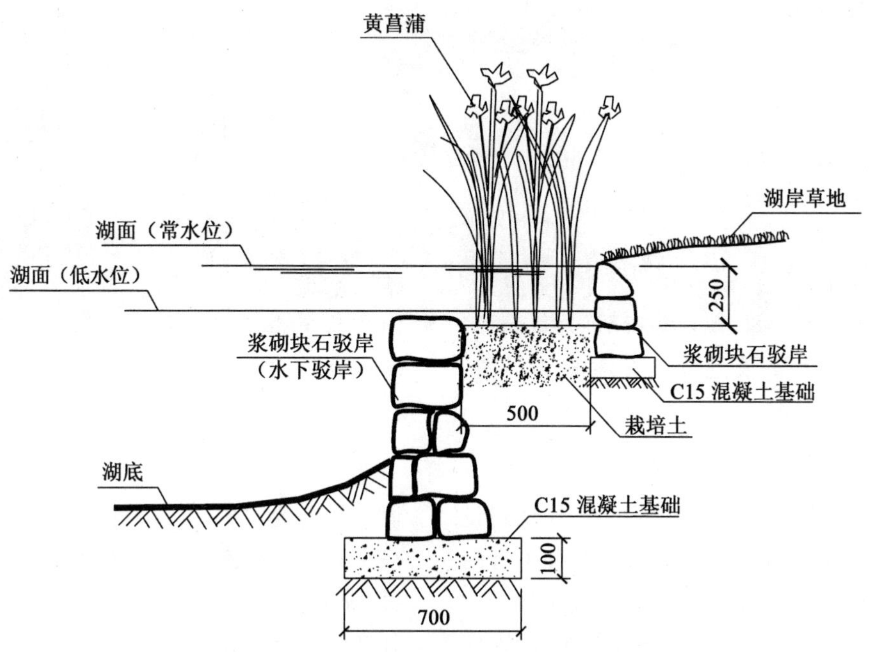

图 1-34　某公园水体驳岸施工设计大样图

第二章 公园规划设计基本理论

公园作为风景园林绿地的重要类型，其规划设计涉及多种学科和理论的交叉和融合，具有丰富的基础理论和思想方法。本章侧重介绍与公园规划设计密切相关的艺术美学、生态学、行为心理学、人体工程学等主要基本原理，公园规划设计指导思想与基本原则，公园规划设计基本布局形式，公园规划设计依据与基本规范要求，以及可持续发展、人本主义、公众参与、生态设计、低碳设计、低影响开发等影响公园规划设计的主要理念和思潮。

第一节 公园规划设计基本原理

一、艺术美学原理

美，是一种客观存在的社会现象。人类通过创造性地劳动实践，把具有真善品质的本质力量在现象中实现出来，从而使对象成为一种能够引起爱慕和喜悦等情感的观赏对象。园林是反映社会意识形态的空间艺术，要满足人们精神文明的需要，因此，在一个公园规划设计的过程中要遵循一定的美学原理。

1. 比例与尺度

(1)比例　比例是一个数学关系而非感觉关系，黄金分割曾是世界上公认的最美的比例。古希腊人按照这种比例建造神庙；书报的对开、四开、八开等也都是按照黄金分割剪裁的。比例论在西方文艺复兴时期具有神圣的地位。19 世纪末，朱利安·伽代说："优美的比例是纯理性的，它不是直觉的产物，每一个对象都有潜在于本身的比例。如果说和谐便是美，那么比例是美观的基础"，美感完全建立在各部分之间神圣的比例关系上。

随着时代的演进，黄金分割不再是唯一的形式美的比例，人们的审美观念和审美习惯都在发生着变化，近代出现了诸多探求美的比例的数比关系，如等差数列比、等比数列比和斐波纳契数列比等。人们不再将数作为万物的本原，也不应将艺术纳入纯数学的推导中。

比例在公园设计中的体现，可以是园林景物本身各部分之间的比例关系，也可以是景物之间、个体与整体之间的比例关系。拥有适当比例关系的公园设计，不仅让人在视觉习惯上感到舒服，对于构图也会有平衡稳定的作用。

(2)尺度　尺度与比例密切相关，它是指园林景物、建筑物整体和局部构件与人或人所习见的某些特定标准之间的大小关系。比例只能表明各种对比要素之间的相对数比关系，不涉及对比要素的真实尺寸，缺乏真实的尺度感。因此，在相同比率的前提下，对比要素可以有不同的具体数值。

古希腊哲学家苏格拉底说："人是万物的尺度"。因为往往人是公园使用的主体，人的尺度是最为熟知的，以"人"为"标尺"是最易于人们接受的。例如，人们用人的几围来量度古树名木的树干周长；摄影时，在树、塔、石或碑旁立一人作为参考更能让人掌握这些景物的尺寸。这种以人作为标尺的比例关系

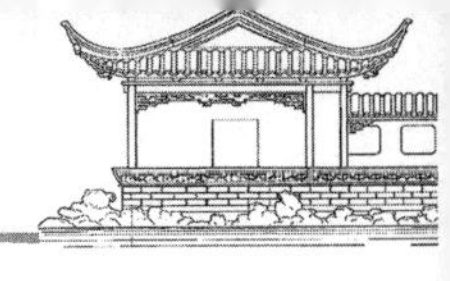

就是尺度。园林绿地构图的尺度是以人的身高和使用活动所需的空间作为视觉感知的度量标准的。

比例与尺度原是建筑设计上的基本概念，也同样适用于园林艺术构图，比例与尺度运用适当将有助于绿地的布局和造景艺术的提高。

2. 多样与统一

多样统一是形式美的基本法则，其主要意义是要求在艺术形式的多样变化中有其内在和谐与统一的关系，既显示形式美的独特性，又具有艺术的整体性。多样而富有变化，必然杂乱无章；统一而无变化，则呆板单调。

统一意味着部分之间以及部分和整体之间的和谐；多样变化则是其间的差异。统一应该是整体的统一，变化是局部的变化，在统一的前提下有秩序的变化，适度的变化。为达到多样统一的效果，必须处理好景物之间的主次关系。在任何一个场地中，主体都是空间构图的重心或重点，具有主导作用，其他客体对主体起着陪衬或烘托作用。只有主次分明、相得益彰的园林构图，才拥有足够的艺术感染力。

风景园林是由多种要素组成的空间艺术，创造多样统一的艺术效果，不仅包括形式和内容的变化统一，还可以通过材料质地、风格流派、图形线条、比例尺度以及局部与整体的变化统一来实现。

3. 协调与对比

协调的手法广泛运用于建筑、绘画、装潢的色彩构图中，采取统一色调的冷色或暖色，用以表现某种特定的情调和氛围。在园林设计中，主要通过构景要素中的岩石、水体、建筑和植物等的风格和色调的一致达到协调的效果。凡是用协调的手法取得统一的园林构图都易于达到含蓄与优雅的美。

在造型艺术构图中，把迥然不同的两个事物并列一起作比较，通过相互对照衬托，更加鲜明地突出各自的特点，叫做对比。对比是造型艺术构图中最基本的手法，其中包括体量、形状、虚实、明暗的对比，也包括空间、疏密、色彩的对比，还有质感的对比等。

对比与协调只存在于同一性质的差异之间，如体量的大小、空间的开场与封闭、线条的曲与直、颜色的冷与暖、光线的明与暗、材料质感的粗糙与光滑等，而不同性质之间的差异不存在协调与对比，如体量大小和色调冷暖就不存在可比性。

4. 对称与均衡

从力学的角度来看，对称与均衡是产生“稳定”的条件。对称，以一条线为中轴，两侧景物在质地、色彩、体量等方面做到完全相同或相近，称为绝对对称，或是对称的均衡。它是人类在长期的社会实践活动中通过对自身和周围环境的观察而获得的规律，体现事物自身结构的一种符合规律的存在方式。

而均衡是对称的一种延伸，是事物的两部分在形体布局上的不相等，但给人视觉上的感受是稳定的，是一种不等形但等量特殊的对称形式，称为拟对称，即均衡。因此，对称的即是均衡的，但均衡的不一定是对称的。

做到均衡稳定应具备以下条件：①必须有一视点或视点连线的轴线，在这个点或线上才能欣赏到对称或均衡的美景，也就是说对称或均衡的事物之间应有合适的视距及观赏点来欣赏；②对称均衡的景物之间应有一定的距离，且距离视点或视线相等；③对称均衡的景物之间通过形象、色彩、质地、体量等外观形态应传达出相等或近似的信息，这样才可保证整体的稳定。

由于人在园中游，人们的视点是变化的，对于对称均衡以达到稳定的要素就会形成连续不断的画面，也就出现了“流动对称或均衡”。要做到“人在画中游”就应处理好道路两侧游人视线可及的景物，保证景物稳定、均衡，才能保证“画”的质量。

5. 节奏与韵律

在视觉艺术中，节奏和韵律本是一种变化，也是连续景观达到统一的手法之一，同时，园林空间构图的艺术性很大部分是依靠节奏和韵律来获得的。

韵律原指诗歌中的声韵和节律，节奏产生于人本身的生理活动，如心跳、呼吸和步行等。节奏在建筑和风景园林中大都表现为景物简单的反复连续出现，通过时间的运动而产生美感，如灯柱、花坛、行道树等。而韵律是节奏的深化，是有规律而又自有起伏的变化，从而产生富有感情色彩的律动感，使得风景、音乐、诗歌等产生更深的情趣和意味。

二、生态学原理

生态学(Ecology)一词源于希腊文"Oikos",原意是房子、住所、家,指生活所在地,"Ecology"是生物生存环境科学的意思。1866年,德国动物学家Haeckel首次将生态学定义为:研究有机体与周围环境(包括非生物环境与生物环境)相互关系的科学。生态学由于其综合性和理论上的指导意义而成为现今社会无处不在的科学。

景观生态学(Landscape Ecology)一词是德国地理学家C·特罗尔于1939年提出的。

景观生态学是一门以整个景观为对象,通过物质流、能量流、信息流与价值流在地球表层的传输与交换,通过生物与非生物以及人类之间的相互作用与转化,运用生态系统原理和系统研究方法研究景观结构和功能、景观动态变化以及相互作用机理,研究景观格局、优化结构、合理利用和保护的新兴的多学科之间的交叉学科,其主体是地理学与生态学之间的交叉。

1.生态学原理在景观规划设计中的运用

生态学原理运用于景观规划设计中,应把握以下运行的机制与机理:①生态的多样性、复杂性、动态性决定了环境层次的多样性、差异性、动态性;②生态的特质表现在其自律、调和、均衡的系统运行过程中;③生态的演替表现出动力学的机制,即存在着生态位势、生态场和生态力的作用,人们只有把握它,才能保持系统的均衡;④生态的均衡有一个适宜度,在适宜度内能自我调节。

由此可见,生态学机制与原理是调控环境保持其生机的关键,生态学原理在景观规划设计中占有主导作用,是进行景观规划设计的科学理论基础。对于景观设计者来说,应该利用生态学知识,充分利用生态学的原理来指导设计,使景观规划设计在符合美学性同时,又符合科学性。

2.景观生态规划设计的产生与发展

20世纪60～70年代以来,人们从工业时代的富足梦想中逐渐醒来,开始意识到环境和能源危机,景观规划设计流露出了对人与自然关系的关注,这是对自然和文化的一种全新认识。1969年麦克哈格《设计结合自然》的问世,将生态学思想运用到景观规划设计中,产生了"设计尊重自然",把景观规划设计与生态学完美地融合起来,开辟了生态化景观规划设计的科学时代,也产生了更为广泛意义上的生态设计。生态主义的设计早已不是停留在论文或图纸上的空谈,也不再是少数设计师的实验,生态主义已经成为景观规划设计师内在的和本质的思考。尊重自然发展过程,倡导能源与物质的循环利用和场地的自我维持,发展可持续的处理技术等思想贯穿于景观规划设计、建造和管理的始终。在设计中对生态的追求已经与对功能和形式的追求同等重要,有时甚至超越了后两者,占据了首要位置。

生态学思想的引入,使景观规划设计的思想和方法发生了重大转变,也大大影响甚至改变了景观规划设计的形象。景观规划设计不再停留在花园设计的狭小天地,它开始介入更为广泛的环境设计领域,体现了浓厚的生态理念。

3.景观生态规划设计的原则

(1)自然优先原则　保护自然景观资源和维持自然景观生态过程及功能,是保护生物多样性及合理开发利用资源的前提,是景观持续性的基础。自然景观资源包括原始自然保留地、历史文化遗迹、森林、湖泊以及大的植被斑块等,它们对保持区域基本的生态过程和生命维持系统及保存生物多样性具有重要的意义,因此,在规划时应优先考虑。

(2)持续性原则　景观的可持续性可认为是人-景观关系的协调性在时间上的扩展,这种协调性应建立在满足人类的基本需要和维持景观生态整合性之上,人类的基本需要包括粮食、水、健康、房屋和能源,景观生态整合性包括生产力、生物多样性、土壤和水源(Forman,1995)。因此,景观生态规划的持续性以可持续发展为基础,立足于景观资源的持续利用和生态环境的改善,保证社会经济的持续发展。因为景观是由多个生态系统组成具有一定结构和功能的整体,是自然和文化的载体,这就要求景观生态规划把景观作为一个整体考虑,对整个景观综合分析并进行多层次的设计,使规划区域景观利用类型的结构、格局和比例与本区域的自然特征和经济发展相适应,谋求生态、社会、经济三大效益的协调统

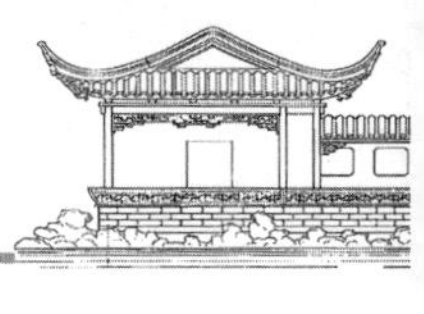

一与同步发展，以达到景观的整体优化利用。

(3)针对性原则　不同地区的景观有不同的结构、格局和生态过程，规划的目的也不尽相同，如为保护生物多样性的自然保护区设计、为使农业结构合理的农业布局调整以及为维持良好环境的城市规划等。因此，具体到某一景观规划时，收集资料应当有所侧重，针对规划的目的选取不同的分析指标，建立不同的评价及规划方法。

(4)多样性原则　多样性指一个特定系统中环境资源的变异性和复杂性。景观多样性是指景观单元在结构和功能方面的多样性，它反映了景观的复杂程度，包括斑块多样性、类型多样性和格局多样性(傅伯杰，1996)。多样性既是景观生态规划的准则又是景观管理的结果。

(5)综合性原则　景观生态规划是一项综合性的研究工作，其综合性包含两方面的含义。其一，景观生态规划基于对景观的起源、现存形式、如何变化的理解，对它们的分析不是某单一学科能解决的，也不是某一专业人员能完全理解景观内在的复杂关系并做出明智规划决策的。景观生态规划需要多学科的专业队伍协同合作进行不懈的努力，这些人员包括景观规划者、土地和水资源规划者、景观建筑师、生态学家、土壤专家、森林学家、地理学家等专业工作者。其二，景观生态规划是对景观进行有目的地干预，干预的依据是内在的景观结构、景观过程、社会-经济条件以及人类价值的需要。这就要求在全面和综合分析景观自然条件的基础上，同时考虑社会经济条件，如当地的经济发展战略和人口问题，还要进行规划实施后的环境影响评价。只有这样，才能客观地进行景观规划，增强规划成果的科学性和实用性。

三、行为心理学原理

日常生活的一般状况以及日常生活所依赖的空间对公共空间的要求：①为必要性的户外活动提供适宜的条件；②为自发的、娱乐性的活动提供合适的条件；③为社会性活动提供合适的条件。

能方便而自信地进出；能在城市和建筑群中流连；能从空间、建筑物和城市中得到愉悦；能与人见面和聚会——不管这一种聚会是非正式的还是有组织的，这些对于今天好的城市和好的建筑群来说是很关键的，就像在过去的城市中一样。上述要求是最基本的，它们只是要求为日常生活提供更好、更适用的环境。另外，室外空间的生活和公共活动的良好物质条件，无论在什么情况下都是一种有价值的、不可替代的质量，或者说一个开端。

1. 知觉

知觉是规划设计必须考虑的因素，了解人类的知觉及其感知的方式以及感知的范围，对于各种形式户外空间和建筑布局的规划设计来说都是一个重要的先决条件。

视觉和听觉与最广泛的户外社会活动——视听接触——密切相关，因此，了解它们是如何起作用的，自然就成了一个基本的规划要素。另外，把了解知觉作为一个必要的先决条件，也是为了理解所有其他形式的直接交流和人类对于空间条件及尺度的感受。

2. 向前和水平的知觉器官

人类自然的运动主要限于水平方向上的行走，其速度大约是每小时 5 km。人类的知觉器官很好地适应了这一条件，它们基本上都是面向前方的，其中发展得最完善，也是最有用的是视觉，它显然是水平向的。水平视域比竖向视域要宽广得多。如果一个人向前看，可以观察到两侧各自近 90°水平范围内正在发生的事情。

向下的视域比水平视域要窄得多，向上的视域也很有限，而且还会减少得更多一些。为了看清行走路线，人们行走时的视轴线向下偏了 10°左右。人们在街上行走时，实际上只看见建筑物的底层、路面以及街道空间本身当时发生的事情。

因此，观看的对象必须是在与观众大致在同一水平面的前方。这一点反映在各种类型观赏空间的设计之中，如剧院、电影院、体育馆等。剧院的楼座票价要低一些，因为在楼座上难以用“正确”的方式来观看演出。同样，也没有人愿意坐在比舞台低的位子上。超级市场的商品陈列也说明了竖向视域的局限。

3. 社会性视域

在 0.5～1 km 的距离，人们根据背景、光照，特

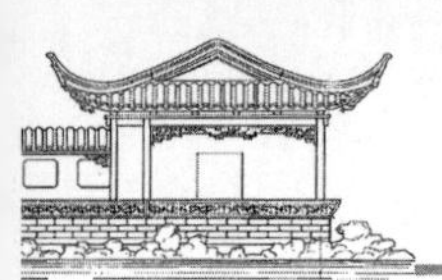

别是所观察的人群移动与否等因素，可以看见和分辨出人群。在大约 100 m 远处，在更远距离见到的人影就成了具体的个人。这一范围可以称为社会性视域。下面的例子就说明了这一范围是如何影响人们行为的：在人不太多的海滩上，只要有足够的空间，每一群游泳的人都自行以 100 m 的间距分布。在这样的距离，每一群大都可以察觉到远处海滩上有人，但不可能看清他们是谁或者他们在干些什么。在 70～100 m 远处，就可以比较有把握地确认一个人的性别、大概的年龄以及这个人在干什么。

在这样的距离，常常可以根据其服饰和走路的姿势认出很熟悉的人。

70～100 m 远这一距离也影响了足球场等各种体育场馆中观众席的布置。例如，从最远的座席到球场中心的距离通常为 70 m，否则观众就无法看清比赛。

距离近到可以看清细节时，才有可能具体看清每一个人。在大约 30 m 远处，面部特征、发型和年纪都能看到，不常见面的人也能认出。当距离缩小到 20～25 m，大多数人能看清别人的表情与心绪。在这种情况下，见面才开始变得真正令人感兴趣，并带有一定的社会意义。

一个相关的例子是剧院，剧场舞台到最远的观众席的距离最大为 30～35 m。在剧场中，一些重要的感情都能得到交流。尽管演员能通过化妆和夸张的动作等方式来“扩大”视觉表现，但为了使人们完全理解剧情，观众席的距离还是有严格限制的。

如果相距更近一些，信息的数量和强度都会大大增加，这是因为别的知觉开始补充视觉。在 1～3 m 的距离内就能进行一般的交谈，体验到有意义的人际交流所必需的细节。如果再靠近一些，印象和感觉就会进一步得到加强。

4.距离与交流

感官印象的距离与强度之间的相互关系被广泛用于人际交流。非常亲密的感情交流发生于 0～0.5 m 这一很小的范围。在这个范围内，所有的感官一齐起作用，所有细微末节都一览无遗。较轻一些的接触则发生于 0.5～7 m 这样较大的距离。

几乎在所有的接触中都会有意识地利用距离因素。如果共同的兴趣和感情加深，参与者之间的距离就会缩短，人们会走得更近或在椅子上向对方靠拢，气氛就会变得更加“亲切”和融洽。相反，如果兴致淡薄了，距离就会拉大。例如，谈话进入尾声，距离就会拉大。如果参与者之一希望结束交谈，他就会后退几步——“退场”。

另外，语言也反映了接触的距离与强度之间的联系，比如“亲近的朋友”“近亲”“远亲”“与某人保持一段距离”等说法。

距离既可以在不同的社会场合中用来调节相互关系的强度，也可用来控制每次交谈的开头与结尾，这就说明交谈需要特定的空间。例如，电梯空间就不适合于邻里间的日常交谈，进深只有 1 m 的前院也是如此。在这两种情况下，都无法避免不喜欢的接触或者退出尴尬的局面。另外，如果前院太深，交谈也无法开始。在澳大利亚、加拿大和丹麦等地的调查表明，在这一特定情形下 3.25 m 的距离似乎是很适用的。

5.社会距离

在《隐匿的尺度》一书中，爱德华·T·霍尔定义了一系列的社会距离，也就是在西欧及美国文化圈中不同交往形式的习惯距离。

亲密距离（0～0.45 m）：是一种表达温柔、舒适、爱抚以及激愤等强烈感情的距离。

个人距离（0.45～1.30 m）：是亲近朋友或家庭成员之间谈话的距离，家庭餐桌上人们的距离就是一个例子。

社会距离（1.30～3.75 m）：是朋友、熟人、邻居、同事等之间日常交谈的距离。由咖啡桌和扶手椅构成的休息空间布局就表现了这种社会距离。

公共距离（大于 3.75 m）：是用于单向交流的集会、演讲，或者人们只愿旁观而无意参与这样一些较拘谨场合的距离。

6.小尺度与大尺度

在各种交往场合中，距离与强度，即密切和热烈的程度之间的关系也可以推广到人们对于建筑尺度的感受。在尺度适中的城市和建筑群中，窄窄的街道、小巧的空间、建筑物和建筑细部、空间中活动的人群都可以在咫尺之间深切地体会到。这些城市和

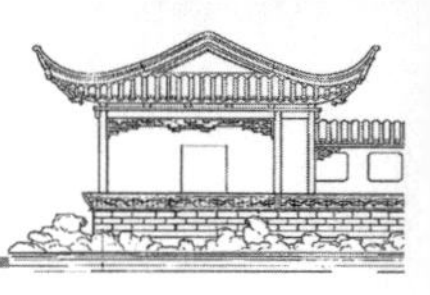

空间令人感到温馨和亲切宜人。反之，那些有着巨大空间、宽广的街道和高楼大厦的城市则使人觉得冷漠无情。

7. 体验的时间

为了感知物体和活动，就要使它们处于眼平面附近，进而考虑到人类视域的局限。除了这些条件之外，感知事物还有一个重要因素，就是要有一定的时间来分析和处理视觉印象。

大多数感觉器官天生惯于感受和处理以每小时5～15 km 的速度步行和小跑所获得的细节和印象。如果运动速度增加，观察细节和处理有意义的信息的可能性就大大降低。在公路上可以观察到这种现象的一个不太愉快的例证：当公路上一条车道发生交通事故时，另一条车道上的交通常常也会停顿，因为驾驶员把车速降到了每小时 8 km，以看清发生了什么。另一个例子是放幻灯片，如果换片太快，观众就会要求放慢速度，以看清幻灯片的内容。

当两个人相视而过时，从他们相互看清或认出对方，到他们走到一起大约需要 30 s。在这段时间里，获得的信息量和细节的详尽程度都逐渐增加，使双方都有时间对这种情形作出反应。如果这种反应的时间急剧减少，对情况进行观察和反应的能力就丧失了，正如汽车在公路上从想搭便车的人身边闪过一样。

四、人体工程学原理

1. 人体工程学的由来与发展

提到人体工程学，人们就会不由自主地把它和工业化、现代化联系起来，但它的由来却有着十分悠久的渊源。回溯历史，在人类发展的每个阶段都影印着人体工程学的潜在意识，可以说人体工程学萌芽于古代。例如：旧石器时代的石器多为粗糙的打制石器，多为自然型，不太适合人们使用，而新石器时代多为磨制石器，表面柔和光滑，造型也更适于人的使用。因此可以说，人体工程学的知识和总结是在人们的劳动和实践中产生，并随着人类技术水平和文明程度的提高而不断发展完善的。人体工程学作为一门兴起的学科，其发展与工业革命是分不开的。其发展大致经历了以下三个阶段：

(1)人适应机器阶段　从 19 世纪末到第二次世界大战之前，人机关系的主要研究思路是充分利用人体机能、使之适应机器，重点集中于选择、培训人员和改善劳动环境、减轻疲劳等方面。一般认为这一阶段的“人机关系”研究是人体工程学的开端。人们不再以一种自发的思维方式来对待“人机关系”，而是将其建立在实验的基础上，使其具有了现代科学的形态。

(2)机器适应人的阶段　在第二次世界大战期间，随着人们所从事的劳动在复杂程度和负荷量上的变化，改善劳动条件和提高劳动效率成为最迫切要解决的问题。于是在美国，人体工程学的研究首先在军事和航天领域得到了巨大发展，为人体工程学日后的发展奠定了坚实的基础。在这个阶段，由于战争的需要，新式武器和装备在使用过程中暴露了许多缺陷，比如飞机驾驶员误读高度表意外失事、座舱位置安排不当导致战斗中操纵不灵活、命中率降低导致意外事故等。研究人员深深感到“人”的因素的重要，要设计一个高效能的装备或武器，不仅要考虑技术和功能问题，还要考虑人的生理、心理、生物力学等各方面的因素，力求使机器更适应人。

(3)人-机-环境互相协调　20 世纪 60 年代以后，随着人体工程学涉及的领域不断扩大，其研究的内容也和现代社会紧密相连，仅停留在“人-机”之间的研究已远远不能满足社会的需要，环境、能源问题已是人们不容回避的现实，于是人体工程学也进入了一个新的发展阶段。“人-机-环境”成为这个阶段主要的研究内容，它涉及的知识领域相当广泛，目的是使人-机-环境能更好地协调发展。各国把人体工程学的实践和研究成果，迅速有效地运用到空间技术、工业生产、建筑及室内设计中，1961 年创建了国际人类工效学会(IEA)，从而有力地推动了该学科不断向更深的方向发展。

及至当今，社会发展向后工业社会、信息社会过渡，人体工程学提倡“以人为本”，为人服务的思想，强调从人自身出发，在以人为主体的前提下研究人们的衣食住行以及一切与生活、生产相关的各种因素如何健康、和谐地发展。这也将成为人体工程学研究的主要内容。

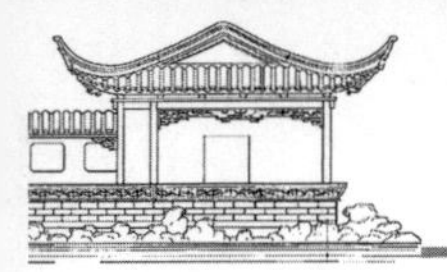

2. 人体工程学的含义

人体工程学(Human Engineering),也称人类工程学、人间工学或工效学(Ergonomics)。工效学 Ergonomics 由希腊词根“Ergo”,即“工作、劳动”和“nomis”即“规律、效果”复合而成,主要探讨人们劳动、工作效果和效能的规律性。由于该学科研究和应用的范围较广,各学科、各领域、各国家对该学科的名称提法也不统一,常见的名称还有:人机工程学、人类工程学、工程心理学、人因工学、生命科学工程等。不同的名称,其研究的重点只是略有差别。

从科学性和技术性方面,给人体工程学的定义是研究“人-机-环境”系统中人、机、环境三大要素之间的关系,为解决系统中人的效能、健康问题提供理论与方法的科学。

人:指作业者或使用者。

机:指机器,包括人操作和使用的一切产品和工程系统。怎样才能设计满足人的要求,负荷人使用的特点的机器产品,是人体工程学探讨的重要课题。

环境:指人们工作和生活的环境,噪声、照明、气温等环境因素对人的工作和生活的影响,是研究的主要对象。

系统:指由相互作用和相互依赖的若干组成部分结合成的具有特点功能的有机整体,而这个“系统”本身又是它所从属的一个更大系统的组成部分。

人体工程学的特点是,它不是孤立地研究人、机、环境这三个要素,而是从系统的总体高度,将它们看成是一个相互作用、相互依赖的系统。

3. 人体工程学与环境艺术设计的关系

人与环境的关系就如同鱼和水的关系一样,彼此相互依存。人是环境的主体,在理想的环境中,不仅能提高人的工作效率,也能给人的身心健康带来积极影响。因此,我们研究人体工程学的主要任务就是要使人的一切活动与环境协调,使人与环境系统达到一个理想的状态。

从环境艺术的角度看,人体工程学的主要功能和作用在于通过对人的生理和心理的正确认识,使一切环境更适合人类的生活需要,进而使人与环境达到完美的统一。人体工程学的重心完全放在人的上面,而后根据人体结构、心理形态和活动需要等综合因素,充分运用科学的方法,通过合理的空间组织和设施设计,使人的活动场所更具人性化。

1)人体工程学在室外坐具设计的运用

坐具是公共设施中最为常见的一种服务型设施,人们在室外环境中休息、交谈、观赏都离不开坐具(图 2-1)。

图 2-1 各种形式的室外坐具

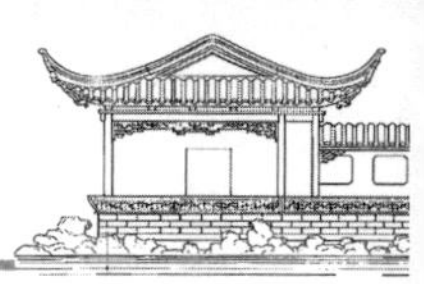

室外坐具设计的相关尺寸：

(1)座面部分　①为了使坐椅更舒适，靠背与座面之间可以保持95°～105°的夹角，而座面与水平面之间也应保持2°～10°的倾角；②对于有靠背的坐椅，座面的深度可以选择30～45 cm，而对于没有靠背的坐椅，座面的深度可以在75 cm左右，45 cm的座面高度可以提高坐椅的舒适度；③座面的前缘应该做弯曲的处理，尽量避免设计成方形；④坐椅的长度视具体情况而定，一般为每位使用者60 cm的长度。

(2)靠背部分　①为了增加坐椅的舒适度，坐椅的靠背应微微向后倾斜，形成一条曲线；②坐椅靠背的高度可以保持50 cm，这样不仅可以让使用者的后背得到支撑，连肩膀也会感到有所依靠；③有靠背的坐椅应该允许使用者在两边同时使用。

2)人体工程学在室外踏步的运用

在公园环境中，由于地势原因或功能需要，常常要改变地平面高差。而踏步与坡道是连接地面高差的主要交通设施(图2-2)。一般的，当地面坡度超过12°时就应设置踏步，当地面坡度超过20°时，一定要设置踏步，当地面坡度超过35°时，在踏步的一侧应设扶手栏杆，当地面坡度达到60°时，则应做蹬道、攀梯。

图2-2　各种形式的室外踏步

踏步的设计要点及相关尺寸：

(1)通常设计城市室外空间环境中的踏步时，适当地降低踏面高度，加宽踏面，可提高台阶的使用舒适性。

(2)踏面高度(h)与踏面宽度(b)的关系如下：$2h+b=60\sim65$(cm)。假设踏面宽度为30 cm，则踏面高度为15 cm，若踏面宽增加至40 cm，则踏面高降到12 cm左右。一般室外踏面面宽在35 cm左右的台阶较为合适。

(3)适宜的坡度在1∶(2～7)，级数以11级左右较为适宜，最多不得超过19级。

(4)踏面应设置1%左右的排水坡度。踏面应做防滑处理，天然石台阶不要做细磨饰面。

第二节　公园规划设计指导思想与基本原则

一、公园规划设计指导思想

由于公园类型的不同，其所在区位位置、场地环境、功能要求等多方面存在各种各样的差异性，因此，不同公园的规划设计指导思想会各有侧重。城市公园要以满足人的各种户外活动需求为主，协调好人、自然、城市的关系；郊野公园偏向于自然资源和生境的保护为主，人的活动需求为辅。

总体而言，各类城市公园规划设计需要遵循的总的指导思想是“科学、美观、适用、经济”。就是要在正确的科学思想和生态伦理观指导下，创造适合

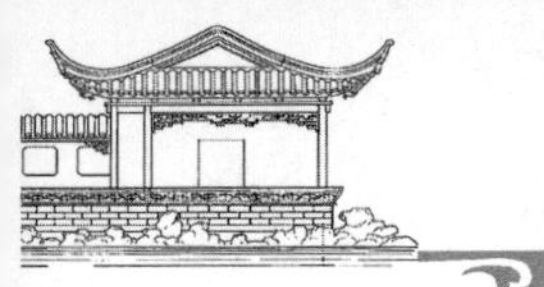

城市广大居民的自然、轻松、优美的户外游憩生活空间，并做到经济节约。与古典园林相比，现代公园在内容、形式及服务对象上都有了很多纷繁的变化。现代人对园林的要求，已不再满足单方面的艺术需求，片面地追求神韵和含蓄美，而是渴望园林能同时满足新形势下产生的众多的新要求，适应生活中人们生态观、娱乐观的变化。在这一新时代背景下，古典园林作为过去时代的艺术，已很难再适应大众游览的品味，而满足现代人精神和物质需求的重任就自然而然地落在了具有现代意义的公园上。不仅如此，城市公园同时也要能为野生动植物提供栖息生活场所，还应考虑到公园内部和外部环境变化，内部环境包括生态技术的加强、内部设施设备的老化、公共空间使用情况变化；外部环境包括城市整体生态系统状况、周边环境包括自然环境和社会环境的变化，及时更新设计以适应这些变化，保持公园整体的适用性和使用者的舒适性。但是目前我国的公园建设无论在数量上或质量上，还不能很好地适应现代化生活的发展要求。因此，如何继承发展中外传统园林文化，建设出满足国人需求的现代公园，保持其社会、经济、生态效益的持续和协调发展，已成为现代化城市规划发展中的一个重要问题。

由于规划的指导思想贯穿于公园规划的方方面面，关系到公园的发展速度、前途和命运，因此，确立正确的指导思想对公园的规划设计、建设和后期服务至关重要。

二、公园规划设计基本原则

(1)生态优先，可持续发展　既满足当代人的需求，又不对后代人满足其需求的能力构成危害的发展称为可持续发展。可持续发展思想的核心内容：一是全局性，长远考虑；二是平衡性，整体考虑。既要达到发展经济的目的，又要保护好人类赖以生存的大气、淡水、海洋、土地和森林等自然资源和环境，使子孙后代能够永续发展和安居乐业。可持续发展强调：发展要以自然资源为基础，与环境承载力相协调，通过资源高效利用使社会、经济发展保持在资源承载力范围之内，追求社会公平、经济增长和环境保护之间的动态平衡，并力求在发展的过程中解决环境问题。

(2)全面调研，科学定位　当地的自然、社会人文、经济条件是公园规划的基础，必须认真细致地了解和掌握拟建公园的本底情况和当地的社会经济和文化状况，特别是经济地理状况、区域社会经济发展的目标和政策、当地政府的支持程度、周边群众的生活条件和环境保护意识、民俗风情、旅游服务人员的来源和素质等，为科学确定公园规划建设目标和功能奠定基础。

(3)性质明确，目标恰当　基于详实的调研结果，明确公园项目的性质和主要功能特点，如运动型、休憩型、展示型、保护型、纪念型等，基于不同类型公园要求制定适当的设计和建设目标，为城市居民创造方便的游憩条件和优美舒适的户外活动环境。

(4)因地制宜，保护利用　公园规划内容主要包括自然景观和人文景观，不同类型公园基于不同要求可以各有侧重。规划设计需充分利用现有的资源优势，做到因地制宜，科学开发场地内以及整合周边景观资源，如山体、森林、草地、河流、湖泊，以及古树、寺院、庙宇，各类遗迹、遗址和传说等资源，对重要景观资源和文化资源加以保护和合理开发利用，尽可能实行充分尊重自然规律的 4R 原则，即更新使用(renew)、减量使用(reduce)、重复使用(reuse)和循环使用(recycle)。根据定位需要强化公园的观赏、休闲、娱乐等吸引能力，并创造良好的服务条件，真正让使用者流连忘返。设计要做到适地适树、适地适景、适地适度。

(5)合理布局，满足功能　按照公园的性质和主要功能要求，结合场地现状条件，合理安排各个功能或景色分区，各类景观空间和服务设施有机融为一体，满足不同的功能要求。在功能的考虑上切实体现“以人为本”的设计哲学，从使用人群的性别、年龄、习惯、文化、需求等各方面精心打造科学的总体规划和人性化的细节设计。

(6)继承传统，勇于创新　在充分调查当地自然条件与人文资源的基础上，结合现代科技文化发展成就，努力表现地方特色和时代风格。设计要尊重地方文化，不要拆文化遗产又去建造“假古董”，又要

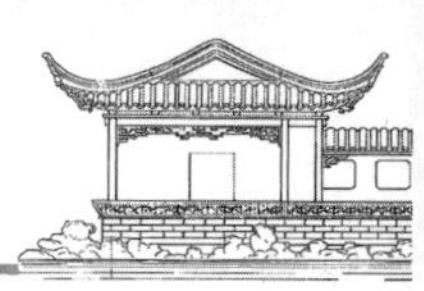

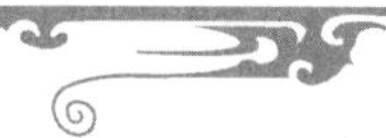

能够体现时代的风格特征。“民族的才是世界的。”在公园形态和文化设计领域，要继承和发展我国优秀的传统造园艺术，同时积极吸收国外现代园林先进经验和科学理念，创造有中国特色的现代新园林。创新源于积累，只有立足于本土，才能创造出新景观。根据拟建公园的性质定位，在满足各项功能要求的基础上，在公园的特色性方面可以进行大胆的创新设计。切忌盲目模仿，照搬照抄。

(7)远近结合，便于实施　急功近利是容易犯的错误。因此，争取处理好近期建设与远期发展的关系以及生态效益、社会效益、经济效益的关系，确定短、中、长期发展目标，做到远近结合，便于分期实施建设和日常维护管理。无特殊考虑的情况下，要尽量节约建设成本和维护成本。

总之，真正的现代景观设计是人与自然、人与文化的和谐统一。每一个公园规划规划设计项目在制定发展目标时必须立足公园和当地自然经济条件，着眼于未来的发展，在基础设施建设上予以足够的重视，在特色建设上予以优先考虑，在生态环境保护上予以高度重视，在建设速度和规模上立足当前而适度超前；在确定了科学合理的发展目标之后，有重点地分阶段、分步骤实施。

第三节　公园规划设计基本布局形式

园林景观的布局形式一般分为自然式、规则式和混合式。中国江南传统园林如拙政园等为自然式园林的代表形式之一；欧洲以法国古典园林为代表的园林如凡尔赛宫等为规则式园林典范；混合式则是空间布局兼有自然和规则两式，或综合布局，或以一式为主另一式为辅。公园作为景观类型之一，其布局形式大致也可分为上述三类。

一、自然式

自然式又称为风景式、山水式、不规则式。自然式的公园无明显的对称轴线，各种要素自由布置。这种创作手法效法自然，服从自然，但又高于自然，具有灵活、幽雅的自然美。其缺点是不易与严整、对称的建筑、广场相配合。自然式园林题材的配合在平面规划或园地划分上随形而定，景以境出。园路多采用弯曲的弧线形；草地、水体等多采取起伏曲折的自然状貌；树木株距不等，栽植时丛、散、孤、片植并用，如同天然播种；蓄养鸟兽虫鱼以增加天然野趣；掇山理水顺乎自然法则。总体风格是一种全景式仿真自然或浓缩自然的构园方式。由于自然式园林以模仿再现自然为主，不追求对称的平面布局，立体造型及园林要素布置均较自然和自由，相互关系较隐蔽含蓄。这种形式较能适合于有山有水有地形起伏的环境，以含蓄、幽雅、意境深远见长。如中国古典园林拙政园、留园、颐和园，日本的桂离宫、修学院离宫等。一般情况下较大规模的公园绿地由于拥有自然山水，因此在总体布局上通常采用自然式样。如纽约中央公园、北京北海公园、南京玄武湖公园、杭州西湖公园、日本千叶县21世纪的森林和广场公园等。21世纪森和广场公园与周边村庄农舍无隔离地结合，整体布局自然，道路、水体、植物等各要素与环境相协调，讲求自然风格特征(图2-3)。

自然式公园的地形、水体、广场、建筑、植物、小品等要素具有一些典型特征：

(1)地形　自然式公园的创作讲究“因地制宜”。规划布局依据原有地形特征和山体水系，安排绿地、水域和道路，建筑布置因高就低不讲求明确的轴线关系。自然式公园最主要的地形特征是“自成天然之趣”，所以，在园林中，力求体现自然界原有的地貌景观特征，或平原，或自然起伏。地形的剖面为自然曲线。

(2)水体　自然式公园水体其轮廓为自然的曲线，驳岸多采用自然山石、石矶等形式，园林水景的类型以溪涧、河流、自然式瀑布、池沼、湖泊等为主。局部常以瀑布为水景主题。在建筑、广场附近或根据造景需要也部分用条石等材料砌成直线或折线驳岸。

(3)广场　建筑周边广场为适应建筑形态和功能多采用规则式外，公园中的开放性活动场地多为自然形态的空旷草地和广场。建筑组合形成的外部场地空间也以不规则形态为主，形成自由的活动空间。

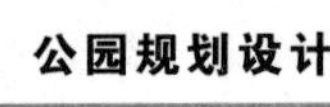

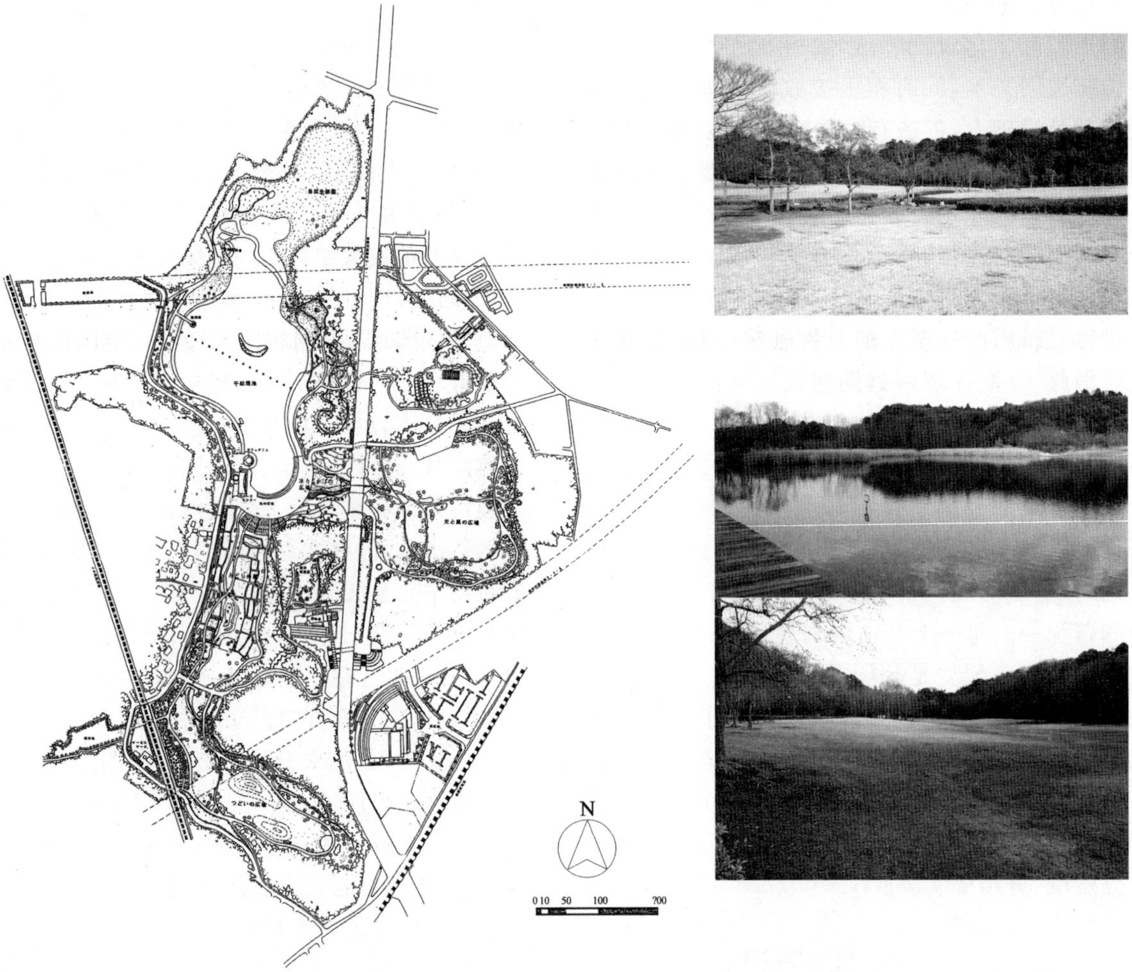

图 2-3　千叶县 21 世纪的森林和广场公园(平面图和实景照片)

(4)建筑　公园内单体建筑为对称或不对称均衡的布局,建筑群和大规模建筑组群,多采取不对称均衡的布局。全园不以轴线控制,而以主要导游线构成的连续构图控制全园。中国传统自然式园林中的建筑类型有亭、台、楼、阁、榭、坊、馆、轩、厅、塔、堂、廊、桥等,在现代公园中会依据功能定位推陈出新,灵活运用。

(5)种植　自然式园林种植要求反映自然界植物群落之美,无明显的轴线关系,不成行成列栽植,自然、灵活,富于变化,体现柔和、舒适、亲近的空间艺术效果。树木不修剪或少修剪,配植以孤植、丛植、群植、密林为主要形式。以自然的树丛、树群、树带来区划和组织园林空间。花卉布置以花丛、花境为主,不用模纹花坛。对花木的选择标准考虑到四季景色的不同以及姿态、色彩、气味,观花、观叶、观果等因素,综合考虑营造舒适植物空间。

(6)小品　假山、置石、雕塑等园林小品多配置于透视线集中的焦点,在小空间中形成主景。

二、规则式

规则式园林,又称整形式、几何式、对称式园林。规则式公园以建筑或建筑式空间为主要或重点布局内容。公园中各种景观要素布局比较规整,直线性、几何化的空间比较多。整个园林及各景区景点皆表现出人为控制下的几何图案美。园林题材的配合在构图上呈几何体形式,在平面规划上多依据一个中轴线，在整体布局中为前后左右对称。园地划分时多采用几何形状，其园线、园路多采用直线形；广场、水池、花坛多采取几何形体；植物配置多采用对称式，株、行距明显均齐，花木整形修剪成一定图案，园内行道树整齐、端直、美观，有发达的林冠线。规则式又分规则对称式和规则不对称式两种。规则对称式具有明显的对称轴线，各园林要素依轴线对称布置，具有庄严、整齐、雄伟、肃静、理性的空间氛围；规则不对称式布局没有明显的对称轴线，但园林要素布置规整，具有整齐统一和几何图案美的特点。欧洲传统造园中，倾向于规则式园林，如法国凡尔赛宫、维康府邸，西班牙阿尔汉布拉宫中的伊斯兰风格中庭等。在近现代，规则式公园多见于城市中小尺度公园、小型附属绿地以及纪念性公园等。如美国福特·沃斯市伯纳特公园，智利 Padre Renato Poblete 河滨公园（图 2-4、图 2-5）属于规则几何式；南京雨花台烈士陵园和中山陵园，北京天坛公园等核心区域属于规则对称式（图 2-6 至图 2-8）。规则式公园有时也会因为过于严整，而呈现出空间呆板和单调的缺点。

规则式公园在构图、地形、水体、广场、建筑、种植、小品等方面具有一些典型特征：

（1）中轴线、几何构图和造型　全园在平面规划上有明显的中轴线，并大抵以中轴线的左右前后对称或拟对称布置，园地的划分大都成为几何形体如正方形、长方形、圆形或直线划分的多边形等。有时园林轴线多视为是主体建筑室内中轴线向室外的延伸。一般情况下，主体建筑主轴线和室外轴线是一致的。

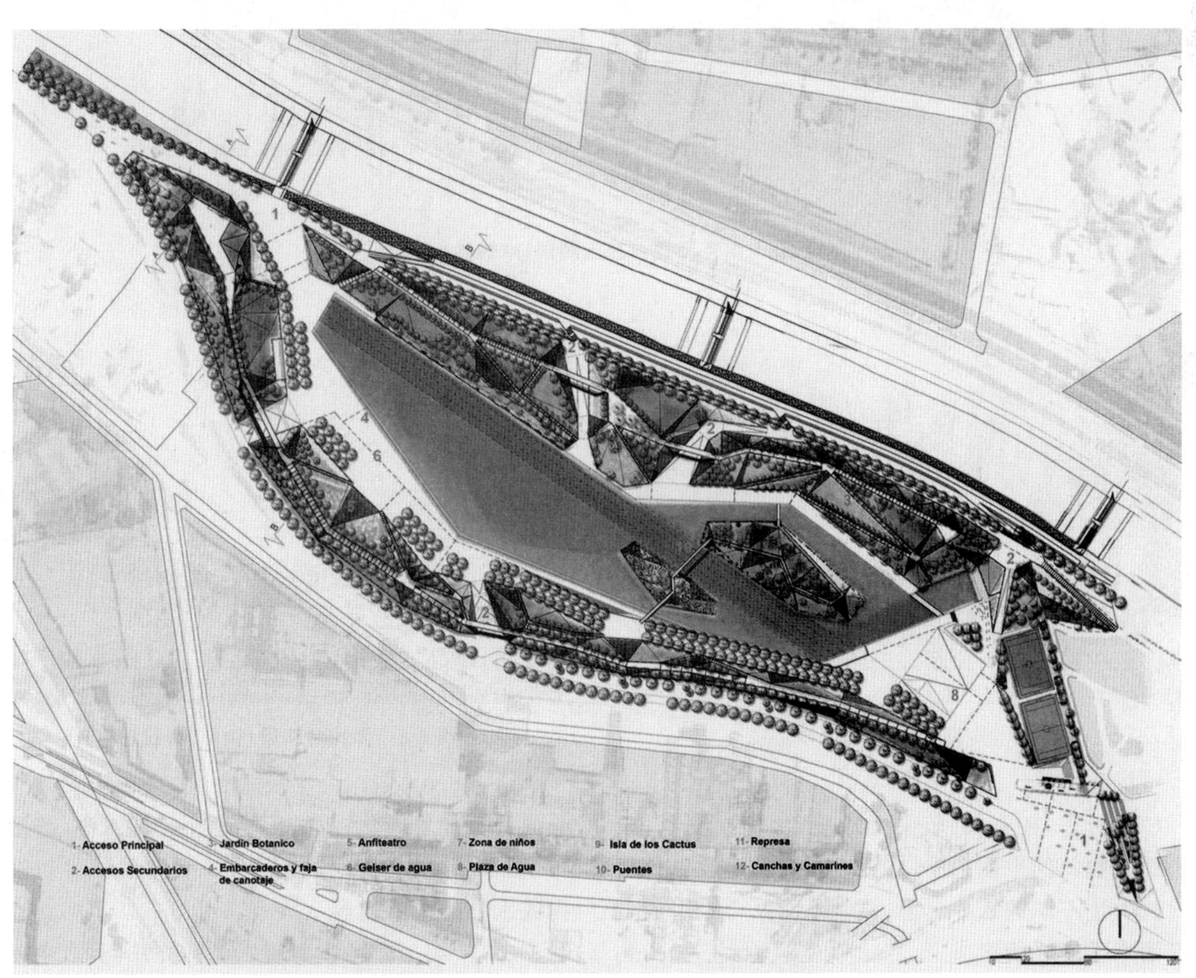

图 2-4　智利 Padre Renato Poblete 河滨公园平面图

图 2-5 Padre Renato Poblete 河滨公园实景

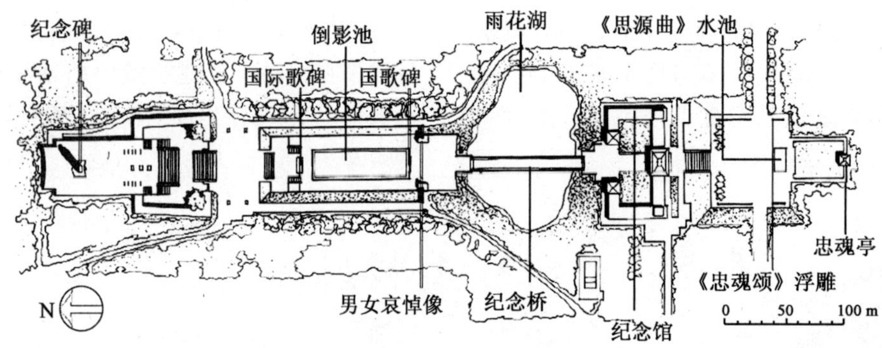

图 2-6 南京雨花台烈士陵园(中轴线)平面图

图 2-7 雨花台实景(忠魂亭)

图 2-8 雨花台实景(倒影池、纪念碑)

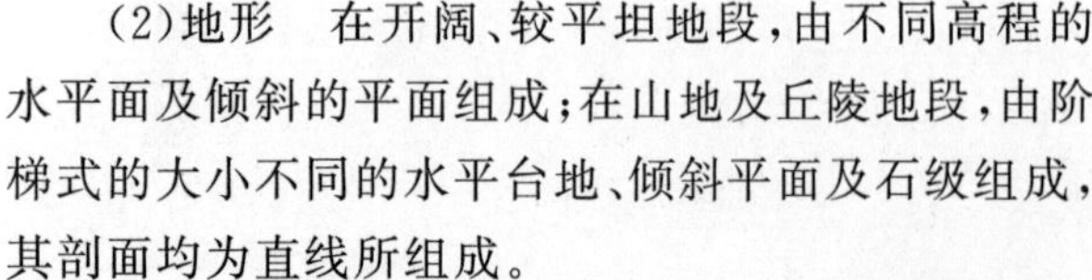

(2)地形 在开阔、较平坦地段，由不同高程的水平面及倾斜的平面组成；在山地及丘陵地段，由阶梯式的大小不同的水平台地、倾斜平面及石级组成，其剖面均为直线所组成。

(3)水体 其外形轮廓均为几何形，主要是圆形和长方形，水体的驳岸多整形、垂直，有时在轴线中心或两端设置雕塑；水景的类型有整形水池、整形瀑布、喷泉、壁泉及水渠运河等，古代神话雕塑与喷泉构成水景的主要内容。

(4)广场 广场多为规则对称的几何形，主轴和副轴线上的广场形成主次分明的系统，道路也多为直线形、折线形或几何曲线形。广场与街道构成方

格形式、环状放射形、中轴对称或不对称的几何布局。

(5)建筑　主体建筑群和单体建筑多采用中轴对称均衡设计，多以主体建筑群和次要建筑群形成与广场、道路相组合的主轴、副轴系统，形成控制全园的总格局。

(6)种植　配合中轴对称的总格局，全园树木配置以等距离行列式、对称式为主，树木尤其是灌木多修剪整形，绿篱、绿墙、绿柱为规则式园林较突出的特点。园内常运用大量的绿篱、绿墙和丛林划分和组织空间，花卉布置常为以图案为主要内容的花坛和花带，有时布置成大规模的花坛群。

(7)小品　园林雕塑、园灯、栏杆等装饰、点缀了园景。西方园林的雕塑主要以人物雕像布置于室外，并且雕像多配置于轴线的起点、终点或交点上。雕塑常与喷泉、水池构成水体的主景。

Padre Renato Poblete 河滨公园项目场地位于智利圣地亚哥的西部。它是一个可持续发展的公园，设计借助河流两岸的天然美景和日渐被废弃的工业地带，让整个场地面积变得更大，景色也更加诱人。从整个设计方案来看，公园的现代感很强烈，几乎所有人工设计形态都以直线和折线的形式来处理，有很强烈的几何美学特征。公园的各个景观之间也较为平衡，受到了人们的欢迎。

雨花台烈士陵园位于南京市雨花台区，是新中国规模最大的纪念性陵园。陵园核心区为中轴对称结构，自南向北有忠魂亭、纪念馆、纪念桥、倒影池、革命烈士纪念碑等，形成一个由开敞与围合、室外与室内、平台与上升不断变化的序列空间。陵园整体空间结构严谨、氛围肃穆，是一座既有传统民族风格又具现代气息的爱国主义教育示范基地。

三、混合式

混合式公园就是指规则式、自然式交错组合，全园没有或形不成控制全园的主中轴线和副轴线，只有局部景区、建筑以中轴对称布局，或全园没有明显的自然山水骨架，形不成自然格局。一般情况，多结合地形，在原地形平坦处，根据总体规划需要安排规则式的布局。在原地形条件较复杂，具备起伏不平的丘陵、山谷、洼地等，结合地形规划成自然式。类似上述两种不同形式规划的组合即为混合式公园，如英国伦敦海德公园、广州中山岐江公园均是轴线控制与自然水岸的结合，北京奥林匹克公园、上海世纪公园等属于以自然式为主，局部规则式处理的空间格局等。

广州中山岐江公园占地 11 hm^2。公园设计保留了原有场地中的部分旧厂房和机器设备，并将其重新幻化成富于生命的新景观。公园的规划设计既有强烈的轴线控制和规整式的局部，也有自然的水岸线和多样化的植栽，总体设计风格为有机统一的混合式（图 2-9 至图 2-11）。

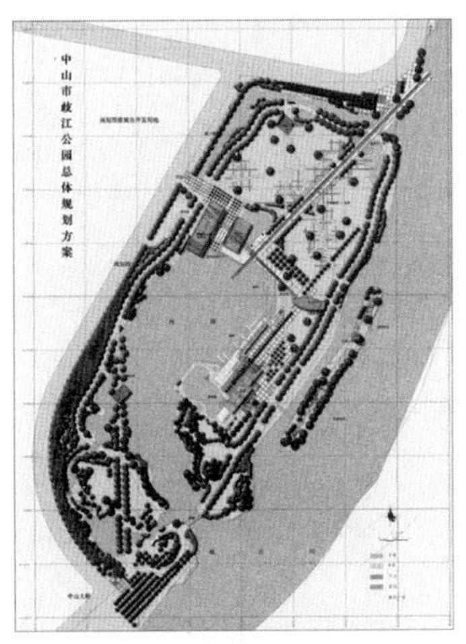

图 2-9　岐江公园平面图

图 2-10　岐江公园俯视全景

图 2-11 岐江公园局部景观

有一些公园在形式上并不容易界定为规则式或自然式，更多体现一种综合设计的思维，如法国巴黎拉·维莱特公园（Parc de la Villette），由解构主义代表人物建筑师伯纳德·屈米（Bernard Tschumi）设计，建于 1987 年，坐落在法国巴黎市中心东北部，占地 55 hm^2，城市运河流经公园，环境美丽而宁静，集花园、喷泉、博物馆、演出、运动、科学研究、教育为一体的大型现代综合公园（图 2-12）。公园由废旧

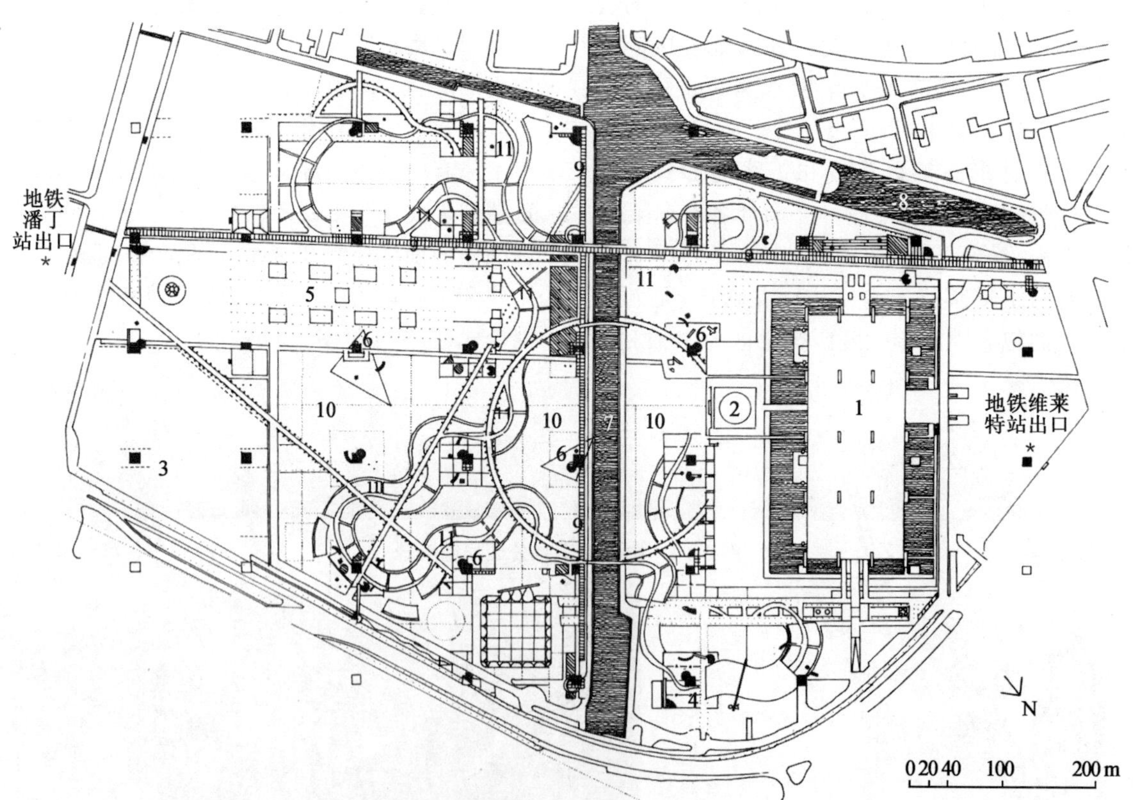

图 2-12 拉·维莱特公园平面图

1. 科学工业城 2. 球形立体电影院 3. 音乐城 4. 赛马俱乐部 5. 市场大厅 6. 红色小构筑物(Folly) 7. 乌尔克运河 8. 圣·迪尼运河 9. 空中步道 10. 公园 11. 各种庭园

的工业区、屠宰场改建而成，融入田园风光结合的生态景观设计理念，为市民提供了一个宜赏、宜游、宜动、宜乐的城市自然空间，是城市改造的成功典范。乌尔克运河把公园分成了南北两部分，北区展示科技与未来的景象，南区以艺术氛围为主题。公园被屈米用点、线、面三种要素叠加，相互之间毫无联系，各自可以单独成一系统（图 2-13）。“点”是 26 个红色的点景物，出现在 120 m×120 m 的方格网的交点上，有些仅作为点的要素存在，有些 folie 作为信息中心、小卖饮食、咖啡吧、手工艺室、医务室之用。“线”的要素有长廊、林荫道和一条贯穿全园的弯弯曲曲的小径，这条弯曲的小径不仅联系了公园的 10 个主题花园，也打破了公园设计布局的整体几何规则感，融入自然和自由的气息，成为一条最佳游览路线，徜徉其间，公园几乎所有特色景观与游憩活动都可以体验到。“面”是包括镜园、恐怖童话园、风园、雾园、竹园等 10 个主题园（图 2-14）。

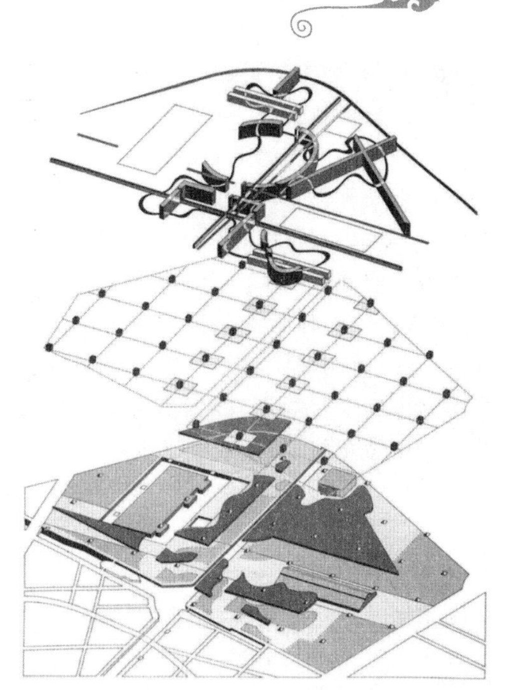

图 2-13　拉·维莱特公园点线面空间结构系统示意图

图 2-14　拉·维莱特公园局部实景

第四节　公园规划设计依据及基本规范要求

一、公园规划设计依据

公园的规划设计主要以国家、省（自治区、直辖市）有关城市园林绿化发展建设的方针、政策和法规、城市社会经济发展背景、地理与自然气候条件、城市建设与发展规划、城市绿地系统规划、区域景观生态规划、公园设计相关规范和标准以及具体公园项目的性质与功能要求、公园基地现状资源条件等作为依据。

1. 国家与地方相关法律、标准和规范依据

《中华人民共和国文物保护法》《城市绿地分类标准》《城市绿化条例》《公园设计规范》《城市绿地设

计规范》等国家和地方的最新规范和标准是开展公园规划设计的首要依据，从项目立项到最后的施工，都要把相关规范标准作为重要的设计准绳，在合法、可行的基础上展开创新性设计。

2. 地方上位规划依据

各地方政府和职能部门为了各城市的可持续发展，都会依据国家总体目标制定更为详尽的地方中长期规划，在具体的公园项目开展规划设计过程中必须参考地方的上位规划，以保证和总体目标要求相一致。如城市总体规划、城市绿地系统规划、城市景观系统规划、城市公园体系规划、城市生态系统规划等。

3. 公园及周边环境资源依据

公园基地及周边现状调研，自然资源、社会文化资源及各类问卷调查结果都是开展具体规划设计任务的重要依据。

总之，立项的公园设计应在批准的城市总体规划和绿地系统规划等上位规划的基础上进行。应正确处理公园与城市建设之间，公园的社会效益、环境效益与经济效益之间以及近期建设与远期建设之间的关系。公园内各种建筑物、构筑物和市政设施等设计应符合现行有关标准的规定。

二、公园规划设计基本规范要求

为全面地发挥公园的游憩功能和改善环境的作用，确保设计质量，国家建设部统筹风景园林、建筑和城规等相关部门制定国家统一标准——《公园设计规范》(GB 51192—2016)，以用于全国新建、扩建、改建和修复的各类公园设计。公园内各种建筑物、构筑物和市政设施等设计除执行本规范外，尚应符合现行有关标准的规定。

《公园设计规范》着重对公园内容和规模、技术条件、公园游人容量、公园设施等进行说明，并针对公园涉及游人安全的相关要求进行强行制定。主要内容包括公园与城市规划的关系、内容和规模、园内主要用地比例、常规设施，总体设计包括公园容量计算、布局、竖向控制、现状处理等，地形设计包括地表排水、水体外缘设计要求等，园路及铺装场地设计、种植设计、建筑设计，以及驳岸与山石、电气与防雷、给水排水和儿童游戏场等设计要求规范。随着时代和行业的不断发展，规范的要求和标准也会有适当的调整。

总之，无论是城市公园还是郊野公园的景观设计，都要遵照《公园设计规范》的基本要求，因地制宜、科学合理地规划设计各景观要素。

除了《公园设计规范》，公园规划设计还涉及其他规范、标准等。基于多元价值判断，《中华人民共和国文物保护法》对具有历史、艺术、科学价值的相关建筑和遗址等有不同的保护等级，所有公园规划设计必须掌握规划范围内及周边文物情况，做到敬畏文物、保护文物、宣传文物。

《中华人民共和国城乡规划法》明确公园规划应该符合城乡总体规划要求，城乡建设和发展中，严格保护自然资源和生态环境，应当依法保护和合理利用风景名胜资源，统筹安排风景名胜区及周边环境建设。

《中华人民共和国森林法》对森林、林木和林地的保护和开发都给予了明确的法律解释。《中华人民共和国城市绿化条例》更是要求城市绿化建设纳入国民经济和社会发展计划，公园绿地同样必须在科学层面合理规划、建设、保护和管理。绿化工程项目必须符合规范流程和标准，方可验收合格及交付使用。

《城市给水工程规划规范》和《污水综合排放标准》要求公园规划在给排水方面注意相关排灌设施的设计规范和工程建设规范。《建筑设计防火规范》中规定了不同建筑的建筑耐火等级分级及其建筑构件的耐火极限、平面布置防火分区与防火分隔、建筑防火构造、防火间距和消防设施设置的基本要求，以及各类建筑为满足灭火救援要求需设置救援场地、消防车道、消防电梯等设施的基本要求，在公园内的所有建筑规划设计必须满足消防要求。

在具体规划设计领域，为了统一标准和管理服务也有一些明确的规范要求，诸如停车场的设计规范，对各种停车场的容量、建设标准、具体车位指标等都有相应的规定；风景园林工程设计文件编制深度规定要求，方案设计、初步设计、施工图设计等不同深度阶段都有相应文字内容和图纸要求。

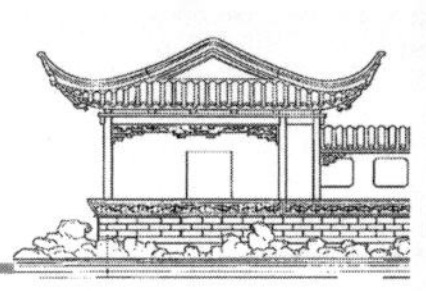

综上所述，规范往往只是基本要求，因此在满足规范标准的基础上，具体的景观设计可以充分挖掘立地条件中的自然人文景观与文化，创新性开展规划设计工作，根据需要强化每一块区域的特定功能，创造多样化的休闲、娱乐、运动场地，来满足市民、游客的需要，充分体现"以人为本""人与自然共生"的设计理念，为城市发展的现代化、人文化、和谐化和智慧化做出规划设计方面的努力。

第五节 影响公园设计的理念与思潮

一、可持续发展

"可持续"一词来自于拉丁文"sustenere"，意思是"维持下去、继续提高"。为各界所普遍采用的可持续发展的定义是世界与环境发展委员会（WCED）在 1987 年《我们共同的未来》（*Our Common Future*）报告中提出的定义：既满足当代需求，又不损及后代子孙满足其基本生活需求的发展（Development which meets the needs and aspirations of current generations without compromising those of further generations）。"

一般认为，可持续发展理论的"外部响应"，表现在对于"人与自然"之间关系的认识：人的生存和发展离不开各类物质与能量的保证，离不开环境容量和生态服务的供给，离不开自然演化进程所带来的挑战和压力，如果没有人与自然之间的协同进化，人类社会就无法延续。

可持续发展理论的"内部响应"，表现在对于"人与人"之间关系的认识。可持续发展作为人类文明进程的一个新阶段，其核心内容包括对于社会的有序程度、组织水平、理性认知与社会和谐的推进能力，以及对于社会中各类关系的处理能力，诸如当代人与后代人的关系、本地区和其他地区乃至全球之间的关系，必须在和衷共济、和平发展的气氛中，才能求得整体的可持续进步。

总体而言，对于可持续发展的内涵认知需要以下三个前提：①只有当人类向自然的索取能够与人类向自然的回馈相平衡的时候；②只有当人类对于当代的努力能够同对后代的贡献相平衡的时候；③只有当人类为本区域发展的思考能够同时考虑到其他区域乃至全球利益的时候。基于上述三点，可持续发展的基本内涵才具备了坚实的基础。

相对于传统发展而言，在可持续发展的突破性贡献中，提取出以下 5 个最基本的内涵：①可持续发展内蕴了"整体、内生、综合"的系统本质；②可持续发展揭示了"发展、协调、持续"的运行基础；③可持续发展反映了"动力、质量、公平"的有机统一；④可持续发展规定了"和谐、有序、理性"的人文环境；⑤可持续发展体现了"速度、数量、质量"的绿色标准。

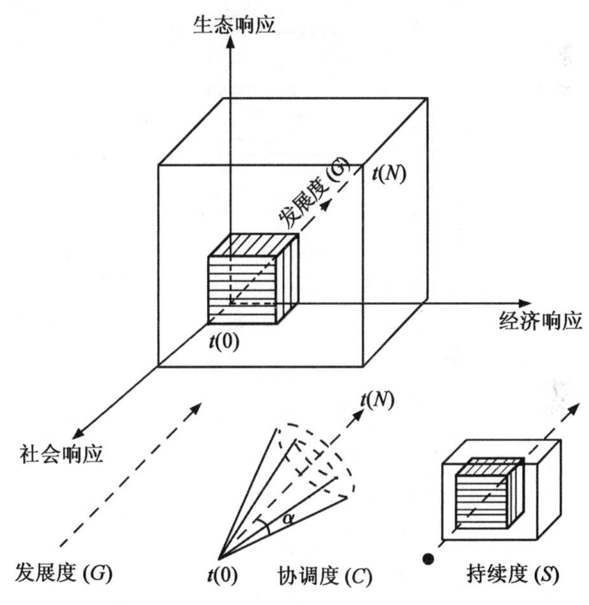

图 2-15 可持续发展理论的三维解释

可持续发展已然成为当今世界发展的主旋律，实现可持续发展是在社会、经济和环境的共同合力下完成的，各行各业都与之息息相关（图 2-15）。风景园林的可持续发展以可持续设计的角度改善社会生态环境，为世界可持续发展贡献力量。

"可持续设计"（DFS，Design For Sustainability）源于可持续发展的理念，是设计界对人类发展与环境问题之间关系的深刻思考以及不断寻求变革的实践历程。"可持续设计"最初的尝试应追溯到 20

世纪80～90年代的"绿色设计"浪潮。从本质上讲，任何践行可持续发展理念的设计教学、设计实践和设计研究活动都属于"可持续设计"的范畴。可见，"可持续设计"指向的是设计发展的策略和方向，其含义也十分宽泛。

学术界对"可持续设计"的概念并无定论，它一方面与"绿色设计"、"生态设计"、"低碳设计"以及"环境设计"等概念有着密切的联系；另一方面又有着自身的特点以及核心方法。从可持续发展观和可持续发展的角度来看，可持续设计的表述更加偏于概念的理解和推广，其涵盖范围也很广泛，包括社会、环境和经济三者的和谐。

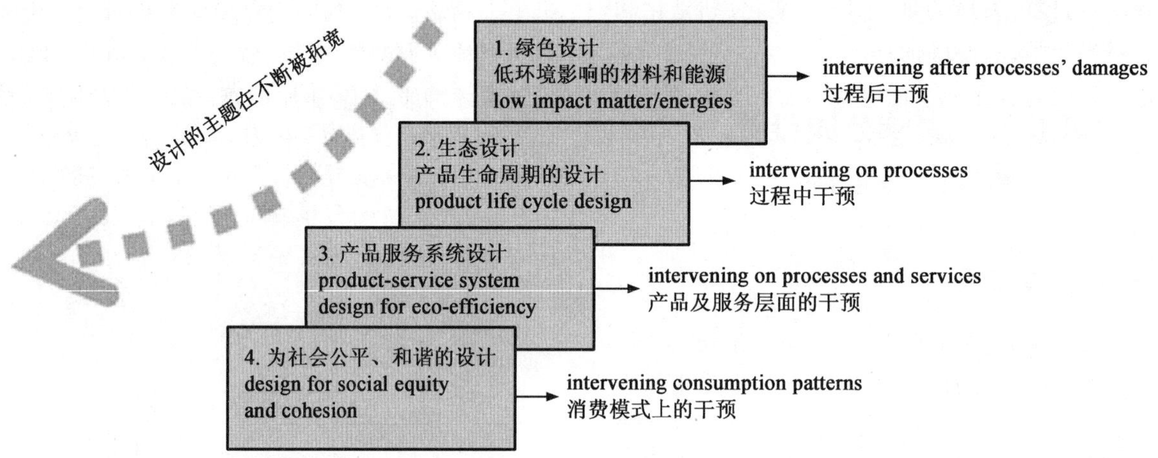

图 2-16　可持续设计的发展及设计主题的拓宽(参考 Carlo Vezzoli,2003)

风景园林领域中"可持续设计"的概念最早产生于20世纪的美国，将可持续发展的理念转化成一种具体化可操作的设计方法，并逐渐成为可持续发展理论具体化的新思潮与新方法；在英美等国发展较为成熟，称为"sustainable design"。对于其定义多侧重于从环境角度、节约能源和减少资源消耗的角度阐释可持续设计的含义。美国建筑师协会(AIA)环保委员会(COTE)在2006年洛杉矶年会上，通过对1 000多名与会者及网上的调查，得出可持续设计具有如下关键因素：地区和社区设计；土地使用和场地生态；有关生物与气候的设计；阳光和空气；水循环；能源流和能源远景；材料、建筑维护结构和施工；较长的寿命和居住舒适等。这些关键因素体现需要从社会、环境、人类、经济性等多个角度出发，实施可持续设计。

吴祖强提出可持续设计可以定义为一种旨在平衡环境、社会和经济三方面的设计实践和设计管理。丁俊武认为可持续设计是在生态哲学的指导下，将设计行为纳入"社会-经济-环境-人类"的系统中，既实现社会价值又保护自然价值，促进人与自然的共同繁荣，旨在平衡环境、社会和经济三方面的设计实践和设计管理。

可持续设计至少包括两层含义：

(1)技术层面　绿色技术(green technology)，也称环境亲和技术(environment sound technology)，尽可能减缓环境负担，减少原材料、自然资源使用，减轻环境污染。着重考虑建造物的可拆卸性、可回收性、可维护性、可重复利用等功能目标，并在满足环境目标的同时，保证其应有的基本功能与使用寿命等。

(2)伦理道德层面　可持续设计从时间的维度考虑整个设计的全生命周期，从而实现环境保护、经济效率、社会公正及文化传承。园林可持续设计只有涉及了文化层面，尤其是伦理道德层面，才使得园林有了精神的寄托和归宿感。

一方面，"可持续设计"是实现可持续发展的必然途径，这一理论体系主要是提倡设计中解决设计事物与环境的矛盾，是为了满足人类的生存安全和

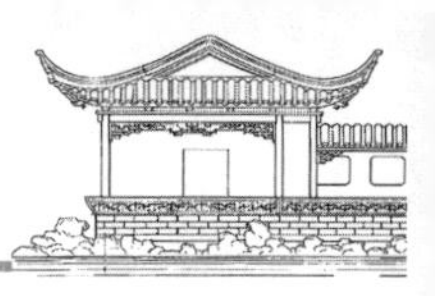

精神陶冶的需要，用设计的方法来建立持久性生产系统，以保证社会、精神、智力的长期安全稳定发展的一种设计理念。另一方面，可持续的概念基本上是一个人类中心主义的概念，因为其道德价值的核心仍然保留在行为满足人类生活的质量和持续之上，而非生物物种的保护。

可持续设计是可持续理念发展的实践，也是一种设计哲学，在最大限度地提升环境质量的同时，最大限度地消除对环境的负面影响。对自然环境的尊重是可持续设计的根据，“可持续设计在尊重自然、顺应自然的前提下，首先要考虑的是如何更加有效地利用自然的可再生资源，减少对不可再生资源的消耗，减少对地球环境的破坏，同时，创造出更加舒适的居住环境和工作环境。这就要求设计师从有效利用自然资源、自然生态的角度出发进行设计，而不仅仅考虑美观与形象”。

二、人本主义、场所精神、文脉主义

1. 人本主义

人本主义的哲学思想源远流长，追溯古希腊时期，普罗泰格拉的“人是万物的尺度”是人本主义最好的宣言。14、15 世纪文艺复兴时期，哲学家们在复兴古代艺术的旗帜下，倡导以人为中心，反对神本主义，强调人的价值和尊严，为人本主义确立了现代意义。17 世纪和 18 世纪，资产阶级启蒙思想家提出的人性论和人道主义理论倡导人的自由、平等和博爱。19 世纪德国哲学家费尔巴哈构建了尊崇人的本质、地位、作用和幸福的人本主义。这些古典人本主义思想强调人类理性的重要性，理性使人完善、具有智慧、创造财富。现代人本主义思想起源于 20 世纪上半叶，认为人是宇宙的中心，最高的存在，强调用人的自我存在、主观经验去审视宇宙和社会。强调把体验和内心直觉作为认识世界的出发点，着力研究人的欲望、意志、直觉、情绪、本能等非理性因素。古典人本主义与现代人本主义的精神实质和价值取向一致，即强调对人性的关怀、主张自由平等和人的价值的自我体现，将人类的生存当作终极的、永恒的意义所在。《简明不列颠百科全书》中，Humanism 指“一种思想态度，它认为人和人的价值具有重要意义”，“凡重视人与上帝的关系、人的自由意志和人对自然界的优越性的态度，都是人本主义”。

2. 场所精神

园林场所的功能不能仅仅满足人们视觉上、功能上等物质形态方面的要求，而更应该满足现代人对于精神方面的追求。只有当人和一处构筑物相遇时场所才可能出现，比如一处寂静无人的园林，就算它具有完美的场所性，也不能被称为是完美的场所，而只能说具有隐含的场所性，人对场所的体验才是场所的本质。

场所精神是场所的特征和意义，是人们存在于场所中的总体气氛。特定的地理条件和自然环境同特定的人造环境构成了场所的独特性，这种独特性赋予场所一种总体的特征和气氛，具体体现了场所创造者们的生活方式和存在状况。人若想要体会到这种场所的精神，即感受到场所对于其存在的意义，就必须要通过对于场所的定向和认同。

定向是指人清楚地了解自己在空间中的方位，其目的是使人产生一种安全感。而认同是指了解自己和某个场所之间的关系，从而认识自身存在的意义，其目的是让人产生归属感。当人能够在环境中定向并与某个环境认同时，它就有了“存在的立足点”。

现代景观设计中，景观设计师们也常常去感悟和体验自然，从其感受的心灵深处去寻求场所的精神。美国著名景观设计师哈尔普林的设计理念充分体验其场所精神的本真来源，他在 20 世纪六七十年代设计的一系列跌水广场作品，像波特兰的系列广场、西雅图高速公路公园、曼哈顿广场公园等，这些作品充分显示了哈尔普林用水和混凝土来对大自然进行抽象。哈尔普林通过对大自然的观察，反复研究加利福尼亚州席尔拉山山间溪流和美国西部悬崖及台地，将对自然的理解全然地应用到设计中。波特兰系列广场是其设计理念的代表作品，如伊拉·凯勒水景广场的设计中，广场分为源头广场、大瀑布

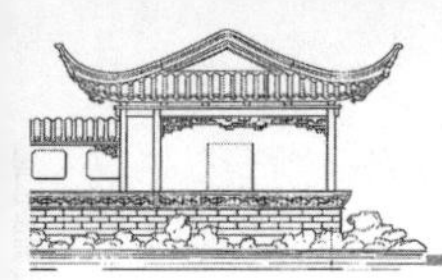

和水上平台几部分，水流从混凝土的峭壁中垂直倾泻下来。哈尔普林的设计并不是简单的模仿，而是自己对大自然的体验，正是这种本真的体验使其设计充满了场所精神。

3. 文脉主义

文脉主义是20世纪80年代设计师们热衷的一个话题，然而，对文脉主义的理解却深浅不一。文脉(context)一词，最早源于语言学范畴，它是一个在特定空间发展起来的历史范畴，其上延下伸包含着极其广泛的内容。

文脉从狭义上解释即"一种文化的脉络"，美国人类学家艾尔弗内德·克罗伯和克莱德·克拉柯享指出："文化是包括各种外显或内隐的行为模式，它借助符号的使用而被学到或传授，并构成人类群体的出色成就；文化的基本核心包括由历史衍生及选择而成的传统观念，尤其是价值观念；文化体系虽然可被认为是人类活动的产物，但也可被视为限制人类做进一步活动的因素。"克拉柯享把"文脉"界定为"历史上所创造的生存的式样系统。""文脉"可以概括为几个层面含义，即空间的连续性、历史的延续性以及人的生存方式与行为方式的绵延。

文脉在广义上引申为一事物在时间上或空间上与其他事物的关系。从景观艺术设计的角度上看，文脉是关于人与建筑景观、建筑景观与城市景观、城市景观与历史文化之间的关系。有人称其为"一种景观文化传承的脉络关系"。而我们更多地理解为文化上的脉络，文化的承启关系。总的来说，这些关系或系统都是局部与整体之间的对话关系，必然存在着内在的本质联系。只有对这些关系的本质进行认真的研究之后，历史景观的丰富性才能够被理解，景观文脉才会更清晰，或者说一个新的景观空间的意义才能够被引申出来。

总之，文脉的真正载体是生活。一个城市必定有它的城市文化底蕴和社会精神文化，这些都和历史文脉相联系。正是基于此，我们可知历史文脉伴随着一个城市的发展。同时，文脉是可继承、可延续、可影响一个城市发展的。历史文脉是在文脉的基础上由一个城市、一个国家历史遗留下来的文化精髓以及历史渊源的集合体。而我们在设计中所说的"文脉"，更多地应理解为文化上的脉络和承启关系。

三、生态设计

生态设计，也称绿色设计、生命周期设计或环境设计，是指将环境因素纳入设计之中，从而帮助确定设计的决策方向。生态设计要求在产品开发的所有阶段均考虑环境因素，从产品的整个生命周期减少对环境的影响，最终引导产生一个更具有可持续性的生产和消费系统。

狭义的生态设计是指以景观生态学的原理和方法进行的景观设计。它注重的是景观空间格局和空间过程的相互关系。景观空间格局由斑块、基质、廊道、边界等元素构成。

广义的生态设计是指运用生态学(包括生物生态学、系统生态学、人类生态学和景观生态学等)的原理、方法和知识，对某一尺度的景观进行规划和设计。这个层面上的景观生态设计，实质上是对景观的生态设计。

1. 景观生态设计的发展历程

(1)景观生态设计的探索　18世纪初，工业文明的发展带来了日益凸显的城市问题，植被减少、水土流失，导致大范围内自然生态的失衡。一些景观设计师开始探索如何通过景观设计的手段来改善人类环境，这时充满浪漫主义的英国自然风景园开始备受关注，其主要原则是"自然是最好的园林设计师"。奥姆斯特德运用这一园林形式，于1857年在曼哈顿规划之初，就在其核心部位设计了长3 219 m、宽805 m的巨大的城市绿肺——中央公园(图2-17)。1881年开始，他又进行了波士顿公园系统设计，在城市滨河地带设计了一连串绿色空间。

(2)景观生态设计的发展　19世纪后期，在美国大肆模仿与抄袭英国自然风景园"如画般"的造园模式时，美国中西部地区一些园林设计师如西蒙兹(O. C. Simonds)和詹斯·詹逊(Jens Jenson)却提

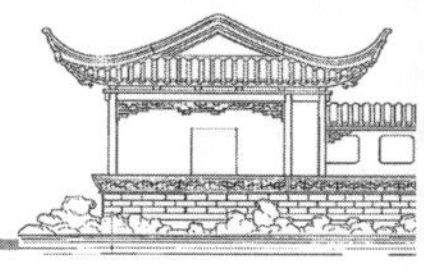

出以当地乡土植物种植方式代替单纯从视觉出发的设计方法，以适应当地严酷的草地气候土壤环境，并保留当地的自然生态特征，从而形成独特的中西部“草地自然风景模式”。

(3)景观生态设计的系统化、科学化　1969 年，伊恩·麦克哈格的《设计结合自然》(*Design with Nature*)问世，将景观规划设计与生态学完美地融合起来，开辟了景观生态设计的科学时代。

1970 年，理查德·哈格在西雅图煤气厂旧址上建设新公园(图 2-18)的成功，是生态设计思潮在实践上的第一次尝试，掀开了景观生态设计的新篇章。

特别是德国鲁尔工业区的后工业改造中，设计师通过对工业废弃地的保护、改造和再利用，设计出城市公园，如彼得·拉兹设计的杜斯堡北部风景园(图 2-19)，掀起生态设计的高潮。

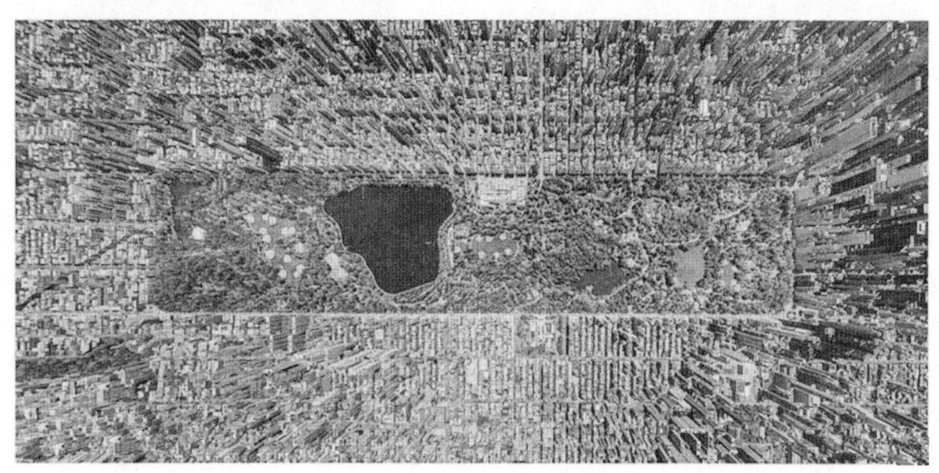

图 2-17　纽约中央公园俯视

图 2-18　理查德·哈格设计的西雅图煤气厂公园

图 2-19　彼得·拉兹设计的杜斯堡北部风景园

2. 景观生态设计的思想

(1)从人类中心到自然中心的改变　强调以保护自然生态系统为核心,以人类与生物圈和非生物圈的相互依赖、相互滋润为出发点。

(2)可持续发展　秉承了可持续发展的思想,它注重人类发展和资源及环境的可持续性,通过提高对自然资源的利用率,加强废弃物的利用,减少污染物排放等手段实现能源与资源利用的循环和再生性、高效性,通过加强对生物多样性的保护来维系生态系统的平衡。

(3)把景观作为生态系统　在景观生态设计中,景观的内涵并不局限于一片优秀的风景,而是一个多层次的生活空间,是一个由陆地圈和生物圈组成的相互作用的生态系统。这样的景观设计不只是处理视觉、尺度、色彩的问题,而且要处理更大的环境,即城市环境、人类居住的环境与自然环境之间的关系问题。

(4)以生态学相关原理为指导进行设计　在景观生态设计中,将生态科学技术与景观美学原则相结合,创造出完美的景观作品。生态学中的整体论、系统论和协调机制是指导生态景观设计的根本理论。

3. 景观生态设计的类型

(1)按生态设计的性质划分

建设性生态设计:模拟自然界的生态系统过程,营造出与当地生态环境相协调的、舒适宜人的自然环境。

保护性生态设计:在生态环境比较好的区域,按照生态学的有关原理对场地进行保护性的设计。

恢复性生态设计:对受损或退化的生态系统按照生态学原理进行规划设计,使得生态系统恢复原有的功能与作用的设计。

(2)按生态设计的原理划分

导向性的生态设计:最大限度地借助于自然力的最少设计。

基于生态因子的生态设计:对场地自然要素(气候、土壤、水分、地形地貌、大地景观特征、动物、植物等)认识和尊重的基础上进行设计。

基于生态系统的生态设计:把景观作为一个生态系统,根据生态系统原理配置生态要素并形成特定生态结构,从而发挥一定生态功能的景观设计方法。

基于景观格局和生态过程的生态设计:强调景观生态过程和景观格局的连续性和完整性,在“斑块—廊道—基质”基本模式下,通过物质流、能量流、信息流与价值流在地球表面的传输和交换,通过生物与非生物以及人类之间的相互作用与转化而进行景观的结构和功能的设计。

4. 景观生态设计的方法

景观生态设计通过运用生态恢复与促进、生态补偿与适应两大生态理念进行设计。

生态恢复是指对生态系统停止人为干扰,以减

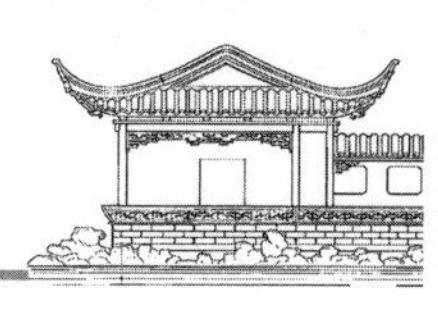

轻负荷压力，依靠生态系统的自我调节能力与组织能力使其向有序的方向进行演化，或者利用生态系统的这种自我恢复能力，辅以人工措施，使遭到破坏的生态系统逐步恢复或使生态系统向良性循环方向发展；主要致力于那些在自然突变和人类活动影响下受到破坏的自然生态系统的恢复与重建工作。

生态补偿（eco-compensation）是以保护和可持续利用生态系统服务为目的，以经济手段为主调节相关者利益关系的制度安排。更详细地说，生态补偿机制是以保护生态环境，促进人与自然和谐发展为目的，根据生态系统服务价值、生态保护成本、发展机会成本，运用政府和市场手段，调节生态保护利益相关者之间利益关系的公共制度。

生态补偿应包括以下几方面主要内容：①对生态系统本身保护（恢复）或破坏的成本进行补偿；②通过经济手段将经济效益的外部性内部化；③对个人或区域保护生态系统和环境的投入或放弃发展机会的损失的经济补偿；④对具有重大生态价值的区域或对象进行保护性投入。

四、低碳设计

1. 低碳设计产生的背景

自 19 世纪末期的工业革命以来，传统能源在工业发展的进程中受到了巨大挑战。其中，尤为重要的是以二氧化碳为代表的温室气体排放的污染。这不仅对农业造成了巨大的破坏，并且导致了严重的自然环境失衡。地球上的能源不是取之不尽、用之不竭的，人类使用的能源中有许多是不可再生资源。基于此，为了经济的持续发展，“低碳”经济模式已经成为人类的第一选择。

低碳是指较低或较少的温室气体（二氧化碳为主）排放，低碳经济是指以低能耗、低污染、低排放为基础的经济发展模式。其核心问题包括三点：第一，能源技术、减排技术的创新；第二，产业结构和制度的创新；第三，人类生存发展观念的根本性转变。“低碳生活”是指生活作息崇尚减少碳排放、节电节气和重回收利用。低碳生活不仅是一种口号，也是一种态度和时尚，同时还是社会责任感的一种体现。然而，如何实现低碳经济和低碳生活，其根本就在于实现低碳的设计及制造。

在这样的社会和时代背景下，“低碳设计”这一名词诞生了。低碳设计是指能达到减少温室效应排放效果的设计，低碳排放设计理念和可持续发展设计观念必须植入设计思想中。

2. 低碳设计理念

低碳设计是在产品及其整个生命周期全过程的设计中，在充分考虑产品功能、质量、成本等各因素的同时，从产品的设计、生产、贮运、销售、使用到回收和再次利用等各个环节优化相关因素，降低产品及其制造过程中温室气体排放的设计。低碳设计是一种面向节能的生态化设计技术，其目标是在保证产品功能、质量和寿命等前提下，综合考虑碳排放和高效节能。

3. 低碳设计原则

园林低碳设计围绕“生态、低碳、再利用、可持续”的核心思想，致力于能源和资源节约与可再生利用、低碳环保材料与技术、废弃物循环利用等，并坚持以下原则：

（1）低碳生态原则　在设计中全面贯彻“低碳、生态、减排、环保、可循环、可持续”的园林景观设计思想和原则。

（2）技术创新原则　在设计中广泛应用低碳新理念、环保新技术、节约型园林技术、可再生能源利用技术，最大限度地采用低排放新材料、可循环利用废旧材料等。

（3）以人为本原则　设计中多设置参与性环节，适合于儿童、青少年、老年人等不同年龄段人群的认知、参与、互动，方案实施后能广泛引起观赏者的兴趣与关注。

（4）宣传引导原则　设计应具有科普性、示范性和导向性，能够引发人们对低碳生活方式的思考，唤起人们建设低碳城市的社会意识。同时，也要引导园林行业积极探索低碳园林建设的理论和方法。

4. 低碳设计途径

园林项目过程中的碳成本一般包括两个部分：①在施工期间的碳成本通常是一次性成本：一方面通过综合权衡有生命和无生命资材在生成、制造、采掘、运输等过程中所排放的二氧化碳量，选择“碳友

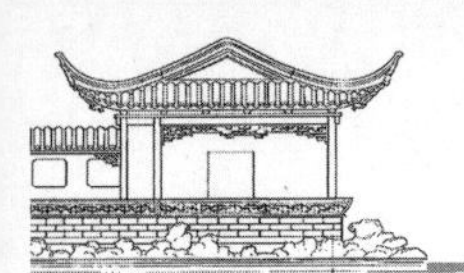

好”(carbon-friendly)的材料,控制园林选材过程的碳排放;另一方面,采用带有“低技术”色彩的乡土营建技术,减少大型机械、人为加工过程和人工合成物的使用,降低化石能源的消耗和对土壤的侵害,在施工过程中实现低碳贡献。②与之相比,园林运行、维护时期的碳成本表现得更加持续,可以持续十几年、几十年甚至上百年。为了满足特定的城市功能和美学要求,经常需要将园林要素特别是植物保持在特定状态下,因此通常要运用灌溉、施肥、修剪等多种手段进行长期养护,由此会带来持续不断的二氧化碳排放。如果在设计之初更多地考虑植物自身生长习性,利用生态的、可持续的和自维持的方法,降低维持过程中物质和能量投入,就能把园林所需的碳成本控制在较低的标准。同时,运用发展眼光和前瞻性规划,为园林的持续成长提前谋划或留出余地,能够延长园林的“生命周期”,减少公园更新过程叠加产生的高额碳成本。

五、低影响开发

低影响开发(low impact development,LID)孕育于西方20世纪七八十年代的雨洪管理实践中。20世纪60年代后,非点源污染受到西方国家的高度重视,西方学者和环保部门逐步实施“最佳管理实践”,通过非结构性的方法来阻止或减少污染物通过地表径流流向地表或地下水。在20世纪90年代初,乔治王子郡环境资源部把场地设计与“生物滞留”、“最佳管理实践”相结合,逐步发展成系统的“低影响开发”雨洪规划管理理论与方法,并在2000年后成为全美国的雨洪管理蓝本。

低影响开发场地规划在指导思想上不同于传统的场地规划与设计。传统的场地规划与设计强调如何通过管沟等体系快速排出场地的雨水,低影响开发场地规划强调如何通过规划的手段去保护场地原生的自然水文功能,使得场地开发后能维持原有的水文功能。

低影响开发场地规划在规划理念上强调以下几点:

(1)用水文学作为场地分析与规划的综合框架　场地规划涉及场地的综合分析,包括场地的自然、社会、经济、历史文化,甚至是社会心理等诸多方面。不同的规划学派或学者对分析的内容侧重点有所不同。比如,凯文·林奇的场地的分析重视场地的“气质”与“意向”的关系。麦克哈格把场地视为一个包含气候、地质、地貌、水文、土壤、植被等要素的整体,分析多种自然要素的叠加对场地的影响,以此确定场地适宜的土地利用形式。

(2)微观管理思想　低影响开发场地规划强调尊重场地开发前的自然水循环,从微观视角规划与管理场地,利用微工程技术分散处理雨洪,并重视小降雨量的降雨事件。因为小降雨量的累计雨洪量占年或月总降雨洪量的比重较大,并且是补充地下水、控制地表水质重点考虑对象。

(3)源头控制思想　低影响开发场地设计强调保护场地的自然水循环功能,并通过拦截、下渗、储层等手段从源头控制因开发产生的地表径流,实现保持场地开发前水文环境的目的。

(4)利用简单以及非结构性的方法　低影响开发用保护现状自然植被、保护土壤透水性、减少场地不透水面积等非结构性的方法,以及建设小的、简单的分布式的结构性雨水景观设施,来模拟场地开发前水文环境。

(5)创造多功能的景观与基础设施　低影响开发尝试把传统的街道、广场、停车场、人行道、绿地、屋顶等景观设计成不仅能满足传统的使用与美学功能,而且使之能够过滤、净化地表径流污染物质,回灌地下水等多功能的景观。

在城市公园规划设计中,运用低影响开发技术可以一定程度上缓解污水处理厂的压力,同时渗透性的构造既丰富了城市公园的景观效果,又对城市地下水进行了补充,可谓城市发展与环保的双赢。

六、公众参与设计

第二次世界大战后的重建过程中,西方社会发展不平衡。当局者为了平息社会矛盾,被迫在政治生活中引入公众参与,于是在城市政治生活中掀起一股“公众参与”的浪潮,很快影响到风景园林规划设计和城市规划领域。1965年,保罗·达维多夫(Paul Davidoff)在《美国规划师协会杂志(*Journal*

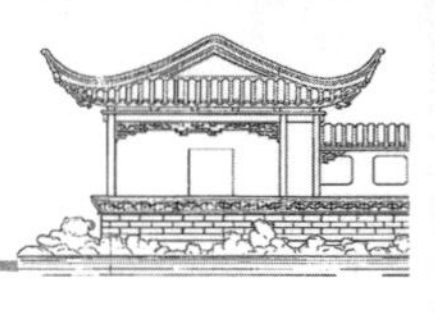

of American Planners Association)》发表了一篇名为《规划中的倡导与多元主义(*Advocacy and Pluralism in planning*)》的文章，提出倡导规划(Advocacy Planning)理论。他认为规划师应该正视社会价值的分歧，在规划过程中规划师可以从群众那里学习社会的脉络和价值观，群众则从规划师身上学习技术和管理，双方的交往让两类知识融合，共同发展。

我国园林自其产生以来都是遵循"以人为本"的指导思想，不同的是在封建社会园林是为封建统治阶级服务，而现代风景园林设计是为全民所服务。现代风景园林设计正经历着一场平民化和大众化的历程，转变为以社会服务为导向。公园作为社会普通人生活的一部分来到公众的生活中。改革开放以来，我国社会经济发展迅猛，公园建设得到前所未有的发展，优秀的公园规划设计作品层出不穷，极大地改善了人们的生活环境。然而我们也看到，各地出现一些景观价值不高、不为人们所喜爱、使用率低的公园作品。

当前公园的规划设计的过程，以设计师和领导为主导，而缺少真正的使用者——公众的参与，忽视倾听公众的要求和愿望，越俎代庖的设计难以满足公众的需要。公园规划得合理与否，直接影响公众的生活质量，所以公众最关心其周围环境的发展。如在重点项目四川杨柳湖水库工程的规划设计中，通过公开讨论避免了其不合理规划的实施。北京市在编制2008年绿色奥运会规划、奥林匹克公园规划及比赛场馆设计过程中，多次举行展览，听取群众对方案的意见，收到很好的效果。

推动公共参与公园规划设计应是设计师的重要责任，是设计师体现社会关怀的价值目标能否实现的关键。在公众参与公园规划规划设计中过程中，设计师由于其具有的专业知识背景，可以起到主持或引导公众参与公园规划设计的作用，有利于公众更好地参与到其中。当前，应加强对公众参与的宣传，健全公众参与的法律保障体系，明确公众参与的主体及其在公众参与中的权利，使"公众参与"真正做到有法可依、有法必依。有了公众的参与，能集思广益，使决策更为科学，增强设计项目的可操作性，促进市民对城市景观的理解，能促进监督，推动风景园林事业的向前发展。

七、无障碍设计

第二次世界大战后，大量伤残军人的涌现引起社会关注，社会各阶层对此类人群的关爱，是"无障碍"概念形成的重要因素。"无障碍设计"(barrier free design)的名称始于联合国组织专家会议报告提出的设计新主张，指消除对使用者构成障碍因素的设计。

无障碍设计的概念强调在科学技术高度发展的现代社会，一切有关人类衣食住行的公共空间环境以及各类建筑设施、设备的规划设计，都必须充分考虑具有不同程度伤残缺陷者和正常活动能力衰退者等弱势群体的使用需求，营造一个充满爱与关怀、切实保障人类安全、方便、舒适的现代生活环境。

随着社会的发展与进步，新的无障碍设计概念，不仅将"有障碍者"的含义转变为"有困难者"，而且拓展了无障碍设计内容，不仅包括盲道、坡道等传统硬件设施，还包括了图形化的信息提示，多元化的信息传达方式(如色彩、材料、光影等手段的运用)、各种便捷的服务(问询处等)、人性化的视觉引导系统等软件上的无障碍设计工作。因而无障碍设计是指通过规划、设计减少或消除残疾人、老年人等在公共空间(包括建筑空间，城市环境)活动中行为障碍进行的设计工作。

如今科学技术的发展和医疗水平的提高，人类寿命在延长，给残疾人和老年人高质量的生活带来了新的契机。残障人士也迫切希望能够走出居所、走进城市空间，和健全人一样拥抱自然、拥抱生活，因而城市公园的无障碍设计势必成为城市环境建设的课题之一。设计者和建设者在公园规划设计中应充分考虑特殊需要，将无障碍的理念贯穿于公园规划建设的每一个环节。无障碍公园的设计应遵循以下原则：

(1)安全性　公园环境设计中应消除一切障碍物和危险物。必须真正建立以少数人为本的思想，以正常人动作行为作参考的同时，注重肢体残疾者和视觉残疾者的特点及尺度，创造适宜的公园空间。

(2)易识别性　易识别性主要指公园景观环境的标志和提示信息。残疾人和老年人由于身体机能不健全或衰退，设计上要综合运用视觉、听觉、触觉的感受方式，给予他们重复的提示和告知，通过划分空间层次和个性创造，以合理的空间序列、形象的特征塑造、鲜明的标识指示以及悦耳的音响提示等，来提高公园景观空间的导向性和识别性。

(3)便捷性和舒适性　要求环境场所及其设施具有可接近性，从规划上确保残疾人和老年人从入口到各景观空间之间有一条方便、舒适的无障碍通道及其必要设施，保障他们能够舒适、悠闲、便捷地游览。

(4)生态和健康　由于园林植物能释放大量负氧离子，能净化空气、调节气温、吸尘防噪，利于身心健康，因此园林的设计应尽可能以绿为主，坚持植物造景的原则，充分利用垂直绿化扩大绿色空间、改善生态环境、丰富园林景观。

(5)可交往性　可交往性强调公园环境中应重视交往空间的营造及配套设施的设置。残疾人和老年人愿意接近自然环境，融入其中有利于心胸开阔，心情爽朗。因此，在具体的规划设计上，应多创造一些便于交往的围合空间、坐憩空间等，尽可能满足残疾人由于生理和心理上的特点而对空间环境产生的特殊要求和偏好。

八、其他设计思潮

如今，公园规划设计深受各类社会的、文化的、艺术的思想影响，呈现出多样的发展。诸如现代主义、后现代主义、大地艺术、解构主义以及极简主义等。

(1)现代主义　产业结构的变革和社会民主的发展给景观设计造成了巨大的冲击，现代主义对景观的最大贡献在于廓清了设计的起点应当是功能而不是某种美丽的或风景如画的先验模式这一概念。现代景观设计学从现代建筑运动中首先借鉴的是纯净、简洁的功能主义风格。最受现代主义者关注的是景观的生活功能、社会功能的实现，设计从使用者的需求出发，而不将先验的形式理念作为设计的出发点，并运用自由的设计语言与设计本身及场地、雇主需求达到精妙的平衡。

(2)后现代主义　与现代主义相比，后现代主义不再止步于“形式追随功能”，而是呈多元化发展，表现的特征为新地方风格、因地制宜、建筑与城市背景相和谐，受东方园林影响的阴雨和玄学思想及后现代空间。

(3)解构主义　解构主义大胆向古典主义、现代主义和后现代主义提出质疑，它认为应当将一切既定的设计规律加以颠倒，如反对建筑设计中的统一与和谐，反对形式、功能、结构、经济彼此之间的有机联系，认为建筑设计可以不考虑周围的环境或者文脉等，提倡分解、移位、拼接等手法，却是产生了一种不安感。

(4)极简主义　20 世纪 60 年代初，美国出现了极简主义艺术。极简主义通过把造型艺术剥离到只剩下最基本元素而达到“纯粹抽象”，极简主义艺术家认为，形式的简单纯净和简单重复，就是现实生活的内在韵律。他们的作品以绘画和雕塑的形式表现出来，构成手段简单，具有明确的统一完整性，追求无情，无特色，但对观众的影响和视觉冲击力却十分迅速直接。在景观设计领域，不少设计师与极简艺术家一样，在形式上追求极度简化，以较少的形状，物体和材料控制大尺度的空间，或是运用单纯的几何形体构成景观要素和单元，形成简洁有序的现代景观。

虽然各种风格和流派层出不穷，但发展的主流始终没有改变，公园规划设计仍然在被丰富，与传统进行交融，强调园林中人与自然的和谐，社会公平的体现，对人的精神愉悦的诉求是园林设计师们追求的共同目标。

第三章 公园景观组成要素

公园景观是指具有审美特征的自然和人工景色，是公园自然景观和公园文化景观的综合概念。公园景观集中体现了一个地方的自然与文明特征以及文化发展内涵，也是园林绿化的特色空间。良好的公园景观具有减轻污染、改善环境质量的环保作用，同时也满足了人们日常散步休闲、游戏、缓解压力的精神需求，其构成要素主要包括自然景观要素和文化景观要素。

第一节 自然景观

我国是一个山川秀丽、风景宜人的国家，丰富的自然景观资源早就闻名于世，由此也成就了我国公园自然景观的独特魅力，具体呈现为形态美、色彩美、听觉美、嗅觉美、动态美和象征美，主要包括植物动物景观、山水岩石景观、天文气象景观等。

一、植物景观

公园植物景观是运用乔木、灌木、藤本及草本植物等题材，通过艺术手法，发挥植物的形体、线条、色彩等自然美来创造出的公园景观。园内植物种类繁多，大小和形态各异。有高达百米的巨大乔木，也有矮至几厘米的草坪及地被植物；植株有直立的、丛状的，也有攀缘的和匍匐的；树形有丰满的圆球形、卵圆形和伞形，也有耸立笔直的圆锥形和尖塔形等。植物的叶、花、果更是色彩丰富，绚丽多姿。园林植物作为有生命的造景材料，在生长发育过程中呈现出鲜明的季节特色和由小到大的自然生长规律，丰富多彩的植物材料为营造公园景观提供了广阔的空间，乔木、灌木、草本植物等不同类型的园林植物材料合理配置构成了丰富多彩的公园植物景观，如北京紫竹院公园内的筠石园植物景观，借天然优势，各种植物空间高低错落，与水中荷景相互映衬，显示了植物色调和层次的丰富与美感（图 3-1）。再如上海徐家汇公园汇金湖北侧绿地的植物景观（图 3-2）。

图 3-1 北京紫竹院公园筠石园植物景观

园林植物种类繁多、姿态各异。按照习性和自然生长发育的整体形状，从使用上可分为乔木、灌木、藤本、花卉、草坪、地被和水生植物等。欣赏公园植物景观的过程是人们视觉、嗅觉、触觉、听觉、味觉五大感官媒介审美感知并产生心理反应与情绪的过程。

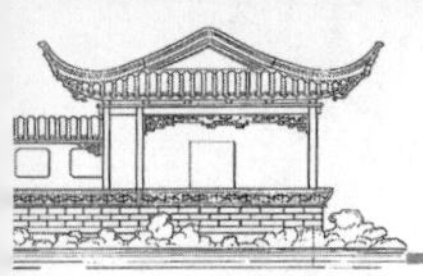

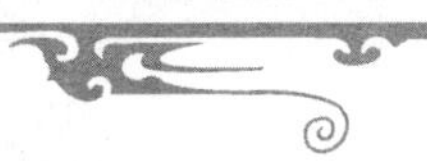

图 3-2 上海徐家汇公园汇金湖北侧绿地植物景观

(一)植物的分类

1. 乔木

乔木指树体高大的木本植物，通常高度在 5 m 以上，具有树体高大、主干明显、分支点高、寿命较长等特点。依成熟期的高度，乔木可分为大乔木、中乔木和小乔木。大乔木高 20 m 以上，如毛白杨、雪松；中乔木 11～20 m，如合欢、玉兰；小乔木高 5～10 m，如海棠花、紫丁香。

乔木是公园植物景观营造的骨干材料，形体高大，枝繁叶茂，绿量大，生长年限长，景观效果突出，在公园中具有举足轻重的地位，熟练掌握乔木的应用，能够营造出良好的植物景观。此外，乔木还有界定空间、提供绿荫、防止眩光等作用。多数乔木在色彩、线条、质地和树形方面随叶片的生长与凋落形成丰富的季节性变化，即使冬季落叶后也能展现出枝干的线条美。

乔木根据一年四季叶片是否完全脱落分为常绿乔木和落叶乔木，常绿乔木四季常青，落叶乔木则在冬季或旱季落叶，形成不同迹象的景观变化。从叶片和树体形态还可将乔木分为针叶树和阔叶树，针叶树为裸子植物，叶片细小，树体高耸；阔叶树多为双子叶植物，叶片较大，树形开阔，两种类型在形态、习性和应用效果上差异明显。

(1)针叶树　树种多为常绿树种，树体高大，树形独特，从植物分类角度上属于裸子植物，起源较早，具有良好的适应环境能力。在公园中，针叶树可作为独赏树、庭荫树、行道树进行种植，亦可进行群植与片植，深受人们喜爱，是一类重要的园林树种。

针叶树叶片形态细如针或成鳞形、条形等，无托叶，多为常绿树，大多含树脂，红松、油松、云杉、冷杉等为常绿针叶树，叶片能生存多年而不落，落叶松、水杉等为落叶型针叶树，叶片在秋季变黄，是优美的秋色叶树种，冬季落叶后展示出优美的树姿。

(2)阔叶树　一般指具有扁平、较宽阔叶片，叶脉呈网状的多年生木本植物，一般叶面宽阔，叶形随树种不同而有多种形状，叶常绿或落叶。常绿阔叶树种有小叶榕、广玉兰、香樟、桂花、杜英等，落叶阔叶树种有垂柳、榆树、合欢、国槐、元宝枫、玉兰等。

阔叶树多为双子叶植物，种类丰富，形态多样，花、果、叶都具有不同色彩，而且同一种树花、果、叶的色彩还会随着季相变化而出现有规律的变化，观赏价值很高。阔叶树种的形态和色彩美在公园中的景观效果非常明显。

2. 灌木

灌木是指具有木质茎，在地表或近地面部分多分枝的落叶或常绿植物，一般树体高 2 m 以上称为大灌木，1～2 m 为中灌木，高度不足 1 m 为小灌木。灌木种类繁多，效果稳定，灌木的线条、色彩、质地、形状是主要的观赏特征，其重要的叶、花、果实和茎干可供全年观赏，是公园景观配置中不可缺少的元素，并能为整体环境提供一个季相丰富且持续存在的背景。此外，灌木还能提供亲近的空间，屏蔽不良景观，常作为乔木和草坪之间的过渡。

灌木按其叶片形态和生态习性分为常绿灌木和落叶灌木。

(1)常绿灌木　此类植物叶片常绿，通常革质光亮，植株开展，枝叶茂密，四季常青，多见于热带亚热带地区，可周年观赏，是非常优良的植物景观，如十大功劳、栀子花、八角金盘、夹竹桃等。北方常见的常绿灌主要有小叶黄杨、雀舌黄杨等。

(2)落叶灌木　落叶灌木种类繁多，分布广泛，是公园中重要的植物景观。在北方地区，落叶灌木是公园造景中不可或缺的要素，常用的有金银木、接骨木、红瑞木、女贞、连翘等。南方常用的落叶灌木

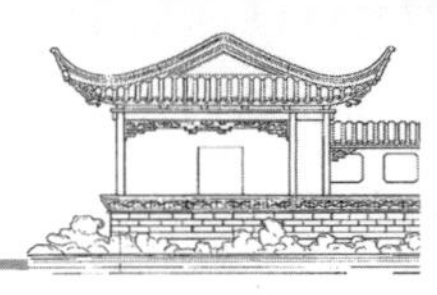

有金丝桃、毛杜鹃、紫薇等。

3. 藤本

藤本植物以其枝条细长、不能直立而区别于其他园林植物，具有非常明显的特色。它在群落配置中无特定层次，但可丰富景观层次。藤本植物可以配置在群落的最下层做地被，也可配置在群落的最上部做垂直绿化。藤本植物可以通过其自身特有的结构沿其他植物无法攀附的垂直立面生长、延展，进行立体绿化，在公园中应用广泛。

大多数攀缘类藤本是常绿或落叶的木本植物。也有少数为多年生或一年生草本植物，可以快速伸展蔓延，通过覆盖、爬行、攀附其他植物及建筑物或横铺地面进行装饰，既可以形成环境的背景，也可通过花、叶、形的变化来丰富整个景观的视觉效果。

根据枝条伸展方式与习性，藤本植物一般分为蔓生植物和攀缘植物两大类。

(1)蔓生植物　此类植物没有特殊的攀缘器官和自动缠绕攀缘能力，常通过一定的栽培配置方式发挥其茎细弱、蔓生的习性做垂直绿化造景。公园中常做悬垂布置、地被植物或灌木，如多花蔷薇、叶子花、云实、藤本月季等。

(2)攀缘植物　攀缘植物根据其藤蔓的攀缘方式不同分为缠绕类、卷须类和吸附类三类。缠绕类植物茎细长，主枝幼时螺旋状缠绕他物向上伸展，尽管没有向上攀附的结构，但通过幼嫩枝条的主动行为达到向固定方向的延伸。该类植物种类繁多，公园中常见的有铁线莲、金银花、紫藤、牵牛等。卷须类植物依靠其特化的器官卷须，攀缘伸展，其延伸的主动性和范围都得到了一定提高。吸附类植物依靠特殊的吸附结构如吸盘或气生根附着或穿透物体表面而攀缘，吸盘吸附型如爬山虎，气生根吸附型如绿萝、龟背竹。此类植物体量较小，但很有特色。

4. 花卉

花卉是园林植物造景的基本素材之一，具有种类繁多、色彩丰富艳丽、生产周期短、布置方便、更换容易、花期易于控制等优点，因此在公园中广泛应用，作观赏和重点装饰、色彩构图之用，在烘托气氛、基础装饰、分隔屏障、组织交通等方面有着独特的景观效果。

按照其生活类型及生活习性又可分为陆生花卉和水生花卉两种类型。

(1)陆生花卉　是指在自然条件下，完成全部生长过程。陆生花卉依其生活史可分为三类，即一二年生花卉、宿根花卉、球根花卉。

(2)水生花卉　泛指生长于水中或沼泽地的观赏植物，与其他花卉明显不同的习性是对水分的要求和依赖远远大于其他各类，因此也构成了其独特的习性。水生植物花朵娇艳，株姿优美，韵味别致，在溪流、湖泊、池塘、湿地造景中应用广泛，栽植有水生花卉的水体给人以明净、清澈、如诗如画的感受，是公园景观中不可缺少的一部分。水生花卉根据不同的形态和生态习性可分为挺水型花卉、浮叶型花卉、漂浮型花卉和沉水型花卉四类(图 3-3、图 3-4)。

图 3-3　北京植物园王莲、香蒲

图 3-4　杭州西溪湿地公园鸢尾

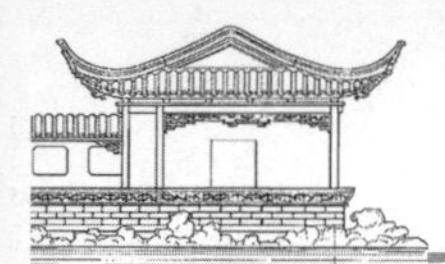

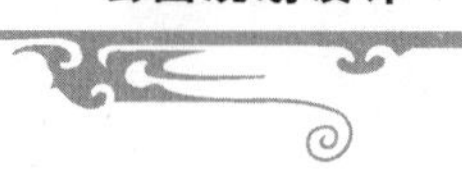

5. 草坪与地被植物

草坪是指具有一定设计、建造结构和使用目的的人工建植的草本植物形成的坪状草地，具有美化和观赏效果，或供休闲、娱乐和体育运动等用。

草坪草根据其生长习性可分为暖季型和冷季型两种类型。暖季型草坪草又称夏绿型草，其主要特点是早春返青后生长旺盛，进入晚秋遇霜茎叶枯萎，冬季呈休眠状态，最适生长温度为26～32℃，这类草种在我国适合于黄河流域以南的华中、华南、华东、西南广大地区，常用的有狗牙根、地毯草、假俭草等。冷季型草坪草亦称寒地型草，其主要特征是耐寒性强，冬季常绿或仅有短期休眠，不耐夏季炎热高湿，春、秋两季是最适宜的生长季节，适合我国北方地区栽培，尤其是夏季冷凉的地区，部分种类在南方也能栽培。

地被植物是园林中用以覆盖地面的低矮植物。它把树木、花草、道路、建筑、山石等各景观要素更好地联系和统一起来，使之构成有机整体，并对这些风景要素起衬托作用，从而形成层次丰富、高低错落、生机盎然的公园景观。

地被植物同样可以分为草本地被植物和木本地被植物。草本地被植物指草本植物中株形低矮、株从密集自然、适应性强、可粗放管理的种类，以宿根草本为主，也包括部分球根和能自播繁衍的一、二年生花卉，其中有些蕨类植物也常用作耐阴地被，如玉簪、红花酢浆草、二月兰、半枝莲、铁线莲等；木本地被植物是符合木本地被植物标准，适于作为木本地被植物应用种类，主要有四类，即匍匐灌木类、低矮灌木类、地被竹类和木质藤本类。匍匐灌木有铺地柏、偃柏、砂地柏；低矮灌木指植株低矮、株从密集的灌木，如八角金盘、红背桂；地被竹指株秆低矮、叶片密集的灌木，有爬地竹、阔叶箬竹；木质藤本有小叶扶芳藤、薜荔、络石、中华常春藤等。

（二）树木景观类型

1. 乔木景观

乔木在公园景观的应用方式多种多样，从郁郁葱葱的林海、优美的树丛，到千姿百态的孤植树，都能形成美丽的风景画面。

（1）孤植树　在一个较为开旷的空间，远离其他植物景观种植的一株乔木称为孤植树（图3-5）。孤植树也称孤景树、远景树、孤赏树或标本树，是公园局部构图的主要景观要素，四周空旷，有较适宜的观赏距离，一般在草坪上或水边等开阔地带的自然中心上。秋色金黄的鹅掌楸、无患子、银杏等，若孤植于大草坪上，秋季金黄色的树冠在蓝天和绿草的映衬下显得极为壮观。孤植树常用于庭院、草坪、假山、水面附近、桥头、园路尽头或转弯处等，广场和建筑旁边也常配置孤植树（图3-6、图3-7）。

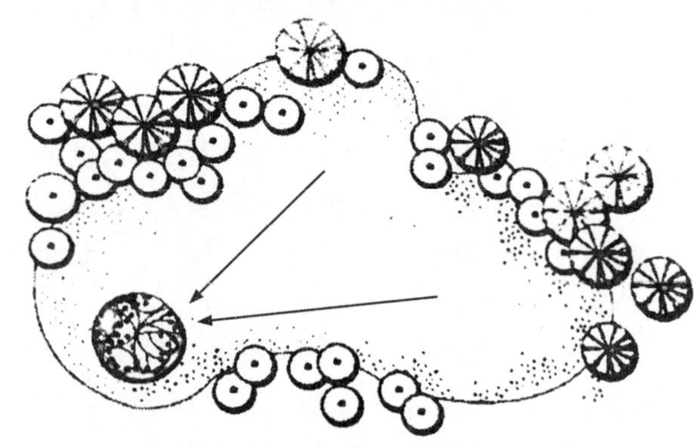

图3-5　开敞草坪中，孤植树作主景

图3-6　上海徐家汇公园孤景树——香樟

（2）对植树　将树形美观、体量相近的同一树种，以呼应之势种植在构图中轴线的两侧称为对植（图3-8）。对植强调对应的树木在体量、色彩、姿态等方面的一致性，只有这样，才能体现出庄严、肃穆的整齐美。对植多用于房屋和建筑前、广场入口、大门两侧、桥头两侧、石阶两侧等，起衬托主景的作用，

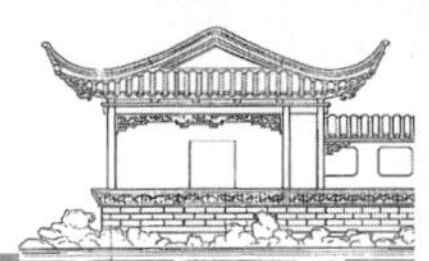

图 3-7 杭州太子湾公园水边孤植树

或形成配景、夹景，以增强透视的纵深感，如北京植物园木兰园中玉兰的对植和松的对植，采取规则式的设计手法，布局整齐，于东西主轴线上以对植的手法分隔空间（图 3-9）。此外，公园门口对植两棵体量相当的树木，可以对园门及其周围的景物起到很好的引导作用；桥头两旁的对植则能增强桥梁构图上的稳定感。

图 3-8 雪松对植

图 3-9 北京植物园木兰园玉兰的对植和松的对植

(3)树列　树木呈带状的行列式种植称为列植，有单列、双列、多列等类型。公园中常见的灌木花径和绿篱从本质上讲也是列植，只是株行距很小。就行道树而言，既可单列种植，也可两种或多种树种混种，西湖苏堤中央大道两侧以无患子、重阳木和三角枫等分段配置，效果很好。树列应用最多的是道路两旁。道路一般都有中轴线，最适宜采取列植的配置方式，通常为单行或双行，选用一种树木，必要时亦可多行，如上海徐家汇公园和世纪公园道路两侧的悬铃木的列植（图 3-10、图 3-11）。

图 3-10 上海徐家汇公园列植树

图 3-11 上海世纪公园列植树

(4)树丛　由 2～3 株至 10～20 株同种或异种的树木按照一定的构图方式组合在一起，使其林冠线彼此密接而形成具有一个整体的外轮廓线的树木景观称为树丛。树丛既可作主景，也可以作配景。

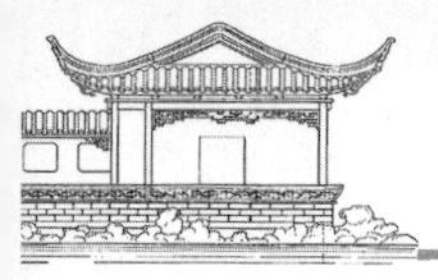

作主景时四周要空旷，宜用针阔叶混植的树丛，有较为开阔的观赏空间和通道视线，栽植点位置较高，使树丛主景突出。树丛配置在空旷草坪上的视点中心上，具有极好的观赏效果；在水边或湖中小岛上配置，可作为水景的焦点，能使水面和水体活泼而生动；公园进门后配置一片树丛，既可观赏，又有障景作用。上海延中绿地就普遍应用丛植的方式，在表现植物群体美的同时，兼顾其个体美，以高大乔木为主，并配植各种花灌木及四季常绿的草坪，形成高低错落、疏密有序、层次丰富的美丽景观（图 3-12）。

图 3-12　上海延中绿地树丛

（5）树群　树群指成片种植同种或多种树木景观，可以分为单纯树群和混交树群。单纯树群由一种树种构成。混交树群是树群的主要形式，从结构上可分为乔木层、亚乔木层，乔木层选用的树种树冠姿态要特别丰富，使整个树群的天际线富于变化，亚乔木层选用开花繁茂或叶色美丽的树种。树群所表现的主要为群体美，观赏功能与树丛相近，在大型公园中可作为主景，应该布置在有足够距离的开阔场地上，如靠近林缘的大草坪上、宽广的林中空地、水中的小岛上，宽广水面的水滨、小山的山坡、土丘上等，尤其配植于滨水效果更佳。群植是为了模拟自然界中的树群景观，根据环境和功能要求，可多达数十株，但应以一两种乔木树种为主体和基调树种，分布于树群各个部位，以取得和谐统一的整体效果。其他树种不宜过多，一般不超过 10 种，否则会显得零乱和繁杂（图 3-13）。

（6）树林　树林是大面积、大规模的成带成林状的配置方式，形成林地和森林景观。树林一般以乔木为主，有林带、密林和疏林等形式。林带一般为狭长带状，多用于周边环境，如路边、河滨、广场周围等。密林一般用于大型公园，郁闭度常在 0.7～1.0。密林又分单纯密林和混交密林。在艺术效果上各有特点，前者简洁壮阔，后者华丽多彩，两者相互衬托，特点更突出。疏林常用于大型公园的休息区，并与大片草坪相结合，形成疏林草地景观。常由单纯的乔木构成，一般不布置灌木和花卉，但留出小片林间隙地，在景观上具有简洁、淳朴之美。疏林中的树种应具有较高的观赏价值，树冠开展，树荫疏朗，

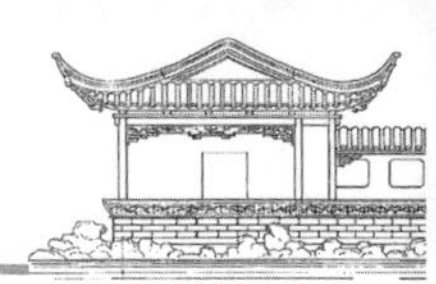

图 3-13　杭州花港观鱼大草坪边缘树群

生长强健，花和叶的色彩丰富，树枝线条曲折多变，树干美观，常绿树与落叶树要搭配合适，一般以落叶树为多。疏林中的树木种植要三、五成群，疏密相间，有断有续，错落有致，务使构图生动活泼。

2. 灌木景观

公园中灌木品种丰富，由于其体型低矮，植株密实，因此常做绿篱和基础绿化，且效果较好。同时与草本花卉搭配还能进一步丰富花境的景观层次感。还有不少灌木种类和品种繁多，可以利用植物的多样性建立专类园，充分展示灌木的美(图 3-14)。

图 3-14　北京植物园月季园

(1)绿篱　很多灌木种类具有萌芽力强、发枝力强、耐修剪等特性，非常适合作绿篱，按其观赏特性可分为绿篱、彩叶篱、花篱、果篱、枝篱、刺篱等。绿篱常见的种类有小叶黄杨、大叶黄杨等；彩叶篱如紫叶矮樱、紫叶小檗、金叶女贞等；花篱有扶桑、栀子花、六月雪等灌木；果篱如火棘等，均具有非常高的观赏价值(图 3-15)。

图 3-15　上海世纪公园小叶黄杨作绿篱

(2)基础绿化　低矮的灌木可以用于建筑物的四周、园林小品和雕塑基部作为基础种植，既可以遮挡建筑物墙基生硬的建筑材料，又能对建筑和小品雕塑起到装饰和点缀作用(图 3-16)。此外，小叶黄杨、大叶黄杨、小叶女贞等枝叶细腻、绿色期长，通过修剪能

图 3-16　上海世纪公园灌木对石景的点缀图

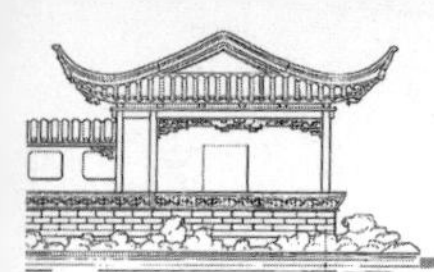

控制植株高度，起到很好的保护和装饰作用。

（3）点缀花境、花坛或花带　灌木以其丰富多彩的花、叶、果、茎干等观赏特点，以及随季节变化的规律，布置在花境、花带、花坛中，能丰富景观层次，成为视觉焦点或背景，如上海世纪公园灌木对花带的点缀（图 3-17）。

图 3-17　上海世纪公园灌木对花带的点缀

3. 藤本植物景观

藤本植物在公园中应用范围广泛，可作亭台、曲廊、叠石、棚架等构筑物的垂直绿化，在建筑立面、植物表面装饰、丰富群落层次等方面也可运用，有时还可以做地被植物使用。

（1）附壁景观　主要通过吸附类藤本植物，借助其特殊的附着结构，在建筑物、挡土墙、假山表面等垂直立面进行绿化造景，是常见的假山绿化造景方式。垂直立面绿化常单面观赏，有良好的造景效果，无论从整体还是局部观赏，都能有绿瀑效果。

（2）篱垣景观　此类景观一般高度有限，选材范围广，景观两面均可观赏。被绿化的主体具有支撑功能，如围栏、钢丝网、低矮围墙、栅栏、篱笆等（图 3-18）。

（3）棚架景观　棚架式造景具有观赏、休闲和分割空间三重功能，具有观赏性和实用性，是公园中最常见的藤蔓造景方式，采用各种刚性材料构成具有一定结构和形状的供藤蔓植物攀爬的公园建筑。棚架藤本植物主要选择卷须类和缠绕类，也可适当应用蔓生类，常见的有紫藤、葡萄、猕猴桃、长春油麻藤、木通等。

图 3-18　北京植物园附壁式造景

（4）假山置石绿化景观　假山和置石已成为公园造景中不可缺少的景观元素，用藤本植物来装饰则更显刚柔并济，相互映衬。有石有山必有藤，藤本植物在此类造景中应用非常广泛，主要是悬垂的蔓生类和吸附类，同时要考虑假山置石的色彩和纹理以及栽植的数量，达到和谐自然的效果，常见的植物有金银花、蔓长春花、爬山虎、络石和凌霄等。

（5）立柱景观　这类藤本植物绿化造景比较特殊，常用于大型廊架的柱状之架或建筑物的立柱，某些高大的孤植树或群植树林，以及某些需要遮挡的柱形物，能产生自然和谐的效果，常用吸附类和缠绕类植物，如爬山虎、薜荔等。

（6）地被景观　许多藤本植物横向生长也十分迅速，能快速覆盖地面形成良好的地被景观。如蔓长春花、络石、扶芳藤、常春藤等（图 3-19）。

图 3-19　杭州太子湾公园常春藤作地被景观

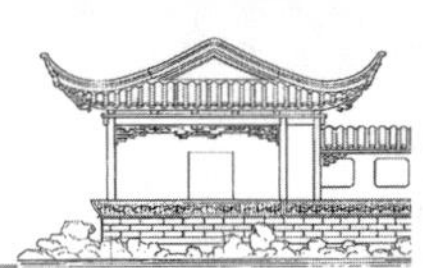

4. 花卉景观

花卉在公园中的灵活运用可以为绿地增添景观层次，丰富景观色彩，优化景观生态，赋予景观创新性。在遵循科学性的基础上，通过一定的艺术表现手法，以其变化的色彩、姿态和高低错落的韵律来创造植物景观，使其与乔木、灌木、地被、草坪构成一个完整的群落。随着国外大量花卉应用形式被引进，目前在公园内可见到各种形式的花坛、花境、花台等。

（1）花坛　花坛是按照设计意图，在有一定几何轮廓的植床内，以园林花草为主要材料布置而成的，具有艳丽色彩或图案纹样的植物景观。花坛主要表现为花卉群体的色彩美，以及由花卉群体所构成的图案美，能美化和装饰环境，增加节日的欢乐气氛，同时还有标志宣传和组织交通等作用。根据形状、组合以及观赏特性不同，花坛可分为多种类型，在景观空间构图中可用作主景、配景或对景。从植物景观角度，一般按照花坛坛面花纹图案分类，分为盛花花坛、模纹花坛、造型花坛、造景花坛等（图 3-20、图 3-21）。

图 3-20　上海世纪公园时钟花坛

（2）花境　花境是以宿根和球根花卉为主，结合一二年生草花和花灌木，沿花园边界或路缘布置而成的一种园林植物景观，亦可点缀山石、器物等。花境外形轮廓多较规整，通常沿着某一方向作直线或曲线演进，而其内部花卉配置成丛或成片，自然变化。花境主要有单面观赏花境、双面观赏花境和对应式花境三类。单面观赏花境是传统的花境形式，多临近道路设置，常以建筑物、矮墙、树丛、绿篱等为背景，前面为低矮的边缘植物，整体上前低后高，供一面观赏（图

图 3-21　北京植物园造景花坛

3-22）。双面观赏花境没有背景，多设置在草坪上或树丛间及道路中央，植物种植是中间高两侧低，供双面观赏。对应式花境在园路两侧、草坪中央或建筑物周围设置相对应的两个花境，这两个花境呈左右二列式，在设计上应统一考虑，作为一组景观，多采用拟对称的手法，以求有节奏和变化。

图 3-22　杭州曲院风荷单面观花境

（3）花台　在高于地面的空心台座（一般高 40～100 cm）中填土或人工基质并栽植观赏植物，称为花台。花台面积较小，适合近距离观赏，有独立花台、连续花台、组合花台等类型，以植物的形体、花色、芳香及花台造型等综合美为观赏要素，如上海人民公园花台。花台的形状各种各样，多为规则式的几何形体，如正方形、长方形、圆形、多边形，也有自然形体的。常用的植物材料有一叶兰、玉簪、芍药、三色堇、菊花、石竹等（图 3-23）。

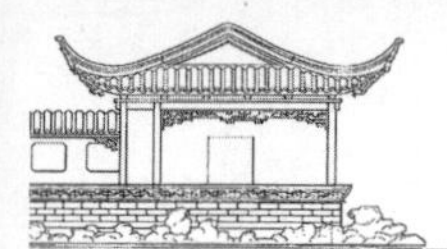

图 3-23　上海人民公园花台

图 3-25　深圳洪湖公园映日潭王莲景观

(4)花池和花丛　花池是以山石、砖、瓦、原木或其他材料直接在地面上围成具有一定外形轮廓的种植地块,主要布置园林花草的造景类型。与花台、花坛、花境相比,花池特点是植床略低于周围地面或与周围地面向平。花池一般面积不大,多用于建筑物前、道路边、草坪上等。植物选择除草花及观叶草本植物外,自然花池中也可点缀传统观赏花木和湖石等景石小品。常用植物材料有南天竹、沿阶草、葱莲、芍药等。

公园中水生花卉的也多以花丛、花带的方式应用(图 3-24、图 3-25)等。

图 3-24　上海静安公园水生植物景观

图 3-26　杭州太子湾公园观赏草坪

5. 草坪与地被植物景观

草坪是公园中常见的植物景观,不仅可以单独成景,还可以与花卉搭配形成缀花草地,与树木配置形成疏林草地,在河湖溪涧等处坡地用作护坡草地等(图 3-26、图 3-27)。

图 3-27　上海延中绿地稀树草坪

(1)草花组合　草坪铺植在花坛中,作为花坛的填充材料或镶边,起装饰和陪衬的作用,烘托花坛的图案和色彩。一般应用细叶低矮草坪植物,在管理上要求精细,严格控制杂草生长,并要经常修剪和切边处理,以保持花坛的图案和花纹线条,平整清晰(图 3-28)。

上海世纪公园

北京朝阳公园

图 3-28　草花组合

(2)疏林草地　疏林草地一般具有稀疏的上层乔木,其郁闭度在 0.4～0.6,并以下层草本植物为主体,比单一的草地增加了景观层次。"疏林草地"模式遵循以树木为本、花草点缀,乔木为主、灌木为辅的原则。它在有限的绿地上把乔木、灌木、地被、草坪、藤本植物进行科学搭配,既提高了绿地的绿量和生态效益,又为人们的游憩提供了开阔的活动场地,将传统植物配置风格和现代草坪融为一体,形成一个完整的景观。草坪的应用使绿地虚实相间,达到了步移景异的效果。

二、动物景观

1. 动物景观类型

(1)观赏动物　动物的体态、色彩、姿态和发声都极具美学观赏价值,蕴藏着一种气质美,世界各地历来都有观赏动物的传统。观赏动物,是指用于观赏的动物,并不食用和捕杀,一般为濒临灭绝和引人注目的动物。如老虎体形雄伟,有山中之王的气度,长颈鹿、长鼻子大象、"四不像"麋鹿等都具有观赏价值,孔雀、鹦鹉、斑马、金钱豹、火烈鸟等都以斑斓的色彩吸引旅游者(图 3-29)。

图 3-29　上海动物园火烈鸟、长颈鹿

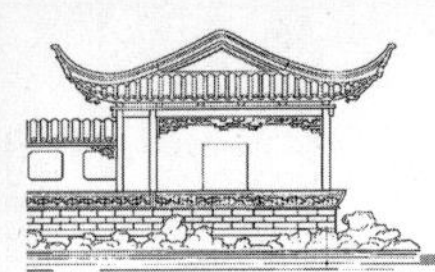

(2)珍稀动物　珍稀动物指野生动物中具有较高社会价值、现存数量又极为稀少的珍贵稀有动物。珍稀动物包含陆生生物类、水生生物类、两栖类、爬行类。如:大熊猫、金丝猴、白头叶猴、羚羊、扬子鳄等(图 3-30)。

图 3-30　上海动物园扬子鳄

(3)表演动物　动物具有自身的生态习性,在人工驯养下,某些动物还有模仿特点,即模仿人的动作或在人的指挥下做出某些记忆表演。如大象、猴子、海豚、犬等表演某些动作,如海洋公园海豚表演(图 3-31)。

图 3-31　海洋公园海豚表演

(4)迁徙动物　迁徙是动物在一定距离移动的行为,某些无脊椎动物如东亚飞蝗、蝴蝶等,爬行类如海龟等,哺乳动物如蝙蝠、鲸、海豹、鹿类等,还有某些鱼类都有季节性的长距离更换住处的行为。动物的迁徙都是定期的、定向的,而且多是集群进行。一般将群鸟有规律、有节奏、有方向的飞翔活动称为迁飞,如燕子、鸿雁等。

2.动物景观特性

(1)奇特性　动物在形态、生态、习性、繁殖和迁徙活动等方面有奇异表现,游人通过观赏可获得美感。动物是活的有机体,能够跑动、迁移,还能做出种种有趣的"表演",对游人的吸引力不同于植物。无脊椎动物中以颜色取胜的珊瑚、蝴蝶,脊椎动物中千姿百态的鱼、龟、蛇、鸟类、兽类等都极具观赏性。鸟类、兽类是最重要的观赏动物,它们既可供观形、观色、观动作,还可以闻其声,获得从视觉到听觉的多种美感体验。

(2)珍稀性　动物吸引人还在于其珍稀性。我国有许多动物是世界特有、稀有的,甚至是濒临灭绝的,如熊猫、金丝猴、东北虎、野马、野牛、麋鹿、白唇鹿、中华鲟、白鳍豚、扬子鳄、褐马鸡、朱鹮等。这些动物由于具有"珍稀"这一特性,往往成为人们注目的焦点。不少珍稀鸟兽,如金钱豹、斑羚、猪獾、褐马鸡、环颈雉等,是公园景观中的亮点,既可吸引游客,又是科普教育的好题材。

三、山水景观

1.山体景观

山体是构成大地景观的骨架,中国名山众多,各具特色,构成雄、奇、险、秀、幽、旷等形象特征。在公园中,不同的山体形态呈现出不同的景观效果。

山体景观根据地势形态划分为山丘、低地、洞穴、穴地、岭、山脊等类型。山丘,有 360°全方位景观,外向性,顶部有控制性,适宜设标志物;低地、洞穴、穴地,360°全封闭,有内向性,有保护感、隔离感,属于静态、隐蔽的空间;岭、山脊,有多种景观,景观面丰富,空间为外向性;谷地,有较多景观,景观面狭窄,属于内向性的空间,曲折有神秘感、期待感,山谷纵向宜设焦点;坡地,属单面外向空间,景观单调,变化少,空间难组织,需分段用人工组织空间,使景观富于变化;平地,属外向空间,视野开阔,有多向组织空间。易组织水面,使空间

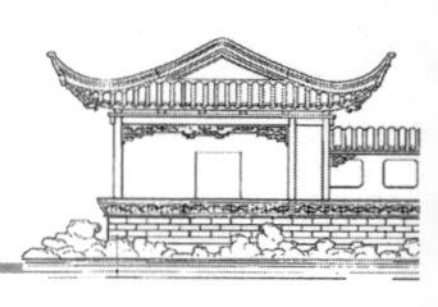

有虚实变化，但景观单一，需创造具有竖向特点的标志作为焦点。

张家界国家森林公园集神奇、钟秀、雄浑、原始、清新于一体，以岩称奇。园内连绵重叠着数以千计的石峰，奇峰陡峭嵯峨，千姿百态，或孤峰独秀，或群峰相依，造型完美，形神兼备（图 3-32）。

图 3-32　张家界国家森林公园山体景观

2. 水域景观

水是大地景观的血脉，是生物繁衍的条件，人类对水有着天然的亲近感。水景是自然风景的重要因素，也是公园景观不可或缺的一部分。公园中的水景类型丰富，一般包括泉水、湖池、瀑布、溪涧、滨海、岛屿等形式。

（1）泉水　泉是地下水的自然露头，或依山、或傍谷、或出穴、或临河，被赋予了神奇的观赏价值。由于泉水喷吐跳跃，吸引了人们的视线，可作为景点的主题，再配合合适的植物加以烘托、陪衬，效果更佳。

泉水的地质成因很多，根据成因可分为侵蚀泉、接触泉、断层泉、溢流泉、裂隙泉、溶洞泉。因沟谷侵蚀下切到含水层而使泉水涌出的叫侵蚀泉；因地下含水层与隔水层接触面的断裂而使泉水涌出的叫接触泉；地下含水层因地质断裂受阻而出的叫断层泉；地下水流动中遇到相对隔水层或隔水体而被迫上涌到地表的叫溢流泉（如济南趵突泉）；地下水顺水岩层裂隙而涌出地面的叫裂隙泉（如杭州虎跑泉）；可溶性岩石地区的溶洞水沿洞穴涌出地表的叫溶洞泉。不同成因的泉水表现为不同的形式（图 3-33）。

另外，泉按表现形式分为喷泉、涌泉、溢泉、间歇泉、爆炸泉等；按旅游资源分为饮泉、矿泉、酒泉、喊泉、浴泉、厅泉、蝴蝶泉等；按不同成分分为单纯泉、硫酸盐泉、盐泉、矿泉等。如我国济南七十二名泉之首趵突泉（图 3-34）。

（2）湖池　湖池像水域景观项链上的宝石，又像洒在大地上的明珠，以宽阔平静的水面给人带来悠荡与安详。在公园中，湖是常见的水体景观，一般水面辽阔，视野宽广，多较宁静，如南京玄武湖、济南大明湖、北京玉渊潭公园八一湖等（图 3-35 至图 3-37）。

而中国古典园林欲咫尺山林，小中见大，多师法自然，开池引水，成为庭院的构图中心、山水园的要素之一，深为游人喜爱。

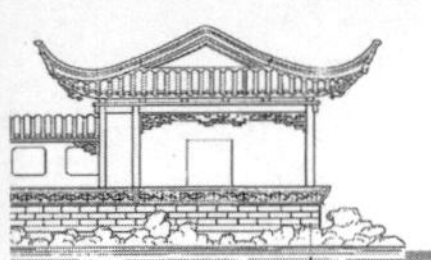

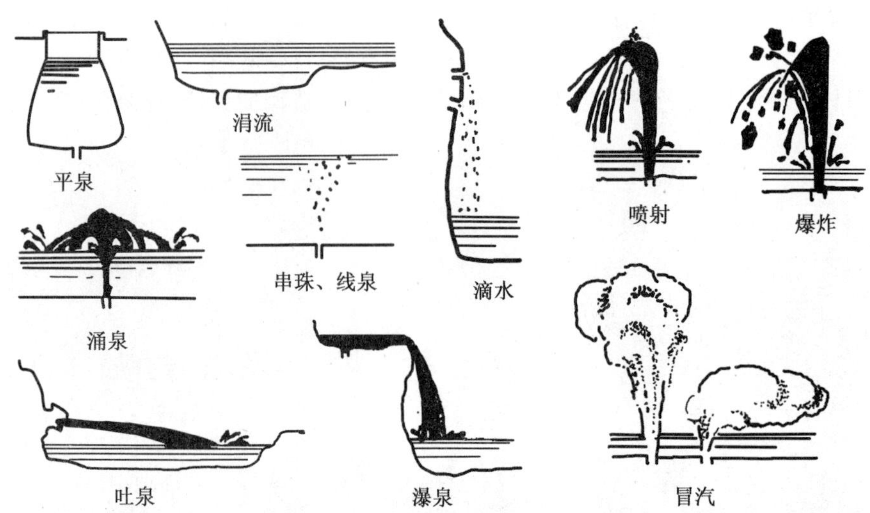

图 3-33　泉水的形式

图 3-34　山东济南七十二名泉之首趵突泉

图 3-35　南京玄武湖

图 3-36　济南大明湖

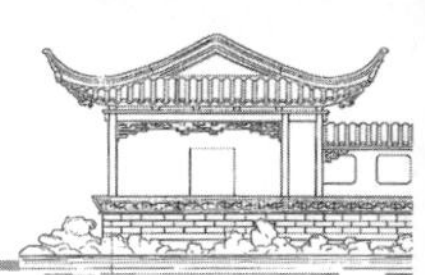

图 3-37　北京玉渊潭公园八一湖

（3）瀑布　瀑布为河床纵断面上断悬处倾泻下来的水流。瀑布展现给人的是一种动水景观之美，融形、色、声之美为一体，具有独特的表现力。不同的地势和成因决定了瀑布的形态，使之有了壮美和优美之分。壮美的瀑布气势磅礴，似洪水决口、雷霆万钧，给人以恢宏壮丽的美感；优美的瀑布水流轻细、瀑姿优雅，给人以朦胧柔和的美感。丰富的自然瀑布景观是人们造园的蓝本，它以其飞舞的坠姿、非凡的气势，给人们带来了“疑似银河落九天”的情怀和享受，如云南昆明瀑布公园瀑布（图 3-38）和苏州狮子林瀑布（图 3-39）。壶口瀑布国家地质公园内的瀑布景观，是黄河中游流经晋陕大峡谷时形成的一个天然瀑布。中国古籍《书・禹贡》曰“盖河漩涡，如一壶然”。两大著名奇景“旱地行船”和“水里冒烟”，更是罕见。再者还有镜泊湖瀑布，为中国最大的火山瀑布。

图 3-38　云南昆明瀑布公园瀑布

图 3-39　苏州狮子林溪涧景观

（4）溪涧　溪涧是泉瀑之水从山间流出的一种动态水景。溪涧宜多弯曲以增长流程，显示其源远流长，绵延不尽。多采用自然石岸，以砾石为底，溪水宜浅，可数游鱼，又可涉水，如浙江莫干山国家森林公园中干将莫邪铸剑处的溪涧景观、浙江杭州九溪十八涧（图 3-40 和图 3-41）。

图 3-40　莫干山国家森林公园溪涧景观

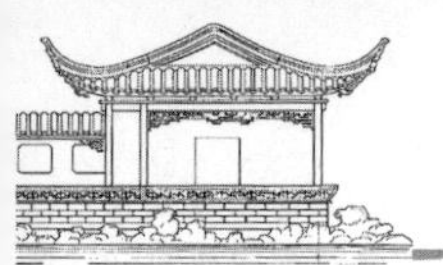

图 3-41 浙江杭州九溪十八涧

(5)滨海　我国东部和南部海域是重要的旅游观光胜地。这里有多种多样的海岸地貌景观:海蚀崖、海蚀柱、海蚀平台、海蚀潮沟、潮汐通道,有各种质地海滩以及生物海滩(如红树林)等。碧海蓝天,绿树黄沙,白墙红瓦,气象万千。有海市蜃楼幻景,有浪卷沙鸥风光,有海蚀石景奇观,有海鲜美味品尝,在此基础上建设的滨海公园也形成了优美的景观,如深圳大梅沙海滨公园和山东威海海滨公园(图 3-42、图 3-43)。

图 3-42 深圳大梅沙海滨公园

我国沿海自然地质风貌大体有三大类:基岩海岸、泥沙海岸、生物海岸。基岩海岸大都由花岗岩组成,局部也有石灰岩,风景价值较高;泥沙海岸多由河流冲积而成,为海滩涂地,多半无风景价值;生物海岸包括红树林海岸、珊瑚礁海岸,有一定观光价值。自然海滨景观多为人们仿效再现于城市园林的水域岸边,如山石驳岸、卵石沙滩、树草护岸,或点缀海滨建筑雕塑小品等。

图 3-43 山东威海海滨公园

(6)岛屿　岛屿是水域中常见的景观。我国自古以来就有东海仙岛和灵丹妙药的神话传说,导致了不少皇帝东渡求仙,也构成了中国古典园林中"一池三山"(蓬莱、方丈、瀛洲)的传统格局。岛在园林中可以划分水面空间,增加景观层次。岛在水中,是欣赏四周风景的眺望点,又是被四周眺望的景点(图 3-44)。此外,岛屿还能增加园林活动的内容,活跃气氛。岛屿造型各异,可分为以下几个类型。

图 3-44 杭州西湖最大的岛屿小瀛洲

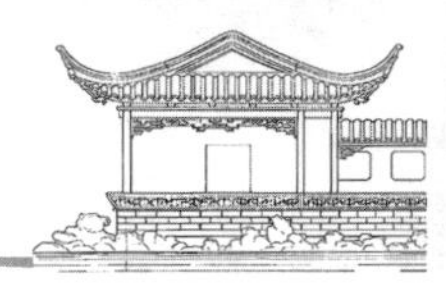

山岛：山岛有以土为主的土山岛和以石为主的石山岛两种。土山岛因土壤的稳需要和缓起升，所以土山的高度受宽度的限制，但山上可以广为种植，美化环境。石山岛有陡峭的悬崖峭壁，如人工掇成，一般以小巧险峻为宜。

平岛：天然的洲渚系泥沙淤积而形成的坡度平缓的平岛。园林中人工平岛亦取法洲渚的规律，岸线圆润，曲折而不重复，平缓地伸入水中，使水陆之间感觉非常接近。建筑常临水设置，以表现水面平易近人的特点。种植耐湿喜水的树种，水边可以配置芦苇之类的水生植物，可有飞鸟水禽的巢穴，增加生动自然的景色。

半岛：半岛有一面连接陆地，三面临水，还可以形成石矶，矶顶、矶下应有部分平底，以便有人停留眺望。

岛群：成群布置的分散的岛或紧靠在一起的中间有水的池岛。例如，杭州西湖的三潭映月，远观为一大岛，而岛内由无数个岛连接形成岛中有湖、内外不同的景观。

礁：水中散置的点石，或以玲珑奇巧的石作孤赏的小石岛，尤其在较小的整形水池中，常以小石岛来点缀或以山石作为水中障景。

岛的布置：水中设岛忌居中、整形，一般躲在水面一侧，以便使水面有大片完整的感觉。岛的形状切忌雷同。岛的大小与水面大小比例适当。

由于传统上岛屿常给人们带来神秘感，现代园林的水体中也不少聚土石为岛，或设专类园于岛上。从自然到人工岛屿，知名者有哈尔滨的太阳岛、烟台的养马岛、威海的刘公岛、厦门的鼓浪屿、台湾的兰屿、太湖的东山岛、西湖的三潭映月等。

四、岩石景观

1.岩崖

由地壳升降、断裂风化面形成的悬崖危岩。桂林象山公园的象鼻山象眼岩，其山形酷似一头驻足漓江边临流饮水的大象，栩栩如生，引人入胜，被人们美誉为桂林市的城徽。此外，还有江西三清山的石景、张家界国家森林公园岩崖景观等。

2.火山岩景观

火山岩景观是指火山活动所形成的火山口、火山锥、熔岩流台地、火山熔岩等。例如，黑龙江五大连池是火山堰塞湖，长白山天池是火山湖，浙江雁荡山是火山岩景观等。《西游记》描写的火焰山在新疆境内。

3.古化石及地质景观

古生物化石是地球生物史的见证者，是打开地球生命奥妙的钥匙，也是人类开发利用地质资源的依据。古化石的出露地和暴露物就成为极其宝贵的科研和观赏资源。例如，四川自贡著名的恐龙化石、加拿大艾伯特省恐龙公园等；20亿年前藻类漫生的成层产物叠石，是绚丽多彩的大理石岩基；山东莱芜地区的寒武纪三叶虫化石，被人们开发研制成精美的景观；山东临朐的山旺化石宝库，在岩层中完整保存着距今1 200万年前的多种生物化石，被誉为“万卷书”。

地层和石洞还是古人类进化史的课堂，北京周口店等处出现了古猿人的化石，著名的银杏和水杉则是活化石，是科学研究的宝贵资料。

五、天文气象景观

由天文、气象现象所构成的自然形象、光彩都属于这类景观。但大都为定点、定时出现在天空中的景象，人们通过视觉体验而获得美的感受。

1.日出、晚霞、月影

日出象征着紫气东来，万物复苏，朝气蓬勃，催人奋进。观日出，不仅开阔视野，涤荡胸襟，振奋激情，而且更是深深地密切了人和大自然的关系。高山日出，那一轮红日从云雾岚霭中喷薄而出，峰云相间，霞光万丈，气象万千；海边日出，当一轮红日从海平线上冉冉升起，水天一色，金光万道，光彩夺目(图3-45)。多少流芳百世的诗人，在观赏日出之后，咏唱了他们的真感情。北宋诗人苏东坡咏道：“秋风与昨天云烟意，晓日能令草木姿。”南宋诗人范成大在诗中这样写道：“云雾为人布世界，日轮同我行虚空。”现代诗人赵朴初诗：“天著霞衣迎日出，峰腾云海作舟浮。”

与观日出一样，看晚霞也要选择地势高旷、视野开阔且正好朝西的位置。这样登高远眺，晚霞美景方能尽收眼底。晚霞呈现出霞光夕照的景象，万紫千红，光彩夺目，令人陶醉(图3-46)。

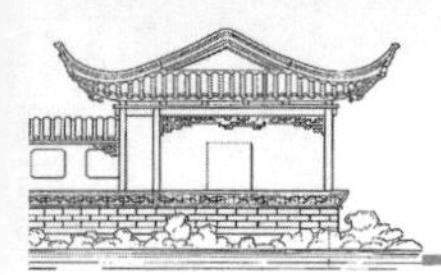

图 3-45 北戴河湿地公园日出景观

图 3-46 北京奥林匹克森林公园晚霞

"白日依山尽""长河落日圆"之后便转移到了以月为主题的画面。月与水的组合,其深远的审美意境,也引起人的无限遐想。如桂林象鼻山的"象山水月",山体前部的水月洞,弯如满月,穿透山体,清碧的江水从洞中穿鼻而过,洞影倒映江面,构成"水底有明月,水上明月浮"的奇观,"象山水月"因之成为桂林山水一绝。

2. 云海、雾凇

乘雾登山,俯瞰云海,仿若腾云驾雾,飘飘欲仙。所谓云海,是指一定的条件下形成的云层,并且云顶高度低于山顶高度,当人们在高山之巅俯视云层时,看到的是漫无天际的云,如临大海之滨,波起峰涌,浪花飞溅,惊涛拍岸。故称这一现象为"云海"(图 3-47)。其日出和日落时所形成的云海五彩斑斓,称为"彩色云海",最为壮观。

图 3-47 香山公园云海

在寒冷的冬天,空气中的水气或细小的过冷雾滴在 0℃以下的树枝、树干等物体上不断凝华、聚积、冻粘,逐渐形成的白色或灰白色沉积物或者水气,这就会出现美丽的雾凇景观(图 3-48)。

图 3-48 吉林滨江公园雾凇景观

3. 雨景、雪景、霜景

雨景也是人们喜爱观赏的自然景色,杜甫的《春夜喜雨》写道:"好雨知时节,当春乃发生。随风潜入夜,润物细无声。野径云俱黑,江船火独明。晓看红湿处,花重锦官城。"下雨时的景色和雨后的景色都跃然纸上。川东的"巴山夜雨"、蓬莱的"露天银雨"、济南"鹊华烟雨"等都是有名的雨景。

"江南烟雨""潇湘夜雨"历来备受文人的称道。烟雨俗称毛毛雨,多产生细雨霏霏、烟雾缭绕的景象,山水、植被、古建筑等笼罩在烟雨中,别有一番情趣。

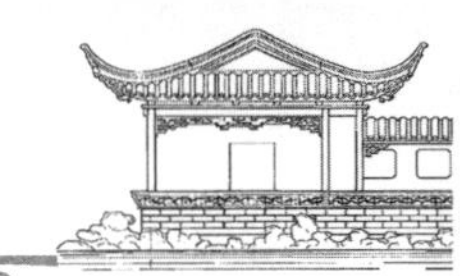

而在特定的地理环境和人们的特定心境下，观赏和品味降雨的过程也有无穷韵味。

冰雪奇景发生于寒冷季节或高寒气候区。这些景观造型生动、婀娜多姿。特别是当冰雪与绿树交相辉映时，景致更为诱人。如太白山国家森林公园的雪景，“深秋时节登太白，满目染彩惹人醉。群山巍巍插云霄，秋风吟雪傲冬寒。”这是广为流传的一首诗，也是太白山深秋时节宜人景色的生动写实。再如雪后的北海公园，银装素裹，分外妖娆（图 3-49）。

图 3-49　北京北海公园雪景

“晓来谁染霜林醉”是诗人称颂霜的美。花草树木结上霜花，一种清丽高洁的形象会油然而生。如北京植物园内的霜后枫林景观，经霜后的枫林，一片深红，令人陶醉（图 3-50）。

图 3-50　北京植物园霜后枫林

第二节　文化景观

文化景观，又称人文景观，是园林的社会、艺术与历史性要素，包括物质文化景观和非物质文化景观两大类。文化景观是我国公园中最具特色的要素，而且丰富多彩，艺术价值、审美价值极高，是中华民族文化的瑰丽珍宝。

一、物质文化景观

（一）名胜古迹景观

物质文化景观主要指名胜古迹类景观，名胜古迹是指历史上流传下来的具有很高艺术价值、纪念意义、观赏效果的各类建设遗迹、建筑物、古典名园等。一般分为古代建设遗址、古建筑、古工程及古战场、古典名园等。

1. 古代建设遗址

古城市、乡村、街道、桥梁等已存下来的有地上的，也有发掘出来的，都是古代建设遗迹或遗址。古城市如我国著名的四大古都，包括建都时间最长、朝代最多的西安，元明清古都北京，六朝古都南京，十五朝古都洛阳，还有杭州、开封等都是世界闻名的古城。古乡村（村落）如西安的半坡村遗址，古街如安徽屯溪的宋街，古道如西北的丝绸之路，古桥如卢沟桥、赵州桥（图 3-51）。

图 3-51　赵州桥

2. 古建筑

我国古建筑历史悠久，形式多样，形象多类，结构严谨，空间巧妙，是举世无双的，而且近几十年来修建、复建、新建的古建筑面貌一新，成为园林中的重要景观（图 3-52）。

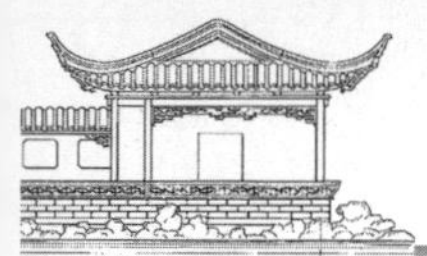

图 3-52　不同屋顶组合形式的中国古代建筑

古建筑一般有以下几种：宫殿、府衙、名人居宅、寺庙、塔、教堂、亭台、楼阁、古民居、古墓、神道建筑等。其中寺庙、塔、教堂合称宗教与祭祀建筑；亭台、楼阁有独立存在的，也有在宫殿、府衙及园中的。跨类而具有综合性的"东方三大殿"有北京故宫的太和殿(图 3-53)、泰山岱庙的天贶殿、曲阜孔庙的大成殿(图 3-54)。江南三大名楼：湖南岳阳楼、湖北黄鹤楼、江西滕王阁。

图 3-53　北京故宫的太和殿

1)古代宫殿、衙署建筑

(1)古代宫殿　中国的宫殿建筑辉煌灿烂，文化价值无与伦比，在世界上享有崇高的声誉。北京明、清故宫，原称紫禁城宫殿，是明、清两朝的皇宫，紫禁

图 3-54　曲阜孔庙的大成殿

城今为故宫博物院，是中国现存规模最大、保存最完整的古建筑群。分为外朝、内廷两大区。外朝居前部，由中轴线上的前三殿（太和殿、中和殿、保和殿）与其东西两侧对称的文华殿、武英殿组成。内廷在前三殿之后，由后三宫、东西六宫、乾东西五所组成。全宫区按用途与重要程度有等差、有节奏地安排建筑群的体量和空间形式、位置，是中国古代建筑组群最高水平的代表。

拉萨布达拉宫于 7 世纪始建，17 世纪重建，是历代达赖喇嘛居住和进行宗教政治活动的地方（图 3-55）。包括红山上的宫堡群、山前方城和山后龙王潭花园三部分。布达拉宫内绘有大量壁画，题材有西藏佛教发展史、五世达赖喇嘛生平、文成公主进藏等。各座殿堂中还保存有大量珍贵文物和佛教艺术品。布达拉宫集中反映了藏族匠师的智慧和才华，藏族建筑的特点和成就，也是了解藏族文化、艺术、历史、民俗的宝库。

（2）衙署建筑　旧指政府机关，是古代各级地方官府衙门的住所。中国现如今保存最完好的古代省级、地市级和县级衙署，分别是河北保定直隶总督署、山西霍州署衙和河南南阳内乡县衙。

2）宗教建筑

宗教建筑因宗教不同而有不同名称与风格。我国道教最早，其建筑称宫、观；东汉明帝时（1 世纪中期）佛教传入中国，其建筑称寺、庙、庵及塔、坛等；明代基督教传入中国，其建筑称教堂、礼拜堂；还有伊斯兰教、喇嘛教等。祭祀建筑在我国很早就出现了，称庙、祠堂、坛。纪念死者的祭祀建筑，皇族称太庙，名人称庙，多冠以姓或尊号，也有称祠或堂的。

与宗教密切相关的各种形式、规模的寺塔、塔林，我国现存的也很多，著名的有：陕西西安大雁塔，河北定州开元寺塔，浙江杭州六和塔，江苏苏州虎丘塔和北寺塔、镇江金山寺塔、常方塔，上海龙华塔、兴圣教寺塔等。最高的为四川都江堰奎光塔，共 17 层；小型的如南京栖霞寺舍利塔。还有作景观的塔，如北京北海公园的白塔，扬州瘦西湖的白塔，延安宝塔等。塔林如河南少林寺的塔林等。

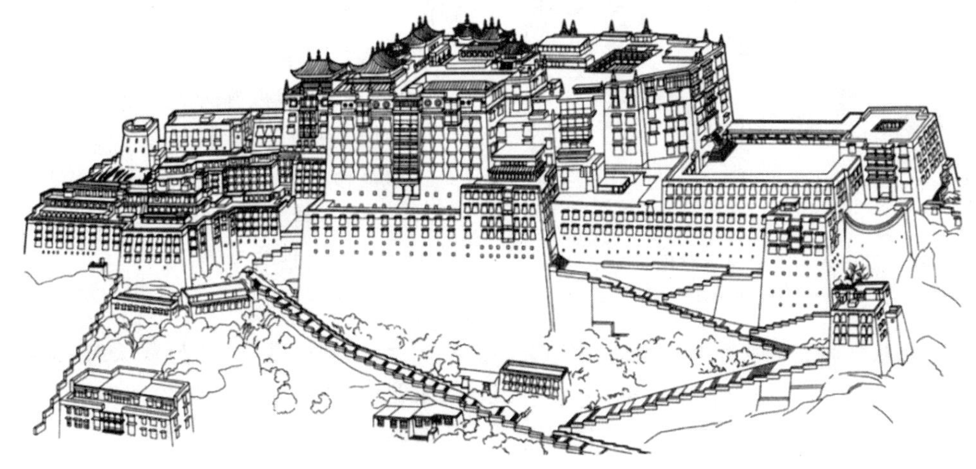

图 3-55　布达拉宫

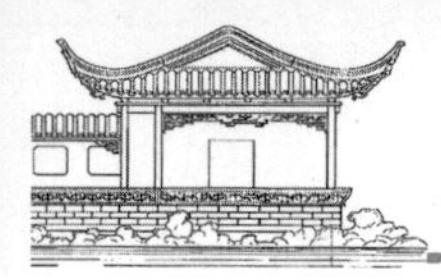

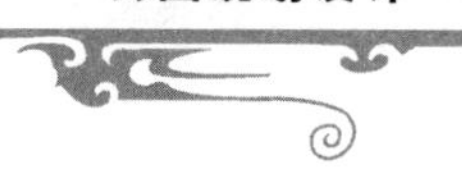

3)祭祀建筑

中国古代传统文化思想中,形成了一整套宗法礼制思想,其中包含着浓重的对祖先的尊敬,对土地、粮食、天地、日月的崇拜,对各种文神、武神以及其他各种神的尊敬。为了寄托这种崇敬和感恩的心情,产生和形成了许多用来祭祀天地鬼神、山川河岳、祖宗英烈、圣哲先贤等的坛庙祭祀建筑,也称之为礼制建筑。

祭祀建筑以山东曲阜孔庙历史最悠久,规模最大。其他各地也多有孔庙或文庙。还有皇帝新建太庙,建于都城(紫禁城)内,今仅存北京太庙(现为北京劳动人民文化宫)。再有纪念名人的祠庙,有名的如杭州岳王庙、四川成都武侯祠(祭祀诸葛亮)、杜甫草堂等。

泰山岱庙位于泰山南麓,是泰山最大、最完整的古建筑群,为道教神府。其建筑风格采用帝王宫城的样式。岱庙东御座位于汉柏院北,预案为清代皇帝驻跸之所(图 3-56)。其垂花门与东华门在一条直线上,大门与汉柏亭相对。院内殿宇毗连,步廊环围,1985 年辟为泰山珍贵文物陈列室。配殿内陈列泰山祭器。殿前松柏下,东有宋真宗御制《青帝广生帝君之赞碑》,西有驰名中外的《泰山秦刻石》残字碑。

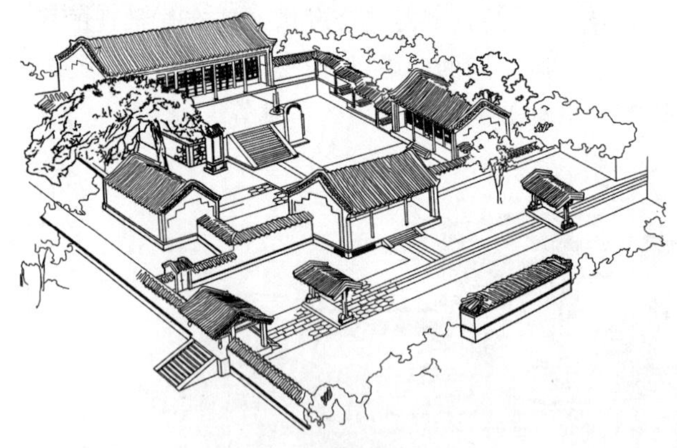

图 3-56　泰山岱庙东御座鸟瞰图

祭坛建筑有北京社稷坛(现为中山公园)、天坛(祭天、祈丰年)等。天坛是现今保存最完整、艺术水平最高的古建筑群之一,主题为祈年殿,建在砖台之上;砖台东西 165 m,南北 191 m,正中央有祈谷台。台四周有矮墙,开四门。祈年殿位于坛中央,结构雄伟,构架精巧,有强烈向上的动感,表现出人与天相接的意愿(图 3-57)。

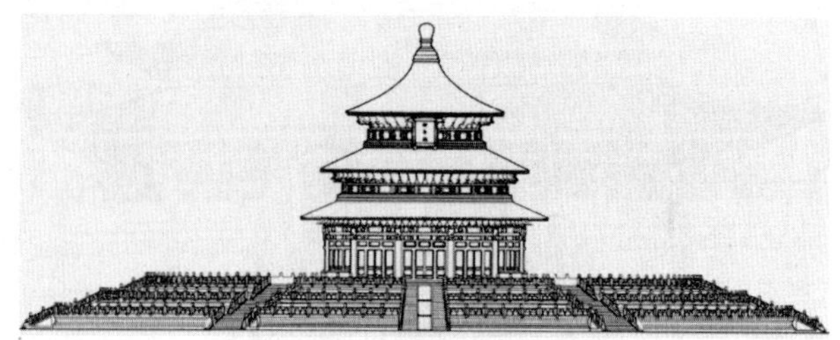

图 3-57　天坛祈年殿立面图

4)会馆建筑

会馆,是中国古建筑中具有特殊用途的一种类型,它源于汉代的邸舍,其修建目的是为了某一省、一州、一府、一县或几个省县,或某些地区的同乡、同业、同行的人们能够在外省外地相互联系,沟通信息,以保护本集团的利益。著名的有四川自贡西秦会馆、天津的广东会馆、山东聊城山陕会馆、河南开封陕甘会馆、南阳社旗山陕会馆等。

河南地处中原腹地,交通便利,历来是南北货物的运转、集散地,特别是在明清时期,商业活动活跃,跨地区贸易增加,全国各地的商人在河南的各个商埠建立会馆,迎客接士,商贾联谊,行业间进行活动,另外也为同乡提供聚会、联络和居住的场所。会馆一般分布在交通便利、物产丰富、贸易发达、商人云集的州、府、县等地。河南现存的会馆多创建于清初或清中期,建筑形式不同于民居,而是参照寺庙、宫殿的建筑布局形式。戏楼、春秋楼是最具有会馆特色的建筑。关羽是商人崇拜敬仰供奉的对象,所以会馆在一些地方被称为关帝庙。

会馆是带有商业性质的公共建筑,富商巨贾为了显示富裕和行业兴盛,不惜巨资,广招各地能工巧匠,将会馆建得富丽堂皇。会馆的各类雕刻文饰繁复,雕工精美,色彩华丽。

5)亭台楼阁建筑

台,出现比亭早,初为观天时、天象、气象之用,如殷鹿台、周灵台及各诸侯的时台。后来遂作园中高处建筑,其上亦多建有楼、阁、亭、堂等。现存的台如北京的居庸关云台,河北邯郸丛台,山西应县小石口长城空心敌台等(图 3-58)。

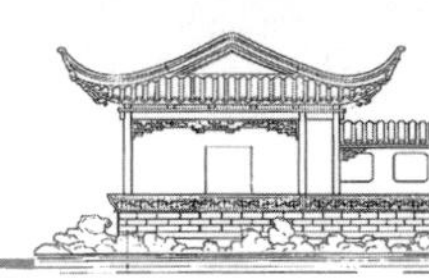

图 3-58　北京居庸关云台、河北邯郸丛台、山西应县小石口长城空心敌台

亭，初为道路、山路休息之所，十里一亭，称十里长亭，为中国分布最为广泛的古建筑类型之一，尤其以园林、公园中多见，为园中一景。亭之造型最为丰富，亭可赏景，亭可佐景。现存著名的亭有浙江绍兴兰亭、江苏苏州沧浪亭、安徽滁州醉翁亭、北京陶然亭等。

楼，“楼者，重屋也”。楼在战国时期就出现了，当时主要用于观敌瞭阵，后来发展为供人居住的住宅。楼的造型有多种多样，但园中的造型是一层为厅堂式建筑，外部设有立柱，用以支撑上层建筑，并形成一种外廊。现存的楼建筑，如承德避暑山庄烟雨楼、江南三大名楼、安徽当涂太白楼、云南昆明大观楼。

阁，“重屋为楼，四敞为阁”。这是楼与阁重要的区分点。阁的四面皆有窗，且也设有门，四周还都设有挑出的平座，供人环阁漫步、观景。平座设有美人靠（一种类似凉椅式的坐椅），供人休息，凭栏观景。如北京颐和园的佛香阁、山东蓬莱水城蓬莱阁等（图 3-59）。

6）名人居宅建筑

历史上各朝代的名人居宅现存的很多，如四川成都的杜甫草堂，浙江绍兴徐渭的青藤书屋，北京西山曹雪芹的旧居等。近现代如孙中山的故居、客居，有广东中山市的中山故居，广州中山堂，南京总统府中山纪念馆等；湖南韶山毛泽东故居；江苏淮安周恩来故居等。

7）古代民居建筑

民居，是各地民众的居住形式和居室结构的总称。古代民居，则是指民居系列中既富有地方风格，又具有历史文化色彩的部分。我国是个多民族国家，自古以来民居建筑丰富多彩，经济实用，小巧美观，各有特色，也是中华民族建筑艺术与文化的一个重要方面。古代园林中也引进民居建筑作为景观，如北京颐和园仿建苏州街（图 3-60）。

图 3-59　湖北黄鹤楼和山东水城蓬莱阁

图 3-60　颐和园苏州街复原透视图

我国现存古代民居建筑形式多样(图 3-61),如北方四合院、延安窑洞、江南园林式宅院、华南骑楼、云南村寨竹楼、新疆吐鲁番土拱、内蒙古的蒙古包、四川阿坝藏族碉房和福建客家土楼等。

图 3-61　我国丰富多彩的民居建筑外观

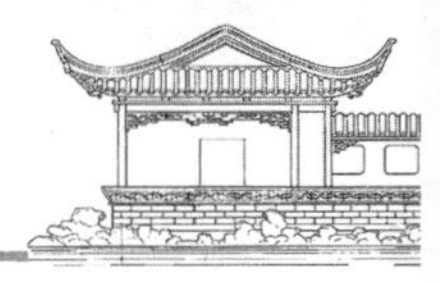

安徽徽州明代住宅是我国现存古代民居中的珍品，基本为方形或矩形的封闭式三合院、四合院及其变体。山西襄汾明代住宅为三合院或四合院，抬梁式构架，布局简洁，工艺讲究，风格朴实，是现代研究古民居的一个重要场地。同时，外国丰富多彩的民居建筑也提供了众多的创作素材(图 3-62)。

日本筑波民居

泰国曼谷 Ruen Moo 民居

土耳其账篷

澳大利亚的英国式住宅

美国维多利亚式民居

德国姆斯特地区农社

伊朗吉兰民居

加拿大欧式民居

非洲传统民居

法国中部草原农舍

挪威民居

俄罗斯民居

图 3-62　外国丰富多彩的民居景观

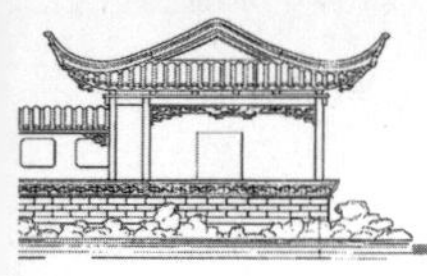

8）古代陵墓建筑

陵墓建筑指陵、墓（冢、茔），还包括神道、墓碑、华表、阙等附属建筑（图 3-63）。陵，为帝王之墓葬区。墓，为名人墓葬地。神道，意为神行之道，即墓道。墓碑，石碑，竖于墓道口，称神道碑。华表，立于宫殿、城垣、陵墓前的石柱，柱身常刻有花纹。阙，立于宫殿、祠庙、陵墓门前的双柱，陵墓前的称墓阙。

历代著名的有陕西桥山黄帝陵，临潼秦始皇陵，兴平市汉武帝的茂陵，乾县唐高宗与武则天的合葬陵乾陵；南京牛首山南唐二主的南唐二陵；河南巩义市嵩山北的宋陵为北宋太祖之父与北宋七代皇帝的陵墓，统称“七陵八帝”，是我国古代最早集中布置的帝陵；南京明太祖的明孝陵；北京明代十三陵，是我国古代整体性最强、最善利用地形的规模最大的陵墓建筑群。

历代名人墓地著名的有山东曲阜孔林、安徽当涂李白墓、浙江杭州岳飞墓、陕西韩城司马迁墓等（图 3-64）。

定陵方城明楼碑与石五供

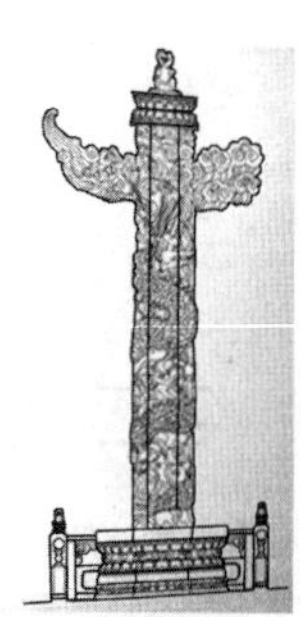

华表

四川雅安高颐阙

南京明孝陵神道

河南巩县永定陵与石马

图 3-63　各种形式的古代陵墓建筑

岳飞墓

司马迁墓

图 3-64　岳飞墓和司马迁墓

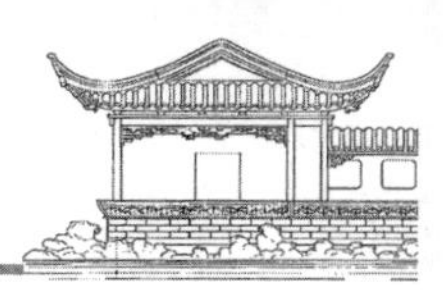

古代陵墓是历史文化的宝库，已挖掘出的陪葬物、陵殿、墓道等，是研究与了解古代艺术、文化、建筑、风俗等的重要实物史料。

9)官学和书院建筑

官学和书院为中国封建社会的教育、学术与文化机构，分为官办国学和民办书院。中国保存有明清时期的国家和地方的官办国学——北京国子监、山西平遥县学；而民办书院以宋代四大书院——江西庐山白鹿洞书院、湖南长山岳麓书院、河南登封嵩阳书院和河南商丘应天府书院最为有名。

3. 古工程及古战场

闻名的古工程有长城、都江堰、京杭大运河等。古战场有湖北赤壁——三国赤壁之战的战场，重庆合川钓鱼城——南宋抗元古战场等。

(二)山水工程景观

1. 山工程景观

1)人工堆山

(1)土山　主要用土堆成的假山造型比较平缓，可形成土丘与丘陵，占地面积较大，多用于平地外沿作为景色转折点，或用作障景、隔景，以丰富公园景观效果。堆筑土丘和丘陵的工程比较简单，土山工程投资较少，对改变公园风景面貌起一定作用。如郑州紫荆山公园东区与周围道路的隔离，采用了高3～5 m的带状土山，使挖湖与堆山结合起来，有效减少了土方工程量，同时又满足了周边防护性风景林的种植，有利于形成一道绿色屏障。

(2)石山　主要用石堆成的假山一般体型比较小，在设计与布局上常用于庭院内、走廊旁，或依墙而建，作为楼层的蹬道，或下洞上亭，或下洞上台等。石山营造不受坡度限制，可雄伟挺拔，玲珑剔透，悬崖峭壁，峰峦谷洞。

(3)土石山　假山由土石共同组成，有石多土少和石少土多之分。石多土少的假山一般是表层部分为石，这种类型在江南地区比较多见，假山四周全用石构筑。由于有山石的砌护，可有峭壁挺拔之势，在山石间留穴、嵌土、植奇松，增添生机活力，有时也可构洞做窟，便于减少山石量和增添游赏内容。土多石少的假山主要以土堆成，土构成山体基本骨架，表面适当点石，其特征相似于土山。这种类型不是很多，特别是江南地区甚少，而北方比较多见。一般占地面积较大，山林感较强，把土山和石山的优点有机地融为一体，造价较低，又可创造丰富的植物景观，是现代公园中比较提倡的。

2)山石景观

山石景观包括假山景观、置石景观、石作景观和石玩景观四部分内容。山石在公园中或展示个体的形态美，或展示群体的组合美，或展示掇叠艺术之美，自古以来就是公园景观中不可缺少的一种要素。不同地区受环境条件、原材料、文化以及技术的影响，都形成自己独特风格的山石景观。

山石景观在公园中还具有独特的内容美。在中国古典园林中，山是园之“骨”，石是山之“骨”，“片石”如山。这是中国特殊而有趣的微观文化之一。

(1)假山景观　假山景观是指公园中以造景为目的，用土、石等材料构筑的山。假山常是以真山为蓝本，以造景为主要目的，组成单元丰富，使人有置身于自然山林之感，假山的体量大而集中，在景观上足以引起其他要素的布局与造型。假山可供游人观赏、游览，达到“虽由人作，宛自天开”的艺术境界。

(2)置石景观　置石景观是指山石不加堆叠、零星布置形成的景观，形成可观赏的独立性、组合性或附属性的景致。置石景观主要表现山石的个体美或局部的组合美，不具备完整的山形，可以单独成景，也可以结合挡土、护坡、种植或器设而具有实用功能。置石构成形式简单，体现比较深的意境，能达到寸石生情的艺术效果。根据石的多少可以分为特置、对置、散置、群置和叠石。

特置：指一块山石单独布置形成特别景致，也称孤置。特置有立、卧之分。竖立者即“立峰”，如苏州留园的冠云峰、瑞云峰等；横卧者即“卧石”，如北京颐和园的青芝岫(图3-65)。常作为公园入口的障景、对景，或置于廊间、亭下、水边和园路转弯处，作为局部空间的构景中心。

对置：在建筑物两侧相对而置的山石景观(图3-66)。但在较大的建筑前或广场中，往往是以规则的行列式布置多块石景，即为列置。起的作用同样是陪衬建筑、丰富景色。因此，列置也属于对置类

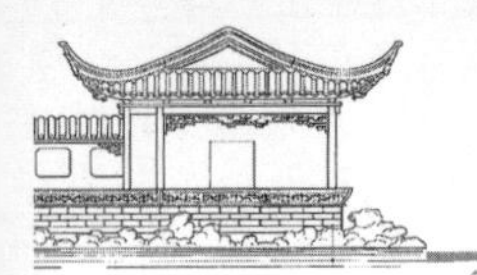

型。如颐和园排云殿前行列式布置的十二生肖石景，颐和园东宫门内大雄宝殿前的四块对称布置湖石。

散置与群置：大小、形态不同的山石零星放置形成的景观，其实质为攒三聚五，形成自由散落的一组自然式石景，故又称散点。3～5 块石散置，一般称为小散点（图 3-67）；6～7 块或更多时，占据空间较大，称为大散点，也称群置（图 3-68）。常用于缓坡草地，或坡地广场的边沿。既减缓了雨水对地面的冲刷，又使山石增添奇特嶙峋之势，使人工空间和自然空间达到协调的过渡。

冠云峰

青芝岫

图 3-65　特置石景

图 3-66　对置

图 3-67　散置

图 3-68　群置

土坡叠石：指土坡上多块山石叠加组合形成的山石景观。石块密度较大，并且有局部垒叠的结构。土坡叠石是群置石景向假山景观的一种过渡。

(3)石作景观　石作景观是指经艺术雕刻或建筑砌石形成的具有一定工艺美的山石作品，注重其工艺之美。根据方法和结果不同分为石雕、石砌、石器设施。

石雕：石雕像、石雕画、石雕字都可大大增加公园的文化内涵。

山石器设：自然山石稍加整形或不加整形直接用作屏障、石栏、石桌、石几、石凳、石床以及井台、石臼、石钵等。在我国园林中，用山石作室外的家具或器设是比较常见的。如苏州怡园的“屏风叁叠”（图 3-69）。北海琼华岛延南熏亭内的石几、石桌和附近山洞中的石床都使得公园景色更具有艺术魅力（图 3-70）。山石几案不仅有实用价值，而且又可与造景密切结合。特别是用于有起伏地形的自然式布置地段，很容易和周围的环境取得协调，既节省木材又能耐久，无需搬进搬出，也不怕日晒雨淋。

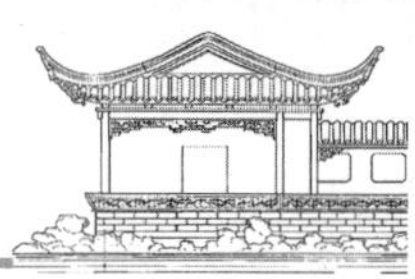

图 3-69　屏风叁叠

图 3-70　石几、石桌

石砌：通过建筑的手法，建造山石花台、山石景墙、山石驳岸、山石蹬道、汀步、步石等。山石花台能相对降低地下水位、安排合宜观赏高度、协调庭院空间，使花木、山石相得益彰。如苏州留园涵碧山房南面的牡丹台就是这样布置的。结合地形高差或空间划分而建造的有一定高度和景致的山石墙体称为山石景墙。如北京双秀公园的叠玉景墙。建筑的边角多单调平滞，而中国造园艺术要求人工美从属于自然美，要把人工景物融合到自然环境中去，达到“虽由人作，宛自天开”的高超的艺术境界，所以用少量的山石在合宜的部位装点建筑（图 3-71）。

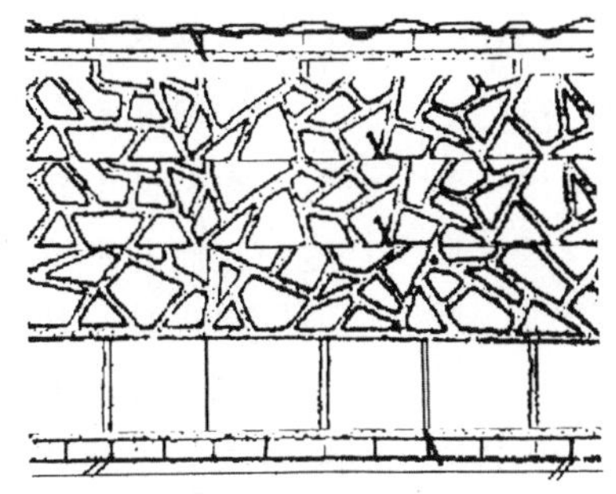

图 3-71　山石花台、山石景墙及与建筑相结合的砌石

（4）石玩景观　石玩景观是指选择天然形成的具有奇异造型和纹理的山石，加以艺术布局和修饰而形成的山石景观，注重其天然情趣之美。

小品石：体型不大、造型或纹理奇特、摆放几案之上清赏的自然山石精品。如故宫御花园院内有“云盆”、“和尚拜月”（图 3-72）、珊瑚石以及木化石精品等供人们欣赏。

盆景石：山石也是盆景艺术的重要素材之一。山石组成公园中丰富多彩的景观，这些景观的形成主要取决于自然山石本身坚固耐用、易于加工造型、多样的种类和来源、古拙的自然美、特殊的文化内涵

图 3-72　小品石“和尚拜月”

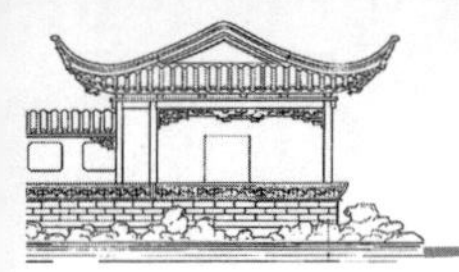

等特点(图 3-73)。

图 3-73　盆景石

2. 水工程景观

1)人工水池

水池特指人造的蓄水容体。池的边缘线条挺括分明,池的外形多为几何形。池平面可以是各种各样的几何形,又可做立体几何形的设计,如圆形、方形、长方形、多边形或曲线、曲直线结合的几何形组合。水池面积相对较小,多取人工水源而且要求比较精致。水池可根据其应用形式分为以下几种类型:

(1)下沉式水池　使局部地面下沉,限定出一个范围明确的低空间,在这个低空间设水池。这种形式有一种围护感,四周较高,人在水边视线较低,仰望四周,新鲜有趣。

(2)台地式水池　与下沉式相反,把开设水池的地面抬高,在其中设池。处于池边台地上的人们有一种居高临下的优越的方位感,视野开阔,趣味盎然,赏水时有一种观看天池一样的感受。

(3)室内外渗透连体式(或称嵌入式)水池　通过水体将室内与室外连接成为一体,使室内在景观与实现上更为通透,有时成为入口的标志景观。

(4)具有主体造型的水池　这种水池由几个不同高低、不同形状的规则式水池组合,蓄水、种植花木,增加观赏性。

(5)使水面平滑下落的滚动式水池　池边有圆形、直形和斜坡形几种形式。

(6)平满式水池　池边与地面平齐,将水蓄满,使人有一种近水和水满欲溢的感觉。

2)喷泉

喷泉又叫喷水,它常与水池、雕塑结合为一体,起装饰和点缀园景的作用。喷泉在现代公园中应用甚广,其形式有涌泉形、直射形、雪松形、半球形、牵牛花形、扶桑花形、蒲公英形和雕塑形等(图 3-74)。另外,喷泉又可分为一般喷泉、时控喷泉、声控喷泉和灯火喷泉等。

3)驳岸

在公园中开辟水面需要有稳定的湖岸线,防止地面被淹并维持地面和水面的固定关系。同时,公园驳岸也是园景的组成部分,必须在实用、经济的前提下注意外形美观,使之与周围景色协调。一般驳岸种类有土基草坪护坡、砂砾卵石护坡、自然山石驳岸、条石驳岸、钢筋混凝土驳岸、打桩护岸等。

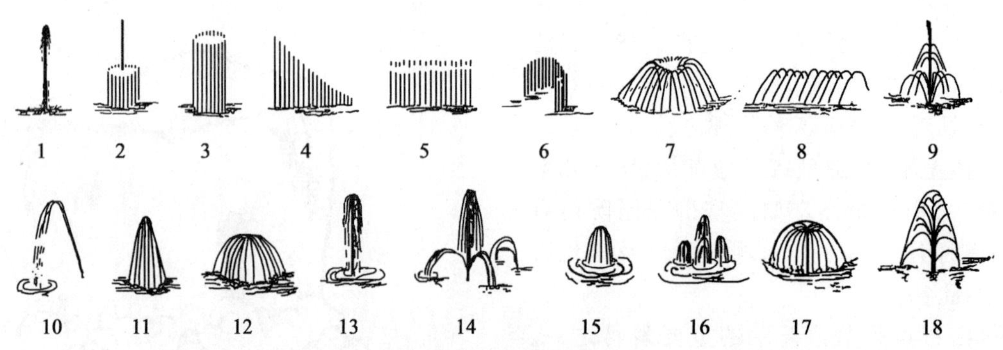

图 3-74　喷泉的形式

1. 垂直喷水　2. 垂直圆柱形　3. 圆柱形　4. 斜坡形　5. 多排行列式　6. 圆弧形　7. 王冠形　8. 拱形　9. 组合式　10. 抛物线　11. 圆锥形　12. 球形　13. 冰树形　14. 冰树形伞形　15. 蜡烛式　16. 组合蜡烛式　17. 蘑菇形　18. 扇形

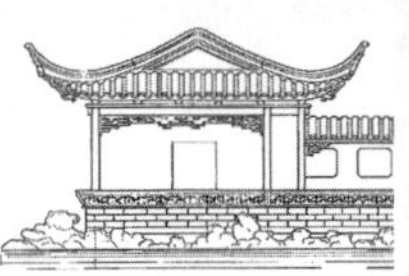

4)落水、跌水

落水是根据水势高差形成的一种动态水景观，有溪流、山涧、跌水、瀑布、漫水等，一般瀑布可分为挂瀑、帘瀑、叠瀑、飞瀑等形式。落水可分直落、分落、断落、滑落等。

跌水指欧式园林中常见的呈阶梯式跌落的瀑布。跌水本质上是瀑布的变异，强调一种规律性的阶梯落水形式，是一种强调人工美的设计形式，具有韵律感及节奏感。

5)闸坝

闸坝是控制水流出入某段水体的水工构筑物，主要作用是蓄水和泄水，设于水体的进水口和出水口。水闸分为进出水闸、节制水闸、分水闸、排洪闸等。水坝分为土坝(草坪或铺石护坡)、石坝(滚水坝、阶梯坝、分水坝等)、橡皮坝(可充水、放水)等。公园闸坝多与建筑、假山配合，形成公园造景的一个部分。

(三)路桥工程景观

园路是公园的脉络，桥梁又是道路的延伸，是联系各景区、景点的纽带，是构成园景的重要因素。它有组织交通、引导游览、划分空间、构成景观序列、为水电工程创造条件的作用。

1. 园路

园路按功能可分为主要园路(主干道)、次要园路(次干道)和游憩小路(游步道)。按路面材料可分为土草路、泥结碎石路、块石冰纹路、砖石拼花路、条石铺装路、水泥预制块路、方砖路、混凝土路、沥青路、沥青沙混凝土路等(图 3-75)。

2. 园桥

桥在景观中不仅是路在水中的延伸，而且还参与组织游览路线，也是水面重要的风景点，并自成一景。既可通行过水，又可休息赏景，其种类之多，造型之美，令人赞叹。园桥的基本类型有平桥(单跨平桥、多跨平桥)、拱桥(圆弧、椭圆、莲瓣拱、单拱、多拱)、平梁桥(固定单梁桥、撤板桥)和亭桥(单亭桥、多亭桥)等(图 3-76)。

(1)平桥　平桥简朴雅致，紧贴水面，或增加风景层次，或平添不尽之意，或便于观赏水中倒影、池中游鱼，或平中有险，别有一番乐趣。

(2)曲桥　曲桥曲折起伏多姿，无论三折、五折、七折、九折，在公园中统称曲桥或折桥，为游客提供各种不同角度的观赏点，桥本身又为水面增添了景致。

(3)拱桥　拱桥多置于大水面，它是将桥面抬高、做成玉带的形式。这种造型优美的曲线圆润而富有动感，既丰富了水面的立体景观，又便于桥下通船。

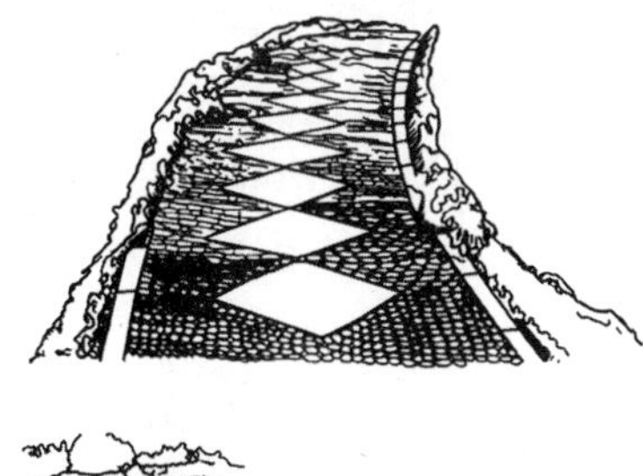

图 3-75　各类铺装材料的园路

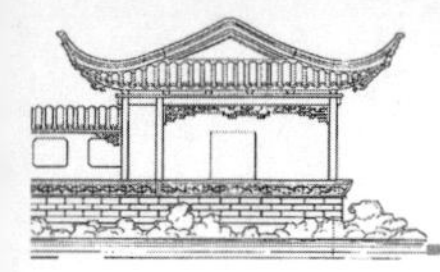

(4)亭(廊)桥　亭桥是以石桥为基础,在其上建有亭、廊等,因此又叫亭桥或廊桥,除一般桥的交通和造景功能外,还可供游人休憩。

(5)汀步　汀步是置于浅溪和沙滩等处的步石,游人飞步掠水而过,惊险回味,是一种比较有趣的桥的形式。我国古代叫“鼋鼍”,神话故事《竹书纪年》中讲:“周穆王大起九师,东至于九江,叱鼋鼍以为桥梁”,可见它是桥的“先辈之一”。由于它自然、活泼,因此常成为溪流、水面的小景。汀步石既是水中道路,又是点式渡桥,聚散不一,凌水而行,别有风趣(图 3-77)。

图 3-76　桥的基本类型

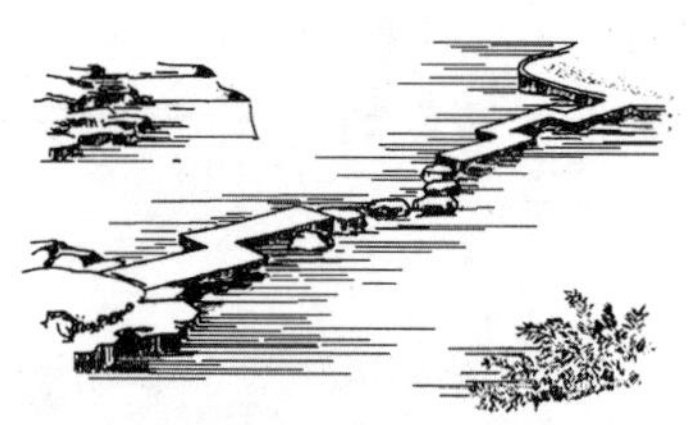
杭州黄龙洞饭店汀步桥

上海安东公园汀步桥

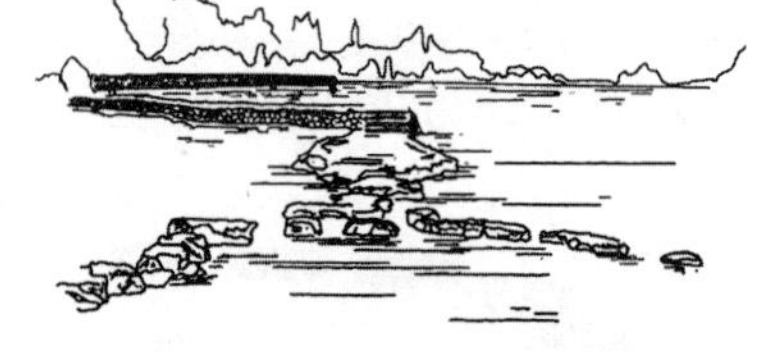
广东肇庆星湖踏步桥

图 3-77　各式汀步桥

(四)建筑工程景观

在园林中,园林建筑既能使用,又能与环境组成景致,供人们游览和休憩。按使用功能园林建筑可分为三大类:游憩建筑、服务类建筑和管理类建筑。

1. 游憩建筑

游憩建筑可分为科普展览建筑、文体游乐建筑、游览观光建筑、园林建筑小品四大类。

1)科普展览建筑

科普展览建筑是供历史文物、文学艺术、摄影、绘画、科学普及、书画、金石、工艺美术、花鸟鱼虫等展览的建筑。例如,北京双秀公园中的多功能曲廊,是一组融休闲、娱乐、书画展览和科普展览等多功能为一体的建筑群(图 3-78)。

2)文体游乐建筑

文体游乐建筑有文体场地、露天剧场、游艺室、康乐厅、健美房等。游乐设施如跷跷板、荡椅、浪木、脚踏水车、转盘、秋千、滑梯、攀登架、单杠、转马、小脚踏三轮车、迷宫、原子滑车、摩天轮、观览车、金鱼

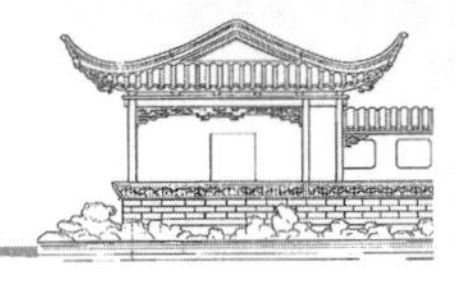

戏水、疯狂老鼠、旋转木马、勇敢者转盘等。例如，“鸟巢”和“东方之冠”，就是近几年中国建造的高水平的文体建筑。

“鸟巢”是2008年北京奥运会的主体育馆。形态如同孕育生命的“巢”，更像一个摇篮，寄托着人类对未来的希望。2010年上海世博会中国馆以“城市发展中的中华智慧”为主题，由于形状酷似一顶古帽，因此被命名为“东方之冠”(图3-79)。

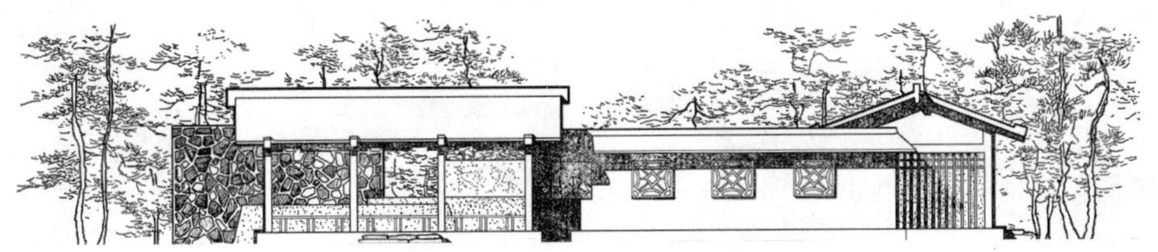

图3-78　北京双秀公园多功能曲廊

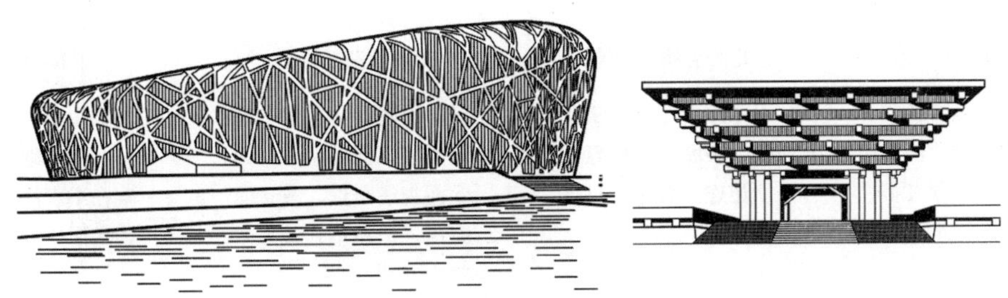

图3-79　“鸟巢”和“东方之冠”

3)游览观光建筑

游览观光建筑不仅给游人提供游览休憩赏景的场所，而且本身也是景点或成景的构图中心。包括亭、廊、榭、舫、厅堂、楼阁、殿、斋、馆、轩、码头、花架、花台等。

(1)亭　“亭者，亭也。人所亭集也。”亭是园林中数量最多、最常见的建筑，具有休息、赏景、点景、专用等功能，其主要功能是供游客作短暂逗留。形式很多，从位置上分有山亭、半山亭、桥亭、水亭、廊亭等(图3-80)。从平面上可分为圆形、长方形、三角形、四角形、六角形、八角形、扇形等。从屋顶分有单檐、重檐、三重檐、攒尖顶、平顶、悬山顶、硬山顶、歇山顶、单坡顶、卷棚顶、褶板顶等(图3-81)。南、北亭的造型、体量及色彩各有特色(表3-1、图3-82)。

表3-1　南北式亭比较

项目	北式亭	南式亭
风格	雄浑、粗壮、端庄，一般体量较大，具北方之雄	俊秀、轻巧、活泼，一般体量较小，具南方之秀
造型	持重，屋顶略陡，屋面坡度不大，屋脊曲线平缓，屋角起翘不高，柱粗	轻盈，屋顶陡峭，屋面坡度较大，屋脊曲线弯曲，屋脊起翘高，柱细
色彩、装饰	色彩艳丽，浓重，对比强，装饰华丽，用琉璃瓦，常施彩画	色彩素雅、古朴，调和统一，装饰精巧，常用青瓦，不施彩画

资料来源：根据《建筑设计资料集(3)》相关内容整理而成。

留园濠蒲亭

a. 水边建亭　最宜低临水面，布置方式有：一边临水、两边临水及多边临水等

北海公园五龙亭

b. 近岸水中建亭　常以曲桥、小堤、汀步等与水岸相连，而使亭四周临水

拙政园荷风四面亭

c. 岛上建亭　类似者有：湖心亭、洲端亭等，为水面视线交点，观景面突出，但岛不宜过大

颐和园豳风亭

d. 桥上建亭　既可供休息，又可划分水面空间，唯在小水面的桥更易低临水面

云南石林望秀亭

e. 山顶建亭　宜选奇峰林立，千峰万仞之巅，点以亭飞檐翘角、具奇险之势

北海公园见春亭

f. 山麓建亭　常置于山坡道亭，既便于休息，又作路线引导

三潭印月路亭

g. 路亭　常设在路旁或园路交汇点，可防日晒、避雨淋，驻足休息

留园冠云亭

h. 掇山石建亭　可抬高基址标高及视线，并以山石陪衬环境，增自然气氛，减平地单调

图 3-80　亭的基址与环境

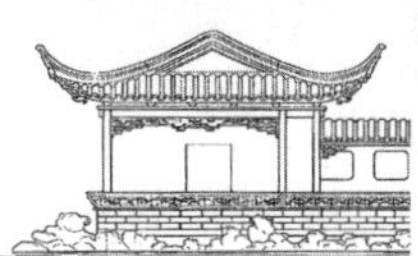

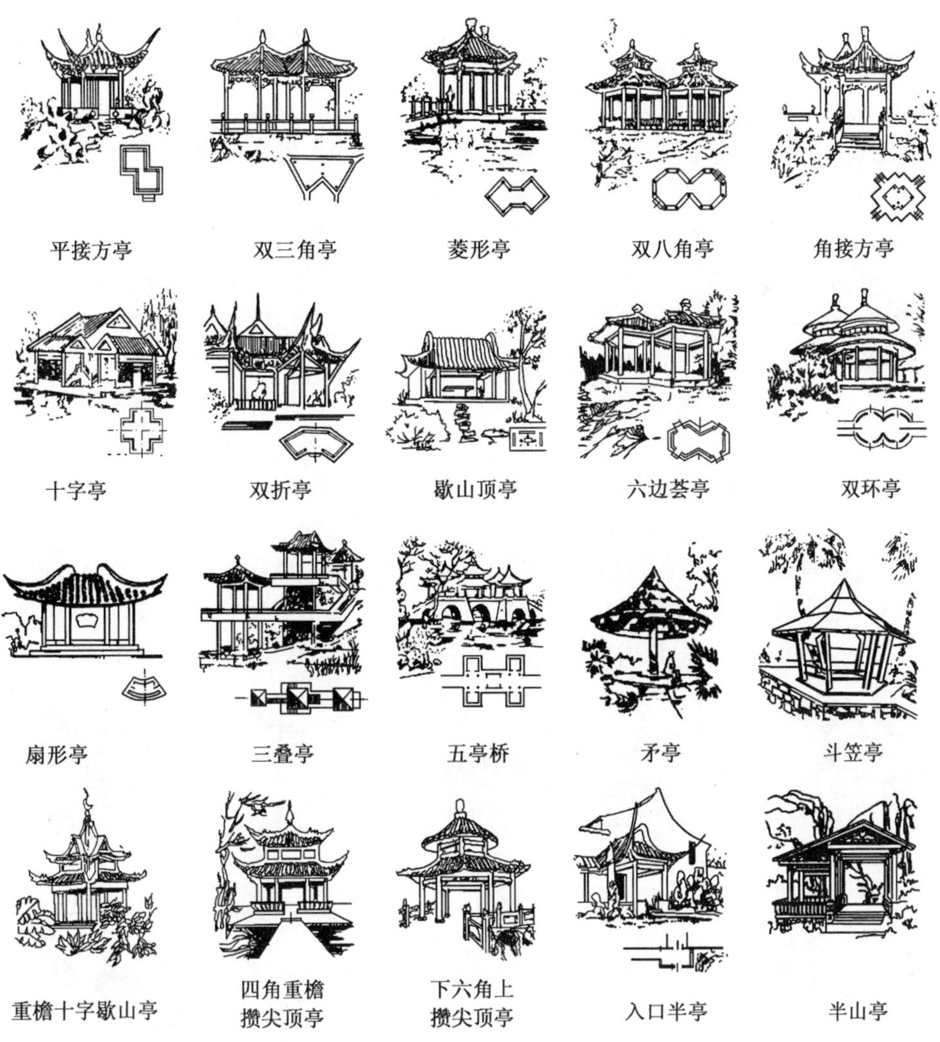

图 3-81　各类亭式造型

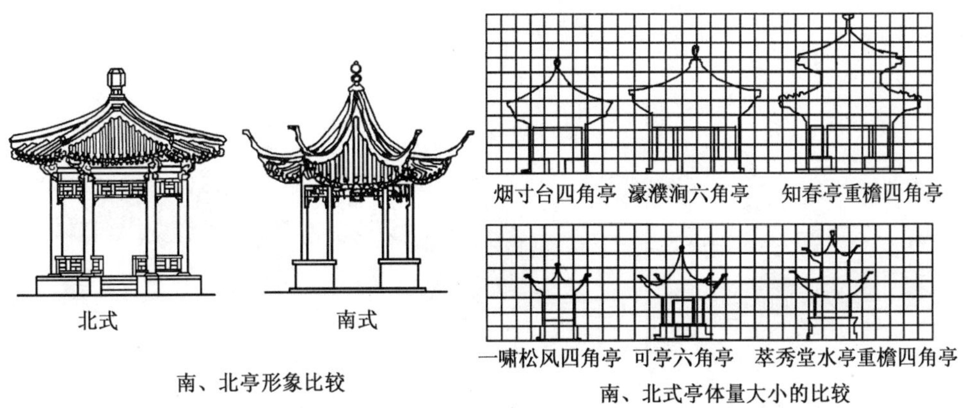

图 3-82　南、北亭的形象及体量大小的比较

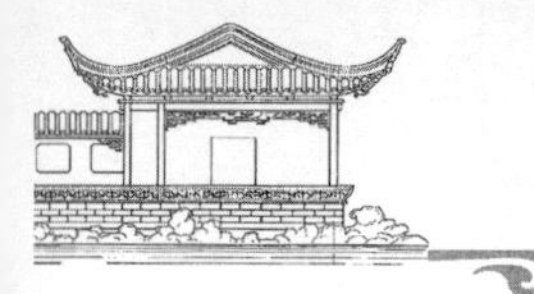

(2)廊　“廊者，庑出一步也，宜曲宜长则胜。”廊除能遮阳防雨供坐憩外，最主要的功能是导游参观和组织空间，作透景、隔景、框景，使空间产生变化。廊以空间分有沿墙走廊、爬山廊、水廊等；依结构形式分有两面柱廊、单面柱廊、一面为墙或露花窗半廊（中间有漏窗）、花墙相隔的复廊等；依平面分有直廊、曲廊、回廊等（图 3-83）。廊的布置正如《园冶》中所述：“今予所构曲廊，之字曲者，随形而弯，依势而曲。或蟠山腰，或穷水际，通花渡壑，蜿蜒无尽……”

(3)榭　榭一般指有平台挑出水面观览风景的园林建筑。其功能主要有三方面：为观赏景物而设置，选取最佳观赏角；供游人休息、品茗、饮馔；以建筑本身形体点缀景物或构成景区主景。现有的榭以水榭居多，体型扁平，近水有平台伸出，设休息椅凳或鹅颈靠（美人靠），以便倚水观景。较大的水系还可结合布置茶座或兼做水上舞台等。榭的类型有水榭、花榭和山榭等（图 3-84）。

(4)舫　舫也称旱船、不系舟。舫的立意是“湖中画舫”，运用联想使人有虽在建筑中，犹如置身舟楫之感。其功能是小酌或宴会，纳凉消暑，迎风赏月。类型有平舫（为单层轩、厅、亭的组合）、楼舫（为楼层轩、厅、亭的组合）和混合舫三种（图 3-85）。苏州拙政园中的香洲为江南园林中典型的一种舫。

现代园林中新造的舫，在形式上做了一定的革新和创造，有一些很好的实例。如广州泮溪酒家在荔湾湖中建了一个船厅荔湾舫，取舫的意思、船的造型，供休息饮茶之用。桂林芦笛岩水榭参照广西民居传统形象，做成舫与榭相结合的形式，一头高一头低，头尾都仿船做成斜面，建筑形象空透、轻巧，有莲叶形蹬步与岸相连，生动有趣（图 3-86）。

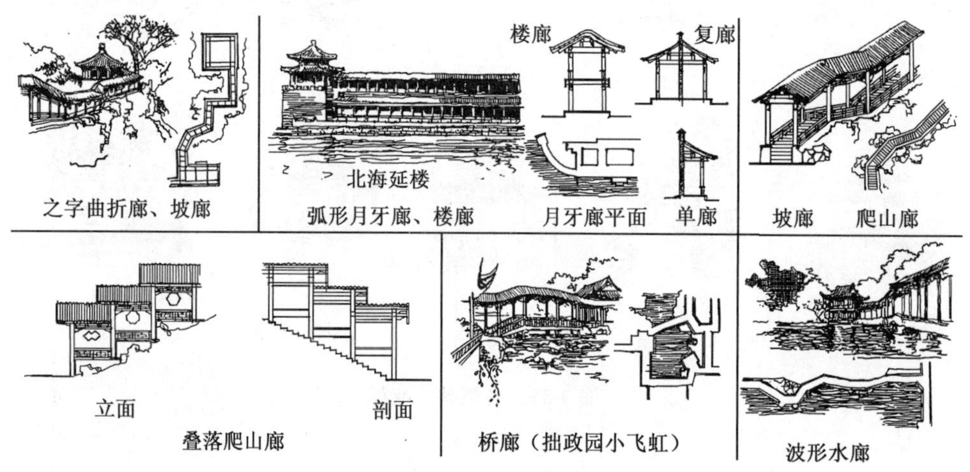

图 3-83　廊的类型图

图 3-84　榭的类型图

南京煦园石舫（平舫）　颐和园清宴舫（楼舫）　拙政园香洲前平后楼（混合舫）

图 3-85 舫的基本类型

荔湾舫　芦笛盐水榭

图 3-86 各种现代舫的形式

（5）厅堂　厅堂是园林中的主要建筑。“堂者，当也。谓当正向阳之屋，以取堂堂高显之义。”厅亦相似，故厅堂一并称呼。厅堂大致可以分为一般厅堂、鸳鸯厅和四面厅三种。鸳鸯厅内部用屏风、门罩、隔离分隔为前、后两部分，但仍以南向为主。四面厅在园林中广泛运用，四周为画廊、长窗、隔扇，不做墙壁，可以坐于厅中，观看四面景色。苏州拙政园的远香堂就是一个典型的例子（图 3-87）。

图 3-87 苏州拙政园远香堂立面图

（6）楼阁　楼阁园林中的高层建筑，均供登高远望、游憩赏景之用（图 3-88）。一般认为重屋曰楼，重亭可登而四面有墙、窗者为阁。现代园林中所建的楼阁多为茶室、餐厅、接待室等。

（7）殿　古时将堂之高大者称为殿。在园林中殿多为帝王贵族活动的主体建筑，如北京故宫的太和殿、天坛祈年殿、山东曲阜孔庙大成殿；或寺庙群体中的主体建筑，如大雄宝殿。其主要功能是丰富园林景观，作为名胜古迹的代表建筑，供人们游览瞻仰。

（8）斋　斋是古人戒之所，即守戒、屏欲的地方。又一解释说：“燕居之室为斋。”意思是凡是安静居住（燕居）的房屋就称为斋。古时的斋多指书房或字舍，设在幽深僻静之处。如北京北海的静心斋，承德避暑山庄的松鹤斋等。

（9）馆　古人曰：“馆，客舍也。”馆是接待宾客的房舍。供饮食旅游的房屋亦称为馆，如菜馆；供陈列、展览的称展览馆、纪念馆、博物馆；供文体活动的叫体育馆、文化馆等。凡组成的游宴场所、起居客舍、赏景的建筑物，均可称为馆。其规模无一定之

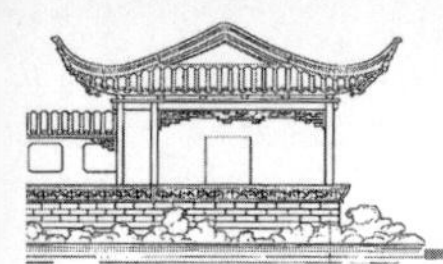

规，或大或小，或高或矮，可视其功能灵活布置。例如山东曲阜的阙里宾舍，该建筑位于历史文化名城——曲阜市中心，右临孔庙、后依孔府，是一家四星级旅游涉外饭店。它古朴典雅的建筑格局与孔庙、孔府相得益彰、融为一体，散发出浓厚的文化气息（图 3-89）。

苏州沧浪亭见山楼

武汉东湖行吟阁

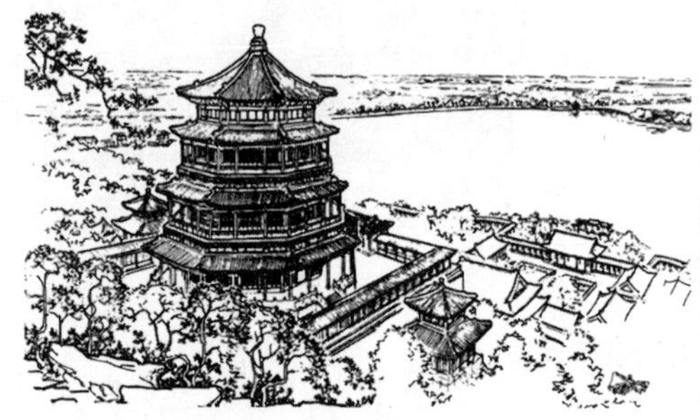
北京颐和园佛香阁

台湾高雄莲花潭春秋阁

图 3-88　各式楼阁建筑

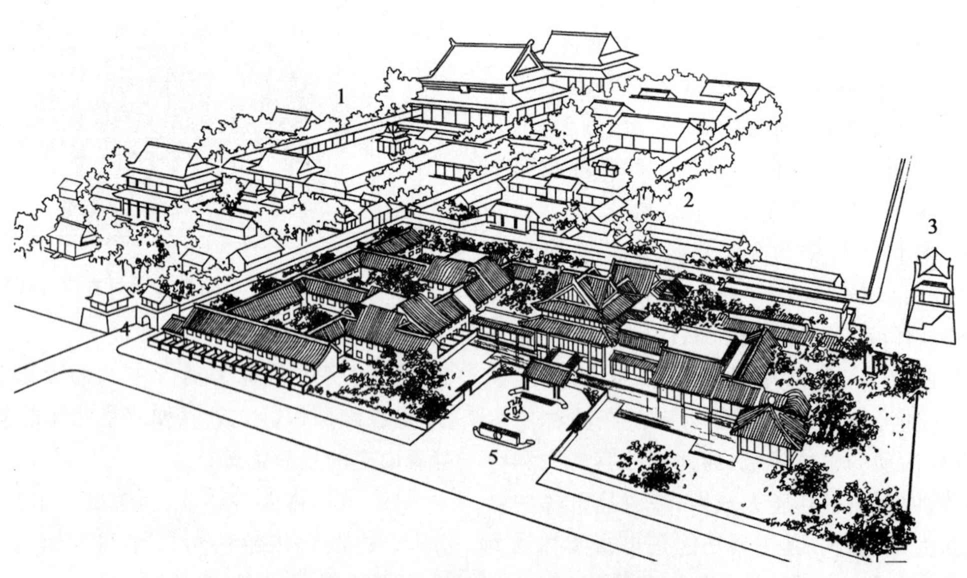

图 3-89　山东曲阜阙里宾舍鸟瞰图

1.孔庙　2.孔府　3.曲阜鼓楼　4.孔庙钟楼　5.阙里宾舍

(10)轩　轩原为古代马车前棚部分。建筑中将厅堂前卷棚顶部分或殿堂的前檐称为轩，也有将床槛的长廊或小室称为轩。园林中的轩，指较为高敞、安静的园林建筑。轩的功能是为游人提供安静休息场所。如苏州网师园中的竹外一枝轩(图3-90)。

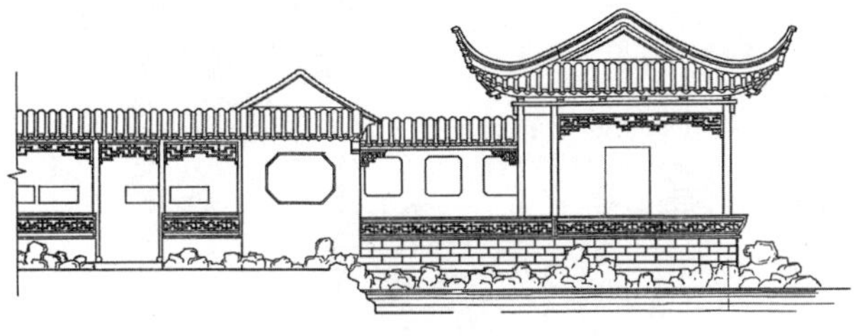

图3-90　拙政园中的竹外一枝轩

(11)码头　码头既是管理设施，又是点景建筑，游览休息的水边活动中心。如广州荔湾公园由游艇码头、小卖部和茶室等组成建筑群，活泼轻巧，错落有致，上下两层，闹静分明。码头依形式分为驳岸式、伸入式、浮船式等。

4)园林建筑小品

园林建筑小品一般体型较小，数量多，分布广，具有较强的装饰性，对园林景观影响很大。主要包括园椅、园凳、园桌、展览及宣传牌、景墙、景窗、门洞、栏杆、花格及雕塑等。

(1)园椅、园凳、园桌　园椅、园凳、园桌主要供游人坐息、赏景之用。一般布置在安静休息、景色优美以及游人需要停留的地方。在满足美观和功能的前提下，结合花台、挡土墙、栏杆、山石等设置。必须舒适坚固，构造简单，制作方便，与周围环境相协调，点缀风景，增加趣味。休息坐椅形式多样(图3-91)。

图3-91　各式休息坐椅、坐凳

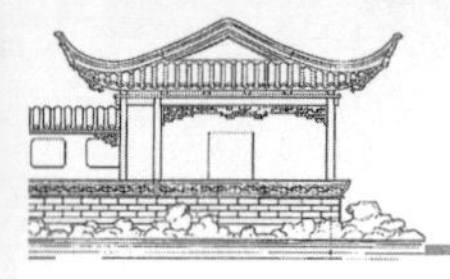

(2)展览及宣传牌　展览及宣传牌是进行精神文明教育和科普宣传、政策教育的设施,有接近群众、利用率高、灵活多样、占地少、造价低和美化环境的优点。常设在园林绿地的广场边、道路对景处或结合建筑、游廊、围墙、挡土墙等灵活处理。一般根据具体环境情况,可做成直线形或曲线形,其断面形式有单面和双面,也有平面和立面等。展览及宣传牌上常设置徽标等标志性图案和文字,例如,2008年北京奥运会和2010年上海世博会的会徽及吉祥物(图3-92)。

(3)景墙　景墙有隔断、导游、衬景、装饰、防护、划分和分隔空间的作用。景墙的形式很多,按造型特征分为平直顶墙、云墙、龙墙、花格墙和影壁五种。按材料分为石墙、砖墙两种。根据材料、断面不同,还有高矮、曲直、虚实、光洁与粗糙、有檐与无檐之分等(图3-93)。

图3-92　2008年北京奥运会吉祥物、会徽和2010年上海世博会会徽

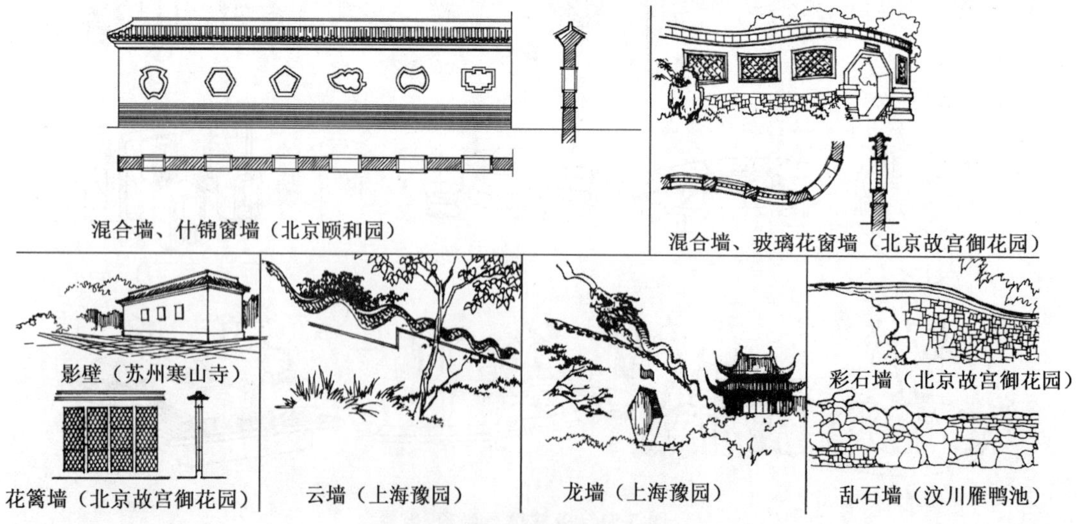

图3-93　景墙的形式

(4)景窗、门洞　具有特色的景窗、门洞,不仅有组织空间、采光和通风的作用,还能为园林增添景色。园窗有什锦窗和漏花窗两类。什锦窗是在墙上连续布置各种不同形状的窗框,用以组织园林框景。漏花窗类型很多,从材料上分有瓦、砖、玻璃、扁钢、钢筋混凝土等,漏窗图案形式多样(图 3-94)。园窗主要用于园景的装饰和漏景。园门有指示导游和点景装饰的作用,一个好的园门往往引人入胜,给人以别有洞天的感觉。

(5)栏杆　栏杆主要起防护、分隔和装饰美化的作用。坐凳式栏杆还可以供游人休息。常用的栏杆材料有钢筋混凝土、石、铁、砖、木等。石栏杆粗壮、坚实、朴素、自然;钢筋混凝土栏杆可预制装饰花纹,经久耐用;铁栏杆占面积少,布置灵活,但易锈蚀(图 3-95)。

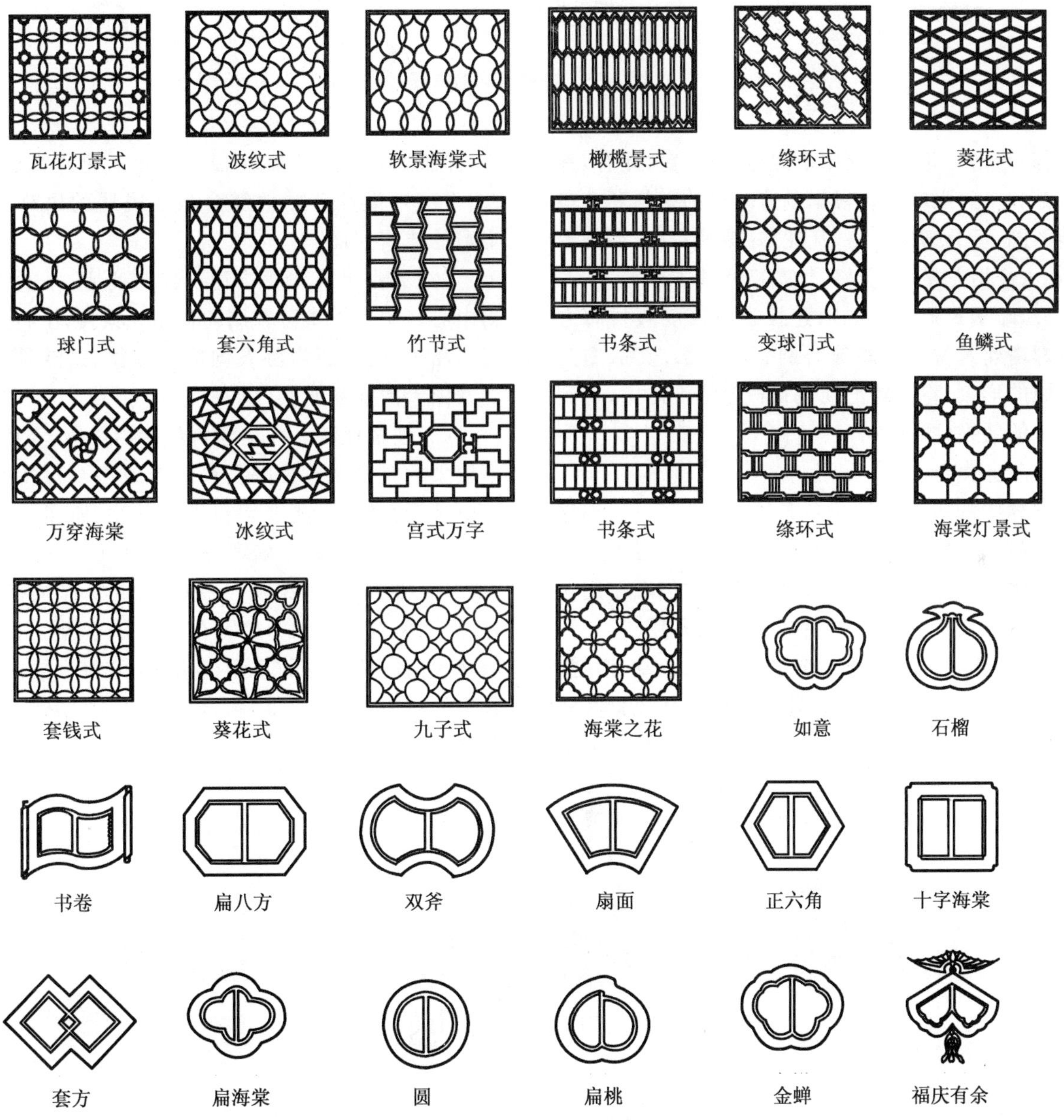

瓦花灯景式　波纹式　软景海棠式　橄榄景式　绦环式　菱花式

球门式　套六角式　竹节式　书条式　变球门式　鱼鳞式

万穿海棠　冰纹式　宫式万字　书条式　绦环式　海棠灯景式

套钱式　葵花式　九子式　海棠之花　如意　石榴

书卷　扁八方　双斧　扇面　正六角　十字海棠

套方　扁海棠　圆　扁桃　金蝉　福庆有余

图 3-94　各类漏窗图案

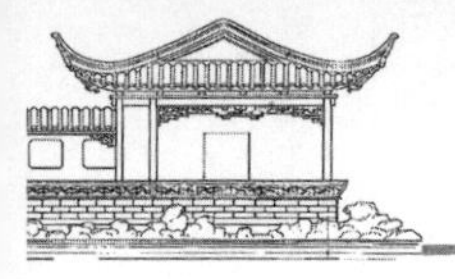

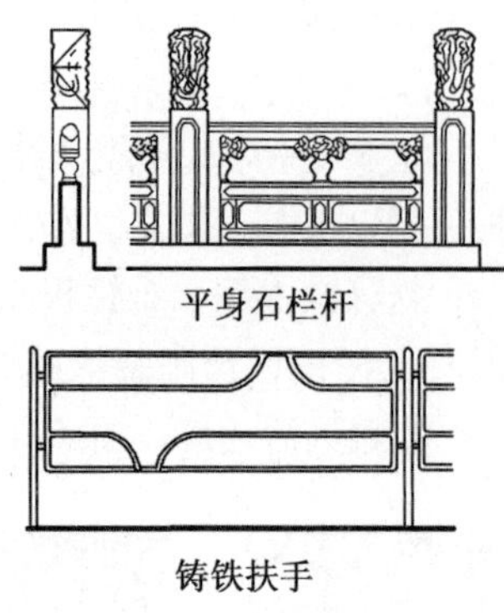

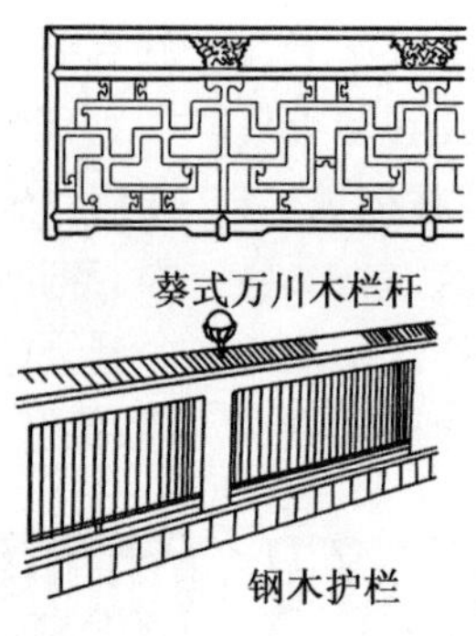

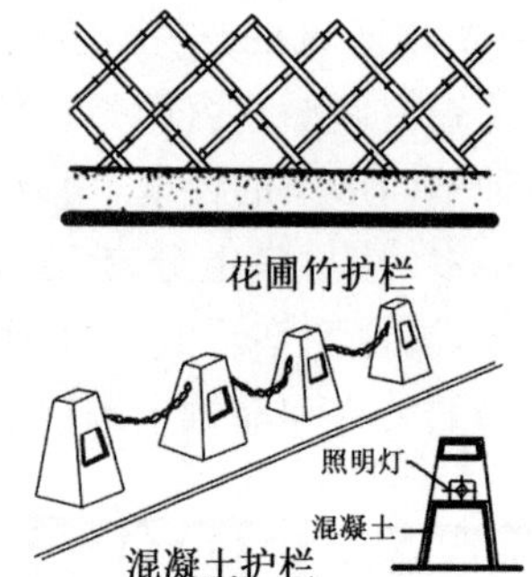

图 3-95　各种形式的栏杆

(6)花格　花格广泛用于漏窗、花格窗、屋脊、室内装饰和空间隔断等。根据制造花格的材料和花格功能不同,可分为砖花格、瓦花格、玻璃花格、混凝土花格、水磨石花格、木花格、竹花格和博古架等。

(7)雕塑式建筑　如福建长乐海滨度假村海之梦海螺塔建筑位于一座耸峙的岩石顶部,其造型模仿海螺的形象,将其融汇到建筑造型语汇之中,达到了神似的效果(图 3-96)。

2. 服务类建筑

园林中的服务建筑包括餐厅、酒吧、茶室、小吃部、接待室、小宾馆、小卖部、摄影部、售票房等。这类建筑体量不大,但与人们密切相关,它们融使用功能与艺术造景于一体,在园中起着重要作用。

(1)餐饮建筑　餐饮建筑包括餐厅、食堂、酒吧、茶室、冷饮、小吃部等。这类建筑近年来在风景区和公园内越来越重要,其功能主要是人流集散、服务游客,建筑形象对景区影响很大。如福建武夷山茶观(图 3-97),设计巧妙地结合当地民居的风格,富有丰富的建筑立面。

(2)商业建筑　商业建筑包括商店、小卖部、购物中心。主要提供游客用的物品和饮食,土特产、手工艺品等,同时还为游人创造一个休息、赏景之所。如泰山天街前商业区(图 3-98)。

(3)住宿建筑　住宿建筑包括招待所、宾馆。规模较大的风景区或公园多设一个或多个接待室、招待所甚至宾馆等,主要提供游客住宿、赏景。例如,浙江富阳新沙岛农家乐客舍(图 3-99)。

(4)摄影部、售票房　摄影部主要提供摄影器材、展销风景照片和为游客在室内、外摄影。票房是园林大门或外广场的小型建筑,也可作为园内分区收票的集中点,常和亭、廊合成一体,兼顾管理和游憩需要。

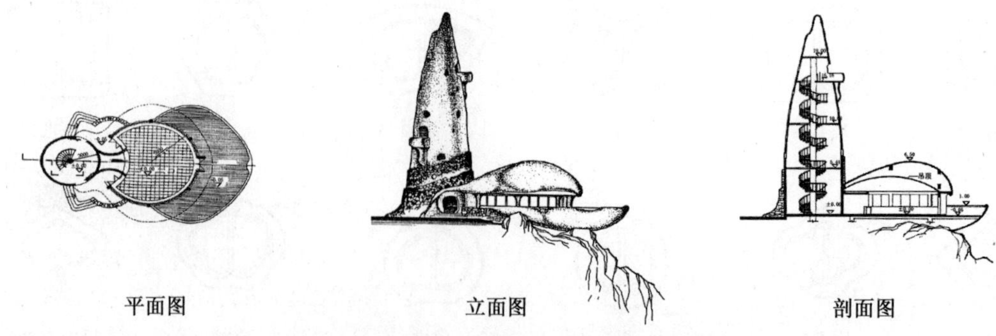

图 3-96　福建长乐海滨度假村海之梦海螺塔雕塑式建筑

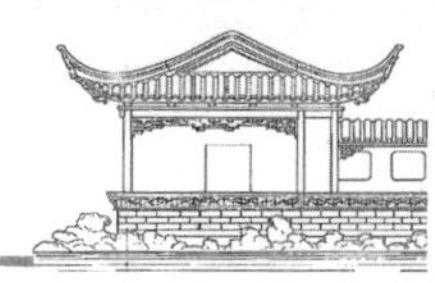

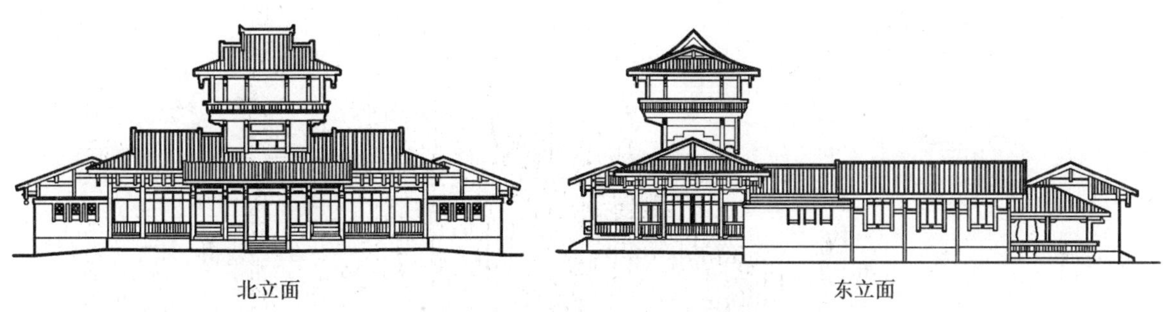

图 3-97　福建武夷山茶观立面图

图 3-98　泰山风景区天街

图 3-99　浙江富阳新沙岛农家乐客舍

(5)厕所　园厕是维护环境卫生不可缺少的，既要有其功能特征，外形美观，又不能过于讲究，喧宾夺主(图 3-100)。要求有较好的通风、排污设备，应具有自动冲水和卫生用水设施。

3. 管理类建筑

公园管理类建筑主要指风景区、公园的大门办公区建筑及进行其他事务管理的建筑及设施。

(1)大门　公园大门在公园中突出醒目，给游客

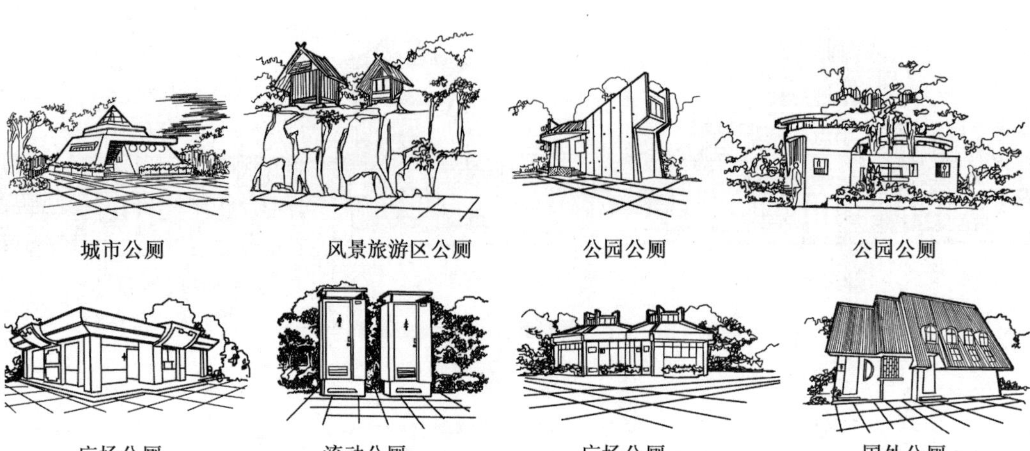

图 3-100　各种形式的公厕

第一印象。依各类公园不同，大门的形象、规模有很大差别，可分为柱墩式、牌坊式、屋宇式、门廊式、墙门式、门楼式及其他形式的大门(图 3-101)。

(2)其他管理建筑　其他管理建筑包括办公室、广播站、医疗卫生、治安保卫、温室荫棚、变电室、垃圾污水处理场等。

(五)设施工程景观

1. 导游牌、路标

在公园中的路口设立标牌，引导游人顺利到达游览地点，尤其在道路系统复杂的、景点丰富的大型公园中，还能起到点景的作用(图 3-102)。

2. 停车场、存车处

停车场和存车处是公园必不可少的设施，为方便游人常和大门入口结合在一起。但不应占用门外广场的位置。

3. 供电及照明设施

供电设施主要包括园路照明，造景照明，生活、生产照明，生产用电，广播宣传用电，游乐设施用电等。公园照明除了创造明亮的园内环境，满足夜间游园活动，节日庆祝活动以及保卫工作等要求以外，更是创造现代明亮的公园景观的手段之一(图 3-103)。

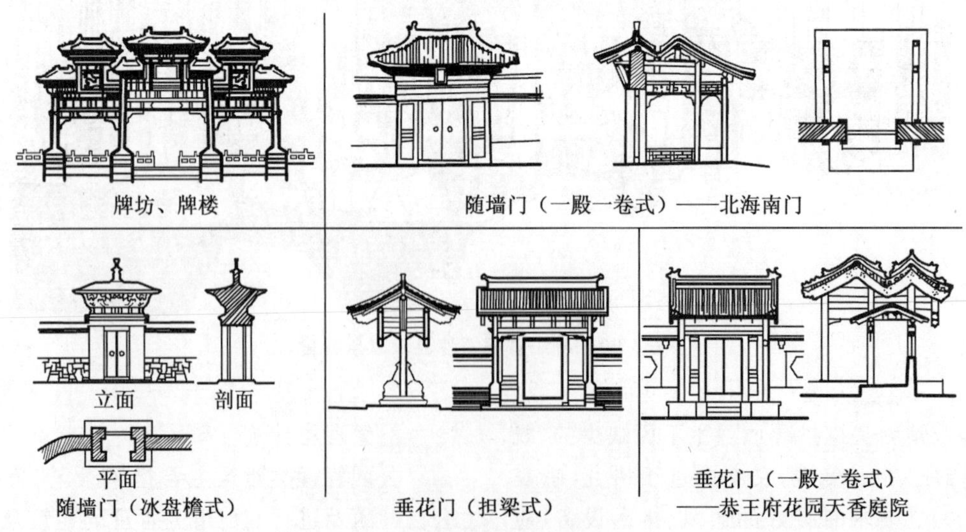

图 3-101　各种形式的大门

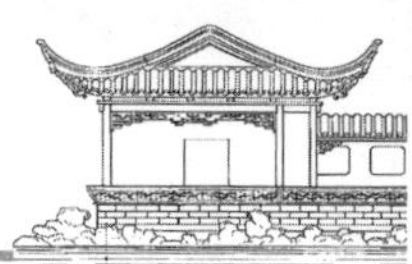

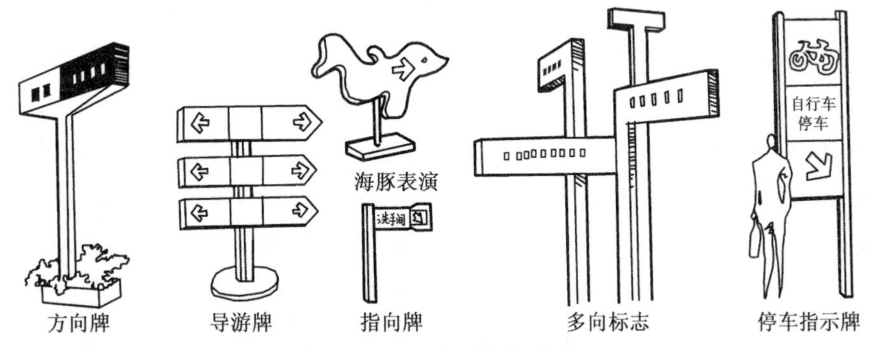

图 3-102 各式导游牌、路标

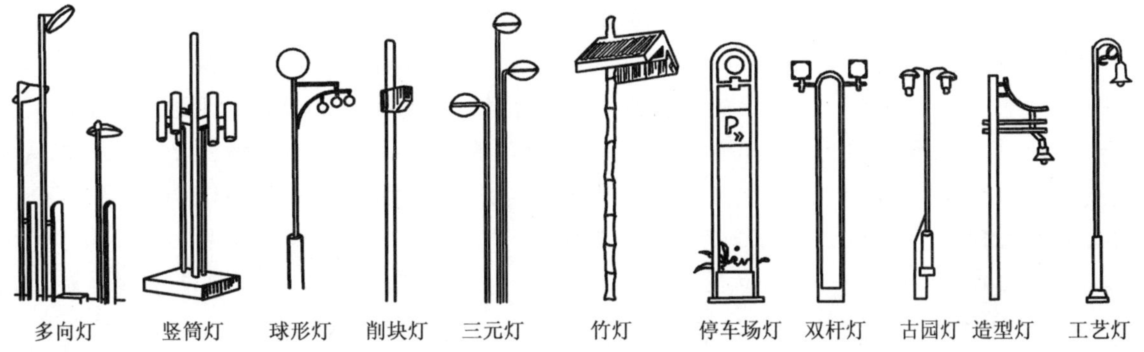

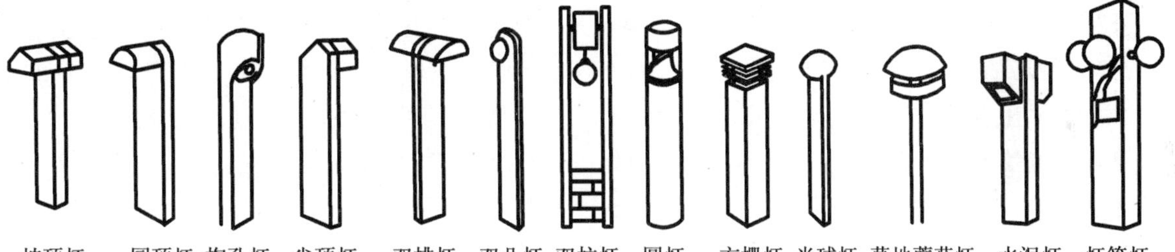

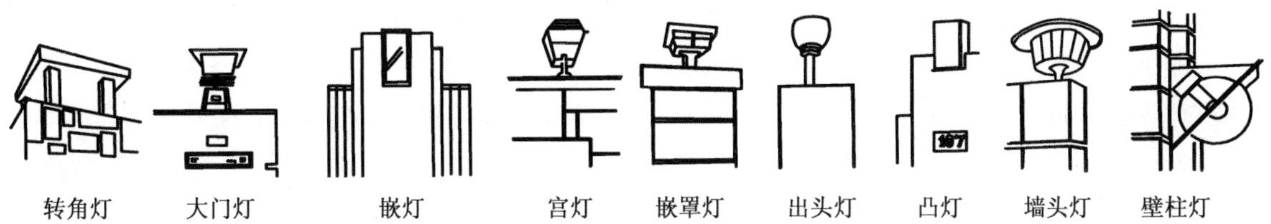

图 3-103 各式灯的造型

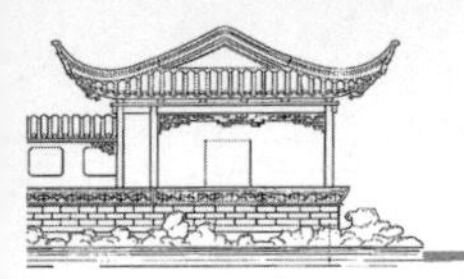

近年来，一些溶洞、喷泉均突出地体现了灯光造景的效果。园灯是公园夜间照明设施，白天具有装饰作用，因此，各类园灯在灯头、灯柱、柱座（包括接线箱）的造型、光源选择、照明质量和方式上都应有一定的要求。园灯造型不宜繁琐，可有对称与不对称、几何形与自然形之分，混凝土塑造的树干、竹节类自然形园灯具有山林野趣。

4.供水与排水设施

公园中用水有生活用水、生产用水、养护用水、造景用水和消防用水。一般水源有引用原河湖的地表水，利用天然涌出的泉水，利用地下水，直接用城市自来水或设深水井泵吸水。给水设施一般有水井、水泵（离心泵、潜水泵）、管道、阀门、龙头、窨井、蓄水池等。消防用水为单独体系，有备无患。园林造景用水可设循环水设施，以节约水资源。工矿企业的冷却水可以利用。水池还可和园内绿化养护用水结合，达到一水多用。山地园和风景区应设分级扬水站和高位蓄水池，以便引水上山，均衡使用。

公园绿地的排水主要靠地面和明渠排水，暗渠、埋设管线只是局部使用。为了防止地表冲刷，需固坡及护岸，常采用谷方、护土筋、水簸箕、消力阶、消力池、草坪护坡等措施。为了将污水排除，常使用化粪池、污水管渠、集水窨井、检查井、跌水井等设施。管渠排水体系有雨污分流制、雨污合流制及地面与管渠综合排水等方法。

（六）文物艺术景观

文物艺术景观指石窟、壁画、碑刻、摩崖石刻、石雕、雕塑、假山与峰石、名人字画、文物、特殊工艺品等文化、艺术制作品与古人类文化遗址、化石。古代石窟、壁画与碑刻是绘画与书法的载体，有些已成为名胜区，有些原就是园林中的装饰。名人字画为园林题名、题咏或作陈列品，文物、特殊工艺品也常作园林中陈列品的珍品。

我国文物及艺术品极为丰富多彩，陈列于公园中的则为公园大增光彩，提高了公园的价值，吸引着人们观赏研究。

1.石窟

我国现存有历史久远、形式多样、数量众多、内容丰富的石窟，是世界罕见的综合艺术宝库。其上凿刻、雕塑的古代建筑、佛像、佛经故事等，艺术水平很高，历史与文化价值无量。闻名世界的有甘肃敦煌莫高窟（又称莫高窟），从前秦至元代，工程延续上千年，现存石窟 492 个，其中唐代所凿占半数，彩塑 2 000 余座，木构窟檐 5 座，保留着佛寺、城垣、塔、阙、住宅等建筑艺术资料，是我国古代文化、艺术储藏丰富的一座宝库。山西大同云冈石窟，北魏时开凿，今存大小石窟 53 个，造像 51 000 余尊，以佛像、佛经故事等为主，也有建筑形象。河南洛阳龙门石窟，是北魏后期至唐代开凿的大型石窟群，有大小窟龛 2 000 多处，造像 10 万余尊。

2.壁画

壁画，墙壁上的艺术，即人们直接画在墙面上的画。作为建筑物的附属部分，它的装饰和美化功能使它成为环境艺术的一个重要方面。壁画为人类历史上最早的绘画形式之一。早在汉朝就有在墙壁上作画的记载，多是在石窟、墓室或是寺观的墙壁。著名的壁画如北京北海公园九龙壁（图 3-104），建于清乾隆年间，上有九龙浮雕图像，体态矫健，形象生动，是清代艺术的杰作。到了现在，结合现代工艺和文化气息，墙壁作画越来越多元、个性地发展，更多地被人们应用在公园景观的营造中（图 3-105）。

3.碑刻、摩崖石刻

碑刻是刻文字的石碑，是各种书法艺术的载体。我国著名的以碑刻为主题的公园有西安碑林公园和太原碑林公园。太原碑林公园位于太原市滨河东路康乐街的出口处，园区总体布局分为南北两园，呈带状形式。其中，北园由碑厅、碑亭、假山、小桥、水池、碑廊、画廊、接待室组成，旨在采用碑刻形式收藏和展示历代名人书法墨迹，弘扬优秀传统文化，它现已陈列有傅山先生和明清时期书法家 418 块大型碑刻书法精品（图 3-106、图 3-107）。

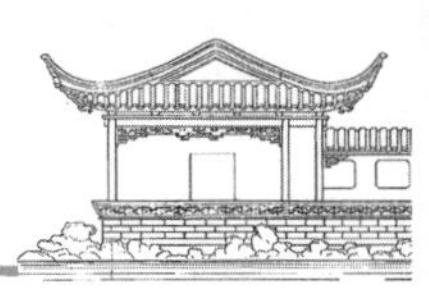

图 3-104　北京北海公园九龙壁

图 3-105　壁画在现代公园中的应用

图 3-107　太原碑林公园碑刻近景

图 3-106　太原碑林公园碑刻景观

摩崖石刻是刻文字的山崖，除题名外，多为名山铭文、佛经经文。摩崖石刻有着丰富的历史内涵和史料价值，许多摩崖石刻为政治或文化名人所题，书法精美，具有珍贵的艺术价值。同时，这些不同年代、不同民族文字的摩崖石刻，或富于天然之意趣，或体量巨大、气势恢弘，或为名家手笔，为秀美的自然风景增加了深厚的人文内涵。现如今，在我国许多公园中仍保存着重要的摩崖石刻，成为公园景观的重要组成部分。如北京香山公园保留下来的道光皇帝、乾隆皇帝的御笔题刻（图 3-108、图 3-109）。

4. 雕塑艺术品

雕塑艺术品是指用各种可塑材料（如石膏、树脂、黏土等）或可雕、可刻的硬质材料（如木材、石头、金属、玉块、玛瑙、铝、玻璃钢、砂岩、铜等），创造出具有一定空间的可视、可触的艺术形象，借以反映社会生活、表达艺术家的审美感受、审美情感、审美理想

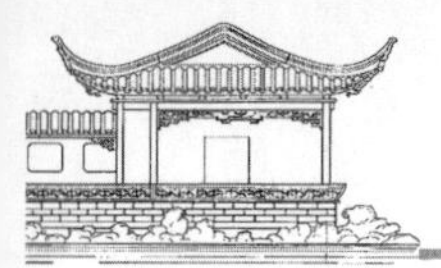

的艺术。通过雕、刻减少可雕性物质材料，塑则通过堆增可塑物质性材料来达到艺术创造的目的。

园林雕塑是具独特环境效应的造型艺术，有表现园林意境、点缀装饰风景、丰富游览内容的作用，具有纪念性、主题性、标志性、装饰性等功能意义。雕塑大致可以分为四类：纪念性雕塑、主题性雕塑、标志性雕塑、装饰性雕塑(图 3-110)。雕塑有圆雕、浮雕、透雕、动雕等形式，其材质、形式、尺度应与环境相宜。

现代园林设计中，雕塑被广泛运用在景观营造中，与园林要素相映衬(图 3-111)。如塑成仿树皮、竹材的混凝土亭，仿树干的灯柱，仿石的踏步，仿花草的各种装饰性的栏杆窗花，以及塑成气势磅礴的狮山、虎山等。

图 3-108　北京香山公园道光皇帝御笔题刻(1)

图 3-109　北京香山公园道乾隆帝御笔题刻(2)

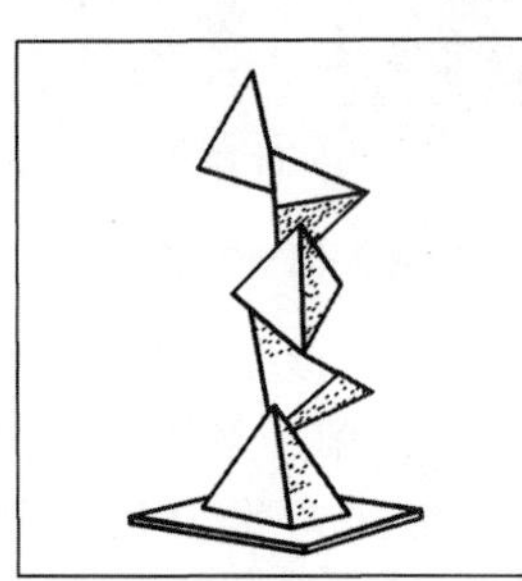

纪念性雕塑
葛洲坝截流纪念

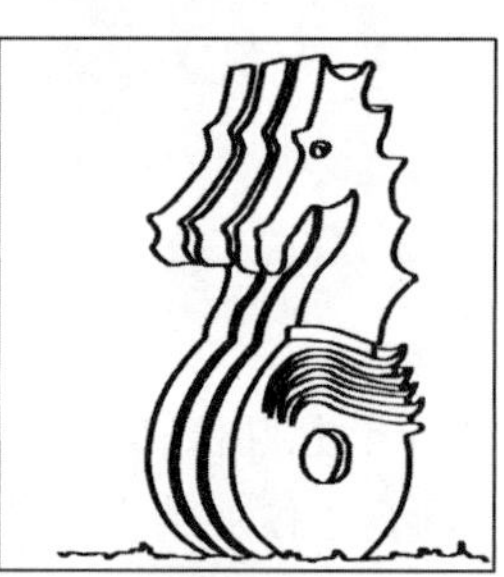

标志性雕塑
香港海洋公园

主题性雕塑
珠海宾馆“九龙戏珠”

装饰性雕塑
“二重的所”

图 3-110　雕塑的类型

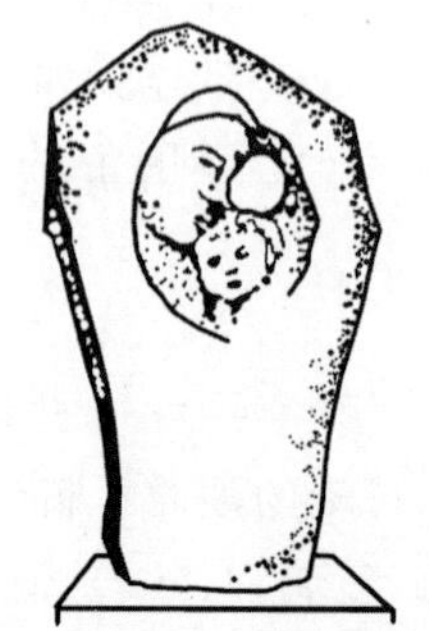

北京雕塑公园“母与子”

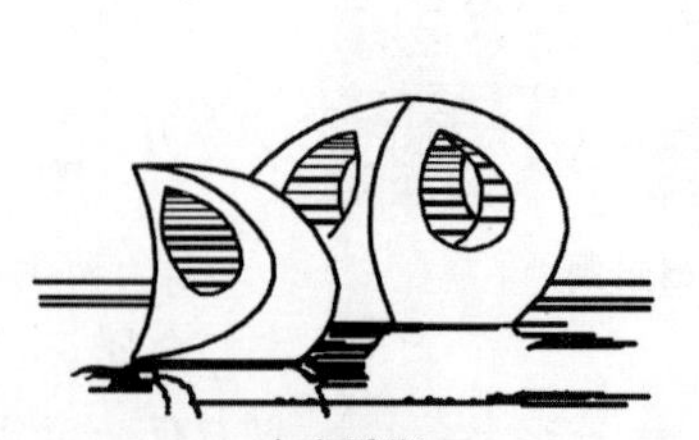

水上雕塑

不锈钢片雕塑

图 3-111　园林环境雕塑

我国公园中比较有名的雕塑作品有上海中山公园四不像雕塑、北京奥林匹克公园中意为“尖峰”的Spiky雕塑。广州越秀公园的“五羊雕塑”(图3-112),建于1959年,由著名雕塑家尹积昌等根据五羊传说而创作。该雕像连基座高11 m,共用130余块花岗石雕刻而成。体积约53 m^3,仅主羊头部一块石料,就重达2 000 kg以上。五羊大小不一,主羊头部高高竖起,口中衔穗,回眸微笑,探视人间,其余四只羊,环绕其身,或耍戏,或吃草,还有羊羔在吸吮母羊的乳汁。五羊姿态各异,造型优美,栩栩如生,情趣横溢,令人流连忘返,浮想联翩。

图3-112 广州越秀公园“五羊雕塑”

坐落于青岛五四广场上的主体雕塑“五月的风”(图3-113),以螺旋上升的风的造型和火红的色彩,充分体现了“五四运动”反帝反封建的爱国主义基调和张扬腾升的民族力量。高达30 m,直径27 m,重达500 t以上,为中国最大的钢质城市雕塑。它以洗练的手法、简洁的线条和厚重的质感,表现出腾空而起的“劲风”形象,给人以“力”的震撼。

5.出土文物及工艺美术品

具有一定考古价值的各种出土文物,著名的有西安秦兵马俑、山东淄博齐国驯马坑、北京明十三陵等各地地下古墓室及陪葬物等。

工艺美术品也称工艺品,是以美术技巧制成的各种与实用相结合并有欣赏价值的物品。中国工艺

图3-113 青岛五四广场“五月的风”

美术品类繁多,分十几大类,数百小类,品种数以万计,花色不胜枚举。包括陶瓷工艺品、玉器、织锦、刺绣、印染手工艺品、花边、编织工艺品、地毯和壁毯、漆器、金属工艺品、工艺画、首饰等。

6.传统服饰

传统服饰是反应过去时代文化和人们对地域环境影响下形成的文化标志之一。它们各具特色,充分揭示出不同朝代、不同环境下,人们对生活、对美的种种追求向往。

7.地方物产

地方风味特产是一个名目繁多的大家族。如中国名酒系列,中国名茶系列,中国八大菜系,北京满汉全席;丝绸、貂皮等土特产,工艺美术品;人参、鹿茸、麝香等名贵药材。地方风味食品如北京烤鸭、天津狗不理包子、天津十八街麻花、南京盐水鸭、上海城隍庙五香豆、山东德州扒鸡、内蒙古烤全羊、傣族竹筒饭、浙江金华火腿、成都担担面、哈尔滨红肠、武汉臭豆腐等。地方特产如江苏阳澄湖大闸蟹、新疆哈密瓜、山东烟台红富士苹果等。

二、非物质文化景观

1.节假庆典

我国民族众多,不同地区、不同民族有着众多的生活习俗和传统节日。如农历的三月初三是壮族举行歌会的日子,农历五月初五的端午节是流行于中

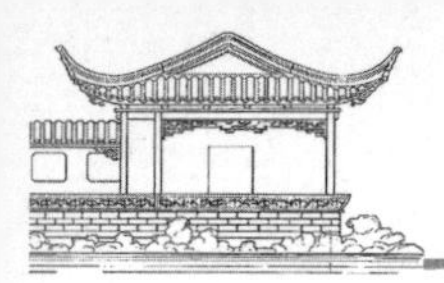

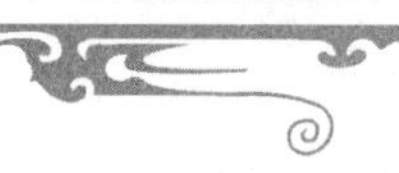

国以及汉字文化圈诸国的传统文化节日，有赛龙舟等习俗。在具有“中国龙舟名城”之称的浙江温州，每年都会在会昌湖水上公园举办龙舟文化节及赛龙舟活动(图 3-114)。位于北京市东城区的龙潭公园也多次举办“赛龙舟，品文化——北京龙潭端午文化节活动”(图 3-115)，包括赛龙舟、讲民俗、放河灯等活动，搭建了一个展示中华传统优秀文化、全民参与的良好平台。

图 3-114　浙江温州的赛龙舟活动

图 3-115　北京龙潭公园端午文化节活动

2. 民族民俗

民俗作为一种无形文化资源，在民间根深蒂固，源远流长。其在漫长的历史长河中，产生出无数文化符号，成为不竭的民俗资源。生活习俗有春节饺、闹元宵、龙灯会、放风筝、中秋月饼、腊八粥等，还有各民族不同的婚娶礼仪。丰富多彩的民族服饰，集中形象地反映了当地的文化特征，对观光客有很大的吸引力，如黎族短裙、傣族长裙、布朗族黑裙、藏族围裙等。另外，我国各少数民族在特色民居、喜食食品等方面也各有特色。

而民俗表演在中原大地广为流传，喜庆场合、节庆假日没有这些就像宴会没有酒喝一样乏味。坐落于河南开封的清明上河园是一座大型宋代文化实景主题公园，是中国非物质文化遗产展演基地，以宋朝市井文化、民俗风情、皇家园林和古代娱乐为题材，集中再现了宋代民俗风情游乐园以及古都汴京千年繁华的胜景。踩高跷，是汉族传统民俗活动之一，俗称缚柴脚，亦称“高跷”“踏高跷”“扎高脚”“走高腿”，是民间盛行的一种群众性技艺。要猴，又名猴戏、猴子戏，汉族民间卖艺之人，流行于全国各地。操此业者以猴为戏，颇受过路行人喜爱。变脸，是运用川剧艺术中塑造人物的一种特技揭示剧中人物内心思想感情的一种浪漫主义手法(图 3-116)。

舞龙，俗称玩龙灯，是一种中国民族传统民俗文化活动，舞龙时，龙跟着绣球做各种动作，不断地展示扭、挥、仰、跪、跳、摇。舞狮，是我国优秀的民间艺术，每逢佳节或集会庆典，民间都以舞狮来助兴。舞狮有南北之分，南方以广东的舞狮表演最为有名。闹元宵，旧习元宵之夜，城里乡间到处张灯结彩，观花灯，猜灯谜，盛况空前(图 3-117)。

龙灯会是我国南方地区最具特色的传统民俗艺术文化活动，人们通过迎灯以示驱邪除瘟，去灾祈福，求五谷丰登、人畜平安，寄托着中国劳动人民对美满生活的向往和朴素的审美情趣。越秀公园是广州最大的综合性公园，一年一度的龙灯会成为春节期间的重要文化活动(图 3-118)。

3. 神话传说

公园设计中常常根据神话传说、历史典故中的人物或场景来设计景点，既增加趣味性，也能反映传统文化。

广州越秀公园的“五羊雕塑”就是根据五羊的传说创造出的。南京莫愁湖公园名称源自一个美

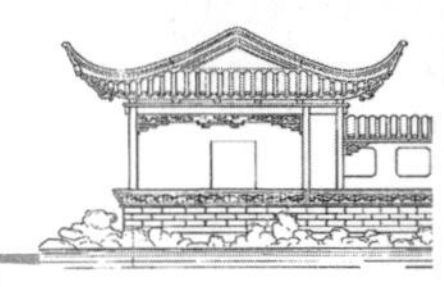

丽的传说。据说，莫愁原是湖北石城女子，善歌。六朝乐府有《莫愁乐》，属"西曲"范畴，词意多情。传到京城建康之后，梁武帝《河中之水歌》首句："河中之水向东流，洛阳女儿名莫愁。"以西晋都城洛阳，比附南朝都城建康（今南京），莫愁籍贯遂进京。后人在此基础上，更加附会，此湖故而得名。后来，在她的故居郁金堂侧赏荷厅的莲花池内，塑起了一尊 2 m 高的汉白玉塑像（图 3-119），向人们讲述莫愁女的历史传说，成为南京标志性景点之一。

图 3-116 清明上河园踩高跷、耍猴、变脸

图 3-117 清明上河园舞龙、舞狮、闹元宵

图 3-118 2016 年广州越秀公园龙灯会

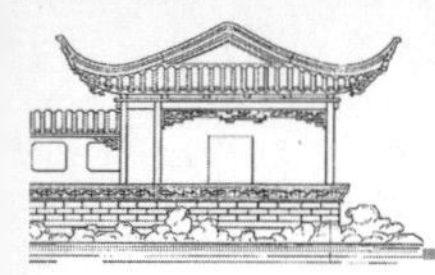
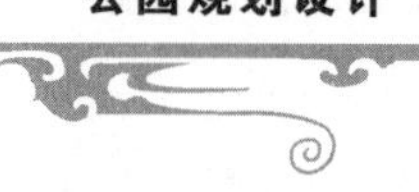

图 3-119　南京莫愁湖公园莫愁女塑像

4. 民间艺术

民间艺术是中华文化的瑰宝，它们以天然材料为主，就地取材，以传统的手工方式制作，带有浓郁的地方特色和民族风格，与民俗活动密切结合，与生活密切相关。按照制作技艺的不同，可以将民间艺术分为染织绣类、塑作类、剪刻类、雕镌类、民间玩具、绘画类、编织类、扎糊类等。在河南开封的清明上河园中就展现出了大量的民间艺术（图 3-120）。

5. 表演艺术

表演艺术是通过人的演唱、演奏或人体动作、表情来塑造形象，传达情绪、情感从而表现生活的艺术。表演艺术通常包括舞蹈、音乐、话剧、曲艺、杂技、魔术等。表演艺术就是要在虚构的条件下再现人的行为，即由演员扮演角色，创造人物形象，这是表演艺术的根本。

1）音乐

音乐是以声音为物质媒介，以时间为存在方式并且诉诸听觉的艺术。音乐不能够描绘、造型、叙事和写景，却擅长表现人们的情感、情绪的状态及运动过程。音乐形象是欣赏者心灵建构高度自由的表象，带有极大的抽象性、不确定性。在公园中，音乐常与喷泉结合形成音乐喷泉，喷泉随着音乐变换而呈现出不同的姿态，为公园增添了美轮美奂的视觉和听觉的盛宴，形成颇为浪漫闲适的娱乐项目。

我国著名的西湖音乐喷泉（图 3-121）位于湖滨三公园附近湖面上，西湖音乐喷泉长约 126 m，弧形部分宽约 2 m，整个音乐喷泉主要有七大喷嘴类别，

朱仙镇年画

汴绣

抟埴坊

泥人

木雕

中国结

图 3-120　清明上河园民间艺术

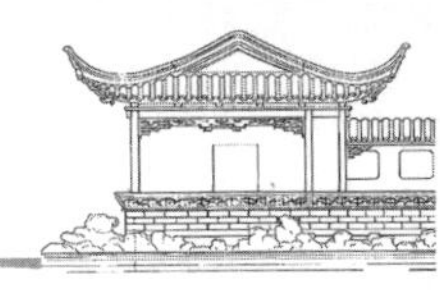

包括二维喷头、跑泉喷头、高喷喷头、次高喷喷头、彩虹喷头、气爆喷头、气动水膜喷头。喷泉灯光采用水下 LED 灯，可变换数种不同的颜色。经过精心设计过的喷泉喷嘴，可以 360°旋转，配上音乐，喷出多种形状的水柱、水雾、水球。喷泉使用的音乐主要有西湖特色歌曲、中国古典音乐及流行音乐、外国古典音乐及流行音乐等。

位于山东省青岛市百果山森林公园天水湖的青岛世园会音乐喷泉是目前中国最大的音乐喷泉，该音乐喷泉设有喷水头 776 个，另有 20 台喷火装置，3 000 多盏灯光设备。演奏乐曲中既有施特劳斯家族、柴可夫斯基作品在内的世界名曲，又着重挑选了一些我国民族风格浓郁的传统经典曲目如梁祝、黄河等，达到了浑然天成的表演效果(图 3-122)。

图 3-121　西湖音乐喷泉

图 3-122　青岛世界园艺博览会天水湖音乐喷泉

2)舞蹈

舞蹈是人体动作的艺术，它通过有节奏、有组织和经过美化的流动性动作来表情达意。舞蹈表情、舞蹈动作、舞蹈构图是舞蹈艺术的三要素。舞蹈以高度虚拟化和程式化的动作来表达情感，舞蹈情感不是直露的、写实性的，而是含蓄的、写意性的。具有某种朦胧、宽泛的色彩，这使舞蹈艺术境界具有某种空灵感与不确定性，有利于人们在观赏舞蹈时拓展想象的空间，获得较大的审美愉悦和视觉满足。

3)曲艺

曲艺是中华民族各种说唱艺术的统称，它是由民间口头文学和歌唱艺术经过长期发展演变形成的一种独特的艺术形式。随着人们物质文化生活水平的提高，城市周边地带赋有浓郁地方色彩的民间说唱纷纷流向城市，它们在演出实践中日臻成熟，如道情、莲花落、凤阳花鼓、霸王鞭等；我国仍活跃在民间的曲艺品种有 400 个左右，流行分布于我国的大江

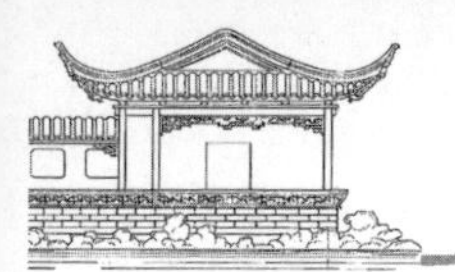

南北、长城内外。这众多的曲种虽然有各自的发展历程，但它们都具有鲜明的民间性、群众性，具有共同的艺术特征。

我国以曲艺为主题的公园有陕西戏曲大观园，位于西安大雁塔北广场休闲景区，将雕塑艺术和陕西戏曲文化艺术结合，以展示陕西地方戏曲秦腔为主体，体现了陕西地域文化的本土特色。园区内可以看到许多戏曲文化特色群雕，最吸引人的是生、旦、净、丑四大角色的脸谱雕塑(图 3-123)，四部秦腔戏剧作品的塑像，包括范紫东先生的《三滴血》、袁克勤的《斩李广》、李正敏的《五典坡探窑》(图 3-124)以及孙仁玉先生的《柜中缘》(图 3-125)。

图 3-123　陕西戏曲大观园生、旦、净、丑四大角色的脸谱雕塑

图 3-124　陕西戏曲大观园中秦腔《五典坡探窑》雕塑

图 3-125　陕西戏曲大观园中秦腔《柜中缘》雕塑

4)话剧

话剧是一门综合性的艺术，其特点在于舞台塑造具体艺术形象、向观众直接展现社会生活情景，它同样以丰富多彩的内容和绚丽多姿的舞台效果给人非常强的视觉冲击。

2007 年 4 月，为纪念中国话剧诞辰 100 周年，北京青年湖公园改造建设成青年湖中国话剧主题公园，成为打造“首都话剧中心”的一项重点工程。园内既有植物群落的自然美景，又有花卉雕配植物造型的园林艺术，展现了话剧主题公园独特的园艺风格，最吸引人的为主题雕塑《序幕》(图 3-126)。

5)杂技

杂技是包括各种体能和技巧的表演艺术，它是把身体作为杂技艺术的核心，是一门有悠久历史的专门艺术，包括跳、身体技巧和平衡动作，常使用长杆、独轮自行车、球、桶、绷床及吊架等器械，惊险刺激的表演给观众带来一场视觉盛宴，如河南开封清明上河园的气功喷火表演(图 3-127)。

6)魔术

神奇及无法理解的事总令人印象深刻，而魔术表演能让人们感受到忘却现实的愉快，这正是它最吸引人的地方。就舞台魔术来说，它可以和各项表

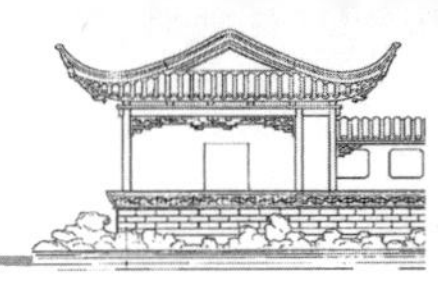

图 3-126　青年湖中国话剧主题公园主题雕塑《序幕》

图 3-127　清明上河园的气功喷火表演

演艺术相融合，如舞蹈、戏剧……所以，观众在欣赏时，不但可以看到魔术的神奇，同时也可以感受到与其他表演艺术相结合、相互辉映的效果。而以近距离魔术来说，魔术师就在身边，不论是扑克牌或是钱币，游客不但可以观赏，甚至可以亲身参与，这又是另一种欣赏乐趣。

卡默洛特公园，也译作卡梅伦魔术王国公园，位于英国的兰开斯特（图 3-128）。该公园以传说中的亚瑟王居住的宫殿 Camelot 来命名。卡默洛特公园的布置根据中世纪亚瑟王和圆桌骑士的传奇故事。该主题公园有奇幻的魔术表演、骑士表演和音乐演奏会等，是英国一片充满幻想的土地。

6. 诗词、楹联、字画

中国园林的最大特征之一就是深受文学艺术的影响，自古以来就吸引了不少文人画家、建筑大师以至皇帝亲自参与设计与建造，使我国的园林带有浓厚的诗情画意。诗词楹联和名人字画是公园意境点题的手段，既是情景交融的产物，又构成了公园的四维空间，即给三维的景观空间增加了时间和意境维度，丰富了游人的精神体验，也极大地增加了公园的魅力，是公园文化色彩浓重的集中表现。

楹联是“对联”的雅称，因古时多悬挂于楼堂宅殿的楹柱而得名。对联是我国特有的文化形式之一，它与书法的美妙结合，成为中华民族绚烂多彩的艺术创作。

位于“泉城”济南的大明湖公园，是我国著名的风景名胜公园，丰富的诗词和楹联为公园增加了别具一格的文化色彩，成为公园中浓墨重彩的一笔。历下亭，是济南名亭之一，位于大明湖水面诸岛中最大的湖心小岛上，题有杜甫《陪李北海宴历下亭》中的诗词“海内此亭古，济南名士多”（图 3-129）。铁公祠柱廊上的楹联为：“湖尚称明问燕子龙孙不堪回首，公真是铁惟景忠方烈差许同心”，是清代文人严正琅所撰（图 3-130）。

此外，著名的楹联还有扬州瘦西湖公园南门门厅柱廊上的楹联，上联是“天地本无私，春花秋月尽我留连，得闲便是主人，且莫问平泉草木；”下联是“湖山信多丽，杰阁幽亭凭谁点缀，到处别开生面，真不减清閟画图。”，由晚清扬州诗人李逸休撰题，其女，扬州著名书法家李圣和书写。诗联好，为瘦西湖风光平添几分魅力；书法佳，给翰墨城山水倍增无限情趣（图 3-131）。位于昆明大观楼公园中大观楼上的巨笔长联多达 180 字（图 3-132），上联为：“五百里滇池奔来眼底，披襟岸帻，喜茫茫空阔无边。看东骧神骏，西翥灵仪，北走蜿蜒，南翔缟素。高人韵士何妨选胜登临。趁蟹屿螺洲，梳里就风鬟雾鬓；更苹天苇地，点缀些翠羽丹霞，莫孤负四围香稻，万顷晴沙，九夏芙蓉，三春杨柳。”下联为：“数千年往事，注到心头，把酒凌虚，叹滚滚英雄谁在？想汉习楼船，唐标铁柱，宋挥玉斧，元跨革囊。伟烈丰功，费尽移山心力。尽珠帘画栋，卷不及暮雨朝云；便断碣残碑，都付与苍烟落照。只赢得几杵疏钟，半江渔火，两行秋雁，一枕清霜。”

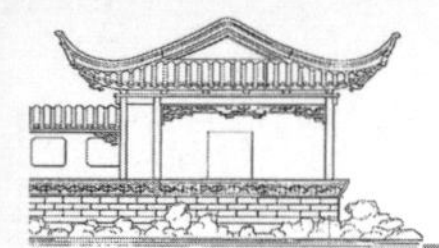

图 3-128　卡默洛特公园

图 3-129　大名湖公园历下亭杜甫诗词

图 3-130　大名湖公园铁公祠楹联

图 3-131　扬州瘦西湖公园南门楹联

图 3-132　昆明大观楼公园大观楼上的楹联

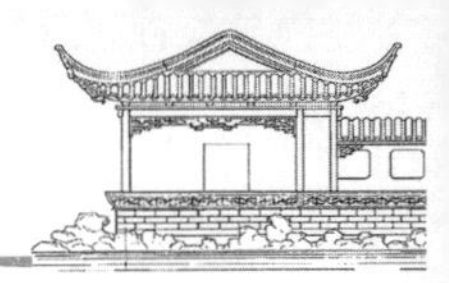

公园随着城市的发展逐渐繁荣起来，因而公园景观也日益显得非常重要。公园中景观的组成涉及诸多要素，其中包含了地方特色和时代特征，不仅要考虑公园中各个要素之间、人与自然之间的和谐关系，还要综合考虑公园的主题、空间、功能等方面的合理性。尊重传统，赋予新意，进而使人们能够在公园中得到视觉、听觉、触觉等方面的享受。同时，公园也是城市文明的重要标志，是人们休憩娱乐的场所。深入公园景观的研究，对城市发展和人们生活起着重要的促进作用。

第三章　公园景观组成要素二维码

第四章 基础资料调查与分析

调查研究是公园规划设计的首要工作，也是形成具体规划设计方案的基础和依据。本章主要介绍公园规划设计基础资料调查与分析的基本原则、方法和程序，以及社会资料调查与分析、自然资料调查与分析和公园基地现状调查与分析的主要内容和要求。

第一节 基础资料调查分析原则与方法

公园建设内容丰富，用地类型多样，工作对象复杂，因此开展调查研究，了解公园建设的自然生态条件，收集社会、经济、历史、人文等各种资料，找出公园建设中拟解决的主要矛盾和问题，是公园规划的必要前提条件。没有扎实的调查分析工作，就不可能制定合乎实际、具有科学性的规划方案。公园调查研究，不仅要调查公园范围内的现状地形、水体、建筑物、构筑物、植物、地上及地下管线和工程设施等内容，还必须了解当地的自然条件、社会经济、历史人文、用地条件、环境特点等，并要求项目委托方或建设单位提供相关资料和信息。

一、调查与分析的原则

1. 客观性原则

规划工作人员应亲临现场进行野外调查、记录、取样、拍照、录像、录音或测量，并对第一手资料进行室内分析，确保调查结果及时、真实、可靠。

2. 科学性原则

调查与分析过程应采取科学的手段和方法，尽量利用最新技术和科技成果，透过表象，挖掘本质。

3. 准确性原则

调查与分析要尊重客观事实，坚持科学分析，确保结果准确无误。

二、调查与分析的方法

1. 现场踏勘

这是公园规划调查中最基本的手段。主要用于公园地形地貌、植被覆盖、土地使用、空间结构、周边环境等方面的调查，也用于交通量、游客量调查等。

2. 抽样或问卷调查

问卷调查是需要掌握一定范围内大众意愿时最常见的调查形式。调查对象可以是某个范围内的全体人员，称为全员调查；也可以是部分人员，称为抽样调查。公园规划设计工作中，由于时间、人力和物力的限制，通常更多地采用抽样调查而不是全员调查的形式。

问卷调查的最大优点就是能够较为全面、客观、准确地反映群众的观点、意愿、意见等。问卷调查设计合理与否是获取信息准确全面与否的关键。

3. 访谈和座谈会调查

访谈与座谈会是调查者与被调查者面对面的交流。在公园规划设计中这类调查主要运用在下列几种状况：一是针对无文字记载的民俗民风、历史文化、传说故事等方面；二是针对尚未形成文字或对一

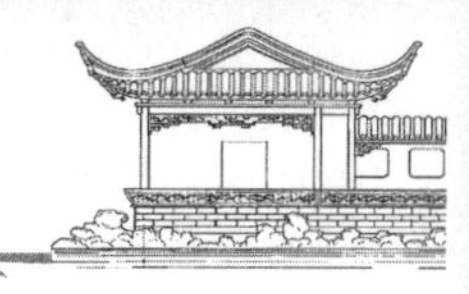

些愿望与设想的调查；三是针对某些关于公园规划设计重要决策问题，收集专业人士的意见等。

4. 文献资料调查

公园规划设计相关文献和统计资料通常以公开出版的城市统计年鉴、城市年鉴、各类专业年鉴、不同时期的地方志、各部门专业记录（如气象资料、水文资料等）等形式存在，这些文献及统计资料的特点：信息量大、覆盖范围广、时间跨度大、在一定程度上具有连续性、可推导出发展趋势等。

三、调查与分析的程序

1. 准备工作

规划单位接受规划设计任务后，进行组织、人员、物质和技术等方面的准备，编制调查工作方案。

2. 资料收集与现场调查

资料收集可通过多种途径进行：①规划单位与委托单位共同组织开展野外考察，收集相关资料（主要是规划公园立地条件及周边环境调查）；②规划单位通过委托单位让其相关机关、机构提供相关资料（主要是与公园规划相关的政府部门提供，如政府文件、统计资料、上位规划等）；③规划单位通过自行途径收集与公园规划相关的资料（主要是成功案例、技术资料等）。

3. 评价与分析

对调查与收集的资料进行整理、分析，在调查成果基础上进行资源分析与评价。

4. 成果编制

规划单位编写调查与分析报告，编制相关图件。

5. 成果验收

如有需要，规划单位向委托单位提交调查与分析成果以及相关资料，并根据验收意见进行修改，形成最终成果，作为公园规划的依据。

第二节　社会资料调查与分析

一、建设背景资料调查与分析

公园规划设计的建设背景资料调查包括国家及地方政府产业政策、行业规划、区域发展规划收集、建设单位调查以及社会环境调查及城市园林建设情况调查等多方面。

1. 国家及地方政府政策及发展计划资料收集

国家及地方政府相关资料收集包括：①城市人民政府及有关部门的年度总结（报告）、调研成果、研究报告、政策文件等；②城市总体规划、分区规划、土地利用规划以及公共设施、基础设施等方面的相关规划；③规划地区和周边地区已批准的控制性详细规划、修建性详细规划；④已批在建、已批未建地块的控制要求、近期新建及改建项目计划；⑤省、市人民政府及有关部门制定的规划编制技术规定、导则或要求，用地控制的有关规定。

公园建设是为满足人民物质文化生活需要，改善当地社会生活条件和生态环境，提供休闲娱乐场所，发展当地文化、教育等公益事业。通过对国家和当地政府部门的相关资料收集，了解城市建设方向、用地功能要求、技术要求，分析规划公园在所在城市的地位及建设目标，为公园规划提供正确的政策导向和科学依据。

2. 建设单位调查

建设单位调查包括：①了解建设单位的性质和历史情况；②建设单位的具体要求和设计标准；③建设单位的经济能力和公园建设投资限额以及使用材料情况；④建设单位的管理体系、与之沟通与交流的方式等。

通过对建设单位调查，了解业主对公园建设的要求，尊重业主意见，为规划工作顺利进行提供保障。

3. 社会环境调查

社会环境调查包括：①公园所在地的城市规划中，土地利用情况等；②社会经济发展规划、产业开发规划；③使用效率的调查（居民人口、服务半径，其他娱乐设施场所，居民使用方式、时间、年龄，居民生活习惯与审美特点，人流集散方向等）；④交通（道路、水路、桥梁、码头、停车场、交通量等）；⑤周围环境（公园区位、附近区域功能、是否有其他公园绿地或风景旅游区等）；⑥环境质量（水体、空气、噪声、垃圾等）；⑦工农业生产（农用地及主要产品，工矿企业分布及生产对环境影响）；⑧基础设施情况（给排水、

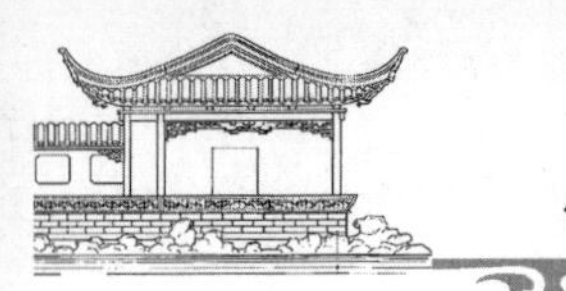

能源、通信等)；⑨规划公园用地产权信息、社会管理法律、法规限制等。

通过对公园建设所在地社会环境调查，了解当地环境背景和使用需求，为公园的合理设计提供思路。

4. 城市园林建设情况调查

规划所在地城市园林建设情况包括：①公园分布情况：综合性公园、纪念性公园、儿童公园、动物园、植物园、古典园林、风景名胜公园等的名称、用地范围、占地面积、绿地率；②街头绿地情况：道路、河湖、海岸和城墙等沿线有游憩设施的绿地名称、用地范围、占地面积、绿地率；③防护绿地：防护隔离绿带的名称、用地范围、占地面积、主要树种、绿地率；④生产绿地：苗圃的名称、用地范围、占地面积、可使用面积、主要树种、年可供出圃量；⑤广场：行政广场、游憩休闲广场、交通集散广场等的名称、用地范围、占地面积、绿化覆盖率。

通过对公园所在城市园林建设情况调查，确定规划公园的性质，在所在城市承担的绿地功能，为公园合理规划提供条件。

二、区位交通环境调查与分析

区位分析是对设计项目所在的地域、文化、环境等因素的了解与认知，是所有项目设计开始前的准备工作。区位可以分为绝对区位和相对区位。绝对区位是指由经纬度构成的网络系统中的某个位置，即自然地理位置。相对区位是指其他位置限定的位置，即交通地理位置和经济地理位置。综合起来讲，区位就是自然地理位置、经济地理位置、交通地理位置等在空间地域上有机结合的具体表现。

区位交通环境调查包括公园所在城市中的位置，与周边绿地的关系，周围的环境条件，主要是人流方向、数量，公共交通的情况及园内外范围内现有道路、水路、广场(性质、宽度、路面材料等)。收集资料包括城市行政区划图、城市道路交通系统图、城市水系分布图以及其他相关图纸等。

公园区位图一般采用城市行政地图或交通地图来绘制，以表达公园在城市中的位置以及公园与周边环境的关系等。图纸比例依据图纸表现规格和公园大小而定，以能清楚表达公园所在的具体地点位置、轮廓、交通和四周街坊环境为准，具体比例不限。基础地理信息应标注主要水系、铁路、主要公路、市(州)级以上的居民地和主要行政境界，并标明与之相邻的国家、省(自治区)或县(区)乡等其他行政区的名称。

1. 城市区位

显而易见，城市区位即是分析规划公园所处的城市在国土范围内或一定区域范围内(包括经济、交通辐射范围)的位置，通过对城市地域的研究可以确定所在城市的位置、所属地区、人文环境、气候条件、城市规模和与城市之间的距离等信息。城市区位分析大到国际、国家级，小到省、市、区级，可根据项目的区域影响大小进行分析，对于城市定位、大型公园规划设计以及旅游、文化、交通类项目的帮助比较大。

2. 公园区位

公园区位是指规划公园所在城市的具体地理位置，通过对公园位置分析，可以了解规划公园的周边环境、公园在城市中的功能地位、服务半径等。

公园周边情况的分析，一般常见的有使用现状的全景照片分析周边建筑、道路、市政设施、文化娱乐、公园布局等的关系，另外包括规划公园的红线、控制线、退线等。

3. 城市肌理

分析城市与规划公园之间的轴线关系、公共空间、密度、朝向、间距、布局、风格等。

4. 可达性(交通)分析

分析城市的街道路网，公园的出入口、交通的灵活性。以及城市交通的交叉口、平行道口和立体交通等，乃至铁路、航线、水路、绿道等。

5. 区位优势与限制

分析公园在区域范围内独特的资源与优势以及各种不利条件，或称之为“SWOT”分析。“SWOT”即指“strengths”(优势)、“weaknesses”(劣势)、“opportunities”(机会)、“threats”(威胁)。

SWOT分析法是用来确定规划项目自身的竞争优势、竞争劣势、机会和威胁，从而将规划项目的发展战略与公园内部资源、外部环境有机地结合起

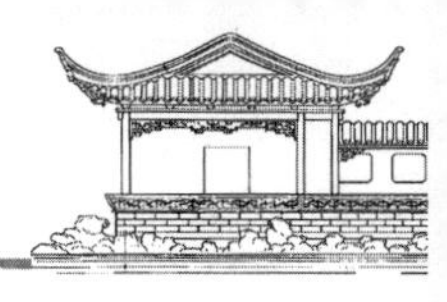
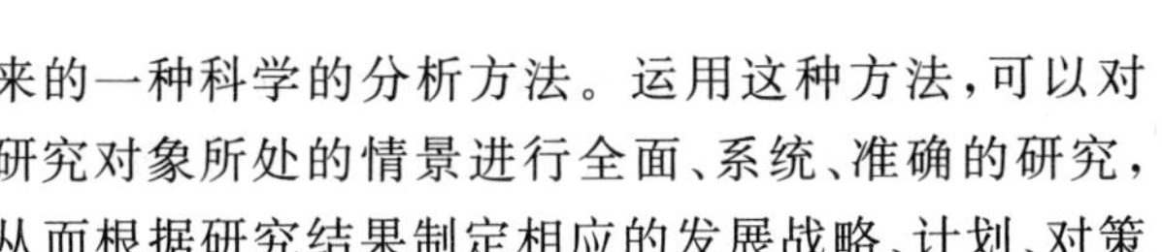

来的一种科学的分析方法。运用这种方法，可以对研究对象所处的情景进行全面、系统、准确的研究，从而根据研究结果制定相应的发展战略、计划、对策以及管理模式等。

6.区位景观环境

公园建设需要根据项目所拥有的景观环境因地制宜进行利用，规划之前，需要对公园的城市公园绿地系统、噪声环境、地标设施、视线等进行分析。

三、相关规划建设项目调查与分析

公园规划建设是属于城市总体规划和城市绿地系统规划不可分割的一部分，公园功能定位、服务范畴等均需服从于上位规划。公园规划之前，收集相关规划及建设项目资料，包括公园所在地城市绿地系统规划、土地利用规划、城镇体系规划、城市蓝线、绿线规划、城市生态环境规划等上位规划内容，并对与公园建设相关的其他建设项目进行调查研究，分析其相关性以及对该公园规划、建设的影响与要求。

四、相关历史人文资料调查与分析

通过人文资源资料的分析，找出亮点与特点，其与自然资源保护的关系、对公园建设和生物多样性的影响情况，充分利用资源，确定公园主旨立意，安排功能和景区以及游览产品。

1.调查内容

相关历史人文资料调查内容包括：①调查城市性质、典故、传说、场地历史；②调查公园范围内及周边社区的历史文物、风物、胜迹、建筑等物质和非物质文化遗产，了解其主要类型、特点和分布情况，其与自然生态环境的关系；③历史文物调查包括文物保护对象、文化古迹种类、历史文物遗址，各种名胜古迹、革命旧址、历史名人故址、各种纪念地的位置、范围、面积、性质、环境状况及用地可利用程度；④风物调查包括民族民俗、传统纪念活动、历史传统、现代生活方式、时代文化风范、民族语言文字、民间文艺、民间工艺、地方特产、传统特产、特色服饰、农耕文化、宗教礼仪、神话传说、地方人物等；⑤胜迹调查包括遗址遗迹、圣境、摩崖题刻、石窟、雕塑、纪念地等；⑥建筑调查包括居民宗祠、宫殿衙署和风景、文娱、商住、宗教、纪念建筑等。

2.调查方法

人文资源调查方法一般采用档案资料收集、实地考察、半结构访谈、发放调查问卷等方法。

五、使用者需求意向调查与分析

公园规划设计既要体现其艺术性与科学性，也要体现“以人为本”的基本原则，公园各种功能安排要能为市民服务，为游客服务，要考虑市场需求及社会效益、经济效益和环境效益的有机统一。规划之前，应该对使用者进行详细调研，了解其需求与意愿，引导市民参与。

1.调查内容

使用者需求意向调查内容包括：①使用对象调查，包括使用者的性别、年龄、学历、宗教信仰、从事职业等；②使用者的需求调查，包括生理需求、安全需求、社会需求、尊重需求、自我实现等多方面；③使用者消费意愿调查，包括使用者的经济收入状况、消费习惯等，对功能的要求（主要使用方式）、美的要求（内容与形式）；④使用者对项目建设的建议。

2.调查方法

使用者需求意向调查采用实地考察、半结构访谈、调查问卷、网络投票等方法。

第三节　自然资料调查与分析

一、气象资料调查与分析

公园气象资料涉及未来公园植物的配置利用、工程施工的方法、公园游客的管理方式以及雨水的收集、暴雨洪灾的处理等，公园规划之前，应对项目所处区域的气象资料进行调查、整理、分析，为公园规划设计提供科学依据。

1.调查内容

气象资料调查内容包括：①公园所处区域气象基本情况及其对公园建设、维护、管理的影响。②公园范围内及附近气候特征和气候类型以及各气候要素的时空分布。③主要气候要素调查（如太阳辐射、日照时数；气温、年均温、等温线、极端最低气温、极

端最高气温;降水量、年平均降水量、等降雨量线、丰枯年降水量、历年暴雨量,暴雨强度公式;相对湿度、蒸发量等;风玫瑰图、四季主导风向、平均风速、最大风速;最大冻土深度及分布)。④主要气象气候灾害等。

2.调查方法

气象资料调查采用资料收集、线路调查(观察、测量、采样、测试、填图、访问、摄影等)、航卫片解译、实验分析、气象部门提供等方法,判断确定各自然环境要素的类型、界限、分布、影响因素、成因、利用现状,并分析自然环境的整体特点和空间分异以及与各类资源的关系。

二、水文资料调查与分析

水是构成公园景观不可或缺的重要元素之一,除此之外,公园的接待、管理、养护等也离不开水,对公园水文资源进行调查,分析其可利用程度,因势利导,既可利用现有河湖、溪流、瀑布、地下水等进行园林造景,增强公园整体景观效果,还可以充分利用现有水资源,进行植物浇灌、保证生产、生活用水等。

1.调查内容

公园范围内及附近主要河流(包括集水区范围、面积)、湖泊(水库)、沼泽等水体的水文特征,地下水主要类型及其特征、排泄形式(如龙潭、冷泉、温泉、暗河等)、水质状况及开发利用现状。主要调查河川、湖泊水的流向、流量、流速、水体面积、水质、pH、水深、常水位、洪水位、枯水位、水利工程特点等。

2.调查方法

水文资料调查方法与气象资料调查方法相同。

三、生物资源调查与分析

生物资源包括有公园植被、植物及动物分布情况。生物资源构成公园本底,丰富的生物资源可为公园建设提供较好的基础,减少工程造价,利用动植物资源开展科普教育,增加游客兴趣度。

1.调查内容

(1)植被类型　调查公园内各植被类型的面积、分布,各种生境、群落等。主要类型(植被亚型或群系)的外貌、结构状况。进行园内植被类型、分布规律、特征以及演替关系的分析。人为干扰程度调查。

(2)植物种类　公园范围内的野生植物(可选真菌、蕨类、裸子植物、被子植物等专题)种类调查,编制植物名录,进行区系分析(属种统计分析、区系特点、性质及在全国植物区系区划中的地位),统计国家重点保护野生植物的种类、分布和管理概况。现有园林植物、古树、大树的品种、数量、高度、覆盖范围、地面标高、年龄、特点、分布、生长情况及观赏价值等。调查主要经济植物种类、分布和利用状况。

(3)动物　公园范围内的野生动物(可选昆虫、鱼类、两栖类、爬行类、鸟类、兽类等专题)种类调查,编制动物名录,进行区系和地理成分分析,统计国家和省重点保护野生动物的种类、分布和管理概况。

2.调查方法

调查方法有:①根据调查内容的特点和要求,生物资源可采用不同的方法进行调查。如查阅相关文献、地方志、各专业部门记录等;②植被调查采用线路调查和群落标准地调查方法,并运用遥感技术进行植被区划和制图;③植物调查采用线路调查(踏查)与样地(样方)调查相结合,大型真菌调查还可采用市场调查和访问方法。植物调查应采用标本作为实证或辅以照片,国家和省重点保护物种及地方狭域特有种应现地采集和记录地理坐标,并有种群状况描述;④动物调查选用线路调查法、样线(带)调查法、样方调查法、样点调查法、目视观测法、鸣叫调查法、踪迹判定法、洞口调查法、访问调查法等多种方法相结合开展调查,可采用帐幕截捕法、灯诱法、铗捕法、网捕法、笼捕法、钓捕法、陷阱法等多种方法采集实体。动物资源的调查应尽量采用照片、影像、录音、标本等作为调查成果的实证,并提交各种记录表格、资料(包括访谈记录)作为佐证。

四、环境污染调查与分析

1.调查内容

环境污染调查内容:①调查公园范围内及周边的环境质量:如大气质量、地表水质量、空气负离子水平、空气细菌含量、噪声程度、垃圾等的情况以及对公园的影响程度;②调查公园周边工农业生产对

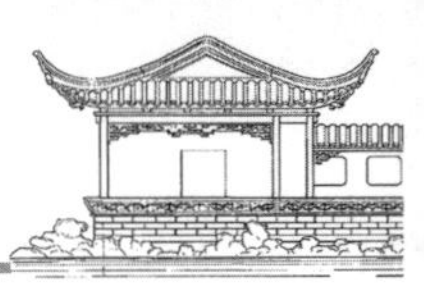

公园的环境影响，如周边农业地的种植品种、农产品的质量、供应量，工矿企业分布及生产对环境的影响、生活污水、工业废水排放、主要污染源、排污口位置和纳污水体；③公园及其附近恶性传染病的病源、传播蔓延情况，及其他不利于开展公园游憩活动的环境和社会因素。

2. 调查方法

环境污染调查与气象资料调查方法相同。

第四节　公园基地现状调查与分析

公园建设基地现状调查包括收集、核对、补充现状图纸资料；土地所有权、边界线、四邻；方位、地形、坡度；现状建筑物的位置、高度、式样、个性；植被、古树名木、自然景观特征；土壤、地下水位；道路、给排水、电力、电信、煤气；地下埋设物、遮蔽物、障碍物以及环境污染情况等。

一、现状地形图

现状地形图是公园规划设计工作不可缺少的基础性图纸资料，包含大量的场地现状信息，是现状调查研究和分析以及总体规划的重要表现载体。现状地形图比例 1∶(500～5 000)，具体依公园规模大小和总体规划图纸比例要求而定。

1. 调查内容

调查内容包括：①所用比例、方位、位置、红线、范围大小、坐标数、地形、等高线、坡度、路线、地上物、产权等；②公园近邻环境情况，包括主要单位、居住区位置，主要道路走向、交通量，该区今后发展情况；③城市水、电、气等供应情况；④建筑物位置、体量大小、风格式样，利用情况；⑤现有树木种类、高度；⑥游戏道路分布、断面；⑦现有排水、溢水等水利基础设施情况。

2. 调查方法

通过业主部门提供原始地形图、航片、卫片或通过现场测绘、观测、记录等方法，获取相关图纸信息。

二、土地利用现状调查与适宜性评价

土地利用现状分析是对规划区域内土地资源的特点，土地利用结构与布局、利用程度、利用效果及存在问题做出的分析。土地适宜性评价是通过对土地的自然、经济属性的综合鉴定，阐明土地属性所具有的生产潜力，对公园各类功能用地的适宜性、限制性及其程度差异的评定。土地利用现状分析是公园土地利用总体规划的基础，只有深入分析土地利用现状，才能发现问题，做出合乎当地实际的规划。土地利用现状分析图应包含水系、村委会以上的居民地、交通和各类境界线、标志性地物、高程点等。

1. 调查内容

调查内容包括：①土地总面积，各类土地利用现状分类与数量、质量、分布状况，包括耕地(旱地、水田)、园地、林地、草地、戈壁、高寒荒漠、石山、滩涂、水域等的范围以及未利用土地等；②境界、地籍线，土地权属界线。

2. 调查方法

土地利用现状调查采用资料收集、线路调查(观察、测量、采样、测试、填图、访问、摄影等)、航卫片解译、国土部门提供等方法。

三、现状风景资源调查与分析

风景资源又称景源、景观资源、风景名胜资源、风景旅游资源，是指能够引起人们进行审美与游览活动，可以开发利用的自然与人文资源的总称。风景旅游资源中，包含有纯自然景观，人造自然景观，历史遗迹景观，人工模拟、复制的历史景观，造新景观等。通过对现状景观资源调查分析，摸清家底，因地制宜地科学利用。

1. 调查内容

(1)自然景物资源调查　调查陆地的山岳、峡谷、熔岩、岩溶、冰川、火山等特殊或奇异地貌，典型地质现象；海蚀、岛屿等；水域的江河、湖海、溪涧、潭泉、瀑布等；生物的森林、草原、古树名木、观赏花木和野生动物等；天景的日出、彩霞、云海、雪景、佛光、海市蜃楼等。对开放的游览山洞，为保障安全，对洞的稳定性、进出口、通风、洪水位的标高等，均应做勘探调查。

(2)人文景物资源调查　调查古建筑、古园林、

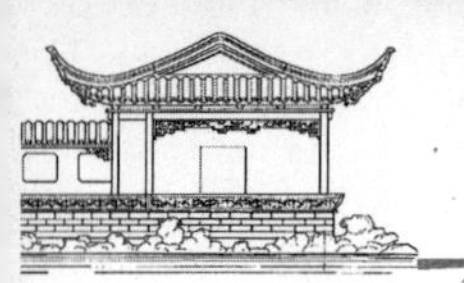

摩崖石刻、石窟、古墓、古代工程、古战场等历史遗迹和遗址；近代革命活动遗址、战场遗址；以及有纪念意义的近代工程、造型艺术作品等；有地方和民族特色的村寨、居民、集市和节庆活动等风土民情。除此之外，还包括环境质量调查及可利用条件调查等与景观资源利用相关的调查。

2.调查方法

调查方式包括、概查、普查、详查。调查方法包括野外实地踏勘、访问座谈、遥感调查法。

四、地质与土壤资料调查与分析

1.调查内容

(1)地质　公园范围内及附近出露的主要地层、岩石，典型地质构造、地质现象(如黄土、溶岩、冲沟、沼泽地等)、地震、地基承载力、地下矿藏、自然遗迹(地质遗迹、古生物遗迹)等以及开发利用现状；公园范围内及附近断裂带的位置、活动性、影响范围，地热田、温泉等的位置、储量。

(2)地质灾害　崩塌、滑坡、泥石流、地面沉降、流沙、塌陷等地质灾害的位置、影响范围、成因、发生频率、危害程度、现状采取的治理措施。

(3)地貌　公园范围内及附近主要地貌类型及其分布、地貌特征及其对自然环境的影响。

(4)土壤　公园范围内及附近土壤发育特点，土壤类型(至亚类)及其分布，主要理化性状，利用现状等。

2.调查方法

地质与土壤资料调查采用资料收集、线路调查(观察、测量、采样、测试、填图、访问、摄影等)、航卫片解译、相关部门提供等方法。

第五章 公园总体规划设计

公园总体规划设计也称总体方案设计，或简称总体设计，是在公园确定选址后对公园建设目标和建设内容作出全面细致的计划安排和方案创意设计，并完成包括公园区位与基地现状分析在内的设计方案图纸和相关文字说明。

本章内容主要介绍公园总体规划目标与功能定位，总体空间布局，出入口与道路交通、竖向与水系、植被景观、建筑与设施、景点与游线、综合管线、轴线与视线分析等总体专项规划设计以及用地平衡和投资估算。

第一节　公园总体规划定位

一、总体目标定位

公园总体目标定位就是要明确公园规划建设目的和标准，也就是确定建设什么样的公园，或者说具体定位什么类型的公园，并按照什么标准来规划建设。不同的公园有不同的建设目的和标准，例如不同级别（国家级、省级、市级）的公园建设标准不一样；为本地城乡居民户外休憩服务的公园（综合公园、社区公园）和结合旅游经济发展成为旅游目的地的公园（主题公园、游乐公园）也具有不同的建设目的和标准；以自然保护为主要目的的国家公园与市民游憩活动为主的一般城市公园具有明显的目标差异。

二、总体功能定位

公园总体功能定位就是要明确公园主要包含或者主要突出体现哪些功能。公园一般都有三个方面的功能，即生态功能、社会功能和经济功能，每个方面又有不同的功能内涵。生态功能从大到地球自然生态系统保护、小到具体某个地块的水土保持；社会功能更是多种多样，如游览观赏、休闲娱乐、运动健身、科普教育等；经济功能有直接经济效益和间接经济效益之分，直接经济效益是通过公园建设和运行直接获得经济收益，而间接经济效益则是通过公园发挥生态和社会功能，改善经济建设环境，提高经济发展水平，并促进经济可持续发展。

就公园整体发展而言，绝大多数的公园都以生态功能、社会功能和间接经济功能为主，但不同类型的公园往往又具有不同的具体功能定位要求。例如，就社会功能而言，综合公园要求体现多功能相结合，儿童公园需要突出儿童娱乐活动的功能，动植物公园则要突出科研及科普教育的功能，社区公园、街旁绿地主要体现一般性户外休憩功能，国家公园则要突出自然资源与生态保护功能，主题游乐公园主要突出经济功能（直接经济效益）。

第二节　公园总体空间布局

一、景观生态格局

景观生态格局，或称景观格局，是景观生态学研究的范畴，指景观空间内斑块分布的总体样式。包括组成类型和结构特征、相互作用、变异规律等。

这里的"景观"不同于一般意义的园林风景或自然风景，是近代地理学上描述一个地理区域总体特征(包括自然和人文的综合体)的专用名词。美国哈佛大学教授福曼(R. T. T. Forman)给景观的定义是"一组以相似的形式重复出现的，互相作用的生态系统所组成的异质性区域"，可以理解为由不同景观要素组成的异质性区域。景观要素就是组成景观的单元(或景观中被划分出的最小单位)，一般分为斑块、廊道和基质。在大尺度的地理环境中，福曼将景观分为自然景观、管理景观、耕作景观、城郊景观和城市景观5类。在城市景观尺度下，面积占绝对多数的建筑环境是景观基质，城市公园等绿地则是绿色斑块，绿带、河道等成为生态廊道。在公园景观尺度下，一般绿色植被(自然或人工)占主导地位，是公园景观基质，活动场地和娱乐设施是斑块，道路、河道等则是廊道。如果是水体占大部分比例的湿地公园、水上公园等，则视水体为基质，岛屿和陆地为斑块，狭长的堤岸等则为廊道。

具有较大尺度的大型公园(如国家公园、森林公园、大型综合公园等)一般选址都具有较大规模现状自然景观资源，具有自身的景观结构特征和规律以及景观生态功能，作为新的公园绿地，其景观要素的空间规划布局，首先应着眼景观生态规划，即运用景观生态学的原理，对公园的景观格局进行分析研究并提出优化措施。

公园景观生态格局中，现状树林、草地、灌丛、林带、河道、池塘、湿地、建筑、道路等各种斑块的大小、形状、数量、分布情况，以及生物多样性、景观多样性、景观连通性、栖息地等是研究的主要对象，进一步协调好游客及人工设施与公园自然环境(包括野生动物等)之间的关系，是公园景观生态格局研究的主要目的，以保护生物多样性与建设景观生态安全格局为目标，在公园本底调研和基地现状分析，以及对景观格局、功能和过程综合理解的基础上，通过建立优化目标和标准，对各种景观要素在空间和数量上进行调整或整合优化设计，使公园发挥最大景观生态效益。

公园景观生态格局优化遵循的原则有：①生态功能优先原则，即首先考虑不损害自然生态环境或如何改善提升生态功能；②社会服务功能与生态服务功能相结合原则，物质和能量在人工和自然不同组分之间的流动过程，共同决定公园景观功能发挥；③尺度适宜原则，不同尺度的分析结果可能会产生相当大的差异，对于公园景观不同组分或不同类型公园要在适宜的尺度上作分析才会带来正确的结果，尺度大小以能够体现景观结构特征和重要生态功能为准则。

公园景观生态格局优化措施有：①扩大绿色基质规模，提高组分比例；②降低斑块破碎度，提高连通性；③保护栖息地，提高生物多样性；④调整和控制人工设施斑块规模和影响范围，确保提升景观生态功能(图5-1)。

二、空间分区布局

空间分区规划也称空间结构布局，指把整个公园中具有不同功能、不同景观特色的景观空间或区域划分出来，以便更好地实现公园的功能作用，并为下一步总体专项规划设计提供框架性指导。

1. 空间分区类型

公园空间分区布局类型一般有功能分区、景色分区和混合分区三种。

(1)功能分区　将公园各个不同的主要功能空间布置于不同用地范围，并用文字、符号或色彩在图纸上表现出来，此图称为功能分区图。功能名称一般有游览观赏、安静休憩、文化娱乐、科普教育、体育运动、儿童活动、瞻仰纪念、文化展览、园务管理等(图5-2、图5-3)。

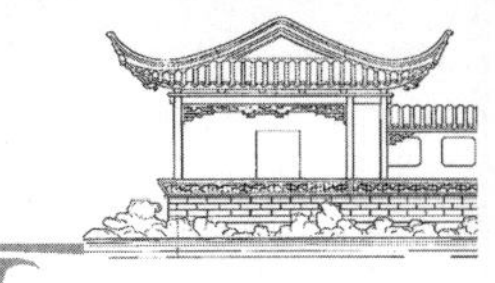

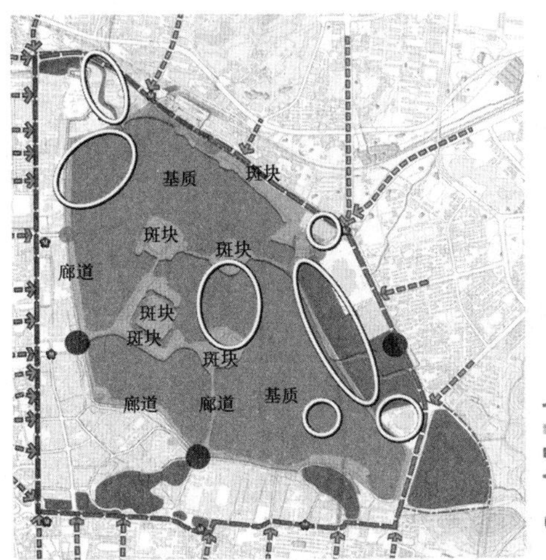

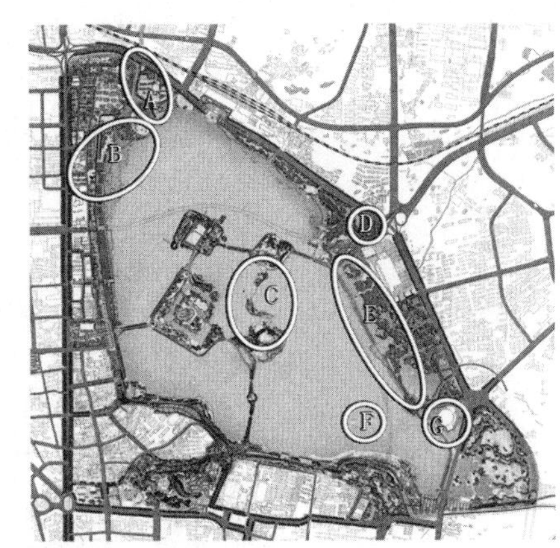

图 5-1　南京玄武湖公园景观生态格局组成现状(左)及优化调整(右)示意图

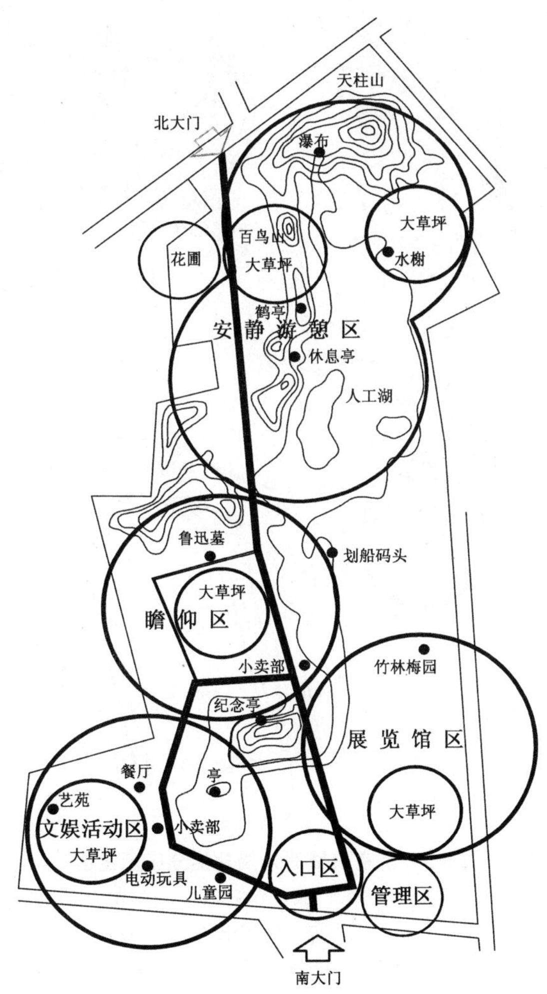

图 5-2　上海虹口公园功能分区示意图

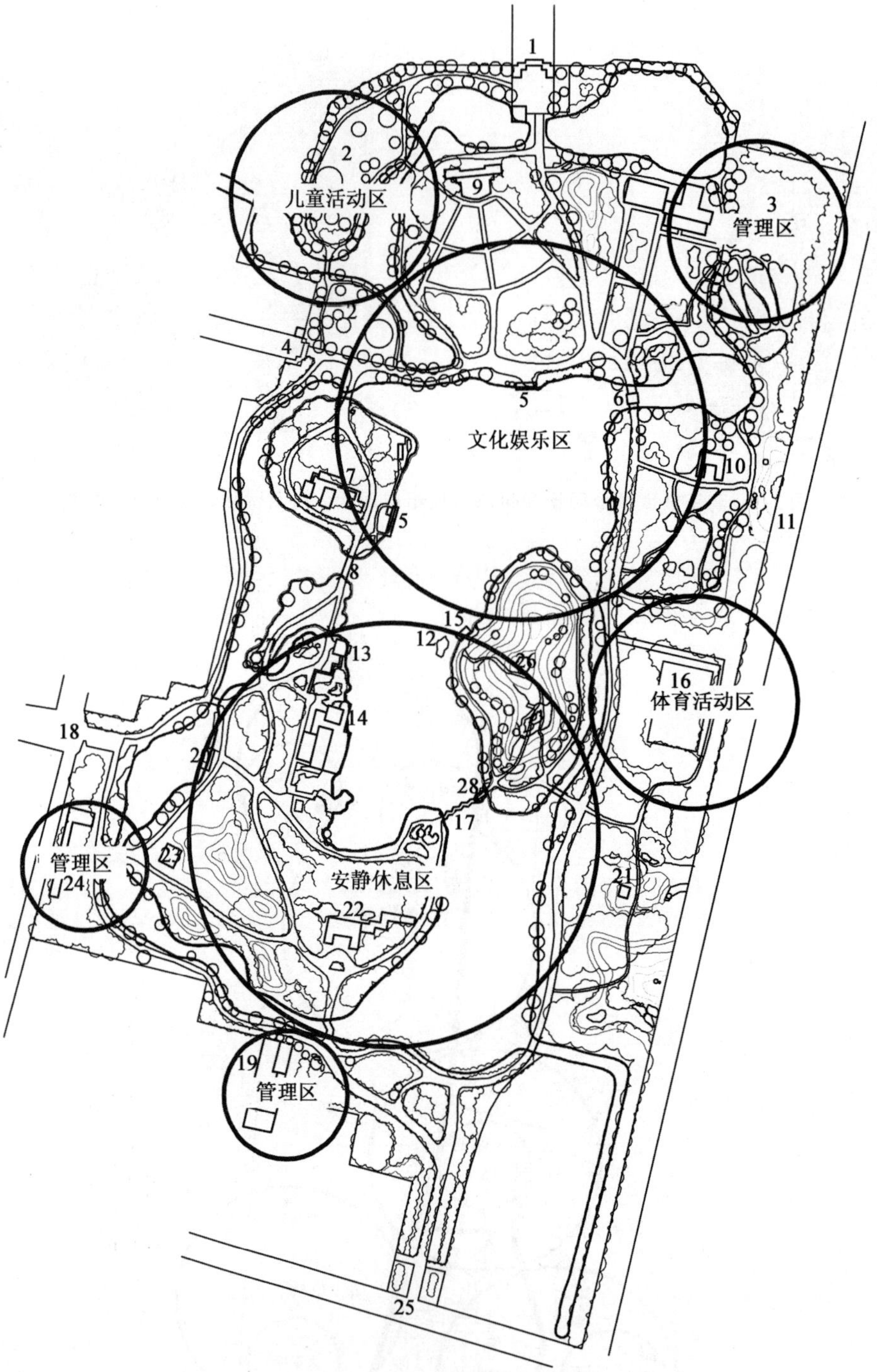

图 5-3　南京白鹭洲公园功能分区示意图

1.北大门　2.儿童乐园　3.花圃　4.西大门　5.游船码头　6.浣花桥　7.棋艺、阅览　8.玩月桥　9.舞台　10.定花居　11.城墙　12.白鹭群雕　13.烟雨轩　14.心远堂　15.春在阁　16.溜冰场　17.九曲桥　18.侧门　19.管理处　20.藕香榭　21.竹篱花榭　22.静乐苑　23.公厕　24.木工房　25.南大门　26.白鹭亭　27.茅亭　28.湖石假山

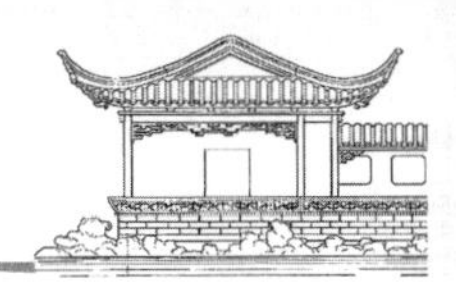

(2)景色分区　将公园各个不同的主要特色景观空间布置于不同用地范围,并用文字、符号或色彩在图纸上表现出来,此图称为景色分区图。分区一般用自然景观或人文景观的名称来命名(图 5-4)。

(3)混合分区　将公园各个不同的主要功能空间和特色景观空间分别布置于不同用地范围,并同时用文字、符号或色彩在图纸上一起表现出来,此图称为混合分区图。分区名称分别用具体功能和景观名称来命名(图 5-5)。

2. 空间分区布局

(1)分区布局依据　公园分区布局主要依据公园的面积规模、周围环境、现状景观资源、主要功能、活动内容与设施等情况进行。公园面积规模较大的,分区类型和数量可能会多一些,如果公园较小,则不宜划分过多的空间。

(2)分区布局原则　公园分区布局应遵循保护利用自然、满足功能要求、避免相互干扰和布局合理高效的原则,即要有利于保护自然生态环境,满足各种活动功能要求,不同功能空间之间避免相互干扰,并方便游客游览使用和提高园务管理工作效率。

总的来说,公园分区布局就是在充分熟悉公园规划设计项目调查资料和综合分析探讨的基础上,依据公园性质、用地条件、总体设计目标、原则和指导思想,根据不同类型和年龄的游人活动情况和公园风景资源特色,定出公园需要具备的使用功能、特色景观及其大致的空间区域大小规模等,并科学合理地组织布局各个功能分区、景色分区或混合分区,协调不同分区之间的相互关系,划出若干个具体的功能或景观特色空间区域,并绘制出分区结构示意图(图 5-6)。

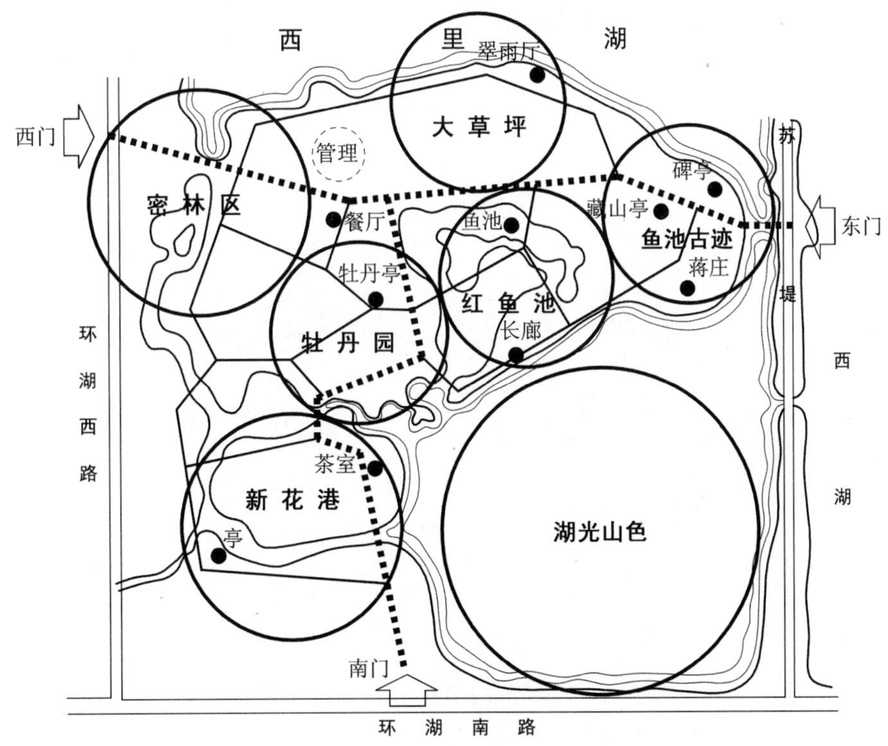

图 5-4　杭州花港观鱼公园景色分区示意图

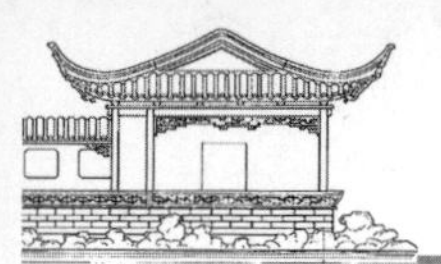

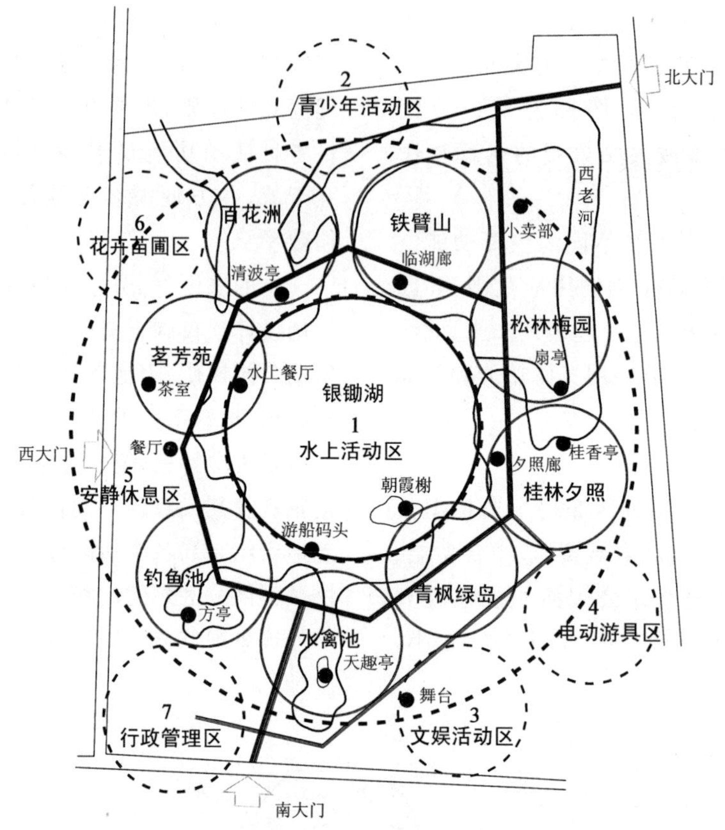

图 5-5　上海长风公园混合分区示意图

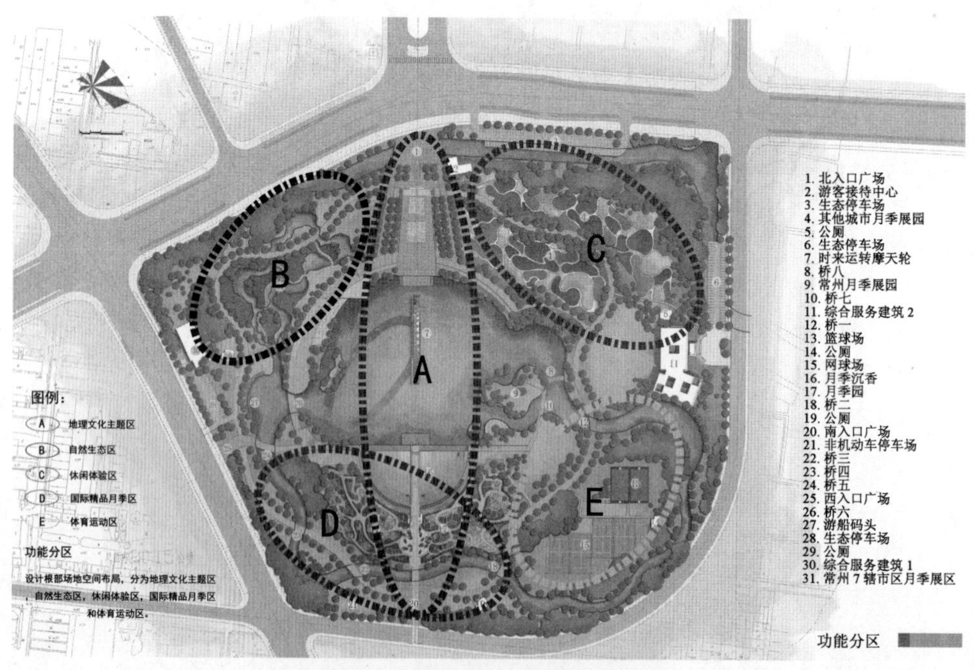

图 5-6　常州紫荆公园功能分区图

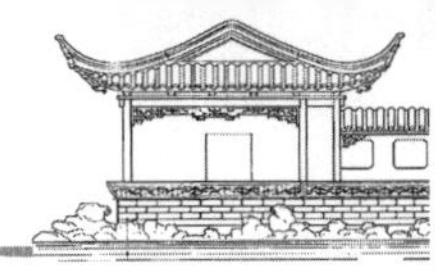

第三节　公园总体专项规划设计

一、公园出入口规划设置

1.出入口类型与数量要求

公园出入口是游客进出公园的通道，一般分为主出入口、次出入口和专用出入口三种类型。

主出入口也称公园大门，是供大多数游人进出的主要通道，通常位于公园不同方向；次出入口也称侧门，是便于某个方向居民出入的次要通道；专用出入口则专门用于某一功能区人流集散或作为公园管理、运输的通道。

公园出入口规划设置的一般原则是：①结合城市交通站点、游客来源方向，方便游人出入；②结合内外联系和交通运输，利于园务管理；③结合功能要求，配合功能区设置。

(1)主出入口　主出入口设置要重点考虑城市交通和游人走向、流量等。一般布置于城市主要道路(如城市主干道)一侧，通常设置大门建筑或标志性构筑物，以展示公园形象和地标识别，也有利于大量游客进出。公园用地范围线与城市道路红线重合时，出入口直接与城市道路相连接，公园用地范围线与道路红线有一定距离时，则设连接通道使主要出入口与城市道路衔接。

(2)次出入口　次出入口设置主要考虑公园周边街区居民或游客方便进出公园，一般布置于城市次要道路(如次干道、社区街道等)一侧。全天免费开放的公园一般不设管理性园门，非全天开放的公园通常设置用于封闭管理的小园门。

(3)专用出入口　专用出入口设置主要考虑园务管理和大型活动需要。如果园务管理区位置与主次出入口距离较远，就可考虑设置园务管理专业出入口。为了能在活动结束时使大量人员安全疏散，大型活动的设施(如大型体育运动场馆、影剧院、展览馆等)附近一般需要设置集散专用出入口(安全通道)。

(4)出入口设置数量　公园出入口设置的数量因园而异。主出入口通常设置1～2个，次出入口通常设置2～4个或更多，专用出入口可根据专项活动内容和园务管理需要设置。一般情况下，免费的公益性公园可以多设置一些出入口，特别是次出入口，以方便来自各个方向的游客进出公园；收费的盈利性公园出入口不宜过多，否则会增加管理成本。

2.出入口附属设施与景观内容

出入口类型不同，其附属设施也不一样。主出入口一般人流量较大，并有暂时停留和停放车辆的需要，所以，主出入口一般要设置游人集散广场和停车场。

出入口景观内容包括大门管理建筑或标志性构筑物、内外广场、停车场(包括机动车和非机动车)、导游牌、环境绿化景观等。

主入口建筑或构筑物作为公园标志性景观，要求具有较高的艺术性和文化性，并结合一定的实用功能。既要考虑造型特色，又要与公园及附近街道建筑等城市景观相协调。进行售票和封闭管理的公园大门建筑，通常包括售票室、检票口(通道隔栅或闸口)、门卫室、门牌等，也可以将游客中心(或问询处)、小卖部等服务建筑设置于公园出入口处。

公园入口内外广场是游人进入公园前后的集散空间，要满足游人进出公园前后的停留集散需要，通常设置一定面积的活动场地和必要的休息设施(亭、廊、坐凳等)，另外还需设置标牌、导游图，介绍公园景点布局路线和季节性特别活动等。广场布置形式有对称式和自然式，要与公园布局和大门环境相协调一致(图5-7、图5-8)。

公园出入口植物景观类型多样，如花坛、草坪、树丛、花卉装饰小品等。

3.出入口总宽度

公园出入口总宽度指各个出入口宽度的总和。公园出入口总宽度的大小反映公园游客进出公园的便利性和安全性，一般根据公园容人量大小、游客量转换系数、管理模式以及游人人均在园停留时间长短等来确定公园出入口总宽度。出入口总宽度的计算公式如下：

$$D=\frac{a\cdot t\cdot d}{C} \qquad (5.1)$$

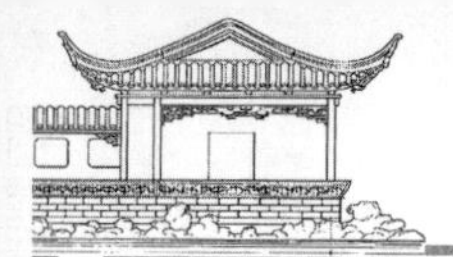

式中：D 为出入口总宽度(m)；C 为公园容量(人)；t 为高峰小时进园人数/最高在园人数(转换系数 0.5～1.5)；d 为单股游人进入宽度(m，通常为 1.5 m)；a 为单股游人高峰小时通过量(人，通常为 900 人)。

以上公式计算出的总宽度应符合《公园设计规范》(GB 51192—2016)对公园出入口总宽度下限的规定要求(表 5-1)。举行大规模活动的公园，应另设安全通道。

图 5-7　公园出入口广场布置形式示意图

图 5-8　北京玉渊谭公园主入口景观(南大门)

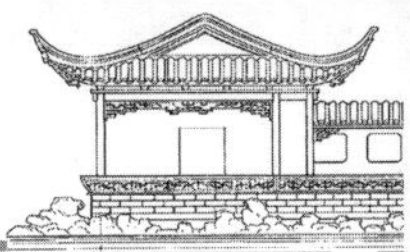

表 5-1　公园游人出入口总宽度下限　m/万人

游人人均在园停留时间/h	售票公园	不售票公园
＞4	8.3	5.0
1～4	17.0	10.2
＜1	25.0	15.0

注：单位“万人”是指公园游人容量。

二、公园交通规划设计

公园交通系统一般由园路、园桥、停车场、码头等组成，是公园内部的主要基础设施，其交通行为方式主要分人行和车行，部分公园还有船行交通。一般根据公园的规模、各分区的活动内容与风景特色、水系地形特点、游人容量和管理需要，确定园路的分布分级、园桥设置、码头以及停车场配置等。因公园规模、景观要素不同，公园交通系统组成不尽相同，最简单的公园交通设施可能只有园路。

(一)园路规划

1. 园路类型与功能

园路按等级不同一般分为主路、次路、支路和小路四种，主路和次路也称主干道和次干道，支路和小路也称游步道。除了以上类型外，公园还有专用道路和共用道路、地面道路和高架道路以及其他特种道路(如铁路)等。园路具有的功能包括①联系功能区、活动设施、建筑景点；②组织交通、引导游览；③构成公园景观(整体骨架与脉络)；④雨水汇聚与排水通道。

(1)主路　也称干道或主干道(公园设有次路时)，是公园骨干性道路，联系全园各个主要分区、重要活动设施和建筑风景点，并与主要出入口相连通，能够快速组织交通和疏散游人，可双向通行机动车辆，自然式公园主路通常平面适度曲折(曲线流畅)，竖向适当起伏，规则式公园主路一般为直线，混合式公园主路可全部或部分为直线(图 5-9、图 5-10)。

图 5-9　上海长风公园一级园路(主路)

图 5-10　上海徐家汇公园一级园路(主路)

(2)次路　也称次干道，是由主路向主要功能区或景区内部延伸的次级道路，是公园各个分区内主要交通兼游览性道路，引导游人到达主要风景点和主要服务设施，并组织公园景观空间，一般次路以人行为主，必要时也可单向通行汽车等机动车辆(图 5-11、图 5-12)。公园面积小于 10 hm^2 时，可以不设次路。

(3)支路　是由主路或次路向各景区内部延伸的分支道路，也是公园各个分区内主要游览性道路，引导游人到达各个风景点和主要服务设施，支路一般不能行驶汽车等机动车辆。

(4)小路　是为游人散步游览风景使用的小型道路，引导游人深入到各个景观空间之中，多随地形地势变化而起伏曲折，小路不能行驶汽车等机动车辆，局部地段还可设计成步石或汀步，滨水、湿地、山

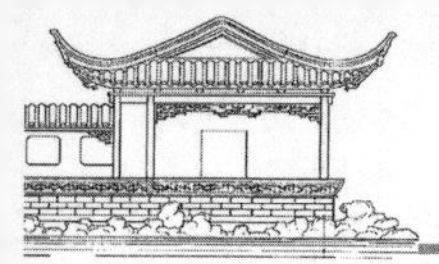
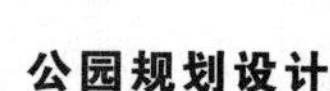

坡等处还常设计成步行栈道(图 5-13 至图 5-15)。

(5)专用道路与共用道路　专用道路是指专门用于园务管理和其他专项活动的道路,如连接专用出入口的道路、专项活动安全通道、自行车专用道等,游客游园时一般不使用园务管理和专项活动安全通道,但游客一般会使用自行车专用道。共用道路是指游客游览和工作人员进行园务管理以及其他专项活动共同使用的道路,专用道路以外均为共用道路。

(6)地面道路和高架道路　地面道路指在地面上铺着的道路,公园中绝大部分道路采用地面道路,既经济又方便实用。高架道路指离开地面,架立空中的游览性道路,一般也称为人行天桥。作为园路的特殊类型,高架道路不仅构成公园的立体交通,还可以提升游人赏景视高,眺望或俯瞰更多的风景,使游人获得丰富的游览体验。除高架步行道外,有些公园还设置高架自行车道、观光车道等,供游客在空中乘车游览观赏风景(图 5-16、图 5-17)。

(7)铁路(火车道)　是公园中的特种道路,除一些儿童活动区作为儿童娱乐设施设置的小火车需要铺设类似铁轨的道路外,在一些主题公园、森林公园等也会设置具有一定特色的小型观光火车来丰富游人的游览体验。因此,小型铁路也成为公园交通规划设计的组成内容(图 5-18)。

图 5-11　上海徐家汇公园二级园路(支路)

图 5-12　常州青枫公园二级园路(支路)

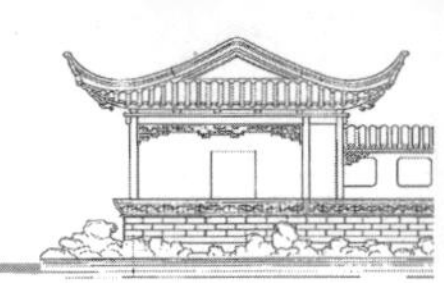

图 5-13　上海徐家汇公园三级园路(小路)

图 5-14　南京七桥瓮湿地公园三级园路(栈道)

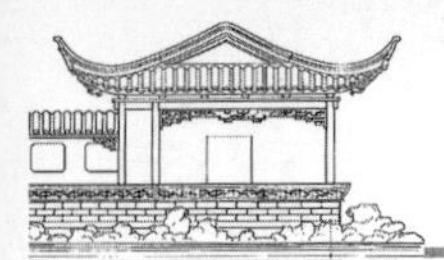

图 5-15　苏州金鸡湖湖滨公园三级园路(步石)

图 5-16　上海徐家汇公园(左)和常州青枫公园(右)人行高架步道

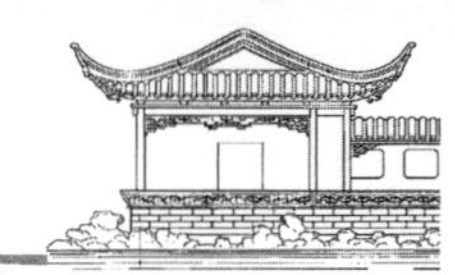

图 5-17 西安南湖公园高架观光游览车道

图 5-18 金湖水上森林公园观光火车道(铁路)

2.园路宽度要求

一般情况下公园路面宽度为一级园路(主路)4.0～7.0 m,二级园路(支路)2.0～3.5 m,三级园路(小路)1.2～2.0 m。除此之外,还要根据公园类型和面积规模,尤其要根据陆地面积规模不同而适当调整,具体可依据《公园设计规范》GB 51192—2016)中园路宽度规定(表 5-2)。

表 5-2 公园道路宽度 m

园路级别	公园总面积 A/hm^2			
	$A<2$	$2\leqslant A<10$	$10\leqslant A<15$	$A\geqslant50$
主路	2.0～4.0	2.5～4.5	4.0～5.0	4.0～7.0
次路	—	—	3.0～4.0	3.0～4.0
支路	1.2～2.0	2.0～2.5	2.0～3.0	2.0～3.0
小路	0.9～1.2	0.9～2.0	1.2～2.0	1.2～2.0

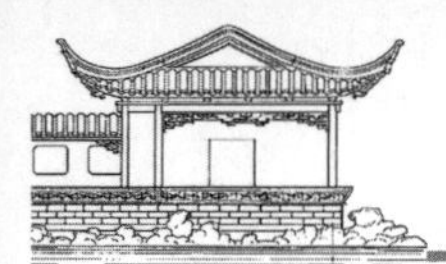

3. 园路布局原则

公园道路的布局要根据公园分区内容设置和游人容量大小来安排，规划布局时遵循原则有因地制宜、主次分明、通达成环、密度适宜。

(1)因地制宜　园路要和地形、水体以及植物群落等自然景观密切配合。如以山水风景取胜的综合公园的园路要环山绕水，但不宜与水岸边完全平行。平地公园的园路要弯曲柔和，但通常不要形成方格网状或过于均匀，避免呆板无味。沿较高地形布置主路和支路时一般与地形等高线斜交，以减小纵向坡度，蜿蜒起伏，当需要设置登山体验道路时可与等高线垂直；地形低矮但较为开阔时可随地形变化上下起伏，微小地形一般将园路布置于地势最低处，可曲折回绕。园路过水系一般选择水面较窄处，且多与水岸线近似垂直。高级别园路布局遇到结构密集的植物群落景观时一般绕开，游人需要近距离观赏植物时应将游览小路延伸到植物群落景观之中，如花镜、月季园、牡丹园等一些特色花园景观。

(2)主次分明　按照一定的主次关系分级布局整个公园的道路系统，在宽度和功能上具有明显的区别，从规划图面上就要能够体现出园路系统的清晰层次。不同等级的园路之间应该存在一定的从属关系，即支路通常是主路的分枝，小路则是支路的进一步延伸，而不是毫无关系的叠加(特殊类型或形式的设计除外)。

(3)通达成环　园路一般形成环路，以免游人走回头路。布局时可以是同级园路构成环路，如主路或支路成环，也可以是不同级园路之间形成环路，如主路与支路之间或小路与支路之间，甚至小路与主路之间都可以。除较短的连接建筑小品设施的道路外，一般不宜设置较长的回头路，更要避免出现断头路。

(4)密度适宜　一般根据功能分区、地形地势、风景特点、游人密度等确定适宜的园路布局密度。以大面积自然风景为主的游览休息区，游人密度相对较低，所以园路布局密度宜较小，而活动内容丰富，游人密度相对较大的文化娱乐区，园路布局密度则可相对较大些；平地公园的密度可大些，山地公园、水体湿地公园的密度应小些。一般园路的路网密度宜为 150～380 m/hm^2，动物园的路网密度宜为 160～300 m/hm^2。

4. 园路线形设计

园路线形与公园的设计风格形式以及地形、水体、植物群落、重要建筑物设施等内容有关。规则式公园多采用直线形园路，局部自然景观空间也可以有少量曲折道路；自然式公园大多为曲线形园路，局部空间也可以采用直线形道路，如公园入口处的主路可以采用直线形景观大道的形式，但不宜过长；混合式公园直线和曲线两种线形园路兼而有之，各级别的园路可以分别布局不同线形，如主路直线，支路曲线等，也可以是曲直衔接，两种线形的园路整体数量大致相当。

园路无论是直线还是曲线，总体上要兼顾到完整优美的风景构图和便捷的交通功能，相对而言前者更适合曲线形设计，可以连续展示丰富多样的园林空间景观，后者更倾向直线形设计，不仅获得局部最短的步行路径，对欣赏前方景物具有较强的空间透视感。另外重直线形园路能够给人以严肃、庄重、壮观等氛围感，所以一般纪念性和标志性景观空间常采用直线形园路设计。曲线形园路则显得自然、轻松和随意。

一般规模较大，以大面积自然风景为主的公园，园路线形设计多结合自然风景成自由变化的曲线，部分道路线形也可根据公园的布局形式、特殊交通功能要求或结合建筑环境等，设计成直线、折线或圆弧线，形成强烈的空间纵深感或有秩序的空间景观效果。

不同级别的园路对线形设计要求有差异。一级园路(主路)采用曲线设计时注意线形连接要流畅，也不宜过于弯曲，即曲率半径不能过小，否则既不美观，也会影响必要时的车辆通行(通行机动车的主路最小平曲线半径应大于 12 m)；二、三级园路(支路和小路)则相对可以自由灵活一些(图 5-19)。

(二)园桥设置

园桥是园路在水体上的延伸。其作用是联络交通，创造景观，组织导游，分隔水面。园桥的类型有平桥、拱桥、曲桥、栈桥、汀步(跳桥)和索桥等。

园桥一般规划设置在水面相对较窄处，桥身应与岸垂直，创造游人视线交叉，以利观景。同时结合园路类型和水面形态大小灵活设置，既方便交通，又

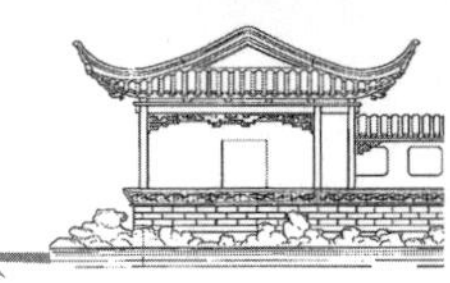

创造丰富多样的园桥景观。

不同等级园路上的园桥设置要求不同。主路上的园桥以平桥为宜，为了桥下能够通行游船以及考虑造型美观，亦可设置拱度较小的拱桥，桥头应设广场，以利游人集散；支路以平桥、拱桥为宜，既满足交通需要，又丰富公园水面空间景观。小路上的桥多用拱桥、曲桥或汀步，以创造丰富多样的桥景（图 5-20、图 5-21）。

不同水面上设置园桥也有差异。大水面上可设平桥、拱桥、曲桥等，并讲究风格和造型，避免景观单调。公园大水面一般具有水上活动功能，所以一般桥下要能通船，较长的桥也可以采用平桥与拱桥相结合的形式，若设置曲桥，常为多曲桥（如九曲桥）。小水面上可设各种形式的园桥，注重与环境的协调与融合，常偏居水面一隅，尺度亲切，贴近水面。较大面积的浅水湿地通常设置较长的步行栈桥，汀步通常布置于较浅的小溪，一般也不宜过长（图 5-22 至图 5-24）。

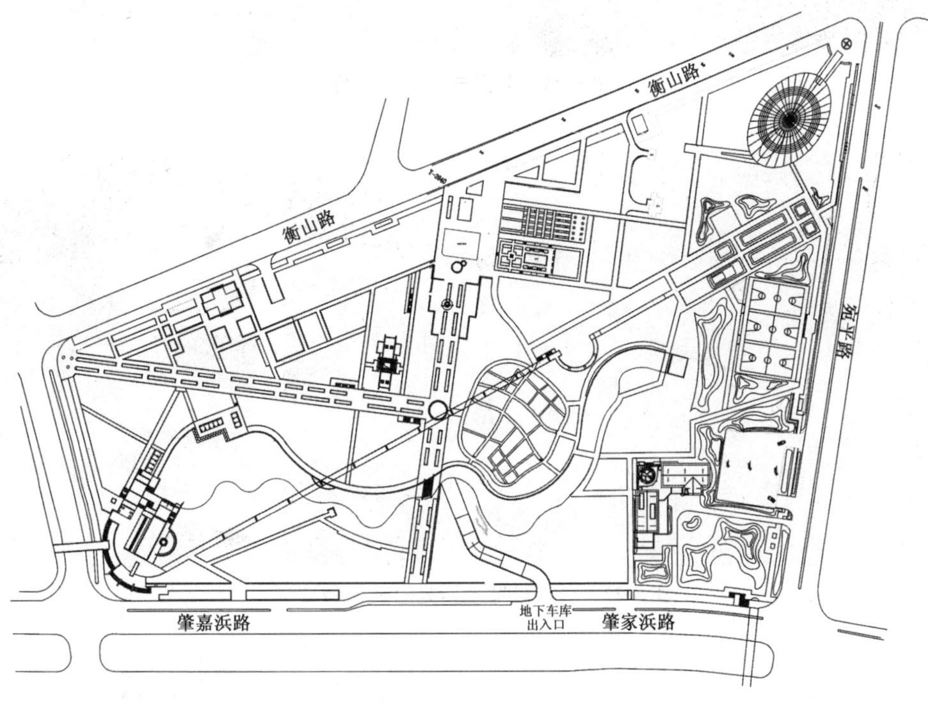

图 5-19　上海徐家汇公园道路布局形式与线形

图 5-20　公园主路与支路上的平桥

图 5-21　公园支路上的拱桥

图 5-22　公园较窄水面处的曲桥和汀步

图 5-23　公园湿地上的栈桥

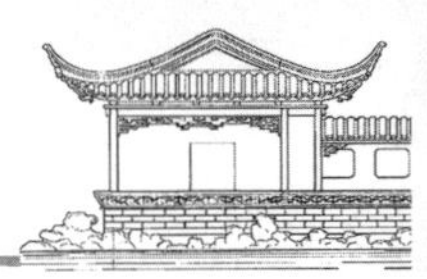

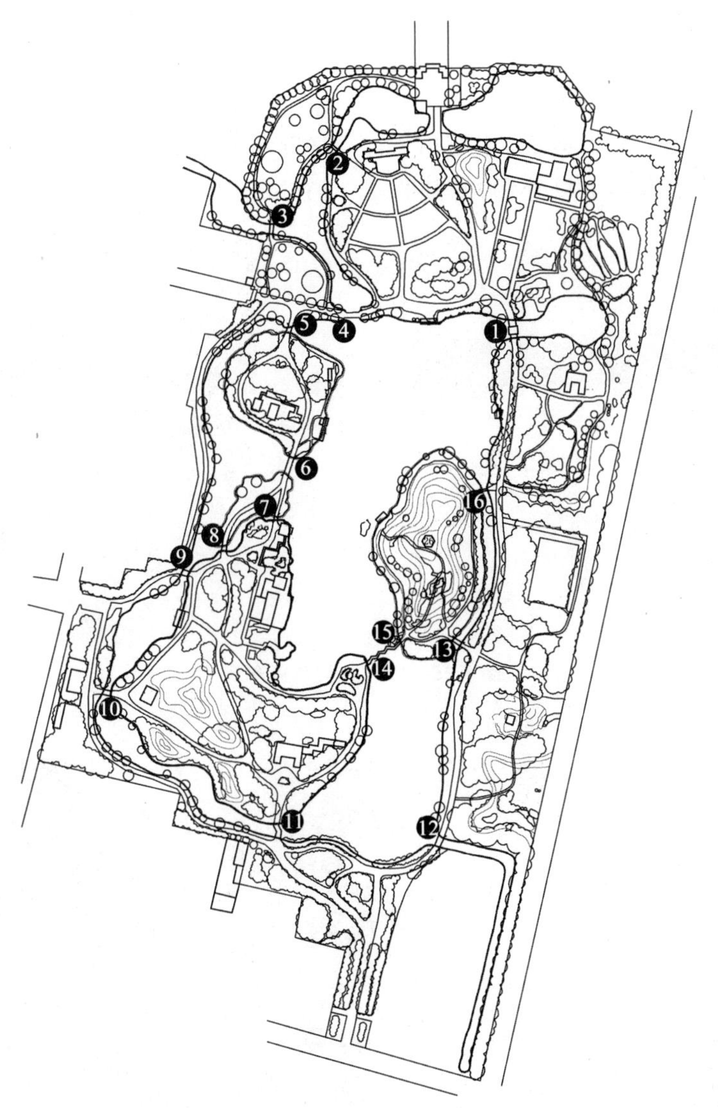

图 5-24　南京白鹭洲公园园桥布置

1.亭桥　2,3,4,5,12,13.单拱桥　7,8,9,10.平桥　6.三孔拱桥

11.三折桥　14.九曲桥　15.湖石假山天桥　16.黄石假山天桥

(三)停车场配置

停车场是公园重要的交通配套设施，一般分机动车停车场和非机动车停车场。

1.机动车停车场

公园里可能出现的机动车有小型客车、大型客车、小型货车、游览车、摩托车以及消防车、救护车、警车等特种车辆，一般公园以游客和部分管理人员使用的小型客车居多，所以机动车停车场泊位以小型客车为主，适当考虑大型客车(如旅游大巴、单位自备客车)，泊位数依据公园性质与面积规模、公园区位及交通条件、公园用地条件、游人容量、城市小汽车普及程度等综合情况而定。一些作为旅游目的地的主题公园则需考虑较多的旅游大巴泊位。

较大规模的集中式机动车停车场一般规划布置在公园主要出入口附近，作为主出入口的重要附属设施，也便于公园交通管理和游客进出公园。

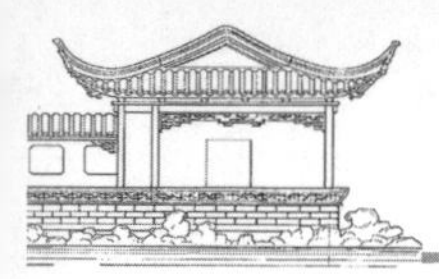

同时也要结合实际情况在可能需要停车的地方设置分散式停车场，供不同类型的机动车临时停放，如园务管理区、重要的建筑设施（如大型展览馆、体育馆）等。基于人车分流的设计理念，主要出入口附属停车场一般设置于大门卡口外侧，具体位置选择需考虑不影响城市道路交通和方便游客停车后步行进入公园。必要时可考虑利用公园地下空间设置地下停车场（或结合地下人防设施），这样既不占用地面空间，也更有利于人车分流和车辆管理（图 5-25、图 5-26）。

图 5-25 公园机动车停车场

图 5-26 公园地面生态停车场及地下停车场人行阶梯通道

公园为游客服务的游览车停车场一般设置在主要出入口以内以及重要景点处，便于游客选择使用，同时还需根据景点分布情况在行驶路线上设置必要的停车站点，供游客上下车。

公园规划配建地面机动车停车位指标应符合表 5-3 规定。机动车停车场的出入口距离人行过街天桥、地道和桥梁、隧道引道应大于 50 m，距离交叉路口应大于 80 m。机动车停车场的停车位少于 50 个时，可设一个出入口，其宽度宜采用双车道，50～300 个时，出入口不应少于 2 个，大于 300 个时，出口和入口应分开设置，两个出入口之间的距离应大于 20 m。停车场在满足停车要求的条件下，应种植乔

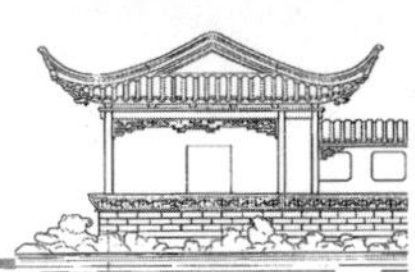

木或采取立体绿化的方式，遮荫面积不宜小于停车场面积的30%。

表 5-3　公园配建地面停车位指标

陆地面积 A_1/hm²	停车位指标/(个/hm²)	
	机动车	自行车
$A_1<10$	≤2	≤50
$10\leqslant A_1<50$	≤5	≤50
$50\leqslant A_1<100$	≤8	≤20
$A_1\geqslant 100$	≤12	≤20

注：不含地下停车位数；表中停车位为按小客车计算的标准停车位。

2. 非机动车停车场

公园内非机动车主要是游客自备自行车（含电动自行车）、城市公共（共享）自行车和公园服务自行车（含观光三轮车）。游客自备自行车停车场一般设置在出入口外侧，公园内部服务自行车设置于出入口内侧，游客借用的城市公共（共享）自行车停车场设置于出入口内外侧均可（图 5-27）。公园规划配建地面自行车等非机动车停车位指标应符合表 5-3 规定。

（四）码头设置

码头是重要的公园水上交通游览和娱乐活动设施，同时兼有水上管理功能。通常分交通游览码头、娱乐活动码头和生产管理码头。

1. 交通游览码头

交通游览码头一般用来停泊交通游览船只，常设置于景观河道、湖泊等水体岸边，并与公园主路或支路相连接，方便游人乘坐。交通游览码头设置数量依据河道长度、景点分布、湖泊水面大小等而定，较长的景观水系，可于不同地点分别设置上船码头和下船码头，形成富有特色的水上交通游览路线。湖泊岸边多设置回游式游船码头，即游客乘船在水上游览一段过程后又回到原来上船的码头。在宽阔的水体中可设置多个回游式游船码头，并分别采用不同造型、动力的船只，从而进一步丰富游客的水上游览选择和体验，同时也有利于分项经营管理（图 5-28）。

2. 娱乐活动码头

娱乐活动码头主要供开展水上娱乐活动使用，如碰碰船、飞碟船、水上气球、水上滚筒等娱乐项目均需设置码头，这类码头可以是水岸边的固定设施，也可以是船坞式码头（图 5-29）。

3. 生产管理码头

生产管理码头是指专门用于公园水体养殖生产和水上安全管理的码头。公园大面积的湖泊、河道等水体除了作为景观供游客游览观赏外，还可以开展鱼类等水产品养殖、水生作物种植等经济生产活动，为公园创造一定的经济效益。生产管理码头一般独立设置，与游览或娱乐活动码头保持一定距离，避免相互干扰或影响风景画面（图 5-29）。

公园交通规划设计涉及的内容较多，应充分考虑各方面的因素，才能获得布局科学合理、运行管理高效、景观空间丰富、功能实用多样的公园交通体系（图 5-30）。

图 5-27　公园非机动车（自行车）停车场

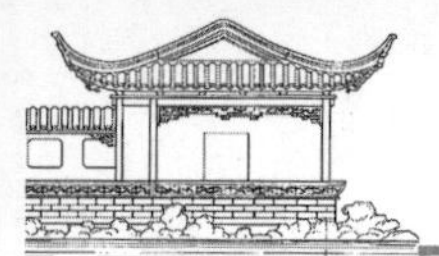

图 5-28　公园交通游览码头

图 5-29　公园娱乐活动码头与管理码头

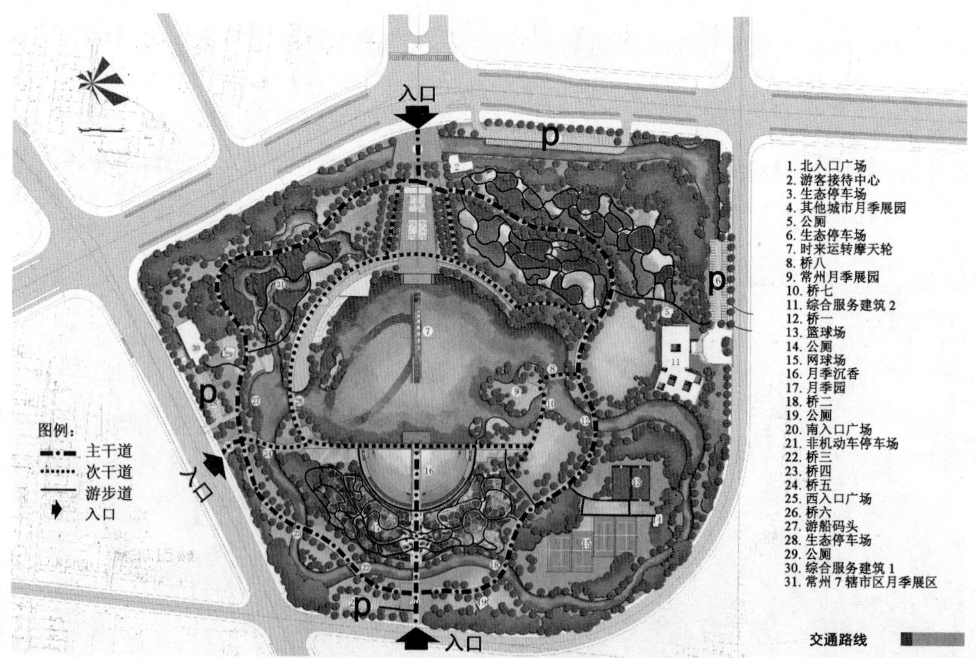

图 5-30　常州紫荆公园道路交通规划图

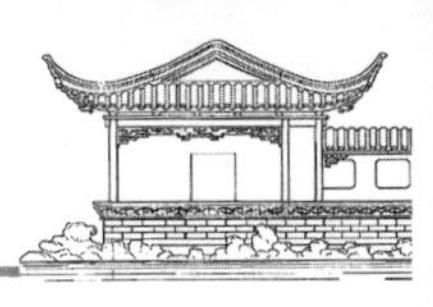

三、竖向与水系规划设计

公园竖向与水系规划设计是指对公园地面形态(包括水系)及其他重要景物进行水平方向和垂直方向规划处理和设计控制,使公园各个局部的地面既能满足各项功能设施建设需要,又能创造高低变化的地形景观和丰富多样的风景天际线。

1.公园地形类型

公园地形总体分陆地和水体(包括湿地),陆地又分为平地和山地(包括坡地)。

(1)平地 指地势高差变化不大,较为平缓的陆地地形,适宜开展休憩和娱乐活动,如游憩草坪、体育活动场地、休憩活动场地、集散广场、平整的林地、一般建筑地坪等。

(2)山地 指地势高差变化较大(一般大于15%)的陆地地形,具有分隔空间、阻挡视线、组织交通、创造山林景观、供游人登高体验和眺望风景等功能。公园里的山地有自然的丘陵山地,也有人工造就的假山坡地,如高低起伏的人工微地形、人工叠石假山等。

(3)水体 指地势中间低周围高,且存贮有水(包括雨水)的地形。公园里的水体有自然地河流、湖泊、池塘、溪涧等水系,也有人工构筑的水池、沟渠等。

在自然状况下,一般平地处于山坡地和水体之间。就公园大空间而言,平地往往是连接水体和山坡地的过渡地带,如山麓和湖畔平缓的大草坪。就公园局部小空间而言,地势较高的山地顶部和水体中的岛屿山也可能有小块的平地。

2.公园地形处理

公园地形处理也称地形改造,是指当公园原有地形不能满足景观和功能要求时,通过人为手段改变现状地形。公园地形处理的基本原则:①保护优先,即尽量保护原有植被、水系、土壤等自然景观资源;②因地制宜,即遵循"高方有亭台,低凹处可开池沼";③丰富生境,即创造多样的生境类型,为提高公园生物多样性创造条件;④优化景观,即让公园的景观变得丰富而优美;⑤满足功能,即满足具体局部空间的各项使用功能要求;⑥土方平衡,即尽量在公园内部实现挖方和填方的平衡,节约土方工程投资。

(1)平地处理 如果公园现状地形多丘陵山地或坑塘,而规划中的体育运动场地、儿童娱乐活动场所等局部又需要平地,可削高填低,将高低参差的山坡地形改成平地;滨水游憩大草坪、疏林草地、林间休息草地、休息小广场、建筑庭院等各类景观空间适宜设计平缓地形。

(2)山坡地处理 若公园现状平地面积过大,不仅可能景观单调,雨水较多地区还可能会造成雨水滞涝,可结合园路布局和排水,将部分平地改造成稍有起伏的缓坡地,甚至堆成小土山,营造丘陵地形或山林景观。山坡地的设计一般模拟自然山地形态,有山头、山脊、主山、配山等,且不同方向的坡地有长有短,有陡有缓,高低起伏变化,通常采用不同密度的等高线来表达,在平地上进行山坡地形改造处理,设计等高线一般均为闭合曲线。坡地设计还要考虑实际养护管理情况,如需要修剪的草坪坡度不应大于25%,以便于草坪修剪作业。

一般情况下,公园地形处理与功能区关系密切。游览观赏区地形设计可以变化丰富,以增加公园竖向景观的层次和水平空间变化,并提高公园风景的自然美感。儿童活动区、体育活动区、科普文化娱乐区、园务管理区等建筑活动设施较多,一般地形变化相对较小,甚至要求地形平坦,便于开展各种活动和人流集散。

3.公园水体处理与水系规划

公园中的现状水体除非其他特别建设用途需要填埋外,一般应予以保留,或在其基础上结合景观空间创意进行改造处理,创造具有雨水汇蓄、水上活动、水产养殖、水生植物种植、休闲垂钓等功能以及喷泉跌水、滨水溪岸等丰富景色内容的水体空间。公园基地无现状水体可利用的,则选择地势低洼处开塘筑坝,蓄水成景。水体形态处理须结合公园总体设计风格形式进行。自然式公园除过境河道外,水体景观注重自然开合,有聚有分,迂回曲折,具体形态有湖、河、溪、涧、瀑布等,湖是公园最常见的相对集中水体,且多设岛屿分隔水面,"一池三山"是中国传统园林艺术常用的布局设计手法;规则式公园水体多处理成几何形水池、规则河道,并辅以喷泉跌水等动态水景造型(图5-31)。

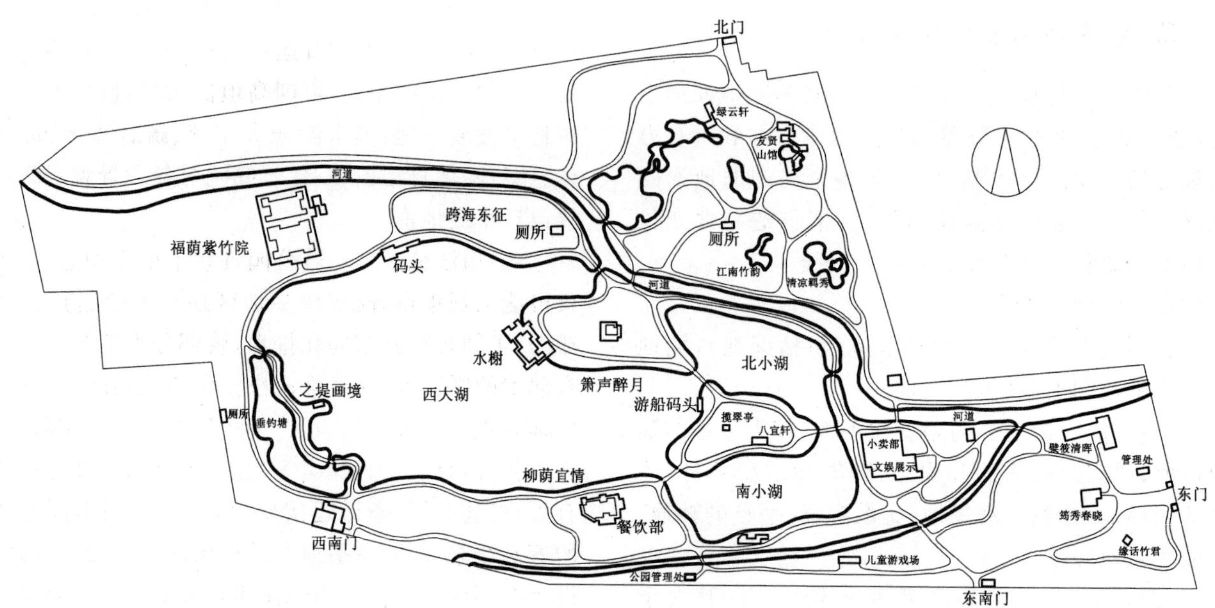

图 5-31　北京紫竹院公园水系图

水系规划设计是对竖向规划设计的进一步补充和完善，主要根据公园总体地形地势和雨水汇聚情况，结合防洪排涝、景观营造、水上活动等功能要求，在现状基础上重新整理公园水系结构，同时处理好与公园周边大环境水系的关系，结合水文变化情况，有效管控和确定公园水系的水量、水位、流向等。水系规划设计需确定不同区域水体的功能、水深以及水岸处理形式等。水体功能通常包括观赏（包括种植水生植物）、水上活动（包括游船、游泳）、集中式养殖垂钓等，不同功能对水深的要求也不一样，应满足功能要求。水岸处理形式一般分为自然式生态护岸、规则式人工驳岸。

水体如果没有“来源”则水不活，没有“去脉”则易成灾。公园内部水系除特殊功能外（如行洪、通航等），一般景观水系多相互联系成为一体，并与周边河、湖水系连通，使公园水系成为有来源和去脉的安全活水水系。周边水系因水位变化而对公园水系水位可能产生不利影响时，需设置堤坝、闸站等水工设施加以控制和调节。如拦水坝、涵闸可以保证枯水期周边水系水位很低时公园内部水系仍保持一定水位（必要时补水），泵站可以调节水位和防止内涝等。

4. 竖向控制

竖向控制是根据公园四周的城市道路现状（或规划）标高与园内保留地形地貌、地形水系设计处理、雨水排放与汇聚、景物高度要求等进行局部高程设定标注。公园竖向控制主要内容包括山坡地（顶部）、水面（最高水位、最低水位、常水位）、水底、驳岸顶部、园路主要转折点和交叉点及变坡点、主要建筑的底层和室外地坪、标志性建筑或构筑物顶高、主要景观广场地面（含下沉广场）、各出入口内外地面、地下工程管线及地下构筑物的埋深、重要观景点地面等各个局部的具体高程（标高）。高程设定标注可采用相对标高和绝对标高（即海拔高度），标注相对标高是一般选定现状保留不变的某一地面，将其标高假定为±0.00，其他高程均以此为参照，比其高的为正数，比其低的为负数，高程单位为米。

竖向与水系规划设计主要反映公园中各种地形和重要景物在垂直方向上的变化情况。根据现状地形、景观资源、功能分区、景点设置、园路走向、水系形态等，通过在平面图上绘制不同密度和形状的等高线（或等深线），表现出山地、丘陵、缓坡、平地和溪流河湖等水体，同时采用带箭头的短线段表现雨水汇聚方向和总的排水方向。另外，还需绘制全园或重点区域地形剖面图作为补充，以更为直观地表现竖向地形与景物高差的变化程度，剖面图中需对剖切地段的地面以及重要建筑、植物等景观的高度进行标注，剖切位置的选择要能够反映公园地形最大高差，必要时可作转折剖切。剖面图可与平面图绘于同一图纸上，也可单独绘制(图 5-32、图 5-33)。

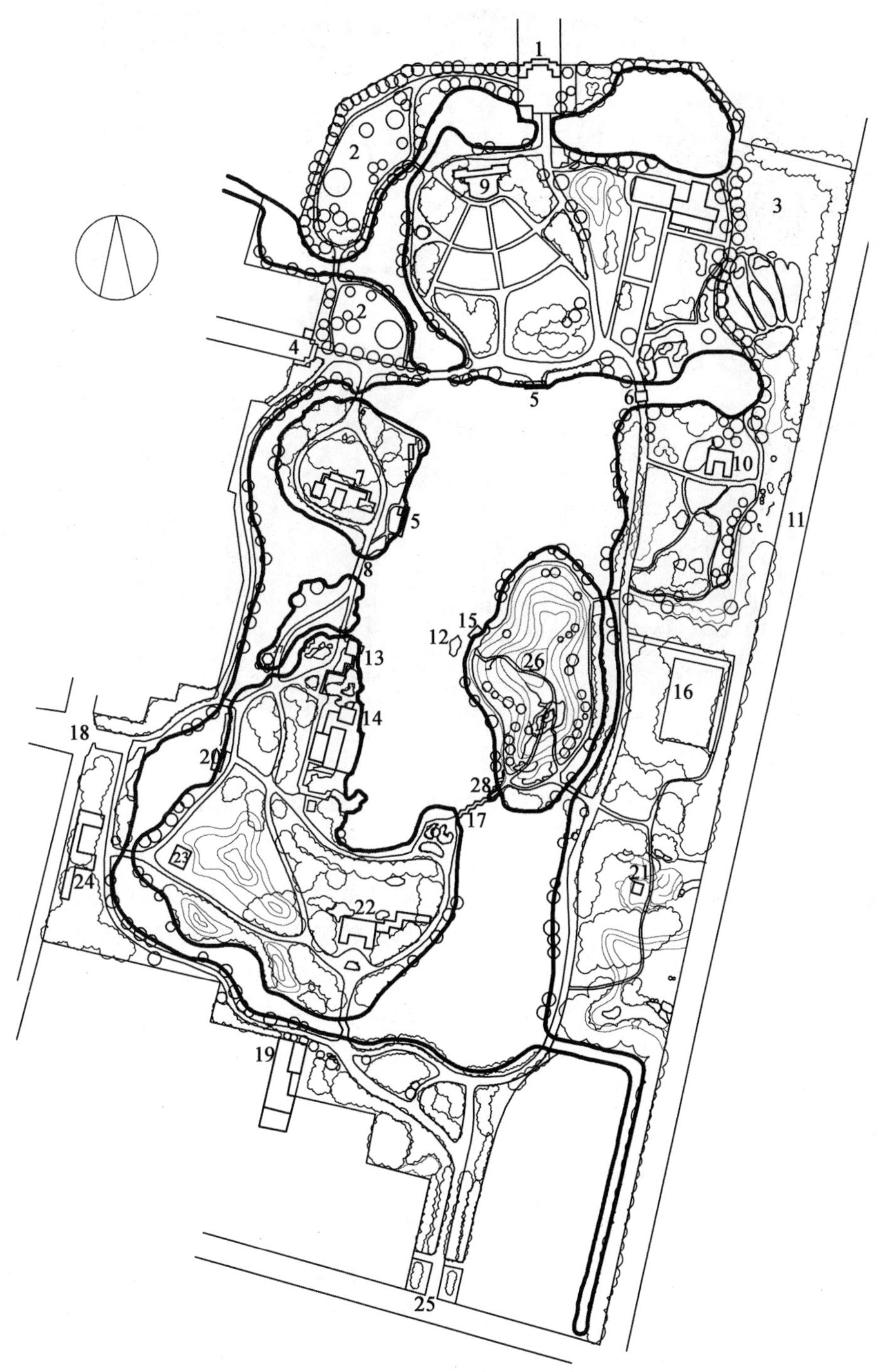

图 5-32 南京白鹭洲公园竖向与水系图

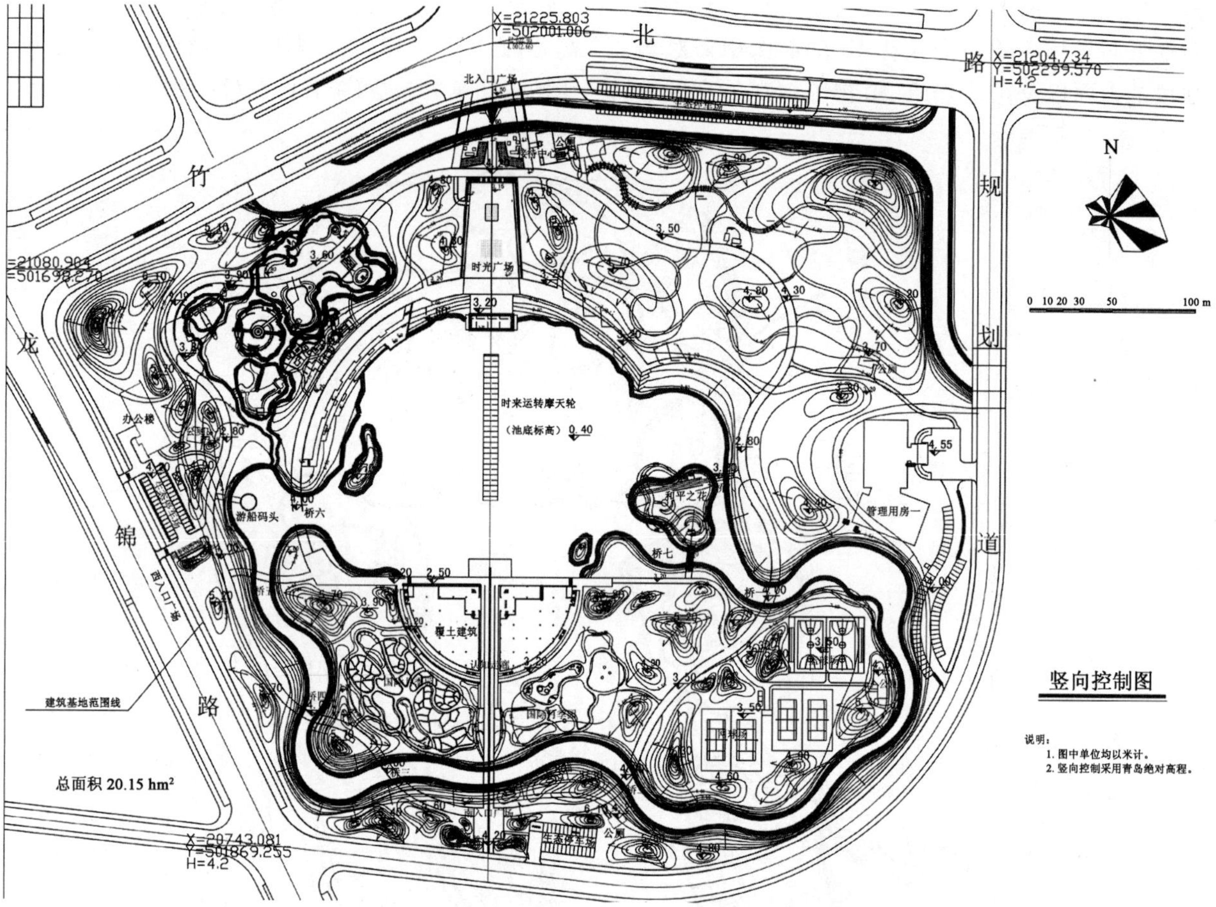

图 5-33　常州紫荆公园竖向与水系规划设计平面图

四、植被景观规划设计

以园林植物造景为主，是公园规划设计总的指导思想和原则，好的植物景观设计是公园规划建设成功的必要条件之一。公园总体植物景观规划设计，应根据当地的自然气候条件、公园周围环境特点、园内立地条件和土壤类型，并结合现状植被资源、功能分区、景点创意、地形水系、生态防护和当地居民游赏习惯爱好等，科学而又艺术地布局安排各类植物景观。

1. 植物景观结构组成

公园植物景观结构分为水平结构和垂直结构。水平结构表现为各种具有一定大小、形态和色彩等景观特征的植物群落单元，如密林、疏林、林带、树群、树丛(含灌丛)、孤景树、树列(行道树)、大草坪、疏林草地、水生植物、花卉地被等，互相连接或嵌合，形成较为完整的公园绿色植被镶嵌体。垂直结构表现为群落的分层叠加组合，一般分上、中、下三层，上层多为大乔木，中层多为大灌木或小乔木，下层则为小灌木和地被植物。也有多至五层的垂直结构，即大乔木、小乔木、大灌木、小灌木和地被。

2. 植物景观结构布局

公园植物景观结构布局主要包括确定各种植被群落景观单元内容及其大致分布地点和范围，总体上要求做到类型多样、物种丰富、疏密有致、富有层次、四季变化，满足多种游憩及审美要求。

1)水平结构布局

水平结构布局主要确定各种植被群落景观单元组成比例、分布地点和范围。一般情况下树林(包括

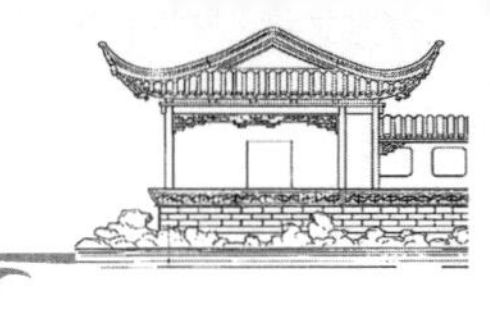

密林、疏林)、树群和树丛(包括灌丛)是公园植物景观结构中面积最大的景观组分,约占植物景观面积的70%或更多,其中密林占35%～40%,疏林、树群、树丛占25%～30%。另外,空旷草地(如大草坪)占植物景观面积的20%～25%,草本花卉特别是一二年生花卉景观由于更新和管理成本较高,通常面积相对较小,只占3%～5%,作为景观色彩或造型点缀。树林景观中,一般以混交林为主,可占70%,单纯林约占30%。

各类群落景观结合公园地形和功能空间布置。一般地势高差相对较大的山坡地宜布置密林,地势较为平缓的地形可布置疏林或疏林草坪、树群、树丛、大草坪等,孤景树设置于湖畔、大草坪、广场等,树列(行道树)主要布置在主干道、景观大道两侧,规则树群(或称树阵)设置于休闲广场,花坛、花镜等花卉景观常设置于出入口、广场以及儿童活动区和文化娱乐区,花境也可设置于游览观赏区,具有较高观赏价值且品种丰富的植物如牡丹、月季、山茶、杜鹃、海棠、兰花、菊花以及盆景造型植物等,通常作为特色专花园景观(也称园中园)规划布置于观赏游览区,林带(含防护林带)多布置于公园周边、河岸等处,水体通常根据水面景观创意,局部布置水生植物,水岸沿线设置树丛、列植树等,水体一般不宜被植物全部覆盖,地势低洼处或雨水花园适宜布置耐水湿植物。

2)垂直结构设计

垂直结构布局同样需要考虑公园不同空间景观特点和要求,兼顾植被风景营造和空间实际活动功能需要。以自然生态景观和游览观赏功能为主、游人密度较小的区域,植被群落通常具有多层结构,以游乐活动为主要功能、游人密度较大的区域则多采用乔木单层结构或乔木与草坪地被的两层结构,以便获得更多的活动场地和通透宽裕的空间感,如树阵广场、疏林草地、游憩草坪等。水生植被景观一般为单层结构。一些特色观赏植物景观布置通常采用两层结构,如杜鹃、山茶、二月兰等,杜鹃和山茶是喜湿润和半阴环境的常绿花灌木,所以布置时常与疏朗的落叶乔木结合布置,既形成彼此适应的群落环境,又便于游客观赏其开花时的景观。二月兰为二年生草本花卉,具有自播繁衍能力,生长期需要光照,种子成熟落地后即需要适当的植被保护,又不影响次年萌芽生长,所以常与落叶针叶林(如水杉、池杉等)结合形成彼此适应的两层群落结构。

多层结构的植物群落景观需要充分考虑不同层次植物的生态习性,确保各种植物能够有适宜的生态位,以便各种植物都能正常生长发育,并最终形成稳定的甚至是顶级的人工群落景观,实现公园植物景观和自然生态环境的可持续发展。顶层植物应该是强阳性植物,中层植物具备一定的耐阴性(大多数常绿植物具有这一特性),下层植物必须具有较强的耐阴和耐旱性。

植物景观规划设计还要考虑不同植被群落景观空间之间,植物群落景观与公园水面、道路广场、建筑以及其他空间之间的视线关系,创造丰富多样的风景透视线或对景线,突出视线集中点(焦点)上的树群、树丛、孤景树、花坛等重要植物景观。初步确定的各类植物景观群落的组成结构和主要种类成分(包括一些专类植物景区的范围和植物种类),在图纸上用简洁的图例和文字表现出来(图5-34)。

植物景观的结构布局还要结合公园局部空间栽植土壤厚度情况而定。不同生活型的植物对栽植土壤厚度有不同要求,只有满足植物的生长特点和生活习性要求,植物才能正常生长发育,并最终形成理想的植被景观。如建有大型地下停车场的城市公园地表覆土厚度不一、丘陵山地的城市公园局部岩基分布深浅不一等,都会影响植物景观的水平结构布局垂直结构设计。不同类型的园林植物对种植土层厚度的要求也不相同(表5-4)。

表5-4　不同生活型园林植物对栽植土层厚度要求 m

生活型	不同下部条件栽植土层与排水层厚度		
	无不透水层	有不透水层	
	栽植土厚度	栽植土厚度	排水层厚度
草坪花卉	0.30	0.20	0.30
小灌木	0.50	0.40	0.40
中灌木	0.70	0.60	0.40
小乔木	1.20	0.80	0.40
大乔木	1.50	1.10	0.40

图 5-34　常州紫荆公园植物景观规划设计图(主要乔灌木)

3. 确定植物种类比例和具体植物名称

公园总体植物景观规划设计需要制定适当的树种比例，包括乡土树种与引进树种、常绿与落叶、乔木与灌木，并确定公园基调树种、骨干树种、特色树种或特色花卉等。此外，草本植物特别是具有特定功能和景观特色的多年生草本植物也是公园植物景观种类选择的重要内容。总体植物景观规划设计表现图和文字说明除了表达植物景观的应用类型所在地点和范围外，还需详细列出组成各类型景观群落单元的具体植物种名，有的可能还需列出品种名或变种名等，并附以相应的拉丁学名。

1)乡土树种与引进树种

乡土树种应该作为公园植物景观的主要种类，经过长期引种试验，已经适宜在本地生长的外来引进树种也是公园植物景观的重要组成种类，一些近期新引种的具有特别观赏价值的植物可以适当作为补充。根据公园所在城市的地带性气候特征和植物自然分布特点，在调查和参照当地其他公园(如综合公园、森林公园、植物园等)、风景名胜区、自然山林等基础上进行选择确定植物名录。

基于植物地带性分布特征，一般南方常绿树种类较多，北方常绿树相对较少。以长江流域为参照，长江流域常绿树种约占 30%，落叶树种约占 70%，长江流域向南常绿树种比例逐渐增大，而落叶树种比例减小，向北则常绿树种比例逐渐减小，而落叶树种比例进一步增大。基于公园生态环境质量、景观效果和功能空间需要，一般乔木树种比例要高于灌木树种比例。

2)基调树种与骨干树种

基调树种是具有公园所在地的植被特色，在公园中出现频率最高，使用数量最多，反映公园整个植物景观风貌基调的树种。根据不同城市具体情况可以选择 2～3 种基调树，且多为乔木和大灌木。如上海徐家汇公园的基调树种为香樟和桂花，整个公园到处都能看到这两种树木，一年四季苍翠葱郁，充满绿色生机。

骨干树种是具有优异特点，在公园中出现频率较高，使用数量较多、构成整个公园植被景观骨架，

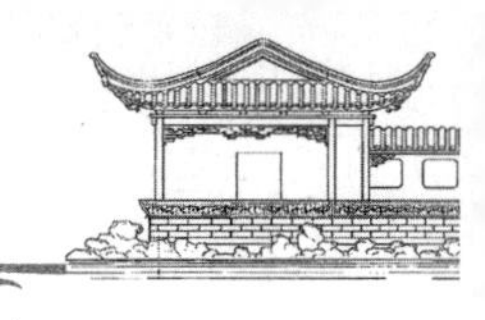

尤其是树林、树群、树丛、列植树等重要林木景观的树种。公园植物景观骨干树种根据不同城市以及公园的具体情况可以选择5～12种，或更多一些，骨干树种一般包含基调树种。如上海徐家汇公园的骨干树种有香樟、桂花、悬铃木、榉树、广玉兰、马褂木、垂柳、乐昌含笑、银杏、棕榈、毛竹等。

确定基调树种和骨干树种是公园植物景观规划设计的重要内容。

3)特色树种与花卉

特色树种与花卉是公园中具有特别景观风貌和观赏体验(如色彩、造型、香味等)的园林植物。特色树木或花卉景观往往是公园植物景观甚至是整个公园的亮点，也是公园代表性景观，成为公园的形象标志，在城市居民甚至外地游客记忆中留下深刻印象。如南京玄武湖公园的樱花、莫愁湖公园的海棠、古林公园的牡丹，常州紫荆公园的月季等。城市公园的特色树种或特色花卉可以是某个城市的市树或市花，如南京梅花谷公园的特色树种就是南京市花——梅花。特色树种与花卉也是公园植物景观规划设计的重要内容之一。

五、建筑与设施规划设计

1. 公园建筑与设施类型

参照《公园设计规范》(2016)，并结合社会经济发展情况及公园建设管理发展趋势，将公园建筑与设施按主要功能不同分为游憩、服务和管理三类，不同类型建筑与设施包含的具体项目以及不同陆地面积规模的公园中建筑与设施设置情况参见表5-5。

2. 公园建筑与设施规划

公园建筑与设施总体规划设计布局要根据公园的性质类型、面积规模、分区功能、景观营造等不同情况和要求，确定各类建筑的位置、高度和空间关系，同时绘出平面形式、出入口位置，并提出具体功能、造型风格特点和大致体量(单层或多层)，同时确定各类服务设施主要项目名称和设置位置等(图5-35)。

表5-5 公园建筑与设施规划设置情况一览

类型名称	项目名称	陆地规模 A_1/hm^2						
		$A_1<2$	$2\leqslant A_1<5$	$5\leqslant A_1<10$	$10\leqslant A_1<20$	$20\leqslant A_1<50$	$50\leqslant A_1<100$	$A_1\geqslant100$
游憩类	亭、廊、厅、榭	○	○	●	●	●	●	●
	活动馆	—	—	—	—	○	○	○
	展览馆	—	—	—	—	○	○	○
	棚架	○	●	●	●	●	●	●
	休息椅凳	●	●	●	●	●	●	●
	活动场地	●	●	●	●	●	●	●
	码头	—	—	—	○	○	○	○
服务类	游客服务中心	—	—	○	○	●	●	●
	公共卫生间	○	●	●	●	●	●	●
	售票房	○	○	○	○	○	○	○
	餐厅	—	—	○	○	○	○	○
	茶室、咖啡厅	—	○	○	○	○	○	○
	小卖部	○	○	○	○	○	○	○
	医疗救助站	○	○	○	○	○	●	●
	停车场	—	○	○	●	●	●	●
	自行车存车处	●	●	●	●	●	●	●

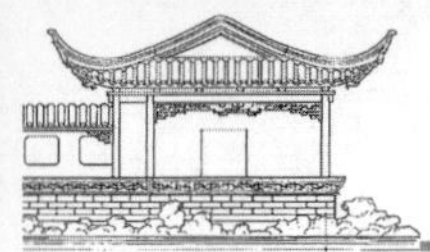

续表 5-5

类型名称	项目名称	陆地规模 A_1/hm^2						
		$A_1<2$	$2\leqslant A_1<5$	$5\leqslant A_1<10$	$10\leqslant A_1<20$	$20\leqslant A_1<50$	$50\leqslant A_1<100$	$A_1\geqslant 100$
管理类	标识	●	●	●	●	●	●	●
	垃圾箱	●	●	●	●	●	●	●
	饮水器	○	○	○	○	○	○	○
	园灯	●	●	●	●	●	●	●
	公用电话	○	○	○	○	○	○	○
	宣传栏	○	○	○	○	○	○	○
	围墙、围栏	○	○	○	○	○	○	○
	垃圾中转站	—	—	○	○	●	●	●
	绿色垃圾处理站	—	—	—	○	○	●	●
	变配电所	—	—	○	○	○	○	○
	泵房	○	○	○	○	○	○	○
	生产温室、荫棚	—	—	○	○	○	○	○
	管理办公用房	○	○	○	●	●	●	●
	广播室	○	○	○	●	●	●	●
	安保监控室	○	●	●	●	●	●	●
	应急避险设施	○	○	○	○	○	○	○
	雨水控制利用设施	●	●	●	●	●	●	●

注：“●”表示应设，“○”表示可设，“—”表示不需要设置。

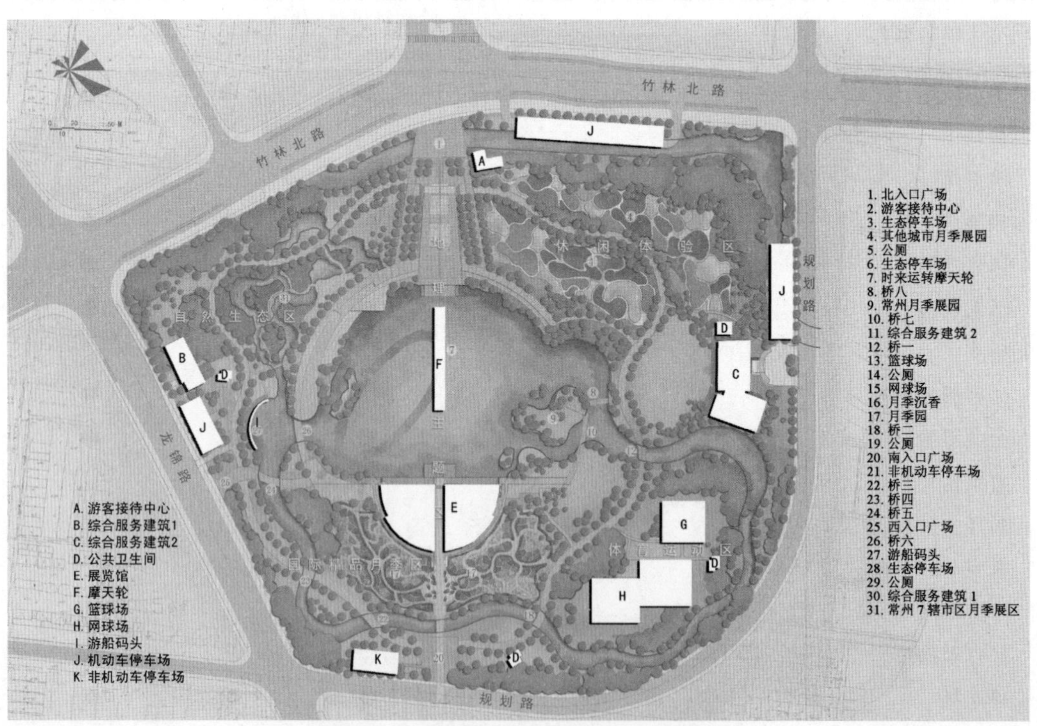

图 5-35　常州紫荆公园建筑与设施规划图

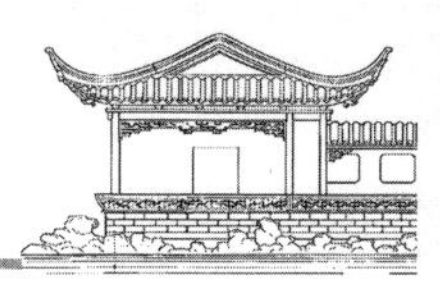

1)游憩建筑与设施规划

游憩建筑与设施应与地形、地貌、山石、水体、植物等其他造园要素统一协调,与自然景色和谐,使游人游览休憩活动与各类风景环境之间产生联系和互动,各类建筑与设施因景而设、因需而置。如高处设楼台,既可供游人驻足休息,眺望风景,也能造就别处对景;水边设亭榭,既可供游人临水休息赏景,又能丰富水岸风景。一般游憩建筑层数以一层为宜,起主题和点景作用的建筑(包括标志性建筑)高度和层数服从景观需要。

公园休息坐椅坐凳应按游人容量的 20%～30%设置,并考虑游人需求合理分布。休息坐椅旁应设置轮椅停留位置,其数量不应小于休息坐椅的 10%。

2)服务建筑与设施规划

公园服务建筑与设施总体布局原则是要聚散有致,游人密度较小的风景游赏区,服务建筑与设施布局也相对少一些,游人密度相对较大的娱乐活动区,服务建筑与设施可以相对布置多一些,如方便游人使用的餐厅、小卖部等服务建筑与设施的规模应与游人容量相适应,以便更好地满足游人使用,但公园内景观最佳地段,则不得设置餐厅及集中的服务设施。游客服务中心多设置于主要出入口附近,使其具有较高的识别度和可达性。

公园服务建筑与设施的规模也应与游人容量相适应,并根据公园不同区域的游人密度情况设置相应的建筑设施。如在游人密度相对较大的娱乐活动区以及儿童活动较多的区域,应考虑设置公共卫生间,不仅要方便游人(包括儿童)即时使用,还要注意具体位置适当隐蔽,避免对公园优美风景造成影响。游人密度相对较小的自然风景区域,可以少考虑设置公共卫生间,但最大服务半径不宜超过 250 m,即间距不超过 500 m。

3)管理建筑与设施规划

公园中的管理建筑,如变电室、泵房等,在体量上应尽量小,基本满足功能要求,位置要隐蔽,又要有明显的标志。公园园务管理建筑与设施(如办公室、仓库、温室花房、堆料场等)应设置于游人一般不会进入的专门区域,动物园中的动物笼舍等要尽量集中,以便管理。管理建筑与设施其体量(包括烟囱高度)应按不破坏景观和环境的原则严格控制,管理建筑一般不宜超过 2 层。

六、景点与游线规划设计

1.景点规划

1)景点含义与类型

公园中的景点是指由若干相互关联的景物要素所构成、具有相对独立性和完整性、并具有审美特征的园林景观空间。公园景点通常具有一定主题内容或风景特色,是构成公园景观分区的基本景观单位。公园景点内容丰富多样,包括建筑、水体、山峰(石)、雕塑、碑刻、植物群落、古树名木、动物种群(或群落)、历史遗迹等都可以成为公园中的景点。单纯性的功能建筑或设施,如小卖部、餐厅、公共卫生间、游客中心等,一般不作为景点,但结合园林环境艺术和游客赏景体验的建筑设施可以成为景点,如湖畔茶室、游船码头等。公园景点依据其地位的重要性不同一般分为两类,即主要景点和次要景点。景点有时也称为景观节点,分类上则称主要景观节点和次要景观节点。

2)景点规划布局

公园总体设计时需要根据总体定位和空间规划布局以及道路交通、竖向水系、植物景观、建筑与设施等专项规划设计内容等,科学而又艺术地设置各个景点,并将景点分布情况加以表现,一般在平面图上采用简单符号和文字绘制成示意图,称为景点规划图(或景点布局图)。景点的命名需反应其组成景物要素的主要特征或内涵意境,主要景点名称的字数尽量相同。基于传统文化,景点数量一般为偶数,如十景、十二景、二十四景等。

2.游线规划

1)游线含义与类型

游人在公园中游览景观时所经过的路经称为游览路线,简称游线。游线的类型多样,依据游览景点的主次重要关系不同分为主要游线和次要游线;依据景观环境特点、交通方式、游客体验感知不同分为

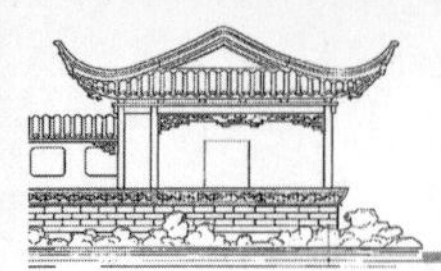

陆上游线、水上游线、空中游线、登山游线以及其他主题游线等。

2)游线规划组织

公园总体规划设计时需根据公园面积规模、风景资源条件、分区布局、景点安排以及道路交通等具体情况，明确组织设置不同的游览路线，方便游人有序或有选择地游览观赏公园的丰富景色。在平面图上采用简单符号和文字将游线组织绘制成示意图，称为游线规划图。由于公园景点布局图是公园总体规划设计的重要内容，也是公园丰富景观的集中表现，游人的游览行为又与公园景观密切联系，所以游线规划图一般需要将公园景点分布和游线组织同时加以表现，这样才能更好地体现游线组织的合理性，因此也常将景点布局图和游线规划图合二为一，统称为景点与游线规划图(图 5-36)。

公园游线组织应能最大程度地反映公园的游览服务功能和风景画面展现。因游人在公园中多步行游览风景，所以一般公园游线通常沿公园内的交通路径安排，即游线大部分与公园的主要游览道路(包括主路、支路、小路和栈道等)相重合。

主要游线是公园最重要的游览路径，经过主要出入口、主要景点(或景点附近)等公园大部分区域，一般成环。次要游线则是主要游线的补充，位于公园局部区域，由主要游线分出联系若干次要景点。水上游览路线通常安排于具有丰富水岸或水面景观的较长水体，游线两端为游船码头，一些浅水湿地景观区域一般设置有游览栈道(桥)，这些路径也可视作水上游线。登山线多安排于地势高差变化较大的山林景观区域，一般与登山游览步道重合。空中游览路线通常分为两种，一种是高架步道和高架观光车道形成的游览路径，另一种是乘用航空交通工具(如观光动力伞、水上观光飞机、观光直升机等)游览经过的路径，空中游览主要让游人获得高视点俯瞰大面积景色的特殊体验和感受。

游线在公园实景中是看不见的，只是设计师为了表达公园的游览服务功能，并从游人的角度设想出来的虚拟线路。现实中游人在游览公园时会因时间、兴趣、体能、心理等影响而选择不同的游览路径。

图 5-36　常州紫荆公园景点与游线规划图

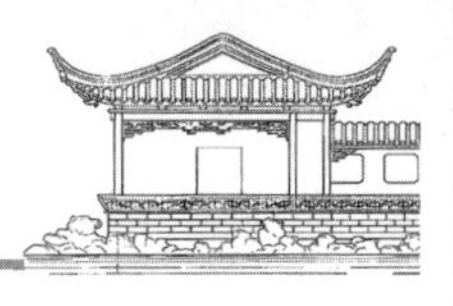

七、综合管线规划设计

1. 给排水管路规划

1)给水管路

给水内容包括消防、生活(包括人和动物饮用水)、灌溉、水景和供暖用水等。规划需要确定供水水源、供水方式、总用水量、管网的大致分布等。需要采用泵站供水的还要确定泵站的位置。管网布置不得破坏景观,总体上要做到经济节约、安全卫生和便于维修,尽量采用较短的路径和避免过多地穿越道路、水体等。

消防、生活通常采用城市供水系统作为给水水源。灌溉、水景一般采用公园内的湖河池塘等地表水体作水源(较大水体也可作为消防水源),不仅可以收集利用雨水,节约城市自来水,还能辅助实施雨洪管理和海绵城市建设。若没有湖河池塘等地表水体,则可以规划雨水收集利用系统,设置地下蓄水池。一般通过供水泵站和管网实施供水,规划时将管道从水源引至各用水地点,瀑布、喷泉等水景用水多为循环重复利用。

我国北方地区冬季气候寒冷,公园里的重要建筑设施(包括动物馆舍)需要供暖。规划设计时则需考虑采暖方式(一般采用循环热水)、负荷量、锅炉房位置、管网布置等,一般宜采用集中式供暖设计,可以提高供暖效率,节约能源。

2)排水管路

公园排水内容主要是雨水和污水的排放。总体规划设计时根据具体情况,确定排放方式、排放量、排放管路布置、污水收集处理设施等。

雨水一般借助地形设计处理,通过坡地、路面、边沟等地表径流,由高向低,实现地面自然排水,最终汇入公园湖河池塘等地表水体中(也可以汇入地下蓄水池)。无法利用自然排水的低洼地段、地势平坦且面积较大的区域,需要设计雨水井及地下排水管道和暗沟等,进行组织排水,将雨水引入公园水体、地下蓄水池或湿地和雨水花园。

城市公园的污水排放管道应接入城市污水管网,把公园内的生活污水(包括动物生活馆舍冲洗)送入污水处理厂进行处理。公园污水量较小时,可以在公园内设置简单的污水净化处理设施,如沼气池、净化池、污水净化湿地等。污水排放管路设置应考虑排水坡度,尽量采用较短的路径和避免穿越建筑物、水体等。

给排水管路规划图上一般采用不同线形(或色彩)的粗线条和图形图例将给水和排水管路及配套设施表现出来,并标注简要的名称文字。

2. 电气线路规划

1)强电线路

公园强电主要包括灯光照明、电动游乐设施、生活电气设施、电力排灌设施、电力景观设施(如喷泉、夜景灯光造型)等各种电气设施用电。总体规划设计时需要综合考虑用电电源、用电单元、变配电设施、线路安排等,城市公园用电电源一般接自城市高压电网,经变配电后通过输电线路送到各个用电单元。动物园和晚间开展大型游园活动、装置电动游乐设施、有开放性地下岩洞或架空索道的公园,应考虑双路电源供电设计。公园内输电线路最好采用地埋电缆,不宜设置架空线路,若只能设置架空线路时则须采用绝缘电线,并避开主要景点和游人密集活动区。线路一般沿道路或道路两侧绿地安排,尽量采用较短的经济路线和避免下穿水体,可沿园桥、栈道布置。配电房或配电箱等供电设施应设置于非游览或安全隐蔽地段。

2)弱电线路

公园弱电线路主要包括广播电视、网络通信等,线路安排与强电路径基本相同。

电气线路规划图上也是采用不同线形(或色彩)的粗线条和图形图例将强电和弱电线路及配套设施表现出来,并标注简要的名称文字。如果公园的给排水和电气设施比较简单,则可以在一张图形上同时表现出来,常直接称之为综合管线规划图或水电规划图(图 5-37)。

图 5-37　常州紫荆公园综合管线规划图

八、轴线与视线分析

1. 轴线分析

公园景观或景点成有规律的轴线式排列布局，则在总体专项规划设计中需加以分析和表现，一般在平面图上采用简单符号(如双箭头虚线或点画线)和文字绘制成示意图，称为轴线分析图。轴线可以为一条，也可以为多条，多条轴线需有主次之分，通常一主两副或多副。如果没有轴线式景观布局，则无需进行相关图纸表达。

2. 视线分析

公园各个景观空间(景点)之间以及公园内外景观之间是否存在重要的视线联系，如单视、互视(对景)等，在总体规划设计中需要加以分析和表现。公园景观丰富，有无数的视景线，但需要表达的只是其中最重要或最有特色的一部分，即常常吸引游人的驻足点与其注目观赏景点或风景画面之间的视线。一般在平面图上采用简单符号(园点或小圆圈加单向箭头)和文字绘制成示意图，称为视线分析图。图中园点或小圆圈代表观景视点(驻足点)，单向箭头代表视景方向，指向被观赏的景点或风景画面，单向箭头可以是一条或多条，一条单向箭头指向某特定景物，多条单向箭头则泛指某景点画面。

总体专项规划设计常将轴线分析和视线分析表现在同一张图纸上，合称轴线与视线分析图(图 5-38)。

1. 北入口广场
2. 游客接待中心
3. 生态停车场
4. 其他城市月季展园
5. 公厕
6. 生态停车场
7. 时来运转摩天轮
8. 桥八
9. 常州月季展园
10. 桥七
11. 综合服务建筑 2
12. 桥一
13. 篮球场
14. 公厕
15. 网球场
16. 月季沉香
17. 月季园
18. 桥二
19. 公厕
20. 南入口广场
21. 非机动车停车场
22. 桥三
23. 桥四
24. 桥五
25. 西入口广场
26. 桥六
27. 游船码头
28. 生态停车场
29. 公厕
30. 综合服务建筑 1
31. 常州 7 辖市区月季展区

图例：
景观节点
景观观赏点
观景视线
主视线轴

图 5-38　常州紫荆公园轴线与视线分析图

第四节　公园用地平衡与投资估算

一、用地平衡

总体规划设计需要对公园各部分用地（规范中的四类）所占面积和比例情况进行平衡分析，通常采用表格形式，所以称之为公园用地平衡表（表 5-6）。总体规划设计初稿完成后需对各类用地指标进行测算和统计，并将统计结果与《公园设计规范》要求的指标进行比较，如有不符则需要进一步调整相关规划设计内容。

二、投资估算

总体规划设计需要进行投资（造价）估算。一般采用分类分项估算方法，即将公园规划设计内容分为若干项目类型，如土建工程、绿化工程、艺术小品、水电设施、配套设施、勘察设计费、其他等，土建工程又分土方、建筑、道路与铺装场地、桥梁、码头等。先统计每一类项目的工程量（如面积数量），再以工程量乘以单价（市场参考价）得出单项工程造价，然后小计得出该类项目的合价，最后各类造价合计得出整个公园的总造价（表 5-7）。公园投资（造价）估算有些情况下还需要进行拆迁补偿、土地补偿、贷款利息等成本估算。

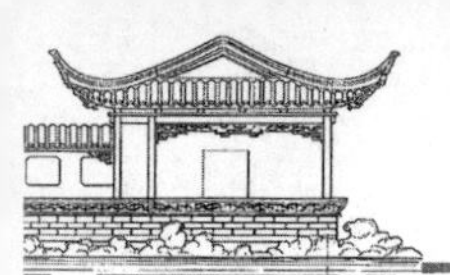

表 5-6 常州紫荆公园用地平衡表

用地类型	用地面积/hm²	占总用地比例/%	备注
陆地	15.62	77.52	
绿化用地	10.66	52.91	
园路与铺装场地	2.97	14.72	
管理建筑占地	0.25	1.24	办公及其他管理建筑
游憩服务建筑占地	1.74	8.65	包括球场、停车场
水体	4.53	22.48	
总面积	20.15	100	

表 5-7 常州紫荆公园投资(造价)估算一览

工程项目名称	数量	单价/元	合价/万元	备注
一、土建工程			6 542.43	
土方	228 000 m³	12	273.6	包括挖方和填方
清淤	31 000 m³	20	62	
运土	20 000 m³	30	60	
综合服务建筑 1	1 000 m²	3 600	360	含装修和设备
综合服务建筑 2	6 000 m²	2 000	120	含设备
游客中心	180 m²	4 100	73.8	含装修和设备
展览中心	5 040 m²	3 740	1 884.96	覆土建筑含装修
公共卫生间	460 m²	2 600	119.6	
管理小建筑	12 个	50 000	60	
景观亭廊	11 个	150 000	165	
道路	11 170 m²	270	301.59	
铺地	18 500 m²	600	1 110	生态透水材料
水体驳岸	4 920 m	420	206.64	
市政驳岸	1 180 m	2 500	295	
滨水台阶	2 380 m	1 100	261.8	
滨水木栈道	1 884 m	1 100	207.24	
游船码头	1 个	1 500 000	150	
运动场	5 片	300 000	150	网球场 2,篮球场 3
机动车停车场	5 840 m²	200	116.8	
地下停车场	2 500 m²	1 840	460	
非机动车停车场	380 m²	150	5.7	
花坛工程	2 820 m²	350	98.7	
二、绿化工程			4 792.02	
乔木种植	7 320 株	3 760	2 752.32	大规格苗木
灌木与地被	121 840 m²	120	1 462.1	
第四届月季展区	37 500 m²	80	300	布置与恢复
精品月季展园	1 653	1 000	165.3	常州月季展区
草花种植	5 615	200	112.3	

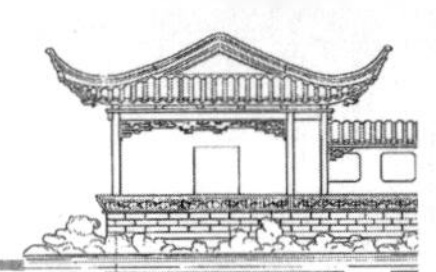

续表 5-7

工程项目名称	数量	单价/元	合价/万元	备注
三、文化艺术景观			1 264.00	
文化墙	2 片	2 250 000	450	大型文化墙
北广场地景	1 组	640 000	64	地刻景观
北广场石碑	12 块	100 000	120	
北广场斜坡景墙	1 片	500 000	50	
南广场雕塑	1 座	3 500 000	350	高 8 m
雕塑小品	5 组	280 000	140	
景石小品	3 组	300 000	90	
四、配套游乐设施			16 721.25	
大游船	1 条	100 000	10	
小游船	75 条	1 500	11.25	
公用设施			200	坐椅、电话亭等
摩天轮	1 座		15 000	高 89 m 无辐式
电气设施			1 500	亮化配电监控通信等
五、勘察设计监理			1 200.00	
工程勘察费			30	
概念性规划方案			250	境外公司
设计费			600	
监理费			320	
前期与咨询费			430	
前期工作费			300	可研环评招标等
咨询费			130	标底编制与决算审核
六、其他			1 800.00	预备费
合计			32 749.70	

第五节　总体规划设计成果编制

一、说明文本

说明文本是总体规划设计主要成果之一，编制内容通常分两部分，第一部分为规划设计说明，即说明文字和一些相关辅助参考图片等；第二部分为绘制的所有规划设计图件。文本编制时也可以将说明文字与绘制的图件混合编排，即说明文字与相关图件紧密结合，分成若干章节。文本编制规格一般采用 A3 规格，并配以封面、前言和目录。封面设计应能体现公园景观特点或相关设计理念与文化蕴含。前言是对公园总体规划设计过程中的有关事件和情况的说明，包括项目背景来源、规划设计研究组织与汇报交流、方案修改、项目支持、项目进展与完成情况等。有的文本还会列出单位名称和人员名单，单位名称主要是项目委托单位和项目承担单位（规划设计单位）的全称。人员名单主要是规划设计单位负责人、项目主持人以及规划设计参加人员的姓名与专业技术职称或职务等。

1. 总体规划设计说明文字

说明文字是总体规划设计文本不可缺少的组成部分，用简洁精炼的语言对总体规划设计涉及内容

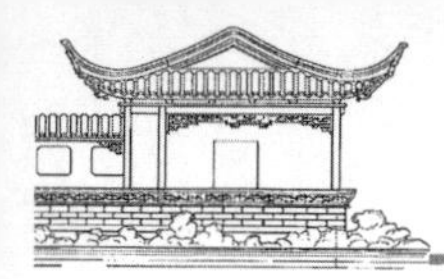

进行必要的描述，明确表达公园总体规划设计的思想意图和方案形成过程。具体内容包括项目概况（含项目背景、区位）、基地现状分析、规划设计依据、规划设计指导思想和基本原则、总体构思与分区布局、专项规划设计（出入口与道路交通、竖向与水系、植物景观、建筑与设施、综合管线、景点与游线、轴线与视线分析等）、技术经济指标和投资（造价）估算。有些公园规划设计项目可能还需要加入相关案例的分析与借鉴说明。

2. 总体规划设计图件

图件是公园总体规划设计最重要和最直观的成果内容，一般需要绘制的图件有区位分析图、现状分析图、空间结构图、总平面图、道路交通规划图、竖向与水系规划图、植物景观规划图、建筑与设施规划图、景点与游线规划图、综合管线规划图、轴线与视线分析图、景观意向图、总体鸟瞰图以及局部效果图等。

（1）区位分析图　区位分析图主要反映公园所处地理区域（或城市）的具体位置，并分析其周边主要交通状况等，有时也称区位交通分析图。区位分析图以当地交通地图为基础底图，用醒目色块、文字明确标出公园地块的具体位置、大致形状、公园与周边道路名称、周边地块用途等（图 5-39）。

（2）现状分析图　现状分析图主要反映公园基地内部各种现状资源条件，分析内容包括有利条件和不利因素，以及周边生态环境对公园的影响等，需要保护利用的重要自然与文化资源应明确表达。现状分析图以现状地形图为基础底图，以引线图方式标贴现场调查实景照片，绘制分析示意图形，标注分析表述文字等（图 5-40）。

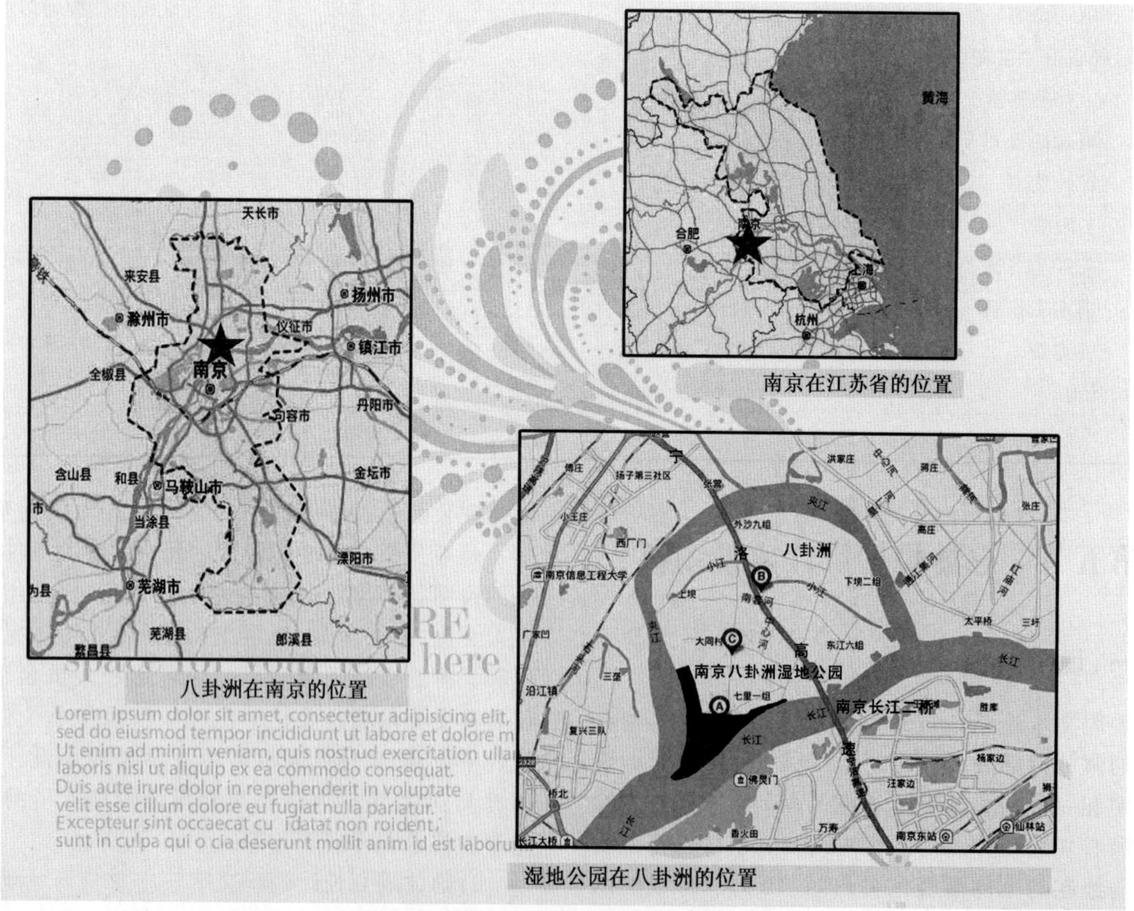

八卦洲在南京的位置

南京在江苏省的位置

湿地公园在八卦洲的位置

图 5-39　南京八卦洲湿地公园区位分析图

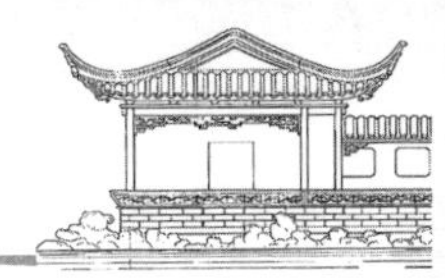

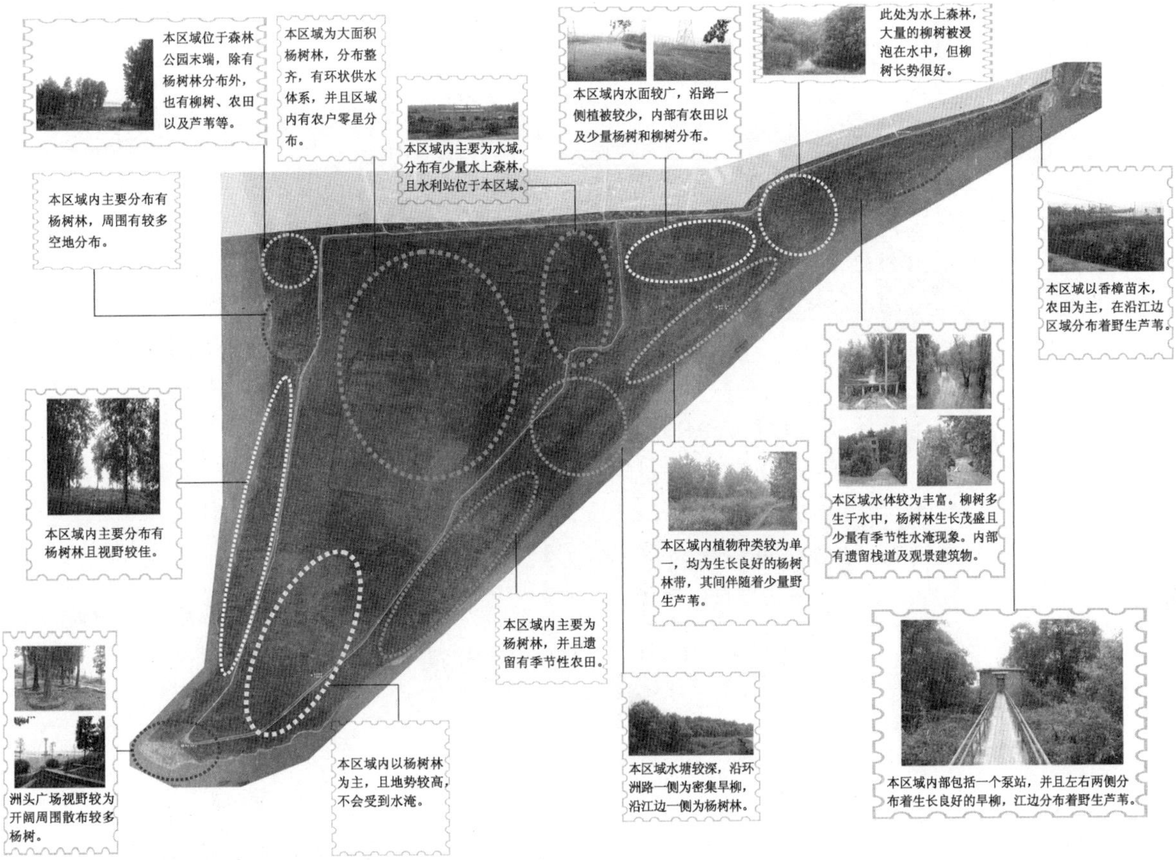

本区域位于森林公园末端，除有杨树林分布外，也有柳树、农田以及芦苇等。

本区域为大面积杨树林，分布整齐，有环状供水体系，并且区域内有农户零星分布。

本区域内主要为水域，分布有少量水上森林，且水利站位于本区域。

本区域内水面较广，沿路一侧植被较少，内部有农田以及少量杨树和柳树分布。

此处为水上森林，大量的柳树被浸泡在水中，但柳树长势很好。

本区域内主要分布有杨树林，周围有较多空地分布。

本区域以香樟苗木，农田为主，在沿江边区域分布着野生芦苇。

本区域水体较为丰富。柳树多生于水中，杨树林生长茂盛且少量有季节性水淹现象。内部有遗留栈道及观景建筑物。

本区域内主要分布有杨树林且视野较佳。

本区域内植物种类较为单一，均为生长良好的杨树林带，其间伴随着少量野生芦苇。

本区域内主要为杨树林，并且遗留有季节性农田。

洲头广场视野较为开阔周围散布较多杨树。

本区域内以杨树林为主，且地势较高，不会受到水淹。

本区域水塘较深，沿环洲路一侧为密集旱柳，沿江边一侧为杨树林。

本区域内部包括一个泵站，并且左右两侧分布着生长良好的旱柳，江边分布着野生芦苇。

图 5-40　南京八卦洲湿地公园(一期)现状分析图

(3)总平面图　总平面图是总体规划设计平面图的简称，是将公园总体规划设计的大部分信息内容同时表现出来的一张总的平面图纸，是公园总体规划设计最重要的成果，也是总体方案空间分析和其他专项规划图的基础底图。总平面图表达的内容包括公园用地边界、地形水系、植物景观、道路桥梁、建筑设施、广场铺地、游乐场地、雕塑小品、出入口、停车场以及其他构筑物等，并在图纸上标注空间结构分区和周边环境(如街道、河道、居住区等)名称，出入口(大门)、各种景点以及其他主要景观内容需通过标注图例进行表达。总平面图以现状地形图为基础底图进行绘制，所有规划设计内容绘制表现(如填充色彩)时应有一定透明度，从图上能够隐约看到现状地形地物，方便了解公园各处规划设计前后的景观差异以及评判方案的科学性与合理性(图 5-41)。

(4)空间结构图　空间结构图也称空间分区图，主要反映公园的整体空间组成结构情况。可以是功能分区图，也可以是景色分区图。如果兼有功能空间和景色空间，甚至还表达一些特定的空间形态或空间关系，如“带”、“轴”等，此时称空间结构图较为合适。空间结构图以总平面图为底图(彩图适当灰度处理)进行绘制，示意不同空间的所有图形应覆盖公园大部分空间，包括大面积的水面空间，图例主要表达空间位置和名称。

(5)道路交通规划设计图　道路交通规划设计图主要反映公园道路系统结构以及停车场、码头等交通设施，以总平面图为底图进行绘制，图例主要表达道路等交通设施的位置和级别名称。

(6)竖向与水系规划设计图　竖向与水系规划设计图主要反映公园竖向地形变化和水体情况，以总平面图 CAD 线条图为基础底图进行绘制，图例

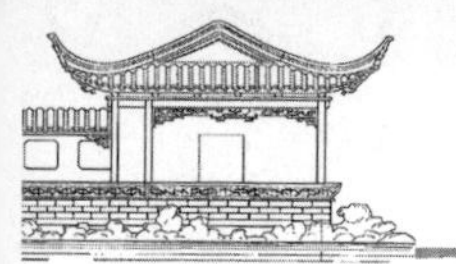

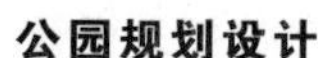

图 5-41　常州紫荆公园总平面图

主要表达地面高程、坡度、雨水汇聚方向、水面和水底高程、水体类型或功能、水体护岸类型等(图 5-33)。公园水系较为复杂时也可以绘制单独的水系规划图。

(7)植物景观规划设计图　植物景观规划设计图主要反映公园植物群落结构与分布情况,以总平面图为底图进行绘制,图例主要表达各种植物景观类型、分布范围、主要植物种类名称等(图 5-34)。植物景观规划图上对现状保留植物景观和新增植物景观应加以区分,如现状植物景观较少时可直接在现状植物景观名称后加注“现状保留”字样。

(8)建筑与设施规划图　建筑与设施规划图主要反映公园各种建筑物与主要设施的分布情况,以总平面图为底图进行绘制,图例主要表达各种建筑物与设施的分布位置、大致平面形状、具体名称或类型(图 5-35)。

(9)景点与游线规划图　景点与游线规划图主要反映公园各个景点的分布和游线组织情况,以总平面图为底图进行绘制,图例主要表达各个景点的分布位置、具体名称以及游线类型(图 5-36)。

(10)综合管线规划图　综合管线规划图主要反映公园水电管线设施的大致分布情况,以总平面图为底图进行绘制,图例主要表达给排水管路、强弱电线路和配套设施的分布位置、名称等(图 5-37)。

(11)轴线与视线分析图　轴线与视线分析图主要反映公园整体或局部的空间构图关系和重要观景视线情况,以总平面图为底图进行绘制,图例主要表达空间轴线位置与类型、重要视点位置与观景方向、对景关系等(图 5-38)。

(12)景观意向图　景观意向图是借用其他项目中与本公园规划设计内容相类似的景观图片或实景照片,意向性地反映公园局部景观规划设计效果,以总平面图为底图进行绘制,适当缩小总平面图,四周留出空白放置意向参考图片,用引线将将局部景点(或具体景物)与意向参考图片或照片加以连接。选择参考的景观图片或实景照片时,要求参考图片内容与其连接指引的局部公园景观具有较高的相似度(图 5-42)。

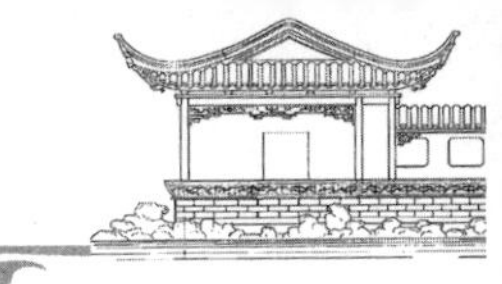

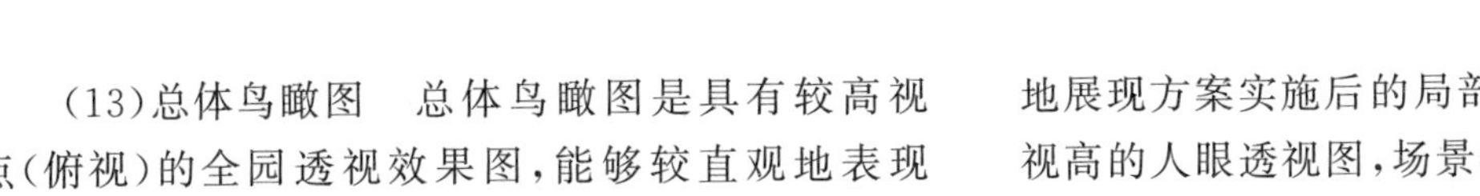

(13)总体鸟瞰图　总体鸟瞰图是具有较高视点(俯视)的全园透视效果图,能够较直观地表现公园总体规划设计方案实施后的整体景观风貌(图 5-43)。

(14)局部效果图　局部效果图是对公园总体方案所做的局部景观深化设计效果表现图,较为真实地展现方案实施后的局部景观模样,通常采用正常视高的人眼透视图,场景较大一些的景观也可以绘制高于正常视点的局部鸟瞰透视图。通常选择公园比较重要的局部景观节点进行方案深化和绘制局部效果图,如公园主要出入口、代表性景点、重要建筑物等(图 5-44、图 5-45)。

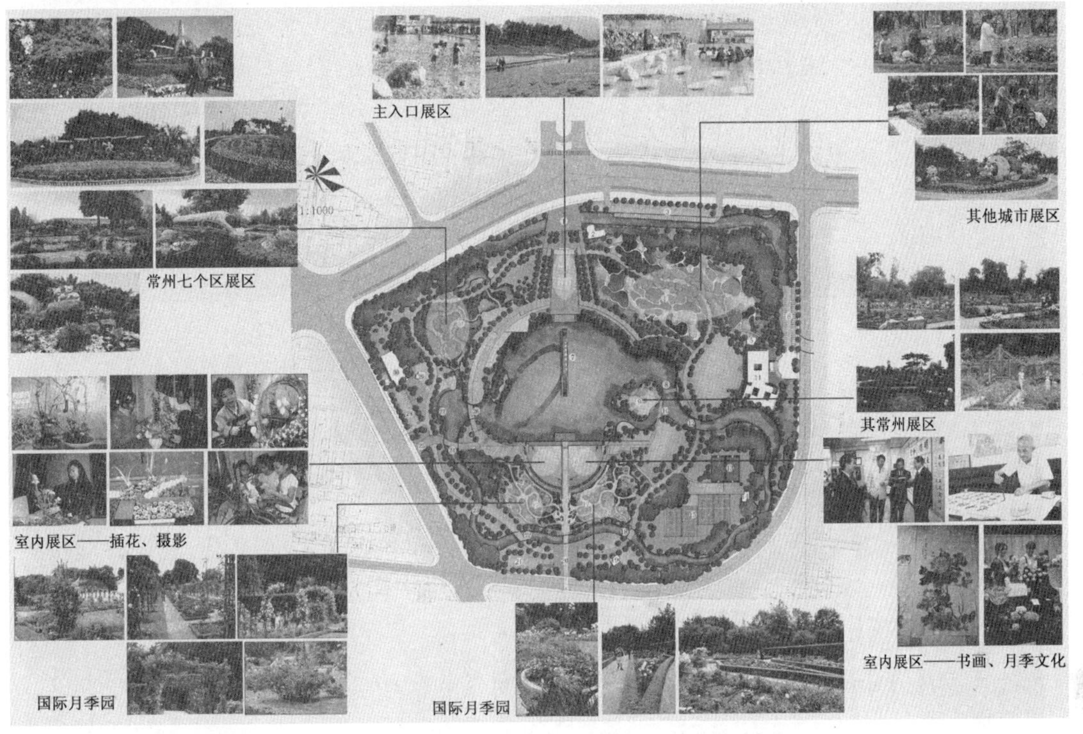

图 5-42　常州紫荆公园总体规划设计景观意向图

图 5-43　常州紫荆公园总体鸟瞰图

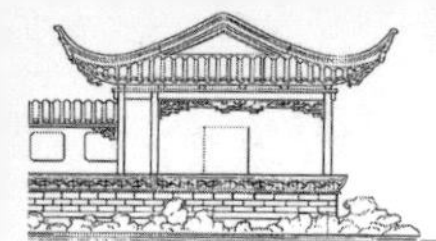

图 5-44　常州紫荆公园法国月季园局部效果图

图 5-45　常州紫荆公园综合服务建筑 2 效果图

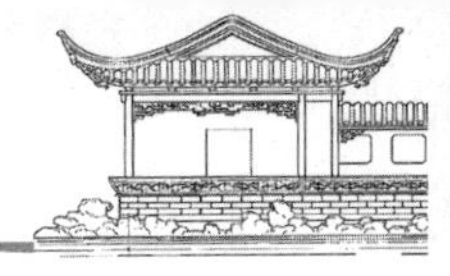

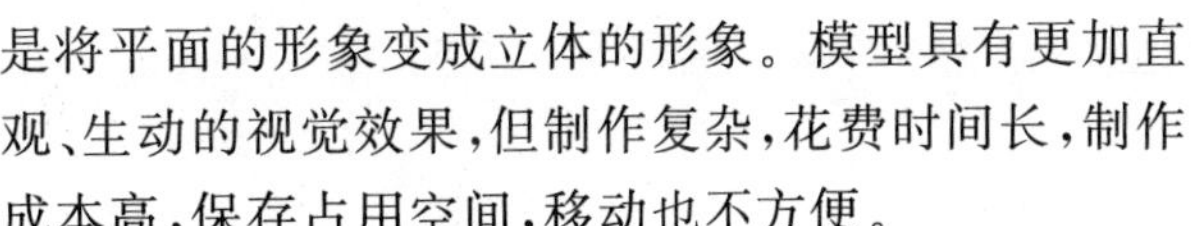

二、图件展版

图件展板是公园总体规划设计成果之一，可以能更好地展示公园总体规划设计方案内容。图件展板一般为彩色喷绘制作，大小通常为 A0 规格，规模较小的公园也可以采用 A1 规格。现状分析图、总平面图、植物景观规划设计图、总体鸟瞰图、局部效果图、景观意向图等一般单独编印一个展板，以便于展现局部或细节内容，而区位分析图、功能分区图以及其他专项规划设计分析图件则可以 2～4 个组合编印一个展板，既不影响展现内容，又能节约展板制作成本。

三、方案模型

公园总体规划设计成果除了说明文本和图件展板外，有的项目还需制作方案模型（或沙盘），就是将公园规划设计方案设想的地形、水系、植物、道路、建筑、设施、小品等内容通过一些实物材料按一定比例制作出来，并组合在一个方形的平盘中，形成一个三维的立体模型，还可以辅以声光电技术，进一步“实物化”地表现公园景观形象效果。实际上模型也就是将平面的形象变成立体的形象。模型具有更加直观、生动的视觉效果，但制作复杂，花费时间长，制作成本高，保存占用空间，移动也不方便。

四、视频与动画

随着计算机应用技术的发展，可以将公园总体规划设计方案以多媒体视频或三维动画的方式展现出来，表现效果更加生动。多媒体视频是将主要的说明文字、规划设计图件以及其他相关图片或照片，通过视频软件编辑到一起，并配以语音和背景音乐，形成一个具有一定动态画面和音响效果的多媒体播放文件，需要时通过视频播放软件在屏幕上观看。三维动画是借助 3D 动画制作软件，将公园规划设想的地形、水系、植物、道路、建筑、设施、小品甚至人物等内容，通过电脑制作出虚拟的三维立体动态影像，同时还可以配上背景音乐，进一步表达和展现公园各个视角的景观形象。视频动画具有直观、生动和连续的视觉效果，特别是制作精良的动画，具有连续多变的视角，观看时犹如身临其境。与模型一样，制作复杂，花费时间长，尤其动画制作成本更高。但比起模型，视频与动画文件保存和携带均很方便。

第五章 公园总体规划设计二维码

第六章 公园详细设计

公园详细设计是在公园总体规划基础上进行的深化设计，是衔接设计方案与实施的重要过程，在创造优美景观的同时兼顾功能和技术要求，通过对艺术、生态、技术等各个层面的综合考虑，将设计思想深入表达的过程，使其充分满足施工技术要求，是集竖向、园路、建筑、植物、水景、小品以及给排水与电气照明等于一体的综合系统性详细设计。

第一节 总 述

一、公园详细设计主要内容

公园详细设计主要包括竖向设计、园路设计、植物种植设计、公园建筑设计、公园小品设计、给排水设计和照明设计等内容。

1. 竖向设计

竖向设计作为公园详细设计的基础，主要是为土方工程提供依据，进行土方工程量的计算、土方施工以及公园建设场地地形的整理塑造。

2. 园路设计

园路既是交通线路也是风景线路，园之路，犹如脉络，既是分隔各个园区的界限，又是联系各个公园景点的纽带，具有组织交通、划分空间、引导游览、构成景观的综合作用。公园园路分为主路、次路与游步小道，主园路连接各园区，次园路连接各景点，游步小道贯通全园。

园路设计着重在园路的线形设计、园内的铺装设计以及园路的施工设计。

3. 植物种植设计

植物景观作为公园中最主要的景观组成部分，是体现公园品质的重要景观要素之一。植物种植设计包括树种的选择、规格以及配置等。

4. 公园建筑设计

公园建筑作为造园主要素之一，既要满足建筑的使用功能要求，又要满足公园景观的造景要求，并与公园景观环境融为一体。

5. 公园小品设计

公园小品是指公园中供休息、照明、装饰、展示的体量小巧、造型别致的小型建构筑物，既能美化环境、增加园趣、丰富景观，又可为游人提供休息和公共活动的场所。

6. 给排水设计

水是人们游览活动中不可缺少的景观要素，完善的给排水设计对公园景观的保护、发展和游览活动的开展都具有决定性作用。公园给排水必须满足人们对游园时水量、水质和水压的要求。

7. 照明设计

公园照明设计主要解决如何利用电、光来塑造公园的灯光艺术场景，创造明亮、优美的景观环境，满足群众夜间游园活动、节日庆祝活动以及安全保障的需要。

二、公园详细设计阶段

公园详细设计分为扩初设计与施工图设计两个阶段。

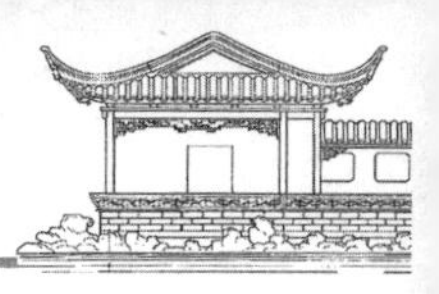

(一)扩初设计

1. 扩初设计的含义、作用与特点

1)扩初设计的含义

扩初设计是指在公园总体规划基础上的深化设计,满足实施建设的估算要求,但设计深度还未达到施工图的要求,小型工程可以不必经过这个阶段直接进入施工图设计阶段。

2)扩初设计的作用

扩初设计是在项目可行性研究报告被批准后,由建设单位征集总体规划方案,并以总体规划方案和建设单位提供的扩初设计任务书为依据而进行的。

扩初设计是对总体规划的深化完善,甚至可以直接用于指导施工,使得设计图纸中的问题和各专业图纸之间的矛盾能够被尽早发现,不仅有利于施工图的表达准确与完善,而且能够有效缩短公园施工图设计阶段的时间,在施工图设计中可以着重进行针对性的修改,而不必进行繁重、系统的施工图修改工作。此外,根据扩初设计图纸的内容,可进行工程建设的概算工作,对于控制工程项目的造价也有积极的意义。

3)扩初设计的特点

(1)扩初设计的综合性　公园扩初设计应当是完整全面、系统综合的,不仅涵盖竖向、园路、植被、公园建筑、公园小品、水景、给排水、照明等公园设计主要的技术内容,同时也涉及市政、管线、地下设施等技术内容。

(2)扩初设计的联系性　扩初设计是对公园总体规划的深入设计,它既是总体规划的深化与延续,也是施工图设计的基础与依据。

(3)扩初设计的逻辑性　扩初设计涉及的内容庞杂、专业性强,因此,图纸的编排、索引的关系必须要逻辑清晰、表达准确。

2. 扩初设计内容

1)设计说明书

包括设计总说明、各专业设计说明。

(1)工程设计依据　①政府有关主管部门的批文,如该项目的可行性研究报告、工程立项报告、方案设计文件等审批文件的文号和名称;②设计所执行的主要法规和所采用的主要标准(包括标准的名称、编号、年号和版本号);③工程所在地区的气象、地理条件、建设场地的工程地质条件;④公用设施和交通运输条件;⑤规划、用地、环保、卫生、绿化、消防、人防、抗震等要求和依据资料;⑥建设单位提供的有关使用要求或生产工艺等资料。

(2)工程建设的规模和设计范围　①工程的设计规模及项目组成;②分期建设的情况;③承担的设计范围与分工。

(3)总指标　①总用地面积、公园建筑占地面积、绿地率和反映公园绿地功能规模的技术指标;②其他有关的技术经济指标。

2)相关专业设计图纸

(1)设计说明书　①工程概述,包括工程名称及建设单位等;②设计依据,包括《公园设计规范》《城市绿地设计规范》《园林景观工程设计规范》《城市园林绿化工程及验收规范 CJJ/82—99》中关于环境施工的有关规范标准、国家及地方颁布的各相关行业规范及标准,甲方提供的前期规划,原相关设计资料,甲方提供的设计范围,地形图资料以及经确认的总体规划方案;③设计内容及范围,包括工程项目设计范围及主要设计内容;④其他必要的设计说明。

(2)设计图纸　①总平面图,主要包括总平面图、定位图、尺寸图、竖向图等;②局部平面图;③其他专项图纸,包括公园植物种植设计、建筑、给排水、电力等相关专业图纸。

3)工程概算书

4)有关专业计算书

(二)施工图设计

1. 施工图设计的含义、作用与特点

1)施工图设计的含义

施工图设计为公园设计的最后阶段,是对扩初设计的深化完善,是公园建设实施的依据和技术保障。

2)施工图设计的作用

施工图设计是对扩初设计的修正与完善,并直接指导施工,施工设计图纸是工程技术界的通用语言,是工程技术人员进行信息传递的载体。设计人

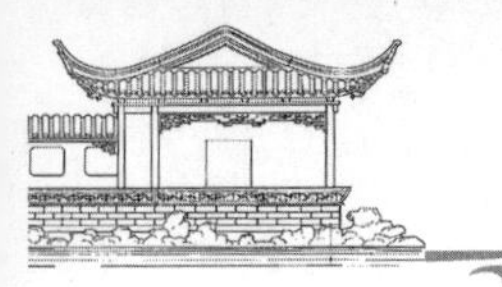

员通过施工图，表达设计意图和设计要求；施工人员通过熟悉图纸，理解设计意图，并按图施工。

3)施工图设计的特点

(1)施工图设计的严肃性　施工图是设计单位最终的“技术产品”，是进行公园建设实施的依据，对项目实施的质量及品质负有相应的技术与法律责任。未经设计单位的同意，任何个人和部门不得擅自修改施工图纸。施工中需要变更图纸由原设计单位同意并编制补充设计文件，如变更通知单、变更图等，与原施工图一起形成完整的施工图设计文件。

(2)施工图设计的承前性　施工图设计是对公园总体规划的深化设计，既是对公园总体规划的延续，也是对扩初设计的细化与优化。

(3)施工图设计的兼容性　公园施工图设计，其设计应当是完整全面、兼容并包的，不仅包含道路、植被、公园建筑、公园小品、水体、给排水、照明等景观设计本身的技术内容，同时也涉及市政、管线、地下设施等多工种的设计内容，好的施工图设计无不是经过各专业反复的沟通交流、推敲研究的。

(4)施工图设计的精确性　作为公园设计的最后阶段，施工图设计是从事相对微观、定量和实施性的设计。如园路的设计，不仅要有总平面图对位置、线型、尺度等的表达，还需要进一步用节点详图和大样图交代具体细部的构造、材料和尺寸，以及与其他公园要素的关系。

(5)施工图设计的逻辑性　施工图的内容庞杂，而且要求表达详细。因此，在图纸的表达及编排需要较强的逻辑性，如“总图—分区—详图—大样”的图纸顺序以及总图与详图间详细的索引，逻辑清晰、表达准确，不仅便于各专业对图纸的理解和设计，同时也便于施工者看图与实施，以避免施工错漏，确保工程质量。

2.施工图设计内容

1)设计说明书

包括设计总说明、各专业设计说明。

(1)工程设计依据　①政府有关主管部门的批文，如该项目的可行性研究报告、工程立项报告、方案设计文件等审批文件的文号和名称；②设计所执行的主要法规和采用的主要标准(包括标准的名称、编号、年号和版本号)；③工程所在地区的气象、地理条件、建设场地的工程地质条件；④公用设施和交通运输条件；⑤规划、用地、环保、卫生、绿化、消防、人防、抗震等要求和依据资料；⑥建设单位提供的有关使用要求或生产工艺等资料。

(2)工程建设的规模和设计范围　①工程的设计规模及项目组成；②分期建设的情况；③承担的设计范围与分工。

(3)总指标　①总用地面积、公园建筑占地面积、绿地率和反映公园绿地功能规模的技术指标；②其他有关的技术经济指标。

2)相关专业设计图纸

(1)设计说明书　①工程概述，包括工程名称及建设单位等；②设计依据，包括《公园设计规范》《城市绿地设计规范》《园林景观工程设计规范》,《城市园林绿化工程及验收规范 CJJ/82—99》中关于环境施工的有关规范标准、国家及地方颁布的各相关专业规范及标准，甲方提供的前期规划、原相关设计资料、甲方提供的设计范围、地形图资料以及经确认的公园总体规划方案；③设计内容及范围，主要包括概述工程项目设计范围及主要设计内容；④设计技术说明，主要包括工程总平面图设计采用的标高值(相对标高或绝对标高)，高程体系，小品等构筑物立、剖面设计标高依据自身尺寸及竖向总平面图中周边场地标高设定；工程设计中所使用的单位，一般情况下除标高以米(m)为单位外，其余尺寸均以毫米(mm)为单位，数值精确到小数点后两位；其他各类必要设计技术说明，竖向设计，说明竖向设计的依据，说明如何利用地形，综合考虑功能、安全、景观、排水等要求进行竖向布置；说明竖向布置方式(平坡式或台阶式)、地表雨水的收集利用及排除方式(明沟或暗管)等，如采用明沟系统，还应阐述其排放地点的地形与高程等情况；场地工程材料及构造措施，说明道路及广场、台阶等伸缩缝、变形缝做法及标准，说明各场地工程使用材料及要求(如砖砌体材料、铺装材料、钢筋材料、木栈道坐凳材料及做法等)；施工要求，说明施工工艺要求及依据，如各类国家建筑标准设计图集《室外工程》《环境工程——室外工程细部构造》

《环境景观——绿化种植设计》《环境景观——亭廊架》《环境景观——滨水工程》等，说明主要工程施工要求，如景观造型、色彩、质感、尺寸以及成品设施的选择要求等，其他必要的施工要求；其他必要的施工说明，如放线单元格尺寸等。

(2)设计图纸　①总平面图主要包括总平面图部分、定位图、尺寸图、竖向图等；②局部平面图；③详图及大样图；④其他专项图纸，包括植物种植设计、公园建筑、给排水、电力等相关专业图纸。

3)工程预算书

4)有关专业计算书

(三)扩初设计与施工图设计的区别与联系

1.扩初设计与施工图设计的区别

扩初设计与施工图设计是公园设计的两个不同阶段，前者更多应用于公园建设实施前工程规模、技术的把控以及各专业间的相互协调；后者则是工程项目进行实际实施的必备技术性文件。

施工图设计图纸是一套完整详细的技术文件，它包括公园设计各工种专业的技术图纸，而扩初设计图纸除必须的深度，一些细部详细设计内容可不涵盖，因此扩初设计是一种更多着眼于项目前期控制协调解决专业及其他关系的工作性图纸。

2.扩初设计与施工图设计的联系

公园扩初设计与施工图设计都是对公园总体规划深化设计的，扩初设计为施工图设计的进一步深化提供依据，而施工图设计则以扩初设计为基础进行更加深入的表达，是对扩初设计不合理的部分进行修正完善，并对各专业间的矛盾进行充分协调，从而精确地指导施工。

三、公园详细设计图纸要求

(一)总平面图

此处总平面图包括施工总平面图、分区图、定位图、尺寸图、竖向图、铺装设计图 、小品定位图(图 6-1 至图 6-7)。总平面图应表达信息如下：

(1)保留的地形和地物。

(2)测量坐标网、坐标值、场地范围的测量坐标(或定位尺寸)、道路红线、建筑控制线、用地红线及其坐标。

(3)场地四邻原有及规划的道路、绿化带等的位置(主要坐标或定位尺寸)以及主要建筑物及构筑物的位置、名称、编号、层数、间距、室内外地面设计标高。

(4)建筑物、构筑物的位置(人防工程、地下车库、油库、贮水池等隐蔽工程用虚线表示)与各类控制线的距离，其中主要建筑物、构筑物应标注坐标(或定位尺寸)、与相邻建筑物之间的距离及建筑物总尺寸、名称(或编号)、层数。

(5)道路、广场的主要坐标(或定位尺寸)，停车场及停车位、消防车道及高层建筑消防扑救场地的布置，必要时加绘交通流线示意。

(6)植物、景观及休闲设施的布置，并表示出护坡、挡土墙、排水沟等。

(7)道路、排水沟的起点、变坡点、转折点和终点的设计标高(路面中心和排水沟顶及沟底)、纵坡度、纵坡距、关键性坐标，道路要标明双坡面或单坡面，必要时标明道路平曲线及竖曲线要素。

(8)挡土墙、护坡或土坎顶部和底部的主要设计标高及护坡坡度。

(9)用坡向箭头标明地面坡向，当对场地平整要求严格或地形起伏较大时，可用设计等高线表示。

(10)2 m×2 m 或 10 m×10 m 方格网及其定位，各方格点的原地面标高、设计标高、填挖高度、填区和挖区的分界线，各方格土方量、总土方量。

(11)土方工程平衡表。

(12)各管线的平面布置，注明各管线与建筑物、构筑物的距离和管线间距。

(13)场外管线接入点的位置。

(14)管线密集的地段适当增加断面图，表明管线与建筑物、构筑物、绿地之间及管线之间的距离，并注明主要交叉点上下管线的标高或间距。

(15)植物总平面设计图。

(16)绿地(含水面)、人行步道及硬质铺装定位。

(17)建筑小品的位置(坐标或定位尺寸)、设计标高、详图索引。

(18)指北针或风玫瑰图。

(19)注明公园工程施工图设计的依据、尺寸单位、比例、地形图的测绘单位、日期，坐标及高程系统名称(如场地建筑坐标网应说明其与测量坐标网的换算关系)，补充图例及其他必要的说明等。

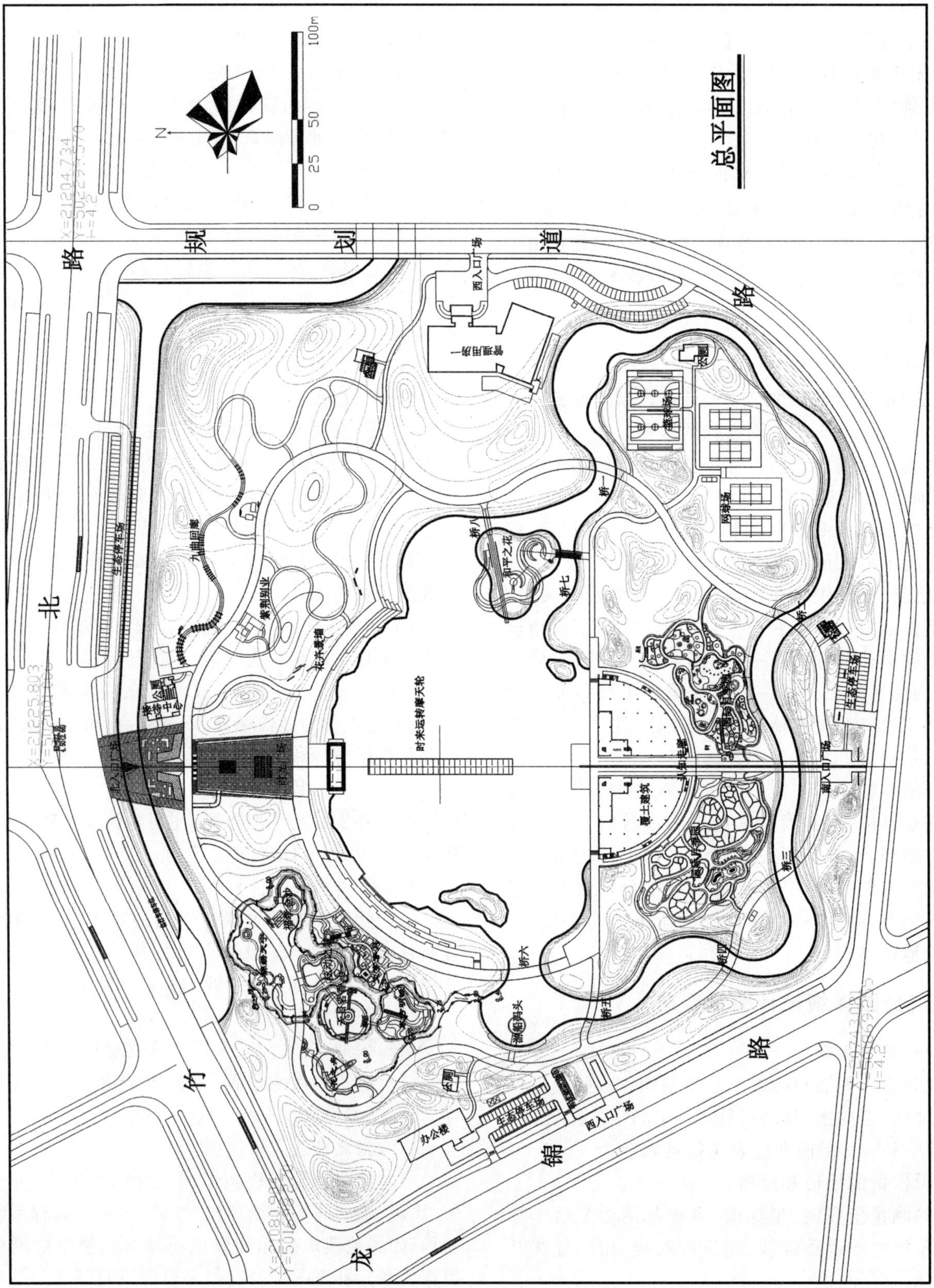

图 6-1　常州紫荆公园总平面图

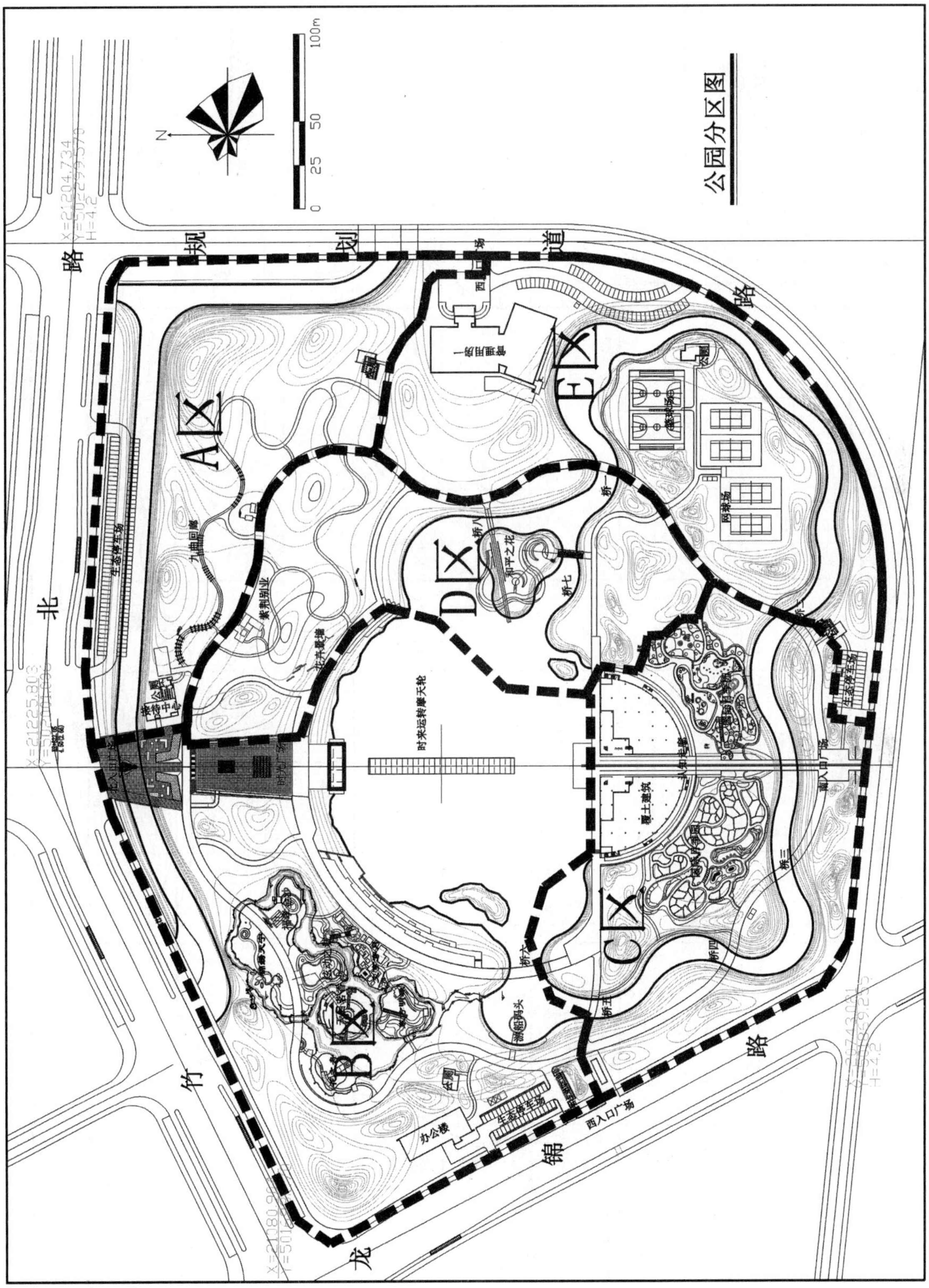

图 6-2　常州紫荆公园分区图

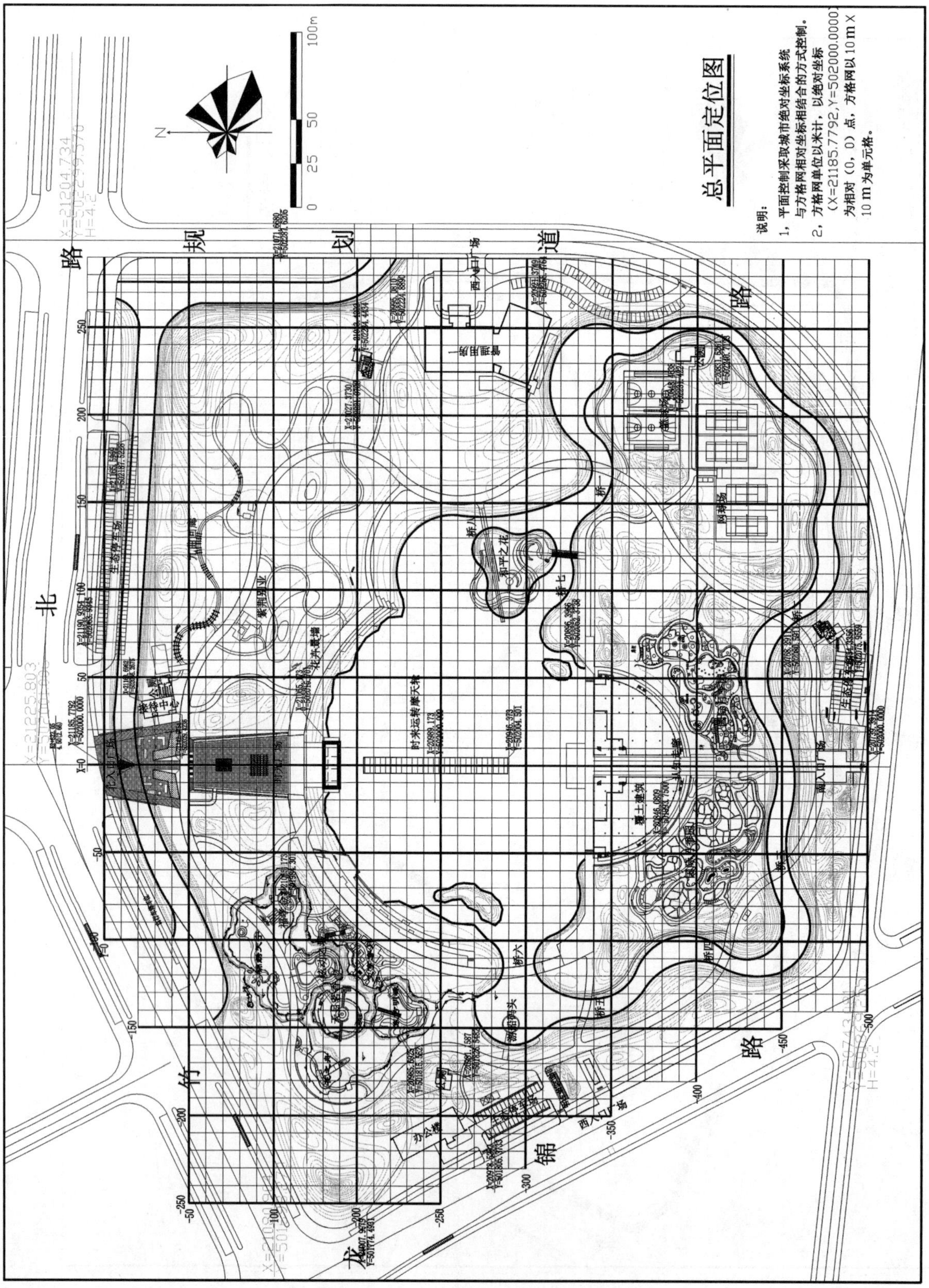
总平面定位图
说明：
1，平面控制采取城市绝对坐标系统与方格网相对坐标相结合的方式控制。
2，方格网单位以米计，以绝对坐标（X=21185.7792，Y=502000.0000）为相对（0，0）点，方格网以10 m×10 m为单元格。
北规划道路
时来运转摩天轮
和平之花
网球场
北入口广场
西入口广场
南入口广场

图 6-3 常州紫荆公园平面定位图

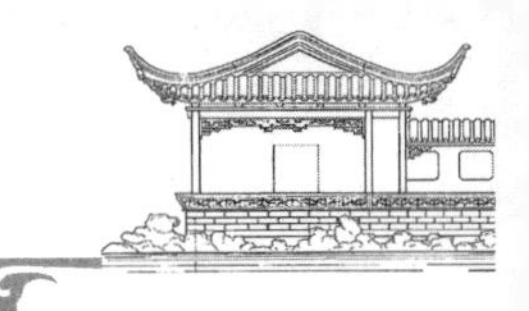

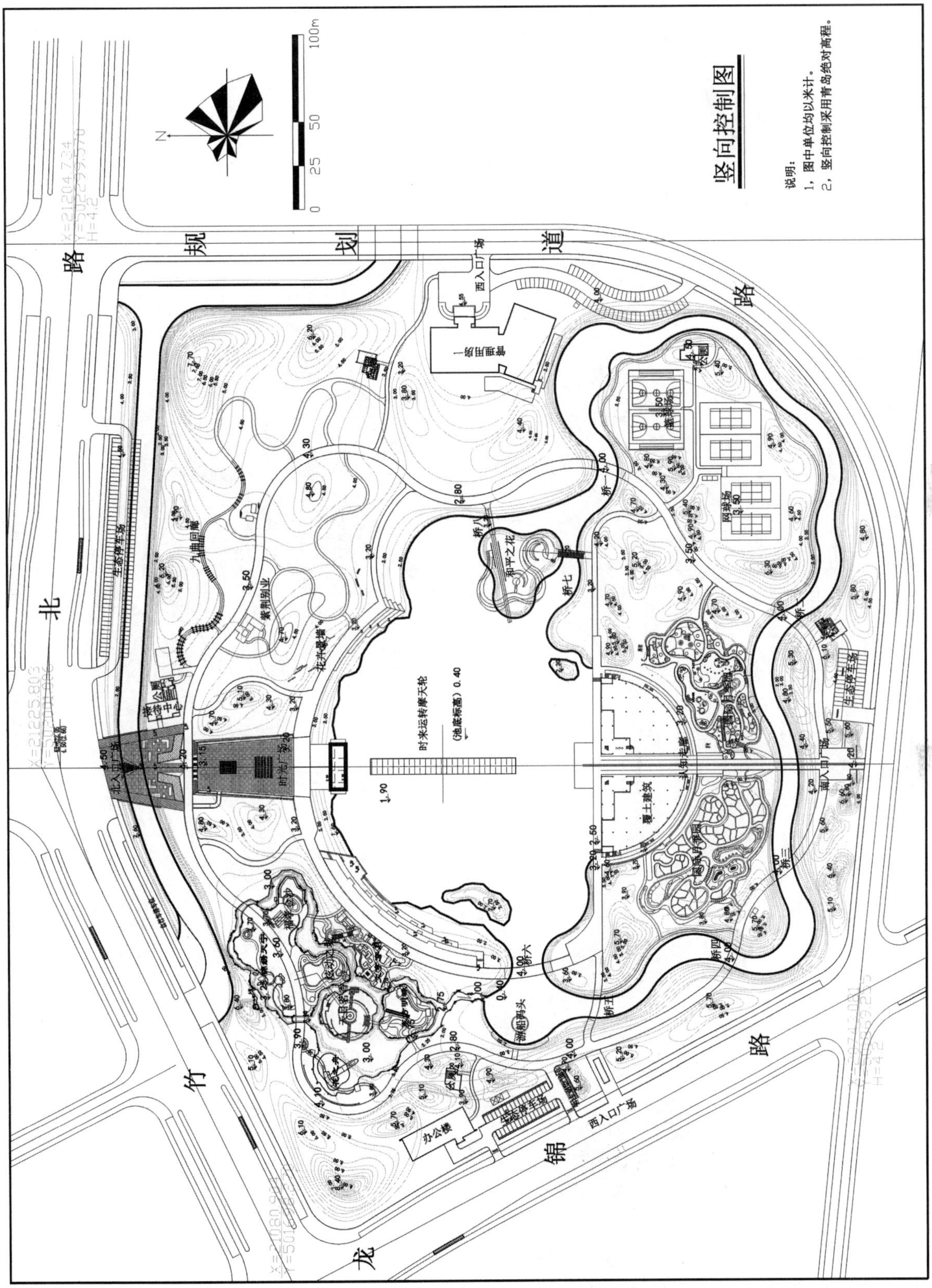

竖向控制图

说明：
1，图中单位均以米计。
2，竖向控制采用青岛绝对高程。

图 6-4　常州紫荆公园竖向控制图

图 6-5 常州紫荆公园植物种植设计图

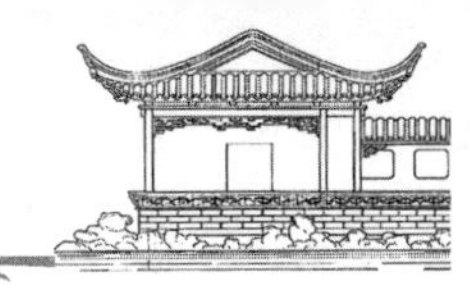

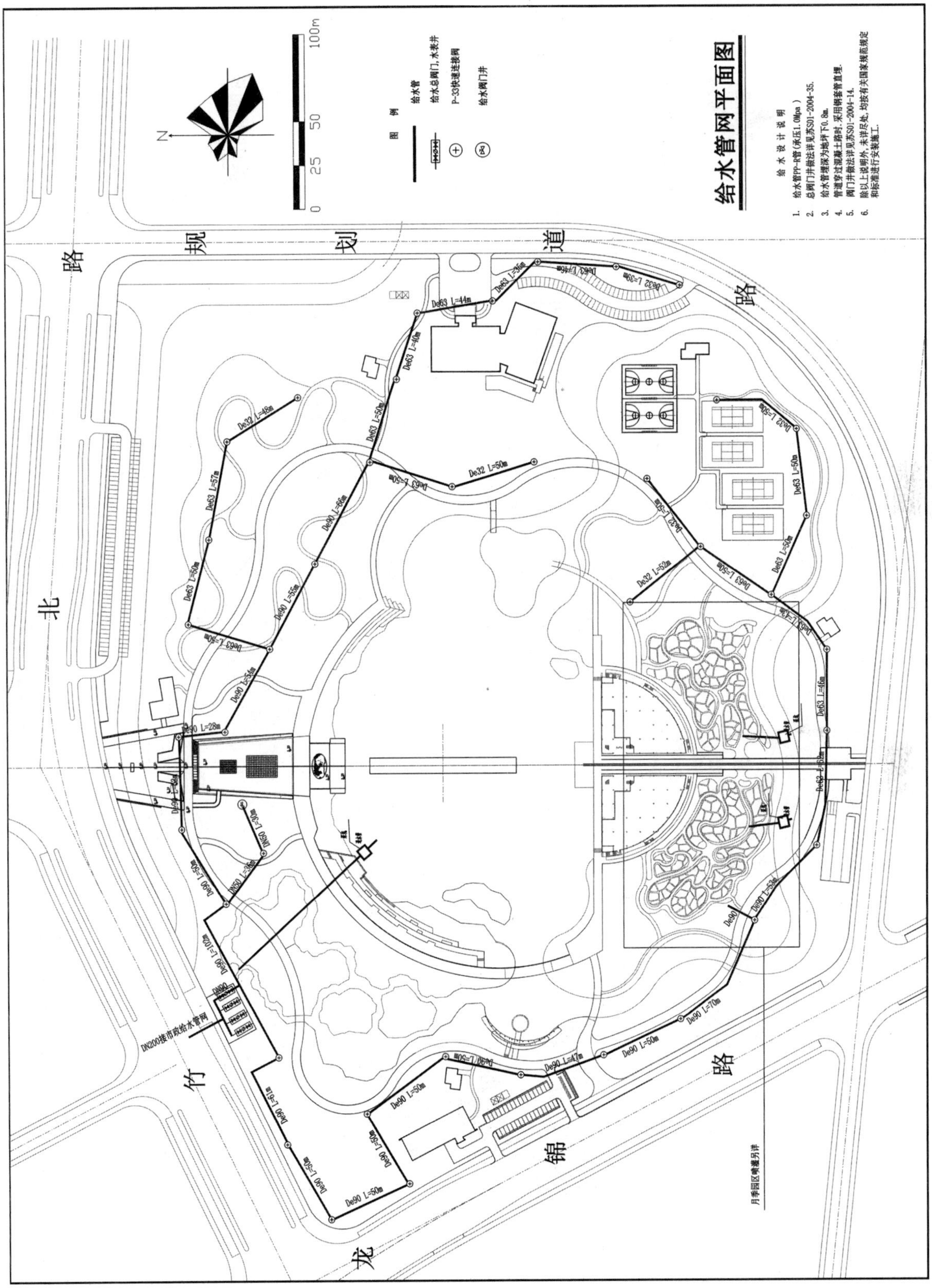

给水管网平面图

给水设计说明

1. 给水管PP-R管(承压1.0Mpa)
2. 总阀门井做法详见苏S01-2004-35.
3. 给水管埋深为地坪下0.8m.
4. 管道穿过混凝土路时,采用钢套管直埋.
5. 阀门井做法详见苏S01-2004-14.
6. 除以上说明外,未详尽处,均按有关国家规范规定和标准进行安装施工.

图例：给水管；给水总阀门,水表井；P-33快速连接阀；给水阀门井

北规划道路　龙锦路　竹

图 6-6　常州紫荆公园给水管网平面图

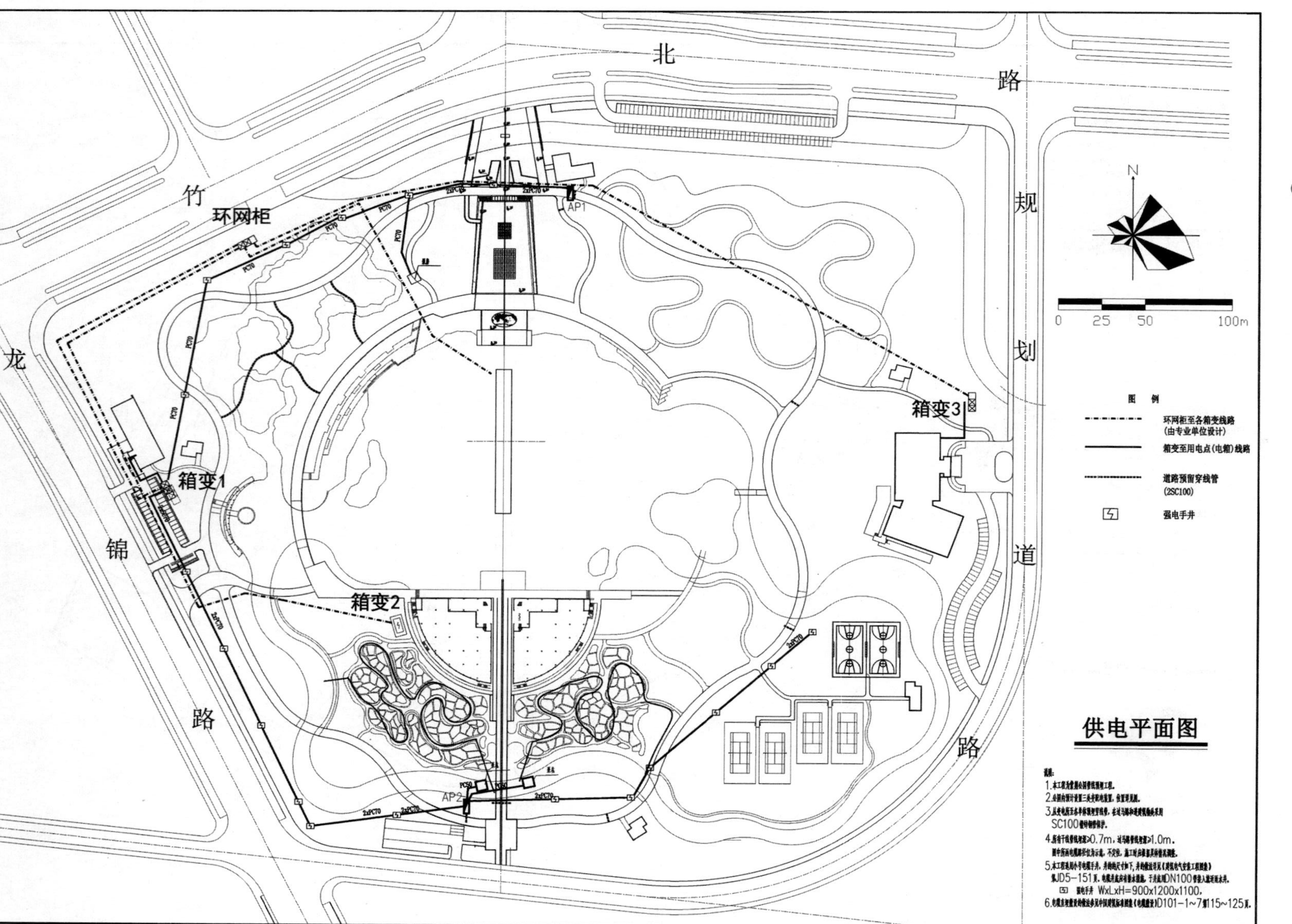

图 6-7 常州紫荆公园供电平面图

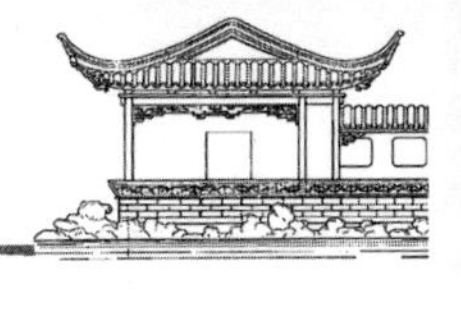

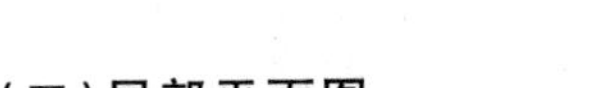

(二)局部平面图

公园详细设计时，对于场地面积较大，无法清楚地表达具体细节及详细信息时，常使用局部平面图，将场地划分为若干区块，以较大比例加以绘制并清晰表达各区块设计内容。

局部平面图是以公园景观功能分区为依据，将总平面图划分为若干包含主要节点、边界明确完整且相邻区域有重合部分的分区，局部平面图出图比例通常为 1∶500 以上。其主要作用是形成总图与详图之间的索引递进关系，从而推进图纸的表达深度，使施工人员充分了解设计意图（图 6-8）。

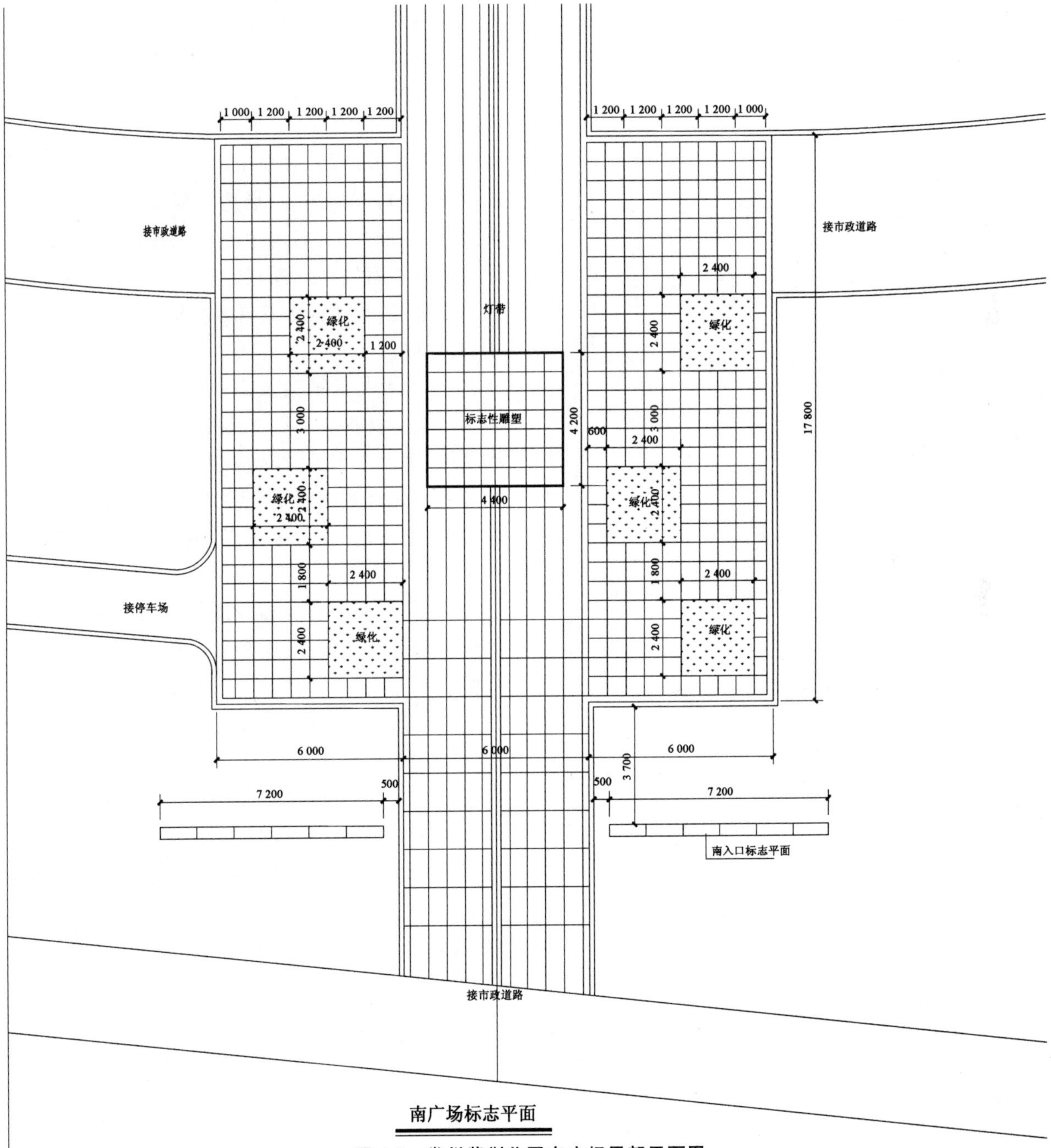

南广场标志平面

图 6-8 常州紫荆公园南广场局部平面图

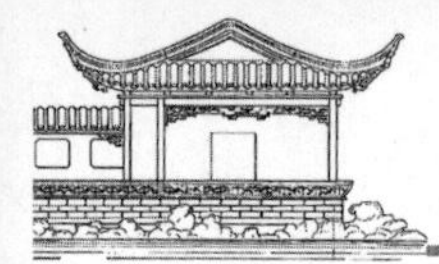

1.局部平面图编制方法

根据行业公园设计实践，工程图纸编制方法主要为分区编制的方法，即将总平面图按一定原则分区后，将各分区图纸的设计内容以（1∶300）～（1∶500）的图纸比例，清晰地表达的方法。具体编制内容 示范如下：

（1）总平面图部分

总平面图；

总平面分区图（例如分A、B、C三个区）。

（2）局部平面图部分

A—C区定位图；

A—C区尺寸图；

A—C区竖向设计图；

A—C区铺装及索引图；

A—C区小品布置图；

当平面图纸不太复杂时，可将定位、尺寸及竖向设计合并出图。

（3）详图部分

各类节点大样图（包括平面定位、尺寸、竖向、铺装及索引图）；

各类通用详图（包括平、立、剖、结构图）；

其他必要的各类详图（包括平、立、剖、结构图）。

（4）专项设计部分

公园建筑设计图（包括平、立、剖、结构、水电等图）；

给排水设计图（包括总平面、管线布置等图）；

电力设计图（包括总平面、电力干线、照明、灯具大样等图）；

植物种植设计图（包括总平面、苗木统计表等，如场地太大可分区绘制）。

2.局部平面图主要内容

（1）局部平面定位图　局部平面定位图应与总图采用同样的定位网格与坐标原点，单位网格间距可根据场地尺度进一步细分。局部平面定位图应精确详细地表示出公园内各构成要素平面位置关系，尽可能详细地标示出各要素控制点坐标，如道路中心线平曲线曲头、曲中、曲尾以及交叉点坐标等（此处坐标值应为绝对坐标）。

（2）局部平面尺寸图　局部平面尺寸图应准确标示公园各要素详细尺寸，道路及圆弧造型要素应准确标示平曲线半径、对应弧长及圆弧半径，台阶应表示出具体台阶数及总宽度。

（3）局部平面竖向图　局部平面竖向图常与尺寸定位图合并绘制，常采用标高标注、等高线标注与坡度标注结合的方式。场地应标示出完成面标高，与道路交接时标示场地边界交点标高及排水坡度；建筑应标示室内外标高；坡道应标示斜坡两端标高及坡向坡度；水面标示其常水位标高；种植区标示其土壤表面标高。

（4）局部平面铺装及索引图　局部平面铺装及索引图应将材料实际尺寸按图纸比例详细绘制其铺砌角度、平面图案等，准确表达铺装与建筑、小品、植被等其他元素的平面衔接关系；将所有重要节点（包含铺装、种植池、小品等元素）索引到详图中通过节点大样详细表达。

（5）局部平面小品布置图　局部平面小品布置图应标明小品位置、尺度及形态构造（如选用成品则应配意向图加以说明）。

3.详图及大样图

（1）节点详图　节点详图即将重要节点平面进行放大标注，将关键信息较详细地表示出来，包括节点详图定位、尺寸、竖向图（图6-9、图6-10）。

（2）大样图　将公园各重要要素的平面、立面、剖面以较大比例进行详细表达，重点标注尺寸、材料、做法等，如景亭、景廊、铺装、园路、花池等（图6-11、图6-12）。

4.专项图纸

包括植物种植设计、公园建筑、给排水、电力等相关专业图纸。

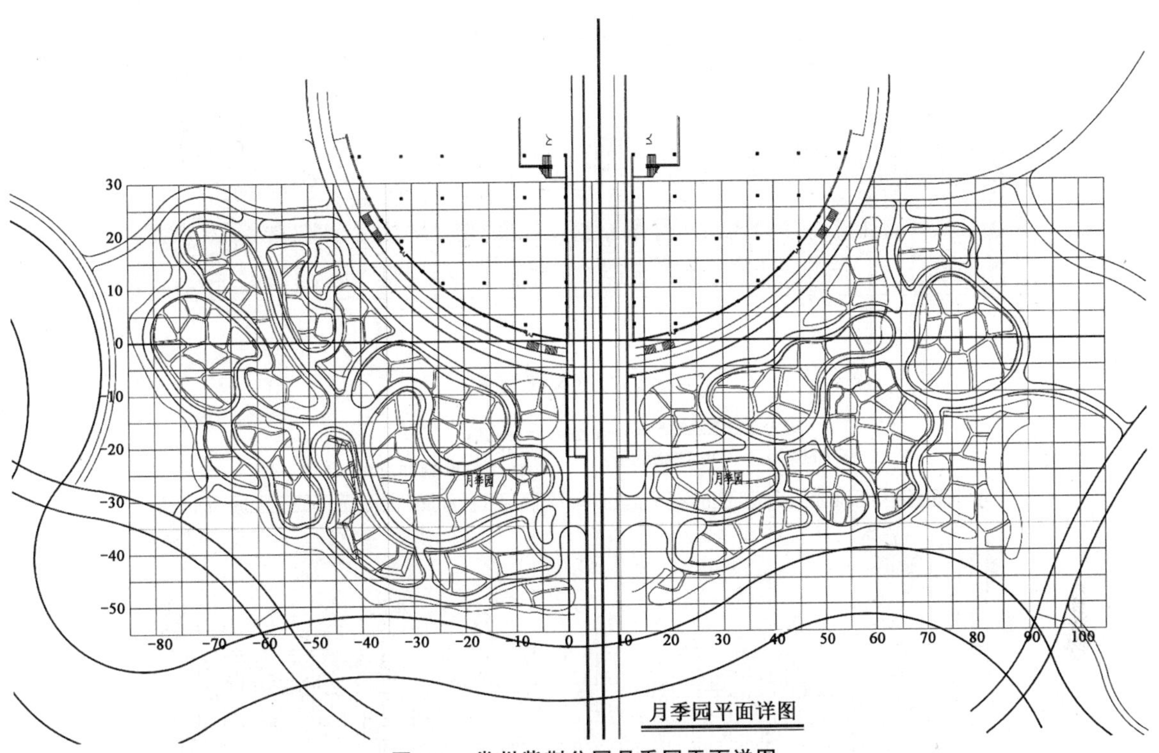

图 6-9　常州紫荆公园月季园平面详图

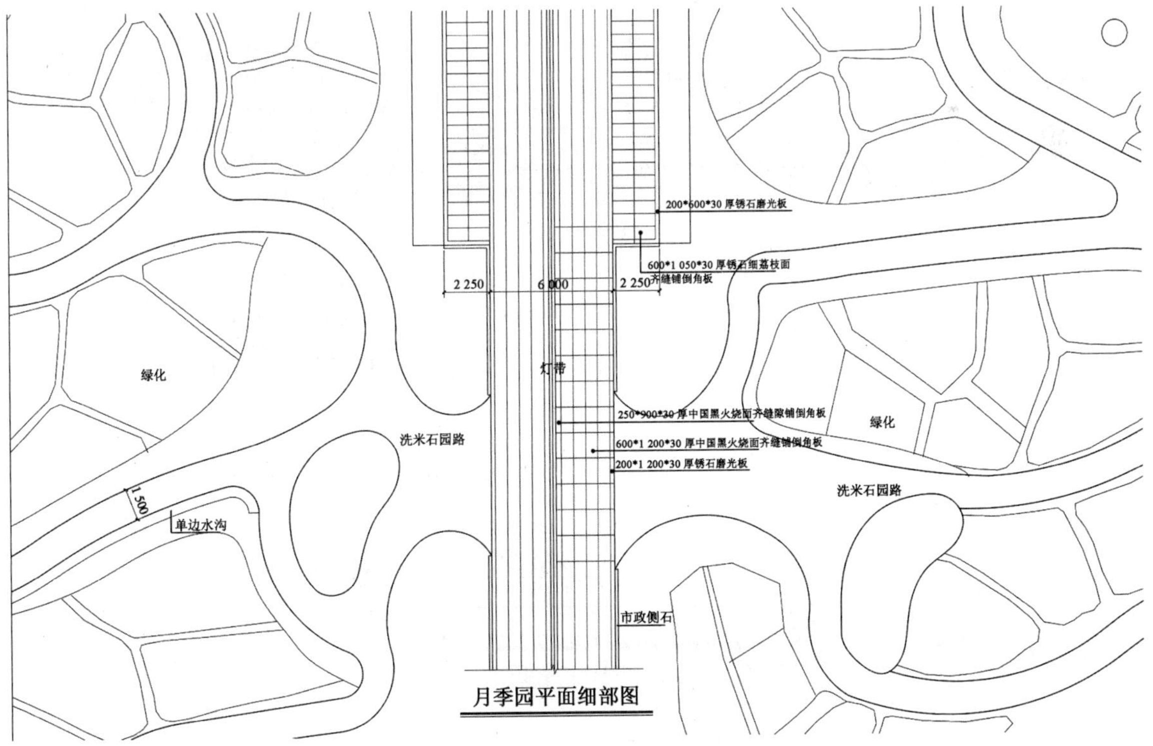

图 6-10　常州紫荆公园月季园平面细部

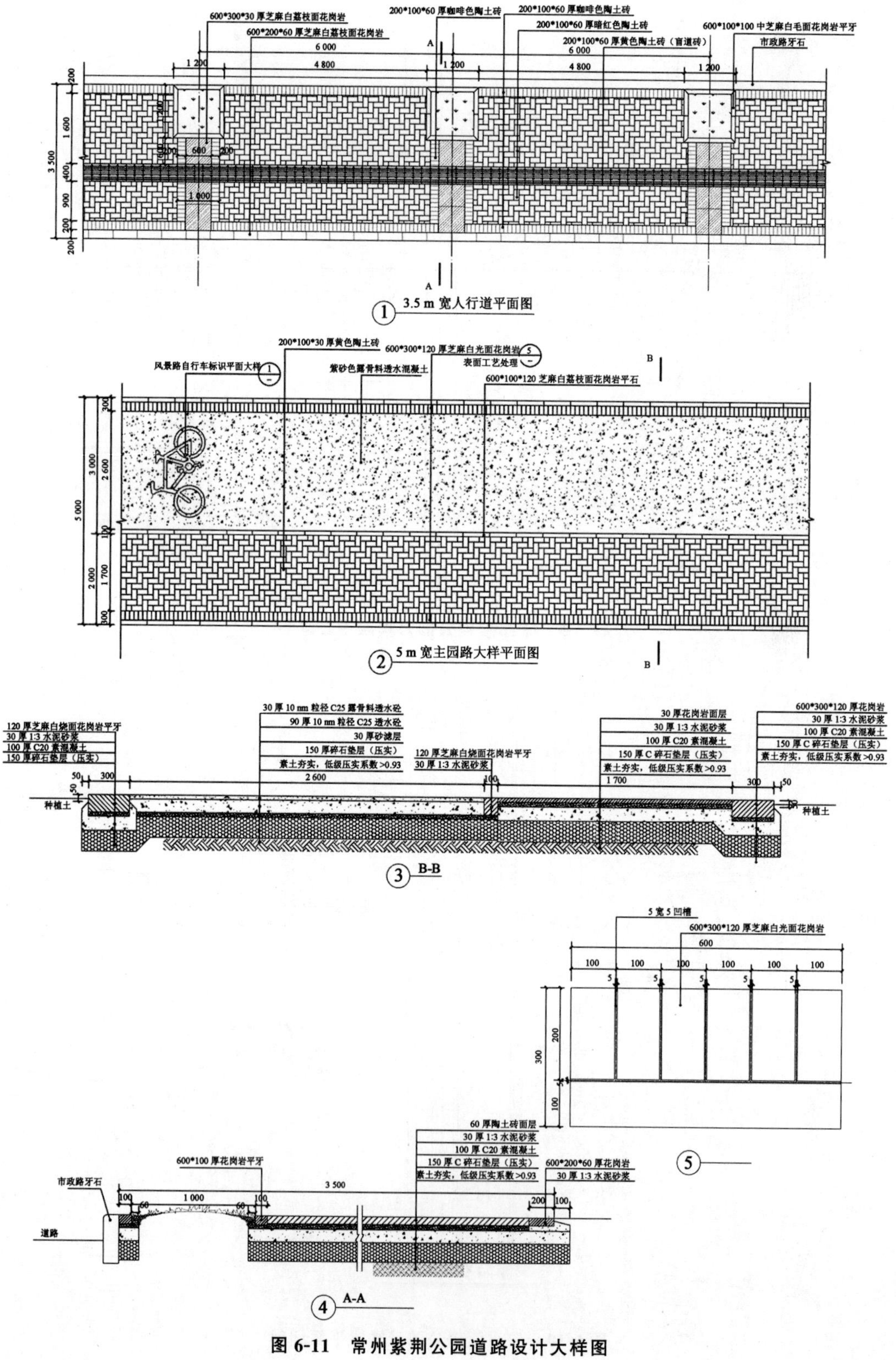

600*300*30 厚芝麻白荔枝面花岗岩
600*200*60 厚芝麻白荔枝面花岗岩
200*100*60 厚咖啡色陶土砖
200*100*60 厚咖啡色陶土砖
200*100*60 厚暗红色陶土砖
200*100*60 厚黄色陶土砖（盲道砖）
600*100*100 中芝麻白毛面花岗岩平牙
市政路牙石

① 3.5 m 宽人行道平面图

200*100*30 厚黄色陶土砖
600*300*120 厚芝麻白光面花岗岩
表面工艺处理
风景路自行车标识平面大样
紫砂色露骨料透水混凝土
600*100*120 芝麻白荔枝面花岗岩平石

② 5 m 宽主园路大样平面图

120 厚芝麻白烧面花岗岩平牙
30 厚 1:3 水泥砂浆
100 厚 C20 素混凝土
150 厚碎石垫层（压实）
30 厚 10 nm 粒径 C25 露骨料透水砼
90 厚 10 nm 粒径 C25 透水砼
30 厚砂滤层
150 厚碎石垫层（压实）
素土夯实，低级压实系数 >0.93
120 厚芝麻白烧面花岗岩平牙
30 厚 1:3 水泥砂浆
30 厚花岗岩面层
30 厚 1:3 水泥砂浆
100 厚 C20 素混凝土
150 厚 C 碎石垫层（压实）
素土夯实，低级压实系数 >0.93
600*300*120 厚花岗岩
30 厚 1:3 水泥砂浆
100 厚 C20 素混凝土
150 厚 C 碎石垫层（压实）
素土夯实，低级压实系数 >0.93
种植土

③ B-B

5 宽 5 凹槽
600*300*120 厚芝麻白光面花岗岩

⑤

600*100 厚花岗岩平牙
市政路牙石
道路
60 厚陶土砖面层
30 厚 1:3 水泥砂浆
100 厚 C20 素混凝土
150 厚 C 碎石垫层（压实）
素土夯实，低级压实系数 >0.93
600*200*60 厚花岗岩
30 厚 1:3 水泥砂浆

④ A-A

图 6-11　常州紫荆公园道路设计大样图

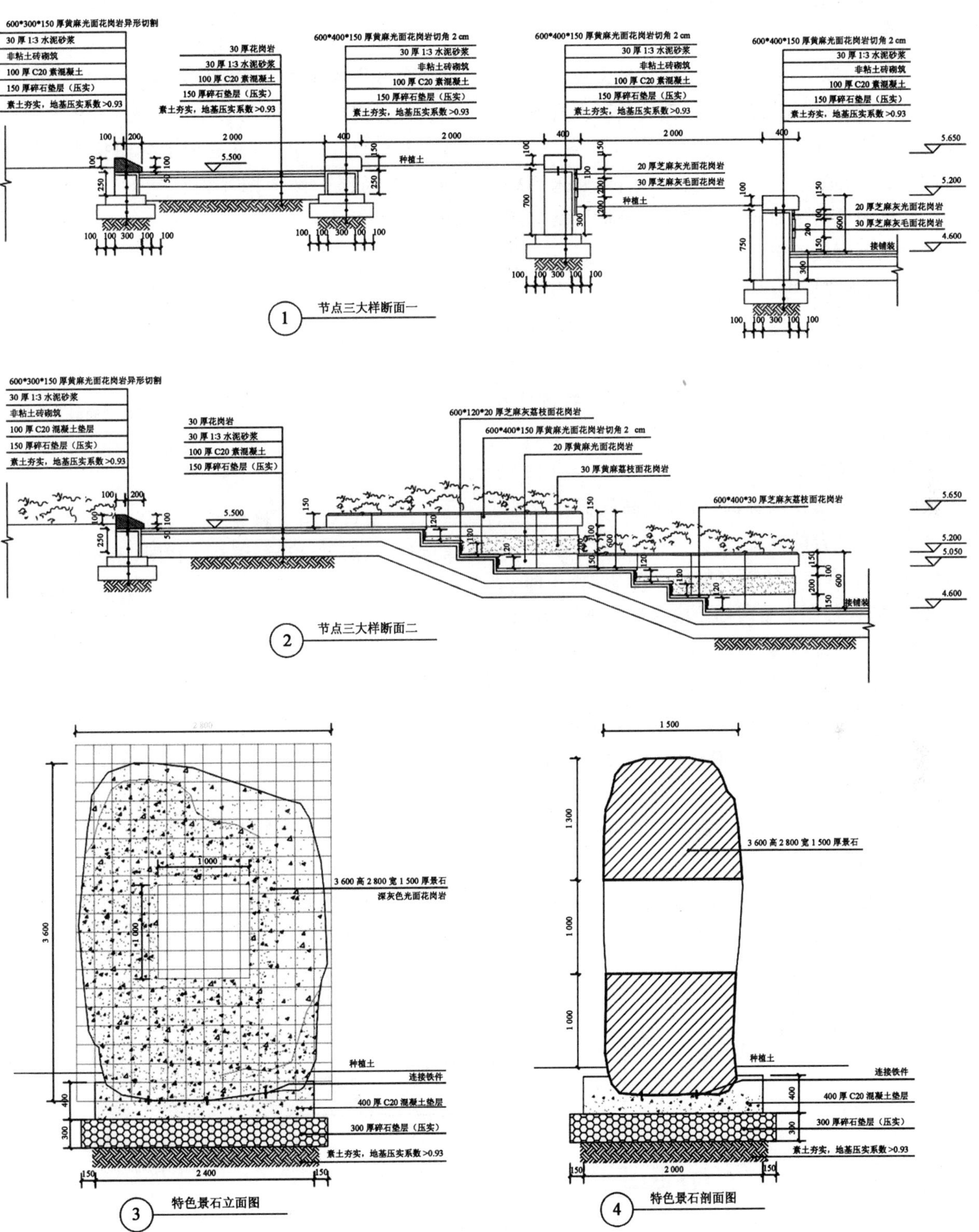

图 6-12　常州紫荆公园台阶、景石大样图

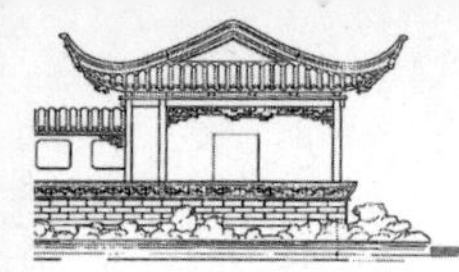

(三)相关图纸绘制方法与要求

1.平面定位方法

(1)总图应按上北下南方向绘制,根据场地形状或布局,可顺时针或逆时针偏转,偏转角度不宜超过45°,总图应绘制风玫瑰。

(2)采用的是绝对坐标还是相对坐标,若采用相对坐标则标明其与绝对坐标的关系。坐标网格应用细实线以网格通线的形式标示。

(3)建构筑物应标注至少三个角点坐标,当其与坐标轴平行时标注其对角坐标即可;圆形建构筑物应标注其圆心坐标。

(4)园路、管线应标注其中心线交叉点、转折点、变坡点坐标。

2.竖向定位方法

竖向设计中常使用标高标注、等高线标注及坡向坡度标注相结合的方法。

(1)应以含有±0.00标高的平面作为总图平面。

(2)竖向设计图中竖向标注应采用绝对标高,使用相对标高时应说明其与绝对标高的换算关系。

(3)竖向定位均应标注其完成面标高。

(4)建构筑物、铺装场地应标注其关键地坪标高。

(5)道路管线应标注其中心线交叉点、变坡点、转折点标高及排水坡度。

(6)等高线标注应标注等高线及坡顶高程。

3.索引方法

索引图是园林工程中衔接总图与详图的关键步骤,对于推进图纸表达深度起联系递进的作用。

(1)分区索引　将总平面上某个区域放大,深入设计局部平面图(图6-13)。在总图上将拟放大局部或分区用虚线圈示,用大样符将该区域引出总图,在大样符内标明对应局部平面图图号,在大样符引线上写对应分区名称;在总图上标明拟放大分区名称,并在局部平面图图签内标明对应分区名称及图号。

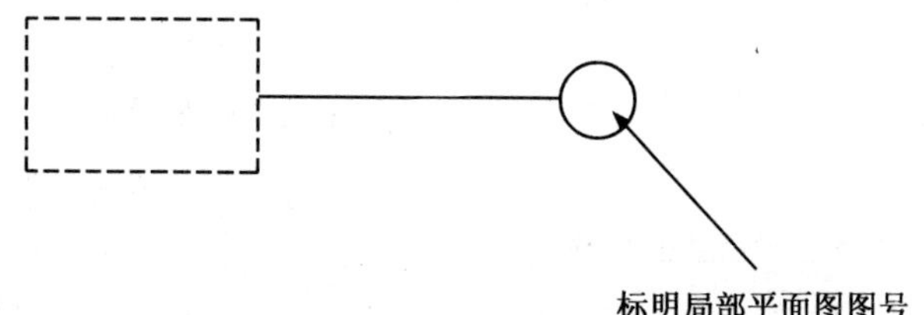

图6-13　分区索引

(2)单点索引　将总平面或局部平面上的某个单体放大,深入设计详图和大样图(图6-14)。

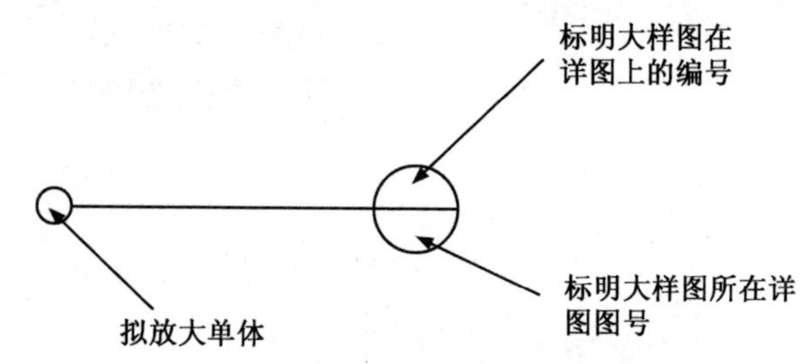

图6-14　单点索引

(3)剖断索引　将总平面或局部平面上的某个区域或单体剖断,深入设计剖面详图(图6-15)。

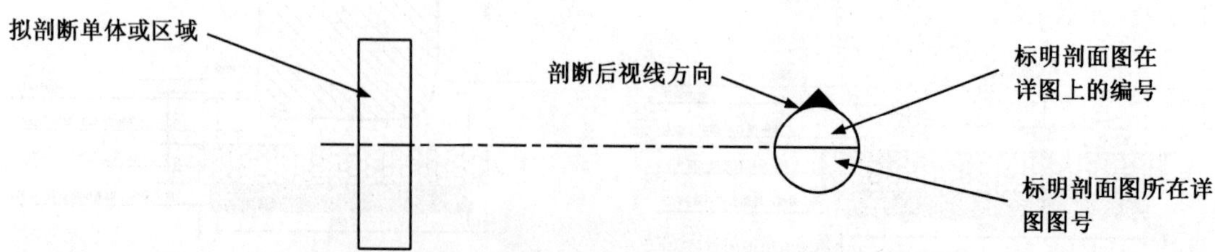

图6-15　剖断索引

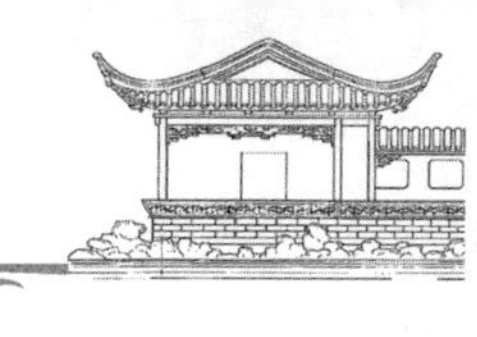

第二节 竖向设计

一、内容与要求

(一)地形设计

地形设计是公园整体景观营造的基础。通过地形的巧妙设计,能够围合或凸显出某些特定的空间,增加场地层次感,为景观的营造提供了良好的基础,使公园景观具有独特的魅力。通过地形设计形成的山体及微地形,经常作为景观的背景,起到衬托前景植物或建筑的作用。地形设计在注重景观的同时要结合公园的给排水设计、植物种植设计等。

地形设计要点:

(1)充分结合原始地形地貌 自然界中地形地貌多种多样,有谷地有坡地、有平地也有丘陵,不同的地形地貌赋予场地不同的景观特质,在公园设计中要针对不同的地形进行竖向设计(图 6-16)。

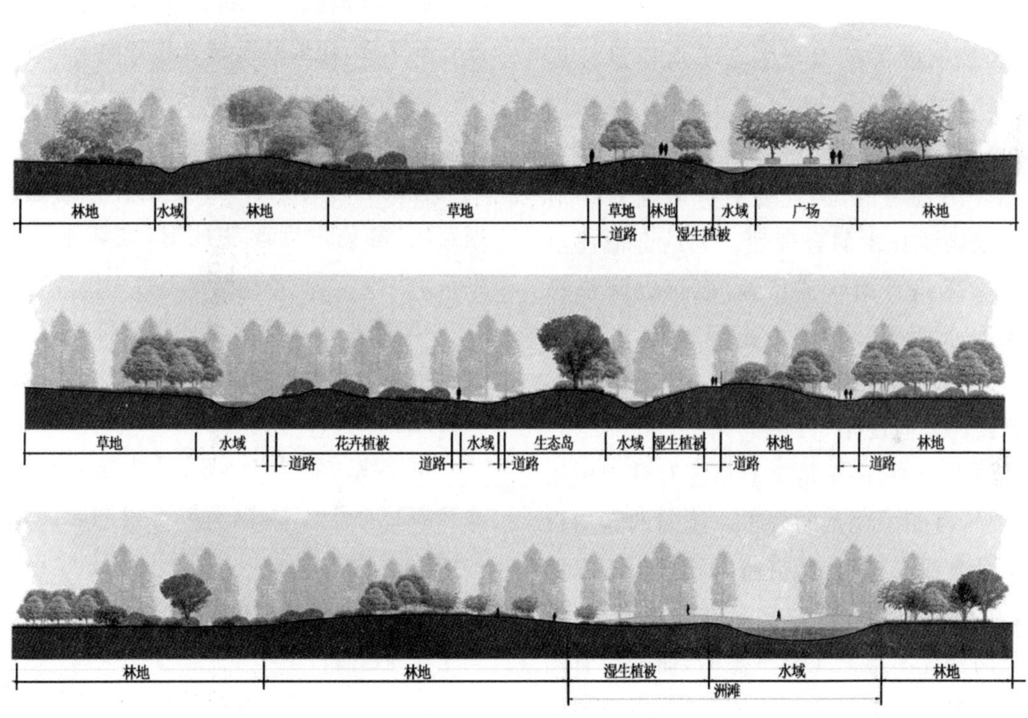

图 6-16 竖向设计典型剖面图

(2)严格保证工程稳定性 松散状态下的土壤颗粒,自然滑落而形成的天然斜坡面,叫做土壤自然倾斜面。该面与地平面的夹角 α,叫做土壤自然倾斜角,也称安息角(图 6-17)。在地形设计时,为保证工程稳定性,必须设计合理边坡,使之小于等于安息角,超过自然安息角则应采取护坡、固土或防冲刷的工程措施。

图 6-17 自然安息角示意图

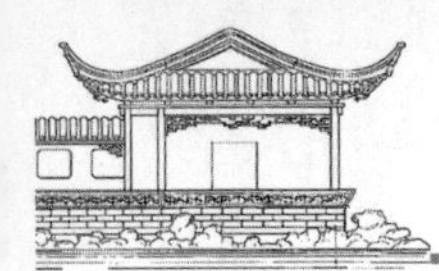

(3)尽量满足使用功能　地形作为公园中的主要基础,直接影响着场地的使用功能。例如,大量人流集中活动的区域需要大面积平坦的场地,而作为公园重要景观的植被种植区域则需要有一定的高差变化和较为丰富的地形。

(4)有效组织与分隔空间　公园设计中通常需要通过地形来对空间进行组织和划分,空旷的地形易于形成开敞而热闹的空间,变化多样的地形则往往是相对私密又安静的空间,高耸简洁的地形通常是公园景观的中心,同时形成对空间的引导与分隔。

(5)合理控制经济技术与生态　地形设计过程中涉及对原始生态的保护、土方工程量、运输成本、工程稳定性、施工技术与工期长短以及后期养护成本等多个方面考虑,因此要充分研究对场地生态的干扰及经济技术的合理性。如结合低洼地形运用海绵技术设计雨水滞留池,既可以降低排水成本、节约水资源,同时又能形成生态湿地景观。

(二)园路的竖向设计

园路竖向设计中,在满足交通功能与景观效果的同时,也要符合相关规范的要求。园路的竖向设计主要作用是方便其排水,当道路以硬质不透水铺装为主时,基本无法通过自身渗水排除路面积水,所以道路竖向设计不应是完全平整的,而是会有高低变化的。根据造景需要和工程实际,确定主要园路中心线交叉点、变坡点、转折点、园路分段长度和坡度以及横向断面形式与坡度,使之成为一个高低不同、相互联系的立体网络(图 6-18、图 6-19)。

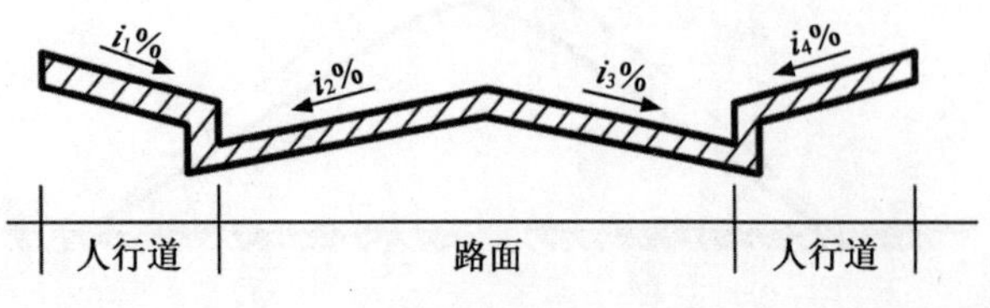

图 6-18　双坡路面竖向设计

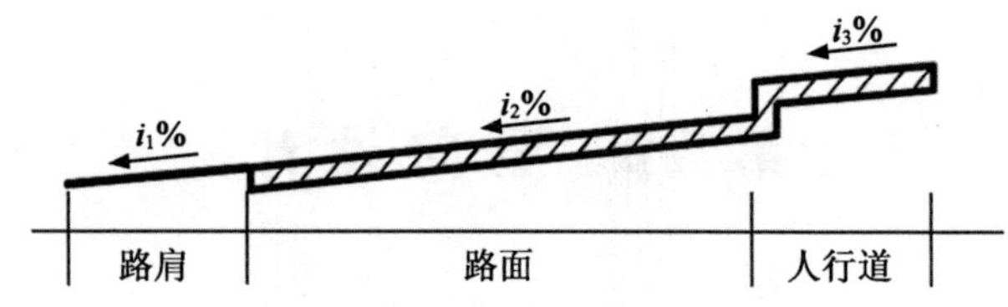

图 6-19　单坡路面竖向设计

1. 园路竖向设计要点

(1)平面设计与竖向设计同步进行　在竖向设计中,园路中心线实际上是一条三维曲线,是由平面线形与竖向线形共同组成的,在设计时不仅考虑其二维平面,还要紧密结合其竖向上的变化。

(2)结合场地现状综合考虑　园路竖向设计要充分结合周边高程控制、沿线地形地物、地质水文、地下管线等综合条件,尽量结合自然地形地貌,合理定线,避免过度改变地形,破坏土层,干扰植物生长。

(3)满足技术要求及使用功能　园路竖向设计应符合相关规范对坡度坡向的要求,满足不同的使用功能。

主路纵坡宜小于 8%,横坡宜小于 3%,粒料路面横坡宜小于 4%,纵横坡不得同时无坡度。山地公园的园路纵坡应小于 12%,超过 12%应做防滑处理。主园路不宜设梯道,必须设梯道时,纵坡坡度宜小于 36%。

支路和小路,纵坡宜小于 18%。纵坡超过 15%的路段,路面应做防滑处理;纵坡超过 18%,宜按台阶、梯道设计,台阶踏步数不得少于二级;坡度大于 58%的梯道应做防滑处理,宜设置护栏设施。

2. 设计案例

扬中城南公园园路为了防止路面积水,路面横坡设计成双坡路面的形式,两边设计 0.5%的坡度(图 6-20)。园路的纵坡也有高差,利于雨水向路面外迅速排出。

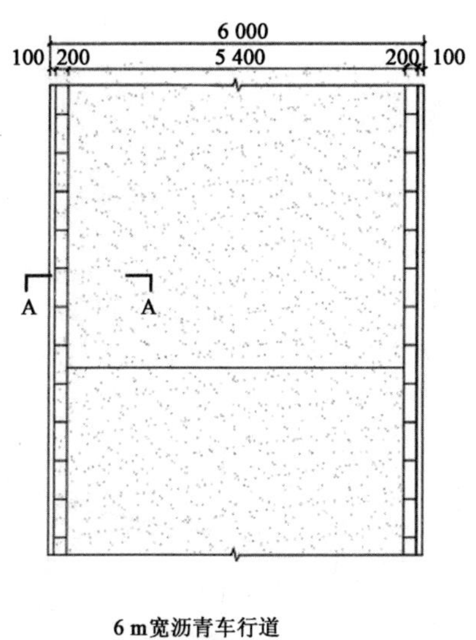

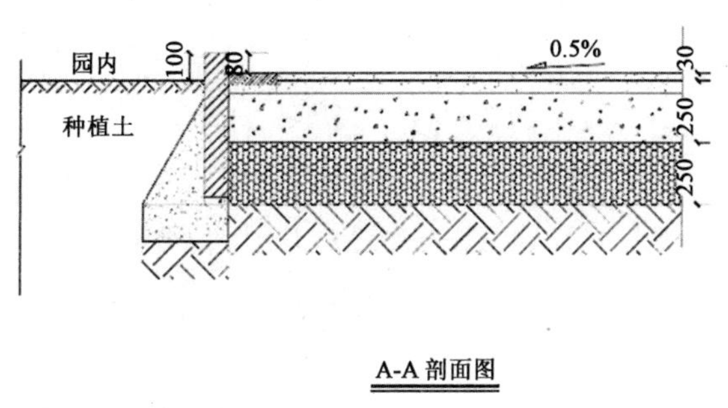

图 6-20　扬中城南公园 6 m 宽园路平面图与剖面图

(三)铺装场地竖向设计

1. 设计要点

(1)保证场地排水　铺装场地的竖向设计与园路类似,也需要形成一定的坡度用以满足排水需求。因此任何铺地都需要有不小于 0.3%的排水坡度,一般 0.5%～5%较好,最大坡度不得超过 8%,而在坡面下端要设置雨水口、排水管或排水沟,使地面有组织排水,形成完整的排水系统。

(2)满足使用功能　铺装场地的设计通常为使用者提供活动与休闲空间,如供人流集散的铺装广场坡度宜平缓、不宜有太多高差变化;而供休息、观演的空间则应利用地形形成高差的变化,既可以丰富景观,也能有效地划分不同功能的使用空间。

(3)结合场地地形　在满足场地排水及使用的情况下,应充分利用场地原始地形,如在进行场地设计时,尽量使设计等高线与现状等高线平行,避免大量的填挖,从而减少土方量,节约工程成本。

(4)合理选择铺装材料　铺装场地的铺装材质可以灵活多变,不一定要采用硬质不透气材料,可以选用透水砖、植草砖等铺装材料,通过地表及植物吸收雨水,减少对城市排水系统产生的压力。

2. 设计案例

以常州紫荆公园北广场铺装场地竖向设计为例,结合原地形进行广场铺装设计,利用原有坡度进行场地排水(图 6-21)。

(四)公园建筑与竖向设计

1. 公园建筑周边竖向设计要点

(1)公园建筑与地形　在公园建筑选址时一般选择地形等高线较疏、地形起伏变化较小的区域以减少土方量。另外,为了不对原有地形造成过大的改动,在考虑到建筑朝向、景观等因素时,建筑最好选择与等高线平行的方向,既能保证建筑稳定性,也可减少土方工程量(图 6-22)。

(2)公园建筑与道路　场地内的雨水一般通过道路路面及其边沟处的雨水口排出,为防止降水积聚在建筑周围,建筑室内地坪标高应高于道路路面中心线,两者之间的地面应形成坡向道路路缘石的坡面。

(3)公园建筑与排水　建筑设计时要考虑排水的问题。建筑周围的硬质铺装场地应有一定的坡度,利于积水向道路边的雨水口排出,一般以 0.5%～2%为宜,并且建筑入口处应设台阶,台阶踏步不少于 2 级,每级踏步高度宜大于 0.10 m,但小于 0.15 m。

2. 设计案例

常州紫荆公园设计的厕所建筑高 3.8 m,为防止雨水倒灌进入厕所内,在厕所入口处设计 0.3 m 的高差(图 6-23)。

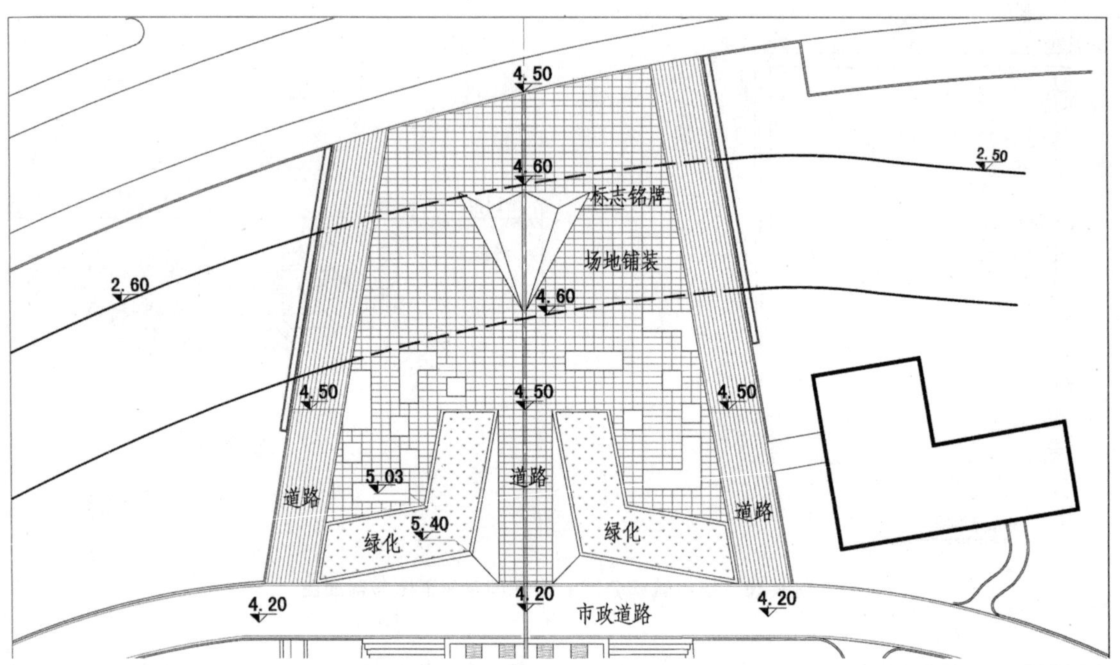

图 6-21　常州紫荆公园北广场竖向控制图

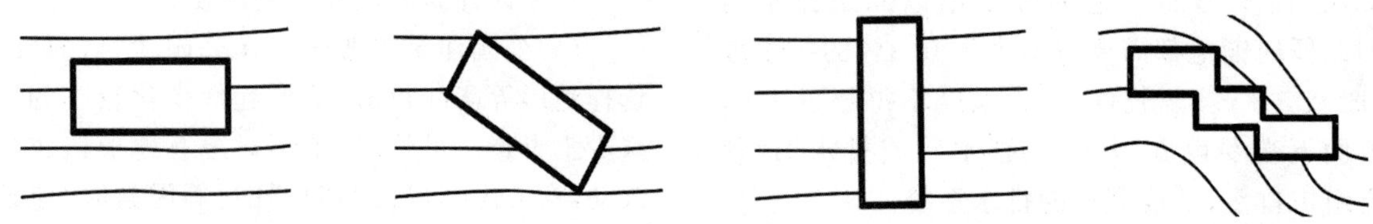

图 6-22　建筑与地形的关系

a.建筑与等高线平行(常见)　b.建筑与等高线斜交　c.建筑与等高线垂直　d.建筑结合等高线变化

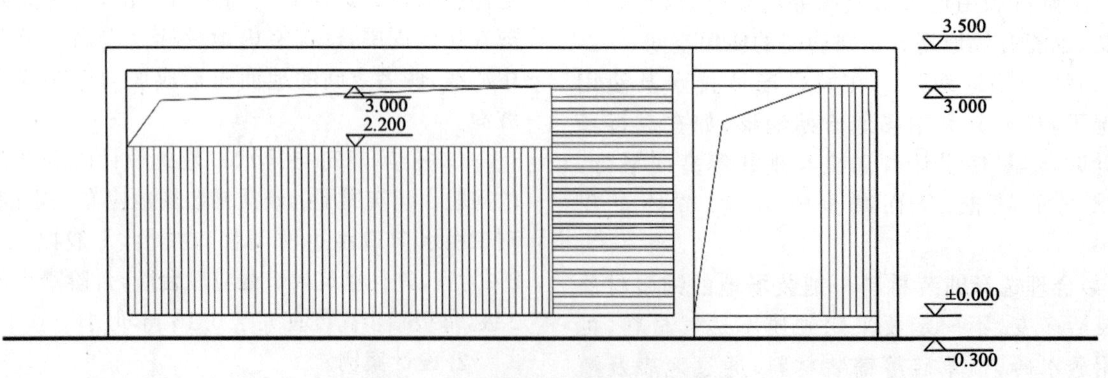

图 6-23　常州紫荆公园厕所正立面图

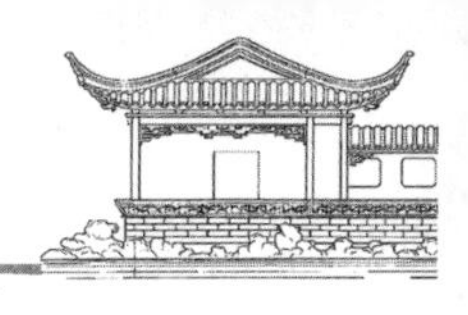

(五)植物种植与竖向设计

1. 满足排水要求

公园中植物种植区的占地面积最大，是公园最重要的景观基础，而植物种植区的竖向设计需满足植物生长习性，尤其是大面积草坪及林地应充分利用自然地形进行排水，或通过有效组织将降水导入具生态储水功能的生态滞留洼地。

2. 丰富景观层次

公园竖向设计中，由于场地的大小及原地形的影响，通常通过植物种植设计强化地形变化，或通过高矮植被配置，丰富竖向景观层次，形成公园优美的林冠线。

二、竖向设计的方法

1. 等高线法

等高线法就是在绘有原地形等高线的图纸上，设计出新的地形等高线以及设计平面图，两者的对比能很直接地表现出地形变化与土方量、场地平面设计与地形的关系以及各场地节点标高等关系，这种方法利于初期设计方案的修改及优化，直观看出土方工作量，十分快捷方便。

在利用等高线法进行竖向设计时，主要观察其与原地形等高线的变化。一般用虚线表示自然等高线，用细实线表示设计等高线。设计等高线与自然等高线的交点就是不挖不填的点，称为零点。零点的连线称为零点线，即挖方与填方的分界线。当设计标高比原地形标高高时称为填方，设计标高比原地形标高低时称为挖方，尽可能做到土方平衡(图 6-24)。

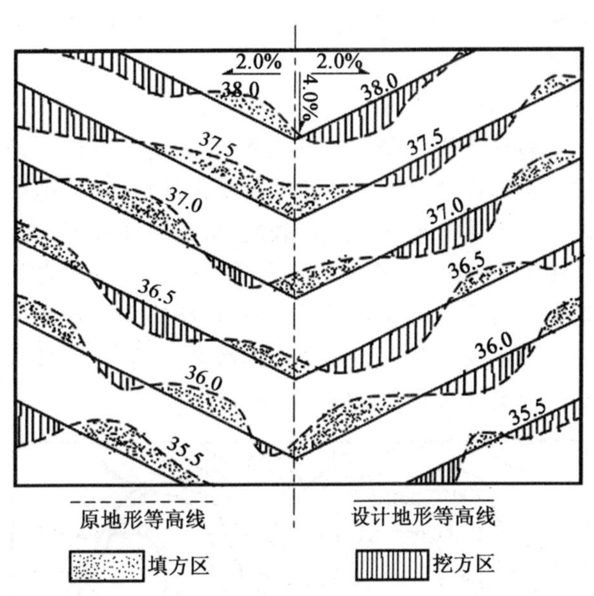

图 6-24　道路及场地的等高线设计

2. 断面法

断面法是计算原地形与设计地形的断面在竖向上的差距，再将每个断面的差值连接起来后计算整体的挖方量与填方量的一种表示方式。

一般步骤是先在场地平面图上画出一系列大小合适的方格网(方格网间距越小，则精度越高)。再根据原地形图和设计地形图确定每个交点的原地形标高和设计地形标高。施工标高为正数则表示挖方，为负数则表示填方。然后确定一个海拔最低点定为标高起点，在方格网的长轴中标注各交点的自然标高和设计标高，并计算每个交点的施工标高，即原地形标高减设计标高所得的值。最后连接自然地形和设计地形的断面。同理在横轴方向绘出场地竖向设计的横断面。将两个断面结合即可表示出该场地的竖向设计情况(图 6-25)。

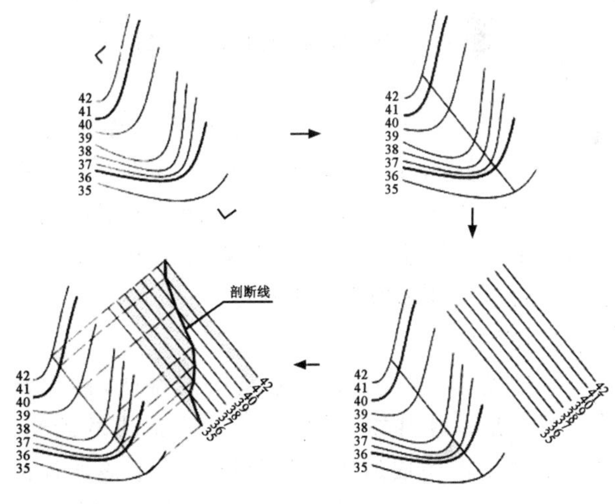

图 6-25　剖断面求法

断面法的优点在于能够通过数据的方式表现出该地区的土方量并且十分精确，而缺点在于该方法的工作量太大，耗时多。一般这种方法用于平整

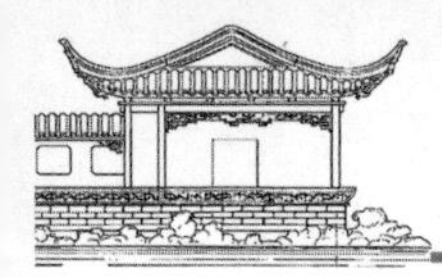

场地，或是在平地上进行竖向设计，这样能大大减少计算量。

3. 高程箭头法

高程箭头法是一种相对简单快速的方法。通常先根据规划设计确定各建筑室内外标高、场地标高以及水体常水位标高等数据，将其标注在竖向设计图纸中，然后用箭头表示其排水方向。一般自然地形只需要标出方向即可，而在道路广场等硬质铺装场地需要在箭头上方标注排水坡度，防止因坡度过陡而造成排水障碍（图 6-26）。

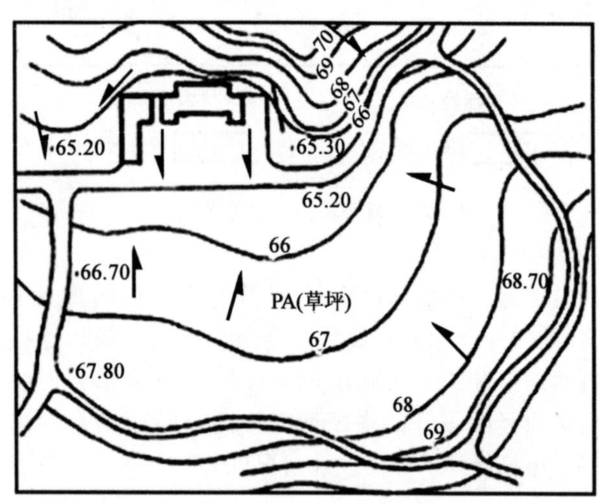

图 6-26　高程箭头法竖向设计示例

高程箭头法进行竖向设计，速度快，更改方便简洁，工作量小，是一种比较简单实用的方法。但是由于其总体计算较粗糙，容易因标高点限制而产生高程不明确的情况，所以一般在大尺度场地或地形变化较单一的场地中使用较多。

4. 模型法

早期模型法一般指的是泡沫模型法，即用泡沫、PVC 板等材料加工制成，是真实地形的缩写。这类模型制作完成后十分形象地表达了该场地的整体形态，有利于给设计师直观形象，并且在设计过程中能根据地形做出调整。但是做好的模型基本不能修改，且制作费事，投资较大。

现在，使用计算机模型的设计越来越多。在电脑中建模能够起到与上述泡沫模型相同的作用，并且省时省力。而且在电脑中建模十分容易修改，方便设计师设计完之后进行仔细推敲并作出调整。一般常用的软件有 AutoCAD、SketchUp、3Dmax、Lumion 等。

三、土方工程与竖向设计

公园竖向设计不仅涉及场地的空间划分、使用功能、景观效果以及后期的养护管理，而且与施工过程中产生的土方量紧密相关，公园中土方的填挖、运输不仅关乎工程稳定性，且经济成本也较高，因此公园中合理的竖向设计方案一定要充分尊重和利用现状地形，较小对场地发生干扰，产生较少土方量。

（一）影响因素

1. 场地原地形

设计场地一般不是完全的平地，都会有一些地形的起伏。进行规划设计时应顺应自然地形的走势，充分利用原地形，高处堆山以显山之高，低处挖池以显池之深。对场地现状以利用为主，改造为辅，能大大减少土方工程量。

2. 建筑选址

建筑和构筑物的设计建造过程中，通常会出现大量土方量，特别是在一些坡地上建造时。一般建筑要求有一个平整的地区，在此基础上夯实素土，建造地基。所以建筑设计时要改变建筑形态，随形就势以适应复杂地形（图 6-27）。建筑与地形结合的几种关系中，从图 6-27a 到图 6-27d，土方量依次减少。

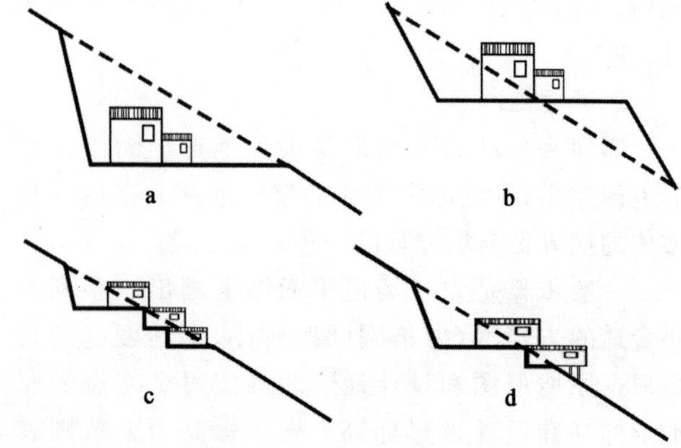

图 6-27　建筑与地形结合的几种形式

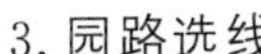

3. 园路选线

园路的选线也需要充分结合自然地形条件选择合适的形式。一般在坡地上修筑路基有三种形式,包括全挖式、半挖半填式及全填式。在沟谷低洼地区路基要建设成路堤的形式,以防止道路积水严重;在陡峭地区要建设成路堑的形式,以减少道路坡度(图 6-28)。

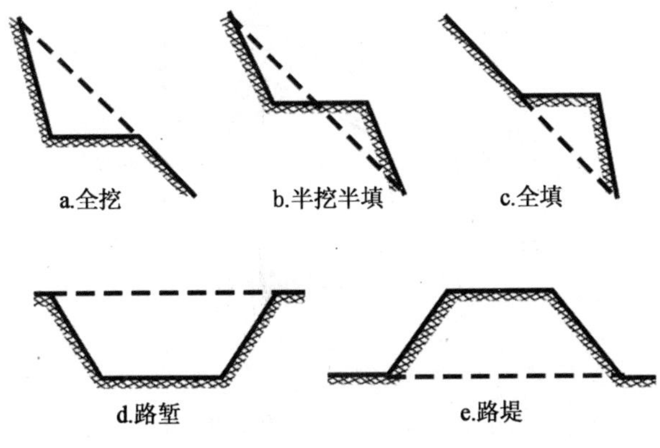

图 6-28　建筑与道路结合的几种形式

4. 地形改造

在设计公园时,尽量减少大规模的平整土地或堆筑山体。可以设计一些微地形,在原来基础上增加地形变化的强度即可,且设计地形时最好就近挖方填方,不仅加大两处的高差,也节省了土方运输的经济投入。

5. 土方运输

在进行挖方填方之前,应对场地有一个整体的把握,确定好挖方填方区域,最好能在挖完后立即运输到需要填方的区域,防止二次运输产生的浪费。并且要考虑好运输路线与道路质量的问题,尽可能减少运输距离。

6. 管线埋深

在需要进行管线布置的区域,要注意不可设计断面过大的雨水沟或下沉场地,合理安排空间能减少管线布置的埋深。在满足管线使用的前提下,应尽可能减少管线距离,绕开施工不利地段。

(二)土方工程量的平衡

1. 场地上的平衡

(1)分期、分区平衡与场地整体平衡相结合　公园内的土方平衡应在分期、分区平衡的基础上统一考虑场地内部土方平衡问题,避免因施工难度或实际需求造成的重复挖填。

(2)综合协调参与土方平衡的工程项目　在进行土方平衡时,应充分考虑公园内部参与平衡的所有项目,如开挖水体、道路、驳岸、建筑基础、地下构筑物以及工程管线等的出土以及堆砌假山、地形的填土等。

(3)综合考虑公园内外的土方平衡　能够实现公园土方的内部平衡固然最为经济实用,但根据实际情况不必过分追求公园内绝对的土方平衡。如可将开挖水系的大量土方用于修堤筑坝、道路等水利市政工程,可以有效避免在场地内刻意寻找土方平衡可能会造成的植被生境破坏。

2. 处理好挖填关系

(1)多挖少填　由于填方的不易稳定性,当其作为建构筑物基础时需增加基础工程量,作为植物种植区时则需要一定时间的沉降;而挖方过多则会遇到工程地质等施工问题。综合考虑二者对建设的影响程度,若弃土方便,宜多挖少填。

(2)重挖轻填　在场地平整后,考虑到工程稳定性及使用安全性,大型建构筑物应布置在挖方地段,而轻型设施、道路、活动场地等可布置在填土地段。

(3)上挖下填与近挖近填　方便运输、节约成本。

(4)避免重复挖填　在建设实践中应在保证设计正确的前提下,有计划地对场地挖填方进行统筹安排,避免重复的挖填造成不必要的资源浪费。

第三节　园路设计

一、园路线形设计

公园园路线形设计主要包括平面线形设计和横断面、纵断面线形设计。

1. 平面线形设计

平面线形设计就是具体确定园路在平面上的位置,由勘测资料和道路性质等级要求,以及景观

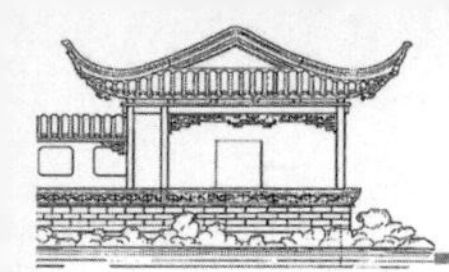

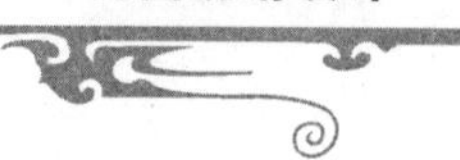

的需要，找出园路中心线的位置，确定直线段，选用平曲线半径，合理解决曲直线的衔接，恰当地设置超高、加宽路段，保证安全视距、绘出园路平面设计图，即园路的平面布局。园路的平面线形设计即园路中心线的水平投影形态。

园路平面线形设计应遵循以下要求：①结合建筑、水体、植物等设施，构成公园完整平面结构，布局合理，风景优美；②创造连续展示公园景观的空间或欣赏前方景物的透视线；③园路的转折、衔接通顺自然，且符合游客活动规律。

在园路的转弯处，需要注意转弯半径能使机动车安全行驶。当车辆在弯道上行驶时，为了使车体顺利转弯，保证行车安全，要求弯道外侧部分应为圆弧曲线，该曲线称为平曲线，其半径称为平曲线半径(图 6-29)。自然式园路较曲折，其平曲线变化主要由以下几个因素决定：①公园造景需要；②当地地形条件要求；③行车安全的要求。综合以上几个因素，平曲线最小半径一般不小于 6 m。

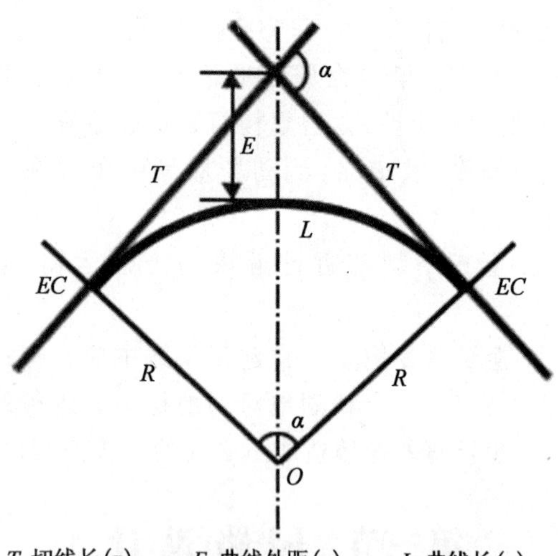

T-切线长(m)；　E-曲线外距(m)；　L-曲线长(m)；
α-路线转折角度；　R-平曲线半径

图 6-29　平曲线示意图

当汽车在弯道上行驶时，由于前轮轮迹较大，后轮轮迹较小，会出现轮迹内移的现象。为了防止后轮驶出路外，车道内侧需要适当加宽，称为曲线加宽(图 6-30)。曲线加宽需要注意以下几点：①曲线加宽的值与车体长度的平方成正比，与弯道半径成反比；②当弯道中心线平曲线半径大于 200 m 时可不必加宽；③为使直线路段上的宽度逐渐过渡到弯道上的加宽值，需设置加宽缓和段；④为了通行方便，园路的分支和交汇处应加宽其曲线部分，使其线形圆润、流畅，形成优美的视角。

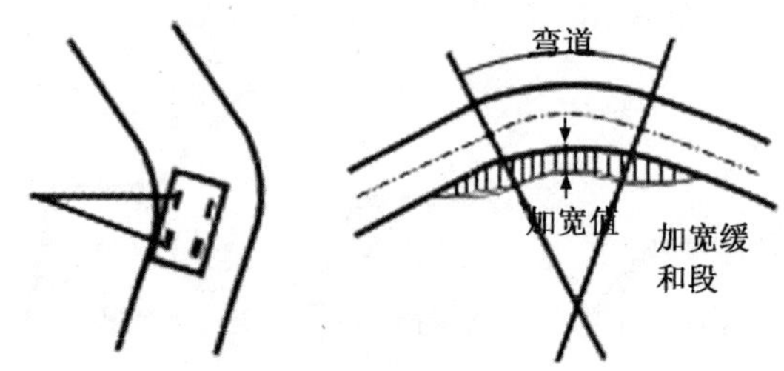

图 6-30　曲线加宽示意图

2. 横断面线形设计

垂直于园路中心线方向的断面叫园路的横断面，能反映出园路在竖向上与其他设施的关系，如管线、植物等的相互情况。园路横断面设计主要用于确定合适的横断面形式和路拱，并解决道路与管线等设施之间的矛盾。

路拱即路面的横向断面做成中央高于两侧，具有一定坡度的拱起形状。路面表面设计成拱形、斜线形等形状，其作用是利用路面横向排水。路拱的基本设计形式按横断面形状可以分为抛物线形、折线形、直线形、单坡形四种形式(图 6-31)。

(1)抛物线形　最常见的路拱形式。这种路拱中部呈抛物线状，变化较平缓，越向外越陡，对行车、排水都十分有利，但不适合较宽的道路。

(2)折线形　从园路中部到外部，是由若干横坡坡度逐渐增大的折线组成，这种路拱横坡坡度变化缓慢，适合较宽的园路使用。

(3)直线形　由两条倾斜的直线组成，为了行人和通车方便，通常可在横坡为 1.5%的直线形路拱中部插入一段抛物线或圆曲线，但曲线的半径不宜小于 50 m，曲线长度不应小于路面总宽度的 10%，这类路拱适用于二车道或多车道并且路面横坡坡度较小的园路。

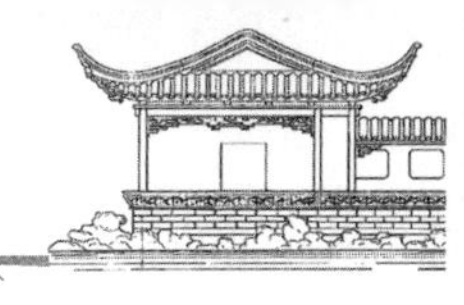

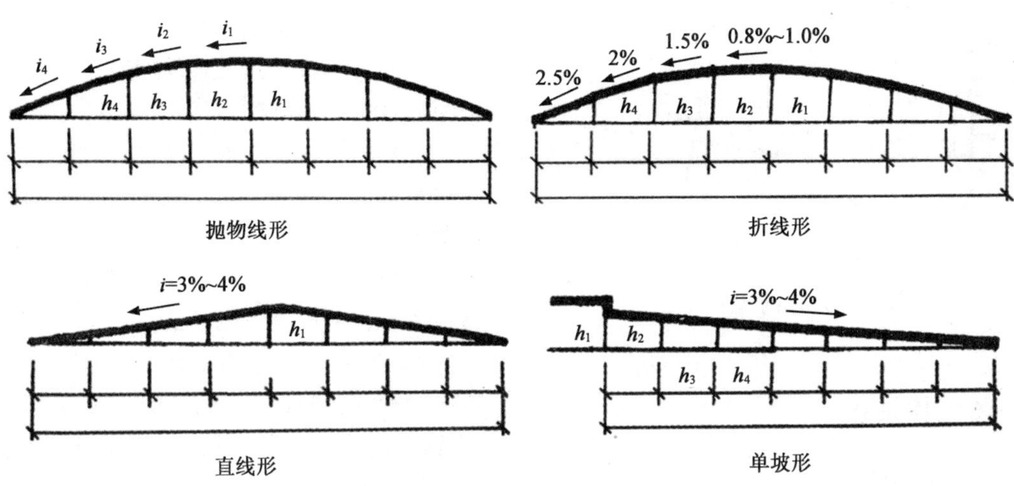

图 6-31　典型路拱示意图

(4)单坡形　这类路拱就是前面几种的一半的路拱形式，其路面倾斜向一边，使雨水汇集到园路一侧。使用这种路拱形式的园路的路宽不得超过 9 m，一般用于山地公园。

3. 纵断面线形设计

园路的纵断面是指沿着园路中心线截断的竖向断面，主要用于确定路线各处的标高以及各路段的纵坡坡度。园路中心线在纵断面上是上下起伏的，为使园路平顺，在起伏转折的地方设计成竖向的圆弧形，称为园路的竖曲线(图 6-32)。

园路纵断面设计要遵循以下几点要求：

(1)园路需根据造景需要，随地形变化而变化。并且处理好其与道路、广场、建筑物等要素之间的衔接关系。

(2)在满足景观营造的情况下，需尽量利用原地形以保证路基的稳定，并减少土方量。

(3)园路与相连的城市道路在高程上应有合理的连接。

(4)园路应配合组织园内地面水的排出，结合地下管线的布局，达到经济合理的效果。

(5)当汽车在弯道上行驶时，产生横向推力叫做离心力，这种离心力的大小，与车行速度的平方成正比，与平曲线半径成反比。为了平衡汽车在弯道上所产生的离心力，防止车辆向外侧滑移，会将弯道设计成单一向内侧倾斜的横坡，该横坡所形成的高差叫做弯道超高(图 6-33)。为了使直线路段的双向横坡与弯道超高的单向横坡衔接平顺，应设置超高缓和段。

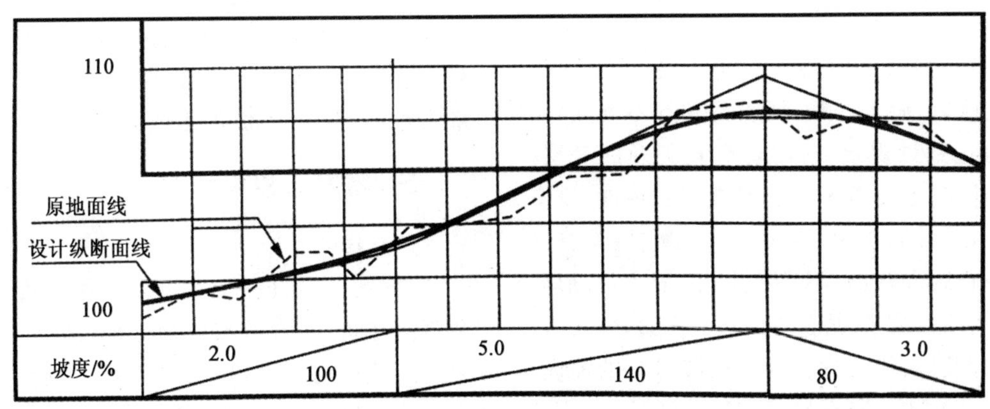

图 6-32　园路竖曲线示意图

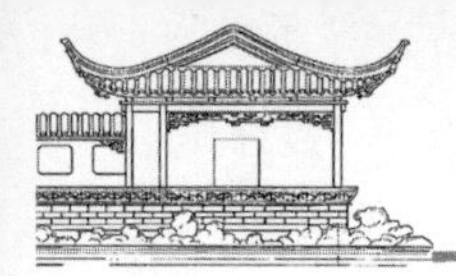

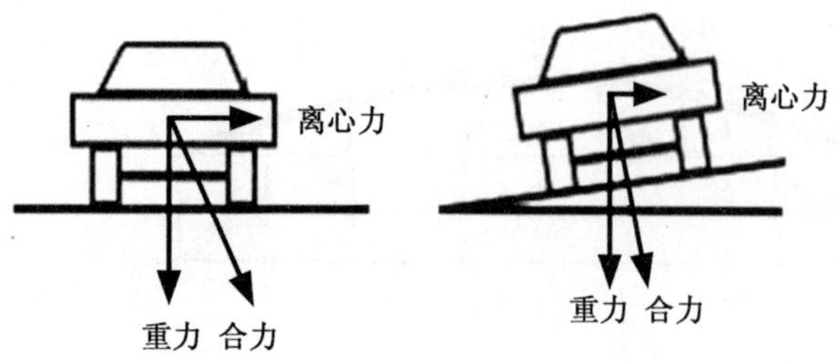

图 6-33 弯道超高示意图

二、园路结构设计

(一)园路结构的组成

园路结构一般由路面层、路基组成。

1. 路面层

园路路面层的形式比城市道路的结构简单,一般分为四个部分:面层、结合层、基层、垫层(图 6-34)。

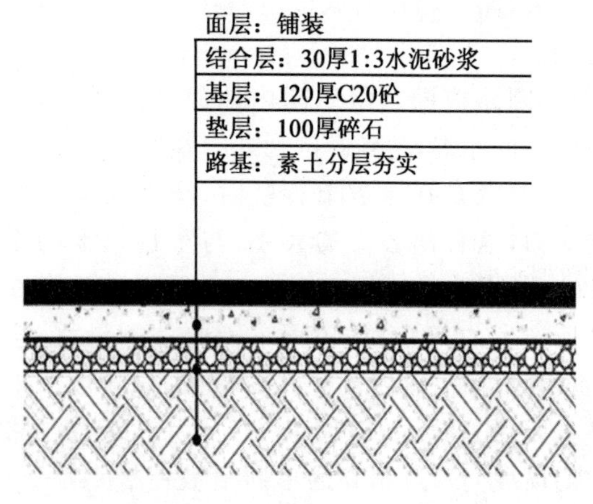

图 6-34 园路结构示意图

(1)面层 面层是园路最上面一层,一方面直接接受阳光照射、游人踩踏、风吹雨淋等不利条件;另一方面为达到景观效果,需要有较美观的表层。所以设计面层时主要考虑三个因素即实用性、安全性及美观性,具体包括坚固、平稳、耐磨损;具有一定粗糙度防止游人跌倒;不易积尘,便于清扫;形象美观,与周围环境结合,是公园的造景要素之一。

园路的面层一般会进行各类铺装材料的铺设,常见的有花街铺地、卵石路面、雕砖卵石、嵌草铺地、块料路面、整体路面、步石、汀步、蹬道等。

(2)结合层 采用块料铺筑面层时,在面层和基层之间为了找平而设置的一层。一般用 3～5 cm 的粗砂、水泥砂浆或白灰砂浆即可。

(3)基层 一般在土基之上,起承重作用。一方面承载由面层传下来的荷载;另一方面把此荷载传给土基。基层不直接接受车辆和气候因素的作用,对材料的要求比面层低,一般用碎石、砾石、灰土或各种工业废渣组成。

(4)垫层 垫层是在路基排水不良,或是发生冻裂、翻浆的路段上,为了排水、隔温、防冻的需要,用煤渣土、石灰土等筑成的。在园林中可以采用加强基层的方法,不设此层。

2. 路基

路基是路面基础,它不仅为路面提供一个平整的基面,承载路面层传下来的荷载,也是保证路面强度和稳定性的重要条件之一。因此,对保证路面使用寿命具有重大意义。

(二)园路结构设计原则

1. 就地取材

园路施工过程中会产生很大的费用。为了节约材料,节省时间,应在修建施工时尽量使用现有材料,特别是现存的植物,应优先选择保留或移植该植物。还有一些当地材料、建筑废料等,应予以充分利用。

2. 薄面、强基、稳基土

在公园道路设计时,要做到薄面、强基、稳基土。面层不是承重的主要部分,所以只需要做到“薄面”即可。基层强度不够,则在车辆通过道路时容易出现道路被压碎的情况,所以要加强基层,即“强基”;基土不稳,则道路承受不住路面压力,容易使道路从地下土层开始松动,因此园路要做到“稳基土”。

三、附属工程设计

1. 路缘石

路缘石又称道牙,是设立在路面边缘、分隔带和路面之间、人行道与路面之间、人行道与绿化带之间的条状构筑物,用于确保行人安全,进行交通引导,有保留水土,保护植栽等作用(图 6-35)。分为立缘石(简称侧石)和平缘石(简称平石)。

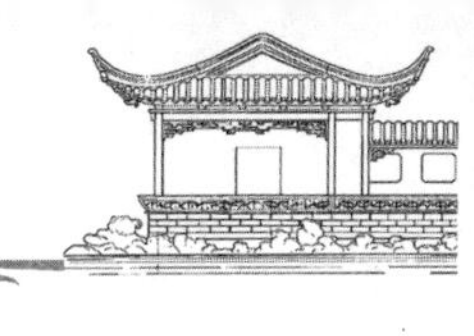

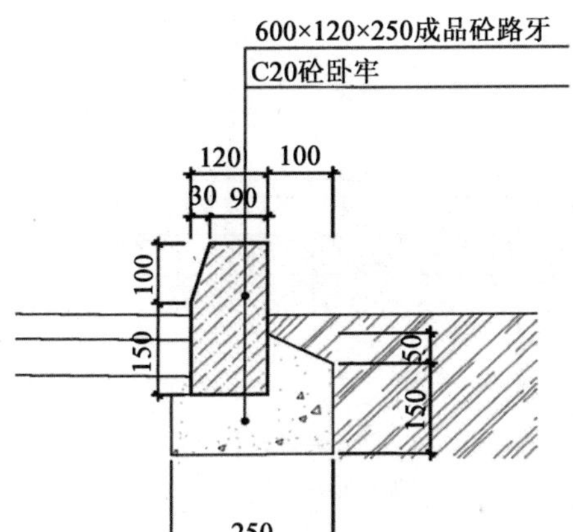

图 6-35　路缘石结构示意图

立缘石适用于块料路面，宜设置在中间分隔带、两侧分隔带及路侧带两侧。当设置在中间分隔带及两侧分隔带时，外露高度宜为 15～20 cm；当设置在路侧带两侧时，外露高度宜为 10～15 cm。平缘石适用于整体路面，宜设置在人行道与绿化带之间，以及有无障碍要求的路口或人行横道范围内。它们安置在路面两侧，使路面与路肩在高程上起衔接作用，并能保护路面，便于排水。

2. 明渠

公园中的明渠指设置在园路两侧，用于排出雨水的渠道。断面多设计成倒梯形。明渠可用砖、石板、卵石等铺砌而成(图 6-36)。

3. 雨水井

雨水井，其侧面有孔与排水管道相连，底部有向下延伸的渗水管，可将雨水向地下补充并使多余的雨水经排水管道排走，减缓地面沉降及防止暴雨时路面被淹泡(图 6-37)。

4. 踏步与坡道(台阶、礓礤、蹬道)

当路面坡度超过 12°时，为了便于行走，在不通行车辆的路段上，应设置踏步，即台阶；当路面坡度超过 20°时，一定要设置踏步；当坡度超过 35°时在踏步一侧应设扶手栏杆；当坡度超过 60°时，则应做蹬道、攀梯。

踏步的宽度与路面相同，每级踏步的踢面为 12～17 cm，踏面为 30～38 cm。为了给游人留适当的休息空间，一般每 10～18 级后应设一段平坦的地段。为了防止积水、结冰，每级踏步应有 1%～2% 的向下坡度，以利排水。在设置踏步的地段上，至少需要设计 2～3 级踏步(图 6-38)。

在坡度较大的地段上，一般纵坡超过 15%时应该设台阶，但是为了能通行车辆，将斜面做成锯齿形坡道，称为礓礤。对轮椅来说，要求坡道的宽度最小为 1 m，坡道尽头应有 1.1 m 的水平长度，以便回车。轮椅要求坡面的最大斜率为 1∶12，即 5°，坡道的最长距离为 9 m。

5. 步石与汀步

步石即在自然式草地或建筑附近的小块绿地上用一至数块天然石块或预制成圆形、树桩形、木纹板形等铺块，自由组合于草地之中。石块与石块间的间距保持在 10 cm 左右，步石露出土面高度通常是 3～6 cm(图 6-39)。

汀步是设置在水中的步石，使游人可以平水而过，汀步适用于窄而浅的水面，如在小溪、涧、滩等地，古代称为“鼋鼍”。汀步附近 2 m 范围内，水深不应大于 0.5 m。

6. 种植池

在路边或广场上栽种植物，一般应留种植池(图 6-40)，在栽种高大乔木的种植池上应设保护栅。种植池的设计也可结合公园中坐椅设计。

图 6-36　几种类型明渠示意图

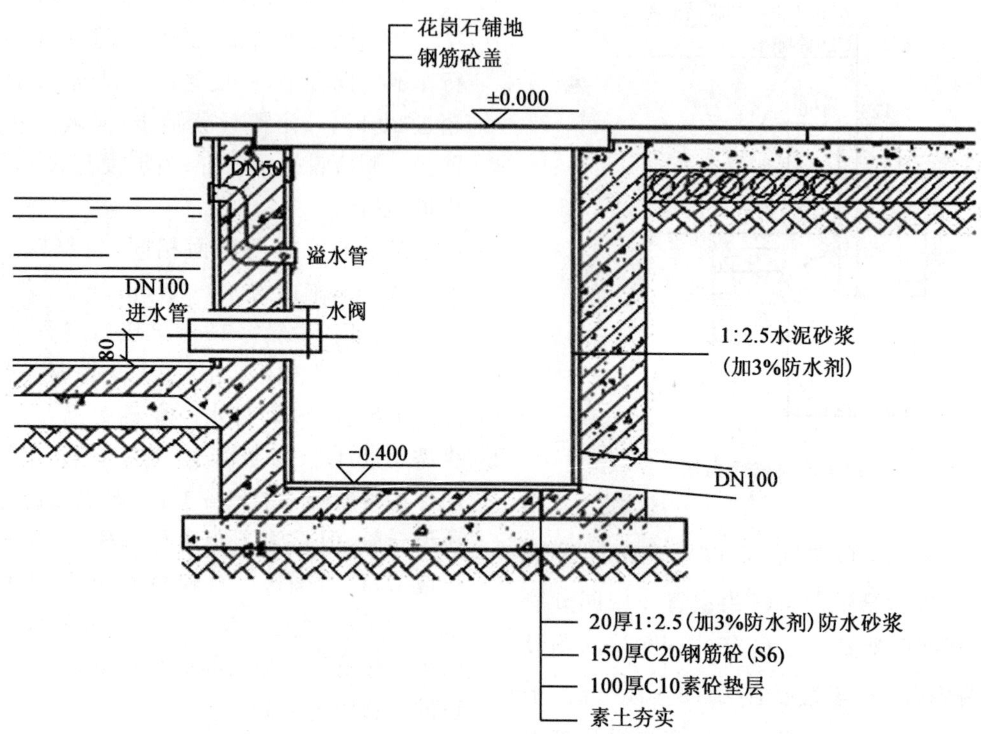

图 6-37 雨水井结构示意图

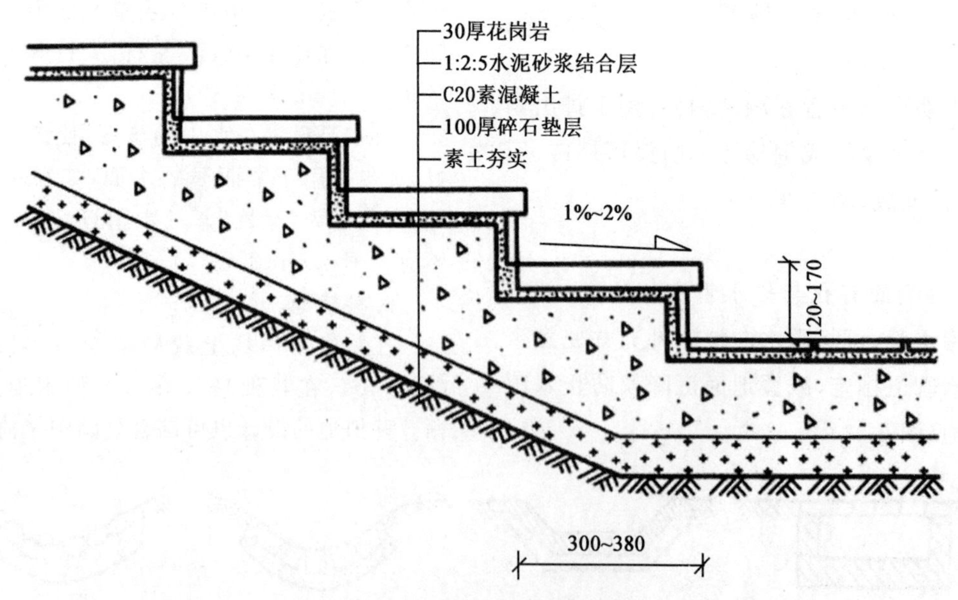

图 6-38 台阶结构示意图

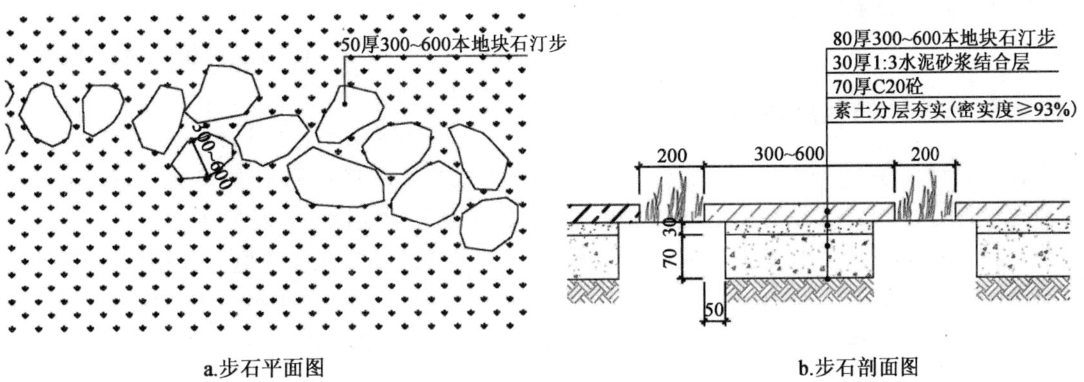

图 6-39　步石示意图

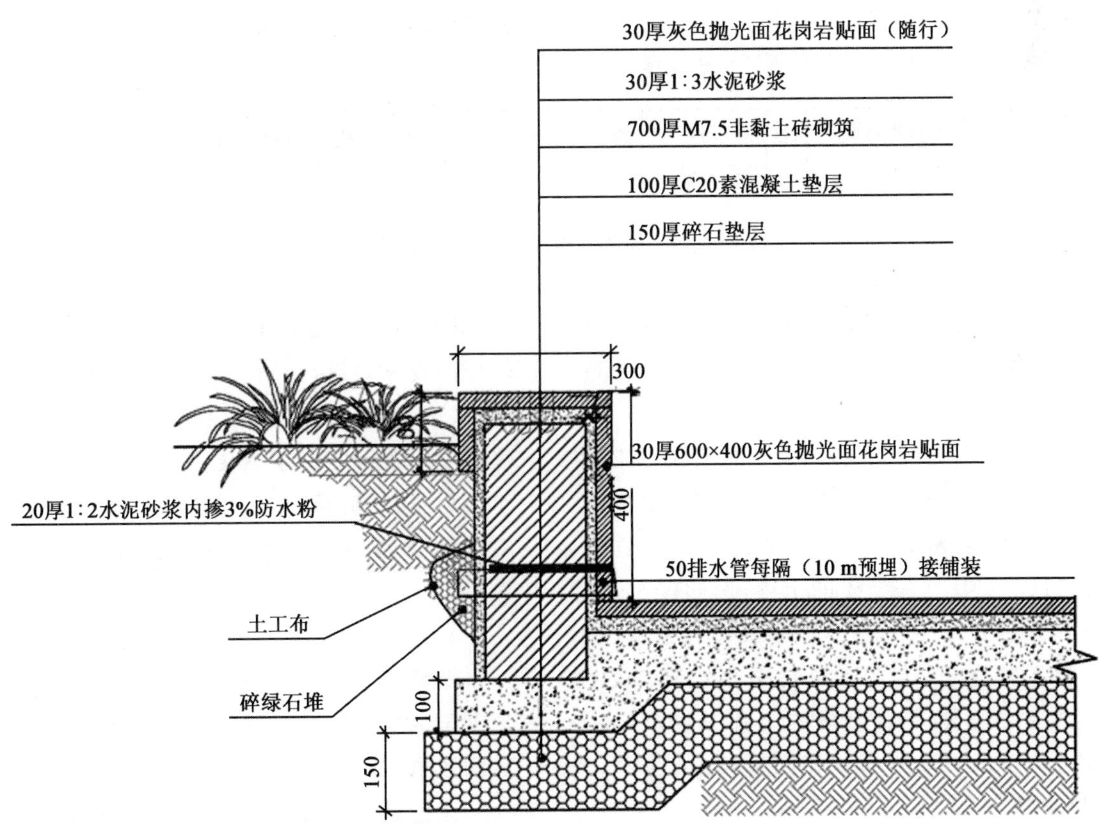

图 6-40　种植池结构示意图

第四节　植物种植设计

一、植物种植设计的程序和内容

1.植物种植设计程序

植物种植设计是公园详细设计内容之一，在总体规划设计和其他详细设计的基础上同时进行，其具体设计程序如图6-41所示。

2.基地条件和植物品种选择

虽然有很多植物种类都适合于基地所在地区的气候条件，但是由于生长习性的差异，植物对光线、温度、水分及土壤等环境因子的要求不同，抵抗劣境的能力不同，因此应针对基地特定的土壤、小气候条件，选择种类，做到适地适树。

(1)对不同的立地光照条件应分别选择喜阴、半耐阴、喜阳等植物种类。喜阳植物宜种植在阳光充足的地方，如果是群体种植，应将喜阳的植物安排在上层，耐阴的植物宜种植在林内林缘或树荫下及墙的北面。

(2)多风的地区应选择深根性生长快速的植物种类，并且在移植后应立即加桩、拉绳、固定，风大的地方还可以设立临时挡风墙。

(3)在地形有利的地方或四周有遮挡并且小气候温和的地方可以种些稍不耐寒的种类，否则应选用在该地区最寒冷的气温条件下也能正常生长的植物种类。

(4)受空气污染的基地还应注意根据不同类型的污染，选用相应的抗污染树种，大多数针叶树和常绿树不抗污染，而落叶阔叶树的抗污染能力较强，比如国槐、臭椿、银杏等就属于抗污染能力较强的树种。

图6-41　植物种植详细设计程序示意图

(5)对不同pH的土壤应选用相应的植物种类，大多数针叶树喜欢偏酸性的土壤(pH 3.7～5.5)，大多数阔叶树较适应微酸性土壤(pH 5.5～6.9)，大多数灌木能适应pH为6.0～7.5的土壤，只有很少一部分植物耐盐碱，如乌桕、苦楝、泡桐、紫薇、柽柳、白蜡、刺槐、柳树等。当土壤其他条件合适时，植物可以适应更广范围pH的土壤，例如桦木最佳的土壤pH为5.0～6.7，但在排水较好的微碱性土壤中也能正常生长，大多数植物喜欢较肥沃的土壤，但是有些植物也能在瘠薄的土壤中生长，如黑松、白榆、女贞、小蜡、水杉、枫香、柳树、黄连木、紫穗槐、刺槐等。

(6)低凹的湿地、水岸旁应选种一些耐水湿的植物，如水杉、落羽杉、池杉、垂柳、枫杨、木槿等。

3.植物配置

首先应熟悉植物的大小、形状、色彩、质感和季相变化等内容，综合考虑植物间的形态和生长习性，既要满足植物的生长需要，又要保证能创造出较好的视觉效果，与设计主题和环境相一致。一般来说，庄严、宁静环境的配置宜简洁、规整；自由活泼环境的配置应富于变化，有个性环境的配置应以烘托为主，忌喧宾夺主，平淡的环境宜用色彩、形状对比较强烈的配置；空阔环境的配置应集中，忌散漫。

4.种植间距

做种植平面图时，图中植物材料的尺寸应按照现有苗木的大小按照比例画在平面图上，这样种植后的效果和图面设计的效果就不会相差太大。

无论是视觉上还是经济上，种植间距都很重要。稳定的植物景观中的植株间距和植物的最大生长尺寸或成年尺寸有关。在公园设计中，从造景和视觉效果上看，乔灌木应尽快形成种植效果，地被植物应尽快覆盖裸露的地面，以缩短公园景观形成的周期。因此，如果经济上允许的话，一开始可以将植物种得密些，过几年后逐渐移去一部分。例如，在树木种植平面图中，可以用虚线表示若干年后需要移去的树木，也可以根据若干年后的长势以及种植形成的立地景观效果加以调整，移去一部分树木，使剩下的树木有充足的地上和地下生长空间。解决设计效果和栽植效果之间差别过大的另一个方法是合理地搭配和选择树种，种植设计中可以考虑增加速生种类的比例，然后用中生或慢生的种类衔接，逐渐过渡到相对稳定的植物景观。

5.各类苗木规格标准

1)乔木类

(1)苗木的规格要求：具主轴的应有主干枝，主干枝应分布均匀，干径在3.0 cm以上。

(2)阔叶乔木类苗木规格以干径、树高、苗龄、分枝点高、冠径和移植次数为规定指标；针叶乔木类苗木产品质量标准以树高、苗龄、冠径和移植次数为规定指标。

(3)行道树用乔木类苗木的规格规定指标为：阔叶乔木类应具主枝3～5个，干径不小于4.0 cm，分枝点高不小于2.5 m；针叶乔木应具主轴，有主梢。

2)灌木类

(1)灌木类苗木的规格标准以苗龄、蓬径、主枝数、灌高或主条长为规定指标。

(2)丛生型灌木类苗木的规格要求：灌丛丰满，主侧枝分布均匀，主枝数不少于5个，灌高应有3个以上的主枝达到规定的标准要求。

(3)匍匐型灌木类苗木的规格要求：应有3个以上主枝达到规定标准的长度。

(4)蔓生型灌木类苗木的规格要求：分枝均匀，主条数在5个以上，主条径在1.0 cm以上。

(5)单干型灌木类苗木的规格要求：具主干，分枝均匀，基径在2.0 cm以上。

(6)绿篱用灌木类苗木的规格要求：冠丛丰满，分枝均匀，干下部枝叶无光秃，干径同级，树龄2年生以上。

3)藤本类

(1)藤本类苗木的规格标准以苗龄、分枝数、主蔓径和移植次数为规定指标。

(2)小藤本类苗木的规格要求：分枝数不少于2个，主蔓径应在0.3 cm以上。

4)竹类

(1)竹类苗木的规格标准以苗龄、竹叶盘数、竹鞭芽眼数和竹鞭个数为规定指标。

(2)母竹为2～4年生苗龄，竹鞭芽眼2个以上，竹竿截干保留3～5盘叶以上。无性繁殖竹苗应具2～3年生苗龄；播种竹苗应具3年生以上苗龄。

(3)散生的竹类苗木的规格要求：大中型竹苗具有竹竿1～2个；小型竹苗具有竹竿3个以上。

(4)丛生竹类苗木的规格要求：每丛竹具有竹竿3个以上。

(5)混生竹类苗木的规格要求：每丛竹具有竹竿2个以上。

5)棕榈类

棕榈类种苗木的规格标准以树高、干径、冠径和移植次数为规定指标。

6.植物种植设计表达方式

1)植物种植分区设计

因设计范围的面积有大有小，技术要求有简有繁，如果一概都只画一张平面图很难表达清楚设计思想与技术要求，制图时应分别对待处理，在第九届江苏省园艺博览会三区的植物种植设计中，由于设计范围面积大，采用总平面索引图(表达总种植设计及植物种植分区之间的关系，总的苗木统计表)→各分区平面分图(表达地块内的详细植物种植设计)，分A～I 9个区域来进行分区设计与绘制(图6-42)，使设计文件能满足施工、招投标和工程预决算的要求。

2)植物种植分层设计

对于种植层次较为复杂的区域应该绘制分层种植图，即分别绘制上层乔木、中下层灌木及地被的设计图纸(图6-43至图6-45)。

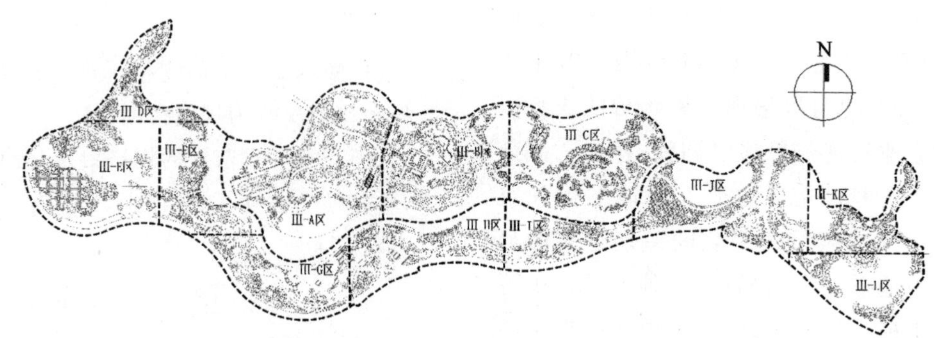

图 6-42　第九届江苏园艺博览会三区植物种植设计分区索引图

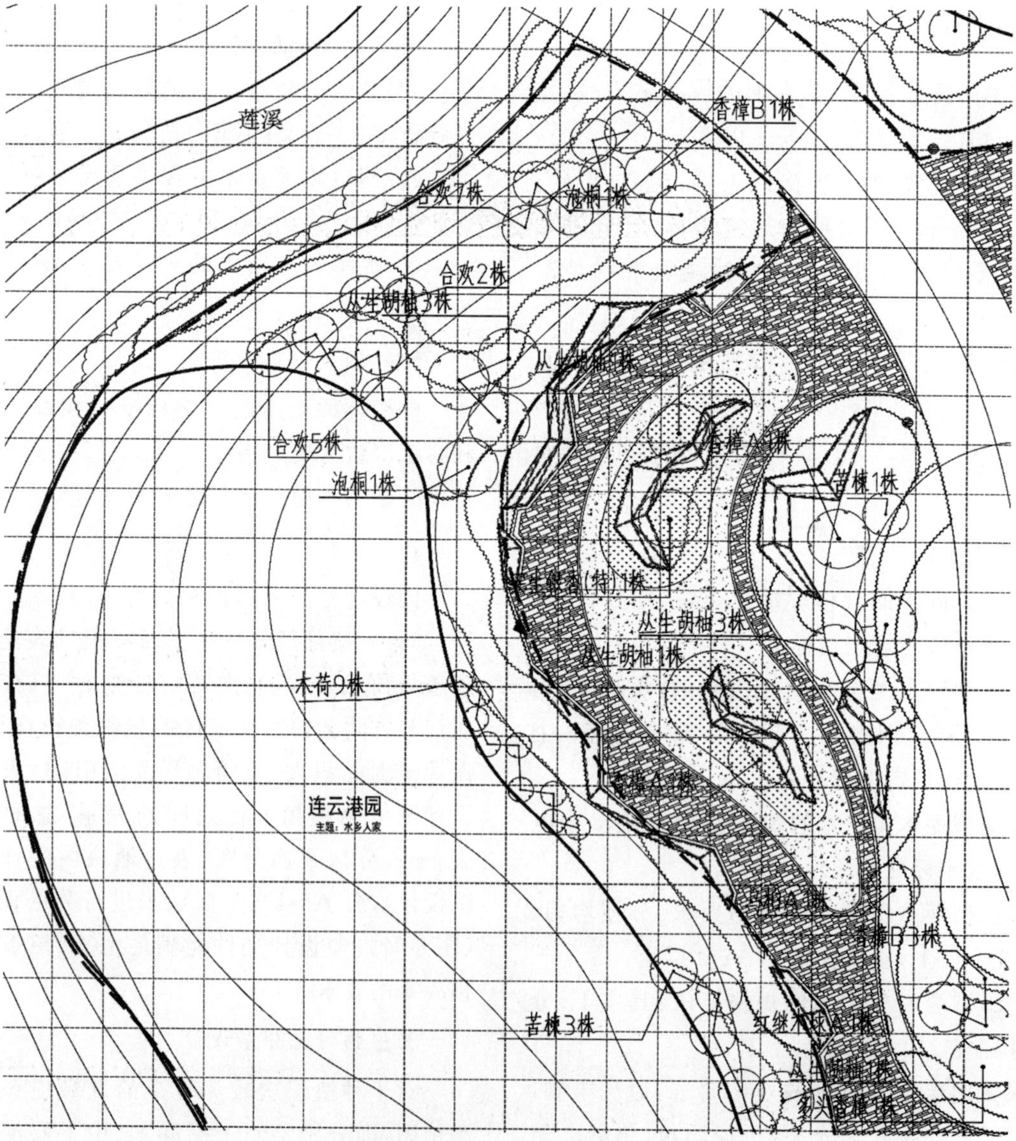

图 6-43　第九届江苏园博会博览园花境种植设计局部乔木种植设计

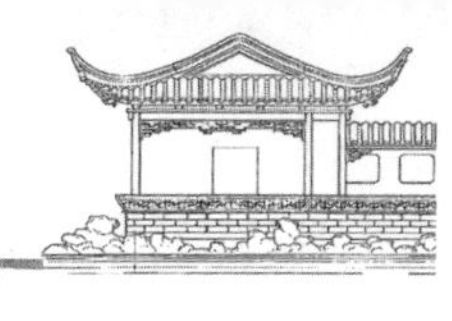

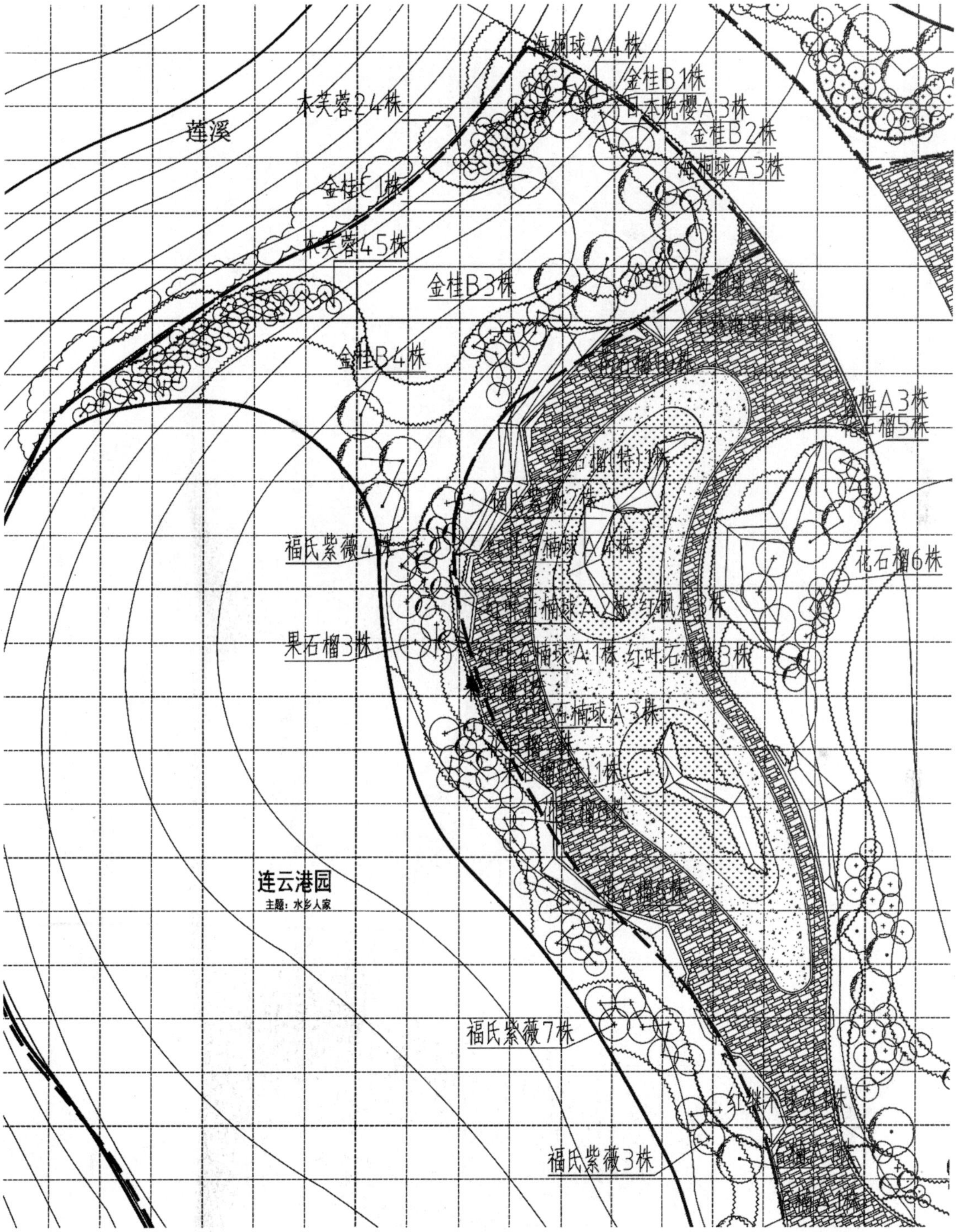

图 6-44 第九届江苏园博会博览园花境种植设计局部灌木种植设计

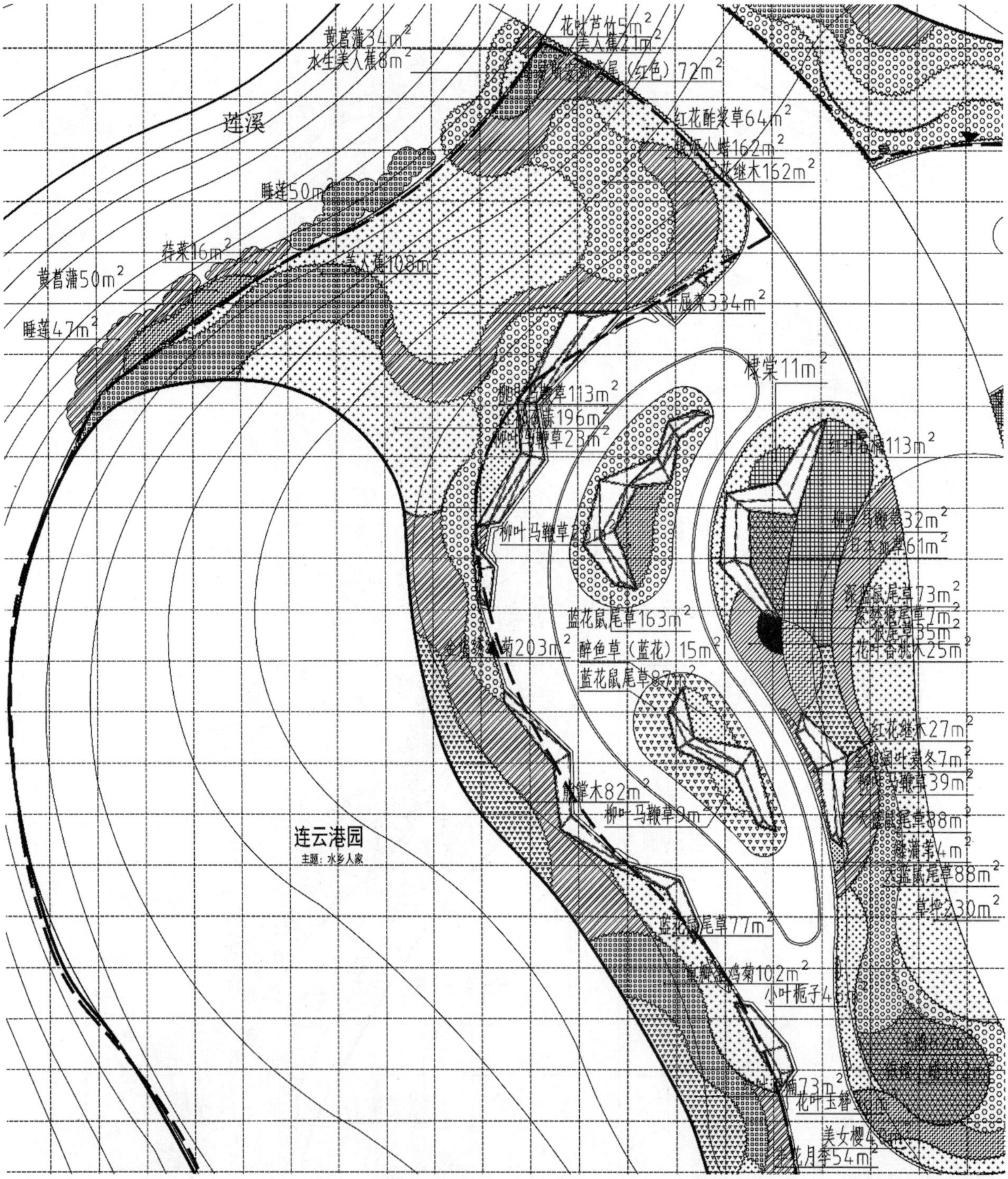

图 6-45　第九届江苏园博会博览园花境种植设计局部地被种植设计

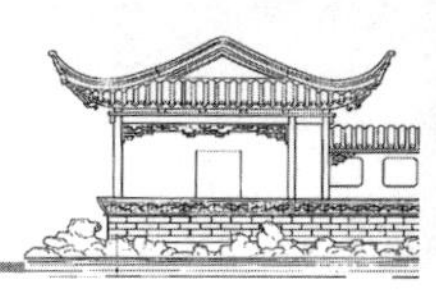

二、各类植物种植设计

1. 树木种植详细设计

树木景观一般可设计为孤植树、列植树、树丛、树群、植篱与模纹等，不同的设计形式能在公园中起到不同的景观效果。

1）孤植树

孤植树一般要求树木形体高大、姿态优美、树冠开阔、枝叶茂盛或者具有某些特殊的观赏价值，如鲜艳的花果叶色彩、优美的枝干造型、浓郁的芳香等。还要求生长健壮、寿命长，无严重污染环境的落花落果，不含有害于人体健康的毒素等。

孤植设计的空间环境选择，既要保证树木本身有足够的自由生长空间，又要有比较适宜的观赏视距与观赏空间，因而一般多选在开朗的空间，如草坪、广场、湖畔等。常见适宜作孤植树的树种有香樟、榕树、悬铃木、朴树、雪松、银杏、广玉兰、金钱松、油松、薄壳山核桃、麻栎、云杉、桧柏、白皮松、枫香、白桦、枫杨、乌桕等。

2）列植树

列植树的株距取决于树种特性、环境功能和造景要求等，一般乔木间距 3～8 m，灌木 1～5 m，灌木与灌木近距离列植时以彼此间留有空隙为准，区别于植篱。

列植树具有整齐、严谨、韵律、动势等景观效果。因此，宜选择树冠较整齐、个体生长发育差异小或耐修剪的树种。列植设计常用于道路边、分车绿带、建筑物旁、水际、绿地边界、花坛等种植布置。行道树就是最常见的列植设计。水际列植树多选择垂柳、枫杨、水杉等树种。

3）树丛与树群

树丛可以是一个种群，也可由多种树组成，树丛因树木株数不同而组合方式各异，不同株数的组合设计要求遵循一定的构图法则。树丛在公园绿地中应用广泛，可用于草坪、水边、河畔、岛屿、冈坡、道旁、花境、花坛、树坛以及庭院角隅、建筑一侧、园路转折等处，布局配置自由灵活，形式多样，丰富多彩。

树群所表现的是树木较大规模的群体形象美。群植设计一般应用于具有足够观赏视距的环境空间，如近林缘的开阔草坪上、土丘或缓坡地、湖心小岛以及开阔的水滨地段等。观赏视距至少为树群高度的 4 倍或树群宽度的 1.5 倍以上，树群周围具有一定的开敞活动空间。

树群规模不宜太大，一般以外缘投影轮廓线长度不超过 60 m、长宽比不大于 3∶1 为宜。群植的植物选择原则没有明确要求，主要通过植物的搭配达到生态美观的效果。

4）植篱与木本模纹景观

植篱是指由同种树木（多为灌木）做密集列植呈篱状的植物景观。公园绿地中，植篱常用作境界、空间分隔、屏障，或作为花坛、花境、喷泉、雕塑的背景与基础造景内容。

用于平面式木本模纹景观造型的植物应选择植株低矮、外形优美、四季绿叶或彩叶，或盛花期长、覆盖度大、适应性强、耐修剪、生长迅速且繁殖与管理维护容易的多年生植物。

2. 花卉种植设计

1）花坛设计

进行花坛设计时，主要考虑其色彩的布局需要有宾主之分，不能完全平均，也不能采用过多的对比色，以免使图案形状杂乱不清。通过对花坛植物株高配合、花色协调、图案设计等步骤之后还需要对镶边植物进行选择，镶边植物注意应低于内侧花卉、品种选择配合内部花卉。

花坛所用草花宜选择株型整齐、具有多花性、开花齐整而花期长、花色鲜明、能耐干燥、抗病虫害和矮生性的品种。常用的有金鱼草、雏菊、金盏菊、翠菊、鸡冠花、石竹、矮牵牛、一串红、万寿菊、三色堇、百日草等植物（图 6-46、图 6-47）。

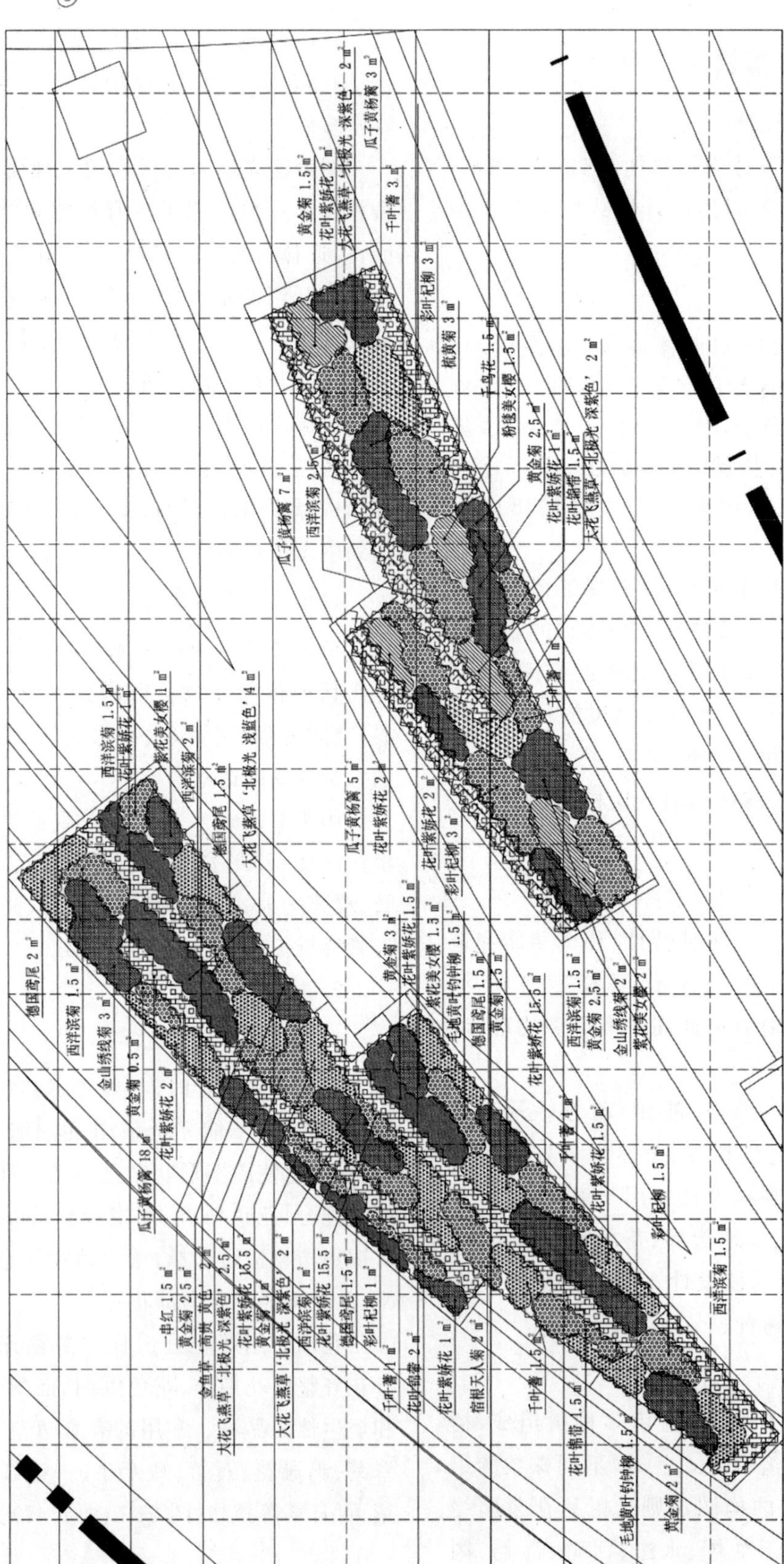

图6-46 第九届江苏园博会博览园局部花坛种植设计一

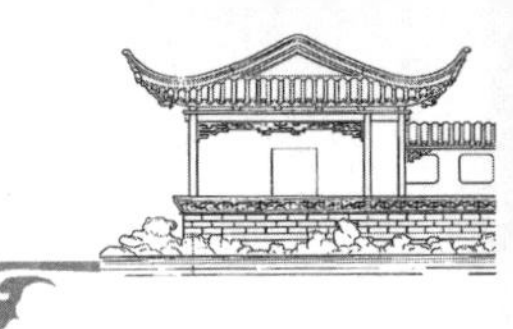

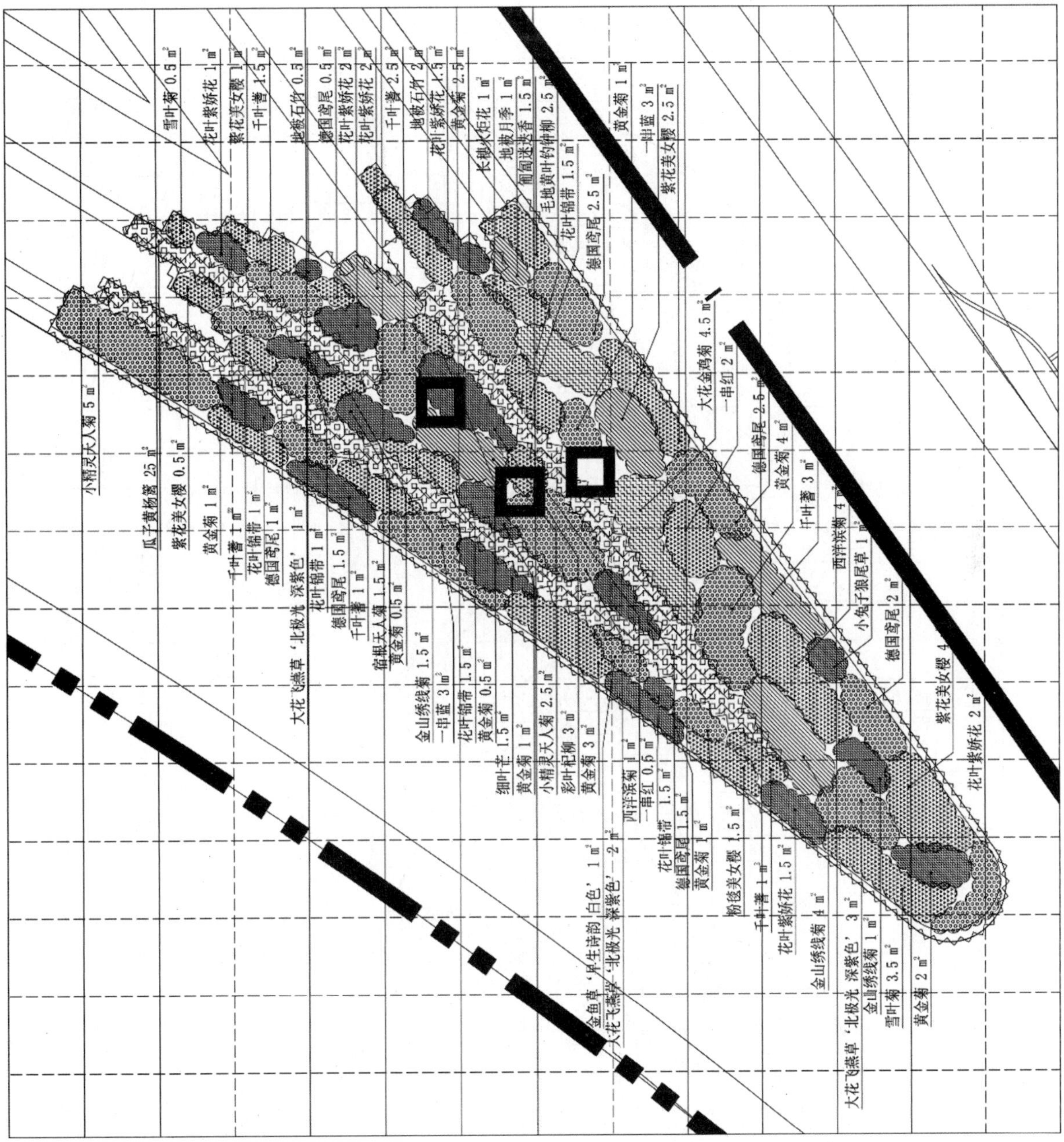

图 6-47 第九届江苏园博会博览园局部花坛种植设计二

2)花境设计

花境设计常用的花灌木与草花有贴梗海棠、矮生紫薇、山茶、红枫、杜鹃、金丝桃、珍珠梅、金钟花、玫瑰、牡丹、月季、丁香、棣棠、梅花、南天竹、吊竹梅、球根秋海棠、长春蔓、一叶兰、三叶草、唐菖蒲、葱兰、石蒜、韭兰、郁金香、菊花、紫茉莉、玉簪、鸢尾、蜀葵、芍药、金鸡菊、萱草、大丽花、美人蕉等。

花境植床与周围地面基本相平,中央可稍稍凸起,坡度 5%左右,以利排水,有围边时,植床可略高于周围地面,植床长度依环境而定,一般不宜超过 6 m,单向观赏花境宽 2～4 m,双向观赏花境宽 4～6 m(图 6-48)。

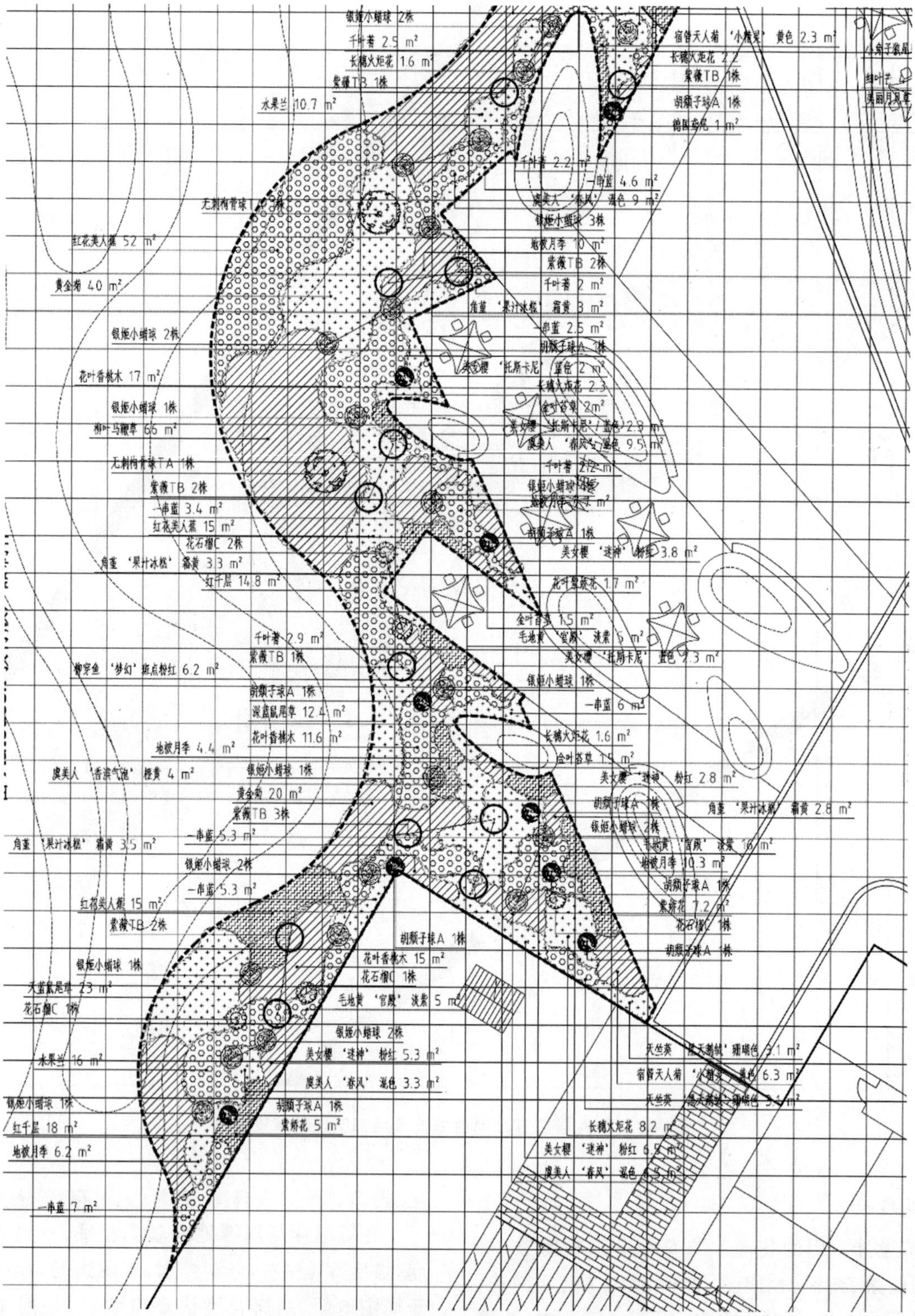

图 6-48　第九届江苏园博会博览园花境种植设计

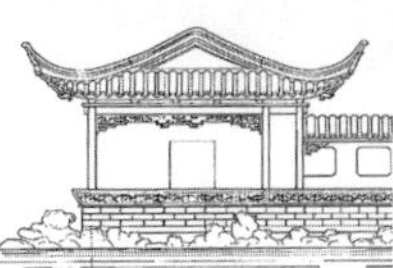

3)花卉专类园设计

花卉专类园是指具有特定的主题内容,以具有相同特质类型(种类、科属、生态习性、观赏特性、利用价值等)的花卉为主要构景元素,以植物收集、展示、观赏为主,兼顾生产、研究的花卉植物主题园。花卉专类园的观赏性、科普性很强,可以充分展现博大精深的花卉文化。

常州紫荆公园是常州最大的月季主题公园,是世界上中国古老月季品种最为集中的月季园。紫荆公园国际月季园占地 5 839 m^2,外形像一张树叶的叶脉,很是独特,园内种植了 1 000 余种,共计 1 万余株的月季,主要分为丰花月季、地被月季、藤本月季、微型月季、壮花月季、玫瑰等类型(图 6-49)。

图 6-49　常州紫荆公园国际月季园

3. 草坪种植设计

1)草种选择

草坪植物的选择应根据草坪的功能与环境条件而定。游憩活动草坪和运动场草坪应选择耐践踏、耐修剪、适应性强的草坪草,如狗牙根、结缕草、早熟禾等;干旱少雨地区则要求草坪草具有抗氧耐旱,抗病性强等特性,如假俭草、狗牙根、野牛草等,以减少草坪养护费用;观赏草坪则要求草坪植株低矮,叶片细小美观,叶色翠绿且绿叶期长等,如细叶结缕草、早熟禾、紫羊茅等;护坡草坪要求选用适应性强、耐旱、耐瘠薄、根系发达的草种,如结缕草、白三叶、巴哈雀稗、假俭草等;湖畔河边或地势低洼处应选择耐湿草种,如翦股颖、细叶薹草、假俭草、两耳草等;树下及建筑阴影环境应选择耐阴草种,如两耳草、细叶薹草、羊胡子草等。

2)坡度设计

草坪坡度大小因草坪的类型功能和用地条件不同而异。

(1)运动场草坪坡度　为了便于开展体育活动,在满足排水的条件下,一般越平越好,自然排水坡度为 0.2%～1%,如果场地具有地下排水系统,则草坪坡度可以更小。

(2)游憩草坪坡度　规则式游憩草坪的坡度较小,一般自然排水坡度以 0.2%～5%为宜。而自然式游憩草坪的坡度可大一些,以 5%～10%为宜,通常不超过 15%。

(3)观赏草坪坡度　观赏草坪可以根据用地条件及景观特点,设计不同的坡度。平地观赏草坪坡度不小于 0.2%,坡地观赏草坪坡度不超过 50%。

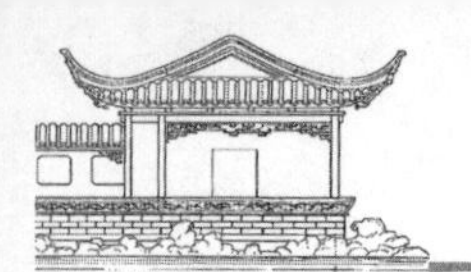

三、苗木统计表

在植物种植设计的同时，要配有苗木表，根据图纸的植物图例、数字进行编号，苗木表还应对植物的具体用量、单位、规格以及造型等进行表达（表6-1至表6-4）。

1. 名称与拉丁名

在苗木表中要将植物名称标注清楚；此外由于植物的商品名、中文名重复率高，为避免苗木在购买时产生误解和混乱，还应相应地标注国际通用的植物拉丁名，以便识别。

2. 数量与单位

在苗木表中要将植物用量与单位标注清楚，一般来说，乔木单位为株，灌木单位为 m^2。

3. 规格

（1）胸径　胸径是胸高直径的简称，树木测定的最基本因子之一。我国和大多数国家胸高位置定为地面以上 1.3 m 高处，这个标准高度对一般成人来讲，是用轮尺测定读数的比较方便的高度。

（2）冠幅　是指树（苗）木的南北和东西方向宽度的平均值，与蓬径相类似，通常用于表示树木、苗木的规格。

（3）地径　共同的认识是指“苗干靠近地表面处的直径”，而实际应用中则是地面以上 20 cm 处的直径。

（4）蓬径　指灌木、灌丛垂直投影面的直径，花卉蓬径也称“冠径”，指花木枝叶所围成的圆的直径，即苗木冠丛的最大幅度之间的平均直径。

如园址面积过大应对种植区域进行划分，并在分图中附加苗木表，在总图上还应附上苗木总表，对各分图的苗木情况进行汇总，方便统计与查阅。

4. 备注

为更准确指导苗木采购、营造更优植物景观，在苗木表备注中，应将植物的种植密度、分枝点高度、造型要求等内容详尽地标注清楚。

表 6-1　常州紫荆公园植物景观详细设计苗木表——乔木（部分）

序号	名称	拉丁名	数量/株	规格/cm			备　注
				胸径	高度	蓬径	
01	水杉 A	*Metasequoia glyptostroboides* Hu et Cheng	1	18	700	300～350	全冠，树形优美
	水杉 B	*Metasequoia glyptostroboides* Hu et Cheng	10	15	600	220～250	全冠，树形优美
	水杉 C	*Metasequoia glyptostroboides* Hu et Cheng	5	12	500	180～220	全冠，树形优美
02	金叶水杉	*Metasequoia glyptostroboides*‘GoldRush’	1	10	500	180～200	全冠，树形优美
03	池杉 A	*Taxodium ascendens*. Brongn	1	18	700	250～300	全冠，树形优美
	池杉 B	*Taxodium ascendens*. Brongn	3	15	600	200～250	全冠，树形优美
	池杉 C	*Taxodium ascendens*. Brongn	10	12	500	180～200	全冠，树形优美
04	墨西哥落羽杉	*Taxodium mucronatum* Tenore	5	12	500	200～250	全冠，树形优美
05	中山杉	*Taxodium hybrid* ‘zhongshanshan’	15	15	800	200～250	全冠，树形优美，耐水湿品种
06	雪松 A	*Cedrus deodara* (Roxb.) G. don	38		900	500～600	树形优美、树冠完整无偏冠、生长健壮、无病虫害。修剪要求保留80%以上的小枝条，保留3/4叶片
	雪松 B	*Cedrus deodara* (Roxb.) G. don	62		800	450～500	

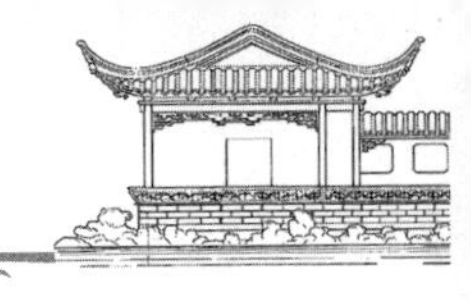

续表 6-1

序号	名称	拉丁名	数量/株	规格/cm			备　注
				胸径	高度	蓬径	
07	湿地松	*pinus elliottii*	8	15	750	400～450	全冠,树形优美
08	棕榈 A	*Trachycarpus frtunei*(Hook.)H. Wendl.	20		600		棕高
	棕榈 B	*Trachycarpus frtunei*(Hook.)H. Wendl.	15		500		棕高
09	香樟(特)	*Cinnamomum camphora* (Linn.)Presl	9		>1 200	>650	树形优美、树冠完整无偏冠、生长健壮、无病虫害。修剪要求保留80%以上的小枝条,适当抹去部分叶片,保留 2/3 叶片
10	香樟 A	*Cinnamomum camphora* (Linn.) Presl	15		>1 000	>600	
	香樟 B	*Cinnamomum camphora* (Linn.) Presl	38		>900	>500	
	香樟 C	*Cinnamomum camphora* (Linn.) Presl	62		>800	>400	
11	红果冬青	*Llex corallina* Franch.	10	20	700	400～450	全冠,树形优美,3 级以上分枝,第一分枝点 220～250 cm
12	女贞 A	*Ligustrum lucidum* Ait.	7	20	700	400～450	全冠,树形优美,3 级以上分枝,第一分枝点 220～250 cm
	女贞 B	*Ligustrum lucidum* Ait.	15	25	550	350～400	全冠,树形优美,3 级以上分枝,第一分枝点 200 cm
13	广玉兰 A	*Magnolia grandiflora*	3	30	800	500～550	全冠,树形优美,4 级以上分枝,第一分枝点 220～250 cm
	广玉兰 B	*Magnolia grandiflora*	55	24	700	500～550	全冠,树形优美,4 级以上分枝,第一分枝点 220～250 cm
	广玉兰 C	*Magnolia grandiflora*	55	18	600	400～450	全冠,树形优美,3 级以上分枝,第一分枝点 200 cm
14	香泡 A	*Citrus medica*	14	30	700	450～500	全冠,树形优美,4 级以上分枝,第一分枝点 220～250 cm
	香泡 B	*Citrus medica*	65	20	600	400～450	全冠,树形优美,3 级以上分枝,第一分枝点 200 cm
15	法桐	*Platanus orientalis* Linn.	22	25	>400	400～450	全冠,树形优美,3 级以上分枝,第一分枝点 220 cm
16	垂柳 A	*Salix babylonica*	54	15	<550	>400	全冠,树形优美,3 级以上分枝,第一分枝点 220 cm
	垂柳 B	*Salix babylonica*	19	12	<500	>350	全冠,树形优美,3 级以上分枝,第一分枝点 200 cm

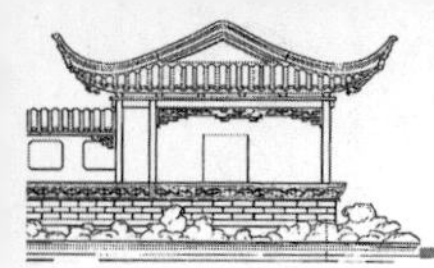

表 6-2 常州紫荆公园植物景观详细设计苗木表——灌木(部分)

序号	名称	拉丁名	数量/株	规格/cm		备注
				高度	蓬径	
1	海桐球 A	*Pittosporum tobira*	65	180～200	200～220	球体紧密,球形丰满,球径为初次修剪后尺寸
	海桐球 B	*Pittosporum tobira*	30	150～160	160～180	
2	红花檵木球 A	*Loropetalum chinense* var. *rubrum*	119	160～180	180～200	球体紧密,球形丰满,球径为初次修剪后尺寸
	红花檵木球 B	*Loropetalum chinense* var. *rubrum*	67	130～150	150～160	
3	金森女贞球 A	*Ligustrum japonicum* 'Howardii'	11	130～150	160～180	球体紧密,球形丰满,球径为初次修剪后尺寸
	金森女贞球 B	*Ligustrum japonicum* 'Howardii'	15	110～130	130～150	
4	红叶石楠球 A	*Photiniax fraseri*	100	160～180	200～220	球体紧密,球形丰满,球径为初次修剪后尺寸
	A 红叶石楠球 B	*Photiniax fraseri*	43	130～150	150～160	
5	龟甲冬青球	*Llex crenata* cv. *Convexa* Makino	20	120～130	140～150	球体紧密,球形丰满,球径为初次修剪后尺寸
6	无刺构骨 A	*Llex cornuta* 'Fortunei'	13	120～140	140～150	球体紧密,球形丰满,球径为初次修剪后尺寸
	无刺构骨 B	*Llex cornuta* 'Fortunei'	22	100～120	120～130	
7	洒金桃叶珊瑚	*Aucuba japonica* Variegata	16	100～120	150～160	冠形饱满
8	大叶紫珠	*Callicarpa macrophylla*	10	160～180	120～130	姿态优美,8～10支/丛
9	郁香忍冬	*Lonicera fragrantissima* Lindl. et Paxt.	20	80	80～100	冠形饱满、姿态优美
10	彩叶杞柳	*Salix integra* 'Hakuro Nishiki'	10	100	130	姿态优美,12～15支/丛,美植袋
11	珍珠梅	*Sorbaria sorbifolia* (L.) A. Br.	16	100～120	130～150	球形饱满、姿态优美、美植袋

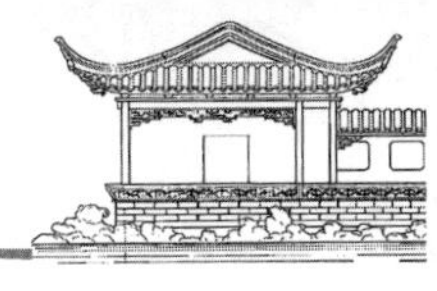

表 6-3　常州紫荆公园植物景观详细设计苗木表——花卉地被(部分)

序号	名称	拉丁名	数量/m^2	规格/cm		备　注
				高度	蓬径	
1	银叶菊	*Senecio cineraria*	15		25～30	营养钵,25 盆/m^2
2	美女樱	*Verbena hybrida* Voss	1 448		20	营养钵,36 盆/m^2
3	天蓝鼠尾草	*Saivia officinalis*	240		30～40	营养钵,25 盆/m^2
4	深蓝鼠尾草	*Saiviaofficinalis*	333		30～40	营养钵,25 盆/m^2
5	墨西哥鼠尾草	*Salvia leucantha*	73		30～40	营养钵,25 盆/m^2
6	兰花鼠尾草	*Salvia farinacea*	696		30～40	营养钵,25 盆/m^2
7	红花鼠尾草	*Salvia coccinea*	0		30～40	营养钵,25 盆/m^2
8	一串紫	*Salvia splendens* var. *atropurpura*	159		30～40	营养钵,25 盆/m^2
9	一串红	*Salvia splendens* Ker-Gawler	0		30～40	营养钵,25 盆/m^2
10	重瓣金鸡菊	*Coreopsis lanceolata* ‘double Sunburst’	661		30～40	营养钵,36 盆/m^2
11	三色堇	*Viola tricolor* L.	80		25～30	营养钵,49 盆/m^2
12	牵牛花	*Petunia hybrida* Vilm	52		20～25	营养钵,49 盆/m^2,蓝色
13	夏堇	*Torenia fournieri*	37		20～25	营养钵,100 盆/m^2,蓝紫色
14	西班牙薰衣草	*Lavendula stoechas*	48		20～25	营养钵,49 盆/m^2
15	丛生福禄考	*Phlox subulata* L.	35		20～25	营养钵,49 盆/m^2
16	美丽月见草	*Oenothera speciosa*	87		25～30	营养钵,36 盆/m^2
17	蜀葵	*Althaea rosea* (Linn.)Cavan.	5			撒播,5～6g/m^2
18	紫茉莉	*Mirabilis jalapa* L.	15			容器苗定植,81 株/m^2

表 6-4　常州紫荆公园植物景观详细设计苗木表——水生植物(部分)

序号	名称	拉丁名	数量/m²	规格/cm		备　注
				高度	蓬径	
1	芦苇	*Phragmites australis* (Cav.) Trin. ex Steud	25			9 丛 /m²
2	芦竹	*Arundo donax*	10			4～5 芽/丛,16 丛/m²
3	花叶芦竹	*Arundo donax* var. *versicolor*	367			4～5 芽/丛,16 丛/m²
4	水生美人蕉	*Cannaglauca*	160			9 株/m²
5	路易斯安娜鸢尾(红色)	*lris hexagonus*	72			2～3 芽/丛,36 丛/m²
6	路易斯安娜鸢尾(蓝色)	*lris hexagonus*	30			2～3 芽/丛,36 丛/m²
7	路易斯安娜鸢尾(紫色)	*lris hexagonus*	43			2～3 芽/丛,36 丛/m²
8	路易斯安娜鸢尾(黄色)	*lris hexagonus*	12			2～3 芽/丛,20 丛/m²
9	黄菖蒲	*lris pseudacorus* L.	472			2～3 芽/丛,20 丛/m²
10	花菖蒲	*lris ensata* var. *hortensis* Makino et Nemoto	587			2～3 芽/丛,25 丛/m²
11	灯芯草	*Juncus effusus* L.	15			25 丛/m²
12	再力花	*Thalia dealbata*	35			10 芽/丛,2 丛/m²
13	梭鱼草	*Pontederia cordata*	30			25 株/m²
14	纸莎草	*Cyperus papyrus*	12			25 株/m²
15	旱伞草	*Cyperus alternifolius*	5			30 株/m²
16	水葱	*Scirpus validus* Vahl	8			15～20 芽/丛,12 丛/m²
17	石菖蒲	*Acorus tatarinowii*	18			49 丛/m²
18	金线水葱	*Scirpus validus*. var. *Zebrinus*	62			15～20 芽/丛,12 丛/m²
19	荷花	*Nelumbo nucifera* Gaertn.	305			1 株/m²
20	睡莲	*Nymphaea tetragona* Georgi	425			2 头/m²
21	水烛	*Typha angustifolia*	40			25 株/m²
22	花叶菖蒲	*Acrous gramineus*	10			25 株/m²
23	花叶香蒲	*Typha latifolia* ‘ Variegata’	18			25 株/m²
24	茭白	*Zizania latifolia* (Griseb.)Stapf	148			25 株/m²

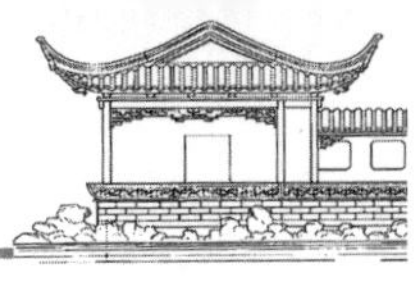

第五节　公园建筑设计

一、建筑形式

1. 按建筑结构的材料分类

(1)砖木结构　这类房屋的主要承重构件由砖、木构成。其中竖向承重构件如墙、柱等采用砖砌，水平承重构件的楼板、屋架等采用木材制作。这种结构形式的房屋层数较少，多用于单层房屋。

(2)砖混结构　建筑物的墙、柱用砖砌筑，梁、楼板、楼梯、屋顶用钢筋混凝土制作，成为砖—钢筋混凝土结构。这种结构多用于层数不多(六层以下)的民用建筑及小型工业厂房，是目前广泛采用的一种结构形式。

(3)钢筋混凝土结构　建筑物的梁、柱、楼板、基础全部用钢筋混凝土制作。梁、楼板、柱、基础组成一个承重的框架，因此也称框架结构。墙只起围护作用，用砖砌筑。此结构用于高层或大跨度房屋建筑中。

(4)钢结构　建筑物的梁、柱、屋架等承重构件用钢材制作，墙体用砖或其他材料制成。此结构多用于大型工业建筑。

2. 按建筑结构承重方式分类

(1)承重墙结构　它的传力途径是屋盖的重量由屋架(或梁柱)承担，屋架支撑在承重墙上，楼层的重量由组成楼盖的梁、板支撑在承重墙上。因此，屋盖、楼层的荷载均由承重墙承担；墙下有基础，基础下为地基，全部荷载由墙、基础传到地基上。

(2)框架结构　主要承重体系由横梁和柱组成，但横梁与柱为刚性(钢筋混凝土结构中通常通过端部钢筋焊接后浇灌混凝土，使其形成整体)连接，从而构成了一个整体刚架(或称框架)。一般多层工业厂房或大型高层民用建筑多属于框架结构。

(3)排架结构　主要承重体系由屋架和柱组成。屋架与柱的顶端为铰接(通常为焊接或螺栓连接)，而柱的下端嵌固于基础内。一般单层工业厂房大多采用此法。

(4)其他　由于城市发展需要建设的一些高层、超高层建筑，上述结构形式不足以抵抗水平荷载(风荷载、地震荷载)的作用，因而又发展了剪力墙结构体系、桶式结构体系。

二、各类建筑设计

(一)休闲游憩类建筑设计

1. 亭

(1)亭的分类　亭按平面形态可分为几何形亭、半亭、仿生亭、双亭、组合式亭等类型(图 6-50)。

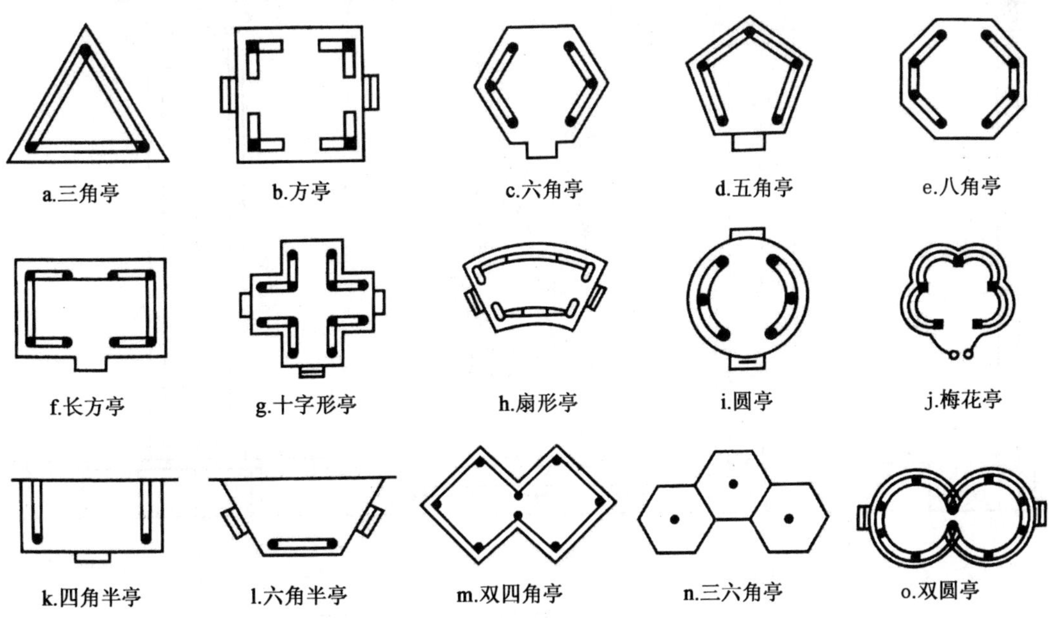

图 6-50　亭的各种平面形态

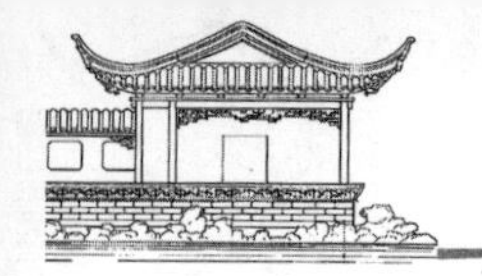
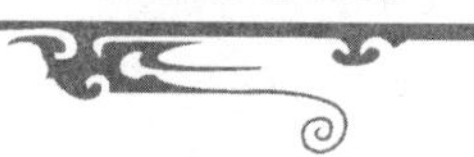

①几何形亭：包括三角亭、四角亭（方亭、长方亭）、五角亭、六角亭、八角亭、多角亭、圆亭及扇形亭等。②半亭：一般依附于墙体存在，一面或两面为墙，其他面为亭。③仿生亭：是指模仿各种生物形状而建成的亭，如蘑菇亭、壳形亭、梅花亭等。④双亭：双亭的平面形式有双三角形、双方形、双圆形等，一般为两个完全相同的平面连接在一起。⑤组合式亭：组合式亭是亭与亭、廊、墙、石壁等的组合。组合式亭是为了追求体形的丰富与变化，寻求更完美的轮廓线。

（2）设计要点　亭的体量、大小随环境变化而大小各异，但一般皆较小巧。亭的直径一般为 3～5 m，中国现存最大的亭为颐和园廓如亭，面积约 130 m^2，高约 20 m。

亭的立面一般可划分为屋顶、柱身、台基三个部分，在传统的景观亭的造型设计上，这三个部分的比例关系有着密切联系，影响着景观亭最终造型。另外，开间与柱高的比例关系，因亭的平面形状不同，各有区别，一般有以下几种关系：①四角亭的柱高∶开间为 0.8∶1；②六角亭的柱高∶开间为 1.5∶1；③八角亭的柱高∶开间为 1.6∶1。

扬州金湖县的荷花广场建有比例协调的木构亭，整体简洁典雅，十分得体（图 6-51）。

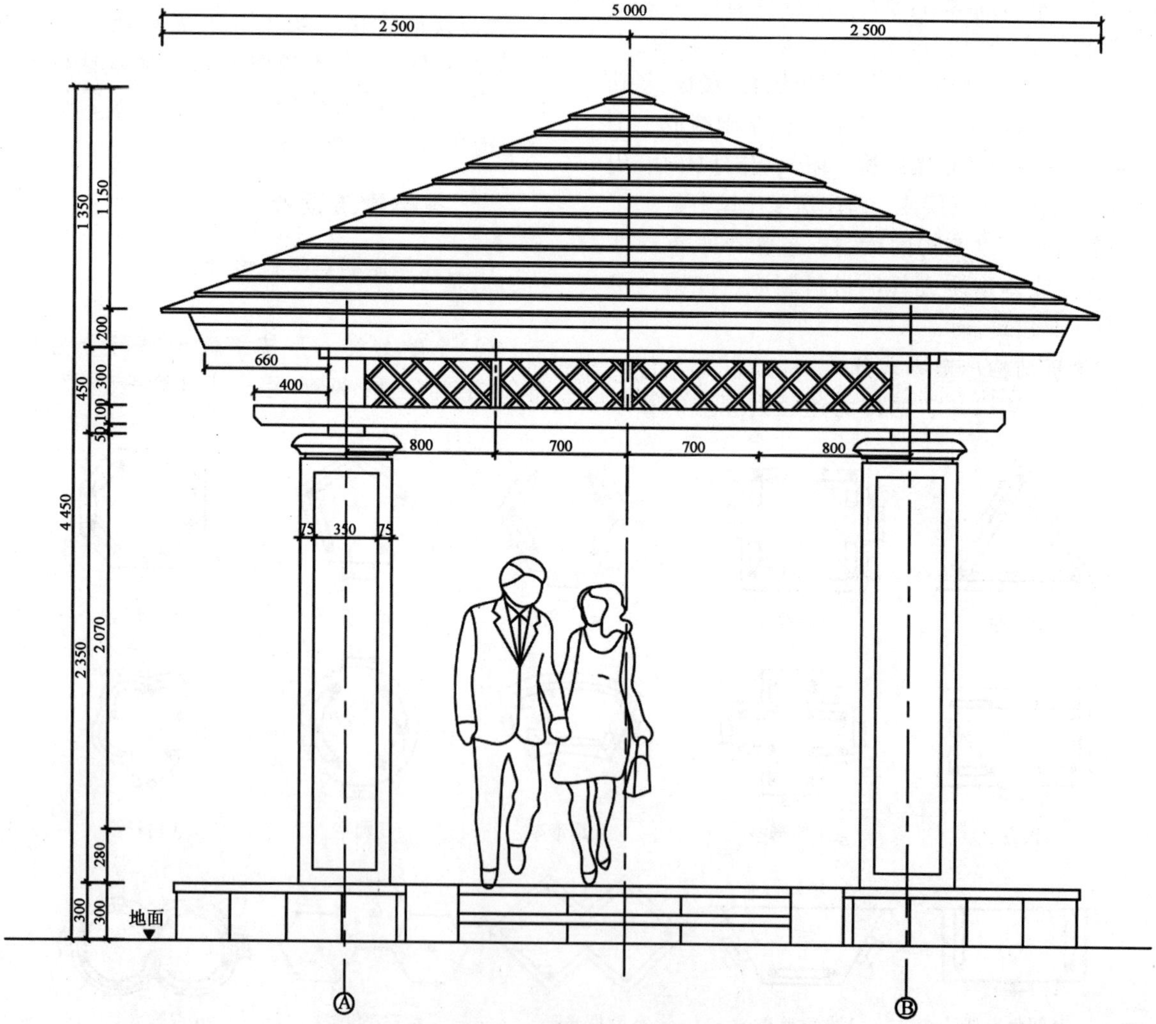

图 6-51　江苏金湖县荷花广场景观亭立面

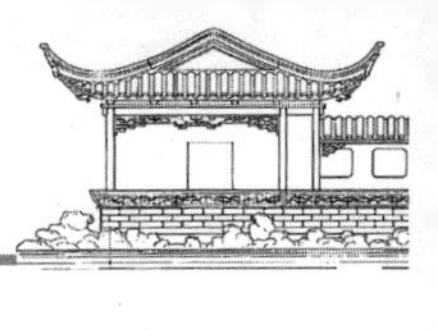

2. 廊

(1)廊的分类　按廊的总体造型及其地形、环境的关系，可分为直廊、曲廊、回廊、抄手廊、爬山廊、叠落廊、水廊、桥廊等；按廊的横剖面形式可分为以下几种(图 6-52)：①双面空廊：只有屋顶用柱支撑、四面无墙的廊。②单面空廊：在双面空廊一侧列柱间砌有实墙或半空半实墙的，就成为单面空廊。③复廊：又称为“内外廊”，是在双面空廊的中间隔一道装饰有各种式样漏窗的墙，或者说，是两个有漏窗之墙的单面空廊连在一起而形成的。④双层廊：又称为楼廊，有上下两层，便于联系不同高程上的建筑和景物，增加廊的气势和观景层次。⑤单支柱式廊：中间单柱支撑，屋顶两端略向上反翘或作折板或作独立几何状连成一体。⑥暖廊：设有可装卸玻璃门窗的廊，这样既可以防风雨，又能保暖隔热，最适合气候变化大的地区及有保温要求的建筑。

(2)设计要点　廊是以相同单元“间”所组成的，其特点是有规律的重复、有组织的变化，从而形成了一定的韵律，产生了美感。廊的尺度设计要点如下：①廊的开间不宜过大，宜在 3 m 左右，一般横向净宽在 1.2～1.5 m，现在一些廊宽常为 2.5～3.0 m，以适应游人流量增长后的需要。②檐口底部高度为 2.4～2.8 m。③廊顶：平顶、坡顶、卷棚

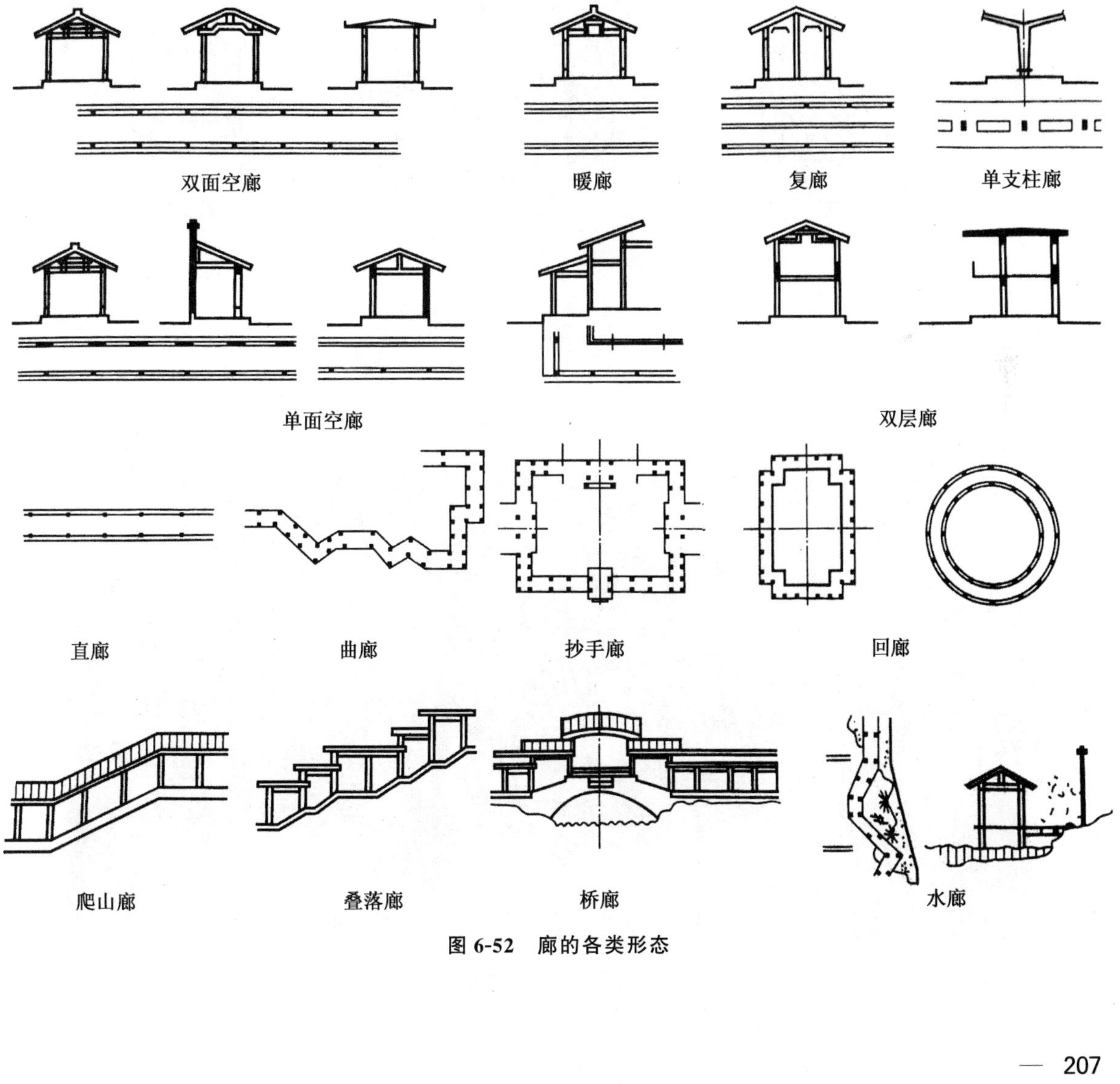

图 6-52　廊的各类形态

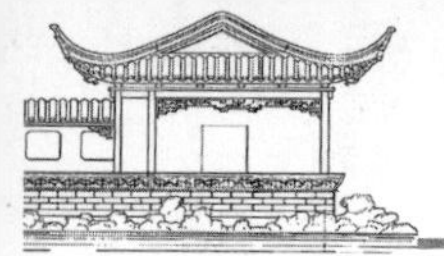

均可。不同的廊顶形式会影响廊的整体尺度，可根据不同情况选择。④廊柱：一般柱径 $d=150$ mm，柱高为 2.5～2.8 m，柱距为 3 000 mm，方柱截面控制在（150 mm×150 mm）～（250 mm×250 mm），长方形截面柱长边不大于 300 mm。截面的形状有三种：普通十字形、八角形、海棠形等（图 6-53）。

北方的廊比南方的尺度略大一些，可根据周围环境和使用功能的不同略有增减。每个开间的尺寸应大体相等，如果由于施工或其他原因需要发生变化时，则一般在拐角处进行增减变化。

3.榭

1)榭的分类

(1)北方园林中的水榭　具有北方宫廷建筑特有的色彩，整体建筑风格显得相对浑厚、持重。在建筑尺度上也相应进行了增大，显示着一种王者的风范（图 6-54）。

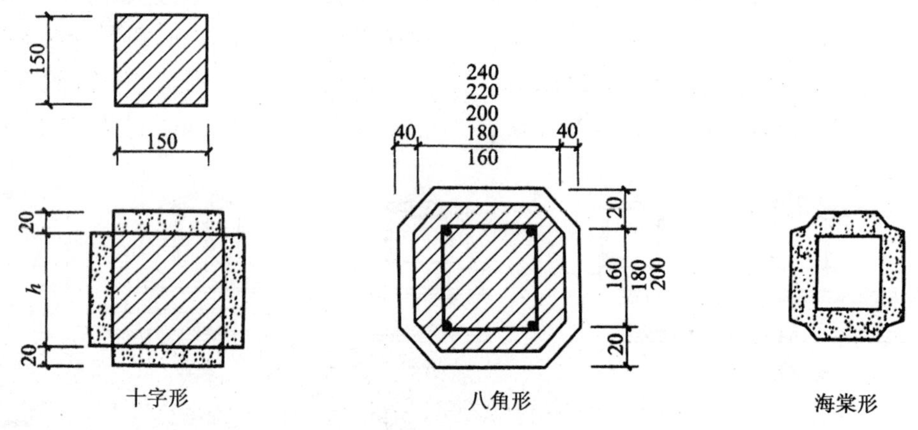

图 6-53　廊柱类型

图 6-54　颐和园“洗秋”“饮绿”水榭

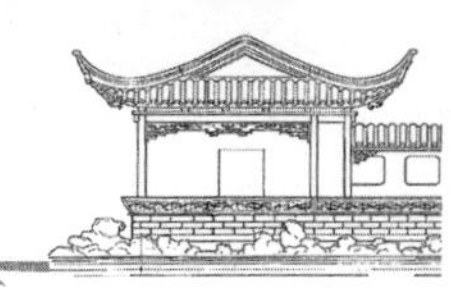

(2)江南园林中的水榭　江南的园林中,为了在形体上取得与水面的协调,建筑物常以水平线为主,一半或全部跨入水中,下部以石梁柱结构作为支撑,或者用湖石砌筑,让水深入到榭的底部(图 6-55)。

(3)岭南园林的水榭　在岭南园林中,由于气候炎热、水域面积较为广阔等环境因素的影响,产生了一些以水景为主的"水庭"形式。

2)设计要点

(1)建筑与水面池岸的关系　①水榭在可能范围内宜突出池岸,造成三面或四面临水的形式;②水榭尽可能贴近水面,宜低不宜高;③在造型上,以强调水平线为宜。

(2)建筑与公园整体空间环境的关系　公园建筑在艺术方面的要求不仅应使其比例良好、造型美观,而且还应使建筑在体量、风格、装修等方面都能与它所在的公园环境相协调和统一。

(3)位置　宜选在有景可借之处,并在湖岸线凸出的位置为佳,考虑对景、借景的视线。

(4)朝向　建筑朝向切忌向西。

(5)建筑地坪高度　建筑地坪以尽量低临水面为佳,当建筑地面离水面较高时,可将地面或平台做上下层处理,以取得低临水面的效果。

图 6-55　杭州花港观鱼中的水榭

(二)服务类建筑设计

1. 餐饮类建筑

1)茶室功能分析与流线设计

公园茶室的基本功能有营业及辅助的需要,两者互不交流,分两个部分设计。其中营业部分是公园茶室的主要功能部分,营业部分既要交通方便又要有好的朝向,并与室外空间相连。茶室营业厅面积约以每座 1 m^2 计算,布置餐桌餐椅时,除座位安排外还要考虑客人出入与服务人员送水、送物的通道,两者可共同使用以减少交通面积,但要注意尽可能减少人流交叉干扰。

辅助部分要求隐蔽,但也要有单独的供应道路来运送货物与能源等。这部分应有货品及燃料等堆放的杂物院,但要防止破坏环境景观。

茶室一般可由以下房间组成,按不同规模及类型作适当增减(图 6-56):①门厅,室内外空间的过渡,缓冲人流,在北方冬季有防寒作用;②营业厅,应考虑最好的风景面及室内外同时营业的可能;③备茶室及加工间,茶或冷、热饮的备制空间,备茶室应有售出供应柜台;④洗涤间,用作茶具的洗涤、消毒;⑤烧水间,应有简单的炉灶设备;⑥储藏间,主要用作食物的贮存;⑦办公、管理室,一般可与工

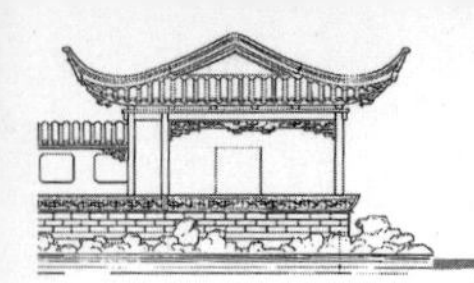
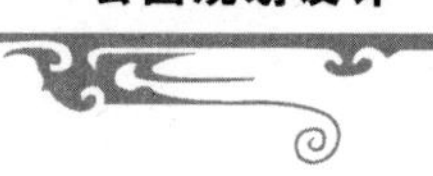

作人员的更衣、休息结合使用；⑧厕所，一般应将游人用厕所与工作人员用内部厕所分别设置；⑨小卖部，一般茶室设有食品小卖部或工艺品小卖部等；⑩杂物院，作进货入口，并可堆放杂物及排出废品。

2)餐厅功能分析与流线设计

公园餐厅的基本组成按使用类型可分为客用部分、厨房加工部分和辅助部分。客用部分是餐厅最主要部分，供顾客使用，中间大餐厅应根据公园人流量及用餐人数比例确定其大小尺寸，并合理设计座位空间，使空间得到充分利用。

厨房加工部分为餐厅备餐的场所，供员工使用，应与餐厅客用部分隔离，中间留一个通道用于传菜。

辅助部分为员工除了备餐外，其他工作用地，同样需要与客用部分隔离，防止顾客误入。

公园餐厅根据不同的规模，大致包括以下几种房间(图 6-57)：①门厅，作为室内外的过渡，是餐厅给顾客的第一印象；②餐厅，主要作为顾客餐饮的场所，空间最大，景观最好；③小卖部，用于食品陈列和供应，兼收银；④主副食加工，占厨房最主要部分，并配有相应的主食库与副食库；⑤备品制作间，方便与付货柜台联系；⑥消毒、洗涤、烧水，为食品制作的附属间；⑦卫生间，游客用卫生间与员工用卫生间分开设置；⑧更衣室，与厨房隔离，为员工更衣使用；⑨办公室，作为餐厅办公场所，一般不与游客沟通。

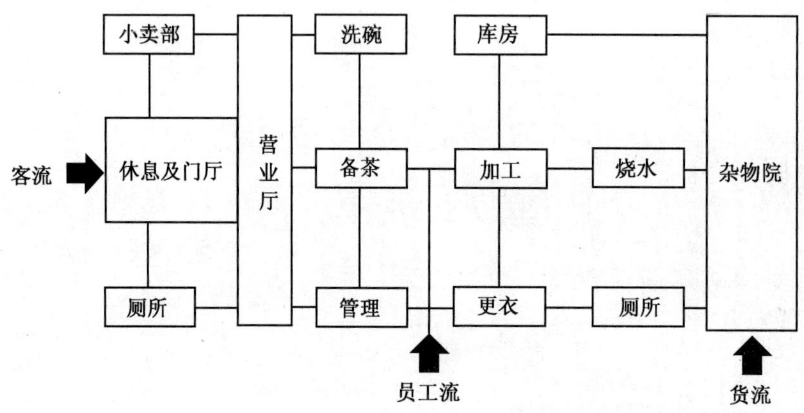

图 6-56　茶室功能与流线分析图

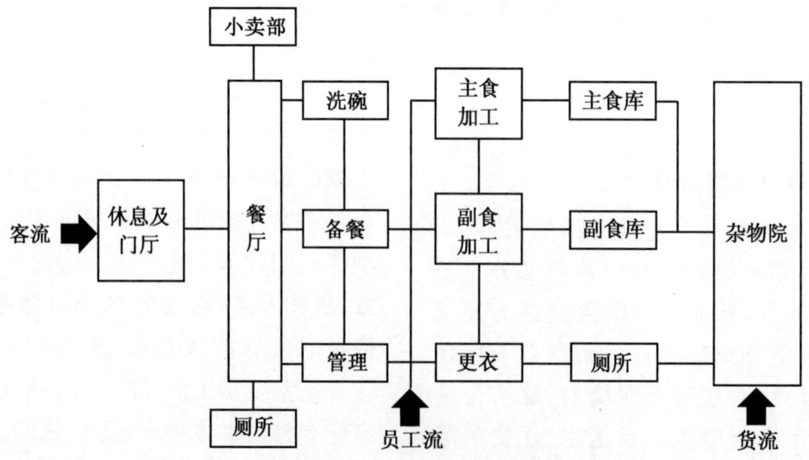

图 6-57　餐厅功能与流线分析图

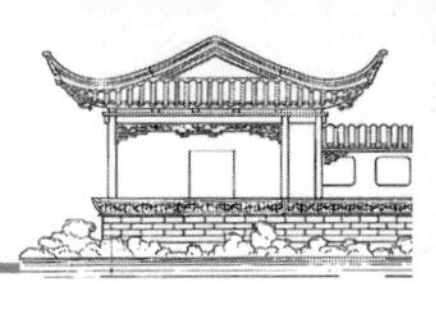

3)设计要点

餐饮类建筑设计的构思和立意应建立在其所在园区的基础上,在设计时,尤应注意以下三点:

(1)应分析该建筑所在园区的位置并根据其位置确定其的功能特点。

(2)应根据该建筑所在的园区分析其所应采取的建筑风格。

(3)处理好游客与员工流线的问题,使其尽可能不互相干扰。

对以上三点的正确分析与把握,是餐饮类建筑设计中最为基础也是最为重要的部分,除此之外,由于餐饮类建筑体型较小平面布局灵活多变,因此在功能组织上应尽量顺应基地地形地貌,并保证其主要部分充分“借景”,在建筑造型上应注意美观,其建筑风格、体量大小要与公园整体相协调,做到既富有传统茶室建筑的特色又具有新意并适于景点的要求。

桂林伏波山听涛阁依托于半山腰的地势,面向漓江取景。将其设计成茶室,顾客不仅能体验伏波山的魅力,也能观赏漓江的秀美(图 6-58)。

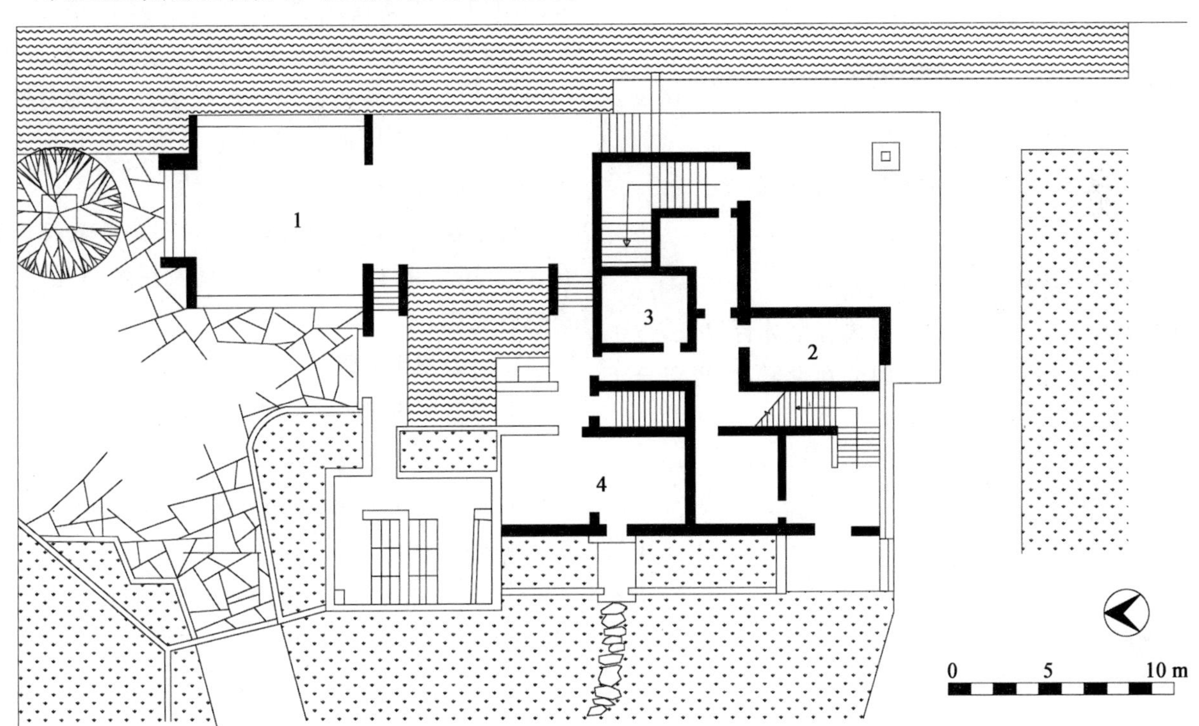

图 6-58　伏波山听涛阁茶室平面图

1.茶廊　2.小卖部　3.储藏间　4.烧水间

4)建设规模

餐饮类建筑在功能上以餐厅最为复杂,面积和规模也较大。一般小规模的客容量为 200～300 座,建筑面积在 500 m^2 以内;中等规模的为 600 座左右,建筑面积约为 800 m^2;大规模的往往在 10 000 座以上,面积超过 1 500 m^2。一般中等规模的餐饮类建筑体量多为二层或三层。

2.商业类建筑

1)小卖部功能分析与流线设计

小卖部分为营业区与辅助区,营业区主要为营业厅,密切服务于营业厅的是库房与加工间。库房与加工间可以合并成一个大房间,也可分开设置,两者与营业区紧密挨在一起,方便营业厅使用。其他用房可以设置在营业厅附近,所有辅助用房共同

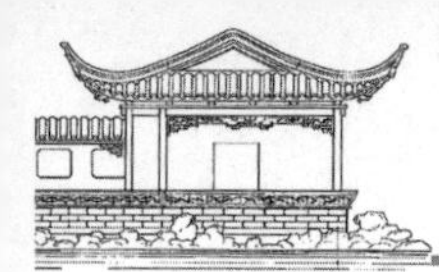

服务于营业厅(图 6-59)。

小卖部内部皆为员工使用的部分,游客不得进入,仅在服务台完成全部活动,不安排游客流线。货物也直接在杂物间交接完毕,内部不设货流通道。

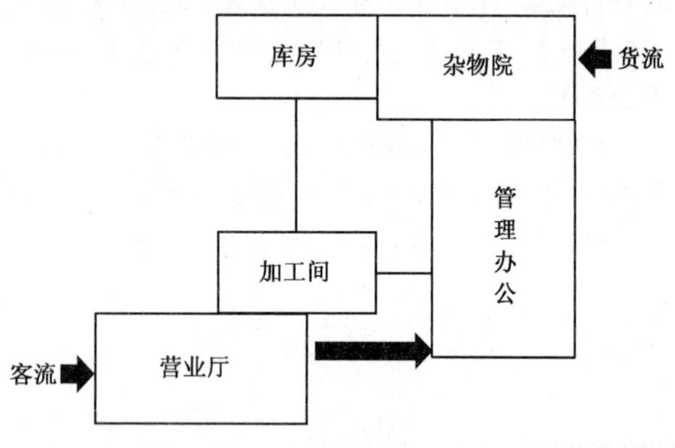

图 6-59　小卖部功能与流线分析图

2)摄影部功能分析与流线设计

摄影部设计一般工作间紧挨着服务台设置,方便其使用。暗室可以与工作间分别设置,也可以合并成一个较大的房间(图 6-60)。

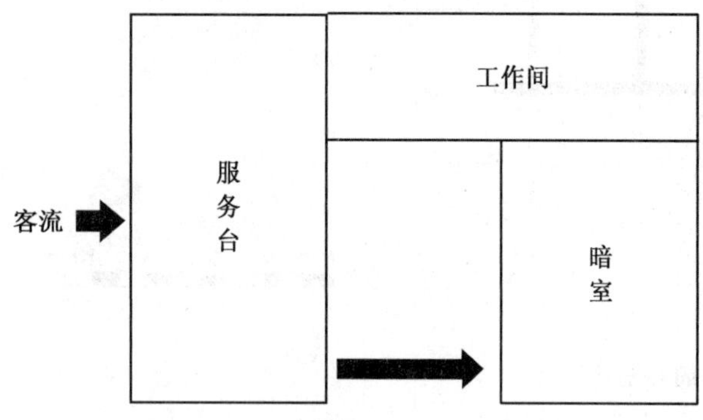

图 6-60　摄影部功能与流线分析图

摄影部皆为员工使用的部分,游客不进入到摄影室内部,仅在服务台完成全部活动,不安排游客流线。

3)设计要点

(1)公园商业类建筑位置根据游客人流方向及道路布置,选择最方便游客的位置与朝向。

(2)根据季节可进行营业方向的调整,夏季可向北开设服务台,而冬季可朝南。

(3)商业类建筑一般配有杂物间或储藏室,设计时要进行遮蔽。

上海长风公园临湖设置的小卖部位置选择巧妙,结合椭圆洞门及立体橱窗,形成一个空间变化丰富的区域,吸引游客前来观赏购物(图 6-61)。

4)建设规模

影响此类建筑的规模与数量的因素颇多,除公园的规模与活动设施外,也涉及公园与城市的关系、交通联系、公园附近营业点的质量与数量等。园内活动设施丰富的公园一般较多,小卖部与摄影部的布点也随之增加,这类建筑可附属在其他建筑内,也可独立设置。

单个建筑的体量一般较小,常见的小卖部面积在 8～20 m^2,根据具体公园环境及用地情况,其规模也有变化。

(三)公用类建筑

1. 游客服务中心

1)规划布局主要模式

游客服务中心的规划布局,主要有块状型、散点型等几种模式:

(1)块状型布局　主要指游人中心单独设置在景区的一处地方(一般设置在景区出口),这种布局对土地的占用较大,适合于面积广阔、地势平缓的景区。

(2)散点型布局　主要指根据景区规划和景区的地理状况,将游客服务中心分别设置于景区的重要地点,这种布局形式适合于景观集中、用地狭小的景区。

2)功能分区与流线设计

游客服务中心应包括门厅、休息厅、接待处、展示、商店银行和售票处;解说长廊,可包括播放、板报、展览、声像影院、表演舞台活动区或类似设施;食物和饮料供应区;卫生间;管理和急救区;导游服务等功能区,满足游客需求(图 6-62)。

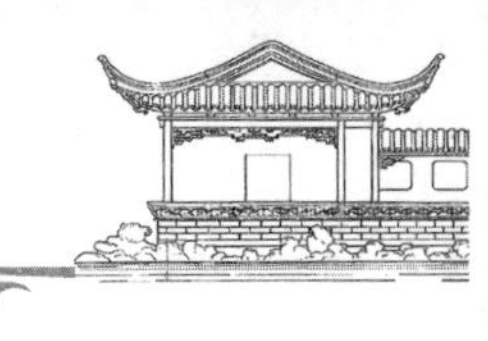

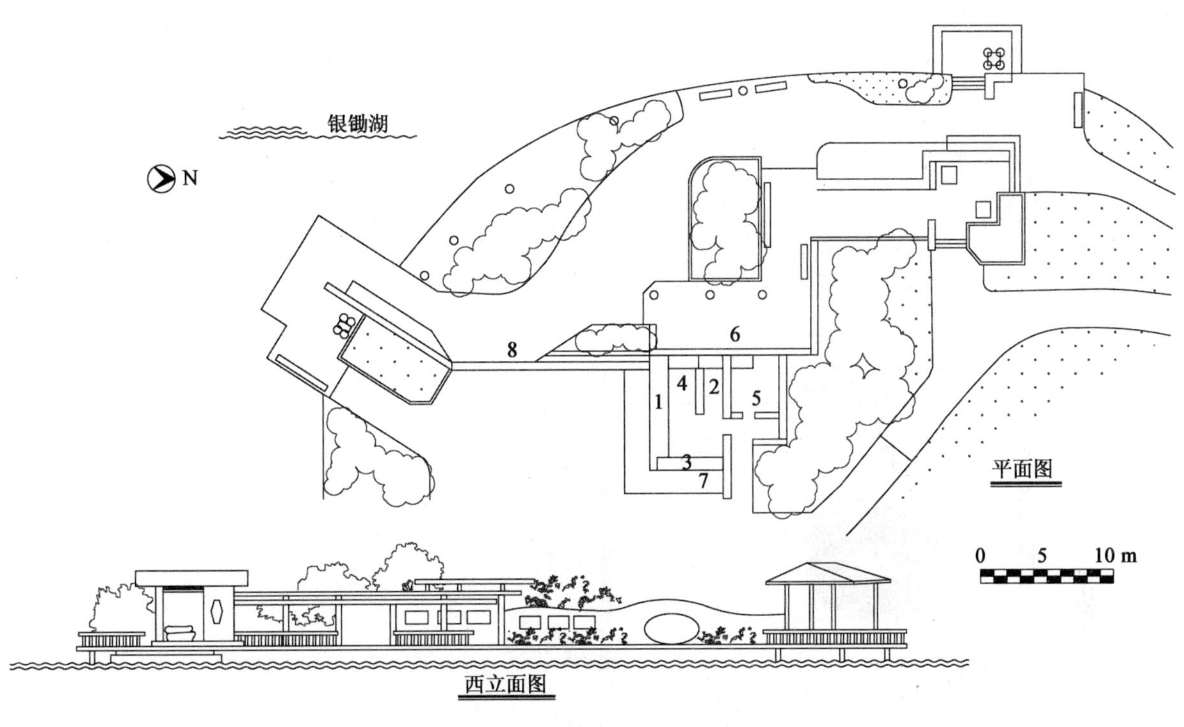

图 6-61　上海长风公园小卖部

1.柜台　2.仓库　3.冰箱　4.壁柜　5.管理区　6.立体橱窗　7.落地拉折门　8.椭圆门洞

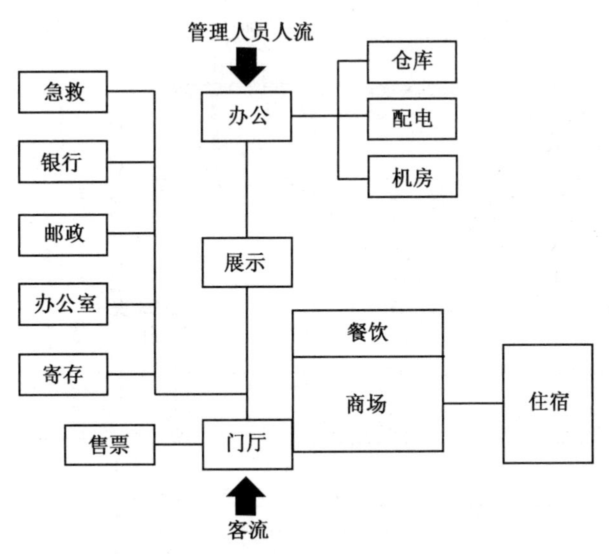

图 6-62　游客服务中心功能与流线分析图

游客服务中心的游客人流相对分散，没有明显的高峰期，人流比较平均。主要集中在休息厅和展示厅，通过门厅进行连接。展览用房的参观人流具有分散而有序的特点，而商店等服务设施的人流则呈现既分散又无序的特点。

管理人员人流应能直接方便地到达办公室，人数虽然不多但同样需要便捷，不应与游客人流交叉相混。根据活动人员人流的特点，在功能流线的组织中，应给予适当的安排：应使集中而有序的人流能以最便捷的流线集散，使集中而无序的人流能被控制在具有类似活动环境的区域内，尽可能减少对安静活动区域的干扰；对人流分散的活动用房则应创造更便于使用时自由选择活动项目的流线，以均衡各项活动的人流，减少人流往返迂回带来的干扰，提高设备的利用效率。

3)设计要点

(1)满足景区总体规划要求；

(2)分区明确，布局合理，联系方便，互不干扰；

(3)组织好人流交通和车流交通流线，避免干扰且又便捷，各部分有单独开放的出入口；

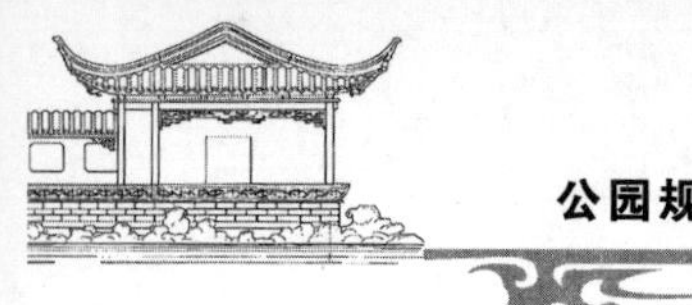

(4)留有发展用地；

(5)有利于创造优美的空间环境。

4)建设规模

不同级别的游客服务中心的规模和功能不同。接待中心的级别越低，其规模也越小，功能越简单明确。游客服务中心的单体规模不应过于庞大。考虑到长远发展，游客接待中心的规模不应只满足现有的游客量，应考虑到环境容量。环境容量在1万人左右的公园，游客接待中心的面积在2 000 m^2左右。

常州紫荆公园占地面积20.15 hm^2，游客中心的设计较为简单，主要用于为游客提供休息场所、展示公园整体形象等，建筑面积为179 m^2(图6-63、图6-64)。

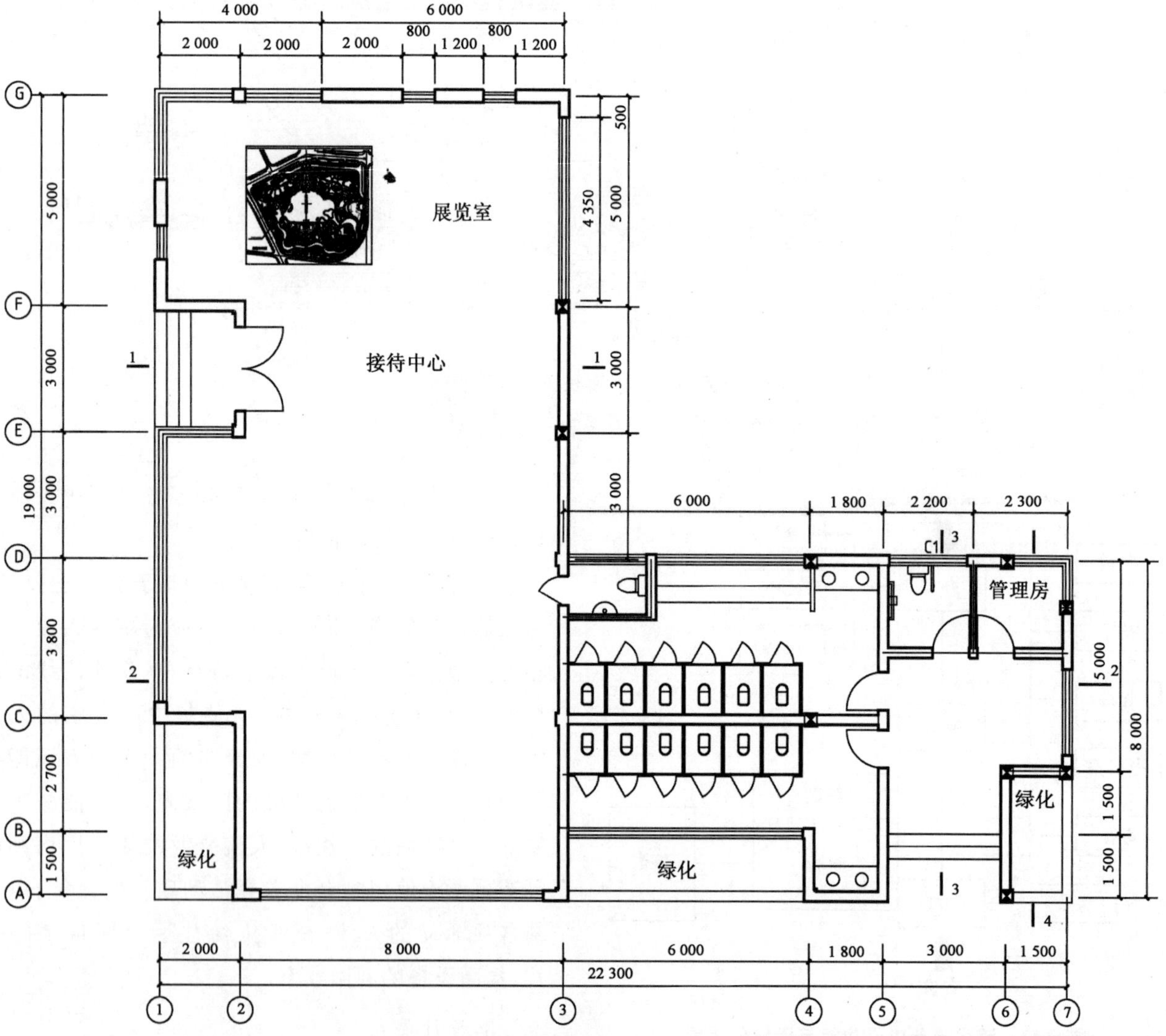

接待中心平面

图6-63　常州紫荆公园游客服务中心平面图

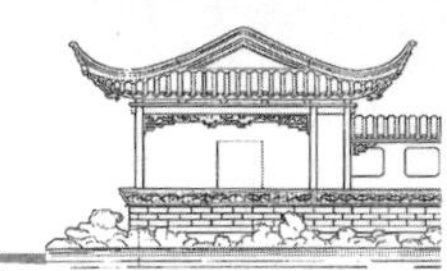

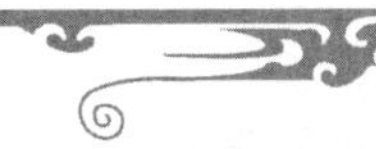

图 6-64　常州紫荆公园游客服务中心效果图

2. 展览馆

1)展览馆类型

(1)专展室　以展出专题性展品为主。此类展览室展品展出的时间较长,故对展品要有良好的保护措施,除需通风,防潮和防日晒等一般措施外,还需根据不同的地区、不同的展品内容采取不同的对应措施。

(2)轮展室　展出的特点是展览的主题不固定,主题经常更换。有些较大的轮展室还可同时展出多项主题展品。此类展览室由于灵活性较大,规模可大可小、一般公园多有设立。轮展室有些是独立设置,有些则与其他项目综合组成建筑群。

2)功能分区与流线设计

展览馆一般由展厅、库房和管理办公用房三部分组成。三部分相互连接,库房和管理办公用房共同服务于展厅。展厅由以上所述串联空间组合、放射性空间组合及放射兼串联空间组合三种空间组合形式组成(图 6-65)。

展览馆一般由观众流线、内部办公流线和展品流线三股流线组成交通,所以需要设置三个分开的出入口,以满足不同流线交通。观众流线从建筑门厅进出,内部办公人员从管理办公用房的出入口进出,而展品需从单独通向库房的出入口进出。库房的出入口最好能与用地外部交通紧密联系。如库房没有紧挨着用地外部道路,则需要单独设置道路,使展品方便从用地外部道路直接通向库房,道路应满足主要运输交通工具的尺寸要求。

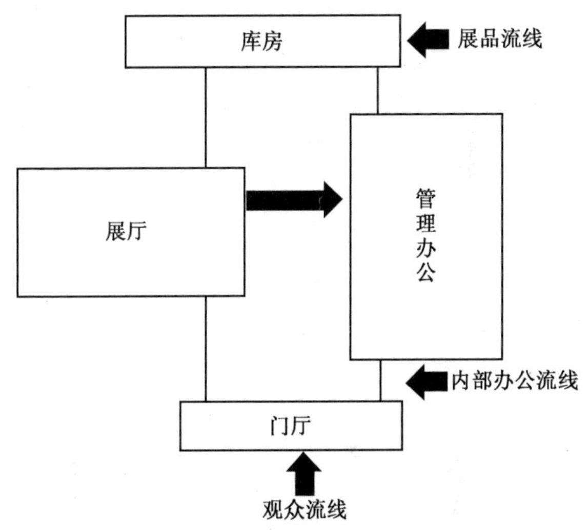

图 6-65　展览馆功能与流线分析图

3)展厅的布置形式

展厅可以由单线、双线、自由布置三种布置形式。①单线参观,出入口分别设置;②双线参观,出入口合并;③自由布置,比较自由,没有统一的参观流线(图 6-66)。

4)设计要点

(1)展览馆室外场地要考虑环境的绿化和美化。

(2)参观路线要明确,避免迂回交叉,参观路线不宜过长,应适当安排中间休息的地方。

(3)展览展示设计时,陈列方式要与照明方式统一考虑,对艺术品的照明应使光色成分接近天然光。对珍贵展品要有特殊的安全保卫措施。应考虑周密的消防措施。

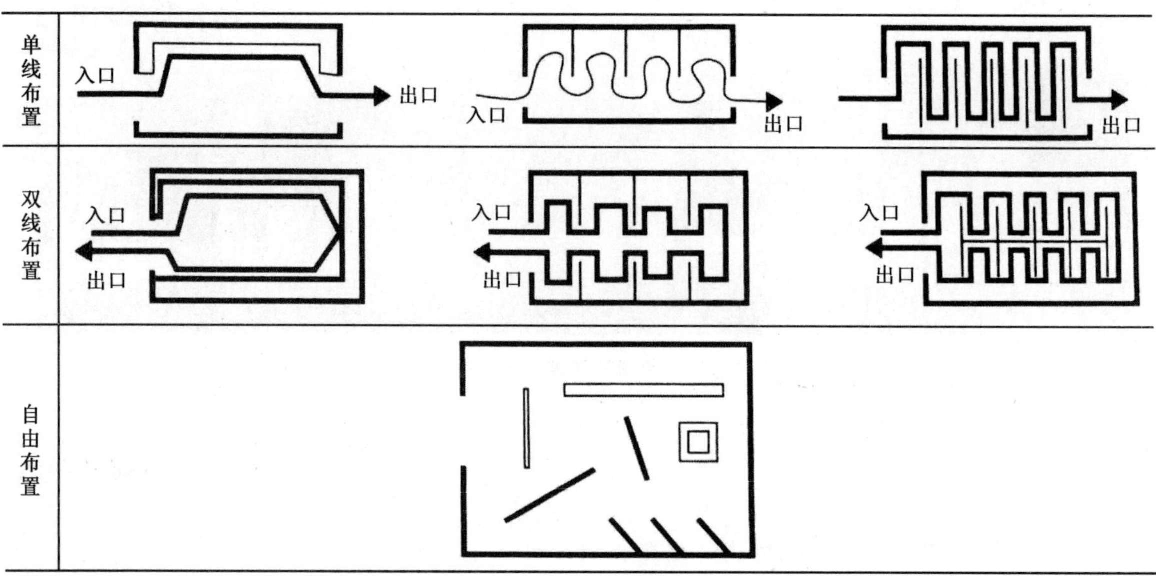

图 6-66　展厅布置形式示意图

公园中的展览馆不仅对功能要求严格，作为展览功能的一部分及城市公园重要的景观面，其对造型及美观上要求也较高，宿迁市余园的展览馆在外立面利用木网格、水幕窗及海绵肌理，充分体现其公园主题——生长的余园，将生态的理念、土地的形象、自然的环境传达给游客(图 6-67)。

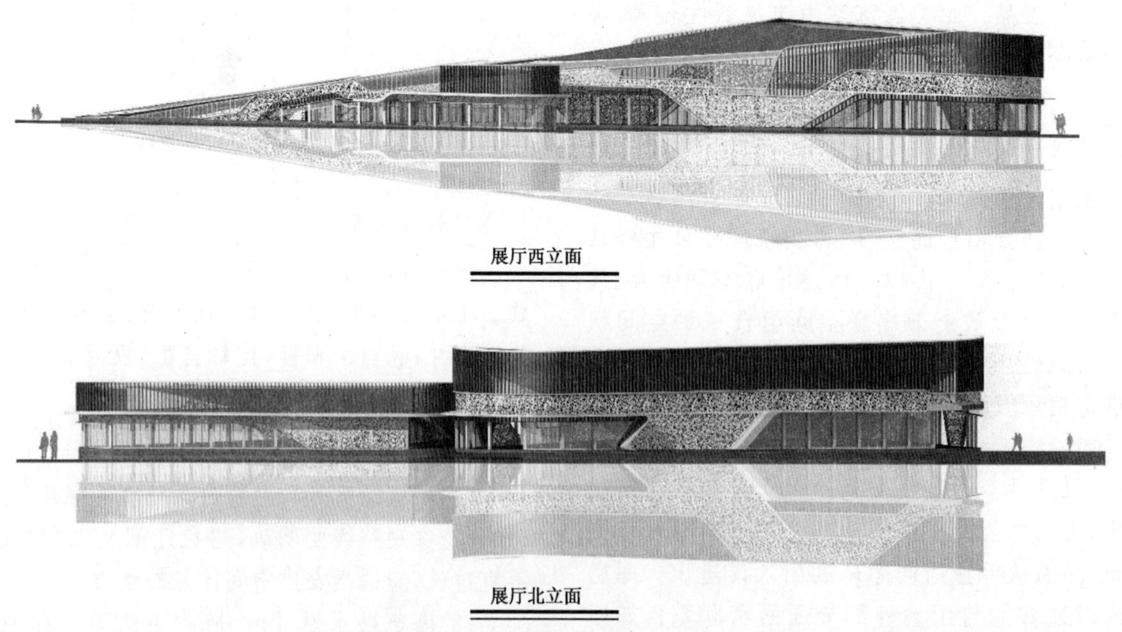

图 6-67　宿迁市余园展览馆西立面、北立面图

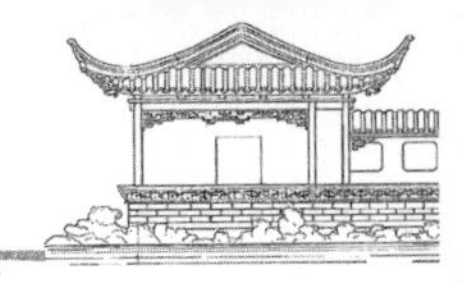

5)建筑规模

公园中的展览建筑一般规模较小，同时又要与园内各建筑协调，多采用公园建筑手法进行设计。展览馆一般层高控制在 4～6 m。

(四)管理类建筑

1.大门建筑

1)大门建筑分类

(1)利用小品建筑构成，采用山门、牌坊等小品建筑构成入口，与公园内建筑可以遥相呼应，很自然地融为一体。

(2)利用原有山石或模拟自然山门构成入口，此类景点入口巧借地形，更顺乎自然，以简胜繁，耐人寻味。

(3)用石筑门构成入口，这类入口虽然以建筑形式构成，但由于材质朴素造型浑厚古朴，因而具有特殊的魅力。

(4)以自然山石，结合山亭廊台构成入口，将人工和自然这两种不同性质的处理方式糅合到一起，使其布局紧凑，主次有序。

(5)亭台结合古木构成入口，在公园中姿态奇异或带有典故传说性的古木，很能吸引游人，这些景点由于历史悠久，历代文人题咏甚多，更添游人品评、鉴赏的兴致。

2)设计要点

大门的设计要根据公园的性质、规模、地形环境和公园整体造型的基调等各因素而进行综合考虑，要充分体现时代精神和地方特色。造型立意要新颖、有个性、忌雷同。

大门的细部处理包括标志、门灯、雕塑、花台等，这些细部处理有的是功能所必需的，有的是艺术形象的要求，设计时应统一考虑，以保证建筑的完整性。标志应该显而易见，注意局部与整体的关系。大门门扇的高度一般不低于 2 m，以竖向条纹为宜，条纹间距不大于 14 cm。

3)大门与入口建筑的尺度

大门的设计要考虑其功能，也要考虑与所在环境的协调。适宜的比例与尺度有助于公园景观的营造和体现公园特色。江南的私家园林占地一般不大，因而大门建筑在风格上隽秀、轻巧、活泼、体量较小，极具南方之秀，造型轻盈，色彩素雅、古朴。这种比例与尺度的关系，体现了建筑美与自然美的高度联系和统一。

2.管理用房

1)管理用房分类

(1)附属型　公园规模不大时，办公管理用房可以依附于其他公园建筑共同组成。最常见是办公管理用房依附于公园大门共同组成具有管理功能的入口建筑。

(2)分离型　公园规模不大时，办公管理建筑可以建在其他公园建筑旁边，配合其他建筑一起使用。

(3)独立型　办公管理建筑独立于其他建筑，单独设置在公园内，根据公园的规模、性质，选择适当的位置，按一定比例合理配置。

2)功能分区与流线设计

办公管理建筑分对外用房区和对内用房区，对外用房区的房间应该放在门厅入口附近，方便游客来访及便于管理、维护公园次序。包括：①广播室，播送、传递公园的重要信息；②治安、保卫室，维护公园的治安；③医疗、诊室，处理游客及工作人员简单的医疗事项；④管理室，收集、解决游客的纠纷及处理特殊事件，协助公园的各项管理(图 6-68)。

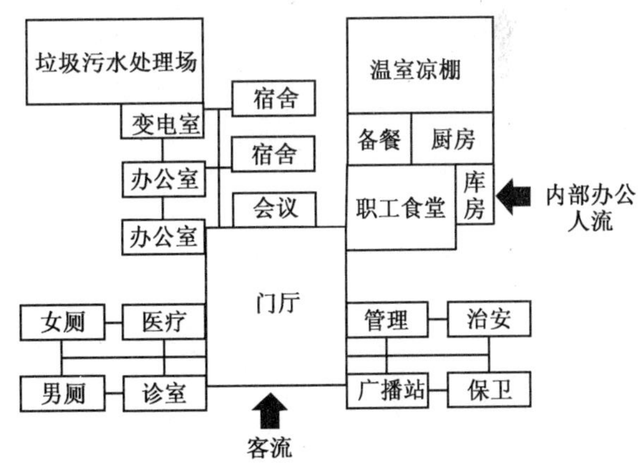

图 6-68　管理用房功能与流线分析图

对内用房区的房间应该放在办公管理建筑内侧的位置，包括：①变电室，应放在建筑的一层外侧；②办公室、宿舍，可以放在建筑的二层以上楼层；③食堂，因为不对外营业，放在建筑两侧或内侧，但要和道路方便联系，便于运输货物。

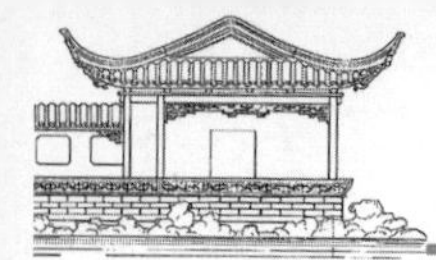

3)设计要点

管理用房主要为公园工作人员使用,因此选址应选择在较为隐蔽的角落。注意其外观与公园整体环境适应,立面景观效果较好。内部空间布局时,将游客使用空间与工作空间分开,尽可能减少人流相互冲突。

常州紫荆公园管理用房引入光影建筑的设计理念,部分墙面采用格栅式玻璃幕墙体系,部分墙面通过窗户内退,实墙遮挡,创造了很多光影效果,并且屋顶全部为覆土种植屋面(图 6-69 至图 6-72)。

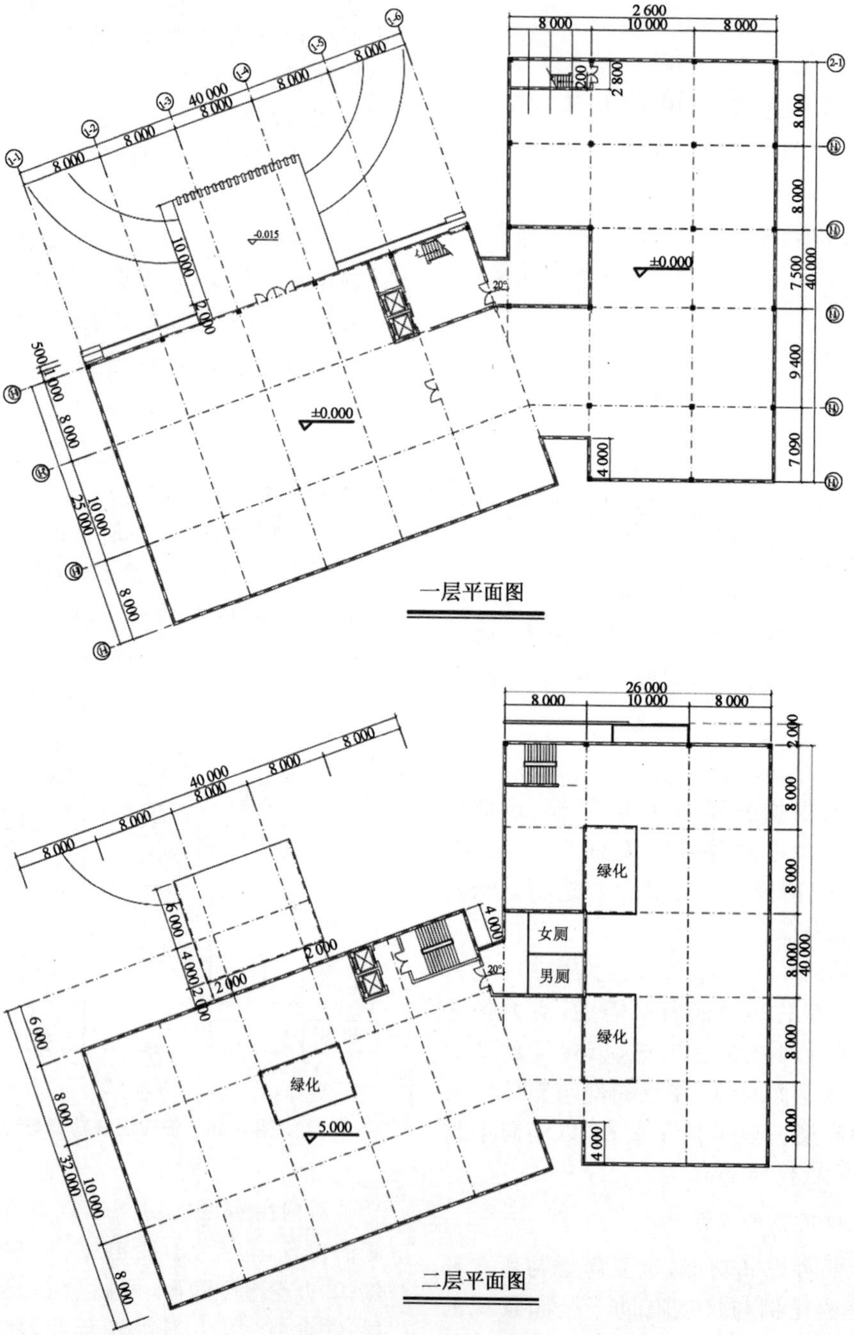

一层平面图

二层平面图

图 6-69　常州紫荆公园管理用房一层、二层平面图

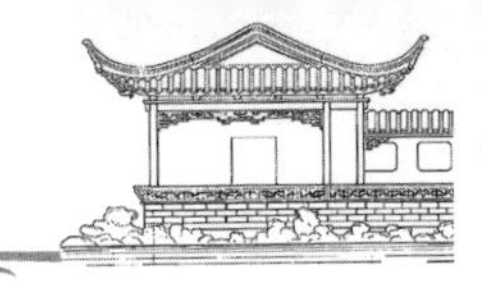

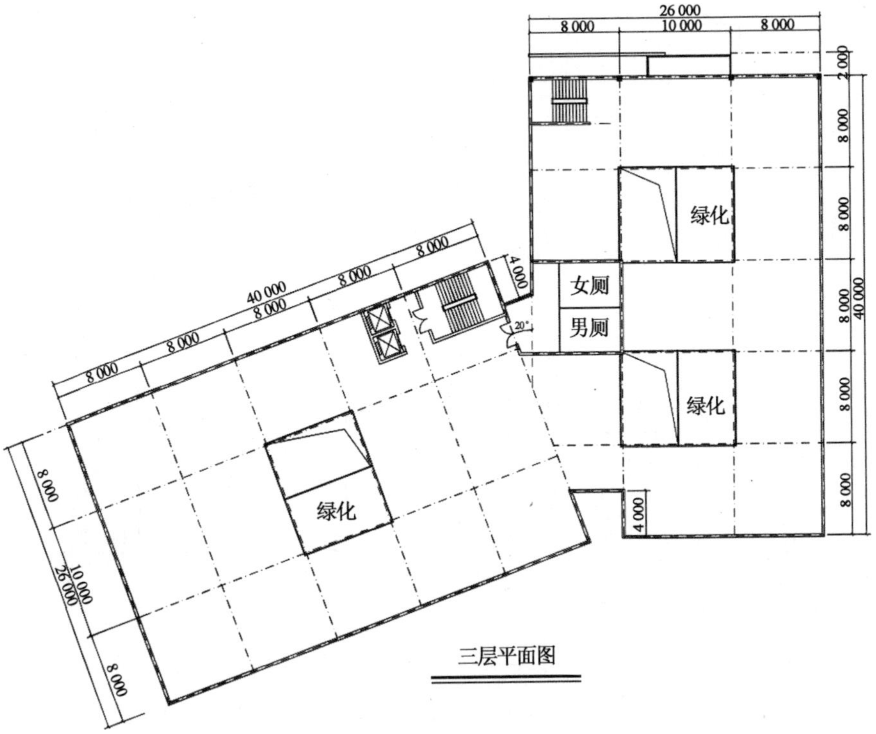

三层平面图

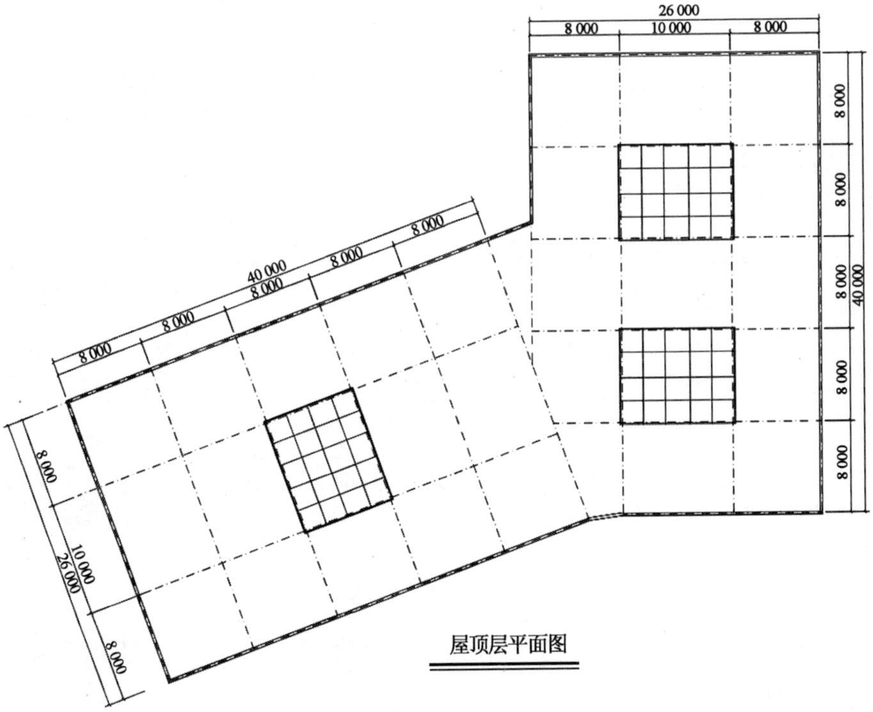

屋顶层平面图

图 6-70　常州紫荆公园管理用房三层、屋顶层平面图

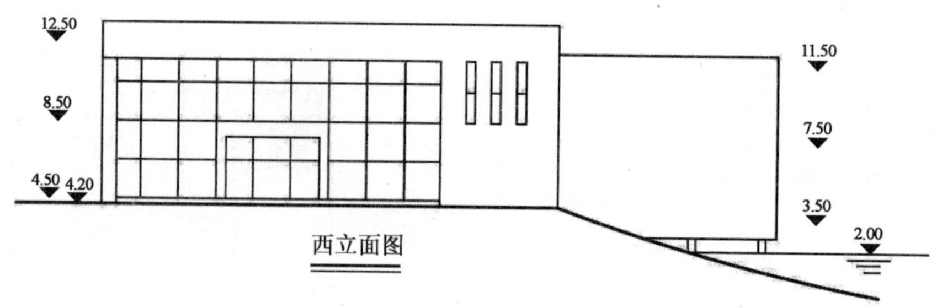

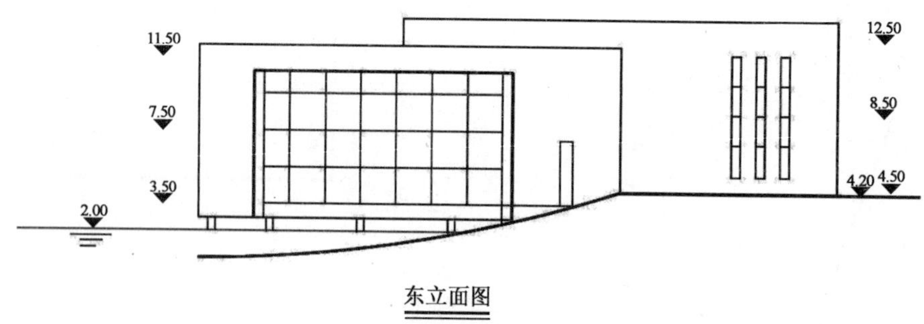

图 6-71　常州紫荆公园管理用房立面图

图 6-72　常州紫荆公园管理用房效果图

第六节　水景设计

一、静态水景设计

静水是指公园中成片状汇聚的宁静水面，可分为人工湖和人造水池。静水是最简单但是景观最丰富的水体形态。

1. 人工湖

人工湖的平面设计首先要确定其在公园中的位置以及性质，该过程在规划设计阶段基本完成，这之后就需要进行湖岸线的平面设计，一般以自然曲线为主。完成平面设计之后要对拟挖湖所及的区域进行土壤探测。土壤应以黏土、沙质黏土、壤土、土质细密土层深厚或渗透力小于 0.006～0.009 m/s 的黏土夹层为宜。湖岸的土壤必须坚实防止开裂。

人工湖底若不漏水则不需要进行湖底处理，若漏水，则需要对湖底进行设计，包括基层和防水层，设计方法与人造水池类似。

2. 人造水池

人造水池是在公园中利用人工水源，设计相对精致的景观，起到美化环境、改善小气候条件的作用。人造水池的平面轮廓要注意与场地走向、建筑轮廓等相呼应，水池的平面设计主要为显示其平面位置和尺度，应标注池底、池壁顶、进水口、溢水口和泄水口、种植池的高程和所取剖面的位置。

水池进行立面设计时，池壁顶部离地面的高度不宜过大，一般为 200 mm 左右，考虑到方便游人坐在池边休息，可以增高到 350～450 mm。

水池剖面设计时，不同的水深对池壁的压力不同，水池越深，池壁设计越应坚固。水池的防水层也很重要，人造水池池底按防水材料可分为刚性防水池底和柔性防水池底(图 6-73)。基本结构包括以下各层：

(1)基层　一般土层经碾压平整后，其上需再铺厚度为 15 cm 的细土层。基层既是刚性防水层的基础，也是柔性防水层的下保护层，使柔性防水层受力均匀。

(2)防水层　刚性防水层一般做法是在混凝土中掺防水剂，柔性防水层用于湖底的防水层材料较多，主要有聚乙烯防水毯、聚氯乙烯防水毯、三元乙丙橡胶防水卷材、膨润土防水毯、赛柏斯掺和剂、土壤固化剂等。

(3)保护层　刚性防水层的保护层主要用防水砂浆或马赛克等贴面起保护和装饰的作用，柔性防水层一般是在防水层上平铺 15 cm 厚的过筛细土，以保护防水材料使其不被破坏。

(4)覆盖层　在保护层上覆盖 50 cm 厚的回填土，防止防水层被撬动。其寿命可保持 10～30 年。

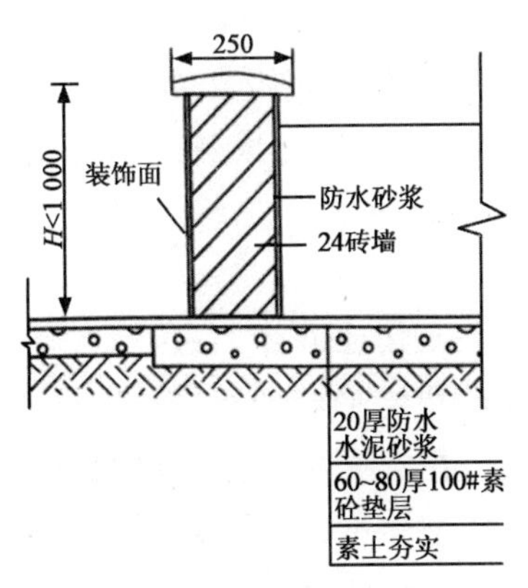

a.砖水池

b.毛石水池

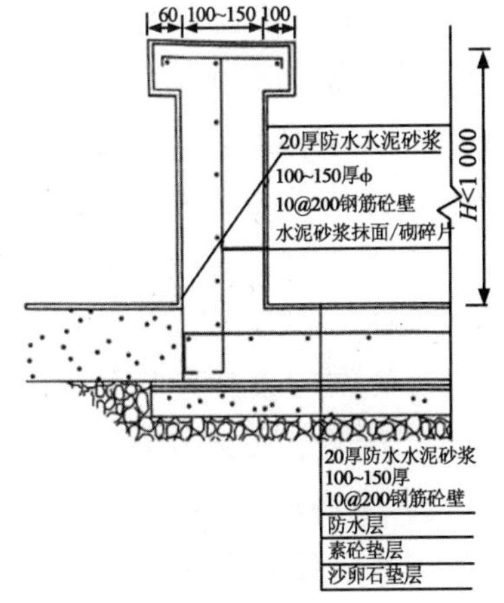

c.钢筋混凝土水池

图 6-73　几种典型水池结构示意图

人造水池池壁构造一般与池底对应，可分为刚性防水池壁和柔性防水池壁。池壁压顶可做成平顶、拱顶、挑伸等多种形式。所取的剖面应具有足够的代表性，要反映从地基到壁顶的各层材料的厚度。

人造水池的基本管线包括给水管、补水管、溢流管和泄水管。给水管、补水管和泄水管为可控制管道，控制水流进出。溢流管用于水体水面过高后溢出(图 6-74)。

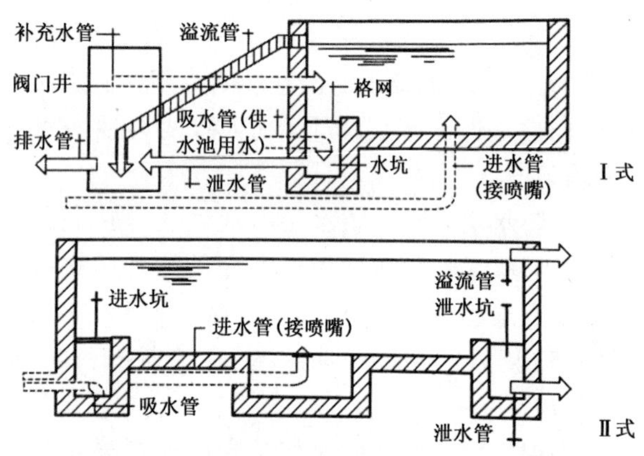

图 6-74　水池管线系统示意图

二、动态水景设计

1. 溪流设计

进行溪流的平面设计时，要注意曲折、宽窄的变化，及其水流的变化和所产生的水力变化引起的对驳岸产生的冲刷力，因此，溪流设计中，对弯道的弯曲半径 R 有一定的要求。溪流设计时结合具体地形变化，与建筑、植物、池塘结合，从而产生奇妙的景观效果。

溪流的结构设计过程中，要表现出水流的跃动、欢快、活泼。因此设计时要注意坡度保持在1%～2%，最小坡度为 0.5%～0.6%，最大不超过3%，否则河床会受到影响，也可以通过改变河床的宽度、改变河床地面的凹凸形状以及溪流底部设计置石等方式，使水流发生变化，从而产生不同的景观效果。

2. 瀑布设计

天然瀑布是由于河床突然陡降形成高差，水经过该处时跌落向下如布匹般悬挂在空中，形成的形态。人工瀑布是通过工程手段模拟天然瀑布而成的。人工瀑布的结构主要分为水槽、出水口、瀑身、受水池、循环系统五个部分。

水槽：在公园中设计瀑布，需要在瀑布上端设计一个水槽储水，为了景观效果，水槽需要用假山、卵石等遮蔽起来。

出水口：尽量模仿自然，并通过树木、岩石等加以隐藏遮蔽。

瀑身设计：瀑布最重要的部分，优美的瀑身使整个瀑布在公园中具有较大的观赏价值。瀑布的水面高宽比以 6∶1 为佳，瀑布内可装饰若干植物，瀑布外左右两侧也应多栽植物，以展示瀑布水势之恢弘。

潭(受水池)：在做瀑布设计时，应在落水口下面做一个受水池。为了防止落水时水花四溅，一般使受水池的宽度(B)不小于瀑身高度(H)的 2/3。

循环系统：除天然瀑布外，公园中人造瀑布一般使用循环水流(图 6-75)。

3. 叠水设计

公园的叠水是指在较短距离内设计一个较大高差，使水流从高处一层层向下落而形成的景观，其设计手法与瀑布类似(图 6-76)。

叠水使水流在上、下游较短距离内形成水流较大的落差，水流在较大的坡度形成较大的冲击力。叠水可分单级式或多级式两种。

4. 喷泉设计

喷泉是一种将水或其他液体经过一定压力通过喷头喷洒出来具有特定形状的组合体。包括天然喷泉和人工喷泉。在本文中介绍的喷泉都是指人工喷泉。喷泉的造型多变、形式多样，受到游客的普遍喜爱。不同的环境能创造出不同的喷泉主题，公园中常常用喷泉作为景观节点的中心，或是用喷泉创造出恢弘的气势(图 6-77)。

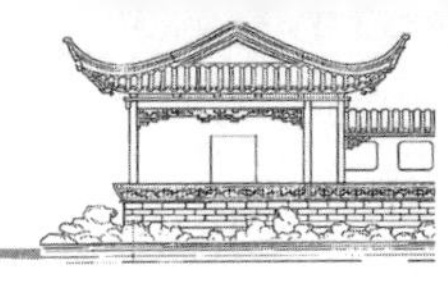

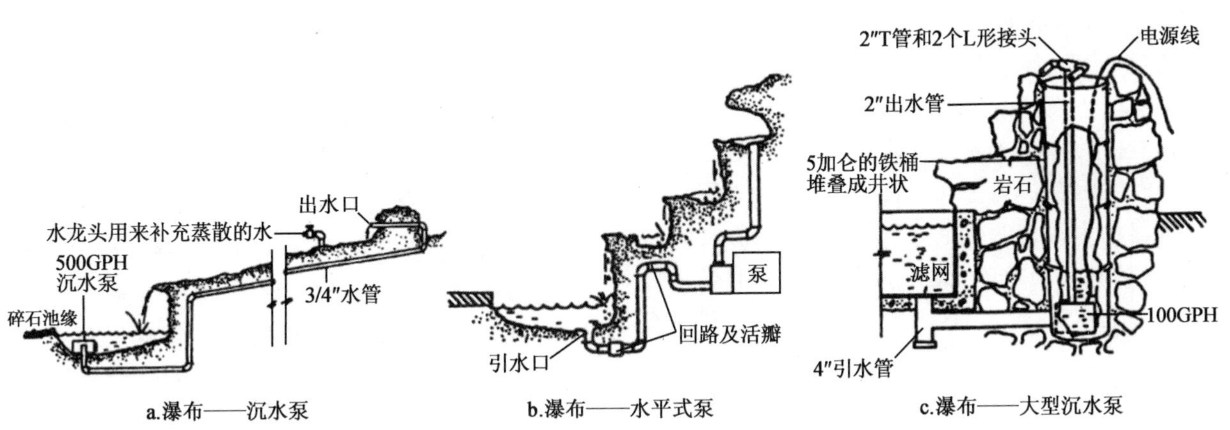

图 6-75　瀑布循环水流系统示意图

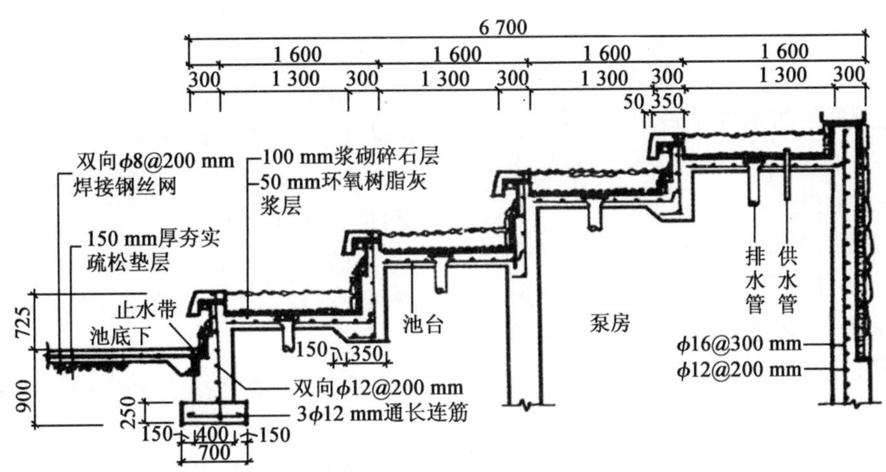

图 6-76　叠水断面结构示意图

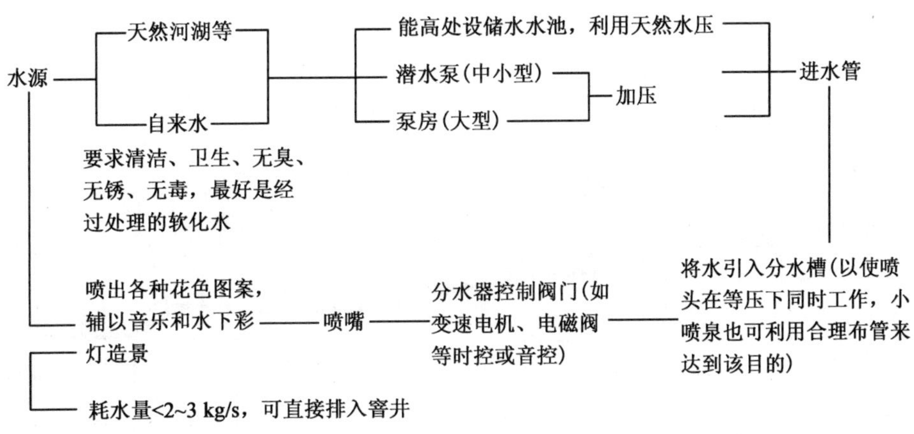

图 6-77　喷泉工艺流程示意图

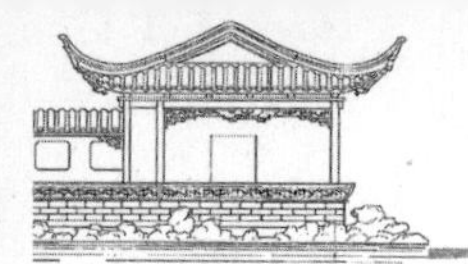

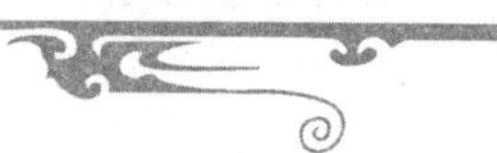

喷泉布置首要考虑其想表达的主题与形式，并结合环境和氛围统筹考虑。一般布置在广场中轴线上或视线交点处，或是大型水体的沿岸处，作为游客视觉的焦点，这类喷泉通常设计简洁大气。另外还有布置在小庭院环境中，营造相对较精致静谧的氛围。

喷泉的水源应为无色、无味、无有害杂质的清洁水，包括城市自来水、地下水等。喷泉给排水管网主要由进水管、配水管、补充水管、溢流管和泄水管等组成。

进水：喷泉的给水方式主要有五种，小型喷泉由城市自来水直接给水；泵房加压供水，用后排掉；大型喷泉泵房加压，循环供水；潜水泵循环供水；高位水体供水。水泵的提水高度叫做扬程。一般将水泵进出水池的水位差称为“净扬程”，水流进出管道的水头损失称为损失扬程。总扬程＝净扬程＋损失扬程。水头损失是指水在管道中流动，克服水和管道壁产生的摩擦力而消耗的势能。包括沿程水头损失和局部水头损失。

补水：由于喷泉在喷射过程中会造成喷泉水循环中水量的流失，所以需要设置补水管补充用水。

溢水：为了防止因降雨使池水溢出，需设置溢水管。溢水管应直接接通公园中的雨水井，并有不小于3%的坡度防止水体倒流。

泄水：喷泉水池中的水应及时更换，泄水管道可与公园雨水管道联通，或通向公园中的湖、池等水体。另外也可以作为绿地灌溉或地面洒水二次利用，不过需要另外进行管道设计。

5.驳岸设计

水景驳岸是在公园水体边缘与陆地交界处，为稳定岸壁，保护湖岸不被冲刷或水淹所设置的构筑物。驳岸同样是构成公园园景的一部分。

1)驳岸的分类

(1)按造景形式分：驳岸按造景分类可分为规则式驳岸、自然式驳岸和混合式驳岸三种。

规则式驳岸是指使用刚性材料砌筑而成的几何形岸壁，该驳岸简洁整齐，但却较生硬(图6-78)。自然式驳岸是指没有固定形式的岸壁类型，这类驳岸较自然，使人产生亲近自然之感(图6-79)。混合式驳岸是指规则式驳岸与自然式驳岸相结合的驳岸类型。融合两种驳岸的特点，其形式更为多变，具有较强的装饰性(图6-80)。

(2)按结构形式分　一般分为重力式、悬臂式、扶垛式、桩板式(图6-81)。

重力式：主要依靠墙身自重来保证岸壁的稳定，抵抗墙背土压力。

悬臂式：一般设置在高差较大或是表面要求光滑的水池壁以及不适宜采用浆砌块石驳岸之处，造价较高。

扶垛式：是从墙上突出的一种加固结构，是和墙体连成一体的支墩。

桩板式：又叫插板式驳岸，采用钢筋混凝土桩(或木桩)作为支墩，加插入的钢筋混凝土板(或木板)组成，支墩靠横拉条和锚板连接起来固定。

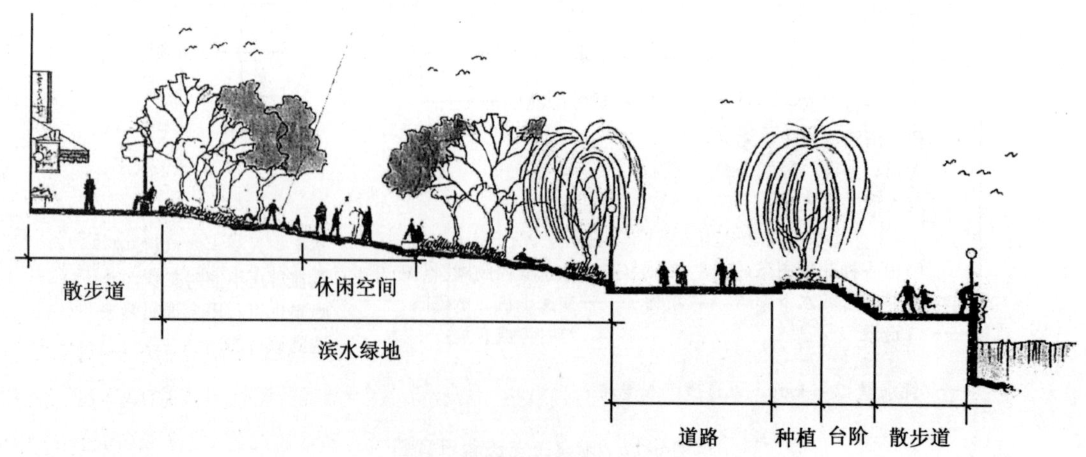

图6-78　坡地滨水区及规则式驳岸示意图

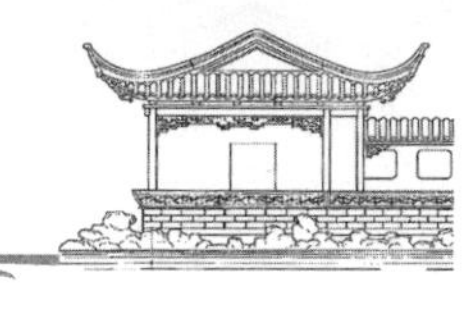

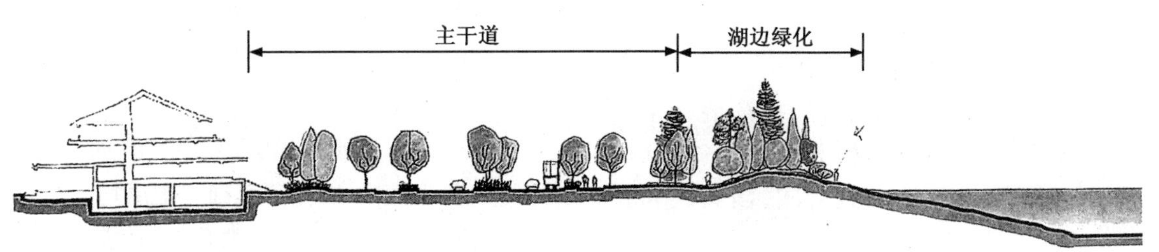

图 6-79　平缓地滨水区及自然式驳岸示意图

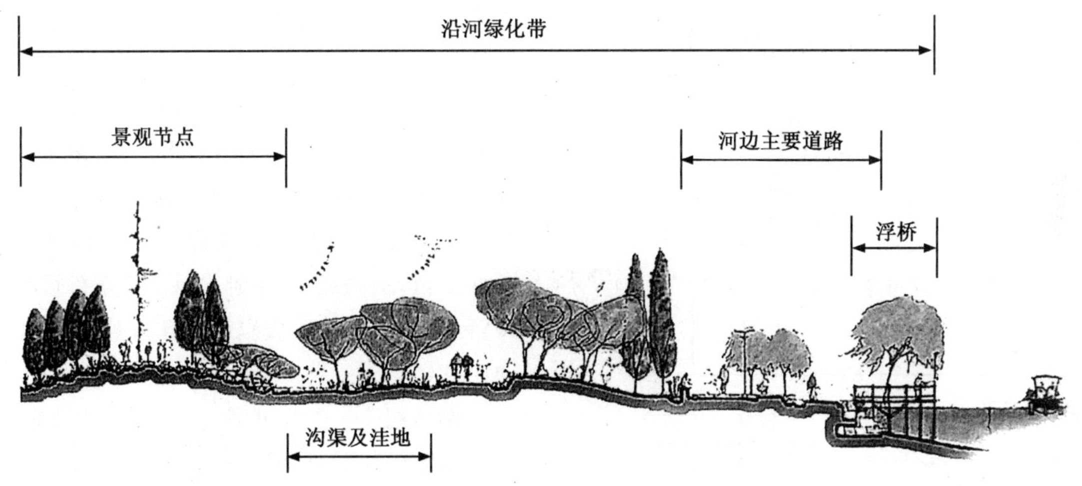

图 6-80　混合式驳岸示意图

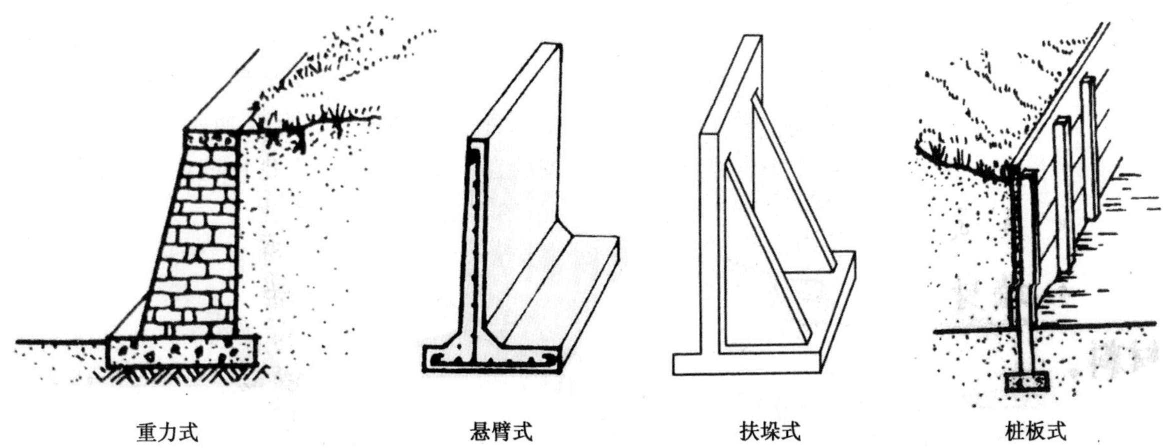

图 6-81　驳岸的结构分类示意图

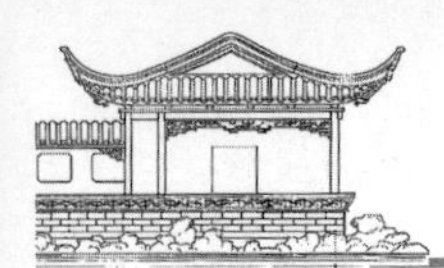

2)重力式驳岸设计

公园中的驳岸形式一般选择重力式结构，它主要依靠墙身自重来保证岸壁稳定，抵抗墙背土压力。重力式驳岸按其墙身结构分为整形式、砌块式、扶壁式；按其形式可分为直立式、倾斜式和台阶式。

公园中驳岸高度一般不超过 2.5 m，重力式驳岸的基本构造(图 6-82)：

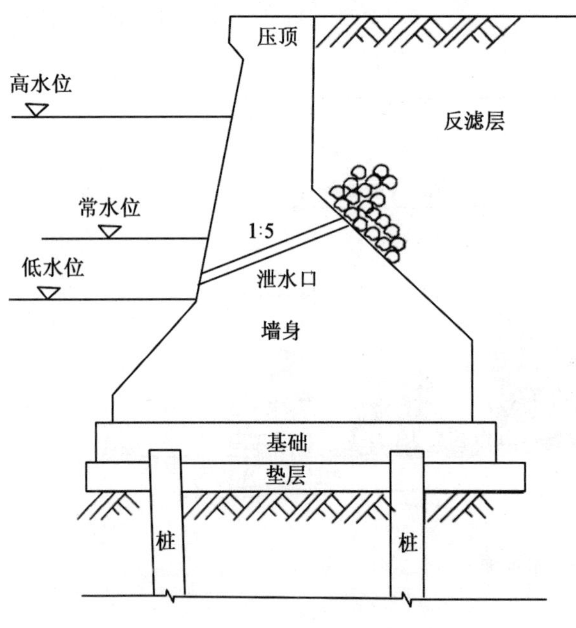

图 6-82　重力式驳岸示意图

压顶——驳岸之顶端结构，一般向水面有所悬挑。

墙身——驳岸主体，常用材料为混凝土、毛石、砖等，还有用木板、毛竹板等材料作为临时性的驳岸材料。

基础——驳岸的底层结构，作为承重部分，厚度常用 400 mm，宽度在高度的 0.6～0.8 倍范围内。

垫层——基础的下层，常用材料如矿渣、碎石、碎砖等平整地坪，以保证基础与土层均匀。

基础桩——增加驳岸的稳定性，是防止驳岸滑移或倒塌的有效措施，同时也兼加强土基承载力的作用，材料可以用木桩、灰土桩等。

沉降缝——由于墙高不等，墙厚土压力、地基沉降不均匀等的变化差异时所必须考虑设置的断裂缝。

伸缩缝——避免因温度等变化引起的破裂而设置的缝。一般 10～25 m 设一道，宽度一般采用 10～20 mm，有时也兼做沉降缝用。

泄水孔——为排除地面渗入水或地下水在墙后的滞留，应考虑设置泄水孔，其分布可作等距离布置，间距 3～5 m，驳岸墙后孔口处需设倒滤层，以防阻塞。

倒滤层——为防止泄水孔入口处土颗粒流失，又要能起到排除地下水的作用，常用细沙、粗沙、碎石等组成。

6.护坡设计

护坡指的是为防止边坡受冲刷，在坡面上所做的各种铺砌和栽植的统称。护坡也是驳岸的一种形式，一般来说，驳岸有近乎垂直的墙面，以防止岸土下坍；而护坡则用于阻止冲刷，其坡度一般在土壤的自然安息角内。常见护坡主要有以下三种形式(图 6-83)：

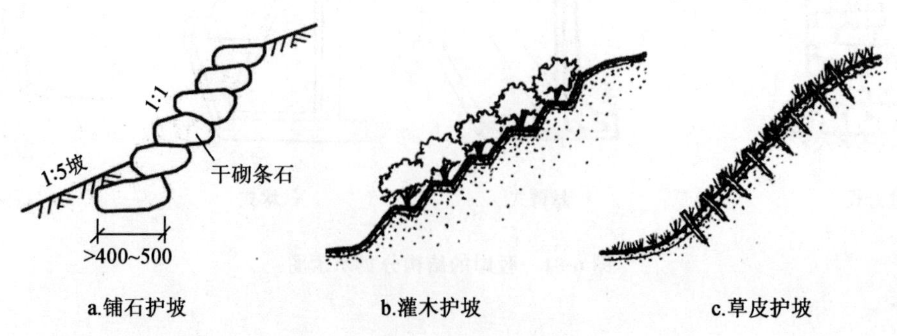

图 6-83　护坡示意图

铺石护坡：当坡岸较陡，风浪较大或因造景需要时，可采用铺石护坡。铺石护坡由于施工容易，抗冲刷能力强，经久耐用，护岸效果好，还能因地造景，灵活随意，是公园常见的护坡形式。

护坡石料要求吸水率低（不超过1%）、密度大（大于2 t/m^3）和具有较强的抗冻性，如石灰岩、砂岩、花岗石等岩石，以块径18～25 m、长宽比1∶2的长方形石料最佳。铺石护坡的坡面应根据水位和土壤状况确定，一般常水位以下部分坡面的坡度小于1∶4，常水位以上部分采用(1∶5)～(1∶1.5)。

灌木护坡较适于大水面平缓的岸坡。由于灌木有韧性，根系盘结，不怕水淹，能削弱风浪冲击力，减少地表冲刷，因而护岸效果较好。护坡灌木要具备速生、根系发达、耐水湿、株矮常绿等特点，可选择沼生植物护坡。

草皮护坡适于坡度在(1∶20)～(1∶5)的湖岸缓坡。护坡草种要求耐水湿，根系发达，生长快，生存力强，如假俭草、狗牙根等。

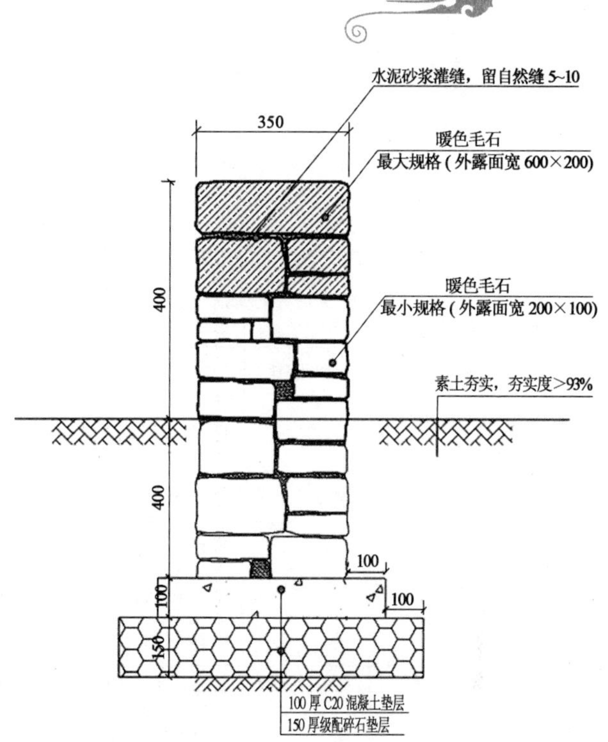

图6-84　景墙结构示意图

第七节　公园小品设计

一、景墙

1. 功能

景墙一般指公园中的墙垣，起到界定和分隔空间的作用。在公园中作为园界，起防护功能，同时美化街景的墙体为边界墙；在公园中截留视线，丰富公园景观层次，或者作为背景，以便突出景物时所设置的墙称为景观墙。

2. 结构

景墙一般由基础、墙身和压顶三部分组成（图6-84）。

(1)基础　传统景墙的墙体厚度都在330 mm以上，现代景墙的墙体厚度在240 mm左右。基础的埋深由景墙高度决定，一般埋深为墙身与压顶高度之和的一半。

(2)墙身　可直接在基础之上砌筑墙身，也可砌筑一段高800 mm的墙裙。墙裙可用条石、毛石、清水砖或清水砖贴面，也有为追求自然野趣而通体用毛石砌筑的。

(3)压顶　传统园墙的墙体之上通常都用墙檐压顶，墙檐是一条狭窄的两坡屋顶，中间还筑有屋脊。现代景墙的基础和墙身的做法与传统的做法基本相似，但有时因砖墙较薄而在一定距离内加筑砖柱墩。压顶大多作简化处理，不再有墙檐。

3. 常用材料

(1)竹木围墙　竹篱笆是过去最常见的围墙，现在已很少使用。

(2)砖墙　墙柱间距3～4 m，中开各式漏花窗，是节约又易施工、维护的办法，但较为闭塞。

(3)混凝土围墙　以预制花格砖砌墙，花型富有变化但易爬越；混凝土预制成片状，可透绿也易管养。

(4)金属围墙　①以型钢为材，断面有几种，表面光洁，性韧易弯不易折断，但需每2～3年油一次漆。②以铸铁为材，可做各种花型，不易锈蚀又经济实惠，但性脆而光滑度不够，订货时要注意材料所含成分的不同。③锻铁、铸铝材料质优而价高，在局部花饰中或室内使用。④其他各种金属网材，如镀锌、镀塑铅丝网，铝板网，不锈钢网等，也可作为金属围墙的材料。

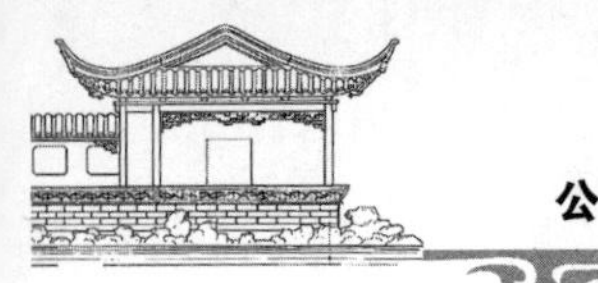

4. 设计案例

常州紫荆公园以“东经 120°”为设计思路，在轴线中设计一个认知走廊，将中国对于时钟的了解与认知的过程根据时间顺序（表 6-5），印刻在景墙上（图 6-85），使游客在经过这段景墙时感知时光、感知历史。

表 6-5　中国时钟发展

纪元	朝代	计时仪器史	主要文献
公元前 2357—2258 年	尧	圭表、日晷测时已达相当高的精度	殷墟出图卜辞“尚书・尧典”
公元前 722—221 年	春秋战国	中国的漏壶计时已达很高的水平	“周礼”“初学记”、唐礼款达“诗疏”
公元前 201—公元 9 年	西汉	日晷和漏刻计时同时使用	“前汉书”“中国科学技术史”、清・梅文鼎“日晷”备考三考
公元 85 年	东汉	浮子和漏箭	“玉函山房辑佚书”、张衡“漏水转浑天仪制”
公元 132 年	东汉	张衡制漏水浑天仪	“晋书”
公元 450	公元 450	李兰制“停表刻漏”，又名“马上奔驰”	“初学记”
“初学记”	梁	殷夔制漫水或恒定水位漏	殷夔“镂刻法”
公元 660 年	隋	耿询、宇文恺制大称式刻漏，献于隋炀帝	“玉海”卷十一、“国史志”“宋史”
公元 445 年	唐	吕才制“多壶式受水壶刻漏”	“事林广记”“六经图”
公元 618—906 年	唐	唐代盛行赤道式日晷，并于十七世纪前传入欧洲	元・杨禹“山居新话”“中国科学技术史”、清・梅文鼎“日晷”备考三考
公元 725 年	唐	梁令瓒，一行制擒纵机构	“新唐书・天文志”“中国科学技术史”
公元 1030 年	北宋	燕肃制“莲花漏”	“初学记”
公元 1135 年	金	出现复式多壶漫流刻漏	“六经图”“大清会典”
公元 1050 年	北宋	舒意简、于渊、周宗制黄祐刻漏	“初学记”
公元 1074 年	北宋	沈括革新黄祐刻漏	沈括“梦溪笔谈”“浮漏仪”
公元 1090 年	北宋	苏颂、辅公濂制水运仪像台	“新仪像法要”
公元 1250 年	南宋	“香篆”钟和灯钟记时在中国广为流行	洪刍“香谱”、杨禹“山居新话”
公元 1260 年	元	地平式日晷由西方传入（携带式日晷）	“元史・天文志”“中国科学技术史”
公元 1276 年	元	郭守敬制“周公测景台”、“大明殿灯漏”	“元史・天文志”
公元 1313 年	宋	宋代农夫已开始使用田漏	王祯“农书”“中国刻漏”、梅晓臣“田漏”
公元 1316 年	元	杜子威、冼运行制广州铜壶滴漏	“广州延祐铜壶记”
公元 1360 年	元	詹希元制五轮沙漏	“明史・天文志”、宋濂“五轮沙漏铭”
公元 1580 年	明	西方传教士罗明坚将自鸣钟传入中国	“中国天主教史”
公元 1600 年	明	明末吉坦然制“通天塔”自鸣钟	“宣城县志”卷二十七
公元 1745 年	清	丁傅欲重建广州镇海楼自鸣钟	“雪桥县志”卷九
公元 1773 年	清	清宫“做钟处”仿制改造机械时钟	清史档案
公元 1796 年	清	冯义和制“更钟”	存南京博物馆

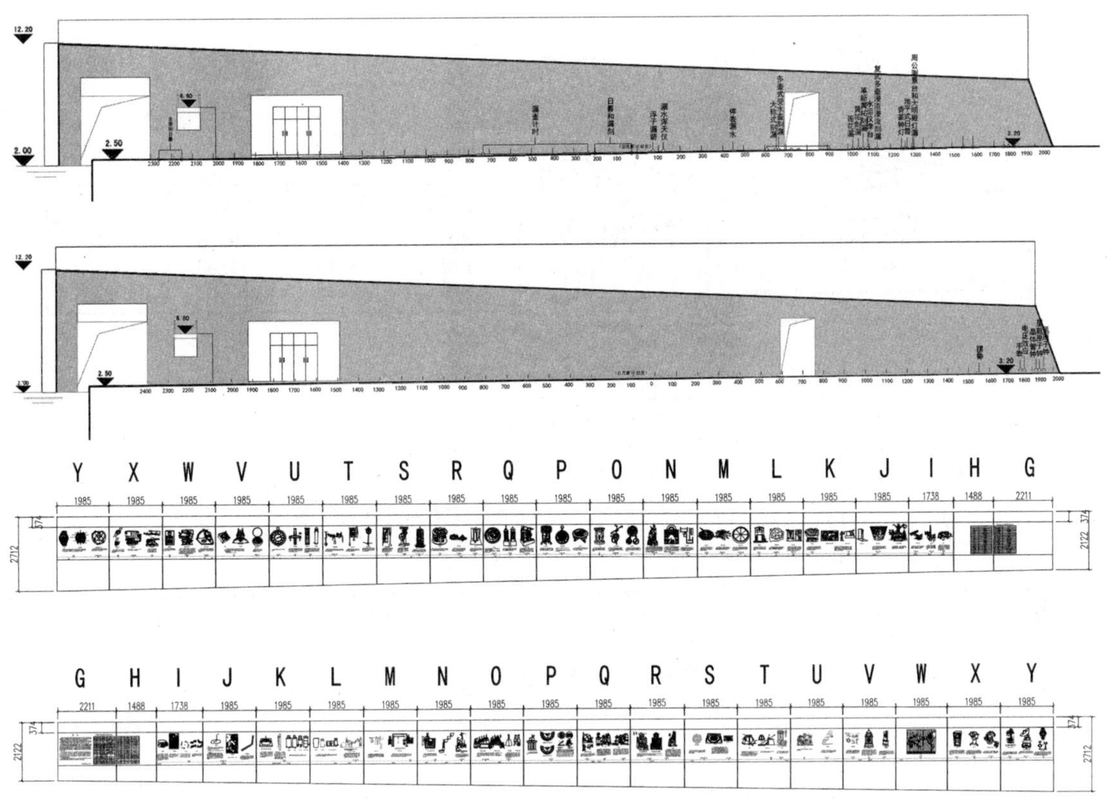

图 6-85　常州紫荆公园文化墙详图

二、配套设施

(一)园椅、园凳设计

1. 常见形式与材料

公园中制作园凳的材料有钢筋混凝土、石、陶瓷、木、铁等。

(1)铸铁架木板面靠背长椅,适于半卧半坐。

(2)条石凳,坚固耐久,朴素大方,便于就地取材。

(3)钢筋混凝土磨石子面,坚固耐久制作方便,造型轻巧,维修费用低。

(4)用混凝土塑成树状或带皮原木凳等各种形状和色彩的椅凳,可以点缀风景,增加趣味。此外还可以结合花台、挡土墙、栏杆、山石设计。

2. 类型

(1)标准坐椅　对于成年人来说,坐椅的座位应高于地面 37～43 cm,宽度为 40～45 cm;坐椅的靠背应高于坐面 38 cm;带扶手的坐椅,扶手应高于坐面 15～23 cm;坐面下应留有足够的空间以便收腿和脚。坐椅的腿或支撑结构应比坐椅前部边缘凹进去至少 7.5～15 cm(图 6-86)。

(2)种植池坐椅　将种植池和坐椅结合,不仅能节省公园中的非硬质空间,还能使公园中的坐椅以种植池的形式出现。种植池形式的坐椅,能利用种植池内的大树形成的遮荫环境,在下方乘凉庇荫。

(3)台阶坐椅　现代公园中常设计观演舞台以满足人们开展文化娱乐活动的需要。一般会在舞台周围利用地形设计台阶坐椅,台阶高度常为 30 cm,并辅以木质铺面。有时还可利用滑槽等构造设计成可移动的坐面。

(4)坐墙　在多边形场地边界的某一角,形成“L”形或圆形场地形成半包围的墙体,将其高度限定在 30～40 cm,辅以坐面,形成既分隔空间又可供休息的坐墙。这种景观墙的构造通常包括砌体、基础和椅面三个部分(图 6-87)。

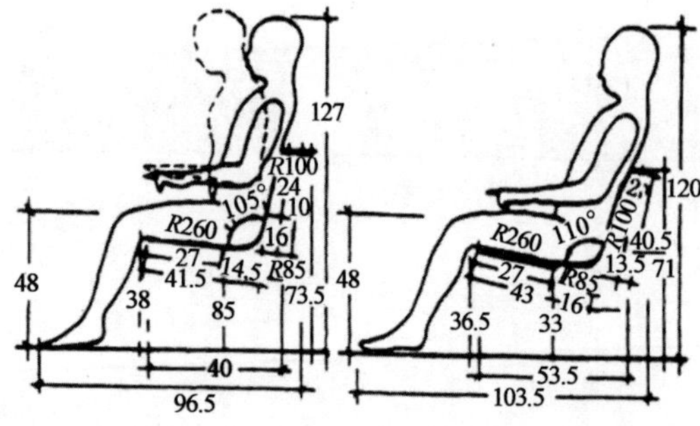

使　用	高/cm	宽/cm	长/cm
成人 兼用 儿童	37~43 35~40 30~35	40~45 38~43 35~40	180~200 120~150 40~60

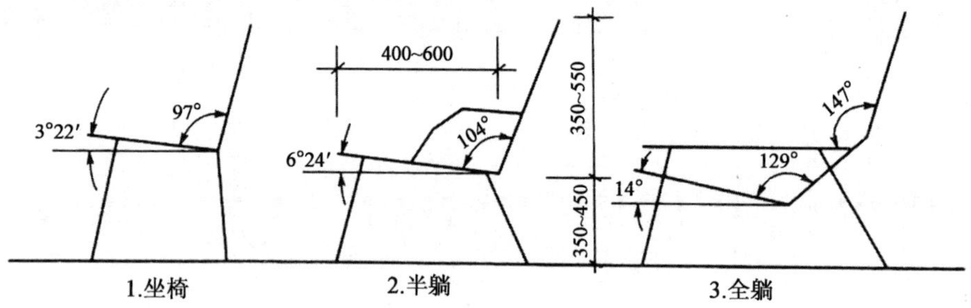

图 6-86　坐椅尺寸标准示意图

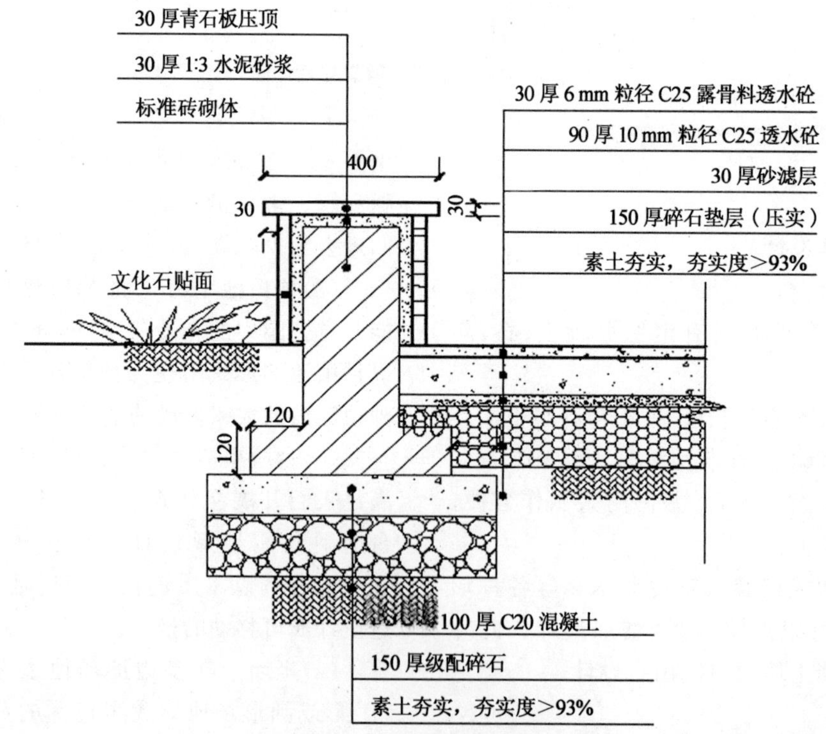

图 6-87　坐墙结构示意图

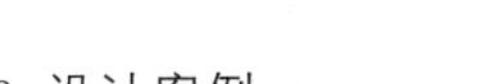

3. 设计案例

常州紫荆公园坐椅设计与公园内游客中心、厕所、管理用房等建筑保持风格一致，采用木构形式（图 6-88 至图 6-90）。

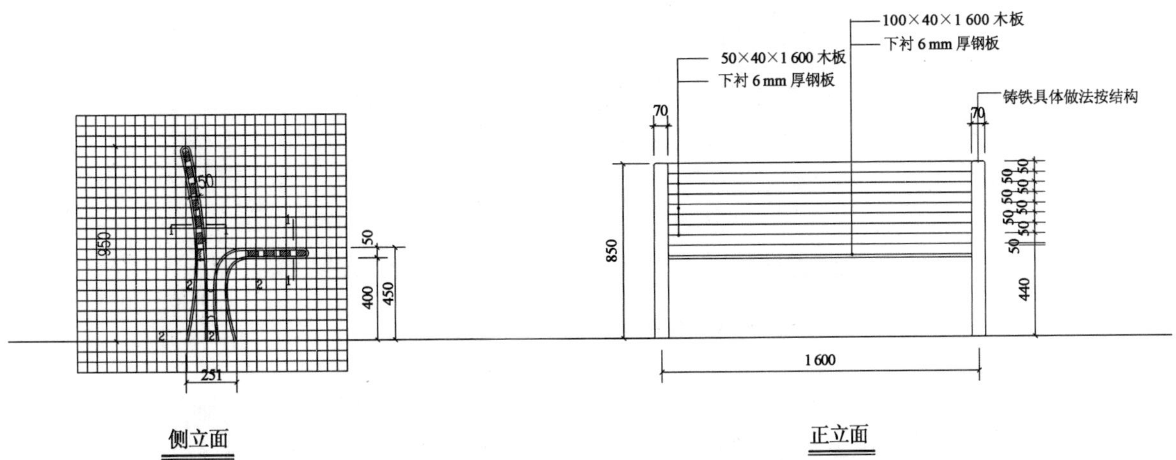

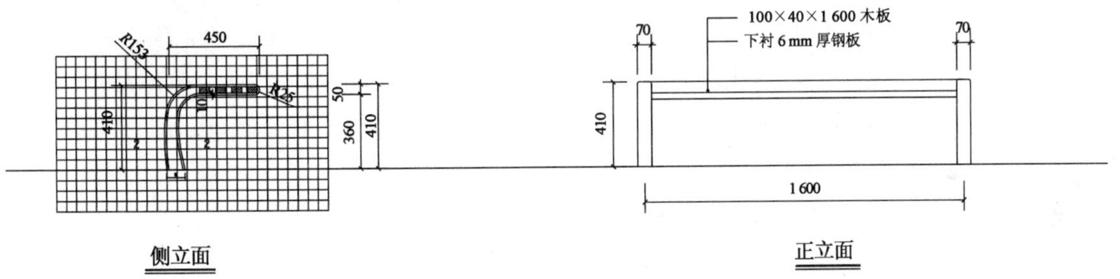

图 6-88　常州紫荆公园坐椅立面图

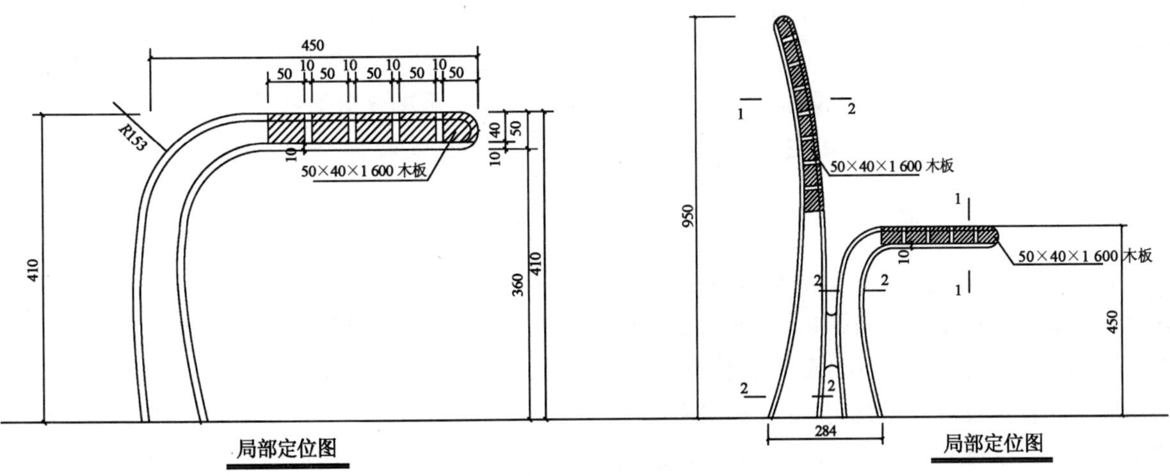

图 6-89　常州紫荆公园坐椅局部定位图

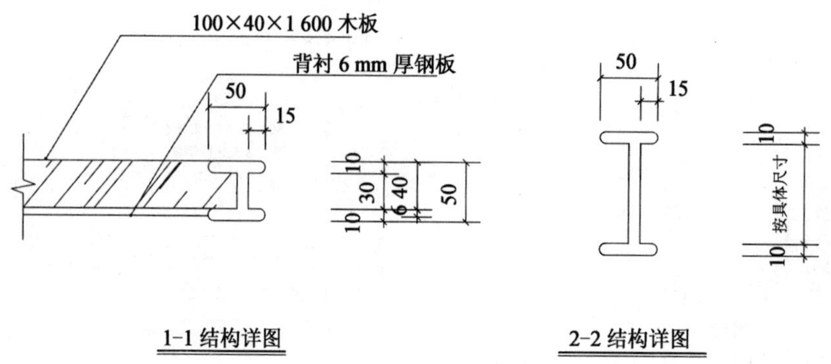

图 6-90　常州紫荆公园坐椅结构详图

(二)垃圾桶

垃圾桶为公园的整洁环境提供了重要作用的同时,也具有景观作用,因此在设计垃圾桶时,需要对其造型、位置、材质、取出方式进行特色设计。

1. 材料选择

(1)便于清洁,抗酸碱、腐蚀　可以采用内外套筒设计,既保证外观可以采用多种材料,又便于更换和清理。垃圾箱不宜直接置于裸露土地或草坪上,最好是周边有光滑硬质铺装,以便于清扫。底座位置要比周边高,不积存污水。

(2)结实、耐用、防盗　公共场所的垃圾箱较难管理和维护,被破坏的可能性也最大。露天公共场所的垃圾箱,防盗功能尤为重要,经常有人将垃圾箱的部件拆下来当废品卖。为了避免损失,尽量选择不能被收购的材料制作垃圾箱,例如工程塑料、冷轧钢板。

(3)与环境相协调　垃圾箱设计必须和周围环境相统一。要考虑垃圾箱的造型、色彩与公园主题环境的和谐。

2. 尺寸选择

垃圾箱高度在 80～110 cm 较为适宜,符合人体工程学的要求。在这个高度范围内,人使用起来感觉最舒适。太高了,抬手费力;太低了,弯腰费劲。

垃圾箱的容量没有具体规定,一般根据实际安装的位置确定。太大了,不美观,而且单个垃圾箱垃圾太多,不利于环卫工人清理;太小了,很快会被装满,起不到收集垃圾的作用。

垃圾箱开口尺寸与形式要便于投放和清洁,一般都是在上方和侧面开口,开口尺寸不小于 20 cm×20 cm,开口处应设计活动盖子或遮挡物,避免露天环境下雨雪进入及风吹刮垃圾;同时还能避免垃圾的气味四处散发,将垃圾限定在固定空间里。

盖子的设计主要有三种:一种是掀盖式;一种是翻盖式,需要用手推开的;还有一种是脚踏式,用脚踩踏,自动弹开。

3. 设计案例

常州紫荆公园垃圾箱设计图(图 6-91)。

三、导识设施

1. 导识牌

导识牌:导识牌造价便宜、维护简单等优点,是公园中不可或缺的部分。解说系统中除导识牌之外还包括语音导览系统、视听媒体、实物展示等。

指示牌:在公园中标有公园地图及景点位置的设施,为游客指明方向。

警告牌:警告牌通常用于给游客一些安全性的警示,如深水区、悬崖等地方。

管理牌:常见的如园门口处的管理规则、开放时间以及请游客勿踏草坪、勿攀折花木的牌子。

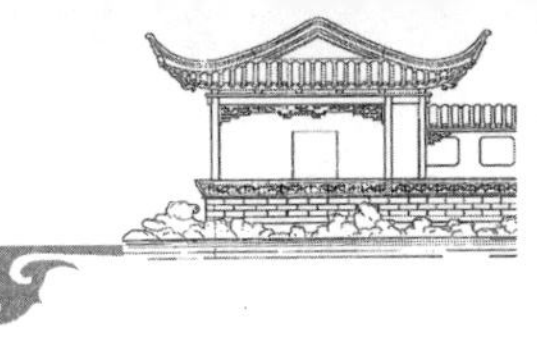

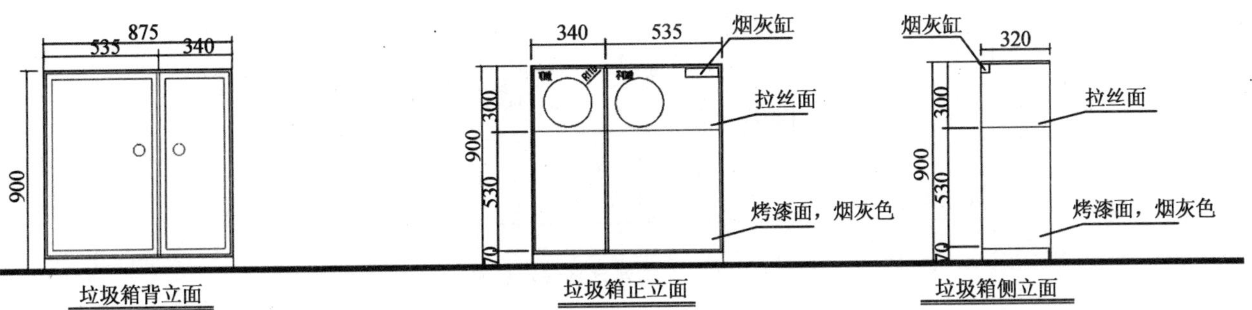

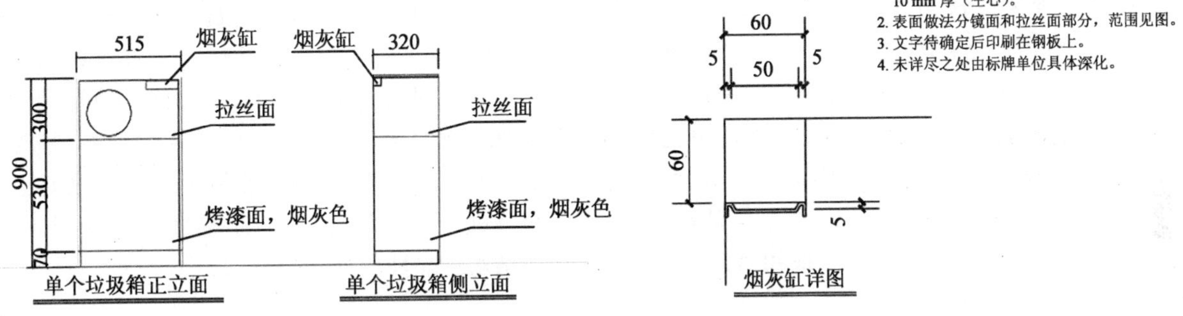

图 6-91　常州紫荆公园垃圾箱设计详图

2. 宣传牌与宣传廊

宣传牌与宣传廊属于公园绿地中进行宣传、科普、教育的一种景观设施。在公园中的开阔场地处进行展览宣传，提高公众的素质。

一般要求：一般宣传牌设在人流路线以外的绿地之中，且前部应留有一定的场地，与广场结合的宣传牌，不需要单独开辟。在宣传牌结合实际花坛或结合乔木，形成景观小品，突出宣传牌的内容。

材料选择：主件材料一般选用经久耐用的花岗岩类天然石、不锈钢、铝、钛、红杉类坚固耐用木材、瓷砖、丙烯板等。构件材料除选择与主件相同的材料外，还可采用混凝土钢材、砖材等。

第八节　其他专项设计

一、公园给排水设计

公园经营服务和生产运转需要有充足的水源供给。给排水设计就是通过各种途径将公园中的用水循环起来，满足公园中的游憩功能和日常运转、养护所需。公园给排水设计就是设计公园内部给水系统和排水系统的过程。

(一)公园给水设计

1. 公园给水系统的组成

给水系统是指从水源取水并进行净化处理后输送到各个用水点的一过程及相关的构筑物和管道。利用自然水体给水的给水系统可分为取水系统、净水系统和输配水系统三个部分(图 6-92)，利用城市自来水给水的给水系统则直接通过城市给水管网引水。

(1)取水系统　水的来源可以分为地表水和地下水两类。地表水源取水方便且水量丰沛，但容易受到工业污水、生活废水等的污染，因而需要进行严格的净化和消毒。地下水源基本没有受到污染，并且经过长距离地层的过滤后，水质十分洁净，稍加净化，可直接饮用，但是取用地下水比地表水更费时费力。

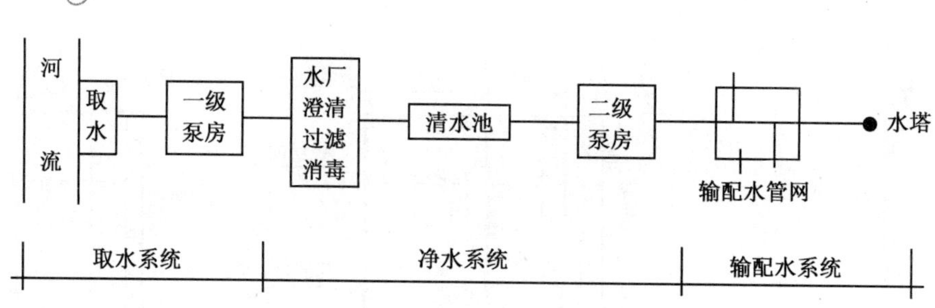

图 6-92　公园给水系统示意图

(2)净水系统　当采用地表水作为水源时，需要进行净化处理才能饮用，净化包括混凝沉淀、过滤和消毒三个过程。混凝沉淀是在水中加胶乳混凝剂，能与杂质凝聚在一起，沉淀在水底，民间一般用明矾作为混凝剂；过滤是将沉淀处理后的澄清水从上到下分别通过细沙层、粗沙层、细石子层、粗石子层构成的过滤沙石层，滤去杂质，使水质洁净；消毒是为了消灭过滤水中的细菌，一般用液氯、漂白粉、次氯酸等物质杀菌消毒。

(3)输配水系统　它是通过输水管道把经过净化的水输送到各用水点的过程。给水管网的基本形式有树枝网和环状网两类，树枝网一般适用于用水点较分散的区域，这类供水可靠性较差，且越到树状网的末端，水量越小，容易导致水质变坏。环状网将供水管网闭合成环，不易发生大面积断水，从而供水可靠性增加(图 6-93)。

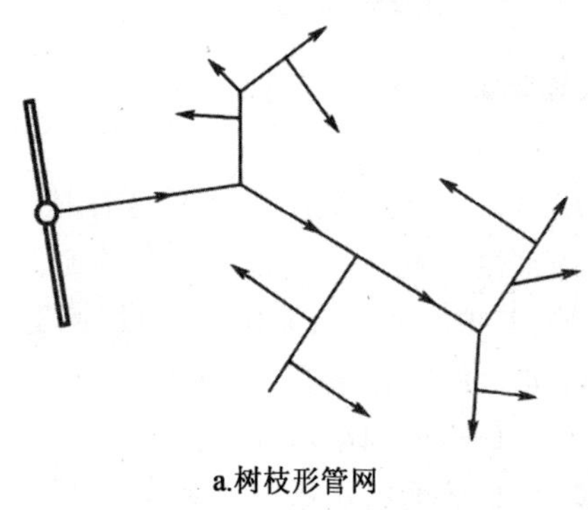

a.树枝形管网

b.环状管网

图 6-93　公园给水管网示意图

2. 公园用水类型

公园既是居民休闲游憩的场所，又是各种花草树木、飞鸟鱼虫集中的地方，由于游人活动、植被养护管理、公园水景用水的补充等，公园绿地用水量很大，因此，解决好公园用水问题是一项十分重要的工作。

公园用水的基本类型主要有以下几种：

(1)生活用水　如餐厅、茶室、小卖部、饮水器及卫生设施的用水；

(2)养护用水　包括植物灌溉、道路喷洒等的用水；

(3)造景用水　公园各种水体，如溪流河湖、喷泉、瀑布等公园水景的用水；

(4)游乐用水　公园中开展的如“激流勇进”、划水、戏水等水上游乐项目用水；

(5)消防用水　公园中为防止火灾而准备的水源，如消火栓、消防水池等。

3. 公园给水特点

公园给水与城市居住区、机关单位、工厂企业给水不同，有其自身的特点：

(1)生活用水少，其他用水多　公园中主要用水是在植物灌溉、湖池水补充、喷泉瀑布补水等方

面的养护、造景用水，而生活用水则很少，只有园内餐厅、茶舍等会需要生活用水。

(2)公园中用水点较分散　由于公园中多数功能点不是密集布置的，在各功能区间则通常是大面积的种植区，因此用水点很分散，给水管网密度小，但是管道长度较长。

(3)用水点水头变化大　如喷泉、瀑布等用水点的水头与公园内餐饮等用水点的水头就有很大差别。

(4)用水高峰时间可以错开　公园中养护用水、娱乐用水、造景用水等具体时间是可以控制的，因此，公园中可以做到用水均匀，不会出现用水高峰。

4.水源的选择

公园水源选择时，应根据城市建设发展、公园周边环境卫生条件，选用水质好、水量充足、便于保护的水源。水源选择中一般注意以下几点：

(1)公园生活用水应优先选择城市给水系统提供的水源，其次选用地下水。城市给水系统提供的水源是经过自来水厂严格净化处理的，水质已完全达到生活饮用水水质标准。

(2)造景用水、植物养护用水应优先选用河流、湖泊中符合地面水环境质量标准的水源。

(3)水资源比较缺乏的地区，公园中的生活用水使用过后，可以收集起来，经过初步的净化处理，再作为苗圃、林地的灌溉用水。

(4)各项公园用水水源都要符合相应的水质标准，即《地表水环境质量标准》(GB 3838—2002)和《生活饮用水卫生标准》(GB 5749—2006)的规定。

5.公园给水方式的选择

根据给水性质和给水系统构成的不同可将公园给水方式分为三种。

(1)引用式　公园给水系统如直接接到城市给水管网系统上取水，就是直接引用式取水。采用这种给水方式，其给水系统构成相对简单，只需设置园内管网、水塔、蓄水池即可。

(2)自给式　在野外风景区或是郊区的公园用地中，如果没有直接取用的城市给水水源的条件，就可以考虑就近取用地下水或地表水。

(3)兼用式　在既有城市给水条件，又有地下水、地表水可供选用的地方，可以接上城市给水系统，作为生活用水等水质要求较高的项目用水；而养护、造景用水则可以选用地下水或地表水源。这种方式前期投入工程费用较高，但后期水费则可以大大节约。

6.公园给水管网设计

公园给水管网开始设计时，首先应确定水源及给水方式；其次确定水源接入点；第三对公园内所有用水点的用水量进行计算，并算出总用水量；第四确定给水管网的布置形式、主干管道的布置位置和各用水点的管道引入；第五根据已算出的总用水量，进行管网的水力学计算，按照计算结果选用管径合适的水管；最后布置成完整的给水管网系统。

管网的布置有以下几个要点：

(1)干管应靠近主要供水点。

(2)干管应靠近调节设施(如高位水池或水塔)。

(3)在保证不受冻的前提下，干管宜随地形起伏敷设，避开复杂的地形和难以施工的地段，以减少土方工程量。

(4)干管应尽量埋设于绿地下，避免穿越或敷设于园路下。

(5)与其他管道间距满足规范要求。

(二)公园排水系统

被污染的水经过处理而被无害化，再和其他地面水一样通过排水管渠排除掉。在这个排水过程中所建的管道网和地面构筑物所组成的系统，称为排水系统。将公园中的生活污水、生产废水、游乐废水和天然降水从产生地点收集、输送和排放的基本方式，称为排水系统的体制，简称排水体制。

1.公园排水的类型

公园绿地所排放的主要是天然降水(雨雪水)、生产废水、游乐废水和一些生活污水。这些废污水所含有害物质很少，主要是一些泥沙和有机物，净化处理比较容易。

2.公园排水的特点

(1)地形变化大、适宜利用地形组织排水　公园中既有平地，也有坡地，地面起伏度大，有利于组织地面排水。利用低地汇集雨雪水到一处，使地面水集中排出比较方便。

(2)公园排水管网较集中　公园排水管网主要集中布置在人流活动频繁、建筑物密集、功能综合性强的区域,如餐厅、茶室、游乐场等。

(3)管网系统中雨水管多,污水管少　公园排水管网中雨水管网的数量明显少于污水管网,这是因为公园产生污水较少的缘故。

(4)公园排水成分中污水少,雨雪水和废水多　公园中所产生的污水集中。餐厅、茶室、厕所等生活污水,污水排放量仅占排水量很少的一部分,而大部分是污染程度很轻的雨雪水和各处水体排放的生产废水和游乐废水。

(5)公园排水重复使用可能性较大　由于公园排水的污染程度不严重,而且通过简单的净化处理就可以直接用于植物灌溉及河湖水补充,因此重复使用率较高。

3. 公园排水形式

公园排水主要有地面排水、沟渠排水及管网排水三种形式。

(1)地面排水　是公园绿地排除天然降水的主要方式。

当雨水降落到地面后,形成了地表径流,在径流过程中,会有一部分雨水通过植物、洼地等吸收储蓄,不能吸收的部分会流入公园排水系统中。径流系数就是地面雨水汇水面积上的径流量与该面积上降雨量之比,即:

$$\varphi=\frac{\text{地表径流量}}{\text{降雨量}}$$

地面排水的方式可以归结为五个字:拦、阻、蓄、分、导。

拦——把地表水拦截于园地或某局部之外;

阻——在径流流经的路线上设置障碍物挡水,减少径流的冲刷作用;

蓄——通过地表洼地、池塘以及土壤吸收等方式蓄留雨水;

分——用山石、建筑墙体等将大股的地表径流分成多股溪流,从而减少危害;

导——把多余的地表水或造成危害的地表径流利用地面、明沟、道路边沟或地下管及时排放到园内(或园外)的水体或雨水管渠中去。

(2)沟渠排水　可以分为排水明渠和排水盲沟。

一般排水明渠都设计为梯形的断面,梯形断面的最小底宽应不小于 30 cm,沟中水面与沟顶的高度差应小于 2 m。一般明渠的最小纵坡为 0.1%～0.2%。各种明渠的最小流速不得小于 0.4 m/s,土渠的最大流速一般不超过 1.0 m/s,以免沟底冲刷过度。

排水盲沟是一种地下排水渠道,用于排除地下水。其优点是取材方便、造价低廉、地面无痕迹,在一些大草坪区域,为不耐水湿植物创造生存环境,多会采用排水盲沟的形式。布置盲沟时,盲沟底的纵坡不应小于 5‰,纵坡应尽可能大,以便于排水(图 6-94)。

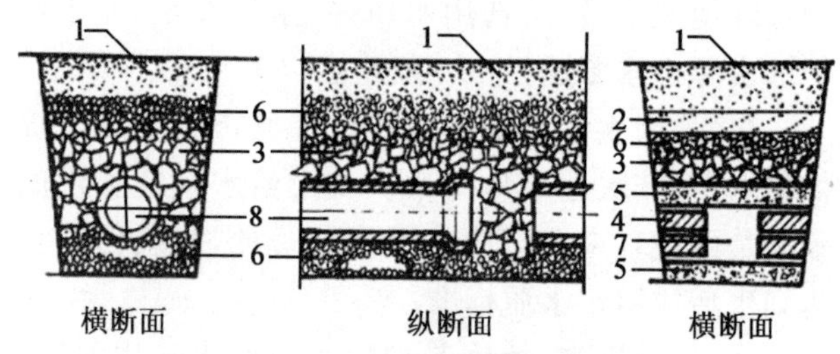

图 6-94　公园排水沟渠示意图

1. 泥土　2. 砂　3. 石块　4. 砖块　5. 预制混凝土盖板　6. 碎石及碎砖块　7. 砖块干叠排水管　8. 80 mm 陶管

(3)管网排水　主要用于建筑周围、游乐场周围、主园路两侧等区域的生活污水、游乐废水等水体的排放。

由于公园中的废水都能经过简单处理后重复利用,因此公园排水系统的布置是在综合了污水处理、废水二次利用等基础上设计而成的。如考虑利用废水,应根据灌溉干渠的位置及范围来确定雨水管网中的主要干管走向。排水管网有以下几种形式(图 6-95):①正交式布置。该形式用于排水管网的干管走向与地形等高线或水体方向大致正交时的情况,这种布置形式的所需管线短、管径小、埋深浅,整体造价较低,是最理想的状态。②截流式布置。在正交式布置的管网地势较低处,沿水体方向

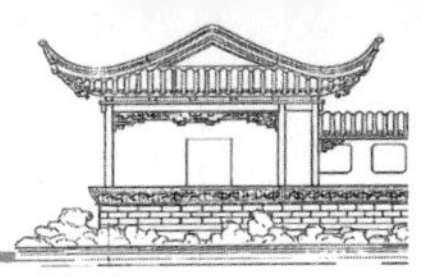

增设一条截留干管，用于截留污水并将其引到污水处理站，该方法便于收集污水，减少对水体的污染。③扇形布置（平行式布置）。在地势变化较大的公园中，为减少管道中水体的冲刷对管道的破坏，将管网主干管布置呈平行于地面等高线或呈很小的夹角的状态，这种布置方式即为扇形布置，又称平行式布置。④分区式布置。在地势变化很大的公园中，可分别在高地势区与低地势区各设置独立的、布置形式各不相同的排水管网。高地势区干管与低地势区管网直接相连，低地势区可依靠重力直接排入水体。若低地势区重力不足以排出该区水体，则可用水泵提升到高地势区管网中，再利用重力排出。⑤辐射式布置（分散式布置）。当公园用地分散，排水范围大，且处于该区域的地势高处，周围有可承接公园中的排水时，为避免管道埋设过深，可将排水管布置成分散的、多类型的、多出口的形式，这种形式就是辐射式布置（又称分散式布置）。⑥环绕式布置。这种方式就是在辐射式布置的基础上，将多个出水口用一条排水主干管串联起来，并在主干管的最低处设置污水处理系统。该方式适用于公园周围承接排水的水体只有一处或没有时的情况。

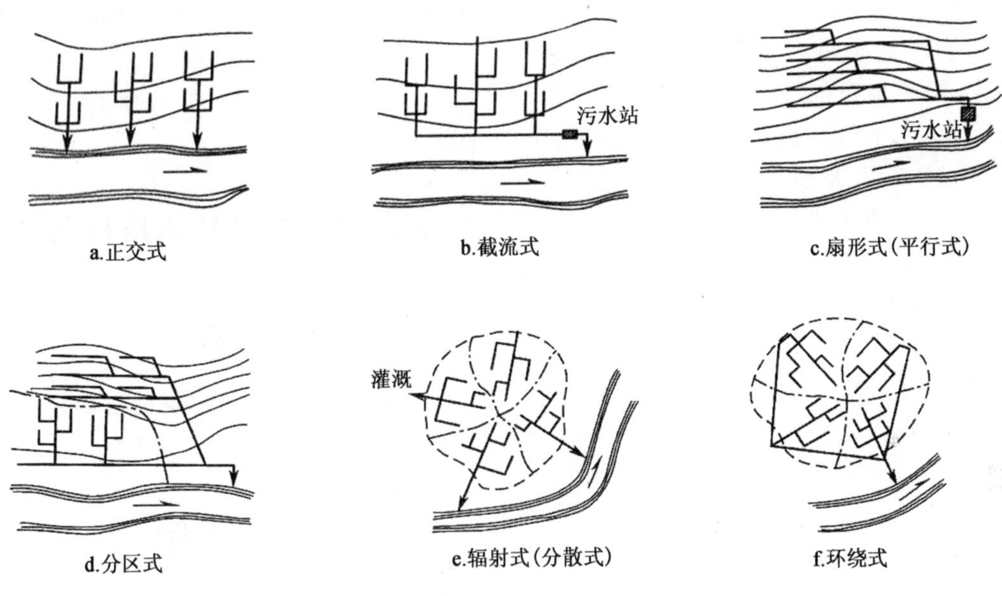

图 6-95　排水管网基本形式

二、公园照明设计

利用电、光等元素可以增加公园景观效果，创造明亮优美的公园环境，延长公园的游览时间，满足游客夜间游览时的安全以及气氛要求。

1. 公园灯具类型

灯具是光源、灯罩及其附件的总称，公园灯具不仅起到照明的作用，也参与公园造景，各种形式的灯具为公园增加更多乐趣。灯具按照其散光方式可分为：

（1）直接型灯具　90%以上的灯光直接照射被照物体。其特点是光线集中在下半部分发出，方向性强，在园路边、广场边、公园建筑中常用直接型灯具。

（2）半直接型灯具　60%左右的灯光直接照射被照物体。这种照明方式没有眩光，常用于室内顶廊等需要照度不太大的室内环境中。

（3）半直接型灯具　灯光首先照射到墙和顶棚上，只有少量光线直接照射到被照物体。半直接型灯具主要用于公园建筑的室内装饰照明。

（4）漫射型灯具　这类灯具的上半部分灯光与下半部分灯光差不多，各为40%～60%。这种灯具

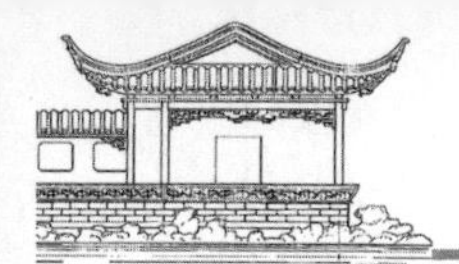

损失光线较多，但造型美观，光线柔和均匀，因此常被作为庭院灯、草坪灯及小游园场地灯。

2. 公园照明类型

(1)水景照明　水景不仅在白天具有良好的景观条件，在夜间也可以配合灯光表现出精彩的景观变化。比如杭州西湖的音乐喷泉，有在夜间开放的场次，此时不仅是音乐的听觉体验、喷泉的视觉体验，还有五彩的灯光伴随水柱的变化而变化，使游客在较远处依旧可见喷泉形态。水景照明要注意灯具在水下的抗腐蚀性及耐水性，不得埋得过深，一般在水下 100 mm 为宜，并且要注意灯饰的使用环境，防止水体在夜间失真。

(2)路灯照明　路灯的主要功能是为游客在夜间提供照明，保护游客安全，同时也需要保证其设计外形与公园环境不冲突。路灯一般为金属杆，高 6～12 m，有单头、双头、悬挑等形式。路灯的间距一般为 10～40 m，单边单排布置，当园路特别宽，在 7 m 以上时，可采用沿道路双边相交错的方式。设计路灯照明时需要注意避免周围大树遮挡对路灯灯光的影响。

(3)构筑物照明　构筑物夜间景观形态在照明配合下，能产生比日间更具观赏性的特色，因此构筑物照明十分重要。其设计过程中，要注意表面照明对构筑物使用功能的影响，不得产生眩光；设计应结合被照物的体量、材料、主题等要素，使该构筑物在夜间独具特色又不至于与周围景观环境相冲突。

(4)植物照明　植物在夜间结合照明也具有独特观赏效果。根据不同的植物形态，照明处理不同。如针叶树需要在强光下体现出其针状叶的形态，而阔叶树则需要在反光照明下更合适。切记不得用光源改变植物原有色彩，会产生冲突之感，因此一些色叶树种的灯光也应根据季节变化光源的颜色。

3. 公园照明设计基本步骤

公园照明设计是在公园大部分的设计完成之后进行的，因此在进行照明设计前，应对场地的一些基本资料有所掌握，包括公园的总平面图、竖向设计图以及主要建筑物的平面图、立面图和剖面图。

在了解基本资料之后可进行照明设计，其步骤包括：

(1)明确照明对象的功能和照明要求　根据不同的照明对象选择有针对性的照明方式和灯具。

(2)选择照明方式　根据设计任务书中对电气的要求，在不同的场合选择不同的照明方式。

(3)选择光源和灯具　根据公园绿地的配光和光色要求，与周围景色配合等来选择光源和灯具。灯具的合理布置，应考虑光源光线的投射方向、照度均匀性等，还应考虑经济、安全和维修方便等。

(4)进行照度计算　具体照度计算可参照有关照明手册。

第九节　经济技术指标与概预算

一、经济技术指标

公园设计中经济技术指标包括总用地面积、建筑占地面积、总建筑面积、建筑密度、容积率、绿地率、道路广场占地率等。

(1)总用地面积　是指公园总的占地面积，即公园红线范围内的用地面积总和。

(2)建筑占地面积　是指建筑物所占有或使用的土地水平投影面积，计算一般按一层建筑面积计算。

(3)总建筑面积　是指在建设用地范围内单栋或多栋建筑物地面以上及地面以下各层建筑面积的总和。

(4)建筑密度　指在一定范围内，建筑物的基底面积总和与总用地面积的比例(%)。是指建筑物的覆盖率，具体指项目用地范围内所有建筑的基底总面积与规划建设用地面积之比(%)，它可以反映出一定用地范围内的空地率和建筑密集程度。

(5)容积率　是指公园用地范围内地上总建筑

面积与用地面积的比率。附属建筑物也计算在内，但应注明不计算面积的附属建筑物除外。

(6)绿地率　是指公园内绿地面积与公园总用地面积之比。

(7)道路广场占地率　是指公园内道路广场占地与公园总用地面积之比。

二、概算

1.概算的概念与作用

(1)概算的概念　设计概算是在扩初设计阶段，根据扩初设计或技术设计编制的工程造价的概略估算，由设计单位根据初步投资估算、设计要求及扩初设计图纸，依据概算定额或概算指标、各项费用定额或取费标准、建设地区自然、技术经济条件和设备、材料预算价格等资料，或参照类似工程预(决)算文件，编制和确定的建设项目由筹建至竣工交付使用的全部建设费用的经济文件。其特点是编制工作相对简略，无须达到施工图预算的准确程度。

(2)概算的作用　①设计概算是编制建设项目投资计划、确定和控制建设项目投资的依据；②设计概算是签订建设工程合同和贷款合同的依据；③设计概算是控制施工图设计和施工图预算的依据；④设计概算是衡量设计方案技术经济合理性和选择最佳设计方案的依据；⑤设计概算是考核建设项目投资效果的依据。

2.概算文件组成

(1)三级编制(总概算、综合概算、单位工程概算)形式设计概算文件的组成　①封面、签署页及目录；②编制说明；③总概算表；④其他费用表；⑤综合概算表；⑥单位工程概算表；⑦附件：补充单位估价表。

(2)二级编制(总概算、单位工程概算)形式设计概算文件的组成　①封面、签署页及目录；②编制说明；③总概算表；④其他费用表；⑤单位工程概算表；⑥附件：补充单位估价表。

3.概算的编制方法

设计概算的编制取决于设计深度、资料完备程度和对概算精确程度的要求。当设计资料不足，只能提供建设地点、建设规模、单项工程组成、工艺流程和主要设备选型，以及建筑、结构方案等概略依据时，可以类似工程的预算或决算为基础，经分析、研究和调整系数后进行编制；如无类似工程的资料，则采用概算指标编制；当设计能提供详细设备清单、管道走向线路简图、建筑和结构形式及施工技术要求等资料时，则按概算定额和费用指标进行编制。

1)单位工程编制

(1)概算定额法　①列出单位工程中分项工程或扩大分项工程的项目名称，并计算其工程量；②确定各分部分项工程项目的概算定额单价；③计算分部分项的直接工程费，合计得到单位直接工程费总和；④按照有关规定标准计算措施费，合计得到单位工程直接费；⑤按照一定的取费标准和计算基础计算间接费和税金；⑥计算单位工程概算造价；⑦计算单位建筑工程经济技术指标。

(2)概算指标法　当设计深度不够，不能准确地计算出工程量，而工程设计技术比较成熟而又有类似工程概算指标可以利用时，可采用概算指标法。由于拟建工程(设计对象)往往与类似工程的概算指标的技术条件不尽相同，而且概算指标的编制年份的设备、材料、人工等价格与拟建工程当时的当地的价格也不会一样，因此，必须进行调整，包括设计对象的结构特征与概算指标有局部差异时的调整以及设备、人工、材料、机械台班费用的调整。

(3)类似工程预算法　利用技术条件与设计对象相类似的已完工程或在建工程的工程造价资料来编制拟建工程设计概算方法。

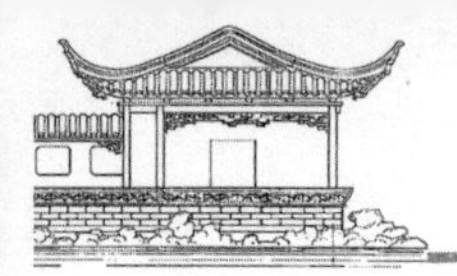

2)设备及安装单位工程概算的编制方法

(1)设备购置费概算

设备购置费=设备原价+设备运杂费

(2)设备安装工程费概算编制　①预算单价法,当扩初设计较深,有详细的设备清单时,可直接按安装工程预算定额单价编制安装工程概算,精确性较高;②扩大单价法。当扩初设计深度不够,设备清单不完备,只有主体设备或仅有成套设备重量时,可采用综合扩大安装单价来编制概算;③设备价值百分比法。当扩初设计深度不够,只有设备出厂价而无详细规格重量时,安装费可按占设备费的百分比计算。常用于价格波动不大的定型产品和通用设备产品。

3)单项工程编制

(1)编制说明　列在综合概算表前面,其内容包括:①工程概况(建设项目性质、特点、生产规模、建设周期、建设地点等);②编制依据,包括国家和有关部门的规定设计文件;③编制方法;④其他必要说明。

(2)综合概算表　应按照国家或部委所规定的统一格式进行编制,包括:①综合概算表的项目组成;②综合概算表的费用组成。

三、预算

公园的设计图纸需要通过工程施工得以实现,而在施工之前,都需要对各项工程所需要的人工、机械、材料等费用进行预先计算与估计,这就是工程预算所要解决的问题。工程预算就是从理论的设计层面过渡到实践的施工层面必经的一个过程。

1.预算范畴及作用

(1)预算概念　预算应包括对公园建设所需的各种相关投入量或消耗量,进行预先计算,获得各种即时经济参数;并利用这些参数,从经济角度对各种投入的产出效益和综合效益进行比较、评估、预测等的全部技术经济的系统权衡工作和由此确定的技术经济文件。

(2)预算的作用　①确定工程造价的依据:可作为建设单位招标的"标底",也可作为施工企业投标时"报价"的参考。②实行工程预算包干的依据和签订施工合同的主要内容。③建设银行办理拨款结算的依据。④施工企业安排调配施工力量,组织材料供应的依据。⑤施工企业实行经济核算和进行成本管理的依据。

2.预算基本程序

(1)搜集各种编制依据资料　编制预算前,要搜集相关前期资料,包括:施工图设计图纸、施工图组织设计、预算定额、施工管理费和各项收费定额、材料预算价格表、地方预决算资料、预算调价文件和地方有关技术经济资料等。

(2)熟悉施工图纸和施工的说明书及定额,了解施工现场情况　在编制预算之前,必须对设计图纸和施工说明书进行全面细致的熟悉和审查并且需要深入现场了解现场实际情况是否与设计一致,从而掌握及了解设计意图和工程全貌,以免在选用定额子目和工程量计算上发生错误。

(3)确定工程项目、计算工程量　工程项目的划分及工程量计算,必须根据设计图纸和施工说明书提供的工程构造、设计尺寸和做法要求,结合施工现场的施工条件,按照预算定额的项目划分、工程量的计算规则和计量单位的规定,对每个分项工程的工程量进行具体计算。它是工程预算编制工作中最繁重、细致的重要环节,工程量计算得正确与否将直接影响预算的编制质量和速度。

(4)编制工程预算书　①填写单位预算价值:填写预算单位时要严格按照预算定额中的子目及有关规定进行,使用单价要正确,每一分项工程的定额编号,工程项目名称、规格、计量单位单价均应与定额要求相符,要防止错套,以免影响预算的质量。②计算工程直接费:单位工程直接费是各个分部分项工程直接费的总和,分项工程直接费则是用分项工程量乘以预算定额单价而求得的。③计算其他各项费用:单位工程直接费计算完毕,即可计

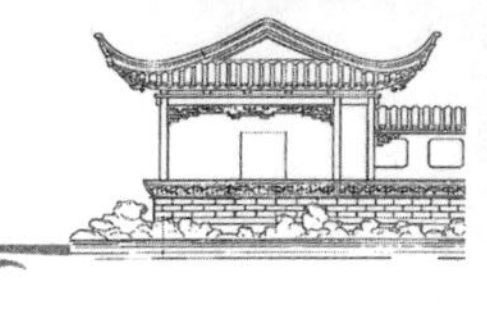

算其他直接费、间接费、计划利润、税金等费用。④计算工程预算总造价：汇总工程直接费、其他直接费、间接费、计划利润、税金等费用，最后即可求得工程预算总造价。⑤校核：工程预算编制完毕后，应由相关人员对预算的各项内容进行逐项全面核对，消除差错，保证工程预算的准确性。⑥编写“工程预算书的编制说明”，填写工程预算书的封面，装订成册。编制说明一般包括以下内容：a. 工程概况，通常要写明工程编号、工程名称、建设规模等。b. 编制依据，编制预算时所采用的图纸名称、标准图集材料做法以及设计变更文件；采用的预算定额材料预算价格及各种费用定额等资料。c. 其他有关说明，包括在预算表中无法表示且需要用文字做补充说明的内容，工程预算书封面通常需填写的内容有：工程编号、工程名称、建设单位名称、施工单位名称、建设规模、工程预算造价、编制单位及日期等。

3. 施工图预算书组成

1）封面

（1）工程名称和公园面积。

（2）工程造价和单位造价。

（3）建设单位和施工单位。

（4）审核者和编制者。

（5）审核时间和编制时间。

2）编制说明

（1）编制依据　①本预算的设计图纸全称、设计单位；②本预算所依据的定额名称；③在计算中所依据的其他文件名称和文号；④施工方案主要内容。

（2）图样变更情况　①施工图中变更部位和名称；②因某种原因待行处理的构部件名称；③因涉及图样会审或施工现场所需要说明的有关问题。

（3）执行定额的有关问题　①按定额要求本预算已考虑和未考虑的有关问题；②因定额缺项，本预算所作补充或借用定额情况说明；③甲乙双方协商的有关问题。

（4）总预算表（或预算汇总表、标底汇总表等）。

（5）费用计算表。

（6）单位工程直接费计算表。

（7）材料价差调整表。

（8）工人工资、材料价格、机械台班分析表。

（9）补充单位估价表。

（10）主要设备材料数量及价格表。

4. 公园施工图预算的编制

1）公园施工图预算的编制依据

（1）施工图样　包括所附的文字说明、有关的通用图集和标准图集及施工图纸会审记录。规定了工程的具体内容、技术特征、建筑结构尺寸及装修做法等。

（2）现行预算定额或地区单位估价表　现行的预算定额是编制预算的基础资料，编制预算从分部分项工程项目的划分到工程量的计算，都必须以预算定额为依据，地区单位估价表是根据现行预算定额、地区工人工资标准、施工机械台班使用定额和材料预算价格等进行编制的。

（3）经过批准的施工组织设计或施工方案。

（4）地区取费标准（或间接费定额）和有关动态调价文件。

（5）工程的承包合同（或协议书）、招标文件。

（6）最新市场材料价格，是进行价差调整的重要依据。

（7）预算工作手册。

（8）有关部门批准的拟建概算文件。

2）公园施工图预算的编制方法

我国的工程造价计价方法分为定额计价法和工程量清单计价法两种，工程量清单计价法又称为“综合单价法”，定额计价法包括“单价法”和“实物法”，实物法是编制概预算的传统方法，它的计算结果能够全面地提供各项实物消耗和资金消耗的数据，对于各项定额、材料预算价格等变动情况有较好的适应性。

（1）单价法　包括：①准备资料、熟悉施工图样；②列项并计算分项工程量；③套用定额基价

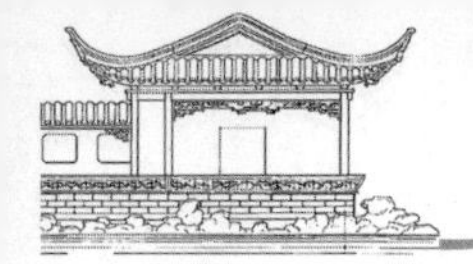

汇总单位工程基价；④计算直接费；⑤计算直接工程费、间接费；⑥编制工料分析；⑦计算人材机价差；⑧计算工程造价；⑨复核；⑩填写封面编制说明。

(2)实物法　包括：①准备资料、熟悉施工图样；②计算分项工程量；③套用预算人工材料、机械台班定额；④统计汇总单位工程所需的各类消耗量；⑤按市场价格计算并汇总人工费、材料费、机械费；⑥计算其他各项费用，汇总造价；⑦复核；⑧填写封面、编制说明。

四、概算编制案例

常州紫荆公园建设投资概算情况见表 6-6 至表 6-8。

表 6-6　常州紫荆公园工程概算表

序号	项目名称	单位	数量	单位价格/元	合计/元	备注
一	**房屋建筑工程**					
1	综合服务建筑 1				3 571 740.77	功能：休闲茶室，占地面积 470 m^2，建筑面积 1 000 m^2
(1)	土建工程	m^2	1 000	1 971.74	1 971 740.77	建筑有大面积玻璃幕墙，故造价较高
(2)	装修费	m^2	1 000	1 200.00	1 200 000.00	一般标准装修
(3)	设备费	m^2	1 000	400.00	400 000.00	主要为空调设备等
2	综合服务建筑 2				12 260 484.71	功能：管理、餐饮、休闲健身，占地面积 2 500 m^2，建筑面积 6 000 m^2
(1)	土建工程	m^2	6 000	1 621.13	9 726 784.71	屋顶为覆土种植屋面，顶板加厚，有独立排水体系，故造价较高
(2)	设备费	m^2	6 000	422.30	2 533 700.00	主要为空调、电梯设备等
3	游客接待中心				739 270.00	功能：负责医疗急救、咨询服务等，占地面积 179 m^2，建筑面积 179 m^2
(1)	土建工程	m^2	179	1 500.00	268 500.00	
(2)	装修费	m^2	179	2 200.00	393 800.00	精装修及公园电子模型、电子展示屏等
(3)	设备费	m^2	179	430.00	76 970.00	主要为空调设备、医疗中心专业医疗设备
4	厕所	m^2	460	2 608.12	1 199 736.83	共 5 座，1 座带冲淋设备
5	道路及排水工程				2 138 513.12	
6	污水管网接入费	m^2	13 949	8.00	111 592.00	按排水管理处标准统一收取
7	展厅布置(摩天轮地下 2 层)	m^2	6 152	520.16	3 200 000.00	布展内容为橱窗展示、电子屏展示等
8	小计				23 221 337.43	

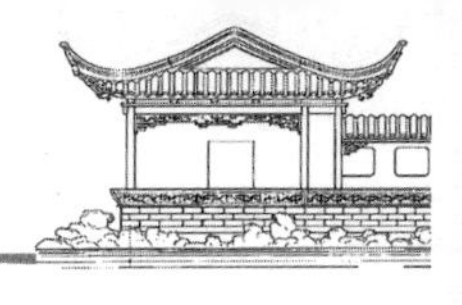

续表 6-6

序号	项目名称	单位	数量	单位价格/元	合计/元	备注
二	**景观及其他工程**					
1	土方工程				4 156 000.00	
(1)	挖方	m^3	68 000	12.00	816 000.00	河道开挖
(2)	填方	m^3	160 000	12.00	1 920 000.00	客土(包括堆、整理)
(3)	清淤	m^3	31 000	20.00	620 000.00	
(4)	土方外运		20 000	30.00	600 000.00	客土(包括堆、整理)
(5)	地形整理				200 000.00	
2	园路、铺地、驳岸、花坛工程				23 234 981.39	
(1)	园路				1 477 220.00	
a	二级园路	m^2	3 546	280.00	992 880.00	透水性面层
b	三级园路	m^2	1 118	230.00	257 140.00	
c	木栈道	m^2	284	800.00	227 200.00	
(2)	铺地工程	m^2	18 501	598.05	11 064 481.39	生态透水性材料,具瞬时上水及防水功能
(3)	驳岸工程				10 693 280.00	
a	自然驳岸	m	3 361	420.00	1 411 520.00	
b	滩涂湿地驳岸	m	230	0	0	
c	岛屿驳岸	m	1 558	420.00	654 360.00	
d	木栈道驳岸	m	1 884	1 100.00	2 072 400.00	
e	滨水台阶驳岸	m	2 380	1 100.00	2 618 000.00	
f	市政驳岸	m	1 180	2 500.00	2 950 000.00	
(4)	花坛工程	m	2 820	350.00	987 000.00	
3	亮化工程				12 736 000.00	
(1)	前期供配电				5 010 000.00	158 万环网柜 2 个,箱变 2 个,标志塔双电晕箱变,商业用房室内变电箱
(2)	亮化照明				6 726 000.00	详见亮化照明概算表
(3)	亮化配电				1 000 000.00	详见亮化照明概算表
4	音响工程	只	41	5 000.00	205 000.00	
5	监控工程	只	54	35 000.00	1 890 000.00	

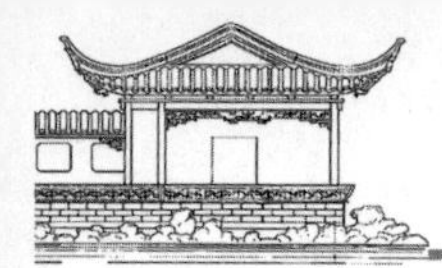

续表 6-6

序号	项目名称	单位	数量	单位价格/元	合计/元	备注
6	天然气设备				910 000.00	
7	通讯工程				200 000.00	
8	园林景点				328 021 125.00	
(1)	北广场文化景点				2 340 000.00	地刻,石碑12块,斜坡景墙
(2)	文化墙				4 520 000.00	两片
(3)	南广场雕塑				3 500 000.00	高约8 m
(4)	游船码头	个	1	1 500 000.00	1 500 000.00	
(5)	其他各类小建筑	个	12	50 000.00	600 000.00	停车场管理用房,球场管理用房
(6)	运动场地	片	5	300 000.00	1 500 000.00	网球场2片,篮球场3片
(7)	月季沉香				18 842 112.50	将作公园的布展中心
a	土建工程	m^2	5 038	2 505.20	12 621 312.50	半地下形式覆土结构景点
b	布展费用	m^2	5 038	1 234.80	6 220 800.00	包括装修、布置展台、灯光、电子设备等
9	园林小品				4 000 000.00	
(1)	景石		3组	300 000.00	900 000.00	
(2)	休闲亭、休闲廊		11座		1 600 000.00	休闲亭6座,休闲廊5座
(3)	雕塑、景观小品		5组	280 000.00	1 400 000.00	
(4)	游船	条	1	100 000.00	100 000.00	
(5)	电动船	条	25	2 000.00	50 000.00	
(6)	手划船	条	25	1 000.00	25 000.00	
(7)	脚踏船	条	25	1 000.00	25 000.00	
10	公共配套设备				1 985 000.00	
(1)	休憩设施	张	200	1 500.00	300 000.00	坐椅等
(2)	服务设施				90 000.00	饮水机、电话亭等
(3)	信息设施				500 000.00	标识牌、指示牌
(4)	卫生设施	个	150	1 500.00	225 000.00	垃圾箱等
(5)	交通设施				320 000.00	路障、自行车架、进出的交通刷卡机等
(6)	无障碍设施				100 000.00	扶手等
(7)	公园配套车辆				450 000.00	巡逻车2辆、导游电动车3辆、垃圾车2辆、工具车1辆
11	河道景观用水	m^3	120 000	3.60	648 000.00	

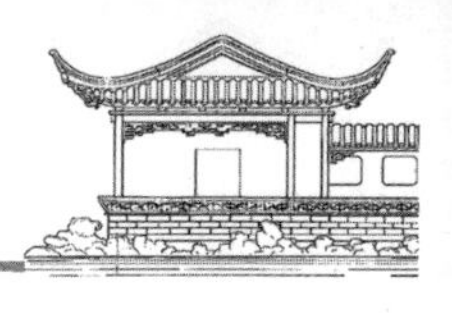

续表 6-6

序号	项目名称	单位	数量	单位价格/元	合计/元	备注
12	停车场				5 821 575.00	
(1)	地面停车场				1 224 950.00	
a	机动车停车场	m^2	5 842	200.00	1 168 400.00	
b	非机动车停车场	m^2	377	150.00	56 550.00	
(2)	地下停车场	m^2	2 500	1 838.65	4 596 625.00	综合服务建筑地下停车场
13	小计				88 588 668.89	
三	**绿化工程**					
1	乔木部分	株	7 324	3 761.96	27 552 600.00	详见绿化工程量清单
2	灌木、地被部分	m^2	121 836	124.95	15 223 900.00	详见绿化工程量清单
3	第四届月季花展区的布置与恢复	m^2	37 500	80.00	3 000 000.00	地形不变、增加乔木及大量花境
4	常州展区布置费	m^2	1 653	1 008.10	1 666 400.00	按精品月季展园设计、规格要求高
5	草花	m^2	5 615	200.00	123 000.00	包括托管前 1.5 年的草花管养
6	小计				48 565 900.00	
四	**其他**					
1	开园场地布置				—	
2	托管费	m^2	201 470	4.50	—	
3	创办 AAAA 费用				—	
4	开园办公费				—	
5	小计				—	
	合计				—	

表 6-7　常州紫荆公园其他费

序号	项目名称	单位	数量	单位价格/元	合计/元	备注
一	**前期工作费**				—	
1	项目建议书编制				—	
2	科研编制				—	
3	环境评估				—	
4	设计招标				—	
5	专家咨询				—	
6	考察				—	
7	方案竞标费				—	

续表 6-7

序号	项目名称	单位	数量	单位价格/元	合计/元	备注
二	**咨询费**				—	
1	标底编制				—	
2	决算审核				—	
三	**设计费**				—	
四	**概念性规划方案**				—	
五	**监理费**				—	
六	**建设单位管理费**				—	
七	**工程勘察费**				—	
	合计				—	

表 6-8　常州紫荆公园拆迁补偿费

序号	项目名称	单位	数量	单位价格/元	合计/元	备注
一	**厂房民居拆迁费**					
1	苗木、道路等基础设施拆迁	亩	119.42	41 869.03	—	
2	拆迁企业房	m^2	44 837.49	1 150.49	—	
3	拆迁民房	m^2	26 724.70	4 714.74	—	
4	其他费用				—	
(1)	评估费				—	
(2)	拆迁劳务费				—	
(3)	审计费				—	
(4)	属地拆迁管理费				—	
(5)	重病人及困难家庭补偿等费用				—	
5	小计				—	
二	**土地补偿费**				—	
	合计				—	

第六章　公园详细设计二维码

第七章
各类公园规划设计要点

《城市绿地分类标准》(CJJ/T 85—2002)中将公园绿地分为综合公园、专类公园、社区公园、带状公园和街头绿地五大类,不同类型的公园在面积规模、用地形态、服务半径、功能特征、规范要求等方面都存在一定差异。本章着重介绍各类公园的功能特点、设计原则、空间划分、主要内容、景点布局、道路交通、竖向水系、植物景观、建筑设施等规划设计要点。

第一节　综合公园规划设计

一、全市性综合公园规划设计

(一)面积规模和选址

1. 面积规模

《城市绿地分类标准》(CJJ/T 85—2002)规定,全市性公园是指为全市居民服务,活动内容丰富、设施完善的公园绿地。全市性综合公园一般包括有较多的活动内容和设施,故用地需要有较大的面积,一般能达到 40～50 hm^2 较为理想,用地条件紧张时最低也不少于 10 hm^2。在假日和节日里,游人的容纳量为服务范围居民人数的 15%～20%,每个游人在公园中的活动面积为 10～50 m^2。在 50 万以上人口的城市中,全市性公园至少应能容纳全市居民中 10%的人同时游园。综合公园的面积还应与城市规模、性质、用地条件、气候、绿化状况及公园在城市中的位置与作用等因素全面考虑来确定。我国比较著名的市级综合公园例如南京玄武湖公园、上海浦东世纪公园、北京紫竹院公园(图 7-1)、北京朝阳公园(图 7-2)、上海长风公园(图 7-3)等。

北京紫竹院公园位于北京西直门外,白石桥以西,与国家图书馆相邻,东与北京首都体育馆相望,是一座市级综合公园。全园占地面积 47.35 hm^2,其中水面面积 15.89 hm^2。南长河、双紫渠穿园而过,形成三湖两岛一堤的基本格局。5 座拱桥把湖、岛、岸连在一起,桥、廊、亭、榭、轩、馆错落有致,修竹花木巧布其间,举目皆如画,四时景宜人——“春暖风篁百花舒,夏荡轻舟荷花渡,秋高芦花枫叶丹,冬日瑞雪映松竹”。主要景区、景点有筠石苑、青莲岛、明月岛、绿毯诗韵、缘话竹君、澄碧山房、紫竹垂钓、儿童乐园等。全园以竹为主题,结合中国传统文化,形成独特的自然山水园林景观。植物景观公园东部以疏林草地为主,各景区又以不同的山、水、植物、建筑形成自己的特点。近年来又大力添建,丰富园容,现在的紫竹院已是一座富有自然情趣的公园。

公园规划布局模拟自然山水,形成一堤二岛三湖轮廓多变的园林空间。以水为主,以山为辅,环湖堆山,基本形成环抱之势,主要地形集中在公园内东北和西南部。全园采用地面排水,地面水大部分汇集于湖内。湖中岛皆为堆山,与主峰隔湖相望,打破湖面和平地的单调,使景观富于变化。湖面集中在公园西部,东部以绿地居多。围绕湖面,西岸是垂钓区,南岸有澄碧山房,中部是青莲岛与明月岛。建筑简朴轻巧,隐于山水之间。

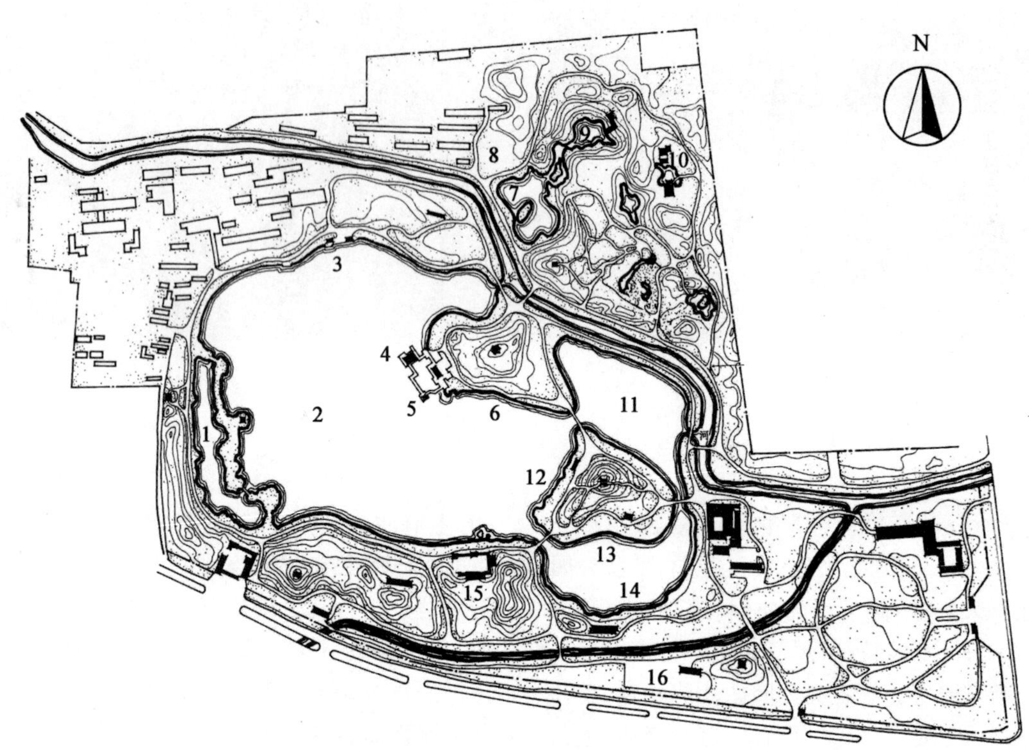

图 7-1　北京紫竹院公园平面图

1.紫竹垂钓　2.大湖　3.游船码头　4.问月楼　5.水榭　6.明月岛　7.竹深荷净　8.斑竹麓　9.翠池　10.友贤山馆　11.北小湖　12.青莲岛　13.八宜轩　14.南小湖　15.澄碧山房　16.儿童游乐场

图 7-2　北京朝阳公园

图 7-3　上海长风公园

公园中部有青莲岛、八宜轩、竹韵景石、明月岛、问月楼、箫声醉月；南部有澄碧山房及儿童乐园；西部有报恩楼、紫竹垂钓；北部的筠石苑，黛瓦、棕柱、白粉墙，飞檐、翼翘、花漏窗，小桥流水竹片片，花木扶疏山水旁，独具江南特色，内有清凉罨秀、江南竹韵、竹深荷净、友贤山馆、绿云轩、斑竹麓诸景，均以竹为主题。

北京朝阳公园，是一处以园林绿化为主的综合性、多功能的大型文化休憩、娱乐公园。是北京市四环以内最大的城市公园，原称水碓子公园。南北

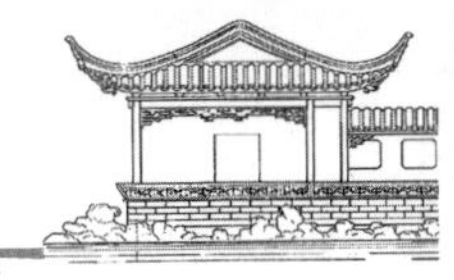

长约 2.8 km，东西宽约 1.5 km，规划占地总面积为 288.7 hm^2，其中水面面积 68.2 hm^2，绿地占有率 87%。朝阳公园建成的景点有中央首长植树林、将军林、世界语林等 20 多个景点。

上海长风公园，位于上海市大渡河路，东邻华东师范大学，南近吴淞江（苏州河），西靠大渡河路，北临怒江路。总面积 36.6 hm^2，其中水面面积 14.3 hm^2，是上海市大型综合性山水公园。

2. 选址原则与要点

1）基本原则

（1）必要性原则　依据城市性质、城市结构和用地布局选址。

（2）可能性原则　选择具有山川河湖、名胜古迹的用地及周围地区、原有林地及大片树丛地带。

（3）整体性原则　公园布局应与改善城市街景相结合。

（4）改造性原则　城市废地的再生、大型垃圾场的改造、旧工业区改造均可作为公园选址的场所。

2）选址要点

（1）市级综合公园的服务半径应使城市居民能方便使用，并与城市主要交通干道、公共交通设施有方便的联系。

（2）符合城市绿地系统规划中确定的性质和规模，尽量充分利用城市的有利地形、河湖水系，并选择不宜于工程建设及农业生产的地段。

（3）充分发挥城市水系的作用，选择具有水面的地段建设公园，既可以保护水体，又可以增加公园景色，并满足开展水上运动、公园排水、植物浇灌、水景等用水的需要。

（4）选择现有植被丰富和有古树名木的地段。在原有林场、苗圃、花圃、丛林等基础上加以规划改造，这样有利于尽早见效，并可以节约投资。

（5）选择有可利用的名胜古迹、革命遗址、人文历史、园林建筑的地区规划建设公园，既可丰富公园内容，又可保护民族文化遗产。

（6）公园用地应考虑发展的可能性，留出适当面积的备用地，对于备用地可暂时作为苗圃、花圃，待将来发展建设时再行改造。

（二）规划设计指导思想与基本原则

1. 指导思想

市级综合性公园规划中的各个部分内容是相互联系和相互影响的，应全面考虑、综合协调。公园出入口位置的改变，引起全园建筑、广场及园路布局的重新调整；因地形设计的改变，导致植物栽植、道路系统的更换。整个总体规划的过程，就是公园功能分区、地形设计、植物种植规划、道路系统等诸方面矛盾因素协调统一的过程。

2. 基本原则

（1）继承创新　市级综合公园的建设需贯彻政府在我国园林绿化建设方面的方针政策，在继承和革新我国造园艺术的传统的同时，吸取国外的先进经验，创造我国社会主义的新园林。

（2）地方特色　要表现地方特色和地方风格，每个公园都要有其特色，避免景观的重复建设。要依据城市园林绿地系统规划的要求，尽可能满足游览活动的需要，设置人们喜爱的各种内容。

（3）因地制宜　应充分利用现状及自然地形，有机组织公园各个部分。

（4）分期实施　规划设计要切合实际，便于分期建设及日常的经营管理。

（三）综合公园内容设置与分区规划

市级综合公园的主要功能是为城市居民提供游览、社交、娱乐、健身和文化学习的活动场所。《公园设计规范》（GB 51192—2016）规定综合公园应设置游览、休闲、健身、儿童游戏、运动、科普等多种设施。由于市级综合公园自身的特殊性及所处周边环境的不同，其功能分区亦可进行相应的变化。

1. 公园设置的主要内容

市级综合公园中的设施，包括各类公园通常具备的、保证游人活动和管理使用的基本设施。主要包括游憩设施、服务设施、管理设施等，根据公园规模的大小，设置不同的项目。

随着我国市级综合公园的不断发展，也出现了许多新型设施。例如，“游客服务中心”是为游客提供信息、咨询、讲解、教育、休息的服务建筑，内部可设厕所、售票、餐厅、小卖部、咖啡厅、医疗救助站等。“医疗救助站”是指为游园意外受伤的游客提供常用的急救药品的设施，包括公园内部的一些应急箱和急救点，以及独立的或附属的建筑。“绿色垃圾处理站”是指对树枝、树叶等无污染并可再回收利用的垃圾进行收集堆放的场地和处理设施。“管理办公用房”包括公园管理人员使用的办公室，以及用于放置公园养护所需要的物品、材料、工具、机械、药剂、肥料的库房等建筑。“应急避险设施”指在地震、火灾等重大灾难发生时，为疏散人群提供安全避难、满足基本生活保障和救援、指挥的设施。公园是否设置应急避险设施应以城市综合防灾要求、公园的安全条件和资源保护价值要求等为依据。应急避险设施内容可包括应急蓬宿区、应急供水设施、医疗救护与卫生防疫设施、应急指挥设施等。“雨水控制利用设施”包括下沉式绿地、植被浅沟、初期雨水弃流设施、生物滞留设施、渗井、渗透塘、调节塘等。设施设置是为了更有效地利用雨水资源，减轻城市洪涝灾害，改善城市生态环境。雨水控制利用设施已成为公园设计不可缺少的一部分。

山东宁阳复圣公园是全国首个以“复圣”颜回为主题的国学主题综合公园，是一个集文化旅游、休闲观光、健身娱乐、美食购物于一体的儒家文化主题公园。位于公园南侧的游客服务中心设有小剧场、休息坐椅等设施，极大地满足了游客的需要(图 7-4)。此外，公园中还有文化艺术中心、轻餐厅等休闲娱乐设施，如“树之屋”主题休闲轻餐厅(图 7-5)。

图 7-4　山东宁阳复圣公园游客服务中心

图 7-5　山东宁阳复圣公园“树之屋”主题休闲轻餐厅

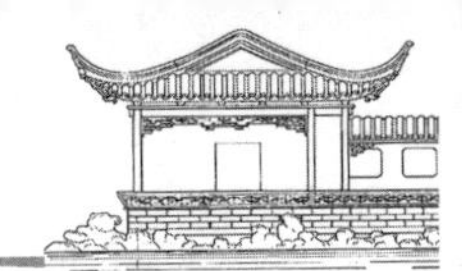

2.分区规划目的和依据

在市级综合公园规划中，分区的目的是为了满足不同年龄、不同爱好的游人的游憩和娱乐要求，根据土壤状况、水体、原有植物、保留建筑或历史古迹、文物以及不同游人的兴趣爱好、习惯、游园活动规律等来进行功能分区规划。尽可能地“因地、因时、因物”而“制宜”，结合各功能分区本身的特殊要求，以及各区之间的互相关系、公园与周边环境之间的关系进行分区规划。公园内分区规划的依据，除了上述公园所在地的自然条件、物质条件外，还要依据公园规划中所要开展的活动项目的服务对象，即游人的不同年龄特征，儿童、老人、年轻人等各自游园的目的和要求；不同游人的兴趣、爱好、习惯等游园活动规律进行规划。全市性综合公园依据功能不同一般可分为文化娱乐区、观赏游览区、安静休息区、儿童活动区、老人活动区、公园管理区、服务设施区等。

3.功能分区规划要点

1)文化娱乐区

文化娱乐区在全园中是属于相对喧闹的区域，它为游人提供活动的场地和各种娱乐项目的场所，是游人相对集中的空间。主要设施包括：游乐场、俱乐部、露天广场、水上娱乐项目、展览室、动植物园地、科普活动区等，因此常位于公园的中部，如杭州太子湾公园水之源的娱乐嬉戏处(图 7-6)、河南开封清明上河园中“梁山好汉劫囚车”娱乐项目(图 7-7)。为避免该区内各项目间的互相干扰，各建筑物、活动设施间要保持适当的距离，也可以通过树木、建筑、土山等加以隔离。大容量的群众娱乐项目导致人流量较大、集散时间集中，因此需要妥善组织交通，尽可能在规划条件允许的情况下接近公园的出入口，或单独设专用出入口，以便快速集散游人。

规划这类用地要考虑设置足够的道路广场和生活服务设施，要有适当比例的平地和缓坡，以保证建筑和场地的布置。公园建筑设置需要考虑全园艺术构图、建筑与风景的关系，不能破坏景观美感。文化娱乐区的规划，尽可能地巧妙利用地形特点，创造出景观优美、环境舒适的景点和活动区域。利用较大水面设置水上活动，利用坡地设置露天剧场，或利用下沉谷地开辟露天演出、表演场地。由于该区建筑物、构筑物相对集中，这为集中供水、供电、供暖以及地下管网布置提供了方便，同时也要避免不必要投资的浪费。

图 7-6　杭州太子湾公园水之源

图 7-7　清明上河园“梁山好汉劫囚车”活动

2)观赏游览区

观赏游览区主要的功能是游览、观赏、休息、陈列，一般游人较多，但要求游人的密度较小，往往选择山水景观优美的地域，结合历史文物、名胜古迹、亭廊轩榭、山水奇石等景观，建造盆景园、展览温室，或布置观赏树木、花卉的专类园，或略成小筑，配置假山、石品，点以摩崖石刻、匾额、对联，营造出情趣浓郁、典雅清幽的环境氛围。观赏游览区内每个游人所占的用地定额较大，约占 100 m^2/人，在公园内占的面积比例比较大，是公园的重要组成部分。例如，西安大唐芙蓉园内供人观赏的假山景观

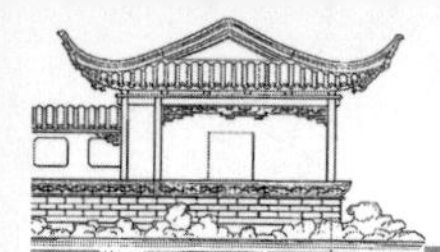

(图 7-8)、杭州曲院风荷公园内景观优美的观赏游览区(图 7-9)等。

图 7-8　西安大唐芙蓉园假山景观

图 7-9　杭州曲院风荷公园观赏游览区

3)安静休息区

安静休息区一般选择具有一定起伏的地形(山地、谷地)或溪旁、河畔、湖泊、河流、深潭、瀑布等环境较为理想,并且要求原有树木茂盛、绿草如茵的地方,例如上海世纪公园内的大草坪(图 7-10)、杭州太子湾公园内的逍遥坡(图 7-11)等。

公园内安静休息区并不一定集中于一处,只要条件合适,可选择多处,一方面保证公园有足够比例的绿地,另外也可以满足游人回归大自然的愿望。安静休息区主要开展垂钓、散步、气功、太极拳、博弈、品茶、阅读、划船等活动,该区内的建筑设置宜散不宜聚集,宜素雅不宜华丽。结合自然风景,可设立亭、榭、花架、曲廊,或茶室、阅览室等公园建筑。安静休息区也可以选择距出入口较远处,并与文化娱乐区、观赏游览区、儿童活动区有一定隔离,以保证有良好的空间环境。

图 7-10　上海世纪公园大草坪

图 7-11　杭州太子湾公园逍遥坡

4)儿童活动区

儿童活动区规模按照公园用地面积大小、公园位置、周围居住分布情况、少年儿童游人量、公园用地地形条件与设施、服务等现状条件来确定。在规划设计的过程中,不同年龄的少年儿童进园后要分开考虑,可分为学龄前儿童及学龄儿童区域。活动主要内容有:游戏场、戏水池、运动场、障碍游戏区、少年宫、少年阅览室等,例如上海华山绿地中的儿童游乐区(图 7-12)。近年来,儿童活动内容也增加了许多电动设备等内容。

图 7-12　上海华山绿地儿童游乐区

规划设计要点:一般靠近公园主入口,便于儿童进园后,能够快速到达园地,开展自己喜欢的活动,也避免入园后,儿童穿越其他区域,影响其他区域游人活动的开展。建筑小品形式要符合少年儿童的兴趣喜好,宜选择造型新颖、色彩绚丽,有丰富的教育意义的作品,使儿童从心理上产生新奇、亲切的感觉;植物种植应选择无毒、无刺、无异味的花草树木;设计中不应带有铁丝网或其他具有伤害性的物品,以保证活动区儿童的安全。儿童活动场地周围应考虑遮荫树林、草坪、密林,并能提供缓坡林地、溪流、宽阔的草坪,以便开展集体活动及夏季的遮荫。此外,要为家长、成年人提供休息和等候的休息性建筑,供儿童开展活动时,尤其是幼小儿童在园内开展趣味活动时家长休息、看护需要。同时还应设置卫生间、小卖部、急救站等服务设施。

5)老人活动区

老人活动区是近年来开始出现在公园中的一种新的功能分区形式。目前,在大多数的市级综合公园中,设有老人活动区。由于老人有着独特的心理特征及娱乐要求,因此老人活动区的规划设计应根据老人的特点,进行相应的环境及娱乐设施的规划设计。

规划设计要点:选址宜在背风向阳处,自然环境较好,地形较为平坦,交通比较方便;根据活动内容的不同可建立活动区、聊天区、棋艺区、园艺区等几大领域,各区域根据功能的不同设立一些活动场地或景观建筑;活动区主要是为老人提供体育锻炼,多以广场为主,配置简单的体育锻炼设施和器材。棋艺区可设长廊、亭子等建筑设施供爱好棋艺的老人使用,也可在树林底下设置石凳、石桌,进行象棋、跳棋、围棋等活动。聊天区可设置茶室、亭子和露天太阳伞等设施,为老人提供谈天说地、思想交流的场所。在园艺区设置遛鸟区、果园、垂钓区等,可为爱好花鸟的老人提供一显身手的机会。本区内的建筑要讲究造型别致,取名要有深度,例如杭州西湖老人活动区的“爱晚亭”(图 7-13)等。在植物配置上应选择一些姿态优美、色彩鲜艳的植物,尽量多地使用常绿树。

图 7-13　杭州西湖老人活动区的“爱晚亭”

6)公园管理区

公园管理区工作主要包括:管理办公、生活服务、生产组织等方面内容。由于公园管理区属于公园内部专用分区,应设置相对独立的区域,既要便于开展公园的管理工作,又要便于与城市联系,四周与游人应有隔离,设置专用出入口,且与车道相通,以便消防和运输。规划需要适当隐蔽,不宜过于突出,避免出现在风景游览的主要视线范围内。

7)服务设施区

在公园内布置服务设施类项目内容,受到公园用地面积、规模大小、游人数量及分布情况的影响

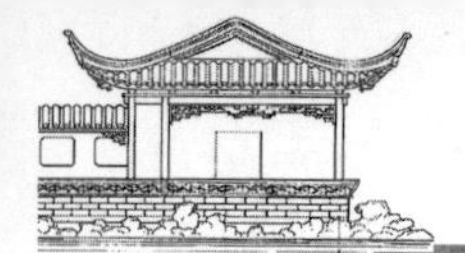

较大。在大型公园中，按照服务半径的要求，可能设有若干个服务中心点。服务中心点是为游人服务的，应按照导游路线，结合公园活动项目分布，设置在游人集中、停留时间较长、地点适中的地方，根据各区活动项目的需要设置服务设施，为游人提供相对完善的服务，妥善安排对游人的生活、游览、通信、急救等管理。尤其大型公园，必须解决饮食、短暂休息、电话问询、摄影、导游、购物、租借、寄存等服务项目。在总体规划过程中，要根据游人活动规律，选择好适当地点，安排餐厅、茶室、冷饮、小卖部、摄影部等对外服务性建筑。

广州越秀公园于1951年扩建，面积为80.4 hm^2，是广州最大的市级综合公园，全园划分为以下5个区(图7-14)。

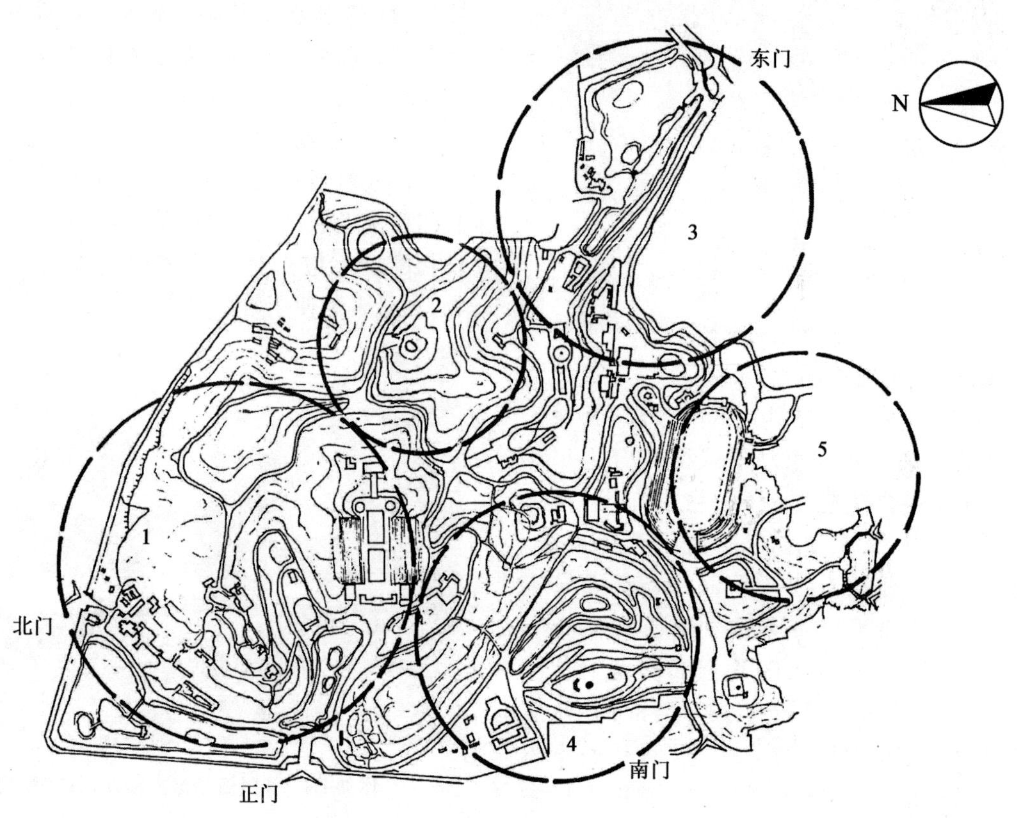

图7-14 广州越秀公园功能分区图

1.北秀湖区 2.蟠龙岗炮台区 3.东秀湖区 4.南秀湖区 5.古迹纪念区

北秀湖区：以北秀湖为中心，湖心岛上有水榭、竹亭、茶廊等组成静憩景点。湖以北为活动区，设有溜冰场、各类运动室、游泳场以及花卉馆、听雨轩服务部等。

蟠龙岗炮台区：以蟠龙岗山顶为中心，为全园制高点，可眺望全城。岗顶有鸦片战争抗英遗迹——四方炮台。

东秀湖区：以东秀湖为中心，湖心有小岛和休息亭，西部有南音茶座、转车、滑车道。还拟建剧场、演出台等。

南秀湖区：以南秀湖为中心，为垂钓区。木壳岗顶矗立着五羊雕塑。

古迹纪念区：以镇海楼为中心，东有美术馆，海员亭，南有中山先生读书治事处，中山纪念碑，博物馆，鸦片战争烈士纪念碑奠基处等。

北京紫竹院公园是一座以水景为主，以竹景取胜，深具江南园林特色的大型公园，全园划分为以下七个区(图7-15)。

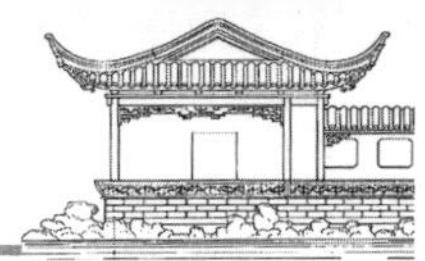

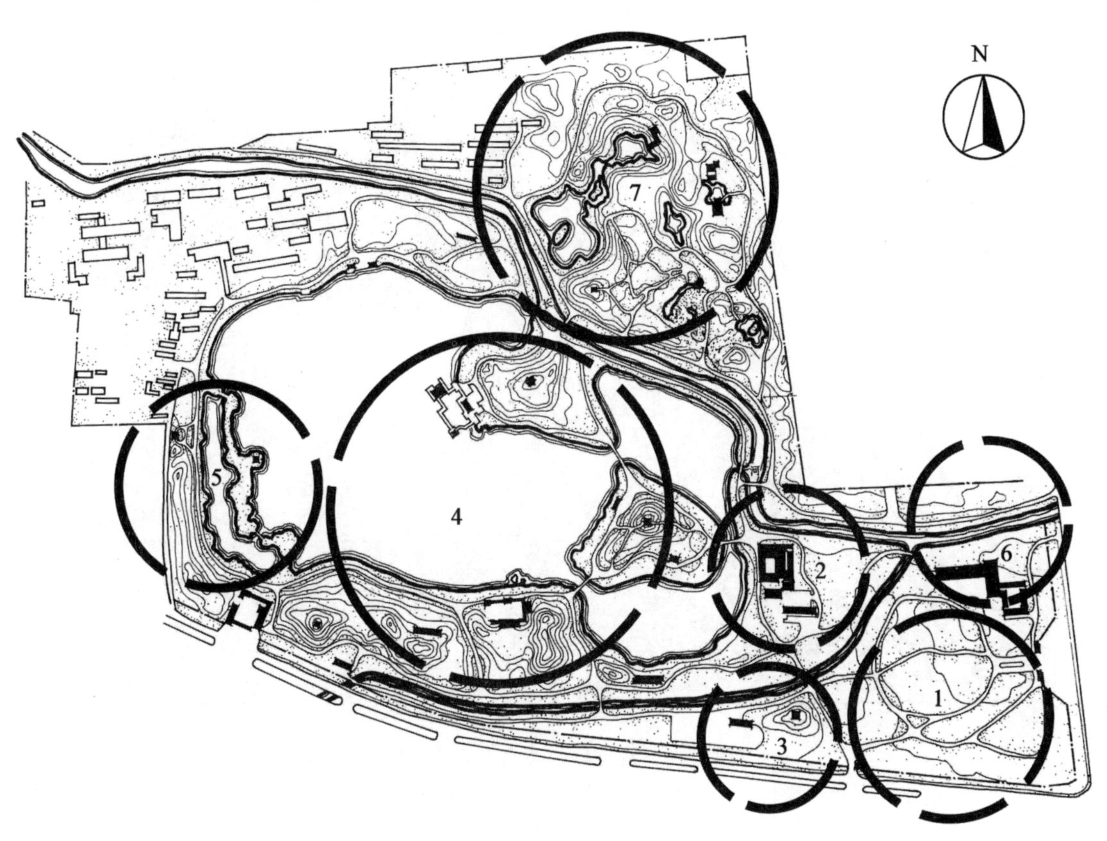

图 7-15　北京紫竹院公园功能分区图

1.休闲娱乐区　2.餐饮购物区　3.儿童游乐区　4.中部游览区　5.垂钓区　6.北部游览区(筠石苑)　7.公园管理区

休闲娱乐区：位于公园东部，景观以疏林草地为主。其间有若干小石块铺装场地，建有小体积的亭，环境亲切。

餐饮购物区：位于公园东部，有餐厅、露天茶座及商亭，出售与竹子有关的商品。

儿童游乐区：位于南门西侧。

中部游览区：包括环湖的两岛以及“澄碧山房”为主景的沿湖区域，集中了园内的建筑景点，两岛均堆山筑亭，形成园内致高(青莲岛上方亭)，可登高眺望全园景色。八宜轩、竹韵景石、问月楼、箫声逐月四大景点突出了自然山水天水合一的境界。

垂钓区：位于公园西南部，沿长堤围出一方静水，环水四周设垂钓空间，东西两岸植物繁茂。

公园管理区：位于公园东北角。

北部游览区(筠石苑)：位于公园北部，属于园中之园。占地 7 hm^2，地形为缓坡和山丘，以山水植物为主体，以竹石为胜。筠石苑以休息和游览功能为主，设有十景，均以竹为题，即清凉罨秀、友贤山馆、江南竹韵、斑竹麓、竹深荷净、松筠间、翠池、绿筠轩、湘水神、筠峡(图 7-16)。筠石苑南入口以 4 m 高的自然山石为标志，以竹林小径引导游人，竹林环抱中有假山、瀑布、水池。友贤山馆是筠石苑中供游人安静休息的场所，采用南方传统建筑形式。其中，友贤山馆是一个 400 m^2 的园林建筑小群落，主要功能是在丰富园林景观的同时，为游客提供一个休憩的场所，更加强调环境的幽静、建筑和设施小品的独特美感、交通和游路的便利，群落内部不论俯仰处处有景可观。江南竹韵景区内青石板铺地，泉、溪、潭、瀑环环相连，多种著名观赏竹形成了美而特色鲜明的小景点。人行其间耳听潺潺流水、眼观森林竹木，顿觉神清气爽，如入山林，其曲折萦回、幽静雅致，使人仿佛置身于秀美的江南(图 7-17)。

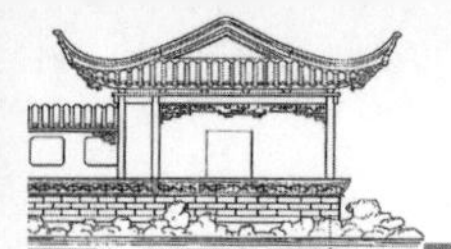

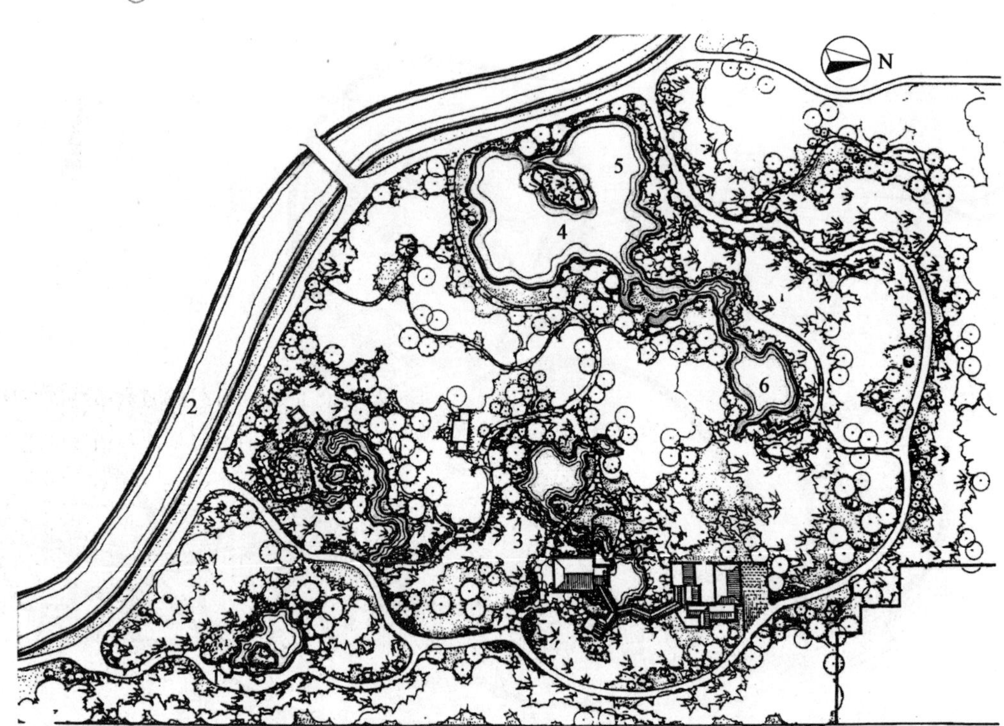

图 7-16　紫竹院公园筠石苑平面图

1.清凉罨秀　2.江南竹韵　3.友贤山馆　4.竹深荷净　5.湘水神　6.翠池

图 7-17　紫竹院公园江南竹韵

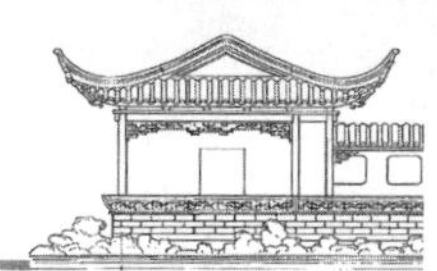

(四)出入口规划与设计

1. 出入口位置选择

市级综合公园出入口的位置和数量的确定，应在满足功能上方便进出公园的同时，结合城市街景面貌、功能分区及园路系统规划布局等因素，进行综合协调。“公园各个方向出入口的游人流量与附近公交车设站点位置、附近人口密度及城市道路性质等密切相关，公园出入口位置的确定需要考虑这些因素”(《公园设计规范》GB 51192—2016)。市级综合公园的出入口一般设主要出入口1～2个、次要出入口1个或多个、专用出入口1～2个。

2. 出入口设计

市级综合公园出入口因功能所需除公园大门外，还应设置的项目和设施有：公园内、外集散广场，停车场，售票处，收票处，小卖部，休息廊等，售票处和收票处根据市级综合公园的开放程度灵活设置。此外，还应有丰富出入口景观的园林小品如花坛、水池、喷泉、雕塑、花架、宣传牌、导游图和服务部等，例如上海徐家汇公园入口处喷泉景观(图7-18)、西安大唐芙蓉园西大门水景(图7-19)。出入口的布局方式也是多种多样，一般与总体布局相适应，或开门见山，入园后就可见；或设置障景，先抑后扬、欲现还隐；或小中见大；或外场内院。既可采用对称均衡处理，也可采用非对称均衡处理。公园出入口的建筑应注意造型、比例尺度、色彩及与周围环境的协调。

图7-18　上海徐家汇公园入口处喷泉景观

图7-19　西安大唐芙蓉园西大门入口景观

根据《公园设计规范》(GB 51192—2016)的相关规定，公园单个出入口最小宽度为1.8 m，举办大规模活动的公园应另设紧急疏散通道。

市级综合公园大门内、外广场面积的大小和形状，一般与公园的规模、游人量、园门前道路宽度与形状、其所在城市街道的位置等因素相适应。公园出入口外集散场地人均使用面积参考我国有关集散广场的资料，采用每个游人1 m^2的标准。售票的公园游人出入口外应设集散场地，集散场地的面积下限指标应以公园游人容量为依据，宜按500 m^2/万人计算。例如上海长风公园北大门前广场为70 m×25 m，南大门前广场为50 m×40 m(公园总面积为36.6 hm^2)；北京紫竹院公园南大门前、后广场为48 m×38 m；哈尔滨儿童公园前广场为70 m×40 m、莱芜红石公园南入口广场1 000 m^2以上；西安大唐芙蓉园西门设置了内外广场。

莱芜红石公园位于莱芜市市区中心，南起鲁中西大街，北至汶源西大街，东依公园路，西接长勺路，公园占地总面积约46 hm^2，是莱芜城区最大的市级综合公园，整个公园因有较大面积的裸露红石而得名。该公园始建于1987年，1989年年初具规模。2004年对红石公园进行改造，2007年年底完成所有改造。

南入口是红石公园的主要入口，在改造设计中实现了空间及视觉形象的突破，形式上简洁，空间上不失丰富性。作为公园入口景观，需要有动态的造景元素增加吸引力。设计中布置了占地约1 000 m^2以喷泉为主要景观的水景广场。水景广场按轴向排列，由长方形喷泉水池与圆形旱喷泉水池两部分组成，其间用跌落花坛与台阶衔接。两侧地形与种植强化了轴向空间的引导性(图7-20至图7-23)。

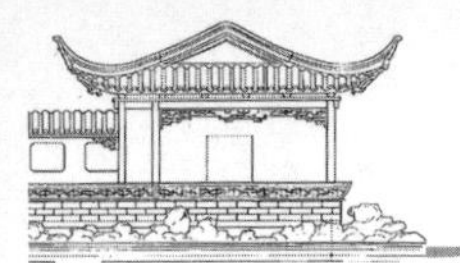

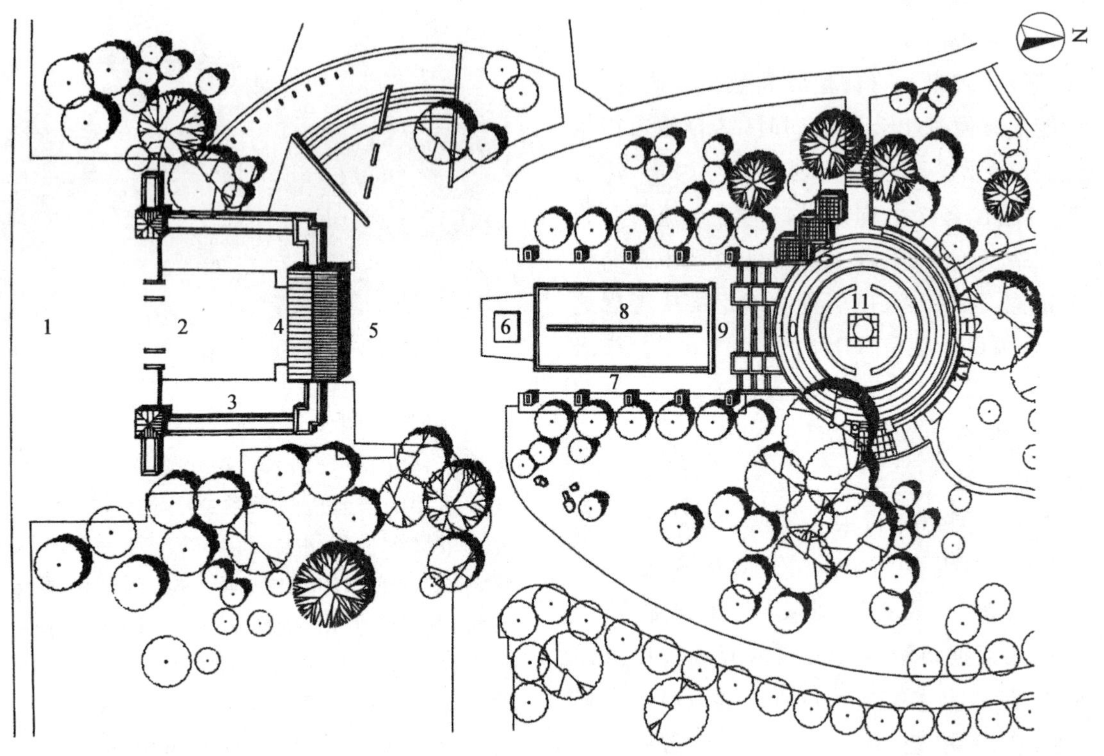

图 7-20　莱芜红石公园南入口平面图

1.外广场　2.入口庭院　3.亭廊　4.大门建筑　5.内广场　6."凤凰"石刻　7.灯柱　8.长方形水池　9.跌落花坛与台阶　10.休憩花架　11.旱喷泉水池　12.大理石浮雕墙

图 7-21　红石公园南入口广场总体景观

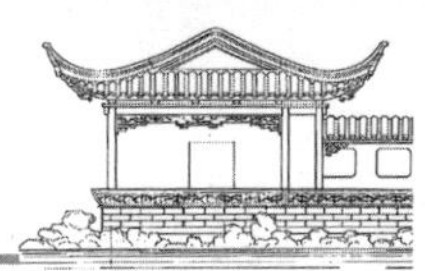

图 7-22　入秋时的水池与环境

图 7-23　浮雕小广场景色

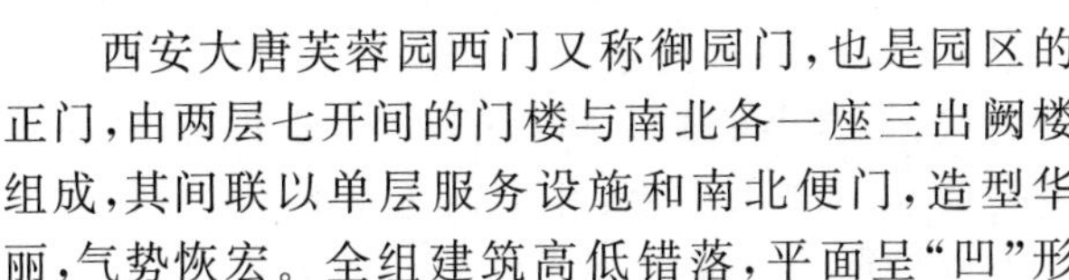

西安大唐芙蓉园西门又称御园门，也是园区的正门，由两层七开间的门楼与南北各一座三出阙楼组成，其间联以单层服务设施和南北便门，造型华丽，气势恢宏。全组建筑高低错落，平面呈"凹"形布局，大门外形成游人集散的广场。正门内开阔的平台成为游人进出园区的一个过渡。西门以其丰富的造型和恢弘的尺度，成为园内外一组标志性景观(图 7-24)。

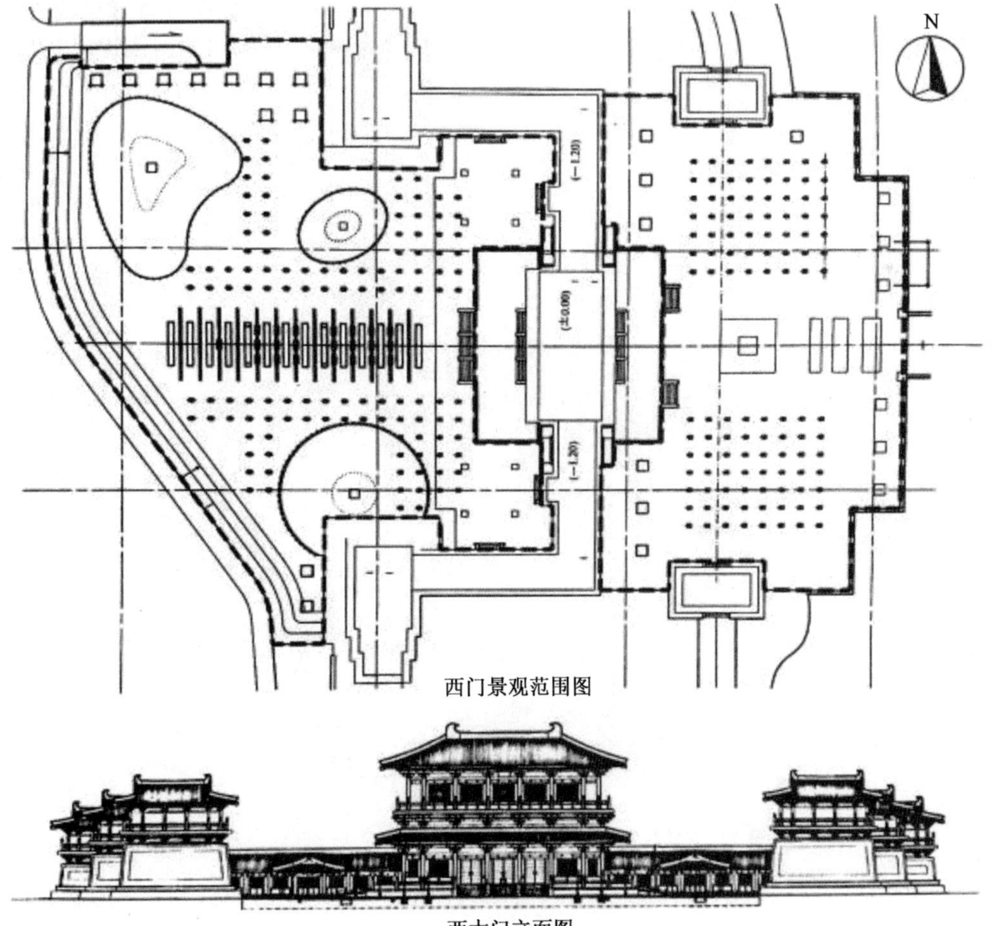

西门景观范围图

西大门立面图

图 7-24　西安大唐芙蓉园西门

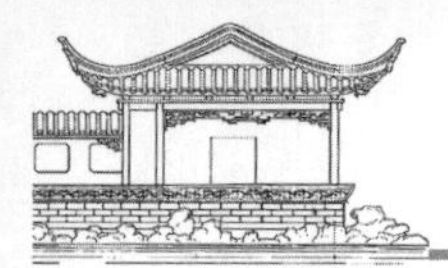

(五)地形处理与竖向控制

地形就是地球表面的形状，是其他要素的承载体，其上的土壤、水体、植物、岩石等构成的综合形象，影响人们的审美体验。突起的高地、流动的水体、常绿的植物、多样的地表物质组成多样化的地形，这一切既在景观之中，又各自是景观特征的组成部分。在市级综合公园中，地形是骨架，在很大程度上影响着空间的大小开合变化，地形塑造是景观设计的重要手段。自然界中的各种地貌景观能给人无尽的遐想，效法自然，从自然界的各种地貌景观中获得灵感，无疑是园林地形塑造的一个好途径。

例如，杭州太子湾公园，在地形塑造中，利用丰富的竖向设计手段，组织和创造出池、湾、溪、坡、坪、洲、台等园林空间，同时还根据功能与建设管理的需要，严格控制排水坡度，对园区排水及植物生长更为有利。全园地势南高北低，顺应引水需要，利用地形形成高差，促使水流顺畅地泻入西湖(图7-25至图7-27)。

1. 平地设计

平地作为市级综合公园中平缓的地形，适宜开展娱乐活动，例如休憩草坪、体育活动场地、广场等。大草坪中游人视野开阔，适宜坐卧休息观景或游戏活动；林中平缓空地为空间，环境阴凉舒适，适宜夏季休憩娱乐；集散广场、休闲演艺广场等处平地，适宜节日活动。以草坪景观为主的平地处理应注意向高处连接山坡，向低处连接水体，成为山地与水体之间的过渡地段，联系自然，形似自然地理中的“冲积平原”景观，是游人观景和开展娱乐活动的喜爱场所。如果公园中山地较多，可削高填低，改成平地；若平地面积较大，不可采用同一坡度延续过长，以免产生雨水冲刷和水土流失，坡度要稍有起伏，不得小于1%。也可结合园路布局，利用道路拦截平地雨水径流，并引入排水系统。例如，上海不夜城绿地中草坪与休息活动场地相结合，视野开阔(图7-28)；上海延中绿地缓坡草坪与水体的结合，舒缓流畅，可供人们休闲散步(图7-29)。

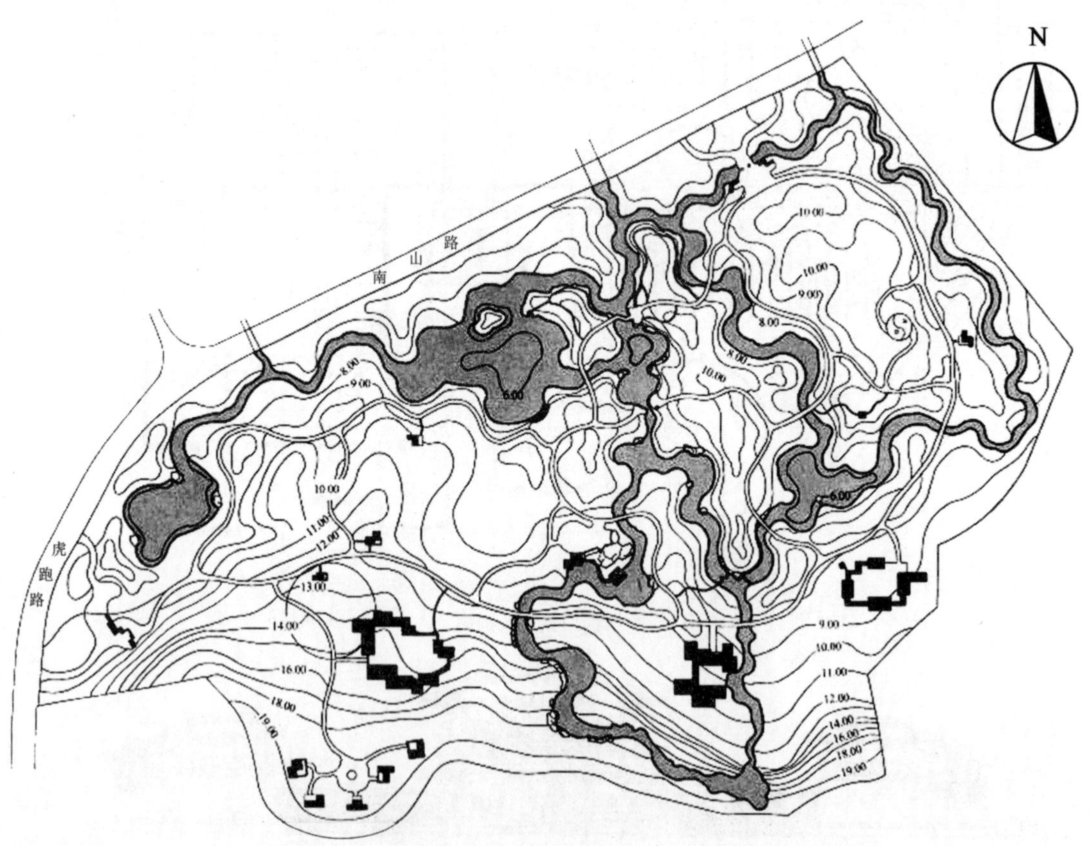

图7-25　太子湾公园竖向设计

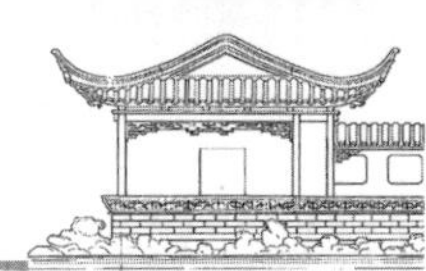

图 7-26　杭州太子湾公园逍遥坡人造池

图 7-27　杭州太子湾公园草坪与水体

图 7-28　上海不夜城绿地中草坪与休闲活动场地结合

图 7-29　上海延中绿地缓坡草坪与水体的结合

2. 山体设计

山体在市级综合公园中的主要功能是创造山林景观，供游人登高眺望，或阻挡视线、分隔空间、组织交通等，公园中著名的山体例如颐和园内的万寿山(图 7-30)。

市级综合公园中的山体地形可分为主景山、配景山两种。主景山在南方公园中多利用原有山体改造，北方公园中常有人工创造，与配景山、平地、水景组合，共同创造主景。公园中人工山体一般高可达 10 m，体量大小适中，给游人有活动的余地。山体要自然稳定，其坡度超过该地土壤自然安息角时，应采取护坡工程措施。优美的山面应向着游人主要来向，形成视线焦点。山体组合应注意形有起伏，坡有陡缓，峰有主次，山有主从。衬景北用山地，南用水体。建筑物应设计在山地平坦台地之上，以利于游人观景休息。配景山主要功能是分隔空间、组织交通，创造景观，其大小、高低以遮挡视线为宜(可低至 1.5～2 m)。配景山的造型应与环境相协调统一，形成带状，蜿蜒起伏，有断有续，其上以植被覆盖，可用挡土墙护坡，形成山林气氛。

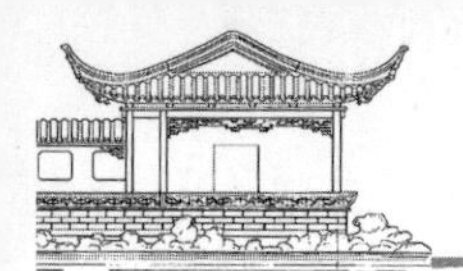

图 7-30 颐和园万寿山

堆叠假山和置石也是公园山景的一部分。假山体量、形式和高度必须与周围环境相协调，对假山的石料应提出色彩、质地、纹理等要求，置石的石料还应提出大小和形状的要求。叠山、置石和利用山石的各种造景，必须统一考虑安全、护坡、登高、隔离等各种功能要求。叠山、置石以及山石梯道的基础设计应符合《建筑地基基础设计规范》(GB 5007—2011)要求。游人进出的山洞，其结构必须稳固，应有采光、通风、排水等措施，并应保证通行安全。叠石必须保持本身的整体性和稳定性。山石衔接以及悬挑、山洞部分的山石之间、叠石与其他建筑设施相接部分的结构必须牢固，以确保安全。山石勾缝做法可在设计文件中注明。

3.水体设计

市级综合公园内的水体往往是城市水系中的一部分，起着蓄水、排涝、卫生、改良气候等作用。公园中的大水面可开展划船、游泳、滑冰等水上运动，还可养鱼，种植水生植物，创造明净、爽朗、秀丽的景观，供游人欣赏。

市级综合公园河湖水系设计应根据水源和现状地形等条件，确定园中河湖水系观赏、活动等水面范围，同时确定各种水生植物的种植范围和不同的水深要求。公园内的最高水位，必须保证重要的建筑物、构筑物和动物笼舍不被水淹。水体的进水口、排水口和溢水口及闸门等水工建筑物、构筑物的标高，应保证适宜的水位和泄洪、清淤的需要，下游标高较高致使排水不畅时，应提出解决的措施，非观赏水工设施应结合造景采取隐蔽措施。硬底人工水体的近岸 2.0 m 范围内的水深不得大于 0.7 m，达不到此要求的应设护栏。无护栏的园桥、汀步附近 2.0 m 范围内的水深不得大于 0.5 m。溢水口的口径应考虑常年降水资料中的一次性最高降水量。护岸顶与常水位的高差，应兼顾景观、安全、游人近水心理和防止岸体冲刷。

从功能需要出发规划水体的形态和水深范围。例如，划船码头附近水岸宜平直，游览观赏宜曲折、蜿蜒，游泳水面应划定不同水深的范围等。河湖水池必须具有护岸措施，并根据公园总体设计中规定的平面线形、竖向控制点、水位和流速进行设计。一般护岸措施有素土植被护岸和人工驳岸两种。岸顶至水底坡度小于 100% 者应采用植被覆盖护岸，坡度大于 100% 者应有固土和防冲刷的人工技术措施即人工驳岸，地表径流的驳岸水下部分处理应符合有关标准的规定。

例如，山东潍坊人民公园内的叠瀑景区，是公园一条水系溪流景观的源头，在水体处理方面，四组瀑布交错回响，水势澎湃，顺水流漫流，水体随水位差落，逐级向下潺潺流动，节点处用景石筑成汀步，游人可亲水嬉戏，乐在其中(图 7-31、图 7-32)。整个水系景观串联全园景观的主轴，面积近 10 000 m^2 的水面，可划分为几种不同的水域，或涉水浅滩、溪流、岛屿、树林中的水系，景致有收有放，形成多幅画面，整个水系形成了公园的灵魂。

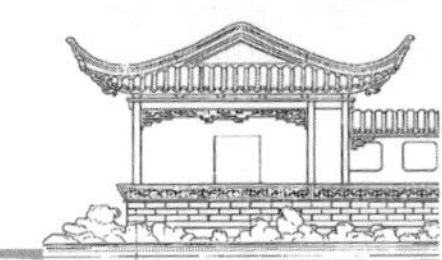

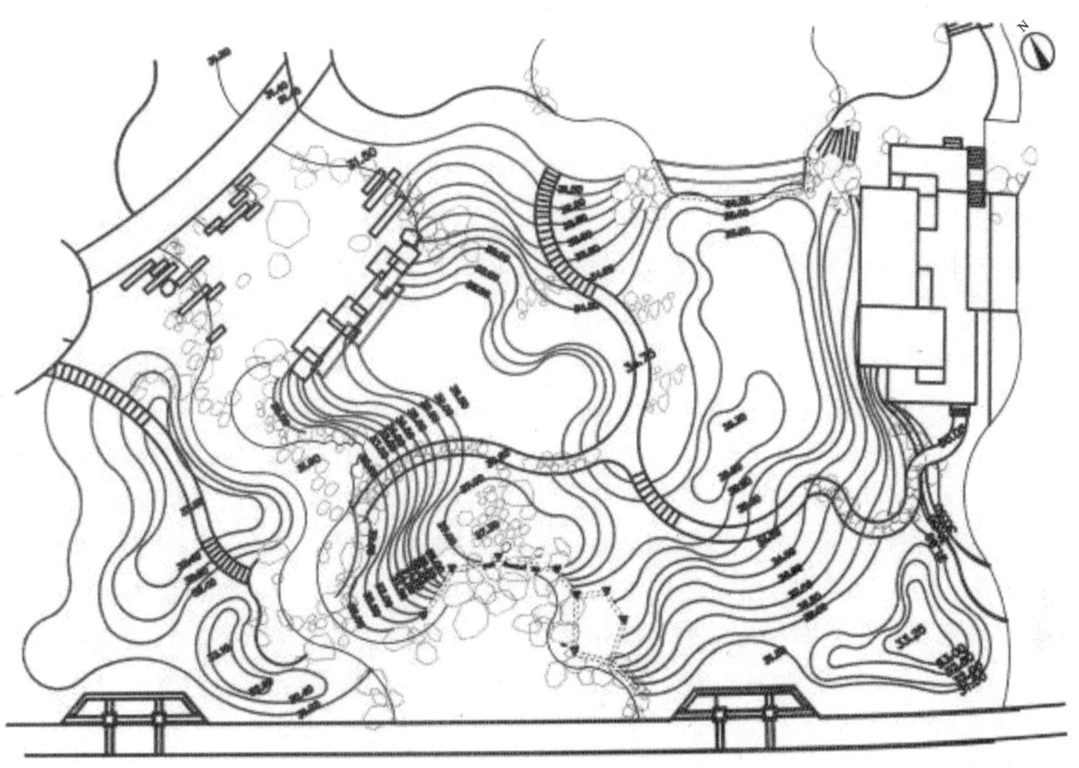

图 7-31　潍坊人民公园叠瀑景区竖向设计

图 7-32　潍坊人民公园叠瀑主瀑布景观

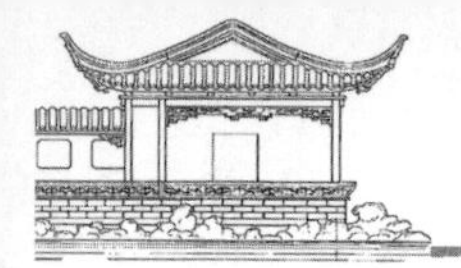

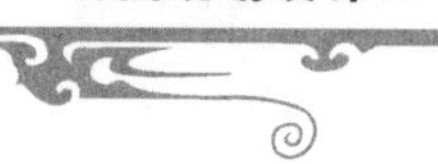

例如，山东淄博桓台少海公园，地处平原，境内地形平坦缺山，人们对地形起伏和山石有奇趣心理，为增强公园的吸引力，按照北高南低的布局原则，挖湖堆山，在公园西北部设有园中主山体，土石结合，高度12.8 m，改善了小气候，为植物景观设计创造条件，同时又成为公园主要观赏面的绿色背景。其他区域适当设计1.0～3.0 m不等的高低错落、连绵起伏的山丘和缓坡，并点缀景石，用以分隔空间，组织交通，创造小气候。这些地形的设计丰富了园林空间层次和变化，使公园更加贴近自然，穿行其间，可领略同一景观的变幻。桓台少海公园水体设计是“融解公园”理念的最直接的体现者。打破公园中心挖湖的传统手法，设计师在本公园设计中创新性地采用水景外设的方法(图7-33、图7-34)。经过精心的营造，形成大小不同，形态迥异，曲折有致，功能各异的湖泊、河道、溪流、喷泉、瀑布。在水景创造中，注意解决好山景与水景、静水与动水、水的置换等方面的问题，使水产生局部的流动，水不再停留在静的状态，而以多角度多形式地体现水的自然状态。根据水体的面积、位置不同采用多种护坡与实体护砌相结合，如小溪边的木桩护岸，瀑布、跌水处的山石驳岸、大面积湖泊的自然缓坡护岸，既满足了游人亲水的心理需求，又为水生植物创造了生态条件，从而为实现园中水体的生物处理过滤循环系统提供了可能。

人工砌筑或混凝土浇筑的驳岸应符合下列规定：寒冷地区的驳岸基础应设置在冰冻线以下，并考虑水体及驳岸外侧土体结冻后产生的冻胀对驳岸的影响，需要采取的管理措施在设计文件中注明；驳岸地基基础设计应符合《建筑地基基础设计规范》(GB 50007—2011)的规定。采取工程措施加固护岸，其外形和所用材料的质地、色彩均应与环境协调。

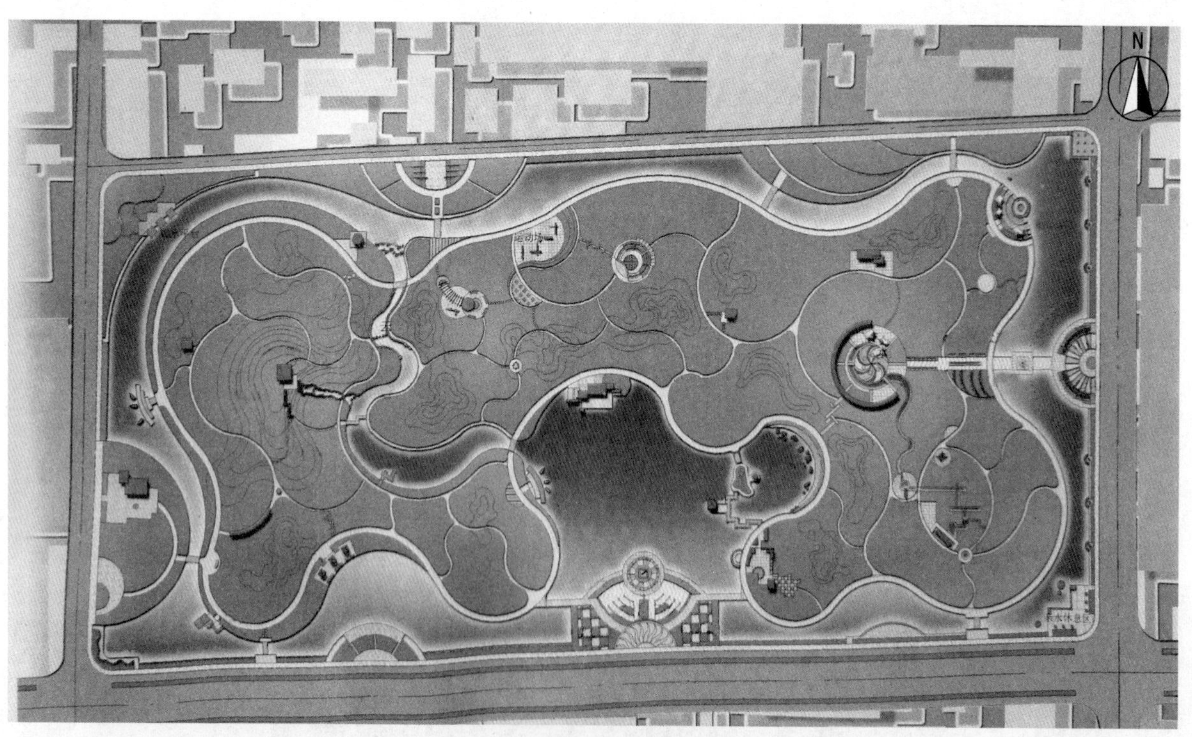

图7-33　桓台少海公园平面图

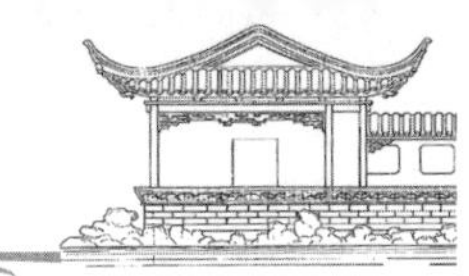

图 7-34 桓台少海公园鸟瞰图

(六)景观结构分析

1. 轴线分析

轴线是市级综合公园中风景或建筑物发展延伸的主要方向,一条轴线需要一个有力的端点,否则感到这条轴线没有结束。可以沿轴线将景物层次展开,把主景设置在轴线的端点或相交点上。

例如,著名的苏州虎丘风景名胜区就是采用轴线式空间布局结构(图 7-35),以南北向的进香道为主要轴线,各景点布置在其沿线及周边,至山巅处,轴线由南北改为东西,在有限的山巅高地布置殿庭和塔院,其中虎丘塔更高耸山顶,成为控制全园的主体建筑。园林空间收放有度,过了海涌桥,经过狭窄的蹬山道至千人坐,空间由窄变旷,使游人精神为之一振,观景也由雨道尽端的对景转而成为宽幅面的画卷。过千人坐,经五十三参蹬道,过大殿,或取道幽深的剑池,过双井桥西行,拾级而北上,入开阔的塔院。空间的不断变化,丰富了景观效果,增添了游兴。

图 7-35 在虎丘入口处即可看到山顶的云岩寺塔

2. 视线分析

景观视线在市级综合性公园中是指连接各景区、景点的线性要素,主要有导游线和风景视线规划两种。导游线是引导游人游览的路线,在公园中,导游线与园路基本吻合(除生产管理区外),它是公园平面构图中的一条“实”线。风景视线则是构图中的一条“虚”线,它既可以与导游线的方向一致,也可以离开作上下纵横各个角度的观赏。

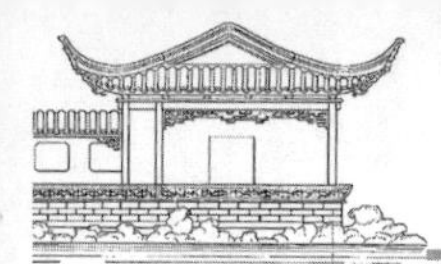

在设计手法上主要有以下 3 种:①开门见山的风景视线。这种手法景观突出,气势雄伟,多用于纪念性园林、西方现代园林,例如南京中山陵园等(图 7-36);②半隐半现的风景视线。在山地丛林地带,为创造一种神秘气氛,多用此手法;③深藏不漏的风景视线。这一景线是指景区、景点掩映在山峦丛林中,由远处观赏仅见一些景点的建筑屋顶等。近观则全然不见所要寻找的景点。这时只能沿园中道路探索前进,由风景甲到乙、丙、丁等,游人在游览过程中不断被吸引、被鼓励,直至进入高潮。

图 7-36　南京中山陵

(七)道路交通规划设计

在市级综合公园中,园路联系着不同的分区、建筑、活动设施、景点等,具有组织交通、引导游览、划分空间和指导游人识别方向等作用,同时园路也是公园景观骨架、脉络和构景的要素成分,还是水电管线的基础,影响水电的布局。市级综合公园道路的布局应根据公园的规模、各分区的活动内容、游人容量和管理需要,确定园路的路线、分类、分级和园桥、铺装场地的位置和特色要求,同时应注意无障碍通道的设计。

(1)园路线形与坡度设计　市级综合公园的园路线形设计应与地形、水体、植物、建筑物、铺装场地及其他设施结合,满足交通和游览需要并形成完整的风景构图;园路应创造有序展示园林景观空间的路线或欣赏前方景物的透视线,路的转折要连接通顺,符合游人的行为规律。通行机动车的主路,其最小平曲线半径应大于 12 m。综合公园一般规模较大,以大面积的自然风景为主,园路线形设计多结合自然风景成自由变化的曲线,部分道路线形也可根据公园的布局形式、特殊交通功能要求或结合建筑环境等,设计成直线、折线或圆弧线,形成强烈的空间纵深感或有秩序的空间景观效果等。公园山地中的园路线形布局一般与山体等高线斜交,形成具有适宜坡度的山路,便于游人或车辆通行。例如,上海延中绿地中与水体、草坪相融合的园路设计(图 7-37)。

市级综合公园主路不应设台阶,主路、次路纵坡宜小于 8%,同一纵坡坡长不宜大于 200 m;山地区域的主路、次路纵坡应小于 12%,超过 12%应作防滑处理;积雪或冰冻地区道路纵坡不应大于 6%。支路和小路,纵坡宜小于 18%;纵坡超过 15%路段,路面应做防滑处理;纵坡超过 18%,宜设计为梯道。与广场相连接的纵坡较大的道路,连接处应设置纵坡小于或等于 2.0%的缓坡段。自行车专用道的坡度宜小于 2.5%,当大于或等于 2.5%时,纵坡最大坡长应符合现行行业标准《城市道路工程设计规范》CJJ 37 的有关规定。

图 7-37　上海延中绿地道路

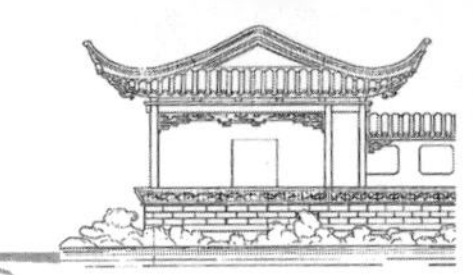

市级综合公园园路横坡以1.0%～2.0%为宜，最大不应超过4.0%。降雨量大的地区，宜采用1.5%～2.0%，积雪或冰冻地区园路、透水路面坡度以1.0%～1.5%为宜。纵、横坡坡度不应同时为零。

园路在地形险要的地段应设置安全防护设施和警示牌。通往孤岛、山顶等卡口的路段宜设通行复线，须原路返回的，宜适当放宽路面。同时，应根据路段行程及通行难易程度，在园路附近适当设置供游人短暂休息的场所及护栏设施。园路及铺装场地应根据不同功能要求确定其结构和饰面，面层材料应与公园风格相协调，并宜与城市车行路有所区别。

(2)园路宽度设计　在市级综合公园规划设计中，园路应根据公园总体设计确定路网及等级，进行园路宽度、平面及纵断面的线形以及结构设计。园路宜分为主路、次路、支路、小路四级。公园面积小于10 hm^2 时，可只设三级园路。园路宽度应根据通行要求确定，并符合表7-1规定。

表7-1　园路宽度　m

园路级别	公园总面积 A/hm^2			
	$A<2$	$2\leqslant A<10$	$10\leqslant A<50$	$A\geqslant 50$
主路	2.0～4.0	2.5～4.5	4.0～5.0	4.0～7.0
次路	2.0～4.0	2.5～4.5	3.0～4.0	3.0～4.0
支路	1.2～2.0	2.0～2.5	2.0～3.0	2.0～3.0
小路	0.9～1.2	0.9～1.2	1.2～2.0	1.2～2.0

资料来源：公园设计规范(GB 51192—2016)。

(3)园路弯道处理　市级综合公园园路的转折、衔接要平顺，符合游人的行为规律。园路遇到建筑、假山、水体、树木、陡坡等障碍，必然会产生弯道。弯道不仅可以绕过障碍物，还有组织景观的作用，使游览空间景观得以转换。弯道的弯曲弧度一般要大，主要园路的弯道，特别是通行车辆的园路设计时外侧高，内侧低，以保证交通安全，特殊情况下外侧应设置护栏。

(4)园路交叉口处理　市级综合公园两条园路交叉或从主干道分出支路时，必然会产生交叉口。两条主干道相交时，交叉口应做扩大处理，一般按正交方式，并形成小广场，以方便行车、行人。小路应采用斜交方式，但不应交叉过多，两个交叉不宜太近，要主次分明，相交角度不宜太小。丁字交叉口是视线的交点，可适当点缀风景。上山路与主干道交叉要自然，藏而不显，又要吸引游人入山；综合公园纪念性景区的园路宜正交叉。

(5)园路与建筑的关系　园路规划时，为了避免路上游人对建筑物内部活动带来干扰，一般建筑与主园路之间安排一定的空间距离，并采用连接道路联系。大型建筑物前可设过渡性集散广场，使园路由广场过渡再和建筑联系；园路通往一般建筑物时，可在建筑物前适当加宽路面，或形成分支，以利于分流。园路一般不穿过建筑物，而是从四周绕过。

(6)园路与桥　园路跨过水面时需设桥，园桥是园路在水上的联系设施，其风格、体量、色彩必须与公园总体设计、周围环境相协调一致，例如上海世纪公园的卧波桥(图7-38)、上海世纪大道西侧的小木桥(图7-39)、北京紫竹院公园的拱桥(图7-40)等。

图7-38　上海世纪公园卧波桥

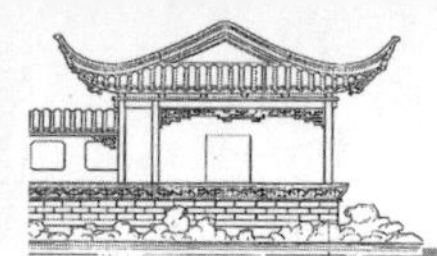

图 7-39　上海世纪大道西侧木桥

图 7-40　紫竹院公园拱桥

园桥应根据市级综合公园总体设计确定通行、通航所需尺度并提出造景、观景等具体要求。园桥桥下净空应考虑桥下通车、通船及排洪的需要。管线通过园桥时应考虑管线的隐蔽、安全、维修等问题。通行机动车辆的园桥要考虑车量荷载要求，在正常情况下应按二级公路计算荷载。非通行车辆的园桥应有阻止车辆通过的措施。活荷载标准值取值应符合下列规定；桥面均布荷载按 4.5 kN/m^2 取值，计算单块人行桥板时应按 5.0 kN/m^2 的均布荷载或 1.5 kN 的竖向集中力分别验算并取其不利者。作用在园桥栏杆扶手上的竖向力和栏杆顶部水平荷载均按 1.0 kN/m^2 计算。

(八)植物景观规划设计

市级综合公园的植物景观，应当根据当地的气候状况、园内现状植被资源与立地条件、园外环境特征，并集合景观构想、防护功能要求和当地居民观赏习惯等科学合理地进行规划，应做到充分绿化和满足多种游憩及审美的要求。公园植物景观规划设计，是公园总体规划设计重要的组成部分，关系到整个公园的建成效果。

例如，柳浪闻莺公园位于杭州西湖东南岸，是西湖南线的中心景区。枫杨作为该地的乡土树种，在公园中被广泛应用，群植的枫杨随着树龄的增长，自然郁闭成林，冠盖相接，生长健壮、野性十足的枫杨具有自然之趣，成为草坪上的主景。林下适当点缀常绿或开花的灌木、地被，增加了近景，从而进一步吸引游人观赏停留。入口处间植常绿乔木，丰富了局部林相变化，也为香樟提供了适宜的生长空间，总体景观效果较为理想(图 7-41 至图 7-43)。

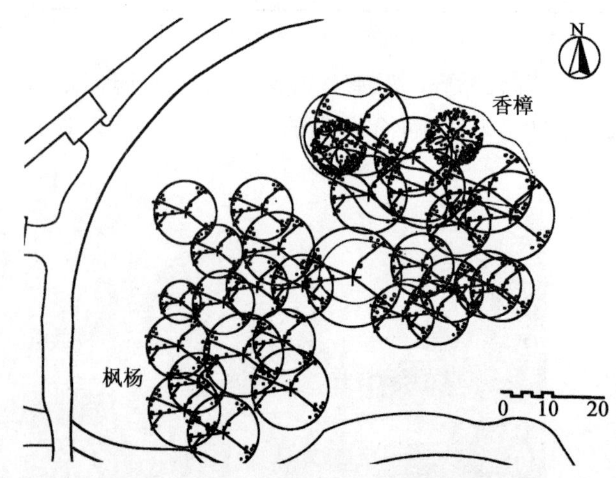

图 7-41　杭州柳浪闻莺公园枫杨林平面图

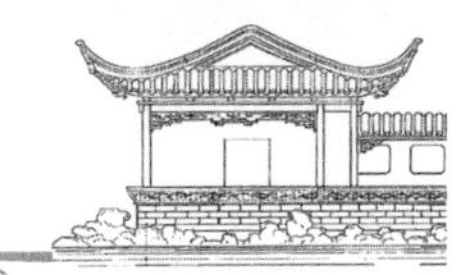

图 7-42 柳浪闻莺公园枫杨林春季植物景观外貌

图 7-43 柳浪闻莺公园枫杨林冬季景观外貌

花港观鱼地处西湖西南，三面临水，一面倚山，是一个占地 20 hm^2 的大型公园。其中，悬铃木、合欢大草坪面积约 2 150 m^2，在同一草坪空间中种植由合欢、悬铃木构成的两组纯林式树丛，随时间演变体现不同的景观效果，体现了园林种植设计之初对近、中、远期景观的统筹兼顾(图 7-44、图 7-45)。

由于市级综合公园面积较大，立地条件及生态环境复杂多样，活动项目也多，所以选择绿化植物不仅要掌握一般规律，还要结合公园特殊要求，因地制宜，以乡土植物为主，以外地珍贵的驯化后生长稳定的植物为辅，特别是园林树木，要充分利用原有树木和苗木，以大苗为主，适当密植。要选择既有观赏价值，又有较强抗逆性、病虫害少的树种。林下植物应具有耐阴性，其根系发展不得影响乔木根系的生长。垂直绿化的攀缘植物根据墙体或构架物附着情况确定。

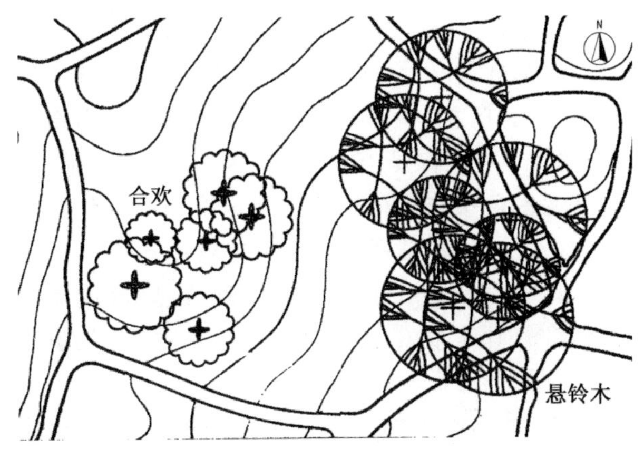

图 7-44 花港观鱼悬铃木合欢草坪平面图

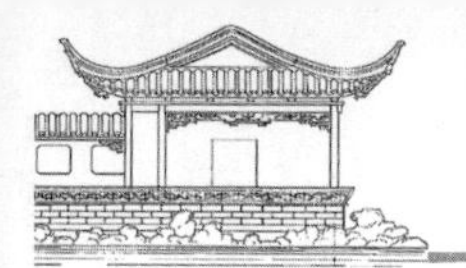

图 7-45　花港观鱼悬铃木合欢草坪全景

植物的配置，应保证植物有适宜的生态环境。在低洼积水地段应选用耐水湿的植物，或采用相应排水设施后可生长的植物。在陡坡上应有固土和防冲刷措施。土层下有大面积漏水或不透水层时，要分别采取保水或排水措施。不宜植物生长的土壤，必须经过改良，客土栽植。不同类型的植物对种植土层厚度的要求也不相同。不管是透水层还是不透水层，草坪、灌木对栽植土的厚度要求较低，而乔木对栽植土的厚度要求较高。

1. 植物景观布局

根据当地自然地理条件、城市特点、市民爱好，进行乔、灌、草合理布局，创造优美的景观。既要做到充分绿化、遮阴、防风，又要满足游人日光浴等的需要。

首先，用 2～3 种树，形成统一基调。一般而言，北方常绿树占 30%～50%，落叶树占 50%～70%，南方常绿树占 70%～90%。在树木搭配方面，混交林可占 70%，单纯林可占 30%。在出入口、建筑四周、儿童活动区、园中园的绿化应注重变化。

其次，在娱乐区、儿童活动区，为创造热烈的气氛，可选用红、橙、黄等暖色系花色植物；在休息区或纪念区，为了保证自然肃穆的气氛，可选用绿、紫、蓝等冷色系花色植物。公园近景环境绿化可选用强烈对比色，以求醒目；远景绿化可选用简洁的色彩，以求概括。在公园游览休息区，要形成季相动态构图，春季观花，夏季浓荫，秋季观叶，冬季有绿，以利游览观赏。

2. 树木与建筑物、构筑物及地下管线的最小水平距离

市级综合公园中有各类建筑物、构筑物和地下管线设施，园林树木种植应与之保持一定距离，避免互相影响。乔木与建筑物、构筑物、地下管线的距离是指乔木树干基部外缘与建筑物、构筑物的净距离。灌木或绿篱与建筑物、构筑物、地下管线的距离是指地表处分蘖枝干中最外的基部外缘与建筑物、构筑物的净距离。具体标准应符合表 7-2、表 7-3 的规定。

表 7-2　植物与建筑物、构筑物外缘的最小水平距离　m

名称	新植乔木	现状乔木	灌木或绿篱外缘
测量水准点	2.00	2.00	1.00
地上杆柱	2.00	2.00	—
挡土墙	1.00	3.00	0.50
楼房	5.00	5.00	1.50
平房	2.00	5.00	—
围墙(高度小于 2 m)	1.00	2.00	0.75
排水明沟	1.00	1.00	0.50

表 7-3　植物与地下管线最小水平距离　m

名称	新植乔木	现状乔木	灌木或绿篱
电力电缆	1.5	3.5	0.5
通信电缆	1.5	3.5	0.5
给水管	1.5	2.0	—
排水管	1.5	3.0	—
排水盲沟	1.0	3.0	—
消防龙头	1.2	2.0	1.2
燃气管道(低中压)	1.2	3.0	1.0
热力管	2.0	5.0	2.0

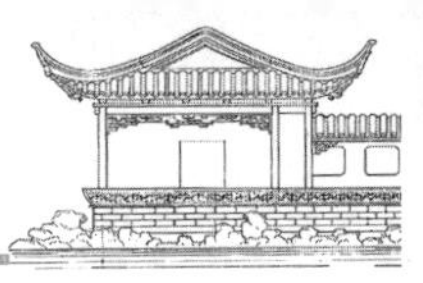

3.树木景观控制

市级综合公园的树木景观控制主要包括密林、疏林和疏林草地等风景林的郁闭度设计、观赏视距和植篱等造型树的景观高度控制等。

植物配置应以总体设计确定的植物组群类型及效果要求为依据，应采取乔、灌、草结合的方式，避免生态习性相克的植物搭配。植物配置应注重植物景观和空间的塑造，并符合以下规定：植物族群的营造宜采用常绿树种与落叶树种搭配，速生树种与慢生树种相结合，以发挥良好的生态效益，形成优美的景观效果；孤植树、树丛或树群至少应有一处欣赏点，视距宜为观赏面宽度的1.5倍或高度的2倍；树林的林缘线观赏视距宜为林高的2倍以上；树林林缘与草地的交接地段，宜配置孤植树、树丛等；草坪的面积及轮廓形状，应考虑观赏角度及视距的要求。公园配置应考虑管理及使用功能的需求，应合理预留养护通道，公园游憩绿地宜设计为疏林或疏林草地。植物配置应确定合理的种植密度，为植物生长预留空间。观赏树丛、树群近期郁闭度应大于0.50，种植密度应符合表7-4的规定。

表7-4　树林郁闭度

类型	种植当年标准	成年期标准
密林	0.30～0.70	0.70～1.00
疏林	0.10～0.40	0.40～0.60
疏林草地	0.07～0.20	0.10～0.30

4.苗木控制

市级综合公园的苗木控制包括下列内容：应规定苗木的种名、规格和质量，包括胸径或地径、分枝点高度、分枝数、冠幅、植株高度等；应根据苗木生长速度提出近、远期不同的景观要求和过渡措施，或预测疏伐、间移的时期；对整形植物应提出修整后的植株高度要求；对特殊造型植物应提出造型要求。

苗木种类的选择应考虑区域立地条件和养护管理条件，以适生为原则；应以乡土植物为主，慎用外来物种；应调查区域环境特点，选择抗逆性强的植物。苗木种类的选择应考虑栽植场地的特点，并符合下列规定：游憩场地及停车场不宜选用浆果或分泌物坠地的植物；林下的植物应具有耐阴性，其根系不影响主体乔木根系的生长；攀缘植物种类应根据墙体等附着物情况确定；树池种植宜选深根性植物；有雨水滞蓄净化功能的绿地，应根据雨水滞留时间，选择耐短期水淹的植物或者湿生、水生植物；滨水区应根据水流速度、水体深度、水体水质控制目标确定植物种类。

游人正常活动范围内不应选用危及游人生命安全的有毒植物，不应选用枝叶有硬刺和枝叶形状呈坚硬剑状或刺状的植物。

（九）建筑规划设计

在市级综合公园中，既有使用功能，又能与环境组成景色，供人们游览和使用的各类建筑物或构筑物，都可称为公园建筑。市级综合公园中建筑规划设计的原则是“巧于因借，精在体宜”，要结合地形、地势，随基势之高下，宜亭则亭，宜榭则榭，并在基址上作风景视线分析，俗则屏之，嘉则收之。设计时可根据自然环境、功能要求，选择建筑的类型、基址的位置。

建筑物的位置、朝向、高度、体量、空间组合、造型、材料、色彩及其使用功能，应符合市级综合公园总体设计的要求。应根据功能和景观要求及市政设施条件等进行建筑布局，确定各类建筑物的位置、高度和空间关系，并提出平面形式和出入口位置。市级综合公园建筑应注重观赏性和功能性，以观赏性为主，每一处公园建筑应在满足功能要求的前提下力求美观，成为一处公园中的观赏景点。在公园绿地中，提倡多做生态节能建筑。

中国建筑具有悠久的历史传统和光辉的成就，在我国公园中保留着众多经典的古建筑，较为典型的如北京颐和园的万寿山佛香阁、北京北海公园的白塔等。万寿山佛香阁(图7-46)是一座宏伟的塔式宗教建筑，为颐和园建筑布局的中心。建筑在万寿山前山高20 m的方形台基上，南对昆明湖，背靠智慧海。佛香阁高41 m，八面三层四重檐，阁内有8根巨大铁梨木擎天柱，结构相当复杂，为古典建筑精品。

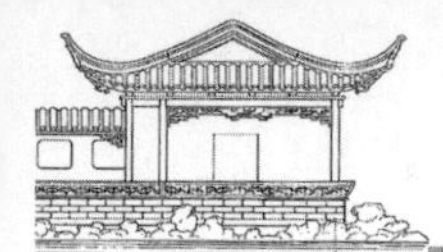

图 7-46　北京颐和园万寿山佛香阁

北京紫竹院公园内的夕梯、水榭、笠亭位于紫御湾北侧，伸入湖面，是一组错落有致、造型优美的建筑，与周围的水体和植物融为一体，漫步在亭台廊道间，可欣赏到整个湖面的美丽景色(图 7-47)。

杉湖位于广西桂林市区中心，秀峰区和象山区的接合处，因湖边长有杉树命名，是桂林城中开放式步行休闲公园。桂林杉湖水榭立于水中，在岛上与园亭组成整体，以单柱架空走道与园亭相连，建筑采用圆形构图，由三个圆形平面交错组成，外形富有高低虚实变化，造型别具一格(图 7-48、图 7-49)。

位于南京玄武湖公园内的白苑餐厅(图 7-50)，建筑采取仿江南民居建筑形式，建筑通体灰白色，色彩素雅。一至二层悬山屋顶，屋面采用石棉波形瓦，北侧内部设庭院。建筑形体组合灵活，造型简朴大方，功能布局合理，一层为大餐厅及厨房等，二层为小餐厅及茶室。登楼眺望，远观紫金山，近览玄武湖，是观湖山佳处。该建筑掩映于树木之中，同时也极大地丰富了梁洲的天际线。

图 7-47　紫竹院公园的夕梯、水榭、笠亭

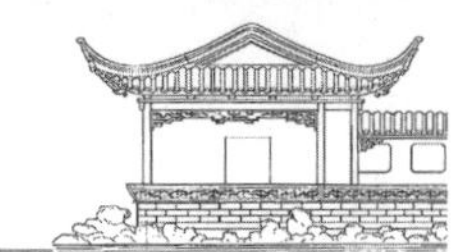

图 7-48 桂林杉湖水榭鸟瞰图

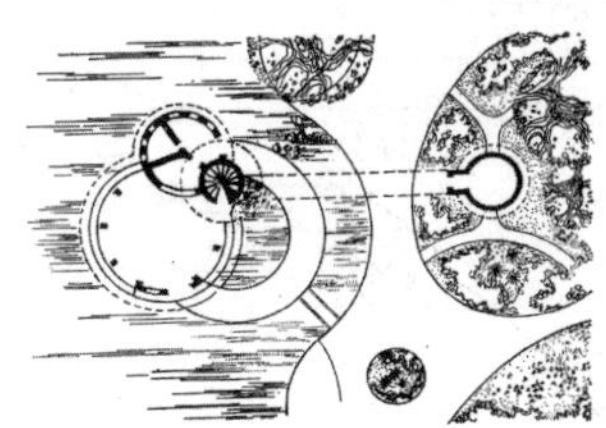

图 7-49 桂林杉湖水榭平面图与效果图

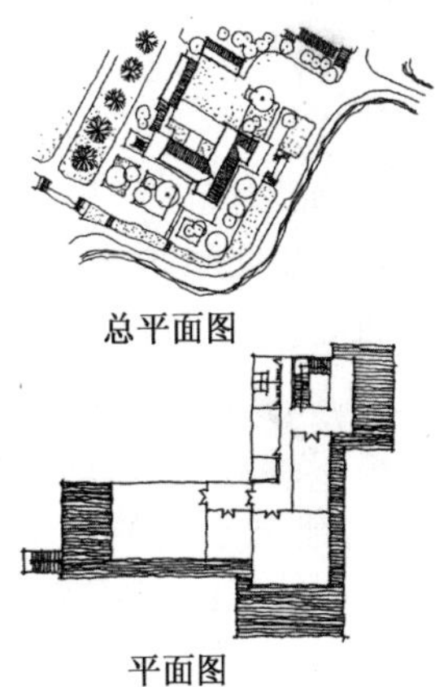

图 7-50 南京玄武湖公园白苑餐厅

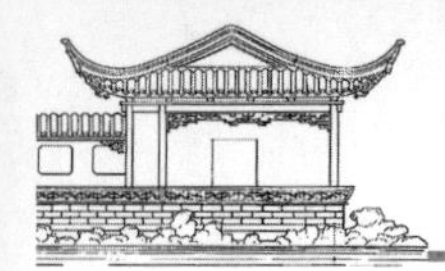
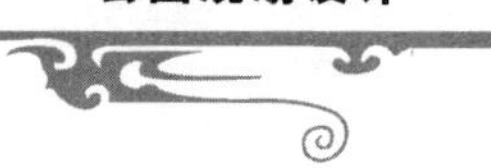

北京紫竹院公园游船码头(图 7-51)。水陆高差较大,面水立面为两层,面陆立面为两层,上层休息停留,下层为管理、储藏、靠船平台,功能布局合理,竖向设计有特色,造型也有园林特色。

北京玉渊潭公园游船码头(图 7-52),竖向设计有特色,休息等候和登船平台分层,立面造型新颖丰富,平面布局简单,屋顶风格统一。

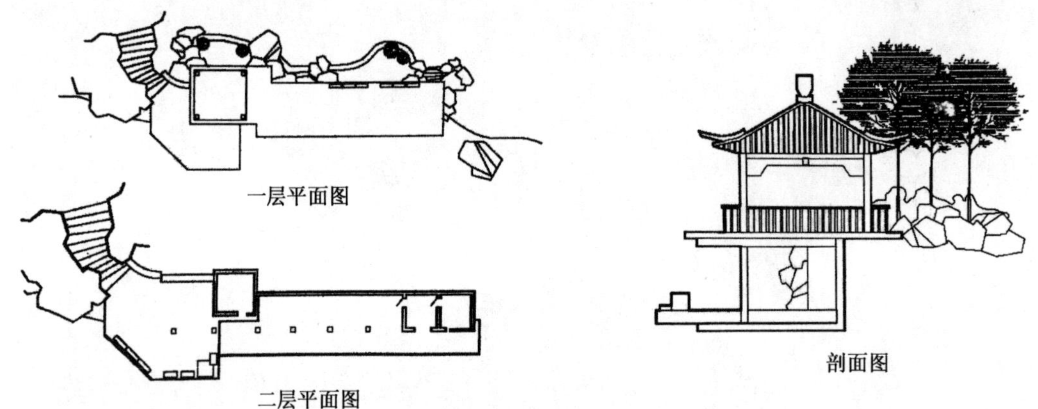

图 7-51　北京紫竹院公园游船码头

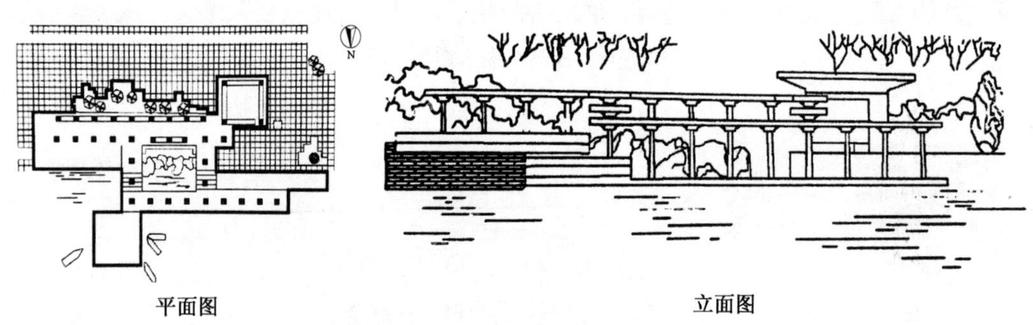

图 7-52　北京玉渊潭公园游船码头

在山东莱芜红石公园内的红石谷中,有三组小建筑,分别是"荷"榭、"栌"轩和"柳"廊,在设计过程当中,运用现代建筑构图手法获得既有现代气息又包含一定的传统要素,形成活泼而又富于变化的休憩建筑。为了表达景区宁静的气氛,颜色选用了白色。白色建筑在公园浓绿的环境中很突出,由于园林休憩建筑本身的体量不会太大,而白色本身很高洁,可以借这种色彩对比而形成注目之点。小建筑主要用混凝土和木材两种材料,以混凝土作为建筑主体的框架和墙面,木材用作装饰点缀(图 7-53)。

"柳"廊是一组分散的建筑,结合地形与现状树木,随形就势沿折线形路线布置了一组(串)四个小单元建筑。单元一是一个三开间的花架廊,造型十分简单。与复杂的形体相比,简单的形体与朴素的色彩更容易使人产生幽静的感受。单元二位于近岸的坡上,一个简单的两开间平顶小建筑,但在顶部做了处理,两侧墙面各开方洞窗,做得很简单。单元三是一个较高的单坡顶方亭,有重檐的感受。因为离岸已有一段距离,提高该单元的高度有利于整座建筑立面的变化与建筑空间的丰富。单元四是一个屋顶倾斜的廊,尽头接了一个平顶的休息亭(图 7-54 至图 7-57)。

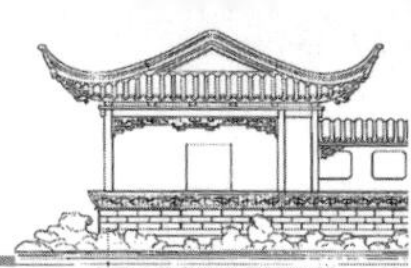

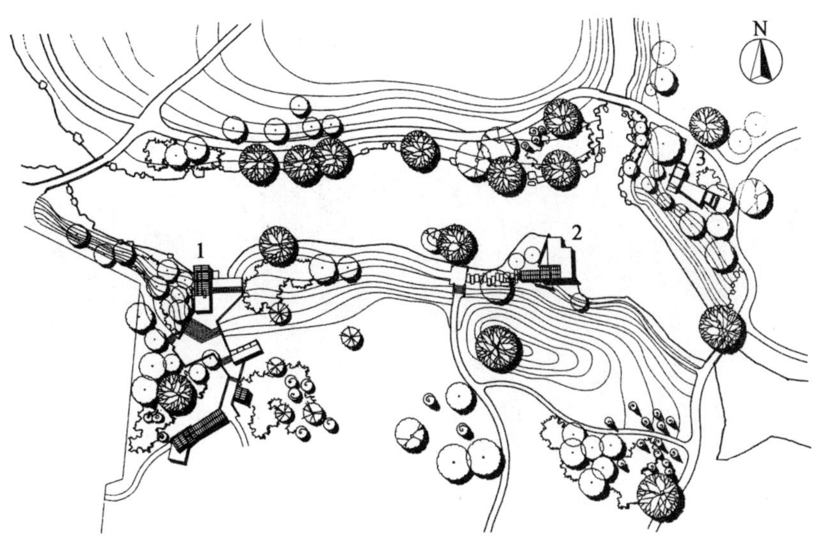

图 7-53　红石谷三小建筑环境总平面图

1.柳(廊)　2.荷(榭)　3.栌(轩)

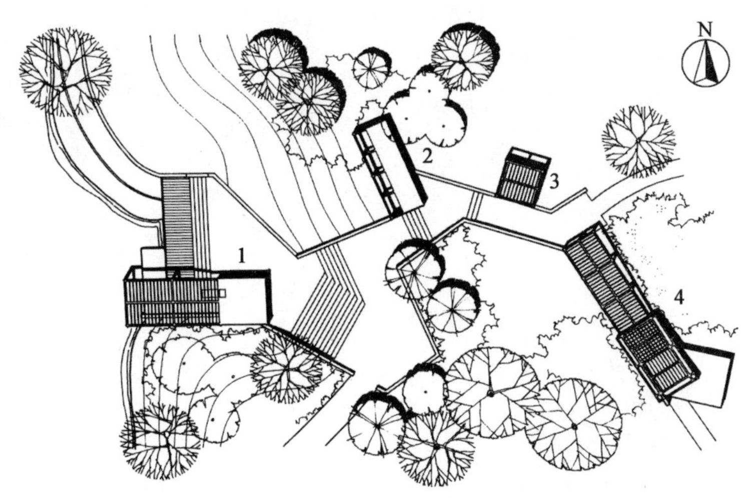

图 7-54　“柳”廊整组建筑平面图

1.单元一　2.单元二　3.单元三　4.单元四

图 7-55　“柳”廊展开南立面图

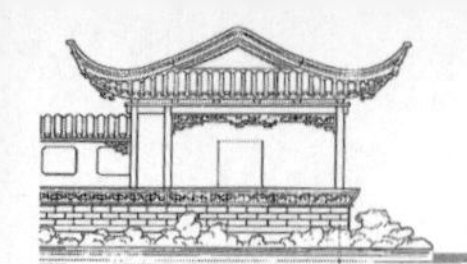

图 7-56 “柳”廊整组建筑北面景观

贴水而建的“荷”榭是三组小建筑中单体体量最大的一个(面积约 86 m^2),也是红石谷溪涧中位置最引人注目的一个。之所以称之为“荷”,一是因为红石公园的荷花远近闻名,盛夏池中的荷花每每吸引众多游人驻足品赏;二是因为建筑三面临水,为满溪的荷花所环绕,是一个观荷的好地方(图 7-57 至图 7-59)。

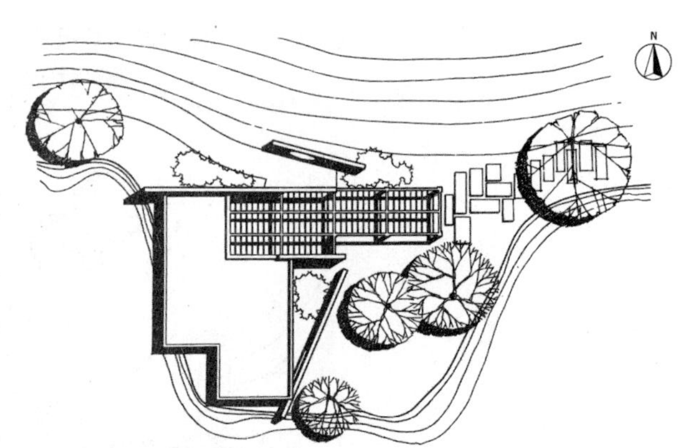

图 7-57 “荷”榭屋顶平面图

图 7-58 “荷”榭北立面图

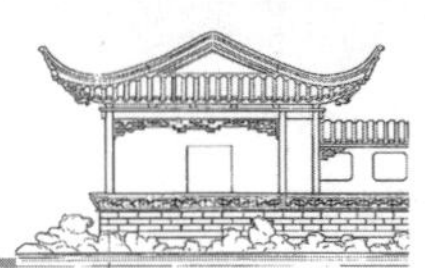

图 7-59　“荷”榭全貌

“栌”轩位于西北面临水坡地上，由于所选地段本身地势较高，便于观景，建筑在此采用了“轩”的形式。场地周围都是大树，尤其吸引人的是，在东面迎水坡上有几丛黄栌，秋天深红色的树叶在水中的倒影十分迷人，于是称这个小建筑为“栌”轩(图7-60 至图 7-63)。

图 7-61　“栌”轩东立面图

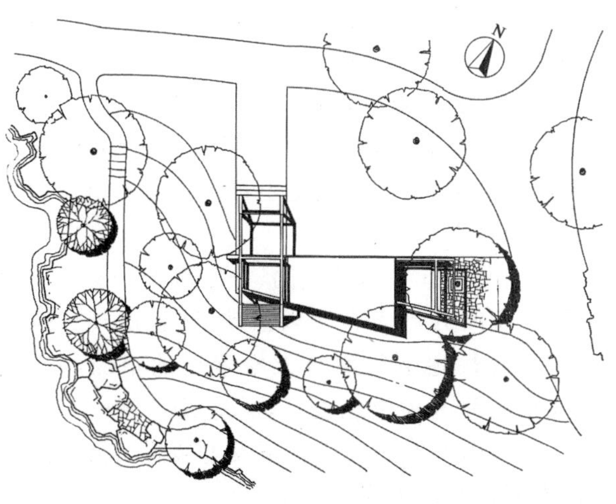

图 7-60　“栌”轩屋顶平面图

图 7-62　“栌”轩东面景观

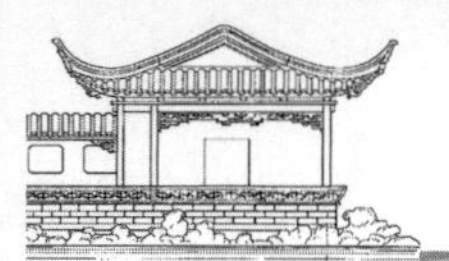

图 7-63 草坡上"栌"轩一角

(十)游览服务设施规划设计

游览服务设施规划设计应符合下列规定：

(1)与地形、地貌、山石、水体、植物等其他造园要素统一协调。

(2)建筑层数以一层为宜，起主题和点景作用的建筑高度和层数服从景观需要。

(3)游人通行量较多的建筑室外台阶宽度不宜小于 1.5 m；踏步宽度不宜小于 30 cm，踏步高度不宜大于 15 cm 且不宜小于 10 cm；台阶踏步数不少于 2 级；侧方高差大于 1.0 m 的台阶，设护栏设施。

(4)建筑内部和外缘，凡游人正常活动范围边缘临空高差大于 1.0 m 处，均设护栏设施，其高度应大于 1.05 m；高差较大处可适当提高，但不宜大于 1.2 m；护栏设施必须坚固耐久且采用不易攀登的构造，其竖向力和水平荷载均按 1.0 kN/m 计算。

(5)有吊顶的亭、廊、敞厅，吊顶采用防潮材料。

(6)亭、廊、花架、敞厅等供游人坐憩之处，不采用粗糙饰面材料，也不采用易刮伤肌肤和衣服的构造。

(十一)给水排水设计

1. 给水设计

市级综合公园给水官网布置和配套工程设计，应满足公园内灌溉、人工水体喷泉水景、生活、消防等用水的需要。给水系统应采用节水型器具，并配置必要的计量设备。绿化灌溉用水定额应根据气候条件、植物种类、土壤理化形状、灌溉方式和管理制度等因素综合确定。灌溉设施应根据气候特点、地形、土质、植物配置和管理条件设置，并应采取防止杂草、藻类、鱼虫、大粒径泥沙等进入灌溉系统的措施。人工水体和喷泉水景水源应循环利用，宜优先采用天然河湖、雨水、再生水等作为水源，并应采取有效的水质控制措施。直饮水水质应符合现行行业标准《饮用净水水质标准》(CJ 94)的有关规定。消防用水宜由城市给水管网、天然水源或消防水池供给。无结冰期及无市政条件地区，消防水源可选取景观水体。利用天然水源时其保证率不应低于 97%，且应设置可靠的取水设施。

2. 排水设计

在市级综合公园中，排水系统应采用雨污分流制排水。排水设施的设计应考虑景观效果，并与公园景观相结合。公园建成后，不应增加用地范围内现状雨水径流量和外排雨水总量，并应优先采用植被浅沟、下沉式绿地、雨水塘等地表生态设施，在充分渗透、滞蓄雨水的基础上，减少外排雨水量，实现方案确定的径流总量控制率。当公园用地范围有较大汇水汇入或穿越公园用地时，宜设计调蓄设施、超标径流排放通道，组织用地外围的地面雨水的调蓄和排除。公园门区、游人集中场所、重要观景点和主要道路，应做有组织排水。土壤盐碱含量较高的地区宜设排碱设施。

(十二)公园电气设施

在市级综合公园中，由于照明、电动游乐器具等能源的需要，电气设施是不可少的。变电站位置应设在隐蔽之处。

园内照明宜采用分线路、分区域控制。具有动物展区、晚间开展大型游园活动、装置电动娱乐设施、有开放性地下岩洞或架空索道的市级综合公园，应按两路电源供电设计，并应设备用电源自投装置，有特殊需要的应设自备发电装置。公共场所的配电箱宜设在非游览地段。

市级综合公园照明应以功能照明为主，景观及装饰照明应考虑对植物及周边环境的影响。灯具应选用高效率节能型产品，有条件的地区宜采用太阳能灯具。灯具的造型及安装位置应与景观相结

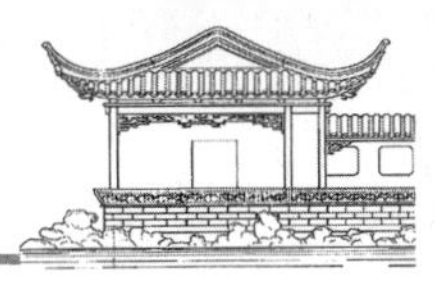

合。公园照明宜采用分回路、分区域、分使用功能集中控制。

市级综合公园内不宜设置架空线路，必须设置时，应避开主要景点和游人密集活动区，不得影响原有树木的生长，对计划新栽的树种，应提出解决树木和架空线路矛盾的措施。架空线必须采用绝缘线。

城市高压输配电架空线以外的其他架空线和市政管线一般不会通过市级综合公园，特殊情况时过境，选线要符合公园总体设计要求，通过乔灌木种植区的地下管线与树木的水平距离应符合《公园设计规范》(GB 51192—2016)的规定，管线从乔、灌木设计位置下通过，其埋深大于 1.5 m，从现状大树下部通过，地面不得开槽且埋深大于 3 m。根据上部荷载，对管线采取必要的保护措施，通过乔木林的架空线，提出保证树木正常生长的措施。

(十三)生态设计

市级综合性公园的规划设计应尽可能遵循海绵公园的设计理念与原则，将自然途径与人工措施相结合，通过优先考虑"以蓄代排"、充分开发利用新型海绵材料等途径，最大限度地实现雨水在公园中的积存、渗透和净化，促进雨水资源的利用和生态环境的保护，使综合性公园具有像海绵一样吸纳、净化和利用雨水的功能。

(十四)游人容量分析

公园设计必须确定公园的游人容量，作为计算各种设施的容量、个数、用地面积以及进行公园管理的依据。北京某公园，过去曾由于超负荷的游人量，造成游人挤毁石栏杆、游人践踏游人的恶性事件。所以，公园的游人容量问题在总体规划中，应予以认真考虑。

公园游人容量应按下式计算：

$$C=(A_1/A_{m1})+C_1 \tag{7.1}$$

式中：C 为公园游人总量(人)；A_1 为公园总面积(m^2)；A_{m1} 为人均占有公园陆地面积(m^2/人)；C_1 为公园开展水上活动的水域游人容量(人)。

人均占有公园陆地面积指标应符合表 7-5 规定的数值。

表 7-5　公园游人人均占有公园陆地面积指标　m^2/人

公园类型	人均占有陆地面积
综合公园	30～60
专类公园	20～30
社区公园	20～30
游园	30～60

注：人均占有公园陆地面积指标的上下限取值应根据公园区位、周边地区人口密度等实际情况确定。

公园有开展游憩活动的水域时，水域游人容量宜按 150～250 m^2/人进行计算。

例如，北京朝阳公园总面积为 288.7 hm^2，水面面积 68.2 hm^2，按照计算公式(A_{m1} 取 50 m^2/人，水域游人容量取 200 m^2/人)，可以得到朝阳公园游人容量为 61 150 人。

二、区域性综合公园规划设计

区域性综合公园是为市区内一定区域的居民服务，具有较丰富的活动内容和较大规模，设施完善，适合公众开展各类户外活动的公园绿地和户外公共活动空间。区域性综合性公园与全市性综合公园相比，虽然在场地规模和服务半径上都要小不少，但其规划建设的目的依然是改善和提高区域生态环境质量，满足人们的多种现代社会生活需要，特别是户外社会交往、文化娱乐、休闲健身以及科普教育等，规划设计内容涵盖建筑、道路、山水、地形以及绿色植被等多种软、硬质景观，具有一定的社会文化内涵、生态及审美价值，具有多种开放或封闭、融入城市或隔离于城市的公共场所。如北京市海淀区的海淀公园、上海市徐汇区的徐家汇公园和康健园、广州市荔湾区的荔湾湖公园、南京市玄武区的月牙湖公园等都是区域性综合公园。在规划设计总的要求方面，区域性综合公园与全市性综合公园基本相同，只是相对而言在用地规模、服务对象、功能设置、服务设施、植物造景等方面具有一定的特点。

1. 用地规模与服务半径

区域性综合公园的用地规模虽不及全市性综

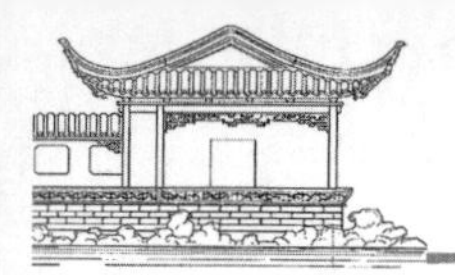

合公园面积大，但其作为一定区域内城乡居民主要的户外绿色公共活动场所，仍然需要丰富的活动内容和相对完善的服务设施，也需要较大的用地规模才能满足各种活动内容和设施的安排，所以区域性综合公园一般用地面积不少于 5 hm^2。区域性综合公园的服务半径介于全市性综合公园与居住区公园之间，为 1.0～1.5 km，步行 10～15 min，乘坐公共交通工具 5～10 min 可达。

2. 公园功能分区与内容设置

区域性综合公园的主要功能与市级综合公园相似，但占地规模相对较小，主要是为该区域内的居民提供游览、社交、休闲、娱乐和健身的活动场所，并设置游览休憩、儿童游戏、运动健身多种功能设施。根据总体功能要求，一般可分为游览休憩区、文化娱乐区、运动健身区、儿童活动区和管理服务区(图 7-64)。鉴于我国已进入老龄化社会，且日常老年人使用公园较多的实际情况，也可设置以服务老年人为主的功能区——老人活动区。

(1) 游览休憩区　游览休憩区是公园中面积最大、景观最为丰富的功能区，主要供居民游览、观赏各种自然和人文景观，并提供各种游览休憩设施和赏景空间。往往选择地形、植被条件比较优越的地段，如起伏的山地、谷地或溪旁、河畔、湖泊、河流、深潭、瀑布等环境较为理想，通常布置观赏树木、花卉的专类园，略施小筑，配以假山、置石，点缀摩崖石刻、匾额、对联，营造出情趣浓郁、典雅清幽的环境氛围。该功能区面积大，游人密度较小，环境优美，适合安静休息和欣赏风景，所以有时也称之为安静休息区(图 7-65)。

(2) 文化娱乐区　文化娱乐区主要为成年居民提供不同类型的文化娱乐场地和建筑设施，是游人相对集中的空间，在公园中是属于相对喧闹的区域，面积规模取决于场地和设施的多少，一般设计内容包括文化广场、书报廊、俱乐部、展览室、电影院等，以及必要的休息设施和环境绿化景观等。

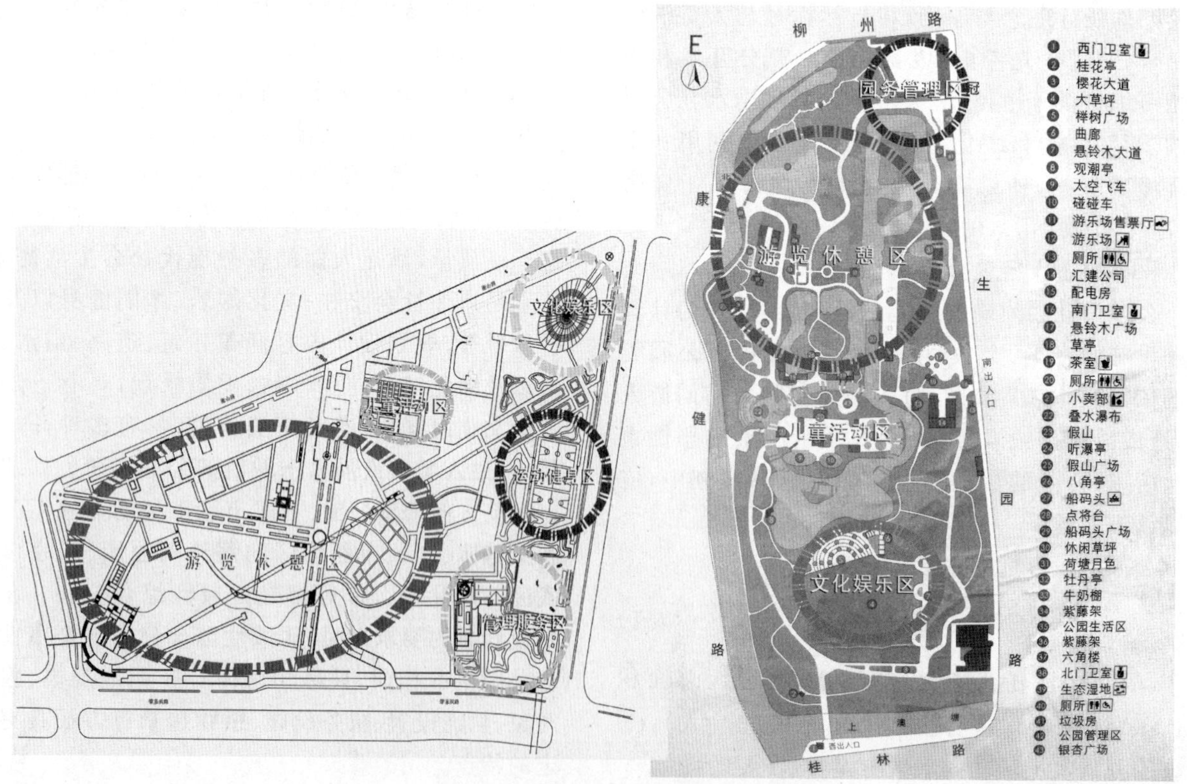

图 7-64　上海徐家汇公园和康健园功能分区图

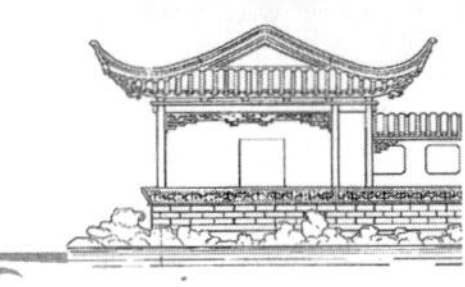

图 7-65　上海徐家汇公园游览休憩区景观

(3)运动健身区　运动健身区主要为服务范围内的居民提供适量的户外体育运动健身场地和设施,这一点与居住区公园较为相似。运动健身区设置于公园一侧,并设置专门出入口,方便居民进出。设计内容有篮球场、羽毛球场、小型足球场、露天乒乓球台、健身步道、组合器材健身广场等,以及必要的休息设施和环境绿化景观等(图 7-66)。

(4)儿童活动区　儿童活动区主要供学龄前儿童和学龄儿童开展各种户外游戏、娱乐活动。一般设置于出入口附近,方便儿童入园后尽快到达。其设置内容主要包括儿童游乐场、戏水池、阅览室、障碍游戏、迷宫等(图 7-67)。

(5)管理服务区　区域性综合公园的管理服务区主要满足公园日常卫生、安全、绿化等维护与管养需要,同时兼顾游客接待咨询以及休闲餐饮或购物等其他必要的服务。一般设置在出入口附近,并设有园区管理专门通道,既方便进出,又避免园务管理与游客游园互相干扰。一般设置内容有办公室、门卫室、接待室(或游客中心)、小卖部、休闲餐厅等,以及用于园务管理的后场设施,如仓库、堆场、小型花圃或花房等。

(6)老人活动区　区域性综合公园老人活动区主要为服务范围内的老年居民提供各种户外活动场地和设施,这一点与居住区公园也较为相似,其设置应根据老人的心理特征及娱乐要求,进行相应的环境及娱乐设施的设计。选址宜在背风向阳处,自然环境较好,地形较为平坦,交通较为方便。具体根据活动内容不同可设置活动区(或健身区)、聊天区、棋艺区、园艺区等。

图 7-66　上海徐家汇公园篮球场和康健园羽毛球场

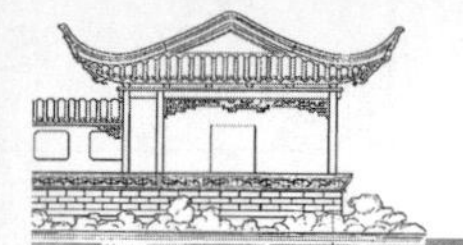

图 7-67 上海康健园儿童游乐场

3.其他设计要点

1)出入口与道路交通设计

区域性综合公园是为一定区域内的居民服务，性质与居住区公园相似，但服务范围大，周围一个或多个居住群。因此，根据周围街区道路交通情况设置多个出入口，方便周边市民进出公园，一般设置1～2个主要出入口，多个次出入口，必要时还需设置专用出入口，并在主入口设置公园大门或标志性建筑物(图 7-68)。道路系统一般分为三级，即主路、支路、小路，公园较大时可增设次路，形成四级园路系统。考虑公园内必要的车辆通行，一般主路宽度 4.0～5.0 m，次路宽度 3.0～4.0 m，支路宽度 2.0～3.0 m，小路宽度 1.2～2.0 m。园路主要供游客步行游览、跑步锻炼或散步休息，控制车辆进出。

图 7-68 上海徐家汇公园出入口标志物(原工厂烟囱)

区域性综合公园的停车场一般设置于主要出入口附近和管理服务区内，满足游客自驾、旅游巴士以及园内运输车辆临时停车需要，同时也不影响园内的秩序，车位配备数量应满足公园设计规范要求。此外，考虑部分居民使用电动车和自行车，为避免到处散置，需设置专门的自行车停车位，可靠近机动车停车场，便于集中管理。若车辆过多，在条件许可的情况下可以规划开发利用公园地下空间，建设地下公共停车场(图 7-69)。

2)竖向与水系设计

区域性综合公园的竖向与水系设计遵循因地制宜、造景为主、造形为辅的原则。在开展娱乐活动、运动健身的地方宜进行较为平缓的地形或局部环境微地形设计，结合不同高低植物群落景观布置，达到丰富景观竖向变化的作用；游览休憩区结合挖低堆高(挖湖堆山)地形改造，创造山林和湖池景观。山体供游人登高眺望，或阻挡视线、分隔空

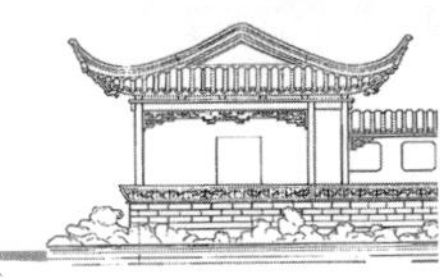

图 7-69　上海徐家汇公园地下停车场人行出口

间、组织交通等，湖池水体可供水上娱乐和游览、分隔空间、创造景观倒影等。水系设计除因地制宜选好位置，还要明确水的来源和去脉，多采用小型湖泊、池塘、河道、跌水、瀑布或喷泉水池等，也可结合地形变化、山石设置、雨水利用和水生植物造景设计成滨水石滩、雨水花园、湿地小溪等水环境生态景观(图 7-70、图 7-71)。

3)植物种植设计

区域性综合公园的植物造景设计结合各功能区特点，根据当地自然条件、市民爱好，满足游览观赏和营造舒适休憩环境为主，做到充分绿化、遮阴、防风，同时满足活动、日光浴等需要。多选用乡土树种，乔、灌、草合理搭配。陆地植物景观类型多采用树丛、树群、树林、疏林草地、空旷草坪、花坛、花镜、花卉地被等，自然水体边缘种植水生植物进行护岸和造景。公园边界附近采用乔灌结合的密集树丛、树群、林带景观具有较好的空间隔离效果和防护作用。疏林草地通常选择 1～2 种落叶乔木树种，草坪草需具备稍耐阴和耐踩踏的特点。若公园面积较大时，可适当布置小型专类园(如海棠园、月季园、茶花园等)。各种休憩场地和休息设施(如坐椅、坐凳等)旁应考虑落叶乔木作庭荫树，夏季遮阳，冬季落叶即可享受温暖阳光。公园主路一般种植行道树(多采用落叶乔木)，创造林荫步行交通与休息空间(图 7-72、图 7-73)。

4)建筑与小品设施设计

区域性综合公园的建筑设计的类型内容和功能要求与全市性综合公园基本相似，只是因公园占地面积和服务人群等情况，总体数量规模要比全市性综合公园稍小一些。公园内具体布置建筑设施应与功能空间、景观特点、游人数量及分布情况等因地制宜加以设置。以游憩和服务建筑设施为主，适当布置管理建筑设施。游览休憩区结合地形、水体、植物和场地设置亭、廊、花架等景观建筑小品以及栈道等游览设施；游人活动较多、停留时间较长的地方，设置小卖部、休闲茶座、咖啡厅、简餐厅等服务设施。另外，结合场地、林荫道等各种适宜休息停留的地方设置坐凳、坐椅等休息设施(图 7-74、图 7-75)。

图 7-70　上海徐家汇公园局部缓坡地形、河道与跌水瀑布景观

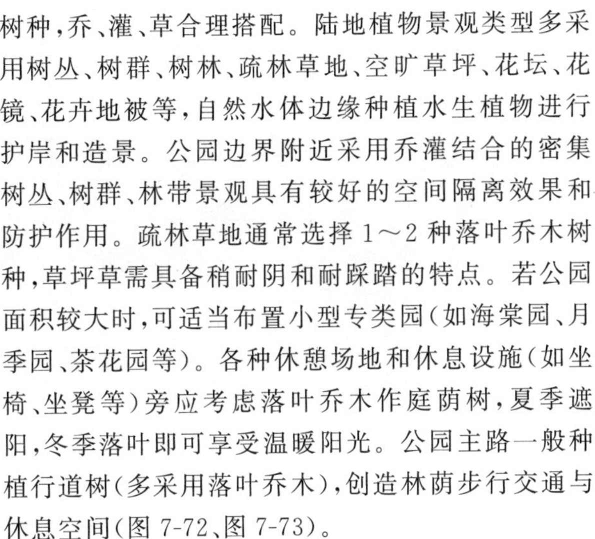

图 7-71　上海康健园波浪草坪与滨水石滩

图 7-72　上海徐家汇公园密集树群和疏林草坪景观

图 7-73　上海徐家汇公园主路行道树(悬铃木和榉树)

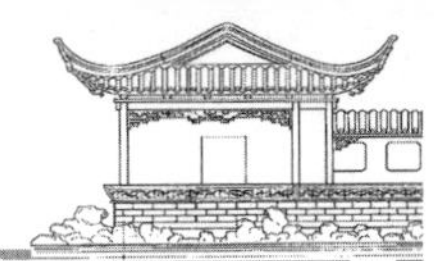

图 7-74　上海康健园听瀑亭和休闲茶室

图 7-75　上海康健园紫藤廊架和休憩广场

第二节　专类公园规划设计

一、儿童公园规划设计

(一)儿童公园的类型

根据儿童公园的性质,可以分为以下四种类型,即综合性儿童公园、特色性儿童公园、一般性儿童公园和儿童游戏场。

1. 综合性儿童公园

这种类型的儿童公园为全市少年儿童服务,一般宜设于城市中心、交通方便的地段,规划中要尽量考虑儿童的心理和生理特点,同时满足不同建筑物和活动设施的配置要求。一般规定绿化面积应占全园总面积的60%～70%。该类公园面积和规模较大,设施内容齐全,活动内容丰富,参与性高、绿地比例高,服务半径大,可为市属或区属。主要内容包括文化教育、科普宣传、游戏娱乐、体育活动、公众游览、培训以及管理服务等。

例如,广州市儿童公园(图 7-76),是广州市唯一的一所市级儿童公园,位于白云新城齐心路板块,现公园总占地面积约 26 hm^2。公园分区分片安排游乐设施,以"自然生态、科普文化、亲子交流、体验参与"为主题,设置了海洋雕塑广场、沙滩乐园、感知乐园、梦境奇园、车模乐园、儿童绿道、游戏岛、戏水乐园、消防体验馆、科普屋等 20 多个各具特色的游乐区域。

公园大门(图 7-77)的造型以卡通形象为主,色彩斑斓,生动活泼,极大地吸引了儿童的注意力。4 m 长的大笨象滑梯(图 7-78)是石米滑梯,承载着老广州几代人的记忆,是原来中山五路儿童公园里大笨象滑梯的复原。儿童绿道(图 7-79)蜿蜒于公园西侧,在这里可以投身自然的怀抱,骑上单车,自由地穿梭于茏葱花木和花架廊里。在儿童绿道的尽头是戏水乐园,一座彩色的城堡矗立在一汪清水上,在酷热的夏季里,给人以心飞扬、透心凉的感觉。

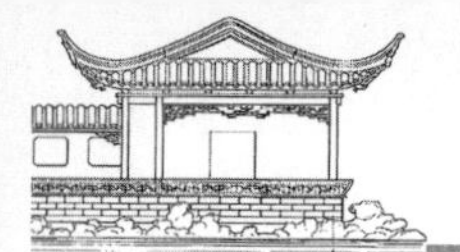

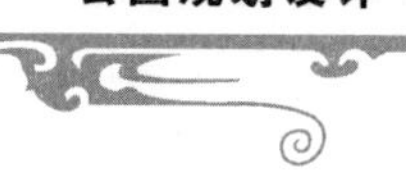

图 7-76　广州市儿童公园鸟瞰图

图 7-77　公园大门

图 7-78　大笨象滑梯

图 7-79　儿童绿道

2. 特色性儿童公园

通过强化或突出某一活动内容、景观元素，并形成较完整的系统，形成某一主题和特色，使之成为专题园类。如儿童交通公园、儿童科学公园、儿童文化园、儿童体验园等。例如，哈尔滨儿童公园内儿童小火车的活动独具特色，深受少年儿童的喜爱。该园内的小火车全部由青少年管理、操作。他们参与了小火车的活动全过程，从而有助于少年儿童了解城市交通的设施、交通规则以及培养儿童管理小铁路的能力。

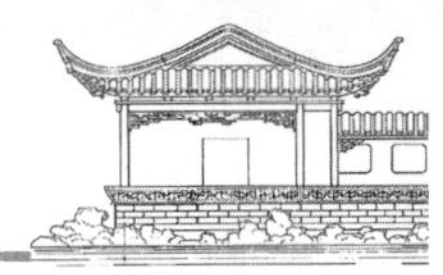

3. 一般性儿童公园

这类儿童公园为区域内少年儿童服务，一般占地少、设施简单，活动内容可以不求全面。在规划过程中，可以因地制宜，根据具体条件而有所侧重，但其主要内容仍然是体育、娱乐方面。如社区儿童公园，这类儿童公园在其服务半径范围内，具有大小酌情、便于服务、投资随意、可繁可简、管理简单等特点。

4. 儿童游戏场

独立设置或附属于其他城市公园或景区内的儿童游戏场所，占地面积不大、设施简易、布置紧凑，也称儿童活动区、儿童乐园、儿童游乐场。

(二)儿童公园规划设计要点

1. 选址要求

(1)生态环境良好　儿童公园选址应远离城市水体、气体、噪声和垃圾等，并且不受其影响，使儿童公园具有良好的生态环境，保证儿童公园的设施和教育功能有良好的生态环境和活动空间，使新的一代得到健康的成长。

(2)交通条件便利　儿童公园的设置应使儿童和家长能够安全、便捷抵达。

(3)分布合理　各类儿童游戏场地和儿童公园，在城市中的分布应均匀合理，有利于不同区域的儿童使用，较完备的儿童公园不宜选择在已有儿童活动场的综合性公园附近，以免造成建设项目的重叠以及资金的浪费；反之，临近已有综合性儿童公园的区域，在城市公园规划中，就可以不考虑儿童活动区。

2. 功能分区

根据不同年龄段儿童的不同生理、心理特点、活动要求、活动能力和兴趣爱好，以及管理的需要，一般可将儿童公园分为以下各区。

(1)幼年儿童活动区　6 岁以下儿童游戏活动场所，规模要求 10 m^2/人以上，整体面积应在 1 000 m^2 以上。儿童在活动区玩耍需大人看护，并在临旁设大人休息区。在幼儿活动设施的附近还应配备厕所，并设置休息亭廊、坐凳，供陪护人使用。游戏设施有广场、草坪、沙地、小屋、小游具、小山、水池、花架、植物、荫棚、桌椅、游乐设施、游戏室等，如青岛世界园艺博览会儿童乐园的娱乐设施(图 7-80)。幼年儿童活动区周围一般用绿篱、彩色矮墙围护(采用非坚硬的形式)，尽量少设入口，并在可视范围内。

图 7-80　青岛世界园艺博览会儿童乐园的娱乐设施

(2)学龄儿童活动区　6～8 岁小学生活动场所，其规模以每人 30 m^2 为宜，整体面积应在 3 000 m^2 以上。游戏设施有秋千、浪木、螺旋滑梯、攀登架、飞船、水枪、电动器具等，如哈尔滨儿童公园的儿童火车(图 7-81)、电动小车等(图 7-82)。还有供集体活动的场地、迷宫、障碍与冒险活动等。科普文化设施有图书阅览室、科普展览室、少年之家、儿童书画室以及动植物园地等。学龄儿童活动区分为学龄前儿童区和学龄儿童区。学龄前儿童区面积小，活动范围小，应布置安全的、平稳的项目；学龄儿童区面积大，活动范围大，可以安排大、中、小型开发智力的游乐设施。

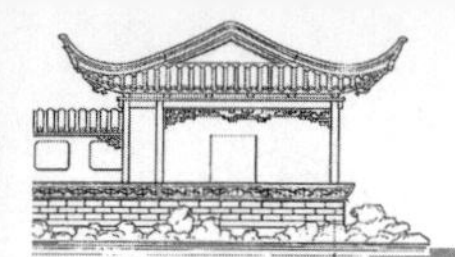

图 7-81 哈尔滨儿童公园儿童火车

图 7-82 哈尔滨儿童公园电动小车

(3)少年儿童活动区 小学四、五年级至初中低年级学生活动场所,每人 50 m^2 以上,整体面积在 8 000 m^2 以上为好,其设施布置的思想性和活动难度要大一些。游戏设置通常有一定主题,趣味性强、参与性强。

(4)体育活动区 体育活动能够促使少年儿童健康成长和发育。公园是开展少年儿童体育活动最好的环境。体育设施有运动场、各类球场(棒球场、网球场、篮球场、足球场、乒乓球、羽毛球场等)、射击场、健身房、游泳池、赛车场等。

(5)科普文化娱乐区 公园应设置各种科普文化娱乐设施,可使儿童在轻松、愉快的环境中接受科学文化教育,伴随知识而成长。常见设施有游艺厅、电影放映厅、演讲厅、科学馆、展览馆、科普宣传廊、图书馆、表演舞台、聚集广场等。

(6)自然景观区 让儿童投身自然、接触自然、探索自然界的奥秘、了解自然,在宁静的自然环境中学习和思考。在自然景观区可以布置山坡、丛林、花卉、草地、池沼、溪流、石矶等各种自然景观。

(7)管理服务区 以园务管理和为儿童及陪伴的成人提供服务为功能的区域。一般设置有办公、接待、卫生、餐饮、住宿、保安、急救、交通、后勤、设施维修、植物景观养护等。

3.规划设计要点

儿童公园的服务对象是儿童,应考虑到儿童的特点。

(1)除了上述在选址中已谈过的规划注意事项外,儿童公园的选址用地应选择通风好、日照佳、排水畅、交通安全的地区。

(2)儿童公园的道路系统应主次明确,易于辨识寻找,并有醒目的标示牌。路面平整,尽量不设台阶,以便于推行车子和儿童骑小三轮车游戏的进行。

(3)儿童公园的用地应选择或经人工设计后具有良好的自然环境,绿地一般要求占 60%以上,绿化覆盖率宜占全园的 70%以上。

(4)儿童公园地形、水体的创造十分重要,应体现美观、安全的原则。地形的设计,要求造景和游戏内容结合,使用功能和游园活动相协调。在儿童公园内自然水体和人工水景的景象也是不可缺少的组成部分。

(5)儿童公园的建筑、雕塑、设施、园林小品、园路等要形象生动、造型优美、色彩鲜明。活动场地的题材要多样,主题要多运用童话寓言、民间故事、神话传说,注重教育性、知识性、科学性、趣味性和娱乐性(图 7-83)。

(6)儿童活动区最好靠近儿童公园出入口,以便幼儿入园后,很快地进入游戏场活动。

(7)创造庇荫环境,供儿童和陪游家长休息和守候。一般儿童公园内的游戏和活动广场多建在开阔的地段上。少年儿童经过一段兴奋的游戏活动和游园消耗,需要间歇性休息,就需要设计者创造遮荫场地,尤其在气候炎热地区,以满足散步、休息的需要。林荫道、林荫广场、花架、休息亭廊、荫棚等为儿童和陪游的成人提供良好的环境和休息设施。

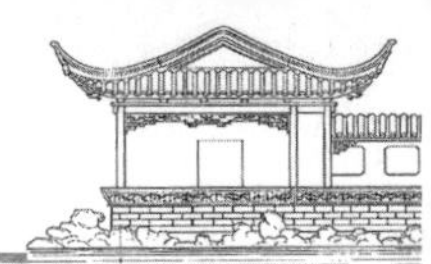

图 7-83　北京红领巾公园雕塑

(8)儿童公园的色彩学。少年儿童天真活泼，朝气蓬勃。愉快、振奋的艺术效果是儿童公园设计者必须追求的构思之一。儿童公园多采用黄色、橙色、红色、天蓝色、绿色等鲜艳的色彩，大多数采用暖色调，以创造热烈、激动、明朗、振作、向上的气氛。

(9)种植设计应模拟自然景观，创造身临其境的自然环境，可适当设置植物角。儿童公园一般都位于城市生活区内，环境条件多不理想。为了创造良好的自然环境，在公园四周均应以浓密的乔、灌木和绿墙屏障加以隔离。园内各区之间有一定的分隔，以保证相互不干扰。在树种选择和配置上应注意以下问题。

儿童公园在植物的配置上要有完整的主调和基调，以营造既有变化但又完整统一的绿色环境。在树种选择方面，乔木宜选用高大荫浓的树种，分枝点不宜低于 1.8 m。灌木宜选用萌发力强、直立生长的中、高型树种。这些树种生存能力强、占地面积小，不会影响儿童的游戏活动。由于儿童公园的特殊性，忌用有毒植物，即花、叶、果有毒或散发难闻气味的植物；忌用凌霄、夹竹桃、苦楝、漆树等；忌用有刺植物，即易刺伤儿童皮肤和刺破儿童衣物的植物，如枸骨、刺槐、蔷薇等；忌用有过多飞絮的植物，此类植物易引起儿童患呼吸道疾病，如杨、柳、悬铃木等；忌用易招致病虫害及浆果植物，如乌桕、柿树等。应选用叶、花、果形状奇特、色彩鲜艳、能引起儿童兴趣的树木，如马褂木、扶桑、白玉兰、竹类等。

(10)儿童公园的规划设计应尽可能遵循海绵公园的设计理念与原则，将自然途径与人工措施相结合，通过优先考虑“以蓄代排”、充分开发利用新型海绵材料等途径，最大限度地实现雨水在公园中的积存、渗透和净化，促进雨水资源的利用和生态环境的保护，使儿童公园具有像海绵一样吸纳、净化和利用雨水的功能。

二、动物公园规划设计

(一)动物公园的功能

动物公园具有以下 6 个方面的作用。①保护：搜集和保护野生动物，就地或异地保护野生动物种质资源，保护动物多样性。②科研：不断提高动物驯化、饲养、繁殖和医疗等技术。③科普：普及动物科学知识，展示动物分布、进化、发展状况，增强公众的环保意识、生物多样性知识、保护动物的意识。④教育：为学生提供动物科学教育基地和实习场所。⑤游憩：为公众提供环境整洁、景观优美、设施完善的游览休闲场所。⑥交流：推动动物资源和技术的国际交流，增进友谊，促进动物资源保护。

(二)动物公园的类型

1. 按动物展出方式分类

(1)城市动物园　一般位于大城市近郊区，面

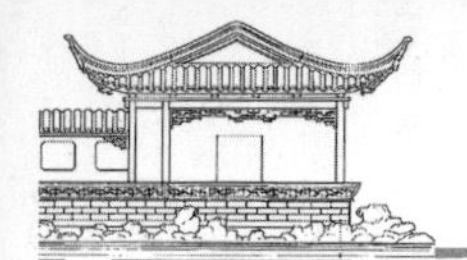

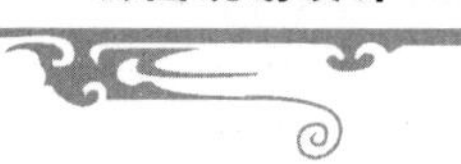

积大于 20 hm^2，动物展出比较集中，品种丰富，常收集数百种至上千种动物。展出方式以人工兽舍结合动物室外运动场地为主，美国纽约动物园、英国伦敦动物园及我国的北京动物园、上海动物园均属此类。

(2)人工自然动物园　一般多位于大城市远郊区，面积较大，大于 100 hm^2。动物展出的品种不多，通常为几十种。以群养、敞放为主，富于自然情趣和真实感。目前，此类动物园的建设是世界上动物园建设的发展趋势之一，全世界已有 40 多个，如日本九州自然动物园，我国的深圳野生动物园、台北野生动物园均属此类。

(3)自然动物园　一般多位于自然环境优美、野生动物资源丰富的森林、风景区及自然保护区。面积大，动物以自然状态生存，游人通过确定的路线、方式，在自然状态下观赏野生动物，富于野趣。在非洲、美洲许多国家公园中，均以野生动物为主要景观。

2.按饲养动物的种类分类

(1)综合性动物园　园内动物种类多，一般包括不同科属、不同生活习性、不同地域分布的许多动物，需要人为地创造不同环境去适应不同种类的要求。目前，大多数的动物园属于此类。

(2)专类动物园　专门收集某一类的动物，或某些习性相同的动物，供人们观赏，多位于城市近郊，面积较小，一般为 5～20 hm^2。动物展出的品种较少，通常为富有特色的种类，如泰国的鳄鱼公园、蝴蝶公园等均属此类。这类动物园特色鲜明，往往在旅游纪念品、旅游视频的开发上与特色动物有关。

(三)动物公园规划设计要点

1.选址要求

新建动物园用地要符合城市绿地系统规划的确切位置，在城市下风、下游方向城郊部位，与城市居民区有较大距离，与市区交通方便，并有绿化隔离区。在市区内建动物园对周边有不利影响，本身发展也受限制。动物园附近没有废水、废气及粉尘污染，没有垃圾场、屠宰场、畜牧场、动物加工场。动物园附近要有丰富多变的地形地貌，最好选取山水相依、林木繁茂、阳光充足、通风良好的地区。动物园基地要有充足的水源、气源、电气供应，又要有良好的排水、防涝抗灾功能，以及良好的公共交通、停车场等公共设施。动物园基地要留有足够的医疗、检疫、饲料、繁殖场地及持续发展备用地。

2.功能分区

动物公园一般分为科学研究与宣传教育区、动物展览区、服务休息区和经营管理区四大功能区。

(1)科学研究与宣传教育区　科学研究与宣传教育区是科普、科研中心，由动物研究室、动物科普馆组成，设在动物出入口附近，方便交通。

(2)动物展览区　动物展览区由各种动物的笼舍组成，占用园区面积最大。动物展览区以动物的进化为顺序，由低等动物到高等动物，即无脊椎动物、鱼类、两栖类到爬行类、鸟类、哺乳类。还应和动物的生态习性、地理分布、游人爱好、地方珍贵动物、建筑艺术等相结合，统一规划，科学布局。

杭州动物园的动物展览区充分利用地形多变的特点，依山就势地安排，创造了具有山、石林、泉特色的结合动物生活习性的自然生态环境景观，布局构筑巧妙。猴山，花果山水帘洞般；虎山，悬崖峭壁，犹如深山虎穴；熊猫馆，别墅式小花园；爬虫馆，山林峡谷，高低错落；鸣禽馆，三面亭廊一池水，山石、花木、点缀其间。游人既观动物戏耍，又赏各种建筑之美，别具一格(图 7-84)。

(3)服务休息区　包括为游人设置的休息亭廊、接待室、饭馆、小卖部等服务网点及休息活动空间。可采取集中布置服务中心与分散服务点相结合的方式，均匀地分布于全园，便于游人使用，常常随动物展览区协同布置。

(4)经营管理区　包括行政办公室、饲料站、兽疗所、检疫站等，应设在隐蔽处，有绿化隔离，与动物展览区、科普区等有方便的联系，应设专用入口，以方便运输和对外联系。

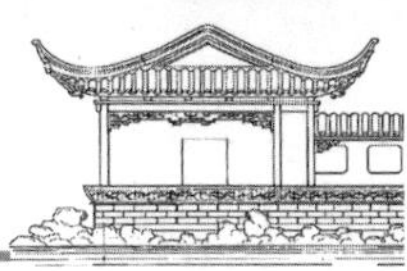

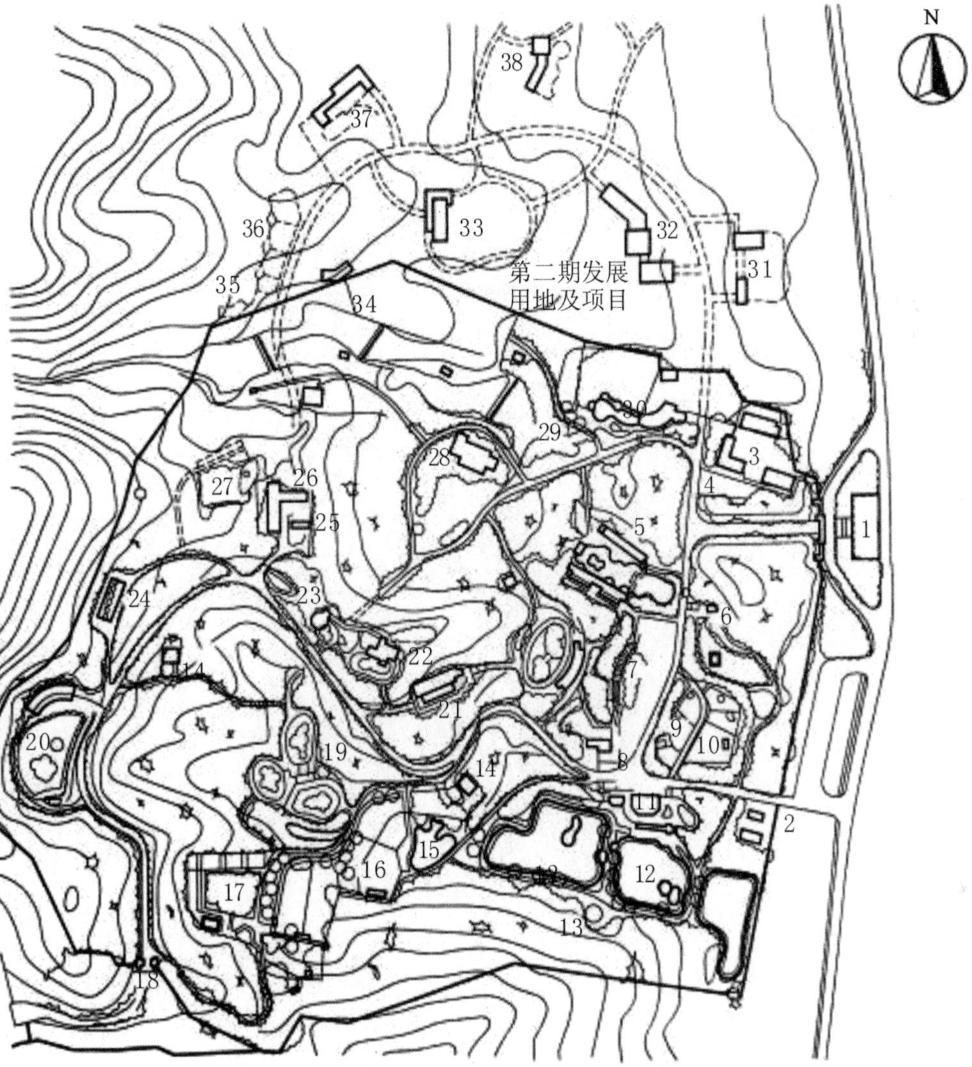

图 7-84　杭州动物园平面图

1.大门　2.边门　3.管理处　4.餐厅　5.鸣兽馆　6.摄影　7.宣传栏　8.小卖部　9.走禽　10.涉禽　11.爬虫馆　12.游禽湖　13.猛禽笼　14.厕所　15.海豹　16.草兽园　17.小兽园　18.后门　19.熊山　20.虎山　21.珍猴馆　22.大熊猫　23.熊猫　24.猛兽馆　25.冷库　26.饲料房　27.狮山　28.大象馆　29.孔雀笼　30.金鱼园　31.幼兽园　32.科普馆　33.长颈鹿馆　34.骆驼　35.羚羊　36.鹿苑　37.河马馆　38.猩猩馆

广州动物园位于广州市东北面，东邻十九路军陵园，南接环市南路，西边云鹤路，北衔先烈中路(图 7-85)。该园于 1958 年建成开放，占地面积 42 hm^2，目前饲养和展览着国内外 400 多种近 5 000 只动物。园区划分为四大类区：动物展示区、休闲广场区、园务管理区、游客服务区。休闲广场区以棕榈科植物为主，运用各种配置手法及不同的树种，体现不同的季相和花期，形成一个植物色彩丰富、层次鲜明的景区，中心区设有一个旱喷水景的平台，让游客尽享亲水之乐。园内还附设园务管理区、游客服务中心、科普教育基地、餐饮、游乐场等，营造一个合理、生态和经济的动物展示空间。

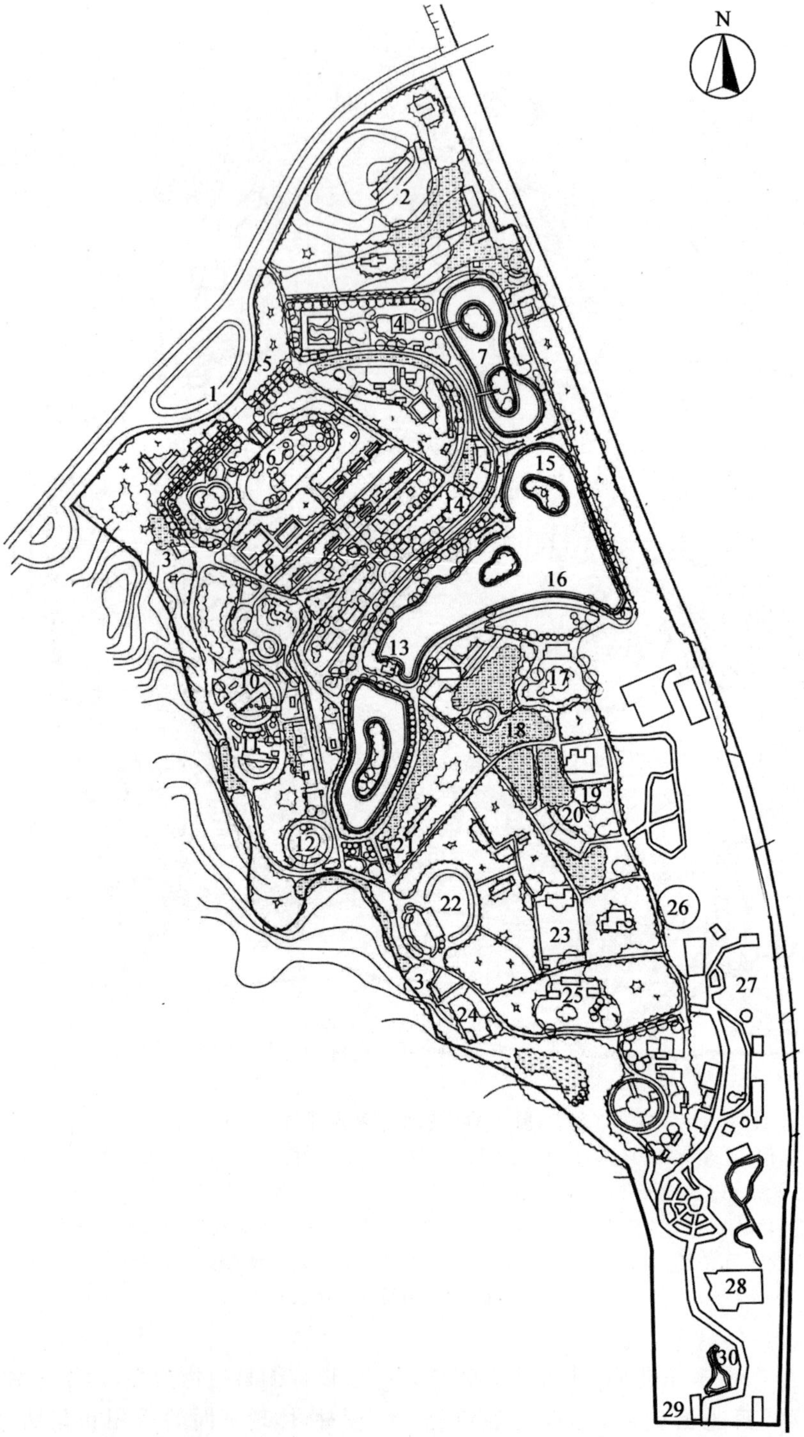

图 7-85　广州动物园平面图

1.正门　2.管理处　3.厕所　4.海豹池　5.金鱼　6.猩猩　7.淡水鱼池　8.猿　9.熊　10.虎　11.狮　12.河马　13.亭　14.摄影　15.涉禽　16.水禽湖　17.猴山　18.小熊猫　19.大熊猫　20.袋鼠　21.小卖部　22.象　23.长颈鹿　24.骆驼　25.斑马　26.动物行为展示馆　27.游乐场　28.中国好石头艺术馆　29.南门售票处　30.火烈鸟

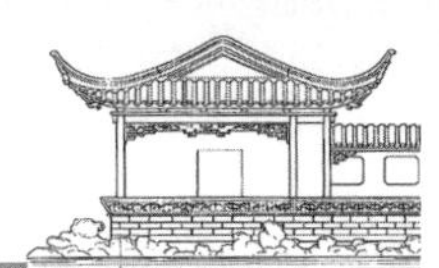

3.陈列布局方式

(1)按动物进化布局　这种陈列方式的优点是具有科学性,通过按昆虫类、鱼类、两栖爬行类、鸟类、兽类(哺乳类)的进化顺序布局,使游人具有清晰的动物进化概念,便于识别动物。缺点是在同一类动物里,生活习性往往差异很大,给饲养管理方面造成不便。

(2)按动物原产地布局　按照动物原产地的不同,结合原产地的自然风景、人文建筑风格来布置陈列动物。其优点是便于了解动物的原产地、动物的生活习性,体会动物原产地的景观特征、建筑风格及风俗文化,具有较鲜明的风格特色。其缺点是难以使游人宏观感受动物进化系统的概念,饲养管理上不便。

(3)按动物的食性和种类布局　这种陈列方式的优点是在动物饲养管理上非常经济方便。北京动物园在新制定的总体规划中就采用了这种布局形式。共分为7个动物展区,即小哺乳兽区、食肉动物区、鸟禽区、食草动物区、灵长动物区、两栖爬行区、繁殖区。

广州动物园动物展示区,最初从低等动物到高等动物的进化顺序安排展舍。动物展示形式从最初笼养封闭式,到现在尝试人、动物和自然环境相融洽的开放式生态体系,构建自然园林景观与生态化动物栖居地。如猩猩馆改造前和改造后的对比,改建后模拟原栖息地的自然环境,让自然和人工巧妙结合(图7-86)。通过部分笼舍的合并,扩大动物的活动空间,提高动物福利,使动物群体壮大和健康,并取得良好的展示效果。同时,合理选择和展示不同地域的动物,如非洲环尾狐猴(图7-87)、南美浣熊、亚洲象等具有地域代表性和观赏性的群居品种,并根据气候条件和地形环境适当还原野外生境,使动物保持原有的自然活动。

4.设施内容

(1)文化教育性设施　包括露天及室内演讲教室、电影报告厅、展览厅、图书馆、展览宣传廊、动物学校等。

(2)服务性设施　包括出入口、园路广场、停车场、存物处、餐厅、小吃店、冷饮亭、售货亭、纪念品及玩具商店等。

图7-86　广州动物园改造前和改造后猩猩馆

图7-87　广州动物园非洲环尾狐猴

(3)休息性设施　包括休息性建筑亭廊、花架、园椅、喷泉、雕塑、游船、码头等。

(4)管理性设施　包括行政办公室、兽医院、动物科研工作室及其他日常工作所需的建筑。

(5)陈列性建筑　包括陈列动物的笼舍、建筑及控制园界及范围的设施。

杭州动物园的笼舍布局充分利用原地形条件,减少了土方量,并从饲养方便的角度,采用大集中小分散的原则。第一按动物生态习性安排,喜山靠山,喜水靠水;第二按动物的珍贵程度安排,把有地区代表性的动物安排在重点位置;第三把游人喜闻

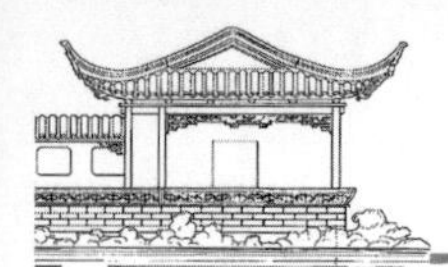

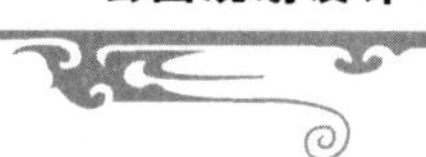

乐见的动物安排在重点位置；第四从动物饲养管理方便考虑，将同类饲料的动物就近安排。笼舍的设计力求结合环境，通过叠石、理水和绿化，使笼舍建筑与山、石、林、泉合为一体。如小兽园的山洞式兽舍，紧贴山坡，叠石饰面，形似洞穴；虎山的自然式展舍，利用山腰的地形起伏，设置水池和叠石，使动物的活动环境与山体浑然一体(图 7-88)。此外，在建筑式的展舍设计上，还与西湖风景区的建筑格调相协调，如金鱼馆、鸣禽馆、大熊猫馆等的建筑形式都富有地方的、民族的格调(图 7-89)。

图 7-88　杭州动物园虎山

图 7-89　杭州动物园金鱼馆

5. 出入口及园路

动物园的出入口应设在城市人流的主要来向，应有一定面积的广场便于人流的集散，如上海动物园和北京动物园都有较为开阔的外广场(图 7-90、图 7-91)。出入口附近应设有停车场及其他附属设施。除主出入口外，还应考虑专用出入口及次要出入口。

图 7-90　上海动物园主入口

图 7-91　北京动物园主入口

动物园的道路分为导游路、参观路、散步小路和园务专用小路。主路是最明显、最主要的导游线，要有明显的导向性，方便地引导游人到各个动物展览区参观。应通过道路的合理布局组织参观路线，以调整人流使之形成适宜的分布及流量。应避免游人过度拥挤在最有趣的展出项目处。

动物园道路的布置方式，除在主入口及主要建

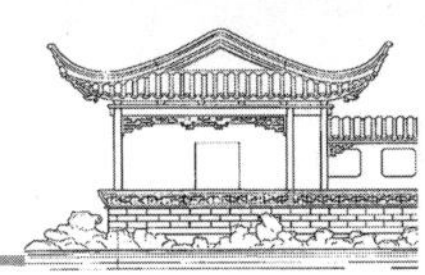

筑可采用规则式外，一般应以自然式为宜。自然式的道路布局应考虑动物园的特殊性，应结合地形的起伏适当弯曲，便于游人到达不同的动物游览区。导游路和参观路既要有所区分，又要有便捷的联系，确保主路的人流通畅。在道路交叉口处，应结合具体情况设置休息广场。

6. 绿化种植

动物园的规划布局中，绿化种植起着主导作用，不仅创造了动物生存的环境，还为各种动物创造接近自然的景观，为建筑及动物展出创造优美的背景烘托，同时，为游人游览创造了良好的游憩环境，统一园内的景观，如广州动物园植物景观的营造(图7-92)和上海动物园中植物景观的营造(图7-93)。

图 7-92　广州动物园绿化景观

图 7-93　上海动物园绿化景观

动物园的绿化种植应符合动物陈列的要求，配合动物的特点和分区，通过绿化种植形成各个展区的特色。应尽可能地结合动物的生存习性和原产地的地理景观，通过种植创造动物生活的环境气氛。与一般文化休息公园相同，动物园的园路绿化也要求达到一定的遮阳效果，可布置成林荫路的形式。陈列区应有布置完善的休息林地、草坪做间隔，便于游人参观陈列动物后休息。建筑广场道路附近应作为重点美化的地方，充分发挥花坛、花境、花架及观赏性强的乔灌木的风景装饰作用。一般在动物园的周围应设有防护林带。卫生防护林起防风、防尘、消毒、杀菌作用，以半透风结构为好。北方地区可采用常绿落叶混交林，南方可采用常绿林为主。在当地主导方向处，宽度可加大，并可利用园内与主导方向垂直的道路增设次要防护林带。动物园种植材料的选择，应选择叶、花、果无毒的树种，树干、树枝无尖刺的树种，以避免动物受害。最好也不种动物喜吃的树种。

杭州动物园在原有较好的绿化基础上，重点绿化动物展览地段，植物配置体现生态环境、适合动物的生活习性。如鸣禽馆亭廊展室三面相围，中为鸳鸯池，组成水石庭园。配置茶花、樱花、杨梅、桂花等四季花木(图7-94)；熊猫馆遍栽竹林；虎山播种茅草等。林荫树选择速生，虫害少，有一定经济价值的无患子、山核桃、青铜等树种。山坡多种黄金条等小灌木和野菊、络石等花草以利山坡的水土保持，又可美化园景。

7. 海绵公园理念

动物园的规划设计应尽可能遵循海绵公园的设计理念与原则，将自然途径与人工措施相结合，通过优先考虑“以蓄代排”、充分开发利用新型海绵材料等途径，最大限度地实现雨水在公园中的积存、渗透和净化，促进雨水资源的利用和生态环境的保护，使动物园具有像海绵一样吸纳、净化和利用雨水的功能。

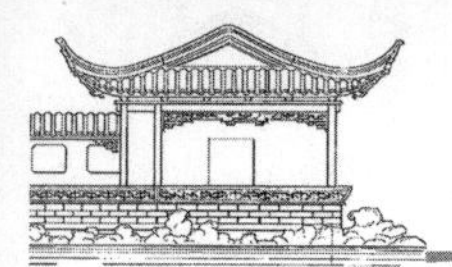

图 7-94　杭州动物园鸣禽馆

三、植物园规划设计

(一)植物园的功能

1.科学研究

古老的植物园是以科学研究的面貌出现的。尤其是在医药还处于探索性的时代,野生植物凡是具有一定疗效的,很快即转入栽培植物,植物园是重要的药材引用实验场所。中世纪以后,农、林、园艺、工业原料等许多以植物为主要经营目标的行业,无不需要优良品种以达到较高的生产效益。除去各行业自己进行实验研究外,植物园时常是许多引种驯化单位的原材料供应基地。

2.科学普及

几乎大部分植物园均进行科学普及活动,因为国际植物园协会曾规定"植物园展出的植物必须挂上名牌,具有拉丁学名、当地名称和原产地"。这件事本身即具有科普意义。

3.示范作用

植物园以活植物为材料进行各种示范,如科研成果的展出、植物学科内各分支学科的示范以及按地理分布及生态习性分区展示等。最普遍的是植物分类学的展出,使活植物按科属排列,几乎世界各植物园均无例外。游人可从中了解到植物形态上的差异和特点及进化的历程等。

4.专业生产

大部分植物园都与生产密切结合,如出售苗木或技术转让等。专业性较强的植物园,如药用植物园、森林植物园等为生产服务的方向既单一、又明确。在科研、科普及示范的基础上进一步为本专业的生产需要服务。

5.观光游览

植物园内的植物景观丰富美好,科学内涵多种多样,自然景观使人身心愉快,是最能招引游人的公共游览场所,在城市规划中属于公园用地。

总之,植物园具有科学研究、科学普及、示范作用、专业生产和观光游览等诸多方面的任务,要根据建园的目标和肩负的任务、性质而确定是全面发展还是有所侧重。

(二)植物园的分类

1.按业务范围不同分类

(1)以科研为主的植物园　科研项目的来源和要求是多种多样的,有农、林、园艺、医药、工业原料、环境保护等方面,凡是以植物为研究对象的均可以在植物园内进行。目前世界上发达国家已经建立了许多专业性很强、研究深度与广度很大、经费设备相当充足与完善的研究所与实验园地。这种情况下植物园的工作内容愈来愈趋于搜集丰富的野生植物，提供某种素材，以备各行业的需求，例如中国科学院北京植物园、华南植物园（图 7-95）、西双版纳热带植物园（图 7-96）等。

图 7-95 中国科学院华南植物园

图 7-96 中国科学院西双版纳植物园

（2）以科普为主的植物园 以科普为中心工作的植物园在总数中占比例较高，原因是活植物展出的规定是挂名牌，它本身的作用就是使游人认识植物，含有普及植物学的效果，如北京植物园的科普画廊（图 7-97）。为此，植物园在引种过程中要有一系列编号、登记、鉴定、观察、记载、栽培试验等过程，然后“对号入座”，按所属的分类位置定植在原地，挂上名牌。

（3）为专业服务的植物园 这类植物园是指展出的植物侧重于某一专业的需要，如药用植物、竹藤类植物、森林植物、观赏植物等，如北京植物园的

图 7-97 北京植物园科普画廊

和平月季园（图 7-98）。这些植物有时只能占植物园中的一个局部，有时乃至全部，如果不对外开放只能挂“试验场”“试验地”或“实习园”之类的招牌，不属于植物园性质。

图 7-98 北京植物园和平月季园

另一类植物园按植物的生态或其他习性展出一些植物，如耐盐植物、沙生（或沙漠、沙地）植物、热带植物、石山植物、高山植物、极地植物等。这些是为了适应某种特殊的环境而进行搜集和研究的。

由于大部分植物园均以丰富的观赏植物展出美丽的园林景观，既供欣赏又供示范，为美化环境起到积极作用，这些内容正是大学园林和风景园林专业必修课程，所以植物园对园林、风景园林两个专业用途最大。概括地说，植物园对许多与植物有关的其他专业都有综合的重要的服务和实践意义。

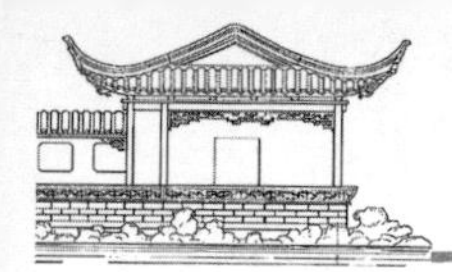

(4)属于专项搜集的植物园　从事专项或者特定属植物搜集的植物园，如国外有少数植物园只进行一个属的搜集。

2. 按归属不同分类

植物园按归属不同可以分为：科学研究单位办的植物园、高等院校办的植物园、国家公立的植物园、私人捐助或募集基金会承办，用过去皇家的土地和资金办的植物园。

（三）植物园规划设计要点

1. 选址要求

1）植物园位置的选择

侧重于科学研究的植物园一般从属于科研单位，服务对象是科学工作者，它的位置可以选择交通方便的远郊区，一年中可以缩短开放期。侧重于科学普及的植物园，多属于市一级的园林单位管理，主要服务对象是城市居民、中小学生等，它的位置最好选在交通方便的近郊区。侧重于某种特殊生态要求的植物园，如热带植物园、高山植物园、沙生植物园等，需要相应的特殊地点以便于研究。附属于大专院校的植物园最好在校园内选择合适地点，方便师生教学，但也有许多大学的植物园是在校外另选地点的。

2）植物园自然条件的选择

(1)水源　植物园是研究有生命的植物有机体的科学园地，水是连接着地球上一切生命的链条，生物学的各种物质借助于水在生态系统中无止境的流动。水是生命的源泉，植物体缺乏充足的水分就要枯竭而死亡。同时，水体景观也是植物园造景不可缺少的组成部分。所以，水是植物园内生产、生活、科研、游览等各项工作和各项活动的物质基础。充足的水源，是选择园址的关键之一。

(2)地形地貌　较复杂的地形、多样的地貌，有利于创造不同的生活环境和生态因子，更能为不同种类植物的生长提供较理想的生存条件。丰富多样的地形、地貌所形成的不同小气候，也为引种驯化工作创造有利的环境。

(3)土壤条件　自然界的土壤酸碱度是受气候、母岩以及化学成分、地形、地下水和原有植被等诸因子的综合影响的结果。所以，地形变化越复杂，地势差异越大，植物园内的土壤种类相应地越多。

(4)小气候条件　引种国内外不同气候条件地区的植物材料，其原产地的气候情况千差万别，如果植物园的地形复杂、地貌多样，水源充足，原有植被条件较好，将由于温度、湿度、风向、坡向、植被等综合作用的结果，产生和出现不同的小气候，以满足原产于各种各样气候条件下的不同植物材料的生境条件，利于引种驯化工作，逐步地改造外来植物的遗传性、提高适应性。

(5)原有植物尽可能丰富　植物园的最主要任务，是培养多种多样的植物，供科研和观赏之用。如果原址原有植物种类丰富，直接指示了该用地的综合自然条件。反之，原有植物生长条件很差，说明用地的自然条件综合因子不利于植物的生长。尤其要考虑是否有利于木本植物的生长。

(6)城市区位与环境条件　较理想的植物区位选定应与城市的长远发展规划综合考虑。植物园要求尽可能保持良好的自然环境，以保持周围有新鲜的空气、清洁的水源、无污染噪声，所以应与繁华、嘈杂的市区保持一定的距离，但又要求与城市有方便的交通联系。

2. 功能分区

1）科普展览区

科普展览区主要展示植物界的客观自然规律，以及人类了解利用植物和改造植物的最新知识。可根据当地实际情况，因地制宜地布置植物进化系统展览区、经济植物、抗性植物、水生植物、岩生植物、树木、品种及专类植物展览园区以及温室展区等内容。

上海植物园的展出、游览区域约 60 hm^2（图 7-99）。展出区域的规划设计没有照搬一般植物园通常的分区方法，而是既宣传植物的科学知识，又展现多彩多姿的园林风貌。根据功能特点和园林风貌园内分植物进化、环境保护、人工生态、绿化示范 4 个展出区和黄道婆庙游览区，各区下又分若干小区。各小区以专类植物为主景，植物配置按植物分类与专类观赏相结合，室内与室外相结合，自然进化与人工进化相结合的原则设置，配以园林建筑小品，形成不同意境的园林景观和植物季相特色的山水园。

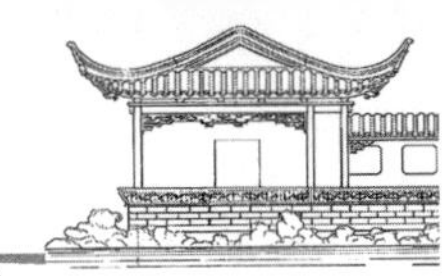

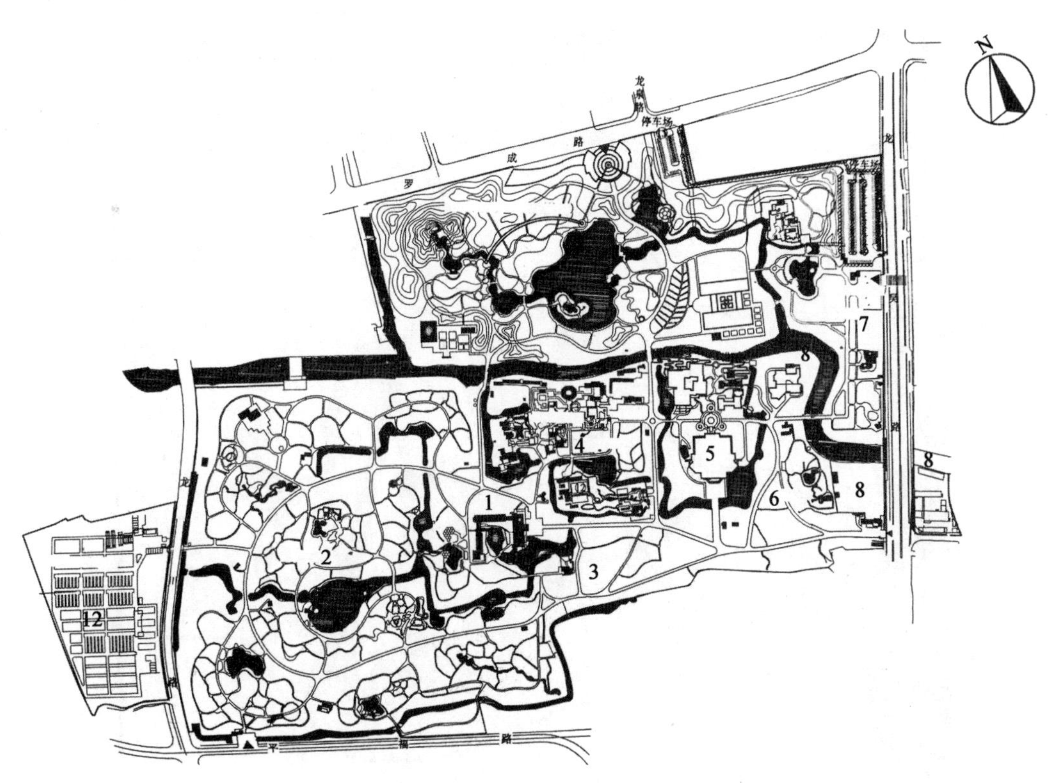

图 7-99　上海植物园平面图

1.植物楼　2.植物进化区　3.环保区　4.盆景园　5.展览温室　6.草药园　7.绿化示范区　8.管理区　9.黄道婆纪念馆　10.自然山水园区(规划扩建)　11.儿童植物园区(规划)　12.引种驯化园区

2)科研实验区

科研实验区是科学研究或科研与生产相结合的试验区。一般不向游人开放,对外仅供专业人员参观学习。如在温室区中主要作为引种驯化、杂交育种、植物繁殖储藏等。另外,还有实验苗圃、繁殖苗圃、移植苗圃、原始材料圃等。

3)生活服务区

为保证植物园的优质环境,一般情况下,植物园与城市的市区有一定的距离,多数远离城市,大多数职工在植物园内居住。游人到植物园参观游览,尤其是离城市较远或面积较大的植物园,需要一定的商业服务内容。所以,植物园的规划应解决游人和职工的生活服务问题,主要内容:职工宿舍、餐厅、茶室、冷饮、商店、卫生院、车库、仓库等。

上海辰山植物园,位于上海市松江区,是一座以华东区系植物收集、保存与迁地保护为主,融科研、科普、景观和休憩于一体的综合性国家级植物园(图 7-100)。辰山植物园的规划由内外两个不同的功能区域组成。以绿环为界的内部区域为植物园的核心展示区,延续原有的山水骨架,由绿环、山体、具有江南水乡特质的植物展示区构成三大空间,形成植物展示区域;绿环外围部分是植物园的配套服务区,规划设置科学实验苗圃、果林区、宿营地、水体净化场、发展备用地等(图 7-101)。

杭州植物园总体布局上,利用得天独厚的自然环境,依山傍水,建成别具一格的综合性植物园。园内地势西北高,东南低,中间多波形起伏,在专类园的规划设计上十分强调园林景观效果,充分利用植物和地形进行造景,设有植物分类园、木兰山茶园、竹类观赏区(竹园)、槭树杜鹃园、桂花紫薇园、碧桃樱花园、山水园、百草园、灵峰探梅(梅园)等展览区(图 7-102)。

图 7-100 上海辰山植物园平面图

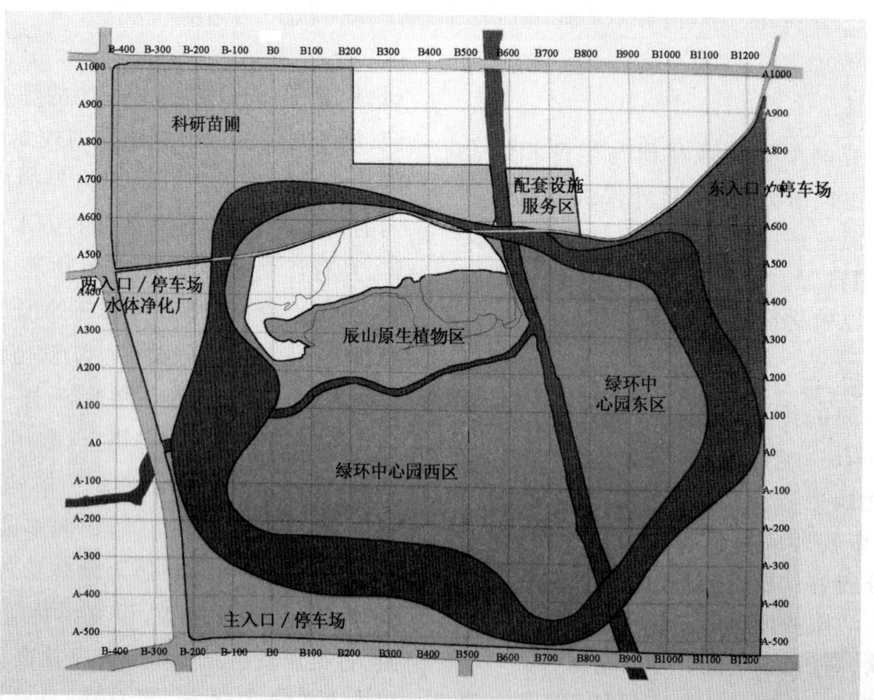

图 7-101 上海辰山植物园功能分区图

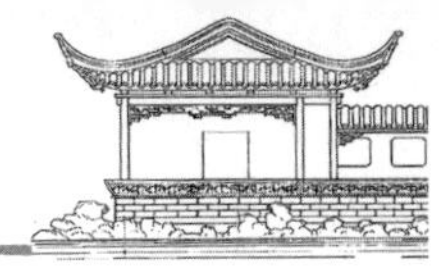

图 7-102 杭州植物园平面图

1.观赏植物区 2.植物分类区 3.经济植物区 4.竹类植物区 5.树木园
6.梅园 7.植物资源馆 8.引种温室 9.入口 10.引种试验区

其中植物分类区，堪称经典之作，该园位于植物园东南，占地 15 hm^2，以展示种子植物的进化为特色，是植物教学实践和科学研究的活动标本区。全区采用“格罗斯姆”放射状进化系统图形式自然布局，以 3 m 宽园路分隔出裸子植物亚门、离瓣花亚纲、合瓣花亚纲、单子叶植物四大部分。营造了丰富的自然植物群落生境和多姿多彩的景观效果，成为了杭州植物园一道独特的风景观赏植物区(图 7-103)。

山水园位于玉泉景点东北面，此园与玉泉观鱼建筑群结合，依据自然地势，充分利用原有洼地设水池。园中心一泓湖水碧波荡漾，树木环翠，亭台水榭点缀其间，风光迤逦，景色四季各不相同。山水园水池四周植物配置方式灵活，较为成功。植物不是简单地围绕池一周种植，而是或靠近水边，或距水池较远；草坪缓坡伸入水面，使空间更开阔。群落有疏有密，池边道路弯弯曲曲，或临水或穿插进树丛，在岸边时隐时现，增加了赏景趣味。池中小岛形成中景，岛上树种的种植间距和乔木的主干高度，有意形成透景线，而不是做成“屏风”，使景色更为灵动而不呆板。在植物配置上，小水面有一曲桥，植有薜荔一丛，沿岸种植地被植物，周围种植香樟、冬青、枸骨等，与矮堤上种植的池杉、落羽杉、朴树等大乔木和龙柏、含笑、火棘等围合成相对幽静、密闭的静水空间。水榭周围配植以桂花、乌桕、山茶、沿阶草、鸡爪槭等小型灌木和地被植物，在水边形成自然驳岸(图 7-104)。

图 7-103 杭州植物园植物分类区平面图

1.龙舌兰科 2.禾本科 3.棕榈科 4.芭蕉科 5.大风子科 6.藤黄科 7.罂粟科 8.柿树科 9.野茉莉科 10.山矾科 11.杜鹃科 12.茶科 13.菊科 14.猕猴桃科 15.樟科 16.罗汉松科 17.三尖杉科 18.银杏科 19.桔梗科 20.葫芦科 21.蓼科 22.玄参科 23.紫薇科 24.马鞭草科 25.忍冬科 26.夹竹桃科 27.木犀科 28.紫金牛科 29.豆科 30.木兰科 31.松科 32.杉科 33.红豆科 34.柏科 35.桦木科 36.壳斗科 37.黄杨科 38.冬青科 39.卫矛科 40.省沽油科 41.槭树科 42.七叶树科 43.漆树科 44.梧桐科 45.锦葵科 46.山茱萸科 47.五加科 48.鼠李科 49.杜英科 50.大戟科 51.楝科 52.芸香科 53.蔷薇科 54.景天科 55.小檗科 56.毛茛科 57.木兰科 58.木通科 59.虎耳草科 60.腊梅科 61.蔷薇科 62.金缕梅科 63.悬铃木科 64.苦木科 65.蓝果树科 66.八角枫科 67.胡颓子科 68.榆科 69.桑科 70.山龙眼科 71.杨柳科 72.杨梅科 73.胡桃科

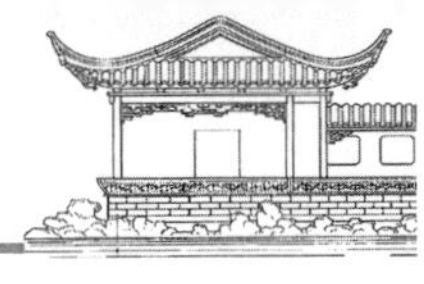

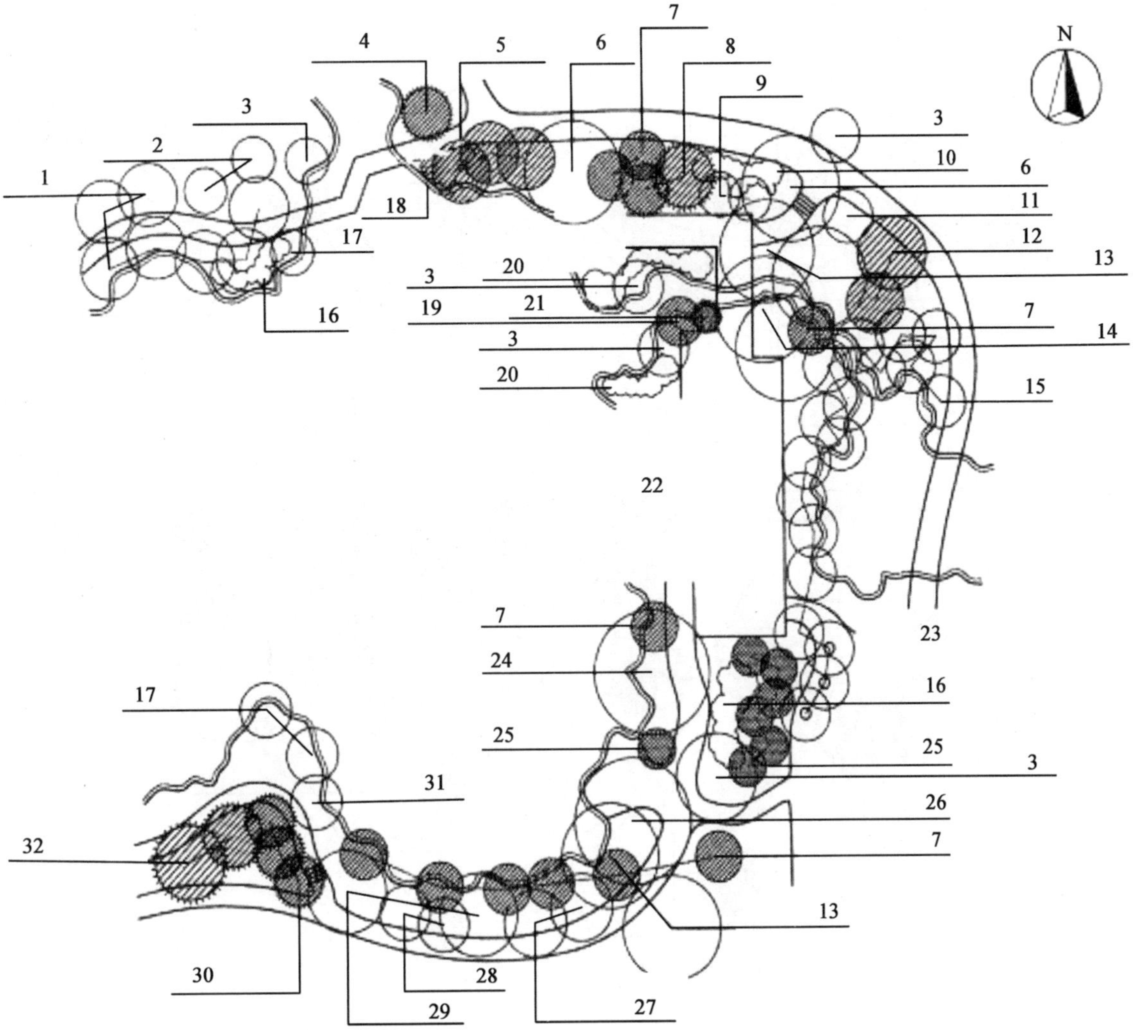

图 7-104　杭州植物园山水园水榭植物群落平面图

1.水松　2.落羽杉　3.鸡爪槭　4.枸骨　5.杜英　6.枫香　7.桂花　8.马尾松　9.芭蕉　10.南天竹　11.银杏　12.含笑　13.无患子　14.全缘叶栾树科　15.水杉　16.毛白杜鹃　17.梅　18.薜荔　19.厚皮香　20.沿阶草　21.阔叶十大功劳　22.水榭　23.茶室　24.乌桕　25.山茶　26.珊瑚朴　27.橄榄槭　28.秀丽槭　29.苦楝　30.罗汉松　31.雪松　32.腊梅

品梅苑景点位于灵峰探梅景区，品梅苑前有一处开阔的草坪，点缀单株梅花或梅丛。从月洞门进入品梅苑后是一小型铺装广场，可见由梅、黑松与太湖石组成的障景。从铺装广场前行，可见一处由梅花围合的草坪空间，草坪自然起伏，整个空间南边厚重，东北舒朗，西边开阔，疏密有致。一条小溪弯弯曲曲从南向北环绕了半个空间，溪水结合叠石的处理，自然流畅，开合自如。水边的梅花也被精心修剪成“疏影横斜”之造型。由水体环绕的小岛上以自然形式种植日本五针松、南天竹、心毛枫、络石等植物；水体北面采用南天竹、日本五针松、毛白杜鹃、梅等环绕种植；东部舒朗，配置以小型芸香、火棘、山茶、腊梅等，形成疏密对比；南部植物稠密，采用梅、腊梅、鸡爪槭、枸骨、桂花等围合形成私密空间(图 7-105)。

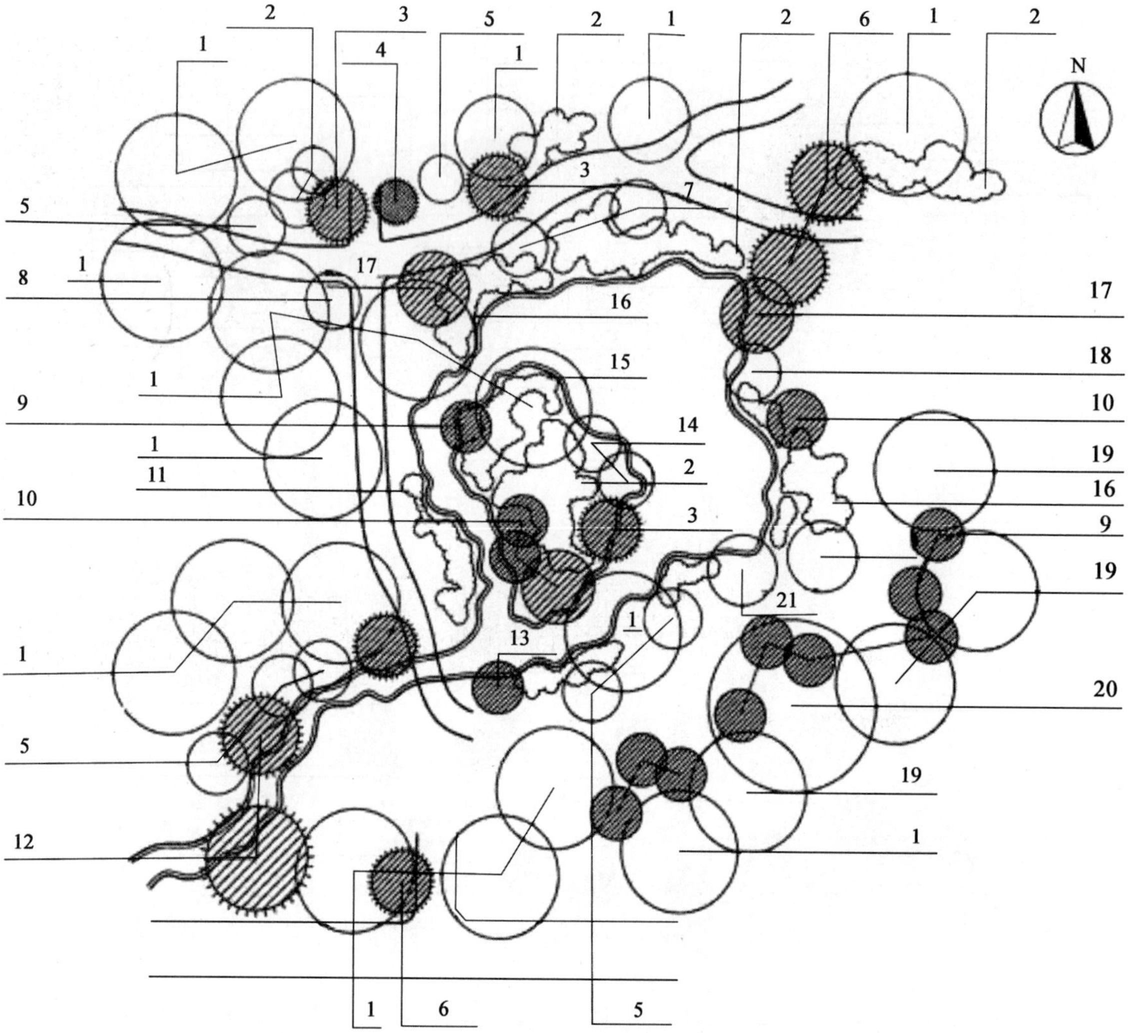

图 7-105 杭州植物园品梅苑植物群落平面图

1.梅 2.南天竹 3.日本五针松 4.十大功劳 5.毛白杜鹃 6.枸骨 7.垂枝梅 8.石楠 9.山茶 10.火棘 11.沿阶草 12.黑松 13.桂花 14.羽毛枫 15.络石 16.云南黄馨 17.红花檵木 18.芸香 19.腊梅 20.玉兰 21.鸡爪槭

3.其他要点

(1)确定功能分区及用地平衡,科普展览区用地最大,可占全园总面积的 40%～60%,科研实验区占 25%～35%,其他占 25%～35%。

(2)科普展览区对公众开放,用地应选择地形富于变化、交通联系方便、游人易到达的区域。另一种偏重于科研或游人量较小的展览区,宜布置在稍远的地段。

(3)苗圃实验区是进行科研、生产的场所,一般不向群众开放,应与展览区隔离。但要与城市交通线有方便的联系,并设有专用出入口。

(4)植物园规划设计要贯彻科学性与艺术性相结合的原则,力求使植物园具有科学内涵及园林的外貌。植物园应该具有比一般公园更精彩、更美丽的园林景观。因此,植物园应有完整的景观规划——景区、景点系统布局,确定植物园的景观特色。

(5)植物园除了与公园道路系统相同外,应有

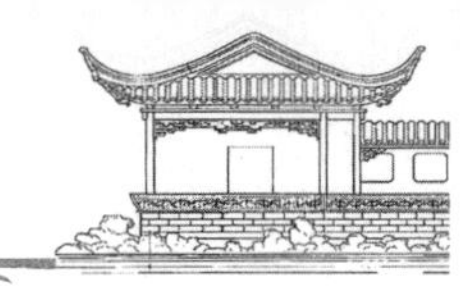

完善的步行道，便于接近、观察植物。植物园道路、停车场均应设计成生态化道路、生态化停车场。

(6)确定建筑数量及位置。植物园建筑包括展览建筑、科研用建筑以及服务性建筑三类。其中，展览建筑包括展览温室、大型植物博物馆、展览荫棚、科普宣传廊等。展览温室和植物博物馆是植物园的主要建筑，游人比较集中，应位于重要的展览区内，靠近主要入口或次要入口，常构成全园的构图中心。科普宣传廊应根据需要，分散布置在各区内。科研用建筑包括图书资料室、标本室、试验室、工作间、气象站等。苗圃的附属建筑还有繁殖温室、繁殖荫棚、车库等，布置在苗圃实验区内。服务性建筑包括植物园办公室、接待室、茶室、小卖部、食堂、休息厅廊、花架、厕所、停车场等，这类建筑的布局与公园情况类似。

(7)为了保证园内植物生长发育良好，在规划时就应做好排灌工程，保证旱可浇、涝可排。一般可利用地势起伏的自然坡度或暗沟将雨水排入附近的水体中。但在距离水体较远或排水不顺的地段，则必须铺设雨水管来辅助排出。

(8)植物园的规划设计应尽可能遵循海绵公园的设计理念与原则，将自然途径与人工措施相结合，通过优先考虑“以蓄代排”、充分开发利用新型海绵材料等途径，最大限度地实现雨水在公园中的积存、渗透和净化，促进雨水资源的利用和生态环境的保护，使植物园具有像海绵一样吸纳、净化和利用雨水的功能。

四、风景名胜公园规划设计

(一)风景名胜公园与风景名胜区的异同

风景名胜公园与风景名胜区有着千丝万缕的联系，但又不是完全的风景名胜区。风景名胜区也称风景区，是指风景资源集中、环境优美、具有一定规模和游览条件，可供人们游览休息、休憩娱乐或进行科学文化活动的地域。风景名胜公园与风景名胜区的主要区别应该是：风景名胜公园位于城市建设用地范围内，或是把近郊风景区划入市区而成为城市里的公园，具有城市公园功能，或起着城市公园作用，否则就应该属于风景名胜区。

我国的风景名胜区多位于城市郊区，位于城市建设用地之外，而公园多位于市区，位于城市建设用地之内。当两者在空间上交叉时，往往会形成风景名胜公园。位于或部分位于城市建设用地内，依托风景名胜点形成的公园或风景名胜区按照城市公园职能使用的部分属于此类。风景名胜公园的用地属于城市建设用地，参与城市用地平衡；属于风景名胜区但用地不属于城市建设用地的部分，不属于风景名胜公园。

(二)风景名胜公园的功能

1.保护历史古迹，弘扬历史文化

风景名胜公园是以风景名胜为基础，蕴含了丰富的历史文化。公园的性质使得园内的名胜古迹有一个良好的依托环境，自然也能得到较好的保护。作为城市公园，市民多了一个休闲场所；作为风景名胜，人们多了一个旅游选择。当人们在园内休息散步时，亦能近距离地观赏名胜古迹，从而感受受历史文化。另一方面，园林城市目标的提出，各个城市都开始注重城市绿化建设，改善了城市的环境，但是这些多以自然景观为主，人文景观依然比较缺乏，而风景名胜公园正好弥补了这一不足。

2.防止风景点的城市化

随着城市化的加速，城市用地逐步向外围扩张，城市用地的范围越来越大。城市郊区的风景名胜区中的用地包含了多种类型，有些只是绿地的形式，不属于核心保护区的内容，有些用地是农用地、未利用地以及其他建设用地，可能也具备了明显的美学和经济价值，但在规划中往往受到忽视。在风景名胜区外围，城市快速扩张，房地产、乡镇企业等对其形成蚕食的压力。将其作为城市公园来规划设计，既可以有效利用风景名胜资源，也能防止风景点的城市化。

3.促进城郊一体化的发展，完善城市绿地系统

城郊风景名胜区犹如巨大的“绿肺”，不同程度地改善着近郊大气环境、水环境和景观环境质量。

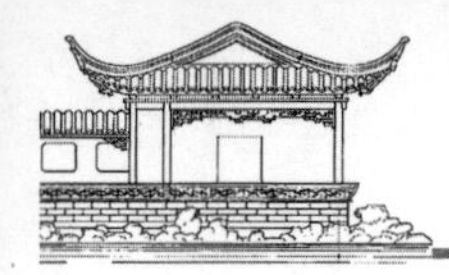

在某种程度上，近郊风景区越来越成为树立城市品牌和增强城市竞争力的一部分，在对人才、技术、投资等发展资源的争夺战中发挥着举足轻重的作用。通过改善城市近郊环境品质，客观上增强了旅游业、房地产业、高新技术产业等环境敏感产业的投资信心，巩固城市旅游中心地位，促进城市居住人口向风景名胜区周边转移，为高新技术产业的发展提供有利条件。另外，其特殊的区位和生态作用促进了对城市空间结构的疏解。郊区风景名胜公园依托于风景名胜区或历史名胜古迹形成良好的环境绿化，其所具有的公共绿地特点如同城郊风景名胜区一样，在城市景观绿化等方面发挥着巨大的作用。与此同时，城郊风景名胜公园和城市内的公园一起共同构建了更加完善的城市绿地系统，促进城郊一体化和城市绿化空间的发展。风景名胜公园独特的自然和人文景观资源，更能突出自然与城市的融合关系。

4. 加强城市公园功能

风景名胜区或历史古迹本身就是很好的旅游资源，依托于此而成的风景名胜公园必然具备了旅游功能。城市公园发展到现在，功能不断增强，开发旅游成为一个热点话题，风景名胜公园则弥补了城市公园这方面的不足。

5. 历史文化和爱国教育基地

城市公园的功能之一就是能够作为精神文明建设和科研教育基地。风景名胜公园这方面的功能则更加突出，主要表现在历史文化知识的灌输方面。园内的名胜古迹无疑是历史文化的实践教材，给人以更直观的感受，通过游览，人们可以直接体验中国古老的文明、悠久的历史，从而激发爱国的热情。

（三）风景名胜公园的类型

1. 按照风景名胜资源的类别分类

（1）以自然风景为主的自然式公园　这类风景名胜公园以自然景观为主，大多依托风景名胜区形成。例如南京玄武湖公园（图 7-106）、扬州瘦西湖公园等（图 7-107），都是以优美的自然风景吸引了大批的古代文人骚客来此游赏，所以自然风景优美是其主要特点。

图 7-106　南京玄武湖公园

图 7-107　扬州瘦西湖公园

（2）以历史名胜为主的人文式公园　这类风景名胜公园以人文景观为主，具有浓郁的历史文化和人文气息，园内至少有一处主要的历史古建。例如昆明市的昙华寺，以寺内的云南第一高塔而享誉盛名，成为人文式历史名胜公园。

2. 按照基地所处位置分类

（1）市区型风景名胜公园　这类风景名胜公园位于城市市区范围，往往还是城市绿地的核心内容。例如北京的景山公园（图 7-108）、昆明的翠湖公园（图 7-109）等。

（2）郊区型风景名胜公园　这类风景名胜公园位于城市郊区范围，以近郊区为主。例如安徽的采石矶公园。

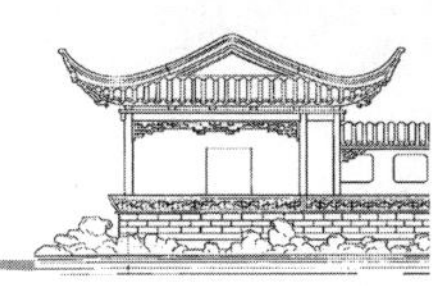

图 7-108　北京的景山公园

图 7-110　广州七星岩公园

图 7-109　昆明的翠湖公园

图 7-111　昆明鸣凤山金殿公园

3. 按照构成的景观要素和主要特色分类

(1)水景型风景名胜公园　例如南京玄武湖公园、扬州瘦西湖公园、济南大明湖公园等。

(2)山景型风景名胜公园　例如广州七星岩公园(图 7-110)、昆明鸣凤山金殿公园(图 7-111)等。

(3)历史文物型风景名胜公园　例如成都武侯祠(图 7-112)、西安小雁塔公园(图 7-113)等。

(四)风景名胜公园规划设计原则

(1)风景名胜公园规划必须符合我国国情,因地制宜、突出风景名胜公园的特性。

(2)应当依据资源特征、环境条件、历史情况、现状特点以及国民经济和社会发展趋势,统筹兼顾,综合安排。

图 7-112　成都武侯祠

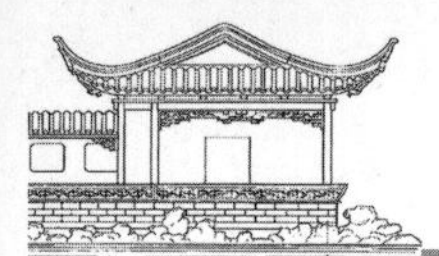

图 7-113　西安小雁塔公园

(3)应严格保护自然与文化遗产,保护原有景观特征和地方特色,维护生物多样性和生态良性循环,防止污染和其他公害,充实科教审美特征,加强地被和植物景观的培育。

(4)应充分发挥景源的综合潜力,展现风景游览欣赏主体,配置必要的服务设施与措施,改善风景名胜公园运营管理机能,创造风景优美、设施方便、社会文明、生态环境良好、景观形象和游赏魅力独特、人与自然协调发展的风景游憩境域。

(5)应合理权衡风景名胜公园环境、社会、经济三方面的综合效益,权衡风景名胜公园自身健全发展与社会需求之间的关系,防止人工化、城市化、商业化倾向,促使风景名胜公园有度、有序、有节律地持续发展。

(6)风景名胜公园规划应做好与国土规划、区域规划、城市总体规划、土地利用总体规划及其他相关规划的相互协调或衔接。

(五)风景名胜公园总体规划设计要点

1.现状分析

现状分析主要包括五个方面的内容,分别是:自然和历史人文特点;各种资源的类型、特征、分布及其多重性分析;资源开发利用的方向、潜力、条件与利弊;土地利用结构、布局和矛盾的分析;风景名胜公园的生态、环境、社会与区域因素等。通过对现状进行分析,明确提出风景名胜公园发展的优势与动力、矛盾与制约因素、规划对策与规划重点等三方面内容。在此基础之上,对社会需求或客源市场进行 SWOT 分析,即优势、劣势、机遇、挑战四方面的分析。

2.风景资源评价

风景资源评价的内容包括风景资源本身的观赏价值、独特性、规模、历史价值与科学价值;区域范围内的自然生态环境、地区经济水平与社会环境以及所在区位的地理与交通、近邻环境。

首先,风景资源评价必须在真实资料的基础上,把现场踏查与资料分析相结合,实事求是地进行。其次,风景资源评价应采取定性概括与定量分析相结合的方法,综合评价景源的特征。最后,应根据风景资源的类别及其组合特点,选择适当的评价单元和评价指标,对独特或濒危景源,宜作单独评价。

此外,风景资源评价单元应以景源现状分布图为基础,根据规划范围大小和景源规模、内容、结构及其游赏方式等特征,划分若干层次的评价单元,并作出等级评价。在省域、市域的风景名胜公园体系规划中,应对风景名胜公园或景点作出等级评价。在风景名胜公园的总体、分区、详细规划中,应对景点或景物作出等级评价。

风景资源评价分析应表明主要评价指标的特征或结果分析;特征概括应表明风景资源的级别数量、类型特征及其综合特征。

3.风景名胜公园的范围

风景名胜公园范围划分需遵循以下原则:景源特征及其生态环境的完整性;历史文化与社会的连续性;地域单元的相对独立性;保护、利用、管理的必要性与可行性。使风景名胜公园成为一个完整的生态单元,而不应该人为地将其中的生态要素割裂开,否则会造成生态流不畅,引起生态系统失调。

在划定风景名胜公园范围界限时,必须有明确的地形标志物为依托,既能在地形图上标出,又能在现场立桩标界。地形图上的标界范围,应是风景名胜公园面积的计量依据。此外,规划阶段的所有面积计量,均应以同精度的地形图的投影面积为准。

4.风景名胜公园容量及生态建设

综合该地区的生态允许标准、游览心理标准、

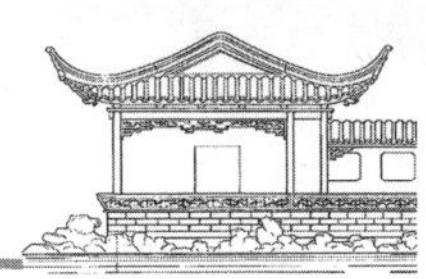

功能技术标准等因素，依据风景名胜公园特点来确定游人容量、居住容量、景区建筑容量。

生态建设是指根据生态学原理和可持续发展理念对旅游生态环境、旅游基础设施、旅游服务过程和旅游服务产品等进行全方位建设，拓展生态功能，提升生态内涵过程，可分为生态硬件建设和生态软件建设。

生态硬件建设是对基础设施和自然生态环境等方面的建设，包括生态住宅、生态宾馆、生态交通、生态设施、生态景点、生态能源设施、生态环境工程以及游行的生态物质产品与生态餐饮产品等。在规划设计过程中应尽可能遵循海绵公园的设计理念与原则，将自然途径与人工措施相结合，通过优先考虑“以蓄代排”、充分开发利用新型海绵材料等途径，最大限度地实现雨水在公园中的积存、渗透和净化，促进雨水资源的利用和生态环境的保护，使风景名胜公园具有像海绵一样吸纳、净化和利用雨水的功能。

生态软件建设是对旅游文化、旅游形象和旅游管理方面建设，包括生态形象、生态文化、生态服务、生态管理、生态消费、生态行为和生态教育等方面观念的形成和发展。

5. 各专项规划

风景名胜公园的专项规划包括保护培育规划、风景游赏规划、典型景观规划、旅游设施规划、基础工程规划、居民社会调控规划、经济发展引导规划土地利用协调规划、分期规划。

(1)保护培育规划　对需要保育的对象与因素，实施系统控制和具体安排。使被保护的对象与因素能长期存在下去，或能在被利用中得到保护，或在保护条件下能被合理利用，或在保护培育中能使其价值得到增强。

(2)风景游赏规划　对景观特征进行分析，对景象展示进行构思。分析风景名胜公园周边的旅游资源，组织以风景名胜公园为中心的辐射型游览线路。

(3)典型景观规划　为了使风景名胜公园中的典型景观能发挥应有的作用，并且能长久存在，永续利用下去。包括典型景观的特征与作用分析；规划原则与目标；规划内容、项目、设施与组织；典型景观与风景名胜公园整体的关系等内容。

(4)旅游设施规划　包括游人与游览设施现状分析、客源分析预测与游人发展规模的选择、游览设施配备与直接服务人口估算、旅游基地组织与相关基础工程、游览设施系统及其环境分析等五部分。

(5)基础工程规划　包括交通道路、邮电通讯、给水排水和供电能源等内容，根据实际需要，还可进行防洪、防火、抗灾、环保、环卫等工程规划。需坚持以下原则：符合风景名胜公园保护、利用、管理的要求；同风景名胜公园的特征、功能、级别和分区相适应，不得损坏景源、景观和风景环境；要确定合理的配套工程、发展目标和布局，并进行综合协调；对需要安排的各项工程设施的选址和布局提出控制性建设要求；对于大型工程或干扰性较大的工程项目及其规划，应进行专项景观论证、生态与环境敏感性分析，并提交环境影响评价报告。

(6)居民社会调控规划　包括现状、特征与趋势分析；人口发展规模与分布；经营管理与社会组织；居民点性质、职能、动因特征和分布；用地方向与规划布局；产业和劳力发展规划等内容。

(7)经济发展引导规划　包括经济现状调查与分析；经济发展的引导方向；经济结构及其调整；空间布局及其控制；促进经济合理发展的措施等内容。

(8)土地利用协调规划　为了综合协调、有效控制各种土地利用。主要包括土地资源评析、土地利用现状分析及平衡表、土地利用规划及平衡表。

(9)分期规划　一般分近期规划和远期规划，有时也分为近期、中期、远期，每个分期年限，一般应同国民经济和社会发展计划相适应，便于相互协调和兼容。

近期规划：应从规划确定后并开始实施的年度标起，5 年以内；近期发展规划应提出发展目标、重点、主要内容，并应提出具体建设项目、规模、布局、投资估算和实施措施等。

远期规划：5～20 年；应使风景名胜公园内各项规划内容初具规模。并应提出发展期内的发展重点、主要内容、发展水平、投资框算、健全发展的步骤与措施。

第三期或远景规划：大于20年。远景规划的目标应提出风景名胜公园规划所能达到的最佳状态和目标。

五、游乐公园规划设计

(一)游乐公园的性质与特点

《城市绿地分类标准》(CJJ/T 85—2002) 对于“游乐公园”的定义为具有大型游乐设施，单独设置，生态环境较好的绿地，绿化占地比例应大于等于65%。从中我们可以看出，游乐公园必须具备以下三个特征：①有大型游乐设施，突出游乐的功能，强调游客的参与及体验；②是严格意义上的公园，绿化占地比例有明确的要求；③属于城市建设用地以内，记入城市绿地率指标统计。

(二)游乐公园的规划设计原则

1.新颖独特的文化主题创意

游乐公园常常具有一定的文化主题，所以多为主题性游乐公园。主题的定位选择对主题性游乐公园是否能够取得成功具有决定性的意义，大型主题游乐公园的主题应具备以下特点：主题创意新颖独特；主题内涵丰富并具有较强的可操作性；能够考虑满足不同年龄层次的游客需求；有利于带来良好的投资收益。

2.完善合理的分区规划

主题游乐公园分区规划一般采用复合式的区块主题方式，即在分区规划时各个分区都有明确的主题创意，同时这些区块都能体现和表达主题公园的核心主题，使游人在游览时能够连续不断地强烈感受到主题的存在。以美国的迪斯尼乐园为例，该主题公园以唐老鸭、米老鼠等形象的人物及其故事作为核心主题脉络贯穿于公园的各个区块乃至景点，使游客在游览时能够每时每刻都能从身边的景观感受到主题的存在，从而能留下难以磨灭的印象(图7-114)。

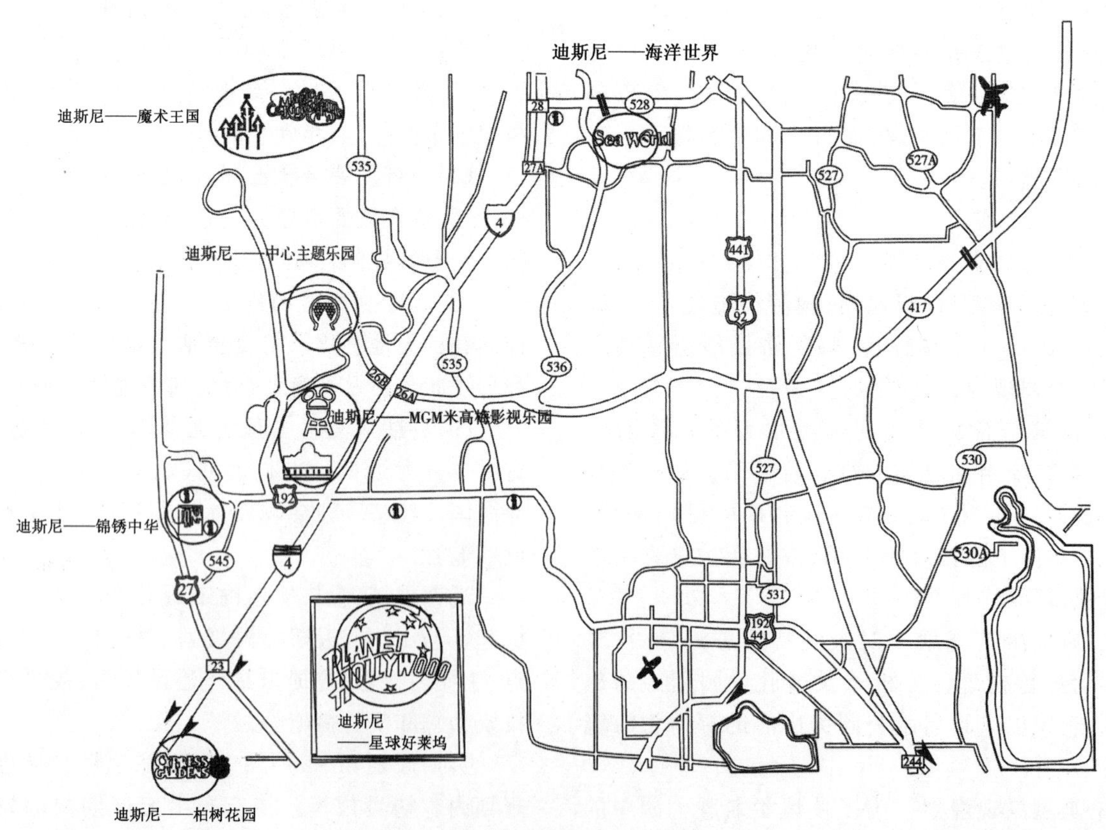

图7-114 美国奥兰多迪斯尼游乐园板块图

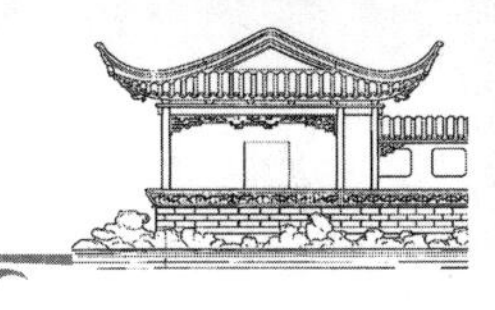

3.娱教相结合的项目构成和新奇独特的体验设计

游乐公园不应该仅仅是由单纯的游乐项目组成，它应包含了很多历史文化、民俗文化的展示教育及互动体验项目，能够让游客亲身体验历史文化的魅力，娱教结合(图7-115至图7-118)。适合设置的项目内容大致包括以下四个方面：

(1)与现有主题游乐园相类似的游乐设施　包括机械游乐设施、特定的主题游乐建筑与构筑物等。

(2)设置具有展示、表演、科普教育等积极功能的娱乐建筑或场地来开展参观游览活动　如水族馆、展览馆等。

(3)休闲娱乐、体育健身类活动　游乐公园适合安排一些与绿化环境结合得较好的活动设施，如攀岩、滑草、彩弹射击、划船等。这些活动在一般绿化占地比例较低的游乐园中不适合布置。

(4)野营、野外烧烤活动　由于游乐公园具有良好的绿化环境，在适宜的区域可开展此类活动，设置诸如森林吊床、野营帐篷、野炊烧烤等区域，吸引喜欢亲近自然的游客，与喜欢在人工景区游玩的游客形成互补。

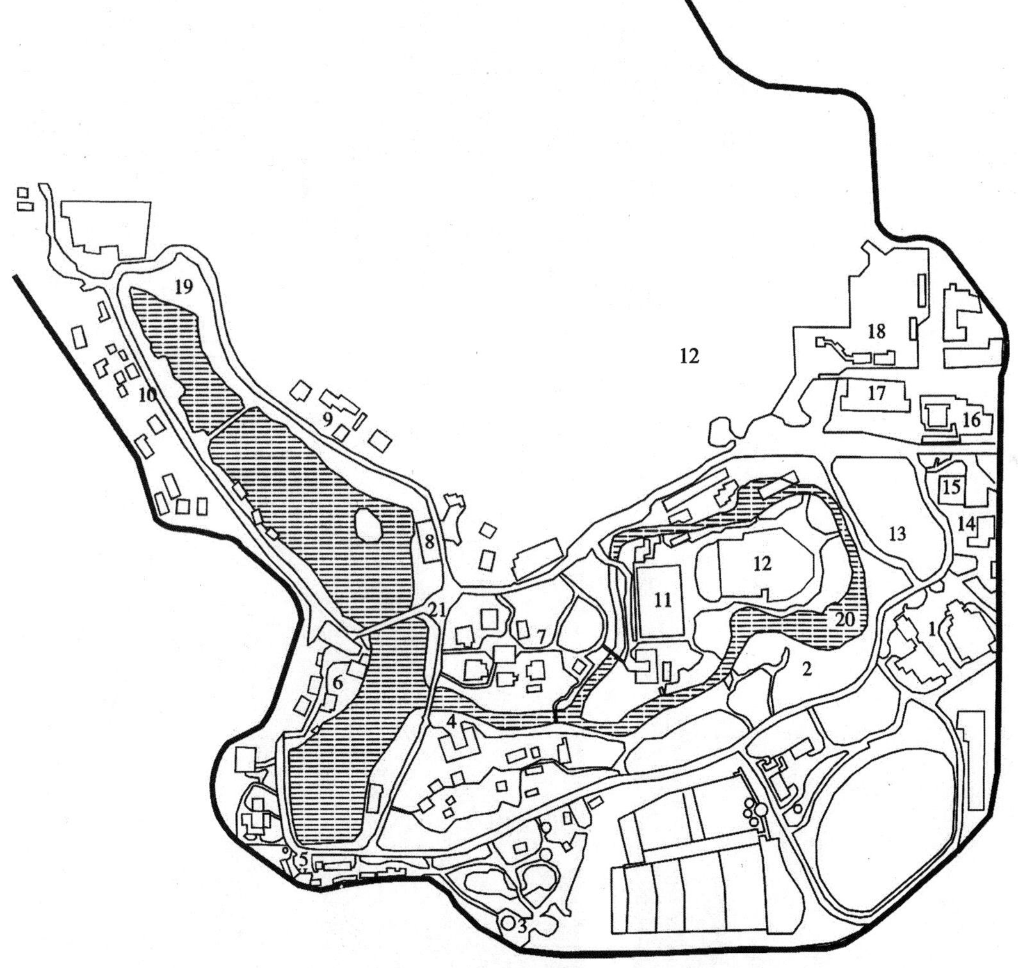

图7-115　深圳中国民族文化村平面图

1.藏族民居　2.陕北窑洞　3.千手千眼观音　4.白族民居　5.鼓楼　6.侗寨　7.傣寨　8.钓鱼台　9.彝寨　10.布衣寨　11.餐厅　12.中心剧场　13.哈萨克毡房　14.维吾尔民居　15.穆斯林建筑　16.北京四合院　17.办公楼　18.东大门广场　19.大瀑布　20.月亮湖　21.风雨桥

图 7-116　深圳锦绣中华景点布置

图 7-117　重庆乐和乐都的游乐设施

图 7-118　重庆儿童公园内的烧烤店

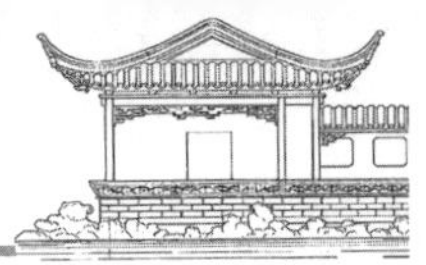

4.准确的市场定位和盈利模式

据北京某公司的一份调查报表明，中国目前70%以上的游乐公园处于亏损状态，只有10%左右会取得盈利。相关人士分析，目前中国主题游乐公园中的大部分景点难以收回投资，也就是说大部分的主题游乐公园处于亏损状态，究其原因主要在于市场分析定位偏差及盈利模式单一。

针对上述问题可采取以下相应策略：通过高效的宣传媒介将主题游乐公园的正面信息传递给潜在消费者，提高公园的知名度及重游率；采取淡旺季不同的门票价格改善淡旺季游人数波动过大的现状；通过提升品牌知名度、开发自主知识产权的旅游纪念品拓宽盈利渠道；在未来推动“产业化的主题公园发展模式”，把主题旅游、主题房地产、主题商业等相结合，实现景观互借、互相依托，互相促进，打造融居住、娱乐、商业等元素于一体的比较完善的旅游人居环境。

(三)规划设计的内容与方法

1.游乐公园整体景观创造

1)景观形象的营造

景观形象是创造游乐公园最重要的方面。从哲学的角度说，景观视觉是第一感，感觉、知觉是第二感，然后两者结合上升到意识。从意向、感觉、知觉这些脑海里的形象反推到景观视觉，可以更理性地认识景观视觉。凯文·林奇总结了关于意向的五大元素：“道路、边界、区域、节点、标志物”，现结合这五个方面分析：

(1)道路　公园中的道路形式多样，可以由机动车道、自行车道、步行路与小径、草坪中的嵌草园路、水上的游览路线等组成。游人正是在道路上移动观察公园，其他元素也沿着道路展开布局。每条道路通过种植、小品、色彩、铺装等的设计能给游人深刻的意象。

(2)边界　边界是线性要素，是两个区域的边线，起到相互参照的作用，在视觉上、形式上都起着非常重要的作用。边界可以构成一道靓丽、让人记忆深刻的风景线，如滨水地带、林缘线、林冠线、天际线等，这些都是规划设计突出特色的重点部位。

(3)区域　区域是二维平面，观察者从心理上有进入的感觉，因为区域有能够被识别的某些共同的特征。而且，大多数人也是通过区域来组织自己的意象的。规划中的功能分区、分区特色就体现了这一点。

(4)节点　节点是观察者能够进入的极其重要的点，是人们往来行程的集中焦点。它们是连接点，交通线路中的休息点，道路的交叉或汇聚点或是从一种功能向另一种功能的转换处。由于是某些功能和特点的浓缩所以显得十分重要，如公园里的广场、人流集散地等。节点能成为区域的中心和缩影，成为区域的象征；节点也有连接的特性：道路的汇聚和行程中的事件。在游人的意象中都能找到一些节点，有些甚至能成为占主导地位的特征。

(5)标志物　是点状的参照物，可以是一个在远处可以看见的突出元素，也可以是一定区域内的标识系统。特征鲜明、形象突出的标志物通常能成为一个公园的标志，游人心中公园的象征，规划中应多加以利用。例如许多游乐园运用摩天轮、过山车和特色景观建筑等形成标志物(图7-119)。

图7-119　新加坡滨海湾飞行者摩天轮

2)气氛渲染与细节考虑

(1)整体环境的气氛渲染　如果游乐公园(或者其中的部分区域)采用主题游乐的方式，则其的整体环境的气氛渲染十分重要，所有的建筑与环境创造都应围绕主题设置，同时还必须考虑每一细

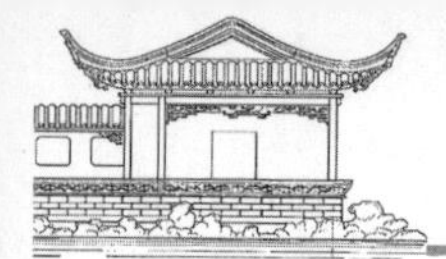

节，创立每一环节的真实性。整体气氛的渲染十分重要，构思即使再巧妙，但是主题包装的低劣，仍会使包装效果完全得不到体现。如果游客不能融入公园游乐环境所设定的背景，游客可能会产生诸如："我坐在低劣的幼稚过山车里"的想法，而不是真正的身心都处于一个奇妙世界的全新设计中。此外，必须消除一些明显的错误来建立所在环境的特殊性，以便使外来的游客完全沉浸在新环境中。例如，如果在一个背景设定为古代的主题园区，门上如果出现"Exit"的字样将会破坏整体环境的和谐性。

(2)绿化环境景观营造　考察我国建设的众多主题游乐园，可以发现大量的财力是浪费在建设新的建筑景观与游乐设施上，折腾一番后相当一部分就被荒废，起不到实质性的作用。而绿化环境的重要性没有得到充分的认识，通常认为绿化不能产生直接的经济效益而投入较少。游乐公园的建设必须改变这种情况，在保证绿化占地比例达到65%这一数量的规定之外，应该精心设计和布置，使整个游乐公园整体环境更加趋于统一、和谐。

(3)其他因素　除了上述两个主要因素之外，还有一些因素对游乐公园的景观创造具有影响力，这些因素有灯光、声音、刺激触觉与味觉的设施等(图 7-120)。

图 7-120　中国香港迪斯尼乐园的照明设计

2. 游乐公园设施的营造

标志性吸引物、游乐设施和商业设施是游乐公园中非常重要的三个方面，在此进行重点论述。

1)标志性吸引物的营造

标志性吸引物必须具有强烈的视觉冲击力，体量比较高大，能够统领较大的公园区域。在主要的观景点和区域，标志物的高度、与观景点的距离的比例符合最佳观赏的视角。

标志性吸引物应该和游乐活动良好地结合。例如，巴黎迪斯尼的几个主题区都有各自的标志性景观吸引物，并且都提供了切合园区主题、十分有特色的游乐活动。

(1)主景升高　为了能使公园的主题鲜明，有标志吸引物，宜把集中反映主题的设施、具有明显特色的设施，在空间高程上加以突出。当然，突出主景需要有系统的考虑：主要观察点距离和主景高度间的比例关系须符合最佳视角；主景的烘托需要背景和配景。我国的古典园林里假山构图长期运用的"主峰最宜高耸，客山须是奔趋"便是。

(2)中轴对称　在主体的前方两侧，配置一对或以上的配体，来强调和陪衬主体，主体布置在中轴线的终点。这是规则式园林惯用的手法，往往能形成恢宏、壮丽的艺术效果，在游乐园中也常常被用于创造入口景观。

轴线与透景线相交的节点：主要轴线与透景线相交的节点宜作为主景标志物，从属轴线与透景线相交的节点宜放大作为景观节点，成为公共活动、交流、休息之处。

(3)对比　通过配景对于主景的线条、体形、体量、色彩、明暗、动势、空间的开朗与锁闭等的对比，可以达到突出主景的效果。

框景、对景、透景、障景手法的运用：景观创造的艺术构图常常使用以上的手法来创造主景、配景和背景和谐的整体景观，标志物与节点的景观创造也应体现以上的艺术手法。

2)游乐设施的营造

游乐公园的游乐设施必须有趣味、奇特、刺激、冒险、参与等性质，且必须安全。公园的某几项游乐设施应该强调其的先进性、独特性和高娱乐性，换句话说就是游乐公园应该有几项游乐设施在相当大的范围内（全省、全国、全球）是领先的，或游乐设施能够提供的娱乐是顶级的。

游乐设施最好具有主题设定，游乐公园最好设置背景设定与故事情节等与主题相关的内容，园中的游乐设施同样最好配合整个公园的主题，设置每个项目本身的主题，使游乐设施融入游乐公园的总体背景。因为大部分游乐设施很难做到上面一点——在大范围内保持领先，如果能够通过主题的设定将所有游乐设施串联起来形成整体，有利于发挥集体的优势，延长其生命周期。

游乐设施最好能与公园环境有机地结合，由于游乐公园要求有大于等于65%的绿化占地比例，公园的游乐设施应该和绿化环境良好地结合，创造出宜人的游乐环境，如果游乐公园选址在基地条件较为特殊、基地本身景观条件优越的地方，这一优势应该被游乐设施充分利用。

游乐设施最好能与娱乐建筑与景观构筑物良好结合，体现景观的联合优势。

3）商业设施的营造

商业设施应该成为游乐公园非常积极的景观构成因素之一。游乐公园的各种商店从建筑景观和所售物品不应简单地重复，最好每家商店设定自身的背景与故事情节，建筑风貌与所售商品体现出主题背景的特点。

在游乐公园的建设中应该关注游乐设施的生命周期，做好游乐设施的更新，以确保公园的持续吸引力。避免发生"设施更新太慢—客源锐减—亏损严重—无力更新"的恶性循环。

3. 游乐公园人工元素与自然元素的结合

游乐公园的人工元素包括：游乐设施、商业服务娱乐建筑、广场铺装等；自然元素是"源于自然又高于自然"的艺术创造原则下构成公园自然与拟自然景观的元素，包括：河流、溪水、树林等。而且，游乐公园与一般的游乐园最大的区别在于游乐公园有着公园的外貌：优美、宜人的空间环境。游乐公园应突出公园与游乐结合的特征，强调人工元素与自然元素的情趣性、有机化的结合。其益处体现在公园整体形象的创造和游憩环境情趣化两个方面。

1）公园整体形象的创造

设施与环境的结合将会形成"点、线、面"的结构，符合凯文·林奇"意识地图"的理论，也将会带给人们非常鲜明、具有整体特色的公园形象认知，增强公园的吸引力。

2）游憩环境情趣化

有活动内容和视觉焦点的公园环境使得公园游憩环境更具情趣化和生动性。绿化环境通过绿色雕塑、参与构成游乐设施等方式，形成游乐公园的特色。如人工元素与自然元素结合的一个重要方面——绿化与游乐设施的结合。绿化与游乐设施结合的方式主要有两种，绿化作为设施的配景、绿化直接作为游乐设施。

绿化作为设施的配景。绿化形式具有规则式和自然式两种形式。其一，直接把植物修剪成绿色雕塑作为设施的配景可以运用在游乐公园中，例如，巴黎迪斯尼乐园中睡美人城堡周围的树木被修剪为方块状，创造出与《睡美人》故事中描述的场景一致。其二，充分利用植物的自然生长形态、季相色彩变化、高低起伏的天际线、进退变化的林缘线、植物本身的寓意等，起到烘托、突出设施的作用。

绿化直接作为构成游乐设施的组成部分。绿色迷宫在游乐园中常常被用到，用绿色植物构建的游乐设施往往能带来惊喜、轻松和出其不意的效果。例如，巴黎迪斯尼的爱丽思梦游仙境用了植物修剪的矮墙、间歇喷发的间歇泉和小雕塑组成迷宫，重现了《爱丽丝梦游仙境》中的场景，表达主题和游乐效果非常理想。游乐公园的规划设计中类似的运用有生命的材料表达主题的方式能够给公园带来创新与特色（图7-121）。

4. 游乐公园规划设计的发展趋势

随着生产力的提高、人们闲暇时间的增多，游乐活动越来越受到人们的重视，并且人们对于游乐体验的要求越来越高。2002年9月1日起实施的《城市绿地分类标准》（CJJ/T 85—2002）中增设了游乐公园，希望把游乐场引导成环境良好的、绿化占地比例大于等于65%的公园，这样有利于提高游乐场

图 7-121 巴黎迪斯尼的爱丽思梦游仙境植物应用

所的环境质量和整体水平；将游乐场所从偏重于经济效益向注重环境、经济和社会综合效益的方向引导。

六、雕塑公园规划设计

1. 雕塑公园的含义与特点

（1）雕塑公园的含义　雕塑公园是以雕塑艺术作品为设计核心主题内容的一种专类公园。雕塑公园除了具备一般公园供游人户外休憩游览的优美绿色生态环境和服务设施外，还布置有大量的来自不同艺术家创作的雕塑艺术作品供游客欣赏，如北京国际雕塑公园、青岛雕塑公园等（图 7-122、图 7-123）。

图 7-122 北京国际雕塑公园

图 7-123 青岛雕塑公园

雕塑公园是雕塑主题和公园景观设计的有机结合。作为展示雕塑作品的载体，雕塑公园担负着普及艺术、传播文化的责任，满足市民的休闲活动需求，是一处承载雕塑艺术的绿色厅堂。

（2）雕塑公园的特点　雕塑公园具有鲜明的文化艺术主题，所以，是特征鲜明的艺术主题公园，具有很强的艺术氛围，对游客特别是雕塑艺术爱好者产生强烈的艺术感染力和丰富的社会与人生启迪。雕塑公园的核心功能是雕塑艺术作品展示，但同时也需要统筹协调雕塑艺术作品与游人、环境景观（包括自然和人工环境景观）三者之间的关系，雕塑作品在公园中不是孤立存在的，雕塑作品与游人、雕塑作品与环境景观以及游人与环境景观之间存在一定的互动关系。如 2003 年建成开放的长春世界雕塑公园就是一座以以“友谊 · 和平 · 春天”为主题、人文艺术景观与自然山水环境相融合为特色、东西方文化艺术相对话的大型现代雕塑艺术主题公园，园内展出来自 200 多个国家和地区的雕塑艺术家 400 多件涵盖当代世界多样艺术风格和艺术流派的精美雕塑作品，这些作品与公园内的自然山水及人工景观环境有机结合，成为广大游客和雕塑艺术爱好者感受艺术魅力、领悟人生、认知世界、展现自我的艺术园地（图 7-124）。

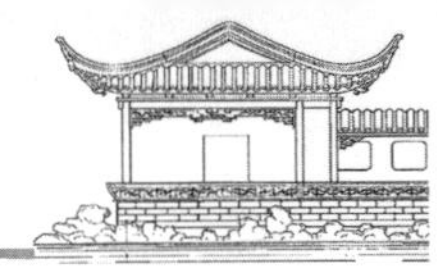

图 7-124 长春世界雕塑公园(罗丹雕塑——思想者)

2. 雕塑公园空间布局

雕塑公园总体上可分成两大功能区域,即雕塑艺术展示区和一般游览休憩区。雕塑艺术展示区是集中陈列展示各种雕塑艺术作品的景观区域,在这个区域中雕塑可以按照一定的文化主题、类型或相互之间的呼应关系成套、分组或分区布置。雕塑展示区一般会聚集较多数量的雕塑作品,为了避免给游人产生零碎或孤立片断感,展示区一般利用丰富的场地空间、游览道路、廊式建筑、景观轴线等,形成连续的展览空间序列。

一般游览休憩区是供游客参观雕塑艺术作品之余放松心情、享受自然美景以及体验其他休闲娱乐活动的园林景观区域。一般游览休憩区可以结合公园基地背景环境特点和规划创意,包括山水地形、植物景观、人工设施等,设置具有不同景观特色的游憩空间,满足游人多样化的游园需求。如北京国际雕塑公园整体空间分三个区域,即雕塑展示区、游览休憩区和娱乐活动区(图 7-125)。

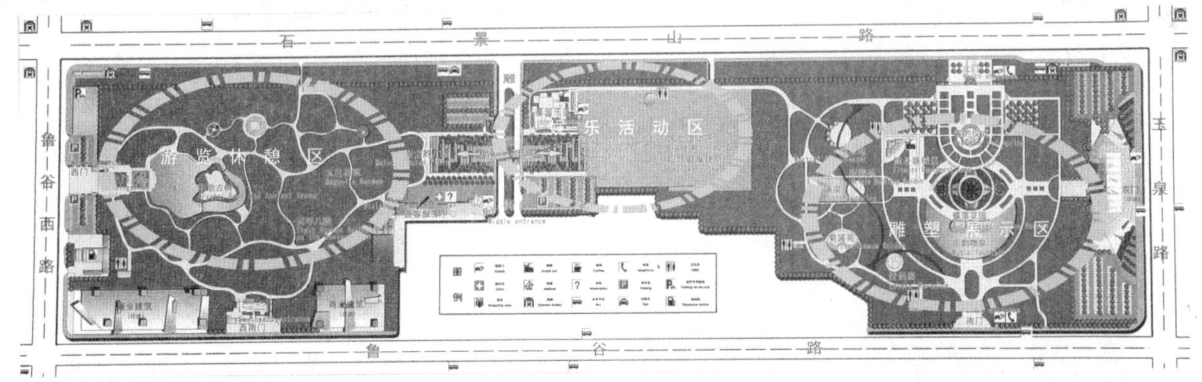

图 7-125 北京国际雕塑公园空间布局

3. 雕塑展示空间景观设计要点

(1)雕塑作品陈列具有一定的的组织体系 雕塑作品展示往往是一组或一套雕塑相互配合陈列,并保持适当的空间距离,作品相互之间彼此呼应。如上海静安雕塑公园对于雕塑作品的陈列提出了“链、围、合、串”的策略,整体上结合公园步行系统及其空间环境,串联若干个雕塑作品组团,形成具有标识性的雕塑展示路径,同时各雕塑组团又保持相对独立,且具有各自主题。

(2)雕塑作品环境空间设计能够烘托雕塑主题和塑造雕塑空间 根据雕塑的主题来设计具体展示空间的园林环境,或根据具体园林环境来设置适

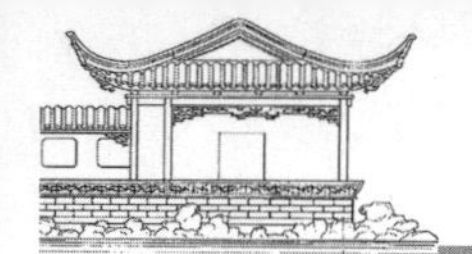

合的主题雕塑。如气势磅礴的高大抽象雕塑，多为单独摆放在开阔的草坪或广场之中，小型精致的雕塑作品应陈设于小尺度的树林草地、花坛和花镜中。如果展览的一系列雕塑作品本身在材质、色彩、素材、主题等方面具有相对统一和连贯性，则公园展示空间的设计无需喧宾夺主，只要做好配角角色，烘托和塑造完善雕塑原有的序列即可。

(3)人与雕塑互动空间设计　雕塑公园的雕塑作品除了被观看欣赏以外，还可以用来体验。如一些体积较大的雕塑创作时结合游人体验功能空间设计，游人可以参与其中与之互动，如美国西雅图奥林匹克雕塑公园摆放的部分大型雕塑就设有行人通道，参观者可于雕塑上行走。这样的雕塑作品及其环境，不仅是公园的点景，还能成为公园区域景观中心，是游人节假日举行文艺活动的聚集地。

(4)以雕塑艺术为主题特色的主体建筑景观　雕塑作品展示区的主体建筑景观往往是雕塑艺术馆或展览馆，其设计结合展示区的整体空间设计布局形式和风格，一般处于主轴线或构图中心，成为区域的中心，与室外园林化的雕塑展示空间相比，展览馆为雕塑及相关艺术作品的成列、展示和交流服务提供了更为丰富的功能空间，而且雕塑艺术馆建筑设计本身也常常受雕塑艺术构思的影响，甚至成为公园中最大的雕塑作品(图 7-126、图 7-127)。

图 7-126　北京国际雕塑公园展览馆

(5)雕塑化的园林空间设计　雕塑展示区陈列的雕塑作品个体之间若无完整联系(如陈列不同时代或不同雕塑家的作品)，或因满足布展需要而更新雕塑，这种情况下较难形成统一的主题，公园景观设计如若迁就分散的雕塑主题，势必给人以松散和零碎感。此时需要把公园景观设计作为雕塑创作过程来对待，在地形、植物、水景、建筑、园路等要素方面进行雕塑化的立意构思。这个设计过程不是简单模仿雕塑的形态，而是借助雕塑的美学思想、构成法则以及处理手法，并加以灵活运用，造就具有雕塑特征的园林景观环境，从而使园林与雕塑融为一体。

图 7-127　青岛雕塑公园雕塑馆

七、体育公园规划设计

1.体育公园的含义与特点

(1)体育公园的含义　体育公园也称运动公园，是一种拥有各类体育运动场馆及配套设施，能够开展各类体育运动竞技和健身锻炼，同时也能为市民提供游憩和休闲活动的专类公园。体育公园根据建设目的不同可分为两类，一类是为举办大型体育运动赛事而建，称为赛事型体育公园，如为举办第 29 届夏季奥林匹克运动会(2008 年)而建的北京奥林匹克体育公园(图 7-128)、湖南省娄底市为举办第 12 届省运会所建的娄底市体育公园、南京为举办第二届青奥会(2014 年)所建青奥体育公园等。另一类是为了开展全民体育运动，提高市民身体素质和健康水平，方便居民运动健身以及开展各种休闲娱乐活动和文化交流而建，称为休闲健身型体育公园，如南京钟山体育运动公园、日本佐藤池体育公园(图 7-129)等。

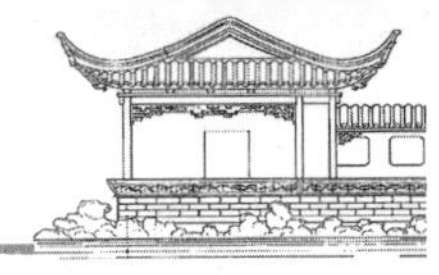

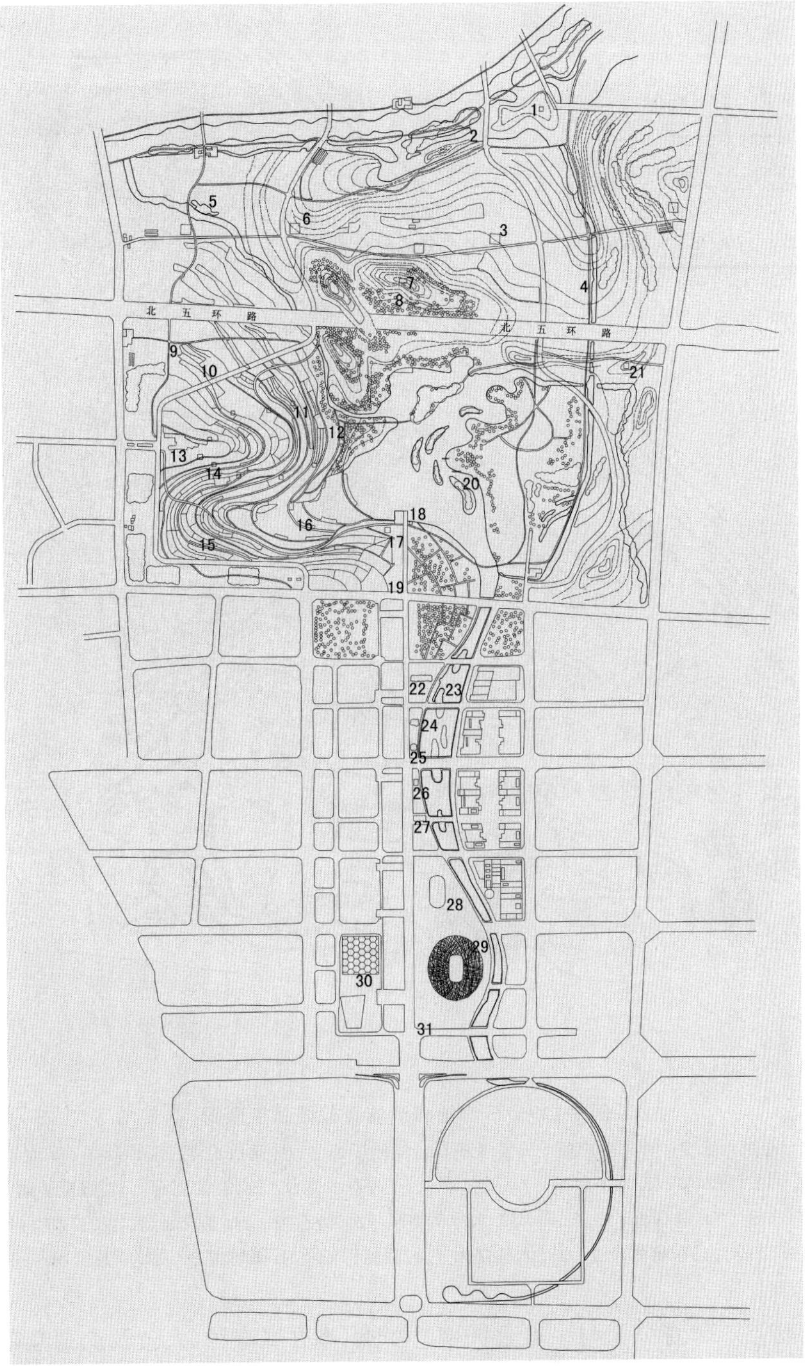

图 7-128　北京奥林匹克体育公园总平面图

1.北方玄塔　2.沼泽(清河栈道)　3.群落演替展示区　4.同山沟生态廊道　5.林中池塘　6.场地故事盒与主题园　7.中央黄塔　8.玄武山　9.外园自行车环道　10.标本群落区　11.西部梯田湿地游览环线　12.生物多样性展示区　13.环境教育中心　14.西方白塔　15.社区公园　16.湖群叠水　17.南方红塔　18.水塔　19.森林公园站　20.沙滩　21.东方青塔　22.黑土地花园　23.国际花垒　24.白土地花园　25.黄土地花园　26.红土地花园　27.青土地花园　28.热身场　29.国家体育场　30.水立方　31.南入口

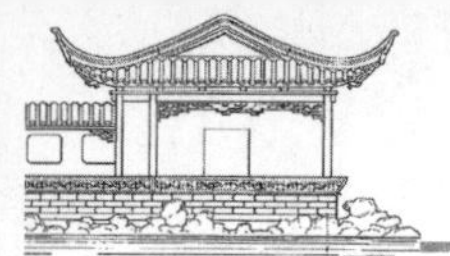

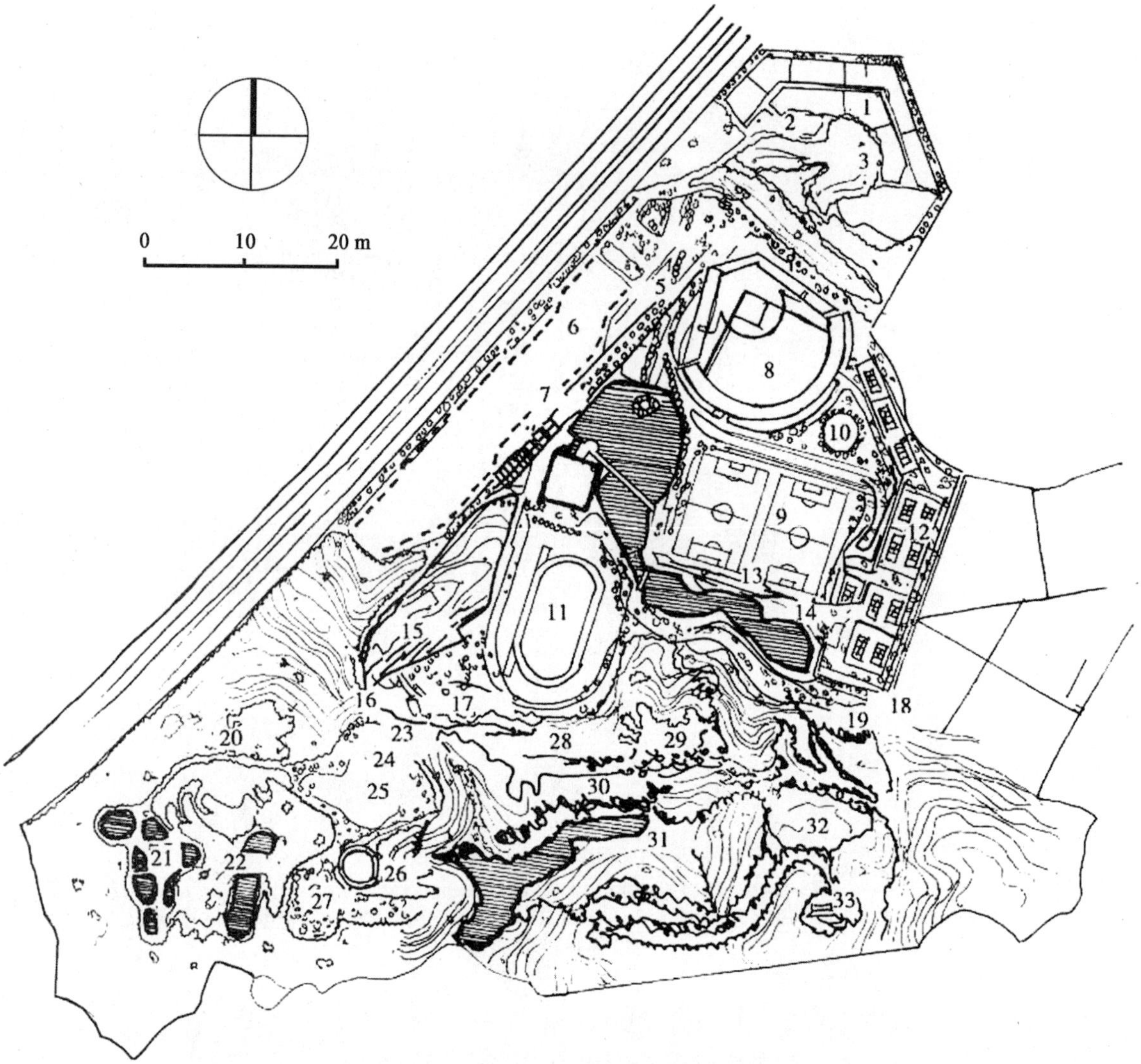

图 7-129 日本佐藤池体育公园总平面图

1.苗圃 2.工作间 3.绿化地带 4.象徵广场 5.管理中心 6.停车场 7.绿荫散步道 8.棒球场 9.足球场 10.圆形广场 11.田径运动场 12.网球场 13.池上客站 14.花木露台 15.花木露台 16.丘陵露台 17.丘陵客站 18.辅助入口 19.自行车停车处 20.游戏场 21.花园 22.水生植物园 23.运动场 24.竞走起点 25.广场 26.野外露台 27.森林野营 28.红杉树散步道 29.休息森林 30.露营广场 31.垂钓中心 32.绿茵广场 33.选手树

(2)体育公园的特点 体育公园与一般公园明显不同的是,拥有较多的各种专业性较强的体育运动设施,如运动场、体育馆、游泳池、篮球场、网球场、溜冰场等,所以具有面积规模较大、建筑占地多的特点。赛事型体育公园不仅运动场馆和配套设施需要符合一定技术标准,严格按照赛事规程要求进行规划设计,而且具有较强的人员集散变化特点,举办赛事时,人员及交通集散性强,各项设施必须满足相关功能需要以及安全要求等。

另外,体育公园具有较为明显的活动特点和主题特色。不同功能区域动、静分明,运动场地和设施所在区域空间开敞,环境氛围比较热烈而富有活力,特别是在比赛时甚至显得喧嚣嘈杂。而自然景观和游览观赏区域则相对比较安静,适合人们散

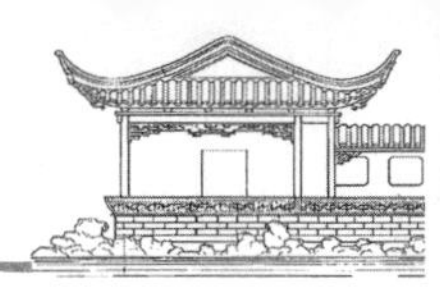

步、休息、交流等。体育公园除开展具体的运动项目外，更有鲜明的奥林匹克文化精神体现，不同国家、不同地区、不同人群以运动盛会和运动项目为纽带，为了追求更高、更快、更强的目标，彼此交流、相互鼓励、积极奋进、增进友谊。体育公园不仅将园林绿地环境与体育运动有机结合，为人们创造了高质量的运动健身环境，更是一种充满生机和活力的绿色文化园地。所以，体育公园也是一种富有特色的文化主题公园。

2.体育公园总体规划布局

对于赛事型体育公园，举办赛事期间为了安全以及经营管理需要，通常对比赛场馆实施封闭管理，因此，为了使用管理方便，用于比赛的场馆可以相对集中布局，在整体空间安排上分为赛事区域和非赛事区域，赛事区域布置专业的体育比赛场馆设施，如中心体育场（田径运动场、足球场等）、大型综合性体育馆（篮球馆、排球馆、羽毛球馆、乒乓球馆、壁球馆）以及游泳馆、高尔夫球场等，部分场馆设施在非赛事期间也可对公众开放，供普通市民开展体育健身活动；非赛事区域主要供大众业余体育锻炼、健身休闲、游览休憩、儿童娱乐活动、体育文化展示与交流等。如上海徐家汇体育公园规划在充分考虑现状场馆设施和赛事要求的基础上，整体空间分为“一轴二区”三大功能空间，“一轴”即为主场馆赛事主轴，“二区”分别为主轴南侧的“运动健身区”和主轴北侧的“有氧休憩区”（图 7-130）。

健身休闲型体育公园根据功能需要，一般可分为运动健身区、文化展示区、休闲游憩区、儿童娱乐区和管理服务区等不同功能空间。运动健身区布置各类体育运动场馆和健身设施，如各类球场和球馆、游泳池、健身馆、射击场、跑步道；文化展示区主要布置文化广场、展览馆、纪念馆等；休闲游憩区主要结合地形地貌布置水体、森林、树丛、花园、草地等各种自然景观以及亭、廊、榭、咖啡茶座、小卖部等各种休息服务建筑设施；儿童娱乐区则主要布置旱冰场、卡丁车、儿童乐园等；管理服务区主要为公园提供园务管理和后勤保障服务，主要布置游客接待中心、办公室、仓库、车库、堆场等，除游客接待中心外，其他设施环境一般不对游人开放。

图 7-130　上海徐家汇体育公园空间布局图

3.体育公园景观设计要点

（1）出入口及赛事场馆外广场需要设计足够的集散空间　考虑到需要承载举办赛事时的巨大人流量，体育公园的主要出入口内外广场和主要赛事运动场馆外广场、通道等需要有足够的开敞空间，满足人群快速疏散，确保公园运营安全。如果主要比赛场馆距离公园边界较近，也可在场馆附近设置专用的疏散出入口和疏散通道，满足人群瞬时快速疏散需要。

（2）人性化的交通设计　体育公园交通设计分动态和静态两部分，动态交通主要是道路系统，尽可能做到人车分流，即车行空间和人行空间分开设计，避免相互干扰以及影响公园的舒适性和运动功能发挥。除满足特殊车辆（包括特种车辆、公园管理车辆、举办赛事时的工作车等）的通行要求外，一般运动健身区域、休闲游览以及娱乐活动区域主要设置慢行道路交通系统和健身步道，方便人们进出各个运动场馆设施以及健身和游览。用于健身的道路可以设计为跑步道、快走道、慢走道、自行车道等不同类型。跑步道尽可能延长路径，并穿越和联系不同区域景观空间，使锻炼者在跑步时欣赏到多样化的公园风景，避免纯跑步健身过程的单调乏味。游览性道路还可以结合公园地形和水系、植物

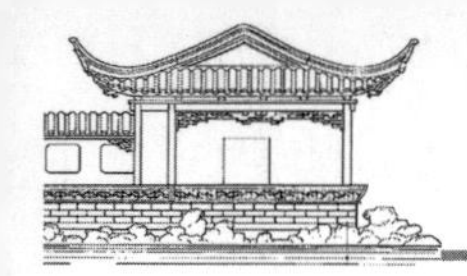

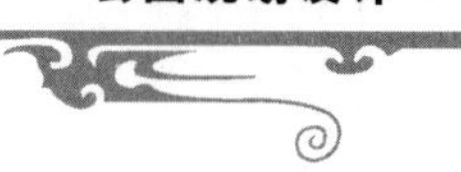

景观等，设计成高低不一的栈道或架空道形式，丰富游人游览风景的感受。

静态交通设计主要是机动车和非机动车停车场设计，为了方便游客停车和就近入园，公园各个出入口根据用地条件均应设置一定规模的停车场(包括小客车和自行车)，如果公园用地条件不够充裕，可考虑利用公园地下空间，设计地下机动车停车场，但大巴停车场依然设置地面上，一般位于主出入口或主体育场馆附近，方便举办赛事时运动员和工作人员乘用车停放。所有地面停车场应采用生态设计措施，如采用透水性铺装、草坪格或草坪砖、栽种可以遮阴的大乔木等，以改善和提高停车场生态环境质量。

(3)运动场地与环境绿化景观有机结合　篮球场、网球场、排球场等各种户外体育运动健身场地不仅满足运动功能的需要，同时也要与绿化景观有机结合，特别是成片布置的场地设施，应将绿色景观有机穿插到场地之间，形成场地组团分隔与过渡景观，既可以改善运动场地的生态环境质量，又能为其他观看者和休息者提供临时休息空间。一些小型的健身器材则可以直接安置于绿色环境之中(如林下广场、疏林草地等)，只要保持器材与树木花草之间的适当距离，并做好活动范围内的场地铺装(最好采用透水性铺装)，就可以达到绿色植物与健身设施之间相互融合、相得益彰(图 7-131)。

图 7-131　健身器材与场地环境绿化

(4)种植设计注重生态防护功能　人们在体育公园中锻炼活动，常常需要比平常呼吸更多的空气(氧气)，所以公园空气质量直接影响锻炼者的健康。在不影响体育场馆设施正常功能发挥的情况下，公园应尽可能提高绿地率和绿化覆盖率，运用大量绿色植物来净化空气，调节小气候。开敞式绿地空间种植耐踩踏的草坪草，减少因使用踩踏造成泥土裸露，铺装地面在不影响活动功能的情况下设计乔木树池，自然风景游览空间多设计各种风景林(包括密林、疏林)、树群、树丛等树木景观，休憩绿地多采用疏林草地或稀树草坪形式，公园周围设计具有较好防尘、防噪、防风等防护功能的防护隔离林带。另外，适当考虑种植一些吸尘滞尘作用大(如叶面粗糙或多茸毛的朴树、榉树、广玉兰等)和能分泌散发出某些挥发性物质(具有一定抗菌、杀菌作用)的树种(如松树、杉树、柏树、樟树、橡树等)，进一步提高公园环境空气质量。

(5)人工结合自然的竖向与水景设计　体育公园中人工建筑和场地设施比较多，在竖向和水景设计上首先考虑满足体育场馆的使用功能要求，同时结合现代建筑景观和场地空间艺术特点，创造富有活力和艺术感染力的体育人文景观，如地势高差而设计的宽阔台地(台阶)景观、镜面水池景观、动感艺术喷泉和瀑布等。人工景观环境中可设计艺术化的自然地形和植物群落景观，将自然的片段融入人工的环境，同时在体育场馆区与休憩景观区之间通过巧妙的过渡空间设计，如人工喷泉瀑布经过跌水、水渠流向自然景观区的溪流、湖泊和湿地；人工广场上的树阵、树列、花坛景观空间，经过半规则半自然形式树丛和花境以及坡地花园的过渡处理，向自然的山地、丛林延伸，使人工与自然之间无缝对接，形成和谐统一的公园景观生态环境。

八、湿地公园规划设计

(一)湿地与湿地公园

1. 湿地与湿地公园的含义

湿地(wetland)是介于水体和陆地之间的生态交错区。美国鱼类与野生生物保护机构(1979 年)对湿地的定义为：湿地是陆地生态系统和水生生态

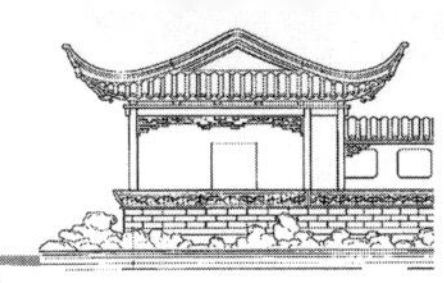

系统之间的过渡地带，该地带水位经常接近或处于地表面，或者具有浅层积水。

湿地与人类的生存、繁衍、发展息息相关，是自然界最富生物多样性的生态景观和人类最重要的生存环境之一，它不仅为人类的生产、生活提供多种资源，而且具有巨大的环境功能和生态效益，在抵御洪水、调节径流、蓄洪防旱、降解污染、调节气候、控制土壤侵蚀、促淤造陆、美化环境等方面具有其他生态系统不可替代的作用，因而，湿地生态系统与陆地生态系统、水域生态系统并称为地球三大生态系统，享有"地球之肾"的美誉。

湿地公园是一种独特的公园类型，是指纳入绿地系统规划的、具有湿地的生态功能和典型特征，以生态保护、自然野趣、休闲游览和科普教育为主要内容的公园。

湿地公园与其他水景公园的区别在于，湿地公园强调了湿地生态系统的生态特征和基本功能的保护和展示，突出了湿地所特有的科普教育内容和自然文化属性。

湿地公园与湿地自然保护区的区别在于，湿地公园强调了利用湿地开展生态保护和科普活动的教育功能，充分利用湿地的景观价值和文化属性丰富人们休闲娱乐活动的社会功能。

2. 湿地的特点

(1)至少周期性地以耐湿植物或水生植物为优势植物种　在每一年中，湿地的土壤至少周期性地处于水饱和或浅淹水的状态。因此，大部分不耐水淹的植物在湿地上都是处于不适应的生长状态，而耐湿植物和水生植物却是最适的生长环境，所以这些植物就会周期性地处于优势地位，从而变为优势植物种。

(2)底层土壤主要是湿土　湿地水资源丰富，相对应的不管是地表水还是地下水都十分的富足，再由于长年累月的渗透作用，所以湿地的土壤大多都是湿土。

(3)在每年的生长季节，底层水饱和或浅淹水　湿地的水文条件是湿地属性的决定性因子。湿地既不像陆地生态系统那样干燥，也不像水域生态系统那样有永久性的深水层，而是经常处于土壤水分饱和或浅淹水的状态。而水的多种来源(如降水、地表径流、地下水、潮汐和泛滥河流)、水深、水流方式以及淹水的持续期和频率决定了湿地的多样性，这也为湿地生物的多样性提供了基础。

3. 湿地公园的功能

(1)保护生物和遗传多样性　自然湿地生态系统结构的复杂性和稳定性较高，是生物演替的温床和遗传基因库。许多自然湿地不仅为水生动植物提供了优良的生存场所，也为多种珍稀濒危野生动物，特别是水禽提供了必要的栖息和迁徙、越冬和繁殖的场所。同时，自然湿地为许多物种保存了基因特征，使得许多野生生物能在不受干扰的情况下生存和繁衍。因此，湿地当之无愧地被称为"生物超市"与"物种基因库"。总之，城市生物多样的发展，在一定程度上是由城市郊区的湿地斑块决定的。

(2)减缓径流和蓄洪防旱　许多湿地地区是地势低洼地带，与河、湖、海相连，所以是天然的调节洪水的理想场所。当雨季来临，可以通过湿地的积蓄功能将多余的水分收集起来，等到旱季动植物大量需水的时候，再通过湿地释放，起到蓄洪防旱的功能。

(3)净化空气、固定二氧化碳及调节区域气候　湿地由于其特殊的生态特征，在植物生长、促淤造陆等生态过程中会积累大量的无机碳与有机碳，从而固定大气中的二氧化碳、净化空气，而二氧化碳的减少又能控制全球变暖，因此，湿地在大气环境中也起到重要作用。

(4)降解污染和净化水质　湿地具有很强的降解污染的功能，许多自然湿地生长的湿地植物、微生物通过物理过滤、生物吸收和化学合成与分解等把污染物降解转化为无害的物质，使得湿地水体净化。而湿地也因为这个功能被誉为"地球之肾"。

(5)防浪固岸作用　通常海浪、湖浪和河水等对沿岸地区具有一定威胁，在许多湿地没有保护好的地区，这些威胁会对农田、鱼塘甚至城镇造成不同程度的破坏。而湿地植被生长良好的地方，海浪的流速和冲击力都会因为植物的缓冲与阻滞作用而减弱，使水中泥沙逐步沉淀形成新的陆地。

(6)美化城市环境　湿地是城市周边最具美学和生态价值的自然斑块之一，是城市特色的主要组

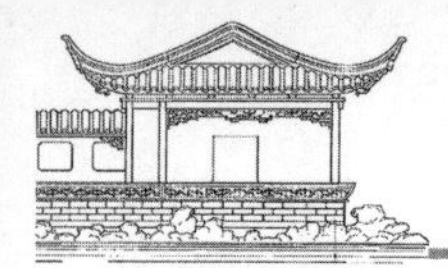

成部分，也是发展城市旅游业与区别城市特征的重要载体。

(7)休闲娱乐与科教文化的区域　湿地公园是城市建设最具自然特色的场所之一，它符合当今人们融入自然的追求，是人们休闲娱乐的首选场所，并且其还具备其他类型绿地所不具备的科学文化教育的功能。

4. 湿地公园的特点

(1)完备的生态系统　湿地生态系统应是一个完备的，能够自持自立的系统，它具有完整的生态系统的时间、空间与营养结构。

(2)多种类型和区域特色　每一地的历史人文、地形地貌、水文及气候都具有不同的特点，因此每一处的湿地公园都有其自身的特色，在我们的规划设计过程中，要充分地发挥湿地的区别特征。

(3)别具特色的湿地生态旅游　湿地公园已经越来越成为人们休闲度假与旅游的首选之所，在湿地公园中人们也更能体会到自然之美。

(4)生态经济效益显著　由于湿地公园特有的生态条件，湿地公园能为城市蓄洪防旱、净化水体、保护生物多样性以及提高城市中各绿地的连通性等功能。所以，湿地公园能发挥巨大的生态经济效益。

湿地公园的规划应根据各地区入口、资源、生态和环境的特点，以维护城市湿地生态平衡、保护城市湿地功能和湿地生物多样性，实现资源的可持续利用为基本出发点，坚持“全面保护、生态优先、合理利用、持续发展”的方针，充分发挥湿地公园在建设中的生态、经济和社会效益。

(二)湿地公园设计原则

城市湿地公园规划设计应遵循系统保护、合理利用与协调建设相结合的原则。在系统保护城市湿地生态系统的完整性和发挥环境效益的同时，合理利用城市湿地具有的各种资源，充分发挥其经济效益、社会效益以及在美化城市环境中的作用。

1. 系统保护原则

(1)保护湿地的生物多样性　为各种湿地生物的生存提供最大的生息空间；营造适宜生物多样性发展的环境空间，对生境的改变应控制在最小的程度和范围；提高城市湿地生物物种的多样性并防止外来物种入侵造成灾害。

(2)保护湿地生态系统的连贯性　保持城市湿地周边自然环境的连续性。保证湿地生物生态廊道的畅通，确保动物的避难场所，避免人工设施的大范围覆盖，确保湿地的透水性。寻求有机物的良性循环。

(3)保护湿地环境的完整性　保持湿地水域环境和陆域环境的完整性，避免湿地环境的过度分割而造成的环境退化。保护湿地生态的循环体系和缓冲保护地带。避免城市的发展对湿地环境的过度干扰。

(4)保持湿地资源的稳定性　保持湿地、水体、生物、矿物等各种资源的平衡与稳定。避免各种资源的贫瘠化，确保湿地公园的可持续发展。

2. 合理利用原则

合理利用湿地动植物的生态价值、经济价值和观赏价值，合理利用湿地提供的水资源、生物资源和矿物资源，合理利用湿地开展休闲与游览，合理利用湿地开展科研与科普活动等。

3. 协调建设原则

湿地公园的整体风貌应与湿地特征相协调，体现自然野趣；建筑风格应与湿地公园的整体风貌相协调，体现地域特征；公园建设优先采用有利于保护湿地环境的生态化材料和工艺；严格限定湿地公园中各类管理服务设施的数量、规模与位置。

(三)湿地公园规划设计内容

1. 湿地公园总体规划内容

根据湿地区域的自然资源、经济社会条件和湿地公园用地的现状，确定总体规划的指导思想和基本原则，划定公园范围和功能分区，确定保护对象与保护措施，测定环境容量与游人容量，规划游览方式、游览路线和科普、游览活动内容，确定管理、服务和科学工作设施规模等内容。

2. 规划功能分区与基本保护要求

湿地公园一般应包括重点保护区、湿地展示区、游览活动区和管理服务区等区域。

(1)重点保护区　湿地公园中的重要湿地景观，或湿地生态系统较为完整、生物多样性丰富的

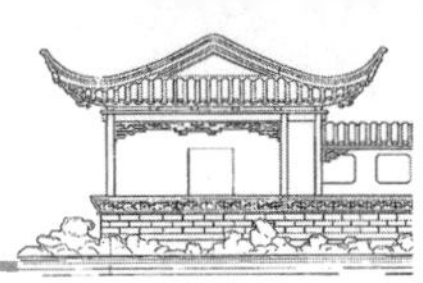

区域，应规划设置为重点护区。在重点保护区内，可以针对珍稀物种的繁殖地及原产地设置禁入区，针对候鸟及繁殖期的鸟类活动区域设立临时性的禁入区。此外，考虑生物的生息空间及活动范围，在重点保护区外围划定适当的分人工干涉圈，以充分保障生物的生息场所。

重点保护区内只允许开展各项湿地科学研究、保护与观察工作。所以，可根据需要设置一些小型设施，为各种生物提供栖息场所和迁徙通道。本区内所有人工设施应以确保原有生态系统的完整性和最小干扰为前提。

(2)湿地展示区　在重点保护区外围规划建立湿地展示区，重点展示湿地生态系统、生物多样性和湿地自然景观等，开展湿地科普宣传和教育活动。对湿地生态系统和湿地形态相对缺失的区域，应规划进行湿地生态系统的保育和恢复。

(3)游览活动区　湿地敏感度相对较低的区域，可以规划为游览活动区，开展以湿地为主体环境的休闲、游览活动。游览活动区内可以规划适宜的游览方式和活动内容，安排适度的游憩设施，如修建游览栈道、休息观景凉亭等，避免游览活动队湿地生态环境造成破坏。同时，应考虑安全保护设施，防止游人发生意外伤害。

(4)管理服务区　在湿地生态系统敏感度相对较低的区域可以规划管理服务区，设置游客服务接待中心、休闲茶餐厅、公园管理室、停车场等服务于管理设施，但要尽量减少对湿地整体环境的干扰和破坏。

3.湿地公园植物景观设计要点

(1)保持原有植被　湿地公园中的种植景观设计总体上以保持原有植被为前提，重点规划设计好水生、湿生和耐水湿植物景观，并根据不同功能区的特点和要求加以区别对待。

(2)保护自然生境和植被　重点保护区以保护原有的植被群落和自然生境为主，保障原有生物生息场所不被干扰和破坏，一般不做过多的种植设计。

(3)植物群落景观多样性　湿地展示区除保持原有植物外，需要通过设计种植新的湿地植物种类，来展示多样性的湿地植物群落景观。

(4)满足游览观赏需要　游览活动区可以结合游览设施，安排种植各种水生、湿生或旱生观赏植物，以满足公园景观游览观赏需要和改善生态环境。

(5)总体环境自然协调　管理服务区的建筑设施环境需要加以绿化美化，可以种植各类树木花草，但总体上要与公园的湿地环境相协调。

九、纪念公园规划设计

(一)纪念公园的性质与功能

1.纪念公园的性质

为当地的历史人物、革命活动发生地、革命伟人及有重大历史意义的事件而设置的公园。另外还有些纪念公园是以纪念馆、陵墓等形式建造的，如南京中山陵、鲁迅纪念馆等。

2.纪念公园的功能

为颂杨具有纪念意义的著名历史事件、重大革命运动或纪念杰出的科学文化名人而建造的公园，其功能就是供后人瞻仰、怀念、学习等，另外，还可供游览、休息和观赏。

(二)纪念性公园规划设计的原则

1.场所文脉原则

坚持场所文脉原则就是尊重场所精神和注重文脉的延续，在纪念性公园规划设计时无论怎样的设计形式，都不能脱离场所的精神。设计师要对基地的情况充分了解，对当地文化要深刻理解，面向大众的生活习俗，要在公众的使用要求中达到诸多功能的满足，以一种协调的形式表达出来，并被使用者体验所感知，这才是合理的设计。规划设计中注重文脉的延续，使纪念性公园与其周围的物质环境和文化氛围相联系，保持空间整体的连续一致性，与周边的环境有着相同的艺术风格和局部特征，即地域文化的特征，同时塑造出具有自身文化特色的园林形态和艺术风格，通过园林形式展现和继承场所或城市的历史文化。如美国纽约的“9·11”国家纪念公园的“纪念之光”(tribute in lights)，蓝色光柱从世贸遗址附近射向曼哈顿的夜空，象征着在“9·11”事件中消失的纽约市世界贸易中心双子星永远屹立(图7-132)。

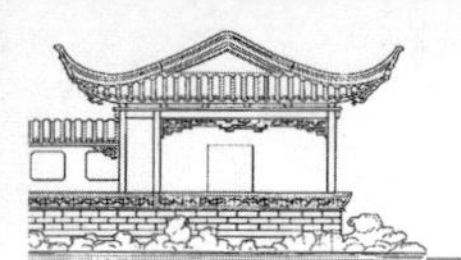

图 7-132　美国纽约“9・11”国家纪念公园的“纪念之光”

2. 艺术美学原则

公园的规划建设是一种艺术创造的过程。它既有科学的属性又有文化艺术的属性。作为艺术品来讲,它的艺术特色就是它的生命。纪念性公园的规划设计应当以艺术美学为原则,创造融自然美、艺术美和社会美为一体的园林形式,优美的园林环境不仅能美化城市形象,更能促进人们的交往活动。

美国建筑师路易斯・康（Louis Kahn）1973 年秋季在普拉特学院演讲时说:“我想纪念地应该是房间和花园,这是所有的想法。为什么要是房间和花园。我不过是从出发点考虑。花园,具有个人性质,是被自然所控制的,能把人们聚集在一起的个人性质场所。房间,则是建筑的开端。”

3. 情感体验原则

纪念性公园的纪念特性使游人在公园空间中行进的过程中,不仅在视觉上感受所看到的事物,而且在看到一系列的纪念形象之后,某种与纪念相关的情感被唤起。同时,游人在使用纪念性公园时本身就是一种体验过程,如对园林美的欣赏、对公园使用的评价等。因此,在规划设计中应遵循情感体验原则。设计师要因地制宜,充分了解基地自身所处的环境及所蕴含的场所文脉;了解公众的体验心态和审美感受,创造出具有情感感染力的园林景观(图 7-133)。

图 7-133　戴安娜王妃纪念公园的纪念泉

(三)纪念性公园规划设计的内容与方法

纪念性公园类型丰富,不同类型的纪念性公园在规划设计上存在相当大的差异。下面总结主要的规律和方法。

1. 选址要求

(1)有利于城市生态绿色网络的构建　从城市绿地系统规划的层面着眼,坚持整体优化原则,把纪念性公园作为城市绿地系统的一个组成部分来看待。如果以点、线、面三个层面的元素来解析城市绿地系统。点元素为各类城市公园;线元素为带状城市公园和绿地;面元素为自然保护区和水源涵养地等。纪念性公园即是点元素中的重要一类。因此,在进行城市绿地系统规划时,在考虑公园绿地的分却和选取的过程中,可以利用城市现有历史遗迹、名人故居、重要事件发生故址,在此基础上建设纪念性公园,形成公园绿地,进而将纪念性公园的绿化成分与其他绿地类型相联系,构建稳定的城市生态绿网,并将此绿地网络与郊区自然景观斑块相连通,以达到改善整个城市生态环境的目的。

(2)有利于公园形成良好的纪念氛围　纪念性公园既是一种群众一般休闲活动的场所,又是纪念性活动的场所。其特殊功能决定它应有一个较为静穆的气氛,如果周围环境车水马龙一片混杂,就难以达到纪念的理想效果。所以纪念性公园既要

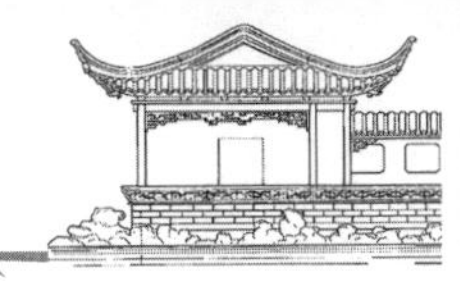

选择可达性高的场所，又要确保纪念性气氛少受干扰，尤其是陵园类的纪念性公园。

(3)保持历史与文化的延续性　纪念性公园常常选址在所纪念人物的曾居住地或所纪念事件的发生地，或是利用遗址进行改建，从而使纪念性公园与所纪念对象保持空间上的联系。例如，南京雨花台烈士陵园选址在革命烈士英勇就义的地方，因此纪念意义更得到加强。四川广安邓小平纪念园的则是一座以邓小平故居为中心的纪念性公园。中山岐江公园建在粤中造船厂旧址上，设计者保留了旧船厂遗址上的许多可利用的元素，如水体、古榕树和发育良好的地带性植物群落，以及与之互相适应的生境和土壤条件等自然元素和多个不同时代船坞、厂房、水塔、烟囱、龙门吊、铁轨、变压器及各种机器，甚至水边的护岸、厂房墙壁上的语录等人文元素。正是这些要素渲染了场所的纪念氛围，保留并延续了旧址历史的印迹，并作为城市的记忆，唤起造访者的共鸣。

当纪念性公园无法建造在故地或遗址时，可以采用符号移植与象征的手法达到一种延续性，通过激发观者的想象力而还原历史的氛围。

(4)充分利用周边环境中的有利因素　纪念性公园的选址还应充分利用城市周边环境中对纪念气氛有利的因素，对纪念气氛不利的因素，应尽量地隔离减弱。例如，上海的龙华烈士陵园附近有一座千年古塔——龙华寺塔。设计者在选址的时候，充分利用了这一元素，运用了“借景”的手法，使古塔成为陵园景观的组成要素，增强了环境的历史感与场所感(图 7-134)。美国二战纪念园在选址时也充分利用了周围的纪念碑、纪念馆等景观元素。

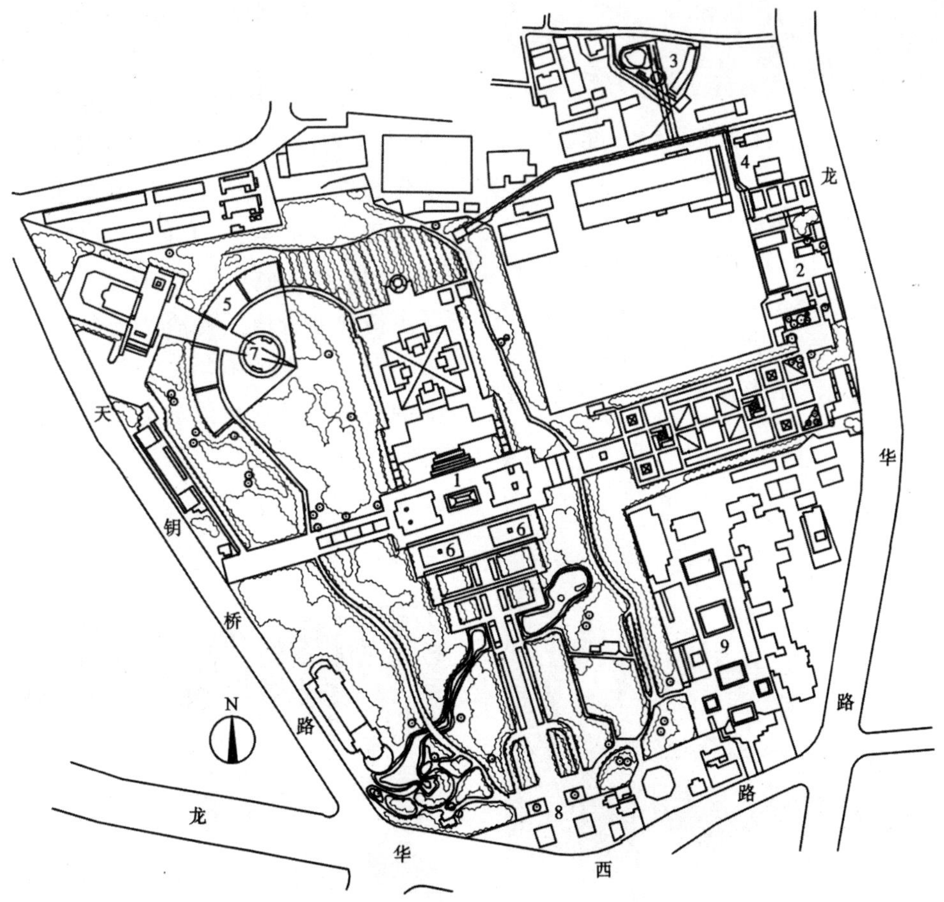

图 7-134　1995 年龙华烈士陵园平面图

1.纪念瞻仰区　2.碑林遗址区　3.就义地　4.地下通道区　5.烈士墓区　6.雕塑　7.纪念堂　8.入口　9.龙华寺

2. 纪念公园的景观元素设计手法

纪念公园构成元素以水体、石、植物等自然元素和雕塑、技术产品等人工元素为主。

(1)水　水体的动与静、深与浅能产生丰富多样的变化效果，水能产生倒影，使空间变得更加深远(图 7-135)。

图 7-135　唐山地震遗址公园中水体的应用

(2)石　作为主题直接承载记忆内容，与纪念对象的内容相联系。作为内容间接表达纪念情感，可做背景，烘托空间气氛，石还可以做成刻石、雕塑、小品等。青藏高原的嘛呢石和日本枯山水中的役石甚至有某种宗教和精神信仰的含义(图 7-136)。

图 7-136　龙华烈士陵园中的刻石和雕塑

(3)植物　植物对于景观的情景创设具有重要作用，品种不同的植物可以营造出风格完全不同的情景特征及不同的地域环境。胡耀邦陵园中的纪念碑后方采用龙柏密集列植，既形成单一的深色背景，又能营造庄重肃穆的环境氛围(图 7-137)。

图 7-137　胡耀邦陵园纪念碑后方密集列植龙柏

(4)雕塑　雕塑作品是人造环境的重要组成元素，其丰富的造型可以传递不同的信息，通过特定的形态传达思想感情。将雕塑作品与建筑景观和园林景观等的结合，共同组成城市的特色，雕塑的质量和造型的成功与否，直接关系到其审美价值和传承精神的价值。要清楚地意识到雕塑作品的价值不但是指其题材构思和艺术表现力等方面，更重要的是其作为一种传承历史的载体所体现的价值(图 7-138)。

图 7-138　龙华烈士陵园中的雕塑

(5)高技术产品元素的设计与应用 可以采用声、光、影等因素设置高科技数码景墙,通过相关的形式实现与游人之间的互动。可以将当地开发区的机械制造、电子电器以及生物医药等方面的发展和所取得的成果应用于其中(图 7-139)。

图 7-139 美国纽约"9·11"国家纪念公园的灯光应用

3.纪念公园景观设计中的表现手法

(1)象征 原义是"寓意于象",用具体事物或某种形象表示某种抽象概念、思想情感或特定的意义或主题。纪念性空间中,象征就是通过对空间形态或外部形象的构成特征来表达对某一事物的记忆与怀念。

象征的手法表现形式:数字(重要的符号信息,是时间、数目的准确表述)、方向(纪念场所与纪念对象或与其相关的其他场所发生联系)、象征符号(抽象的象征符号演化成设计元素,再通过景观元素恰当地表现出来)等。英国伦敦的海德公园中的戴安娜王妃纪念泉即是应用了象征的手法,景观水路经历跌水、小瀑布、涡流、静止等多种状态,反映了戴安娜起伏的一生。

(2)叙事 在纪念性景观设计中,叙述的手法是很常见的,利用叙述的手法,向游人讲述一个人物、一段历史、一次事件等。叙述具有历时性的特点,对观者的感染是渐进的,促使来访者的了解和思考,往往是通过空间的转换来完成。

叙事方式可分两种:静态叙事与动态叙事。静态叙事特点是叙述某一时刻发生的故事或场景。动态叙事:就像把一幅幅风景画用某种方式组合在一起,园林空间便以视觉叙事的方式被展开。动态叙事又分为两个方向:线性叙事和连续叙事。线性叙事是按时间的先后顺序将一系列事件贯穿成一个相对完整的叙事体;连续叙事是一系列时间都发生在同一语境下。时间之间没有明确的时间顺序,空间场景之间是并列放置的关系。青海省国家级爱国主义教育基地纪念园中设计师应用了叙事的手法来营造该纪念性空间的序列。

(3)再现 是通过对历史场景或纪念性景观表现情节的模拟,调动各种相关线索,引发必要的联想,引导适当的推理,以恢复遗忘的知识或经验。再现手法可以分为具象再现和抽象再现两种。以色列建筑师迈克·阿拉德(Michael Arad)的作品"倒影缺失"(reflecting absence)即是采用了再现的手法来表现"9·11"事件中的灾难情节(图 7-140)。

图 7-140 迈克·阿拉德及其作品《倒影缺失》

4.纪念公园空间结构设计

纪念公园空间结构有序列性和整体性的特点。序列性主要表现在对纪念对象按时间或事件发展的某种次序进行叙述。整体性体现在纪念性

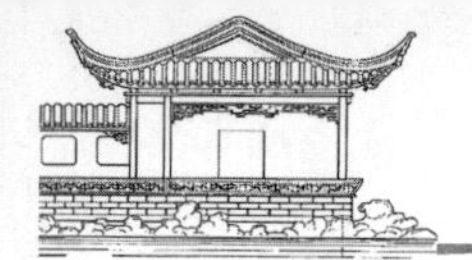

公园是由相互作用的若干空间单元构成的复合体，需要有一个整体系统的特性，一个要素的存在必须以其他要素的存在为前提。如罗斯福纪念公园的水景。

（1）场景　景观空间结构的某一个空间单元，特点是有人参与，参与者在空间中去想象这个空间所隐含纪念内容，或休息、交流等。纪念性空间可以是一个简单的空间场景，也可以是多个空间场景。

（2）过渡空间　单元空间之间不是独立存在，它们之间相互关联影响。过渡空间的类型主要有独立型和从属型(图 7-141)。

类型	图例		案例	特征
独立型	A B	上升	曼哈顿非洲殓葬国家纪念碑	独立于A、B空间
		下沉	休斯敦景观纪念公园	
		拉长	肯尼迪纪念园	
		缩短	澳大利亚维持和平纪念园	
从属型	A B		罗斯福纪念园	从属于A、B空间

图 7-141　过渡空间的类型示意图

（3）场景序列　场景序列是由彼此相互差异的场景构成，对不同的场景进行组合、编排，形成一种序列，序列相对完整，也表达和传递这一个相对完整内容。场景序列的类型主要有三种(图 7-142)。

序列的节奏。序列中场景的差异，从人的感官角度来看，节奏有强弱之分。在场景之间的视觉形态变化较小，就会形成相对较强的节奏感。反之，如果规律含糊或相对较弱，节奏感就相对较弱。

序列中场景的距离也是影响节奏的关键。节奏的快慢取决于单元场景之间的间距。场景集中，场景序列节奏稍快；场景分散，则稍慢。

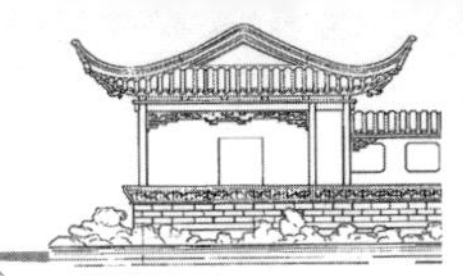

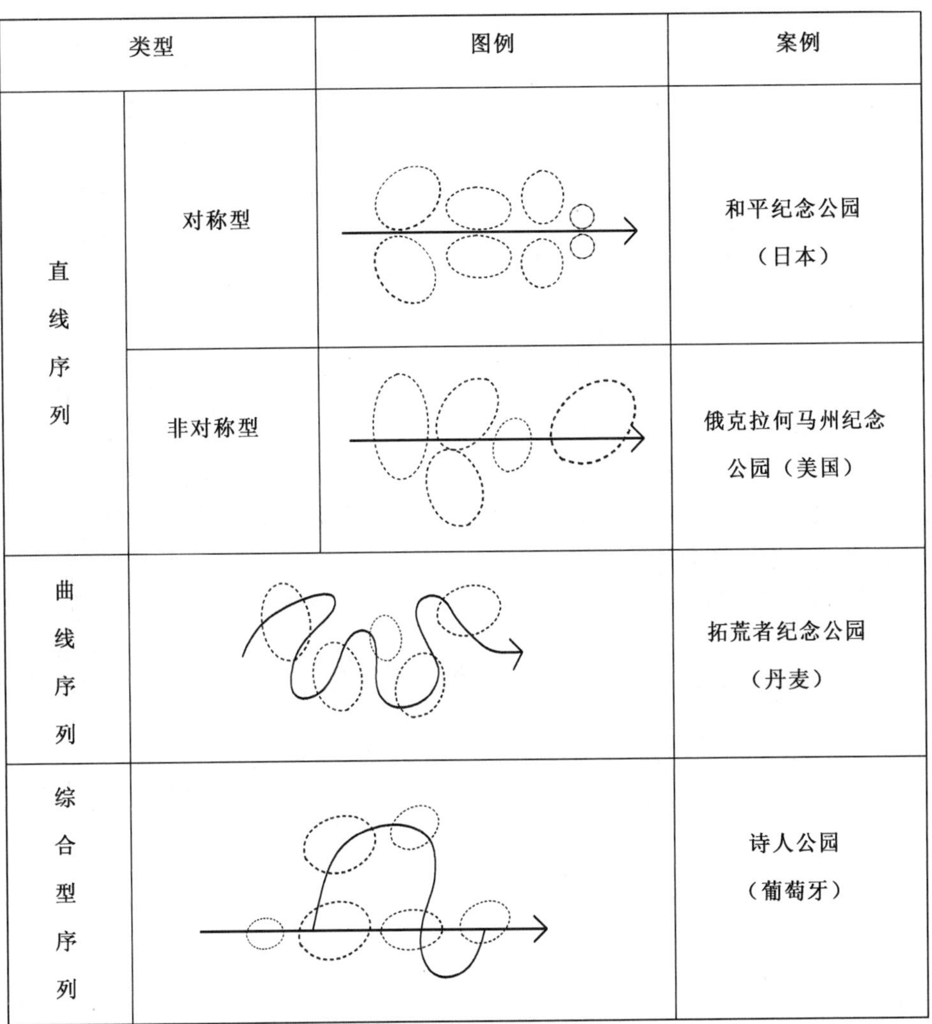

类型		图例	案例
直线序列	对称型		和平纪念公园（日本）
	非对称型		俄克拉何马州纪念公园（美国）
曲线序列			拓荒者纪念公园（丹麦）
综合型序列			诗人公园（葡萄牙）

图 7-142　场景序列的类型示意图

(四)纪念公园规划设计的发展趋势

纪念性公园不能只停留在对某人或某物的纪念意义上，要把它融入整个社会的大背景小环境中去，要与整个社会、世界接轨。一座好的纪念公园不仅要起到纪念的作用，还要起到启示后人的作用，让人们在文化熏陶中记住其伟大，发扬其精神。与此同时，凭借此公园的文化内涵和艺术修养，还能带动整座城市的文化与经济的发展。

中国是一个具有悠久历史文化的文明古国，纪念性公园在设计中有着自己独特的设计方法，中国古典元素在纪念性公园设计中的地位是其他任何元素所无法替代的。但是中国元素并不是一成不变的，在运用中国古典元素的同时，再融入一些东西方现代元素以及现代的设计手法，使整座公园的设计更加灵活，同时又透露着一股新的生命力。一座城市的发展离不开古老的文化，但只靠古老的文化是不行的，它需要的是古与今的结合，中与外的结合。在继承中求创新，在创新中求发展，才能保持城市纪念性公园文化的永久不衰。

十、农业公园规划设计

(一)农业公园的含义

农业公园是城镇化与城乡一体化以及现代农业发展到一定阶段出现的一种新型公园，为广大城

乡居民提供了一种休闲娱乐、游览观光、生活体验的新型绿色空间和场所，是兼有农业的内涵与园林特征的游憩空间，是新型城乡绿地生态系统中公园绿地子系统的重要组成部分(归属专类公园)，具有独立完整的用地形态和统一的经营管理主体，其大部分用地被绿色植物(包括农林作物和园林植物)等自然景观所覆盖。但其用地性质与目前一般城市公园不同，我国农业公园多为非建设用地(有些农业公园具有一定比例的村庄、农产品展示销售服务等建设用地)，而一般城市公园都属城市建设用地。就农业经济层面而言，农业公园是农业发展的一种新形式，是将农产品生产功能与生活服务功能相结合的现代农业发展新模式，农作物、经济动物以及农事活动是农业公园主导性的组成要素，这也是区别于其他城市公园绿地最显著的环境和要素特征。另外，虽然农业公园的土地利用类型多为农用地(如耕地、园地、林地、鱼塘、设施农业用地等)，但其生产经营的经济效益体现已经不仅是农产品价值，还有各种休闲服务价值，甚至服务价值超过农产品价值。因此，农业公园有别于一般的农业生产用地。鉴于农业公园以上本质内涵以及城乡一体化发展新趋势，农业公园(agricultural park)应定义为具有游览观光、休闲体验、文化交流和农产品生产消费等功能的绿色开放空间(green open space)，是城乡绿地系统中公园绿地的组成类型之一。

(二)农业公园的类型与特点

农业公园的具体类型划分视分类依据不同而有异，分类依据有主要功能、区域位置、面积规模大小、农业产业类别多少等(表 7-1)。

表 7-1　农业公园类型及其特点

分类依据	类型名称	主要内涵特点
按主要功能不同分类	旅游观光型农业公园	结合农业产业开发各种旅游观光景点和服务设施
	休闲度假型农业公园	结合农业产业开发各种休闲体验和度假服务设施
	科技服务型农业公园	农业科技研发、示范、推广以及科普文化教育
按区域位置不同分类	都市农业公园	位于城市化水平较高的都市区，具有较强的都市生活和服务功能
	乡村农业公园	位于乡村，具有良好自然生态环境和特色产业景观
按产业类别多少分类	单一型农业公园	只有某一类农业产业，具有显著的产业景观特色(包括与产业相关的文化景观)
	复合型农业公园	具有两种以上的农业产业类别，可以是多种种植业结合，也可以是种植业和养殖业相结合等
按面积规模不同分类	特大型农业公园	占地面积 500 hm^2 以上，功能与产业多样，内容丰富
	大型农业公园	占地面积 100～500 hm^2，功能与产业多样，内容较丰富
	中型农业公园	占地面积 10～100 hm^2，具有良好服务功能和产业内容
	小型农业公园	占地面积 1～10 hm^2，具有一定产业特色和主题内容
	微型农业公园	占地面积 1 hm^2 以下，功能不多但个性鲜明
按立项级别不同分类	国家级农业公园	由国家机关部门审批立项，具有良好的农业产业、环境景观和历史文化等全国性区域特色资源禀赋
	省级农业公园	由省级政府部门审批立项，具有良好的农业产业、环境景观和历史文化等地方性区域特色资源禀赋
	市县级农业公园	市县级政府部门审批立项，具有一定产业、景观和文化等资源条件

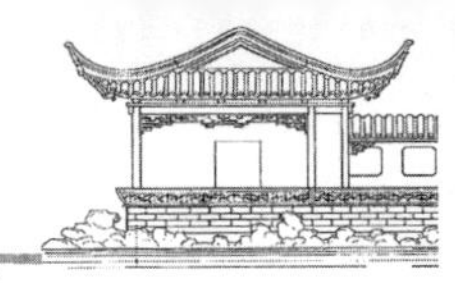

农业公园作为现代农业发展的重要形式之一，与工业化、城市化以及都市农业的发展密切相关，大部分农业公园属于都市农业公园类型。这类公园由于独特的农业景观内涵和较近的空间距离，且具有较强的都市服务功能，所以，对都市居民具有较大的吸引力。如位于日本东京东北部足立区的“都市农业公园”、新加坡农业技术公园（兼有农产品生产、技术研发示范和休闲旅游服务功能的国有科技农场）、德国的“市民农园”等。乡村农业公园虽然位于城市以外的乡村，但随着工业化和社会经济水平的提高，城乡一体化发展战略实施，新农村建设以及交通基础设施的改善，具有良好自然生态环境、特色农业产业景观和服务功能的乡村农业公园也越来越受到城市居民的青睐。如美国的乡村休闲度假农场（牧场）、日本的乡野农业公园、中国台湾地区的乡村观光农园、中国大陆地区的具有旅游观光功能的农业科技示范园、休闲农业生态园等。

单一型农业公园也可称专业性农业公园或主题农业公园，如观光果园、休闲垂钓园、市民菜园、茶文化生态园、桃文化生态园等。单一型农业公园虽然具有显著的产业景观特色（包括与产业相关的文化景观），能在特定的季节以其特色景观吸引大量游客，但其农业景观往往表现出较强的季节性，其服务功能的延伸发展也有一定局限。复合型农业公园也称综合性农业公园，基于循环农业、生态农业等理念建立的农业公园多为复合型农业公园，这类公园不仅农业景观多样，而且服务功能的延伸更加丰富。

除此之外，还有依据特定的生态环境、文化主题等划分和命名农业公园，如湿地农业公园、温室农业公园、主题农业公园、创意农业公园等。

(三)农业公园规划设计依据与基本原则

1. 农业公园规划设计依据

农业公园规划设计的依据多种多样，主要包括中央和地方政府的农业发展方针政策、现代农业产业发展规划、城乡发展建设规划（城镇发展规划、新农村或美丽乡村建设规划）、城乡绿地系统规划、旅游发展规划、土地利用规划、城乡生态建设规划等，另外还有农业公园所在地的自然与社会资源条件、产业经济发展水平、地方历史文化与风土人情、城乡居民的休闲消费需求以及公园基地内部现状条件等，都是农业公园规划设计的重要依据。

2. 农业公园规划设计基本原则

（1）生态性原则　农业公园作为城乡绿地系统的重要组成部分之一，与城市公园一样首先要有良好的生态环境，以绿色植物（包括园林植物和农林作物）种植为主或占大部分面积比例是农业公园规划建设最基本的要求。

（2）经济性原则　由于农业公园的产业内涵和功能特征，农业公园规划设计不仅要考虑生态效益和社会效益，还必须考虑经营者的经济利益，要有良好的经济效益，其经济性主要体现在特色或优质农产品销售和为游客提供各种休闲观光服务上。

（3）协调性原则　农业公园具有显著的“三生”共生特征，即生产、生活、生态相互融合，且相互影响，所以做好“三生”相互协调是农业公园规划设计的一个重要原则。

（4）科学性原则　农业公园与一般城市公园的一个重要区别是其具有农业生产功能，而农作物种植或经济动物养殖需满足较高的科学技术要求，才能较好地实现这一功能，所以农业公园规划设计更需注重科学性。

（5）艺术性原则　相较于一般的农业园区和乡村景观，农业公园又具有更高的园林景观艺术和休闲服务功能要求，所以农业公园规划设计又需要注重艺术性，才能营造出优美的园区环境。

（6）体验性原则　由于农业公园多位于郊区或乡村，人们去农业公园的目的往往有别于城市公园，除一般性休闲观光游览外，还注重乡村生产生活体验，所以体验性也是农业公园规划设计应遵循的原则之一。

(四)农业公园空间布局与功能分区

1. 空间布局依据

农业公园的空间结构划分应依据公园面积规模、产业类型和特点、现状资源条件（包括自然资源、产业资源、历史文化资源）以及总体功能定位要求等。农业公园不同空间划分要结合具体生产要求，要考虑土壤、水源、交通等条件，有利生产和便

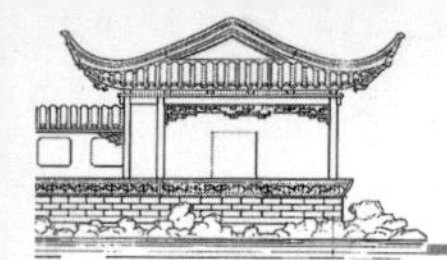

于管理。公园面积规模大、产业类型多、现状资源丰富、功能复合程度高,这种情况下可以考虑设置划分多个具有不同功能和景观特色的区域空间,反之则不宜划分过多空间区域。另外,农业公园受生产内容影响,空间布局常常以道路、河道等为边线,具有较为清晰的分区边界,这一点与城市公园规划设计有所不同。

2.功能分区

农业公园一般有以下五个基本功能分区:

(1)生产观光区　是开展农产品生产并能供城乡居民游览观光的区域,也是农业公园的最主要功能区。农业生产是农业公园的基础功能,包括作物种植和动物养殖生产,作物种植还包括露地栽培生产、设施栽培(又称保护地栽培)生产、单一作物栽培、多种作物复合栽培等不同方式。养殖生产有畜禽养殖、水产养殖、观赏动物养殖等。种植和养殖还可以组合在一起进行立体复合生产。

(2)科普展示区　是开展农业科学技术和自然生态保护等知识普及教育的区域。科普展示与教育内容一般有传统农耕文化(传统农具、耕作模式、生活方式等)、现代农业科技(新品种、新技术、新模式、新装备等)、农业生态与乡村自然环境等。

(3)休闲体验区　是开展各种休闲娱乐和农耕体验活动的区域。其中农耕体验是农业公园最具特色和吸引力的内容,通常有果蔬采摘、田间劳作(如市民菜园)、畜禽喂养、休闲垂钓、拓展运动等。

(4)接待服务区　是为游客提供在园其他配套服务的区域。服务内容包括游园咨询、农产品销售、餐饮服务、会议接待等。除提供各种配套服务外,还要营造优美的园林化环境。

(5)生产管理区　是直接为园区各类农业生产和其他配套管理而设置的功能区域。主要内容包括管理办公、运输、仓储、动力、维修、安保、卫生等。

除以上五个功能区外,有些农业公园规模较大,可能还具有一定面积的自然景观,如自然山林、河流、湖泊、湿地等,甚至包含村庄,此时需因地制宜结合现状资源条件,合理调整功能分区类型。

(五)农业公园专项规划设计要点

1.土地利用规划

农业公园与一般城市公园不同,一般城市公园土地性质为城市建设用地,且在现行城市规划用地分类中都明确为绿地,属于城市公园绿地。而农业公园多位于城市建设区以外的乡村地区,其土地利用现状较为复杂,通常以农用地为主,也可能包括建设用地和未利用地。

农用地包括耕地、园地、林地、草地、农村道路(村间田间道路)、坑塘水面、沟渠、设施农业用地以及田坎等;建设用地包括村庄用地、工矿仓储用地、交通运输用地(铁路、公路)、水利设施用地(水库水面、水工建筑等)、特殊用地等;未利用地包括盐碱地、沼泽地、沙地、裸地、其他草地、天然河流与湖泊水面等。

土地利用规划需要结合农业公园的总体定位和功能分区,并依据已经批准的上游规划(如属地镇村土地利用规划),参照有关部门评审或论证通过的其他相关规划(如新农村或美丽乡村建设规划、乡村旅游发展规划、现代农业产业发展规划等),对基地内各类用地的分布位置和面积规模进行科学合理的安排。原则上尊重土地利用现状的原有生态类型,在保护耕地,保护自然生态资源和环境的基础上,进行合理开发和高效利用。

2.出入口与道路交通规划设计

(1)出入口　根据公园规模大小、外部交通条件和功能分区情况,设置1个主出入口和2～3个次出入口。主出入口为公园的标志性出入口,设置富有特色的大门建筑或构筑物,主要供大部分游客和管理服务人员进出使用。次出入口中应有一个生产专用出入口,专门供生产活动使用,以便尽量减少农业生产活动与游园活动的交叉影响。

(2)道路　道路规划设计要满足生产和游览两方面的需要,通常分为主路、支路和小路三级。主路一般面宽4～5 m,硬化路面,能够满足机动车辆和中型农业机械双向通行;支路有时也称机耕道,一般面宽2.5～3 m,硬化或砂石透水路面,能够满足机动车辆和中型农业机械单向通行;小路为游步道和田间作业小道,一般面宽1～1.5 m,满足游人

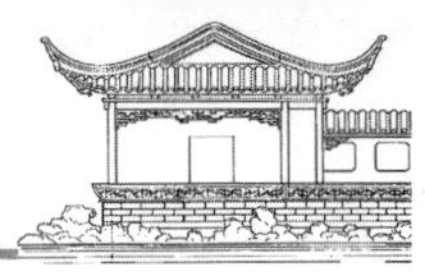

深入园区游览和工作人员出入田间作业通行需要，游览区小路多采用硬化路面，生产区路面一般不做硬化。

为了更好地满足生产设施布置和机械作业要求，生产观光区道路规划设计一般采用规则式布局为主，局部可以结合游览观光设置自然曲折的道路。

(3)停车场　一般规划设置于主要出入口附近和管理服务区内，满足游客自驾、旅游巴士以及生产运输车辆停车需要。

(4)码头　具有水系的公园，如果开展水上游览活动，则需设置游船码头；规模较大的水产养殖水面，也应设置生产性简易码头，满足生产需要。

3.产业规划设计

农业公园的产业规划设计主要是一产(种植业和养殖业)和三产(休闲旅游服务和农产品销售)，根据公园所在地的产业特色和公园产业功能定位，选择合适的种植和养殖种类或品种，以及特色餐饮、地方和园区土特或优质农产品销售经营等。公园面积规模较大的还会设置二产项目，即农产品加工，以增加公园农产品附加值，提供公园经济效益，部分农产品加工还能供游客体验，丰富公园体验活动内容。

农业公园种植业通常以经济和观赏价值较高的园艺产业为主，包括果树、蔬菜、花木、茶桑等，特定情况下也可以选择大田农作物，如新品种、新技术、新模式应用展示，以及富有创意特色的艺术农田(艺术稻田、油菜花田)等。为了兼顾经济效益、生态效益和园区景观效果，规划时宜多选择木本经济作物和其他多年生草本作物，园艺作物中优良品种的桃、梨、葡萄、柑橘、杨梅等各种果树以及茶树是常见的种植业种类。另外，设施栽培的草莓、番茄、黄瓜等草本蔬果作物也是常见种类，同各种果树一样都适合开展采摘体验。

农业公园养殖业一般也是选择经济和观赏价值较高，或能够结合开展休闲体验服务的种类，如兼有经济和观赏价值的特禽养殖(如蓝孔雀、七彩山鸡等)、可以开展休闲垂钓的鱼类养殖等。另外，还可结合立体生态种养模式和优质产品生产理念养殖普通家禽，如“果园鸡”“跑山鸡”“稻田鸭”等。

4.竖向与水系规划设计

农业公园的竖向和水系规划设计，一般在充分利用现状地形和水利设施以及尽量做到不破坏自然水土资源的基础上，进一步优化土地资源和农田水利生态系统。

(1)竖向规划设计　符合生产要求的现状农田地形标高无须改变，只需局部结合基础设施和生产管理设施(如道路、温室大棚、生产与管理建筑等)和园林景观规划建设需要进行适当竖向地形改造处理。现有的山地、自然水体、风景林地等现状地形一般也无须改变，只有在一些现状较为破碎的丘陵山地、矿山塌陷地和废弃地等，需要进行土地整治和复垦时才进行较大规模的竖向地形处理。

(2)水系规划设计　农业公园水系构成一般包括自然河流、湖泊、池塘、农田沟渠等，规划设计时一般结合当地的自然气候(降雨量、防洪情况等)、生产排灌要求以及园区水景营造需要等统筹安排，总体做到旱可灌、涝可排、湖可赏、河能游(游船)，同时充分利用湿地和水体空间，开展水生植物种植、水产养殖和雨洪管理，进一步提高农业公园的经济效益和生态效益。

5.建筑与设施规划设计

农业公园的建筑与设施包括生产建筑、管理建筑、服务建筑、温室与大棚设施等，一些大型农业公园可能还包括村庄住宅等。

(1)生产建筑　主要是供公园农业生产使用的房屋，如农资仓库、机具库房、农产品整理与加工间、冷藏库房、配电房、排灌站、晾晒场等，相对集中规划布局于生产区，属于永久性建筑的应设置于建设用地之中。

(2)管理建筑　主要是供公园综合管理和职工生活配套使用的房屋，如管理办公楼、门卫室、值班室、职工活动室、职工宿舍、职工餐厅等，多为永久性建筑，一般集中规划设置于管理区，土地利用类型为建设用地。

(3)服务建筑　主要是为公园游客提供服务使用的房屋，如游客接待中心、农产品购物中心、游客餐饮中心、休闲度假中心、游园休息亭廊等。服务建筑可以是永久性建筑，也可以是临时建筑，部分

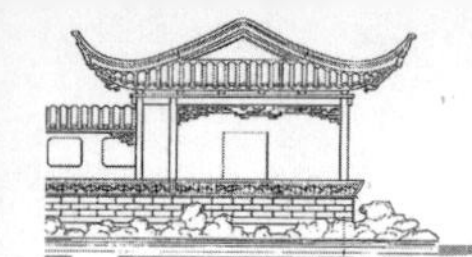

规划布局于管理服务区，游园休息亭廊等可以结合园区生产和局部景观灵活布置，如游憩长廊（有时定位主题文化内涵的景观长廊）常与田园景观结合布置于生产观光区。农业公园由于建设用地的不足，一些服务建筑经常采用木质小屋、玻璃温室等临时性建筑，如在垂钓区（有的直接在池塘边）布置休闲垂钓木屋，林地或园地中布置度假小木屋，以及利用温室大棚设置阳光生态餐厅等。

（4）温室与大棚设施　温室与大棚都是用于农业生产的临时性设施，其中温室依据材料不同分为玻璃温室和塑料薄膜温室，依据环境调控手段不同分为智能温室和普通温室。智能玻璃温室的耐用性和投入较高，塑料薄膜温室和塑料大棚的耐用性和投入稍低一些，且塑料薄膜材料易老化，使用期内需多次更换。根据结构不同，塑料大棚还有单栋大棚和连栋大棚之分。温室与大棚设施一般规划布置于生产区，对作物进行保护地栽培，虽然投入成本较高，但可以显著提高农产品的产量和品质，从而可以获得更高的经济效益。另外，一些农业生产和采摘体验活动也需要在人工设施环境下进行。所以，现代农业公园中的温室与大棚设施是普遍使用的农业设施。由于受太阳光线入射角的影响，为了提高阳光利用率，我国大部分地区农用温室与大棚的规划布局方向是跨度方向为东西向，开间延长方向为南北向。

6.景点与游线规划

（1）景点规划　农业公园景点规划布局通常结合功能分区特点、农业产业景观内容、地方人文资源和乡村自然生态环境等，进行综合提炼，形成若干具有一定特色的景点，为游客提供丰富的游览观光和休闲体验。景点类型一般有不同种类的产业观光景点、产业体验景点、智能化科技设施景点、地方人文景点、自然生态景点、休闲娱乐景点等，景点数量依据公园的面积规模、各种景观内容的丰富程度而定，就空间分布而言，一般生产观光区、科普展示区和休闲体验区分布数量多一些。另外，景点的名称应该简洁凝练，能够高度概括景点的景观内涵或功能特征。

（2）游线规划　主要借助公园的道路系统，将分布园区各处的多个景点按一定顺序联系起来，形成一条或多条连续的风景游览路线或游览空间序列，一方面反映农业公园景观游览组织的科学性与合理性；另一方面为游客提供游览参考。农业公园规模不大时设置一条游览路线就够了，若公园规模较大，景点数量和类型众多，游客花费的游园时间较长，这时需要设置多条游览路线，其中一条为主要游览路线，其他为次要游览路线。也可以分为不同体验感受的游览路线，如陆地游览路线、水上游览路线、采摘体验路线等。

7.园林绿化规划设计

农业公园虽然主要是农作物植被、养殖池塘水面、生产管理建筑与设施等产业景观，同时还有河流、生态林地或湿地等部分自然景观。另外，环境园林绿化景观也是农业公园不可缺少的。这些用来改善农业生态环境、美化农业公园环境和进一步提升园区休闲旅游环境质量，具体规划设计内容也是丰富多样的。

（1）道路环境绿化　农业公园的道路绿化应根据道路级别、分布区域和用地条件合理安排，一般非生产区的主路可以采用高大的乔木行道树绿化，且树种具有一定特色或兼有经济价值，如选用银杏（观赏兼具采果）、杜仲（中药材树种）、薄壳山核桃（干果）等。为了不影响作物生长，作物生产区的主路通常采用窄冠树、小灌木或地被植物进行简单的绿化和美化，支路和田间小路一般不需种植绿化植物。部分道路还可以采用廊架进行垂直绿化，形成绿色景观长廊，多选用攀缘植物，如具有农业主题特色的葡萄长廊、瓜果长廊（丝瓜、扁豆、观赏南瓜等），也常选用藤本观赏植物如紫藤、凌霄、蔷薇等。

（2）建筑环境绿化　管理区和接待服务区是建筑环境绿化的主要空间，根据建筑功能、用地空间大小等设置不同形式的绿化景观，如树群、树丛、树列、造型树、花坛、花境、草坪等。植物种类选择可以丰富多样，通常注意树木花草结合、常绿落叶结合、乔木灌木结合等。

（3）水体环境绿化　河道池塘等水体岸边可以种植各种观赏树木和花草，注意水位较高或近水之处选择耐水湿植物，近岸浅水区可以种植水生植

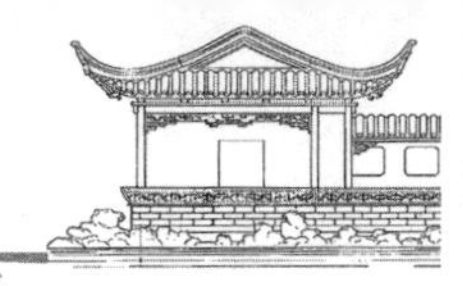

物，并多选择具有乡土气息或经济价值的植物种类，如菰（茭白）、水芋、慈姑等水生蔬菜作物，景观池塘或小型湖泊近岸区域还可成片种植荷花、睡莲等。垂钓鱼塘环境绿化注意不要影响垂钓活动，一般垂钓区特别是钓台钓位附近不要种植乔木或大灌木，防治缠绕鱼线鱼钩。

第三节　社区公园规划设计

一、居住区公园规划设计

1. 居住区公园的特点

居住区公园在服务对象上具有一定的区域限定性，即主要为 0.5～1.0 km 范围内的某个居住区居民服务，具有一定活动内容和设施，是为居住区配套建设的公园绿地，虽然在用地类型上为城市绿地（公园绿地），不属于居住用地，但在服务功能上是从属于居住区的。所以，居住区公园与附近居民日常户外休闲生活关系密切，在功能设施上更注重居民的日常使用，所以，居住区公园是更为生活化的城市绿色公共空间，在具体服务对象和功能安排上，侧重老年人户外社会交往、休闲健身、文化娱乐以及儿童游戏娱乐活动等，同时兼顾其他游览观赏和体育运动功能。另外，居民游园时间大多集中在早晨和晚间，尤其夏季，居住区公园常为附近居民户外散步纳凉的理想去处。

2. 居住区公园总体规划设计要求

（1）满足多功能要求　与综合公园相比，居住区公园虽然规模较小（一般要求面积在 1 hm^2 以上），功能也没有综合公园丰富，但基本的休憩观赏、社会交往、文化娱乐、休闲健身、儿童游戏等活动内容和服务功能应该具备，用地条件允许时还应设置适量小型运动场地和设施，满足居民运动健身的需要。因此，根据总体功能要求并结合公园场地现状条件进行合理的功能或景观分区。

（2）空间分区布局紧凑　居住区公园虽然面积规模较小，但公园内设施和内容总体上也是丰富多样，所以功能区或景区空间的划分布局较为紧凑，各功能区或景区间联系紧密，常结合地形地貌以小型园林水体和植物群落景观的变化来构成较丰富的园林空间和景观。

（3）营造丰富的园林景观空间　满足园林审美和游览要求，以景取胜，充分利用地形、水体、植物群落及园林建筑和园林小品设施，营造丰富多样的园林景观和文化意境，并结合游园交通路径的组织布局形成变化而生动的园林景观空间序列。按照公园设计规范要求，保持合理的绿化用地比例，发挥园林植物群落的环境生态主导作用，创造自然、优美、舒适的住区公共空间。

3. 居住区公园功能分区与设计内容

居住区公园根据总体功能要求，一般可分为观赏休憩区、文化娱乐区、运动健身区、儿童游乐区四个主要功能空间，同时设置公园管理处，必要时（如规模较大的居住区公园）可增设园务管理区。

（1）观赏休憩区　观赏休憩区主要为居民提供户外休息和游览赏景空间，设计内容包括花园、花境、花坛、水景、草坪、树林、树丛、疏林草地、休息场地、树荫广场、游览步道，还有亭、廊、榭、茶室、公共卫生间等园林景观服务建筑以及园椅、园凳、园灯、垃圾箱等服务设施。

（2）娱乐活动区　娱乐活动区主要为居住区成年居民提供不同类型的文化娱乐场地和建筑设施，设计内容包括文化广场、露天舞台（露天剧场）、文娱活动室（如棋牌室、阅览室、游戏室）、书画报廊以及必要的休息设施和环境绿化景观等。

（3）运动健身区　运动健身区主要为住区居民提供适量的户外体育运动健身场地和设施，设计内容包括篮球场、羽毛球场、门球场、小型足球场、露天乒乓球台、健身步道、组合健身器材等，以及必要的休息设施和环境绿化景观等。

（4）儿童游乐区　儿童游乐区有时也称儿童游戏区、儿童乐园，主要为住区儿童提供适量的户外游戏、娱乐场地和设施，设计内容包括沙坑、戏水池、旱冰场等各种游戏场地和秋千、跷跷板、旋转木马、滑滑梯、电动玩具车等各种游戏器具、设施设备，以及售票厅、小卖部、公共卫生间、必要的休息设施和环境绿化景观等。

公园管理处主要结合公园出入口等功能设施

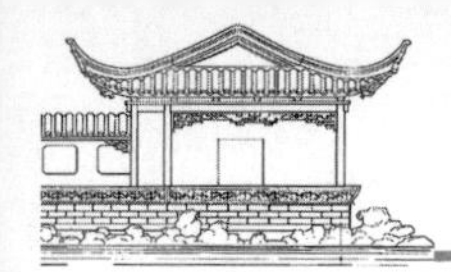

设置，主要设置办公室(接待室)和门卫室。如规划园务管理区，则还需设置公园绿化、卫生管理的后场设施，如仓库、堆场、小型花圃或花房等。

4.其他景观设计要点

(1)出入口与道路交通设计　居住区公园通常为开放式公园，根据周围街区道路交通情况可以设置多个出入口，方便周围居民进出公园，一般设置1～2个主要出入口，并设计标志性建筑或构筑物，也可以采用景名石的形式设计标志景观。道路系统一般分为三级，即主路、支路和小路，主路宽度2.5～4.5 m，支路宽度2.0～2.5 m，小路宽度0.9～2.0 m。园路主要供游客步行游览、跑步锻炼或散步休息，除特种车辆和园务工作车辆外，禁止其他机动车和非机动行驶。

居住区公园由于主要服务于附近住区居民，所以一般不需要为游客设置机动车停车场，只要结合出入口广场和其他服务建筑设施场地，配置少量停车位即可，满足临时停车需要。如果考虑为周围住区居民或商业设施提供长久性停车服务，在条件许可的情况下可以规划开发利用公园地下空间，建设公共停车场，适当缓解城市日益紧张的停车难问题。

(2)竖向与水系设计　居住区公园竖向与水系设计遵循因地制宜、造景为主、造形为辅的原则，因公园面积规模不大，平原地区通常采用微地形设计，结合植物群落景观布置，达到增加地形变化和丰富景观空间的效果，微地形设计一般高差变化在1.5 m以内。水系设计多为小型湖泊、池塘、跌水或喷泉水池等，也可结合地形变化、雨水利用和水生植物造景设计成雨水花园、湿地小溪等水体生态景观，公园周边有城市河流水系与之相通，使公园水系有来源、有去脉。如果周围没有河流水系与之相通，则主要利用雨水收集汇聚系统来补充水体水源，动态水景小型化设计，并采用循环水系统，节约水资源。小型湖泊、池塘可以设计养殖观赏鱼(如锦鲤、锦鲫等)及观赏水禽(如黑天鹅、鸳鸯等)，丰富公园水体生态景观，增加人与自然的交流。

(3)植物造景设计　居住区公园植物造景设计结合功能区安排，选择1～2种树木(1种乔木或1种乔木+1种灌木)作为基调树，并以树丛、树群、小片树林为主，草坪、花坛、花境为辅，适当布置小型专类花园(如海棠园、紫薇园、月季园等)，公园整体植被景观既统一又有变化、疏密有致。同时合理安排具有不同季节观赏特点的植物，使公园植物景观不仅种类丰富、形式多样，还具有季相变化，春夏秋冬各具特色。各种休憩场地和休息设施(如坐椅、坐凳等)旁应考虑采用乔木作庭荫树，长江以北冬季寒冷，庭荫树多选择落叶乔木，夏季户外休息享受阴凉，冬季落叶则有可享受温暖阳光。

(4)建筑与小品设施设计　居住区公园主要为附近主区居民提供户外休憩娱乐空间，公园建筑与小品设施主要为景观休憩建筑和休息设施，如结合地形、水体、植物、场地等具体环境设置不同形式休息亭、廊、花架等园林景观建筑小品，结合廊架、场地、林荫道等各种适合休息的环境设置足够数量的坐凳、坐椅等休息设施。为了满足居民夜间游园活动和休息，主要园路和休息活动场地需设计路灯、庭园灯、草坪灯等照明和夜景亮化设施。

二、小区游园规划设计

1.小区游园的特点

小区游园是居住小区内部配套建设的小型或微型集中绿地，一般要求面积在0.4 hm^2以上，绿化为主，具有一定活动内容和设施，服务功能从属于该居住小区，服务半径只有0.3～0.5 km，主要为所在居住小区的居民服务。小区游园虽然在绿地分类上属于城市园林绿地系统中的公园绿地，列入公园绿地面积统计范围，但其用地性质与居住区公园以及其他城市公园都不同，仍然属于城市居住用地，而非独立的城市绿地。

相对于居住区公园，小区游园更为贴近住区居民日常生活，所以利用率更高，能更有效地为居民户外休憩、交流活动服务。但小区游园也存在一定的制约条件，即因规模小，难以布置较多的活动内容和设施，主要为小区居民提供基本的户外休息、散步、简单的儿童游戏活动以及环境绿化美化等。

2.小区游园总体布局

小区游园可以布局在居住小区中部，成为小区

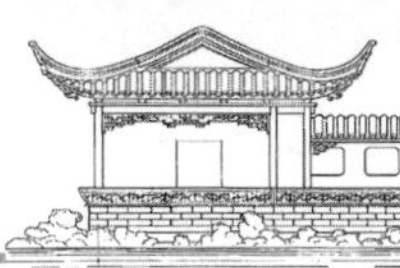

的中心花园和绿色公共空间——中央客厅，方便整个小区居民方便到达和休憩、交流使用；也可以根据具体用地情况（如临近湖泊、河道、山林、景区等）布局在小区一侧，可使居住区绿色开放空间与城市自然生态景观系统紧密联系；小区游园临近城市主要街道一侧布置，对美化街景起重要作用，又方便居民、行人进入游园休息，并使居住区建筑与城市街道间有适当的过渡和缓冲，减少城市街道对居住区的不利影响；小区游园近邻历史古迹、园林名胜等布局，并与之呼应协调，有利于保护城市中的名胜古迹，减少居住区建筑环境对它们的不利影响；小区游园还可与小区公共活动中心和商业服务设施结合起来布置，能使居民的游憩活动和日常生活自然联系起来，为小区生活带来更多的便利。

小区游园整体空间融合性较强，虽然局部空间存在一定的使用功能差异，但一般不作明确的功能分区。平面布局形式不拘一格，但总的来说，应采用简洁明了、内部空间开敞明亮的格局，景观空间宜疏不宜密，避免过于复杂的园林空间布局和造景设计。对于用地空间狭小的小区游园，多采用规则式几何图形的平面布局，结合竖向变化，容易取得较理想的效果。用地规模较大一些的小区游园，采用自然式布局，可以创造富于变化的小区自然景观。

3.小区游园景观设计要点

(1)注意与周边小区环境的联系与协调　小区游园内部布局形式虽然可灵活多样，但必须协调好游园与其周围居住小区环境间的相互关系，包括游园出入口与居住小区道路的合理连接，游园与居住区活动中心、商业服务设施以及文化活动广场之间的过渡和联系，游园植物景观与小区其他开放空间绿化景观的联系协调等。

(2)观赏景观设计以植物造景为主　小区游园观赏景观以树木花草等绿色植物造景为主，形成优美的园林生态环境。合理设置树荫式活动广场，既能增加小区绿化覆盖面积和遮荫空间，又方便居民日常活动对铺装场地的要求。休憩小广场上宜设置树池、小型花坛、花境等，布置观赏价值较高的植物，如盆景式造型树、艳丽的花卉等。水体边缘种植水生花卉，水体中部可以容器栽培方式适当点缀荷花、睡莲等，增加水面观赏景观。小区游园植物景观设计总体以疏朗为主，避免过于密集、郁闭或形成阴暗封闭空间。

(3)园林建筑小品与环境相协调　小区游园内适当布置景观亭廊等园林建筑小品，增加游憩趣味，不仅起点景作用，也为居民提供停留休息和赏景空间。但要注意园林建筑小品具体布置环境和造型设计风格及尺度，做到与居住小区建筑环境相协调，一般体量宜小不宜大，造型应轻巧而不笨拙，用材应精细而不粗糙。

(4)局部景观设计更加注重人性化　小区游园的道路系统是小区居民日常进出穿行和休息散步使用最多的环境，主要园路应尽量避免或减少台阶设计，否则会给居民使用带来不便，而且铺装材料也应考虑平整性，不应只考虑视觉效果而忽视行走的舒适性。坐凳和坐椅设计尽量少用或不用热传导能力强的金属材料、石材等，否则居民在炎热夏季使用时会明显感到不适。棚架式休息亭、廊设计时需要考虑局部或全部在炎热夏季能够适当遮挡太阳光紫外线，或与乔木、攀缘植物相结合，提高炎热季节晴朗天气白天使用时的舒适性。儿童游戏场设计要注意器材使用的安全性和舒适性，并将沙坑、跷跷板等幼儿游戏场地与秋千、滑梯等活动设施保持互不干扰的距离，同时在场地东西两侧附近种植高大落叶乔木（避免选择有落花落果以及毛絮飘落而污染环境的树种），夏日晴朗白天部分时段场地可形成阴凉区域，提高场地使用率和环境舒适性。

第四节　带状公园规划设计

一、带状公园的特点

带状公园不仅是公园绿地的重要组成部分，也是城乡绿地系统中颇具特色的带状绿地类型和重要的景观生态廊道，通常沿城市道路、古城墙（或城墙遗址）以及江河、湖泊、大海等水体的一侧或两侧分布，其空间形态为狭长形，无论从自然角度还是

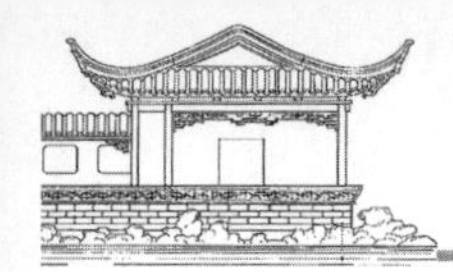

人文角度，带状公园都具有较为独特的环境资源条件和特征。

带状公园还具有很强的开放性，其与两侧及两端不同的城市空间有着密切的联系，其不仅发挥城市公园绿地的基本游憩功能，还与城市街道、历史建筑以及生态水域共同形成富有特色和活力的城市线性空间，并且对城市景观风貌和空间特征产生重要影响。如合肥环城公园（沿古护城河）、北京元大都城垣遗址公园（沿古城墙遗址）、北京北二环城市公园（沿二环路南侧）、南京明外郭—秦淮新河百里风光带（沿明外郭遗存和秦淮新河两侧）等，都是较为成功的城市带状公园案例（图 7-143、图 7-144）。

图 7-143　合肥环城公园

图 7-144　北京元大都城垣遗址公园

二、带状公园规划设计要点

1. 注重自然生态与人文资源保护

带状公园注重自然生态设计思想的运用和体现，如沿城市水体如江滨、河滨、湖滨、海滨等设置带状公园，规划首先要着重保护滨水生态环境，包括水体生态功能、滨水绿带生物多样性、景观异质性、地带性植物群落景观等。而文化人文景观又常常是带状公园的重要环境特征，不管是历史悠久的城墙或城墙遗址，还是萦绕城市历史文脉的水系（包括古护城河），或公园沿线分布的历史遗存、文物古迹等，都是城市文明的载体和象征，带状公园的规划都将这些历史人文资源纳入这一绿色空间而加以保护，并将人类文明的历史长河延伸至当代城市生活而加以弘扬。

2. 体现一定主题特征和功能特色

带状公园总体规划构思要充分结合用地环境资源条件和特点，体现出公园自身的主题景观形象、文化内涵和功能特色。带状公园景观规划设计考虑的因素不仅仅是狭长的基地本身，还应充分考虑与其相邻的空间景观要素，以及视线所及更远范围内的景观，规划设计时综合这些因素，或营造优美的自然风光，或蕴含丰富的历史人文内涵，或提供富有特色的休闲游乐体验等。由于空间延续性较长，一般在不同地段结合具体环境特点布置不同特色的主题景观节点和功能区段，配置相应的功能设施，形成多样化的景观特色环境，满足城市居民的户外生活需要，创造充满活力的城市风景线。

3. 合理布局设置各项景观设施

结合用地环境特点和功能要求，对公园内的文物景点、植被景观、艺术小品以及道路园桥、休憩场地、服务建筑等功能设施等进行科学合理的布局和设置。如沿城市道路设置的带状公园通常要充分考虑城市交通环境的特点，在满足基本游憩功能的同时，要同时兼顾城市道路景观效果、公园内部环境营造以及步行交通功能要求，有的甚至将人行道与带状公园结合起来设计，不仅美化了城市街道景观，也大大改善了行人的步行交通环境，同时还能提供临时休息和赏景场所。带状公园与城市道路并行规划设置时常常被称之为园林路、景观大道、

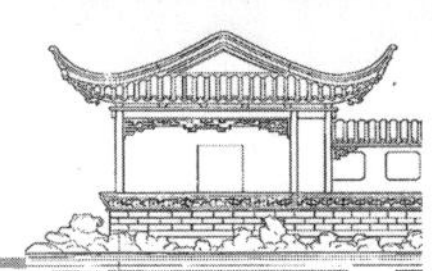

林荫大道等，是城市中呈线性分布的绿色公共空间。滨水带状公园的步行道多接近水域空间，并配置亲水平台、栈道等设施，体现亲水特色。带状公园通常每隔一定距离设置联系城市道路的通道或出入口，方便游人就近进出公园绿地。

4.结合具体环境设计景观节点

带状公园要结合具体环境特点和用地条件，进行一定的特色景观节点设计。常见的带状公园景观和功能节点有历史文化、自然生态、亲水活动、休闲健身、植物观赏等。

(1)历史文化景观　历史文化景观主要位于带状公园的标志性出入口、历史文化遗址处或其他重要景观地段，着重发掘、展示、体现地方历史文化内涵，或保护城市历史文化遗存，延续城市文脉与民族精神等。如北京北二环城市公园的“旧城一隅”“望雍台”以及北京元大都城垣遗址公园的“大都建典”景点设计(图 7-145)。

(2)自然生态景观　带状公园虽然与城市道路、河道或城墙紧密相连，并且受宽度影响，具有较强烈的城市空间限制，因此，规划设计更为注重自然生态景观的营造，以各种不同的手法创造丰富而有特色的自然生态景观环境。如北京元大都城垣遗址公园的湿地景观和城垣土坡上的林带景观等(图 7-146)。

图 7-145　北京元大都城垣遗址公园“大都建典”

(3)亲水活动景点　亲水活动是滨水带状公园的重要生态体验功能，常常于合适的水岸处设置亲水广场、游船码头、亲水栈桥、观景平台、浅水池沼等，供游人亲近水体、欣赏水景，或从事划船、涉水等水上娱乐活动，有的还可休闲垂钓，如合肥环城公园的“琥珀潭”。

图 7-146　北京元大都城垣遗址公园湿地景观

(4)休闲健身广场　带状公园具有较好的开放性，常与周边城市生活环境联系密切，为城市居民创造丰富的户外休闲、健身、娱乐空间，是带状公园规划设计的重要任务之一。根据不同地段的具体条件，可以设计休闲广场、健身广场、健足步道等。如北京北二环城市公园的“健康乐园”，北京元大都城垣遗址公园的休息、健身小广场等(图 7-147)。

(5)植物观赏景点　由于带状公园地形狭长，宽窄不一，用地条件受限，景观营造以绿色植物群落为主，注重种植设计，不仅要做到具有连续的植被景观和丰富的植物种类，还要利用植物群落景观来加强公园与道路、河湖、城墙等景观空间的联系与分隔，结合不同地段生境条件和特点，创造具有不同特色的植物景观节点或景区。植物选择以乡土植物为主，自然与规则相结合，林带、树群、树丛、植篱、草坪、地被、花境、观赏草等植物群落景观类型多样，群落结构疏密有致，注重空间开合变化。如北京德胜公园的“紫薇秋深”“林疏竹影”等特色植物景点设计，北京百旺公园简洁的林地空间、丰富的观赏草设计等。

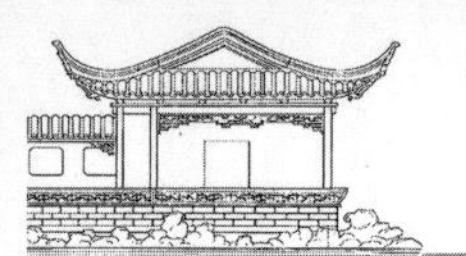

图 7-147　北京元大都城垣遗址公园的林荫休息健身小广场

第五节　街旁休闲绿地规划设计

城市街旁休闲绿地从场地空间性质可以分为休闲广场和街头游园两种，后者表现为以绿地为主或绿地与铺装均衡布局的游憩性特征，有时某个街旁绿地并没有明显的所属。以下就两种街旁休闲绿地类型的规划设计要点作一概述。

一、休闲广场设计要点

休闲广场是城市街旁休闲绿地的主要类型之一，其数量、面积大小、分布位置也取决于城市的性质与总体规划构思。通常布置于城市人员流动性较大的街道旁，通过较大面积铺装表现为较强的开敞性和开放性特征，较好地满足各类人群临时停留或休憩交流，同时对城市街道环境景观也具有良好的提升作用。城市街头休闲广场的规划设计应注重公众的可达性及吸引力、环境品质的协调与提升。

1.赋予广场丰富的文化内涵

休闲广场与其周围的建筑物、街道、周围环境共同构成该城市活动的中心。设计广场时，要尊重周围环境的文化，注重设计的文化内涵，将不同文化环境的独特差异和特殊需要加以深刻的理解与领悟，设计出该城市、该文化环境、该时代背景下的广场环境。但是不要为了文化而加进一些粗制滥造的形而下的雕塑小品景观，有时单纯的现代性表达也是种文化。

2.处理好与周围环境的关系

休闲广场与街道在形式上、组成上有许多必然的联系，它们的协调与统一是构成广场上环境质量的重要因素。设计时，根据广场与街道的性质，在设计广场与街道的：①城市文化、地域特征及社会历史意念；②空间设计；③建筑及其细部处理；④交通组织及步行区域划分，都应统一考虑。并且注意到街道与广场相协调设计一些人性化点缀，如路灯、广告、展示牌、钟塔、布告栏、雕塑、喷泉等环境艺术设计，协调植被、铺面、色彩、材质、标牌、照明等元素，也是十分必要的。

(1)与建筑的协调与统一　休闲广场的结构一般都为开敞式的，组成广场环境的重要因素就是其周围的建筑，结合广场规划性质，保护那些历史性建筑，运用适当的处理手法，将周围建筑环境融入广场环境中，是十分重要的。

(2)环境空间比例上的协调统一　一般休闲广场的比例设计是根据广场的性质、规模来决定的，广场给人的印象应为开敞性的，否则难以吸引人们停留，所以一般休闲广场大小满足宽度介于

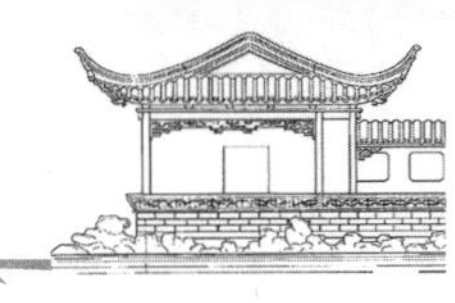

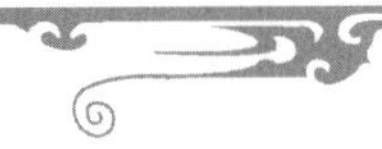

周围建筑1～2倍高度。在广场内部尺度设计时，注意到其中的踏步、石阶、栏杆、人行道宽度、停车要求等内容，要符合人与交通工具的尺度。当然，广场的比例、尺度等也受材料、文化结构的影响，和谐的比例与尺度设计，不仅可以给人带来美感，也可以增添人们在其中活动的舒适度。

(3)交通组织上的协调与统一　休闲广场的人流、车流集散及其交通组织是保证其环境质量不受外界干扰的重要因素。其主要内容包括城市交通与广场的交通组织和广场内交通组织。

城市交通与广场在交通组织上，首先要保证由城市各区域去广场的方便性。交通与广场设计时，应采取：①在广场周围的适当区域街道建立步行街，在步行街结束点位充分考虑人流车流集散，并且可以通过设置地下有轨电车、地铁等站点，扩大步行规模；②城市交通做到去广场及其周围环境有最大的可达性，设置完善的交通设施，包括地下有轨电车、地铁站点、高架轻轨、车行道、步行道、立交等。并在线路选择、站点安排以及换乘车系统上予以充分考虑；③充分考虑到大量的停车需求，设计停车场的同时也要开辟汽车停靠站等。

在广场内的交通组织设计上，考虑到人们以组织参观、浏览交往及休息为主要内容，结合广场的性质，不设车流或少设车流，形成随意轻松的内部交通组织，使人们在不受干扰的情况下，拥有欣赏广场的场所及交往的机会。

3.具有足够的绿化空间

休闲广场作为公园绿地应符合《公园设计规范》相关要求，虽然为了满足较大的人员活动空间需要而布置较大面积的硬质铺装地面，但在绿化植物景观设计上必须达到65%的面积比例，足够的绿化景观才能为游客提供相对舒适的休憩环境，硬质铺装也应尽量采取透水性铺装设计，有利于雨水的渗透和利用以及广场植物的生长。

二、街头游园设计要点

1.注重与城市空间的衔接

街旁绿地的形成与城市的建设密不可分，大致分为两种，即旧城更新而形成和新区开发而形成。

(1)在旧城区的空间布局形式　在旧城更新中，大量街旁绿地主要是结合市政建设、旧城改造、拆除危房等应运而生，通常其面积不大、形式灵活、临近居民生活区或商业服务区，是居民使用最多、距离最近、通常在半天甚至更短时间内可以往返的绿地。街旁绿地作为城市绿地系统“点、线、面”构成中“点”的要素，在旧城更新中虽然这些小型街旁绿地往往是无序的、零散的，但设计时必须考虑旧城街道的空间布局和附近的建筑形式与风格，与之协调呼应，这样可以从整体上延续城市景观风貌，体现街区景观特色。

(2)在新城区的空间布局形式　在新区开发建设中，一些新建街旁绿地以改善生态环境及为大众提供休闲活动空间为主，在位置选择上注重与城市商业及文化设施相邻。这些商业及文化设施的开放空间，布局形式同样需要与现代商业和文化设施的形式风格相一致，要符合现代城市公共空间综合功能的多层次要求，不仅拥有足够面积的硬质铺装场地，更要加入更多的植物、文化小品等软质景观元素，并与周围的街道绿地体系有机地融为一体，作为城市线性绿色开放空间重要节点融入城市绿色网络系统。

2.注重与交通组织的联系

城市街旁绿地与城市道路联系紧密，起到划分城市空间、界定道路范围的作用。街旁绿地作为城市人行道的延伸，其入口是连接城市道路与绿地内部空间的重要环节。一般主入口是人们进出绿地的必经之地，是人流集散之地，因此可结合休息设施、小品构筑物等进行设置，结合步行系统，方便过路行人或周围居民使用。对于交通较复杂的地段，如道路的交叉口或主要干道，在设计时，可使入口部分升高或降低，避免游人与车辆的正面交锋。对

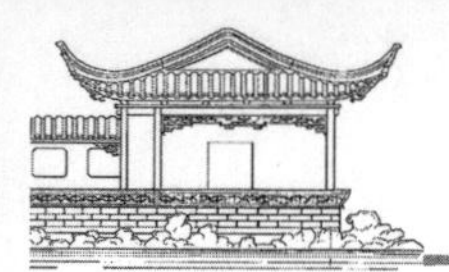

地形较复杂的地段，可随高就低布置挡土墙形式或台地式，以增加绿化的层次。为利于绿地的管理和维护，常用栏杆、绿化隔离带、休息设施等作为街旁绿地的外边界，以阻隔内部空间与外部空间的联系，确保绿地行人的安全，营造步行空间，在入口处设置防止机动车辆和自行车进入的隔离设施。因此，城市街旁绿地设计需处理好与城市交通组织的关系，满足市民可进入的同时，阻止外来车辆等的干扰，为市民提供适宜的休闲、娱乐、交往等活动场所。

3.注重与周围环境的结合

随着经济的发展，单一功能的城市绿地已不能满足人们的需求，城市绿地的性质、功能也随着周边用地性质的改变而发生变化。一般来说，商业建筑附近绿地的服务对象是商场中的顾客，该绿地主要提供人们休息；居住建筑附近的绿地主要为周围居民提供游憩、休闲的场所；道路两侧及交叉口处的绿地主要起到绿化美化、阻隔噪音的作用，同时兼顾过往行人临时休息的功能；公共建筑前庭绿地为附近上班族提供闲暇休息的活动空间。因此，在不同位置与性质的环境，城市街旁绿地所起到的作用不同，其设计形式及内容有所差异。

4.注重内部空间的多样性

(1)满足不同人群需求　城市街旁绿地应满足不同层次人群及不同时间的人群活动的要求。如中老年人喜欢群聚、晨练等，因而需要规模合适的交流场所；青年人一般需要较安静的场地，以便于休息和学习；少年儿童需要带有游戏设施的活动场地。因此，街旁绿地要结合所处地段的环境特点均衡配置。从布局形式、风格和内容等方面突出体现各自的特色，从而体现城市街旁绿地的灵活多样性。城市街旁绿地从整体来说，要形成动静、开敞与封闭结合的空间形式，以满足各层次人群的不同需求。

(2)利用植物划分空间　园林绿地常利用植物搭配进行空间划分，在街旁绿地中，通过软质植物与硬质铺地形式结合，以划分内部空间，在面积有限的游园绿地中给人步移异景的感觉。通常利用低矮的灌木或低于视线的绿篱或地被，使空间变得开敞，在视线上保持连续性；利用高大的乔木及灌木，以减少视线的通透性，可以形成一定的围合空间，但街旁绿地一般不宜将空间设计得过于封闭或私密，总体以开敞为主。

5.注重小品设施的艺术性

街旁绿地是以组织空间为特征的环境艺术，在满足绿地使用功能的基础上，应创造出丰富的景观艺术效果，如小品雕塑、喷泉水池以及坐椅、园灯、指示牌等，通过这些景观要素的艺术化处理，体现意境内涵，重视人文精神。例如，一些街旁游园中，常引入“水”，使绿地景观具有动态感，体现园林意境流动的美感和人们亲水的心理愿望。景观环境的优美、空间组织流畅及小品设施舒适性和安全感，“软质”“硬质”要素的结合，使空间层次丰富，更有利于提升街旁绿地品质。

无论是休闲广场还是街头游园，都属于城市街头公共空间，在对这一类的街头小公园进行设计时，主要明确以下几点：①它们是最实用的，能满足休憩及其他功能需求；②它们是经济的，就地取材，应自然地势和气候条件，用最少的劳动和能量投入来构筑和管理；③它们是方便宜人的，适合人的尺度、人的比例；④它们都是有故事的，而且这些故事都是与这块场所和这块场所的使用者相关的。所有这些都构成了街头公共场所的美。美不仅仅是形式的，更是体验、是生活、是交流——人与人的交流、人与自然的交流。如位于美国纽约53号大街的佩雷公园(Paley Park)，由美国现代景观设计师罗伯特·泽恩设计，该街头公园三面建筑(围墙)围合，出入口面向大街，尺度宜人，氛围亲切。场地中使用了跌水、树阵广场和轻巧的园林小品。约6 m高的水幕墙瀑布，既是公园的背景，也是入口的对景，瀑布制造出来的流水的声音，掩盖了城市的喧嚣。公园为喧哗的都市提供了一个安静的绿色休憩空间(图7-148、图7-149)。

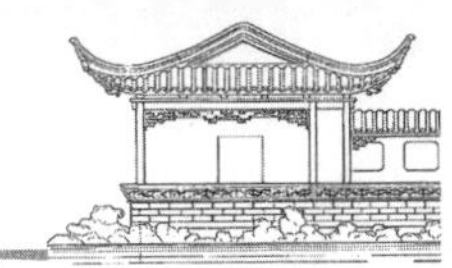

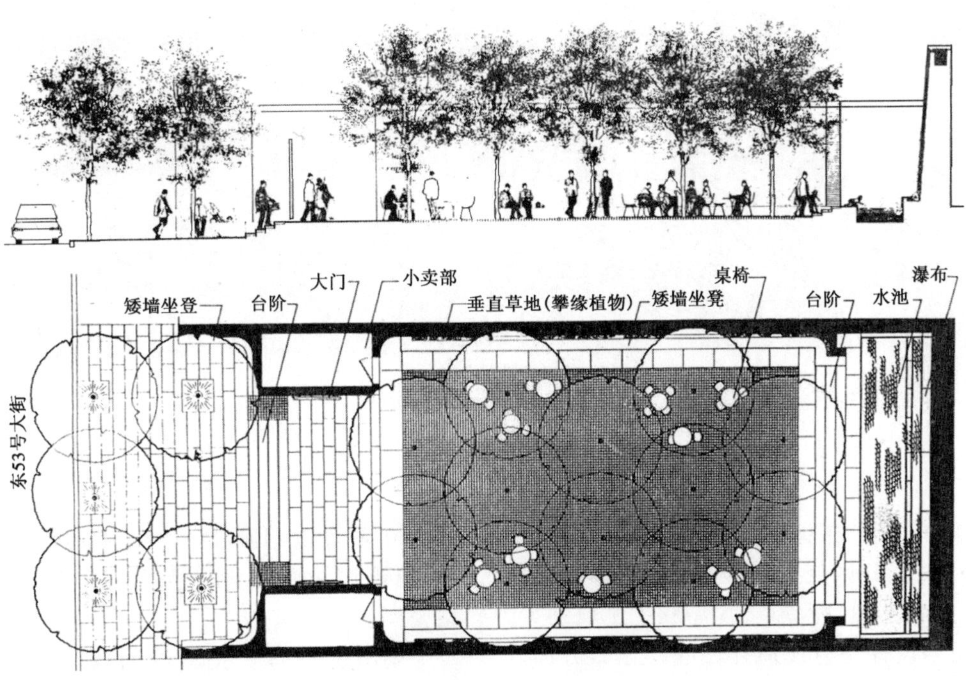

图 7-148　纽约佩雷公园平面图、剖面图

图 7-149　佩雷公园实景

第七章　各类公园规划设计要点二维码

第八章 各类公园案例评析

本章主要从公园的基本概况，现状利用与改造，空间布局结构、分区规划建设内容，道路交通、竖向与水系、植物造景、建筑与小品等专项规划设计内容以及规划设计特色或尚存在的问题等方面，对综合性公园、专类公园、社区公园、带状公园、街旁游园等各种类型的公园绿地规划设计与实践案例分别进行介绍和评析，以资参考。

第一节 综合公园案例评析

一、北京朝阳公园

1. 基本概况

北京朝阳公园为全市性综合公园，是经国务院批准的《北京城市总体规划》中确定的重点项目之一，位于北京市朝阳区的中部繁华地段，北至亮马桥路，西至朝阳公园路，东至东四环路，南至朝阳公园南路，南北长约 2.8 km，东西宽约 1.5 km，规划总面积为 2 88.7 hm^2，其中水面面积 68.2 hm^2，陆地面积 220.5 hm^2，绿地占有率 87%。朝阳公园南部为建成区，中北部新建区规划面积 120 hm^2，水面约 28 hm^2，陆地约 92 hm^2，是北京市四环以内最大的城市公园，原称水碓子公园，始建于 1984 年。

北京主要公园绿地大多位于城市的中部及西部，东部较为缺乏，随着北京市城市建设的发展和旅游市场的兴旺，公园的现状已经不能适应新形式发展的需要，朝阳区地处首都东大门，又是国际友人的聚集地，工业区、居住区相对比较集中，全区 140 多万人口亟须一个以园林绿化美化为外貌，以现代化游乐设施为内容的多功能的市级大型公园。

朝阳公园的发展建设大致分为筹备、起步建设、加快建设和快速发展四个阶段。

(1)筹备阶段　1984—1988 年，主要进行公园的筹建工作，依托水面初步围合了一个“没有围墙的公园”。

(2)起步阶段　1988—1995 年，以房地产开发和人文景观建设为主要内容。

(3)加快建设阶段　1995—2000 年，朝阳公园组织了“人民公园人民建”工程和“国庆 50 周年献礼”工程，于 1999 年 9 月建成朝阳公园南部景区。

(4)快速发展阶段　2000 年至今，朝阳区委、区政府将朝阳公园建设列入区重点工程，北京朝阳公园开发经营公司加大了筹、融资力度，全力推进景区景点建设，完成了公园规划用地内 3 900 余户居民和 40 余家企业的搬迁工作。在已建成南部景区的基础上，进一步实施绿化改造、完善了市政基础配套设施，进行了欧陆风韵景区、樱花园景区以及以网球中心为核心的体育园景区的建设和整个北部 1 300 亩规划用地的开发和建设，2004 年 9 月 15 日朝阳公园实现全园向社会开放。

20 年来，朝阳公园建成的景点有中央首长植树林、将军林、世界语林、层林浩渺、国际友谊林、水上游览区、南门景区、勇敢者天地游乐园、欧陆风情、绿茵欢歌、生命之源、艺术广场、滨水之洲、生态溪谷等 20 余个景区、景点(图 8-1)，实现绿化面积 2 500 亩。

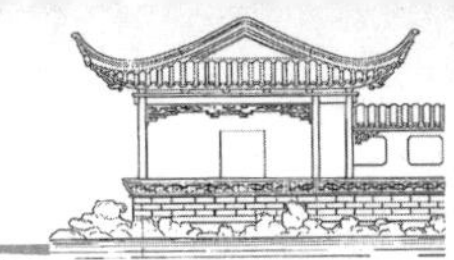

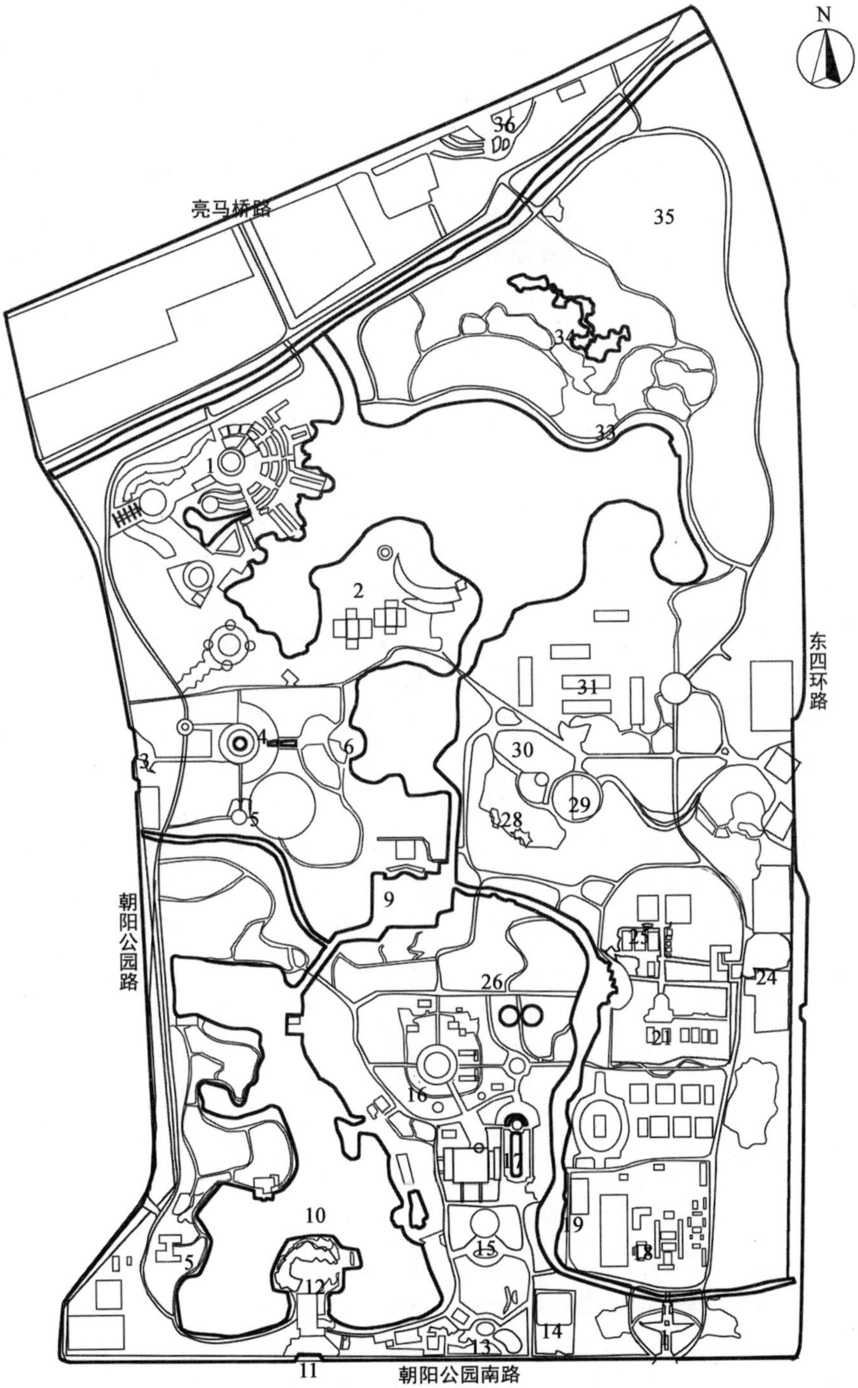

图 8-1　北京朝阳公园平面

1.蓝色港湾　2.沙滩排球运动场　3.西门　4.艺术广场　5.首长植树林区　6.滨水之洲　7.莲花湖　8.奥运选手俱乐部　9.方舟湖　10.南湖　11.南侧门　12.蓓蕾广场　13.南门　14.朝阳开发　15.礼花广场　16.游乐区　17.世纪喷泉广场　18.奥运金牌选手俱乐部　19.门球场　20.网球中心　21.篮球场　22.木轩高尔夫　23.办公楼　24.将军林　25.足球场　26.樱花谷　27.热气球俱乐部　28.绿茵欢歌　29.生命之源　30.运动休闲广场　31.中国当代艺术团　32.北湖　33.码头　34.生态溪谷　35.北部生态林景区　36.北门

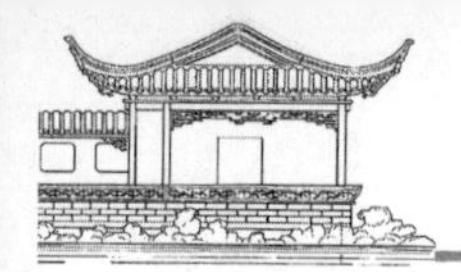

2. 总体构思与布局

园在总体规划和设计构思上，充分吸取国际方案征集中的优秀手法和特色，结合中国园林的传统造园手法，力求创造一个既不同于北京的皇家古典园林，又不同于1949年后新建的一般大型综合性公园的新型现代的绿色生态公园。在内容上除文化、娱乐、休息等多功能的要求外，充分利用公园现有水面条件，突出水景特色，营造多姿多彩不同形式的水景园林环境。同时，考虑到现代社会中公园中的活动已不再是单纯的游览，有更多的休闲活动和自娱自乐的特征，在设计中强调公园景观的体验性和可参与性，为游人提供多种多样的自由活动的环境。朝阳公园是北京历史文化相对较久远的综合性公园，集生态、休闲、娱乐、观光为一体的综合性公园，根据公园每个部分的区位特点及功能定位，现可将朝阳公园分为8个活动区域，即中心活动区、体育文化活动区、生态科普区、综合服务区、园林艺术观赏区、文化休闲区、行政管理区、古建文化保护区(图8-2)。

(1)中心活动区　位于公园南主入口中轴线的两侧，占地约20 hm^2，西部和北部被湖水环绕，东部有南北向的河道与体育文化活动区隔河相望。中心活动区在总体规划中处于重要中心地位，是人流通向公园各区的集散中心之一。由于靠近南部出入口，又有大片水面，因此应成为游人水上游览的码头所在地，充分体现了大众娱乐文化与自然生态的结合，其主要功能是为家庭提供合家娱乐游戏的场所。

(2)体育文化活动区　位于公园的东部，占地约40 hm^2，包括体育活动场、网球中心、奥运沙滩排球及城市俱乐部、绿化广场及东出入口，东南出入口几部分。东临东四环路及其辅路，将成为今后公园主要出入口及人流集散中心，交通人流量较大。奥运沙滩排球及城市俱乐部，绿化广场分别布置在水中的两个大岛上，有桥与东大门的集散广场相连，并可通向公园其他景区。除满足功能外，还有效地处理好水、岛的景观形象以及游人集散的通道安全。该区充分体现了群众性体育文化与自然生态的结合，为大众提供一处在自然山水环境中进行群众性体育活动的场所。

(3)生态科普区　位于公园的东北角，占地约50 hm^2。东侧临东四环路，北部为亮马河路，其间亮马河在该区北部由西往东流过。西南部面对公园的主要湖面，地理条件优越，该区的西部紧靠公园北出入口广场的南端并与西面综合服务区隔水相望，是集科普教育、生态展示以及文化会展于一身的功能区，该区将充分体现生态科普教育和自然生态环境的有机结合。

(4)综合服务区　位于公园的西北角，占地约11 hm^2，是集餐饮、购物、游乐为一体的多功能服务区。它西临朝阳公园路，北靠亮马河，东、南面向主要湖面。对外交通方便，西北端部有公园西北专用出入口，东北角有过河桥与公园北出入口广场相通，向东向南有公园外环路穿越本区西北部外侧。同时能与颐和园相通的水路经亮马河与公园水面联系。该区体现现代化综合餐饮娱乐设施与自然山水环境的有机结合。

(5)园林艺术观赏区　位于公园西部中心地带，公园西大门面向朝阳公园路的中段上。本区地块北部与餐饮服务区相通，南部与观赏游览区相连。东部为曲折的湖、河水面，并与欧陆风韵贯通。园林艺术观赏区在总平面位置上看，是公园西部集聚与疏散人流的场所，用地面积相对比较大，其中还包含一个湖心小岛，由东、西两桥联系公园中部和东西两部分，该区为艺术(尤其是视觉艺术)提供了与大众接近的自然展示环境。

(6)文化休闲区　位于公园西南部，占地约15 hm^2，西临朝阳公园路，东面是蜿蜒曲折收放有致的南湖。整个区域南北长东西窄，大部分区域靠近湖岸。此区域特征适合布置南北向的线性游览路线。自北向南由大小不等但三面环水的半岛组成，环境质量优越。该区西面有很长一段临街面，行人视野可在公园外部街道透过该区域和湖面达到南部的休闲娱乐区从而形成丰富的视觉层次，是大众休闲文化活动与自然山水的有机结合，为游人和附近居民尤其是中老年人和少年儿童提供了一个轻松优美的休闲娱乐环境。

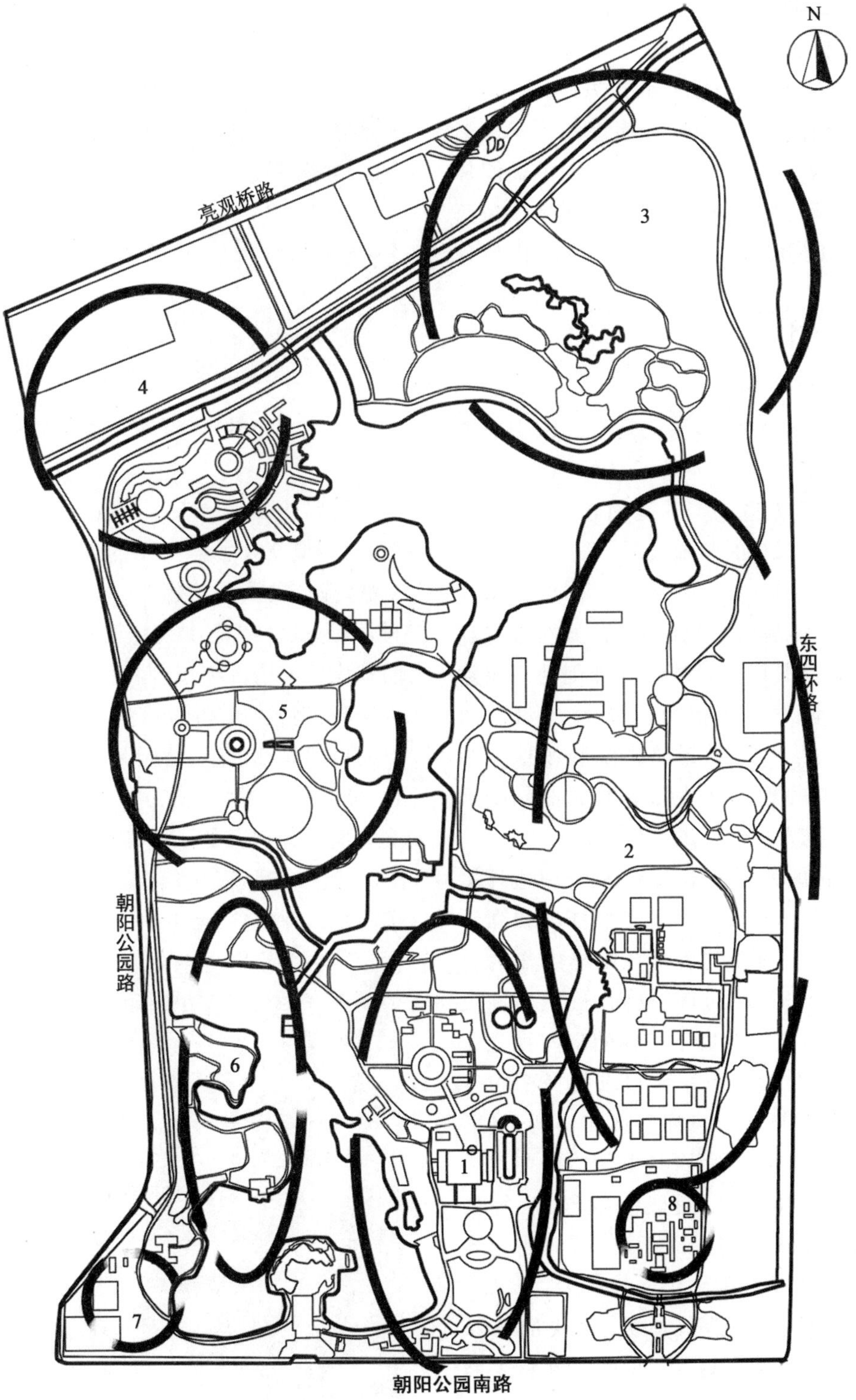

图 8-2　北京朝阳公园功能分区图

1.中心活动区　2.体育文化活动区　3.生态科普区　4.综合服务区　5.园林艺术观赏区　6.文化休闲区　7.行政管理区　8.古建文化保护区

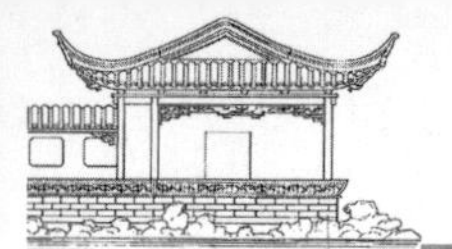

（7）行政管理区　在公园的西南角，占地约10 hm^2，集中安排公园的行政办公、后勤等用房。交通便利，可以安排独立出入口，管理方便。

（8）古建文化保护区　公园东南部的顺承郡王府属原拆原建建筑，作为一个相对独立的中式园林区，占地约4.7 hm^2，和公园西部的欧式风情区东西相对，互相映衬，成为公园两个具有明显文化特色的景区。

3. 专项规划设计内容

1）道路与铺装场地设计

公园的道路与场地铺装，不仅具有组织交通和引导游览的功能，还为人们提供了良好的休息、活动场地，同时还直接创造优美的地面景观，给人以美的视觉享受，增强园林的艺术效果。

园路在园林的铺装中起着重要的作用。园林中道路的交通功能从属于游览的要求，虽然也有利于人流疏导，但并不是以取得捷径为准则的。园路与景石、植物、湖岸、建筑相搭配，受环境气氛的感染，“出人意外，入人意中”。道路与铺装场地作为公园中一个很重要的要素，它的表现形式必然受到总体设计的影响，与总体设计风格相一致。

朝阳公园道路的铺装色彩选择：在与周边环境色彩相协调的基础上，将设计者的情感能够强烈地灌入人们的心灵中。铺装的色彩在园林中作为衬托景点的背景，不同需求的道路空间，运用不同尺度的彩砖铺装图案，力求形成不一样的空间视觉引导和组织的功能。色彩的应用应追求统一中求变化，即铺装的色彩要与整个园林景观相协调，同时应用园林艺术的基本原理，用视觉上的冷暖节奏变化以及轻重缓急节奏的变化，打破色彩千篇一律的沉闷感，最重要的是做到稳重而不沉闷，鲜明而不俗气。例如，在活动区尤其是儿童游戏区、活动广场使用色彩鲜明的铺装，造成活泼、明快的气氛（图8-3）；在安静休息观赏区域，可采用色彩柔和素淡的铺装，营造安宁、平静的气氛；在纪念场地等肃穆的场所，宜配合使用沉稳的色调，营造庄重的气氛。

图8-3　活动广场道路铺装

道路的铺装质感体现：在进行铺装设计的时候，我们要充分考虑空间的大小。大空间要做得粗犷些，应该选用质地粗大、厚实，线条较为明显的材料，因为粗糙往往使人感到稳重、沉重、开朗；小空间则应该采用较细小、圆滑、精细的材料，细致感给人轻巧、精致、柔和的感觉。在北京这样一个上千万人口的大都市里，公园是人们放松心情的理想园地，经过了一天的繁忙之后，人们开始向往自然朴实的生活。碎石的小道则让人感到舒畅、亲切（图8-4），而广场则采用花岗岩石和彩色地面砖铺装，追求的是一种粗犷、稳定的感觉（图8-5）。

图8-4　碎石道路铺装

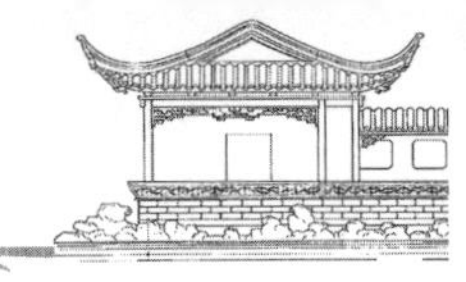

图 8-5　广场铺放花岗岩铺装

道路铺装的形态感受：铺装若能给步行赋予节奏感那将是大受欢迎的。广场上的线形不但能给人以安定感，同一波形曲线的反复使用具有强烈的节奏感和指向作用，会给人安静而有条理的感觉，最单纯的节奏就是不断重复。折线显示动态美，沿着道路轴线弯曲线会让你感觉到一种缓慢的节奏，比如沿道路轴线等间隔重复出现的线、四边形及其他图案（图 8-6）。园林铺装的人性化设计上需考虑整体园林景观的意境和主题。在明确需要给游人带来什么样的情感和美景的指导下，合理地布置不同质感的铺装材料的尺度搭配。朝阳公园的园林铺装设计上，就有多处采用更加与自然结合的铺装形式。例如，木栈道、草绳钩边，以及其他木质铺装等（图 8-7），停车场的生态型植草砖铺装等都渗透着铺装的生态性和与人的亲和性。

图 8-6　道路图案铺装

图 8-7　木栈道铺装

2）竖向与水系（水景）设计

公园北部以大水面、大绿地为主要特色，在山丘之间自然形成了一处生态溪谷（图 8-8）。同时，种植水杉、垂柳等耐潮湿树种在内的多种水生植物，为植物生长营造适宜的小气候。水上建有木栈道和凉亭，可供游客漫步与休息。水源头用真山石堆叠了一处平泉跌水，既可循环用水，保持水质，又达到了节水的目的，水池又作为浇灌系统的蓄水池（图 8-9）。

3）植物景观规划设计

北部新建区多为居民住户拆迁，区域内保留下来的树木极少，仅保留少量的枣树及毛白杨、刺槐、杨槐。多种树且多种乡土树，使绿色植物能够按照植物群落的自然规律自己生长、自我调节、自我演替，使之易管理，进入可持续发展的良性循环中。特色种植：突出了樱花、海棠及秋景观的银杏、元宝枫、刺槐、黄栌。为了达到以上目的，在植物种植上，遵循以下原则：

（1）适地适树，以北京乡土树种为主　当地苗木来源容易，易成活、好管理，可以经得起自然灾害的考验。北京乡土树种为杨、柳、榆、槐、椿。近几年也将栾树、银杏、白蜡作为推广乔木树种。常绿乔木以侧柏、桧柏、油松为主。在选择树种时还针对它的主要优点和绿化的主要目的来考虑（图 8-10）。

图 8-8 北侧水溪竖向设计图

图 8-9 生态溪谷实景图

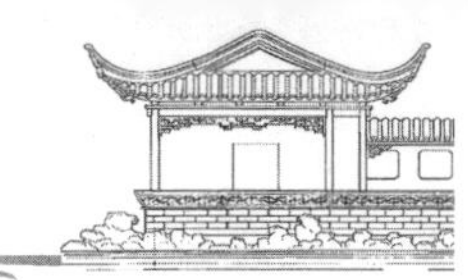

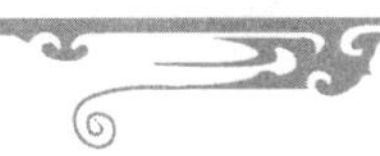

图 8-10　乡土树种广泛种植

(2)生物多样性原则　在朝阳公园中，绿化种植也呈现出多种多样的特点。朝阳公园面积较大，给树种的多样性提供了条件。公园在普遍绿化的基础上，完全达到了生物多样性的目标。植物种类多了，也就具备了普及植物科学的条件。北部新区种植了约 150 个品种的树木，乔灌木层次变化丰富，种类多样(图 8-11)。

图 8-11　植物景观多样性

(3)景观特色种植原则　公园中的绿化种植不同于一般绿地片林种植，还对景观进行特色景观种植，如滨水之洲景区水生植物种植(图 8-12)，这种思路不仅是为了创造美丽的植物景观，同时还为公园的经营注入活力，使公园能进入可持续发展的良性循环。

图 8-12　滨水之洲水生植物种植

4)建筑与小品设施规划设计

(1)朝阳公园南大门　5 根红色立柱架托出两道浮云，第一道浮云为金黄色，第二道浮云为银灰色。从正面看，是中文“二十一”的合写，喻意“进入 21 世纪”；第一道金黄色浮云是一只凤凰，又喻意“丹凤朝阳”；第二道银灰色浮云喻意“龙凤呈祥”。5 根红色立柱喻意中华人民共和国成立 50 周年。南大门立体跨度为 45 m，竟跨 38 m，最高的一根立

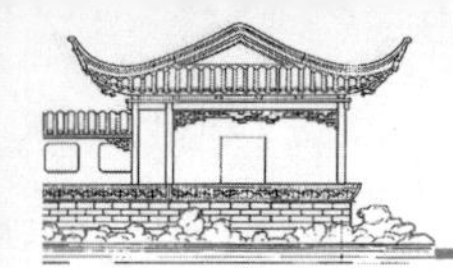

柱高 24 m，门的净空高度为 6.05 m。朝阳公园南大门的设计是大手笔，大跨度，大构思，大全景，全开放式设计，给人以宽阔、开朗、大方和美的享受，令人心旷神怡，引人入胜，其气派与风格在北京市园林门区景观中独树一帜(图 8-13)。南大门内外各有一个广场。外广场为 3 540 m^2，内广场为 1 780 m^2。整个门区配有照明灯、霓虹灯和镭射灯。大门东侧和大门内的绿地共占地 6 000 m^2，做成慢坡状，其中花坛点缀，花团锦簇。大门西侧是一块占地面积 2 800 m^2 的林荫停车场。

图 8-13　朝阳公园南大门

(2)世纪喷泉广场　该广场位于新景区东南部，设计南北长 200 m，东西宽 80 m，占地共 20 000 m^2，建筑面积为 16 000 m^2。吸收了法国、意大利和美国的技术建造起来的，由大炮等 10 个种类 1 000 多个喷口组成(图 8-14)。世纪水门高 11 m，喷泉上下左右，立体交叉，八门大炮喷泉直打喷池中间部位的“世纪水门”。喷池两侧的雪松喷泉、跳泉、水花夹径喷泉、蘑菇喷泉、彩虹水帘等，加上位于中间部位的世纪水门和八门大炮喷泉，构成了喷泉世界，令人目不暇接。喷池北侧的观泉台，高出喷泉池 3 m，台上横卧一排二层弧形欧式建筑，高 16 m，长 60 m。22 棵水松喷泉一字摆开，16 只狮头喷泉分列两侧。“世纪水门”的创意借鉴了现代雕塑文化技术，采用立柱门架结构。门高 12 m，宽 10 m。喷泉上下左右立体交叉，门架喷泉由 332 条水线和由地下 44 个涌泉组成。横梁为红、蓝、绿三个颜色。象征太阳、月亮、星辰和地球。横梁以钛金浮雕图案和铜制四方神装饰，形成“宇宙苍穹”。4 根暗红色立柱以花岗岩石为抵柱，架托起前朱雀、后玄武、左青龙、右白虎四方神，以示威震四方。门下金色尖锥拔地而出，寓意事事如意。

图 8-14　世纪喷泉广场

(3)欧陆风韵　位于公园西北角，方舟湖畔，是集商务活动、会议、餐饮、旅游观光于一体的场所。该俱乐部被中国奥委会指定为 2008 年奥运会接待奥运官员和奥运金牌选手的重要场所。俱乐部内设有多功能厅、大小会议厅、宴会厅、迪厅、桑拿、棋牌室、台球、沙弧球、客房等综合设施，并连锁郡王府、游泳馆和网球馆。湖边有 700 m^2 以上的露天广场，是举办各种活动的良好场所(图 8-15)。

(4)蓝色港湾　位于公园西北部，是中国首家集购物、会展、娱乐、餐饮、休闲为一体的体验消费商业旗舰，在 15 万 m^2 的广阔空间内，湖畔吧街、丽士大道、主力店、亮马食街、中心花园广场、锦绣城、半山环路街区、时尚超市、精品酒店、SPA 健身中心构成了以体验消费为主并融合丰富商业业态的大型时尚都市商业街区(图 8-16)。

(5)生命之源　体育文化活动园区以自然生命为主题，在大片树林中呈现了一处绿色、流水、运动组合而成的气势较大的景观点，在起伏的地形上种植了郁郁葱葱的树木，从丛林中流下 5 条彩色水溪(图 8-17)，轻松的运动符号点缀其中，使人产生一种莫名的流连之感。

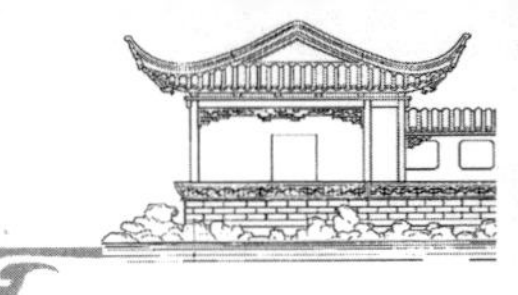

图 8-15　欧陆风情

图 8-16　蓝色港湾

图 8-17　生命之源景区五彩花溪

(6)公园北门雕塑　北门入口区域,存在逆光的环境特点,门口的服务设施隐蔽在树林中,故在北门设以几座以树、花、动物的剪影为主题的雕塑作品“树与影”,突出绿色自然的主题(图 8-18)。

(7)滨水之洲　位于公园莲花湖畔,是水中野鸭栖息的自然生态岛,由木平台、小品亭及缀花草地组成(图 8-19)。在绿色空间里,以表现自然、环保、生态的中小型雕塑来丰富环境,是展现公园自然野趣的良好景观。

(8)艺术广场　位于公园西门区,是一处开阔空间,由中心下沉式的椭圆喷泉和两组长方形雾泉组成,圆形雾泉广场外径约 80 m,中心集束喷泉高 18 m(图 8-20)。艺术雕塑散布其间,使人充分领略了奥地利维也纳的田园风光,是具有浓郁艺术氛围的场所。连接艺术广场和滨水之洲的是一个长方形的喷泉广场。

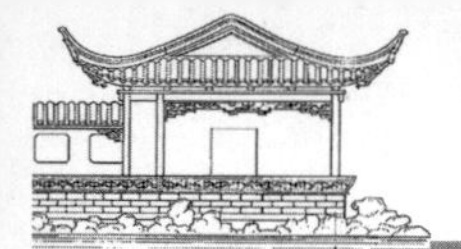

图 8-18　北门区入口树与影标识雕塑

图 8-19　滨水之洲景区休闲设施

4. 公园规划设计特色

(1)以大面积的自然风光取胜　如大草坪、大型喷泉水景园(图 8-21)、大型水生植物园、大百花园、大片森林园等,创造出多种有特色的大型自然风光景区。朝阳公园"绿茵如歌"大草坪(图 8-22),面积足有 10 000 m^2,设置了一处露天大草坡舞台及服务中心,在满足游人需求的前提下,突出了绿化,蜿蜒起伏的绿草地上,或站或坐,十分轻松自如地观看演出,使在城市中也能亲近大自然的梦想终于成为了现实。

图 8-20　艺术广场

图 8-21　朝阳公园喷泉水景

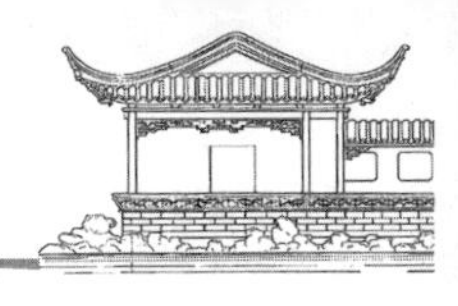

图 8-22　朝阳公园大草坪

(2)突出水景,使之丰富多彩、活泼自然　利用自然水面大,湖泊多的特点,将其水面集中,并与小水面小渠相串联,形成南北湖区,有着最长的迂回曲折湖岸线,使公园空间层次丰富,景观优美。

(3)自然式与规则式相结合　在全国大的景观、大的空间中,采用自然地形、水面、创造自然风光。而在总的建筑布局、空间关系上,又有一组有虚实的似十字形基轴统帅全国,使之尽在自然中,在局部景点布局时,则多采用规则式讲究空间构图的平衡、匀称,以形成严密紧凑、规则有序的艺术效果(图 8-23)。

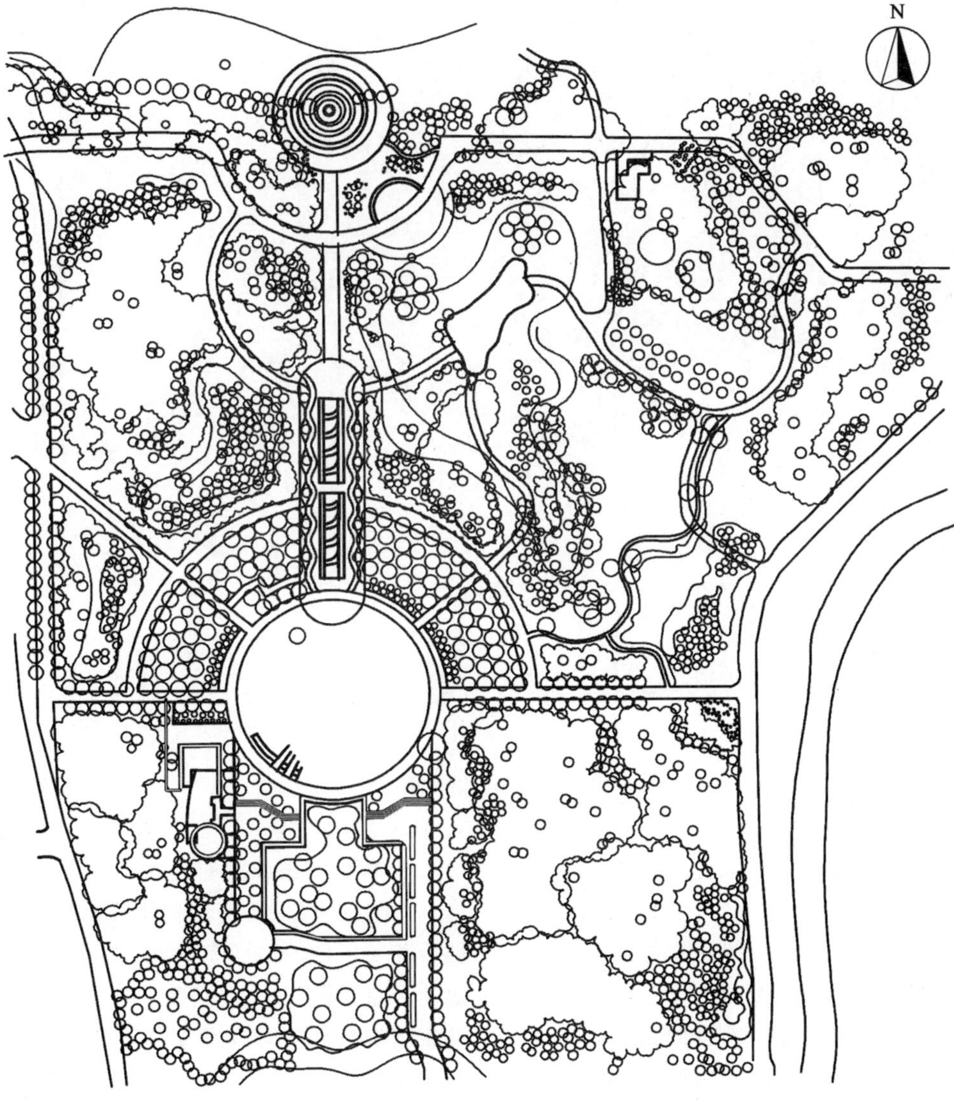

N

图 8-23　滨水之洲景区规则与自然相结合的平面布置

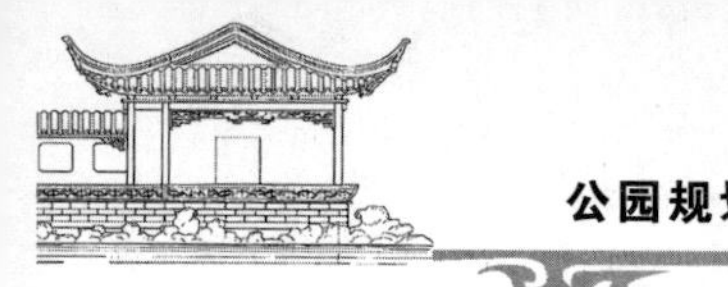

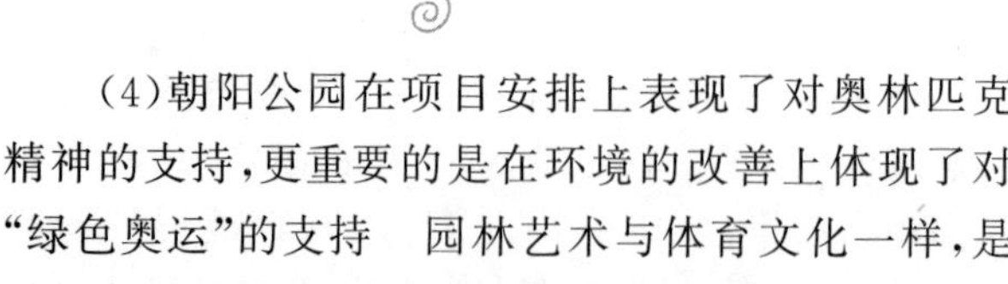

(4)朝阳公园在项目安排上表现了对奥林匹克精神的支持,更重要的是在环境的改善上体现了对“绿色奥运”的支持　园林艺术与体育文化一样,是世界各国、不同民族间交流的手段。从这点来说,朝阳公园充分表现了对奥林匹克精神的理解和支持。体育文化活动区以绿色生态中的运动为主题,入口售票及服务建筑淡化。东门区的方案没有以大轴线、大广场为特色(图 8-24),而是以自然、运动的感受与城市相连接。

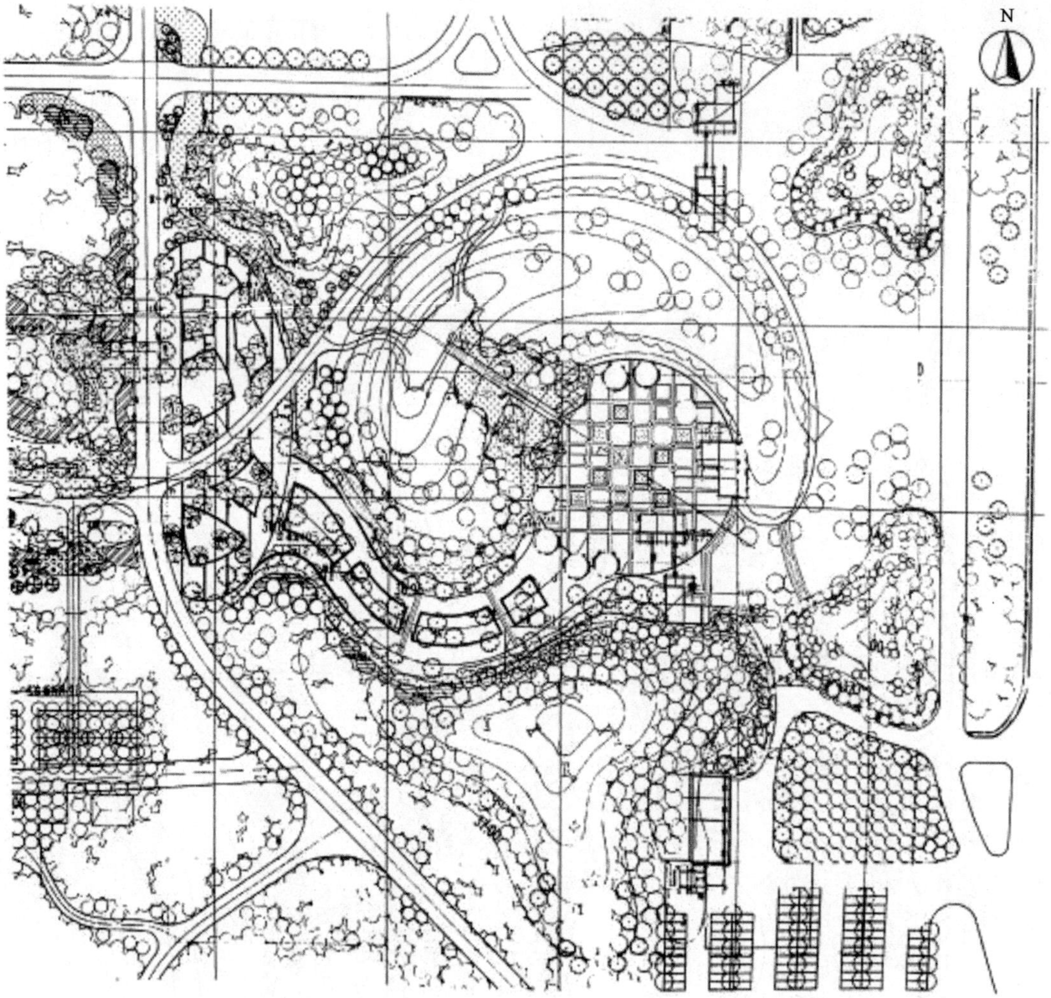

图 8-24　东门区平面图

(5)朝阳公园具有国际性　国际友谊林位于公园南湖西南角,占地面积 7 337 m^2。是北京市朝阳区与世界其他国家的区、郡、县结成友好城市的象征,也是朝阳区和“北京朝阳公园”对外友谊的窗口。2004 年 7 月,第 89 届国际世界语大会在北京召开之际,各国世界语者在此建立“世界语林”纪念碑,以为纪念(图 8-25)。

5. 有待改进或斟酌之处

(1)基础设施与配套服务场所有待提升　公园道路及相关区域的路灯等照明设施相对较少,现有设施老化严重,游客公共素养参差不齐,垃圾箱、路椅等公共设施被损现象时有发生。北京朝阳公园兴建历史较为久远,公园内部分老化损坏的建筑设施和健身设备未能及时修缮更新,存在一定的安全隐患。

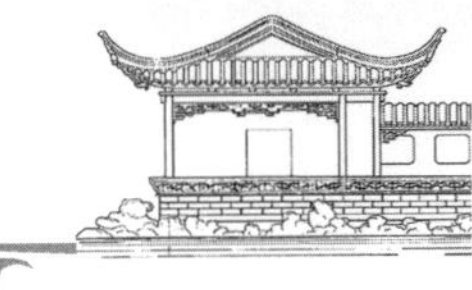

图 8-25　世界语林

(2)开放式公园安全管理问题　2004 年 9 月 15 日朝阳公园实现全园向社会开放，成为了北京城内最大的开放式公园，北京朝阳区客流量大，而开放式公园的“免费”和“开放”所产生的负面效应也随之增加。进出公园人群存在诸多复杂性和随意性。有的人群如游商、乞讨、“三无”等闲散人员大量涌入公园，滞留时间比较长，有的游客公共素养和环保意识相对滞后，干扰了公共环境的游园秩序，综合治理难度加大，突发性事件事件概率增加，“管理者”和“被管理者”之间的矛盾未能妥善解决，公园长期面临着“管理难、难管理”“执行难、难执行”的尴尬局面。

二、常州红梅公园

1. 基本概况

常州是一座具有 2 500 年历史的文化古城(历史上有“龙城”别称)，处于美丽富饶的长江金三角地区，南濒太湖，北靠长江，与上海、南京两大城市等距相望，与苏州无锡联袂成片，构成以经济发达而著称的“苏锡常”地区，是长江下游金三角地区重要的中心城市之一。常州市总面积 4 375 km^2，人口 339 万人，其中市区 280 km^2，人口 85 万人；下辖武进、金坛、溧阳三个县级市和天宁、钟楼、郊区、戚墅堰四个行政区，以及一个经国务院批准建立的国家级高新技术产业开发区。

红梅公园为全市性综合公园，位于常州市东北面，是市内最大的一个综合性公园，始建于 1959 年 8 月，翌年 7 月，正式对游客开放，占地面积 37 hm^2，其中水面积 7 hm^2。2005 年，经常州市政府常务会议研究，决定对红梅公园全面实施敞开扩建，进一步优化城市环境、提升城市形象，向南扩至武青路，向东扩至拟建的城市道路，北面和西面分别以关河路，红梅路为界。改造地块总面积为 48.76 hm^2，合计 731.4 亩，其中水域面积为 7 hm^2(图 8-26)。公园因著名古典建筑——红梅阁而得名(图 8-27)。

红梅公园靠近城市中心及大型住宅商业区，西部紧靠著名寺庙游览地天宁寺，文笔塔以南步行即可到达“东坡公园”(一处名胜古迹与自然风光相结合的江南园林)，关河、市河从公园东西两旁穿流而过，为公园内部水系与外部水系之间的联系提供了有利条件，公园西南为延陵东路步行街，已发展成较为成熟的休闲、娱乐、餐饮街区，与天宁寺、红梅公园、东坡公园等景区结合在一起，为常州市民和外地游客提供了多种休闲活动及旅游合作的场所，共同打造古城文化旅游区。

图 8-26　红梅公园区位环境

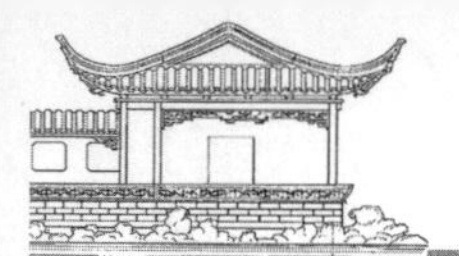

图 8-27 红梅公园鸟瞰

2. 总体构思与布局

红梅公园通过现代生态与科技造园手段，实现对中国传统造园文化的全新演绎。文化、生态与科技的有机渗透，现代与历史的和谐共处，是后现代公园改造最重要的景观空间特征，同时在符合整体都市生态环境要求的前提下，以开放性、参与性公园作为改造目的，营造出令人喜欢的环境景观和设施，让人群享受其中。

1)空间结构

设计以原有的地形地貌为依托，按照各个区域不同的使用功能和定位，形成“一轴三核，六区八景，动态串联”的整体布局框架(图 8-28)。全园景观轴线由西北至东南，穿越湖区形成整个公园的空间构架，而高效有序、宽窄不一、富于变化的动感园路成为贯穿全园的纽带。视觉通廊则是园内各区视觉联系方式，强调景观的视觉通透性和可达性，并充分利用景点之间的对景、借景关系，打造空间序列(图 8-28)。

2)景色分区

随着几十年来公园的多次改造，原有的景点大多数已名不副实了，设计应力求在延续红梅八景的历史文脉的同时，运用现代造园手段提升景观品质。形成新红梅八景(图 8-29 至图 8-33)。

图 8-28 公园景观结构图

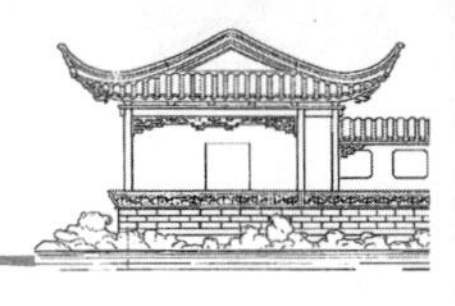

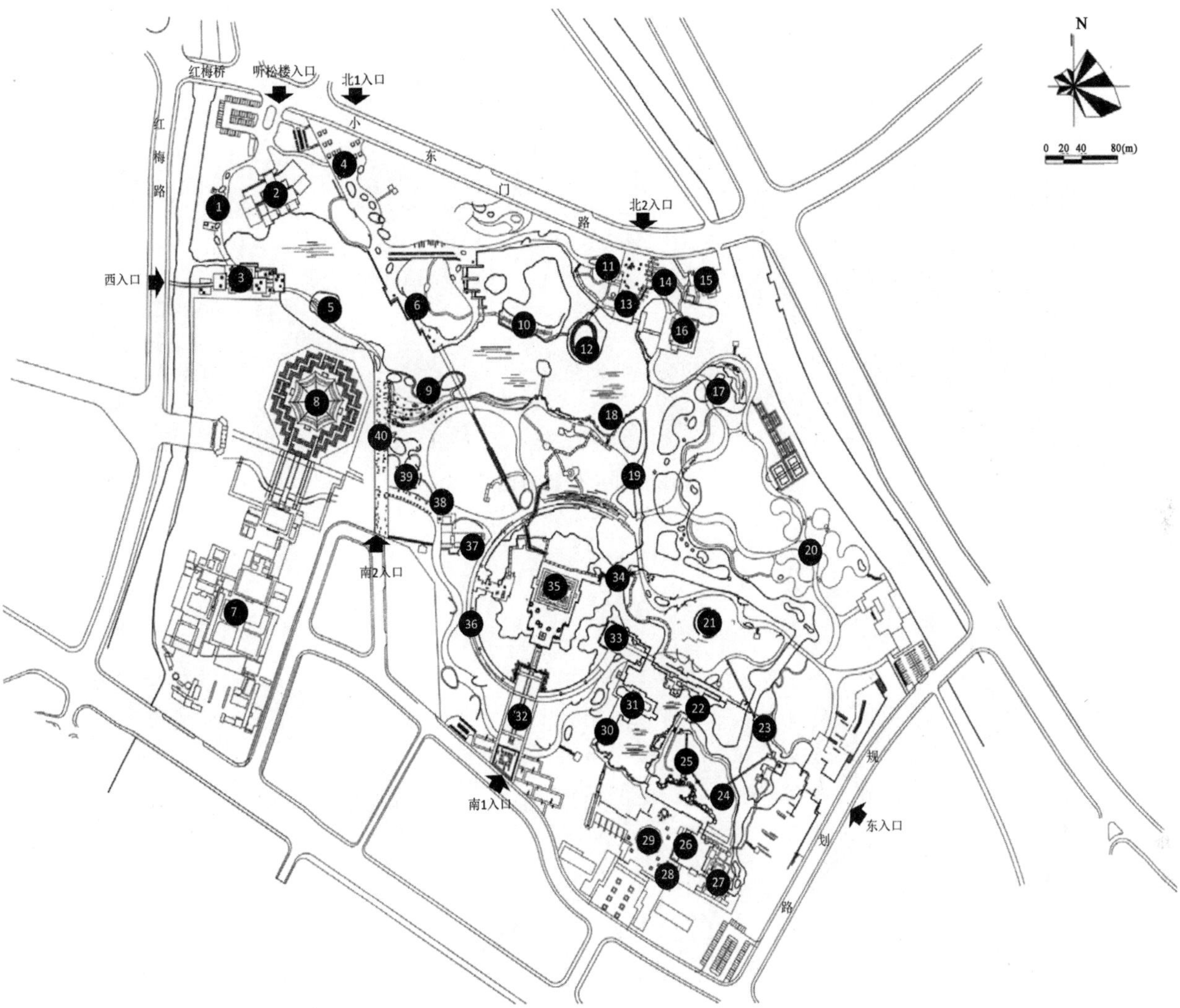

图 8-29　红梅公园总平面图

1.斜坡眺望台　2.听松楼　3.林园钟声　4.斜坡广场　5.映梅桥　6.夕霞观景台　7.天宁寺　8.天宁宝塔　9.浅滩叠水
10.法桐绿堤　11.听雨轩　12.水上剧场　13.虚怀堂　14.曲池风荷　15.根艺馆　16.屠一道根艺馆
17.天鹅湖　18.明镜桥　19.水畔走廊　20.儿童游乐场　21.吴风遗韵　22.滨水木平台
23.林中平台　24.丛林体验　25.笔架山　26.梦笔轩　27.梳篦博物馆　28.砚池
29.文笔塔　30.塔影亭　31.塔影山房　32.红梅广场　33.嘉贤坊
34.千米长廊　35.红梅阁　36.赏梅堤　37.春晖茶室
38.多功能大草坪　39.密林休闲　40.香樟净荫

图 8-30　红梅春晓

图 8-31　文笔夕照

图 8-32　曲池风荷

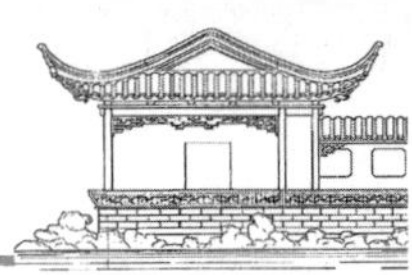

图 8-33　吴风遗韵

(1)红梅春晓　挖水成池,以水围绕形成园中园,利用距离和倒影更彰显其古建遗迹的魅力。

(2)文笔夕照　以镜面的手法,让风格独特的文笔塔映在原木柱林光洁的镜钢内表面,更彰显其神奇传说。

(3)林园钟声　不见塔影,却闻钟声。林下形成宽松的休憩空间,是老年人晨运及交流的理想场所。

(4)凤桥花溪　改造原有的生硬的驳岸,形成自由流畅的湖岸线,路旁营造四季花境,远处是新型钢结构凤桥跃于水面。

(5)曲池风荷　在水面开阔处另辟品种荷花的观赏展示区,结合水上展示台,让多种珍贵稀有的荷花品种与市民近距离接触。

(6)翠微秋霞　在山上和水边,以秋色叶和彩叶树种为景点的主题,营造秋霞满天的景致。

(7)青峦倒影　青峦山郁郁葱葱,以水为镜,相映成景。改造后数百米的水畔走廊依山而行。

(8)吴风遗韵　将原八景中的“雪山劲松”一景,改为能体现常州历史文脉的“吴风遗韵”景点。

3)功能分区

公园总体分为六个功能区(图 8-34)。

(1)都市滨水开放区　位于公园的北面,是城市喧闹与公园幽静的自然过渡。迁走原有的杂乱的儿童游乐设施,引水而入形成内湖,营造出连续而富于变化的滨湖漫步休闲空间。设计中最大限度地保留场地上浓荫密闭的银杏林,以假日酒店为功能中心创造出满足常州市民和外地游客度假、餐饮、娱乐等多种休闲活动需求的现代都市休闲空间。

(2)都市疏林草地区　位于公园的中区,以浅滩跃水和疏林草坪为中心,缤纷花境园路为纽带,开辟出更多的晨运广场及驻步停留的空间,以满足市民现代都市生活的多种需求。保留原有的中央大草坪并加以扩建将会成为此区的一大特色。

(3)人文景观游览区　位于公园的中部,青峦山郁郁葱葱,三面湖水环绕,是全园景观最为开阔之处。游人漫步于遮天闭日的密林深处,体验穿越森林的氧吧感受和极目远眺的心旷神怡。空间上联系了文笔塔与红梅阁两处古建筑保护区,场地内保留有嘉贤坊、袈裟塔、塔影山房等多处遗迹。

(4)文笔塔古建保护区　位于公园的最南端。文笔塔历经沧桑,几度废兴,始终以其优美别致的形态在古寺中独树一帜,已成为常州的文化象征,现代的造园技术和艺术的运用更彰显其神奇的传说色彩。改造重点是打造场所的文化内涵。

图 8-34　功能分区图

(5)红梅阁古建保护区　以保留的红梅阁为中心，以阁后山为背景，四面以水围绕. 形成园中园，同时通过距离和倒影，运用新技术、新材料，与古建筑形成新旧的碰撞与对话。园内增植部分梅林，每到冬末初春之时，红梅怒放，游园赏梅，怡然自得。

(6)休闲娱乐体验区　位于公园的东面，搬迁原有的动物园，改造原有的苗圃为开放型儿童游乐区，湖边曲折别致的浅滩跃水是儿童亲水的乐园。中部以原生密林为背景，群众型体育健身场所穿插其间，密林野趣自然流露。北面为鸟禽类动物的观赏园。改造原南面的生硬的湖岸线并引水而入，形成开敞型滨水游览路线，创造生态型的观赏园。

3. 专项规划设计内容

1)道路与铺装场地设计

秉承以人为本的原则，强调连续性、通达性和多样性，建立集生态、游赏、展示于一体的园路系统。对原有杂乱交通进行梳理调整，设置连续的主园路，形成高效有序，宽窄不一、富于变化的动感园路，公园内予以保留的大型乔木，以绿岛的形式有机地错落其间。设计足够的长度、多变的景色、连续而富于变化的滨湖漫步道，增加游客与水体的交互；完善水上游览系统，增加游览趣味；以全新的造园艺术与技术手段，打造新旧结合的百米风雨长廊、桐林水岸、香樟静荫和密林景观高架廊等特质空间，形成公园新的园路系统(图 8-35)。

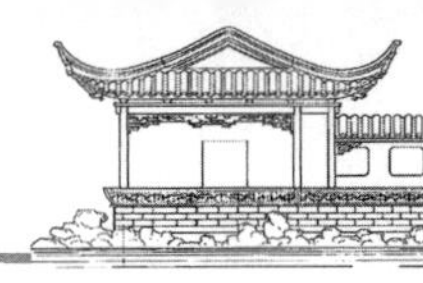

图 8-35　园路设计图

宽窄不一、连接平滑、富于变化的动感园路（图 8-36），模糊了广场和传统园路的界限，四时花境自由地穿插其间，大型乔木以绿岛的形式有机地散落其间，人行散步道与电瓶车车道可分可合，园路长度足够，景色多变，使在环道上进行慢跑或散步都成为一种享受。

2）竖向与水系设计

公园中的土丘改造成绿地与覆土建筑。在绿地土丘上，成片种植的花灌木与保留在其中的高大乔木形成大尺度的曲面韵律和节奏，几何划分的广场自由地穿插其间，以宿根及多年生花卉营造花丘，力求做到三季有花，四季有景。各处花丘在不同的季节表现不同的形态，游人漫步其间，仿佛置身于迷幻的百花丛中。

公园内保留的古典建筑相对较多且极具个性，规划增加的建筑物采用生态型覆土建筑的形式，隐藏了突兀的外形，入口处以新材料、新技术体现纯净简洁的现代感（图 8-37）。公园东南部的建筑，用地紧邻城市干道，根据地形合理安排建筑使用空间，将建筑内部掏空，形成绿化庭院，同时又能满足

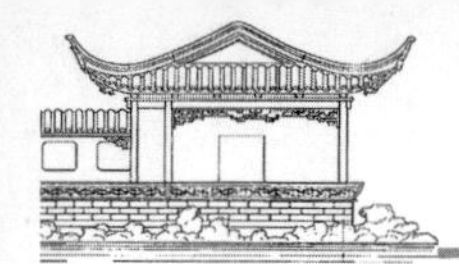

建筑的采光与节能问题。公园北部的建筑充分考虑其景观作用，将原有的山丘纳入场地内，依照地势堆起 4.5 m 高的山丘，将建筑嵌入山丘中，用轻钢、圆木与通透的玻璃作为建筑主要材料，屋顶依照山势建成壳状。

公园中还设计有许多镜面，作为现代景观元素，散落在公园的重要节点上，无处不在的反射将绿意盎然的公园风景和极具特色的构筑物映在光洁如镜、高亮度的钢板上。或是打磨光亮的黑色花岗岩石板上，成为一幅幅跃动且始终变化的画面，为公园的竖向增添变化与乐趣。

水景设计的目标是为市民提供一个观水、亲水、听水、戏水的休闲空间。中心湖区在保留原有水系的基础上加以拓展，形成开阔之势；疏导南面的小水塘并局部开挖，建立一个良性循环系统；充分利用已有的水生植物并加以整治，创造良好的生态驳岸系统；清理湖内的大量悬浮藻类，对湖内水质实行生态净化；红梅阁、文笔塔两处文保单位，以水分隔，形成相对独立的园中园，以便日后管理及维护(图 8-38)。

在进行驳岸设计时，在保留局部原生自然植物驳岸的基础上，全面改造，力求塑造一个层次丰富的生态堤岸系统，打造富于个性的公园滨水景观空间。在驳岸处理上使用了包括硬质广场驳岸、自然植物驳岸、木栈道驳岸、水生植物驳岸、自然山石驳岸等多种驳岸形式(图 8-39、图 8-40)。

图 8-36　公园动感园路示意图

图 8-37　公园覆土建筑意象图

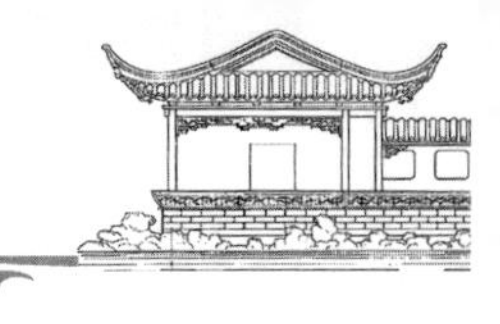

图 8-38　公园水体景观

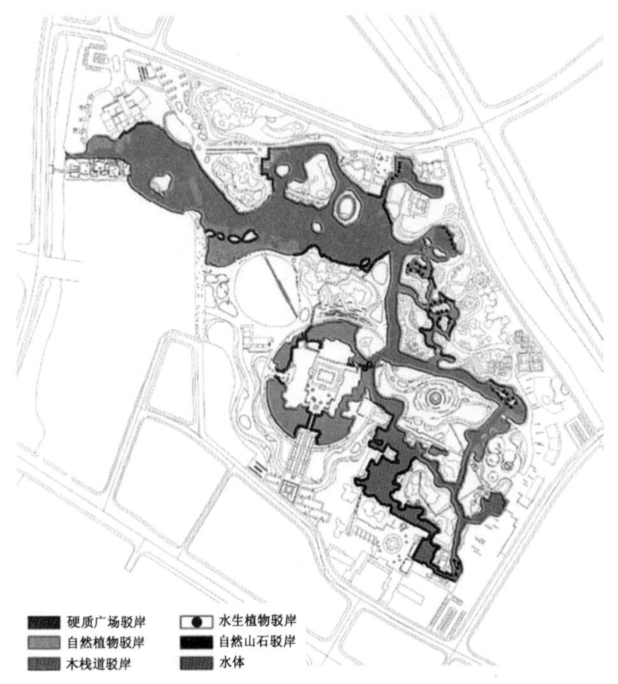

图 8-39　驳岸设计图

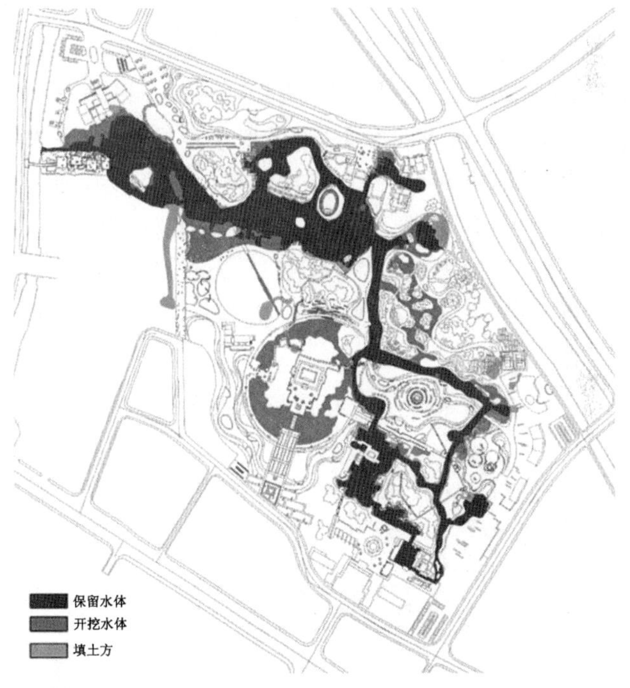

图 8-40　水景设计图

3)植物景观规划设计

红梅公园内现状植被丰富，花团锦簇，古树参天。种植形式主要表现为以本地苗木品种为主，兼顾园区内三区八景的主题，为市民营造集休闲娱乐、观赏学习为一体的户外游览空间。考虑到让历史的三区八景主题更加明显，以及为市民创造更加丰富的活动空间，在种植设计中主要将整个红梅公园分为七个绿化主题区域：生态湿地绿化区、广场休闲绿化区、专类园艺观赏区、滨湖景观绿化区、密林植被绿化区、疏林草地绿化区以及酒店景观绿化区。

首先，作为红梅公园的主题，在造景上强化梅花的核心位置。围绕红梅阁和冰梅石营造的赏梅

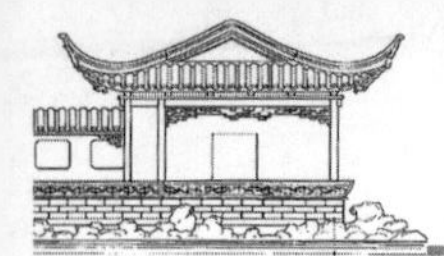

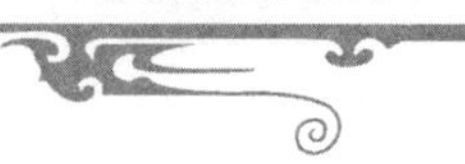

区的梅花将在数量和品种上大大增加。其次，维持原有几条景观大道的特色不变，保留池杉林、法国梧桐林、香樟林等，在几个主要出入口营造绿荫如盖的特色，以香樟、银杏、枫杨、杂交杨、合欢、香花槐、马褂木、广玉兰等作为庭院树。

红梅八景为整个红梅公园的精华所在，在这次绿化设计中也对这八个景点重点设计将其精华再现，并使其发展和升华(图 8-41 至图 8-43)。

(1)红梅春晓　以梅为春的使者，引领春天的脚步，强化其春晓景致。以垂柳、碧桃、紫叶桃、海棠、郁李、白玉兰、金钟花和云南黄馨等春色乔灌木丰富春景，使春季的红梅公园百花齐放，绚烂多姿。

(2)凤桥花溪　在园路的主干道两侧和重要的道路节点处，强化下层灌木和地被。以宿根和多年生花卉营造四季花境，做到移步换景，三季鲜花不断，四季幽静，并且养护简单。花境植物有美女樱、美丽月见草、黄金菊、柳叶马鞭草、薰衣草、绣线菊、德国鸢尾、丛生福禄考、天蓝鼠尾草、大花醉鱼草、千鸟花、红冰花、石蒜等过百种球、宿根花卉。

(3)曲池风荷　在营造特色湿地景观的同时，另辟品种荷花观赏区，让名贵稀有的荷花品种以及碗莲和百姓近距离接触，让夏日更添风姿，让荷香飘满全园。品种包括荷花、碗莲、睡莲、水竹芋、千屈菜、香蒲、花叶芦竹、黄菖蒲、玉蝉花、水葱等水湿生植物。

(4)翠微秋霞　以秋色叶和彩色叶树种作为这个景点的主题，强调园林中上层植被的彩色效果，构建秋霞满天的景致。主要树种有银杏、乌桕、红枫、阿穆尔枫、金叶槐、美国红栌、枫香、红叶李、金叶槐。

(5)吴风遗韵　重点增加冬景植物，如红瑞木、火棘、腊梅等，以及冬天树干风姿优美的树木——朴树。以具有遒劲观赏树干的古梅桩、龙爪槐、紫藤和紫竹林、慈孝竹来衬托古韵。

(6)青峦倒影　青山落黛，园林中山的秀美由绿树勾勒。以水为镜，对映成景，勾勒青山。重点注意林冠线的勾勒，在水边种植竖向线条的水杉林和横向线形的植被，突出层次和质感的变化。主要树种有柏、水杉、池杉、落羽杉(竖)、金合欢(横)、红枫、鸡爪槭、垂柳(探水)等。

(7)文笔夕照　以大银杏和生长迅速的杂交杨、枫杨衬托文笔塔高大挺拔的夕阳暮影。

图 8-41　公园植物景观图一

图 8-42　公园植物景观图二

图 8-43　公园植物景观图三

(8)林园钟声　以黑松、龙柏衬托古刹的凝重。意杨的叶容易随风起舞，晨风暮歌中，万蝶起舞，衬托塔影森森，一动一静，历史就在古刹的钟声中流动。

选择游乐区的种植树种时，应避免有毒和有潜在危害的植物如夹竹桃(花粉有毒)，而以花叶奇特、花香、树身洁净不易生虫的植物为主，如香樟、含笑、杜英、青桐、栾树、无患子、木芙蓉、桂花、紫薇、鸡爪槭、羽毛枫等。

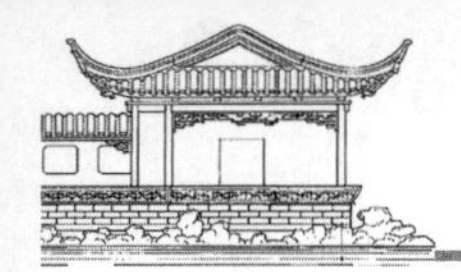
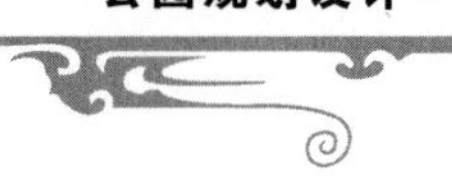

4)建筑与小品设施规划设计

(1)公园建筑　红梅公园原有多处建于二十世纪六七十年代的管理及经营性建筑,大都年久失修、有碍观瞻,而且无法满足当前的功能需要。

对于这些原有的建筑,根据其形象、功能及位置相应作出不同的调整。如原有的公园办公楼,地处红梅路与小东门路的交叉口,形成视线的阻隔,影响开敞的效果,拟拆除,在公园东部儿童乐园与动物园交界处另建管理服务中心。听松楼及招待所,拟作为高档接待中心,但其现有的外在形象及内部布置较为不足,因此规划在原址拆除重建。春晖茶室根据游人数量及需求进行扩建并增加露天茶座,为配合该区域景观形象,将其移至中央大草坪的南端。新建不久的文笔山庄宾馆保留,作为以后公园的经营性建筑使用,在东侧对称位置新建同样体量的经营性建筑,拟做后续开发之用。

(2)公园小品设施　公园内设计有与公园主题特色一致的配套设施(图 8-44)。

信息设施:主要由标志牌、指示牌组成,其形式、色彩、风格均与各景区的风格相协调。在广场、园区出口,道路交汇处设置导游图。在道路交叉口设置方向指示牌,起到导向作用。在可能发生的危险地带竖牌警示,引起人们的注意,比如在可能落水的地方设置标志牌提醒游客。

休憩设施:休憩设施主要由各类坐椅、坐凳等组成,在形式上、材料上根据各景点的特点设计,主要以天然石材为主,营造可赏、可憩的大地艺术生态型休憩设施,部分景区使用木质坐椅。

服务设施:服务设施主要由电话亭、综合服务点等组成。电话亭设置在步行道的一侧,在形式上结合周边环境,以半封闭为主,在功能上确保其私密性和实用性。公共服务点主要设置在人流汇集处和广场边,它主要是为游客提供咨询及售卖服务。

卫生设施:卫生设施由饮水机、垃圾箱、厕所等组成。其中饮水机在景区内以一定的距离间隔放置;景区内设立了分类垃圾箱,符合生态环保的需要;在景区内人流相对集中处适当的地方安置了生态型覆土厕所。

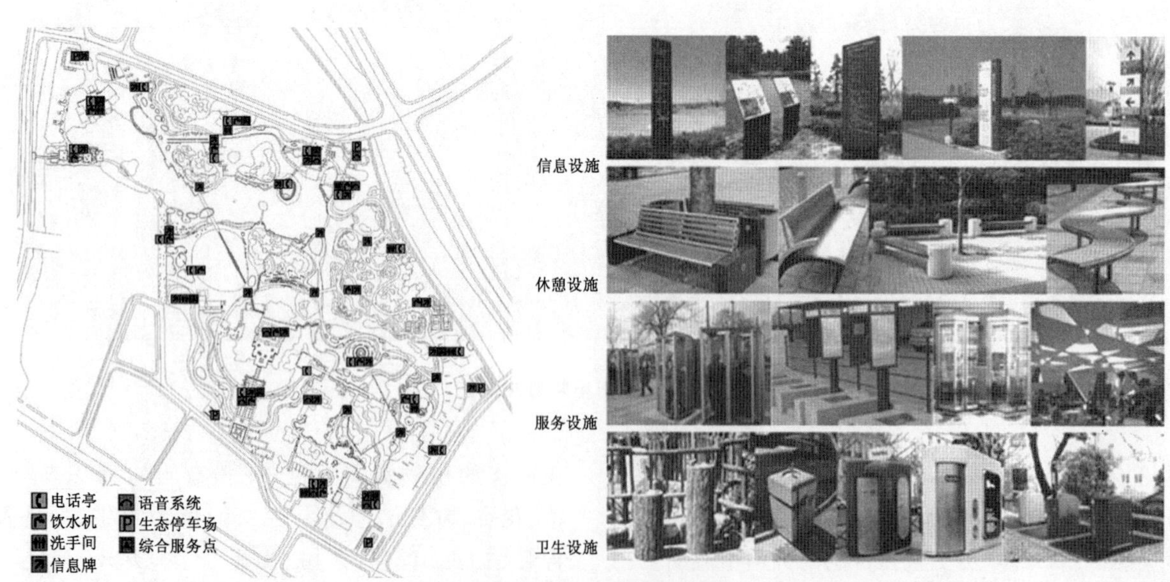

图 8-44　配套设施设计图

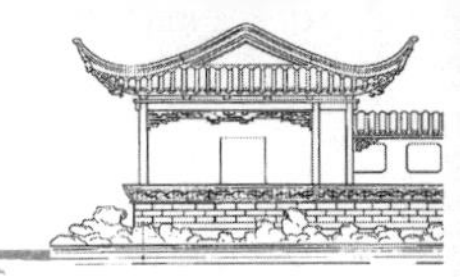

4. 规划设计特色

(1)公园改造设计与原有景观相得益彰　红梅公园在进行改造设计时，对原有的建筑、景观皆选择了在保留基础上提升的方式，使公园不仅保留了历史肌理，也为其注入新时期的活力。例如，在林荫景观的改造过程中，保留原有的高大香樟，用新的铺装形式，犹如数码方块一般的肌理将林下不规则绿地、粗放自然的条石以及柱状原石雕塑有机地镶嵌在一起，使原本略显呆板的林荫路充满生机(图 8-45、图 8-46)。

图 8-45　改造前林荫景观

图 8-46　改造后林荫景观

另外，在公园的文笔夕照景点中，在原本以整列原木柱形成的风景线上增加了特色铺装与高亮度的镜钢，将体态轻盈、风格独特的文笔塔映照在光洁如镜的原木柱体和镜钢上，犹如塔影森林，更彰显出了其神奇的传说色彩(图 8-47)。

图 8-47　镜钢与原木柱上映照着文笔塔

(2)古典园林与现代景观交相辉映　在进行公园改造设计时，为保留公园现有建筑，又结合新公园的整体环境，以全新的造园艺术与技术手段，巧妙地将原有的三段相对完整的古亭廊连接起来，形成延

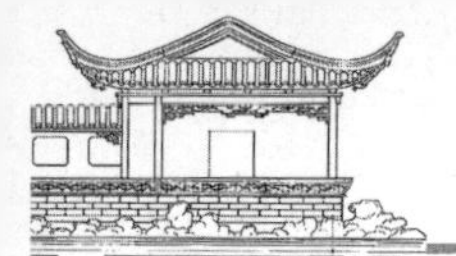

绵近500 m、新旧结合的特色风雨长廊。在连接处运用新技术、新材料，与古典的廊亭建筑群形成新旧的碰撞与对话(图8-48)。长廊的支撑结构部分来自于对红梅树立面造型的缩移模拟，使现代化的长廊带有古典园林的意境(图8-49)。长廊经过景观道时结合道路两旁的高大乔木，犹如一条“飞龙”漂浮在半空中。这种做法虽然舍弃了传统古典园林的做法，但是这样古典园林与现代景观的融合却能获得更大的成功。

图8-48　风雨长廊梅花树状节点景观小品

图8-49　风雨长廊局部

(3)新材料与旧环境互为映衬　公园设计采用不同以往的改造方案，敢于突破常规，敏锐地把握到现代科技所带来的变化和美学感受，超越传统景观材料和技术的限制条件，充分运用新材料的特殊之感、透明度、光影和反射等特征，在平凡的空间中创造出多变的层次和丰富的文化内涵。比如红梅广场的冰梅石大道，在轴线的起点提炼冰梅石造型设计景观大道，用大小不等、打磨光亮的花岗岩石板作为铺装材料，每块大理石板的表面覆盖着一层薄薄的水，水从石板中央的圆洞中涌出来，并缓缓地流下石板，光洁的石板像镜子一样，映着气势恢弘的红梅阁和上空的蓝天白云，还有一旁的翠竹，成为一幅幅跃动的画面，韵味悠长。

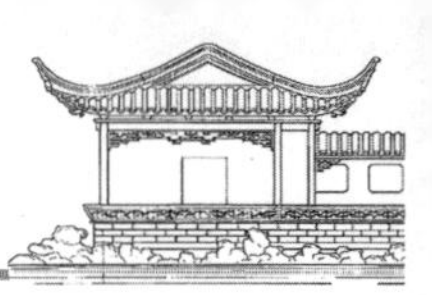

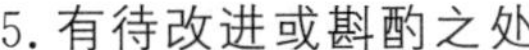

5. 有待改进或斟酌之处

(1)草坪面积较大带来养护管理难度的增加 红梅公园内有几处草坪，为了增进游人与自然的接触与互动，草坪往往设计得面积较大且无上层植被。这样的大草坪就给养护管理带来较大的压力。不论是暖季型草坪还是冷季型草坪，皆需要较高的养护成本。

草坪若设计为游人可进入的形式，则需要考虑游人的踩踏对草坪、土壤的影响，需要定期进行草皮更换及松土。若设计为游人不可进入的形式，仅作为观赏草坪，也需要定期修剪，以保证草的高度适宜，使其保持在最佳的景观状态。

(2)公园景观提升设计整体协调性欠佳 由于该设计主要工作是对原来的红梅公园进行景观提升，主要是在旧有的基础上进行的，因此会根据各个分区的现有景观进行不同的改造，设计最终不能达到如同新设计的公园般具有整体感。虽然也设计了长廊等跨度较大的构筑物进行连接，但一些景点的对比略强，还有待改善。

三、如皋龙游河生态公园

1. 基本概况

如皋市位于江苏省南通市，东濒黄海，南临长江，与张家港隔江相望，地理位置优越。拥有 1 600 年的建县史，有文字记载历史约 2 500 年，历史文化积淀相当丰厚，拥有历史文化名城、中国花木盆景之都、世界长寿养生福地等多个城市名片。该市为中国花木盆景之都，如派盆景为中国盆景七大流派之一。同时，如皋也以长寿养生的福地著称，被国际自然医学会评为世界六大长寿乡之一。

龙游河生态公园为区域性综合公园，位于如皋市中央商务区龙游河两岸，北起惠政路，南至城南西路，西侧紧临海阳南路，东侧至观风路，占地面积约 42 hm^2(图 8-50)。

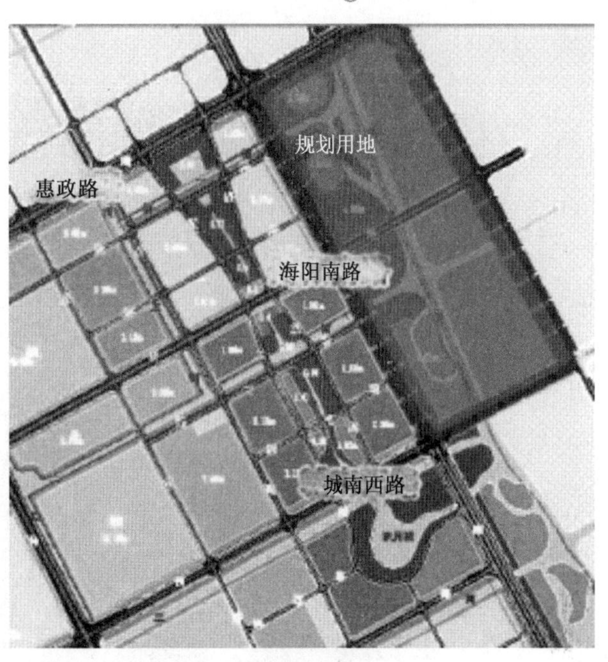

图 8-50 龙游河公园区位环境

2. 总体构思与布局

龙游河生态公园为服务于中央商务区的核心城市绿地空间，是市民亲水休闲、游憩健身、文化体验的生态空间，如皋南部新城区的绿色门户空间，承载城市文脉传承的特色滨水空间。这种布局将人文、现代、活力、生态融于一体，依托龙游传说的历史文化底蕴，城南商务区、软件园和现代新城的发展诉求，滨水休闲、商业活动、康体健身的活动需求以及生态廊道、人与自然和谐的最终理念，创建出“韵味十足、品味十足、趣味十足、绿味十足”的景观效果(图 8-51、图 8-52)。

1)景观结构

公园着眼于改善城市环境，提升区域景观，形成“一脉、两核、八点炫园”的景观空间结构(图 8-53)。

一脉：联系全园景观的龙游河滨水风光脉络。

两核：公园西部以龙湖为中心的水体景观核心及公园东部以龙岛为中心的湿地景观核心。

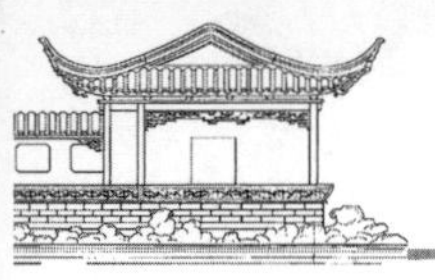

图 8-51 龙游河生态公园总平面图

1.荷池映月 2.滨水休闲广场 3.龙游文化体验 4.运动场 5.特色植物展示 6.科普广场 7.百花山 8.台地花海
9.龙游驿馆 10.叠水假山 11.自衍草花 12.水上森林 13.湿地栈道 14.慢行绿道 15.浅水池
16.阳光草坪 17.林荫广场 18.滨水看台 19.水上舞台 20.龙游印象

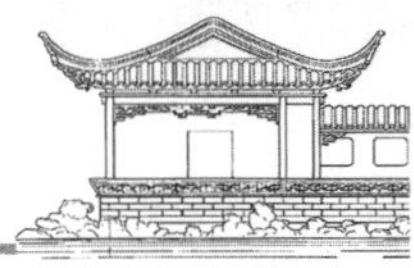

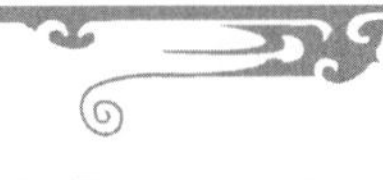

图 8-52　龙游河生态公园鸟瞰效果图

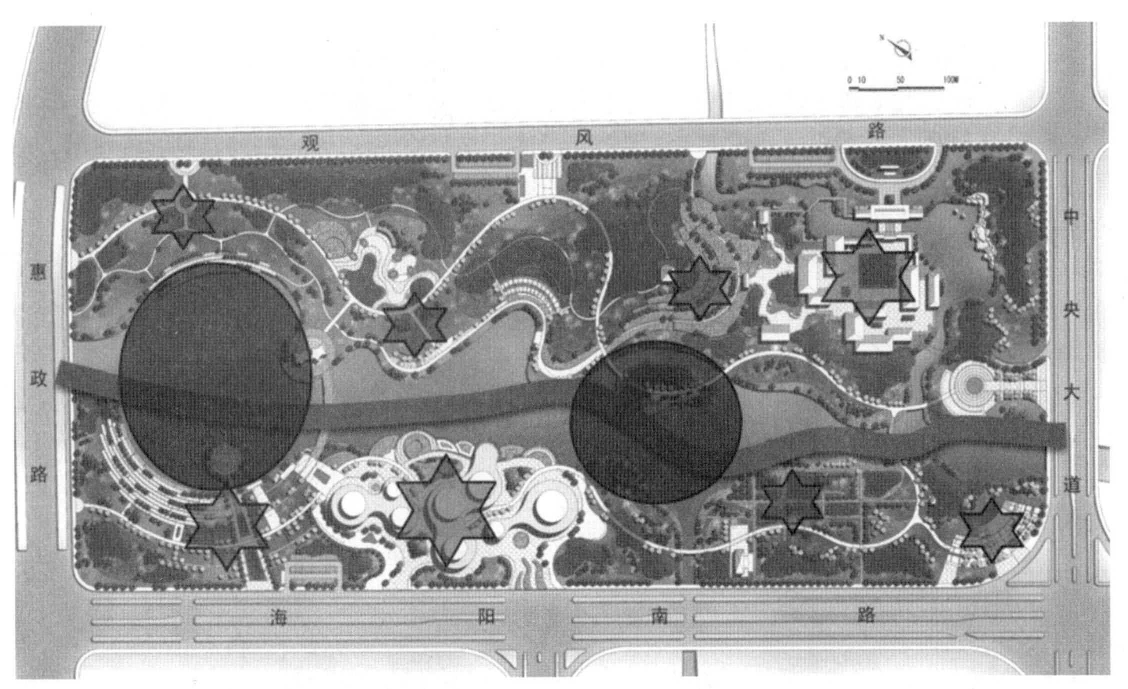

图 8-53　龙游河生态公园景观空间结构图

八点炫园：分布在绿地和滨水空间的八个特色景观节点，有演艺广场、休闲文化街区、弧形亲水台阶、特色植物展区、湿地生态岛、树阵入口广场、缤纷花带、休闲会所。

2）功能分区

公园根据周边城市用地和城市发展的需要设置五个景观区：滨水广场景观区、专类植物展示区、餐饮娱乐区、度假休闲区、生态湿地体验区（图 8-54）。

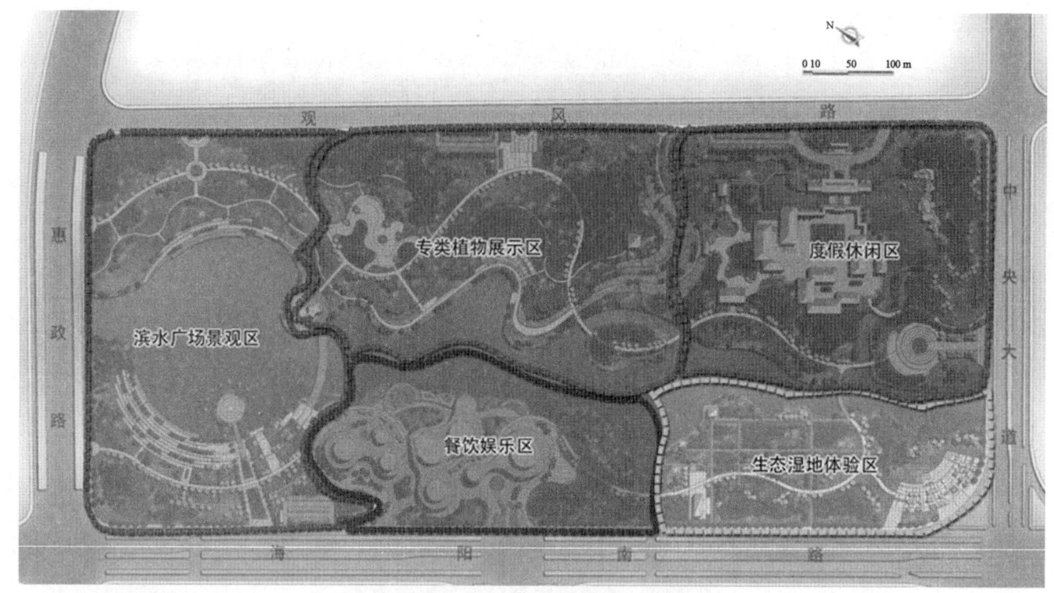

图 8-54 龙游河生态公园功能分区图

(1)滨水广场景观区　利用滨水资源,与绿地结合,临水布置亲水码头、观演舞台、阳光草坪、休憩亭廊等(图 8-55),增强游客与水的交流互动,成为一处能使游客停留游憩的场所。水上舞台可安排各类表演,包含龙游传说展示、水上 T 台秀等活动,增加趣味性的同时,也能带来经济收益。

(2)专类植物展示区　以常绿树为背景,迎水面片植观花林,如樱花林、海棠林、红枫林和梅花林,营造绚丽的观花片林景观。区域内设置多条游步道,蜿蜒曲折,尽可能引导游客欣赏各类植物。高低起伏的地势不仅为植物创造了多样的生长环境,也给游园的过程带来不同的乐趣。

(3)餐饮娱乐区　围绕水面展开,留出足够滨水活动空间及商业拓展空间,与城市道路沟通便捷。商业建筑整体设计结合公园环境,传达出生态、绿色的理念,建筑形状如同云彩悬浮在公园之上,与龙游湖、蓝天共同构成美丽的画卷。

(4)生态湿地体验区　保留现状树木,建设湿地岛,栈道临水入林,浅水区栽植湿生植物,并留出开阔的观赏草坪。湿地环境为城市的生物多样性提供更多的可能,在此处的植物种类丰富,环境适宜,可作为科普教育基地。湿地中的栈道不仅减少对环境的破坏,也营造出一种自然野趣的氛围(图 8-56)。

图 8-55 滨水广场景观区

图 8-56 生态湿地体验区

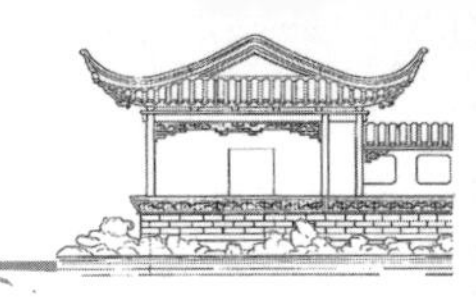

（5）度假休闲区　沟通龙游河水系，形成依山临水的度假岛，中式风格的建筑组合和中式庭院相呼应，打造私密安静优美的环境。规划作为公园中休息度假之处，整体环境静谧，景观精致，成为闹中取静之处。

3.专项规划设计内容

1）道路与铺装场地设计

龙游河生态公园采用低密度高效率的道路交通模式，设计自行车道贯穿全园，并设置2处自行车停车处，使用健康低碳的交通出行方式，充实游客的健康生活。公园主路与城市道路对接，方便易达；公园中的游步道联系着每一个景点与建筑，使游客感受步移景异，人在画中游的体验（图8-57、图8-58）。

由于餐饮娱乐区为游客人群大量聚集之处，公园设计地面停车位138个，解决停车问题。停车场建立在公园靠近海阳南路的入口区域，使各类车辆在进入公园之前就停放，减少对公园内部交通的压力。停车场设计成林荫式，并在其旁设计密林，减少鸣笛、尾气等对公园的影响。另外，商业建筑下方也根据需求设计了地下停车位。

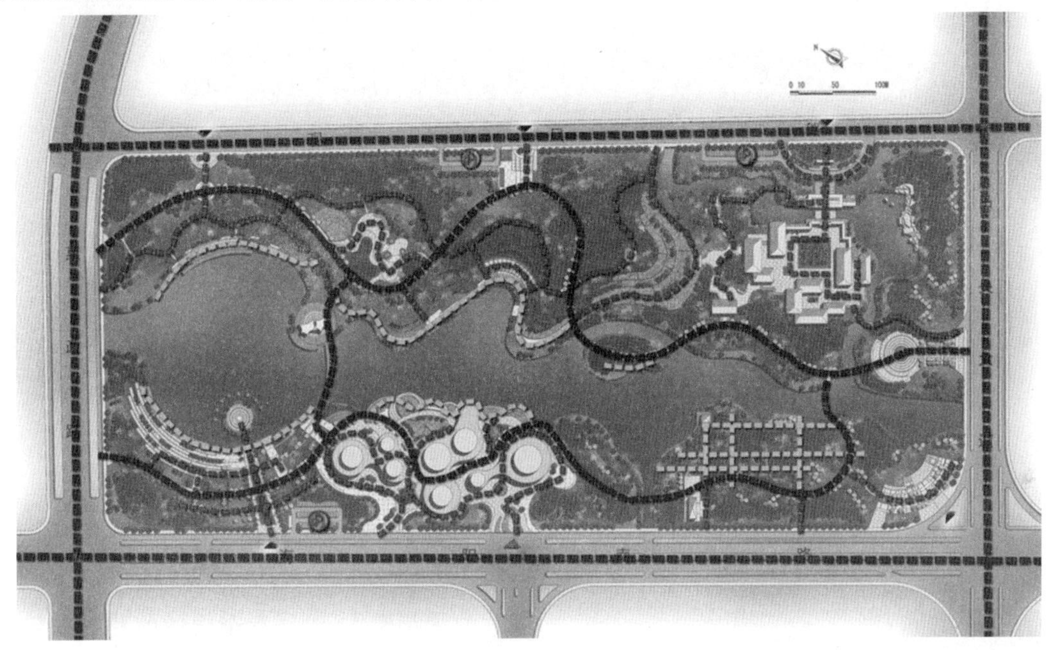
图8-57　公园交通游线设计图

图8-58　公园道路景观图

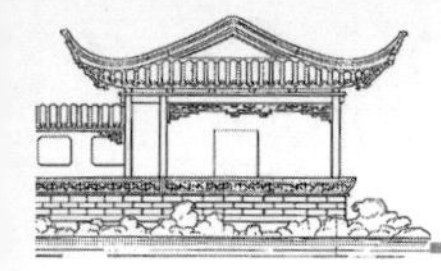

2)竖向与水系(水景)设计

因公园中有河道穿行而过,除建筑用地外其他景观用地基本采取外高内低的竖向处理方法,有利于汇水流向河道,解决公园积水的问题。同时,将雨水等汇集起来,在公园中留出更多的观水面,也将增强其景观效果(图 8-59)。

驳岸处理方面,河道东侧结合生态湿地及水生植物,建设以生态驳岸(图 8-60)为主,与周围环境相融合,产生幽静自然之感,也有利于保持湿地生态系统的稳定性。西侧主要为滨水看台与观景舞台,采用硬质驳岸和生态驳岸相结合的形式,既营造出优美的景观,又能增强游客与自然的亲近之感。餐饮娱乐区段以硬质为主,与外部城市相融合,使游客能在此处感受城市风貌,享受购物乐趣。

图 8-59　公园竖向设计图

图 8-60　公园生态驳岸示意图

3)植物景观规划设计

(1)专类植物展示区　常绿林作背景,前景是大片的观花树木,表现春季绚丽的花林效果。骨干树种为香樟、紫薇、樱花、梅花、海棠,使该区春季花常开不谢。配景树种为银杏、红枫、乌桕、水杉、雪松、榉树、桂花、桃、李、绣球花、栀子花、毛杜鹃、红花酢浆草、红花檵木、鸢尾(图 8-61、图 8-62)。

(2)度假休闲区　庭院观赏乔木搭配林下宿根花卉和花灌木,表现精致含蓄的庭院景观。骨干树种选用香樟、榉树、红玉兰、桂花,配景树种有广玉兰、柿树、木荷、水杉、雪松、紫薇、紫竹、花桃、梅花、金叶女贞、腊梅、金边麦冬、红叶石楠、海桐、金边黄杨。

(3)滨水广场景观区　色叶大乔木搭配观赏性小乔木,营造开敞纯净的林下活动空间。骨干树种为重阳木、鹅掌楸、香樟,配景树种为银杏、桂花、朴树、榉树、合欢、鸡爪槭、杜鹃、南天竹、碧桃、紫叶李、

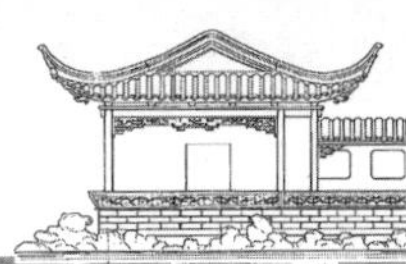

图 8-61 公园道路环境植物景观

图 8-63 公园滨水湿地植物景观

图 8-62 公园坡地植物景观

图 8-64 公园滨水植物景观

栀子花、红叶石楠、海桐、小叶女贞、绣线菊、迎春。

(4)餐饮娱乐区 舒展形态的观叶观花乔木呼应现代风格的建筑，表现整齐、有序、舒适的商业绿化景观。骨干树种选用榉树、银杏、紫玉兰、桂花，配景树种为垂柳、玉兰、合欢、栾树、广玉兰、红枫、红叶石楠、紫薇、棕榈、云南黄馨、小叶黄杨、海桐、麦冬、金叶女贞、红花檵木、花叶蔓长春。

(5)生态湿地体验区 延续保留的现状植物分布肌理，浅水区片植湿生植物，深水区沿水岸种植湿地花卉景观，营造水上森林的湿地景观。骨干树种主要包括广玉兰、水杉、水生花卉，配景树种有香樟、旱柳、紫薇、樱花、海棠、重阳木、红枫、雪松、桂花、桃叶珊瑚、龟甲冬青、金边黄杨、红花檵木等(图 8-63、图 8-64)。

4)建筑与小品设施规划设计

入口广场为一组商业建筑，满足游客休憩功能，商业建筑以现代流线形风格为特色，结合水形和地势高差，打造现代气息的休闲景观街区和滨水岸线。景观及观景位置好的地方配以景观亭廊，既能供游人休息观景，又可以作为景观点缀公园(图 8-65)。

园林小品在公园中的运用十分广泛，作为被观赏的对象，园林小品能利用其装饰性，从塑造空间的角度出发，提高公园的观赏价值，丰富公园景观。同时，园林小品与园林建筑、山水、植物等共同构成了园林环境的整体形象，体现了公园景观环境的品质。在一些小品细部设计中，通过多种形式承载及体现龙游文化，特别是一些铺装地刻、水边栈道，能让游客在不经意间感受到当地文化气息(图 8-66 至图 8-68)。

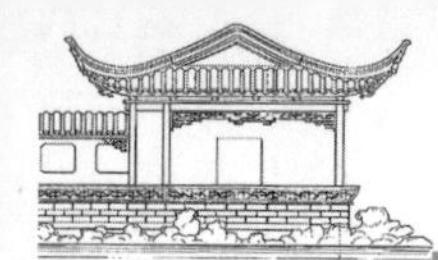

图 8-65 公园景观亭

图 8-66 公园小品景观(文化景墙)

图 8-67 公园小品景观(景观花境)

图 8-68 公园小品景观(花架坐椅)

4.规划设计特色

1)公园主题与城市文化衔接紧密

公园设计结合城市历史文化与自然背景,提出"绿舞龙游·水云间"的主题,其中"龙游"取自如皋当地的龙游传说,并且河道改造中弃直取弯,局部拓宽形成中心湖面,形似龙游;"绿舞"则因为公园聚水成湖,湖中设岛,湖岛相融,绿随形舞而得名。"水云间"龙游天际,自当有祥云为衬托,祥云与游龙主题相呼应,产生联想,作为广场与建筑的构思源泉。最终将其打造成容纳周边区域各种公共活动的亲水空间,创造性体现如皋地域文化的游憩场所,以及提升新城品味,建设生态建设的示范基地。

2)各区域特色分明又相互交融

公园中主要有园林景观区域、广场节点区域、水域区域,相互各不相同,独具特色,但是这些区域集中在一个公园中却也能将其完美融合在一起。

(1)园林景观区域　大面积的绿化基底奠定生态、绿色的主题公园基调;自行车步道贯穿公园,使游客感受亲水、观水、休闲、游憩等多种体验;园区小步道蜿蜒曲折,带来多层次空间感受;中间设置多处小节点,能结合当地文化满足各种功能需求;专项植物展示园则能体现地域植被特色,起到科研科普作用。

(2)广场节点区域　利用水边高差,创造出多层次滨河休憩空间,使视线变化丰富;结合周边区域的

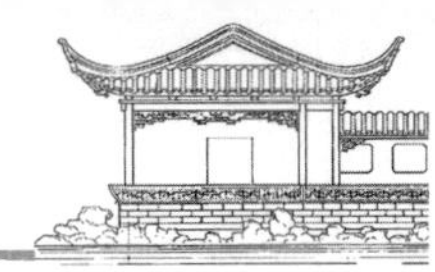

城市建设，因地制宜地设计各种形式的公园环境，满足各类身份游客的使用需求；融入当地文化，提升设计品质，使传统与现代相互交融共生。

(3)水域区域　结合广场拓宽水面，设计水中舞台及观景平台，创造出良好的体验空间；河道两岸岸线改为流畅的曲线，创造出生态的景观环境，更好地呼应整体布局的同时增加当地物种多样性。

5. 有待改进之处

(1)湿地栈道的高度设计尚需合理调整　由于龙游湖的降水量较大，湿地的水位变化也会受到相应影响。湿地栈道的一部分会在特定的时节被水淹没。部分水体淹没栈道能带来不同的景观效果，但是不能淹没栈道中起到主要通行及休憩作用的部分。在本设计中，湿地旁有一个休憩景观亭，该亭子在雨季易被水覆盖，使游客只能远观而不可进入，且被水淹没部分的景观亭呈现出的景观并不优美，不适宜作为观赏对象。

(2)公园内缺少儿童游乐场所　龙游河生态公园作为一个区域性公园，其服务群体中有一大部分为儿童。因为儿童有年龄较小、活动性较大等特点，需要为其设计特殊的活动场所。而且增加儿童乐园能为公园吸引更多的游客，增加公园的影响力及使用率。

四、南京月牙湖公园

1. 基本概况

月牙湖公园为区域性综合公园，位于南京市秦淮区东郊风景区内。月牙湖原为明代护城河，西临古城墙，东望紫金山。建成于 1998 年，占地 29.9 hm^2，其中水面 17.2 hm^2，因湖呈月牙状故得名。后标营路将公园分为南湖和北湖两部分(图 8-69、图 8-70)。公园依明代古城墙而建，湖光、山色、古垣尽现其中。四方立朱雀、玄武、青龙、白虎雕塑各一尊，生动古朴，寓意吉祥。三处休闲广场，环湖而建。月牙湖走向由北向南，湖水主要来自周边地表径流和北侧紫金山的部分汇水，并流向外秦淮河，水质有轻度污染。周围建筑分布情况是北湖边设有某临湖酒店、

图 8-69　月牙湖公园场地空间环境

环湖温泉和茶社等一系列休闲娱乐场所，中南段湖边则为月牙湖居民小区。服务性建筑会议厅、宴会厅和茶社坐落于湖畔，建构精巧，色彩明丽。登临城墙，远山近水尽收眼底。水上有平台、曲桥及临水亭廊多处，宜临湖观景或垂钓。湖中有水上舞台一座，伴有音乐喷泉，但因年久失修而显得陈旧破败。该公园由于建成时间相对较长，以及建造、管理等问题，总体比较陈旧和局部破败明显。由于周边有大量居住小区，因此公园的利用率较高，休憩、散步、健身等以老年人活动利用为主。

总体而言，月牙湖公园作为区级综合公园，为周边市民提供游览、观赏、休憩、开展科学文化及锻炼身体等活动的地方，它拥有较完善的设施和良好的绿化环境。具有改善城市生态环境的作用。其清凉避暑的幽雅环境深受广大人民的喜爱。合理的部门管理与游人的爱护使用都是维护月牙湖公园美丽环境必不可少的重要因素。

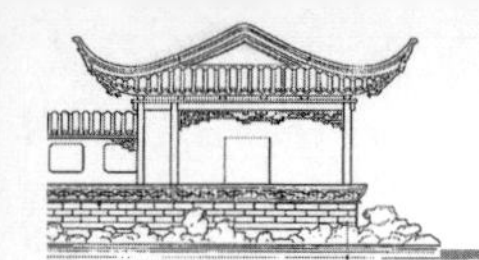

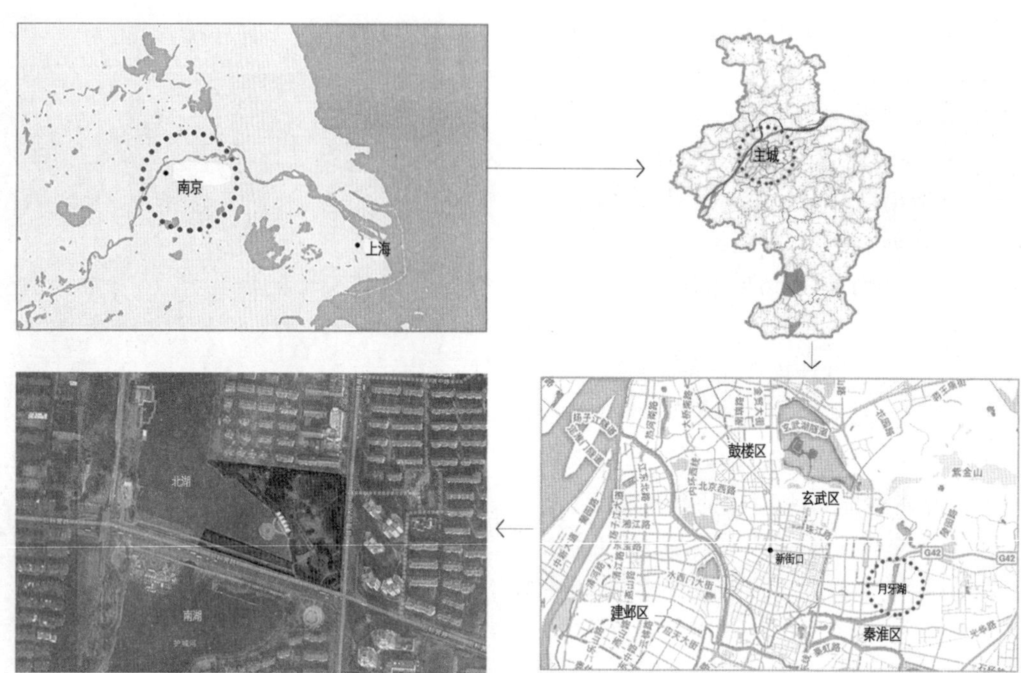

图 8-70　月牙湖公园区位图

2.现状景观分析

月牙湖公园以湖水为中心,形成环形绿带,西靠城墙,总体环境优美。但是由于年久失修和管理养护不够到位,总体观感较陈旧,空间氛围不够开放亲切。后续方案更新设计主要场地位于北湖东南角,因此主要针对北湖环境作一总体分析评价(图 8-71、图 8-72)。该区域植物种类较多,基本为乡土树种,长势较好,但是观花类植物偏少,缺少季相变化,在植物景观特色性上表现不足。乔木主要有香樟、柳树、广玉兰、悬铃木、棕榈等,灌木主要是雀舌黄杨、红花檵木、紫叶小檗、海桐等,地被植物为狗牙根和红花簇浆草及白三叶草等。水生植物主要为芦苇和菖蒲等。下风向湖面堆积大量水葫芦,杂草泛滥,影响美观,靠近河岸处垃圾较多。建筑层高 2～3 层,风格与环境较为协调。其中,水上舞台由于利用率低,破损严重,景观质量较差。分别位于公园四角的青龙、玄武、朱雀、白虎四座雕塑,造型较好,标志性强,具有中国古典文化内涵。由于设计不当,后期维护不到位,以及尺度不合理和缺少安全性,部分小品设施利用率不高,如部分标牌简陋、理解困难。道路方面,环湖路的设置较好,满足了临水需求。局部有断头,交通不畅,公园与居住区连接不畅,多处路面坎坷不平,铺装多处破损。无障碍设计不到位,导致多处通行不变。园内设施大量老化,出现褪色、掉漆、破损等问题。局部驳岸破损,护栏损坏,有一定的安全隐患。

3.月牙湖公园(北湖东南角地块)改造设计方案

(1)改造的指导思想与目标　考虑本公园在城市中的地位、性质及公园周边用地功能,重新组织游线,丰富多年龄层次市民的活动场所及休息空间;利用场地现有地形,结合低影响开发技术,使该公园重返生态,同时通过节点设计将新技术园林展示给市民,带动社会认知。

(2)总体设计构思　月牙湖,以水为中心,水的最大特性之一就是流动性。本案以“流线”为主题,喻水文、水流、自然,通过流畅的几何线形合理组织游线及空间,使市民有水可亲,有景可赏,可行可憩。同时将雨水花园、植被缓冲带及生态驳岸与公园设计融为一体(图 8-73),在发挥自身蓄水、净水功能的同时起科普、赏景的作用。原有建筑保留,更新利用。

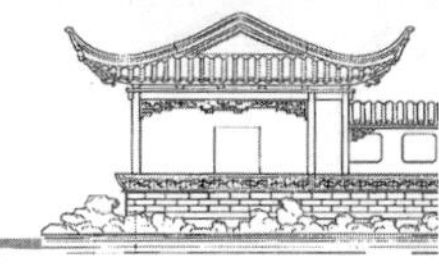

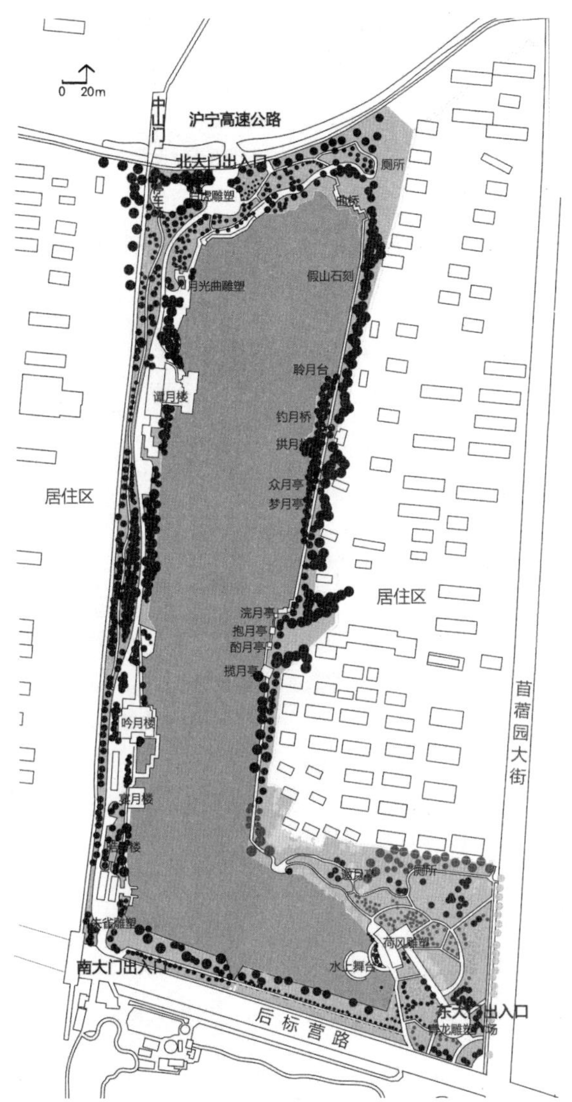

图 8-71　月牙湖公园(北湖)平面图

图 8-72　月牙湖公园现状景观

城市水系的面积减少
城市风貌、水的特征性表达弱化

水系的自容性下降
短期强度降雨常会导致洪涝

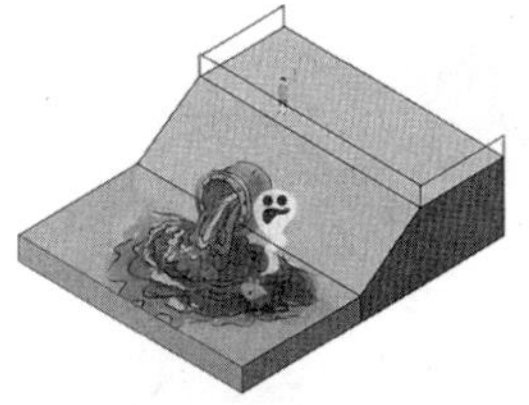

湖面常遭外界污染源对水体的污染破坏
水质问题没有根本解决

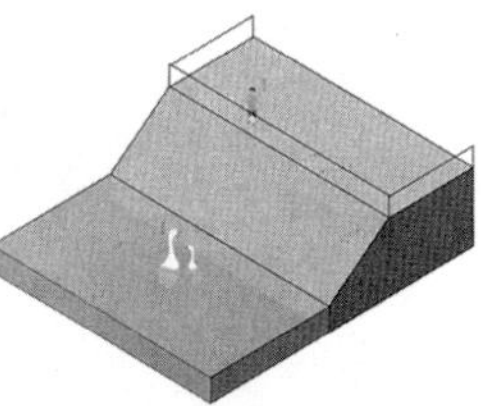

硬质驳岸与衬底
河水无法下渗补充地下水

图 8-73　水体环境问题分析

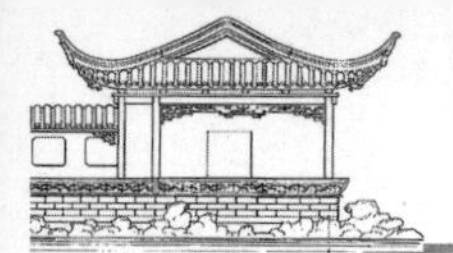

(3)分区布局　该方案根据用地功能分为入口广场、健身区、儿童游乐区、植物观赏区、植被缓冲带及滨水区(图 8-74 至图 8-77)。

入口广场:以硬质铺装为主,结合绿岛,使空间有开有合。

健身区及儿童游乐区:以彩叶植物为主,为各年龄层次市民提供游乐健身设施。

植物观赏区:多层乔灌木互相搭配,营造丰富的植物景观。

植被缓冲带:通过高差结合雨水花园及缓冲带,起蓄水、净水及教育展示作用。

滨水区:软化驳岸,丰富亲水空间类型。

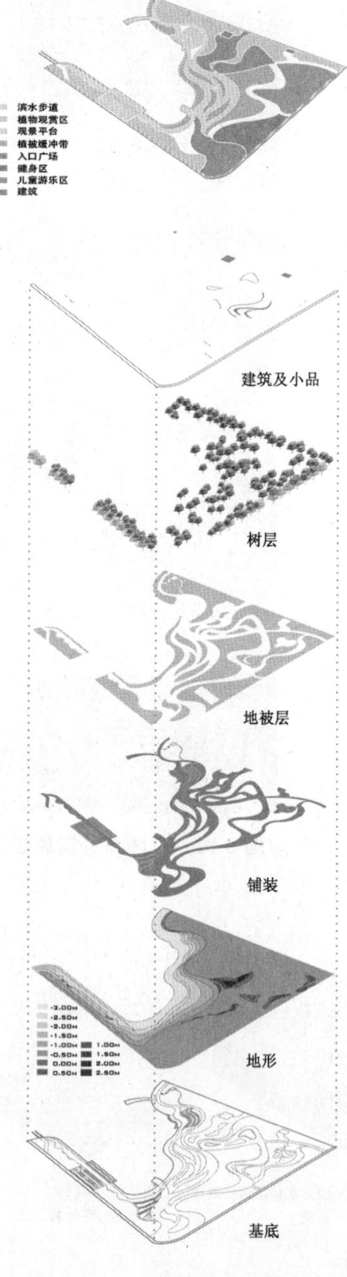

图 8-74　设计空间结构分层图示

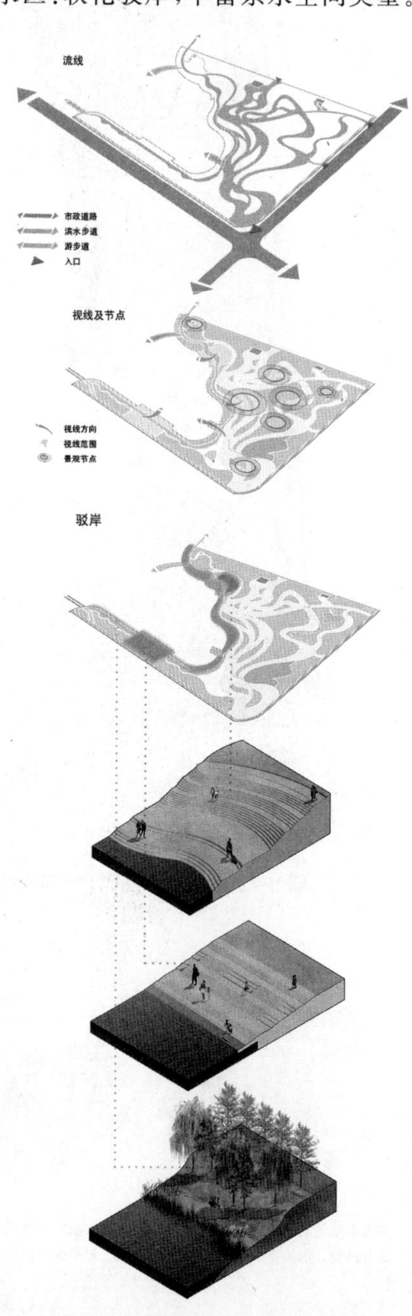

图 8-75　交通、视线和驳岸处理

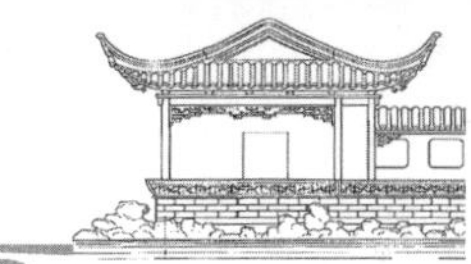

图 8-76　平面图及设计构思

图 8-77　鸟瞰图

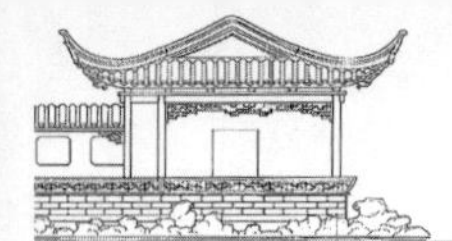

(4)景观节点设计　①雨水景墙：通过透明景墙展现雨水花园土壤剖面，游客可通过景墙近距离观察，具有一定科普意义及趣味性。同时在游步道另一侧草坡设条形坐凳，提供休憩观赏空间(图 8-78)。②浸水台：该观景平台由平地下延浸入水中，以新的视角欣赏水下景观及水上城市景观(图 8-79)。③植物缓冲带：利用河道与陆地两米高差，建设乔灌草相结合的立体植物带，使雨水经层层截流净化后流入湖中，起到减小地表径流、蓄水、净水的功能。同时丰富地被植物种类，美化河岸生态景观(图 8-80)。

图 8-78　雨水景墙效果图

图 8-79　浸水台效果图

图 8-80　植物缓冲带剖面效果图

(5)种植设计　以乡土树种为主，保留大树，疏密有致。充分利用植物的花、叶、果等形态与色彩，塑造丰富的结构景观及季相景观。同时，利用植物多样性营造空间开合变化，从而达到移步换景的效果。根据场地各种实际情况灵活运用植物，形成可持续的城市环境。

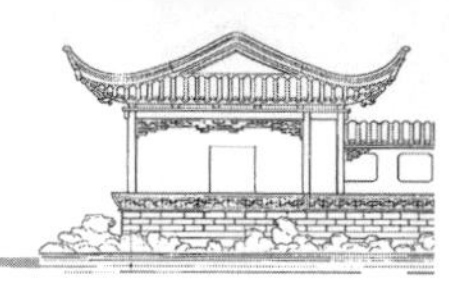

(6)竖向设计　充分利用场地地形条件,有起有伏,跌宕有度,基本不做较大处理。雨水处理上,丰富的地形有助于排水系统的完善,大部分雨水最终都可以汇集到湖面,除此之外在低洼的地面设计了一些地下蓄水池,配合道路的坡度形成雨水花园花境,一般雨水经过这些蓄水池会自然下渗。在地形适当位置设置有泄水孔,遇到较大的雨水可以自然排水。缓坡地形主要通过乔灌草的种植突出地形,营造氛围(图 8-80 至图 8-82)。

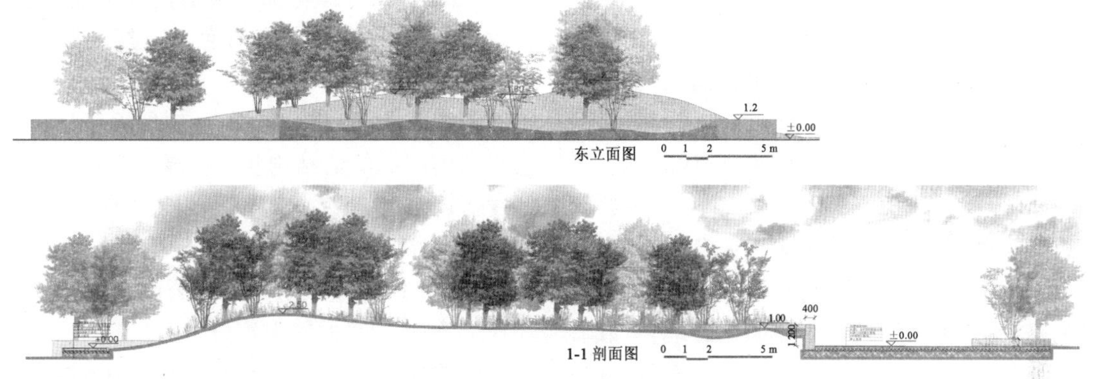

图 8-81　东立面图和 1-1 剖面图

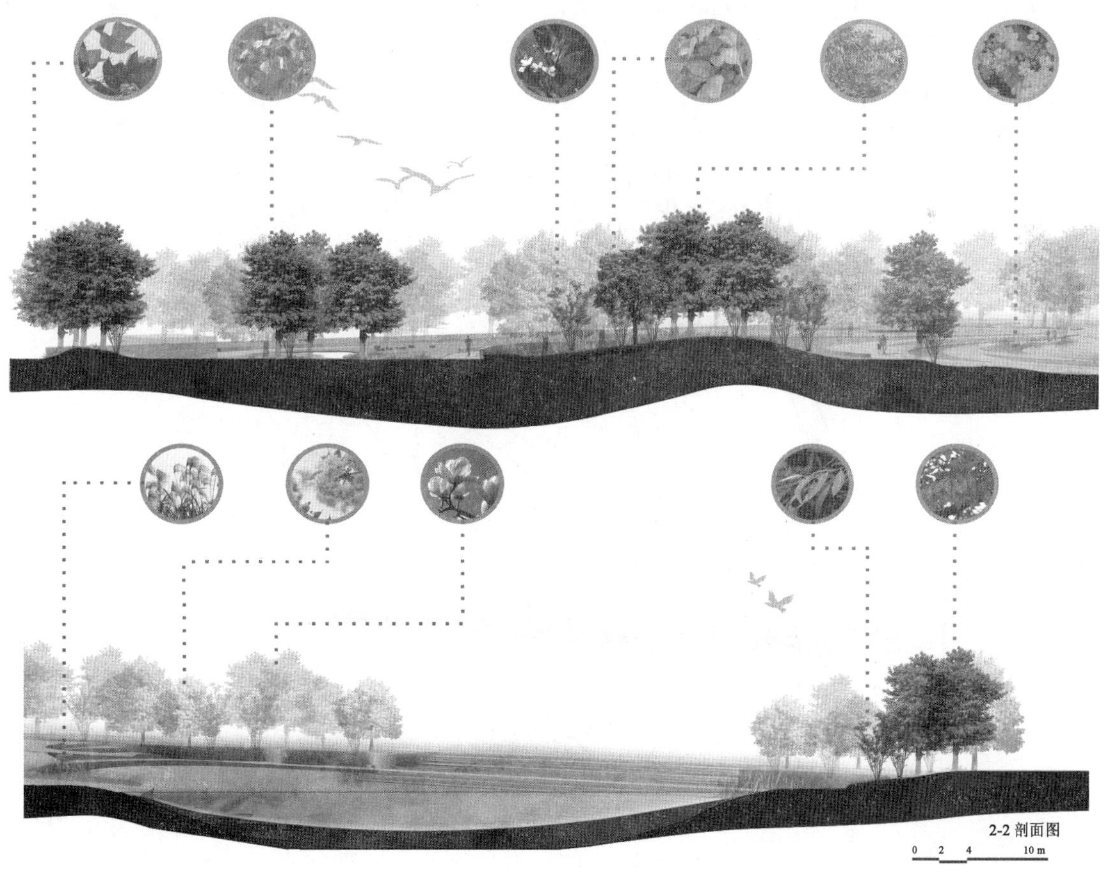

图 8-82　2-2 剖面图

第二节　专类公园案例评析

一、上海爱思儿童公园

1. 基本概况

上海爱思儿童公园又名海伦儿童公园，位于上海市海伦路 499 号，东临溧阳路，南近俞泾浦，西接邢家桥北路，主园坐南朝北，占地面积约 24 894 m^2，是上海唯一保留至今的儿童公园，始建于 1953 年，于 1955 年 6 月 1 日建成开放，是当时全市唯一售票开放的儿童公园。园内按照不同年龄段儿童的需要，设置了不同的活动区域和游乐设施，60 年代初建成的“勇敢者之路”更是闻名于沪的少年游乐胜地，承载着几代人的童年记忆。

1995 年，由虹口区人民政府、爱思旅行用品公司共同投资，对公园进行了全面改造，开始免费对游客开放。1956 年增设了风车、转盘、秋千、滑梯等游戏设备。20 世纪 60 年代初，公园的迷阵障碍区增加了吊锁、沙坑等，最终形成了远近闻名的“勇敢者道路”，成为大批少年儿童节假日的必游之地。然而，由于设施趋向陈旧，80 年代以后“勇敢者之路”对少年儿童的吸引力大不如前。90 年代后，该公园附近的溧阳路、海伦路一带开始开发，儿童公园孤立一隅。“勇敢者之路”也长年没有得到更新，残破不堪。1994 年，公园获得企业赞助，逐渐演变成了周围居民晨练的社区公园。

2001 年虹口绿化部门决定投入资金再度对其进行改造，虽说保留了儿童特色，不过公园的定位仍是面向周围居民的社区公园。因轨道交通 4 号线地面箱涵洞穿越公园，将公园分为东西两部分，箱涵在很长时间内以原始的结构状态裸露在公园内，严重影响了这一区域的景观面貌，公园长期闭园无法对外开放。为了恢复公园绿地的功能，经多方协调，2013 年 4 月经虹口区人民政府批准对公园进行整体改造，于 2015 年 6 月竣工并对游客开放。

改造后的公园仍保留了儿童公园的特色，体现回归自然的生态景观，同时注重少年儿童求知、求乐、求奇、求美的天性；增加了学龄儿童和幼儿游乐场两个活动场地及室内休憩场所，建设了景观桥以沟通被地铁 4 号线箱涵分隔的东西两侧区域，在地铁箱涵立面进行涂鸦并种植爬藤植物，箱涵两侧布置了多彩花溪，使公园成了一个绿树成荫，孩子们学习、活动和休憩的快乐天堂(图 8-83)。

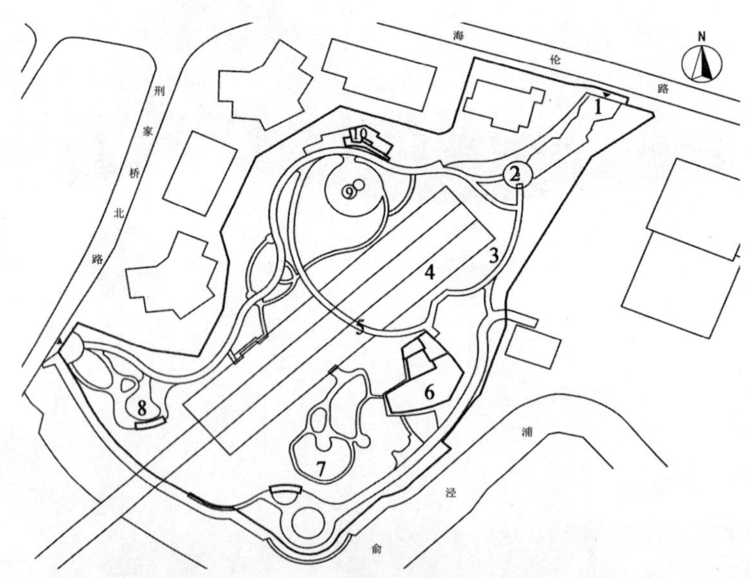

图 8-83　上海爱思儿童公园平面图

1. 北门　2. 蒲公英雕塑　3. 游步道　4. 花溪　5. 人行天桥　6. 儿童活动中心　7. 南山　8. 幼儿游乐场　9. 学龄儿童游乐场　10. 工具房小卖部

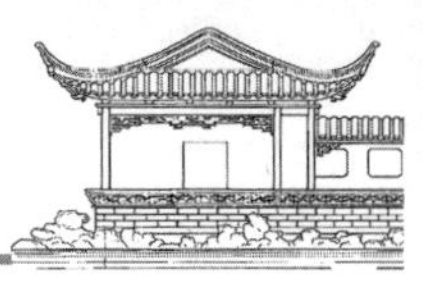

2. 总体构思与布局

不同年龄的儿童处在生长发育的不同阶段，在生理、心理、体力诸方面都存在着差异，表现出不同的游戏行为。根据这些特点，爱思儿童公园以环形游步道贯穿全园，组织不同年龄组的活动场地，分区明确。公园整体布局由地铁四号线地面箱涵分为东西两部分，整个公园划分为入口景观区、公园管理区、幼儿活动区、学龄儿童活动区、安静休息区（图 8-84）。

（1）入口景观区　由公园北门、入口通道、蒲公英雕塑组成。公园北门入口采用鲜亮的红色作为基调，引起儿童兴趣，经由直线道路到达圆形广场，广场中心设置红色蒲公英雕塑作为入口景观区主要节点，同时成为进入公园的主要标志。

（2）公园管理区　位于公园东部，场地内建有园内主体建筑，内设儿童活动中心、公园管理处和园厕，用于公园管理、游客服务，同时为儿童提供室内活动学习场所。建筑连接人行天桥，可以俯瞰全园。

（3）幼儿活动区　位于公园西南部，靠近西门，是幼儿主要活动场地，适合 6 岁以下幼儿活动游憩，注重引导儿童的创造力，并注重儿童活动的安全性。场地铺装采用彩色塑胶材质，通过颜色不同划分活动区域，场地中心设有幼儿专用卡通滑梯组合、场地周边设有儿童弹簧坐椅等休憩设施。南侧设有现代风格的休息廊架，供家长休息看护。场地周边以绿篱和乔木组合搭配来围合空间，形成较为封闭独立的活动空间，保证儿童活动的安全性。

（4）学龄儿童活动区　位于公园北部，是学龄儿童主要活动场地，适合 6～12 岁学龄儿童活动游憩，学龄儿童以结伙游戏为主，场地提供较为宽阔的活动空间，铺装采用彩色塑胶材质，场地中设有组合滑梯、秋千、跷跷板、攀登架、索桥等游具，孩子们在游戏场中可以自由选择自己感兴趣的活动。通过有意义的游戏培养儿童的自信心、好奇心、创造力、动手能力，并从中了解自然，了解社会。场地周边设置坐凳，供儿童及家长休息。场地北侧设有工具房小卖部，为游人提供服务。

（5）安静休息区　位于公园南部，场地内堆筑大假山，地形起伏。山上小径盘曲，植物自然组合布置，成为儿童公园内安静休息的场所。假山南部毗邻俞泾浦，设有休憩廊架及下沉式亲水广场，为游人提供亲水游憩场所。

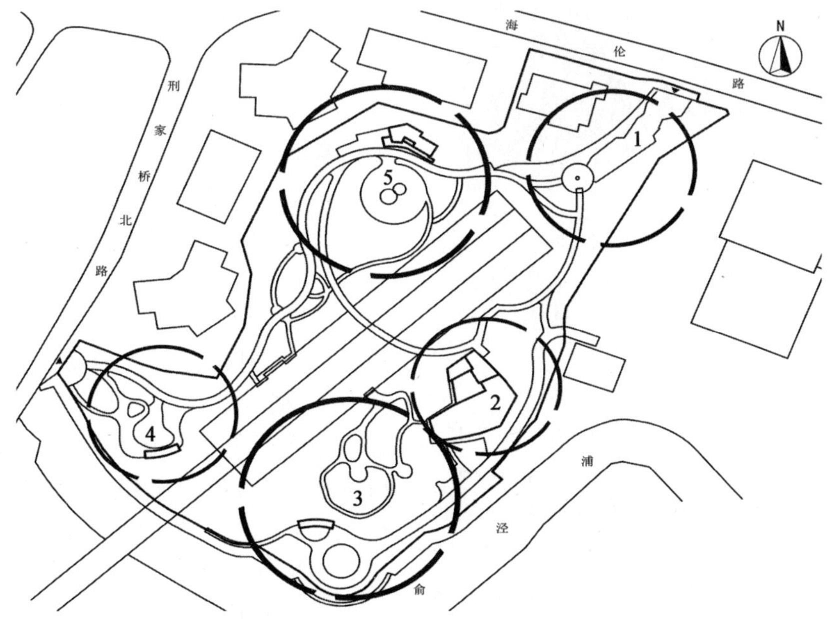

图 8-84　上海爱思儿童公园功能分区图

1. 入口景观区　2. 公园管理区　3. 安静休息区　4. 幼儿活动区　5. 学龄儿童活动区

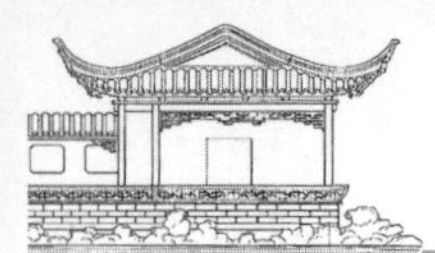

3. 专项规划设计内容

1)道路与铺装场地设计

儿童公园道路场地铺装不仅具有组织交通和引导游览的功能,还为人们提供了良好的休息、活动场地,同时还直接创造优美的地面景观,给人美的享受,增强了园林艺术效果。园林中道路的交通功能从属于游览的要求,虽然也利于人流疏导,但并不是以取得捷径为准则的。爱思儿童公园中园路与景石、植物、建筑相搭配,受环境气氛的感染,它的表现形式必然要受到总体设计的影响,需要与儿童公园总体设计风格一致,所以爱思儿童公园道路与铺装场地设计总体呈现活泼、轻快、自由的风格。

公园入口广场采用平整方砖铺地,园内游步道采用沥青铺装,呈环形贯穿全园,组织不同年龄组的活动场地,将全园划分为不同层次的空间,同时连接公园南北两个出入口,组织游览路线。道路设计形式自然流畅,活泼自由、富于变化。路面宽度适当缩小,满足了儿童使用要求和心理要求,使周围环境的大小与自身的身体比例合适,使儿童产生安全感(图 8-85)。

图 8-85　公园道路

园内儿童活动场地划分为幼儿活动场地和学龄儿童场地,活动场地内铺装采用彩色软塑胶铺地,利用鲜明的色彩和各式图案为儿童提供视觉刺激,吸引儿童的注意,渲染儿童活动区域活泼、明快的气氛。场地内活动设施周围设置了一定面积的铺地,便于开展活动,所有游戏设施下,都相应铺设保护性软质材料,有效保障了儿童活动安全,减少游玩活动时带来的意外伤害(图 8-86)。

图 8-86　儿童活动场地铺装

2)竖向与水系(水景)设计

爱思儿童公园整体地势较为平坦,特别是园路和儿童活动场地尽量保证地面的平整性,从而保障儿童的活动安全,为儿童创造安全舒适的游玩环境。公园南部安静休息区通过人工堆筑假山石,创造起伏地形,使整个园区起伏有致。公园中部由于地铁 4 号线箱涵穿过,使得东西园区分隔,在竖向设计上,建造人行天桥跨越箱涵洞,连接东西园区,人行天桥成为公园在竖向上最引人注目的处理方式。

3)植物景观规划设计

爱思儿童公园的植物配置以给儿童活动空间和阻挡城市喧嚣、使儿童回归大自然为目的,园内分区多以绿化分隔,同时保障儿童在活动区中的安全。

公园内绿化树种选用上海地方特色树种,乔木选用高大浓密、分支点高、便于管理的树种。灌木选用萌发力强,直立生长的中、高型树种,占地面积小,不影响儿童游戏活动。公园周围种植浓密乔灌木,减少游戏场出入口数量,使其成为安全的封闭空间。在植物布置方面适应儿童心理,多采用体态活泼、色彩鲜艳的植物,以引起儿童的兴趣。各个功能分区中利用植物的高低、色泽的深浅以及线条的划分来创造层次,并串联起整个景区的植物配置,形成意境。运用园林植物形成绿篱、树林、树群、草坪等分隔景区空间,使人如入画中,获得各种感受。

园内建筑周围绿地植物造景多采用景石植物组合形式。例如，儿童活动中心前绿地，采用对节白蜡、紫叶小檗与太湖石组合的形式，背景衬以高大乔木，下层种植铺地灌木，形成一组层次分明、体态精致的植物景观。同时周围空地种植草皮，形成舒朗空间，前后疏密对比、虚实映衬，相得益彰（图 8-87）。

图 8-87　儿童活动中心前植物景观

儿童活动场地周边围合以绿篱，间隔种植乔木，林下植草，通过不同层次的植物组合，形成较为封闭的保护空间，以达到保护儿童、增强安全性的目的（图 8-88）。

图 8-88　儿童活动场地植物景观

安静休息区主体是假山堆砌的山体，植物造景采用自然式植物组合，乔灌木、地被植物多层次配置，尽可能地贴近自然，打造天然密林景象。

4）建筑与小品设施规划设计

爱思儿童公园按照不同年龄段儿童的需要，设置了不同的建筑和游乐设施，园区主要建筑和小品设施包括北门、蒲公英雕塑、花溪、人行天桥、儿童活动中心、儿童游乐场、南山等。

公园北门连接海伦路，为爱思儿童公园主入口。作为儿童公园入口大门，爱思儿童公园北门建筑在色彩设计上采用鲜亮的红色作为基调，建筑形式生动活泼。“爱思儿童公园”门牌字样嵌于红色矮墙上，醒目显眼，充满童趣，对儿童产生极大的吸引力（图 8-89）。

图 8-89　北门

公园入口处设有圆形广场，广场中心设有蒲公英雕塑小品。雕塑由五根红色钢结构蒲公英形态组成，五朵蒲公英相互交错构成一幅栩栩如生的景观雕塑，屹立在广场中央，成为进入公园后最直接的景观标志，象征着儿童生机勃勃、健康向上的生命力（图 8-90）。

图 8-90　蒲公英雕塑

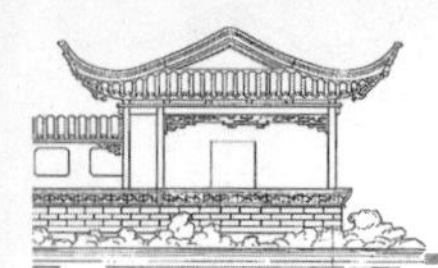

花溪位于地铁 4 号线两侧的保护区内,总面积 2 000 m^2,地铁箱涵立面以涂鸦和爬藤植物进行美化,植物分别选用了观花的凌霄,色叶的爬山虎和常绿的油麻藤,使每个季节都呈现不同的景观。花溪主要品种有黄色的黄金菊、大花金鸡菊,红色的天堂门金鸡菊、花叶美人蕉、春鹃,蓝色的鼠尾草、穗花婆婆纳以及野趣的斑叶芒、细叶芒等。各类花境植物 20 多种,每年 4～11 月交替开放(图 8-91)。

图 8-91　花溪

由于轨道交通 4 号线地面箱涵洞穿越公园,将公园分为东西两部分,所以在公园内建设人行天桥,以连接东西两部分,同时丰富园内竖向景观。天桥为橙色钢结构高架桥,起始于儿童活动中心处,跨越涵洞,通达学龄儿童活动场地,巧妙地连接两个部分。人行天桥护栏两侧设有卡通形象挂件,增加趣味性。立于人行天桥可以俯瞰全园,尽收美景(图 8-92)。

图 8-92　人行天桥

儿童活动中心为公园内主体建筑,内设儿童室内活动场所和英语图书馆,为儿童提供室内活动和学习场所。活动中心为二层建筑,建筑式样采用现代风格,同时为了增加童趣,在建筑外侧设置装饰性结构,大胆地采用红色窗体和装饰,增加趣味性(图 8-93)。

图 8-93　儿童活动中心

公园内设有 2 个儿童游乐场,根据年龄段划分为学龄儿童活动场地与幼儿活动场地,根据年龄段需求分别设置与之相对应的游具和休憩设施,供不同年龄段的儿童娱乐休憩。幼儿安排运动量小、安全和便于管理的室内外活动内容(图 8-94)。学龄儿童按分区设置运动区、游戏器械、草坪和铺面等(图 8-95)。

图 8-94　幼儿活动场地

公园南部人工堆筑假山,仿照自然山体设置起

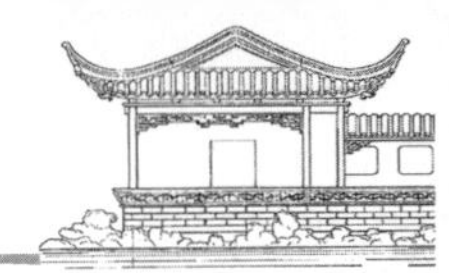

图 8-95　学龄儿童活动场地

伏坡度，山体构成以砌石和植被组合为主，山上小路盘曲，植物茂密，环境安静怡人，成为爱思儿童公园内一安静休息区域(图 8-96)。

图 8-96　南山

工具房小卖部建筑位于学龄儿童活动区北侧，为游人提供饮料、零食等购物便利。建筑整体体量较小，外侧设计以红色景观构架，墙体采用椭圆形镂空设计，风格充满童趣，颜色鲜亮，很好地与儿童活动场地相融合(图 8-97)。

4. 规划设计特色

(1)爱思儿童公园以自然生态环境为主体，突出人性化、自然野趣和教育等多种功能，因地制宜，发挥自身优势，在公园旧址的基础上，结合现代公共需求进行提升改造，形成独特风格和特色。利用人行天桥巧妙地将被轨道交通 4 号线地面箱涵洞分离的东西园区连通，使得原本被分隔的园区融为一体。

图 8-97　工具房小卖部

(2)爱思儿童公园内不仅仅设置具有多种游憩功能的游戏场地，同时全园结合游憩场地设计丰富多样的以植物造景为主的自然环境，使爱思儿童公园成为能够培养儿童未来所需要具备各种能力的自然游乐场地，如自主能动性、创造性、想象性、冒险性、自治性、合作性、良好的人际交往能力、运动能力等，使儿童素质能够得到全面熏陶和培养。

5. 有待改进或斟酌之处

(1)场地利用率不足，活动场地偏少　爱思儿童公园占地面积约 24 894 m^2，本身规模偏小，容纳量有限，园内儿童活动场地偏少，无法满足周边儿童的娱乐需求。每逢“六一”儿童节前后，由于前往游玩的儿童人数太多，公园经常出现超额运转的状况(图 8-98)。

图 8-98　儿童活动场地人数较多

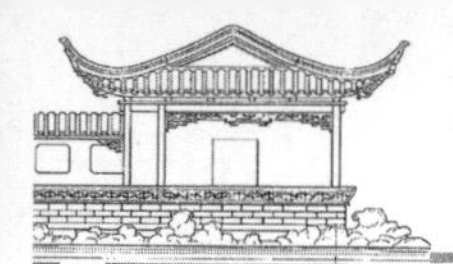

为了有效解决此类问题，适应儿童数量的急剧增加，建议儿童公园跟随做出适当的改变，条件允许情况下适当扩大儿童公园的面积，场地内部拓展活动场地面积，可沿路设置小型休憩场地和活动场地，增加公园场地利用率，为儿童提供充足的活动游玩场地。

(2)公园南山区域园路设计存在安全问题　公园南山区域，园路采用毛面铺装，材料粗糙，地面不平整，儿童行走奔跑易跌倒受伤。园路两侧地形采用石筑护坡，岩石棱角分明，存在安全隐患(图8-99)。

图 8-99　粗糙的南山园路和乱石挡墙

儿童公园内的导游线和路网宜简单明确，便于儿童辨别方向，道路设计应尽量减少坡度和台阶，使路面平整，以便幼儿行走和童车的推行。为增强公园安全性，为儿童提供更为安全舒适的环境，建议对公园南山区域进行适当改造。南山园路铺装建议改造为平整铺地，并降低坡度。园路两侧原有石筑挡土墙改造为缓坡微地形，种植自然植被组合。

二、北京动物园

1.基本概况

北京动物园位于北京市西城区西直门外大街，东邻北京展览馆和莫斯科餐厅，占地面积约 86 hm^2，水面 8.6 hm^2。原名农事试验场、天然博物馆、万牲园、西郊公园，始建于清光绪三十二年(1906年)，是中国开放最早、饲养展出动物种类最多的动物园。饲养展览动物 500 余种 5 000 多只，海洋鱼类及海洋生物 500 余种 10 000 多尾。每年接待中外游客 600 多万人次，是中国最大的动物园之一，也是一所世界知名的动物园。明代为皇家庄园，清初改为皇亲、勋臣傅恒三子福康安贝子的私人园邸，俗称三贝子花园。北京动物园是国家和北京市科普教育基地、全国十佳动物园之首，市文明先进单位，国家 5A 级旅游景点。

园内各种动物都有专门的馆舍(图 8-100)，如犀牛馆、河马馆、狮虎山、熊山、猴山、鹿苑、象房、小动物园等。在此安家落户的有中国特产的珍贵动物大熊猫、金丝猴、东北虎、白唇鹿、麋鹿(四不像)、矮种马、丹顶鹤，还有来自世界各地有代表性的动物如非洲黑猩猩、澳洲袋鼠、美洲豹、墨西哥海牛、无毛狗、欧洲野牛、狮虎兽等。两栖爬虫馆分上下两层楼，内有大小展箱 90 个，展出世界各地的爬行动物 100 多种，其中有一种世界上最大的鳄鱼——湾鳄。馆中部建立的跨两层的大蟒厅内展出了巨大的网蟒。北京动物园现有建筑总面积 7 666 m^2，其中用于展出和辅助展出占 38.8%，服务管理占 11.6%，办公后勤占 13.6%，其他占 36%。现状用地比例为动物展示区占 23%，辅助展出用地占 2.7%，水体 9.0%，绿化 42.5%，道路广场 7.7%。园内有小溪湖沼、假山曲径、密林繁花以及儿童游乐园、动物活动区等以及餐厅、商亭等服务设施。

北京动物园的历史可追溯到清朝光绪三十二年(1906 年)。它的前身是清末工商部农事试验场，试验场是在原乐善园、继园(又称“三贝子花园”)和广善寺、惠安寺旧址上所建。民国时期，农事试验场几易其名，从“中央农事试验场”到“国立北平天然博物院”再到“实业总署园艺试验场”直至“北平市园艺试验场”。1949 年 2 月，北京市人民政府接管了当时名为“北平市农林实验所”的北京动物园后，将其更名为“北平市农林实验场”。于同年 9 月 1 日定名为“西郊公园”。1950 年 3 月 1 日，西郊公园正式开放。

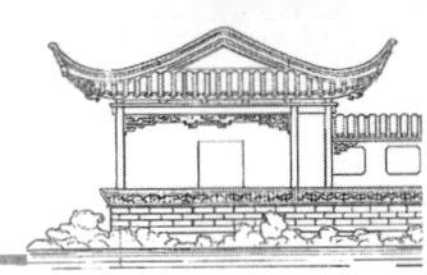

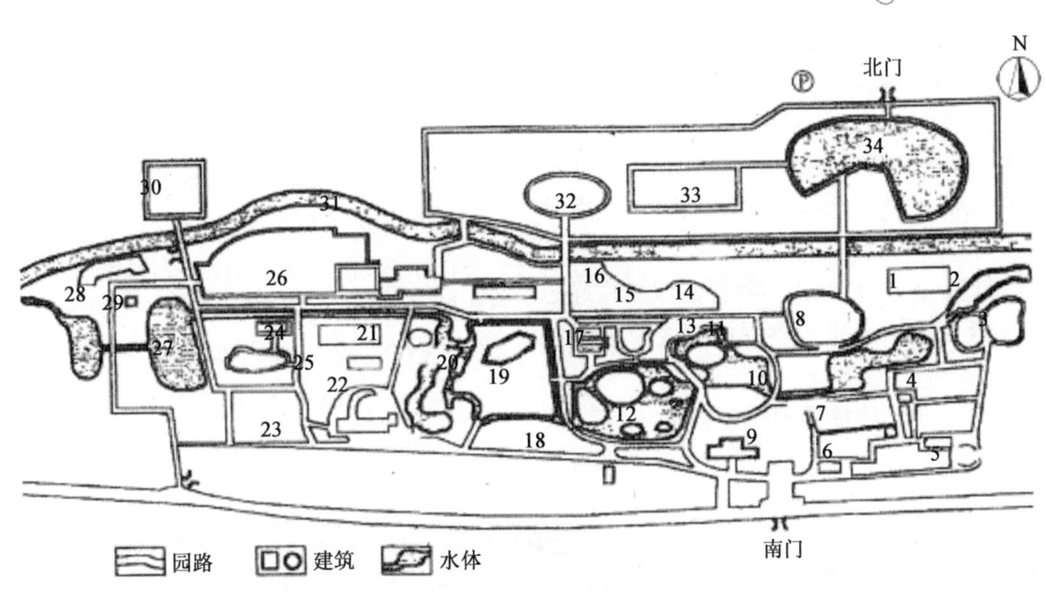

图 8-100　北京动物园平面图

1.狼山　2.中型野兽馆　3.熊山　4.熊猫科研所　5.猴山　6.雉鸡苑　7.竹馆　8.狮虎山　9.熊猫馆　10.牡丹亭　11.餐厅　12.水禽湖　13.鹰山　14.鸵鸟馆　15.驯鹿馆　16.原驼馆　17.貘馆　18.朱鹮火烈鸟馆　19.鸟苑　20.金丝猴馆　21.猩猩馆　22.热带小猴馆　23.游乐场　24.猿猴馆　25.长臂猿馆　26.鹿苑　27.鹤岛　28.办公区　29.畅观馆　30.五塔寺　31.长河　32.河马犀牛馆　33.象馆　34.海洋馆

1952 年 11 月 5 日，西郊公园首次派出以西郊公园主任为队长的 5 人访问团，到苏联、波兰及东欧国家的动物园参观学习，从而开始建立国际间动物交换关系。

1955 年 4 月 1 日，西郊公园正式改名为"北京动物园"，由时任中国科学院院长的著名学者郭沫若题写园名。在 1955 年至 1975 年的 20 年间，北京动物园获得了一定的发展，先后兴建了象房、狮虎山、猕猴馆、猩猩馆、海兽馆、两栖爬行动物馆等场馆，其中狮虎山、猩猩馆、两栖爬行馆等场馆使用至今，并成为北京动物园的标志性建筑。

1960 年，成立由在京各有关单位专家组成的北京动物园科学技术委员会，共计 67 人，其中本园有 21 人。由于重视科学饲养动物，加强管理，重视对动物疾病的预防和治疗，使不少珍稀野生动物很快适应人工饲养环境，并大量繁殖。"文化大革命"期间，科技人员受到冲击，科研工作停滞，国际动物园之间的联系全部中断，动物交换停止，国内动物园之间的动物交换也急骤减少。

70 年代后，随着中国外交日趋活跃，与国外动物园之间的动物交换也日趋频繁，动物种类大幅度增长，许多国外赠送的礼品动物被送到园内展出。80 年代中国改革开放之后，北京动物园迅速发展，在这个阶段，北京动物园的动物繁育饲养研究也取得了长足的进步，其中大熊猫、朱鹮等珍稀动物的人工繁育技术处于国际领先地位。

80 年代国际、国内动物交换频繁，北京动物园的动物交换数量和种类都有了突破性的进展。在此之后，陆续修建了新象馆、犀牛河马馆、北京海洋馆、科普馆、鸟馆、非洲动物放养区等新馆舍，同时采取较科学的动物喂养方法，拟造其原生环境，并将部分动物散养或混养。1990 年，为北京召开第十一届亚运会而建的配套工程大熊猫馆，建筑总投资 874 万元，建筑面积 1 452 m^2，室外运动场面积 2 000 m^2。1989 年 8 月 11 日动工，1990 年 8 月 29 日对外开放。整个建筑造型呈竹笋状。1991 年大熊猫馆工程被北京市优质工程活动领导小组评为 1990 年度市级优质工程。

2.总体构思与布局

根据其所处的地形地貌、道路系统、水系等构成

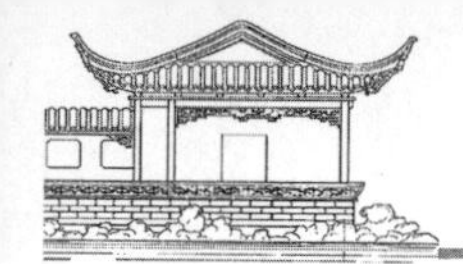

动物园主要要素进行认真地把握，既要模拟动物野生的地形地貌环境，为动物提供适宜其生理要求的生活空间，也要为游人提供较好的观赏视角和最佳的游览路线。动物园的导游是建议性的，北京动物园在设计中以景物为引导，符合人行习惯(一般逆时针靠右走)。同时，动物园在设计的过程中，做到了主要笼舍建筑和出入口广场的一级导游线的良好的联系，以保证全面参观和重点参观的游客能够方便地到达。

1990 年的规划设计根据使用性质的不同调整了部分功能分区。从动物园的具体情况出发，通过合理调整做到功能分区的合情合理。从整体上看，由长河穿过，以长河水为界，分为了 3 个区：东区、西区、北区(图 8-101)。和上海动物园相比，北京动物园人工的痕迹更加明显。

东区：在园的东侧，包括狮虎山、猴山、熊山、熊猫馆、雉鸡苑及育幼室等。

西区：金丝猴馆、猩猩馆、长颈鹿馆、鹿苑等。

北区：犀牛河马馆、象馆、北京海洋馆等。

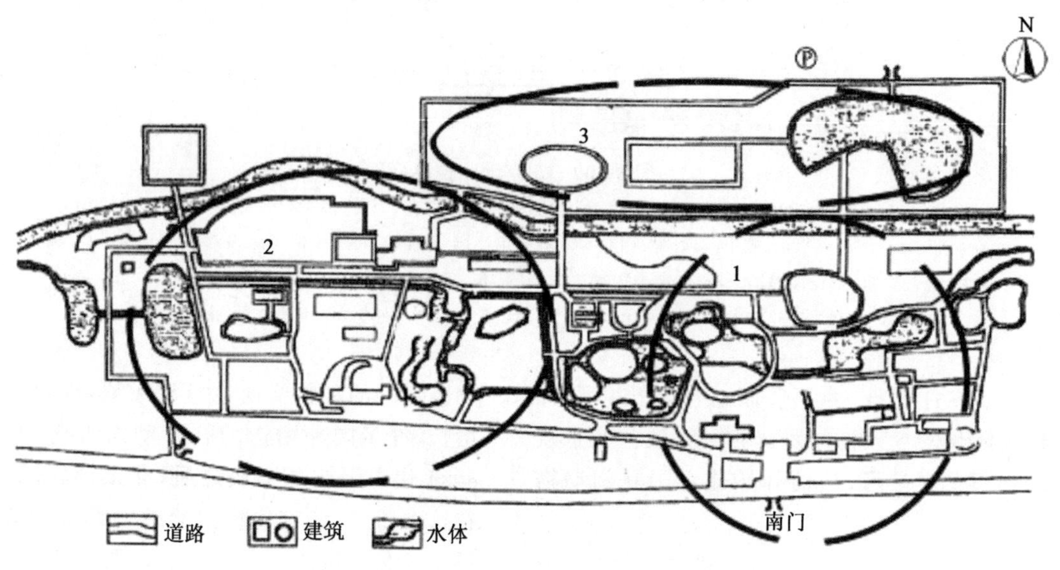

图 8-101　北京动物园分区图

1. 东区　2. 西区　3. 北区

3. 专项规划设计内容

1) 道路与铺装场地设计

北京动物园在道路体系的设计上，与一般的公园相同，设在城市人流的主要来向，目前正门入口处有一定面积的广场，以便群众集散，附近有自行车处、停车场。除了主要出入口以外，还有次要出入口，即三个便门，以备万一出危险(如猛兽逃出、火灾)时可以尽快地疏散游人，以及满足运送大型动物大象、犀牛等特殊需要。主要出入口以北京动物园的总体设计为依据，确定道路的路宽、平曲线和竖曲线的线形以及路面结构。

动物园的道路可分为主要干道(主要园路)、次要道路(次要园路)、游人参观线(便道)、专用道路(供园务管理之用)4 种。调整后的主要干道或专用道路呈“田”字形，宽度 8 m，全部为柏油承重路，主要功能是通行消防车、车人混行，运送动物、动物饲料、建筑材料等，道路路面便于清扫。次要干路为承重路，宽度 6 m，但以步行为主，其主要功能是分散游人、避开车辆，并起着馆舍间分隔作用。游人参观线为非承重路，宽度 4 m，主要功能是作为游人参观室外动物的路线(图 8-102)。为了保证参观路线的畅通安全和道路不被破坏，在关键路口部位设置路障，以防机动车通行。

西北后门桥是唯一承重运输桥，因此，长河北西部滨河路是运送花卉、建筑材料、动物饲料及动物检疫的必经之路，必须做成承重干线。

图 8-102　行人游览道路

2)竖向与水系(水景)设计

北京动物园有长河穿过，园区内设有与长河相连接的水体、湖泊、池塘和海洋馆。园内整体水景设计动静相结合。水体空间具有敞开的视野、新鲜的空气、愉悦的鸟鸣，吸引着人们前往接近水滨，进行各种亲水性活动。

北京动物园不仅是公众休闲娱乐的场所，也是珍稀野生动物的异地保护地。然而，近年来动物园的水体和国内其他多数园林水体一样出现了严重的富营养化问题，大量藻类滋生，透明度下降，水体浑浊、腥臭。这种恶化的水质不仅影响了园林景观，而且直接威胁到珍稀野生水禽的生长和繁殖。近年来，北京动物园为改善园林水环境，利用水生植物净化富营养化水体的生态工程方法，以其良好的净化效果、独特的经济效益、能耗低、简单易行等特点，一方面可以改善水体富营养化的状态，另一方面还可以丰富水体驳岸景观。例如，多种水生植物的组合有利于植物间的优势互补，从而能始终保持对营养元素及有机物较好的净化效果。不仅如此，合理的物种多样性也有利于物种的生存、环境的稳定性以及减少病虫害。水生植物的遮光效应对藻类的生长繁殖有一定的抑制作用。

利用水生植物改善动物园水环境，有利于营造水上景观和为水禽创造适宜的生存环境，而且部分水生植物(例如水葫芦)还可作饲料，能带来一定的经济效益。在种植水葫芦时应注意其对光照的需求，在种植睡莲时则应注意尽力避免龙虾等水生动物的破坏。在选取水生植物时，应尽量选用在北京地区生长期较长的植物种。

3)植物景观规划设计

动物园在进行植物造景布置时，除要遵循一般的公园植物造景的基本原则(主题原则、美学文化原则、因地制宜、与环境相协调、植物选择原则)外，还要根据公园特点有所侧重和添加。北京动物园的绿化在满足一般公园的绿化功能外，还配合动物的自然生长环境创造意境，提供部分饲料和保持水土等功能作用。

自然生态的景观原则。从动物对绿化功能要求或美观要求来说，动物园应该完全绿化起来使游人来到了美丽的大自然环境中，这里有秀丽的山林、湖、河、草地、风景、鸟语花香，动物在尽情戏耍构成美丽的天然图画，动物园的绿化面积至少要占到全园总面积的 70％。

与动物习性相结合的原则。动物展区的绿化宜多样化，主要是配合动物的生态习性和生活环境来进行布置，例如对象要布置成热带森林的气象，熊猫要竹林，兽舍外部都要尽量地绿化起来，兽舍的笼内笼外要连成一片，同时也要给游人休息和遮阳的优良条件，当然同时也要考虑游人休息和艺术的要求。

兽舍附近的绿化在满足功能要求的情况下(如防风、遮阳等)尽可能结合动物的生态习性和原产地的地理景观来布置(图 8-103)，使游人在参观后对动物的相关生态知识有一个全面的了解，结合我国人民所喜闻乐见的形式来布置，如在猴山附近布置花果山，熊猫附近多种竹丛，水族馆可多种垂柳，爬虫馆可多种蔓性植物，象房可布置一些热带植物，狮虎山可以松树为主，鸟禽室可造成鸟语花香的庭院布置，使鸟笼具有画意。

使人怡然的美观原则。对于游人参观，要注意遮阳及观赏视线问题，一般可在安全栏内外种植乔木或搭花架棚。园中的道路、广场、休息设施都要进

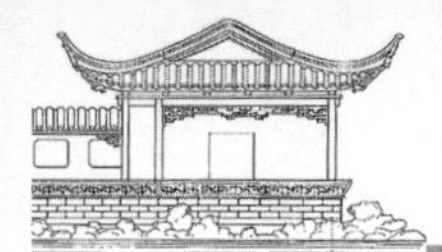

图 8-103　模拟动物生长环境的自然景观

行绿化,起衬托、遮阳的作用(图 8-104)。在园周围、分区之间均布置卫生防护林带及隔离绿化带。一般与文化休息公园一样,动物园园路的绿化要求一定要达到遮阳的效果,可布置成林荫道的形式。动物展区应该布置很完善的公园装饰和草坪间隔,使游人可以在参观陈列的动物之后合理休息,构筑物服务建筑和小广场周边可以用蔓性植物装饰起来,间隔空间也应该用植物装饰起来。

图 8-104　北京动物园道路草坪绿化

4)建筑与小品设施规划设计

(1)南门　北京动物园的前身是清末工商部为振兴农业而筹建的农事试验场,始建于清光绪三十二年(1906 年),至今已有百年历史。大门面南而立,造型类似传统的牌楼,但是采取了仿文艺复兴风格的西洋楼的形式。大门上部有繁复的砖雕装饰,砖雕中间部分的图案是"双狮抱球",下面有一只蝙蝠,两侧有两条龙,四周环绕着祥云和花卉(图 8-105)。

图 8-105　北京动物园南门

(2)狮虎山　建于 1956 年,是北京动物园的标志性建筑之一。狮虎山的建筑被装饰成独特的山型结构(图 8-106),进馆参观有如进入神秘的山洞,连接室外活动场和室内动物馆舍的通道也设计成山洞的形式,这种设计不仅有很好的视觉效果,而且可以避免冬季寒风直接吹入展厅内部。狮虎山内饲养了包括非洲狮、白狮、孟加拉白虎、东北虎、美洲豹、美洲狮在内的多种大型猫科动物。

图 8-106　狮虎山

(3)猴山 位于北京动物园东南侧，是动物园现存历史最悠久的馆舍，也是现存唯一一个兴建于1949年以前的馆舍。猴山位于园的东部，占地面积约1 000 m^2，为下沉式结构，场馆中央用山石堆积成两座假山(图8-107)，之间悬挂软梯、轮胎等游乐设施。外围椭圆形的围墙，围墙高3.1 m，从假山到围墙的距离为5.9 m。在北侧的围墙处，有一空间，可供猴群在恶劣的天气里遮风避雨。1986年和1993年，两次对猴山进行维修和改造，加固山石，接通上、下水。因不时会发生顽皮、健壮的成年猴子借山石跃出猴山的情况，为此，沿墙壁设置低压电网，并根据猴子对色彩的不同反应，在电网处涂上红、白两种颜色，以引起猴子的警觉。

图8-107 猴山

(4)熊山 位于动物园东北角，原址为稻田，1952年动工兴建熊山，占地面积4 275 m^2，原有黑熊和白熊两个下沉式露天馆舍。白熊山位于东侧，内有假山和水池。黑熊山位于西侧，分南北两个部分，南侧场地较大，有假山和水池，内为棕熊；北侧场地较小，仅有水池一座，内为黑熊。2007年修建高架桥将黑熊山拆除，白熊现未对公众展览，原白熊山仍对外开放，现在内饲养棕熊及黑熊。

(5)熊猫馆 是1990年作为第十一届亚运会献礼工程兴建的，造型独特，曾经入选当年度"北京十大建筑"和"北京市优质建筑"。熊猫馆总占地面积1万 m^2，建筑面积1 452 m^2，主体建筑呈盘绕的竹节形状，有11道半圆形的拱圈沿竹节延伸的方向分布(图8-108)，象征第十一届亚运会。东南侧为馆舍参观入口，西北侧为通向室外活动场的出口，室内共有三个公开展室，参观大厅顶部悬吊12个玻璃钢大球，以调节室内音响效果。功能性区块包括隔离间、治疗间、饲料间、鲜竹储存间、产房、饲料制作间、电视监控室等，均设在半地下。熊猫的室外活动场地自然起伏，设有木质栖架和游乐设施。熊猫馆周围绿化以竹为主，通向熊猫馆步道装饰有黑白两色鹅卵石。

图8-108 熊猫馆

(6)雉鸡苑 建成于1983年11月。原计划1974年建成，因受当时资金限制，延误竣工。建筑风格与以往不同，为开放式禽舍群，分为东、西院两组建筑，东院一组由禽舍和曲廊与西院一组相连。整个禽舍群由橱窗式展舍与带活动场的禽舍组成(图8-109)。东院有一组7间橱窗式展舍，在院的南内侧；另有20间带室外活动场的禽舍，禽舍内有操作廊。西院有两组橱窗式展舍，东边一组7间，西边一组6间，另有16间带室外活动场的禽舍`。1984年1月对外开放时，展出青鸾、大凤冠雉、棕尾火背鹇、绿尾火背鹇、秃顶珠鸡等珍稀动物。在北京动物园饲养展出半个世纪的神鹰，生前即在这里展出。

(7)金丝猴馆 西靠猩猩馆，东邻黑水洋，环境优雅，南北地势平坦开阔。占地面积1 000 m^2，建筑面积500 m^2，室外运动场面积320 m^2。金丝猴馆以

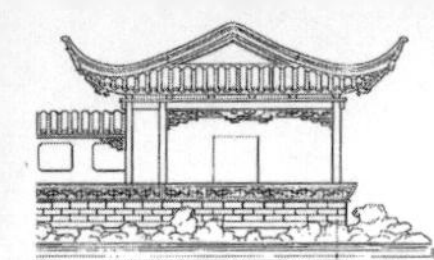

图 8-109　雉鸡苑

饲养流线为主轴，两侧为兽舍与服务性房屋。兽舍隐蔽于假山之中，两个半圆形网笼相错构成动物室外活动场(图 8-110)，场内山石、栖架供金丝猴上下攀跃，既满足饲养管理的需要，又便于游人观赏，形成北京动物园西部独特的参观游览景区。

图 8-110　金丝猴馆

(8)猩猩馆　占地面积 8 000 m^2，建筑面积 1 430 m^2，室外运动场面积 3 600 m^2。建筑面积比旧馆增加了近 2 倍，展舍内建有猩猩日常活动的山石、栖架，背景绘有猩猩野外生活的壁画，展窗玻璃采用大尺寸 34 mm 厚的复合玻璃，保证安全。室外运动场有山石、水池等运动设施和围栏，展室与室外运动场有地廊作为通道，串笼闸门为手摇机械门，人与猩猩不直接接触，保证了饲养人员的安全(图 8-111)。

图 8-111　猩猩馆

(9)长颈鹿馆　位于动物园长河以南，是动物园西部最高的馆舍。该馆为砖混结构的单层尖顶建筑，颇具欧洲风格，最高处 8.9 m。中央参观大厅跨度为 5 m，长 20 m。长颈鹿馆的兽舍面积约 200 多 m^2，共分 7 间，动物与游人近在咫尺，仅以一网隔开(图 8-112)，展览效果极好。紧傍兽舍的 5 间室外运动场总面积达 3 000 m^2 以上，运动场之间以栏杆相隔，饲养员可以根据不同的需要把动物分布于各个运动场。运动场外环绕着宽 2.5 m 的参观通道，为保证安全，除网外有栏杆与游人相隔外，网下还砌有 60 cm 高的矮墙，这大大提高了安全系数。

(10)犀牛河马馆　位于长河北岸，该馆为砖混结构的单层建筑(图 8-113)，由高低错落的 13 个圆筒形兽舍组成，最高 7 m，中央参观大厅最大跨度 20 m。建于 1992—1994 年，内有白犀牛、独角犀及河马，并设有餐厅，旧河马馆位于水禽湖西部。

(11)大象馆　位于长河北岸，建于 1996—1998 年，东部展览亚洲象，西部展览非洲象。馆外有活动区。旧象房位于猴山北侧，20 世纪 70 年代曾因展览斯里兰卡总统班达拉奈克夫人赠送的亚洲象“米杜拉”而闻名(图 8-114)。

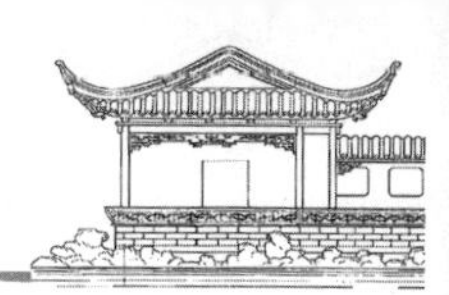

图 8-112 长颈鹿馆

图 8-113 犀牛河马馆

图 8-114 大象馆

(12)畅观楼 建成于清光绪三十四年,是作为慈禧乘船沿长河前往颐和园途中的一个行宫修建的,为欧洲巴洛克风格建筑,砖木混合结构二层楼房,周围有深外廊,山墙面向前开窗,屋顶内为阁楼(图 8-115)。红砖墙体,局部抹灰及灰塑线脚并加以砖雕花饰。爱奥尼式柱,曲线形山墙上缀以球形装饰。正面两端转角处为八字形阁楼,上覆拱形铁皮顶。畅观楼建成后不久慈禧、光绪先后去世,实际上并未使用过。辛亥革命的先驱孙中山来京时曾在畅观楼居住。中华人民共和国成立后,北京市的第一个规划方案就诞生在畅观楼,称为"畅观楼方案"。畅观楼在 20 世纪 90 年代开始不对游人开放。

(13)牡丹亭 位于豳风堂东侧,鹰山南侧,建成于 1908 年,是一座环形的长廊(图 8-116),南北两部分的长廊合成一个圆形,长廊南北各有一个方厅。圆形中心曾经有一个玻璃厅,后拆除。

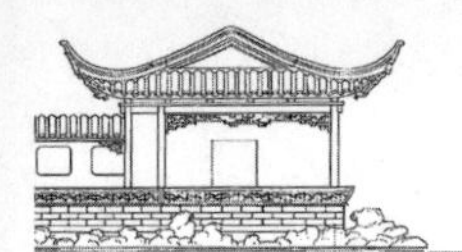

图 8-115　畅观楼

图 8-116　牡丹亭

(14)宋教仁纪念塔　辛亥革命先驱,中国国民党元老宋教仁在担任农林部总长期间,曾在农林部下属的农事试验场内鬯春堂居住。1913 年 3 月宋教仁获选国民政府总理,被袁世凯刺杀。此后,在宋教仁住过的鬯春堂北面建立了一座 2 m 高的"宋教仁纪念塔",塔型采用古希腊方尖碑的形式,环塔四周种植柏树百余株。1966 年"文化大革命"爆发,因为宋教仁的身份为国民党元老,其纪念塔被毁,仅余二层混凝土基座。2009 年 11 月,一方刻着金字的"宋教仁纪念塔遗迹"碑石立于原残存的基座之上(图 8-117)。

(15)鬯春堂　位于动物园西南部畅观楼南侧,建于 1908 年,旧时的鬯春堂为中国传统建筑格局(图 8-118),因其屋顶结构系由三个房脊相连而成,故而也被称作三卷,前廊后厦,穿堂门,房屋四壁全部是高大的玻璃窗,堂内地面由金砖铺成,建成后鬯春堂内摆设有紫檀木和花梨木家具以及慈禧太后御笔书画作品 12 幅。鬯春堂四周由假山环抱,假山之外一度环绕种植了芭蕉、梨树、杏树、桃树等作物,环境非常幽静。如今的鬯春堂大殿紧锁,不可进去参观。大殿前的空地,已成为老年人锻炼的场所(图 8-119)。

图 8-117　宋教仁纪念塔遗址

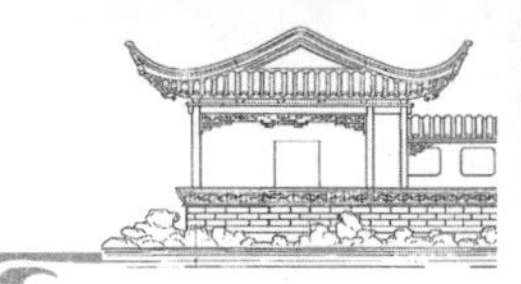

图 8-118　1909 年鬯春堂

图 8-119　鬯春堂现状

图 8-120　豳风堂

北京动物园豳风堂位于动物园东部偏北，建于1907 年，最初作为农事试验场的陈列室，展示各种农林物资和工具，1929 年农事试验场改组为国立北平研究院后豳风堂招商包租，经营茶点食品。豳风堂的主体建筑是五间房屋和一个庭院，建筑均为中国传统风格，镶大块玻璃窗(图 8-120)，堂北假山堆砌，并有人造瀑布，堂内曾陈设清军锐健营营中物品作为装饰，包括乾隆皇帝御笔匾额一面。1949 年后豳风堂原有建筑拆除，在原址改建豳风堂餐厅，是动物园内的一家饭馆和动物园职工食堂。

(16)陆谟克堂　是 20 世纪 30 年代为纪念法国生物学家拉马克而建的一所中西合璧三层小楼，是由中法文化教育基金会、国立北平研究院及国立北平天然博物院等共同主持用退还的庚子赔款合建的中国最早的植物学科研楼，曾是中国现代植物科学研究的基地。整个建筑平面呈长方形，为法式 3 层楼，外墙砖石为灰红两色，楼南面正中刻有“陆谟克堂”四字(图 8-121)，一至二层为实验室和图书馆，三层为标本室，由北平研究院植物研究所使用。1949 年在这里建立了中国科学院植物分类研究所，1953 年改为中国科学院植物研究所。现为中国植物学会办公地和中国科学院植物标本陈列馆筹备处。

(17)东洋房　位于豳风堂东侧岛上，建于 1906 年，是一幢日本风格的建筑。房屋建筑在高台上，四面为日式推拉门窗，进入房间后是日式塌塌米，房屋周围种有樱花。东洋房最初作为日本茶馆使用，1929 年农事试验场改组为天然博物院后改为仓库存储杂物，此后拆除。东洋房所在的小岛是水禽湖饲养班的办公地和部分鸟类的繁殖地，饲养有黑颈

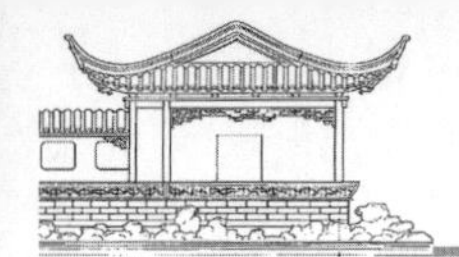
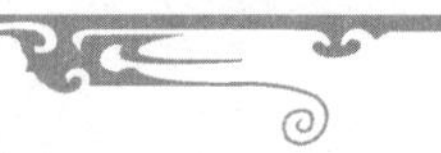

图 8-121　陆谟克堂

鹤、沙丘鹤、冕鹤、中白鹭、黑颈天鹅等鸟类。

(18)来远楼　位于动物园西北部长河南岸，是一幢欧式风格的三层小楼，楼东西两翼有长廊，楼内曾设西餐馆，农事试验场内的照相馆也设立在此。1929 年后来远楼改为博物学研究所，一度是标本剥制室所在地，1949 年后拆除。

(19)四烈士墓　1912 年 1 月 16 日由革命党人黄芝萌、张先培、钱铁如、吴若龙、杨禹昌、罗明典、郑毓秀等 18 人组成的暗杀团体在北京东华门伺机刺杀袁世凯，制造了东华门事件，当场炸死袁世凯卫队长等 10 余人。革命党人黄芝萌、张先培、杨禹昌等 10 人被捕并被杀。1912 年 2 月，南京临时政府褒扬彭黄张杨四人的革命业绩，追赠彭家珍为大将军，并为彭家珍、杨禹昌、黄芝萌、张先培四位烈士在农事试验场营建墓地。整个墓地呈正八角形，距地面约 1 m，正中立约 8 m 的纪念碑，碑上刻“彭　杨　黄　张四烈士墓”。底座的东南、东北、西南、西北各有七级台阶通向纪念碑。四烈士就安葬于正南、北、东、西四面的石冢下，每座墓前均有碑文，记录烈士事迹，并有中国国民党党徽装饰。1966 年“文化大革命”爆发，红卫兵炸毁了饰有青天白日标记的四烈士墓，现仅存一块四烈士墓遗址碑(图 8-122)。

图 8-122　四烈士墓

(20)海洋馆　是亚洲第一、世界内陆最大、设施最先进的海洋馆，坐落在北京动物园内，南倚长河、毗邻北京展览馆、天文馆和首都体育馆，交通极为便利。建筑面积 4.2 万 m^2。场馆外形采用了别具一格的“海螺”形状，色彩以蓝色和橘红色为基本色调，分别代表了神秘浩瀚的海洋和海洋生物无穷无尽的生命力(图 8-123)。其内部设计也别具匠心，屋顶均为网架结构，并采用蓝色和黄色进行装饰，将一个蔚蓝色的世界呈现在人们面前。

图 8-123　北京动物园海洋馆

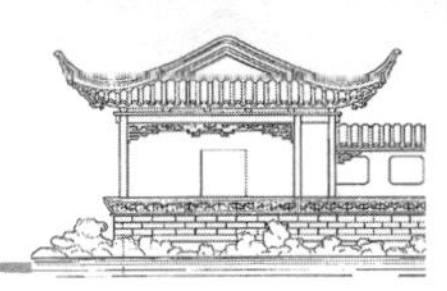

4.规划设计特色

(1)边规划,边建设　北京动物园的发展路途并不平坦,由于西郊公园时期对于公园的发展前途到底是植物园还是动物园一直没有定论,在一定程度上影响了北京动物园的发展。这也直接导致了北京动物园一直在边整治、边规划、边设计、边施工中建设。当公园性质确定后,规划建设到1962年都是沿袭苏联动物园模式。

(2)北京动物园的格局演变由自身的山水系统格局变化而来　北京动物园的演变和发展是与它自身的山水系统格局和变化是分不开的,是形成动物园目前总体形态的主脉。在这过程中,动物园的总体规划更多地考虑周期的动态过程而不是创造一个静态的特征。在动物园的总体规划过程中,处理动物园和动物之间的恒定变量,如建筑、交通线路、室外展览和种植,着重考虑和规划各元素之间关系的相对值、它们之间如何联系以及场地的状况,是规划过程中的主要变量。

(3)与国际动物园的发展趋势相结合　北京动物园在1975年设计方案的基础上,经过十余年的实践,1990年结合国家动物园界的发展趋势制定新的规划。这次规划从分析现状和历史入手,从北京动物园所处的代表国家动物园的地位出发,以加强野生动物保护、促进动物科学知识的普及和研究,不断提高动物园的科学管理水平为指导思想,以建成拥有世界主要野生动物种属的世界一流水平的动物园为奋斗目标。

5.有待改进或斟酌之处

(1)提高展区设计,优化环境　为了提高游客观赏时间和创造更好的观赏体验,在展区设计中应尽量采用贴近自然的景观设计,以往内网栏等视觉障碍物的存在会影响观赏野生动物,并感受不到动物的自然的栖息环境。早期狭小的笼舍将动物暴露于游客面前,对动物产生压力,圈养动物易产生刻板行为和异常行为,而现代动物园的自然展区给动物充足的隐蔽空间,提高动物福利的同时也有利于游客欣赏。展区中的动物是否保持自然的行为和活跃的状态,直接影响到游客的观赏时间和体验。我国近年动物园丰富的实践表明环境能改变亚洲象和猕猴的异常行为,使动物活动量增加,所以有必要在更多的动物展区采取环境丰富化措施,在环境、食物、社群、认知等多方面加入丰富化元素,并通过对比分析前后动物的行为、情绪、适量等方面的变化,及时评估和改进环境以获得更好的效果。

(2)提升动物福利,做精品动物工程　切身立足实际,关注动物的生存环境。动物和人一样,难免有个头疼脑热,而打针吃药自然也免不了,但给动物抽血、打针、吃药都不是容易的事情,为了减少应激反应,饲养员们在平时的工作中,就做到让动物们训练有素。如对于一些定期要检查口腔、牙齿的动物,就训练动物学会张嘴等。北京动物园立足于现有土地状况,今后要重点实施"精品动物工程",北京的这片绿岛。

三、上海动物园

1.基本概况

上海动物园内汇集了世界各地具有代表性的动物和珍稀动物,数量上万,其中包括来自国外的长颈鹿、斑马、羚羊、白犀牛等,以及中国一级保护动物大熊猫、金丝猴、金毛羚牛等。

上海动物园现有面积约74 hm^2,饲养展出各类稀有珍贵野生动物400余种6 000多只(头)。其中有世界闻名的有着"国宝"和"活化石"之称的大熊猫,以及金丝猴、华南虎、扬子鳄等我国特产珍稀野生动物,还有世界各地的代表性动物如大猩猩、非洲狮、长颈鹿、北极熊、袋鼠、南美貘等。园内还种植树木近600种、10万余株,特别有10万 m^2 清新开阔的草坪。

一直以来,上海动物园以建成城市生态动物园为目标,逐步改造和新建视觉无障碍的生态化动物展区,使游客仿佛置身于大自然之中,尽情欣赏野趣之美。从最初的单纯参观游览场所到现具有娱乐休闲、动物知识普及、科学技术研究及野生动物保护的四大职能兼具的综合性动物园,上海动物园共计已接待近1.6亿游客。优美的园林景观、精彩的野生动物世界、生态化的野生动物展区、人与动物和谐共处，上海动物园将会给游客留下美好的回忆以及对大自然的热爱(8-124)。

图 8-124　上海动物园平面图

1.大门　2.管理处　3.车库　4.溜冰场　5.金鱼廊　6.鸵鸟　7.孔雀　8.涉禽笼　9.亭　10.天鹅湖　11.鸳鸯湖　12.企鹅　13.天鹅轩　14.长廊　15.雕像　16.展览厅　17.鸟禽　18.鸟舍　19.孔雀　20.大白鹭　21.亭　22.猛禽　23.小动物　24.接待室　25.小熊猫　26.熊猫　27.兽房　28.白熊　29.棕熊　30.黑熊　31.药厂　32.虎　33.狮　34.海狮　35.河马　36.塑像　37.马　38.野牛场　39.长颈鹿　40.鹿苑　41.草料场　42.梅花鹿　43.羊　44.牛　45.象馆　46.水榭　47.猩猩馆　48.猴山　49.技校

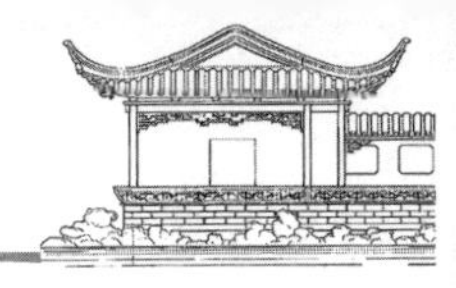

2. 总体构思与布局

相比于北京动物园，上海动物园在规划构思上更突出于“野”字，按面向 21 世纪“人走向自然、人回归自然”“人与自然共存”的战略思想，建设一个具有原野风光以及良好生态条件，人与动物、植物友好相处，具有一流水平的动物园。上海动物园在规划中，按照动物生态习性要求，野生动物以大面积放养为主，尤其是以放养食草动物为主，珍稀动物圈养为辅，实行放养与圈养相结合的布置原则。实行综合开发的建园方针，充分考虑环境效益、社会效益、经济效益三者之间的有机结合。

从动物园的具体情况出发，通过合理调整做到功能分区的合情合理。从整体上看，上海动物园共分为 5 个区：鸟类动物区、灵长类动物区、食草类动物区、食肉类动物区、两栖爬行动物区（图 8-125）。和北京动物园相比，上海动物园更少的人工修饰，更加接近自然野趣，最大限度地还原自然环境景观。

两栖爬行动物区：两栖爬行馆。

鸟类动物区：在园区的东侧，主要包括孔雀、火烈鸟、火烈鸟、鹦鹉、斑嘴环企鹅、鹈鹕、秃鹫、东方白鹤、犀鸟、雁。

食肉类动物区：孟加拉虎、美洲虎、小熊猫、大熊猫、白虎、非洲狮、华南虎。

食草类动物区：羊驼、牦牛、长颈鹿、斑马、河马、大羚羊、袋鼠、麋鹿、亚洲象。

灵长类动物区：黑猩猩、猩猩、大猩猩、金丝猴、长臂猿、蜘蛛猴、阿拉伯狒狒。

3. 专项规划设计内容

1）道路与铺装场地设计

植物园的道路系统与一般公园的道路系统类似，主要起到联系园中各区、组织游人、导游等作用。然而，由于动物园的性质、任务与一般公园不同，其道路系统有着不同的要求。上海动物园面积较大，主要出入口都设在城市人流的主要方向，园内道路设有主要导游路（主要园路）、次要导游路（次要道路）、便道（小径）、专用道路（供园务管理之用）4 种。主要道路或者专用道路要能通行消防车及便于运送动物、饲料和尸体等。上海动物园借助地形、水体、少量的建筑物来加强分区效果，道路设计与地形巧妙结合，根据不同的地势营造出曲度舒展或顿置婉转的园路。在设计园路走势的同时，兼顾全园景观序列的分布和游览的形式，从而达到因势利导、构园得体的意境。

上海动物园共开设西门、南一门、南二门三个入口，南门连接贯通全园的中轴线，东西两门连接园中主环路，沿动物园的主干道可了解到全园概况，沿次路可深入各区，主次路之间又有有机联系。园中利用园林景物引导游人进行参观。动物园中不同形式的建筑物或构筑物往往是明显的标志，在园路规划中利用这些景物，以便捷的道路联系，或适当开辟透视线，形成视线焦点，引导游人识别方向、位置。园中道路铺装别具特色，在公共广场或主道路采用方砖铺地，通向各园区道路采用不同种类的纹饰铺装图案以示区别（图 8-126），道路地势变化路段，采用铺设木栈道的形式（图 8-127），展示各园特色，这种做法不仅在艺术上和文化上饶有风趣，也起到路标的作用。

2）竖向与水系（水景）设计

上海动物园天鹅湖是不得不说的一处水景。建于 1954 年的天鹅湖面积近 3.3 hm^2，是由几个天然水塘开挖连成的，一座三孔桥南北横跨，因首先饲养天鹅而得名。湖东一座琉璃绿瓦的四角亭，与西面鸳鸯榭遥遥相对，临水倚栏，观赏水禽、飞鸟，尤其每天鹈鹕在上空盘旋，令人迷离神往。

湖中五个小岛均栽植黑松、柳树、桑树、水杉、池杉等供游禽栖息、产卵，湖的四周荻草、花芦、倭竹、紫穗槐、麻叶绣球、紫薇等植物繁密昌盛。站在三孔桥上眺望远处，水杉、香樟、雪松、柳树形成了优美树线，幽邃深远、野味无穷。冬夏春秋景色多变，耐人寻味。天鹅湖开阔、水清，千鸟栖息，静中有动，动中有静，声、色、影、光融为一体，使人流连忘返（图 8-128）。属于迁徙鸟类的夜鹭，如今已在此定居多年并繁殖后代。天鹅湖东南面为鸳鸯生态展区，数十对鸳鸯在此形影不离，双宿双飞。

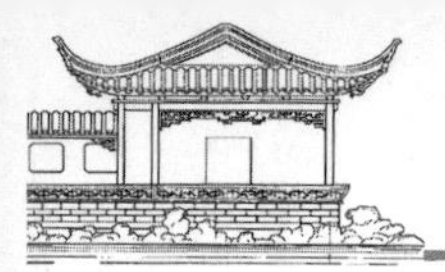

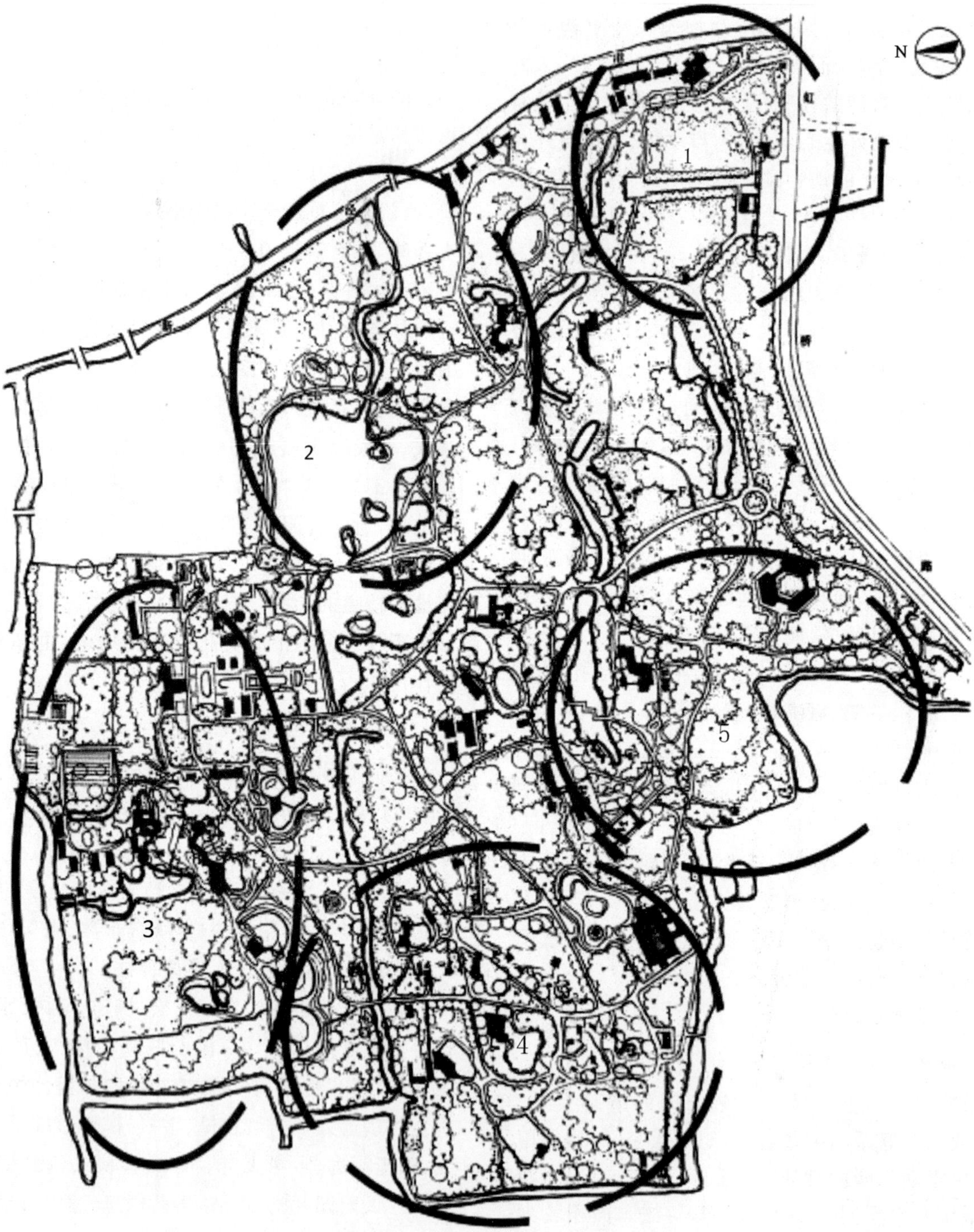

图 8-125　上海动物园功能分区图

1. 两栖爬行动物区　2. 鸟类动物区　3. 食肉动物区　4. 食草动物区　5. 灵长类动物区

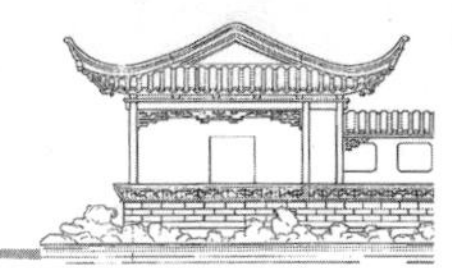

图 8-126 道路铺装纹饰

图 8-127 木栈道铺装

图 8-128 天鹅湖

3)植物景观规划设计

作为一个优秀的大型动物园,动物是当仁不让的主角,但上海动物园的配角——植物,从建园之初就尽心尽职地守护着整个园子,且随着时间的推移,变得更加英姿勃发。上海动物园在植物景观规划上遵循以下的设计原则:

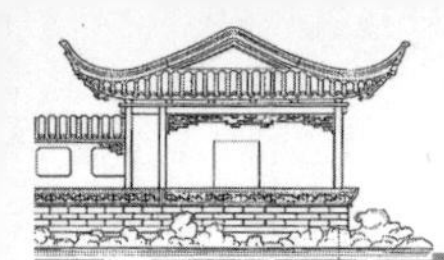

（1）选择乡土、蜜源、鸟嗜植物　现在乡土树种更是上海动物园的突出特点，如桑树、榆树、女贞等，是上海动物园最亲切不过的绿色基底。女贞四季常青、鲜绿，叶片热量高、营养好，可以让动物"打牙祭"。火棘、构树、桑树、石榴等是不错的鸟嗜植物，可以吸引鸟类。花境花坛是公园景观提升、公园园艺的重要组成部分。为逐年提高动物园花坛、花境的布置养护管理水平，体现动物园特色，营建"动""静"结合的和谐、自然景观，在花坛花境布置中，巧妙选用一些花朵艳丽、野趣的蜜源诱蝶花卉，如醉鱼草、蓝花鼠尾草、柳叶马鞭草、松果菊、五色梅、醉蝶花等，构成高低错落、层次丰富、璀璨缤纷的花境花带，在微风中花枝摇荡、芬芳扑鼻、彩蝶飞舞，为游园增添了情趣。

（2）追求多样式、多层次、多季相的景观　为突出动物园的园艺个性化创造，融动物生态于公园的大绿化中：动物展出区域结合动物生态；主要道路两旁根据不同的景观需要，引进新优适生植物，体现植物多样性、生物多样性，使植物群落有层次、有季相、有景观。动物园结合公园改建，新建了一些花境景观区，另外在公园河道两岸种植一些姿态优美、色彩丰富的岸边植物（图 8-129），如黄馨、紫藤、红花檵木、黄菖蒲等，以丰富整个景观层次增添景观效果。多年来，因地制宜地在林缘选用多年生花卉（图 8-130），陆续开辟了各种类型的花境，使植物群落层次丰富、季相分明，既精细又野而不乱，生态自然，极大地丰富了公园的景观面貌。花境形式缤纷多彩，有结合水体布置造景的绿野馆亲水平台花境；有以草本花卉为主突出花卉艳丽色彩的门口大道花境；有以木本花卉为主突出花卉群体效果和季相变化的两栖爬行馆前绿地，航天飞机木本花境等；有以荫生植物为主配置的主干道棕榈、水杉林下花境；有采用乔灌草等多层次配置的混合花境等。

图 8-129　植物景观多样性

图 8-130　立体花坛

（3）回归野趣，追求自然式造景　采取多个品种混种的自然化配置手法，并有意识地选择一些蜜源型花卉，以招引昆虫、蝴蝶采蜜，构成自然的野生景观。而花朵淡雅的芳香、各异的形态都会给人带来嗅觉和视觉上的享受和乐趣。各种花卉高低错落尤如跳动的音符，竞相开放的各式花朵不仅吸引了辛勤的蜜蜂和翩翩起舞的蝴蝶，更引来了爱好摄影的游客。由多年生花卉所组成的花境绿地景观丰富多彩，生态自然，体现"返璞归真"的意境（图 8-131），会给人带来不同的感受，满足各种不同的观赏需要，满足人们多角度观赏的需要，创造步移景异的视觉效果，形成趋向自然的植物群落景观。

图 8-131　自然式的植物造景

植物充当动物饲料。动物园中的动物，除了每顿的正餐以外，也要经常性地改善伙食，吃点“零食”。所以植物的选择除了景观功能，实用功能也是动物园必须考虑的特殊功能，如猩猩爱吃芭蕉，还有一些灵长类爱吃柳树叶、女贞叶等。上海动物园内一些特定区域内看似普通的植物，其树叶都要供给食草类和杂食类动物。

上海动物园具有特色的植物景观有月季园和大草坪。月季园位于长颈鹿展区，虽面积不大，但小巧玲珑，花坛中央是一个花瓣形的杯状大理石涌泉，中心的三个球状体表示花心。每年的 5 月与 10 月是月季盛开的主要季节，此时，展区的大花月季、丰花月季、藤本月季同时竞相开放，黄色系、红色系的各种不同花色、不同花形的美丽月季，花香四溢、艳丽缤纷(图 8-132)。

大草坪绿草如茵、大树参天(图 8-133)。由于面积达万余平米，因此草坪上视野开阔辽远；由于树木年代久远，因此林荫下通透清亮。每年夏季，这里浓荫重翠，天高云淡，时不时有鹈鹕展翅翱翔、大雁盘旋，飞鸟掠过的美妙观感令人回味无穷。若遇冬季下雪，雪后白雪皑皑，银装素裹，雪中王国的别样景致令人赞叹不已(图 8-134)。

图 8-132　月季园

图 8-133　大草坪及树群景观

图 8-134　上海动物园大草坪雪景

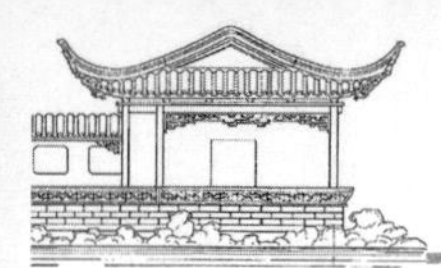

4)建筑与小品设施规划设计

(1)科学教育馆　位于大门西侧。原为砖木结构的百花厅,1992 年 9 月改为钢筋混凝土结构的三层环形建筑,面积 2 200 m^2。该馆由上海市民用设计院设计,上海市园林工程公司施工。马赛克墙面为白绿两色相间,南面墙上有一幅绿色大树图案,以示保护生态的主题。正面墙上嵌有谈家桢题写的"科学教育馆"五个金色大字(图 8-135)。自然保护展览一室以模型展示地面植被被破坏后造成的水土流失,农田、草地沙漠化,洪水、干旱、风沙肆虐的情景。自然保护展览二室以图片及文字表现人与自然的关系、动物灭绝的原因和灭绝速度等内容。馆外沿墙基设带状花坛,上植红枫、垂丝海棠、黄杨等。馆南为大片草坪,周边种植高大的悬铃木、广玉兰、乌桕、枸骨,树荫下设石桌石凳。右侧草坪上有一座置于不锈钢架上的太阳能大钟。

图 8-135　科学教育馆

(2)九曲长廊　位于科教馆以西,原为 1954 年建的竹结构五曲长廊,1972 年改建成钢筋混凝土结构的九曲长廊。廊平顶,北面廊墙置漏窗,南面为廊柱,总长 70 m 以上,建筑面积 320 m^2。廊前保留原高尔夫球场一块略有起伏的草坪,1966 年于草坪上建混凝土"草原英雄小姐妹"雕塑一座,底座高 1.1 m,像高 3.5 m,占地 20 m^2 以上。草坪间栽有高大成荫的雪松、龙柏、悬铃木、香樟、枸骨等大树和花灌木,大树下设石桌、石凳或木椅。廊后错落有致地散点山石,小溪蜿蜒其间,旁植腊梅、桂花、石榴、南天竹、紫薇、郁李、黄金条等花灌木。

(3)两栖动物爬行馆　室内面积 3 180 m^2,部分为二层建筑,室外面积 200 m^2,于 1994 年建成开放。本馆主要由序言厅、水族馆(图 8-136)、两栖动物厅(图 8-137)、蜥蜴厅、无毒蛇厅、毒蛇厅和生态厅七部分组成。水族厅展出海洋珊瑚鱼类、热带观赏鱼类和淡水经济鱼类,包括中国特产的保护鱼类中华鲟、胭脂鱼,以及蠵龟、玳瑁、海龟等大型海产爬行动物。

图 8-136　水族馆

图 8-137　两栖厅

两栖厅有中国特产的大鲵(又称娃娃鱼)(图 8-138)、树蛙,以及古时用于检测妇女怀孕与否的滑爪蟾等。蜥蜴厅内有 6 m 巨蟒、"五爪金龙"——巨蜥、陆龟等珍稀濒危野生动物。蛇类厅有网纹蟒、黄金蟒(图 8-139)以及各种有毒和无毒蛇。

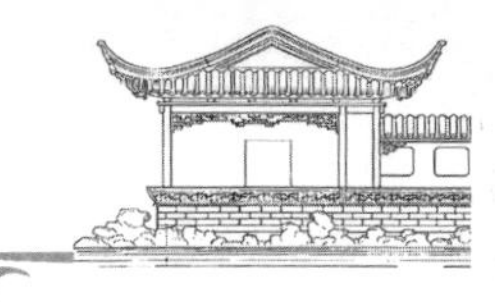

图 8-138　大鲵

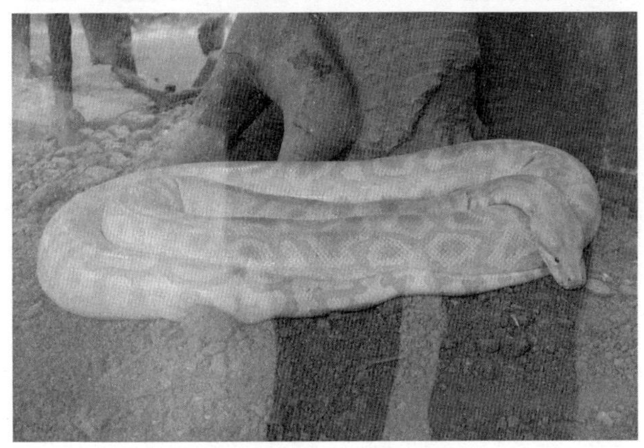
图 8-139　黄金蟒

(4)生态厅　模拟亚热带动物生态环境，种植了几十种热带植物。游客可以俯视饲养在其中的中国特产扬子鳄、长 3 m 多的湾鳄、超过 10 kg 的马来西亚巨龟和中国目前最大的、体重达 140 kg 的鼋。

(5)金鱼廊　始建于 1972 年，前半部为回形廊，廊东面紧靠水池并接一水榭，中间天井有一大型水石盆景，西面是弧形廊，向北凸出有三个展馆，馆间有假山、修竹，山石瀑布相隔，具一馆一景的情趣，弧形廊的南面为一喷水池，末端接一圆形廊，廊中间为一圆形展箱。该廊的形式、色彩、层高的变化使之活泼而和谐，建成之后曾获得特色建筑奖励。为了配合园容整改，上海动物园于 2003 年 3 月对金鱼廊进行了大规模的改造。游客在参观新金鱼廊展区时，首先由 4 只新颖别致的卡通鱼缸迎客，随后一幅大型砂岩浮雕展现眼前(图 8-140)。踏上建筑台阶时，游客会不经意间发现脚下有波光流转，原来这是一组地埋鱼缸，朵朵鲜活的动物之花在脚下游动。廊内有长达 4 m 的巨幕墙缸、形态各异的转角缸、凹凸缸和柱形缸，而假山瀑布与扇形鱼池通过由鱼眼石饰面的小溪相连。小溪流水潺潺、锦鳞悠悠，游客可止步俯身与小鱼同乐。游客可欣赏由一个直径 3 m 的特大鱼缸和 9 个小圆柱缸组成的一组大型室外鱼缸群。

图 8-140　金鱼廊

(6)涉禽生态园　毗邻天鹅湖，占地 3 400 m^2，打破了鸟类一贯笼养的格局，全部敞开式，以微缩景观的方式体现动物的生态环境，环境配置反映生态系统的多样性，追求动物与环境的和谐，人、动物与自然的和谐。

涉禽生态园主要展出各种鹤以及黑鹳等涉禽。几只戴冕鹤平时总是形影不离；丹顶鹤一向清高自傲，昂首漫步于山坡、草地之间，体态优美；夜鹭、小白鹭，个小体单，高居枝头。此外还常有喜鹊、灰喜鹊等野生鸟类驻足。涉禽生态园外围有一个宽约 3 m、水深近 1 m、内低外高的自然隔离带，人工堆砌成的高差 4 m 的山坡，沿坡建成了一条长 20 m、使用循环水的溪流。通过各种植物高低错落、疏密有致的搭配，使整个展区与周围环境有机地融为一体，呈现湖岸沼泽的景观效果，溪流蜿蜒、溪水叮咚，一年四季唱着和谐悦耳的歌曲，温柔而欢快地流着，使动物仿佛置身于大自然之中。小溪潺潺流淌的声音，使静静的生态园产生了一丝动感，更增添一缕生机。

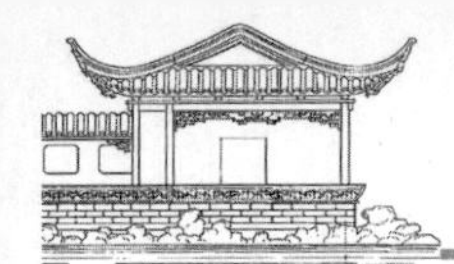

(7)鹦鹉展区　位于大转盘下,用木制的围栏圈起来,面积大约有 100 m^2。设计建造时,利用了周围的自然环境,特别是高大、挺拔的大树,可以为鸟类遮荫,充分体现了人、动物、自然三者的有机结合。由于坐落在主干道旁,游客从旁边经过时,就会被这些鸟类吸引过来。

整个展区置于自然环境之中,配以南美特色的遮荫架和树枝搭建的栖架,各种颜色各异的鹦鹉伫立树枝上,如绯胸鹦鹉、凤头鹦鹉、红绿金刚鹦鹉等。通过低矮的木栏杆将展区内外象征性地分隔,形成人一动物一自然和谐的微缩景观。

(8)火烈鸟生态展区　于 2002 年建成的,坐落于天鹅湖的东边,面积有 200 m^2 以上。这个展区完全采用了流行的视觉无障碍设计理念,游客可以近距离地观看可爱的火烈鸟。火烈鸟展区内种植了高大树木和草本植被,茂密的枝叶为鸟遮挡夏日酷热的阳光。展区中有一大水池,平如镜面的水面倒映着火烈鸟的身影,十分美丽。火烈鸟可在其间觅食、漫步,最有趣味的是它们采用"金鸡独立"式休息时的群体景观(图 8-141)。

图 8-141　火烈鸟

(9)进入式鸟园　建成于 1998 年,位于企鹅池的北面,总建筑面积有 500 m^2。整个展区分为东西两个独立的部分,分别饲养不同类别鸟类。展区的设计完全采用生态化方法和理念,体现了动物与环境和谐相处的氛围。在进入式鸟园高达 10 m 的网笼中,数十种鸟类自由地生活着,如各种噪鹛、八哥、灰椋鸟等鸣鸟,以及白鹭、牛背鹭、美洲红鹮、原鸡等。鸟园种植丰富的植物,造就移步换景的景观(图 8-142)。脚边溪流中潺潺的流水,身边鹭鹳或岸然伫立,或引吭高歌,树丛中小鸟欢呼雀跃。

图 8-142　进入式鸟园植物景观

(10)孔雀苑　建成于 2001 年,位于天鹅湖的东侧,是一个完全开放式的展区,面积有 900 m^2。苑内种植了高大的树木,并且铺上了草坪,为整个环境创造出了和谐、自然的生态氛围。在具有亚热带风光、完全开放式的孔雀苑内,蓝孔雀和白孔雀每天早晨步出小木屋,沐浴在阳光下,漫步于竹林中,与游客共度美好时光。游客可以进入其内,近距离观赏鸟类,也可亲手饲喂这些鸟类。每到春季,雄孔雀不时展开它们美丽的尾屏,让小朋友们大饱眼福。

(11)猛兽区　2001 年元旦前建成开放的无视线障碍的狮虎豹生态展区。猛兽生态园面积 700 m^2,在拆除部分旧豹舍的基础上改建而成,因地制宜,充分利用原有条件,从人、动物、自然的生态关系出发,依据展出动物的种类和生活习性,将整个园子依次分隔成三个不同的小生态园,分别饲养和展出孟加拉虎、美洲虎和豹。

设计者在生态园内堆土造地形,选择一些胸径 0.4～0.5 m 的香樟、悬铃木等大树衬托环境。针对不同动物的习性,配置小乔木和花灌木,并自然组群种植,在草地上布置枯树段,以满足猛兽的捕食、磨爪的要求,也可避免猛兽对大树的损坏。另外还大量运用藤本植物如爬山虎、西番莲、南蛇藤、鸡血藤、紫藤等绿化。生态园外围的参观面安装了大面积的钢化玻璃,游客参观时基本没有视觉障碍,提高了观赏效果，有一种可与动物亲近的感觉。

狮虎山分为东山、中山和西山三个各自独立的部分，展出东北虎、非洲狮和华南虎。狮虎山的室外活动场是敞顶的，面积 300 m^2 左右，与游人用水沟隔离(图 8-143)。游人通过垂直的混凝土墙从远处观察动物。其中一处用瓷砖烧制壁画做背景，壁画长达 60 m，高约 6 m，上绘草原、疏林、流水、野生动物等，使游客仿佛置身于原野之中。游客可在狮虎山欣赏猛虎矫健的身影，聆听虎啸之声。

图 8-143　狮虎山

(12)大熊猫馆　为一扇形建筑，即参观廊，中间为室内展厅，南面为室外活动场。参观廊宽 4 m，室内展厅面积 120 m^2，用玻璃分隔两部分。室内活动场采用仿木框架与双层防弹玻璃相接，玻璃上部外倾 5°，减少了反光，拉近了人与动物间距离。游客可以透过玻璃细心观察大熊猫的一举一动。大熊猫半圆形的室外活动场面积 600 m^2，用围墙隔离，场内有树木、草地、山石、水池，游人可侧坐围墙顶端观看熊猫活动。大熊猫户外运动场做了栖架，满足了大熊猫爬树的爱好(图 8-144)。小熊猫展区也包括内外两个部分。小熊猫馆为圆形建筑总面积 82 m^2，其中参观厅 50 m^2，室内展厅 32 m^2，内设卧床，便于小熊猫进行"隐秘"活动。南面室外活动场为 270 m^2，内种植树木、草地，小熊猫可终日呆在几棵高树上晒太阳或休息，或者笑迎远道而来的游客。

(13)巴西狼展区　是一座模拟自然生态配置的动物展示场。整个笼舍占地 3 150 m^2，建筑面积 95 m^2。游人可站在 1 m 多高的仿造大石块护栏

图 8-144　大熊猫攀爬架

前，俯瞰动物在地势起伏、长满灌木草丛的室外运动场中活动，一种贴近自然可与动物互相交流的感觉油然而生。在室内展示厅，巴西狼的行为通过大玻璃窗近收眼底(图 8-145)。这一展区也是一座南美巴西随哈图地区乔灌木、草丛地带的居民小屋在上海的再现。奶黄色的外壁镶嵌着乳白色的框边，上面点缀着垂直条状的水晶玻璃石；窗前火红的鸡冠花与门厅前色彩艳丽、波浪造型的花坛相呼应，充满着休闲别墅的情调。30°～45°大斜面的屋檐上铺置着带树皮的圆木，映托着种满常绿灌木和攀缘植物的屋顶，透出了原始古朴的气息。

图 8-145　巴西狼

(14)象宫　上海动物园饲养有国内动物园少有的三代同堂的亚洲象家族。象展区包括象宫和象室外活动场两部分。象宫建成于 1955 年，是上海动物园第一幢永久性的动物馆舍，总建筑面积 1 550 m^2，

主要包括 500 m^2 室内活动场、620 m^2 参观厅和 100 余 m^2 的 4 个门厅。室内活动场的东、西、南三面都是宽 9 m 的参观厅(图 8-146),参观厅进出口的门厅东、西各有一个,南面分左右两个,南面二门厅间外有紫藤棚架相连。整个建筑的门窗都用杉木拼雕成具有民族风格的图形装饰。

图 8-146　象宫

(15)长颈鹿馆　始建于 1965 年,至今总建筑面积 712 m^2,分为东西两个独立的笼舍。每个笼舍都有单独的小间,以备有小崽出生时用。由于长颈鹿身高腿长,为了满足它们基本活动的需要,室外活动场面积达 2 180 m^2,场内种植草地和大树。由于围栏网高度 1.20 m,游人参观时视线不受阻挡,可直接观察长颈鹿的一举一动(图 8-147)。

图 8-147　长颈鹿馆

(16)蝴蝶馆　于 1999 年 4 月建成,为大陆动物园中首座开放式活体蝴蝶馆。总建筑面积约 600 m^2,以通道与两栖爬行动物馆生态厅连接。包括放飞厅和饲养室,其中放飞厅近 300 m^2,屋面与南北墙上半部采用真空玻璃结构,厅内为立体绿化,种植热带植物,并与假山、瀑布、溪流、小桥巧妙组合,地面主要种植蜜源植物,满足放飞蝴蝶的取食需要(图 8-148)。除了放飞蝴蝶,该馆还展出智利毒蛛、巨型蟑螂、竹节虫、巨型锹甲等活体昆虫。

图 8-148　蝴蝶馆

(17)节尾狐猴园　位于猴山北面,通过仿真塑山与猴山相连。园内种植草皮和各种灌木,供节尾狐猴嬉戏。游客既可以站在节尾狐猴园一条空中廊道俯视观赏动物打闹,也可在动物园主干道边通过约 1 m 高的钢化玻璃无障碍地平视参观狐猴的活动(图 8-149)。

(18)松鼠猴生态园　是一座观赏视觉无障碍的生态化展区,于 2000 年国庆节落成。该园总面积 1 000 m^2,其中室外活动场 700 m^2。园内用落叶乔木合欢为骨架树种,符合松鼠猴生活在热带原始森林的习性。在背景树种上选择了珊瑚和女贞这两种常绿树种,以及刺梨、火棘等植物为松鼠猴提供可食用的果实。在整个松鼠猴生态园的设计中,始终遵循"生态"二字,把人、动物、自然三者有机地结合,创造一种人和动物在自然中和谐共处的生态环境(图 8-150)。

(19)黑猩猩馆　建于 1977 年,总建筑面积 850 m^2,共有 6 个室内展厅组合成二幢相连的建

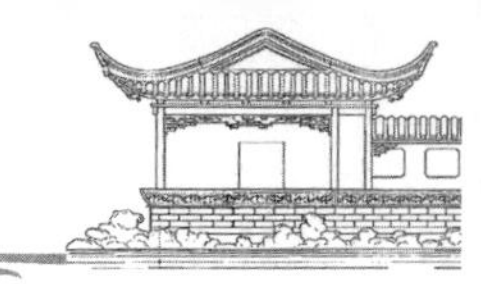

图 8-149　节尾狐猴园

图 8-150　松鼠猴生态园

筑，主要饲养猩猩、黑猩猩、长臂猿等类人猿。

每个室内展厅有 43 m^2，南向与东向都有长窗采光，通风良好，室内展厅局部为三层。室内展厅有 4 间，合用两个敞开式室外活动场。室外活动场成圆形半岛式，三面环水，游人在抬高坪上观察动物的日常活动。每到天气晴朗的时候，黑猩猩便跑到室外活动场戏耍、打闹。黑猩猩是地球上除人类外智慧最高的动物，动物园为黑猩猩提供了一些玩具，在丰富它们的日常活动之余，也增添了游客的乐趣。1991 年又建造了大猩猩馆，建筑面积共 515 m^2，有两间室内展厅和两个室外活动场。

4. 规划设计特色

(1)生态与人本齐飞　对动物园来说，生态绝不是一个空喊的口号，而是体现在园中各处景观细节。上海动物园，格外珍惜得天独厚的景观优势，在多次的改建过程中也尽最大可能地保留原有的风貌。园内近百年的悬铃木、香樟树随处可见；而西北角的次生林，是动物园的“保留地”。但如今进入上海动物园，虽不能说是四季花香，但绿荫环抱、华盖亭亭的园林景观，干净整洁的道路，特别是近几年上海动物园逐年改造和新建视觉无障碍的生态化动物展区，无不使游客仿佛置身于大自然之中，尽赏野趣之美。

(2)动物福利的探索　动物福利这个概念到 20 世纪 80 年代初还不为人所知，但随着社会和人类文明的进步，动物福利问题日趋重要。上海动物园对动物福利的问题在不断地探索，使动物在康乐状态下生存，也就是通过系列措施，为动物提供相应的外部条件，以使动物健康快乐舒适地生活。主要包括 5 层含义，分别是：生理福利，即无饥渴之忧；环境福利，让动物有适当的居所；卫生福利，主要是减少动物的伤病；行为福利，应保证动物表达天性的自由；心理福利，即减少动物恐惧和焦虑的心情。

5. 有待改进或斟酌之处

随着社会的发展，多数公园绿地、游乐场所随处可见，市民的休闲方式多样化、社会对于动物园的要求也越来越高。特别是近几年，国内一些动物园由于迁址重建或展区改造，不论是基础设施硬件，还是科研、保护教育等软件方面都正在迎头赶上。上海动物园过去的一些优势项目已经越来越不明显。上海动物园，这个几代人心目中寄托快乐、希望和梦想的地方，究竟该如何发展，才能转型成为一个现代动物园。

(1)物种保护　在保持传统优势物种的基础上，使动物展示物种种类保持在 450 种左右，并确定优先发展物种。饲养管理模式由粗放型由技术型(规范型)转变；通过展区丰富化建设和动物行为训练工作，改善动物饲养环境，减少动物的应激反应，同时调整和改造繁殖场、小兽园、饲料配制中心等区域，全面提高动物福利水平；进一步完善动物疾病预警系统，完善科学检查手段，加强重点物种的疾病预防，医学检查和临床研究工作，提高动物疾病防治水平。

(2)科学研究　创建动物园“濒危野生动物保护研究中心”，以珍稀物种的繁殖生物学、小种群生物

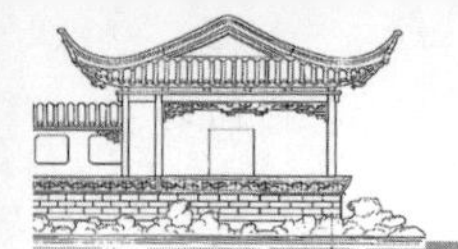

学、营养学、疾病防治等作为重点研究方向，初步形成以斑嘴鹈鹕、华南虎等2～3个核心竞争力的科研特色领域和物种种群。

(3)保护教育　建立"自然保护教育中心"，改造动物展区科普设施，使动物园真正成为公众尤其是中小学生接受自然保护教育的场所。

(4)文化休闲　按照4A景区要求，进一步更新园内服务设施，健全标识、导游、无障碍设施系统。如2012年推出的母婴室颇受游客好评。园方还被评为上海动物园"十大景观"。

(5)园容园貌　继续以"环境生态化"为指导，在保护原有景观的基础上，更加注重展现生物群落的演替景观、立足动物园多水系的优势，调活水体，营造水景，提升水环境质量。加大垃圾分类工作力度，进一步完善废弃物收集、运输处置体系。在动物展设计改造方面，不仅注重动物本身的展示，而且更加注重将动物的生存环境、动物的生存环境中的人文主义、保护教育形式多样性等因素融为一体，形成多层次、立体化的展示模式。

四、北京植物园

1.基本概况

北京植物园位于西山卧佛寺附近，1956年经国务院批准建立，面积400 hm^2，是以收集、展示和保存植物资源为主，集科学研究、科学普及、游览休憩、植物种质资源保护和新优植物开发功能为一体的综合植物园。北京植物园由植物展览区、科研区、名胜古迹区和自然保护区组成，园内收集展示各类植物10 000余种(含品种)150余万株(图8-151)。

北京植物园的建设汇集了多位设计人的成果，其中不乏设计大家、业界领袖，也有很多是年轻设计师的作品。所有的设计成果都离不开对场地的精心勘察和对空间尺度的悉心推敲，每一个设计作品都受到当时社会经济条件和文化发展的影响，体现了当时的设计特点。北京植物园是国家级AAAA旅游景区、中国林业科普基地、中国野生植物保护科普教育基地、中国青少年科技教育基地、中央国家机关思想教育基地、北京市科普教育基地、北京市首批精品公园。

北京地处西、北、东三面环山之中，因而经由西北吹来的冷空气，受高山阻挡，下沉时又受增温作用，故而北京的冬天比其他同纬度的地区要温暖，而夏季东南暖湿气流由于受海洋的调节作用，亦不太炎热。夏无酷暑、冬无严寒的优越气候条件，是北京地区倚山临海的特殊地理环境所赐予的，良好的自然环境为多种植物的健康生长提供了优良条件。

园内有名人梁启超、张绍增、王锡彤的墓园，孙传芳墓园和祠堂等人文景观，这种融古今为一体、汇中西为一园的得天独厚的优越条件，使植物园在为中外游客提供丰富参观游览内容的同时，也拥有了多方面的文化内涵。卧佛寺的历史可追溯到唐代贞观年间，樱桃沟的历史可追溯到金章宗时期。自元代后，西山地区形成了以卧佛寺为中心的寺庙群。樱桃沟内有五华寺、广泉寺、普济寺、隆教寺、广慧庵等众多寺院，加之这一带古木森森、泉水潺潺、奇特幽谧的自然环境，不仅得到了历代帝王的青睐，也为广大人民所喜爱。皇帝御驾时赐匾立碑，文人墨客踏青赏景吟诗作画，黎民百姓进香祈福不绝于履，成为京郊胜景。现寺中保存完好的清世宗雍正、清高宗乾隆皇帝的御碑，仍然记述着当年的盛况。解放后，卧佛寺、樱桃沟得到了很好的修缮和保护。1957年卧佛寺被列为北京市第一批文物保护单位，2002年又被列为国家级文物保护单位。1992年樱桃沟完成了景区改造，辟为植物园的自然保护实验区。

2.总体构思与布局

北京植物园的总体规划中，以满足基本功能为核心，分区中的游览区主要分为文物古迹游览区、植物展览区、樱桃沟自然保护区，除游览区以外，还有科研实验区以及办公管理区。植物展览区分为观赏植物区、树木园和温室区三部分。观赏植物区由专类园组成，主要有月季园、桃花园、牡丹园、芍药园、丁香园、海棠栒子园、木兰园、集秀园(竹园)、宿根花卉园和梅园。名胜古迹区由卧佛寺、樱桃沟、曹雪芹纪念馆、梁启超墓、隆教寺遗址等组成(图8-152)。

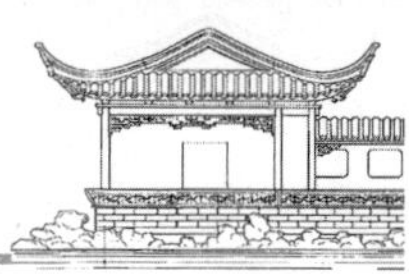

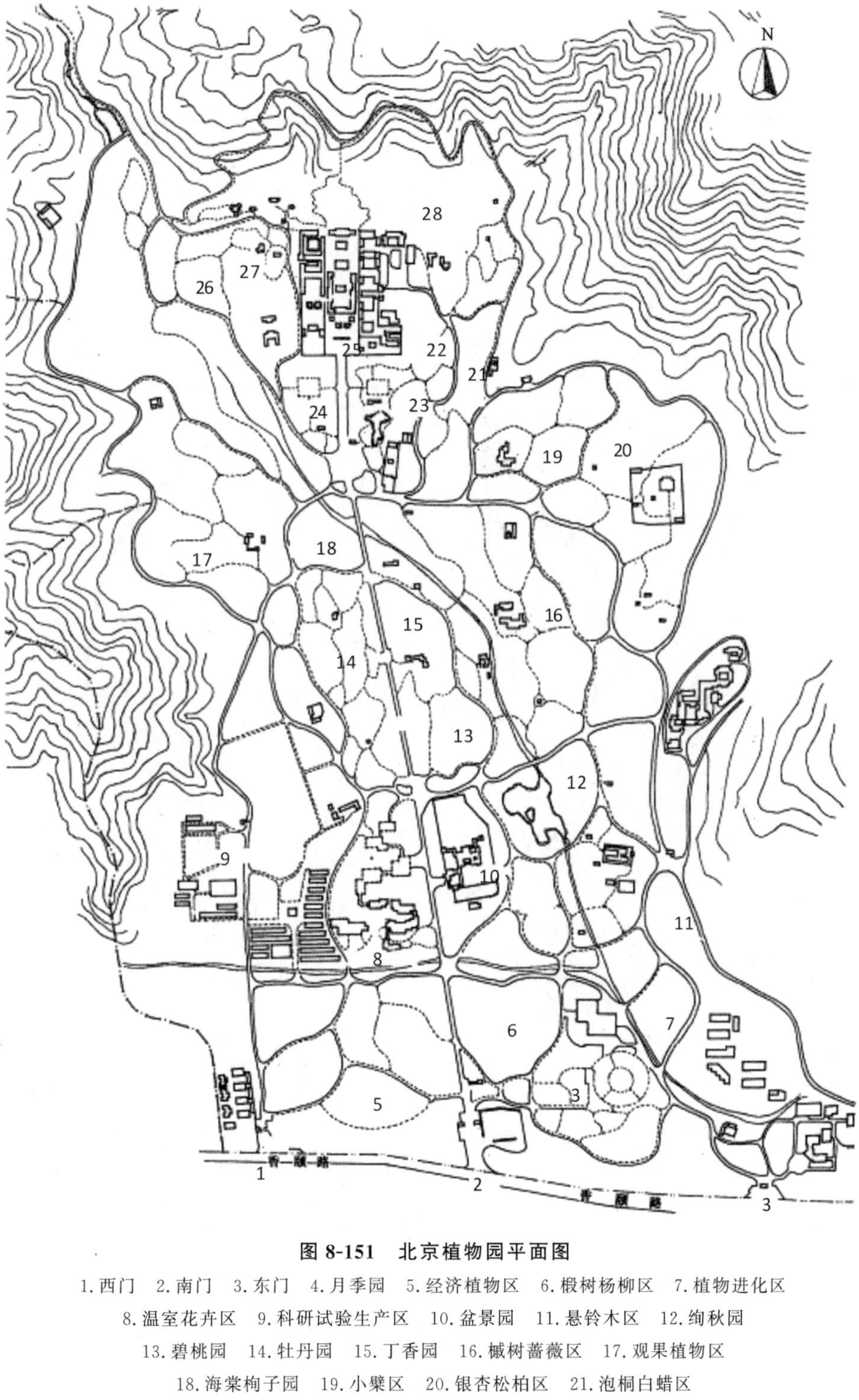

图 8-151 北京植物园平面图

1.西门 2.南门 3.东门 4.月季园 5.经济植物区 6.椴树杨柳区 7.植物进化区

8.温室花卉区 9.科研试验生产区 10.盆景园 11.悬铃木区 12.绚秋园

13.碧桃园 14.牡丹园 15.丁香园 16.槭树蔷薇区 17.观果植物区

18.海棠栒子园 19.小檗区 20.银杏松柏区 21.泡桐白蜡区

22.岩生植物园 23.宿根花卉园 24.木兰园 25.文物古迹

26.梅园 27.集秀园 28.麻栎区

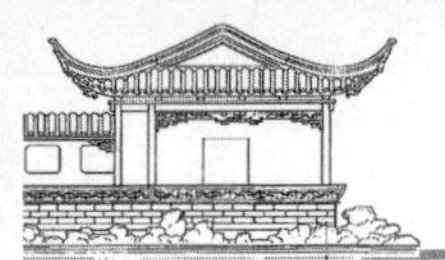

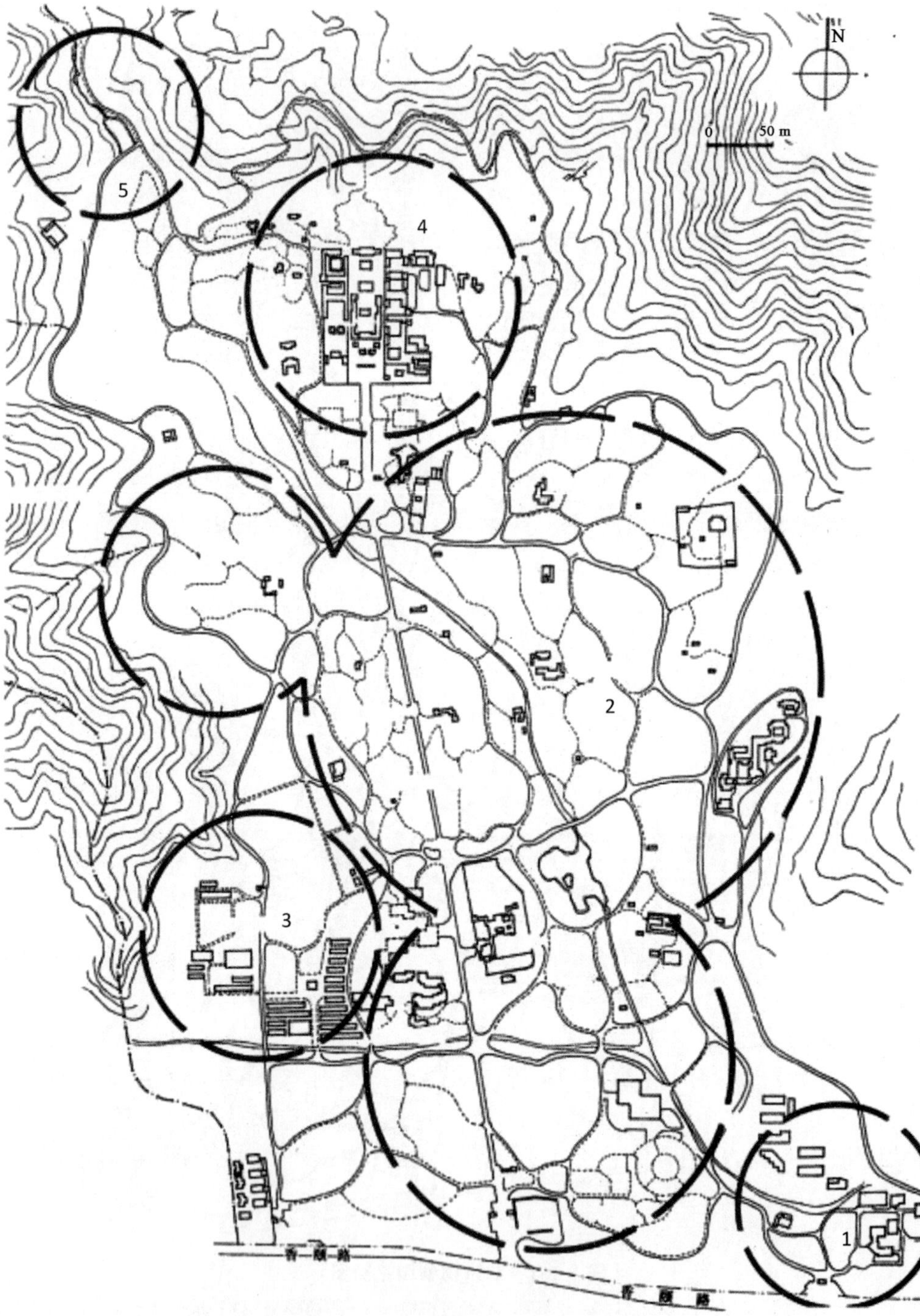

图 8-152　北京植物园功能分区图

1.管理办公区　2.植物展览区　3.科研实验区　4.文物古迹游览区　5.樱桃沟自然保护区

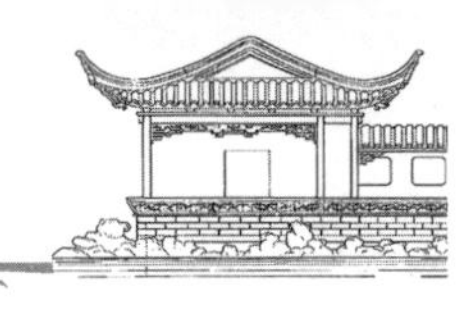

北京植物园以园路、地形、植物等作为划分空间的主要手段。在南部平原、丘陵地区，植物景观大部分采用疏林草地的形式，并时有空旷的大草坪供游人休憩和娱乐；另外，园区东南部又有三个大型、空旷的水面，因此，东部、南部的景观空间以疏朗型为主。而园区西北部为山谷地带，山地坡度较大，加之原有植被覆盖，自然山林长势繁茂，因而较之东部、南部的园林空间较为幽闭、安静。植物园整体的园林空间布局以明朗、开阔为主，在局部则常常借助于微地形或植物创造出一些较为封闭、私密的小空间。其空间布局有以下特点：

植物园东靠玉泉山，北倚寿安山，西面被香山环抱，优越的地理位置为植物的生长提供了适宜的小气候，山上丰富的野生植被为引种驯化工作提供了优质的种质资源，散落在西山的历史遗迹又丰富了植物园的文化内涵。地理环境和人文环境的双重优势促进了植物园的建设进程。如今的植物园物种丰富，植物生长旺盛，名胜古迹与植物完美融合，成为一处学习和游憩的胜地。其次，因地制宜，尽量在原有地形基础上设计建造专类园。如木兰园和宿根花卉园的北侧皆有较高的挡土墙，设计者巧妙利用这一地形特点形成的小环境进行植物景观设计，将两园打造成为专类园中独具风格的园中园。再次，局部的小范围地形与植物生态习性相结合。牡丹园的六角亭植物景观与牡丹坡植物景观皆将牡丹植于山坡上，既顺应了地形，又符合牡丹忌积水的生态习性。总之，无论是植物园的选址，还是专类园位置的选择，抑或是园中的植物景观设计，皆巧妙应用了周围的环境，正因如此，植物园才形成了如今自然天成的空间格局。西区地形丰富，山边的植被野生状态保护良好，设计中遵循原山势水脉，塑造水形。湖边的植被力求与山边植被相呼应，不破坏山野情趣。湖区东北侧为梅园，以梅为主体，松柏、山桃、迎春等作为陪衬展示春季景观。溪边水杉成林，与山桃、砂地柏及野生水湿生植物等搭配展现野趣。东区以碧波荡漾的三大湖面景观为主要特色，南湖岸边桃红柳绿、水生植物种类丰富，中湖水面开阔、秋色绚丽，北湖山水相依，植物色彩多变。整个植物园山环水绕，极富郊野韵味。

虽然北京植物园由植物展览区、名胜古迹区和樱桃沟自然保护区等组成，但是各区之间并不是独立存在、毫无关联的，而是相互融合、唇齿相依的。不仅大园区之间联系紧密，同一园区的专类园之间也是相互渗透的，园区之间或以植物相近的外观和生态习性，或以相似的设计风格，或以自然的过渡区景观紧密联系，形成了相辅相融、浑然一体的景观空间。

3. 专项规划设计内容

1）道路与铺装场地设计

植物园的道路系统与一般公园的道路系统类似，主要起到联系园中各区、组织游人、导游等作用。然而由于植物园的性质、任务与一般公园不同，其道路系统有着不同的要求。北京植物园面积较大，不同展区的差异又比较细微，尤其不是开花结果的季节更不显著，参观者往往不易找到目标，或经常走回头路，甚至迷失方向。因此，需要借助地形、水体、少量的建筑物来加强分区效果，同时植物园道路系统的导游作用也比一般公园更加重要。北京植物园道路设计与地形巧妙结合，根据不同的地势营造出曲度舒展或顿置婉转的园路。在设计园路走势的同时，兼顾全园景观序列的分布和游览的形式，从而达到“因势利导，构园得体”的意境。

北京植物园共开设东门、西门、南门三个入口，南门连接贯通全园的中轴线，东西两门连接园中主环路，沿植物园的主干道可了解到全园概况，沿次路可深入各区，主次路之间又有有机联系。园中利用园林景物引导游人进行参观，植物园中不同形式的建筑物或构筑物往往是明显的标志。在园路规划中利用这些景物，以便捷的道路联系，或适当开辟透视线，形成视线焦点，引导游人识别方向、位置。园中道路铺装别具特色，各园区道路广场采用各种纹饰的铺装图案显出各区展览的内容，展示各园特色，这种做法不仅在艺术上和文化上饶有风趣，也起到路标的作用。例如，竹园部分道路铺装采用黑白卵石铺地，与竹林清雅韵味相合，为游人打造质朴、天然的雅趣（图 8-153）。樱桃沟景区路段根据地势特点，山路段采用铺设木栈道的形式，结合喷雾系统形成云雾缭绕情景，打造绿野仙踪之境（图 8-154）。

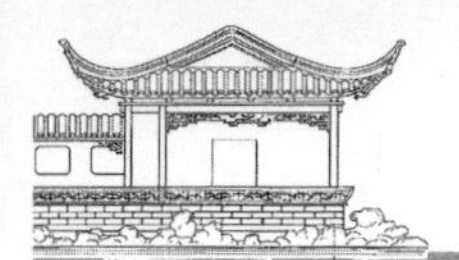

图 8-153 竹园道路铺装

图 8-154 樱桃沟木栈道

2)竖向与水系(水景)设计

北京植物园三面环山,山体连绵起伏,山上野生植物生长茂盛,郁郁葱葱,成为植物园天然的背景和屏障。由于地处山区地带,地形地貌复杂多样,存在平原、山地、沟谷、山丘、坡地等多种地形地貌。植物园在规划设计时充分考虑地形起伏特点,结合山脉走势,根据展园各自特点因地制宜,在竖向设计上创造适宜植物生长且具有观赏性的展园。植物园水系北起樱桃沟水源头,南至植物园东南门,分东西两区四个湖面。2002 年建成的植物园湖区景观,水域面积约 10 hm^2,蓄水达 10 多万 m^3。湖区利用地形落差巧妙地运用了叠坝、溪流及浅潭等自然方式使三湖连为一体,使湖面蜿蜒自然,移步换景。2003 年北京植物园为了恢复樱桃沟自然风景区原始风貌,又进行了北京植物园水系二期工程,使得青山绿树间八湖争秀,流水淙淙。尤其是断流多年的京西名胜樱桃沟,又重现了流水潺潺、百鸟争鸣的景象,形成了湖、潭、池、瀑、叠水、溪流等动静结合、大小不一、空间富有丰富变化的水景。

北京植物园水系分为东部区和西部区。东区水系开阔、大气;西区水系蜿蜒而富有野趣。园中水景按形态可分为静水、流水和泉。静水可营造平静、朴实的水景气氛、可以映衬周边的景物,使水天一色,给人丰富的想象空间。北京植物园中自然湖面,主要指东区水系的三个人工湖,以宽阔的水而形成开敞、扩散的水景空间(图 8-155)。水池,指木兰园、碧桃园、盆景园等专类园中的小面积水景。在小空间环境中,水池无论是自然式还是规则式,常成为庭院的主体,并与建筑和周边环境和谐共存,起到小中见大的作用。另外,水池的驳岸形式规定了水的形状,变化空间的格局(图 8-156)。

图 8-155 湖区静水景观

图 8-156 水池景观

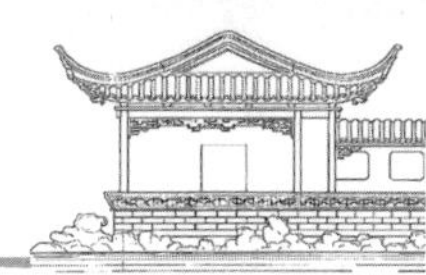

流水多利用自然地势的高低变化，形成“虽由人作，宛自天开”的动感水景。北京植物园中的流水形态主要包括泉、溪、渠和跌水。

园中樱桃沟的历史可追溯到金章宗年间，沟内气候冬暖夏凉，空气湿润，泉水淙淙，动植物物种较为丰富，野趣横生。历史上樱桃沟的泉水极盛，随着北京市用水量大增、地下水位急剧下降，樱桃沟的泉水也逐渐减少甚至干涸。水源干涸造成了樱桃沟内一些物种的灭绝，在 2002 年植物园建设了水系工程，在一定程度上恢复了樱桃沟的流水和植被。现在，樱桃沟以北的用地将作为北京乡土植物保护与展览等功能使用，继续保持其自然、野趣的环境特色，山桃夹道、水杉蔚然成林。流水恢复后，自然生长了一些耐水湿的草本植物，也展示了一些新的引种植物。

北京植物园 2014 年新修建水杉林喷雾景观项目，采用现代造雾技术构建喷雾系统，将樱桃沟的自然风光提升到更高的一个层次。每当造雾系统开启，山谷中雾气缭绕。人在雾中游不但空气清洁，更有如梦如仙的感觉，受到广大游客的一致好评。漫步在栈道之上，穿行于水杉林间，身边不时飘起阵阵薄雾，让人仿佛走入了人间仙境(图 8-157)。

图 8-157　樱桃沟人造喷雾景观

溪顺应地形高差，形状曲折、宽窄、高低变化，颇有深远的效果，尤其是溪流的水声给人清新、欢快的感觉。樱桃沟水杉林处溪流景观延续原有沟谷形态，重新砌筑驳岸、池底，防止水下渗，使循环水被充分利用。渠是指沿水的流向利用石槽引导、输送，从而形成的条带形景观。北京植物园水景改造中保护利用残存的清代输水石槽，恢复部分河墙烟柳景观。园中东西部水系的湖面和水潭之间，多利用跌水的形式完善水而间的高差过渡，使整体水景静中带动，富有变化(图 8-158)。园中喷泉指人工模仿自然喷水形态而建造的动态水景。北京植物园月季园的旱地喷泉为展园增添了活力，许多游人喜欢在此嬉戏、玩耍，体验触摸水的感觉，倾听水的声音，观赏随音乐变化的水的形态。

图 8-158　湖区跌水景观

3)植物景观规划设计

北京植物园以植物材料作为营造园林景观的主要元素。植物造景的手法，主要体现在植物造景的艺术性。植物造景运用多种造景手法，通过不同植物材料的色彩、体量、质感、姿态的合理搭配，使得植物与植物，以及植物与其他园林要素之间形成了对立而统一的美感。北京植物园中植物展览区(约 94 hm^2)分为观赏植物区(面积 42.47 hm^2)、树木园(面积 44.9 hm^2)和温室区(面积 6 hm^2)三部分。

植物展览区是园中植物种类最为多样、景观形式最为丰富的区域，以人造植物景观为主。在面积上，其所占的比重最大，植物种类和数量也最多。在植物布置手法上，该区以园区中轴路为主线，以水系为参照，按专类园将各类植物分别安排在中轴路两侧及水系沿线。沿主路西侧，由南往北依次为温室展览区、牡丹芍药园、海棠栒子园、梅园、竹园；中部依次为月季园、锻树杨柳区、盆景园、碧桃园、丁香

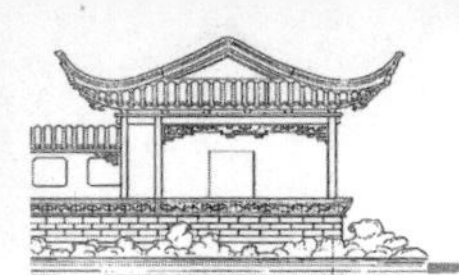

园、木兰园和宿根花卉园；在东部，由南向北依次为紫薇园、草药园、槭树蔷薇区、银杏松柏区、泡桐白蜡区、木兰小檗区和悬铃木麻栎区等。作为全园造景的核心，植物展览区的植物景观对全园的园林景观风貌有着决定性意义。

宿根花卉园的中心放置一组硅化木盆景，使这种规则的布局带有中国传统园林的特征。两侧的植物配置逐渐向自然过渡，虽然使用材料不多，但是植物配置的形态和色彩搭配很好，富于画意。宿根花卉园收集了百余种宿根花卉，背景植物使用了竹林、红枫、柿树、银杏，配植了美国香柏、杂种鹅掌楸、木瓜海棠、木姜子、腊梅、平枝栒子，此外还有北京地区生长的唯一的一株杉木以及十余株日本柳杉（图 8-159）。

图 8-159　宿根花卉园

木兰园位于卧佛寺前，因此采用了规则式总体布局，园路十字对称。其中木兰园中心是一长方形水池，水池四个角隅草坪上各植一株青杆，收集了木兰 14 种，其中珍贵品种有黄山木兰、望春玉兰、二乔玉兰、宝华玉兰、凸头玉兰、长春玉兰、紫玉兰等（图 8-160）。

海棠栒子园位于卧佛寺前中轴路西侧，牡丹园北侧，面积 2.2 hm^2。1992 年开始建设，主要展示海棠的品种和栒子属的植物。收集了美国品种海棠 13 种、中国海棠有武乡海棠、湖北海棠、垂丝海棠等 9 种，栒子则收集了匍匐栒子、平枝栒子、多花栒子、灰栒子等 5 种。海棠栒子园在造园中顺应地势自然流畅地形成了乞荫亭、花溪路、落霞坡、缀红坪等四个观赏景区，在花期时色彩斑斓，灿若云霞（图 8-161）。

图 8-160　木兰园

图 8-161　海棠栒子园

丁香园与碧桃园既是完整的一个观赏植物区，又以植物分割成相对独立的两个空间。该区以西山山脉为背景，西借香炉峰的高远，东有小金山的婉约，北纳寿安山之雄浑。园林设计均采用大面积疏林草地的手法，中心为视野开阔的大草坪，四周地形略有起伏。以疏林的形式配植了油松、法桐、垂柳、毛白杨等骨干树种，邻缘树配置了白桦、小叶椴、雪松等树丛或孤立树。在林间大乔木间与园林沿线上，成组、团式种植了大片的碧桃或丁香，少则七八株，多则二三十株，总数在千株以上。4 月中旬后，丁香碧桃园绿草如茵，万花吐艳，成为北京桃花节观赏碧桃的主要景区(图 8-162)。

图 8-162 丁香碧桃园

牡丹芍药园位于卧佛寺路西侧,南邻温室区,北接海棠梅子园,与丁香碧桃园隔路相望。由牡丹园和芍药园两部分组成,总面积 7 hm^2。牡丹园原为山梅花、溲疏、忍冬、绣线菊区,1980 年由市园林局规划设计室重新设计,1983 年 4 月竣工。芍药园原为苹果区,后形成芍药圃,在 1994 年对芍药圃进行改造形成现在的芍药区。

牡丹园的主要任务是收集展示牡丹品种,保存牡丹种质资源、培育和推广良种,普及牡丹分布、分类等知识。园内收集栽植牡丹 262 个品种、芍药 220 种,是北京规模最大、品种、数量最多的牡丹专类花园。该园充分利用场地中的地形、古树、原有的植物条件,因地制宜、借势造园。以原有油松为基调树种,增加了园林古朴高雅的情调。设计注意满足牡丹越冬和避免夏日暴晒的生物学特性的需要。园中的小品主要有雕塑牡丹仙子,以及取材于《葛巾·玉版》的大型烧瓷壁画,建有六角亭和群芳阁等几组园林建筑(图 8-163)。

月季园位于植物园的东南部,紧邻植物园的东南门和南门,总面积 7 hm^2。月季园的总体展示根据月季的形态进行了分类,以丰花月季展示区作为重点展区,分别展示了藤本月季、树型月季以及微型月季等几种类型 500 多个品种的月季。同时,还使用了金山、金焰绣线菊、紫叶矮樱、金叶接骨木、三季玫瑰、佛手丁香、矮生连翘等 15 种新优植物作为配

图 8-163 牡丹芍药园

景植物。

月季园在设计上采用了规则与自然相结合的手法,轴线位置的选择既巧妙地把玉泉山和香山组织在园区的背景之中,同时还尽可能保留了原有的大树。轴线折点上设主雕塑花魂。沉床花园设计以疏林草地为基调背景,中心的暗埋式喷泉做法是全国的首例,是在考虑北京的气候条件以及人们活动需要的基础上进行的设计。月季园的种植设计中,同样在利用原有的植物条件下,进行适当的补充和调整,注重整体的空间和植物的层次效果(图 8-164)。

图 8-164 月季园

竹园位于卧佛寺行宫院西侧,以栽培展示竹亚科植物为主的专类园,1986 年建成,收集竹种 30 个。该园原为广慧庵后的一块空地,1975 年开展竹亚科植物引种栽培及抗寒竹种筛选的课题研究,在此地进行竹类引种。1990 年进行改扩建,形成了现

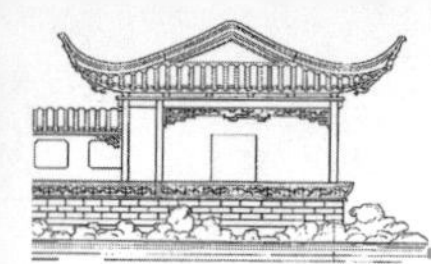

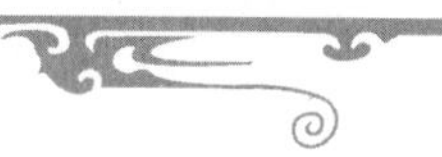

在的竹专类园。竹园包括隆教寺景区和竹类引种区。以中国古典园林作为蓝本的园林设计,既满足了竹类引种展示的要求,同时也强调了文化内涵和艺术效果。南有云墙环筑、北倚高台,中有碧水一泓,小亭临峙。园内茂竹摇曳、小径幽幽,由隆教寺向西望去,西山历历,古树嶙峋,若画若诗(图 8-165)。

图 8-165　竹园

树木园是植物园按照植物分类系统收集布置植物的区域,能够较为系统地展示植物的科属关系。北京植物园的树木园占地约 49 hm^2,分为椴树杨柳区、槭树蔷薇区、银杏松柏区、木兰小檗区、泡桐白蜡区、悬铃木麻栎区等六个区域。其中,银杏松柏区和木兰小檗区已基本形成规模,其余区域尚未完全形成,正在引种与建设之中(图 8-166)。

图 8-166　树木园

4)建筑与小品设施规划设计

北京植物园现有展览温室面积约 10 000 m^2,配套的预备温室 6 000 m^2。新建的展览温室 2001 年正式开放,位于植物园中轴路西侧,展览温室建筑设计由北京建筑设计研究院承担,以“绿叶对根的回忆”构想为设计主题,独具匠心地设计了“根茎”交织的倾斜玻璃顶棚,仿佛一片绿叶飘落在西山脚下。展室植物布展设计由北京园林古建设计研究院承担。展览温室划分为四个主要展区:热带雨林区、沙漠植物区、四季花园和专类植物展室。展示植物 3 100 种 60 000 余株,为群众提供观赏丰富多彩的植物景观、学习科学知识、具有较高品位的游览点。同时,又是进行园艺研究和国际交往的场所。展览温室工程荣获全国第十届优秀工程设计项目金质奖,2003 年度国家优质工程银质奖,北京市第十届优秀工程设计一等奖,“大型展览温室植物引种与设计的研究”课题获北京市科技进步二等奖,被评为北京市 20 世纪 90 年代十大建筑之一(图 8-167)。

图 8-167　展览温室

盆景园是北京市植物园的一个重要的展览区,其占地面积 20 000 m^2,是我国大型盆景园之一。其分为室内展区和室外展区两个部分,室内展区分为北方盆景展厅、精品盆景展厅、综合展厅、流派展厅,主要展示北京及全国各地部分优秀作品。室外展区由四个庭院景区组成,以展示露地栽植的大型桩景为主,其中百年以上的盆景 70 余株,最大的是一株名为“风霜劲旅”的古装杏桩,树龄已达 1 300 多年。

盆景园的建成，不仅有利于盆景艺术的继承和发展，同时也为社会各界提供了一个高雅的盆景艺术欣赏、交流和学习的场所(图 8-168)。

图 8-168　盆景园

北京植物园内的文物古迹，是植物园宝贵的人文历史财富。这些文物古迹的存在，客观上将植物园植于中国传统文化的厚土之上，使其在展现深刻的科学内涵与艺术的园林外貌时，增加了文化的厚度。因此，文物古迹的保护与利用是北京植物园区别于国内外其他植物园的一大特点，使其具有得天独厚的人文资源。

北京植物园的建设历来重视对文物古迹以及历史文化的保护和整理，不仅完好地保存了各级文物，同时也完整地保留了文物、遗址、各种墓园、碑刻等，在进行建设的同时注意保护古迹，使这些破损的历史刻痕在今天有可能被逐渐研究、发现，成为人民的宝贵财富。

卧佛寺始建于唐贞观年间，原名兜率寺，经过了元、明、清历代帝王的扩建和修缮，自清朝乾隆年间形成了现在的规模，又名十方普觉寺、黄叶寺等。因寺内有元代的铜铸卧佛而得名卧佛寺，是国家一级保护文物，因周围自然风景优美，历来是京郊游览胜地。

卧佛寺建筑布局规整，主要包括佛殿、僧房和行宫等几部分。寺内古树参天，尤其古七叶树为北京寺庙中所罕见的，天王殿前的古蜡梅在早春开花时，香气可直达山门(图 8-169)。

图 8-169　卧佛寺

黄叶村原为清正白旗村边缘，经专家考证，此处与曹雪芹写作《红楼梦》的环境很有关联。虽然不能确定这里是曹雪芹的故居，但是大多数人认为曹雪芹是在这里写作并且埋葬在附近的。因此，1984 年这里成立了曹雪芹纪念馆。

黄叶村将古井、碉楼、河墙等遗迹组织在一起，很好地融合了现有的周围环境，使曹雪芹纪念馆更为完整地诠释了它的背景。曹雪芹纪念馆不再是一个孤立的小院，而是一组村庄的角落，通过石刻诗句、保留村庄的建筑、树木、增设菜圃、酒馆等手段，使人们从外部环境中就感受到曹雪芹的生活空间(图 8-170)。

图 8-170　曹雪芹纪念馆

植物园内还有梁启超、张绍曾、孙传芳、王锡彤等多处名人墓园，其中梁启超墓园中的石亭是梁思成先生的作品(图 8-171)。

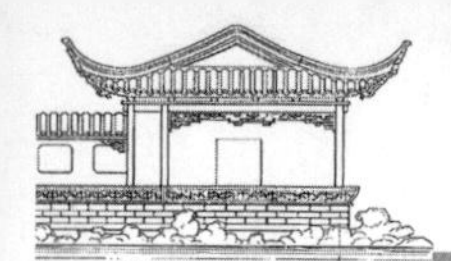

图 8-171　名人墓园

4. 规划设计特色

(1)空间布局方面　巧用环境，顺势造园；山环水绕，郊野风貌；分区合理，相辅相融；主题突出，风格统一。北京植物园结合植物的观赏特点、亲缘关系及生长习性，在空间布局上以公园的形式进行规划分区，创造优美的植物景观环境，供人们观光旅游，娱乐身心。

(2)季相特色方面　季相分布均衡，处处有景可赏；彰显园区主体，兼顾四时风景。

(3)植物造景方面　建设先进热带温室，欣赏异域风光；缤纷花节画展，感受植物魅力；多种社会实践，体会植物文化。北京植物园作为以植物为主体的公园，采用多种植物造景手法，师法自然，模拟自然植物群落，使植物展示与其他园林要素和谐搭配，相得益彰。

5. 有待改进或斟酌之处

北京植物园植物景观布局合理，季相特征明显，植物文化丰厚，实为国内一流的植物园。但同时北京植物园在植物景观设计方面还存在少量不足之处，现提出一些优化策略以供参考。

(1)滨水区与植物展示区的关系　虽然滨水区兼顾了周围专类园的植物景观特色，但与专类园融合的特色景点较少。除了"澄湖揽秀"植物景观同属于滨水区和锻树杨柳区，并无其他特色景点，而澄湖揽秀景区虽沿湖设紫崖夕照、荻渡晓月、桃源春深、蓉湾霜重、西岭烟霞、石矶灯影、长汀唳鹤、平渚栖雁等八处景点，因景观特色不够突出，也极少有人知晓。在以后的改造建设过程中，建议增强滨水区景点的特色，增加滨水区的景点数量，并多采用标牌等科普设施进行专门介绍，会使植物园的整体性更加突出，环境更加和谐。

(2)植物景观的层次结构　北京植物园植物景观上、中、下层合理搭配，林冠线起伏错落，层次疏密有致，景观类型丰富多样，一派自然的郊野风光。但由于北京气候干燥，年平均气温较低，草坪和地被植物种类较少，加之植物园完全开放，游人数量众多，踩踏现象较为严重，很多园区出现了裸露的地面，不仅有碍观赏，还削弱了植物园涵养水源、增加空气湿度、调节小气候的生态功能。管理部门虽布置了花钵、花坛、花境等展示草花植物，但这些景观多位于园路两侧或广场周围，融入各个园区主体植物景观的却很少，降低了群落的系统稳定性，空间的利用率也未最大化。因此，提高对地被植物的重视程度并按其生活习性和观赏特性与各园区景观完美结合，是今后植物景观改造完善工作中值得考虑和重视的问题。

(3)教育功能的拓展　作为肩负推广植物科普教育知识责任的北京植物园，与大多数综合性公园一样，以自导式解说系统为主要解说媒介。现有的标牌主要以提示和导向等基本功能为主，科普教育类标牌总体偏少，植物名牌虽多，但对植物园 10 000 多品种的植物种类来说，比例仍然较低。为促进植物园科普教育和环境教育功能的充分发挥，建议增加教育类解说牌数量，完善解说系统。

五、济南大明湖公园

1. 基本概况

大明湖公园是济南三大名胜之一，是泉城重要风景名胜和开放窗口，素有"泉城明珠"之美誉。大明湖集水域风光、古园林景观、古道观、古水工、纪念性建筑为一体，具有深厚的文化积淀和高品位的旅游资源。它位于市中心偏东北处、旧城区北部。现今湖面 46 hm^2，公园面积 86 hm^2，湖泊约占 53%。2003 年荣膺省级风景名胜区和国家 AAAA 级旅游景区(图 8-172)。

大明湖历史悠久，最早见诸文字是在北魏地理

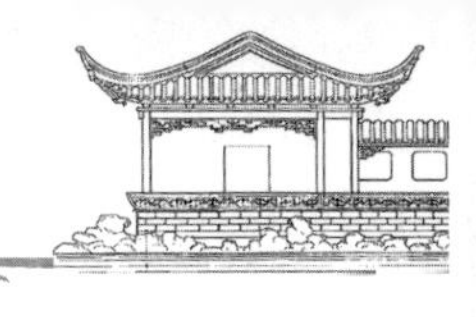

学家郦道元所著《水经注》中，距今已有 1 500 多年的历史；大明湖自然风光秀美，湖里荷叶田田，鸢飞鱼跃，画舫穿梭；湖滨花木扶疏，垂柳夹岸，宛如一幅丹青水墨画；大明湖文化内涵丰富，人文积淀厚重。千年古亭历下亭，宋元时期的北极阁、汇波楼，明清时期的南丰祠、铁公祠、遐园等，近 20 处名胜古迹分布在景区四周，漫步其中，步移景异，令人应接不暇。杜甫、曾巩、苏辙、王士祯、蒲松龄、刘鹗等历史名人，胜迹荟萃，并留有诗章墨宝，千古传诵，流芳百世。

图 8-172　济南大明湖公园平面图

1. 东南门　2. 藕香榭　3. 晏婴祠　4. 稼轩祠　5. 翠柳屏岛　6. 浩然厅　7. 南门　8. 小南岛　9. 司家码头　10. 湖畔居　11. 明湖居　12. 湖心亭　13. 名仕岛　14. 秋柳园　15. 秋柳人家　16. 二郎庙　17. 润泽缘　18. 玉斌府　19. 众泉汇流　20. 健身场　21. 贺胜斋　22. 超然楼　23. 博艺堂　24. 汇泉岛　25. 水云居　26. 闻韶驿　27. 北水门　28. 藕神祠　29. 明昌钟亭　30. 南丰祠　31. 雨荷厅　32. 感应井泉　33. 北极阁　34. 明瑟园　35. 月下亭　36. 天然奇石馆　37. 苍碧馆　38. 铜鼎　39. 明湖楼　40. 得月亭　41. 天香园　42. 游乐场　43. 鸳鸯亭

大明湖为国内罕见的由泉水汇集而成的天然湖泊。大明湖湖底为不透水的火成岩，济南趵突泉、珍珠泉、五龙潭和黑虎泉四大泉群的泉水喷涌出的泉水，经护城河汇集至大明湖区域，聚集形成该片水体。因此，水体清澈，大明湖内栽植荷花，沿湖栽植柳树，花红柳绿，形成了“四面荷花三面柳，一成山色半城湖”的泉城风貌的写照。

大明湖自元代起开始有记载，被称为莲子湖，宋代开始逐渐成为游览胜地，历代沿湖兴建亭台楼阁、造园建桥、广植花木，留下了大量的古建筑、园林景观、传说轶事、名篇佳句。大明湖一带历代建筑甚多，素有“一阁、三园、三楼、四祠、六岛、七桥、十亭”之说，所有建筑均建造精美，各具特色，多处建筑景观是为纪念古人政绩、行踪而修建。历代文人墨客在大明湖留下众多脍炙人口的诗词，都对大明湖的景观进行过赞叹。大明湖是济南老城区景观的主要构成要素，历代推崇的济南八景中的“佛山倒影”“明湖秋月”“汇波晚照”都出自这里。大明湖北岸的北极阁，是有名的道教庙宇，现今为恢复和保留济南老的民俗传统，在此处举办荷花仙子祭祀、七夕乞巧等民俗活动。

最近正在进行历史上规模最大的扩建改造工程，扩建后的大明湖，范围是明湖路以北，南北历山街以西，西护城河以东，北护城河以南，面积由现在的 86 hm^2 增加到 109 hm^2。其中以扩大绿地水面为主，同时恢复重建原有文化遗迹，增加新景观，扩大市场影响力。

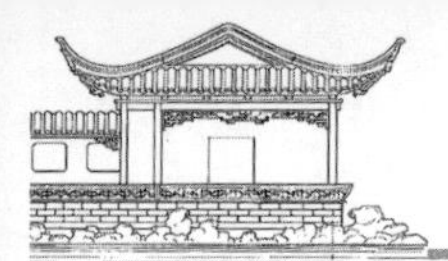

2. 总体构思与布局

大明湖风景名胜区以湖面植物为主体，创造人与自然共生环境，集历史名胜文化古迹，老城街巷民居院落建筑艺术、文化娱乐、休闲购物、游览观赏等为一体的古城特色风貌之城中湖。以构建泉城风貌带，融吃、住、行、游、购、娱为一体的城市旅游思路，整合泉城标志区内自然与人文资源。

大明湖风景名胜区总体划分为南岸景区、北岸景区、西南门景区、湖心景区和东部新区，具体布局划分为一路、二湖、六园、九岛、十八景。一路是指环湖游览路，总长度约 4 800 m。二湖是指大明湖主体水面和小东湖水面。六园指稼轩园、遐园、秋柳园、湖居园、南丰园、奇石观鱼园。九岛指翠柳屏岛、鸟禽憩栖岛、古亭岛、名士岛、汇泉岛、湖心岛、稼轩岛、秋柳岛、湖居岛。十八景为分布于大明湖景区内的清漪江南、龙泉清听、滨湖长廊、佛山倒影、鹤鸬起舞、曲池观鱼、北极道场、明昌晚钟、汇波晚照、柳浪荷风、鹊华烟雨、明湖绝调、七桥风月、荷香北渚、秋柳遗风、历下秋风、蒲香荷馨、明湖秋月(图 8-173)。

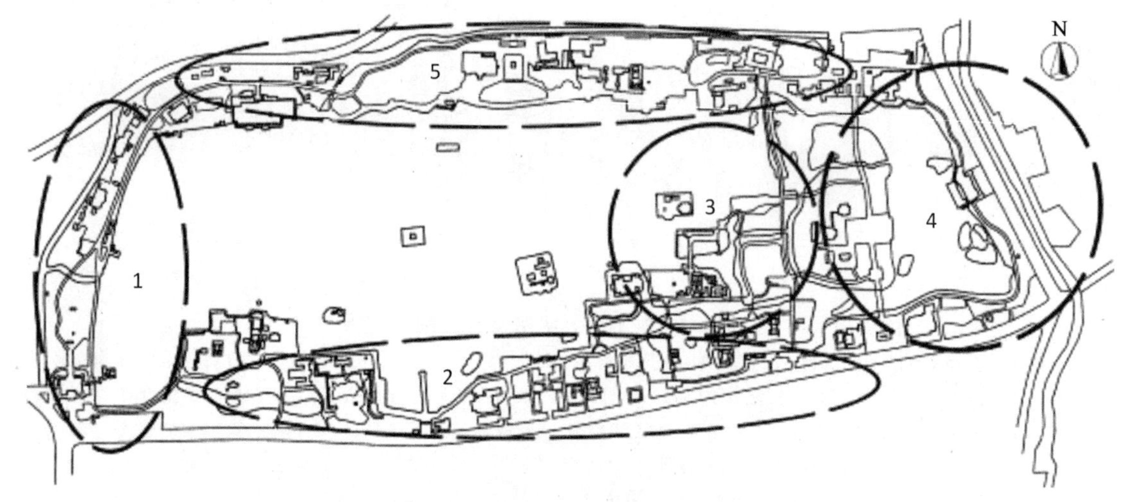

图 8-173　济南大明湖公园功能分区图

1. 西南门景区　2. 南岸景区　3. 湖心景区　4. 东部新区　5. 北岸景区

3. 专项规划设计内容

1)道路与铺装场地设计

大明湖公园进入景区的出入口有 8 个，南向由明湖南路进入的有西南门、南门、新东南门。北向由明湖北路进入的有北门、北水门。东向进入的有东门。其中新东南门为新建园区入口。园区游览主、次干道为风景区环湖游览道路，长约 4 800 m，通过沿湖游览路至各景点。环湖设林荫休憩小广场、绿化广场、滨湖观摩场地以及游览线路中的“七桥风月”各式园桥。铺装作为园林的一个要素，它的表现形式必然要受到总体设计的影响，需要与总体设计风格一致，大明湖公园为典型的北方古典式园林，其铺装的尺寸、材质、色彩必然需要符合古典园林风格。

铺装图案的不同尺度能取得不一样的空间效果。大名湖公园通过不同尺寸的图案以及合理采用与周围不同色彩、质感的材料，影响空间的比例关系，从而构造出与环境相协调的布局。公园中采用大尺寸的花岗岩、机砖等材料作为大空间的铺地，而采用中、小尺寸的地砖铺设一些中小型空间。铺装的色彩在园林中一般是衬托景点的背景，除特殊的情况外，少数情况会成为主景，所以要与周围环境的色调相协调。大名湖公园中铺装色彩采用冷色调，体现古典园林的优雅、质朴、宁静。在进行铺装设计的时候，充分考虑空间的大小。在铺装材质的选择上，公园中大空间选用质地粗大、厚实，线条明显的材料，因为粗糙往往使人感到稳重、沉重、开朗；另外，在烈日下面，粗糙的铺装可以较好地吸收光线，不显得耀眼。小空间采用较细小、圆滑、精细的材料，细致感给人轻巧、精致、柔和的感觉。作为园林景观的一个有机组成部分，大明湖公园园林铺装通过对园路、空地、广场等进行不同形式的印象组合，贯穿游人游览过程的始终，在营造空间的整体形象上具有极为重要的影响(图 8-174)。

图 8-174　大名湖公园铺装设计

2)竖向与水系(水景)设计

大明湖是一个由城内众泉汇流而成的天然湖泊，面积甚大，几乎占了旧城的 1/4。济南城区地势南高北低，自千佛山向北逐渐降低，而大明湖位于济南盆地最低处，自古有“众泉汇流”之说，市区诸泉在此汇聚后，经北水门流入小清河，现今湖面 46 hm^2，公园面积 86 hm^2，湖面约占 53%，平均水深 2 m 左右。东湖现状水面略高于大明湖，水位恒定，最深处约 4 m，被誉为“泉城明珠”，早在唐宋时期，大明湖就以其撼人心弦的美景而闻名四海，并获“天下第一湖”之美誉。蛇不见，蛙不鸣，久雨不涨、久旱不涸是大明湖两大独特之处(图 8-175)。

图 8-175　大名湖公园水系景观

在对大明湖滨水区的设计中，大明湖沿湖岸边平均高出水面 1 m 左右，最低处仅比水面高出 20 cm。区域水系砌垒成自然石驳岸，使园林景观与城市景观融为一体。与此同时，护城河区域还新增 3 处叠水景观，两岸增加绿地面积，增植乔灌木，近水地段种植耐水湿植物，营造绿色生态环境。滨水区设计延续自然景观模式，改善了大明湖滨水区在城市建设中受到的环境影响，贯彻了吴良镛先生

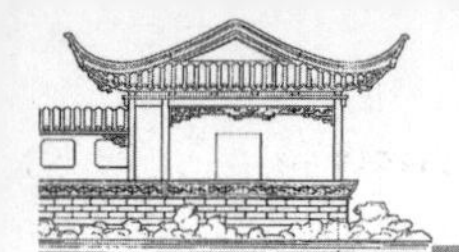

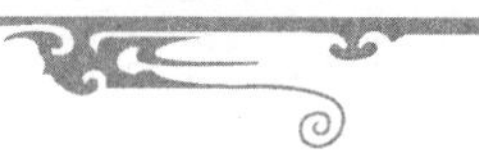

对于大明湖东南岸部分提出的“勿谓湖小，天在其中；山高月小，水落石出”的改造意向，创造了一处相对私密、独立的山水空间。继承并运用大明湖传统布景组景手法，建造手法传统与现代相结合，综合运用研究归纳的大明湖传统手法进行新景区景点的布景组景；并运用传统园林的手法堆山理水，使得湖中有岛，岛中有湖，环环镶嵌，山水之间通过亭台楼榭的组织，创造大明湖宜人的游憩空间。济南大明湖滨水区综合设计使城市众泉群紧密联系起来，完善了城市的滨水步行空间，建立起城市中心巨大的公共开放空间系统，形成泉城特色风貌带核心景区，再现了“四面荷花三面柳，一城山色半城湖”的胜景，自然景观与人文景观相得益彰，呈现了“家家泉水、户户垂杨”的老城韵味，体现济南深厚的历史文化积淀。

3)植物景观规划设计

大明湖公园内植物基本为观赏性植物，在保护现有生态环境不受破坏的前提下，规划主要从植物的观赏性出发，提高景区内的植物群落观赏性。植物配置强调植被的层次感及多元化，合理的搭配乔、灌、地被、水生、攀援植物，注重植物的季相变化，使得园林环境一年四季植物有景可观，呈现自然生态的植物群落。大明湖植被绿化充分体现植物与地形、水体、山石庭院的组合配置关系，达到生态建设目的。利用色叶植物、开花植物、地被植物、水生植物等丰富植物景观，丰富沿湖游览的艺术性。尽量保护现状古树大树，充分挖掘植物的文化属性，增强景区的文化内涵。

大明湖风景名胜区滨水植物以荷花和柳树为优势种，充分体现了济南“四面荷花三面柳，一城山色半城湖”的老城特色。大明湖风景区经过多年的精心管理，形成了丰富而较稳定的植物群落，注重花灌木和秋色叶植物的使用，形成了春观花、夏观荷、秋观色、冬观雪的四季景观，且在部分地区大胆采用了其他景点不常用的植物配置方式，如用扶芳藤做水边棚架植物和用爬山虎做驳岸山石攀爬植物，取得了良好的景观效果。在植物品种选择和配置上，以因地制宜、随坡就势为原则，同时坚持生物多样性理念，最大限度丰富植物品种。以乡土植物品种为主，外来树种为辅，积极保护现有大树，充分考虑乔灌木生理、生态的合理搭配，为植物生长提供有益空间。在突出绿化效果的同时，注重栽植体现城市特色的骨干树种，巧妙运用色叶植物，丰富植物景观。滨水区设计延续自然景观模式，改善了大明湖滨水区在城市建设中受到的环境影响。

扩建后的大明湖在南部形成群岛的结构，弥补了大明湖层次单调的不足，创造了丰富的透景线。通过岛、桥、栈道、湿地等划分不同的水体空间。通过不同植物的搭配组合，构成花溪、柳巷、莲池、湿地等景观，利用植物进行障景、隔景，配合地形地貌创造不同的景观空间，丰富景观层次，以生态为依据，增植了观赏性较高的植物，解决了原有的植物品种少而单一的问题。

4)建筑与小品设施规划设计

大明湖一带历代建筑甚多，素有“一阁、三园、三楼、四祠、六岛、七桥、十亭”之说，所有建筑均建造精美，各具特色。

南门在南岸中部，门前矗立着一座金碧辉煌的民族形式牌坊，即南门牌坊。牌坊匾额“大明湖”三个字，就是据于书佃碑刻手迹复制的。牌坊原系明代建筑，为木结构五间七彩重昂单檐式，飞檐起脊，坊脊及檐角饰有吻兽，坊顶覆以黄色琉璃瓦，檐下由云头斗拱承托。斗拱下额枋彩绘“旭日云鹤”、“金龙戏珠”、“西番莲”等图案，牌坊正中匾额，书“大明湖”三个镏金大字。6 根朱红立柱和 12 根斜柱，支撑着三阶式山形坊顶，柱础由石鼓夹抱。1984 年，因木牌坊腐朽变形，只能按原样式重建。重建的牌坊为钢筋混凝土结构，高 8.38 m，宽 14.7 m，比原牌坊增高 0.52 m，加宽 1.2 m，柱础石鼓也改用玉白色花岗岩雕成(图 8-176)。牌坊两侧，是对称的门房，为典型的仿明代建筑，歇山卷棚，透窗红柱，绿色琉璃筒瓦覆顶，与牌坊相互映衬，显得大度而优雅。

遐园始建于清代宣统元年(公元 1909 年)，后来在 1949 年前屡遭破坏，终至毁于战火。1965 年，遐园东半部的园林部分，作为独立的“遐园”划归大明湖公园，才逐渐改建成现在的样子(图 8-177)。

现在的遐园，典廊环护，大门朝东，门外北侧柳荫之下，立一石碣，上有篆书“遐园”二字，为罗正钧

图 8-176　南门牌坊

图 8-177　遐园

亲题，原镶嵌在大门门额之上。走进遐园，迎面是崔嵬假山，山石嶙峋，浑若天成。山路有径，蜿蜒可攀，山顶有台，名“朝爽台”，台上有亭，名“风亭”。站在亭中，南可遥望群山叠翠，北可俯视碧波轻舟。假山之西，梧桐蔽日，石径曲折，池塘如镜，溪流潺潺。沿溪流西岸有半壁长廊，迤逦北延。长廊北端，有石桥如虹卧溪上，名“玉珮桥”。向东，是读书堂，现为省图书馆报刊阅览室。读书堂东侧又是一座假山，山虽小却险峻峭拔，山上有亭翼然，青瓦红柱，名“浩然亭”。

稼轩祠里原为清光绪三十年(公元 1904 年)建的李鸿章生祠，民国初年改作他用，1961 年改建为稼轩祠，用以纪念南宋爱国英雄、豪放派词人辛弃疾(图 8-178)。

图 8-178　稼轩祠

稼轩祠坐北朝南，由南向北三进院落，建在一条中轴线上。大门之外，两尊石狮雄踞左右，大门悬匾额“辛弃疾纪念祠”，为陈毅元帅题写。门外有黑色照壁，门内立太湖石作为屏障。左右各有三间厢房，红柱架厦。北侧为三间过厅，厅内陈列当代名人叶圣陶、臧克家、吴伯箫、唐圭璋等咏赞辛弃疾的诗词、字画。院内国槐郁郁，牡丹飘香。穿过过厅为二进院落，两侧是抄手半壁游廊，与正厅相通。厅内正中为辛弃疾塑像，四壁悬挂名人字画，玻璃橱柜中陈列有关辛弃疾的各种版本的书籍。院内植青松、银杏、石榴、月季等花木。正厅之后为第三进院落，北临湖滨，是供游人休息赏景的地方。所有建筑都有游廊相连。西廊壁饰有扇面、海棠叶、六角及圆形等各种透窗。北端游廊为两层，上层通“临湖阁”。东廊向北诸级叠升，直达阁上。每叠平台均由假山石堆砌。中段台上建小亭，供登楼中途稍憩。阁为两层，上建凉台，下设茶座，楼上楼下皆可观赏湖景。院内槐荫匝地，竹掩秀石，十分清雅。阁北水边有七曲石桥，蜿蜒湖中。石桥末端，有亭翼然，六角攒尖，名九曲亭，又名藕亭。

稼轩祠北，为大明湖南岸，离岸不远处的湖中有小岛兀立。岛之周岸，垂柳依依，环列如屏，所以岛名翠柳屏。

岛之西，有石砌三孔堤桥与岸相通，迤逦水中约 40 m。桥起三拱，中拱最高，小舟可于桥下自在穿行，越桥南，可荡舟藕花深处。石桥步及岛上，于柳

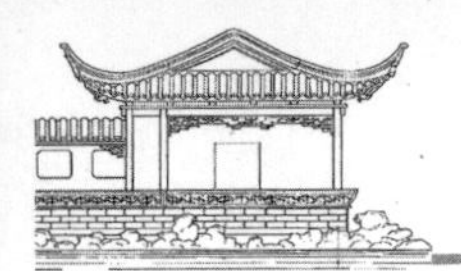

丝掩映中可见扇形小亭，红柱青瓦，硬山起脊。以形命名，故名扇面亭。岛之南，荷叶田田，连天一碧。盛夏登岛，看堤桥卧波，波摇影动，任凉风掀襟，荷香暗送，实为消夏赏荷之佳处。

大明湖南门牌坊以南，原有一座东西向的单孔石拱桥，横跨大明湖与百花洲之间，元代称为鹊华桥，后被拆除改建。大明湖景区扩建中，在鹊华路南端重建鹊华桥，桥长 64 m，桥面净宽 8 m，五孔联拱，是新景区中最长的一座桥梁，历下八景中著名的"鹊华烟雨"就在此处(图 8-179)。

图 8-179　鹊华桥

秋柳园相传是清初神韵派大诗人王士祯读书的地方。秋柳园及水面亭如今早已无迹可寻，然而遗址上依稀有当年风貌。这里白杨擎天，垂柳拂水，苇丛鱼跃，高树蝉鸣；浓荫护芳草，红花依翠竹，小桥卧清溪，荷风荡碧波，成为读书休憩的绝佳去处(图 8-180)。

泛舟于一碧如镜的大明湖上，可见一方形小岛兀立湖中，因之名湖心岛。岛上有方亭，红柱青瓦，重檐出厦，起脊飞檐，脊饰吻兽。亭高 11 m，边长 10 m，建在石砌台阶上，是济南市最大的方亭。因岛名湖心岛，所以亭也就名湖心亭了(图 8-181)。

湖心亭之东，是大明湖中最大的岛，岛上绿柳环合，亭阁掩映，历史久远的历下亭就巍立于小岛之上。小岛面积约 4 160 m^2。因历下亭是名闻遐迩的海右古亭，所以人们也就习惯将整个小岛及岛上建筑统称为历下亭。因其南临历山(千佛山)故名历下亭，亦称古历亭(图 8-182)。

图 8-180　秋柳园

图 8-181　湖心亭

图 8-182　历下亭

铁公祠在大明湖西北岸，为民族形式的庭院，呈长方形，占地 6 386 m^2。四周环以曲廊，南临湖岸。院内有铁公祠、佛公祠、得月亭、湖山一览楼、小沧浪等建筑，是大明湖公园的园中之园(图 8-183)。

图 8-183　铁公祠

图 8-184　小沧浪

图 8-185　得月亭

铁公祠东大门为锁壳式门楼，朱红大门，迎门有太湖石，屹立于松荫之中。大门以北，是半壁曲廊，廊壁上辟有花窗，框成幅幅小景。曲廊北即佛公祠和铁公祠了。佛公祠居东，是为纪念山东巡抚佛伦而修建的。此处现名为“明湖斋”，为旅游纪念品商店。铁公祠居西，中间有石碑相隔。两祠都是三间，坐北朝南，前檐出厦，歇山起脊，红柱青瓦，显得古朴而肃穆。铁公祠西为“湖山一览楼”，中间由游廊相连。楼高二层，各五间，登楼可观赏碧波荡漾的大明湖全景，远眺城南染烟含黛的群山。现今，湖山一览楼是大明湖公园的一处饭店，名“荷香村”。

小沧浪以上悬“小沧浪亭”匾额的三间水榭为中心，四面出厦，四周饰以雕花槅扇(图 8-184)。水榭南濒湖滨，东西两面前侧接湖滨回廊，东西两面后侧及北面则围绕在一凹字形池塘，内植睡莲红荷。榭东有石桥跨池上，将池塘分为东西两片。塘边弱柳妩媚，塘中睡莲乍醒。塘之东，有红柱重檐八角亭，亭名“得月亭”(图 8-185)。这样，亭、榭、桥、池相互映衬，柳丝风荷渲染意境，更有湖滨曲廊，借湖景入园，于是，湖光山色与如诗如画的小沧浪便融为一体，人在其中，也就会如醉如痴了。

天香园为一组小巧玲珑的园林式建筑。周围竹树环合，十分清幽。大门南向，门上悬有“天香园”三个贴金大字。门内有二层小楼，绿色琉璃瓦覆顶，白色马赛克贴壁。楼下为花卉展室，珍奇盆花，高下陈列，令人目不暇接。楼之上为接待室，窗明几净，清雅可人。小楼之东，为仿竹苑、仿木苑、园林小品三个景区，用以展示时令花木、盆景等。

明湖楼在铁公祠东，建成于 1983 年，是一座二层仿古建筑。歇山式房顶覆以黑色筒瓦，飞檐出厦。二层檐下，悬挂“明湖楼”金字黑底匾额，为艺术大师刘海粟 88 岁时题写。明湖楼建在约 1 m 高的石砌平台上，平台周以石栏。整个建筑古朴端庄，大气威严。楼之四周，植松柏榆槐以掩映楼阁，叠嵯岈自然石以求山林野趣，砌花坛以为点缀，环境十分优雅(图 8-186)。

明湖宝鼎位于大明湖北门内的北渚台上。台为二层石砌方台，底层雕为须弥座，一二层均围以雕花石栏。宝鼎为双足圆形铁鼎，高 2.3 m，直径 1.5 m，

图 8-186　明湖楼

重 3.5 t，通体金黄，造型古雅。上面饰以凤纹，铸有晁补之《北渚亭赋并序》一文，共 1 068 字。

天然奇石馆建于 1972 年，占地面积 1 000 余 m^2，展厅面积 800 m^2，展出十几个国家及全国 20 多个省（自治区、直辖市）天然奇石精品 1 000 余件，计 40 多个石种，包括造型石、纹理石、矿物晶体、古生物化石等（图 8-187）。

图 8-187　天然奇石馆

展室坐北朝南，进入门厅，可见一迎门框景，有如笋山石立于繁花茂草之中，灯光映照下，盎然有春意。山石茂草后，有翠竹几竿，草色染石石掩竹，俨如郑板桥竹石图。门厅西侧为展室，陈列架上，奇石荟萃，造型石千姿百态。

展室前，有嶙峋假山，周围植巴蕉、棕榈并陈列盆景盆花。展室东侧有水池，池中蓄金鳞、植王莲。池之东有园林小品，塔松之下，曲径通幽，花红草绿，有小巧竹亭掩映于芭蕉竹丛之中。

天然奇石馆东侧，有一红柱青瓦、六角尖顶的典雅桥亭，翼然于池水中央。小亭以白石为基，白石护栏，彩绘斗拱，悬有"月下亭"三字匾额，月下亭南北以白石小桥相连。小桥南通湖岸，北通一大厅。大厅坐北朝南，立于石阶之上，前出厦，厦檐由白石楹柱支撑。池中则金鳞戏水，王莲卧波。池周叠石为岸，或若岛若屿，或犬牙交错。池东紧靠北极庙处为假山，巨石陡峭，嶙峋峥嵘，幽篁掩映，极富自然野趣（图 8-188）。

图 8-188　月下亭

北极庙旧称北极阁、北极台，又称真武庙，也叫北庙，是济南市现存最大的道教庙宇，祀道教北方神祇真武大帝。北极庙庙基为 7 m 高石镶土台，原为放鹤亭遗址。它背城面湖，巍然耸立，门前有 36 级青石台阶，是大明湖北岸一高峻之处，是理想的观景佳处。北极庙占地 1 078 m^2，规模不大，却是由正殿、后殿、庑殿、钟楼、鼓楼、门厅组成的完整古建筑群。青砖绿瓦，硬山顶，脊顶饰有吻兽（图 8-189）。

北极庙下东侧有井，名感应井泉，是明代正德年间修建北极阁时挖出的甘泉。感应井泉在一长方形干池内北侧，池之上围以雕石栏杆。泉为圆井形，深约 2 m，井径 1 m，井口围以独石圈井。池之中部，有汉白玉石雕鲤鱼两尾，一坐金童，一坐玉女，一持莲叶，一持荷花，憨态可掬。两鲤口系铁链，扯起一方孔铸铁圆钱，方孔中悬挂小铁钟一口。人在池上，以圆铁板掷小铁钟，击中即有水柱自井中喷出，由声

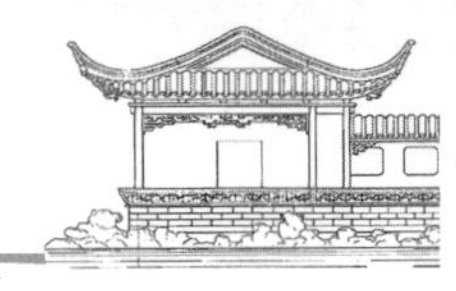

图 8-189　北极庙

控使然，以娱游人(图 8-190)。

图 8-190　感应井泉

南丰祠又名曾公祠，在大明湖东北岸，北临汇波楼，为纪念北宋文学家、齐州(今济南)知州曾巩而建。现在，整个祠堂占地 2 690 m^2，由门厅、大殿、戏楼、水榭、游廊等构成一清幽典雅的古典式庭院。院门坐东朝西，门上“南丰祠”匾额为当代书法家武中奇题写。门内南侧，是宽阔高大的正方形戏楼，青瓦粉墙，雕梁画栋。

北厅东侧五间厅房，为“剑门书画馆”，陈列孙墨佛先生的书法珍品 26 件、手札 12 件。北厅东面，有石砌高台，是原晏公庙内遗留下来的晏公台。北厅西侧的厅房为曾公祠堂。南丰戏楼“明湖居”书场坐落于南丰祠院内南侧，二层建筑，始建于清末民初，有近百年的历史，是目前山东境内保存最为完好的清代戏楼(图 8-191)。院内古树参天，清静幽雅。明昌钟亭、藕神祠、剑门书画馆、雨荷厅、曾巩纪念祠等古建筑错落有致，布局合理，有着丰富的民间传说和浓郁的文化氛围。

图 8-191　南丰戏楼

南丰祠院内南侧濒临湖岸处，有水榭三间，名“雨荷厅”，红柱雕窗，青瓦飞檐，四周环廊，东西北三面环水，内植荷莲。据说，这儿就是电视剧《还珠格格》中所说的乾隆皇帝与济南府的民间女子夏雨荷结识并相爱之处(图 8-192)。

图 8-192　雨荷厅

南丰祠院内有明昌钟亭，在北厅东面的晏公台上，建于 1993 年。亭为方亭，亭台高 10.6 m，阔 8 m。四面八柱，两重飞檐，点金彩绘，红柱青瓦，上有宝顶，饰脊兽 32 件。上下八个檐角均悬风铃，天风激荡，玎玲有古韵。亭内悬有金代明昌年间铁铸古钟

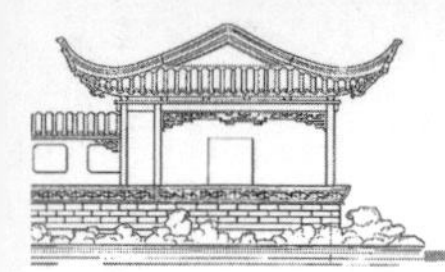

一口，故称明昌钟，距今已 800 余年。钟高 2.4 m，口径 1.8 m，重约 8 t。铸有八卦图案，顶有龙形钟纽(图 8-193)。

图 8-193　明昌钟亭

南丰祠院内还有一祠，名藕神祠。祠在明湖北岸，汇波楼下，西为晏公台，东临小溪，为一独立院落。院墙洁白，顶覆小青瓦，墙壁留有圆形、扇形、方形透窗，院内卵石铺地，松柏蓊郁，石榴飞红，竹摇绿影，十分清雅。

祠堂在院内北侧，前出厦，花槅扇，青砖青瓦，古朴端庄。匾额"藕神祠"三字，为台湾当代著名书法家王凤峤先生手书。祠堂正中，是一彩塑宋代仕女坐像，两侧侍女塑像一位手持红荷，一位手持绿莲。三面壁上是彩色壁画，内容为藕神传说和明湖风光。

汇波楼为一座"悬山歇山重檐"七间城楼式建筑，位于 7 m 高的北城门之上，楼高 13.6 m，巍峨壮观。整个建筑由 88 根红柱承托，飞檐斗拱，绿瓦明甍，翘角挑梁上悬挂风铃。上下两层均环以回廊，以供游人倚坐。门、窗、扇雕以传统花样图案，点金彩绘，堂皇典雅。楼南二层檐下，悬"汇波楼"金字匾额，为当代书画家黎雄才题写。楼西二层檐下，另悬"汇波晚照"匾额，为艺术大师刘海粟题写(图 8-194)。

图 8-194　汇波楼

西南门位于大明湖公园西南隅，是大明湖公园四门中客流量最大的一个。初建于 1963 年，2000 年重建。新建西南门坐北朝南，由大门入口、票房、连廊、花架、曲桥、水榭、服务厅七部分组成，是一组功能齐全的园林仿古建筑。另有内外广场，平面布置构成开敞式外广场和半围合式的内庭院布局。新建大门之门楼为二层单檐，高 12 m，建筑形成为卷棚歇山顶，前有花岗石抱柱，四周以花式木花窗围合。二层檐下悬一横匾，上书"大明湖"三个贴金大字，为郭沫若书。门楼内侧匾额"湖光山色"，乃当代书法家武中奇先生书。二层楼西面，内侧悬"迎旭"匾额，东面则蜿蜒入湖内，由花架廊将舫式水榭引入水面(图 8-195)。

图 8-195　西南门

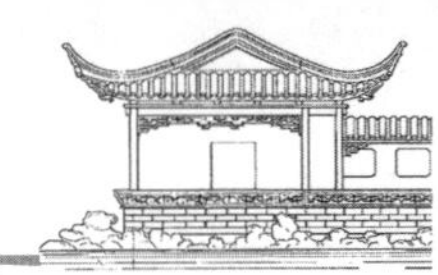

游乐场位于大明湖西岸，总面积 9 200 m^2。这里有一系列的现代游乐设施，既有小巧有趣的儿童玩具，又有大型的现代游乐设施(图 8-196)。

图 8-196 游乐场

超然楼为仿宋楼阁式建筑，坐落在宽大的花岗石台基上，筒瓦、铜栏、铜门、铜柱、有“超然铜瓦金”之说，被誉为江北第一楼。超然楼是大名湖景区的制高点，巍峨挺拔，气势雄浑。登楼远眺，大明湖乃至泉城的秀丽景色犹如一幅画卷，美不胜收(图 8-197)。

图 8-197 超然楼

老舍纪念馆，面积约 136 m^2，以“老舍笔下的大明湖”为基点，图文并茂地展示了老舍先生在济南的生活与文学成就(图 8-198)。

济南二郎庙始建于明朝，大明湖扩建时对二郎庙进行了恢复重建。南岸二郎庙与同属北方水神的真武大帝遥遥相望，庙内供奉主神二郎神、哮天犬和梅山六圣(图 8-199)。

图 8-198 老舍纪念馆

图 8-199 二郎庙

七桥风月由鹊华、芙蓉、水西、湖西、百花、秋柳等十多座景观桥以及其他景观构成的特色景区，站在桥上眺望，湖水迂回曲折，水边蒲草、芦苇等湿地水生植物丛生，七座石桥横跨水上，如玉带飘逸，婉如进入了江南水乡(图 8-200)。

图 8-200 七桥风月

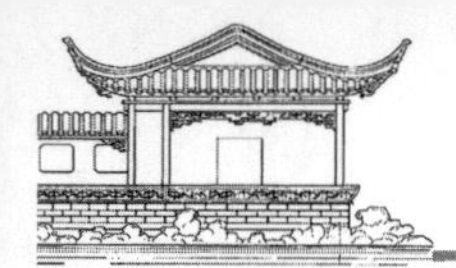

4. 规划设计特色

(1)大明湖景色优美秀丽，湖上鸢飞鱼跃，荷花满塘，画舫穿行，岸边杨柳荫浓，繁花似锦，游人如织，其间又点缀着各色亭、台、楼、阁，远山近水与晴空融为一色，犹如一幅巨大的彩色画卷。大明湖一年四季美景纷呈，尤以天高气爽的秋天最为宜人。春日，湖上暖风吹拂，柳丝轻摇，微波荡漾；夏日，湖中荷浪迷人，葱绿片片，嫣红点点；秋日，湖中芦花飞舞，水鸟翱翔；冬日，湖面虽暂失碧波，但银装素裹，分外妖娆。

(2)大明湖历史文化底蕴丰厚，公园内历代建筑甚多，素有“一阁、三园、三楼、四祠、六岛、七桥、十亭”之说，所有建筑均建造精美，各具特色。

(3)继承并运用大明湖传统布景组景手法，采用传统与现代相结合的建造方式。景区建筑重视尺度形态的传统特征，谨慎复原，设计手法强调新旧结合，体现城市延续，满足现代功能。

5. 有待改进或斟酌之处

(1)公园开放程度低，与城市缺乏联系　目前大明湖周边环境较乱，现状形成“有湖不见湖”的局面，西岸的树林、北岸的地形、东岸和南岸的建筑把湖围在中间，没有建筑的地方由于公园经营的原因也筑起了高墙，割裂了大明湖与城市的视觉联系，基本上是一个封闭的城市公园。在城市中，人们仅可透过公园西南门和南门隐约看到水面。建议对公园收费管理方式进行改进，同时通过对景区外部环境及内部景观的改造，提高公园的开放性和可视性，使景区与城市融为一体，使大明湖公园为城市居民服务，绿色进入群众的日常生活。

(2)景观缺乏层次变化　大明湖辽阔有余而缺乏层次，风景一览无余，较为单调。石砌的驳岸将湖水镶上一条硬边，缺少自然气息。城市南部高层建筑如雨后春笋，不仅破坏了城南山脉形成的天际线，使得昔日的佛山倒影支离破碎，还破坏了大明湖的尺度感。建议对大明湖南岸的景观环境进行提升改造，扩展湖面，增加水体面积，同时局部创造地形起伏，弥补大明湖层次单调的不足，创造丰富的透景线。

六、南京银杏湖乐园

1. 公园基本概况

南京银杏湖乐园位于南京市江宁区谷里街道的银杏湖大道南侧，占地约 200 hm^2，是南京市大型生态主题游乐公园。

银杏湖乐园以银杏湖为中心，依山傍水。银杏湖东侧为大型游乐场，建有 20 多个国内一流的大型游乐设施。如可以俯瞰整个景区的观景摩天轮、感受极限激情的超长“子弹列车”、感受弹射与高空急速降落的“漂浮莲花齐放”以及海盗船、云霄飞车等，还能进入安徒生童话剧场感受梦幻的童话世界。在游乐场的西面，则是生态休闲区，四五个小型湖泊，错落有致地点缀在山林之间，与银杏湖相映成趣，银杏湖乐园生态景观极佳，与自然交相融合(图 8-201)。

南京银杏湖乐园主题是“阳光、森林、空气、水，欢乐、健康、迎幸福”。银杏湖与“迎幸福”谐音，寓意幸福美好。

2. 公园总体构思布局

银杏湖乐园整体空间布局注重功能划分以及动静分离，按照功能不同分为六大区域，即游乐区、生态休闲区、商业服务区、酒店别墅区、高尔夫球场和园务管理区(图 8-202)。

(1)游乐区　游乐区位于乐园的东部，是乐园的游乐中心，小型岛屿分布其中，游乐项目与水系相结合展开，项目内容十分丰富，共设置有 20 多个大型游乐设施，如加勒比海盗船、峡谷漂流城堡、观景摩天轮、子弹列车、双层旋转木马等，还有主题场馆如儿童主题馆、安徒生童话馆等，恐龙谷内 100 多个恐龙模型，配以声光电等设备，再现真实场景(图 8-203)。

图 8-201　银杏湖乐园总览图

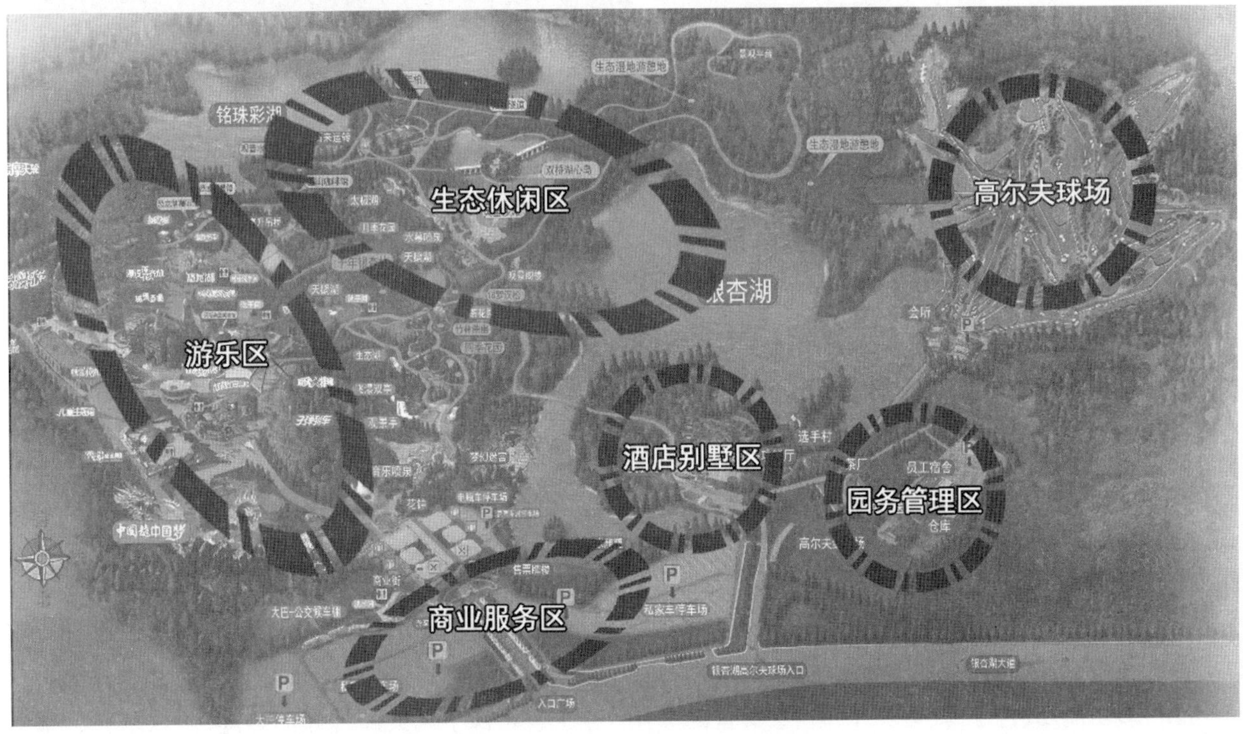

图 8-202　银杏湖乐园功能分区图

图 8-203 银杏湖乐园游乐设施

(2)生态休闲区 生态休闲区位于乐园的中部及南部，以银杏湖、铭珠彩湖、恐龙湖、太极湖、天鹅湖、双桥湖等湖体景观展开。与其他的主题乐园不同，银杏湖主打生态牌，与自然相融，还引进了梅花鹿、天鹅等动物。经过近十年的栽培，景区内湖泊、森林、湿地交相辉映，拥有百万株杜鹃花和数以万计玫瑰花、樱花、山茶花以及大量罗汉松等珍贵植被。规划有银杏森林、樱花隧道、竹林曲幽、四季花园、茶花园、杜鹃花岭、生态湿地等园林生态景观，以及双桥爱情岛、黄金沙滩、茶花楼阁、飞瀑双亭、音乐喷泉、登基山顶观景台等休闲景观。景区生态环境极佳，天鹅优雅地徜徉于湖面，白鹭成群伫立于湖畔林梢，野鸭结伴低飞，让人无不感受到大自然的魅力(图 8-204)。

图 8-204 银杏湖乐园优美的自然生态环境

(3)商业服务区 商业服务区位于乐园的主出入口内，主要规划内容有城堡式牌楼(包括售票处、游客服务中心)、休闲美食街区(含特色景观廊道)、特色商品店、公共卫生间以及检票口等其他服务设施(图 8-205)。

(4)酒店别墅区 酒店别墅区位于乐园中西部，是被银杏湖三面环绕的半岛，主要规划有别墅式酒店、会所、多功能厅、选手村、宴会厅和别墅露营区等设施。

(5)高尔夫球场 高尔夫球场位于乐园的西南部，充分利用自然起伏的丘陵地形和千万株桂花、银杏等植被景观环境，打造成为国际标准高尔夫休闲运动场所。球场景致精美，有千年古树、千亩茶花、洁白沙坑、绿茵果岭、倒影清晰如镜的水池、高低起伏的丘陵以及球场特有的银杏树林等。球场整体布局造型自然合理，每个球道设计风格统一，却又各具风采，球道、果岭、障碍的设置，在合理满足功能的基础上也增添了风景和打球的难度，使球场充满挑战与回味。

(6)园务管理区 园务管理区位于整个乐园的

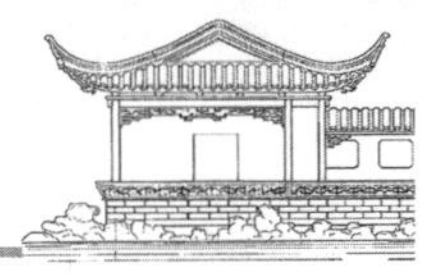

西北部，承载整个园区的管理办公、后勤服务、员工住宿等功能。具体内容包括中央配送食堂、仓库、茶厂、员工宿舍、停车场、高尔夫练习场等配套设施。与游人隔离，具隐蔽性。设专用出入口，内外交通联系方便。

图 8-205　银杏湖乐园入口城堡式牌楼和美食商业街景观廊道

3. 专项规划设计

1）出入口道路交通设计

银杏湖游乐园主要设置两个出入口。一个是游客主出入口（图 8-206），位于银杏湖大道南侧，游客驾车或乘车（旅游大巴）均由此入口进入，入口通道上设有机动车入口道闸，面向银杏湖大道设有标志性景观和乐园标识名牌，售票和检票口也设于此出入口内部，游客从此处进入乐园后直接进入游乐区。另一个是次出入口，同样位于银杏湖大道南侧，由主出入口向西大约 300 m，经此出入口可前往别墅酒店区、高尔夫球场和园务管理区，同时该出入口也是游客自驾车的出口（图 8-207）。

图 8-206　银杏湖乐园游客主入口

银杏湖乐园规划布局时充分考虑到了人流、车流的组织和分配，交通道路分级明确（分主路、次路、支路和小路），道路随地形地势与功能景区曲折起伏，富于变化。

主路宽 6 m，连接园区内各个功能区，主路内限制外部车辆的进入，同时对景区内部游览车进行有效管理，增加景点可达性，提供专线游览服务，同时也有利于紧急疏散；次路与主路相连，路宽 3～4 m，通向功能区内部，主路和次路多为沥青混凝土路面，部分为压膜路面（图 8-208）。支路和小路为景点内部的主要游览通道，支路宽 2～3 m，小路宽 1.2～2 m，多为块石路面（图 8-209）。道路通过水体处则

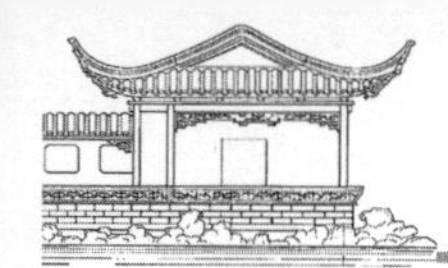

设置各种桥梁，如主路上的连接爱情岛的双五孔拱桥以及连接生态游览区和游乐区的“圆梦吊桥”等，“圆梦吊桥”既是游览通道，也是体验性景点(图 8-210、图 8-211)。

图 8-207　银杏湖乐园次出入口

图 8-208　银杏湖乐园主路、次路和支路

图 8-209　银杏湖乐园游览小路

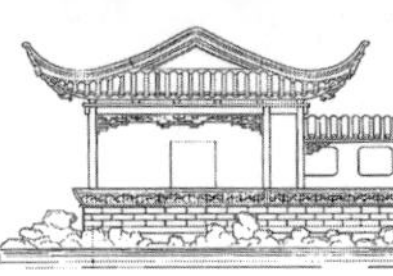

图 8-210　银杏湖乐园五孔桥

银杏湖乐园大型停车场设置于主入口通道东西两侧，满足游客自驾车及旅游大巴停车需求，入口与出口分别设置，且路线设计合理。除主入口大型停车场外，别墅酒店区、高尔夫球场和园务管理区也分别设置有专用停车场，方便游客及管理服务人员停车(图 8-212)。

图 8-211　银杏湖乐园“圆梦吊桥”

图 8-212　银杏湖乐园主入口通道西侧大型停车场

2)竖向与水景设计

银杏湖乐园竖向设计，整体上基本保留了原有丘陵山地的地形地势，局部结合道路交通、景观营造等对现状地形进行了改造处理。登基山顶为园区地势最高处，可以俯瞰园区风貌，各个山丘之间的低洼之处形成大大小小的湖泊(图 8-213、图 8-214)。

图 8-213　银杏湖乐园自然起伏的地形和湖泊水体

图 8-214　银杏湖乐园游乐区主路通过处地形改造形成峭壁对峙的景观

银杏湖游乐园水系由一系列水库型湖泊组成，具有调蓄雨水和景观生态的功能。其中银杏湖是整个乐园最大的自然水体，铭珠彩湖第二，其他恐龙湖、太极湖、天鹅湖等大小水体与陆地穿插环绕，处处青山绿水相映成趣，风景格外秀丽(图 8-215)。

银杏湖游乐园还将水景与游艺项目结合，增强空间的趣味性和娱乐性。园区中的游船、激流勇进等都是公园里重要的参与性项目，充分挖掘和利用了水景的娱乐功能。黄金沙滩则是典型的体验性滨水休闲景观，颇受游人喜爱(图 8-216)。除了较大面积的自然水景，乐园局部也结合环境景观设置了人工水景，如商业街区入口处的阶梯式跌水景观以及检票口对面作为花钟模纹花坛背景的大型喷泉景观等(图 8-217)。

图 8-215　银杏湖乐园铭珠彩湖与天鹅湖

图 8-216　银杏湖乐园黄金沙滩

图 8-217　银杏湖乐园入口跌水与花钟大喷泉

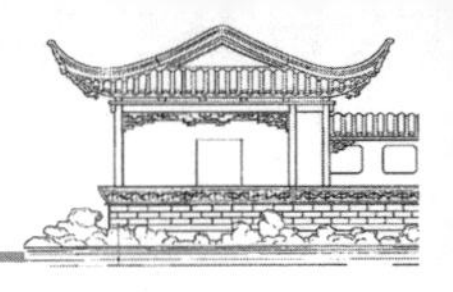

3）游乐设施与景点规划

银杏湖乐园的游乐设施与景点规划丰富多样，为游客带来参与竞技的趣味和角色体验与休闲享受。这里既可以体验如中国龙中国梦、加勒比海盗船等水上活动游乐项目，还可以体验观景摩天轮、子弹列车、双层旋转木马等机械运动游乐项目等，同时还可以游览各种自然与人文景观和景点（表 8-1、表 8-2）。

表 8-1　游乐设施项目一览

项目类型	项目名称	项目内容简介
水上活动项目	中国龙中国梦	全高约 30 m，又名大冲刺，是整个景区的标志性建筑，代表中国五千年文化传承，龙是吉祥象征，龙头在顶峰，龙体盘绕山体，客乘着船经水道，霎那间悬空盘冲而下，感受如巨龙般坚毅的精神（图 8-218）。
	加勒比海盗船	两艘并列的海盗船，置放中央区平台上方，启动后从缓慢摆动慢慢地到急速摆动，乘客乘坐于海盗船之上，随着由缓至急的往复摆动，犹如莅临惊涛骇浪的大海之中，时而冲上浪峰，时而跌入谷底，惊险刺激。
	峡谷漂流城堡	水道长 410 m 的峡谷漂流属于经典的水上游乐设施，船在水道中顺水向下漂，带你领略梦幻探险的城堡，随水平漂流途中经峡谷、山洞、漩涡，一路经过激流险滩，在真实刺激中体验欢乐，进行了一场奇幻的漂流奇遇记。
机械运动项目	观景摩天轮	随着摩天轮渐渐转动，可以观赏整个园区的美景（图 8-219）。
	子弹列车	环绕青山绿水，借着串联式的围合平台，立体环绕式的云霄飞车。全长 828 m 的“子弹列车”高空俯冲，近 100 km/h，像子弹一样飞速前进的列车速度，感受快速场景丛林密境梦幻体验。
	旋风大摆锤	当游客刚坐上之后，先是缓慢摆动，以递进的幅度开始逐渐上升，而后转盘突然载着游客在高空中来回摇摆时，最高可距离地面 36 m 高，在下摆过程中有种巨大的刺激失重感。
	巧巧云霄车	属于滑行类设施，平稳的运行更适合家庭乘坐，高低缓缓起伏的过程中可欣赏周围美景。
	漂浮莲花齐放	高 60 m 的自由落体，上下运动同时还会做自转动作，荷叶为伴荷花莲座，在提升过程中进行 360°旋转，当座舱提升到一定高度后进行自由落体运动，融合弹射和坠落的两极体验，同时在座舱上可饱览四周的美景。
	皇家转马	童话公主般的视觉体验，豪华的皇家马车，载着恋人到达一个完美的天堂，爱情便会天长地久。
	青花陶瓷咖啡杯	天青色青花瓷剔透着古典的美，宛如烟雨轻拂的南京古城，舞动着一种古朴的中国风跃然而生。独具中国风的 6 个青花陶瓷茶杯围绕着茶壶转动，另外茶杯围绕自己的中心转动，就像游客跳着双人舞蹈般的情境，给游客带来多重旋转的乐趣。
	快乐小飞机	自由之悠闲的快乐小飞机，不但成年人可以玩，也适合大小朋友玩，坐在小飞机里，随着项目的开动，小飞机开始在空中摆动飞翔，在变速转动、令人乐而忘返。
	双层旋转木马	旋转木马的特色为双层，造型更加新颖（图 8-220）。

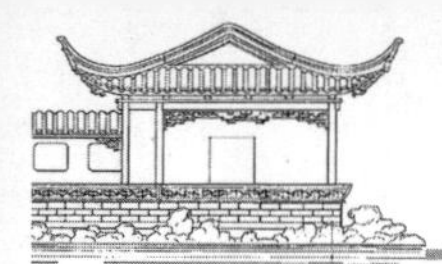

图 8-218　银杏湖乐园游乐项目“中国梦中国龙”

图 8-219　银杏湖乐园摩天轮

表 8-2　休闲观光景点一览

景点名称	景点内容简介
铭珠彩湖	“铭珠”二字取其南京银杏湖乐园董事长及其夫人名字，比喻夫妻共同创立游乐事业，携手努力的坚贞信念。湖面倒影河岸的树木，阳光折射在湖面，波光鳞鳞，五彩斑斓。
天鹅湖	黑白天鹅戏水或婷立、或腾空飞舞，靠近岸边的天鹅触手可及；碧海蓝天下，似白帆点点的天鹅和闲情逸致的游客遥相呼应，构成了一幅人与大自然和谐共处的美好画卷。
太极湖	银杏湖景区内太极湖中央有一处小岛，岛上种植一大一小两棵桂花树，即为夫妻树，寓意夫妻恩爱、家庭幸福。
恐龙谷	谷内有 80 多只大小各类型恐龙，栩栩如生的恐龙让游客宛如走进侏罗纪公园。假山的设计模拟山谷，在湖面和水杉丛林里饮水觅食的恐龙 、追逐争斗的恐龙，真实再现了恐慌恐龙王国的生活场景(图 8-221)。
音乐喷泉	伴随着动听的乐曲声，水柱随着音乐的节拍不断变换着舞姿，时而忽高忽低，时而忽左忽右，时而呈柱状，时而呈拼接的爱心形状，感受幸福和骄傲。
圆梦吊桥	由东至西架设了一条颇为壮观的铁索桥，长达 200 m，落差有 20 余 m。在青山碧湖间的步步钢索吊桥，远远观望。鸡山的脚下和西南面的白矛山山峦，又有几块湖面镶嵌在山谷密林之中。
黄金沙滩	满目金黄的沙滩，远处是湖光山色，漫步在黄沙细软的黄金沙滩，看湖天一色、听排浪声声。嬉戏、踏沙。
双桥湖心爱情岛	广阔平静的湖面中央架起两座长桥相连，仿佛特地为了牛郎织女相会而搭建。相传一对情侣相约分别从两头走到中心，若同时到达中心，便可以长长久久，永不分离。“爱情岛”寓意爱情的纯净、幽静(图 8-222)。
樱花隧道	蜿蜒曲折的樱花隧道，两侧种植了一万多株樱花树，每到樱花开放之季，漫天樱花随风起舞。恋人漫步樱花隧道，感受梦幻之浪漫。
千年柏许愿池	千年红桧柏古树，传说是宋代留下的，经过历史的沧桑演变，已经香消玉殒，却又在沉睡了三百年后枯木逢春，曾有一位仙人在此休息，心中想道与此树有缘，便将王母娘娘所赐的玉露琼浆浇灌于此树，后重新复活。因此，此树被当地老百姓奉为神灵，游客常会在此树系上红丝带，许愿祈祷。
石来运转	黄色寓意高贵、吉祥。乐园造型奇特的黄色石头上刻有“石来运转”的大字样，寓意着“时来运转，好运连连”，迎接幸福、心想事成。
梦幻迷宫	在园区入口处，是一个用青草堆砌而成的迷宫，迷宫虽小，但挑战性十足、充满趣味。梦幻迷宫设在风景优美的花草树木间，仿若世外桃源。
表演广场	通过阶梯高差的下沉式广场表演舞台，绚丽多姿，美轮美奂，不同地域风情的精彩表演，使其成为欢乐的海洋，海螺壳造型的演员更衣室也是一道优美风景，让来此的人们仿佛走进一个梦幻的童话世界(图 8-223)。
水上活动表演	位于黄金沙滩或者入口西侧的水面，不定时地会举办水上活动表演，如水上摩托艇表演、水上飞人表演，精彩纷呈。

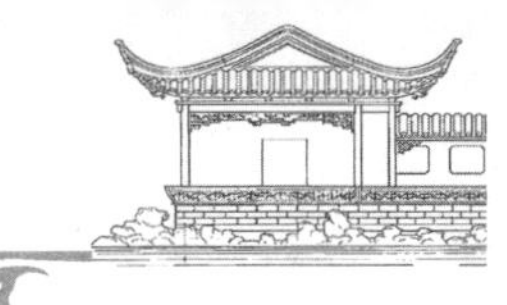

图 8-220　银杏湖乐园双层旋转木马

图 8-221　银杏湖乐园恐龙谷

图 8-222　银杏湖乐园爱情岛景观

图 8-223　银杏湖乐园表演广场

4)植物景观规划设计

南京银杏湖乐园不仅是游乐的公园，更是植物的天堂，植物种类丰富多样，森林、草地、花园、竹林、果园等各种类型的植物景观随着地形的起伏而错落分布，形成一幅幅优美的自然风景画卷。乐园规划建设在充分利用基地现状自然山林植被的基础上，也点缀设计了各种特色植物景点，如樱花隧道、杜鹃花岭、竹林曲幽、四季花园、百年银杏林、茶花园等。另外，结合公园道路、水体、广场、建筑、设施等不同环境合理种植树木花草，打造全园自然优美环境(图 8-224、图 8-225)。

图 8-224　银杏湖乐园自然杉林景观

樱花隧道：银杏湖乐园樱花隧道长度达 2 km，总共有 8 万多株，樱花品种多种多样，有吉野樱、八重樱、贵妃红、御衣黄(樱花中的罕有珍品，花朵为绿色，花开的颜色类似古代皇帝衣服颜色而得名)等。

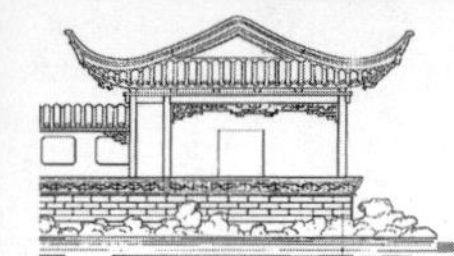

各种樱花盛开之时十分绚烂迷人。

图 8-225　银杏湖乐园四季花园植被景观

杜鹃花岭："花巷通幽处，林下花径染落红"，每到春季，山坡林下粉、白、红各色杜鹃花成片开放，漫山遍野，美丽的杜鹃花岭，游客徜徉在杜鹃花的海洋，令人产生无限遐想。

竹林曲幽：漫步在银杏湖生态区，你还将遇到一片幽深青翠的竹林，走进竹林深处，曲幽的小路，翠绿的竹林，一种幽雅恬淡之感便弥漫心间。

茶花园：银杏湖的茶花园，是全国最大的山茶花专类花园，山茶种质资源丰富，颜色各异，是科普、游览的绝佳胜地。

百年银杏林：成片成林的银杏林景区全国罕见，南京银杏湖百年银杏林更是绝无仅有。金黄的世界里，延续着童话般的梦想，深秋的海洋秋语。围绕着树干种植着红粉色的秋海棠，十分美丽。

四季花园：四季欣赏到美丽的花海，感受鲜花簇拥的幸福，这里有巴西野牡丹、桂花、白玉兰、合欢、国槐、山楂、紫薇等花争奇斗艳。独特的造雾系统，营造仙境一般美丽的胜景，若是有阳光照射，将出现无数美丽的彩虹。

银杏湖乐园除以上特色植物景点外，园区道路、建筑、娱乐设施等各处环境绿化景观也是丰富多样。主入口景观大道绿化选用高大、荫浓乔木香樟和耐阴的常绿灌木球组合形成复合层次的行道树绿带景观，其他路段道路绿化景观多以自然植被为主，与周围山林连片成林，局部点缀组合式树丛，或种植观赏草坪，重要节点环境点缀盛花花坛、立体模纹花坛等花卉景观，湖泊水体边缘种植荷花、水生美人蕉等水生花卉（图 8-226 至图 8-230）。

图 8-226　银杏湖乐园主入口景观大道行道树林带景观

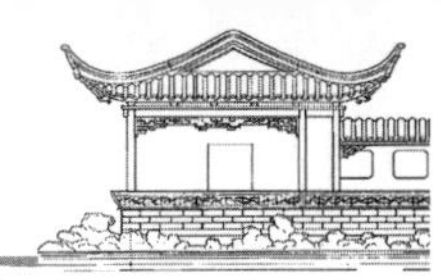

图 8-227 银杏湖乐园主路点缀木芙蓉、红叶石楠、小叶女贞组合树丛景观

图 8-228 银杏湖乐园主路滨水路段草坪景观

图 8-229 银杏湖乐园“圆梦吊桥”桥头广场花坛景观

图 8-230 银杏湖乐园水体边荷花、黄菖蒲等水生花卉景观

5)建筑与小品设施设计

(1)主题性建筑 主题性建筑在满足建筑内部使用功能的基础上，建筑外形奇特夸张、赋予装饰性，以此来塑造主题公园特有的娱乐氛围。银杏湖乐园主题性建筑主要有儿童主题馆、安徒生童话剧场、恐龙化石馆等。儿童主题馆共有 2 层，在一楼设

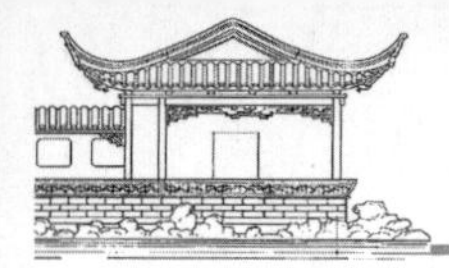

置了多个供孩子们游玩及科普教育的游乐设施，诸如交通城、儿童 DIY 等，还能让游客亲身体验“铜锣烧”的食品生产的过程；安徒生童话剧场在馆内设置了 4 个 3D 影院，30 min/场次，影院采用旋转式坐椅设计，当游客看完每一幕童话剧，影院坐椅会自动旋转，影院分为国王的新衣、卖火柴的女孩、美人鱼公主和丑小鸭 4 个故事场景；恐龙化石馆利用有地形及筑山理水，塑造出古生物时代真山真水自然格局，展现古生物恐龙生态文化特色，展现强化远古恐龙生态气息，主要起到科普教育的作用(图 8-231)。

(2)服务性建筑　游客在主题公园内游玩和停留的时间一般较长，因而服务性建筑是体现园区服务层次和保证游客游憩质量的基础。银杏湖乐园服务性建筑主要包括售票楼、游客接待中心、商业街(含特色餐饮)、主题餐厅、公共卫生间等。售票楼、游客接待中心、主题餐厅等建筑设计造型总体为欧式风格，显得端庄典雅(图 8-232)。

(3)景观建筑小品与设施　乐园主入口处堆叠假山石景，左侧岩石题有园区主题“阳光、森林、空气、水；欢乐、健康、迎幸福”，右侧岩石题有公园名称“银杏湖乐园”，结合花灌木配置，形成富有的特色和气势的入口标志景观。园区中还设置有各种休憩景亭，造型多种多样，如蘑菇亭、伞亭、六角亭、重檐六角亭等，既丰富了园区景观，也为游客提供了良好的休息与赏景空间。乐园内坐凳、坐椅等休憩设施随处可见，方便游人休憩。另外还有别具特色的洗手钵、废物箱、园灯等各种设施(图 8-233、图 8-234)。

图 8-231　银杏湖乐园儿童主题馆和城堡奇遇

图 8-232　银杏湖乐园商业街与恐龙湖餐厅

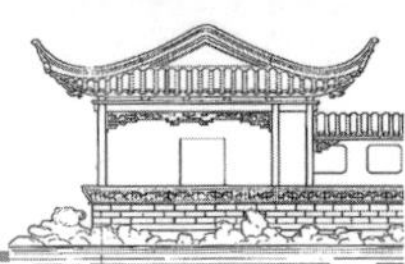

图 8-233　银杏湖乐园登基山顶的六角亭和黄金沙滩的伞亭

图 8-234　银杏湖乐园路边坐椅和洗手钵

4.规划设计特色与改进之处

(1)具有独特的主题性　一般游乐公园多以某项特色游乐项目为主题,如以水为主题的水上乐园,以卡通为主题的迪士尼乐园等。而银杏湖游乐园则是以生态为主题打造的游乐公园,生态环境为银杏湖游乐园的灵魂和精髓,也是区别于其他主题公园的重要标志,园区生态环境极佳。乐园并不是简单的通过植树绿化、挖池蓄水等来改善游乐环境,而是充分保护和利用基地内原有的自然植物、水体、土地等基本要素进行生态整合,在维持自然系统生态过程中嵌入一定规模的游艺娱乐项目,乐园总体保持了高质量的自然生态环境。

(2)注重情景的营造　银杏湖游乐园能够很好地根据游乐项目,进行环境气氛的营造,注重游客对于环境的心理感受,实现游乐项目和游客的互动。探险园区如恐龙谷通过恐龙的动态声控造型营造恐怖紧张的气氛;而生态休憩区则具有自然、舒朗和宁静的氛围。

(3)整体文化性要素有待进一步丰富和凝练　银杏湖游乐园的局部景点挖掘了历史文化或神话传说,但整体文化性要素尚不够丰富和突出,如果能够在打造生态主题的同时,也进一步塑造和凝练乐园自身的特色文化主题,将会给游客带来更具特色和吸引力的文化娱乐体验。

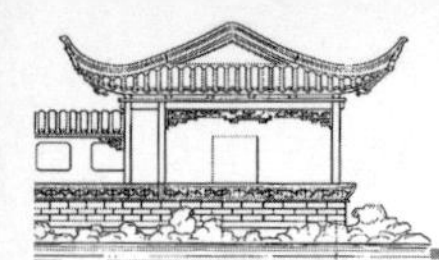

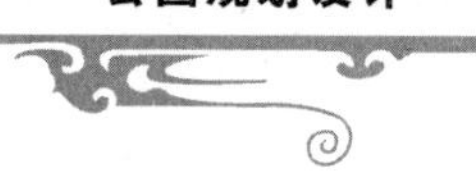

七、北京国际雕塑公园

1. 公园基本概况

北京国际雕塑公园位于北京市石景山区东部，长安街西延长线石景山路 2 号(玉泉路西侧)，规划占地面积 162 hm^2，是一座以收藏、展示国内外雕塑艺术品为主，集雕塑艺术欣赏、研究、普及和休闲、娱乐、旅游等功能为一体的国家级雕塑文化艺术主题公园。2002 年 9 月初步建成开放，当初名为“北京玉泉公园”，当年入选北京十大精品公园之一，后经改造扩建，更名为北京国际雕塑公园。北京国际雕塑公园可谓 21 世纪北京城市文化建设的开篇力作，更是北京“人文奥运”理念在城市园林绿地建设实践中的生动体现。

北京国际雕塑公园现收藏、展示来自 40 多个国家和地区的优秀雕塑、浮雕、壁画作品等 180 余件，体现出作品以及作者的国际性。园中雕塑作品，以现代、精粹、互动、发展为主题，其设计从视角、空间、尺度以及整体构思立意，都与园林环境有机地融为一体，从而彰显出创作理念的国际性、生态性和文化性。因此，游览其间，不仅能欣赏到优美的园林环境，更能感受到高层次的雕塑艺术带来的文化冲击(图 8-235 至图 8-238)。

图 8-235　公园雕塑作品——高原牧歌(中国)

图 8-236　公园雕塑作品——飞跃(日本)

图 8-237　公园雕塑作品——梦的支撑(法国)

图 8-238　公园雕塑作品——和平太空舞(美国)

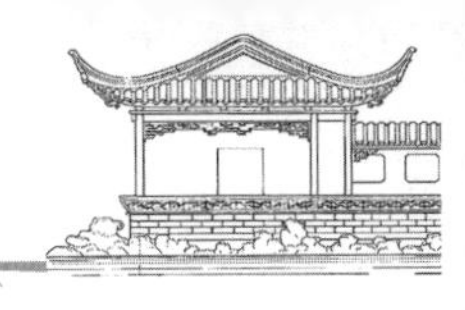

2. 公园总体构思布局

北京国际雕塑公园整体分为东、中、西三个部分，即东部的雕塑展示区、中部的娱乐活动区和西部的游览休憩区，总体布局形式为混合式，中东部为规则式，西部为自然式(图 8-239)。

东部雕塑展示区主要收藏和展示国内外雕塑艺术家的作品，采用规则轴线式布局，南北为主轴线，东西为副轴线，主轴从北到南设置北门广场、大型雕塑水景广场、大型下沉式花坛群、主题艺术展览馆、大型倒影池和南门广场。副轴与主轴垂直，两轴相交于下沉式花坛群，轴线两端是东门广场和涌泉水池。国内外艺术家造型各异的雕塑作品与草坪、花坛、水池、广场、建筑等各类园林空间环境有机结合，相得益彰，尽显现代人文艺术气息。

中部娱乐活动区主要为公园开展大型艺术展演活动以及儿童娱乐活动提供开敞空间，同时作为应急避难场所，整体布局亦采用规则式。由于雕塑园中街从中部横跨公园南北，因此规划设置下穿式步行通道连接公园东西部，并设计成艺术长廊形式。另外，中部还设置有停车场以及游客服务中心。

西部游览休憩区主要为广大游客创造一个适合户外休息交流、欣赏自然景色，并体验到乡野田园逸趣的绿色公共空间。采用自然式布局，以水体为中心，布置大面积草坪、树林、树丛等植被景观。

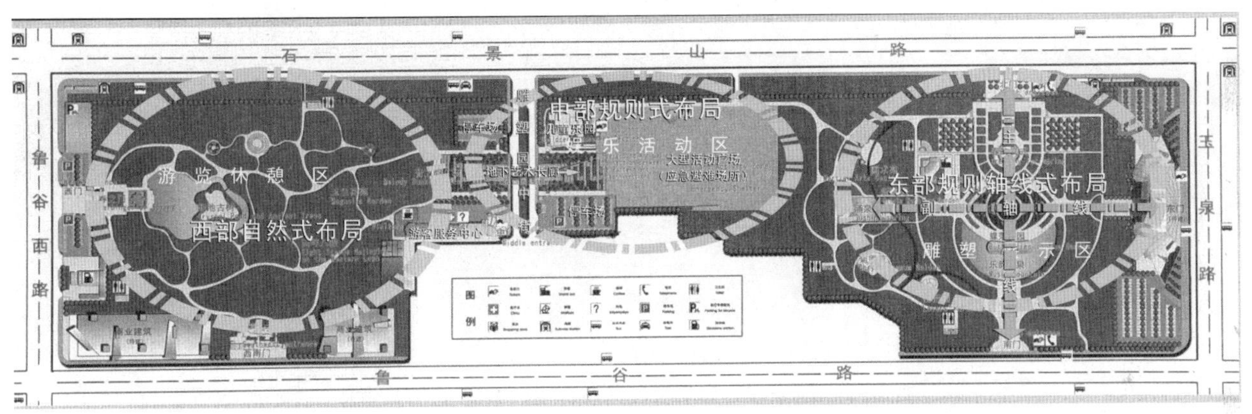

图 8-239　北京国际雕塑公园总体布局结构图

3. 专项规划设计

1) 出入口与道路交通设计

北京国际雕塑公园规模较大且四面临路，因此，在不同方向设置了东门、南门、西门、北门、西南门以及中门共 6 个出入口方便游客进出。另外，在南门东侧和西部园区北侧设置了 2 个次出入口，中部大型活动广场北侧设置了 1 个专用出入口。

公园道路设计分为三级，即主路、支路和小路(游步道)，另外还设有 2 条健身步道和 6 处停车场(图 8-240)。主路联系公园各个出入口以及功能区主要景观空间和景点，主要出入口内外设置集散广场；支路联系主路与功能区内局部景观空间和景点，小路(游步道)深入各个景点和休憩空间；健身步道位于东部园区，采用流畅的弧线形设计和醒目的红色塑胶路面，并在道路两侧边缘设计有灯带，既方便夜间游客锻炼使用，又装饰美化了公园夜景(图 8-241)；停车场主要设置于东门和西门两侧以及雕塑园中街两侧，方便游客停车。

2) 竖向与水景设计

北京国际雕塑公园大部分区域地形较为平坦开阔，局部结合人工水池、下沉式花坛、露岩坡地、广场台地以及湖岛等景观设计，创造公园局部空间的竖向景观变化。水景设计主要分为两部分，东部结合总体布局形式和雕塑艺术展示，设置 3 个规则形人工水池景观——位于主轴的“春的仪式”雕塑喷泉水池、“乐韵喷泉”月牙形喷泉水池和位于副轴西端的“涌泉”水池，三个水景的共同特点是动静结合，且皆有“泉”景，与地域背景环境相契合。西部设计为自

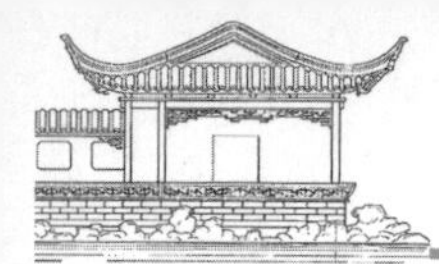

然式中心湖，湖心设岛，湖为公园地势最低处和雨水汇聚中心，不仅可以收集利用雨水，同时也为公园创造了一处富有变化的水域景观（图 8-242、图 8-243）。

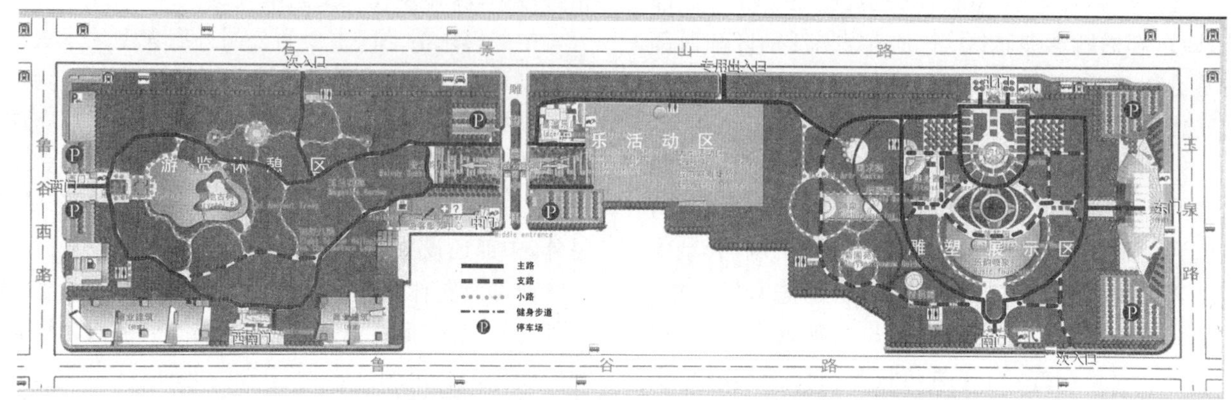

图 8-240　北京国际雕塑公园道路交通规划图

图 8-241　北京国际雕塑公园园路（主路、小道、健身步道）

图 8-242　北京国际雕塑公园水景——音韵喷泉

图 8-243　北京国际雕塑公园水景——西园湖景

3）景点规划布局

北京国际雕塑公园不仅收藏和展示丰富的雕塑艺术作品，还结合雕塑艺术和园林环境设置了 18 个景点，即东部园区的“春的仪式、树阵广场、蝶落花园、音韵喷泉、健身广场、涌泉池、国术苑、听鹂苑、情侣园、菊圃苑”，中部园区的“儿童乐园、艺术长廊、音之韵广场”，西部园区的“玉兰花苑、明池古树、西坪八骏、森林小憩、春之门”（图 8-244）。

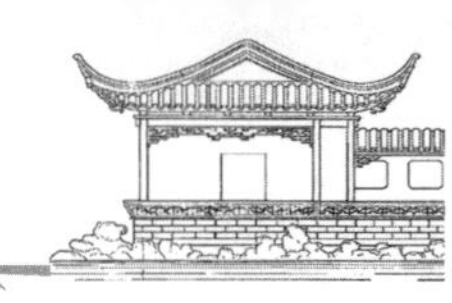

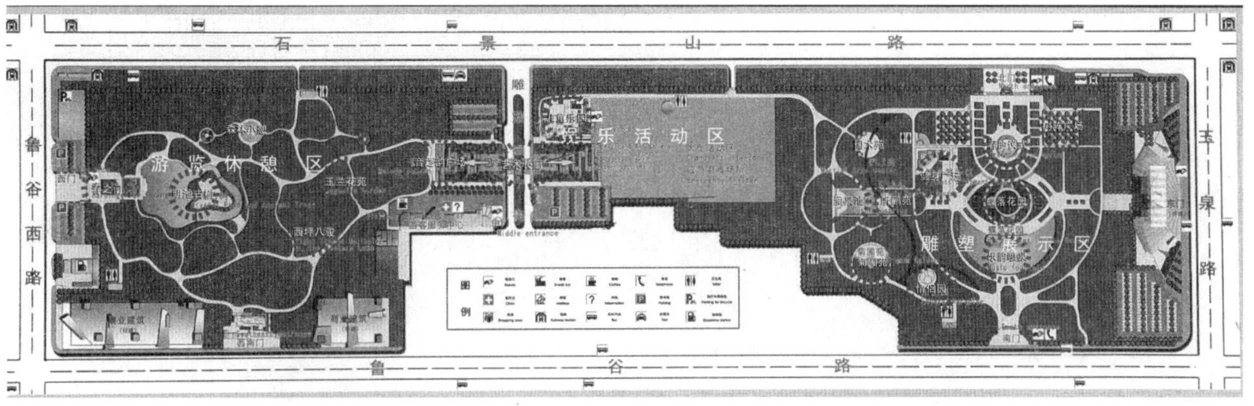

图 8-244　北京国际雕塑公园景点规划布局图

4)植物景观设计

北京国际雕塑公园植物景观设计类型多样，植物种类丰富，且以乡土植物为主（如槐树、柳树、白杨、油松、白皮松、银杏、侧柏、合欢、碧桃、小檗、大叶黄杨、铺地柏等）。东部园区结合规则式布局，设计以大型下沉式花坛群为中心，并沿轴线延伸布置几何式规则花坛，或以草坪为基底，布置草花、白石图案纹样，或全部满植草花，展现宏大的园林花卉艺术景观，从而衬托公园雕塑艺术主题氛围（图 8-245）。除花坛外，公园还结合局部环境布置花丛、花境、花带等其他花卉景观。树木景观主要设计有列植树（包括主路行道树、广场树阵、花坛列植树等）、树林、林带、树丛、灌木地被以及富有动感的波浪形彩色灌木模纹等（图 8-246、图 8-247）。草坪景观作为公园的绿化基底遍布全园，采用具有一定耐阴特性的冷季型禾草，为公园增添四季绿色。西部园区植物景观设计以自然式的树林、疏林草地以及乔灌结合的树木群落景观为主，局部保留或栽植大规格的树木，形成具有一定历史沧桑感的自然风景（图 8-248）。

图 8-245　北京国际雕塑公园主轴花坛与下沉花坛群

图 8-246　北京国际雕塑公园植物景观——雪松、槐树林带

图 8-247　北京国际雕塑公园植物景观——铺地柏地被、彩色灌木模纹

图 8-248　北京国际雕塑公园植物景观——树林草地与水岸植物、湖滨树林与湖心岛古树

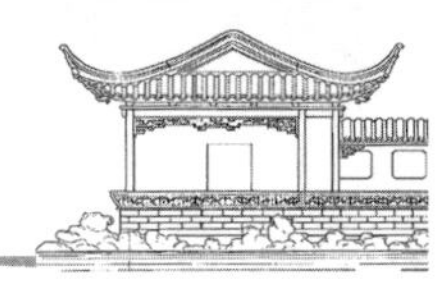

5)建筑与小品设施设计

北京国际雕塑公园建筑与小品设施设计结合功能性与艺术性，部分建筑设计更是蕴含了雕塑艺术的主题思想。如主题建筑——艺术展览馆，采用极具现代风格特色的张拉膜钢结构，造型仿佛是一座巨型雕塑——一只展开洁白翅膀的蝴蝶，停留于百花丛中，与“蝶落花坛”大型花坛群相呼应，具有较强的艺术感染力(图 8-249)。南大门中部景墙设计则直接与雕塑作品相结合，题名为“条码的启示”，实现了景墙功能性与雕塑艺术性的完美结合(图 8-250)。

其他休憩与服务建筑小品、设施的设计也是别具特色，如张拉膜结构的组合休息凉亭仿佛为游客撑起的一组大伞，台地广场上的单排柱钢木结构休息廊架轻巧中又透出稳重感，售卖亭则造型简洁实用(图 8-251)，儿童活动设施采用高品质的乐普森组合式游乐设施，地面设计为人工草坪，儿童坐凳尺度适宜，休憩小广场上的坐椅围树而设，为游客白天休息创造阴凉环境，石材坐凳无棱角处理等，较好地体现了人性化的设计理念(图 8-252)。

图 8-249　北京国际雕塑公园主体建筑——艺术展览馆

图 8-250　北京国际雕塑公园景观建筑——南大门雕塑景墙

图 8-251　北京国际雕塑公园建筑小品——张拉膜亭、廊架、售卖亭

图 8-252　北京国际雕塑公园儿童娱乐及休憩设施

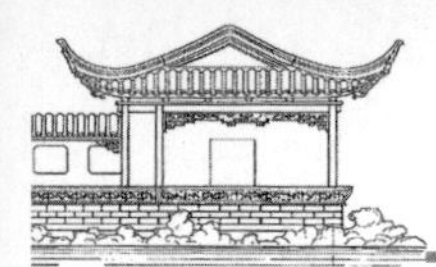

4. 设计特色和改进之处

(1)雕塑作品与园林景观环境的有机结合如雕塑作品“童泉”中，巴西艺术家莱斯·蓓乐春将儿童提桶、钓鱼、抓蟹、戏蛙等各种亲近自然的生活状态表现在水池环境中，艺术地再现了天真无邪的童年幸福时光。还有将草坪寓意大海的鲸鱼雕塑，作品与环境浑然一体(图 8-253)。

图 8-253　北京国际雕塑公园雕塑作品——童泉

(2)公园东西部通过地下通道的连接设计，并结合公园主题，设计为展示艺术作品的艺术长廊，进一步丰富了公园的景观内涵和艺术氛围，同时使公园保持了较好的整体性，又方便游客游览。

(3)公园中部的娱乐活动区空间过于空旷，景观内容也显得单调，设计有待进一步改进。

八、南京青奥体育公园

1. 公园基本概况

南京青奥体育公园位于南京市江北新区纬七路过江隧道出口以南，用地范围东至康华路、南至滨江大道、西至城南河路、北至横江大道，城南河穿其间使之分为南、北两个地块，由景观桥连接。项目总用地面积约 101 hm^2，其中体育建设用地约 56.4 hm^2，是 2014 年南京青奥会唯一新建场馆，青奥会的橄榄球、曲棍球、小轮车、沙滩排球四个比赛项目曾在此举行。青奥体育公园主要建设内容为“三个综合体”和“一桥一带”，北地块包含体育场馆综合体(即体育中心)，南地块包含青奥赛场综合体和健身休闲综合体，一桥指连接南、北地块城南河景观桥，一带指城南河滨水风光带(图 8-254 至图 8-258)。

南京青奥体育公园是江北最大的体育中心，可以为江北市民提供一流的运动休闲设施。同时，该公园也是南京唯一的市级体育中心。青奥体育公园已配备公交、社会停车场，以满足市民前来观看比赛和休闲健身等交通方面的需要。

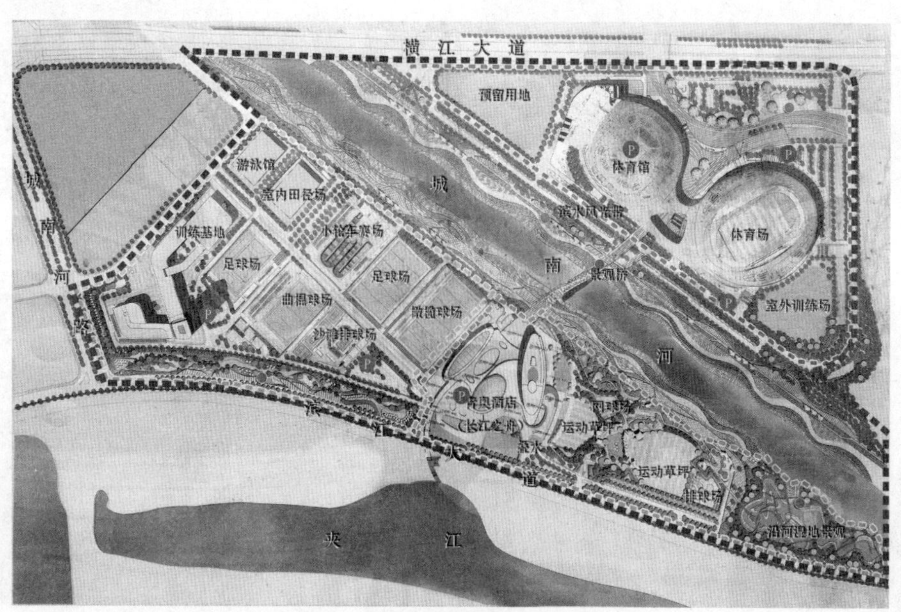

图 8-254　南京青奥体育公园总平面图

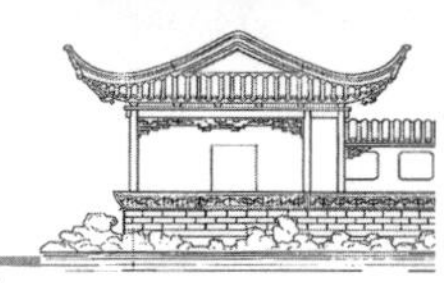

图 8-255 南京青奥体育公园整体鸟瞰图

图 8-256 城南河景观桥

图 8-257 体育场馆综合体(体育中心)

图 8-258 青奥赛场综合体

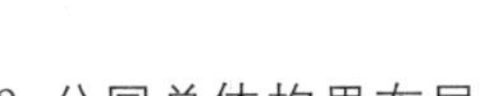

2.公园总体构思布局

1)功能分区

南京青奥体育公园整体以城南河为界分为南、北两部分,即北部的体育场馆综合体(体育中心)、南部的青奥赛场综合体和健身休闲综合体,中间是城南河滨水风光带。总体布局形式为混合式,南部的青奥赛场综合体和中部的滨水风光带为规则式,南部的健身休闲综合体以及城南河滨水风光带为自然式。公园总体规划设置六大功能区,即中心场馆区、赛事场馆区、酒店服务区、运动健身区、休闲游憩区和综合管理区(图 8-259)。

中心场馆区位于城南河以北,包括体育场馆综合体(体育中心)和室外训练场,其中体育场馆综合体(体育中心)由体育馆与体育场组成。体育馆为特大型体育馆,占地 79 404 m^2,地上六层,地下一层(停车场、训练馆),具备演艺、休闲、商演、会展等复合功能;体育场占地 32 570 m^2,地上五层,中心场地可做标准英式橄榄球场或足球场,均配有无障碍设备。室外训练场由大量的乔木围合,为运动员们提供景色优美且健康有氧的训练休息环境。

赛事场馆区位于城南河以南,主要是比赛场地和热身区。其中橄榄球场、曲棍球场、小轮车赛场、沙滩排球场曾用作 2014 年青奥会的比赛场地,除此之外还有足球场、游泳馆、室内田径场等。

酒店服务区位于城南河以南,赛事场馆区的东侧,主要建设内容为“长江之舟”青奥酒店及其配套环境设施。青奥会赛事期间兼具办公区、新闻中心、指挥大厅等功能。优美的绿地穿插于片区之间,营造出合理的服务空间景观。

运动健身区位于酒店服务区东侧,主要设有网球场、排球场、运动草坪、休闲小广场等,为人们提供了休闲锻炼的好去处。

休闲游憩区主要分布在城南河滨水区以及以公园东北中心场馆主出入口附近和西南滨江大道内侧。城南河滨水区主要建设沿河两岸休闲景观带和东部南岸沿河湿地景观,集公众休闲观光、生态修复

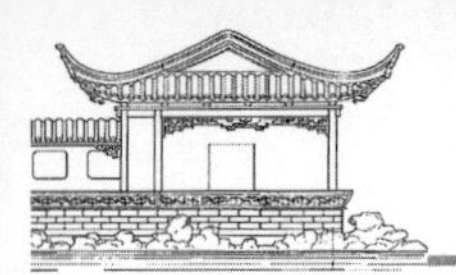

与保护、动物栖息等功能于一体。中部的城南河滨水景观带也构成一大休闲景观区，不仅河堤两侧设有绿化带，而且堤下也种植水生植物以丰富景观类型，市民可以在这里骑自行车、垂钓、野餐等，是宜人的生态休闲景观空间。沿滨江大道休闲景观带主要内容包括杉林景观、花带景观以及配套的休闲健身器材等。东北中心场馆主出入口附近开阔的草地、层次丰富的植物景观以及休憩亭等为人们提供一个休闲活动空间。

综合管理区位于整个公园的西南部，主要内容为管理与训练中心大楼及其配套设施环境，为办公人员和运动员们提供一个方便舒适的环境。

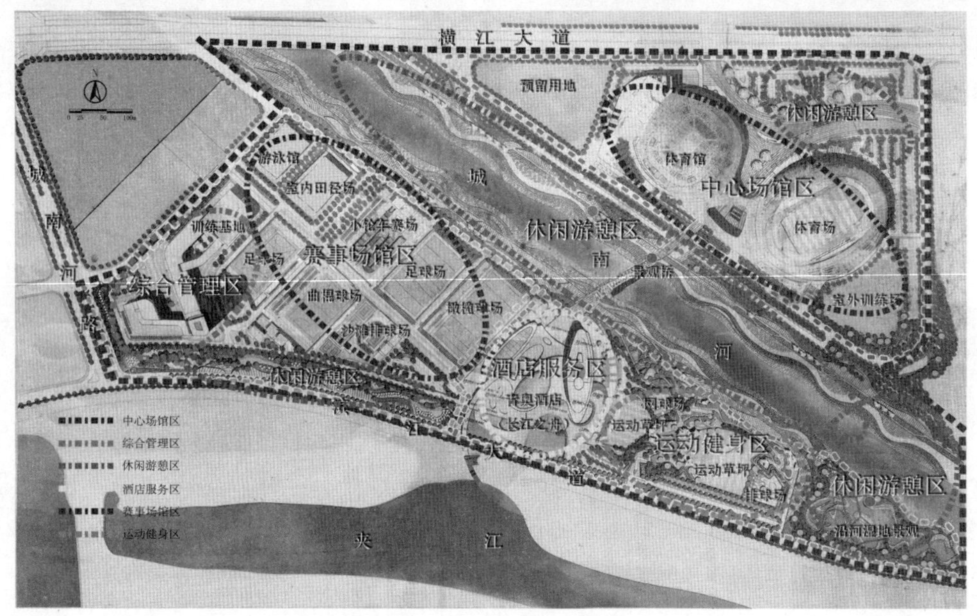

图 8-259　南京青奥体育公园功能分区图

2)景点布局

南京青奥体育公园不仅拥有各大专业体育场馆设施，还结合建筑、设施、水系、植被景观、雕塑小品等设置了多个景点，即“滨水风光带、休闲景观带、空中跌水、彩虹大道、几何雕塑、健身乐园、河滨湿地、景观桥”等(图 8-260)。

3. 专项规划设计

1)出入口与道路交通设计

南京青奥体育公园因城南河穿过而分为南、北两个场地，所以两个场地分别设置了出入口。北边场地共设置 2 个主要出入口，分别位于场地北侧和东侧，北侧为主出入口，位于横江大道上，东侧为次出入口，也是体育场的专用出入口，平时人流量相对较小，但举办赛事时可作为安全通道。南边场地面积较大，共设置 6 个出入口，西侧迎宾路上的两个出入口为主出入口；南侧滨江大道上设有 4 个出入口，其中一个为主要出入口，通向运动健身区，其余 3 个为次出入口；另外，针对青奥会比赛期间人流量突增情况，在北侧青奥北路上有 4 个出入口为赛时专用出入口，赛后封闭。主要出入口内外设置集散广场。

公园道路设计分为三级，即主路、支路和小路(游步道)，另外还设有 6 处停车场。主路联系公园各个出入口、各功能区及主要场馆、停车场；支路联系主路与功能区内场地和景点，部分支路兼做运动员训练时的跑步道；小路(游步道)深入各个场地、景点和休憩空间。停车场分地上与地下两种，体育馆与青奥酒店负一层为地下停车场，地上停车场位于主出入口附近以及主路两侧(图 8-261 至图 8-264)。赛事场馆区的主路一侧步行道地面涂有彩色色带，仿佛雨后彩虹落地，所以此段主路又称“彩虹大道”。

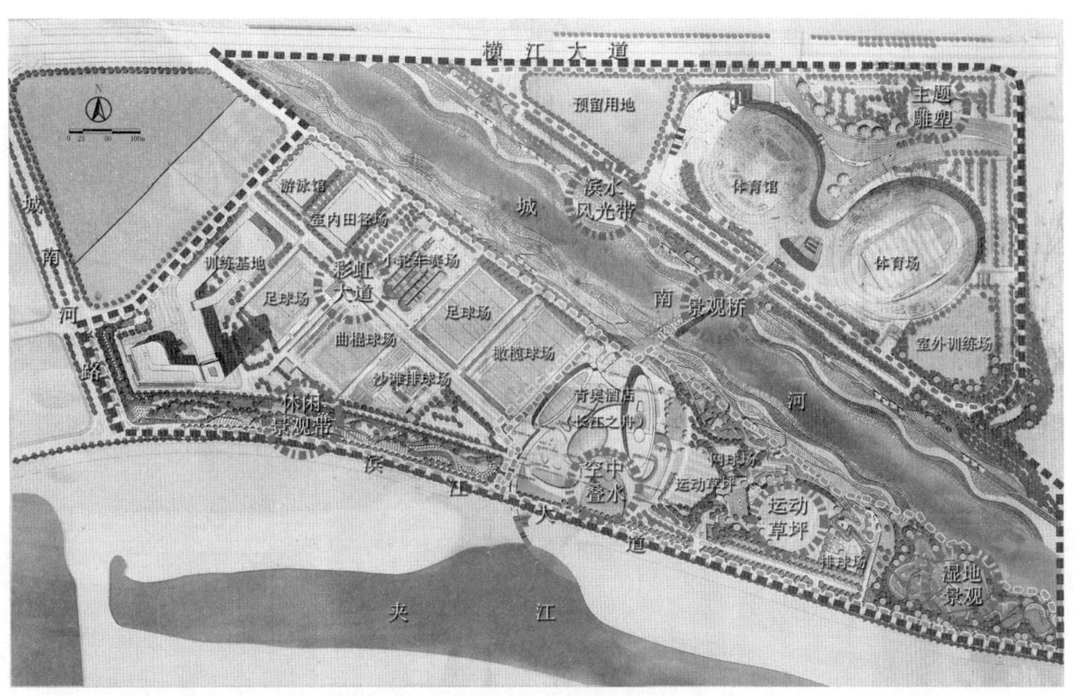

图 8-260　南京青奥体育公园景点布局图

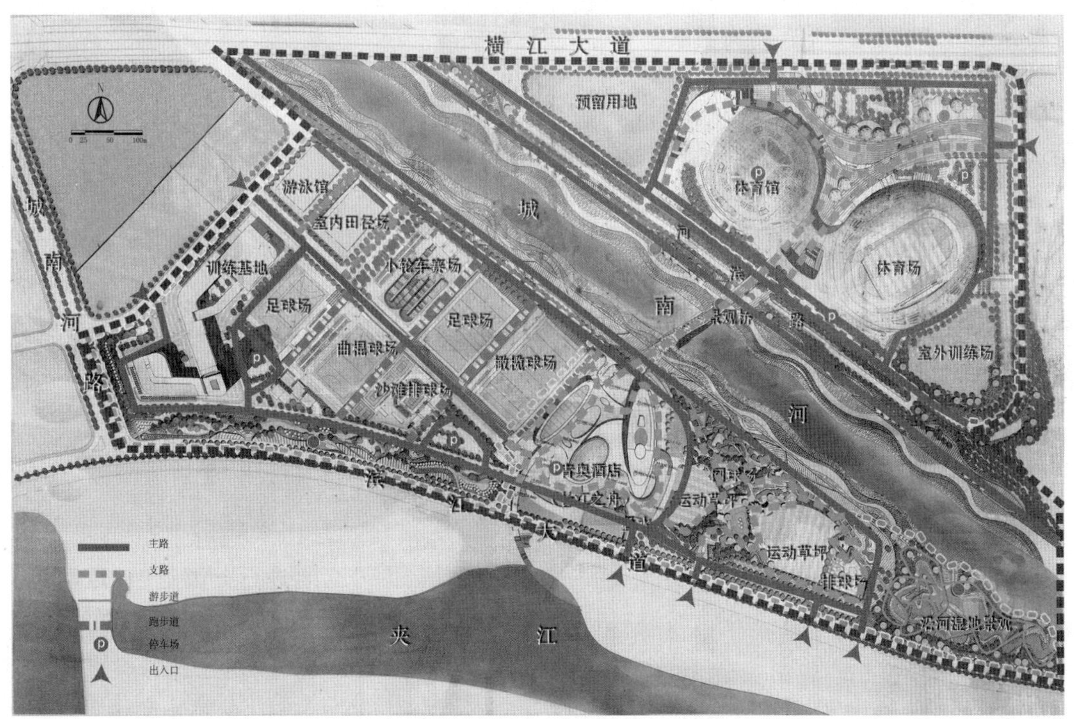

图 8-261　南京青奥公园道路交通规划图

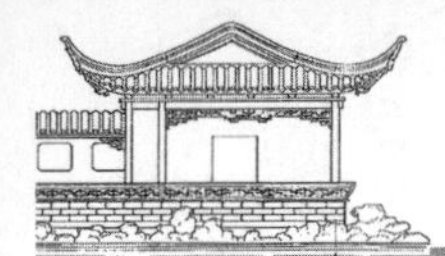

北侧主出入口

西侧主出入口 1

西侧主出入口 2

图 8-262　南京青奥公园主出入口

图 8-263　南京青奥体育公园主路、支路和跑步道

图 8-264　南京青奥体育公园地上、地下停车场

2)竖向与水景设计

南京青奥体育公园总体上地形平坦,局部根据功能需求创造地形,如位于小轮车赛场、休闲游憩区以及运动健身区。小轮车赛场根据比赛需要人工打造了波浪状的起伏地形;公园南侧的景观休闲区设计了坡地和微地形,丰富了景观层次,也进一步将公园场地与园外交通进行分离遮挡;运动健身区多数为平坦的运动场地和草坪,局部设有下沉式广场。水景主要有城南河水系、河滨湿地以及"长江之舟"酒店前庭大型人工叠水景观。城南河北侧护坡为铺砌护坡,南侧护坡为草坪护坡,河中建有几何形状的种植浮床(图 8-265、图 8-266、图 8-271)。

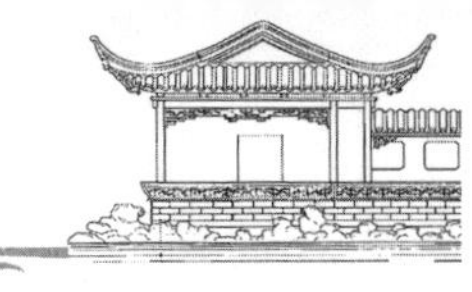

图 8-265 小轮车赛场波浪起伏的赛道

图 8-266 南部休闲景观带微地形

3)植物景观设计

南京青奥体育公园植物景观设计类型多样、层次丰富、乔灌草结合。其植物景观类型主要包括行道树、植篱、花带、树林、树丛、造型树(灌木球)、草坪以及水上花境、湿地水生植被等。城南河以北的中心场馆区主要为场馆建筑及道路交通环境绿化,采用规则式种植,沿主路设置香樟和银杏作为行道树,结合灌木球形成道路两侧绿带景观;主入口东侧绿地以乔木结合灌木球树群为背景,前景设计成以雕塑为中心的开阔草坪景观;停车场采用规整乔木树列,形成一定遮阳效果。

城南河以南的赛事场馆区也主要为规则式种植,以赛场周边道路绿化为主,植物选择较为统一,修剪整齐;橄榄球场、曲棍球场、足球训练场等均铺设运动草坪。综合管理区以建筑及庭院环境绿化为主,入口前庭结合旗台设计为空旷草坪,大楼周围种植香樟、榉树以及八角金盘、洒金桃叶珊瑚等低矮耐阴植物,局部设计乔灌木树丛景观。南侧沿滨江大道休闲游憩区以乔木林带景观为主,局部种植花带,层次鲜明,增加景观效果。健身休闲综合体为自然式种植,除满足运动功能的开阔大草坪外,其他植物造景结合具体场地和设施环境,植物种类丰富,营造多样化的运动休闲环境景观(图 8-267 至图 8-271)。

城南河大堤道路两侧多为规则式植篱和行道树,河南岸采用草坪自然式护坡,北岸为硬质驳岸,水岸边种植水生植物,河道中部水面设置几何形种植浮床,选种水生美人蕉与水生鸢尾。

图 8-267 赛事场馆区香樟行道树与红花檵木植篱、酒店服务区银杏行道树与灌木球

图 8-268　闲游憩区林带与花卉景观

图 8-269　训练中心大楼及停车场附近环境绿化景观

图 8-270　赛事场馆区球场草坪和管理区前庭景观草坪

图 8-271　城南河水生植物浮床

4)建筑与小品设施设计

南京青奥体育公园建筑与小品设施设计兼具实用功能性与审美艺术性。建筑主要有四个,分别是体育中心、“长江之舟”青奥酒店、训练基地综合楼以及连接南、北的景观桥。体育中心是体育馆和体育场连体组合建筑,其中体育馆为特大型甲级体育建筑,可以满足全国性和单项国际比赛,也可承办NBA篮球比赛;体育场也是甲级体育场,拥有看台座位17 947座,也足以承接全国性和单项国际比赛(图8-257)。“长江之舟”青奥酒店是一座五星级酒店,赛时兼备会议、会展功能。体育中心与“长江之舟”青奥酒店造型设计独特,体育中心酷似一只展翅的“江鸥”,“长江之舟”青奥酒店宛如两艘航行于大江之中的“邮轮”,两者共同体现了“长江水阔浪逐流,笛伴鸥鸣送远舟”的意境(图8-272)。

图 8-272　南京青奥体育公园“长江之舟”青奥酒店

横跨城南河的景观桥造型别致,似江浪翻滚,高度6～12 m,外部色彩以白色为主,内部则是橘红色,桥面两侧是人行道,中间为红色塑胶跑道。景观桥绚丽色彩和造型为公园平添了一道靓丽的风景(图8-273)。体育中心、“长江之舟”青奥酒店和景观桥这三个造型别致的建筑成为公园以及江北新区代表性地标建筑。

图 8-273　南京青奥体育公园景观桥

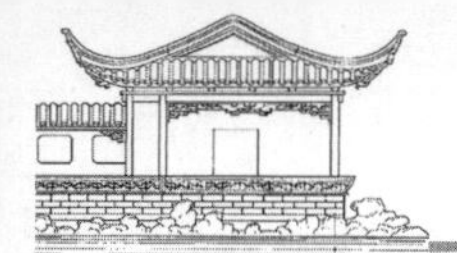

训练基地综合楼建筑面积约87 000 m^2，兼具室内田径训练房、游泳馆、射击馆、教学楼、食堂等多项功能，赛时作为赛事用房及新闻中心，赛后成为奥林匹克教学培训基地(图8-274)。

图8-274　南京青奥体育公园训练中心大楼

其他建筑小品设施的设计也同样既简洁实用又颇具艺术性，如彩虹大道上的张拉膜结构组合休息亭宛若撑开的雨伞，置身亭下仿佛给人雨过天晴、彩虹满天的美好心境。“S”形的坐凳不仅满足坐息需求和象征运动，也为规整的体育场地增添一份活泼与灵动。由金属球体组合而成的主题雕塑颇具现代气息，并预示了个体与整体的关系，象征团结、奋进的体育精神(图8-275)。

4.设计特色和改进之处

(1)建筑设计是全园一大特色，城南河景观桥造型新颖独特；“江鸥”形状的体育中心与“长江之舟”青奥酒店遥相呼应，不仅造型别致更独具内涵；这些建筑不仅造型美观大方，而且体育中心及青奥酒店工程更是获评国家住房和城乡建设部“绿色施工科技示范工程”，创新应用各项绿色施工新技术如BIM信息模型应用技术、3D模型打印技术等。

(2)公园道路设计实行人车分流，车辆进入后直接驶入最近的停车场，特别在赛时面对较大的人流量，也能做到安全高效。

(3)公园植物造景设计有待进一步改进。如“长江之舟”青奥酒店停车场旁开阔地带大面积种植喜阴的洒金桃叶珊瑚，虽有银杏行道树，但银杏枝叶稀疏，遮阳不足，导致桃叶珊瑚生长不良。

图8-275　南京青奥体育公园景观小品——张拉膜亭、“S”形坐凳、主题雕塑

九、重庆帅馆后山红色公园

1.公园基本概况

帅馆后山红色公园是为聂荣臻元帅陈列馆配套建设的纪念公园，它位于重庆市江津区西部城郊，背倚青山，交通便利，距重庆市区43 km，由高速公路、一级公路相连，面临长江。公园占地约246亩。

公园以山高水长为主题，寓意聂帅的丰功伟绩如高山一样伟大、如流水一样长流。整个园子以“一个主题、两条暗线和六颗珍珠(特色园)”为主线，将励志园、山河园、星弹园、春风园、松柏园、仰止园六个主题的公园串联起来，游人在不同的园子游览，感受一代元帅的英雄事迹，起到爱国主义教育目的(图8-276、图8-277)。

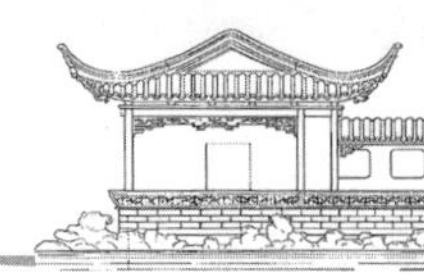

图 8-276　红色公园总平面图

图 8-277　红色公园鸟瞰图

2.现状分析

现场有大片的果树用地，植物品种单一，缺乏层次感，有部分名贵树种。有大面积的坡地，且水土流失严重。设计充分利用地形和现状的资源条件，做到尽量不破坏场地现状的情况下，补充部分植物，增加场地的纪念文化的属性(图 8-278)。

3.空间布局分析

主入口在陈列馆的前广场，沿着主干道结合场地的地形依次布置各个主题公园和景点，呈叙事性的空间序列，穿插一些功能型建筑景观(图 8-279)。

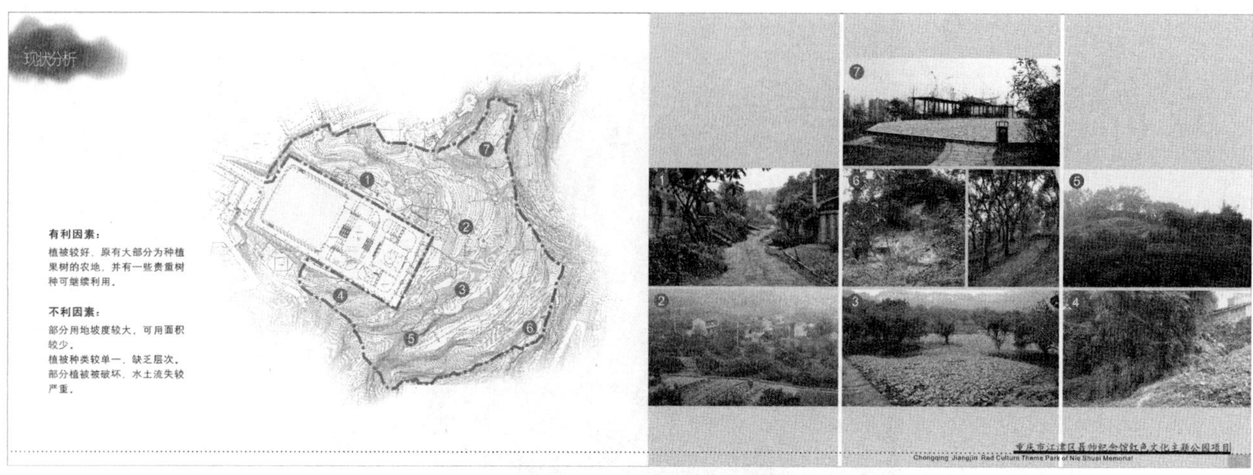

图 8-278　红色公园现状分析图

规划结构图

主体段落							
景区	入口广场： 由停车场和山高水长观景广场两部分组成。	励志园： 以聂帅少年时期警句为主，以在法国宣誓墙宣誓结束。	山河园： 以聂帅抗战时期和解放战争时期的题词为主。	星弹园： 展示聂帅对科学技术和科技强军强国方面的思想，及"两弹一星"对国家的主要贡献。	春风园： 主要展示聂帅一生对教育工作的关心，及对青少年和军队的关怀。	松柏园： 主要展示聂帅晚年对祖国和平统一，及未来发展的期许。	仰止园： 主要展示党和国家领导人对聂帅的缅怀，是聂帅道德情操的升华。
主要阐释	用青石堆叠，曲水游走的形式体现山高水长的主题。	以甲板形状的木平台及波纹叠石铺装隐喻聂帅青少年时期漂洋过海法国留学。	通过如履薄冰，战壕，尖刀广场，太行石等，以再现战争时期的危险局势。	道路，草地，木平台等形成一个像火箭发射器一样的塔状，加上两个星形广场组成星弹园。	主要通过大面积花带，表现出在聂帅的关心下，青少年及年轻的战士们像花一样如沐春风，迎着朝阳，努力向上。		利用原有石壁，及在整个园区的最高点体现高山仰止的主题。

图 8-279　红色公园空间结构图

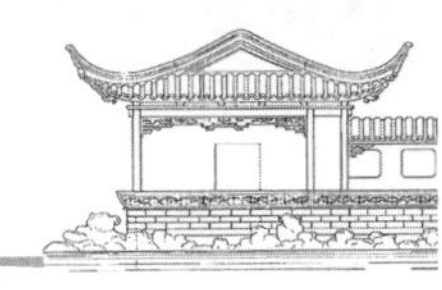

4.专项规划设计

1)道路交通规划

道路主要分观光车道、游览步道。观光车道串联各个区域,宽度 5.0～5.5 m;游览步道分两级,供步行游览,主游览步道宽 1.8 m,次游览步道宽 1.0～1.2 m,延伸到局部景观空间(图 8-280)。

2)竖向规划

公园竖向规划以现状地形标高为基础,自然山地标高基本保持不变,结合道路、场地和景观节点功能要求,适当调整局部场地标高(图 8-281)。

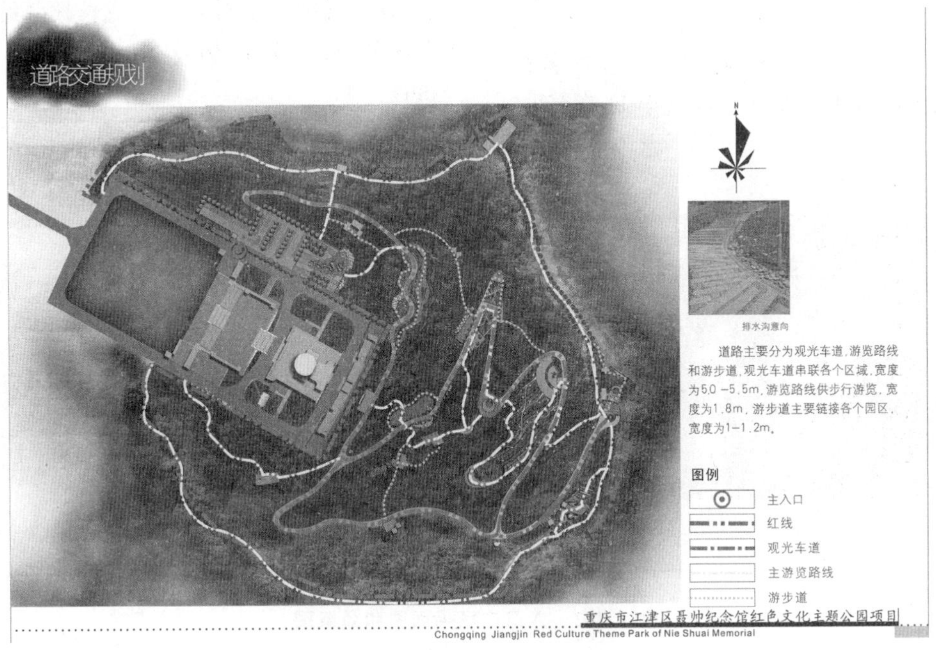

图 8-280　红色公园道路规划图

图 8-281　红色公园竖向规划图

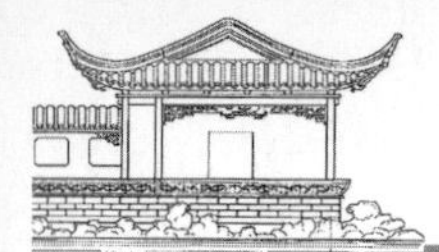

3)景观节点规划与创意设计

(1)入口广场　位于帅馆西北侧，主要设置停车场和“山高水长”山水叠石主题景观(图 8-282)。

(2)励志园　位于帅馆东北侧，游览车道两旁设置石刻、景墙、廊架、竹海花带等主题景观(图 8-283)。

(3)山河园　位于帅馆东侧，主要设置景名石、石刻、汀步、雕塑、战壕草地、公共卫生间等(图 8-284)。

(4)星弹园　位于帅馆东北半山腰，主要以卫星火箭为主题，设置景名石、西昌石阵、星主题广场雕塑、火箭雕塑等(图 8-285)。

(5)春风园　位于帅馆东侧半山腰，以春风为主题，展现聂帅一生对青少年成长教育的关心，主要设置景名石、景墙、广场、花海小径、玻璃雕刻等(图 8-286)。

图 8-282　入口广场平面图和效果图

图 8-283　励志园平面图和效果图

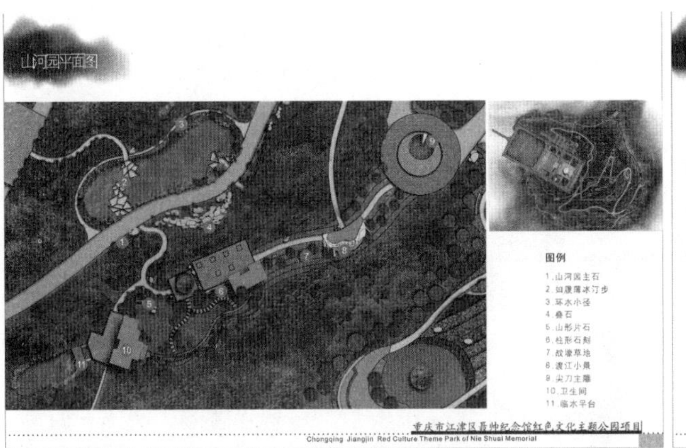

图 8-284　山河园平面图和效果图

图 8-285　星弹园平面图和效果图

图 8-286　春风园平面图和效果图

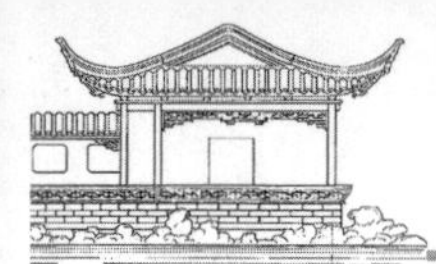

(6)松柏园　位于公园东侧，主要以石刻、景墙、书画廊等形式展现聂帅晚年的书法作品和题词，并设置公共卫生间等功能性建筑(图 8-287)。

(7)仰止园　位于公园东侧顶部边缘，主要用山形片石、石壁刻写国家领导人和军队将领对聂帅敬仰的词句，寓意“高山仰止”(图 8-288)。

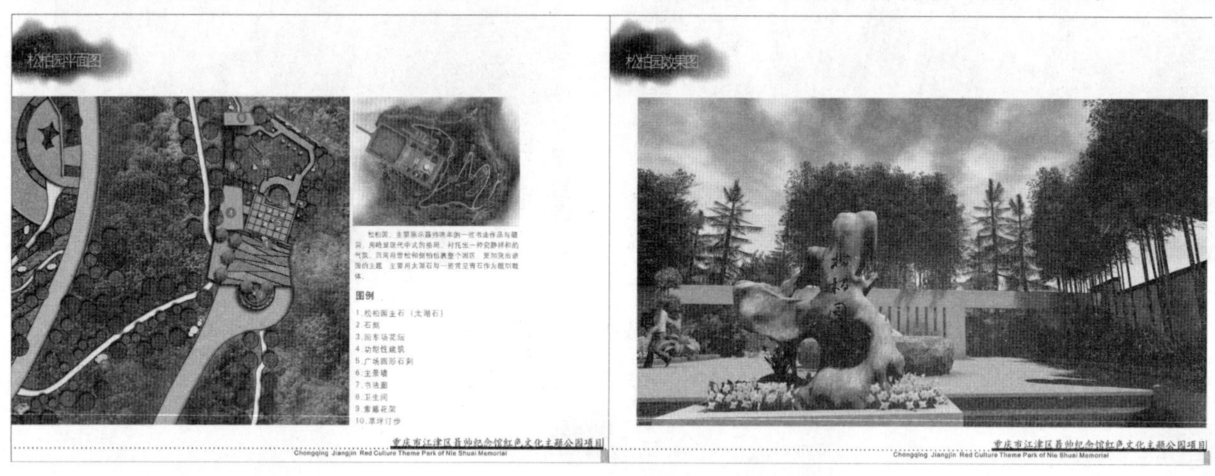

图 8-287　松柏园平面图和效果图

图 8-288　仰止园平面图和效果图

4)植物景观设计

在保留场地的原有植物的基础上，种植根系发达的“保土”植物，以及景观特色丰富的“多维”植物。并坚持六项原则对七个主要节点进行植物景观设计(图 8-289)。

5)设施小品设计

服务设施和小品设计在满足功能的前提下，在造型、色彩和质感等方面与整体的风格协调统一(图 8-290)。

5.优点与不足

本方案在尊重场地的文脉和艺术美学及情感体验的原则基础上，结合场地的现状和聂荣臻元帅的英雄事迹，利用多种设计手法将景点布置在合适的节点。让游客在游览的过程中更加深刻地感受和体会一代元帅的光辉形象。在景观的空间序列、功能布置、节点设计和植物造景等方面都有一些可取之处。在交通和竖向上的设计还有待结合场地和景观的要素和功能更细致地考虑。主题的升华和提取有待更加简洁和统一。

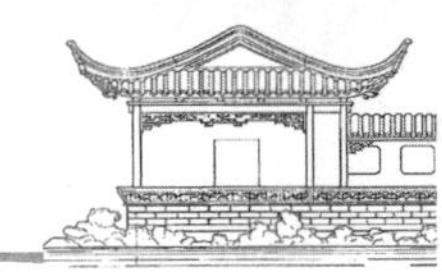

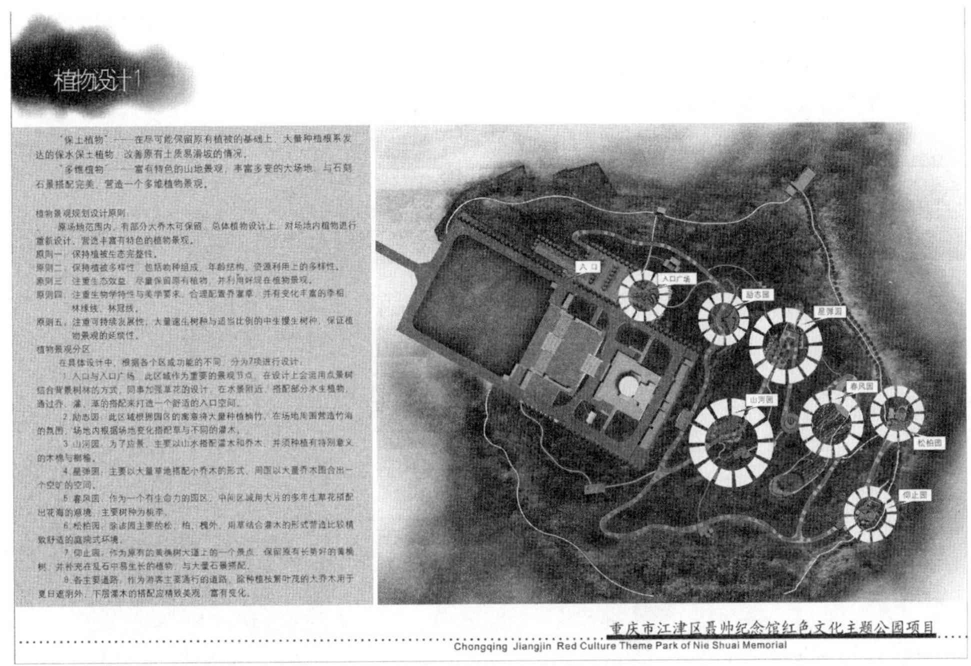

图 8-289 植物设计布局图

图 8-290 服务设施布局图

十、长沙市洋湖湿地公园

1. 基本概况

2007 年 12 月，长株潭获批国家"两型社会"建设综合配套改革实验区，长沙市作出了建设长沙大河西先导区的决策，将其规划为规划区、核心区、起步区三个层级，而洋湖湿地公园就处于规划的起步区之中。随着人们回归自然的需求日益增大，且杭州西溪湿地、绍兴镜湖湿地、香港米埔湿地公园等一大批城市湿地公园的成功，印证了建设长沙洋湖湿地公园的必然性。

长沙市地处湘东北，北控荆豫，南引黔粤，是中西部地区的区域性中心城市、长株潭城市群的核心城市与泛珠三角区域的增长极核型中心城市。洋湖垸地处长株潭城市群的西北部，隶属湖南省长沙市，是长株潭城市群两型社会试验区中长沙大河西先导

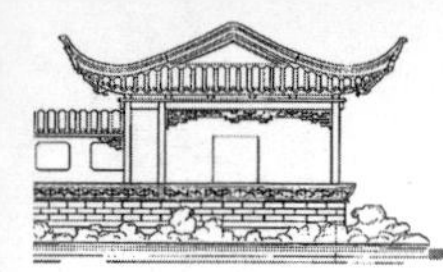

区规划的近期重点建设地区。湿地公园位于洋湖垸的中心地区，规划总用地面积约 460 hm^2。公园距岳麓山风景名胜区约 5.5 km，距湘潭市 40 km、株洲市 58 km。通过坪塘大道与长沙市二环线、三环线进行无缝对接，市民可以方便地进入公园（图 8-291、图 8-292）。

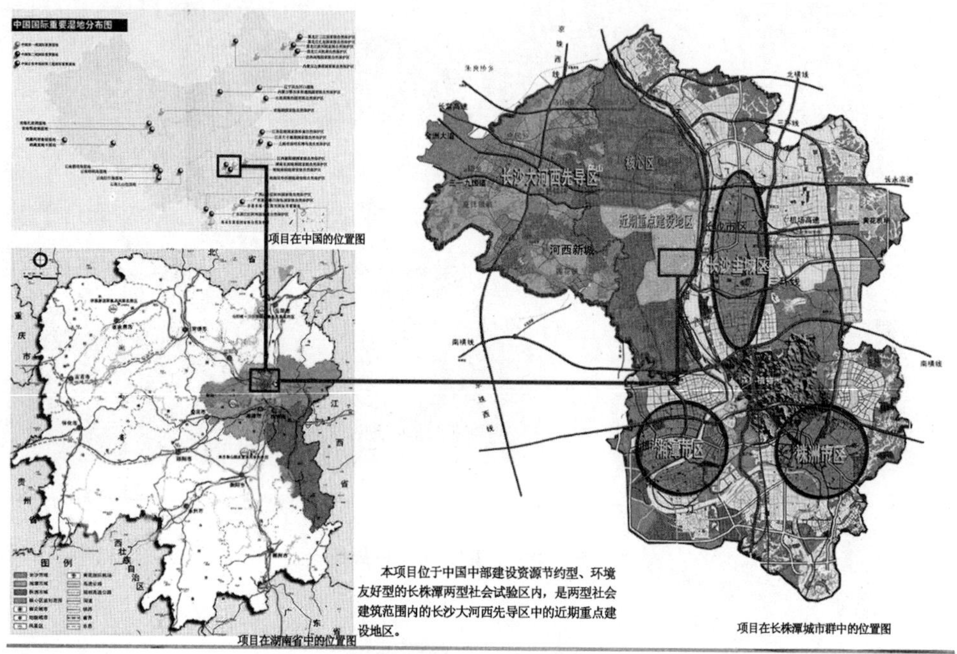

图 8-291　区位分析图（一）

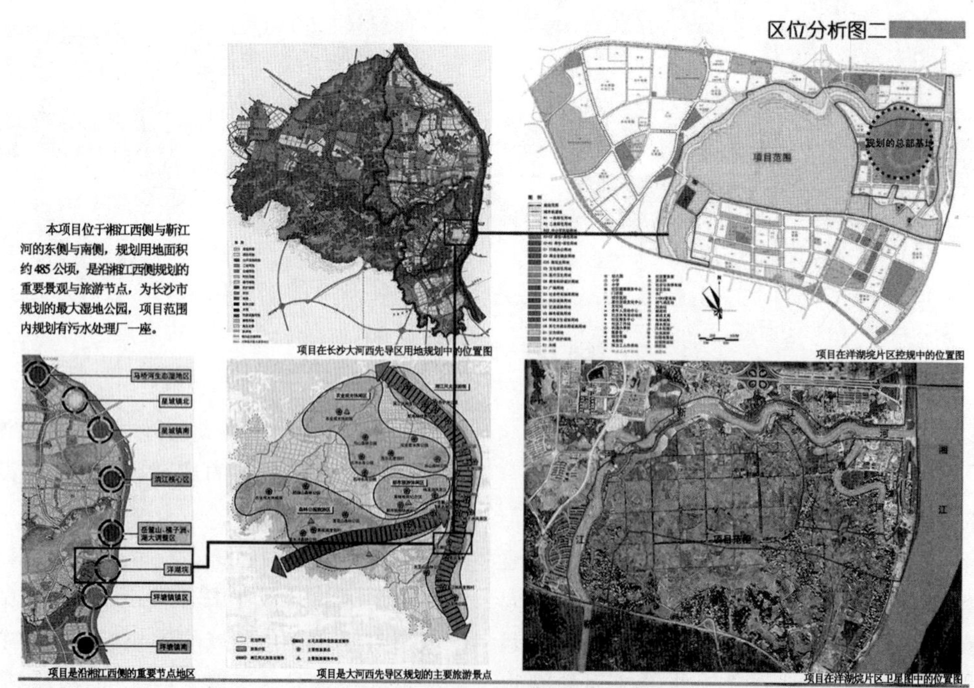

图 8-292　区位分析图（二）

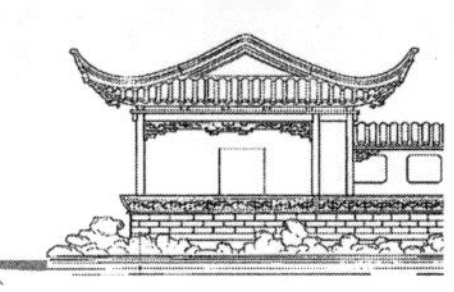

洋湖湿地西部和北部为靳江河，东临湘江、南至三环线。地势总体而言较平坦，南部稍高。最高点为西南部的山丘上，标高 45 m，最低点为规划区中部的月塘，标高 27 m，最大高差 7 m。

洋湖湿地地处亚热带季风湿润气候区，四季分明，时空变化大，春暖夏热，秋凉冬寒。冬季，常受北方南下的冷气团控制，造成雨雪冰霜俱全。夏季，多为南方暖温气团所盘踞，温高湿重。春秋两季，则受上述两种气团的交替影响。春季，受南方暖湿气流与北方干冷气流频繁交替往返的影响，造成天气变化剧烈，冷暖无常。春夏之交，进入雨季。本区冬季多偏北风，夏季多偏南风，全年平均风速 2.7 m/s 。

洋湖垸原有植被比较单一，主要为大片的稻田和荷塘，呈现典型的人工湿地景观。野生植被种类相对稀少，主要包括构树、喜树、水杉、水葫芦、菰等。洋湖垸养殖渔塘水质清澈，主要养殖长沙市常规性淡水鱼类。此外还有鹭、鹊等数种鸟类(图 8-293)。

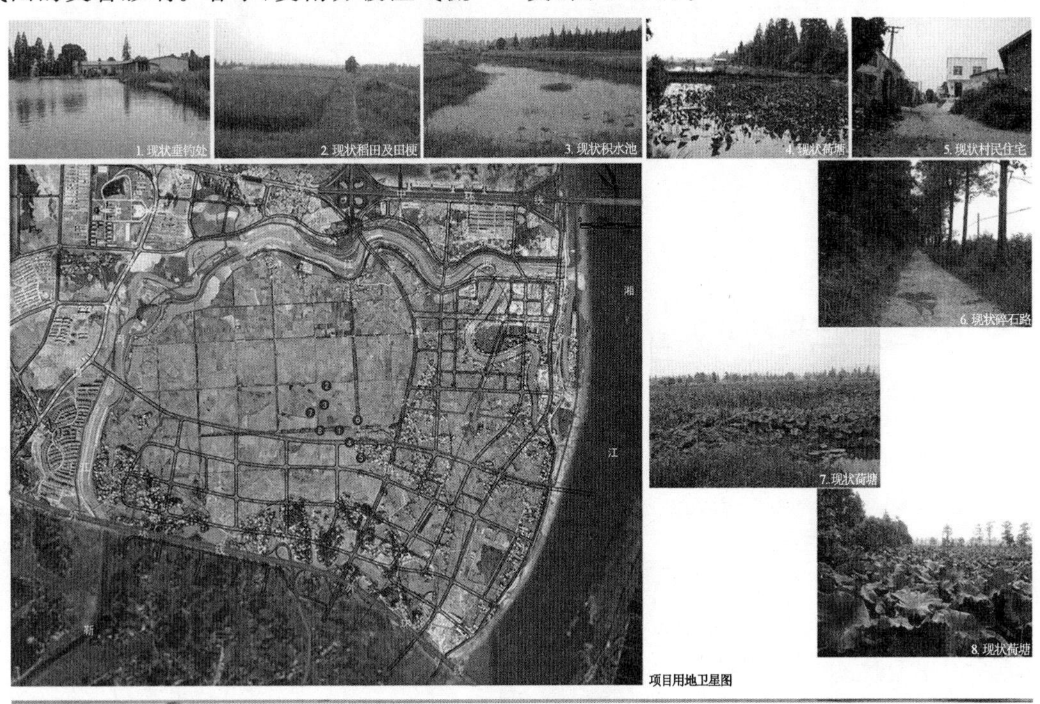

图 8-293　基地现状图

2. 总体定位与构思布局

1)总体定位

在对湿地公园的优势、劣势、机遇和挑战分析的基础上，通过借鉴国内外先进案例的成功经验，以及在相关上位规划的指导下综合确定长沙洋湖垸城市湿地公园的发展目标与总体定位。依据《湿地公约》湿地类型的分类系统及对项目地现状的综合分析，将项目地现状定位为一个集水产池塘、水塘、灌溉地、泛洪湿地及排水渠于一体的人工湿地，即承载湖湘文化的农耕型人工湿地公园。由于项目地现状生态的破坏及文化的缺失，再加上构造一个湿地活水循环系统的难度较大，这个目标的实现不是一蹴而就的，而是一个动态的发展过程，是一个 5～10 年之后的景象。从生态安全格局角度出发，规划设计围绕着："生态洋湖、文化洋湖、休闲洋湖、教育洋湖"的设想而进行，即承载湖湘文化及满足周边居民多方位需求的农耕型城市湿地公园。

2)总体布局

全园从总体上进行宏观把握，即强调各分区之间的联系，依靠合理的交通规划能方便到达各景区。园区在总体布局时充分考虑了现状地形条件及各功能分区对相应环境的不同的要求，充分

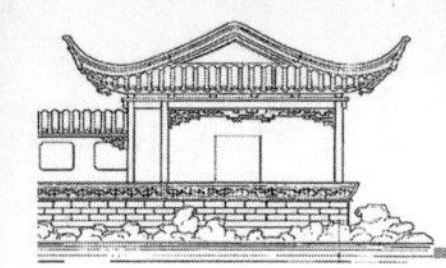

体现因地制宜规划设计，将湿地公园分为五大区，分别是湿地科教区、湿地生物多样性展示区、湿地生态保育区、湿地休闲区以及管理服务区（图 8-294、图 8-295）。

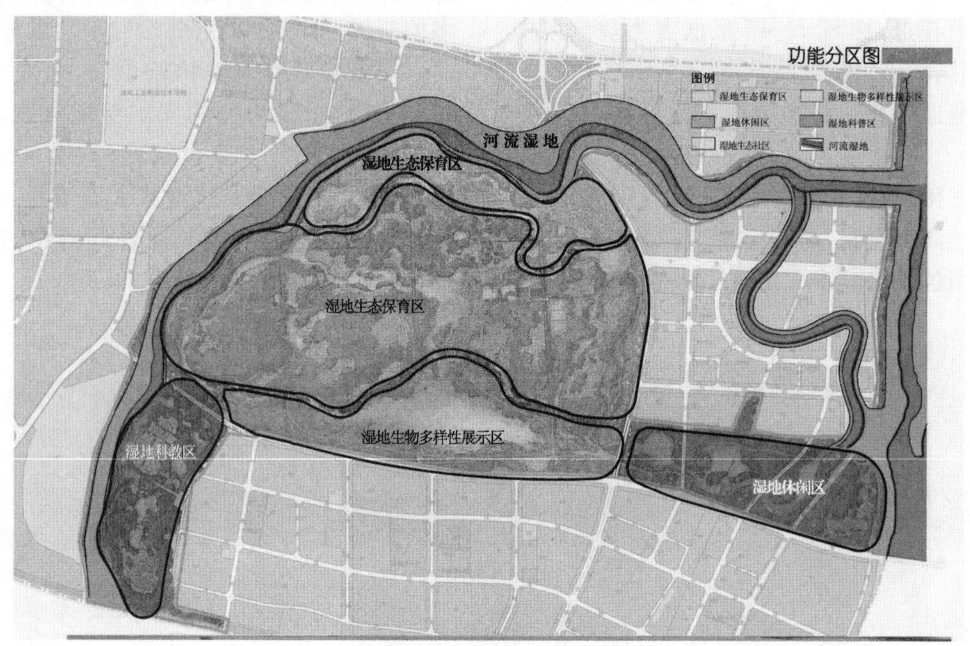

图 8-294　功能分区图

图 8-295　总平面图

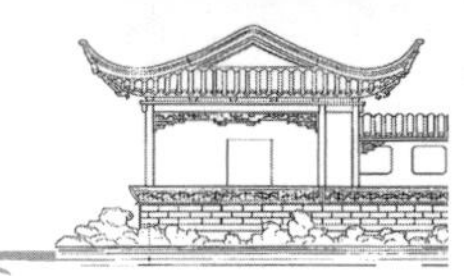

(1)湿地科教区　本区域包括规划建设的污水处理厂及周边地区以及拟建污水处理厂南侧的现状村民居住片区。总面积为 35 hm^2。主要功能为展示自然湿地系统、人工湿地净化系统和湿地景观,开展湿地科普宣传和教育活动,应该充分展示两种截然不同的湿地系统间的差异,也应该对湿地生态系统和湿地形态相对缺失的区域,加强湿地的生态保育和恢复工作。包括人工湿地、湿生植物培育、湿地植物观赏等内容(图 8-296)。

(2)湿地生物多样性展示区　位于湿地公园的中部,是湿地公园的核心景观区域,包括月塘、少量村民住宅用地。总面积为 61 hm^2。主要功能为湿地公园的湿生植物多样性展示区,生物多样性最高、湿地特征最明显的区域。以现有围堤和塘基为基础,形成洋湖垸最大的湖面水域,使植物群落逐步演替到从水生、湿生到陆生过渡的最佳状态,成为鸟类和湿地动植物栖息地和活动区。包括典型水生植物展示区、湿地探索中心、芦荡浮翠、澄波选翠等自然生态景观(图 8-297、图 8-298)。

图 8-296　湿地科普馆

图 8-297　越冬的鸟类

图 8-298　水生植物

(3)湿地生态保育区　位于湿地公园的中部上方最大的绿色区域,是湿地公园的生态核心区域,主要以农田为主,分布零星水塘。总面积为 183 hm^2。为湿地公园的生态核心区,植物层次最丰富的区域以及鸟类与动物栖息的区域。保留原有“井”字形农田机理,保护与修复原有特色群落植物景观,达到生

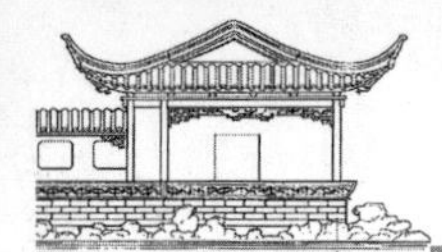

态系统的最佳状态，成为鸟类和湿地动植物栖息地和活动区。在休闲停留处融入湖湘文化，并尽量控制人为因素对此区域的干扰。包括生态引鸟植物区、生态水景展示区、生态群落季相展示区、生态密林灌草保育区、生态花草灌保育区等特色景区（图8-299、图8-300）。

图 8-299　人工鸟舍

图 8-300　湿地植物

（4）湿地休闲区　位于湿地公园的东部，包括被规划道路分割成的四块用地。总面积为 52 hm^2。主要规划以湿地生态景观为基调的休闲活动景点，包括欢乐花园、丝竹动心、湿地会所、艺术天地、欢沁田园、自然展园等（图8-301、图8-302）。

（5）管理服务区　主要有三个部分，包括一个主入口区、东侧次入口区和西侧次入口区，主要功能是为游客提供休息、餐饮、购物、娱乐、商务会议、医疗、停车转换等活动场所，以及管理机构开展科普宣传和行政管理工作的场所，将成为湿地公园的标志形象，作为游人从城市进入湿地公园的引导区域，也是一个湿地公园给游客的第一印象（图8-303）。

图 8-301　欢乐花园

图 8-302　艺术天地

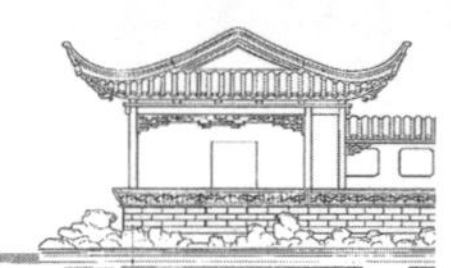

图 8-303　主入口与东入口

4. 专项规划设计

1）出入口与道路交通规划设计

（1）出入口设计　洋湖湿地公园的入口设计中，体现了“依势而规”的思想，“势”指的是场地原有的地形地貌，包括现状标高及场地肌理等。在设计中以生态修复及文化融入的思想为主，对入口景观做生态性设计，同时注重了“人”在场地中的重要性，例如入口场地的无障碍设计、树荫坐凳等（图 8-304）。

（2）道路交通规划　由于用地分割，湿地科普展示区内交通自成系统，湿地游赏观光区和湿地休闲体验区内部交通组成统一交通系统。园内道路系统，共分主园路、次园路和支路三级。主园路是园区内部交通的骨架，路面宽 4～6 m，总长度约 3 000 m，连接园区内各个主要景观节点；次园路路面宽 2.0～2.5 m，总长度约 6 400 m，以主路为骨架，枝状深入各个功能分区，连接主要的景观节点；支路宽 1.5～2.0 m，部分为木栈道，直达景区深处，便于游客步行游览。

路面采用透水材料，如植草砖、透水地面，增加铺装的透水性能，补充地下水，为周边植物的生长提供水分。局部采用栈道的形式，以降低对环境的破坏，保护生态系统。交通组织上，为便于管理、为游人创造一个安全的环境、降低污染，外来车辆集中到入口停车场，原则上不允许机动车进入公园内部，陆上交通主要为电瓶车、自行车等环保车辆。电瓶车游览线穿过每一个功能分区，电瓶车停靠站点宜以 250 m 的服务半径为宜，站点应设在主要景点附近。

通过梳理水系、改善水质、扩大水面，建立起水上交通游线。利用传统的人力木舟，作为水上交通工具联系滨水主要景点，游人在感受洋湖垸湿地景

图 8-304　无障碍通道

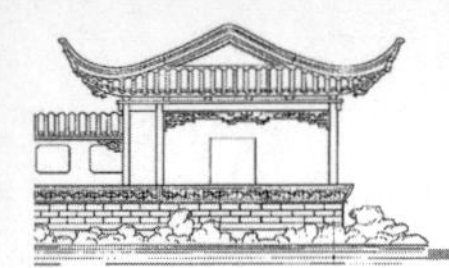

观的同时，还可穿梭于小桥流水中，欣赏原生态的自然景观。规划设置游船码头 3 处，位于湿地生物多样性展示区与湿地生物保育区内，设置在步行较易抵达的区域，且靠近电瓶车的停靠点，步行、电瓶车、自行车、水上乘船均可以非常方便地接驳换乘（图 8-305 至图 8-308）。

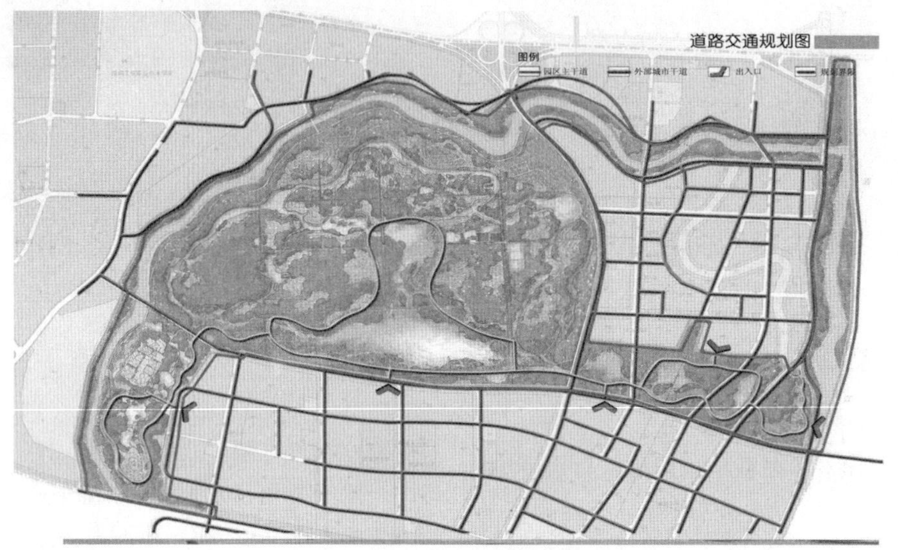

图 8-305　道路交通规划图

图 8-306　湿地栈道

图 8-307　玉兰桥

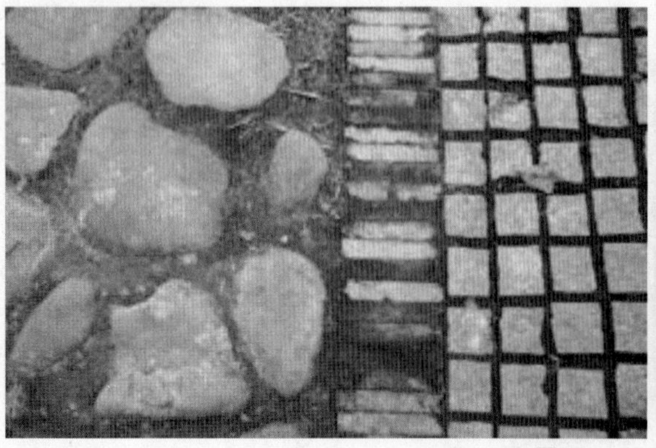

图 8-308　透水路面

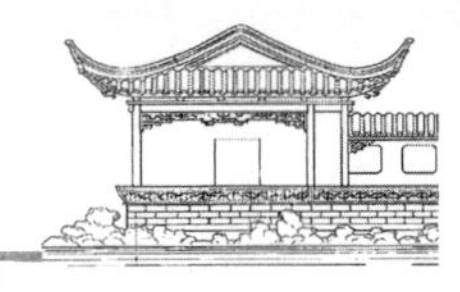

2)水系规划

对水体环境进行生态规划与设计时，就需要在水的循环过程中，尽量减少或消除由于人为的干扰而产生的水体流速、水质、流经环境的生态平衡等方面的变化。概括地说，在进行生态水体环境规划设计时，最重要的问题就是水体平衡与水质保障。根据洋湖垸现状的水系和地形，从生态、景观角度考虑，在洋湖垸湿地内规划了六大片水体，分别是：①鸡公塘；②马王港；③坪塘渔场；④月塘；⑤龙骨

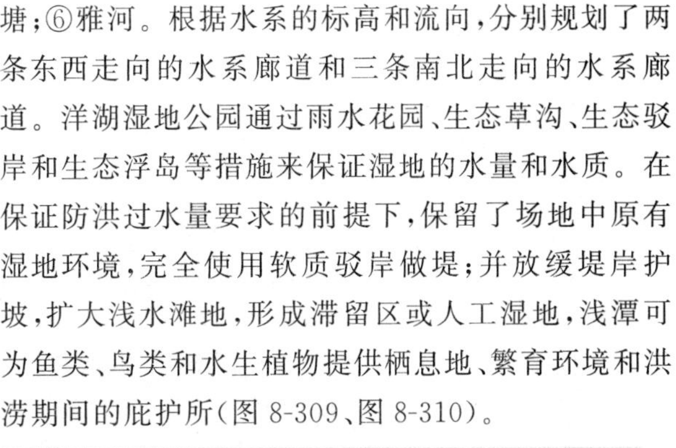

塘；⑥雅河。根据水系的标高和流向，分别规划了两条东西走向的水系廊道和三条南北走向的水系廊道。洋湖湿地公园通过雨水花园、生态草沟、生态驳岸和生态浮岛等措施来保证湿地的水量和水质。在保证防洪过水量要求的前提下，保留了场地中原有湿地环境，完全使用软质驳岸做堤；并放缓堤岸护坡，扩大浅水滩地，形成滞留区或人工湿地，浅潭可为鱼类、鸟类和水生植物提供栖息地、繁育环境和洪涝期间的庇护所(图 8-309、图 8-310)。

图 8-309　水中小岛

图 8-310　水中曲桥

3)植物景观规划设计

在植物的选择上遵循适地适树的原则，大量地使用了适应长沙气候、土壤和人文景观条件，耐污且净化能力强，并具有一定观赏价值的园林植物，使湿地一年四季均有植被覆盖。水生植物在选用上主要包括挺水植物、浮水植物、沉水植物等，可以起到净化水体、丰富岸线的作用。

同时，在湿地植物景观营造时，应用了植物的“衍生美”，利用鸟嗜植物以及其他能吸引动物的植物引来大量动物，增加了湿地的生机，为湿地营造了一种鸟语花香的氛围。两岸绿地的植物配置以耐污以及净水植物为主，以提高绿化存活率，并适当补充观赏价值高的植物种(图 8-311)。

图 8-311　洋湖垸湿地冬季植物景观

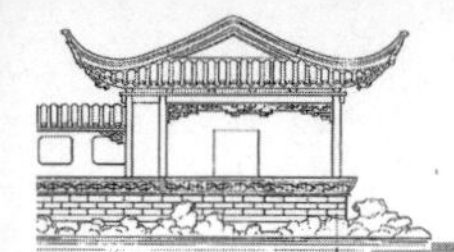

4)人文景观规划设计

湿地的人文景观就是与湿地景观有关的文化景观,湿地的历史文脉和对传统文化的感知是人文景观要素的根本。洋湖垸城市湿地公园的设计展示了当地的历史人文景观,主要有白鹭塔、秋雪亭、水车、草庐、风车、耕犁等景观建筑或构筑物,能唤起游人心灵的感悟,也能激起人内心的“乡音”,使游人体会湿地的历史延续感和乡土气息,让湿地具有归属感和文化意境,成为人们寻觅旧日记忆的场所(图8-212至图8-315)。

图8-312　白鹭塔

图8-313　秋雪亭

5.规划设计特色

1)由大量乡土物种构成景观基底

打破单一水系形态,创造湿地、水岛等多重水态景观,形成生态化的旱涝调节系统和乡土环境。围

图8-314　水车

图8-315　草庐

绕着水系大量使用生态护岸和乡土物种,创造一个由大量乡土物种构成的景观基底(图8-316)。

2)构筑物与湿地自然景观融合

在充分考察场地原有的条件下,场地中构筑物的设计才能更好地融入自然、贴近自然。

(1)平地而设　为了更好地服务于游览的人群,结合公园平地及周围植被景观,设置亭、廊架等景观建筑,为人们提供一个休息、交流、观景的场所,同时其自身又构成了园景。

(2)临水而设　这种设置构筑物的方式最为灵活多变以及最能表现出景观意境,与植物合理搭配,营造若隐若现的氛围,最能吸引游人观赏和游玩。同时,体量较大的建筑物或者其他景观要素,通过水面的倒映还能起突出强调的作用(图8-317)。

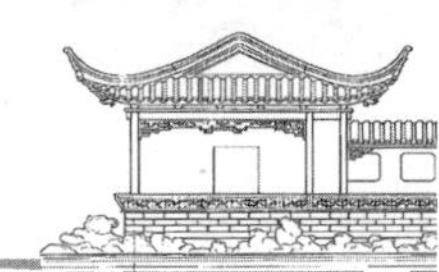

图 8-316　生态护岸

图 8-317　临水而设的湿地科普馆

图 8-319　风雨桥

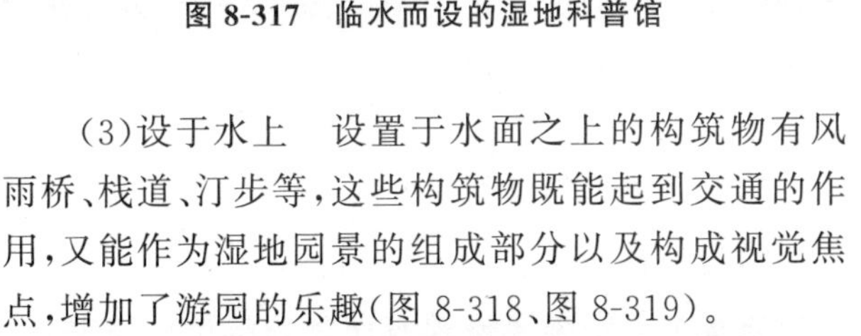

(3)设于水上　设置于水面之上的构筑物有风雨桥、栈道、汀步等，这些构筑物既能起到交通的作用，又能作为湿地园景的组成部分以及构成视觉焦点，增加了游园的乐趣(图 8-318、图 8-319)。

图 8-318　水上长廊

十一、宜兴烟山渔樵耕读观光园

1. 基本概况

宜兴烟山渔樵耕读观光园位于江苏无锡宜兴市文明镇——徐舍镇的烟山村。公园规划总面积约 38.67 hm^2，属于中等规模的休闲观光型生态农业公园。

徐舍是宜兴西部重镇，东濒西氿、南连张渚、西邻溧阳、北接官林，镇域面积 183 km^2，常住人口 10.18 万人，现辖 23 个行政村、3 个社区居委，是宜兴“4＋1”城镇组团中的重要一员。烟山村是徐舍镇下辖的一个有着丰厚自然及人文资源的行政村。本项目具体建设地点位于烟山村西南部的烟山山麓，交通条件便利，现有两条主要道路可通往镇区和近年新开通的旅游交通线云湖路。公园距离 G25 高速鲸塘出口直线距离约 5 km(图 8-320)。

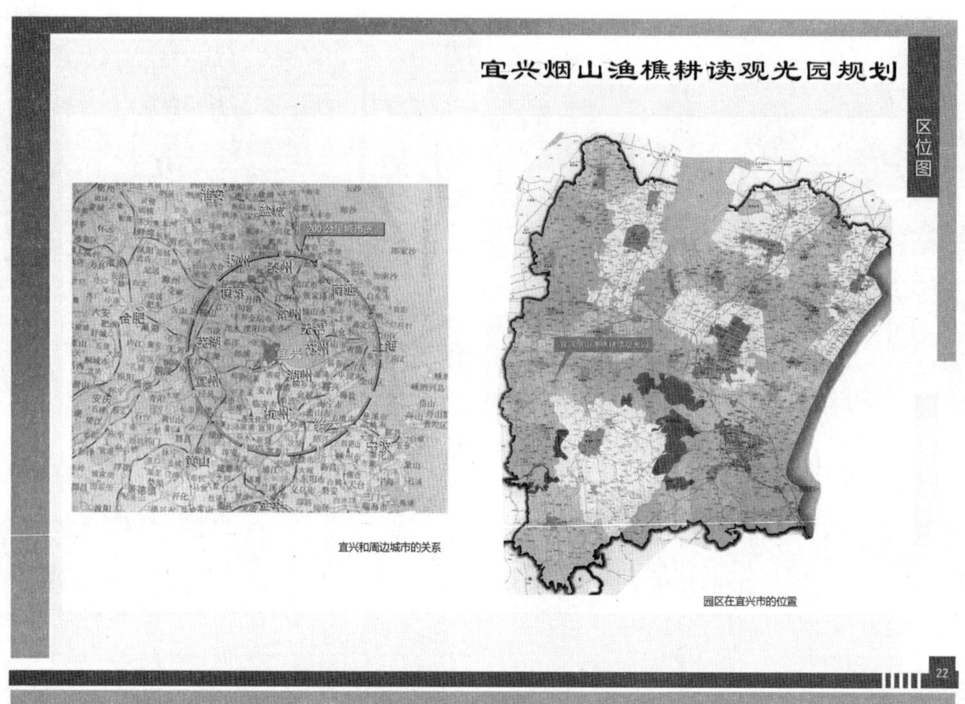

图 8-320　宜兴烟山渔樵耕读观光园区位图

公园所在地位于北亚热带与温暖带过渡区，其特点是四季分明、温和湿润、雨水充沛、日照充足、无霜期长。烟山属丘陵岗地山麓，热量与光照充足，常绿阔叶林植被占优势，土壤酸度变强，土壤铝化作用加剧，土层深厚，形成以红棕色为主的风化壳，一般为红壤。山前平原土壤多为黄沙土和小粉土。山上动植物资源丰富，生态环境良好。烟山周围一带原是宜兴西部的旅游胜地，有紫云烟寺、烟山晚晴、古桥览胜、龙溪晚眺、风荷邀月等景点。同时还有关于姜太公、孙坚、红娘、马文才与梁祝等历史名人的故事传说。周边有良渚文化遗址，还有栖云寺、碧云寺、富源寺、栖云阁、紫霞庵等宗教建筑，自古以来便是文化荟萃之地。

公园基地背靠烟山，地势西高东低，西部为较陡的山地，东部呈缓坡状下降，东西最大高差有近 80 m。现状用地主要为农业林业用地，土地肥沃，西部为生态山林，东部主要是茶园，有一座小型水库。东部茶园地势高差 10 m 左右。场地内现有道路为沙石路，道路基础良好，交通方便。现有建筑为两栋平房较为陈旧，用作茶厂及仓库，还有一栋两层小楼用作管理用房。建筑北侧的小型水库，水深最深处近 4 m，用作园区灌溉及养鱼和水禽。园区部分用地已做开荒整理，但尚未种植。除小型水库外，基地内水系还有多条排水中沟，西部山坡和南部边沟各有一处天然泉眼，是园区重要的地下水资源(图 8-321)。

2. 规划目标与功能定位

1)规划目标

宜兴烟山渔樵耕读观光园规划目标定位于：以生态产业为载体，以现代化设施和技术为依托，以生产和培育高效、优质、安全产品为主，兼有科技展示与推广、文化生态旅游和休闲体验服务，形成集优质园艺产品生产与销售、休闲观光、文化展示、农事体验、垂钓餐饮、旅游度假等功能于一体的现代农业公园。

2)功能定位

根据宜兴烟山渔樵耕读观光园规划功能定位为以下三个方面：

(1)高效生产功能　主要是调整和优化产业结

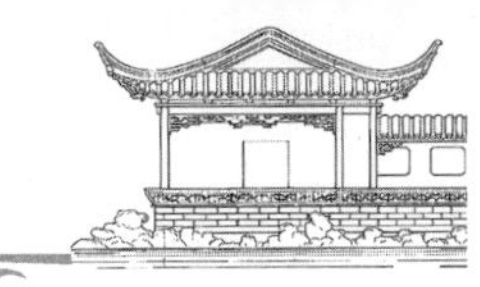

构，改善农业生产环境，提高农业产品价值，增加产业经济效益等。具体生产内容主要为有机茶果和绿色蔬菜。

(2)观光旅游功能　主要是为城乡居民开辟现代园艺设施与生产观光、乡村旅游观光体验、山林生态观光体验等。

(3)休闲服务功能　主要为企业日常业务接待、都市居民休闲活动等提供配套服务。具体包括休闲垂钓、会议接待、休闲度假、休闲餐饮、休闲采摘、休闲品茗等。

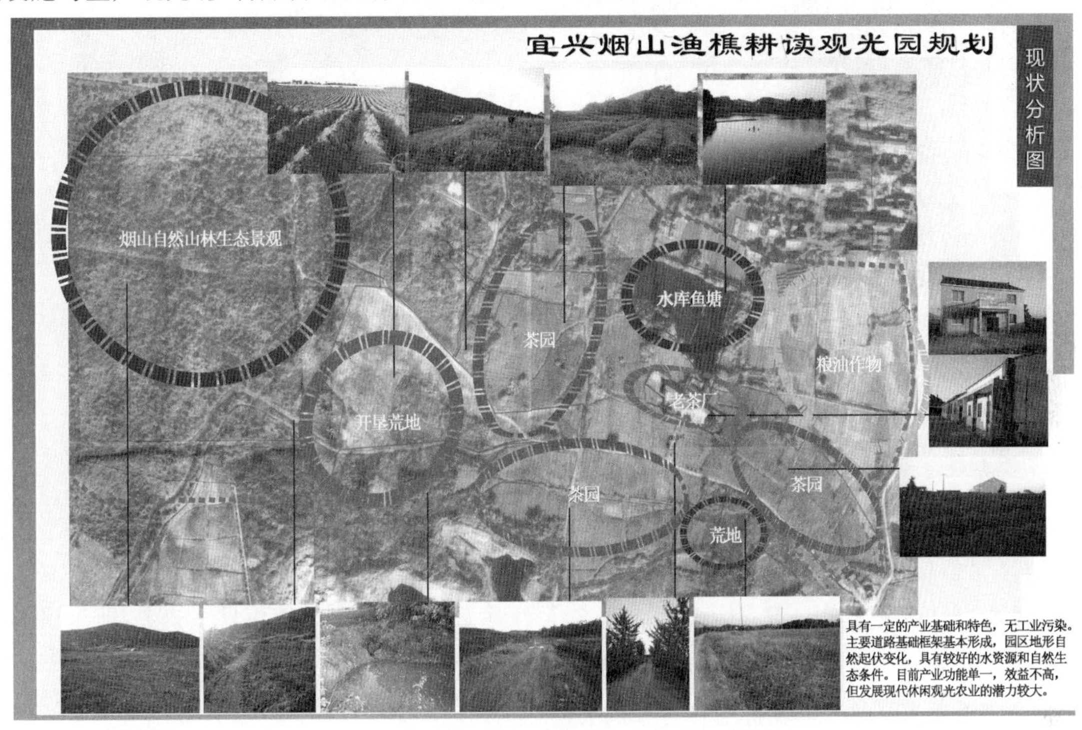

图 8-321　宜兴烟山渔樵耕读观光园现状分析图

3. 功能分区与产业布局

1）功能分区

根据宜兴烟山渔樵耕读观光园规划目标与功能定位，结合农耕文化特色创意和基地现状资源条件，规划设立反映农耕文化特色的“渔、樵、耕、读”四个主体性功能小区，即渔园、樵园、耕园和读园(图 8-322)。

(1)渔园　渔园主要利用原有水塘开展休闲渔业项目。水上设置景观长廊及亭桥，岸边设置垂钓平台及休闲木屋。水塘岸形根据景观需要进行整治，岸边原有道路进行硬化处理后与园区主干道相连。人们可以在渔园钓鱼、赏鱼及品鱼，同时通过设置在该处的姜太公及孙坚等典故小品来感受当地的人文历史，并展示传统渔猎文化。

(2)樵园　樵园主要利用基地内大面积的自然山林，游客可以在此沿着过去农民上山砍樵的小径，寻找山林的野趣，并能在山林中亲手拾柴到烧烤中心烧烤，体验野外烧烤的乐趣。

(3)耕园　耕园主要体现田园农耕景观。规划将原有的茶园提升改造，增加果树、蔬菜种植，部分茶园与果树进行立体种植。部分果树、蔬菜采用大棚设施进行优质高效生产，并引进优良品种，展示传统农耕文化的同时也体现现代农业科技。

(4)读园　烟山当地人文底蕴深厚，读园以原有建筑为基础，结合园区发展需要建设满足游客休闲、住宿、餐饮等功能的中心建筑，同时充分挖掘当地历史，形成以梁祝、马文才、良渚文化为主题的三个游园，为中心建筑服务的同时也提升了整个园区的文化内涵。

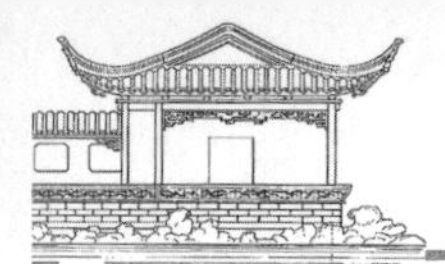

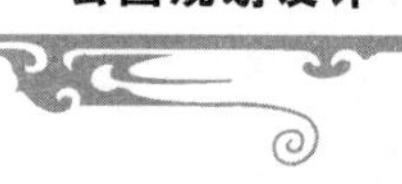

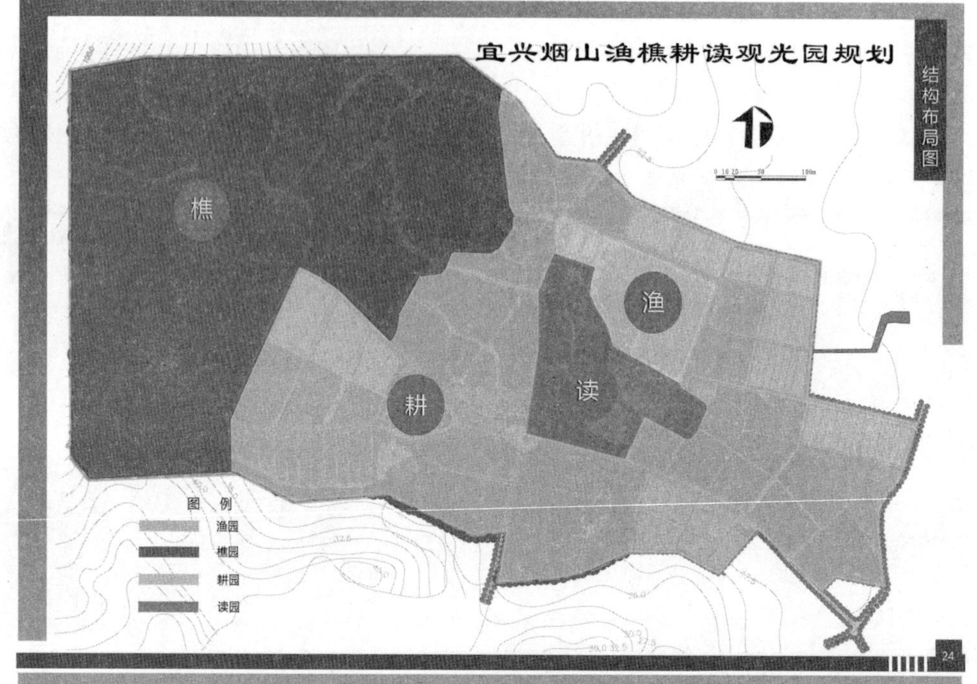

图 8-322　宜兴烟山渔樵耕读观光园功能分区图

2)产业布局

根据规划目标和功能定位以及分区内容安排，宜兴烟山渔樵耕读观光园的产业设置主要为有机茶果、绿色蔬菜、休闲渔业、休闲服务和生态山林。有机茶果分布园区中部，主要利用原有烟山茶场的大部分茶园改造提升和部分开垦地新种植果树；绿色蔬菜分布园区东北部，在原有农户农田基础上配建高标准基础设施和大棚等生产设施；是休闲渔业利用原有水库养鱼，增设垂钓休闲设施；休闲服务业依托以上产业环境、优质农产品和自然生态山林环境，改造原有茶场，配建各种功能的服务设施，为城乡居民提供各项观光休闲服务(图 8-323)。

4. 专项规划设计

1)出入口与道路交通规划

充分利用现状路网基础，并结合村域规划和村级道路交通，进行优化布局和功能完善，形成主次分明、生产管理与休闲观光便捷高效的道路交通系统(图 8-324)。

(1)出入口　兴烟山渔樵耕读观光园规划共有5个出入口，但日常使用只有2个，即东出入口和北出入口，游客以及日常管理主要使用这两个出入口，其他为专用或临时出入口。

(2)主干道　主要利用原有沙石路基础，规划路幅宽 7 m，路面宽 4 m，总长 3 200 m，两侧绿化带宽 1.5 m，设排水沟，种行道树，主要用于对外交通及连接各主要功能区。水泥或沥青混凝土路面，可供机动车及自行车通行。

(3)次干道　规划路幅宽 4 m，路面宽 3 m，总长 550 m，两侧路肩绿化带宽 0.5 m，种草坪或小灌木，设排水沟。主要用于连接功能区内部各生产区，可供农用车等机动车单向通行。水泥混凝土路面，用作农业机械操作及工人日常养护管理及游客观赏采摘。

(4)景观步道　规划根据具体区域环境，一般路面宽度设为 1.2 m 和 1.5 m，总长 1 780 m，主要为各生产区和景点内部的步道。连接综合接待服务中心和拓展中心的主要景观步道宽为 2.5 m。路面铺装可依靠周围环境灵活采用各种铺装形式和路面材料，如沙石、碎石、块石、水泥预制砖等，水体上采用木栈桥、木栈道等形式。木栈道(栈桥)宽 1.5 m，采

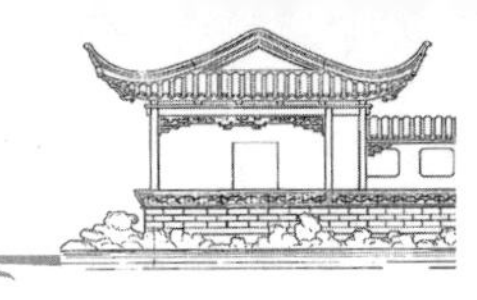

用防腐杉木道面。临水(近处水深超过 50 cm)加设安全护栏。

(5)耕作道　规划路幅宽分 1.5 m 和 2.0 m,总长 3 600 m,水泥或沙石路面,为田间生产作业通道,一侧或两侧设排水沟。

(6)停车场　园区内规划设置 3 处停车场和多处临时停车位,停车位总数 100 多个,可以满足园区生产物流、接待观光休闲等各类停车需要。所有停车场建设标准均采用生态技术措施,营造绿色生态型停车环境。

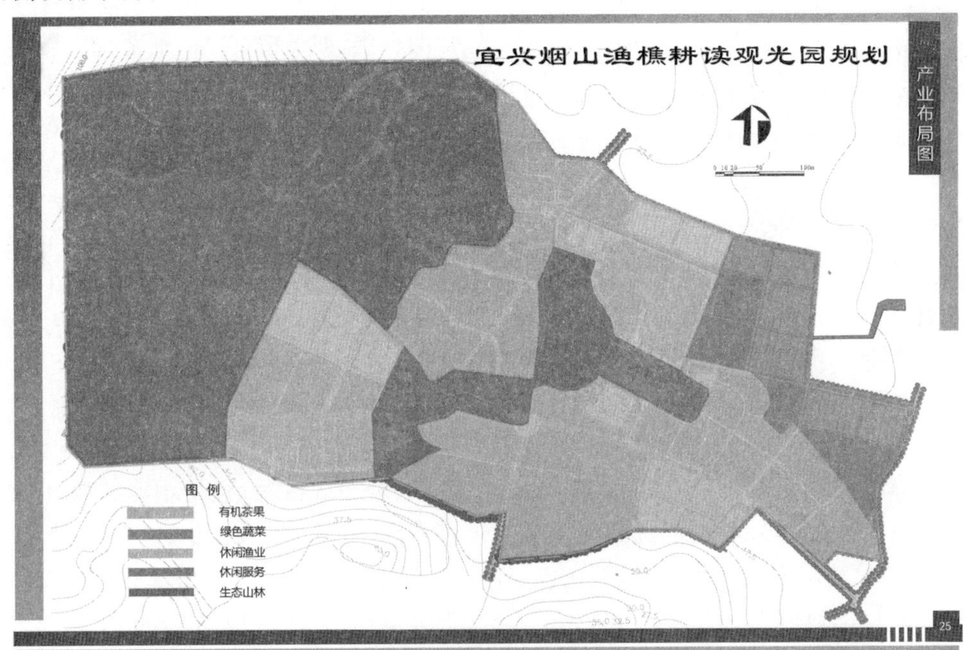

图 8-323　宜兴烟山渔樵耕读观光园产业布局图

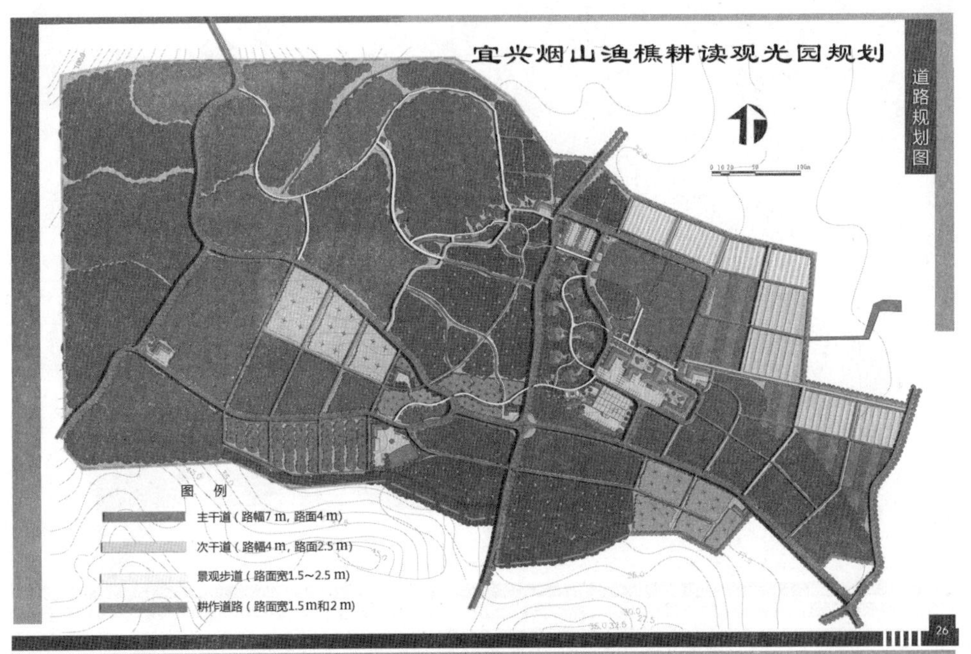

图 8-324　宜兴烟山渔樵耕读观光园道路规划图

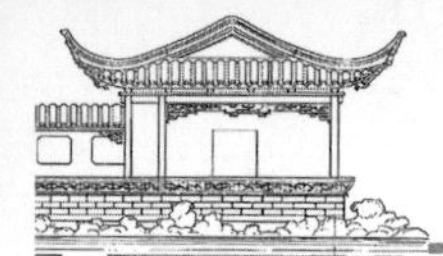

2)竖向与水系规划设计

宜兴烟山渔樵耕读观光园东西落差近 80 m，规划遵循"尊重自然、经济节约"的原则，以现状地形为基础，总体地形保持不变，局部根据种养殖生产、道路交通、水利工程、建筑设施、景观建设等需要进行适当地形改造。重点挖方地段主要是荷花池、涌泉池和跌水溪涧等景观水体；垂钓鱼塘东南角和西北角池岸形态作适当调整，进行挖填处理；西部梨园局部挖高填低处理。

宜兴烟山渔樵耕读观光园水系规划以利用原有河沟、泉眼和水库为主，适当利用局部池塘和凹地进行水景营造，并结合排水沟渠，形成合理的园区水系结构，较大提高了园区的水资源条件、蓄水灌溉能力和自然生态景观效果。同时也较大提高了防洪与水质净化能力。原有水系面积为 12 亩，规划后的库塘、泉池和跌水溪涧等景观水系面积为 19.8 亩。为了更好地调节水系水位、灌溉、雨水汇流和防洪排涝，在原有水利设施的基础上，还要增加一些闸涵、渠沟、泵站、水塔等水工设施(图 8-325)。

3)种植规划

宜兴烟山渔樵耕读观光园根据产业设置布局进行种植规划，主要在保留大部分原有茶树的基础上，增加果树和蔬菜种植，并结合休闲服务设施进行环境绿化美化种植。果树种植主要选择适宜采摘和观赏的种类，如杨梅、樱桃、葡萄、桃、梨和猕猴桃，部分果树与茶套种，提高土地利用率和景观效果。蔬菜主要选择茄果类(樱桃番茄、水果黄瓜等)、根茎类(水果萝卜、莴苣等)、叶菜类(菠菜、韭菜、生菜等)以及豆类等。园林绿化植物主要包括主干道行道树、彩叶景观林和休闲别墅与接待中心建筑环境绿化，行道树选择银杏、薄壳山核桃、七叶树、香樟、广玉兰等高大落叶或常绿乔木树种；彩叶景观林主要选择枫香、红枫、鸡爪槭、乌桕、火炬树、榉树、栾树、红叶李、红叶石楠、红叶樱等树种；休闲别墅环境绿化主要选择毛竹、紫竹、孝顺竹、桂花、石楠、海棠、紫薇等树种；接待中心建筑环境绿化主要选择香樟、桂花、腊梅、栀子、茶梅、红花檵木等。荷花池等景观水体种植荷花、睡莲、水葱、黄菖蒲等水生植物(图 8-326)。

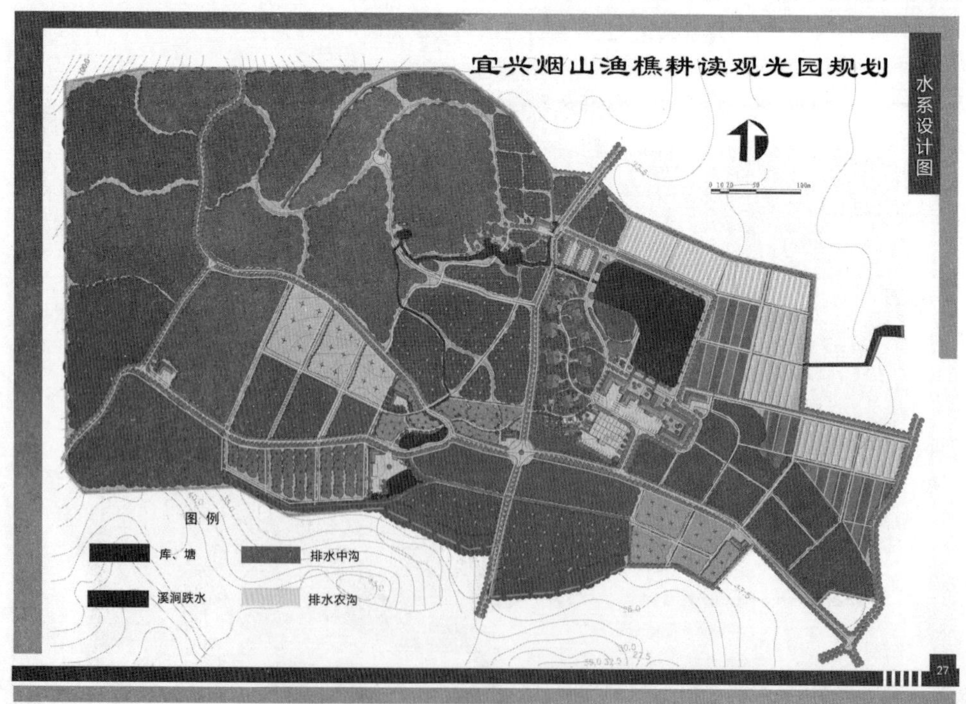

图 8-325 宜兴烟山渔樵耕读观光园水系规划图

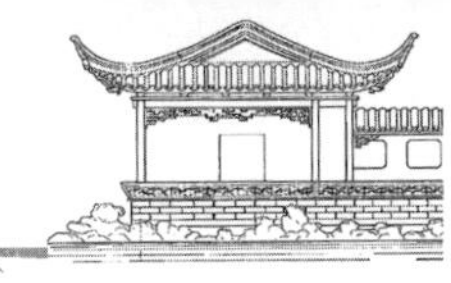

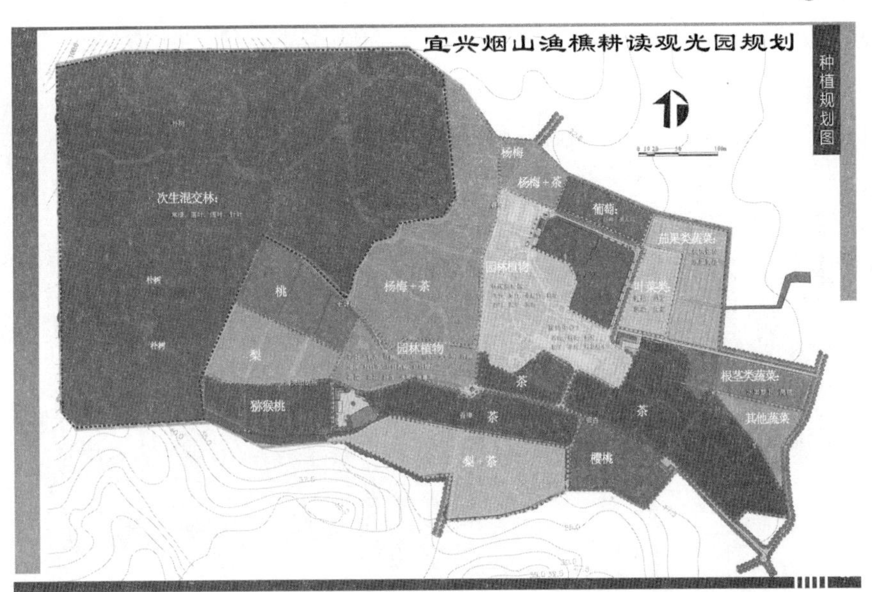

图 8-326　宜兴烟山渔樵耕读观光园种植规划图

4)建筑与旅游设施规划设计

(1)建筑设施规划　宜兴烟山渔樵耕读观光园规划建筑主要有两大类，即长久性建筑和临时性建筑。长久性建筑包括各种生产管理和接待服务建筑，为一至两层的砖混结构建筑，如茶厂、综合管理服务中心(含办公会议、住宿、娱乐)、生产管理站、农产品销售中心、休闲别墅(10 栋)、茶艺馆等；临时性建筑包括垂钓廊、烧烤廊、垂钓休闲木屋、休息凉亭等各种木结构景观建筑小品以及钢结构玻璃温室等。这些建筑涵盖了游客接待、购物、餐饮、住宿、卫生、医疗应急等旅游服务功能，此外还设置了停车场、电话亭等配套服务设施(图 8-327、图 8-328)。

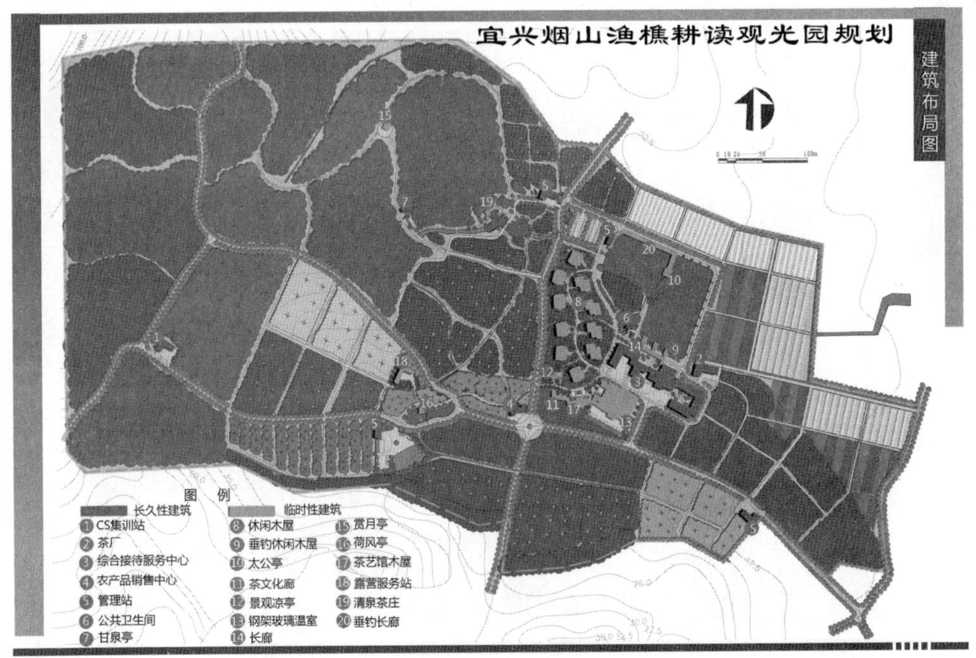

图 8-327　宜兴烟山渔樵耕读观光园建筑规划图

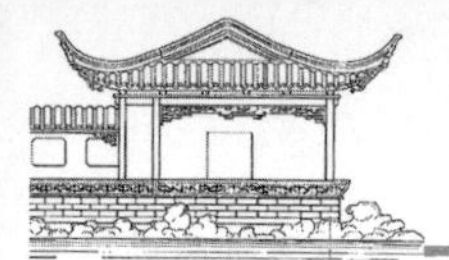

图 8-328　宜兴烟山渔樵耕读观光园旅游设施规划图

(2)出入口建筑设计　东、北两个出入口建筑均采用"L"形坡屋顶，一层砖混仿木结构，造型简朴实用，且具有传统风格，满足出入口管理基本功能要求，同时与环境相互协调。北出入口结合溪流设置景石(太湖石)、水车作为标志景观；东出入口设置木质构筑物形成标志景观。中部的读园出入口标志性构筑物，采用景墙与雕塑相结合的方式，墙体、木格以及形如打开的书本或飞雁的造型构件寓意了读园的主题内涵(图 8-329 至图 8-331)。

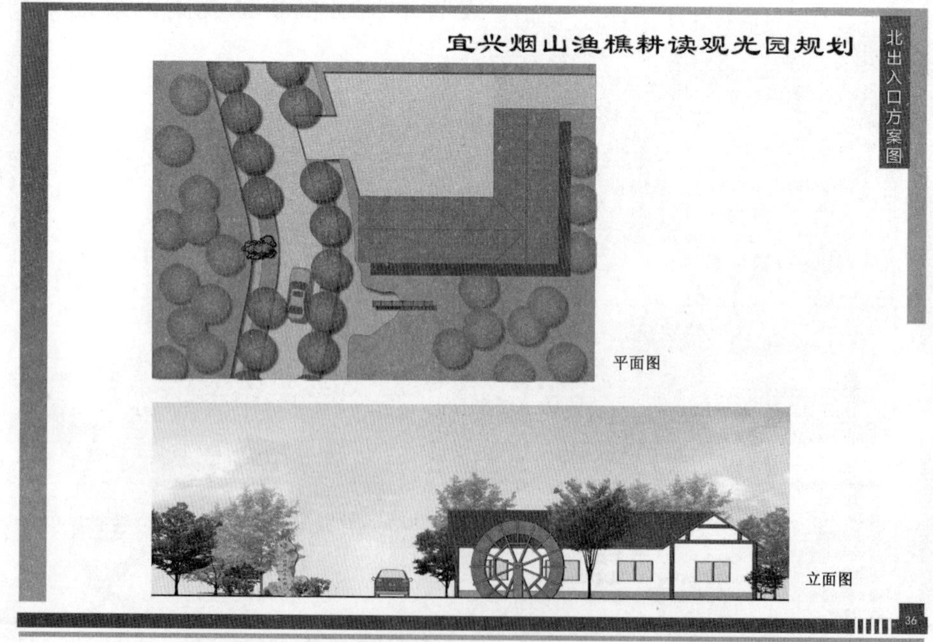

图 8-329　宜兴烟山渔樵耕读观光园北出入口建筑方案图

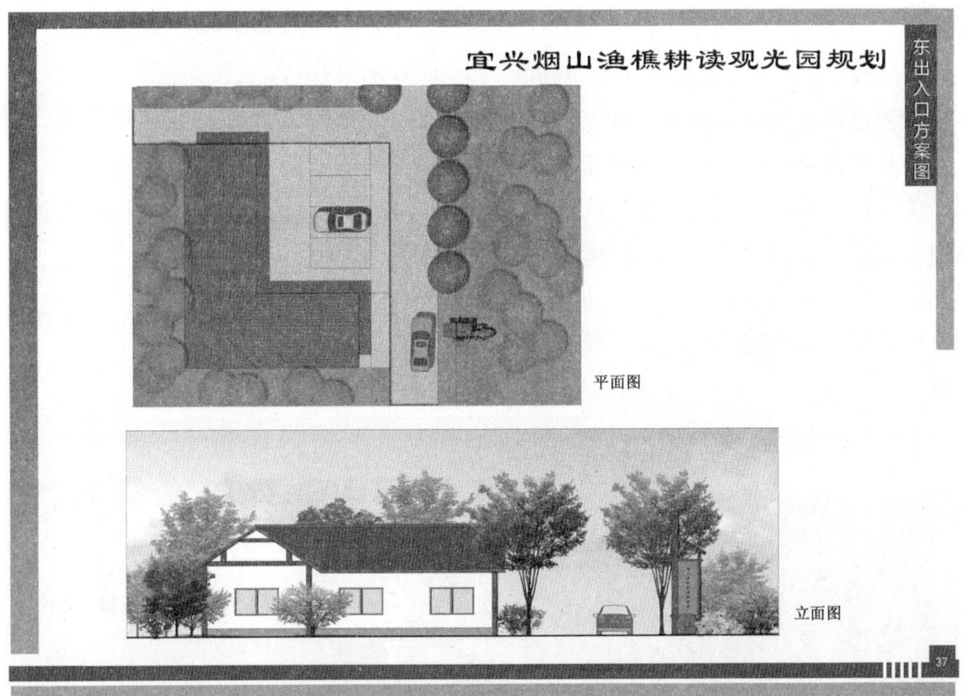

图 8-330　宜兴烟山渔樵耕读观光园东出入口建筑方案图

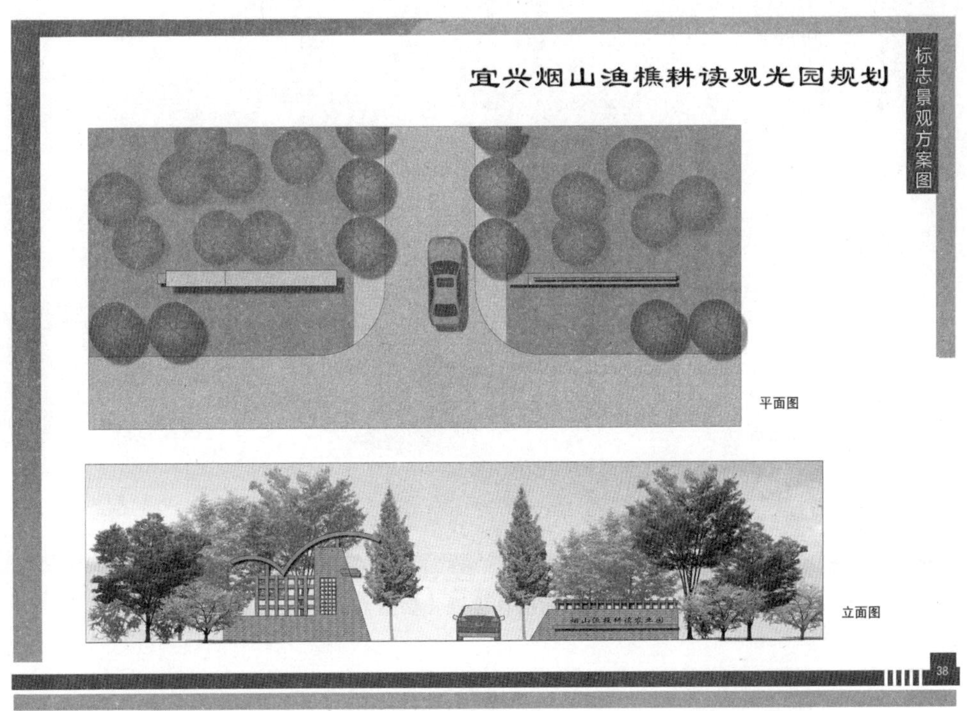

图 8-331　宜兴烟山渔樵耕读观光园“读园”出入口标志方案图

5)景点规划

根据总体规划理念和观光休闲旅游开发功能需要,并结合各个功能区项目建设的内容和特点,共规划设置4组16处富有特色的休闲旅游观光景点(含产业景观)。

(1)渔樵耕读景点　鱼跃人欢、樵径探幽、耕耘园艺、读古茗芳。

(2)四季自然风景　春茶吐露、夏荷摇风、秋枫染霜、冬竹听雨。

(3)烟山特色景观　松林烟月、甘泉叠涌、清泉石涧、茶果花溪。

(4)休闲体验景点　丛林狙击、枫林烧烤、拓展中心、开心菜园。

游人可以沿着不同游线游览各处景点。游览路线分为主要游线和次要游线,游客入园后沿着主要游览路线可以游览参观园区大部分景点(图8-332至图8-335)。

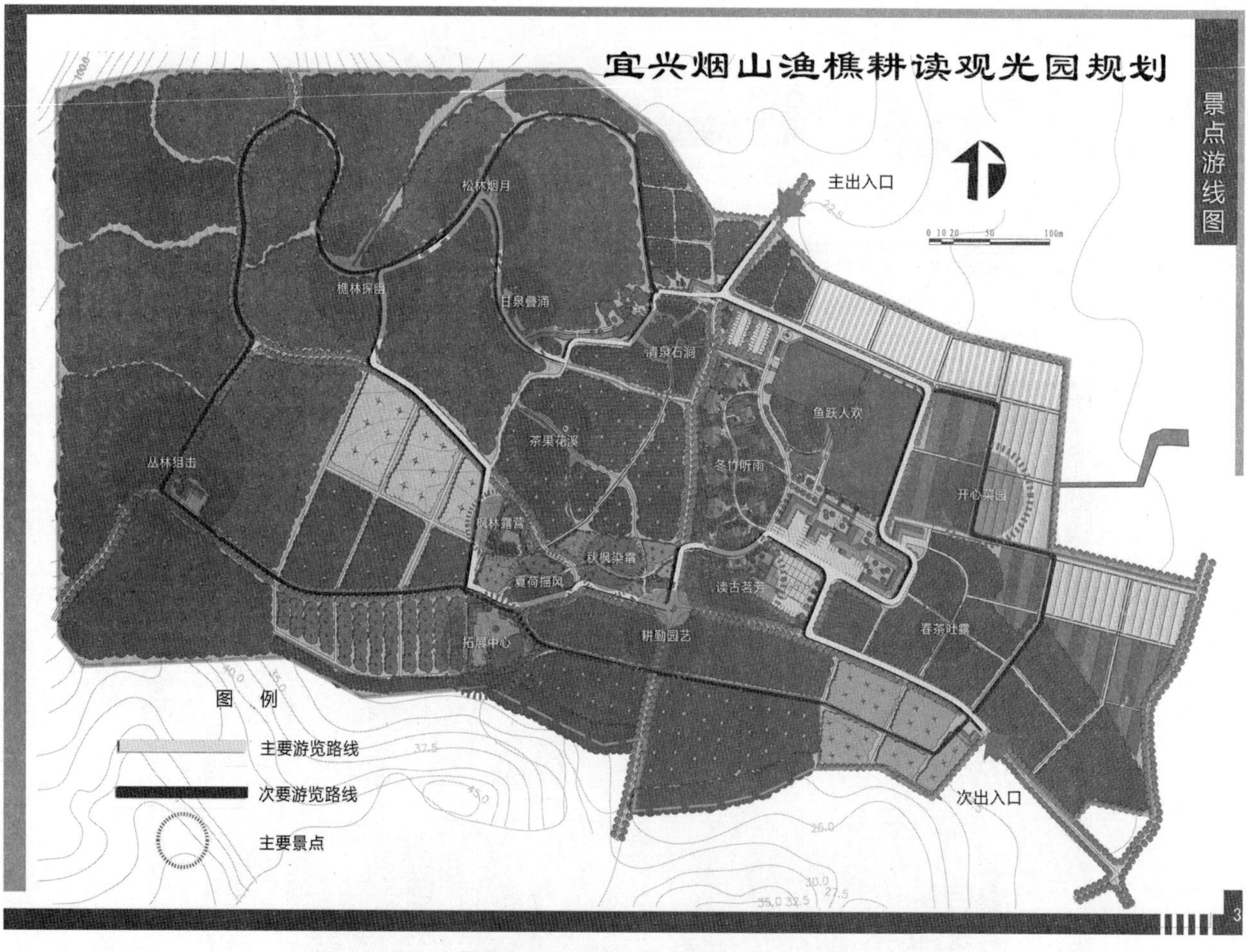

图8-332　宜兴烟山渔樵耕读观光园景点与游线规划图

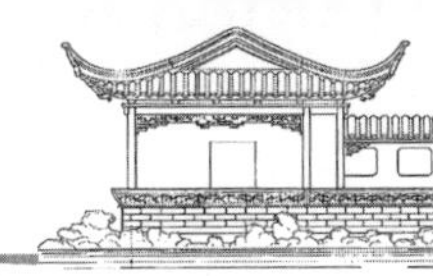

图 8-333　宜兴烟山渔樵耕读观光园景观意向图

图 8-334　宜兴烟山渔樵耕读观光园鸟瞰图

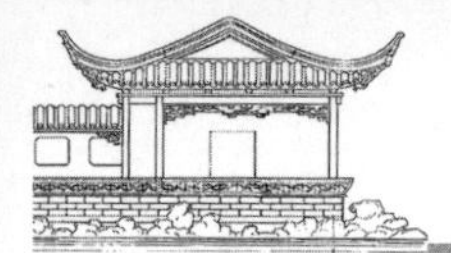

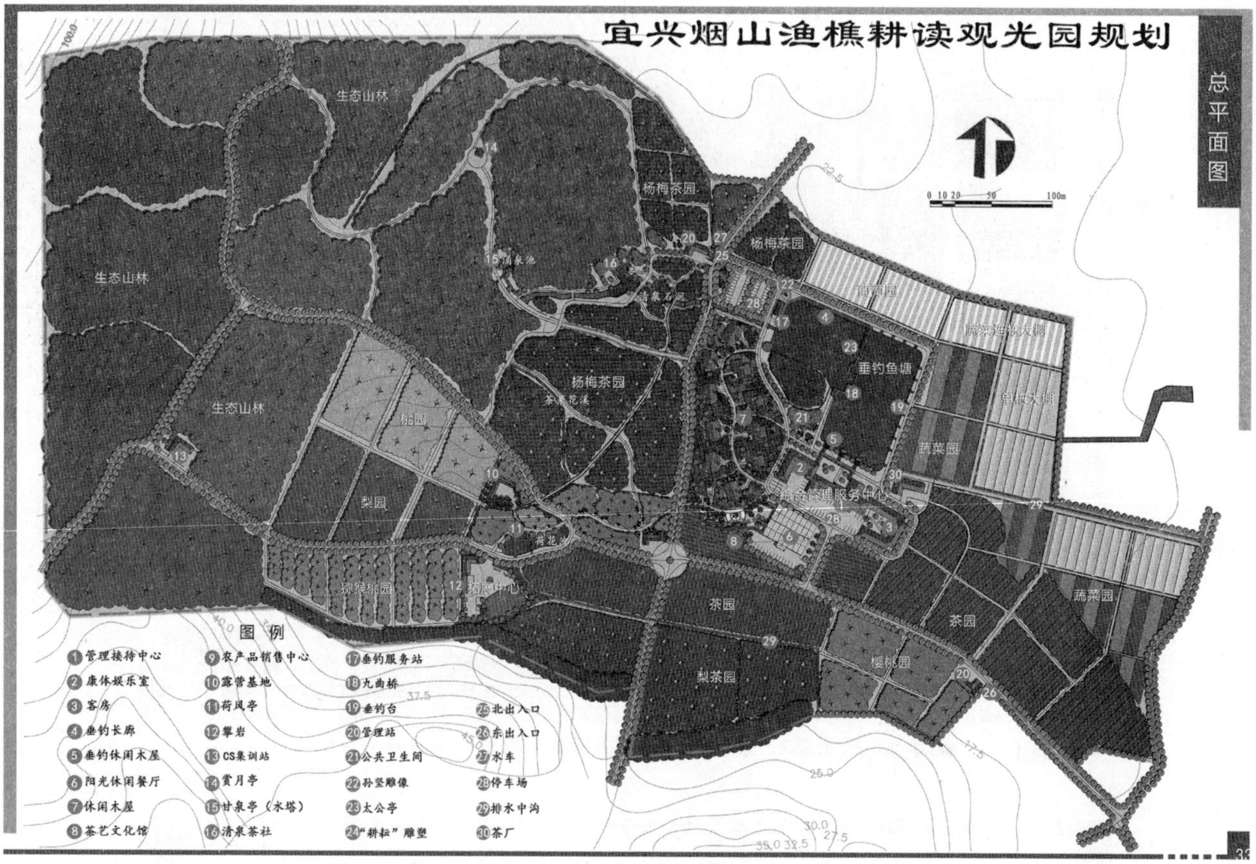

图 8-335 宜兴烟山渔樵耕读观光园总平面图

6)综合管线规划

宜兴烟山渔樵耕读观光园综合管线规划包括给水(自来水)、排水(污水)、灌溉(果园、茶园、菜园、环境绿化等)、强电(动力和照明供电)、弱电(电话、电视、网络通信)等管路和线路安排(图 8-336)。

(1)给水管网规划 园区生活游憩用水、消防用水采用统一的供水管网系统。给水管网采用较为经济实用的树枝状布局形式,水源接自市政自来水管网烟山村干管。园区给水主管沿主干道布管至综合管理服务中心,再沿主要道路送达各用水单位。园区综合用水量预计约 200 m^3/日。

(2)排水管网规划 园区排水管网采用较为经济实用的树枝状布局形式。排水体制实行雨污分流制,园区北部地表雨水通过沟渠和溪涧汇集后排入园区垂钓鱼塘,循环利用,南部地表雨水通过沟渠直接向东南方向排出园外;园区公共厕所排出的人粪尿经化粪池处理后用于田间施肥,循环利用;其他生活及局部少量生产污水经排污管道输送到小型污水与废弃物处理站进行无害化处理,达标后用于田间灌溉,循环利用。

(3)灌溉管网规划 园区灌溉管网主要分布于耕园,采用地下泉水(涌泉池)作为灌溉水源,设泵站提升加压,再通过管网向各处果园、茶园和菜园供水,采用喷灌、滴灌和微灌等节水型灌溉系统。

(4)电气线路规划 电力供应由附近电网接入 10 kV 架空线沿主干道铺设至综合管理服务中心,变配电后引入各用电单元。具体用电量根据用地规模大小而定。电信通信、网络宽带、有线电视等由市政线网接入,沿园区道路绿化带埋地铺设引入综合管理服务中心及其他各用户单位。电信固话安装容量 10 门左右,综合管理服务中心、休闲别墅区等各可设小型交换机。

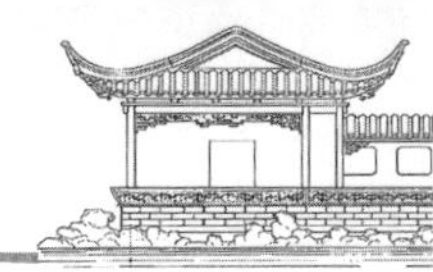

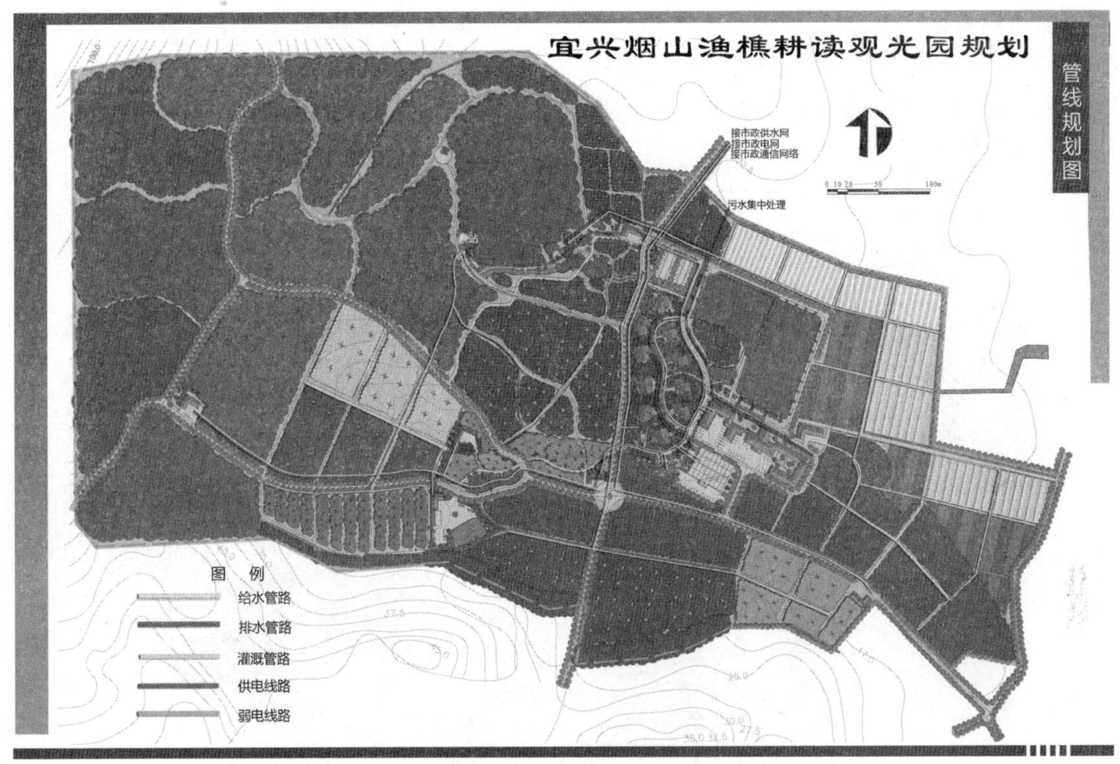

图 8-336　宜兴烟山渔樵耕读观光园综合管线规划图

5. 规划设计特色

(1)生产与服务有机结合　以市场为导向，依托地方自然资源和产业优势，打破单一生产、单一作物的简单模式，生产与服务相结合，并采用改良品种及生产工艺来提高原有茶树茶叶品质，利用多种农作物混合立体种植、蔬菜大棚高科技生产模式，实现园区自给自足，生产、加工、销售一体化运营，同时以产业为载体，融入采摘品茗、垂钓健身、素质拓展、文化交流、休闲餐饮等多种参与体验和服务项目，打造具有较高经济效益、社会效益和生态效益等综合效益，具有较好示范性、推广性的观光园。

(2)突出农耕文化与地方特色　园区建设规划充分挖掘传统农耕精髓，并结合基地现状条件和地方历史人文资源，通过“渔、樵、耕、读”四个舞台化的主题性农耕文化形象创意构思，能让游客在游园过程中体验到传统农耕文化和地方人文的丰富内涵和对身心健康带来的裨益。

(3)注重娱乐体验和文化感知　园区建设规划遵循观光娱乐化原则。游客需要借助旅游观光，缓解快节奏的现代城市生活和工作带来的紧张和压力，放松心情，获得身心的娱乐和健康。园区观光旅游项目和景点规划，不仅让游客看到丰富的农业景观、农耕文化和自然生态，更注重游客的参与和体验，旅游观光项目和景点充分考虑娱乐化的内容设置，激发游客积极参与和亲身体验，从参与和体验过程中获得更多的快乐感受和文化认知。

第三节　社区公园案例评析

一、重庆江山樾社区公园

1. 基本概况

江山樾社区公园位于国家级开发开放新区重庆两江新区的照母山，公园占地 5.5 hm^2，四周是正在建设中的居住小区，服务半径在 0.5～1.0 km。周边居民步行 10～15 min 就能入园游览。

2. 总体构思与布局

整个公园分为社区文化中心、儿童游乐区、老年

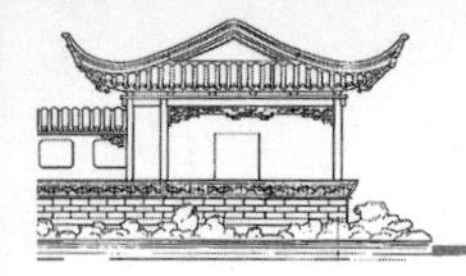

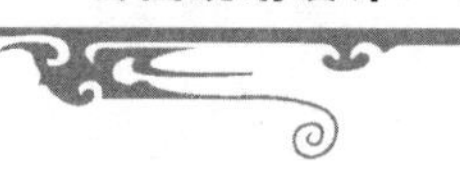

人活动区、运动健身区、中心景观区和密林区六个功能分区。公园以水体为中心展开，围绕水体布置园路、观景平台、儿童游戏场、密林、草地、景观艺术装置等设施，空间体验较为丰富，注重景观视线的组织，营造收放有序的景观空间序列。公园内设置较完善的游憩活动设施(图 8-337)。

图 8-337　江山樾社区公园总平面图

1.入口　2.社区文化中心　3.儿童游戏场　4.亲水平台　5.水体　6.停车场　7.密林　8.草坪缓坡　9.条石坐椅

3.专项规划设计内容

(1)道路与铺装场地设计　公园主路宽 3 m,能够通行游览车,园路以水体为中心环绕设置。园路随着场地自然起伏,游步小道穿插其中,两侧结合植台设置休息坐凳(图 8-338)。

图 8-338　公园休闲游憩步道

(2)竖向与水景设计　水景是整个公园的核心景观,水体在整个场地中原本是一块洼地,设计师因地制宜,挖湖堆坡,设计了舒缓的驳岸。水体平均水深 1.2 m,岸线弯曲有致,水岸为自然式植被护岸,岸边较浅区域种植再力花、梭鱼草、凤眼莲、睡莲等水生植物。水体在为公园增加空气湿度的同时也为居民提供了一个亲水空间(图 8-339)。

(3)植物景观规划设计　公园内设计了密林及树林草地,同时根据不同植物的特性,使用了孤置、对置、丛置、群植等种植手法,主要的乔木树种有银杏、大叶樟、女贞、水杉、广玉兰、桂花、玉兰、垂丝海

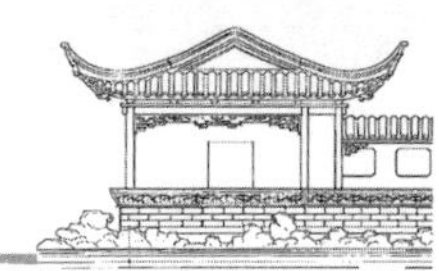

图 8-339　江山樾社区公园水体景观

棠、石楠等；灌木以紫叶李、红枫、贴梗海棠、紫薇、鸡爪槭、石榴为主；地被多以宿根花卉为主，局部重点部位种植时令花卉，主要为大花萱草、德国鸢尾、花叶芦竹、玉簪、假龙头、马鞭草、金鸡菊等。

(4)建筑与小品设施规划设计　公园主体建筑为社区文化中心，建筑采用了现代建筑材料，利用钢结构、玻璃、铝格栅等材料构建了一个舒适优雅的室内空间。另外，钢结构装置艺术小品在公园内大量应用，以花为主题的灯光装置被设计成红色，点缀在绿地中为社区带来了活力。此类装置艺术在园林景观的运用也越来越普遍(图 8-340)。

图 8-340　以花为主题的灯光装置小品

4. 规划设计特色

(1)设计体现了较好的层次性、实用性和安全性　公园内的儿童游戏场与安静休憩区、游人密集区及城市干道之间，利用园林植物及自然地形等构成隔离地带。幼儿和学龄儿童使用的器械，分别设置。保证了游戏内容的安全、卫生，且有利于开发智力，增强体质。室内外的各种使用设施、游戏器械和设备应结构坚固、耐用，并避免构造上的硬棱角；尺度也与儿童的人体尺度相适应；造型、色彩符合儿童的心理特点；根据条件和需要设置了游戏的管理监护设施(图 8-341)。

(2)创造居民第二生活空间　倡导通过舒适度、体验感与参与性这三个方面去构建一个立体的、现代化的社区开放空间，并围绕这个价值观来创造居民生活的纽带，提升整个社区的凝聚力。

图 8-341　儿童活动场地

5. 有待改进或斟酌之处

(1)公园的出入口设置过少，不利于公园的对外开放。

(2)公园内缺少较为开阔的用于集会的广场用地及体育运动场地和运动设施。

二、南京某居住区公园

1. 基本概况

南京某居住区公园规划设计项目占地 7 hm^2，位于大型居住区中心地段，主要供附近居民就近使用，周边城市交通方便快捷，设有多个出入口，公园内部有大面积水体，环绕着水体各类功能区依次展开，园内有庆典广场、城市森林、景观桥梁、游船码头、停车场等设施。

2. 总体构思与布局

公园以大面积的森林绿地作为居住区公园的图

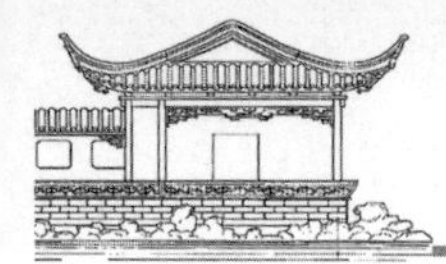

底，凸显绿色空间的生态主题。在绿色基底的衬托下，重点打造景观桥、庆典广场等节点，塑造公园空间重心和视觉焦点。以 3 hm^2 的湖面为核心，生态建筑、景观桥梁、道路系统等多元空间及活动设施依次展开，构建丰富而有序的居住区公园体验（图 8-342）。

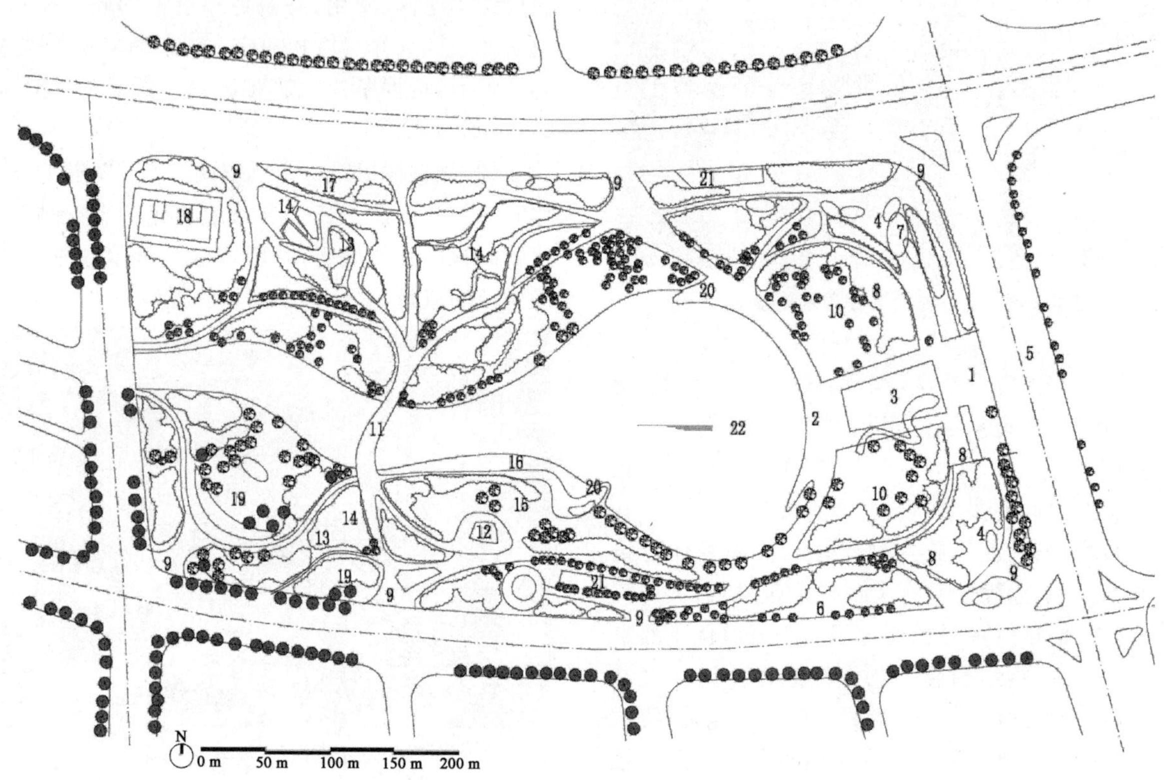

图 8-342　南京某居住区公园平面图

1.庆典广场入口　2.滨水观景台阶　3.广场草坪　4.下沉商业广场　5.黄河路　6.车行出入口　7.特色构架　8.人行出入口　9.公园次入口　10.草坡观景台阶　11.景观桥　12.城市生态建筑　13.零碳人居环境建筑　14.城市森林　15.湿地台地　16.湿地　17.城市步行道　18.电力设施　19.林间活动场地　20.游船码头　21.小型停车场　22.水体

3.专项规划设计内容

1)道路与铺装场地设计

园路系统分级设置，主路将公园主要功能区进行有序串联，承担日常游览及管理车辆的通行功能，同时还承担与公园外部交通网络对接的功能。支路在主路的基础上解决各个功能区域内部的主要交通。整个园路网络顺应地形，蜿蜒有致，能提供滨水游憩、骑行和森林漫步的良好体验(图 8-343)。

公园出入口的设计，根据城市规划和公园内部布局要求，确定游人主、次和专用出入口的位置；在主入口处设置了集散广场、停车场、自行车存车处等相应的设施。公园内部交通与城市交通衔接紧密，各个方向都合理设置出入口与城市公共交通方便周边居民入园游览。

园内交通以步行道、自行车道为主，形成环线布局，次级步行道基本能渗透到公园的每一块区域，滨水步道环绕水系沿岸形成亲水步道。人行系统步道宽度在 2～4 m。整体交通流线顺畅，设置较为合理(图 8-344)。

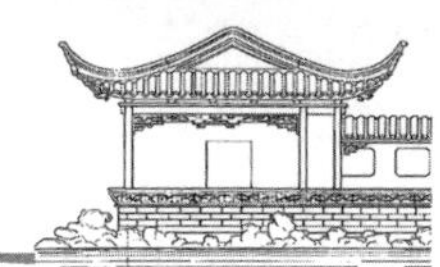

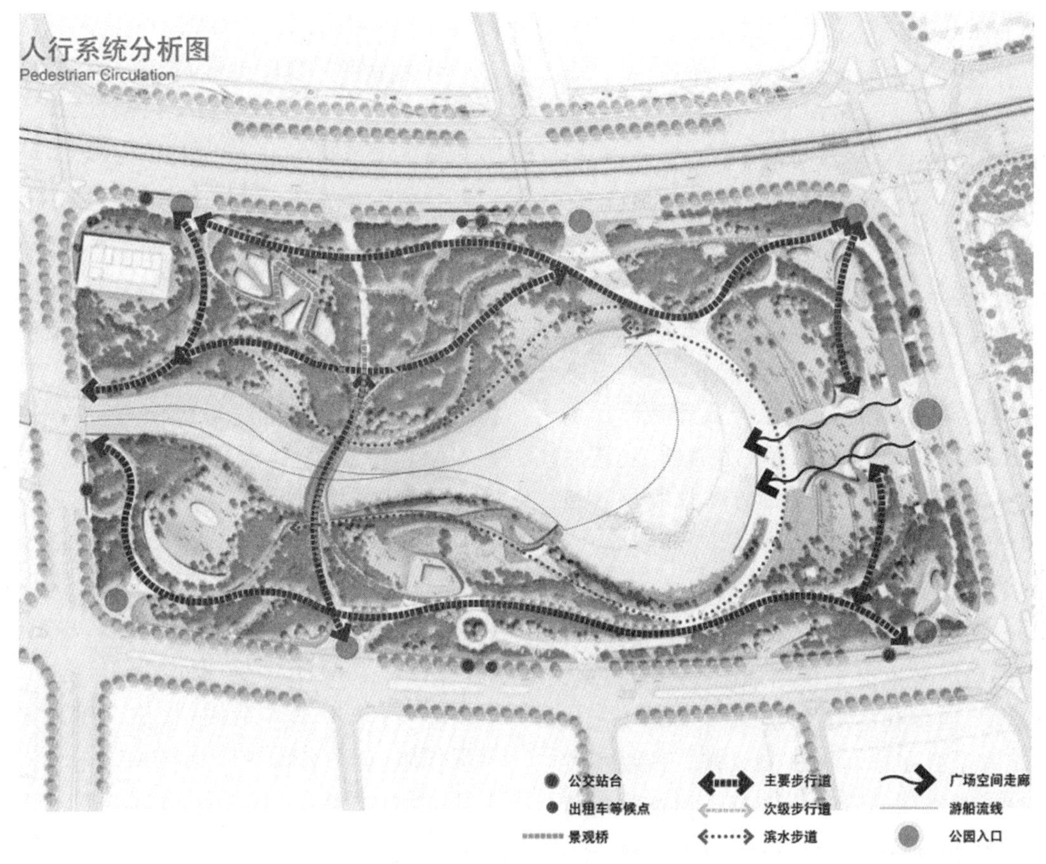

图 8-343　公园交通系统分析图

图 8-344　主路(步行道)及自行车道示意图

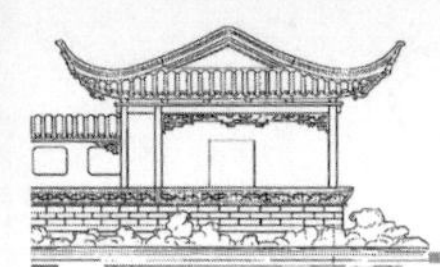

2)竖向与水系设计

公园设计融入了生态的雨水管理理念,对景观湖水质要求较高。雨水径流作为景观湖主要的水源之一,需确保水质以满足景观湖用水要求。因此,设计方建议对场地地表雨水径流进行生态管理,确保地表径流入流水质,保护下游景观湖水质。根据场地设计,基地用地类型主要分成两大类:绿地开放空间和广场。由于用地类型、人类活动强度不同,雨水地表径流污染程度不同,按照因地制宜的原则,合理布置雨水管理设施,分片进行雨水径流管理。广场区域考虑到人类活动密集,雨水径流快速排走,同时雨水地表径流水质相对较差,设计方建议利用管道直接排入市政雨水管网。

3)植物景观规划设计

全园植物的景观设计,主要以自然式栽植为主,充分利用长江中下游地区丰富的地带性植物资源,本着“适地适树、四季有花”的原则,模拟自然生态群落,营造稳定和谐且多样化的植物景观。植物配置疏密有致,在景观空间的营造上充分利用植物的特性营造各种开敞、封闭空间。

沿湖植物配置以垂柳、香樟、桂花为主,形成种植组团,林下设计草坪缓坡,并配置二月兰、玉簪、鸢尾等耐水湿植物。

4)建筑与小品设施设计

近几年,一些前卫设计师在竞赛中将其作品与仿生发生某种关联或带有某种仿生的隐喻。影响到风景园林领域,设计师也开始试图将仿生与场地联系起来,期望将场地的物质、能量流动与生物的能量传递与供给、结构、体内的物理、化学过程等原理发生关联,将其衍生到生态学的科学角度,用以解决场地问题,并据此提出新的景观系统构架。设计师借助参数化设计软件工具,与场地功能结合,探索系统模式,形成具有参数化逻辑美学特性的景观形态并加以建造。方案中的景观桥、特色构架设计新颖、曲线优美,与两岸的园路衔接顺畅,采用钢木结构,整体造型飘逸自然,极具现代感,成为公园中一道亮丽的风景(图 8-345、图 8-346)。

图 8-345 景观桥平面及效果图

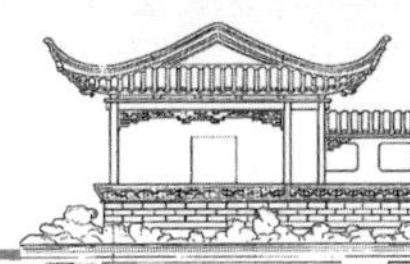

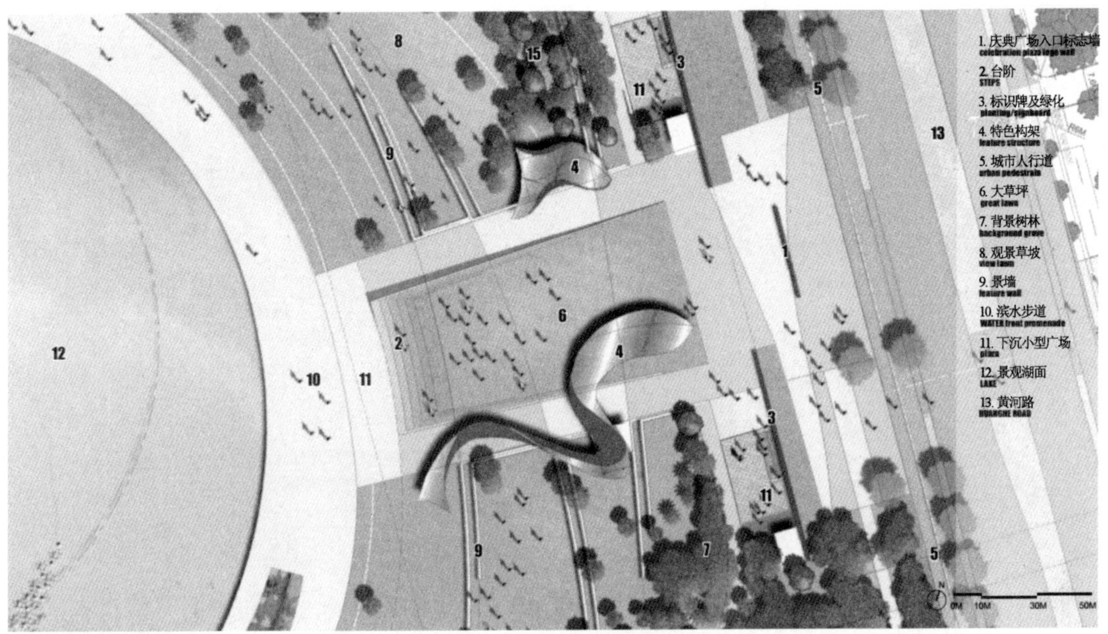

图 8-346　庆典广场平面图

1. 庆典广场入口标志墙　2. 台阶　3. 标识牌及绿化　4. 特色构架　5. 城市人行道　6. 大草坪　7. 背景树林　8. 观景草坡　9. 景墙　10. 滨水步道　11. 下沉小型广场　12. 景观湖面　13. 黄河路

4. 规划设计特色与优点

(1)公园的规划与设计有利于周边社区居民开展户外休憩及社交活动，在现代社会生活的背景下，该公园满足了社区居民开展运动和健身、邻里交往、儿童和青少年健康成长的环境调节功能。能够增加居住区居民户外生活活动的丰富度，例如社区集体活动、集会、科普及教育、养生保健等。

(2)景观桥、构架小品的设计，采用近年来较为流行的参数化设计，突破了人们对传统桥和构筑物小品形态的认识，具有明显的景观艺术特色。

三、浙江建德某小区游园

1. 基本概况

项目位于浙江省西部的建德市洋安新城。洋安新城位于建德主城区东北方，是建德市连接杭州的重要门户节点，毗邻杭新景高速公路，向北连接杭州，向南可达龙游县，交通便利。同时地理位置优越，北面是广阔的新安江，南面是延绵起伏的山体，具备得天独厚的自然资源。小区四面临路，用地西临西二北路，与安置房紧临；东临东二北路；南面为32 m洋安大道(高架路段)；北面18 m作为区域商业、景观、休闲聚集中心的滨江路，用地现状的场地较为平整。

2. 总体构思与布局

该小区整体布局为“三园、一区”(图 8-347)。“三园”是指居住小区分为三个不同主题的小游园——山之园、水之园、花之园，各具特色，展现典雅、自然、简约、精致的风格；“一区”为商业街区，集商业、住宅、酒店、休闲娱乐为一体，建造一个多功能、多样性的现代城市综合体，给社区增加活力。小区的三个小游园均采用围合式的院落布局，每个院落自成一小区，独立成为景观体系。小区游园的基本布置方式为中心式园林布局形式，园林景观的布局顺应了小区的整体建筑规划的理念，园林景观在小区里成为建筑与自然的枢纽，将建筑融入自然当中。游园景观设计以植物材料为主，创造绿色的居住环境。贯彻以建设生态居住空间环境为规划目标，满足住宅的居住性、舒适性、安全性、经济性，创造一个布局合理、环境优美的自然温馨的生活社区(图 8-348)。

图 8-347　某小区游园分区布局图

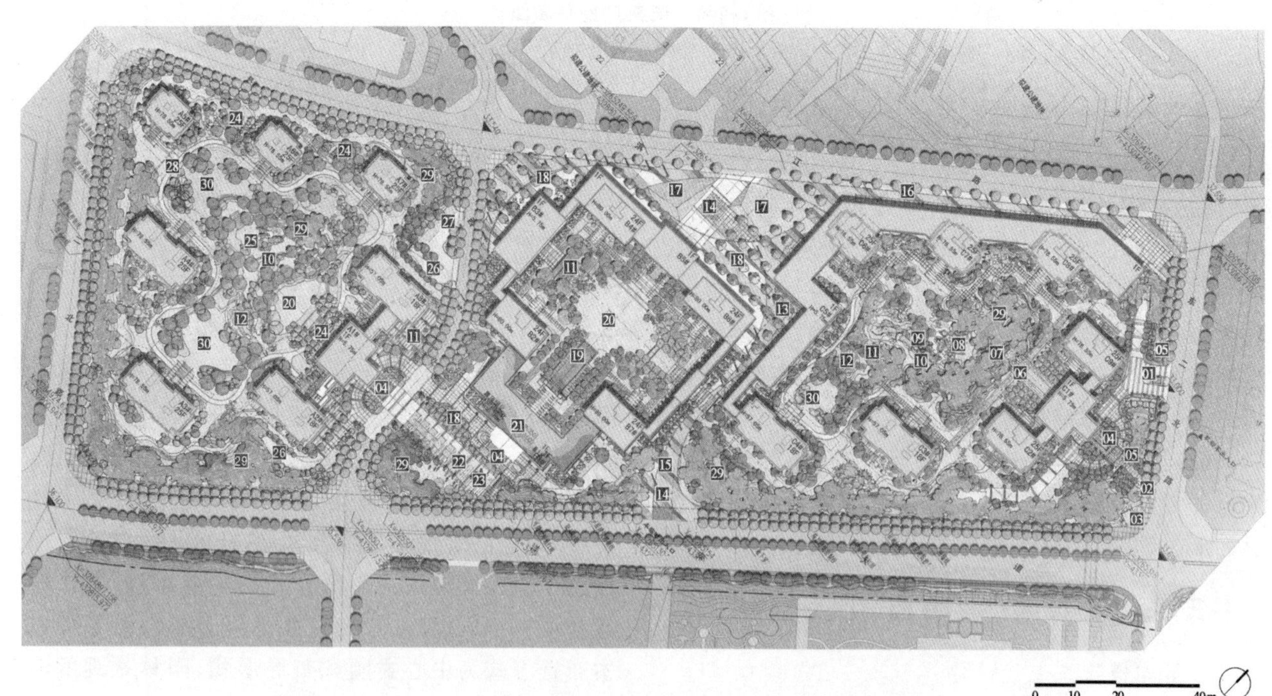

图 8-348　某小区游园总平面图

01.岗亭　02.人行入口　03.地下通道入口　04.特色水景　05.特色景观墙　06.休闲庭院　07.水景瀑布　08.景观亭　09.旱溪　10.木栈道　11.木平台　12.儿童娱乐区　13.商业休息区　14.旱喷　15.商业特色灯柱　16.商业特色铺装　17.造型草坪　18.景观树阵　19.泳池　20.下沉式草坪　21.屋顶花园　22.雕塑广场　23.特色雕塑　24.安静休息平台　25.沙坑　26.地下车库入口　27.生态停车位　28.游园散步道　29.组团绿化　30.开放式草坪

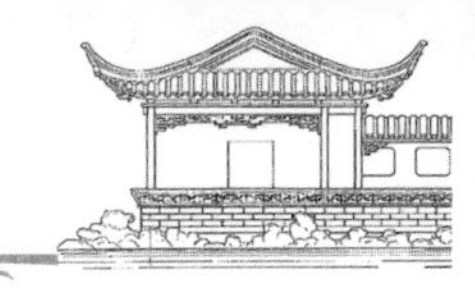

3.专项规划设计内容

(1)道路与铺装场地设计　小区内部交通规划为人车分流,保证了居民出行安全的同时,充分满足交通功能的需求。人车分流能最大限度地降低机动车对居住区内部的影响。行车路线的设计应考虑到使用者尽可能方便与快捷。在小区入口便要设置标识系统,引导车辆顺利进入地下停车场。园内交通分级明确,主要回家路线方便明了,能到达园内主要景点,人行道既考虑到了便捷性,也兼顾了造景功能,园路线形弯曲有致,主要以圆润的曲线形式,能形成步移景异、曲径通幽的游览体验。园路与地形、水体、植物、建筑物、铺装场地及其他设施结合,形成完整的风景构图;创造连续展示园林景观的空间或欣赏前方景物的透视线;路的转折、衔接通顺,符合游人的行为规律(图 8-349)。

图 8-349　小区及游园交通分析图

(2)竖向与水景设计　小区游园水景设计主要采用特色水景、瀑布、旱溪、旱喷等形式,根据造景需要布置于三个区域之中,成为每个区域的亮点和景观核心。

(3)植物景观规划设计　在地形高处,通过仿自然的手法,模拟当地自然山体的原生态植被,营造一种“高远”的视觉感受,居住在此的住户犹如被群山环抱,建筑隐藏在群山之中,是人们向往的世外桃源。泳池周边种植相对较密,使泳池区域更加独立和私密。设计考虑到泳池的使用季节,以夏季观赏植物为主。靠近泳池部分的植物,多数采用常绿植物,方便清洁。水系周边种植黑松、垂柳、秋色叶树,营造一种雅致的情调。水边点缀水生植物,弱化石头带来的坚硬感。阳光草坪以微缓的地形,结合草坪空间,舒适的尺度适合居民开展各种活动。在草坪上点缀冠幅开展、树形优美的大乔,周围以常绿基调树种作为空间的围合。

(4)建筑与小品设施规划设计　游园各个重要景观节点处设计景观墙、景观亭、灯柱、雕塑等建筑及小品设施,增强了景观的趣味性。

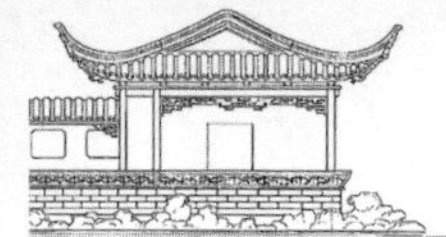

4. 规划设计特色

(1)在设计定位上该方案提倡自然、简约的设计理念,用简洁现代的表现手法,自然地展现不同的场地特性。在空间设计上强调空间的过渡和步移景异的空间转换,使居民既能够享受到居住于城市的繁华,也能感受到宁静祥和的自然庭院,是值得设计师借鉴的。

(2)每个小游园采用酒店式的入口,三个游园的风格和谐统一,但其景观布局又各具特色,功能场地布局较均衡合理。

山之园——以堆山造园为主,在游园的中央营造起伏的小山丘,山丘上种植乔木能有效地提高乔木的高度,同时强化种植组团优美的林冠线,设计有阳光草坪,当阳光斜洒在起伏的地形上时就能形成明暗斑驳的光影效果(图 8-350)。

图 8-350　山之园平面及景观意向图

1. 入口特色水景　2. 主要入口　3. 商业街休息区　4. 地下车库入口　5. 木平台　6. 开阔式草坪　7. 景桥　8. 儿童娱乐沙坑　9. 安静休息平台　10. 游园漫步道　11. 组团绿化

水之园——采用了规则式空间布局形式,将山水连廊引入园内,强调轴线的序列关系,围绕泳池展开户外活动,通过多种形态的水,如跌水、涌泉、水渠等,呈现水的灵气,营造休闲灵动的水之园(图 8-351)。

花之园——以溪流结合地形的形式,设计多种花姿优美、花色艳丽、花香馥郁等具有较高的观赏价值的一二年生花卉及多年生宿根花卉,营造浪漫花坛、花境、花丛和花钵等花园景观(图 8-352)。

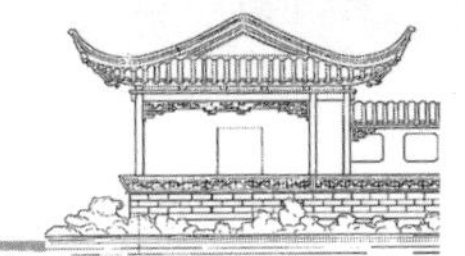

图 8-351　水之园平面及景观意向图

1. 主要入口　2. 下沉式草坪　3. 开放式木平台　4. 泳池　5. 园区散步道　6. 造型水景　7. 特色雕塑　8. 特色铺装　9. 景观树阵　10. 次入口　11. 组团绿化　12. 地下车库入口

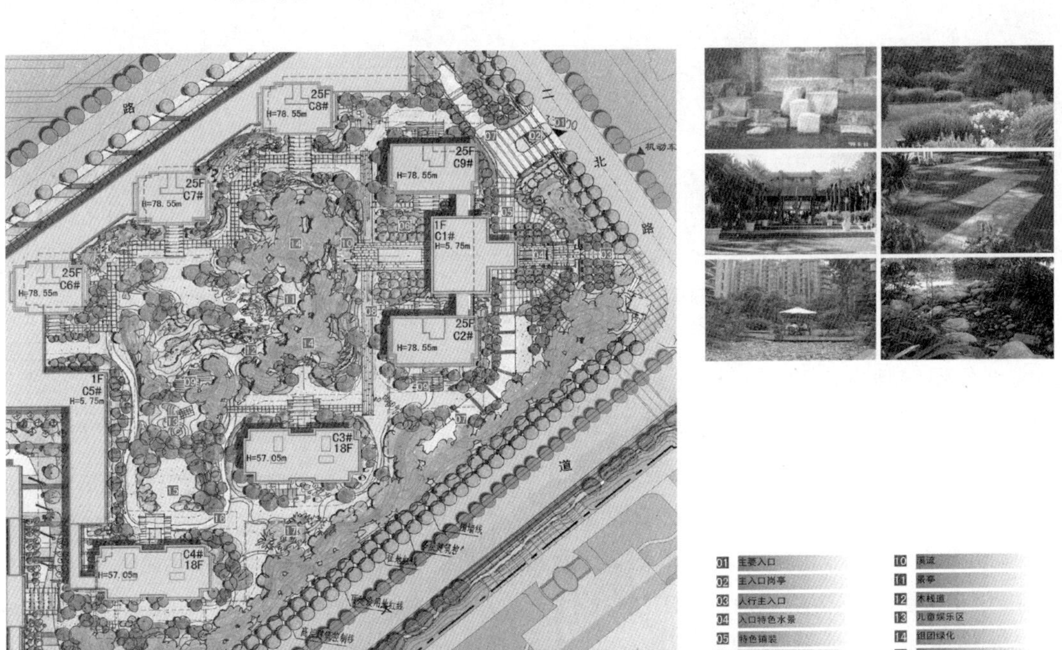

图 8-352　花之园平面及景观意向图

1. 主要入口　2. 主入口岗亭　3. 人行主入口　4. 入口特色水景　5. 特色铺装　6. 景观树阵　7. 地下车库入口　8. 园区散步道　9. 景观木平台　10. 溪流　11. 景亭　12. 木栈道　13. 儿童娱乐区　14. 组团绿化　15. 开放草坪　16. 游园漫步道　17. 休息区

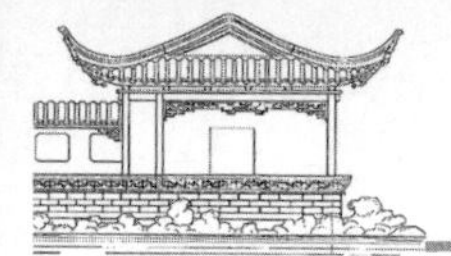

第四节 带状公园案例评析

德国汉堡环城公园

1. 基本概况

从德国汉堡的卫星地图上，我们可以清晰地看到一条带状绿地，这就是位于汉堡中心城区西侧的环城公园。汉堡人叫做 Planten un Blomen，德语里是植物和花卉公园的意思。环城公园是汉堡城区最大的绿化廊道(图 8-353)，像一条绿色的项链贯穿于整个市区，从阿尔斯特湖一直延伸到易北河。汉堡环城公园总体由五个部分组成，由北向南分别为阿尔斯特公园、老植物园、小城墙公园、大城墙公园、老易北河公园。

图 8-353 德国汉堡环城公园卫星图

包括城市公园绿地在内的建造规划是德国城市规划体系的核心要素，对城市空间生成、建设和管理具有很强的调控能力，在德国城市建设和管理实践中起着关键作用。德国以解决预见性问题出发，制定城市规划，汉堡市的城市规划是 20 世纪 50 年代编制的，至今有效。从历史地图上我们可以看见汉堡环城城市公园体系的演变具有一定的稳定性和连续性，老城墙、旧植物园、护城河水系等被保留下来，成为公园的历史与文化传承(图 8-354)。

2. 公园空间布局与景观特点

1) 市政建筑环绕的“城市后花园”

环城公园被汉堡重要的市政建筑环绕。大城墙公园南面是汉堡历史博物馆，北面是法院，东北是音乐厅。小城墙公园北面是汉堡展览馆，每年举办各种大型的展览会；植物园旁边是汉堡大学，公园旁边还有汉堡电视塔、汉堡会议中心等建筑。这些公共建筑空间本身聚集有大量的人流，而公园系统的存在正好完美地补充了室外空间的需求，让人们在游览建筑的同时无缝对接到汉堡优美的公园。良好的景观空间

布局将公园美丽的自然景色与周边造型优美的建筑融为一体，形成了协调统一的城市景观(图 8-355)。

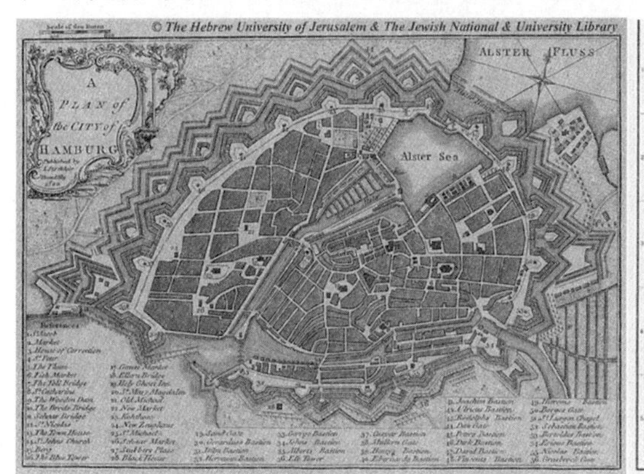

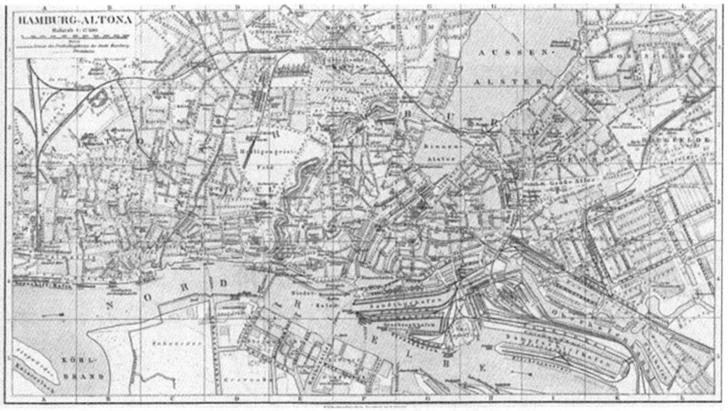

图 8-354　1800 年与 1890 年汉堡市的变化对比(城墙与护城河被保留下来)

图 8-355　公园自然景观与建筑艺术景观融为一体

2)多层次观景路径体系

环城公园的道路交通系统体现了多层次的特征。多个出入口、公共交通(公交车站、轨道交通站 S-bahn，U-bahn)、下穿通道、立交步行桥等交通动线的设置(图 8-356、图 8-357)，建立畅通的多层次绿色交通网络体系，能够提高人们对公园开放空间的可达性，并连接起阿尔斯特湖与汉堡都市和港口的空间景观，将其串联成一个大型城市公园系统。市政道路、公共交通、公共建筑与公园道路交织，最终形成一个有生命的网络系统，公园成为连接开敞空间的景观链，将公园景观快捷地引入城市视廊通道，让人们对生活在其中的城市环境产生心理图像和形象，成为汉堡人民的“公众印象”，也是游客感知汉堡城市形象的重要载体。

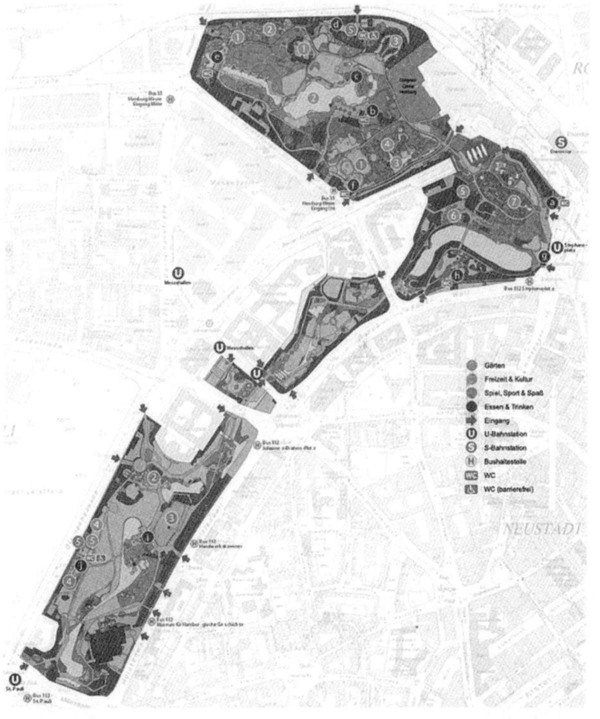

图 8-356　环城公园入口、道路及交通设施图

3)丰富的水景系统

与湖泊连通的护城河水系被保留下来，结合喷泉、跌水、水池、湖泊等，形成动静变化、空间丰富的公园水景系统。水随着不同景观空间有收有放，构成了带状公园中的一条主旋律，空间转换自如。

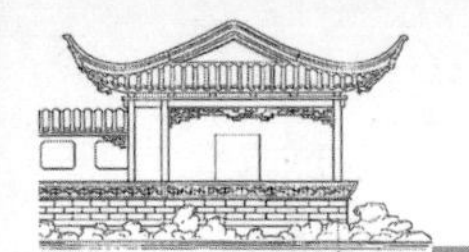

图 8-357　城市道路与公园道路交织

水景呈现出不同的性格。在草坪旁边的水是平静的，承托睡莲和倒影 271 m 高汉堡电视塔白色身影的湖泊(图 8-358)；在游戏区，水是孩子们手中奔放快乐的喷射曲线；在日本园林里，水是禅意的涓涓溪流等(图 8-359)。水系或浅或深，时宽时窄变化无穷。公园还设计有溜冰场、人工瀑布以及汉堡著名的光电风琴演奏音乐喷泉，每晚十点到十点半，在公园湖上会举行精彩的喷水表演，水柱伴随着音乐的旋律高低跳跃，将夜色点缀得五光十色，漫步公园中，水声始终伴随，惬意美好(图 8-360 至图 8-362)。

图 8-358　平静似镜的湖泊将园外的电视塔映入公园(来源:全景网)

图 8-359 日本园禅意水景和公园人工小瀑布

图 8-360 激情的水舞(喷泉)

图 8-361 公园草坪附近的静水与动水

图 8-362 动态的浅水面引导道路方向

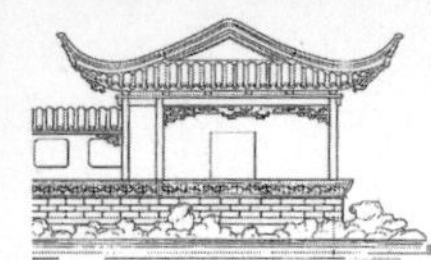

4)多样化的公共空间

汉堡环城公园由旧护城河及岸边土地改造而成,公园设计了阳光大草坪、游乐场、露天小剧场、茶室、温室花园、餐饮设施等。既有自然开阔的森林、草坪、湖泊,也有人工雕琢的小场地空间,形成多样化的公共景观空间。

(1)充分考虑人的活动　公园里分布有各种类型的娱乐区,供人们自主使用的休闲空地、儿童游乐区更是随处可见。其中对儿童游乐区进行了极为人性化的设计,以较小儿童为主的游戏场地设置了以沙地为主的摇摇马、秋千、攀爬岩石等孩童安全游玩的低矮设施,以较大孩子为主的游戏场地则设置了高低起伏的趣味场地、操作较为复杂的喷水射击等游乐设施,满足了幼儿到少年的不同年龄需求。甚至沿途设置了一些老少皆宜的游戏互动装置,让成人也玩得兴趣盎然(图 8-363、图 8-364)。

图 8-363　孩子玩水乐园

图 8-364　沙地攀爬游乐园

(2)变化的地形处理手法　公园场地因地制宜,例如在旧植物园温室前的较大落差中,设计借鉴了意大利式台地花园,层层错叠的小台地和绿化形成了靓丽的立面,与背后高低变化的玻璃屋顶融为一体,成为水边吸引目光的立体景观(图 8-365)。

图 8-365　旧植物园温室前的台地花园

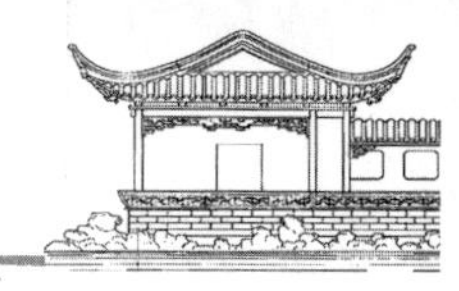

(3)植物景观季相变化丰富　设计师专门开辟了日本花园、药用花园、玫瑰花园、热带植物温室花园等主题花园,形成了季相变化丰富的植物景观。其中老植物园内共分为盲人植物区、蔬菜及经济植物区、系统进化区、植物地理分布区、观赏植物专类园以及本地植物区六个分区。盲人植物区的大部分植物或是可闻香味的,或是有质感可以触摸的,如丁香属和杜鹃花属的花香。春夏时节,公园里绿草如茵,百花齐放,以郁金香、水仙花、风信子和玫瑰花最多,到处一片姹紫嫣红的景象。秋冬时节,落羽杉、枫树等乔木层林尽染。市民们十分喜欢来公园跑步、遛狗,亲近大自然(图 8-366、图 8-367)。

图 8-366　公园里各种花卉景观

图 8-367　水池边的落羽杉林

5)环城公园的文脉传承

(1)城墙文化　环城公园有两处重要景观与“城墙”有关,即大城墙公园(Grosse Wallanlagen)和小城墙公园(Kleine Wallanlagen)。这是因为整个环城公园基本上就是在汉堡古代城墙的基础上建的,19 世纪,汉堡将环绕城区的城墙拆除,将昔日的防御工事和护城河变成了公园。

(2)小品设施　老易北河公园仗剑而立的俾斯麦花岗岩雕像建于 1906 年,钢球雕塑、青铜色水鸟、石灯笼等景观小品静静地点缀于丛林之中;植物园门口的战争纪念雕塑等传递着这片土地的历史故事。然而让人们记忆最深刻的,是公园里散布的无处不在的椅子。公园里主要采用了白色、黑色的阿迪朗达克椅子,与蓝天、绿地相互映衬,可以随意摆放移动,满足了人们不同活动的需要,如在自家客厅一样休闲自由。这种随处可见的坐椅让整个公园都洋溢着一种亲切的生活气息。作为经典的户外家具,防腐处理过的直背、坐宽带扶手的阿迪朗达克椅子质朴简洁并且耐用,也代表了“回归自然”的生活风格与情怀,与公园意境相得益彰(图 8-368、图 8-369)。

图 8-368　公园景观小品

图 8-369　公园随处可见的坐椅

3. 规划设计优点与特色

1)规划设计优点

汉堡环城公园规划设计的优点主要是保护和利用有地方特色的景观、建立畅通的绿色网络体系、考虑人的休闲娱乐活动、注重环境保护与公众参与、可持续的城市绿地建设及考虑生态原则与雨水回用。

2)特色与启发

环城公园特色主要体现在公园历史传承与设计更新的持续性。环城公园体系中以植物园为例，这里原是 17 世纪防御工事的一部分，1819—1820 年防御工事被平毁，昔日的工事变成了公园。1935 年以北德园艺“植物与花卉”展览为契机，公园进行了更新设计。1953 年、1963 年和 1973 年这里曾举办过国际园艺博览会。1990 年在旧植物园内建了一座日本公园。之后，又按日本人 Araki 的计划对其进行了扩建，同时增加了新展区玫瑰园。1935 年的人工瀑布处设计了新的药剂师花园和音乐凉亭。

另外，临近电视塔的一个公园入口景观，由 A24 景观设计公司于 2011 年设计完成(图 8-370)。随着城市的一部分区域的重新规划定位和相邻区域的扩张，公园的出入口进行了重新设计。设计主要采用钢板，通过钢板格栅、钢板通道营造出简洁现代的公园入口景观。富有光影质感的钢板制成，对公园进行划定和保护，同时也激起人们的好奇心。从外看栅栏的变形仿佛给人一种公园

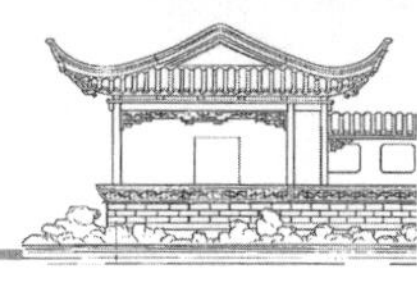

内的植物景观试图突破重围的感觉。总的来说，新建的入口景观创建一个新的空间运动和刚度之间的戏剧做法，丰富了城市、自然和文化间的联系。

图 8-370　由 A24 景观设计公司设计的公园出入口景观

有远见的汉堡人民在急速扩张的城市中，像纽约中央公园一样，在宝贵的城市中心用环城公园坚守住了城墙和护城河的文化传承。他们执着地持续百年更新和完善城市公园，时光雕刻在公园的一草一木里，在继承传统的同时，不断地融入时代文化，公园最终成为了汉堡人民的骄傲，也是市民闲暇时最喜欢去的地方。

德国城市公园规划设计更注重景观的稳定性和连续性，在城市扩张的同时，为市民打造一个市区里易于到达、规模适中、精致漂亮的公园景观系统，而不是零星散布的空旷干瘪的硬质广场、车来车往难以到达的景观绿化带、偏僻荒芜的郊区绿地。包括带状公园在内的城市公园绿地系统的打造不只是规划上的一条绿色廊道，而应成为景观设计者乃至全体市民的一种文化意识，用工匠精神打造出一个个百年景观精品。

第五节　街旁休闲绿地案例评析

一、东京品川花园广场

1. 基本情况

东京品川花园广场位于东京品川国际城中，是由东京音乐家大酒店、品川国际城、品川中心大楼、品川“V”城等多栋建筑所围绕的一块狭长空间，南北长约 400 m，东西宽约 45 m，场地面积约为 1.8 hm^2，西侧为东京品川车站。该花园广场由日本当代景观设计师三谷徹设计，于 2003 年竣工开放。

2. 整体设计布局

品川花园广场整体形态为一条较为规整的带状地块，地势平坦，没有较大的起伏，与东西两侧建筑相交界时由台阶、坡道连接建筑前的集散空间。整个花园广场采用极为统一而简洁的设计手法，将整齐的树阵、方石阵列、几何形的小草坪、相似的铺装图案等景观元素在狭长的带状空间中不断重复排列，仅在局部细节部位上进行细微调整。

整个 400 m 长的带状空间被切割为 13 个方形小广场，每个广场内用连香树按照 5 株为一列，二或三列为一组的排列方式组合成多个树阵广场。13 个方形小广场并非都是整齐的排列在带状空间中，其中部分小广场根据周边高层建筑的朝向扭转了其方向，在垂直广场长边的排列方式中利用倾斜的排列打破了统一元素的呆板、乏味之感。被划分的广场由树阵的连续种植连接成了一个完整而连续的散步空间，而部分树阵排列方向的改变，在统一的设计环境中增加了铺装、地被种植池、方石阵等变化的元素，让身临其中的人们产生一种不断探究的好奇感（图 8-371）。

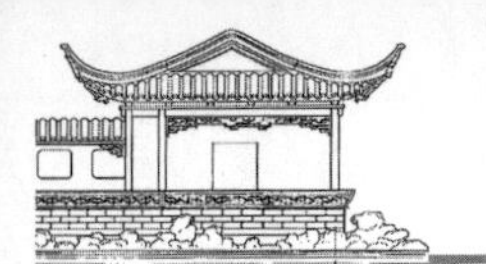
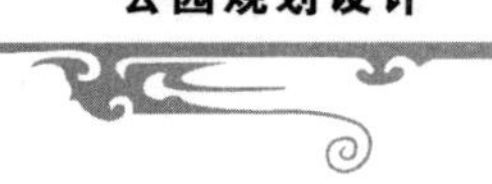

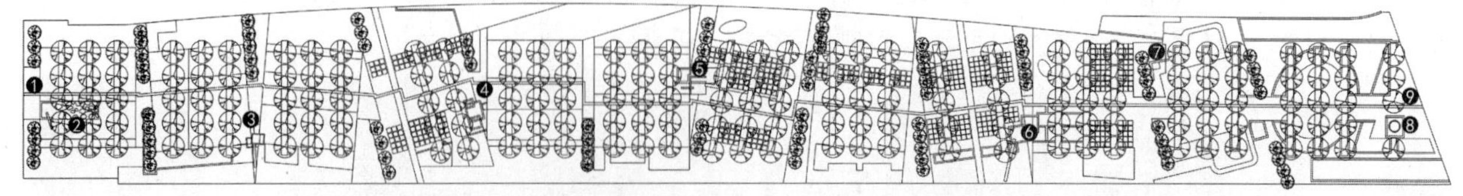

图 8-371　品川中心花园广场平面示意图

1.北入口　2.景观小品——水　3.景观小品——石　4.景观小品——光　5.景观小品——风　6.景观小品——土　7.景观小品——草　8.景观小品——木　9.南入口

3.空间与景观设计

品川花园广场整体划分为北入口空间、中部多个树阵空间以及南部椭圆下沉草坪空间三部分。整个花园广场由于树阵的连接作用，人们进入后最主要能感受到由成排的连香树形成的连续、狭长的垂直空间。

(1)北部入口空间　由以“品川海岸——水”为主题的景观小品作为起点，景观小品放置于北入口第一个小广场内，入口空间开阔，仅由成排高大乔木形成夹景，引导人们往里走。由于小品要表现水、海岸、沙滩等自然元素，用一个下沉的方形水池代表水元素，在水池中铺上一层白色卵石，卵石间散布着大块的黑色自然石块。设计师用卵石、大石块组合而成的枯山水代表海岸，而定时注入水池中的水则寓意品川海岸的潮起潮落(图 8-372、图 8-373)。

(2)中部树阵空间　由多个连续的方形小广场组合而成。由于整个花园广场内部地形平坦，没有明显的起伏，因此虽然设计了多个方形小广场，但广场之间空间界限不明显，仅能从树阵的排列方向和地面铺装的材质和色彩变化进行区分。进入树阵空间后中间是由连香树营造出的林荫道，林荫道两侧则由带状、方形等几何形种植池方形石阵划分出的半围合空间(图 8-374)，并在树下设有坐凳，可供人们在此散步、休息。坐凳周边种植池中种有八角金盘、矮生竹类、蕨类等色彩都以绿色为主的灌木和草本植物，用这些低矮的植物将坐凳围合在一个“凹”字形的空间中，炎炎夏日时这里便成水泥城市森林中一块难得的绿洲，深浅不一的绿色包围着在此纳凉、交谈的人们，为他们带来一丝清凉之感(图 8-375)。

图 8-372　景观小品“品川海岸——水”

(3)椭圆下沉草坪空间　位于花园广场的南端，在这里设计师设计了一个四周高、向中心下沉的椭圆形草坪环，而整齐排列的树阵与椭圆草坪相交时则将草坪打断形成一段段长短不一的椭圆弧。这是一个内向型的空间，四周高、向内下沉的草坪界定了空间的边界，由乔木对人们头顶的空间进行限定(图 8-376)。

图 8-373 北入口空间

图 8-374 连香树下的方石阵列

图 8-375 花园广场的绿色空间

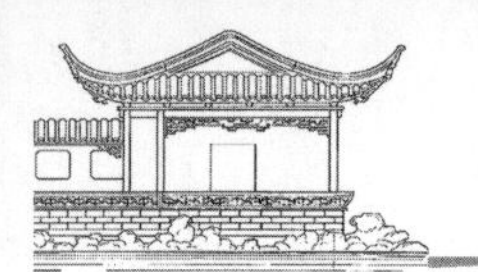

图 8-376　椭圆下沉草坪

(4)景观小品　设计师在花园广场中还布置了7个景观小品，设计灵感源于水、石、光、风、土、草、木7种富有品川当地历史、自然寓意的元素，让人们在广场间散步、赏景的过程中也能深切体会品川地区的历史文化。

4. 规划设计特色

(1)设计形式简洁而不乏味　广场采用简洁、统一的方法完成整体设计，运用统一的植物配置形式、简洁的铺装设计将带状空间划分成若干林下休息空间、垂直的散步空间，人们在简洁的广场中间可停留、散步、奔跑。通过在带状的花园中布置方形小广场，让原本单一的条带状空间中的景观元素发生了细微的变化，400 m 的路程走下来也变得富有趣味。

(2)小品元素体现地方自然与人文内涵　最为突出的亮点便是借用当地自然人文元素作为景观小品的设计主题，由此丰富景观设计的内涵。在小品的排列顺序上也采用叙事的手法，用讲故事的方式依次从入口处开始向人们叙述了“品川海岸——水”、“高轮的大城门——石”、“二十六夜待——光”、“海滨的风——风”、“品川台场——土”、“黑目川河道——草”、“御殿山的樱——木”7种自然景观元素。设计师希望通过这些小品向来到此处的人们讲述任何生命、城市的发展都离不开这7种自然元素，从设计中表现出设计师对场地原有自然环境、历史风俗的尊重。

二、大阪市梅田站北游园绿地

1. 基本概况

该游园绿地位于日本大阪市梅田站以北，Inter Continental Osaka 酒店旁，东西两侧均为城市道路的人行道。整个绿地平面成呈现一个宽“L”形，其设计风格为自然式风格，其中以散步道为界，分三个主要部分，北部是结合微地形起伏形成了凸地树林，中部为平地小广场，而南部为叠水水景。绿地中的小广场、道路、水景、微地形的形态都为自然曲线，同时又加入少量几何形的种植池和长方形坐凳，使整个设计即自然又不失现代气息，为繁忙都市中的市民提供一个接近自然的空间。绿地整体地势较平坦，仅在东部靠近城市街道的边缘部分地势较低，由缓坡道与城市道路的人行道相连，而在南部与 Inter Continental Osaka 酒店相接处地势下沉，形成三级叠水景观(图 8-377)。

2. 整体空间组织

整个绿地空间分为入口空间、树林空间、水池空间、叠水空间四个部分(图 8-378)。

入口空间由道路扩宽而成，通过两侧的树林、叠水来界定。入口小广场上种植的大乔木将开阔的硬景空间进行二次划分，形成一些分散的林下覆盖空间，方便人们自行选择舒适的区域驻足停留。

树林空间是由乔木、灌木、各类草本等多层次植物组合而成的垂直空间，与入口空间相比树林空间围合感更强，视线只能透过植物间的空隙看到周边景物。

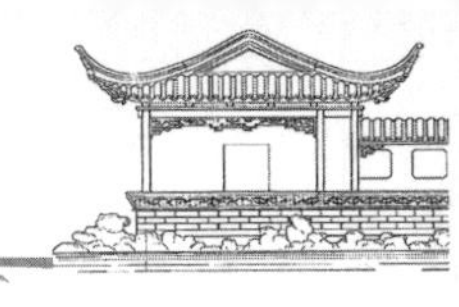

水池空间是整个绿地中视线最为开阔的区域，在水池周边能一览整个水池的全貌，属于开敞空间。

叠水空间是整个绿地中最具动感的区域，叠水在岛屿、乔木的遮挡下时隐时现，让人想一探叠水的全貌，因此，叠水区域也是最吸引游人的区域。

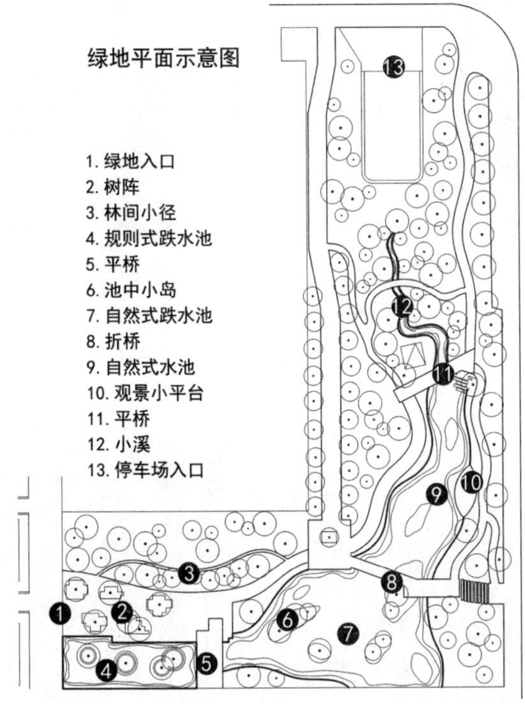

图 8-377　大阪梅田站北游园绿地平面示意图

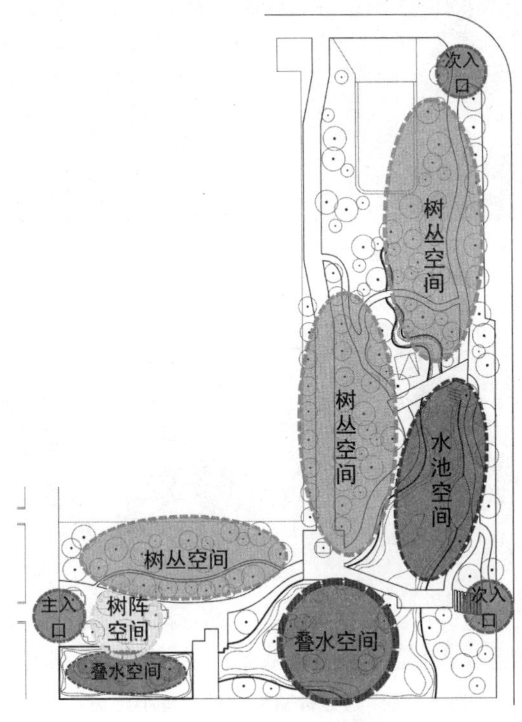

图 8-378　大阪梅田站北游园绿地空间分析

3. 景观设计内容

1)入口小广场

游园绿地的主入口位于西侧，弧形的道路在入口处加宽形成一个近似长方形的小广场，小广场上散布着大小不一的几何形种植池，种植池种植着高大的槭树，槭树下用矮生竹类作为下层地被植物，树下随机地摆放着长条坐凳供人们夏日纳凉(图 8-379)。简洁的布局让小广场既有现代设计感，同时植物都保持其自然生长状态，这样又营造出一个具有自然亲和力的树阵广场。

2)道路设计

道路是休闲绿地陆地树丛与水景的交界线，道路又结合平桥、折桥将水景一分为四。道路从入口小广场向绿地内延伸到了中部分叉为两条，一条路向北，另一条向东，分叉处则变宽为方形集散节点。向北的道路紧贴水景布局，并与水池上的平桥、折桥相接，同时分支出蜿蜒于树丛间的小路。向东的道路跨越水池，并结合场地东部边缘的斜坡形成折线型的无障碍坡道。整个曲折的道路即是人们散步、观景的区域，也是连接东、西两条平行的城市道路的连廊，方便人们快速穿行。

3)树丛

绿地内有由樱花、鸡爪槭、槭树等乔木，以及富贵草等草本植物所组成的树丛，散步小路则穿梭其间。密有致的乔木与中下层密集的灌木、草本共同组合成了一个狭长垂直空间，人们游走于小径中，可以透过稀疏的树干看到小广场以及紧贴 Inter Continental Osaka 酒店的叠水景观(图 8-380)。

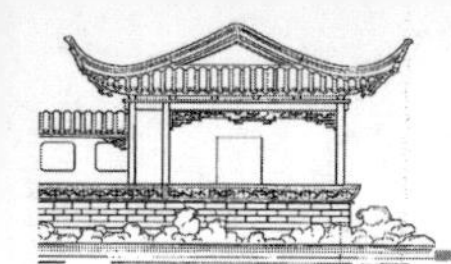

图 8-379　入口树阵小广场

图 8-380　透过树丛看到的树阵小广场

4)水景

绿地中水景分为三个部分,北部的溪流、东侧的水池和南部的叠水,在有限的占地面积中模拟出由小溪汇集成池塘,池塘中的水经过逐级下跌的地形形成动态的叠水过程,这个水景也由静态到动态缓慢过渡。

南部动态叠水紧邻酒店底层的咖啡厅,叠水中间一座连接绿地与酒店底层商铺的短桥将叠水分割为东西两半,西侧形态较规整,东部为较宽的自然形态。叠水分为三级,每级高差为 15～20 cm,由鹅卵石砌筑边缘而成。叠水地势由中部入口小广场向酒店逐级下降,坐于咖啡厅露天平台的人们便能观赏到绿地中缓缓流动的水景(图 8-381)。在叠水中有数个由土、鹅卵石堆砌而成的小岛,小岛近似椭圆形,较小的的岛屿上仅种植草坪,较大的岛屿上种有树冠开阔的槭树。在这样平展的水面中添加竖向生长的乔木,水平与垂直在方向上产生了鲜明的对比,加之乔木种植上前后错落极大的丰富了水景的层次感,在岛屿上乔木的掩映中酒店建筑、咖啡厅也若隐若现(图 8-382)。

图 8-381　与酒店融为一体的叠水景观

图 8-382　叠水中的树木景观

东侧水景为静态水池,两座平桥架设在水池之上,方便人们穿行以及观景。水池以开阔的水景为主,因此池中堆砌的两个小岛上只种植草坪,并未用乔木遮挡视线,保持了整个水面的完整性。

5)行为活动

绿地内在入口广场、水池边、Inter Continental Osaka 酒店底层咖啡厅室外亲水露台三个区域设立坐凳供人们驻足休息。夏日时人们可坐在入口广场的树下乘凉,观看流动的叠水景观,也可坐在水池畔椭圆形的平台处观赏平静的水面(图 8-383)。这两处设有坐凳的区域都种有槭树、樱花等落叶大乔木,春季可赏花,夏季可遮阳,秋季可以赏红叶,冬季能享受温暖的阳光。而在 Inter Continental Osaka 酒店底层咖啡厅室外亲水露台上人们可以点上咖啡,和三五好友观赏着面前层层叠叠的流水,享受惬意的午后时光。

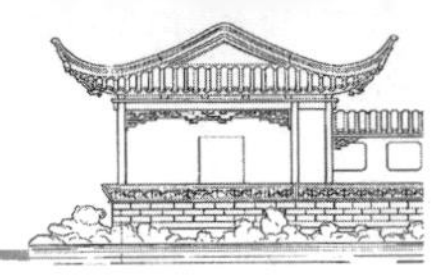

图 8-383　水池景观

图 8-384　丰富的植物群落

4. 设计优点

1)植物配置

植物配置中乔、灌、草的立面搭配不仅限于三层植物,而是尽可能多地使用形态、高度都不同的植物,搭配出层次丰富、形态自然的植物群落(图 8-384)。植物配置时不仅注重四季的景色,同时在植物不开花的时节也注意到在纯绿色的环境中点缀上一些红叶的鸡爪槭,这样也避免了单一色彩造成的乏味感。乔木下的灌木尽可能保持其自然形态,少量进行整形修剪,整个植物层次不显得呆板。

2)景观空间序列布局

景观空间排布序列收放得当,半围合空间、垂直空间、开敞空间和覆盖空间之间串联成一个连续的系列,人们在绿地中游走时也能感受到丰富多变的空间变化层次。

三、大阪"四季之丘"游园绿地

1. 基本概况

"四季之丘"位于日本大阪市立科学馆以北,两条城市道路的交汇处。占地面积约 2 297 m^2,为街旁小型休憩绿地。该绿地除了具有供人们驻足休息、观景的功能外,是周边市民平日出行时必经之处,其山丘顶也与城市街道的人行天桥、关电大楼(Kansai Electric Power Building)入口平台相连接,是周边重要的人行交通点。

"四季之丘"的平面近似一个梯形,为一个中心高四周低的椭圆小山丘,山丘上种植多种植物,成为建筑林立城市中的一抹难得的绿色空间(图 8-385)。

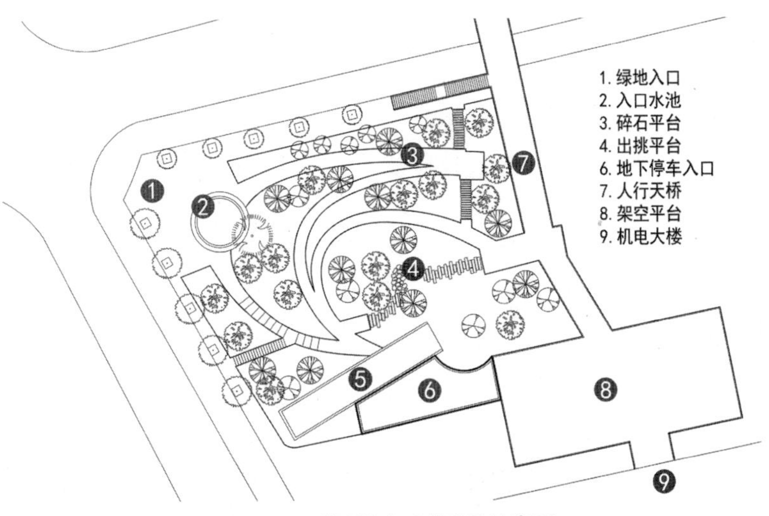

图 8-385　"四季之丘"平面示意图

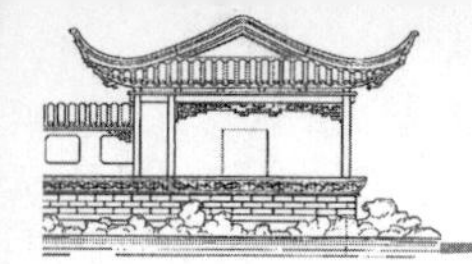
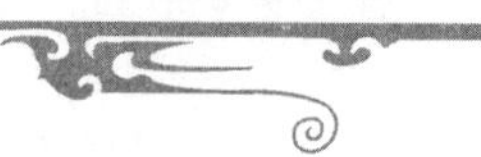

2. 整体空间布局

"四季之丘"整个空间分为入口空间、山坡空间、山丘顶的观景空间三个部分。以城市道路交叉点为起点，入口处的圆形镜面水池与山丘顶的半圆形平台形成一条隐形轴线的两个端点(图 8-386)。以隐形的轴线为界，弧形道路分立轴线两侧，从入口水景开始分别向山丘顶部延伸，当延伸到山丘中部时再向相反方向环绕山丘，发展出两条"Z"字形缓坡步道。步道延伸到山丘顶时扩大为一个方形平台，并与关电大楼的步行天桥相接，利用坡道、踏步与城市道路人行道共同组成一个便利的步行系统(图 8-387)。

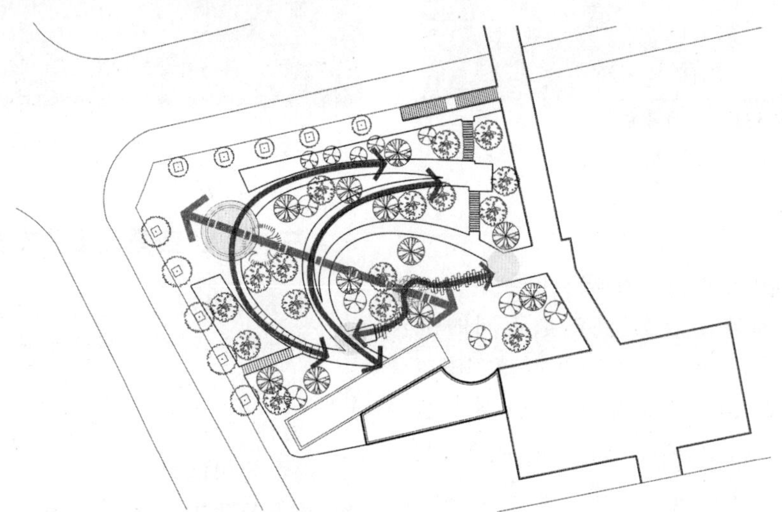

图 8-386 "四季之丘"隐形设计轴线

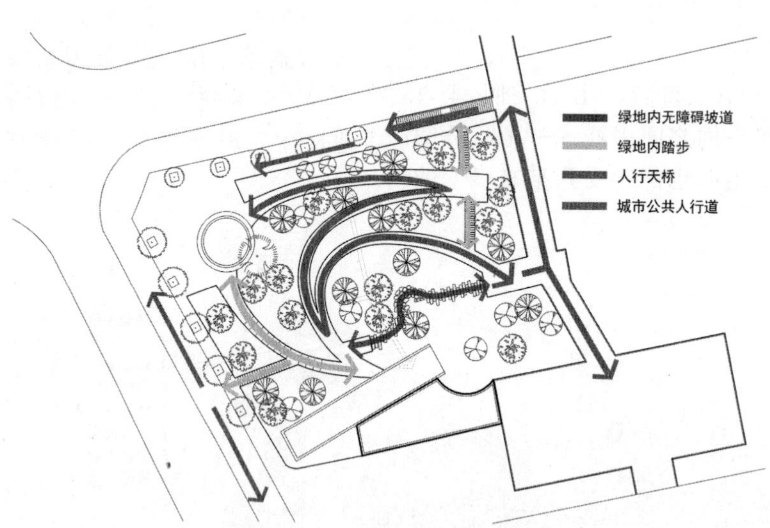

图 8-387 四季之丘交通分析

(1)入口空间　是两条城市道路人行道交汇处拓宽而形成的一个近似六边形的小空间，也是四季之丘隐形轴线的开端，人们可在此驻足、集散、休息、纳凉。

(2)山坡空间　以缓坡步道和坡面的植物绿化为主。山坡空间主要是以连接山丘顶和城市人行道的交通空间为主，人们在此以动态的观景方式为主。

(3)观景空间　位于山丘顶部，共有三个停留节点，其中山丘顶部的半圆形节点与入口空间的圆形镜面水池在形态上和空间位置进行呼应，共同连成一条隐形的景观轴线。半圆形节点处还设有一块光滑的景石坐凳，人们可坐在上面休息，远眺周边街景(图 8-388)。半圆形节点两侧各有一个方形节点，这两个节点即是弧形坡道交接点，也是山丘顶部的观景节点。三个节点之间由折线型的汀步小路串联起来，并与弧形步道共同形成一个环形交通系统。

图 8-388 山丘顶部小平台

3.景观设计内容

(1)水景 "四季之丘"入口处设有一个高约 40 cm 的圆形水池，分为中心镜面水池直径约为 6.5 m 的镜面水池，以及外环直径约为 8 m 的环形平台(图 8-389)。水池通体由黑色石材贴膜，平静的水面借助池底的黑色底面将周围的植物也倒影于水面中。镜面水池外围环形平台可供人们在此休息、观街景、乘凉、交谈。

图 8-389 入口镜面水池

(2)道路 "四季之丘"内的道路分为三类，即弧形的缓坡步道、弧形踏步和坡道间直线踏步(图 8-390 至图 8-392)，设人行天桥与城市道路相连接。弧形的缓坡步道是平行四季之丘等高线设置的道路，沿着山丘表面环绕缓慢上升，通过几段方向相反的椭圆弧将人们引入山丘顶部。在四季之丘的北部由两段垂直山丘等高线的踏步将城市道路人行道与弧形步道相连接，这样人们也可从人行道上直接登步道到达山丘顶部，节省时间。山丘顶部与关电大楼延伸出来的平台相接，并向北与城市道路的人行天桥连通，这样三类道路共同将外部的城市人行交通与绿地内步行交通连成一个整体。

图 8-390 弧形缓坡道

图 8-391 弧形踏步

(3)植物 四季之丘中使用了大量的植物，营造出一个绿色山丘的植物景观，其中乔木有樱花、玉兰、紫叶李等，灌木有假连翘，花卉有白色、粉色、红色的秋海棠、孔雀草、百子莲等，草本有香蒲等。植物配置上兼顾四季景色，春有玉兰的白花、樱花成片的粉色，夏有百子莲、秋海棠，秋可观赏樱花、玉兰的黄叶以及紫叶李的红叶。整个四季之丘在有限的用地面积上将乔木、小灌木、花卉、草本等高度不同、季

图 8-392　缓坡道间的踏步

相变化不同的植物组合起来，形成层次丰富的植物群落。所有的植物形态都尽量保持其自然形态，不进行修剪，营造出富有野趣之美的植物景观。在缓坡步道两侧由上层种植樱花和玉兰，下层配置有百子莲、秋海棠、孔雀草、假连翘等带状种植，组成一条层次丰富的花带，引导人们缓缓走上山丘。山丘顶有一个长条形的出挑平台，平台上片植香蒲等观赏草本植物，透过平台远眺中之岛对岸，对岸建筑就如同掩映在野生草本之间，也为这个现代的大都市增添了一抹野趣之美。

4. 设计优点

（1）良好的交通组织方式　绿地内部步行系统与外部城市步行系统相连接，并将建筑大楼与城市人行道连接在一起，形成便利的起人行交通系统。

（2）雨水收集管理　日本是一个典型的海洋性气候国家，夏季降水丰沛，因此城市对于雨水的收集和管理有着一套较为完善的管理方法，在很多城市，公共绿地中都能见到相应的雨水收集管理设施。在四季之丘中，设计师利用其山丘的坡面，在缓坡步道两侧设置有排水明沟，在明沟中填充灰色的鹅卵石，利用道路坡道收集路面降水（图 8-393）。当大量的降水沿着坡道、山丘坡面流淌时，一部分降水被土壤吸收、下渗，一部分携带着的落叶和杂物的地表径流则会进入排水沟，而鹅卵石则起到了初步过滤地表径流的作用。除了登上山丘顶部的缓坡步道外，道路都设计为汀步的方式，减少硬质铺装的面积，避免降雨时地表径流在硬质路面上形成积水。

图 8-393　填充鹅卵石的排水明沟

第八章第一节　综合公园
案例评析二维码

第八章第二节　专类公园
案例评析二维码

第八章第三节　社区公园
案例评析二维码

第八章第四节　带状公园案例
评析二维码

第八章第五节　街旁休闲绿地
案例评析二维码

1. 中华人民共和国城乡规划法(2007)
摘要

第一章 总则

第一条 为了加强城乡规划管理,协调城乡空间布局,改善人居环境,促进城乡经济社会全面协调可持续发展,制定本法。

第二条 制定和实施城乡规划,在规划区内进行建设活动,必须遵守本法。

本法所称城乡规划,包括城镇体系规划、城市规划、镇规划、乡规划和村庄规划。城市规划、镇规划分为总体规划和详细规划。详细规划分为控制性详细规划和修建性详细规划。

本法所称规划区,是指城市、镇和村庄的建成区以及因城乡建设和发展需要,必须实行规划控制的区域。规划区的具体范围由有关人民政府在组织编制的城市总体规划、镇总体规划、乡规划和村庄规划中,根据城乡经济社会发展水平和统筹城乡发展的需要划定。

第四条 制定和实施城乡规划,应当遵循城乡统筹、合理布局、节约土地、集约发展和先规划后建设的原则,改善生态环境,促进资源、能源节约和综合利用,保护耕地等自然资源和历史文化遗产,保持地方特色、民族特色和传统风貌,防止污染和其他公害,并符合区域人口发展、国防建设、防灾减灾和公共卫生、公共安全的需要……

第五条 城市总体规划、镇总体规划以及乡规划和村庄规划的编制,应当依据国民经济和社会发展规划,并与土地利用总体规划相衔接。

第七条 经依法批准的城乡规划,是城乡建设和规划管理的依据,未经法定程序不得修改。

第十条 国家鼓励采用先进的科学技术,增强城乡规划的科学性,提高城乡规划实施及监督管理的效能。

第二章 城乡规划的制定

第十二条 国务院城乡规划主管部门会同国务院有关部门组织编制全国城镇体系规划,用于指导省域城镇体系规划、城市总体规划的编制。

第十三条 省、自治区人民政府组织编制省域城镇体系规划,报国务院审批。

省域城镇体系规划的内容应当包括:城镇空间布局和规模控制,重大基础设施的布局,为保护生态环境、资源等需要严格控制的区域。

第十四条 城市人民政府组织编制城市总体规划。

直辖市的城市总体规划由直辖市人民政府报国务院审批。省、自治区人民政府所在地的城市以及国务院确定的城市的总体规划，由省、自治区人民政府审查同意后，报国务院审批。其他城市的总体规划，由城市人民政府报省、自治区人民政府审批。

第十五条 县人民政府组织编制县人民政府所在地镇的总体规划，报上一级人民政府审批。其他镇的总体规划由镇人民政府组织编制，报上一级人民政府审批。

第十六条 省、自治区人民政府组织编制的省域城镇体系规划，城市、县人民政府组织编制的总体规划，在报上一级人民政府审批前，应当先经本级人民代表大会常务委员会审议，常务委员会组成人员的审议意见交由本级人民政府研究处理。

镇人民政府组织编制的镇总体规划，在报上一级人民政府审批前，应当先经镇人民代表大会审议，代表的审议意见交由本级人民政府研究处理。

第十七条 城市总体规划、镇总体规划的内容应当包括：城市、镇的发展布局，功能分区，用地布局，综合交通体系，禁止、限制和适宜建设的地域范围，各类专项规划等。

规划区范围、规划区内建设用地规模、基础设施和公共服务设施用地、水源地和水系、基本农田和绿化用地、环境保护、自然与历史文化遗产保护以及防灾减灾等内容，应当作为城市总体规划、镇总体规划的强制性内容。

城市总体规划、镇总体规划的规划期限一般为二十年。城市总体规划还应当对城市更长远的发展作出预测性安排。

第十八条 乡规划、村庄规划应当从农村实际出发，尊重村民意愿，体现地方和农村特色。

乡规划、村庄规划的内容应当包括：规划区范围，住宅、道路、供水、排水、供电、垃圾收集、畜禽养殖场所等农村生产、生活服务设施、公益事业等各项建设的用地布局、建设要求，以及对耕地等自然资源和历史文化遗产保护、防灾减灾等的具体安排。乡规划还应当包括本行政区域内的村庄发展布局。

第二十一条 城市、县人民政府城乡规划主管部门和镇人民政府可以组织编制重要地块的修建性详细规划。修建性详细规划应当符合控制性详细规划。

第二十二条 乡、镇人民政府组织编制乡规划、村庄规划，报上一级人民政府审批。村庄规划在报送审批前，应当经村民会议或者村民代表会议讨论同意。

第二十四条 城乡规划组织编制机关应当委托具有相应资质等级的单位承担城乡规划的具体编制工作。

第二十五条 编制城乡规划，应当具备国家规定的勘察、测绘、气象、地震、水文、环境等基础资料。县级以上地方人民政府有关主管部门应当根据编制城乡规划的需要，及时提供有关基础资料。

第二十七条 省域城镇体系规划、城市总体规划、镇总体规划批准前，审批机关应当组织专家和有关部门进行审查。

2. 城市绿化条例(2017)

摘要

第一章　总则

第一条 为了促进城市绿化事业的发展，改善生态环境，美化生活环境，增进人民身心健康，制定本条例。

第二条 本条例适用于在城市规划区内种植和养护树木花草等城市绿化的规划、建设、保护和管理。

第三条 城市人民政府应当把城市绿化建设纳入国民经济和社会发展计划。

第四条 国家鼓励和加强城市绿化的科学研究，推广先进技术，提高城市绿化的科学技术和艺术水平。

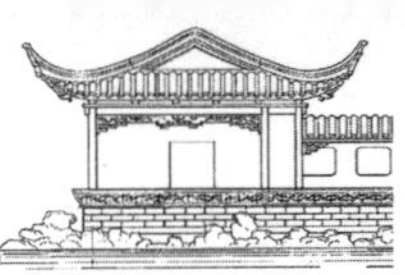

第二章　规划和建设

第八条　城市人民政府应当组织城市规划行政主管部门和城市绿化行政主管部门等共同编制城市绿化规划，并纳入城市总体规划。

第九条　城市绿化规划应当从实际出发，根据城市发展需要，合理安排同城市人口和城市面积相适应的城市绿化用地面积。

城市人均公共绿地面积和绿化覆盖率等规划指标，由国务院城市建设行政主管部门根据不同城市的性质、规模和自然条件等实际情况规定。

第十条　城市绿化规划应当根据当地的特点，利用原有的地形、地貌、水体、植被和历史文化遗址等自然、人文条件，以方便群众为原则，合理设置公共绿地、居住区绿地、防护绿地、生产绿地和风景林地等。

第十一条　城市绿化工程的设计，应当委托持有相应资格证书的设计单位承担。

工程建设项目的附属绿化工程设计方案，按照基本建设程序审批时，必须有城市人民政府城市绿化行政主管部门参加审查。

建设单位必须按照批准的设计方案进行施工。设计方案确需改变时，须经原批准机关审批。

第十二条　城市绿化工程的设计，应当借鉴国内外先进经验，体现民族风格和地方特色。城市公共绿地和居住区绿地的建设，应当以植物造景为主，选用适合当地自然条件的树木花草，并适当配置泉、石、雕塑等景物。

第三章　保护和管理

第二十条　任何单位和个人都不得损坏城市树木花草和绿化设施。

砍伐城市树木，必须经城市人民政府城市绿化行政主管部门批准，并按照国家有关规定补植树木或者采取其他补救措施。

第二十四条　百年以上树龄的树木，稀有、珍贵树木，具有历史价值或者重要纪念意义的树木，均属古树名木。

对城市古树名木实行统一管理，分别养护。城市人民政府城市绿化行政主管部门，应当建立古树名木的档案和标志，划定保护范围，加强养护管理。在单位管界内或者私人庭院内的古树名木，由该单位或者居民负责养护，城市人民政府城市绿化行政主管部门负责监督和技术指导。

严禁砍伐或者迁移古树名木。因特殊需要迁移古树名木，必须经城市人民政府城市绿化行政主管部门审查同意，并经同级或者上级人民政府批准。

3. 中华人民共和国森林法(2009)

摘要

第一章　总则

第一条　为了保护、培育和合理利用森林资源，加快国土绿化，发挥森林蓄水保土、调节气候、改善环境和提供林产品的作用，适应社会主义建设和人民生活的需要，特制定本法。

第二条　在中华人民共和国领域内从事森林、林木的培育种植、采伐利用和森林、林木、林地的经营管理活动，都必须遵守本法。

第三条　森林资源属于国家所有，由法律规定属于集体所有的除外。

国家所有的和集体所有的森林、林木和林地，个人所有的林木和使用的林地，由县级以上地方人民政府登记造册，发放证书，确认所有权或者使用权。国务院可以授权国务院林业主管部门，对国务院确定的国家所有的重点林区的森林、林木和林地登记造册，发放证书，并通知有关地方人民政府。

森林、林木、林地的所有者和使用者的合法权益，受法律保护，任何单位和个人不得侵犯。

第四条　森林分为以下五类：

（一）防护林：以防护为主要目的的森林、林木和灌木丛。包括水源涵养林，水土保持林，防风固

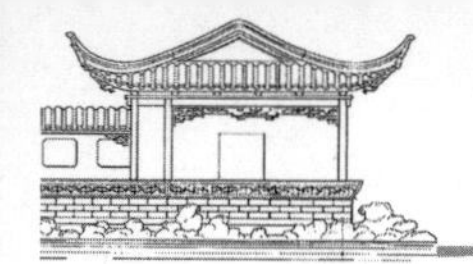

沙林，农田、牧场防护林，护岸林，护路林。

（二）用材林：以生产木材为主要目的的森林和林木，包括以生产竹材为主要目的的竹林。

（三）经济林：以生产果品，食用油料、饮料、调料，工业原料和药材等为主要目的的林木。

（四）薪炭林：以生产燃料为主要目的的林木。

（五）特种用途林：以国防、环境保护、科学实验等为主要目的的森林和林木。包括国防林、实验林、母树林、环境保护林、风景林，名胜古迹和革命纪念地的林木，自然保护区的森林。

4. 中华人民共和国森林法实施条例(2016)

摘要

第一章　总则

第一条　根据《中华人民共和国森林法》(以下简称森林法)，制定本条例。

第二条　森林资源，包括森林、林木、林地以及依托森林、林木、林地生存的野生动物、植物和微生物。

森林，包括乔木林和竹林。

林木，包括树木和竹子。

林地，包括郁闭度 0.2 以上的乔木林地以及竹林地、灌木林地、疏林地、采伐迹地、火烧迹地、未成林造林地、苗圃地和县级以上人民政府规划的宜林地。

第三条　国家依法实行森林、林木和林地登记发证制度。依法登记的森林、林木和林地的所有权、使用权受法律保护，任何单位和个人不得侵犯。

森林、林木和林地的权属证书式样由国务院林业主管部门规定。

第四条　依法使用的国家所有的森林、林木和林地，按照下列规定登记：

(一)使用国务院确定的国家所有的重点林区(以下简称重点林区)的森林、林木和林地的单位，应当向国务院林业主管部门提出登记申请，由国务院林业主管部门登记造册，核发证书，确认森林、林木和林地使用权以及由使用者所有的林木所有权。

(二)使用国家所有的跨行政区域的森林、林木和林地的单位和个人，应当向共同的上一级人民政府林业主管部门提出登记申请，由该人民政府登记造册，核发证书，确认森林、林木和林地使用权以及由使用者所有的林木所有权。

(三)使用国家所有的其他森林、林木和林地的单位和个人，应当向县级以上地方人民政府林业主管部门提出登记申请，由县级以上地方人民政府登记造册，核发证书，确认森林、林木和林地使用权以及由使用者所有的林木所有权。

5. 城市绿地分类标准(CJJ/T 85—2002)

摘要

1　总则

为统一全国城市绿地(以下简称为“绿地”)分类，科学地编制、审批、实施城市绿地系统(以下简称为“绿地系统”)规划，规范绿地的保护、建设和管理，改善城市生态环境，促进城市的可持续发展，制定本标准。

本标准适用于绿地的规划、设计、建设、管理和统计等工作。

绿地分类除执行本标准外，尚应符合国家现行有关强制性标准的规定。

2　城市绿地分类

2.0.1　绿地应按主要功能进行分类，并与城市用地分类相对应。

2.0.2　绿地分类应采用大类、中类、小类三个

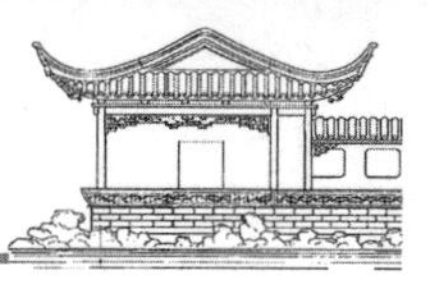

层次。

2.0.3　绿地类别应采用英文字母与阿拉伯数字混合型代码表示。

2.0.4　绿地具体分类应符合表 2.0.4 的规定。

表 2.0.4　绿地分类

类别代码			类别名称	内容与范围	备注
大类	中类	小类			
G_1			公园绿地	向公众开放，以游憩为主要功能，兼具生态、美化、防灾等作用的绿地	
	G_{11}		综合公园	内容丰富，有相应设施，适合于公众开展各类户外活动的规模较大的绿地	
		G_{111}	全市性公园	为全市居民服务，活动内容丰富、设施完善的绿地	
		G_{112}	区域性公园	为市区内一定区域的居民服务，具有较丰富的活动内容和设施完善的绿地	
	G_{12}		社区公园	为一定居住用地范围内的居民服务，具有一定活动内容和设施的集中绿地	不包括居住组团绿地
		G_{121}	居住区公园	服务于一个居住区的居民，具有一定活动内容和设施，为居住区配套建设的集中绿地	服务半径：0.5～1.0 km
		G_{122}	小区游园	为一个居住小区的居民服务、配套建设的集中绿地	服务半径：0.3～0.5 km
	G_{13}		专类公园	具有特定内容或形式，有一定游憩设施的绿地	
		G_{131}	儿童公园	单独设置，为少年儿童提供游戏及开展科普、文体活动，有安全、完善设施的绿地	
		G_{132}	动物园	在人工饲养条件下，移地保护野生动物，供观赏、普及科学知识，进行科学研究和动物繁育，并具有良好设施的绿地	
		G_{133}	植物园	进行科学研究和引种驯化，并供观赏、游憩及开展科普活动的绿地	
	G_{13}	G_{134}	历史名园	历史悠久，知名度高，体现传统造园艺术并被审定为文物保护单位的园林	
		G_{135}	风景名胜公园	位于城市建设用地范围内，以文物古迹、风景名胜点（区）为主形成的具有城市公园功能的绿地	
		G_{136}	游乐公园	具有大型游乐设施，单独设置，生态环境较好的绿地	绿化占地比例应大于等于 65%
		G_{137}	其他专类公园	除以上各种专类公园外具有特定主题内容的绿地。包括雕塑园、盆景园、体育公园、纪念性公园等	绿化占地比例应大于等于 65%
	G_{14}		带状公园	沿城市道路、城墙、水滨等，有一定游憩设施的狭长形绿地	
	G_{15}		街旁绿地	位于城市道路用地之外，相对独立成片的绿地、小型沿街绿化用地等	绿化占地比例应大于等于 65%
G_2			生产绿地	为城市绿化提供苗木、花草、种子的苗圃、花圃等圃地	
G_3			防护绿地	城市中具有卫生、隔离和安全防护功能的绿地。包括卫生隔离带、道路防护绿地、城市高压走廊绿带、防风林、城市组团隔离带等	

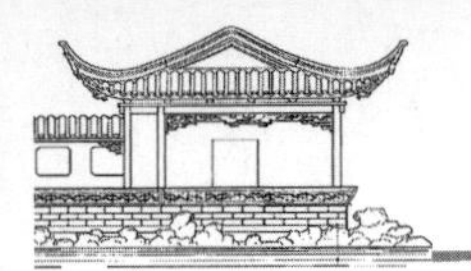

续表 2.0.4

类别代码			类别名称	内容与范围	备注
大类	中类	小类			
G_4			附属绿地	城市建设用地中绿地之外各种用地中的附属绿化用地。包括居住用地、公共设施用地、工业用地、仓储用地，对外交通用地、道路广场用地、市政设施用地和特殊用地中的绿地	
	G_{41}		居住绿地	城市居住用地内社区公园以外的绿地，包括组团绿地、宅旁绿地、配套公建绿地、小区道路绿地等	
	G_{42}		公共设施绿地	公共设施用地内的绿地	
	G_{43}		工业绿地	工业用地内的绿地	
	G_{44}		仓储绿地	仓储用地内的绿地	
	G_{45}		对外交通绿地	对外交通用地内的绿地	
	G_{46}		道路绿地	道路广场用地内的绿地，包括行 道树绿带、分车绿带、交通岛绿地、交通广场和停车场绿地等	
	G_{47}		市政设施绿地	市政公用设施用地内的绿地	
	G_{48}		特殊绿地	特殊用地内的绿地	
G_5			其他绿地	对城市生态环境质量、居民休闲生活、城市景观和生物多样性保护有直接影响的绿地。包括风景名胜区、水源保护区、郊野公园、森林公园、自然保护区、风景林地、城市绿化隔离帝、野生动物园、湿地、垃圾填埋场恢复绿地等	

6. 公园设计规范(GB 51192—2016)

摘要

1 总则

1.0.1 为全面发挥公园的游憩功能、生态功能、景观功能、文化传承功能、科普教育功能、应急避险功能及其经济、社会、环境效益，确保公园设计质量，制定本规范。

1.0.2 本规范适用于城乡各类公园的新建、扩建、改建和修复的设计。

1.0.3 公园设计除应符合本规范外，尚应符合国家现行有关标准的规定。

2 术语

2.0.1 公园 public park

向公众开放，以游憩为主要功能，有较完善的设施，兼具生态、美化等作用的绿地。

2.0.2 用地比例 proportion of park land

公园内各类用地，包括绿化用地、建筑占地、园路及铺装场地用地等，占公园陆地面积的比例。

2.0.3 绿化用地 planting area

公园内用以栽植乔木、灌木、地被植物的用地。

2.0.4 建筑占地 building area

公园内各种建筑基底所占面积。

2.0.5 水体 water area

公园内河、湖、池、塘、水库、湿地等天然水域和人工水景的统称。

2.0.6 公园游憩绿地 recreation green space

公园内可开展游憩活动的绿化用地。

2.0.7 雨水控制利用 rainwater utilization facilities

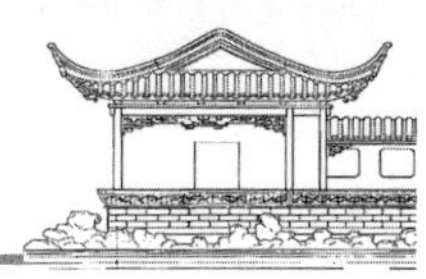

对雨水进行强化入渗、收集回用、降低径流污染、调蓄排放处理措施的总称。

2.0.8　竖向控制 vertical planning

对公园内建设场地地形、各种设施、植物等的控制性高程的统筹安排以及与公园外高程的相互协调。

2.0.9　郁闭度 crown density

群植乔木树冠垂直投影面积与栽植地表面积之比。

2.0.10　自然安息角 natural angle of repose

土壤自然堆积形成的一个稳定且坡度一致的土体表面与水平面的夹角，又叫自然倾斜角。角度的大小与土壤的土质、颗粒大小、含水量等有关系。

3　基本规定

3.1　一般规定

3.1.1　公园的用地范围和类型应以城乡总体规划、绿地系统规划等上位规划为依据。

3.1.2　公园设计应正确处理公园建设与城市建设之间、公园的近期建设与持续发展之间的关系。

3.1.3　公园设计应注重与周边城市风貌和功能相协调，并应注重地域文化和地域景观特色的保护与发展。

3.1.4　沿城市主、次干道的公园主要出入口的位置和规模，应与城市交通和游人走向、流量相适应。

3.1.5　公园与水系相邻时，应根据相关区域防洪要求，综合考虑相邻区域水位变化对公园景观和生态系统的影响，并应确保游人安全。

3.1.6　公园的雨水控制利用目标，包括径流总量控制率、超标雨水径流调蓄容量、雨水利用比例等，应根据上位规划结合公园的功能定位、地形和土质条件而确定。

3.1.7　公园应急避险功能的确定和相应场地、设施的设置，应以城市综合防灾要求、公园的安全条件和资源保护价值要求为依据。

3.2　公园的内容

3.2.1　公园设计应以创造优美的绿色自然环境为基本任务，并根据公园类型确定其特有的内容。

3.2.2　综合公园应设置游览、休闲、健身、儿童游戏、运动、科普等多种设施，面积不应小于 5 hm^2。

3.2.3　专类公园应有特定的主题内容，并应符合下列规定：

1)历史名园的内容应具有历史原真性，并体现传统造园艺术；

2)其他专类公园，应根据其主题内容设置相应的游憩及科普设施。

3.2.4　社区公园应设置满足儿童及老年人日常游憩需要的设施。

3.2.5 游园应注重街景效果，应设置休憩设施。

4　总体设计

4.1　现状处理

4.1.1　对公园范围内的现状地形、水体、建筑物、构筑物、植物、地上或地下管线和工程设施，应进行调查，作出评价，并提出处理意见。

4.1.2　现状有纪念意义、生态价值、文化价值或景观价值的风景资源，应结合到公园内景观设计中。

4.1.3　公园用地不应存在污染隐患。

4.1.4　当保留公园用地内原有自然岩壁、陡峭边坡，并在其附近设置园路、游憩场地、建筑等游人聚集的场所时，应对岩壁、边坡做地质灾害评估，并应根据评估结果采取安全防护或避让措施。

4.1.5　公园设计不应填埋或侵占原有湿地、河湖水系、滞洪或泛洪区及行洪通道。

4.1.6　有文物价值的建筑物、构筑物、遗址绿地，应加以保护并结合到公园内景观之中。

4.1.7　公园内古树名木严禁砍伐或移植，并应采取保护措施。

4.1.9　原有健壮的乔木、灌木、藤本和多年生草本植物宜保留利用。

4.2　总体布局

Ⅰ一般规定

4.2.1　总体布局应对功能区和景区划分、地形布局、园路系统、植物布局、建筑物布局、设施布局及工程管线系统等作出综合设计。

4.2.2　总体布局应结合现状条件和竖向控制，协调公园功能、设施及景观之间的关系。

Ⅱ 功能区及景区划分

4.2.3　功能区应根据公园性质、规模和功能需要

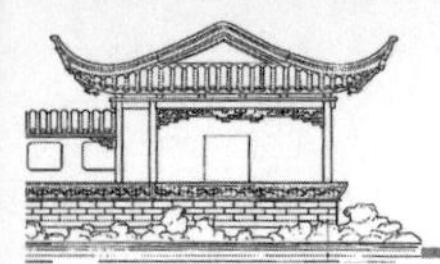

划分，并确定各功能区的规模、布局。

4.2.4　景区应根据公园内资源特点和设计立意划分。

Ⅲ 地形布局

4.2.5　地形布局应在满足景观塑造、空间组织、雨水控制利用等各项功能要求的条件下，合理确定场地的起伏变化、水系的功能和形态，并宜园内平衡土方。

4.2.6　水系设计应根据水源和现状地形等条件，确定各类水体的形状和使用要求。

Ⅳ 园路系统与铺装场地布局

4.2.7　园路系统布局应根据公园的规模、各分区内容、管理需要以及公园周围的市政道路条件，确定公园出入口位置与规模、园路的路线和分类分级、铺装场地的位置和形式。

4.2.8　公园出入口布局应符合下列规定：

1)应根据城市规划和公园内部布局的要求，确定主、次和专用出入口的设置、位置和数量；

2)需要设置出入口内外集散广场、停车场、自行车存车处时，应确定其规模要求。

4.2.9　停车场的布置应符合下列规定：

1)机动车停车场的出入口应有良好的视野，位置应设于公园出入口附近，但不应占用出入口内外游人集散广场；

2)地下停车场应在地上建筑及出入口广场用地范围下设置。

4.2.10　园路的路网密度宜为 $150 \sim 380\ m/hm^2$；动物园的路网密度宜为 $160 \sim 300\ m/hm^2$。

4.2.11　园路布局应符合下列规定：

1)主要园路应具有引导游览和方便游人集散的功能；

2)通行养护管理机械或消防车的园路宽度应与机具、车辆相适应；

4.2.12　游憩设施场地的布置应符合下列规定：

1)不同功能、不同人群使用的游憩设施场地应分别设置；

2)游人大量集中的场地应与主园路顺畅连接，并便于集散。

Ⅴ 建筑布局

4.2.13　建筑的风格、位置、高度和空间关系，以及与园路、铺装场地的联系，应根据功能、景观要求和市政设施条件确定。

4.2.14　地下建筑的范围宜限于出入广场或公园建筑物的轮廓范围内。

4.2.15　管理用房和厕所的位置，应隐蔽又方便使用。

Ⅵ 植物布局

4.2.17　全园的植物组群类型及分布，应根据当地的气候状况、园外的环境特征、园内的立地条件，结合景观构想、功能要求和当地居民游赏习惯等确定。

4.2.18　植物组群应丰富类型，增加植物多样性，并具备生态稳定性。

4.2.19　公园内连续植被面积大于 $100\ hm^2$ 时，应对防火安全作出设计。

Ⅶ 工程管线及设施布局

4.2.20　公园内水、电、燃气等线路宜沿主路布置，不应破坏景观，同时应符合安全、卫生、节约和便于维修的要求。

4.2.21　电气、给水排水、通信工程的配套设施、垃圾中转站及绿色垃圾处理站等应设在隐蔽地带。

4.3　竖向控制

4.3.1　竖向控制应根据公园周围城市竖向规划标高和排水规划，提出公园内地形的控制高程和主要景物的高程……

4.3.2　竖向控制应对下列内容作出规定：

1)山顶或坡顶、坡底标高；

2)主要挡土墙标高；

3)最高水位、常水位、最低水位标高；

4)水底、驳岸顶部标高；

5)园路主要转折点、交叉点和变坡点标高，桥面标高；

6)公园各出入口内、外地面标高；

7)主要建筑的屋顶、室内和室外地坪标高；

8)地下工程管线及地下构筑物的埋深；

9)重要景观点的地面标高。

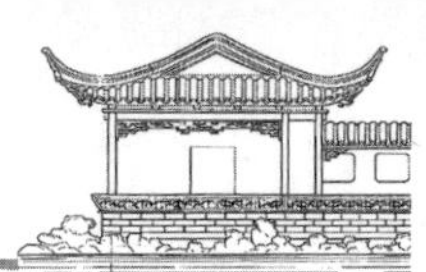

5　地形设计

5.1　高程和坡度设计

5.1.1　地形高程设计应以总体设计所确定的各控制点的高程为依据。

5.1.2　绿化用地宜做微地形起伏，应有利于雨水收集，以增加雨水的滞蓄和渗透。

5.1.3　公园地形应按照自然安息角设计坡度，当超过土壤的自然安息角时，应采取护坡、固土或防冲刷的措施。

5.1.4　构筑地形应同时考虑园林景观和地表水排放，各类地表排水坡度宜符合表 5.1.4 的规定。

5.3　水体外缘

5.3.1　水体的进水口、排水口、溢水口及闸门的标高，应保证适宜的水位，并满足调蓄雨水和泄洪、清淤的需要。

5.3.2　水体驳岸顶与常水位的高差以及驳岸的坡度，应兼顾景观、安全、游人亲水心理等因素，并应避免岸体冲刷。

5.3.3　非淤泥底人工水体的岸高及近岸水深应符合下列规定：

1)无防护设施的人工驳岸，近岸 2.0 m 范围内的常水位水深不得大于 0.7 m；

2)无防护设施的园桥、汀步及临水平台附近 2.0 m 范围以内的常水位水深不得大于 0.5 m；

3)无防护设施的驳岸顶与常水位的垂直距离不得大于 0.5 m。

5.3.4　淤泥底水体近岸应有防护措施。

5.3.5　以雨水作为补给水的水体，在滨水区应设置水质净化及消能设施，防止径流冲刷和污染。

6　园路及铺装场地设计

6.1　园路

6.1.2　园路宜分为主路、次路、支路、小路四级。公园面积小于 10 hm^2 时，可只设三级园路。

6.1.3　园路宽度应根据通行要求确定，并应符合表 6.1.3 的规定。

6.1.4　园路平面线形设计应符合下列规定：

1)园路应与地形、水体、植物、建筑物、铺装场地及其他设施结合，满足交通和游览需要并形成完整的风景构图；

2)园路应创造有序展示园林景观空间的路线或欣赏前方景物的透视线；

3)园路的转折、衔接应通顺；

4)通行机动车的主路，其最小平曲线半径应大于 12 m。

6.1.6　园路横坡以 1.0%～2.0%为宜，最大不应超过 4.0%……

6.1.8　园路在地形险要的地段应设置安全防护设施。

6.1.9　通往孤岛、山顶等卡口的路段，应设通行复线……

6.1.10　公园主要园路及出入口应便于轮椅通过……

6.2　铺装场地

6.2.1　铺装场地面积应根据公园总体设计的布局要求进行确定。

6.2.2　铺装场地宜根据集散、活动、演出、赏景、休憩等功能要求作出不同的设计。

6.2.3　游憩场地宜有遮阴措施，夏季庇荫面积宜大于游憩活动范围的 50%。

6.2.4　铺装场地内树木成年期根系伸展范围内的地面，应采用透水、透气性铺装。

6.2.5　人行道、广场、停车场及车流量较少的道路宜采用透水铺装，铺装材料应保证其透水性、抗变形及承压能力。

6.2.6　儿童活动场地宜选择柔性、耐磨的地面材料，不应采用锐利的路缘石。

6.3　园桥

6.3.1　园桥应根据公园总体设计确定通行、通航所需尺度，并提出造景、观景等项具体要求。

6.3.2　园桥桥下净空应考虑桥下通车、通船及排洪需求。

6.3.6　非通行车辆的园桥应有阻止车辆通过的设施。

7　种植设计

7.1　植物配置

Ⅰ 一般规定

7.1.1　植物配置应以总体设计确定的植物组群类型及效果要求为依据。

7.1.2　植物配置应采取乔灌草结合的方式，并应避免生态习性相克植物搭配。

7.1.3　植物配置应注重植物景观和空间的塑造，并应符合下列规定：植物组群的营造宜采用常绿树种与落叶树种搭配，速生树种与慢生树种相结合，以发挥良好的生态效益，形成优美的景观效果。

7.1.4　植物配置应考虑管理及使用功能的需求，并应符合下列要求：

1)应合理预留养护通道；

2)公园游憩绿地宜设计为疏林或疏林草地。

7.1.5　植物配置应确定合理的种植密度，为植物生长预留空间……

Ⅱ 游人集中场所

7.1.12　游憩场地宜选用冠形优美、形体高大的乔木进行遮阴。

7.1.13　游人通行及活动范围内的树木，其枝下净空应大于 2.2 m。

7.1.14　儿童活动场内宜种植萌发力强、直立生长的中高型灌木或乔木，并宜采用通透式种植，便于成人对儿童进行看护。

7.1.15　露天演出场观众席范围内不应种植阻碍视线的植物。

7.1.16　临水平台等游人活动相对集中的区域，宜保持视线开阔。

Ⅲ 滨水植物区

7.1.19　滨水植物种植区应避开进、出水口。

7.1.20　应根据水生植物生长特性对水下种植槽与常水位的距离提出具体要求。

7.2　苗木控制

7.2.1　苗木控制应包括下列内容：

1)应规定苗木的种名、规格和质量，包括胸径或地径、分枝点高度、分枝数、冠幅、植株高度等……

7.2.2　苗木种类的选择应考虑区域立地条件和养护管理条件，以适生为原则，并符合下列规定：

1)应以乡土植物为主，慎用外来物种；

2)应调查区域环境特点，选择抗逆性强的植物。

7.2.4　游人正常活动范围内不应选用危及游人生命安全的有毒植物。

7.2.5　游人正常活动范围内不应选用枝叶有硬刺和枝叶形状呈尖硬剑状或刺状的植物。

8　建筑物、构筑物设计

8.1　建筑物

8.1.1　建筑物的位置、规模、造型、材料、色彩及其使用功能，应符合公园总体设计的要求。

8.1.2　建筑物应与地形、地貌、山石、水体、植物等其他造园要素统一协调，有机融合。

8.1.5　建筑物的层数与高度应符合下列规定：

1)游憩和服务建筑层数以 1 层或 2 层为宜，起主题或点景作用的建筑物或构筑物的高度和层数应服从功能和景观的需要；

2)管理建筑层数不宜超过 3 层，其体量应按不破坏景观和环境的原则严格控制；

3)室内净高不应小于 2.4 m，亭、廊、敞厅等的楣子高度应满足游人通过或赏景的要求。

8.1.9　游憩和服务建筑应设无障碍设施。无障碍设施应符合现行国家标准《无障碍设计规范》GB 50763 的规定。

8.2　护栏

8.2.1　各种安全防护性、装饰性和示意性护栏不应采用带有尖角、利刺等构造形式。

8.2.2　防护护栏其高度不应低于 1.05 m；设置在临空高度 24 m 及以上时，护栏高度不应低于 1.10 m。护栏应从可踩踏面起计算高度。

8.2.3　儿童专用活动场所的防护护栏必须采用防止儿童攀登的构造，当采用垂直杆件作栏杆时，其杆间净距不应大于 0.11 m。

8.2.4　球场、电力设施、猛兽类动物展区以及公园围墙等其他专用防范性护栏，应根据实际需要另行设计和制作。

8.3　驳岸

8.3.1　公园内水体外缘宜建造生态驳岸。

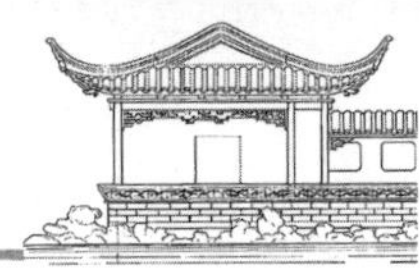

8.3.2　驳岸应根据公园总体设计中规定的平面线形、竖向控制点、水位和流速进行设计。

8.3.3　素土驳岸应符合下列规定：

1)岸顶至水底坡度小于45°时应采用植被覆盖；坡度大于45°时应有固土和防冲刷的技术措施；

2)地表径流的排放口应采取工程措施防止径流冲刷。

8.3.5　采取工程措施加固驳岸，其外形和所用材料的质地、色彩均应与环境协调。

8.4　山石

8.4.1　假山和置石的体量、形式和高度应与周围环境协调。

8.4.2　假山和置石设计应对石料提出大小、色彩、质地、纹理等要求，对置石的石料还应提出形状要求。

8.4.3　叠山和利用山石的各种造景，应统一考虑安全、护坡、登高、隔离等各种功能要求。

8.4.4　叠山应与已有建(构)筑物保持一定的距离，如紧邻建(构)筑物时应保证不影响其地基基础及上部结构的安全。

8.5　挡土墙

8.5.1　挡土墙的材料、形式应根据公园用地的实际情况经过结构设计确定。

8.5.2　挡土墙的饰面材料及色彩应与环境协调。

8.5.3　挡土墙墙后填料表面应设置排水良好的地表排水措施，墙体应设置排水孔，排水孔的直径不应小于50 mm，孔眼间距不宜大于3.0 m。

8.5.4　挡土墙应设置变形缝，设置间距不应大于20m；当墙身高度不一、墙后荷载变化较大或地基条件较差时，应采用较小的变形缝间距。

8.6　游戏健身设施

8.6.1　室内外的各种游戏健身设施应坚固、耐用，并避免构造上的棱角。

8.6.2　游戏健身设施的尺度应与使用人群的人体尺度相适应。

8.6.3　幼儿和学龄儿童使用的游戏设施，应分别设置。

8.6.4　儿童游憩设施的造型、色彩宜符合儿童的心理特点。

8.6.5　室外游戏健身场所，宜设置休息坐椅、洗手池及避雨、庇荫等设施。

8.6.7　戏水池的设计应符合下列规定：

1)儿童戏水池最深处的水深不应超过0.35 m；

2)池壁装饰材料应平整、光滑且不易脱落；

3)池底应有防滑措施。

8.6.8　未采用安全低电压供电的水景水池应设计阻挡设施，防止游人进入。

8.6.9　游戏沙坑选用沙材应安全、卫生，沙坑内不应积水。

9　给水排水设计

9.1　给水

9.1.1　公园给水管网布置和配套工程设计，应满足公园内灌溉、人工水体喷泉水景、生活、消防等用水需要。

9.1.4　在灌溉用水的管线及设施上，应设置防止误饮、误接的明显标志。

9.1.7　人工水体和喷泉水景水源宜优先采用天然河湖、雨水、再生水等作为水源，并应采取有效的水质控制措施。

9.1.9　人工水体和喷泉水景的水应循环重复利用。

9.1.12　消防用水宜由城市给水管网、天然水源或消防水池供给。无结冰期及无市政条件地区，消防水源可选取景观水体。利用天然水源时，其保证率不应低于97%，且应设置可靠的取水设施。

9.2　排水

9.2.1　新建公园排水系统应采用雨污分流制排水。

9.2.2　排水设施的设计应考虑景观效果，并与公园景观相结合。

9.2.3　公园建设后，不应增加用地范围内现状雨水径流量和外排雨水总量，并应优先采用植被浅沟、下沉式绿地、雨水塘等地表生态设施，在充分渗透、滞蓄雨水的基础上，减少外排雨水量，实现方案确定的径流总量控制率。

9.2.4　当公园用地外围有较大汇水汇入或穿越公园用地时，宜设计调蓄设施、超标径流排放通道，组织用地外围的地面雨水的调蓄和排出。

9.2.5　截水沟及雨水疏导设施的设置及规模，应

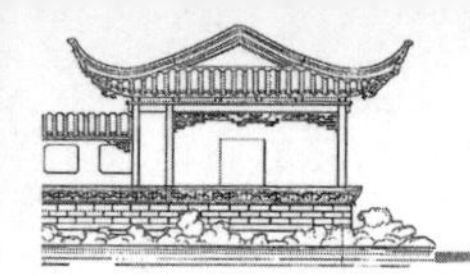

根据汇水面积、土壤质地、山体坡度，经过水文计算进行设计。

9.2.6　公园门区、游人集中场所、重要景观点和主要道路，应做有组织排水。

9.2.7　土壤盐碱含量较高地区宜设排盐碱设施。

9.2.8　生活污水的排放应符合下列规定：

1)不应直接地表排放、排入河湖水体或渗入地下；

2)生活污水经化粪池处理后排入城市污水系统，水质应符合现行行业标准《污水排入城镇下水道水质标准》GB/T 31962的有关规定；

3)当公园外围无市政管网时，应自建污水处理设施，并应达标排放。

10　电气设计

10.1　供配电系统

10.1.1　公园用电负荷，应根据对供电可靠性的要求及中断供电对人身安全和经济损失所造成的影响程度进行分级。公园用电负荷等级划分应符合下列规定：

1)大型游园活动场所、电动游乐设施、开放性地下岩洞、应急照明等用电不应低于二级负荷；

2)除上述场所外，其余用电均为三级负荷。

10.1.2　照明灯具端供电电压不宜高于其额定电压值的105%，也不宜低于其额定电压值的90%。正常使用时的电压损失应在允许范围之内，并应考虑光源启动引起的电压损失。

7.国家森林公园设计规范(GB/T 51046—2014)

摘要

1　总则

1.0.1　为适应森林旅游与森林公园建设的需要，规范森林公园开发建设和工程设计，确保设计质量，制定本规范。

1.0.2　本规范适用于国家级森林公园的设计。

1.0.3　森林公园设计应对生态环境、森林资源进行科学保护、合理开发，并应做到生态环保、节能减排、安全美观，工程设施应合理布局、精心设计。

1.0.4　森林公园设计应符合下列规定：

1)应根据批准的可行性研究报告和总体规划进行设计，其深度应能控制工程投资，并应满足编制施工图设计的要求；

2)应以保护为前提，并做到开发与保护相结合；

3)应以森林旅游资源为基础，科学控制建设规模和旅游客源，游客规模应与建设规模相适应；

4)应以森林生态环境为主体，并突出“重在自然、贵在和谐、精在特色、优在服务”的生态旅游方针；

5)应贯彻安全第一的思想，设计中应有切实有效的措施和方案，并应保障森林资源、生态环境和人员安全，同时应设计突发事件的应急处置设施。

2　术语

2.0.1　森林生态环境 forest eco-environment　森林资源及其景观与环境要素的聚合空间。

2.0.2　森林旅游资源 forest tourism resources　森林生态环境中，能对旅游者产生吸引力，并可开发利用而产生相应社会、经济和生态效益的有形和无形的各类资源。也称森林风景资源或森林景观资源。

2.0.3　森林景观 forest landscape　从不同的视觉轴线上，通过心灵和感觉对森林的色彩、形态、质地、结构和功能构建的感官形象和思维形象。

2.0.4　森林公园 forest park　具有一定规模和质量的森林旅游资源及良好的环境条件和开发条件，以保护森林生态系统为前提，以适度开发利用森林景观资源获得社会、经济、生态效益为宗旨，并按法

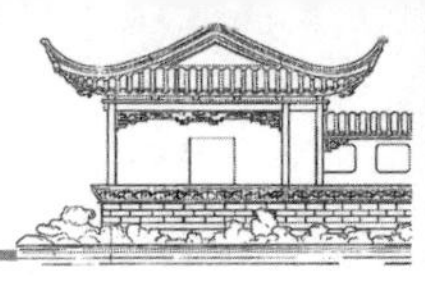

定程序申报批准的开展森林旅游的特定地域。

2.0.5　景物 scenic attraction　具有独立欣赏价值的森林风景资源个体，森林公园构景的基本单元。

2.0.10　景区 scenic zone　为便于森林旅游管理和组织，根据景观资源特征及游赏需求而区划的一定用地范围，包含较多的景物、景点，形成相对独立的分区特征。

3　总体布局

3.1　一般规定

3.1.1　总体布局应有利于保护和改善生态环境，并应处理好开发利用与保护、游览、服务及生活等方面之间的关系。

3.1.2　总体布局应从森林公园的全局出发，统一安排；同时应合理利用地域空间，因地制宜地满足森林公园多种功能需要。

3.1.3　总体布局应在分析各种功能特点及其相互关系的基础上，以森林旅游区为核心，合理组织各种功能系统。

3.1.4　总体布局应符合原生态保护与景观、环境相和谐的原则，并应协调园区的竖向控制。

3.1.5　总体布局应为今后的发展留有空间。

3.4　制图

3.4.1　森林公园总体布局图应采用 1∶10 000～1∶100 000 比例尺地形图，结合现地绘制。

3.4.2　总体布局图应按功能分区、景区基本情况、功能利用特征、主要建筑内容和控制高程以及采取的主要措施绘制。

4　环境容量与游客规模

4.2　游客规模

4.2.1　设计前应核实总体规划的游客规模。

4.2.2　根据森林公园所处地理位置、景观吸引力、森林公园改善后的旅游条件及客源市场需求程度，按年度分别预测国际与国内游客规模。

4.2.3　已开展旅游的森林公园的游客规模，可在分析旅游现状及发展趋势的基础上，按游人增长速度变化规律进行推算；未开展旅游的新建森林公园，可按条件类似的森林公园及风景区游客规模紧密相关诸因素发展变化趋势预测森林公园的游客规模。

5　景点与游览方式设计

5.1　景点设计

5.1.1　景点设计内容应包括景点平面布置，景点主题与特色，以及景点内各种景物和建筑设施及其占地面积、体量、风格、色彩、材料及建设标准等。

5.2　游览方式设计

5.2.1　游览方式设计应利用各类交通设施和地形、地势等自然地理条件，充分体现景点特色，并应紧密结合游览功能需要，因地制宜、统筹安排。

8.城市绿地设计规范(GB 50420—2007，2016 年修订)摘要

2　术语

2.0.19A　湿塘 wet basin

用来调蓄雨水并具有生态净化功能的天然或人工水塘，雨水是主要补给水源。

2.0.19B　雨水湿地 stormwater wetland

通过模拟天然湿地的结构和功能，达到对径流雨水水质和洪峰流量控制目的的湿地。

2.0.19C　植草沟 grass swale

用来收集、输送、削减和净化雨水径流的表面覆盖植被的明渠，可用于衔接海绵城市其他单项设施、城市雨水管渠和超标雨水径流排放系统。主要型式有转输型植草沟、渗透型干式植草沟和经常有水的湿式植草沟。

2.0.19D　生物滞留设施 bioretention system，bioretention cell

通过植物、土壤和微生物系统滞留、渗滤、净化径流雨水的设施。

2.0.19E　生态护岸 ecological slope protection

采用生态材料修建、能为河湖生境的连续性提

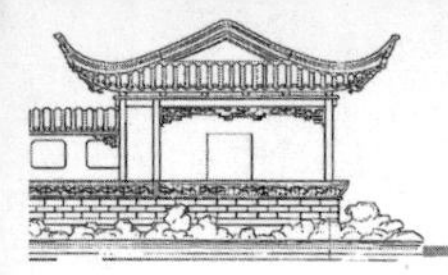

供基础条件的河湖岸坡，以及边坡稳定且能防止水流侵袭、淘刷的自然堤岸的统称，包括生态挡墙和生态护坡。

3　基本规定

3.0.12　城市绿地中涉及游人安全处必须设置相应警示标识。城市绿地中的大型湿塘、雨水湿地等设施必须设置警示标识和预警系统，保证暴雨期间人员的安全。

3.0.14　城市绿地设计宜选用环保材料，宜采取节能措施，充分利用太阳能、风能以及雨水等资源。

3.0.15　城市绿地的设计宜采用源头径流控制设施，满足城市对绿地所在地块的年径流总量控制要求。

3.0.15A　海绵型城市绿地的设计应遵循经济性、适用性原则，依据区域的地形地貌、土壤类型、水文水系、径流现状等实际情况综合考虑并应符合下列规定：

（1）海绵型城市绿地的设计应首先满足各类绿地自身的使用功能、生态功能、景观功能和游憩功能，根据不同的城市绿地类型，制定不同的对应方案。

（2）大型湖泊、滨水、湿地等绿地宜通过渗、滞、蓄、净、用、排等多种技术措施，提高对径流雨水的渗透、调蓄、净化、利用和排放能力。

（3）应优先使用简单、非结构性、低成本的源头径流控制设施；设施的设置应符合场地整体景观设计，应与城市绿地的总平面、竖向、建筑、道路等相协调。

（4）城市绿地的雨水利用宜以入渗和景观水体补水与净化回用为主，避免建设维护费用高的净化设施。土壤入渗率低的城市绿地应以储存、回用设施为主；城市绿地内景观水体可作为雨水调蓄设施并与景观设计相结合。

（5）应考虑初期雨水和融雪剂对绿地的影响，设置初期雨水弃流等预处理设施。

4　竖向设计

4.0.1　城市绿地的竖向设计应以总体设计布局及控制高程为依据，营造有利于雨水就地消纳的地形并应与相邻用地标高相协调，有利于相邻其他用地的排水。

5　种植设计

5.0.1　种植设计应以绿地总体设计对植物布局的要求为依据，并应优先选择符合当地自然条件的适生植物。

5.0.2　设有生物滞留设施的城市绿地，应栽植耐水湿的植物。

5.0.5　应根据场地气候条件、土壤特性选择适宜的植物种类及配置模式。土壤的理化性状应符合当地有关植物种植的土壤标准，并应满足雨水渗透的要求。

6　道路、桥梁

6.1　道路

6.1.5　城市绿地内的道路应优先采用透水、透气型铺装材料及可再生材料。透水铺装除满足荷载、透水、防滑等使用功能和耐久性要求外，尚应符合下列规定：

（1）透水铺装对道路路基强度和稳定性的潜在风险较大时，可采用半透水铺装结构；

（2）土壤透水能力有限时，应在透水铺装的透水基层内设置排水管或排水板；

（3）当透水铺装设置在地下室顶板上时，顶板覆土厚度不应小于 600 mm 并应设置排水层。

【条文说明】透水铺装适用区域广、施工方便，可补充地下水并具有一定的峰值流量削减和雨水净化作用，在城市绿地内应优先考虑利用透水铺装消纳自身径流雨水，有条件的地区建议新建绿地内透水铺装率不低于 50%，改建绿地内透水铺装率不低于 30%……

6.1.5A　湿陷性黄土与冰冻地区的铺装材料应根据实际情况确定。

7　园林建筑、园林小品

7.1　园林建筑

7.1.2A　城市绿地内的建筑应充分考虑雨水径流的控制与利用。屋面坡度小于等于 15°的单层或多层建筑宜采用屋顶绿化。

7.1.2B　公园绿地应避免地下空间的过度开发，为雨水回补地下水提供渗透路径。

8　给水、排水及电气

8.2　排水

8.2.3　绿地中雨水排水设计应根据不同的绿地功能，选择相应的雨水径流控制和利用的技术措施。

8.2.4　化工厂、传染病医院、油库、加油站、污水处理厂等附属绿地以及垃圾填埋场等其他绿地，不应采用雨水下渗减排的方式。

8.2.5　绿地宜利用景观水体、雨水湿地、渗管/渠等措施就地储存雨水，应用于绿地灌溉、冲洗和景观水体补水，并应符合下列规定：

(1)有条件的景观水体应考虑雨水的调蓄空间，并应根据汇水面积及降水条件等确定调蓄空间的大小。

(2)种植地面可在汇水面低洼处设置雨水湿地、碎石盲沟、渗透管沟等集水设施，所收集雨水可直接排入绿地雨水储存设施中。

(3)建筑屋顶绿化和地下建筑及构筑物顶板上的绿地应有雨水排水措施，并应将雨水汇入绿地雨水储存设施中。

(4)进入绿地的雨水，其停留时间不得大于植物的耐淹时间，一般不得超过48小时。

9. 城市湿地公园规划设计导则(2017)

摘要

2　术语

2.0.1　湿地 Wetland

天然或人工、长久或暂时性的沼泽地、泥炭地或水域地带，带有静止或流动的淡水、半咸水、咸水水体，包括低潮时水深不超过6 m的水域。

2.0.2　城市湿地 Urban Wetland

符合以上湿地定义，且分布在城市规划区范围内的，属于城市生态系统组成部分的自然、半自然或人工水陆过渡生态系统。

2.0.3　栖息地 habitat

维持生物整个或部分生命周期中正常生命活动所依赖的各种环境资源的总和。它是野生动物集中分布、活动、觅食的场所，也是生态系统的重要组成部分。

2.0.4　城市湿地公园 Urban Wetland Park

在城市规划区范围内，以保护城市湿地资源为目的，兼具科普教育、科学研究、休闲游览等功能的公园绿地。

3　设计原则

3.0.1　生态优先　城市湿地公园设计应遵循尊重自然、顺应自然、生态优先的基本原则，围绕湿地资源全面保护与科学修复制定有针对性的公园设计方案，始终将湿地生态保护与修复作为公园的首要功能定位。

3.0.2　因地制宜　在尊重场地及其所在地域的自然、文化、经济等现状条件，尊重所有相关上位规划的基础上开展公园设计，保障设计切实可行，彰显特色。

3.0.3　协调发展　通过综合保护、系统设计等保障湿地与周边环境共生共荣；保持公园内不同区域及功能协调共存；实现科学保护、合理利用、良性发展。

4　总体设计

4.1　基本要求

4.1.1　作为城市绿地系统的重要组成部分与生态基础设施之一，公园应以湿地生态环境的保护与修复为首要任务，兼顾科教及游憩等综合功能。用地权属应无争议，无污染隐患。对可能存在污染的场地，应根据环境影响评估采取相应的污染处理和防范措施。对水质及土壤污染较为严重的湿地，需经治理达标后方能进行建设。

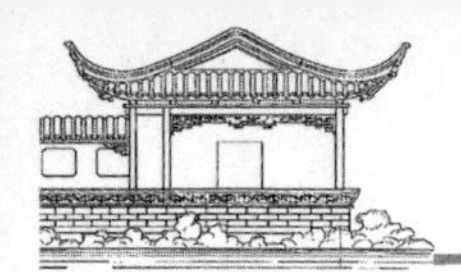

4.1.2　应落实城市总体规划和城市控制性详细规划等相关规划要求，满足城市湿地资源保护规划、海绵城市建设规划等专项规划要求，具备湿地生态功能与公园建设条件。公园规模与湿地面积指标要求如表 4-1 所示。

表 4-1　公园规模与湿地所占比例

公园规模	小型	中型	大型
公园面积	≤50 hm^2	50～200 hm^2（不含）	≥200 hm^2
湿地所占比例	≥50%	≥50%	≥50%

4.1.3　依法严格控制水源保护区及其他生态环境敏感区内的相关建设。坚决杜绝在环境条件不适宜的情况下通过大面积开挖等人为干预措施，或以旅游开发为导向进行湿地公园建设。

4.1.4　综合考虑区域防洪及其他水利要求，在保障游人安全和湿地生态系统健康的前提下实现对区域水系统的有效调节。

4.1.5　尽量避免向市政管网排水，保持自然水体径流过程，合理收集利用降水资源；雨洪管理相关设计应与竖向设计、水系设计、栖息地设计和游憩设施设计相协调。

4.1.6　根据详细的基址踏勘，研究制定具有针对性的湿地保护与修复措施。

4.1.7　依法保护特有的栖息地、古树名木与历史文化遗产，合理利用场地原有自然与文化资源，体现地域特色。

4.2　资源调查与分析评价

综合运用多学科研究方法，对场地的现状及历史进行全面调查。重点调查与基址相关的生态系统动态监测数据、水资源、土壤环境、生物栖息地等。根据各地情况和不同湿地类型与功能，建立合理的评价体系，对现有资源类别、优势、保护价值、存在的矛盾与制约等进行综合分析评价，提出相应的设计对策与设计重点，形成调研报告及图纸。有条件的可建立湿地公园基础数据库，内容详见表 4-2。

表 4-2　城市湿地公园资源调查与评价分析内容

分析评价类型	分析评价内容	备注
生态系统	湿地类型、功能特征、代表性、典型价值、敏感性、系统多样性、生态安全影响、生态承载力等	重点分析基址生态本底所面临的干扰因素与程度，恢复可行性。生态环境敏感性、栖息地环境质量的分析与评价应作为指导公园设计的必要内容
水资源与土壤环境	水文地质特点、水环境质量、水资源禀赋、降雨规律、水环境保护与内涝防治要求、土壤环境等	须从区域到场地，尤其注意对小流域水系现状及湿地水环境的分析评价
生物资源	植物种类、群落类型、典型群落、生境类型、主要动物及其栖息环境特点、生物多样性、生物通道、外来物种等	注重对现有及潜在栖息地的分析
景观资源	资源构成、资源等级、自然景观资源、人文资源等	注意文化遗产的发掘与保护
人工环境	用地适宜性、建设矛盾、周边居民分布、人为干扰状况、公众活动需求、交通状况、建构筑物、公共设施建设情况、现有基础设施、与湿地有关的人文、历史、民俗等非物质遗产等	结合现状与上位规划进行分析

注：湿地公园生态环境敏感性评价应在基址现状特征基础上，遵循评价因子的可计量、主导性、代表性和可操作性原则，尽可能反映研究区内自然景观资源与生态状况。常用因子包括植被类型、植被盖度、水体污染程度、土壤质量、不透水层比例、生物多样性指数等。可根据湿地类型和所在区域不同，增加相关影响因子，并研究确定各因子影响权重、敏感性等级和不同敏感度区域的具体分布和边界，以指导公园的生态保护与环境建设。

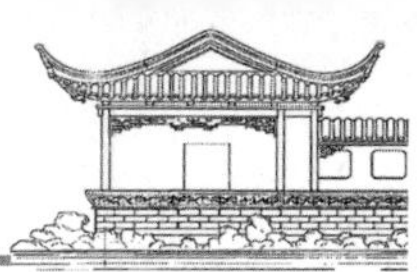

4.3　定位与目标

明确公园建设定位，设计目标，主要特色，需解决的重要问题，时间安排和项目拟投资规模，设计成果等。重点明确湿地公园的主要功能、栖息地类型及保护与修复目标等。

4.4　功能分区

公园应依据基址属性、特征和管理需要科学合理分区，至少包括生态保育区、生态缓冲区及综合服务与管理区。各地也可根据实际情况划分二级功能区。分区应考虑生物栖息地和湿地相关的人文单元的完整性。生态缓冲区及综合服务与管理区内的栖息地应根据需要划设合理的禁入区及外围缓冲范围。

4.4.1　生态保育区　对场地内具有特殊保护价值，需要保护和恢复的，或生态系统较为完整、生物多样性丰富、生态环境敏感性高的湿地区域及其他自然群落栖息地，应设置生态保育区。区内不得进行任何与湿地生态系统保护和管理无关的活动，禁止游人及车辆进入。应根据生态保育区生态环境状况，科学确定区域大小、边界形态、联通廊道、周边隔离防护措施等。

4.4.2　生态缓冲区　为保护生态保育区的自然生态过程，在其外围应设立一定的生态缓冲区。生态缓冲区内生态敏感性较低的区域，可合理开展以展示湿地生态功能、生物种类和自然景观为重点的科普教育活动。生态缓冲区的布局、大小与形态应根据生态保育区所保护的自然生物群落所需要的繁殖、觅食及其他活动的范围、植物群落的生态习性等综合确定。区内除园务管理车辆及紧急情况外禁止机动车通行。在不影响生态环境的情况下，可适当设立人行及自行车游线，必要的停留点及科普教育设施等。区内所有设施及建构筑物须与周边自然环境相协调。

4.4.3　综合服务与管理区　在场地生态敏感性相对较低的区域，设立满足与湿地相关的休闲、娱乐、游赏等服务功能，以及园务管理、科研服务等区域。可综合考虑公园与城市周边交通衔接，设置相应的出入口与交通设施，营造适宜的游憩活动场地。除园务管理、紧急情况和环保型接驳车辆外，禁止其他机动车通行。可适当安排人行、自行车、环保型水上交通等不同游线，并设立相应的服务设施及停留点。可安排不影响生态环境的科教设施、小型服务建筑、游憩场地等，并合理布置雨洪管理设施及其他相关基础设施。

4.5　游客容量计算

公园游客容量根据不同分区分别计算，具体方法见表4-3。

4.6　用地比例

公园用地面积包括陆地面积和水体面积。水体应以常水位线范围计算面积，潜流湿地面积应计入水体面积。

计算时应以公园陆地面积为基数，分区进行。其中陆地面积应分别计算绿化用地、建筑占地、园路及铺装用地面积及比例，并符合表4-4的规定。

表4-3　城市湿地公园游客容量计算方法

生态保育区	生态缓冲区	综合管理与服务区
0人	按线路法，以每个游人所占平均道路面积计算，5～15 m^2/人	按公式 $C=(A_1/A_{m1})+C_1$ 计算， 式中：C——公园游人容量(人)； A_1——公园陆地面积(m^2)； A_{m1}——人均占有公园陆地面积(m^2)； C_1——开展水上活动的水域游人容量(人)(仅计算综合服务与管理区内水域面积，不包括其他区域及栖息地内的水域面积)。 陆地游人容量宜按60～80 m^2/人，水域游人容量宜按200～300 m^2/人

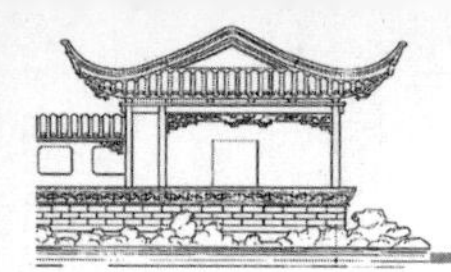

表 4-4　城市湿地公园用地比例　　%

陆地面积（hm^2）	用地类型	生态保育区	生态缓冲区	综合服务与管理区
≤50	绿化	100	＞85	＞80
	管理建筑	—	＜0.5	＜0.5
	游憩建筑和服务建筑	—	＜1	＜1
	园路及铺装场地	—	5～8	5～10
50～100	绿化	100	＞85	＞80
	管理建筑	—	＜0.3	＜0.3
	游憩建筑和服务建筑	—	＜0.5	＜0.8
	园路及铺装场地	—	5～8	5～10
101～300	绿化	100	＞90	＞85
	管理建筑	—	＜0.1	＜0.1
	游憩建筑和服务建筑	—	＜0.3	＜0.5
	园路及铺装场地	—	3～5	5～8
≥300	绿化	100	＞90	＞85
	管理建筑	—	＜0.1	＜0.1
	游憩建筑和服务建筑	—	＜0.2	＜0.3
	园路及铺装场地	—	3～5	5～8

注：1. 上表用地比例按相应功能区面积分别计算。

2. 建筑用地比例指其中建筑占地面积的比例，建筑屋顶绿化和铺装面积不应重复计算。

3. 园内所有建筑占地总面积应小于公园面积 2%。除确有需要的观景塔以外，所有建筑总高应控制在 10 m 以内，3 层以下。

4. 林荫停车场、林荫铺装场地的面积应计入园路及铺装场地用地。

5. 生态保育区内仅允许最低限度的科研观测与安全保障设施。

4.7　湿地保护与修复

湿地修复应采取自然恢复为主、与人工修复相结合的方法，强调尊重自然、顺应自然、保护自然，坚持修复与保护相结合，树立“保护也是修复”的理念，首先从历史资料收集、现场取样调查、人类经济活动干扰度分析、土壤理化性质、岸带侵蚀度分析、微生物生态系统健康程度、湿地植被和生物多样性等方面综合分析评价湿地面临的威胁与退化的成因，在此基础上，按照针对性与系统性相结合、局部与整体相结合、近期与远期相结合的原则，制定切实可行的保护与修复方案，明确保护与修复工程的对象、位置、规模、技术措施、实施期限等内容。

对需要实施修复的区域，合理利用生物、生态、物化、水文等工程技术，逐步恢复退化湿地生态系统的结构和功能，最终达到湿地生态系统的自我持续状态。具体措施包括土壤治理、湿地水系修复、植被恢复与多样性提升、水体生态修复、生物多样性恢复、入侵物种管理等。在湿地修复过程中，应充分利用泛滥河流和潮汐循环协助输送水分和营养物，增加湿地流动性，应采取减量化设计，尽量减少后期维护投入。

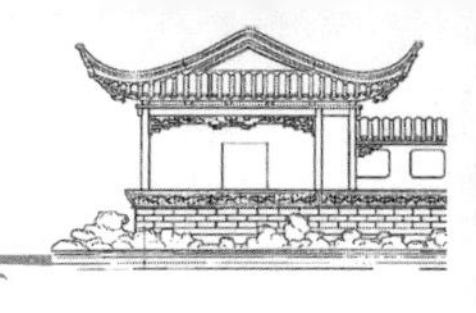
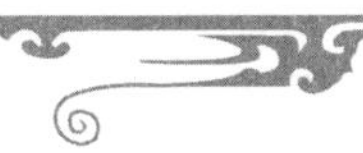

10. 国家湿地公园建设规范(2008)

摘要

1　范围

本标准规定了国家湿地公园建设的基本原则、应具备的基本条件及其功能分区和建设内容。本标准适用于国家湿地公园的建设工作。

2　规范性引用文件

下列文件中的条款通过本标准的引用而成为本标准的条款。凡是注日期的引用文件，其随后所有的修改单(不包括勘误的内容)或修订版均不适用于本标准，然而，鼓励根据本标准达成协议的各方研究是否可使用这些文件的最新版本。凡是不注日期的引用文件，其最新版本适用于本标准。

3　术语和定义

下列术语和定义适用于本标准。

3.1　湿地 wetlands

天然或人造、永久或暂时之死水或流水、淡水、做成或成水沼泽地、泥炭地或水域，包括低潮时水深不超过 6 m 的海水区。

3.2　湿地公园 wetland park

拥有一定规模和范围，以湿地景观为主体，以湿地生态系统保护为核心，兼顾湿地生态系统服务功能展示、科普宣教和湿地合理利用示范，蕴涵一定文化或美学价值，可供人们进行科学研究和生态旅游，予以特殊保护和管理的湿地区域。

3.3　国家湿地公园 national wetland park

经国家湿地主管部门批准建立的湿地公园。

4　总则

4.1　基本原则

保护优先、科学修复、合理利用。国家湿地公园建设应从维护湿地生态系统结构和功能的完整性、保护野生动植物栖息地、防止湿地退化的基本要求出发，通过适度人工干预，保护、修复或重建湿地景观，维护湿地生态过程，展示湿地的自然和人文景观，实现湿地的可持续发展。

统筹规划、合理布局、分步实施。国家湿地公园建设要根据湿地保护和区域经济发展等进行统筹规划；根据湿地的地域特点和保护目标合理布局；国家湿地公园建设可以先易后难，分步实施，分期建设。

突出重点、体现特色、因地制宜。国家湿地公园建设应重点突出湿地景观，保留湿地的生态特征；最大限度维持区域的自然风貌，体现特色；在湿地生态系统服务功能展示和湿地合理利用示范、湿地自然景观和湿地人文景观营造时要因地制宜。

4.2　建设目标

在对湿地生态系统有效保护的基础上，示范湿地的保护与合理利用；开展科普宣传教育，提高公众生态环境保护意识；为公众提供体验自然、享受自然的休闲场所。

5　设立的基本条件

5.1　面积

国家湿地公园的面积应在 20 hm^2 以上。国家湿地公园中的湿地面积一般应占总面积的 60%以上。

5.2　整体风貌

国家湿地公园的建筑设施、人文景观及整体风格应与湿地景观及周围的自然环境相协调。

5.3　湿地生态系统

国家湿地公园中的湿地生态系统应具有一定的代表性，可以是受到人类活动影响的自然湿地或人工湿地。湿地生态需水应得到保证。湿地水质应符合 GB 3838—2002 的要求。

5.4　科普宣教

国家湿地公园应具备一定的基础设施，可以开展湿地科普教育和生态环境保护宣传活动。

5.5　管理条件

国家湿地公园应设有管理机构，区域内无土地

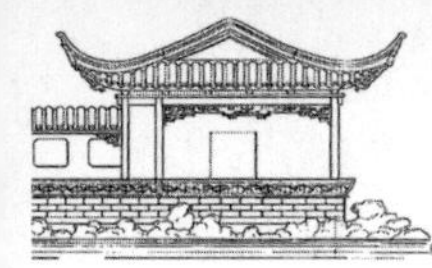

权属争议。

6 功能分区

6.1 分区结构

国家湿地公园一般包括湿地保育区、湿地生态功能展示区、湿地体验区、服务管理区等区域。

6.2 分区内容

6.2.1 湿地保育区

具有特殊保护价值，需要保护或恢复的湿地区域。

需要保护的湿地区域一般具有相对明显的湿地生态特征和完整的湿地生态过程，或丰富的生物多样性，或是湿地生物的栖息场所或迁徙通道。对有潜在生态价值的受损湿地，进行湿地恢复。

在湿地保育区内，可以针对特别需要保护或恢复的湿地生态系统、珍稀物种的繁殖地或原产地设置禁区或临时禁入区。

6.2.2 湿地生态功能展示区

展示湿地生态特征、生物多样性、水质净化等生态功能的区域。

6.2.3 湿地体验区

国家湿地公园内的湿地自然景观或人文景观分布的湿地区域。

可以体验湿地农耕文化、渔事等生产活动，示范湿地的合理利用，本区域允许游客进行限制性的生态旅游、科学观察与探索，或者参与农业、渔业等生产过程。

6.2.4 服务管理区

服务管理区是指在湿地生态特征不明显或非湿地区域建设的可供游客进行休憩、餐饮、购物、娱乐、医疗、停车等活动，以及管理机构开展科普宣教和行政管理工作的场所。

7 主要建设内容

7.1 保护恢复工程建设

7.1.1 保护工程建设

针对需要保护的湿地生态系统和生物物种开展的工程。

包括隔离设施、管护站点和保护警示标识等设施建设。

7.1.2 恢复工程建设

包括湿地基底恢复、湿地生态系统结构修复或重建以及水文水质恢复等内容，可以建设水中生境岛屿、开阔水域、河流片段、浅水滩涂以及带水沼泽等，以营造或恢复适合湿地生物栖息的生境。

湿地基底恢复可以通过采取工程措施，对湿地的地形、地貌进行改造，维护基底的稳定性。

湿地生态系统结构修复或重建可以通过植物配置、动物放养、鸟类招引等措施，恢复湿地生态系统结构的完整。所用的动植物物种应采用本地种。

湿地水文水质恢复包括湿地水文条件的恢复和湿地水质的改善。湿地水文条件的恢复可通过补水、滞水等措施来实现。湿地水质的改善可通过控制进入湿地公园水体的污染源，改造植被结构来实现。

7.2 景观建设

7.2.1 水体景观建设

湿地公园内的湖泊、溪流、泡沼、滩涂以及库塘等以水为主体的景观建设。

水体景观的边坡宜采用自然或生态的护岸措施。

7.2.2 植被景观建设

湿地公园内以维护湿地生态系统和满足游客观赏需求的植物的配置与管理。

应以湿生植物、挺水植物、浮水植物和沉水植物等湿地植物为主。

应考虑植物种类和景观的多样性以及水体净化等生态功能的需求，所用的植物物种应采用本地种。

7.2.3 人文景观建设

各种源于湿地的具有文化内涵的景观建设。

应与周边湿地自然景观相协调，体现地域特色。

应优先采用生态材料和工艺。

7.3 宣教工程建设

7.3.1 解说与宣教标识系统建设

解说系统是指通过讲解或物品展示等形式，宣传湿地和环保知识的材料及相关设备设施。

国家湿地公园应设立标志、标识、标牌和解说

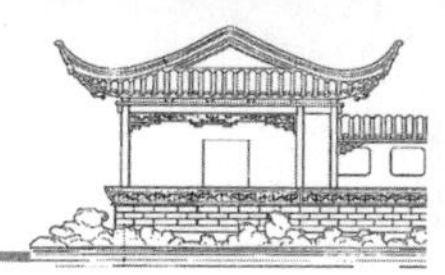

牌等，标志、标识、标牌和解说牌应设置合理、图文清晰、科学规范、整洁美观，并与周围景观和环境相协调。

国家湿地公园应配备充足的文字、图片和多媒体等展示设施。

解说与宣教标识系统所用材料应符合有关环保要求。

7.3.2　宣教中心建设

国家湿地公园宣教中心应有固定的场所，一般设在服务管理区内。宣教中心应展示国家湿地公园所处的地理位置、区域概况及与湿地生态系统相关的知识等。

7.4　科研监测工程建设

包括科研监测仪器的配备、科研监测设施的建设等。

7.5　游览设施建设

7.5.1　指示牌

国家湿地公园的边界、出入口、功能区、景观、游径端点和险要地段，应设置明显的指示牌，以表达界限、指导方向、阐述园规、介绍情况、提示警告等信息。

指示牌的色彩和规格，应根据设置地点、指示内容等具体情况进行设计，采用国际通用的标识符号，并与周围景观和环境相协调。

7.5.2　游步道建设

一般道路不建议使用柏油、水泥等人工材料，游步道建议采用生态材料铺设。

11. 游乐园管理规定(2001)

摘要

第一章　总则

第一条　为了加强游乐园管理，保障游乐园安全运营，制定本规定。

第二条　游乐园的规划、建设、运营和管理适用本规定。

第三条　本规定所称游乐园包括：

（一）在独立地段专以游艺机、游乐设施开展游乐活动的经营性场所；

（二）在公园内设有游艺机、游乐设施的场所。

本规定所称的游艺机和游乐设施是指采用沿轨道运动、回转运动、吊挂回转、场地上（水上）运动、室内定置式运动等方式，承载游人游乐的机械设施组合。

第四条　国务院建设行政主管部门负责全国游乐园的规划、建设和管理工作；国务院质量技术监督行政部门负责全国游艺机和游乐设施的质量监督和安全监察工作。

县级以上地方人民政府园林、质量技术监督行政部门，负责本行政区域内相应的工作。

第二章　规划与建设

第五条　游乐园的规划、建设应当符合城市规划，统筹安排。

第六条　游乐园筹建单位对游乐园的建设地点、资金、游艺机和游乐设施、管理技术条件、人员配备等方面，进行综合分析论证，经所在地城市人民政府园林行政主管部门审查同意后，方可办理规划、建设等审批手续。

第七条　游乐园的规划、设计、施工应当执行国家有关标准和规范。

第八条　以室外游艺机、游乐设施为主的游乐园，绿地（水面）面积应当达到全国总面积的60%以上。游乐园经营单位应当加强国内绿地的美化和管理，搞好绿地和园林植物的维护。

第九条　在游乐园内设置商业服务网点，应当经城市人民政府园林行政主管部门批准。任何单位和个人不得擅自在游乐园内设置商业服务网点。

第十条　改变游乐园规划设计的，应当报原审批机关批准。

第四章　安全管理

第十八条　游乐园经营单位应当设置游乐引导标志，保持游览路线和出入口的畅通，及时做好游览疏导工作。

第二十三条　游乐园经营单位应当在每项游艺机和游乐设施的入口处向游人作出安全保护说明和警示，每次运行前应当对乘坐游人的安全防护加以检查确认，设施运行时应当注意游客动态，及时制止游客的不安全行为。

12. 旅游规划通则(2003)

摘要

3　术语和定义

下列术语和定义适用于本标准。

3.1　旅游发展规划 tourism development plan

旅游发展规划是根据旅游业的历史、现状和市场要素的变化所制定的目标体系，以及为实现目标体系在特定的发展条件下对旅游发展的要素所做的安排。

3.2　旅游区 tourism area

旅游区是以旅游及其相关活动为主要功能或主要功能之一的空间或地域。

3.3　旅游区规划 tourism area plan

旅游区规划是指为了保护、开发、利用和经营管理旅游区，使其发挥多种功能和作用而进行的各项旅游要素的统筹部署和具体安排。

3.4　旅游客源市场 tourist source market

旅游者是旅游活动的主体，旅游客源市场是指旅游区内某一特定旅游产品的现实购买者与潜在购买者。

3.5　旅游资源 tourism resources

自然界和人类社会凡能对旅游者产生吸引力，可以为旅游业开发利用，并可产生经济效益、社会效益和环境效益的各种事物和因素，均称为旅游资源。

3.6　旅游产品 tourism product

旅游资源经过规划、开发建设形成旅游产品。旅游产品是旅游活动的客体与对象，可分为自然、人文和综合三大类。

3.7　旅游容量 tourism carrying capacity

旅游容量是指在可持续发展前提下，旅游区在某一时间段内，其自然环境、人工环境和社会经济环境所能承受的旅游及其相关活动在规模和强度上极限值的最小值。

5　旅游规划的编制程序

5.1　任务确定阶段

5.1.1　委托方确定编制单位

5.1.2　制订项目计划书并签订旅游规划编制合同

5.2　前期准备阶段

5.2.1　政策法规研究

对国家和本地区旅游及相关政策、法规进行系统研究，全面评估规划所需要的社会、经济、文化、环境及政府行为等方面的影响。

5.2.2　旅游资源调查

对规划区内旅游资源的类别、品位进行全面调查，编制规划区内旅游资源分类明细表，绘制旅游资源分析图，具备条件时可根据需要建立旅游资源数据库，确定其旅游容量，调查方法可参照《旅游资源分类、调查与评价》(GB/T 18972—2003)。

5.2.3　旅游客源市场分析

在对规划区的旅游者数量和结构、地理和季节性分布、旅游方式、旅游目的、旅游偏好、停留时间、消费水平进行全面调查分析的基础上，研究并提出规划区旅游客源市场未来的总量、结构和水平。

5.2.4　对规划区旅游业发展进行竞争性分析，确立规划区在交通可进入性、基础设施、景点现状、服

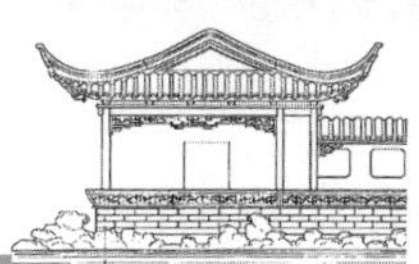

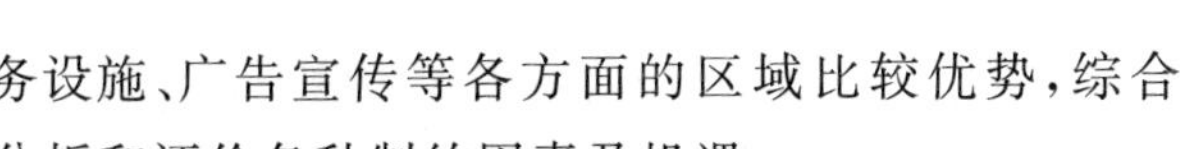

务设施、广告宣传等各方面的区域比较优势，综合分析和评价各种制约因素及机遇。

5.3　规划编制阶段

5.3.1　规划区主题确定

在前期准备工作的基础上，确立规划区旅游主题，包括主要功能、主打产品和主题形象。

5.3.2　确立规划分期及各分期目标。

5.3.3　提出旅游产品及设施的开发思路和空间布局。

5.3.4　确立重点旅游开发项目，确定投资规模，进行经济、社会和环境评价。

5.3.5　形成规划区的旅游发展战略，提出规划实施的措施、方案和步骤，包括政策支持、经营管理体制、宣传促销、融资方式、教育培训等。

5.3.6　撰写规划文本、说明和附件的草案。

5.4　征求意见阶段

规划草案形成后，原则上应广泛征求各方意见，并在此基础上，对规划草案进行修改、充实和完善。

6　旅游发展规划

6.1　旅游发展规划按规划的范围和政府管理层次分为全国旅游业发展规划、区域旅游业发展规划和地方旅游业发展规划。地方旅游业发展规划又可分为省级旅游业发展规划、地市级旅游业发展规划和县级旅游业发展规划等。

地方各级旅游业发展规划均依据上一级旅游业发展规划、并结合本地区的实际情况进行编制。

6.2　旅游发展规划包括近期发展规划（3～5 年）、中期发展规划（5～10 年）或远期发展规划（10～20 年）。

6.3　旅游发展规划的主要任务是明确旅游业在国民经济和社会发展中的地位与作用，提出旅游业发展目标，优化旅游业发展的要素结构与空间布局，安排旅游业发展优先项目，促进旅游业持续、健康、稳定发展。

6.4　旅游发展规划的主要内容

6.4.1　全面分析规划区旅游业发展历史与现状、优势与制约因素，及与相关规划的衔接。

6.4.2　分析规划区的客源市场需求总量、地域结构、消费结构及其他结构，预测规划期内客源市场需求总量、地域结构、消费结构及其他结构。

6.4.3　提出规划区的旅游主题形象和发展战略。

6.4.4　提出旅游业发展目标及其依据。

6.4.5　明确旅游产品开发的方向、特色与主要内容。

6.4.6　提出旅游发展重点项目，对其空间及时序作出安排。

6.4.7　提出要素结构、空间布局及供给要素的原则和办法。

6.4.8　按照可持续发展原则，注重保护开发利用的关系，提出合理的措施。

6.4.9　提出规划实施的保障措施。

6.4.10　对规划实施的总体投资分析，主要包括旅游设施建设、配套基础设施建设、旅游市场开发、人力资源开发等方面的投入与产出方面的分析。

6.5　旅游发展规划成果包括规划文本、规划图表及附件。规划图表包括区位分析图、旅游资源分析图、旅游客源市场分析图、旅游业发展目标图表、旅游产业发展规划图等。附件包括规划说明和基础资料等。

7　旅游区规划

7.1　旅游区规划按规划层次分总体规划、控制性详细规划、修建性详细规划等。

7.2　旅游区总体规划

7.2.1　旅游区在开发、建设之前，原则上应当编制总体规划。小型旅游区可直接编制控制性详细规划。

7.2.2　旅游区总体规划的期限一般为 10～20 年，同时可根据需要对旅游区的远景发展作出轮廓性的规划安排。对于旅游区近期的发展布局和主要建设项目，亦应作出近期规划，期限一般为 3～5 年。

7.2.3　旅游区总体规划的任务，是分析旅游区客源市场，确定旅游区的主题形象，划定旅游区的用地范围及空间布局，安排旅游区基础设施建设内

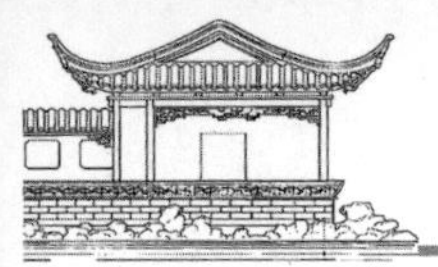

容，提出开发措施。

7.2.4 旅游区总体规划内容

7.2.4.1 对旅游区的客源市场的需求总量、地域结构、消费结构等进行全面分析与预测。

7.2.4.2 界定旅游区范围，进行现状调查和分析，对旅游资源进行科学评价。

7.2.4.3 确定旅游区的性质和主题形象。

7.2.4.4 确定规划旅游区的功能分区和土地利用，提出规划期内的旅游容量。

7.2.4.5 规划旅游区的对外交通系统的布局和主要交通设施的规模、位置；规划旅游区内部的其他道路系统的走向、断面和交叉形式。

7.2.4.6 规划旅游区的景观系统和绿地系统的总体布局。

7.2.4.7 规划旅游区其他基础设施、服务设施和附属设施的总体布局。

7.2.4.8 规划旅游区的防灾系统和安全系统的总体布局。

7.2.4.9 研究并确定旅游区资源的保护范围和保护措施。

7.2.4.10 规划旅游区的环境卫生系统布局，提出防止和治理污染的措施。

7.2.4.11 提出旅游区近期建设规划，进行重点项目策划。

7.2.4.12 提出总体规划的实施步骤、措施和方法，以及规划、建设、运营中的管理意见。

7.2.4.13 对旅游区开发建设进行总体投资分析。

7.2.5 旅游区总体规划的成果要求

7.2.5.1 规划文本。

7.2.5.2 图件，包括旅游区区位图、综合现状图、旅游市场分析图、旅游资源评价图、总体规划图、道路交通规划图、功能分区图等其他专业规划图、近期建设规划图等。

7.2.5.3 附件，包括规划说明和其他基础资料等。

7.2.5.4 图纸比例，可根据功能需要与可能确定。

7.3 旅游区控制性详细规划

7.3.1 在旅游区总体规划的指导下，为了近期建设的需要，可编制旅游区控制性详细规划。

7.3.2 旅游区控制性详细规划的任务是，以总体规划为依据，详细规定区内建设用地的各项控制指标和其他规划管理要求，为区内一切开发建设活动提供指导。

7.3.3 旅游区控制性详细规划的主要内容：

7.3.3.1 详细划定所规划范围内各类不同性质用地的界限。规定各类用地内适建、不适建或者有条件地允许建设的建筑类型。

7.3.3.2 规划分地块，规定建筑高度、建筑密度、容积率、绿地率等控制指标，并根据各类用地的性质增加其他必要的控制指标。

7.3.3.3 规定交通出入口方位、停车泊位、建筑后退红线、建筑间距等要求。

7.3.3.4 提出对各地块的建筑体量、尺度、色彩、风格等要求。

7.3.3.5 确定各级道路的红线位置、控制点坐标和标高。

7.3.4 旅游区控制性详细规划的成果要求

7.3.4.1 规划文本。

7.3.4.2 图件，包括旅游区综合现状图，各地块的控制性详细规划图，各项工程管线规划图等。

7.3.4.3 附件，包括规划说明及基础资料。

7.3.4.4 图纸比例一般为1/1 000～1/2 000。

7.4 旅游区修建性详细规划

7.4.1 对于旅游区当前要建设的地段，应编制修建性详细规划。

7.4.2 旅游区修建性详细规划的任务是，在总体规划或控制性详细规划的基础上，进一步深化和细化，用以指导各项建筑和工程设施的设计和施工。

7.4.3 旅游区修建性详细规划的主要内容

7.4.3.1 综合现状与建设条件分析。

7.4.3.2 用地布局。

7.4.3.3 景观系统规划设计。

7.4.3.4 道路交通系统规划设计。

7.4.3.5 绿地系统规划设计。

7.4.3.6 旅游服务设施及附属设施系统规划设计。

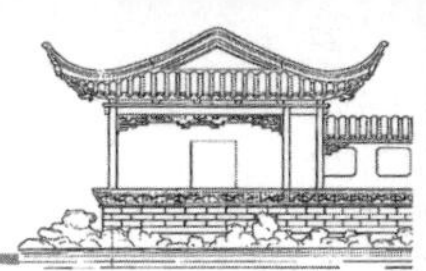

7.4.3.7　工程管线系统规划设计。

7.4.3.8　竖向规划设计。

7.4.3.9　环境保护和环境卫生系统规划设计。

7.4.4　旅游区修建性详细规划的成果要求

7.4.4.1　规划设计说明书。

7.4.4.2　图件,包括综合现状图、修建性详细规划总图、道路及绿地系统规划设计图、工程管网综合规划设计图、竖向规划设计图、鸟瞰或透视等效果图等。图纸比例一般为1/500～1/2 000。

7.5　旅游区可根据实际需要,编制项目开发规划、旅游线路规划和旅游地建设规划、旅游营销规划、旅游区保护规划等功能性专项规划。

13. 绿道规划设计导则(2016)

摘要

1　总则

1.0.1　为指导各地绿道规划设计,保障绿道建设水平,充分发挥绿道的复合功能,特制订本导则。

1.0.2　本导则适用于指导全国各地绿道的规划设计。各地应本着“因地制宜、彰显特色、统筹城乡、绿色低碳”的原则,根据本地实际情况予以深化细化,保障切实可行。

1.0.3　绿道的规划设计还应符合国家有关法律法规、标准规范的规定。

2　术语

2.0.1　绿道 以自然要素为依托和构成基础,串联城乡游憩、休闲等绿色开敞空间,以游憩、健身为主,兼具市民绿色出行和生物迁徙等功能的廊道。

2.0.2　绿道游径系统 指绿道中供人们步行、自行车骑行的道路系统,是绿道的基本组成要素。包括步行道、自行车道与步行骑行综合道。

2.0.3　绿道连接线 主要承担连通功能,且对人们步行或自行车骑行有交通安全保障的绿道短途借道线路。包括借用的非干线公路、非主干路的城市道路、人行道路、人行天桥等。

2.0.4　绿道设施 为满足绿道综合功能而设置的配套设施,包括服务设施、市政设施与标识设施。

2.0.5　驿站 供绿道使用者途中休憩、交通换乘的场所,是绿道服务设施的主要载体。

3　绿道功能与组成

3.1　绿道功能

3.1.1　休闲健身功能 绿道串联城乡绿色资源,为市民提供亲近自然、游憩健身的场所和途径,倡导健康的生活方式。

3.1.2　绿色出行功能 与公交、步行及自行车交通系统相衔接,为市民绿色出行提供服务,丰富城市绿色出行方式。

3.1.3　生态环保功能 绿道有助于固土保水、净化空气、缓解热岛等,并为生物提供栖息地及迁徙廊道。

3.1.4　社会与文化功能 绿道连接城乡居民点、公共空间及历史文化节点,保护和利用文化遗产,促进人际交往、社会和谐与文化传承。

3.1.5　旅游与经济功能 绿道有利于整合旅游资源,加强城乡互动,促进相关产业发展,提升沿线土地价值。

3.2　绿道组成

3.2.1　绿道包括游径系统、绿化和设施。(详见表3-1)

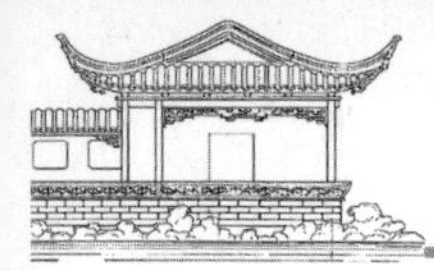

表 3-1　绿道组成

<table>
<tr><th colspan="2">系统名称</th><th>要素</th><th>备注</th></tr>
<tr><td colspan="2" rowspan="4">绿道游径系统</td><td>步行道</td><td rowspan="3">包括绿道连接线</td></tr>
<tr><td>自行车道</td></tr>
<tr><td>步行骑行综合道</td></tr>
<tr><td>交通接驳点</td><td>与交叉口、立交设施、码头、机动车及自行车停车场、公交站点、出租车停靠点等相衔接</td></tr>
<tr><td colspan="2">绿道绿化</td><td></td><td></td></tr>
<tr><td rowspan="13">绿道设施</td><td rowspan="6">服务设施（驿站为综合服务设施载体）</td><td>管理服务设施</td><td>包括管理中心、游客服务中心</td></tr>
<tr><td>配套商业设施</td><td>包括售卖点、餐饮点、自行车租赁点等</td></tr>
<tr><td>游憩健身设施</td><td>包括活动场地、休憩点、眺望观景点等</td></tr>
<tr><td>科普教育设施</td><td>包括科普宣教、解说、展示设施等</td></tr>
<tr><td>安全保障设施</td><td>包括治安消防点、医疗急救点、安全防护设施、无障碍设施等</td></tr>
<tr><td>环境卫生设施</td><td>包括厕所、垃圾箱等</td></tr>
<tr><td rowspan="4">市政设施</td><td>环境照明设施</td><td></td></tr>
<tr><td>电力电信设施</td><td></td></tr>
<tr><td>给排水设施</td><td>包括排水河道、沟渠、管道、箱涵、泵站、雨污水处理再生利用及其他附属设施等</td></tr>
<tr><td>其他</td><td>燃气、供热等设施</td></tr>
<tr><td rowspan="3">标识设施</td><td>指示标识</td><td></td></tr>
<tr><td>解说标识</td><td></td></tr>
<tr><td>警示标识</td><td></td></tr>
</table>

4　绿道分级与分类

4.1　绿道分级

4.1.1　根据空间跨度与连接功能区域的不同，绿道分为区域级绿道、市（县）级绿道和社区级绿道三个等级，绿道规划应与各级城乡规划相衔接。

4.1.2　区域级绿道 指连接两个及以上城市，串联区域重要自然、人文及休闲资源，对区域生态环境保护、文化资源保护利用、风景旅游网络构建具有重要影响的绿道。

4.1.3　市（县）级绿道 指在市（县）级行政区划范围内，连接重要功能组团、串联各类绿色开敞空间和重要自然与人文节点的绿道。

4.1.4　社区级绿道 指城镇社区范围内，连接城乡居民点与其周边绿色开敞空间，方便社区居民就近使用的绿道。

4.2　绿道分类

4.2.1 根据所处区位及环境景观风貌，绿道分为城镇型绿道和郊野型绿道两类。

4.2.2　城镇型绿道 城镇规划建设用地范围内，主要依托和串联城镇功能组团、公园绿地、广场、防护绿地等，供市民休闲、游憩、健身、出行的绿道。

4.2.3　郊野型绿道 城镇规划建设用地范围外，连接风景名胜区、旅游度假区、农业观光区、历史文化名镇名村、特色乡村等，供市民休闲、游憩、健身和生物迁徙等的绿道。

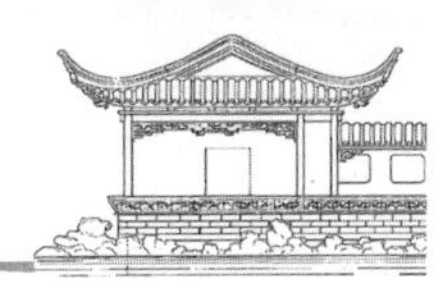

14. 住房城乡建设部关于加强生态修复城市修补工作的指导意见(2017)

各省、自治区住房城乡建设厅,直辖市住房城乡建设、城乡规划、园林绿化主管部门,新疆生产建设兵团建设局:

改革开放以来,我国城镇化和城市建设取得巨大成就,但同时也面临着资源约束趋紧、环境污染严重、生态系统遭受破坏的严峻形势,基础设施短缺、公共服务不足等问题突出,"城市病"普遍存在,严重制约城市发展模式和治理方式的转型。开展生态修复、城市修补(以下统称"城市双修")是治理"城市病"、改善人居环境的重要行动,是推动供给侧结构性改革、补足城市短板的客观需要,是城市转变发展方式的重要标志。为贯彻落实《中共中央国务院关于加快推进生态文明建设的意见》《中共中央国务院关于进一步加强城市规划建设管理工作的若干意见》,全面推进"城市双修"工作,现提出如下意见。

一、总体要求

(一)指导思想。全面贯彻党的十八大和十八届三中、四中、五中、六中全会及中央城市工作会议精神,深入贯彻习近平总书记系列重要讲话精神,牢固树立创新、协调、绿色、开放、共享的发展理念,坚持以人民为中心的发展思想,进一步加强城市规划建设管理工作,将"城市双修"作为推动供给侧结构性改革的重要任务,以改善生态环境质量、补足城市基础设施短板、提高公共服务水平为重点,转变城市发展方式,治理"城市病",提升城市治理能力,打造和谐宜居、富有活力、各具特色的现代化城市。

(二)基本原则。

——政府主导,协同推进。将"城市双修"作为各城市住房城乡建设、规划等部门的重要职责,加强与相关部门分工合作,建立长效机制,完善政策,整合资源、资金、项目,协同推进。

——统筹规划,系统推进。尊重自然生态环境和城市发展规律,综合分析,统筹规划,加强"城市双修"各项工作的协调衔接,增强工作的系统性、整体性。

——因地制宜,分类推进。坚持问题导向,根据城市生态状况、发展阶段和经济条件差异,有针对性地制定实施方案,近远结合,分类推进。

——保护优先,科学推进。坚持保护优先原则,保护历史文化遗产和自然资源,修复受损生态,妥善处理保护与发展关系,科学推进"城市双修"。

(三)主要任务目标。2017 年,各城市制定"城市双修"实施计划,开展生态环境和城市建设调查评估,完成"城市双修"重要地区的城市设计,推进一批有实效、有影响、可示范的"城市双修"项目。2020 年,"城市双修"工作初见成效,被破坏的生态环境得到有效修复,"城市病"得到有效治理,城市基础设施和公共服务设施条件明显改善,环境质量明显提升,城市特色风貌初显。

二、完善基础工作,统筹谋划"城市双修"

(一)开展调查评估。开展城市生态环境评估,对城市山体、水系、湿地、绿地等自然资源和生态空间开展摸底调查,找出生态问题突出、亟需修复的区域。开展城市建设调查评估和规划实施评估,梳理城市基础设施、公共服务、历史文化保护以及城市风貌方面存在的问题和不足,明确城市修补的重点。

(二)编制专项规划。根据城市总体规划、相关规划和评估结果,确定开展"城市双修"的地区和范围。编制城市生态修复专项规划,统筹协调城市绿地系统、水系统、海绵城市等专项规划。编制城市修补专项规划,完善城市道路交通和基础设施、公共服务设施规划,明确城市环境整治、老建筑维修加固、旧厂房改造利用、历史文化遗产保护等要求。开展"城市双修"重要地区的城市设计,延续城市文脉,协调景观风貌,促进城市建筑、街道立面、天际线、色彩与环境更加协调、优美。

(三)制定实施计划。各地要制定"城市双修"实施计划,明确工作目标和任务,将"城市双修"工

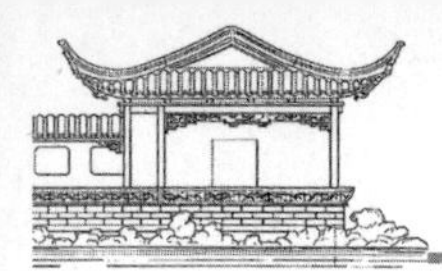

作细化为具体的工程项目，建立工程项目清单，明确项目的位置、类型、数量、规模、完成时间和阶段性目标，合理安排建设时序和资金，落实实施主体。要加强实施计划的论证和评估，增强实施计划的科学性、针对性和可操作性。

三、修复城市生态，改善生态功能

（四）加快山体修复。加强对城市山体自然风貌的保护，严禁在生态敏感区域开山采石、破山修路、劈山造城。根据城市山体受损情况，因地制宜采取科学的工程措施，消除安全隐患，恢复自然形态。保护山体原有植被，种植乡土适生植物，重建植被群落。在保障安全和生态功能的基础上，探索多种山体修复利用模式。

（五）开展水体治理和修复。全面落实海绵城市建设理念，系统开展江河、湖泊、湿地等水体生态修复。加强对城市水系自然形态的保护，避免盲目截弯取直，禁止明河改暗渠、填湖造地、违法取砂等破坏行为。综合整治城市黑臭水体，全面实施控源截污，强化排水口、管道和检查井的系统治理，科学开展水体清淤，恢复和保持河湖水系的自然连通和流动性。因地制宜改造渠化河道，恢复自然岸线、滩涂和滨水植被群落，增强水体自净能力。

（六）修复利用废弃地。科学分析废弃地和污染土地的成因、受损程度、场地现状及其周边环境，综合运用多种适宜技术改良土壤，消除场地安全隐患。选择种植具有吸收降解功能、适应性强的植物，恢复植被群落，重建自然生态。对经评估达到相关标准要求的已修复土地和废弃设施用地，根据城市规划和城市设计，合理安排利用。

（七）完善绿地系统。推进绿廊、绿环、绿楔、绿心等绿地建设，构建完整连贯的城乡绿地系统。按照居民出行"300 m 见绿、500 m 入园"的要求，优化城市绿地布局，均衡布局公园绿地。通过拆迁建绿、破硬复绿、见缝插绿等，拓展绿色空间，提高城市绿化效果。因地制宜建设湿地公园、雨水花园等海绵绿地，推广老旧公园提质改造，提升存量绿地品质和功能。乔灌草合理配植，广种乡土植物，推行生态绿化方式。

四、修补城市功能，提升环境品质

（八）填补基础设施欠账。大力完善城市给水、排水、燃气、供热、通信、电力等基础设施，加快老旧管网改造，有序推进各类架空线入廊。加强污水处理设施、垃圾处理设施、公共厕所、应急避难场所建设，提高基础设施承载能力。统筹规划建设基本商业网点、医疗卫生、教育、科技、文化、体育、养老、物流配送等城市公共服务设施，不断提高服务水平。

（九）增加公共空间。加大违法建设查处拆除力度，积极拓展公园绿地、城市广场等公共空间，完善公共空间体系。控制城市改造开发强度和建筑密度，根据人口规模和分布，合理布局城市广场，满足居民健身休闲和公共活动需要。加强对山边、水边、路边的环境整治，加大对沿街、沿路和公园绿地周边地区的建设管控，禁止擅自占用公共空间。

（十）改善出行条件。加强街区的规划和建设，推行"窄马路、密路网"的城市道路布局理念，打通断头路，形成完整路网，提高道路通达性。优化道路断面和交叉口，适当拓宽城市中心、交通枢纽地区的人行道宽度，完善过街通道、无障碍设施，推广林荫路，加快绿道建设，鼓励城市居民步行和使用自行车出行。改善各类交通方式的换乘衔接，方便城市居民乘坐公共交通出行。鼓励结合老旧城区更新改造、建筑新建和改扩建，规划建设地下停车场、立体停车楼，增加停车位供给。加快充电设施建设，促进电动汽车的使用推广。

（十一）改造老旧小区。统筹利用节能改造、抗震加固、房屋维修等多方面资金，加快老旧住宅改造。支持符合条件的老旧建筑加装电梯，提升建筑使用功能和宜居水平。开展老旧小区综合整治，完善照明、停车、电动汽车充电、二次供水等基础设施，实施小区海绵化改造，配套建设菜市场、便利店、文化站、健身休闲、日间照料中心等社区服务设施，加强小区绿化，改善小区居住环境，方便居民生活。

（十二）保护历史文化。加强历史文化名城名镇保护，做好城市历史风貌协调地区的城市设计，保护城市历史文化，更好地延续历史文脉，展现城市风貌。鼓励采取小规模、渐进式更新改造老旧城

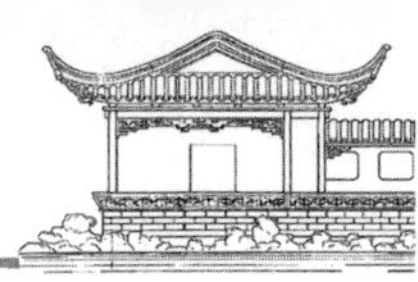

区，保护城市传统格局和肌理。加快推动老旧工业区的产业调整和功能置换，鼓励老建筑改造再利用，优先将旧厂房用于公共文化、公共体育、养老和创意产业。确定公布历史建筑，改进历史建筑保护方法，加强城市历史文化挖掘整理，传承优秀传统建筑文化。

（十三）塑造城市时代风貌。加强总体城市设计，确定城市风貌特色，保护山水、自然格局，优化城市形态格局，建立城市景观框架，塑造现代城市形象。加强新城新区、重要街道、城市广场、滨水岸线等重要地区、节点的城市设计，完善夜景照明、街道家具和标识指引，加强广告牌匾设置和城市雕塑建设管理，满足现代城市生活需要。加强新建、改扩建建筑设计管理，贯彻“适用、经济、绿色、美观”的建筑方针，鼓励出精品佳作，促进现代建筑文化发展。

五、健全保障制度，完善政策措施

（十四）强化组织领导。各城市要按照《中共中央国务院关于进一步加强城市规划建设管理工作的若干意见》要求，确定“城市双修”工作的目标和任务，明确实施步骤和保障措施。住房城乡建设、规划部门要争取城市主要领导的支持，将“城市双修”工作列入城市人民政府的重要议事议程。研究建立长效机制，持续推进“城市双修”工作。

（十五）创新管理制度。积极开展“城市双修”试点工作，创新城市规划建设管理方式，探索形成有利于“城市双修”的管理制度。研究城市公共空间拓展的激励机制，鼓励增加公共空间。抓紧建立公共建筑拆除管理程序和评估机制，制止城市大拆大建。完善园林绿化管理制度，研究建立生态修复补偿机制，切实保护和增加绿色空间。

（十六）积极筹措资金。要争取发展改革、财政等部门的支持，多渠道增加对“城市双修”工程项目的投入。推动将重要的“城市双修”工程纳入国民经济和社会发展年度计划，保持每年安排一定比例的资金用于“城市双修”项目，发挥好政府资金的引导作用。鼓励采用政府和社会资本合作(ppp)模式，发动社会力量推进“城市双修”工作。

（十七）加强监督考核。各省级住房城乡建设主管部门要加强对本地区“城市双修”工作跟踪指导，督促各城市建立考核制度，严格目标管理、绩效考核和工作问责。我部将研究制订“城市双修”工作评价考核办法，定期组织开展全国“城市双修”实施成效评价，并把评价结果纳入国家园林城市、生态园林城市、中国人居环境奖评审考核范围。

（十八）鼓励公众参与。加强宣传工作，充分利用电视、报纸、网络等新闻媒体，普及生态环保知识，提高社会公众对“城市双修”工作的认识。要创造条件，鼓励社会公众积极参与，及时听取社会各界和有关专家的意见，形成良好的工作氛围。深入细致做好群众工作，认真听取群众诉求，维护群众利益，着力解决群众反映强烈的突出问题，让群众在“城市双修”中有更多获得感。

参 考 文 献

[1] [加]艾伦·泰特.城市公园设计[M]. 周玉鹏,肖季川,朱青模, 译.北京:中国建筑工业出版社,2005.

[2] [美] 克雷格·S·坎贝尔,迈克尔·H·奥格登.湿地与景观.吴晓芙,译.北京:中国林业出版社,2004.

[3]《园林工程技术手册》编委会.园林工程技术手册[M].合肥:安徽科学技术出版社,2014.

[4] 935 景观工作室.园林细部设计与构造图集.3.道路与广场[M].北京:化学工业出版社,2011.

[5] 北京市公园管理中心.公园植物造景. 北京:中国建筑工业出版社,2011.

[6] 北京市园林局.北京园林优秀设计集锦[M].北京:中国建筑工业出版社,1996.

[7] 北京市园林绿化局,北京园林学会. 北京园林优秀设计. 北京:中国建筑工业出版社,2003—2008.

[8] 柴春雷,汪颖,孙守迁.人体工程学[M]. 北京:中国建筑工业出版社,2007.

[9] 常州市园林设计院.常州紫荆公园景观设计方案,2010.

[10] 陈祺, 季洪亮, 孙丙寅.水系景观工程图解与施工[M].北京:化学工业出版社,2012.

[11] 陈祺, 李忠明.景观小品图解与施工[M].北京:化学工业出版社,2007.

[12] 陈祺,李景侠,王青宁.植物景观工程图解与施工[M].北京:化学工业出版社,2012.

[13] 陈祺,刘卫斌,韩兴梅.园林基础工程图解与施工[M].北京:化学工业出版社,2012.

[14] 陈祺,周永学.植物景观工程图解与施工[M].北京:化学工业出版社,2008.

[15] 陈艳丽.园林基础工程[M].北京:机械工业出版社,2015.

[16] 成玉宁.园林建筑设计[M].北京:中国农业出版社,2008.

[17] 城市湿地公园规划设计导则(试行).北京:中华人民共和国建设部,2005.

[18] 丁俊武.基于 TRIZ 理论的产品可持续设计研究[J] .机械制造, 2005,43(9):8-10.

[19] 董莉莉.园林景观材料[M].重庆:重庆大学出版社,2016.

[20] 杜汝俭,李恩山,刘管平. 园林建筑设计[M].北京:中国建筑工业出版社,1986.

[21] 段大娟.园林制图[M].北京:化学工业出版社,2012.

[22] 封云,林磊.公园绿地规划设计[M].北京:中国林业出版社,2004.

[23] 傅伯杰,等.景观生态学原理及应用[M].北京:科学出版社,2001.

[24] 顾韩.风景园林概论[M].北京:化学工业出版社,2014.

[25] 郭美锋.一种有效推动我国风景园林规划设计的方法——公众参与[J].中国园林,2004(01):81-83.

[26] 郭娓, 程红璞.园林建筑设计[M].北京:中国民族摄影艺术出版社,2013.

[27] 郝鸥.景观设计史[M].武汉:华中科技大学出版社, 2014.

[28] 胡长龙.园林规划设计·理论篇[M].北京:中国农业出版社,2010.

[29] 华颖.风景园林设计基础[M].北京:化学工业出版社,2014.

[30] 纪书琴.园林工程施工细节与禁忌[M].北京:化学工业出版社,2013.

[31] 江苏省城市规划设计研究院.金湖县荷花广场修建性详细规划,2010.

[32] 江苏省城市规划设计研究院.宿迁市余园(两河公园)规划设计,2016.

[33] 江苏省城市规划设计研究院.扬中城南公园景观规划及施工图设计,2014.

[34]《看图快速学习园林工程施工技术》编委会.看图快速学习园林工程施工技术.园林给水排水工程施工[M].北京:机械工业出版社,2014.
[35] 李慧峰.园林建筑设计[M].北京:化学工业出版社,2011.
[36] 李强.低影响开发理论与方法述评[J].城市发展研究,2013(06):30-35.
[37] 李树华.园林种植设计学.理论篇[M].北京:中国农业出版社,2010.
[38] 理想·宅.园林建筑与小品[M].福州:福建科学技术出版社,2015.
[39] 梁明,赵小平,王亚娟.园林规划设计[M].北京:化学工业出版社,2006.
[40] 林方喜,潘宏,陈华.景观营造工程技术[M].北京:化学工业出版社,2008.
[41] 刘福智,佟裕哲,等.风景园林建筑设计指导[M].北京:机械工业出版社,2007.
[42] 刘斯荫.城市街旁绿地设计研究[D].北京:北京林业大学,2010.
[43] 刘晓东,孙宇.园林工程预算[M].北京:化学工业出版社,2013.
[44] 刘晓明,陈伟良.生态景观施工新技术[M].北京:中国建筑工业出版社,2014.
[45] 刘新.可持续设计的观念——发展与实践[J].创意与设计,2010(7).
[46] 刘兴昌.市政工程规划[M].北京:中国建筑工业出版社,2006.
[47] 刘扬.城市公园规划设计[M].北京:化学工业出版社,2010.
[48] 刘昱初,程正渭.人体工程学与室内设计[M].北京:中国电力出版社,2013.
[49] 卢仁,金承藻.园林建筑设计[M].北京:中国林业出版社,1991.
[50] 卢圣.园林可持续设计[M].北京:化学工业出版社,2013.
[51] 鲁敏.风景园林规划设计[M].北京:化学工业出版社,2016.
[52] 马锦义,张宇佳,陈璐.农业公园初探[J].湖南农业科学,2015(8).
[53] 孟兆祯.园林工程[M].北京:中国林业出版社,1996.
[54] 宁荣荣,李娜.园林建筑设计从入门到精通[M].北京:化学工业出版社,2016.
[55] 牛文元.中国可持续发展的理论与实践[J].中国科学院院刊,2012,27(3).
[56] 屈永建.园林工程建设小品[M].北京:化学工业出版社,2005.
[57] 上海园林(集团)有限公司.上海辰山植物园景观绿化建设[M].上海:上海科学技术出版社,2013.
[58] 深圳市北林苑景观及建筑规划设计院.园林建筑设计[M].北京:中国建筑工业出版社,2011.
[59] 沈玲.园林工程预决算[M].北京:化学工业出版社,2016.
[60] 沈守云.现代景观设计思潮[M].武汉:华中科技大学出版社,2009.
[61] 苏雪痕.植物景观规划设计[M].北京:中国林业出版社,2012.
[62] 孙超.假山、水景、景观小品工程[M].北京:机械工业出版社,2015.
[63] 孙超.园路、园桥、广场工程[M].北京:机械工业出版社,2015.
[64] 唐学山,等.园林设计[M].北京:中国林业出版社,1996.
[65] 田建林,张柏.园林景观水景给排水设计施工手册[M].北京:中国林业出版社,2012.
[66] 停车场规划设计规则.北京:中华人民共和国公安部,建设部,1998.
[67] 同济大学建筑系园林教研室.公园规划与建筑图集[M].北京:中国建筑工业出版社,1983.
[68] 涂秋风.低碳与城市园林[M].北京:中国建筑工业出版社,2012.
[69] 王洪成.低碳小花园设计(一)[M].北京:中国林业出版社,2012.
[70] 王洪成.意·园·景——天津市园林规划设计院作品经典[M].北京:中国林业出版社,2007.
[71] 王慧忠.园林建设工程总论[M].合肥:合肥工业大学出版社,2012.

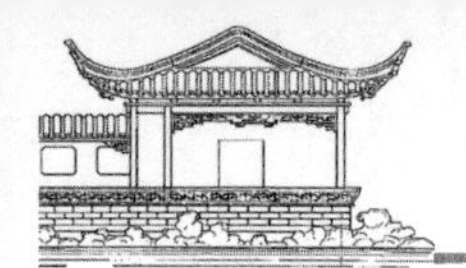

[72] 王维正.国家公园[M].北京:中国林业出版社,2000.
[73] 王翔. 城市休闲广场设计研究[D]. 长沙:湖南大学,2002.
[74] 王向荣,林箐.西方现代景观设计的理论与实践[M].北京:中国建筑工业出版社,2002.
[75] 王小荣.无障碍设计[M].北京:中国建筑工业出版社, 2011.
[76] 王晓俊.随曲合方——莱芜红石公园改造设计[M].北京:中国建筑工业出版社,2008.
[77] 魏民.风景园林专业综合实习指导书——规划设计篇[M].北京:中国建筑工业出版社,2007.
[78] 吴祖强.我国可持续设计及其实践的探讨[J] .上海环境科学,2000,19(2):53-55.
[79] 徐文辉. 城市园林绿地系统规划[M].武汉:华中科技大学出版社,2007.
[80] 闫宝兴,程炜.水景工程[M].北京:中国建筑工业出版社,2005.
[81] 杨·盖尔.交往与空间[M]. 何人可,译. 北京.中国建筑工业出版社,1992.
[82] 杨赉丽.城市园林绿地规划[M]. 3 版.北京:中国林业出版社,2012.
[83] 杨玮娣,袁越,林蜜蜜.人体工程与环境设计[M]. 北京:中国水利水电出版社,2013.
[84] 杨至德.园林工程[M].3 版.武汉:华中科技大学出版社,2013.
[85] 余树勋.植物园规划与设计[M].天津:天津大学出版社,2000.
[86] 余肖红.室内与家具人体工程学[M]. 北京:中国轻工业出版社,2011.
[87] 约翰·缪尔,郭名倞.我们的国家公园[M].长春:吉林人民出版社,1999.
[88] 云南省地方标准《国家公园资源调查与评价技术规程》(DB53/T 299—2009).昆明:云南省质量技术监督局,2010.
[89] 臧德奎.园林植物造景[M].北京:北京林业出版社,2008.
[90] 曾洪立,王晓博,胡燕. 景园林建筑快速设计[M].北京:中国林业出版社,2010.
[91] 张柏.园林建筑工程施工图文精解[M].南京:江苏人民出版社,2012.
[92] 张国强,贾建中.风景园林设计——中国风景园林规划设计作品集 3[M].北京:中国建筑工业出版社,2004.
[93] 张锦秋.长安意匠——张锦秋建筑作作品集[M].北京:中国建筑工业出版社,2006.
[94] 张俊玲,王先杰. 风景园林艺术原理[M].北京:中国林业出版社,2012.
[95] 张青萍.园林建筑设计[M].南京:东南大学出版社,2010.
[96] 张文英.风景园林工程[M].北京:中国农业出版社,2007.
[97] 赵兵.园林工程[M].南京:东南大学出版社,2011.
[98] 赵晨洋.风景园建筑材料与构造设计[M].北京:机械工业出版社,2012.
[99] 赵君,杨进,等.园林种植设计与施工[M].北京:机械工业出版社,2015.
[100] 赵世伟,齐志坚.桃源秀色:漫步北京植物园[M].北京:中国林业出版社,2016.
[101] 中国动物园协会.动物园设计[M].北京:中国建筑工业出版社,2011.
[102] 中国勘察设计协会园林设计分会,中国风景园林学会信息委员会.风景园林师 5[M].北京:中国建筑工业出版社,2007.
[103] 中国勘察设计协会园林设计分会.风景园林设计资料集[M].北京:中国建筑工业出版社,2006.
[104] 中华人民共和国城市绿化条例.北京:国务院第一〇四次常务会议,1992.
[105] 中华人民共和国城乡规划法. 北京:第十届全国人民代表大会常务委员会第三十次会议,2007.
[106] 中华人民共和国国家标准《城市规划基础资料搜集规范》(GB/T 50831—2012).北京:中华人民共和国住房和城乡建设部.

[107] 中华人民共和国国家标准《旅游规划通则》(GB/T 18971－2003). 北京:中华人民共和国国家质量监督检验检疫总局,2003.

[108] 中华人民共和国林业行业标准《国家级森林公园设计规范》(GB/T 51046—2014). 北京:国家林业局,2014.

[109] 中华人民共和国森林法. 北京:1984 年第六届全国人民代表大会常务委员会第七次会议通过,1998 年第九届全国人民代表大会常务委员会第二次会议修正.

[110] 中华人民共和国行业标准《城市绿地分类标准》(CJJ/T 85—2002). 北京:中国建筑工业出版社,2002.

[111] 中华人民共和国行业标准《城市绿地设计规范》(GB 50420—2007)2016 年版. 北京:中华人民共和国住房和城乡建设部.

[112] 中华人民共和国行业标准《公园设计规范》(GB 51192—2016). 北京:中国建筑工业出版社,2016.

[113] 中华人民共和国行业标准《国家湿地公园建设规范》. 北京:中华人民共和国国家林业局,2008.

[114] 中华人民共和国行业标准《园林基本术语标准》(CJJ/T 91—2002). 北京:中国建筑工业出版社,2002.

[115] 钟蕾,李洋. 低碳设计[M]. 南京:江苏科学技术出版社,2014.

[116] 周长亮,张健,张吉祥. 景观规划设计原理[M]. 北京:机械工业出版社, 2011.

[117] 周维权. 中国古典园林史[M]. 北京:清华大学出版社,1999.

[118] 朱敏. 园林工程[M]. 上海:上海交通大学出版社,2012.

[119] 祝遵凌. 园林植物景观设计[M]. 北京:中国林业出版社,2012.

[120] 邹原东. 园林绿化设计与施工图文精解[M]. 南京:江苏人民出版社,2012.